Die Farn- und Blütenpflanzen
Baden-Württembergs
Band 3

Im Rahmen des Artenschutzprogrammes Baden-Württemberg
Die Herausgabe erfolgte in Zusammenarbeit mit der Landesanstalt für Umweltschutz
Baden-Württemberg und den Direktionen der Staatlichen Museen
für Naturkunde in Stuttgart und Karlsruhe

Die Farn- und Blütenpflanzen Baden-Württembergs

Band 3: Spezieller Teil
(Spermatophyta, Unterklasse Rosidae)
Droseraceae bis Fabaceae

Herausgegeben von Oskar Sebald,
Siegmund Seybold und Georg Philippi

Autoren von Band 3:
Oskar Sebald, Siegmund Seybold, Monika Voggesberger
mit Beiträgen von Manfred Rösch, Georg Timmermann,
Arno Wörz und Heinrich E. Weber

288 Farbfotos, 8 Farbtafeln
268 Verbreitungskarten

E.U.
VERLAG
EUGEN
ULMER

Mit Unterstützung
der Stiftung
Naturschutzfonds!

Die Deutsche Bibliothek – CIP-Einheitsaufnahme

Die Farn- und Blütenpflanzen Baden-Württembergs / hrsg. von
Oskar Sebald ... [Die Hrsg. erfolgte in Zusammenarbeit mit der
Landesanstalt für Umweltschutz Baden-Württemberg und den
Direktionen der Staatlichen Museen für Naturkunde in
Stuttgart und Karlsruhe]. – Stuttgart : Ulmer.
NE: Sebald, Oskar [Hrsg.]

Bd. 3. Spezieller Teil (Spermatophyta, Unterklasse Rosidae) :
   Droseraceae bis Fabaceae / Autoren: Oskar Sebald ...
   Mit Beitr. von Manfred Rösch ... – 1992
   ISBN 3-8001-3314-8

© 1992 Eugen Ulmer GmbH & Co.
Wollgrasweg 41, 7000 Stuttgart 70 (Hohenheim)
Printed in Germany
Einbandgestaltung: A. Krugmann, Freiberg am Neckar
Satz: Typobauer Filmsatz GmbH, Ostfildern-Scharnhausen
Druck und Bindung: Passavia GmbH, Passau
Gedruckt auf Phöno-matt der Papierfabrik Scheufelen, Oberlenningen,
hergestellt aus 100 % chlorfrei gebleichtem Zellstoff

Inhaltsverzeichnis

Vorwort zu Band 3 und 4

Die beiden ersten Bände der „Farn- und Blüten-pflanzen Baden-Württembergs" hatten gute Auf-nahme gefunden. Sie werden demnächst in einem überarbeiteten Nachdruck neu erscheinen. Die in diesen Bänden gewählte Anordnung und Gliede-rung des Inhalts hat sich bewährt, so daß diese in den folgenden Bänden beibehalten werden können.

Die ursprünglich für einen Band 3 vorgesehene Behandlung der Unterklasse Rosidae mußte wegen der Fülle des Materials auf 2 Bände ausgedehnt werden, die nun als Band 3 und 4 geführt werden. Die Unterklasser Asteridae, zum großen Teil iden-tisch mit den Sympetalen (Verwachsenkronblättri-gen) wird dann als Band 5 (und eventuell 6) folgen.

Nicht neu eingefügt, aber erstmals durch eine eigene halbfette Überschrift „Erstnachweise" her-vorgehoben werden die verfügbaren Informationen über die ältesten subfossilen bzw. archäologischen Funde und die ältesten Literaturangaben, allerdings nur, wenn sie sich auf das Gebiet des Landes Baden-Württemberg beziehen. Die Angaben der subfossilen und archäologischen Erstnachweise hat wieder Dr. M. RÖSCH, Gaienhofen-Hemmenhofen, zusammengestellt, die literarischen Erstangaben hat Prof. Dr. S. SEYBOLD, Stuttgart, ermittelt.

Die Bearbeitung der Texte und Verbreitungskar-ten der Bände 3 und 4 erfolgte hauptsächlich in den Jahren 1989 bis 1991. Während dieser Zeit lief auch die Geländearbeit an der floristischen Kartierung mit unverminderter Intensität weiter. Es ist uns daher ein besonderes Anliegen, den bewährten eh-renamtlichen Mitarbeitern der floristischen Kartie-rung an erster Stelle herzlich zu danken, sowohl denen, die schon lange beteiligt sind, wie auch denen, die erst in den letzten Jahren dazugestoßen sind. Die folgende Liste enthält die Namen der Damen und Herren, die uns durch größere oder kleinere Beiträge zur floristischen Kartierung unterstützt haben.

Mitarbeiter der Kartierung

Ade, Manfred – Oberndorf-Aistaig
Ahrens, Matthias – Karlsruhe
Aichele, Dr. Dietmar – Ehningen
Aigeldinger, Karl – Epfendorf
Aleksejew, Peter – Schwäbisch Gmünd
von Arand-Ackerfeld, Erwin (†) – Munderkingen
Arnold, Klaus – Bietigheim-Bissingen
Aßmann, Adolf (†) – Zavelstein
Banzhaf, Peter – Königsbronn
Banzhaf, Roland – Ulm
Baral, Hans-Otto – Tübingen-Pfrondorf
Batters, Dr. H. – Westhausen
Bauer, Heinz-Peter – Stuttgart
Baumann, Dr. Helmut – Böblingen
Baumann, Karl – Nürtingen
Bayer, Dr. Otto – Bad Mergentheim
Beck, Ernst (†) – Albstadt-Ebingen
Bense, Gerda – Mössingen
Benzing, Dr. Alfred (†) – Schwenningen
Bergmann, Waldtraut – Blaustein
Berndt, Reinhard – Reutlingen
Beylere, Burkhart – Konstanz
Bogenrieder, Prof. Dr. Arno – Freiburg i. Br.
Boness, Dr. Martin – Leverkusen
Bosch, Helmut – Blaustein-Arnegg
Braun, Günter – Lörrach
Brauner
Bresch, Jochen – Kehl-Goldscheuer
Brettar, Otto (†) – Kaiserslautern
Breunig, Thomas – Karlsruhe
Brielmaier, Georg Wolfgang (†) – Wangen/Allgäu
Buck, Ulrich – Ditzingen
Buck-Feucht, Dr. Gertrud – Kirchheim/Teck
Bücking, Elisabeth – Freiburg
Bücking, Dr. Winfried – Freiburg
Bückle, Eugen – Winnenden-Birkmannsweiler
Bujotzek, Elisabeth – Heidenheim
Burghardt, Helmut – Neuss
Buschle, Alfred – Schweinhausen
Bussmann, Rainer – Leutkirch
Butter, Dieter – Söhnstetten
Buttler, Dr. Karl Peter – Frankfurt/Main
Cammisar, Franz – Tübingen
Chattopadhyay, Rathin – Stuttgart
Demuth, Siegfried – Karlsruhe
Deischle, Siegfried – Stuttgart
Detzem Peter – Tübingen
Dienst, Michael – Konstanz
Dierssen, Prof. Dr. Klaus – Kiel

Dieterich, Dr. Hermann (†) – Stuttgart
Dirbach, Ulrich – Karlsruhe
Dittrich, Werner – Tübingen
Döler, Hans-Peter – Tübingen
Dörr, Dr. Erhard – Kempten
Dorka, U. – Freudenstadt
Dorka, V. – Freudenstadt
Dühring Volker – Zaberfeld
Düll, Prof. Dr. Ruprecht – Duisburg
Embert, Gustav – Stuttgart
Enderle, Dr. Wilhelm – Wangen Allgäu
Engelhardt, Ottmar – Neresheim
Eisenschmid, Hans P. – Neuenbürg
Feldweg, Otto – Tübingen
Filzer, Prof. Dr. Paul – Tübingen
Fink, Ursula – Großbottwar
Fischer, Rudolf (†) – Nördlingen
Flogaus, Robert – Kirchheim/Teck
Franke, Martin (†) – Esslingen
Freund, Clemens – Freiburg
Friedhoff, Ulrich – Ulm
Geissert, Fritz – Sessenheim
Genser, Joachim – Stuttgart
Gewers, Georg – Stuttgart
Glock, Heinrich – Wüstenrot-Berg
Glocker, Hans – Ludwigsburg
Gölkel, Walter – Zainingen
Göring, Michael
Görs, Dr. Sabine – Ettlingen
Gotthard, Prof. Dr. Werner – Ostfildern
Gottschlich, Günter – Tübingen-Hagelloch
Gramlich, Ralf – Gemmingen
Grass, Dr. Wilhelm (†) – Schwäbisch Gmünd
Greb, Dr. Helmut – Ludwigsburg
Grüttner, Dr. Astrid –Denzlingen
Haas, Dr. Hans – Stuttgart
Hagemann, Prof. Dr. Wolfgang – Heidelberg
Haisch, Bernd – Stutensee
Harms, Dr. Karl Hermann – Karlsruhe
Harr, Siegfried – Reutin bei Oberndorf
Hassler, Dr. Michael – Bruchsal
Hauff, Dr. Rudolf (†) – Geislingen/Steige
Haug, Otto (†) – Möttlingen
Hauser, Herbert – Renningen
Heil, Norbert – Oedheim
Held, Frieder – Weinheim
Hellmann, Dr. Volker – Konstanz
Hengel, Walter – Weidenstetten
Henkel, Siegfried – Güglingen
Henn, Prof. Karl – Radolfzell
von Heydebrand, Dr. Ernst (†) – Heidenheim
Hirsch
Hölzer, Dr. Adam – Karlsruhe
Hügin, Dr. Gerhard (†) – Denzlingen

Hügin, Dr. Gerold – Denzlingen
Hündorf, Bernd-R. – Fridingen
Illich, Heinz – Marbach
Jackwert, Willy – Bad Alexandersbad
Jacob, Dr. Dieter – Überlingen
Kätzler, Wolfgang – Schallstadt-Wolfenweiler
Karl, Willy (†) – Albstadt
Kellner, Dr. Kurt – Marburg
Kersting, Gerhard – Freiburg i. Br.
Kiechle, Josef – Konstanz
Kleinsteuber, Andreas – Karlsruhe
Kless, Gotthard – Fröhnd-Ittenschwand
Klotz, Erich – Stuttgart
Knoch, Dieter – Emmendingen
Koch, Eberhard – Gottmadingen
Koch, Erwin (†) – Heidenheim
Koch, Ulf – Freiburg
Köhler, Erich – Künzelsau-Morsbach
Köster, Peter – Biberach
Korneck, Dieter – Wachtberg-Niederbachem
Krach, Dr. J. Ernst – Pappenheim
Kramer, Dr. Wolfgang – March
Krieglsteiner, Lothar – Schwäbisch Hall
Kroymann, Burkhard – Stuttgart
Kübler-Thomas, Margarete – Karlsruhe
Kümmel, Dr. Käthe – Brackenheim
Künkele, Dr. Siegfried – Stuttgart
Küstner, Werner – Stuttgart
Kulke, Joachim – Wurmlingen
Kull, Prof. Dr. Ulrich – Stuttgart
Kunick, Prof. Dr. Wolfram – Kassel
Kuon, Günter – Leutkirch
Kurz, Gerhard – Vöhringen
Längst, Roland – Schwäbisch Hall
Lages, Helmut – Überlingen
Lange, Dagmar – Frankfurt/Main
Leist, Dr. Norbert – Bad Schönborn
Lenker, Karl-Heinz – Aitrach
Lessig, Kurz Heinz – Stuttgart
Leuze, Volker – Schwäbisch Hall
Leibheit, Dr. Klaus – Stuttgart
Lippert, Dr. Wolfgang – München
Litzelmann-Jacobi, Maria – Lörrach-Haagen
Lotze, Ursula – Stuttgart
Lutz, Peter – Freiburg
Maass, Inge – Stuttgart
Mahler, Prof. Karl (†) – Aalen
Maier, G.
Marquart, Max – Sigmaringen
Mattern, Dr. Hans – Stuttgart
May, Thomas – Freiburg
Mayer, Georg – Albstadt
Meckle, Jakob – Blaubeuren-Weiler
Megerle, Andreas – Friedrichshafen

Mehlo, Gudrun – Reutlingen
Meszmer, Franz – Mosbach
Miller, Ulfried – Ravensburg
Mücke, Eginhardt – Filderstadt
Müller, Manfred – Neckarbischofsheim
Müller, Prof. Dr. Theo – Steinheim
Murmann-Kristen, Dr. Luise – Karlsruhe
Musfeldt, Klaus – Tübingen
Mutschler, Oswin – Crailsheim
Neubehler, Ralph – Karlsruhe
Neumann, Gerhard – Weinheim
Nickel, Dr. Elsa – Stuttgart
Nittinger, Dr. Hilde – Stuttgart
Nothdurft, Dr. Heinrich – Hamburg
Oberdorfer, Prof. Dr. Dr. h.c. Erich – Freiburg i. Br.
Oberhollenzer, Hans – Biberach
Payerl, Hans – Eschach
Peintinger, Markus – Radolfzell
Pfaff, Bertram – Meßkirch
Plieninger, Walter – Nordheim
Pröhl, Monika – Stuttgart
Rasbach, Helga – Glottertal
Rasbach, Dr. Kurt – Glottertal
Rathausky, Wolfgang – Werbach-Brunntal
Rauneker, Hugo – Ulm
Reichstein, Prof. Dr. Tadeus – Basel
Reick, Ferdinand (†) – Süßen/Fils
Reineke, Dieter – Freiburg
Reinhard, Wolfgang – Baden-Baden
Reinhardt, Edwin – Böblingen
Reinöhl, Heinz – Stuttgart
Rennwald, Erwin – Rheinstetten-Neuburgweier
Rennwald, Klaus – Kehl-Marlen
Rieker, Gerhard – Königsfeld
Rieks, Ralf – Böblingen
Rietdorf, Klaus – Bad Krozingen
Rodi, Prof. Dr. Dieter – Schwäbisch Gmünd
Rösch, Dr. Manfred – Hemmenhofen
Rohde, Ulrike – Karlsruhe
Roweck, Prof. Dr. Hartmut – Kiel
Rüdenauer, Barbara – Stuttgart
Rüdenauer, Klaus – Stuttgart
Sapper, Dr. Isolde (†) – Ludwigsburg
Sass, Henrik – Konstanz-Litzelstetten
Sattler, Thomas – Dietingen
Sauer, Michael – Stuttgart
Sauerbeck, Dr. Karl – Stuttgart
Sauvigny, Carola – Stuttgart
Schäfer-Verwimp, Alfons – Kreßbronn
Schäuffelen, Dr. Eugen – Ulm
Schedler, Dr. Jürgen – Stuttgart
Scheerer, Dr. Hans – Schorndorf
Scheler, Titus – Altdorf

Scherer, Hans – Inzigkofen
Scheuerle, Erwin (†) – Leonberg-Warmbronn
Scheuerle, Margarete – Leonberg-Warmbronn
Schiefer, Dr. Jochen (†) – Aulendorf
Schill, Gottlob – Münsingen
Schimpf, Frieder – Kirchberg/Jagst
Schlegel
Schlenker, Prof. Dr. Gerhard – Traifelberg
Schlesinger, Siegfried – Teningen
Schloß, Dr. Siegfried – Jockgrim
Schmatelka, Norbert – Freudental
Schnedler, Wieland – Asslar-Bechlingen
Schneider, Gabi – Hausham
Schneider, Georg – Amstetten
Schölch, Dr. Friedrich – Heidelberg
Schönfelder, Prof. Dr. Peter – Regensburg
Schönleber, Dorothea (†) – Stuttgart
Schuhwerk, Dr. Franz – München
Schultheiß, Franz (†) – Ellwangen
Schulz, Herbert – Braunschweig
Schulze, Dr. Gerhard – Ludwigshafen
Schwabe, Dr. Angelika – Freiburg
Schwegler, Dr. Heinz-Werner – Backnang
Seidel, Dr. Dankwart – Bad Zwischenahn
Seiler, Walter – Stuttgart
Seitz, Dr. Ekkehard – Nonnenhorn
Seliger, Eberhard
Semmelmann, Thomas – Karlsruhe
Senghas, Dr. Karlheinz – Heidelberg
Seybold, Rainer – Leonberg-Warmbronn
Simon, Werner – Stuttgart
Sindele, Anton – Kornwestheim
Smettan, Dr. Hans – Ostfildern
Spelda, Jörg – Eßlingen
Spitznagel, August – Igersheim
Stadelmaier, Hartwig – Tübingen
Stauber, Josef – Ehingen
Steidel, Cornelie – Stuttgart
Steiner, Luisa – Freiburg
Stieglitz, Wolf – Erkrath
Stöhr, Harald – Fellbach
Thomas, Peter – Karlsruhe
Thomma, Robert – Murg-Oberhof
Timmermann, Georg – Rottenburg
Todt, Friedrich (†) – Mühlacker
Treiber, Reinhold – Freudenstadt
Türk, Prof. Dr. Roman – Salzburg
Venth, Wiltrud – Tübingen
Verwimp, Inge – Kressbronn
Veyhl, Walter – Besigheim
Vock, Werner (†) – Stuttgart
Vogelgsang, Werner – Riedlingen
Voggenreiter, Dr. Volker – Bonn
Voggesberger, Monika – Stuttgart

Walderich, Ludwig – Gingen
Walderich, Manfred – Gingen
Walsberg, Margarete – Schwieberdingen
Walter, Hans – Oberberken
Walz, Dieter – Weißach-Flacht
Warth, Dr. Manfred – Stuttgart
Weber, Petra – Tübingen
Wehrmaker, Dr. Alfred – Tübingen
Weidmann, Elmar – Blaubeuren-Gerhausen
Weimert, Helmut – Königheim-Gissigheim
Weischedel, Inge – Stuttgart
Weiss, Martin – Stuttgart
Weller, Prof. Dr. Friedrich – Nürtingen
Westrich, Dr. Paul – Tübingen
Willbold, Elmar – Dürnau
Willbold, Hans – Dürnau
Willer, Dr. Karl-Heinz – Walldorf
Wilmanns, Prof. Dr. Otti – Freiburg i. Br.
Wimmenauer, Prof. Dr. Wolfhard – Freiburg i. Br.
Winkelmann, Artur – Aindling
Winterhoff, Prof. Dr. Wulfard – Sandhausen
Wirth, Dr. Volkmar – Stuttgart
Witschel, Dr. Michael – Freiburg
Wörz, Dr. Arno – Stuttgart
Wolf, Hilde – Marbach
Wolf, Thomas – Karlsruhe
Wolff, Peter – Saarbrücken
Wolfstetter, Karl F. (†) – Wörth Main
Wrede, Dr. Walter (†) – Nagold
Zeuner, Hans – Herrenberg
Zidorn, Peter – Spraitbach
Ziegler, Ernst (†) – Ludwigsburg
Zier, Lothar – Königseggwald
Zindler-Frank, Dr. Elisabeth – Konstanz
Zinke, Felix – Villingen-Schwenningen
Zorzi, Martin – Stuttgart

Außer den drei Herausgebern arbeiteten haupt-amtlich an den Bänden 3 und 4 Frau Dipl.-Biol. MONIKA VOGGESBERGER in Stuttgart und Herr Dipl.-Biol. SIEGFRIED DEMUTH in Karlsruhe mit. Die finanziellen Mittel stellte dafür wieder das Ministerium für Umwelt Baden-Württemberg zur Verfügung, dem wir dafür besonders danken möchten.

Für die Bearbeitung einiger schwieriger Gattungen konnten erfahrene Kenner gewonnen werden: Die Bearbeitung der Gattung *Rubus* übernahm Prof. Dr. H.E. WEBER, Vechta, die Gattung *Rosa* G. TIMMERMANN, Rottenburg. Prof. Dr. TH. MÜLLER, Steinheim/Murr, stellte umfangreiche Verbreitungsangaben zu *Rosa*, *Crataegus* und einigen anderen Gattungen zur Verfügung. Dr. W. LIPPERT, München, beriet uns zu *Alchemilla* und revidierte Herbarbelege. Herr Dr. A. KAPPUS (Neuried-Altenheim) gab Ratschläge zu Fragen der Gattung *Oenothera* und sah die entsprechenden Abschnitte kritisch durch. Den Genannten gilt unser herzlicher Dank für ihre Unterstützung.

In seiner Zeit als wissenschaftlicher Volontär am Staatlichen Museum für Naturkunde in Stuttgart bearbeitete Dr. A. WÖRZ die Gattungen *Vicia*, *Lathyrus*, *Chaerophyllum* und *Anthriscus*. Bei der Auswertung von Quadrantenlisten und der Eingabe von Daten arbeiteten im Rahmen von Werkverträgen in Stuttgart Frau Dipl.-Biol. SUSANNE DIEHL und Frau Dipl.-Biol. GABRIELE ZAUNER mit. In Karlsruhe waren die Herren Dipl.-Biol. A. KLEINSTEUBER, Dipl.-Biol. R. NEUBEHLER und Dipl.-Biol. TH. WOLF mit dieser Arbeit betraut. Herr Dr. H. HÜGIN, Denzlingen, ergänzte zahlreiche Karten von Doldengewächsen und *Epilobium*-Arten. Unser Dank gilt diesen Mitarbeiterinnen und Mitarbeitern und allen Helfern, die uns bei der Vorbereitung der Texte und Verbreitungskarten unterstützt haben.

Daß auch die Bände 3 und 4 wieder eine gute und reichhaltige Bebilderung finden konnten, verdanken wir wieder der selbstlosen und großzügigen Hilfe durch eine Reihe von Fotografen. Besonders umfangreiches Bildmaterial erhielten wir von den Herren Dr. H. BAUMANN, Böblingen, und HEINZ SCHREMPP, Oberrimsingen. Ferner stellten uns folgende Fotografen ihre Dias zur Verfügung:

Aleksejew, Peter – Schwäbisch Gmünd
Demuth, Siegfried – Karlsruhe
Engelhardt, Ottmar – Neresheim
Haberer, Martin – Nürtingen
Payerl, Hans – Eschach
Rasbach, Dr. Kurt und Frau Helga – Glottertal
Reichenbach, Berthold – Herbolzheim
Schönfelder, Prof. Dr. Peter – Regensburg
Timmermann, Georg – Rottenburg
Voggesberger, Monika – Stuttgart
Walderich, Ludwig – Gingen/Fils
Weber, Prof. Dr. H.E. – Vechta
Willbold, Hans – Dürnau

Frau ROTRAUD HARLING, Fotografin am Staatlichen Museum für Naturkunde in Stuttgart, fertigte auf unseren Wunsch Aufnahmen von Herbarbelegen an. Bei allen Fotografen bedanken wir uns besonders herzlich für ihre Hilfe und bitten sie, nun ihr Augenmerk besonders auf die noch ausstehenden Pflanzenfamilien zu lenken.

Besonderen Dank schulden wir Herrn Dr. H. BAUMANN, Böblingen, der wieder Abbildungsvorlagen aus schwer zugänglicher älterer Literatur überließ.

Wir bedanken uns für die bereits langjährige finanzielle Förderung der Projekte im Rahmen der Grundlagenwerke zum Artenschutzprogramm des Landes Baden-Württemberg durch das Ministerium für Umwelt Baden-Württemberg unter den Herren Minister Dr. E. VETTER und HARALD B. SCHÄFER. In der zuständigen Abteilung, geleitet von den Herren Ministerialdirigenten DIETER ANGST, KLAUS RÖSCHEISEN und BERNHARD BAUER fanden wir hervorragende Unterstützung, ebenso bei dem verantwortlichen Referatsleiter Herrn Ministerialrat Dr. S. KÜNKELE.

Die Weiterführung des Projektes an den beiden Naturkundemuseen war nur möglich durch anhaltendes Verständnis und Unterstützung durch die Direktionen. Wir danken daher herzlich den Direktoren der Staatlichen Museen für Naturkunde in Stuttgart und in Karlsruhe, Herrn Prof. Dr. B. ZIEGLER und Herrn Prof. Dr. S. RIETSCHEL.

Die finanzielle Förderung des Drucks der beiden neuen Bände hat dankenswerterweise erneut die Stiftung Naturschutzfonds, vertreten durch ihre Vorsitzende, die Herren Minister Dr. E. VETTER und HARALD B. SCHÄFER sowie ihren Geschäftsführer, Herrn Ministerialrat Dr. E. HEIDERICH, übernommen. Damit wurde einer breiten Bevölkerungsschicht die Anschaffung dieser besonders gut ausgestatteten und besonders preiswerten Bücher ermöglicht.

Für die hervorragende Betreuung durch den Verlag Eugen Ulmer und für die gute Zusammenarbeit danken wir herzlich Herrn Verleger ROLAND ULMER und seinen Mitarbeitern, vor allem Herrn DIETER KLEINSCHROT.

Am Schluß des Vorworts möchten wir Herausgeber noch eine dringende Bitte äußern. Die Güte und die Vollständigkeit der Verbreitungskarten, die für uns das Kernstück dieses Werkes sind, hängt stark von den Fundmeldungen ab, die wir erhalten. Bitte senden Sie uns die Ergebnisse Ihrer Geländearbeit möglichst bald ein. Nachträge, die erst nach der Drucklegung bei uns eintreffen, können naturgemäß nicht mehr berücksichtigt werden. In Nachdrucken bzw. Neuauflagen wird dies aus Kostengründen nur bei besonders wichtigen Funden möglich sein. Warten Sie also bitte nicht, bis Sie auf den gedruckten Karten Lücken aufspüren und ausfüllen können. Fundangaben, die speziell den nächsten Teil betreffen (Unterklasse Asteridae, d. h. alle noch nicht behandelten dikotylen Pflanzenfamilien) sollten möglichst umgehend, spätestens jedoch auf Ende 1993, eingesandt werden. Ferner sind wir für die Mitteilung von Ergänzungen und Berichtigungen zu den Angaben im Text stets dankbar.

Wir hoffen, daß dieses Werk, dessen Erscheinen von so vielen Seiten begrüßt wurde, mit seinen Folgebänden weiterhin Anklang findet und den an der Natur und ihrer Erhaltung Interessierten die Schönheit unserer Pflanzenwelt nahe bringt. Als Ansporn zur weiteren Mitarbeit weisen wir darauf hin, daß das Umweltministerium die Umsetzung der Grundlagenwerke in Schutzmaßnahmen bereits eingeleitet hat.

Stuttgart und Karlsruhe   Oskar Sebald
Herbst 1992   Siegmund Seybold
    Georg Philippi

Kartierstand
1.7.1992

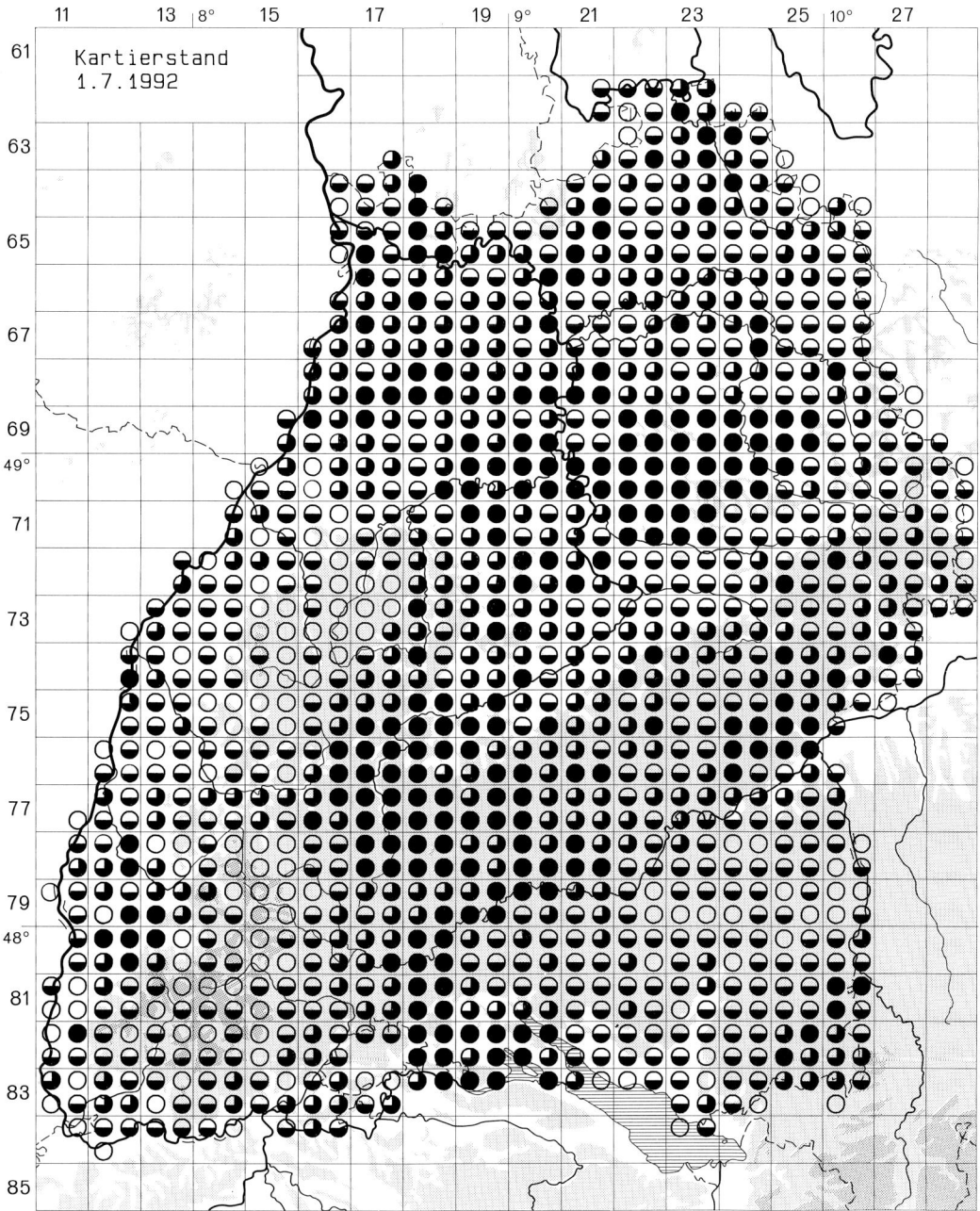

Stand der floristischen Karten von Baden-Württemberg am 1. 7. 1992.

Die Artenzahlen pro Quadrant sind in 4 Stufen eingetragen:

- über 500 Arten
- 400–500 Arten
- 300–400 Arten
- 200–300 Arten

keine Signatur = unter 200 Arten

Fundorte subfossiler Erstnachweise

Ergänzungen zum Verzeichnis im Band 1,
Seite 44 (M. RÖSCH)

64) Allensbach: Großrest- und Pollenanalysen aus spätneolithischen Ufersiedlungen der Horgener und Pfyner Kultur; die Horgener Besiedlung ist dendrochronologisch datiert ins 33.–29. Jhd. v. Chr., die Pfyner Besiedlung kann aufgrund von Pollenanalysen ins 39. bis 38. Jhd. v. Chr. gestellt werden (BILLAMBOZ 1990, KARG 1990, RÖSCH 1990b und c).

65) Bad Urach: Pollen- und Großrestanalysen an einer Stratigraphie aus Kalktuffen und Niedermoortorfen; Datierung der Torfe radiometrisch ins Späte Boreal (RÖSCH 1993)

66) Biberach: Großrestanalyse eines verkohlten Erbsen- und Getreidevorrates aus einem Grubenhaus des 13. Jahrhunderts n. Chr. am Viehmarkt (RÖSCH 1992a).

67) Bietigheim-Bissingen: Großrestanalysen aus einer bandkeramischen Mineralbodensiedlung; Datierung nur archäologisch-typologisch; aufgrund der allgemeinen Zeitstellung der bandkeramischen Kultur kann man erwarten, daß die Funde aus dem Mittleren Atlantikum stammen (PIENING 1989)

68) Bodman: Dreischichtige Uferstratigraphie der Frühbronzezeit am Schachenhorn, Großrestanalysen durch FRANK (1989); die mittlere und obere Schicht kann dendrochronologisch ins 17.–16. Jhd. v. Chr. datiert werden (BILLAMBOZ 1985), die untere dürfte aufgrund von Radiocarbondaten wohl im 19. Jhd. v. Chr. gebildet worden sein.

69) Bruchsal: Großrestanalysen aus mittelalterlichen Ablagerungen der ehemaligen Bischofsburg, archäologisch-typologisch datiert ins 9. bis 14. Jhd. n. Chr. (U. MAIER 1988), sowie Großrestanalysen in einem Michelsberger Erdwerk in Bruchsal-Aue (RÖSCH, unpubl.). Zwar liegen noch keine Radiocarbondaten vor, doch ist für eine Siedlung der jungneolithischen Michelsberger Kultur eine Zeitstellung im Frühen Subboreal zu erwarten.

70) Breitenried südöstlich von Dettingen, Kreis Konstanz: Pollen- und Großrestanalysen, Datierung pollenanalytisch (STARK 1927).

71) Burkheim, Gemeinde Vogtsburg, Kreis Breisgau-Hochschwarzwald: Mineralbodensiedlung der Urnenfelderkultur (Späte Bronzezeit); Großrestanalysen durch KÜSTER (1988); Datierung archäologisch-typologisch, für die Urnenfelderkultur ist eine Zeitstellung zwischen dem 12. und 8. Jhd. v. Chr. zu erwarten (unkalibriert: Ende des Mittleren und erste Hälfte des Späten Subboreal).

72) Creglingen-Frauental: Großrestanalysen an einem Grubenhaus der Bischheimer Gruppe (Späte Rössener Kultur, KREUZ 1985); zwar liegt nur die archäologisch-typologische Datierung vor, doch ist die mittelneolithische Rössener Kultur ins Späte Atlantikum zu stellen.

73) Ditzingen: Großrestanalysen an verkohlten Linsen- und Getreidevorräten aus einem Grubenhaus des 12. Jhd. n. Chr. (SILLMANN 1989).

74) Taubried: Großrest- und Pollenanalysen in jungneolithischer Moorsiedlung im südlichen Federseeried (K. BERTSCH 1931); Datierung pollenanalytisch.

75) Oedenahlen: Großrestanalysen in einer Moorsiedlung der jungneolithischen Pfyn-Altheimer Gruppe im nördlichen Federseeried (U. MAIER 1988); Datierung dendrochronologisch ins 37. Jhd. v. Chr. (BILLAMBOZ 1985).

76) Freiburg i. Br.: Großrestanalysen an mittelalterlichen Latrinen und anderen Ablagerungen (SILLMANN 1992 und in Vorber.).

77) Großsachsenheim: Großrestanalysen aus einer Mineralbodensiedlung der Schussenrieder Kultur (PIENING 1986); Datierung archäologisch-typologisch; die jungneolithische Schussenrieder Kultur ist an das Ende des Späten Atlantikums zu stellen.

78) Hagnau: vierschichtige Uferstratigraphie der Urnenfelderkultur (Späte Bronzezeit); Großrest- und Pollenanalysen (RÖSCH 1992b). Die mittleren Schichten dürften aufgrund dendrochronologischer Datierungen ins 11. und 10. Jahrhundert v. Chr. zu stellen sein (BILLAMBOZ 1985), die unterste Schicht ins 12., die oberste wohl ins 9. Jahrhundert (radiometrische und pollenanalytische Datierung).

79) Heidelberg: Großrestanalysen an Spätmittelalterlichen und frühneuzeitlichen Latrinenfüllungen und anderen Befunden am Kornmarkt (BOPP & ZENNER, unpubl., RÖSCH, unpubl.) und im ehemaligen Augustinerkloster (Tiefmagazin der Universitätsbibliothek, RÖSCH 1992c, Datierung: Spätes 15. und frühes 17. Jhd. n. Chr.).

80) Heilbronn-Klingenberg: Erdwerk der jungneolithischen Michelsberger Kultur mit Befunden der Bandkeramik und der Hallstatt-/Latène-Zeit; Großrestanalysen durch STIKA

(1988), Datierung nur archäologisch-typologisch; die bandkeramischen Befunde dürften ins Mittlere Atlantikum datieren, die Michelsberger ins Frühe Subboreal und die eisenzeitlichen ins Späte Subboreal und Frühe Atlantikum.

81) Heuneburg bei Hundersingen: Großrestanalysen an Gefäßabdrücken aus einer hallstattzeitlichen Befestigungsanlage (5./6. Jhd. v. Chr., KÖRBER-GROHNE 1981).

82) Hilzingen: Siedlung der Linearbandkeramik, Großrestanalysen durch STIKA (1991). Aufgrund von Radiocarbondaten ist die Siedlung an das Ende des Mittleren Atlantikum zu stellen (DIECKMANN & FRITSCH 1990).

83) Hoßkirch: Pollenanalysen in Mooren um Hoßkirch (GÖTTLICH 1960).

84) Kirchheim am Ries-Benzenzimmern: Großrestanalyse eines Grubenhauses der vorrömischen Eisenzeit (Frühes Subatlantikum, Hallstatt-D-Latène B/C, 6.–2. Jhd. v. Chr., RÖSCH, unpubl.).

86 Kirchheim/Teck: Großrestanalysen: 1. an umgelagerter Kulturschicht aus Bachsedimenten, die aufgrund archäologischer Funde in die Völkerwanderungszeit datiert werden (Charlottenstr., 3.–5. Jhd. n. Chr., RÖSCH, unpubl.). 2. an hochmittelalterlichen Grubenhäusern und spätmittelalterlichen Latrinen (Krautmarkt, RÖSCH 1988 und in Vorber.).

86) Köngen: Großrestanalysen an einem römischen Brunnen des 2. Jhd. n. Chr. (S. MAIER 1988) sowie an einem verkohlten Vorrat von Ackerbohnen aus einem römischen Tongefäß (BAAS 1987).

87) Konstanz: Großrestanalysen an vorwiegend hoch- bis spätmittelalterlichen Befunden (KÜSTER 1988a u. b, 1991, 1992).

88) Ladenburg: Großrestanalysen mittelalterlicher (frühes 16. Jhd.) Schichten aus einem Brunnen (U. MAIER 1983).

89) Langenburg-Unterregenbach: Mittelalterliche Siedlungsbefunde, Großrestanalyse eines verkohlten Gerstenvorrats aus einem Steinkeller des 14./15. Jhd. (RÖSCH, unpubl.).

90) Lauchheim: Frühmittelalterliches Gräberfeld (Flur Wasserfurche) und Siedlung (Flur Mittelhofen), Großrestanalysen an Grubenhausfüllungen (KOKABI & RÖSCH 1991, RÖSCH, unpubl.).

91) Mainhardt: Großrestanalysen an einer römischen Brunnenfüllung im Kastellvicus von Mainhardt (3. Jhd. n. Chr., KÖRBER-GROHNE & RÖSCH 1988).

92) Mühlheim/Donau-Stetten: Frühmittelalterliche Siedlung, Großrestanalysen durch RÖSCH (1989b u. unpubl.).

93) Murrhardt: Großrest- und Pollenanalysen an zwei römischen Brunnen im Kastellvicus von Murrhardt (RÖSCH 1989a, RÖSCH, SCHLUMBAUM & BIERI-STECK, in Vorber.). Beide Brunnen dürften in der zweiten Hälfte des 2. Jhd. n. Chr. verfüllt worden sein. Für die Eichenholzverschalung beider Brunnen liegen dendrochronologische Schlagdaten vor (161 und 162 n. Chr., Datierung durch B. BECKER, zitiert nach KRAUSE 1989).

94) Osterburken: Großrestanalysen an Bodenproben aus einem römischen Weihebezirk im Kastellbereich (2./3. Jhd. n. Chr., KIEFER 1984).

95) Renningen: Früh- bis hochmittelalterliche Siedlung, Großrestanalysen an Brunnenfüllungen und Grubenhäusern des 8. bis 10. Jhd. n. Chr. (RÖSCH 1990f).

96) Rottweil: Großrestanalysen an einem römischen Brunnen (BAAS 1974); Datierung der Füllung dendrochronologisch auf 186 n. Chr.; sowie an einer hochmittelalterlichen (13. Jhd.) Grube aus dem Bereich des Dominikanerklosters (RÖSCH, unpubl.).

97) Sontheim/Brenz: römische Anlage in der Flur Braike; Großrestanalyse einer Brunnen- und Kellerfüllung (RÖSCH 1991a), Datierung des Brunnens dendrochronologisch durch B. BECKER und durch Münzfunde in die zweite Hälfte des 2. Jhd. n. Chr. (NUBER 1984).

98) Stuttgart-Berg: Pollen- und Großrestanalysen an Flußsedimenten des Neckars (K. BERTSCH 1929), Datierung durch Pollenanalyse.

99) Stuttgart-Mühlhausen: Großrestanalysen aus Gruben der Urnenfelder- und Frühlatenezeit; Datierung nur archäologisch-typologisch.

100) Tamm: Großrestanalyse an einer hallstattzeitlichen Grube in Hohenstange (PIENING 1982).

101) Tübingen: Großrestanalysen an zwei hochmittelalterlichen (13. Jhd.) Gruben mit Feuchterhaltung am Kelternplatz (RÖSCH 1991b u. in Vorber.).

102) Pforzheim: Großrestanalysen an einem römischen Brunnen (FIETZ 1961).

103) Gaienhofen: Pollen- und Großrestanalysen sowie sediment-petrographische Untersuchungen an einem telmatischen Profil vom Bodenseeufer, Datierung durch 14C und Pollenanalyse (RÖSCH & OSTENDORP 1988).

Spezieller Teil

In dem speziellen Teil dieses Werkes werden die Farnpflanzen (Pteridophyta) und die Samen- oder Blütenpflanzen (Spermatophyta oder Anthophyta) Baden-Württembergs behandelt. Beide Abteilungen des Pflanzenreichs werden auch unter den Begriffen Gefäßpflanzen oder Kormophyten zusammengefaßt. Der Vegetationskörper ist bei beiden Abteilungen in der Regel ein aus den drei Grundorganen Sproßachse, Blatt und Wurzel aufgebauter Kormus. Die Bezeichnung Gefäßpflanzen leitet sich von dem bei beiden Abteilungen besonders ausdifferenzierten Leitungsgewebe ab.

Liste der Signaturen auf den Verbreitungskarten

- ● Beobachtung 1970 und später
- ◗ Beobachtung zwischen dem 1. 1. 1945 und dem 31. 12. 1969
- ◒ Beobachtung zwischen 1900 und 1944
- ○ Beobachtung vor 1900
- ○ Beobachtung nur für ein bestimmtes Meßtischblatt, nicht aber für einen bestimmten Quadranten angegeben, Zeitraum 1945 und später.

Liste der Abkürzungen und Zeichen

agg.	= Aggregat, Bezeichnung für eine Gruppe nah verwandter, schwierig zu unterscheidender Kleinarten
BAS	= Herbarium des Botanischen Instituts der Universität Basel
BASBG	= Herbarium der Basler Botanischen Gesellschaft
BBZ	= Berichte des Botanischen Zirkels Stuttgart (Xerokopien)
cv.	= Cultivar (Sorte einer Nutz-oder Zierpflanze)
EGM	= EICHLER, GRADMANN u. MEIGEN (1905–27): Ergebnisse der pflanzengeographischen Durchforschung von Württemberg, Baden und Hohenzollern.
ERZ	= Herbarium des Fürstin-Eugenie-Instituts für Heilpflanzenforschung,

früher Schloß Lindich bei Hechingen, heute dem Herbarium TUB angegliedert.

et al.	= und andere
G0–G5	= Gefährdungskategorien der Roten Liste 1983 (HARMS et al.)
KR	= Herbarium des Staatlichen Museums für Naturkunde Karlsruhe
KR-K	= Kartei der Botanischen Abteilung des Staatlichen Museums für Naturkunde Karlsruhe
L/B	= Verhältnis Länge : Breite
LfU	= Landesanstalt für Umweltschutz Baden-Württemberg
MTB	= Meßtischblatt (Karte 1 : 25000)
nom. cons.	= nomen conservandum, manche Gattungsnamen sind als Ausnahmen von der Prioritätsregel gegen ältere Namen geschützt.
nom. inv.	= nomen invalidum, ungültiger Name
o. O.	= ohne Ortsangabe (Angabe aus den Kartierungsunterlagen ohne Nennung eines Fundorts, aber unter Bezug auf einen bestimmten Quadranten oder auf ein bestimmtes Meßtischblatt).
s. l.	= sensu lato, in weiterem Sinne (bei Arten, die in mehrere Unterarten oder Kleinarten aufgeteilt werden können).
s. str.	= sensu stricto, im engen Sinne (s. Erläuterung bei s. l.).
STU	= Herbarium des Staatlichen Museums für Naturkunde Stuttgart
STU-K	= Kartei der Botanischen Abteilung des Staatlichen Museums für Naturkunde Stuttgart
TUB	= Herbarium des Biologischen Instituts der Universität Tübingen
ZKM	= Zettelkatalog MARTENS (Teil von STU-K)
ZT	= Herbarium des Instituts für spezielle Botanik an der Eidgenössischen Technischen Hochschule in Zürich

♂	=	männlich
♀	=	weiblich
<	=	kleiner als
>	=	größer als
≈	=	angenähert gleich
ø	=	Durchmesser

Spermatophyta (Anthophyta) Samenpflanzen (Blütenpflanzen)

(Fortsetzung)

Unterklasse

Rosidae
Rosenähnliche

Zu dieser Unterklasse gehören nach HEYWOOD (1978) folgende Ordnungen und Familien:

Ordnung Rosales – Rosenartige
    Familie Droseraceae – Sonnentaugewächse
    Familie Rosaceae – Rosengewächse
    Familie Crassulaceae – Dickblattgewächse
    Familie Saxifragaceae – Steinbrechgewächse
    Familie Parnassiaceae – Herzblattgewächse
    Familie Grossulariaceae – Stachelbeergewächse
Ordnung Fabales – Hülsenfrüchtler
    Familie Fabaceae (Papilionaceae) – Schmetterlingsblütler
Ordnung Haloragales – Seebeerenartige
    Familie Haloragaceae – Seebeerengewächse
    Familie Hippuridaceae – Tannenwedelgewächse
Ordnung Myrtales – Myrtenartige
    Familie Trapaceae – Wassernußgewächse
    Familie Lythraceae – Weiderichgewächse
    Familie Thymelaeceae – Seidelbastgewächse
    Familie Onagraceae – Nachtkerzengewächse
Ordnung Cornales – Hartriegelartige
    Familie Cornaceae – Hartriegelgewächse
Ordnung Proteales – Proteaartige
    Familie Elaeagnaceae – Ölweidengewächse
Ordnung Santalales – Sandelholzartige
    Familie Santalaceae – Sandelholzgewächse
    Familie Loranthaceae – Mistelgewächse
Ordnung Celastrales – Baumwürgerartige
    Familie Celastraceae – Baumwürgergewächse
    Familie Aquifoliaceae – Stechpalmengewächse
Ordnung Euphorbiales – Wolfsmilchartige
    Familie Buxaceae – Buchsgewächse
    Familie Euphorbiaceae – Wolfsmilchgewächse
Ordnung Rhamnales – Kreuzdornartige
    Familie Rhamnaceae – Kreuzdorngewächse
    Familie Vitaceae – Weinrebengewächse
Ordnung Sapindales – Spindelbaumartige
    Familie Staphyleaceae – Pimpernußgewächse
    Familie Hippocastanaceae – Roßkastaniengewächse

    Familie Aceraceae – Ahorngewächse
    Familie Simaroubaceae – Bittereschengewächse
    Familie Rutaceae – Rautengewächse
Ordnung Juglandales – Walnußgewächse
    Familie Juglandaceae – Walnußgewächse
Ordnung Geraniales – Storchschnabelartige
    Familie Linaceae – Leingewächse
    Familie Geraniaceae – Storchschnabelgewächse
    Familie Oxalidaceae – Sauerkleegewächse
    Familie Balsaminaceae – Springkrautgewächse
Ordnung Polygalales – Kreuzblumenartige
    Familie Polygalaceae – Kreuzblumengewächse
Ordnung Umbellales – Doldenblütlerartige
    Familie Araliaceae – Araliengewächse
    Familie Apiaceae (Umbelliferae) – Doldengewächse

Von der Fassung der Familien wurde von HEYWOOD (1978) nur insofern abgewichen, als daß die Parnassiaceae und die Grossulariaceae nicht als Unterfamilien der Saxifragaceae sondern als eigene Familien behandelt wurden.

Von HEYWOOD (1978) abweichend werden von anderen Autoren einige Familien der Rosidae anderen Unterklassen zugeordnet, so vor allem findet man die Droseraceae häufig auch in der Ordnung Nepenthales der Unterklasse Dilleniidae (vgl. CRONQUIST 1981). Die Euphorbiaceae werden vor allem aufgrund der ähnlichen Struktur des Gynaeceums gern in die Nähe der Malvales gerückt und damit in die Unterklasse Dilleniidae (vgl. z.B. ROTHMALER 1976, 1986).

Die Rosidae zeigen im allgemeinen mehr abgeleitete Züge als die Magnoliidae, andererseits fehlen ihnen die besonderen Merkmale der Hamamelididae und der Caryophyllidae. Die Abgrenzung gegen die Dilleniidae ist weniger klar und eher durch die unterschiedliche Häufigkeit von Merkmalen zu charakterisieren als durch durchgehende Unterscheidungsmerkmale. Bei Rosidae-Familien mit zahlreichen Staubblättern erfolgt die Entwicklung zentripetal, d.h. die Bildung zusätzlicher Staubblattanlagen erfolgt in Richtung zum Zentrum der Blüte (bei den Caryophyllidae zentrifugal). Die Blüten sind überwiegend zyklisch und freikronblättrig. Kennzeichnend ist die Tendenz zu becherförmig vertieften oder scheibenförmig verbreiterten Blütenböden. Die parietale Plazentation ist relativ selten. Die Tendenz zur Ausbildung von nur 1 der 2 Samenanlagen pro Fruchtblatt ist besonders hoch. Die Blätter sind häufig besonders tief eingeschnitten oder in getrennte Teilblätter gegliedert. Es wird angenommen, daß sich die Unterklassen der Dilleniidae und der Rosidae schon getrennt aus Vorfahren der heutigen Magnoliidae heraus entwickelt haben.

Innerhalb der Rosidae zeigen die Rosales am meisten ursprüngliche Merkmale. Alle übrigen Ordnungen lassen sich direkt oder indirekt von den Rosales ableiten. Von der noch stärker abgeleiteten Unterklasse der Asteridae unterscheiden sich die Rosidae durch die vorwiegend noch freien Kronblätter. Häufig sind auch mehr Staubblätter als Kronblätter vorhanden. Bei einigen Familien kommen noch apocarpe Fruchtknoten vor.

Droseraceae

Sonnentaugewächse
Bearbeiter: O. Sebald

Ausdauernde, kleine, krautige Pflanzen; Blätter in Rosetten oder in Quirlen, mit reizbaren Drüsenhaaren oder Tentakeln und Verdauungsdrüsen besetzt, Insekten und andere Kleintiere fangend und verdauend. Blüten radiär, 5zählig, zwittrig. Kronblätter frei; Staubblätter 5. Fruchtknoten oberständig, einfächerige, vielsamige Kapsel bildend, mit 3–5 Griffeln.

Die Familie besteht aus 4 Gattungen, der artenreichen Gattung *Drosera* und den 3 monotypischen Gattungen *Aldrovanda, Drosophyllum* und *Dionaea*.

Die Familie ist fast weltweit verbreitet, doch kommen von den etwa 90 Arten allein 50 in Australien vor. In Mitteleuropa kommen nur die monotypische Gattung *Aldrovanda* und die Gattung *Drosera* mit 3 Arten vor. Mit *Drosophyllum lusitanicum*, das nur in Südspanien und Portugal vorkommt, gibt es in Europa noch eine weitere Gattung der Familie.

Die systematische Stellung der Droseraceae ist bis in die jüngste Zeit etwas umstritten. Wegen der wandständigen Plazentation der Samenanlagen wird die Familie auch in die Nähe der Violales gerückt und damit in die Unterklasse Dilleniidae. Öfters findet man die Droseraceae jedoch in der Unterklasse Rosidae in den Ordnungen Rosales oder Saxifragales untergebracht.

1   Schwebende Wasserpflanze ohne Wurzeln; Blätter in Quirlen, längs der Mittelrippe zusammenklappend; Blüten einzeln . . . . 1. *Aldrovanda*
–   Sumpf- oder Landpflanzen mit grundständiger Blattrosette; Blüten zu mehreren, auf blattlosen Schäften in oft scheinährigen Wickeln   2. *Drosera*

1. **Aldrovanda** L. 1753
Wasserfalle

Die Gattung besteht nur aus der folgenden Art.

1. **Aldrovanda vesiculosa** L. 1753
Wasserfalle

Morphologie: Eine schwebende, wurzellose Wasserpflanze; Stengel einfach oder verzweigt, 3–30 cm lang. Blätter in oft dichten Quirlen zu 6–9, 10–15 mm lang, jeweils aus einem keilförmigen, basalen Teil mit 4–6 borstenförmigen Anhängen und einer rundlichen, um die Mittelrippe nach oben zusammenklappbaren Spreite bestehend. Oberseite mit Fühlborsten und gestielten Verdauungsdrüsen. Blüten in Europa kaum entwickelt. Kronblätter 5, grünlichweiß, 4–5 mm lang. Blüten einzeln, scheinbar achselständig.

Biologie: Vermehrung bei uns fast nur durch Winterknospen (Turionen), die nach dem Absterben der älteren Sproßteile im Herbst herabsinken und im schlammigen Untergrund überdauern. Die

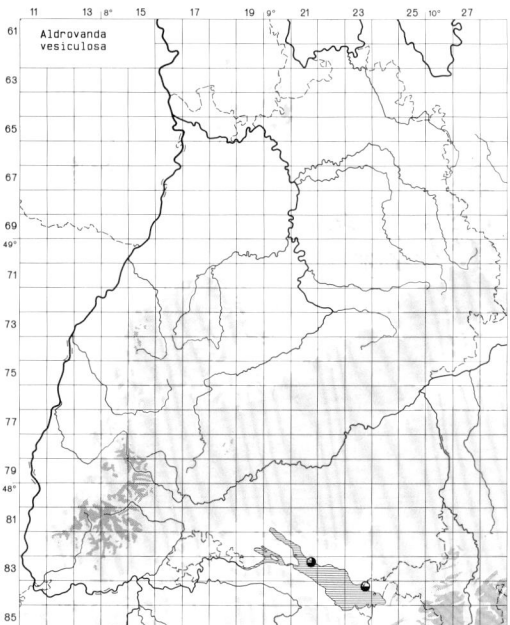

16

Wasserfalle *(Aldrovanda vesiculosa)*
Meersburg, ca. 1957

Blattspreite reagiert auf Berührungsreize mit raschem Zusammenklappen. Kleinere Insekten und andere Tiere werden festgehalten und mit Hilfe des Sekrets der Drüsen verdaut.

Ökologie: Bevorzugt werden seichte, stehende Gewässer mit kalkarmem Wasser und mit moorigschlammigem Untergrund; gern in lichten Röhrichtgürteln *(Phragmites, Cladium)*, aber auch im offenen Wasser, hier zusammen mit *Hippuris vulgaris, Polygonum amphibium* und *Lemna minor* (s. soziologische Aufnahmen bei S. Görs 1968: 31). Erträgt leichte Beschattung, benötigt aber eine gewisse sommerliche Erwärmung des Wassers. Ablassen der Weiher und starkes Durchfrieren des Untergrundes im Winter kann der Art offenbar gefährlich werden.

Allgemeine Verbreitung: Gemäßigtes Eurasien und Subtropen und Tropen der Alten Welt; in Europa ziemlich zerstreut in Süd-, Mittel- und Osteuropa, nach Norden bis Litauen und St. Petersburg; auf den Britischen Inseln und in Skandinavien fehlend; scheint vor allem durch die Zugvögel verbreitet zu werden.

Verbreitung in Baden-Württemberg: Bisher nur ein Vorkommen bekannt, das durch Ansalbung entstanden ist. Die Pflanzen zu dieser Ansalbung stammten allerdings aus einem natürlichen Vorkommen ebenfalls aus dem Bodenseegebiet, nämlich vom Bichel-Weiher (auch Bühl-Weiher genannt) bei Wasserburg (8423/2). Dieser Weiher liegt auf bayerischem Gebiet. Dieses Vorkommen wurde noch in die Karte eingetragen, um die relativ geringe Entfernung aufzuzeigen.

8321/2: Siechenweiher bei Meersburg, 465 m, 1904 eingesetzt von Schmidle (n. Hegi 1921: 507; Huber et al. 1904: 418) war 1967 reichlich, im Mai 1968 nach Ablassen des Weihers im Herbst 1967 immerhin noch in einigen Exemplaren vorhanden (S. Görs 1968). Seither scheint keine Bestätigung mehr vorzuliegen.

Das bayerische Vorkommen im Bichel-Weiher bei Wasserburg wurde 1885 von Hoppe-Seyler entdeckt. Nach Angaben von K. Bertsch (STU-K)

17

war es mindestens bis 1924, nach Angabe auf einem Herbaretikett (STU) mindestens bis 1926 noch vorhanden. Nach GÖRS (1968: 28) wurde die Art dort seit 1936 nicht mehr beobachtet. In diesem Jahr wurde der Weiher abgelassen und im folgenden Winter ausgefroren. Vielleicht liegt darin die Ursache des Verschwindens. 1967 setzte dort G. W. BRIELMAIER wieder 50 Pflanzen der Art aus (DÖRR 1974: 104). Die Pflanzen hatte er aus der Schweiz aus dem Mettmenhaslisee erhalten (GÖRS 1968: 29). Diese Pflanzen stammten ihrerseits vom Bichelweiher-Vorkommen ab. Nach BECHERER (1950: 491) wurde die Art im Mettmenhaslisee 1908 von Prof. Dr. G. STAHEL eingepflanzt. Zu der Wiedereinpflanzung im Bichel-Weiher stellt DÖRR (1974: 104) fest: „Ein Erfolg ließ sich bisher nicht konstatieren."

Bestand und Bedrohung: Die Art hatte in Baden-Württemberg kein natürliches Vorkommen. Das einzige angesalbte Vorkommen scheint ausgestorben oder verschollen zu sein (Rote Liste 1983: G O). Die Art neigt aufgrund ihrer Lebens- und Verbreitungsweise zur Unbeständigkeit unter unseren klimatischen Verhältnissen. Es ist nicht auszuschließen, daß sie durch Zugvögel über große Entfernungen hinweg eingeschleppt wird. Ansalbungen sind im allgemeinen höchst unerwünscht. Wegen der wissenschaftlichen Bedeutung mancher vom Aussterben bedrohter Arten können mit Erlaubnis der Naturschutzbehörden Ausnahmen zugelassen werden. GÖRS (1968) hält die Erhaltung der Wuchsorte von *A. vesiculosa* im Bodenseegebiet für einen solchen zulässigen Ausnahmefall.

2. **Drosera** L. 1753
Sonnentau

Blätter alle in grundständiger Rosette, ihre Oberseite besonders am Rand mit langen, rötlichen, an der Spitze drüsigen, reizbaren Haaren (Tentakeln) und mit sitzenden Drüsen. Blüten zu wenigen in scheinährigen Wickeln an der Spitzen von blattlosen Schäften. Blüten radiär, 5zählig; Kelchblätter basal verwachsen; Kronblätter frei, weiß; Staubblätter 5, zwischen den Kronblättern stehend. Fruchtknoten aus 3 Fruchtblättern; Griffel 3, tief zweispaltig. Kapsel einfächerig, vielsamig.

Die Gattung besteht aus rund 85 Arten, von denen die meisten in der südlichen Hemisphäre, vor allem in Australien und Neuseeland vorkommen. In Europa und in Baden-Württemberg kommen 3 *Drosera*-Arten sowie einige Bastarde zwischen diesen Arten vor.

Die *Drosera*-Arten vermehren sich auch vegetativ durch Knospen, die sich auf der Blattoberseite bilden und dann zu Sprossen auswachsen. Auch unfruchtbare Bastarde können sich so in Massen vermehren. In den Blüten sind die Staubbeutel oft schon vor der Öffnung der Blüten geöffnet und mit den Griffeln verwickelt. Die Blüten verhalten sich oft kleistogam (THOMMEN 1990). Selbstbestäubung ist die Regel.

Alle wildwachsenden Populationen der einheimischen *Drosera*-Arten sind nach der Bundesartenschutzverordnung vom 19. 12. 1986 besonders geschützt.

1   Blattspreite rundlich, plötzlich in den Stiel verschmälert; Blütenschaft 3- bis 7mal länger als die Blätter . . . . 1. *D. rotundifolia*
–   Blattspreite verkehrt-eiförmig bis nahezu linear, allmählich in der Stiel verschmälert 2
2   Blattspreite linear bis verkehrt-lanzettlich, 5- bis 8mal länger als breit; Blattstiel kahl oder mit einzelnen Haaren; Blütenschaft 2- bis 3mal länger als die Blätter, ± aufrecht . . . . . . 2. *D. anglica*
–   Blattspreite verkehrt-eiförmig bis spatelig, 2- bis 3mal so lang wie breit 3
3   Blütenschaft seitlich, bogig aufsteigend, auch im Fruchtstadium nur 2mal so lang wie die Blätter; Blattstiel kahl; Frucht länger als der Kelch . . . . 3. *D. intermedia*
–   Blütenschaft scheinbar endständig, mehr als 2mal so lang wie die Blätter; Blattstiel behaart oder wenigstens mit einzelnen Haaren; Frucht kürzer als der Kelch . . . . 1. × 2. *D.* × *obovata*

1. **Drosera rotundifolia** L. 1753
Rundblättriger Sonnentau

Morphologie: Ausdauernd; Blätter mit Stiel 2–6 cm lang, in dem Substrat anliegender Rosette; Blattspreite kreisrund bis queroval, 5–10 mm lang und bis 15 mm breit; Blattstiel 15–50 mm lang, behaart. Blütenschaft 7–25 cm lang, mit 4–12 Blüten, scheinbar endständig. Kronblätter 5 mm lang. Staubblätter 5, etwas kürzer als die Kronblätter. Kapsel glatt, eiförmig; Griffel 3, bis zum Grund 2spaltig.
Biologie: Blütezeit Juni bis August. Es herrscht Selbstbestäubung vor. Die Blüten öffnen sich nur für kurze Zeit oder auch überhaupt nicht. Die Blattrosetten bilden sich stockwerkartig übereinander jedes Jahr entsprechend dem Wachstum der umgebenden Torfmoospolster. BERTSCH (1925: 109) hat daraus im oberschwäbischen Brunnenholzried einen durchschnittlichen, jährlichen Zuwachs der Moose von 34 mm errechnet.
Ökologie: Auf feuchten bis nassen, nährstoffarmen, kalkfreien Torfböden, selten auch auf Mineralbö-

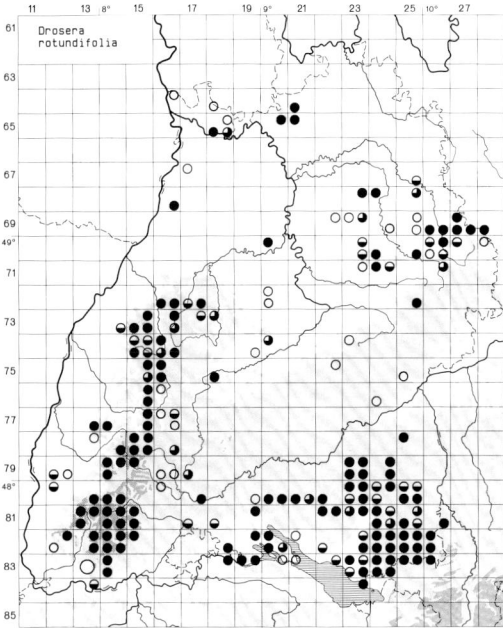

den (Grabenränder, nasse Felsen), meist zwischen Torfmoosen wachsend in Hochmoor-, Zwischenmoor- und bodensauren Flachmoor-Gesellschaften, sowie in feuchten Borstgrasrasen und Heiden. Die vielseitige Vergesellschaftung dieser Art ist am engsten mit verschiedenen *Sphagnum*-Arten. An höheren Pflanzen sind vor allem zu nennen: *Oxycoccus palustris, Eriophorum vaginatum, E. angustifolium, Carex limosa, C. lasiocarpa, C. diandra, C. stellulata, Lycopodiella inundata, Rhynchospora alba, Rh. fusca, Juncus squarrosus, J. acutiflorus* u.a. Vegetationskundliche Aufnahmen mit der Art finden sich aus dem Schwarzwald vor allem bei DIERSSEN (1984), im Alpenvorland z.B. bei GÖRS (1960) aus dem Pfrunger Ried, aus dem westlichen Bodenseegebiet bei LANG (1973) und aus dem Schwäbisch-Fränkischen Wald bei RODI (1960).

Allgemeine Verbreitung: Zirkumpolar in der gemäßigten bis borealen, stellenweise auch bis in die subarktische Zone. In fast ganz Europa, im Südeuropa allerdings nur in den Gebirgen; ferner noch im Kaukasus und Libanon, Sibirien, Japan, Nordamerika, Grönland.

Verbreitung in Baden-Württemberg: In den moorreichen Landschaften des Alpenvorlandes und des Schwarzwaldes noch einigermaßen verbreitet, nur sehr zerstreut im Schwäbisch-Fränkischen Wald, sonst selten bzw. erloschen oder ganz fehlend. In die folgende Fundortsaufstellung wurden nur die Fundorte außerhalb von Schwarzwald und Alpenvorland aufgenommen.

Oberrheingebiet: Nur wenige und heute fast alle erloschene Vorkommen; 6416/2: Sandtorf, SCHMIDT (1857: 36), SEUBERT und KLEIN (1905), wohl = Mannheim, SEUBERT und PRANTL (1885); 6717/1: Waghäusel, DÖLL (1843: 656), SCHMIDT (1857: 36) noch bestätigt, SEUBERT und KLEIN (1905), verschollen bei OBERDORFER (1936: 245); 6816/4: SW Graben, OBERDORFER (1936: 245), „heute infolge Kultivierung erloschen", PHILIPPI (1971: 34), Gradnausbruch bei Hochstetten, HÖLZER (KR-K) und THOMAS (1989: 90), 7314/4: Im Laufer Tal bei 300 m, 1923, NEUBERGER in W. ZIMMERMANN (1923: 267); wohl schon zum Schwarzwald zu rechnen; 7912/4: Mooswald versus Lehen, SPENNER (1829), DÖLL (1862); sumpfige Wiesen zwischen Mooswald und Hochdorf, KLOTZ (1887: 302); 8012/1: Mooswald bei Tiengen, REES in DE BARY (1865: 27), KLOTZ (1887: 302); Ochsenmoos westlich Freiburg, 1954, SCHNETTER und NOLD (1955), noch 1956, PHILLIPI (KR-K) = Opfingen, SCHLATTERER (1912: 177), häufig, NEUBERGER (1912), 1935, OBERDORFER (1936: 49); 8212/3: Heuberg bei Kandern, REINHARD (1883: 91 in Neue Standorte), noch nach 1970, PHILIPPI (KR-K).

Odenwald: Aus dem baden-württembergischen Anteil gibt es nur wenige Angaben. Eine Aufstellung der Vorkommen im hessischen Anteil findet sich bei BEISINGER (1955). Er bezeichnet die Art zu dieser Zeit sogar als noch ziemlich häufig. Die Angaben für Wertheim bei DÖLL (1843) beziehen sich offenbar nicht auf baden-württembergische Vorkommen. 6418/3: Bei Oberflockenbach, DÖLL (1843: 656; 1862); 6421/3: Mudau, um 1950, MESZMER (STU-K); 6518/2: Bei Wilhelmsfeld, DIERBACH (1819: 89), DÖLL (1862); 6518/3: Mühlental bei Handschuhsheim, GYSSER in SCHMIDT (1857: 36); Heidelberg, am Wolfsbrunnen, DÖLL (1862); o.O., um 1960, DÜLL (KR-K); o.O., SCHÖLCH (STU-K); Mausbachwiese, F. ZIMMERMANN (1925); 6518/4: Bei Schoenau, DIERBACH (1819: 89), SCHMIDT (1857), DÖLL (1862); o.O., um 1960, DÜLL (KR-K); 6520/2: Wagenschwend, noch 1987, MESZMER (1989); 6521/1: o.O., 1976/78, SCHÖLCH (STU-K).

Schwarzwald: Im Schwarzwald noch ziemlich verbreitet, wenn auch eine Reihe von Vorkommen nicht mehr bestätigt worden ist. Auf eine Aufzählung der Fundorte wird hier verzichtet. Viele aktuelle Angaben sind u.a. bei DIERSSEN (1984) zu entnehmen.

Neckarland: Mit Ausnahme des nordwürttembergischen Keuperberglandes nur ganz vereinzelte Vorkommen. 6725/4: Leofels, am „Eselssee", „etwa 200 Pflanzen", 1919, GACKSTATTER (STU-K EICHLER), SCHAAF (1925: 19), 1940, MÜRDEL (STU-K), heute erloschen; 6823/2: NSG Entlesboden, 1955, TH. MÜLLER in SCHEERER (1956: Tab. A, Aufn. 3), noch 1982, SEYBOLD und BUCK (STU-K); 6824/1: Kupfermoor, 1912, BÜHRLEN (STU-K), SCHAAF (1925), NEBEL (1986:Tab. 39); 6825/2: Triensbach, Schwarze Lache, (Reußenberg) 1898, BLEZINGER (STU-K), u.a., MATTERN (1962: 237); 6922/2: Finsterrot, am Neuen See, 1891, HERMANN (STU-K EICHLER); 6923/1: Zwischen Mönchsberg und Stock, GÖTZ (STU-K EICHLER); 6923/2: Östlich Lachweiler, 1968, SEBALD (1974:Tab. 29, Aufn. 1); 6924/4: Gaildorf, BLEZINGER (STU-K MARTENS), MARTENS und KEMMLER (1865); 6925/2: Hinteruhlberg, KIRCHNER und EICHLER (1900);

Rundblättriger Sonnentau *(Drosera rotundifolia)*
Feldsee, 4.8.1991

6925/4: Kammerstatt, 1856, KEMMLER (STU); 6926/3: Hofholz W Jagstzell, 1987, zahlreich, STEINMETZ (STU-K); ob = Unterknausen, HANEMANN (STU-K BERTSCH)?; 6926/4: Dietrichsweiler, 1973, HARMS (STU-K); Dankoltsweiler, SCHNIZLEIN und FRICKHINGER (1848); 6927/1: Rohrweiher, 1970, MUTSCHLER (STU-K); Wäldershub, „Mooslache", 1917, HANEMANN (STU-K); Neustädtlein-Rötlein, 1913, BLEZINGER (STU-K EICHLER); Bernhardsweiler, 1917, HANEMANN (STU-K), 1974, MUTSCHLER (STU-K); Wildenstein, 1971, SEYBOLD (STU-K); Wäldershuber See, 1904, GRADMANN (STU); 6927/3: Heiligenwald bei Konradsbronn, HANEMANN (STU-K BERTSCH); S Matzenbach, 1970, MUTSCHLER (STU-K); Galgenberg bei Ellenberg, SCHNIZLEIN und FRICKHINGER (1848); 6927/4: Gaxhardt, 1975, ENGELHARDT, 1979, SEYBOLD (STU-K); bei der Aumühle, 1969, SEYBOLD (STU-K), 1989 vergeblich gesucht; Tragenroder Weiher, 1970, SEYBOLD (STU-K), ob = Hintersteinbach, HANEMANN (STU-K BERTSCH)?; Wört-Stödtlen, 1917, HANEMANN (STU-K); 6928/3: Diederstetten, 1973, SEYBOLD (STU-K); 7020/1: Sersheimer Moor, 1930 von G. SCHLENKER entdeckt (KREH 1954: 73), 1957 sehr zahlreich, TODT (BZ.Bericht 1957/9), 1967 etwa 120 Pflanzen nach HELMECKE in SMETTAN (1991), 1968 noch „viele Exemplare", WOLF (1978), 1974 fast verschwunden, GLOCKER (STU-K), 1976 nicht mehr entdeckt, WOLF (1978); 7023/2: Murrhardt, HECKEL (1929: 127); 7023/4: Ebnisee, ziemlich zahlreich, 1902, FEUCHT (STU-K EICHLER); 7024/3: Schadberg, RODI (1960:Tab. 1 und 2), 1981 wenige Pflanzen, SEYBOLD (STU-K); Hellershof, massenhaft, zur Bereitung eines Augenöls benützt, (STU-K EICHLER); Birkhof, VON BIEBERSTEIN (STU-K EICHLER); Humbach bei

20

Schlechtbach, RODI (1960:Tab. 2, Aufn. 5); 7025/4: Eisenweiher, 1926, PLANKENHORN (STU), 1970 stark gefährdet durch Umbruch, SEYBOLD (STU-K); ob = Hammerschmiede, 1957, MAHLER (STU-K); 7026/1: Adelmannsfelden, HANEMANN (STU-K BERTSCH); 7026/2: Rotenbach bei Ellwangen, SCHNIZLEIN und FRICKHINGER (1848); Dietrichsweiler, 5000 Pflanzen, 1977, ZORZI (STU-K); braune Hardt, SCHABEL (1836); Ellwangen, bei der Rinderburg, 1946, MAHLER (STU-K); 7026/3: Abtsgmünd, ROESLER (STU-K MARTENS), MARTENS und KEMMLER (1865), ob dieser Quadrant?; 7026/4: Espachweiler, HANEMANN (STU-K BERTSCH); 7027/1: Häsleweiher, HANEMANN (STU-K BERTSCH); 7028/1: Tannhausen-Eck, FRICKHINGER (1911); 7123/2: Welzheim, 1891, A. MAYER (STU); 7124/1: Wahlenheim, RODI (1960: Tab. 1, Aufn. 30); Voggenberg, RODI (1960: Tab. 2, Aufn. 3); Burgholz, RODI (1963: 49); an der Rot S Hüttenbühl, RODI (1963: 49), 1987, NEBEL (STU-K); 7124/2: Heiligenbruck E Vorderlintal, SCHAAF (STU-K BERTSCH); 7126/2: E Hüttlingen, auf Goldshöfer Sanden, 1962, 12 Pflanzen, BAUR (STU-K); 1982 vergeblich gesucht, SEYBOLD (STU-K); 7220/1: Bei der Solitude, KERNER (1786: 107), ZENNECK (1822: 22), SCHÜBLER und VON MARTENS (1834), KIRCHNER (1888), „ist aber zweifellos verschwunden", KREH (1933: 46), „längst verschollen", SEYBOLD (1969); 7220/3: im Böblinger Wald, „am Weg von Maichingen nach Rohr", CLOSS (STU-K VON MARTENS), SCHÜBLER und VON MARTENS (1834), KIRCHNER (1888), längst verschollen, SEYBOLD (1969), 7419/4: Roseck, GMELIN (1772: 100), in einer Bergschlucht am Wald gegen Jesingen, SCHÜBLER (1822), SCHÜBLER und VON MARTENS (1834), bis 1898, A. MAYER (1904); 7420/1: Birkensee, SCHÜBLER und VON MARTENS (1834), u.a., 1965 noch 100 Pflanzen, HARMS (STU-K), heutige Pflanzen wohl nicht mehr ursprünglich sondern angepflanzt, ADE et al. (1990); 7518/3: Bodenloser See bei Empfingen, 1886, RIEBER (STU), u.a., 1971 noch wenige Pflanzen, SEBALD und SEYBOLD (STU-K); früher auch am unteren Isenburger Weiher vorkommend, um etwa 1930 trockengelegt, CHR. MAIER (STU-K).

Baar: Nur wenige, teilweise erloschene Vorkommen: 7916/3+4): Plattenmoos (Überaucher Moor), VON STENGEL in DÖLL (1862: 1252), SEUBERT und KLEIN (1905), ob = Villingen, SEUBERT und PRANTL (1885)?; 7917/3: Schwenninger Moos, erstmals bei STURM (1823) erwähnt, nach GÖRS (1968) noch zerstreut im ganzen Moos; 8016/1: Bruderwiese bei Mistelbrunn, 1855, ENGESSER in ZAHN (1889), schon zum Baar-Schwarzwald gehörend; 8017/4: Birkenried E Pfohren, DIERSSEN (1984: Tab. 6, Aufn. 20); wohl = Pfohren, SEUBERT und KLEIN (1905); Pfohrener Ried, 1855, BRUNNER in ZAHN (1889); Unterhölzer Weiher, 1949, HAUG (STU-K); ob = Donaueschingen, SEUBERT und PRANTL (1885)?

Schwäbische Alb: Nur wenige Vorkommen, von den wohl nur noch eines existiert. 7225/4: Rauhe Wiese bei Böhmenkirch, von HAUFF um 1934 entdeckt (HAUFF 1936: 114; 1942: 57), Bestätigungen liegen vor von 1943, E. KOCH (STU-K), 1957, MÜRDEL (STU-K), 1960 von E. KOCH vergeblich gesucht, später offenbar wieder angesalbt mit Pflanzen aus dem Bregenzer Wald, diese 1986, KLOTZ (STU-K) und 1988, LIMMEROTH und VON WIREN (1989: 71) noch vorhanden; 7423/1: Schopflocher Torfgrube, 1817, MARTENS (STU-K), SCHÜBLER (1822: 49),

Rundblättriger Sonnentau *(Drosera rotundifolia)* Einzelblatt mit Tentakeln, Feldberg, 1960

SCHÜBLER und VON MARTENS (1834), um 1850, FINCKH (STU), um 1890 verschwunden, SCHWENKEL (1949: 97); nach K. SCHLENKER (1932: 53) jedoch schon seit 1818 verschwunden, versuchsweise in der 2. Hälfte des 19. Jh. angepflanzt, hielt sich aber nicht; 7522/2: Hirnkopf zwischen Wittlingen und Hengen, gefunden von WEIGER 1882, Beleg in STU (ex herb. Urach), vgl. VON MARTENS und KEMMLER (1882(2): 344); 7525/3: Arnegger Ried, „soll vor über 150 Jahren ... vorhanden gewesen sein" (SCHÄFLE 1956: 310), Quelle?; bei BAUER (1905: 106): „soll ... auch im Arnegger Ried gefunden worden sein". In dem im STU befindlichen Exemplar von BAUER (1905) eine handschriftliche Eintragung: „jawohl, zuletzt 1920 v. ARAND"; schon bei VALET (1847) in der Ulmer Umgebung nirgends gefunden; 7624/3: Allmendingen und Altheim, GAUS in EICHLER (1893: 97), schon vermißt bei BAUER (1905); nach VON ARAND-ACKERFELD in KURZ (1973: 134) seit 1922 erloschen; 8019/4: Schindlerwald, ROESLER (STU-K MARTENS; 1839), SCHÜBLER und VON MARTENS (1834), nach REBHOLZ (1924) verschwunden; 8117/3: Zollhausried, GRADMANN (1936: 149), PROBST in KUMMER (1943: 14), REICHELT (1978).

Alpenvorland: Die Vorkommen sind noch so zahlreich, daß eine Aufzählung unterbleiben muß. BERTSCH (1918: 148) zählt 111 Vorkommen auf und bringt auch eine Verbreitungskarte für Oberschwaben. Danach ist das nördliche Oberschwaben und das engere Bodenseegebiet relativ arm an Vorkommen, während das Westallgäuer Hügelland besonders zahlreiche Wuchsorte aufweist. Etwas abgesetzt von den meisten Vorkommen ist im Norden in 7825/1: das Baustetter Ried (Osterried), 1939, K. MÜLLER (STU), BUSCHLE in RAUNEKER (1984: 91), und im Westen in 8118/3: das Binninger Ried, 1853, MERKL in KUMMER (1943: 14), BRUNNER (1882), JACK (1892: 398), noch vorhanden bei BARTSCH (1925: 103).

Früher in 90 m Höhe bei Sandtorf im nördlichen Oberrheingebiet (6416/2) vorhanden, im Schwarzwald wurde das höchste Vorkommen bei 1380 m am Feldberg notiert (O. WILMANNS und K. MÜL-LER 1976: Tab. B).

Erstnachweise: Die Art ist bei uns sicher urwüchsig. LANG (1954: 28) fand *Drosera*-Pollen im jüngeren Atlantikum der Moore des Südschwarzwalds. SMETTAN (1985) stellte *D. rotundifolia*-Pollen im Subboreal von Sersheim fest.

Die älteste Angabe in der floristischen Literatur gibt es bei GMELIN (1772: 100) aus dem Tübinger Raum mit: „in paludibus vicinis Roseck iuxta viam, quae ducit Tubingam" (7420).

Bestand und Bedrohung: Die Art ist die häufigste unserer *Drosera*-Arten und kommt in den moorreichen Landschaften ziemlich häufig vor, mußte allerdings auch dort erhebliche Rückgänge hinnehmen. Wenn auch viele Moore heute unter Naturschutz stehen, so sind doch viele oligotrophe, feuchtsaure Standorte in Kleinseggen-Wiesen, in feuchten Mager- und Streuwiesen durch Entwässerung und Düngung verlorengegangen, in denen früher der Sonnentau ebenfalls vorkam. Dieser Rückgang kommt in der Karte noch nicht zum Ausdruck. Die Art ist in der Roten Liste (HARMS et al. 1983) völlig zu Recht als gefährdet eingestuft (G3).

2. Drosera anglica Hudson 1778

D. longifolia L. 1753 (pro parte?)
Englischer Sonnentau, Langblättriger Sonnentau

Mit dem Namen *D. longifolia*, der als ältester Name an sich die Priorität hätte, wurde zeitweise auch die folgende Art *D. intermedia* belegt, so daß *D. longifolia* zu einem nomen ambiguum wurde. Allerdings sind im Herbar von Linné unter *D. longifolia* nur Belege vorhanden, die zu *D. anglica* gehören.

Morphologie: Ausdauernd; alle Blätter in einer Rosette, ± aufgerichtet, langstielig, mit Stiel 3–11 cm lang; Blattspreite linear bis verkehrt-lanzettlich, 10–35 mm lang, 2–7 mm breit, allmählich in den Stiel übergehend; Blattstiel kahl. Blütenschaft scheinbar endständig, 8–25 cm lang, mit 3–8 Blüten. Kronblätter etwa 6 mm lang. Kapsel eiförmig, glatt, 5–7 mm lang. – Blütezeit: Juni bis August.

Ökologie: Auf nassen, nährstoffarmen, mäßig sauren bis basen-, manchmal auch kalkreichen Torf- oder Mineralböden (Quelltuffe), zeitweise Überschwemmung ertragend, vor allem in Moorschlenken, in Schwingrasen, an Seeufern, in Kalk-Quellsümpfen; vergesellschaftet in den Schlenken (vgl. z.B. Aufnahmen bei DIERSSEN (1984: Tab. 3a) aus dem Schwarzwald und bei GÖRS (1969: Tab. 10) aus dem Alpenvorland) u.a. mit *Carex limosa, Scheuchzeria palustris, Drosera rotundifolia, Rhynchospora alba, Carex diocia, C. lasiocarpa, Eriopho-*

rum angustifolium, bei den Moosen mit *Sphagnum cuspidatum, Chrysohypnum stellatum, Drepanocladus vernicosus, Scorpidium scorpioides* u.a. Aus den Kalk-Flachmooren des westlichen Bodenseegebiets (Primulo-Schoeneteum) ist bei LANG (1973: Tab. 94; 1983: Tab. 7) eine Vergesellschaftung u.a. mit *Primula farinosa, Schoenus nigricans* und *ferrugineus, Parnassia palustris, Tofieldia calyculata, Carex davalliana, Pinguicula vulgaris* u.a. angegeben.

Allgemeine Verbreitung: Zirkumpolar in den gemäßigten bis borealen Zonen verbreitet; in Europa bis zum Nordkap, in Südeuropa weitgehend fehlend; durch Sibirien bis Kamtschatka und Japan, ferner im atlantischen und pazifischen Nordamerika.

Verbreitung in Baden-Württemberg: Der Schwerpunkt der Verbreitung liegt ganz eindeutig im Alpenvorland. Aktuelle Vorkommen sind sonst nur noch aus dem Schwarzwald bekannt. Längst erloschen sind einzelne Vorkommen im nördlichen Oberrheingebiet und im Neckarland.

Oberrheingebiet: 6416/2: Sandtorf bei Mannheim, DÖLL (1843), u.a., SEUBERT und KLEIN (1905); 6717/1: Torfsümpfe bei Waghäusel, 1836, SCHÜZ (STU), DÖLL (1843), u.a., 1895, WÜRTH (STU), SEUBERT und KLEIN (1905), nach VELTEN (1902) noch 1901 vorhanden (vgl. auch THOMAS (1989: 88)).

Schwarzwald: 7217/1: Eiberg bei Calmbach, SCHÜBLER und VON MARTENS (1834), 1861, SCHÜZ (STU); 7415/3: Buhlbachsee, 1972, DIERSSEN (1984: Anlage 2); 7416/1: Huzenbachsee, A. MAYER (1929), 1945–65, DIERSSEN

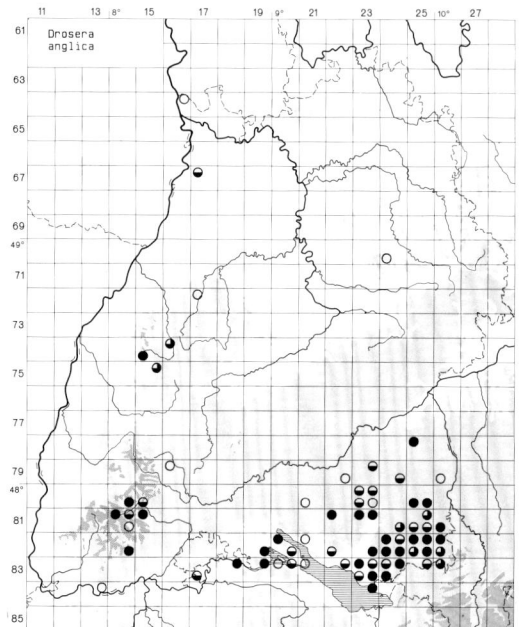

22

Englischer Sonnentau *(Drosera anglica)*
Feldsee, 4.8.1991

(1984: Anlage 2); 7515/2: Kniebis, A. GMELIN in SCHÜBLER und VON MARTENS (1834); 1945–65, DIERSSEN (1984: Anlage 2); 7916/1: Kirnach, 1852, ENGESSER in ZAHN (1889), SEUBERT und KLEIN (1905); 8014/4: Hirschenmoos, Steig, 1972, DIERSSEN (1984: Anlage 2); Hinterzartener Moor, 1972–80, DIERSSEN (1984: Anlage 2); 8015/3: Scheuerebene SW Neustadt, nach DIERSSEN (1984) vor 1940 erloschen; = Neustadt, SEUBERT und KLEIN (1891); 8114/1: Feldsee, ca. 1100 m, 1972, DIERSSEN (1984: Anlage 2), SPENNER (1829), Feldseemoor, 1884, WINTER (1887: 313), u.a., 1929, A. MAYER (STU); SCHUMACHER (1937: 229); USINGER und WIGGER (1961: Tab. 2); Waldhofwiese, oberes Bärental, 1010 m, 1979, DIERSSEN (1984: Anlage 2), K. MÜLLER (1937: 351); 8114/2: Eschengrundmoos, Oberzarten, vor 1946 erloschen, DIERSSEN (1984); 8114/4: Schluchsee, SEUBERT (1885) u.a.; BINZ (1901: 137); 8115/1: Urseemoor W Lenzkirch, 1972, DIERSSEN (1984: Anlage 2), = Lenzkirch, SEUBERT (1880) u.a.; 8214/4: Horbacher Moor, 1972, DIERSSEN (1984: Anlage 2), 8413/2: Moor bei Jungholz, 1898, A. MAYER (STU), BINZ (1901: 137).
Neckarland: 7024/3: Birkhof, KIRCHNER und EICHLER (1900); 7420/1: nach VOCK in ADE et al. (1990: 69) gab es um 1980 ein wohl angepflanztes, vorübergehendes Vorkommen am Birkensee (wurde nicht in die Karte aufgenommen).
Alpenvorland: BERTSCH zählt in seiner Kartei (STU) 79 Fundorte für dieses Gebiet auf, die hier nicht einzeln aufgezählt werden können (vgl. auch Verbreitungskarte und Aufstellung bei BERTSCH 1918).

Die erloschenen Vorkommen im nördlichen Oberrheingebiet lagen in einer Höhe von 95–100 m. Als höchstes Vorkommen wurde im Südschwarzwald am Feldsee (8114/1) die Höhe von 1100 m notiert (DIERSSEN 1984).

Erstnachweis: Die Art ist bei uns sicher urwüchsig. Aus dem Land wird die Art schon bei ROTH VON SCHRECKENSTEIN (1799: 20) mit „im Sumpfe zwischen Petershausen und St. Catharina" (8321/1) erwähnt.

Bestand und Bedrohung: Trotz des an sich nicht besonders engen ökologischen Spielraums hinsichtlich einiger Standortsfaktoren, ist die Art stark zurückgegangen. Nährstoffarme Naßstandorte, ob basenarm oder kalkreich, sind durch Eutrophie-

23

rung besonders stark gefährdet und damit auch die auf ihnen wachsenden, konkurrenzschwachen Arten. Die Art muß als stark gefährdet (G2) beurteilt werden (vgl. HARMS u.a. 1983). Sie ist jedoch in einer Reihe von Naturschutzgebieten des Alpenvorlandes vorhanden.

3. Drosera intermedia Hayne in Dreves 1798
D. longifolia auct. (pro parte)
Mittlerer Sonnentau

Morphologie: Ausdauernde Rosetten in Herden; Blätter mit Stiel 1,5–5 cm lang; Blattspreite verkehrt-eiförmig, allmählich in Stiel verschmälert, 5–10 mm lang; Blattstiel 10–40 mm lang, kahl. Blütenschaft aus der Achsel eines unteren Blattes entspringend, aus liegendem Grund aufsteigend, 2–10 cm lang, blühend oft kaum länger als die Blätter, fruchtend bis etwa 2,5 mal länger als die Blätter, mit 3–8 Blüten. Kronblätter 4–5 mm lang. Kapsel längsfurchig. Blütezeit: Juni bis August.
Variabilität: Es kommen nicht selten im Wasser untergetauchte oder flutende Formen vor. Stengel und Blattstiele sind bei diesen Formen oft gestreckt.
Ökologie: Auf nährstoffarmen, sauren bis mäßig basenreichen, nassen Torf- und Sandböden, vor allem in Schlenken von Hochmooren, in Zwischenmooren, an seichten Ufern von Seen, auch auf abgetorften Flächen in Hochmooren; gilt als Charakterart des Schnabelbinsen-Zwischenmoors (Rhynchosporetum).
Allgemeine Verbreitung: Nord-, West- und Mitteleuropa, nach Norden bis Mittelskandinavien, nach Osten bis ins Baltikum, Mittelrußland, Ukraine, Karpaten, im Süden bis Portugal und Oberitalien; ferner im Kaukasus, Nordamerika und in Kuba. In Europa gehört die Art zum nördlich-subatlantischen Florenelement.
Verbreitung in Baden-Württemberg: Die Art ist öfters mit *D.* × *obovata* verwechselt worden. Manche Angaben in der Literatur für *D. intermedia* beziehen sich daher nachgewiesen oder mutmaßlich auf *D.* × *obovata*. Nach PHILIPPI (1961: 173) sind die Angaben für den Schwarzwald Fehlangaben, eventuell mit Ausnahme der Angabe für 8413/2: Torfmoor bei Jungholz, SCHILL in BAUMGARTNER (1882: 16), = Thymoos bei Willaringen, SEUBERT (1885, 1891), SEUBERT und KLEIN (1905). Sie wurden daher in der Karte nicht berücksichtigt. Ebenso wurde in der Verbreitungskarte eine vorübergehende Einschleppung zusammen mit *Drosera rotundifolia* auf der Schwäbischen Alb (7225/4: Rauhe Wiese, 1986 wieder verschwunden, KLOTZ

(STU-K); Pflanzen aus dem Bregenzer Wald stammend) weggelassen. So bleiben als gesicherte und zum großen Teil durch Herbarbelege von K. BERTSCH belegte Vorkommen nur diejenigen im südöstlichen Alpenvorland.

Alpenvorland: 7924/4: Lindenweiher und Unteressendorfer Ried, PROBST in VON MARTENS und KEMMLER (1882), diese Angabe ist später nicht bestätigt und schon von BERTSCH (1918) als unrichtig bezeichnet worden. Diese Angabe wurde in der Karte nicht berücksichtigt. 8023/4: Dolpenried, 1917, 1919, BERTSCH (STU; 1918), G. SCHLENKER (1916); 8025/3: Wurzacher Ried gegen Wurzach, 1911, BERTSCH (STU); Wurzacher Ried gegen Haidgau, 1911, BERTSCH (STU); Wurzacher Ried W Albers, 1977, BRIEMLE (1980: Tab. 17, Aufn. 45); 8025/4: Dietmannser Ried, DÖRR (1974); 8123/1: Häcklerweiher, GERST in VON MARTENS und KEMMLER (1882), Dornachried, Blitzenreuter Anteil, BERTSCH (1918), 1926, K. MÜLLER (STU), 1931, BOLTER (STU;? = Blitzenreuter Weiher, VALET in VON MARTENS und KEMMLER (1865); 8123/2: Dornachried, Wolpertswender Anteil, BERTSCH (1918); 8124/1: Saßholz bei Gaisbeuren, 1917, BERTSCH (STU; 1918); 8125/1: Herrgottsried bei Gospoldshofen, DÖRR (1974); 8125/3: Gründlenried, 1912, BERTSCH (STU; 1918); 8126/3: o.O., 1987, RIEKS (STU-K); 8224/1: Reichermoos, 1915, BERTSCH (STU; 1918), 1919, A. MAYER (STU), 1976, SEBALD (STU-K), 1986, DÖRR (STU-K); Blauensee bei Waldburg, 1915, BERTSCH (STU; 1918); Edensbacher See, 1915, BERTSCH (STU; 1918); Schneidermoos bei Waldburg, 1917, BERTSCH (STU; 1918); 8224/2: In Riedern gegen Karsee, GMELIN (STU) (STU); 8224/3: Scheibensee, 1851, VALET (STU), VON MARTENS und KEMMLER (1865), u.a., 1914, BERTSCH (STU; 1915, 1918), 1937,

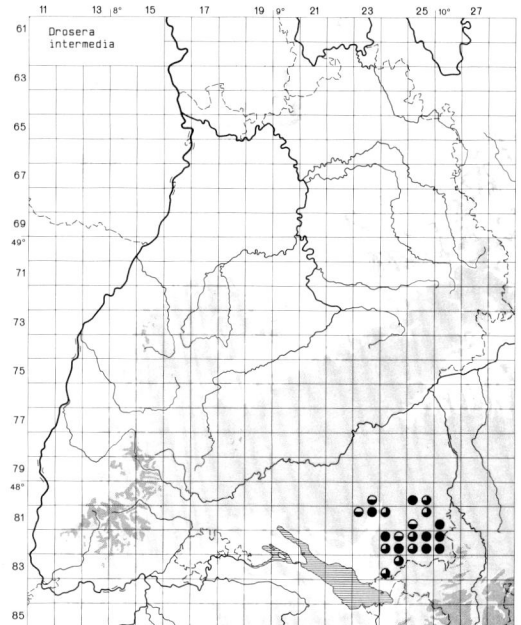

Mittlerer Sonnentau *(Drosera intermedia)*
Hagenau (Elsaß), 1987

CHR. MAIER (STU); Teuringer Moos, 1917, BERTSCH (STU; 1918); See bei Hinterwiddum, 1915, BERTSCH (STU); Kofelder Moos, 1917, BERTSCH (STU; 1918); Madlener Moos, BERTSCH (1918); Dietenberg bei Waldburg, BRIELMAIER in DÖRR (1974); Moor bei Hannover, 1938, BERTSCH (STU); 8224/4: Feldersee, 1915, BERTSCH (STU; 1918); Quellmoor R Ruzenweiler, 1971, BRIELMAIER und SEYBOLD (STU-K), 1986, SEYBOLD (STU-K); 8225/1: Wuhrmühlweiher, BRIELMAIER in DÖRR (1974); 8225/2: Blindele See N Bettelhofen, 1984, BUSSMANN (STU-K); Argenseeried bei Gebrazhofen, BRIELMAIER in DÖRR (1974); 8225/3: Bimsdorf bei Wangen-Deuchelried, BRIEL-MAIER in DÖRR (1974); Sommersried, BERTSCH (STU-K); 8225/4: Neuweiher bei Siggen, 1955, BAUR (STU-K), BRIELMAIER in DÖRR (1974), 1984, BUSSMANN (STU-K); Harprechts, DÖRR (1974); ? = „Schwarzen", 1955, BAUR (STU-K); 8226/1: Großer Ursee, 1905, GRADMANN (STU); Taufachmoos, 1871, HEGELMAIER (STU), 1911, BERTSCH (STU; 1918); Friesenhofen, in den Fetzen, 1911, 1943, BERTSCH (STU; 1918); Urlau, 1903, BERTSCH (STU); Hinterer Weiher bei Herlazhofen, HEPP in BERTSCH (STU-K); um die Urseen reichlich, 1957, BAUR (STU-K); Kleiner Ursee, 1984, QUINGER (STU-K); Fetzachmoos, Zentrum, 1977, BRIEMLE (1980: Tab. 17, Aufn. 34); 8226/3: Herbisweiher bei Neutrauchburg, 1911, BERTSCH (STU; 1918); Haubacher Moos, 1929, BERTSCH (STU; 1931), mehrfach 1957, BAUR (STU-K); Moosweiher bei Haubach, 1943, BERTSCH (STU); Isnyer Moos am Riedbach, 1949/50, GÖRS (1951: 177); o.O., 1984/87, RICKS (STU-K); 8324/2: Mittelsee, 1888, GRADMANN (STU), 1917, 1920, BERTSCH (STU; 1918); BRIELMAIER (1964); Hiltensweiler Moor, 1917, BERTSCH (STU; 1918); Hatzenweiler, ENDERLE und BRIELMAIER in DÖRR (1974); Blauer See, 1917, BERTSCH (STU; 1918), BRIELMAIER (1964), DÖRR (1974); Teufelssee, 1917, 1920, BERTSCH (STU; 1918), 1966, KNAUSS (STU), BRIELMAIER in DÖRR (1974); 8324/3: Kreuzweiher, 1949, BUCHWALD in GÖRS (1969: Tab. 11, Aufn. 7).

Im Alpenvorland liegen die Vorkommen in einem relativ engen Höhenbereich von etwa 540 m (8324/2: Blauer See) und rund 700 m (8226/3: Haubacher Moos).

Erstnachweise: Die Art ist bei uns sicher urwüchsig.

Die älteste Angabe stammt 1851 von Valet (STU) vom Scheibensee (8224/3). Dieser Fund wird erstmals bei VON MARTENS und KEMMLER (1865) angeführt.

Bestand und Bedrohung: Insgesamt sind nach der obigen Zusammenstellung etwa 44 Fundorte bekanntgeworden, von denen eine ganze Reihe der neuerlichen Bestätigung bedürfen. Etliche Vorkommen dürften auch erloschen sein. Eine genaue Zahl ist schwierig anzugeben, da die Zuordnung mancher Angaben zu schon vorher bekannten nicht immer klar ist. Die Art ist in Übereinstimmung mit der Roten Liste (HARMS u.a. 1983) als stark gefährdet (G2) zu bezeichnen. Einige Vorkommen befinden sich in Naturschutzgebieten (z.B. Wurzacher Ried, Taufach-Fetzach-Moos u.a.).

Drosera-Bastarde

Von den 3 theoretisch möglichen Bastard-Kombinationen ist der Bastard zwischen *D. anglica* und *D. rotundifolia* (= *D.* × *obovata*) weitaus am häufigsten. Von den beiden anderen Bastarden gibt es nur ganz vereinzelte Angaben. *Drosera*-Bastarde können wegen der Möglichkeit zur vegetativen Vermehrung auch gelegentlich ohne Elternarten auftreten (vgl. dazu auch SCHAEFTLEIN 1960).

1. × 2. Drosera × obovata Mertens und Koch in RÖHLING 1826
D. anglica × D. rotundifolia
Bastard-Sonnentau

Wesentliche Unterschiede zu *D. intermedia*, mit der er öfters verwechselt wurde, siehe Bestimmungsschlüssel. *D.* × *obovata* ist insgesamt meist größer als *D. intermedia*, hat längere Blätter und längere Blütenschäfte. Entsprechend der größeren Häufigkeit der Elternarten ist *D.* × *obovata* deutlich häufiger als *D. intermedia*. *D.* × *obovata* ist steril und bildet nur kleine Fruchtkapseln ohne Samen aus.

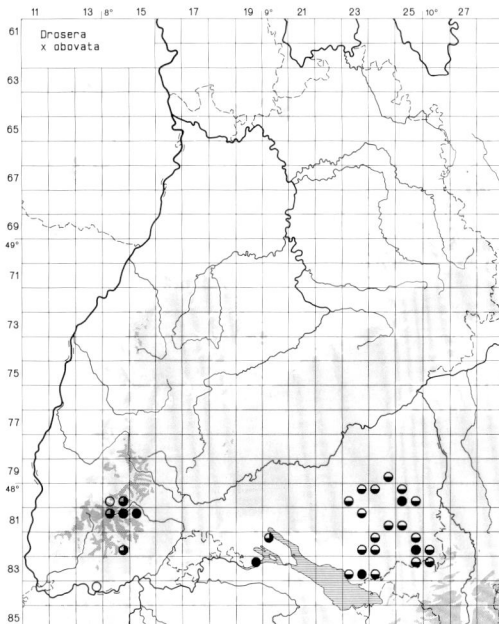

Die Elternarten besitzen unterschiedliche Chromosomenzahlen, *D. anglica* 2n = 40 und *D. rotundifolia* 2n = 20. *D.* × *obovata* besitzt 2n = 30 Chromosomen, doch bei der Meiose gibt es dann Unregelmäßigkeiten. Eine Befruchtung kommt daher nicht zustande. *D. obovata* kommt in Baden-Württemberg im Schwarzwald und im Alpenvorland an den gleichen Standorten wie die Elternarten vor.

Schwarzwald: 8014/3: oberhalb der Höllensteige, SCHILDKNECHT in DÖLL (1866: 43); 8014/4: Hinterzarten, SEUBERT (1880, 1885, 1891); Hinterzartener Moor, USINGER und WIGGER (1961: 36), 8114/1: Feldseemoor, SCHILDKNECHT in DE BARY (1865: 27), DÖLL (1866: 43), RÄUBER (1891: 253), 1929, A. MAYER (STU), u.a., USINGER und WIGGER (1961: 36); 8115/1: Ursee-Moor bei Lenzkirch, DÖLL (1866: 43), ZAHN (1895: 282), DIERSSEN (1984: Tab. 3a, Aufn. 1), = Lenzkirch, SEUBERT (1880, 1891) u.a.; 8214/4: Horbacher Moor, 1000 m, 1955, LITZELMANN (1963: 463–475), 1963 noch 3 Pflanzen, LITZELMANN (1967: Abb. 8); wohl = Moore im Hotzenwald, 1952–55, LITZELMANN in BINZ (1956: 186).

Die Angaben von *D. intermedia* für den Schwarzwald sind nach PHILIPPI (1961) wohl auf *D.* × *obovata* zu beziehen, eventuell mit Ausnahme derjenigen vom Jungholzer Torfmoor (8413/2). Danach wären zusätzlich noch folgende Angaben für *D. intermedia* hierher zu stellen: 8114/2: Moor beim Mathiesleweiher, 1978, BRIEMLE (1980: Tab. 17, Aufn. 52); 8413/2: Torfmoor bei Jungholz, SCHILL in BAUMGARTNER (1882: 16) u.a., SEUBERT und KLEIN (1905); wohl = Thymoos bei Willaringen.

Alpenvorland: BERTSCH (1918: 156) zählt 17 Fundorte von *D.* × *obovata* auf. Nach DÖRR (1974) ist dieser Bastard zwischen den Eltern an vielen Stellen des Allgäus anzutreffen. Die meisten Vorkommen sind im südöstlichen Teil des Alpenvorlandes konzentriert. 7924/4: Lindenweiher, KIRCHNER und EICHLER (1913); 8023/2: Schwaigfurter Weiher, BERTSCH (1918); 8023/4: Ebenweiler Weiher, K. MÜLLER in BERTSCH (STU-K); 8024/1: Schwaigfurter Weiher, BERTSCH (1918); 8025/1: Füramoos, BERTSCH (STU-K); 8025/3: Wurzacher Ried, Haidgauer Ach, BERTSCH (1938: 129); bei Willis, BERTSCH (1938: 129); Südrand des Wurzacher Ries, 1982, DÖRR (STU-K); 8025/4: Wurzacher Ried, bei Albers, BERTSCH (1938: 129); 8123/2: Vorsee, BERTSCH (1918); 8124/4: Metzisweiler Weiher, BERTSCH (STU-K); 8125/3: Holzmühleweiher, BERTSCH (STU-K); Brunnenweiher, BERTSCH (STU-K); 8220/1: Mindelsee, NE-Ufer, 1959/60, LANG (1973: Tab. 94, Aufn. 9); 8223/4: Egelsee, BERTSCH (STU-K); 8224/1: Siechenmoos, BERTSCH (1918); Reichermoos, BERTSCH (1918); 8224/3: Scheibensee, BERTSCH (1918); 8225/2: Wolferatshofen, BERTSCH (1918); 8225/4: Siggen, BERTSCH (1918); Göttlishofen, BERTSCH (1918); beim Neuweiher, 1980, HARMS (STU); 8226/3: ?; 8319/2: Grauried bei Weiler, 1970, HENN (STU-K); 8323/3: Moos bei Eriskirch, BERTSCH (1918); 8323/4: Wielandsee, BERTSCH (1918); Kammersee, BERTSCH (STU-K); Schönmoos NW Nitzenweiler, 1987, DÖRR (STU-K); 8324/3: Kreuzweiher, BERTSCH (1918); Langensee, BERTSCH (1918); Muttelsee, BERTSCH (1918); 8325/2: Osterwaldmoos bei Eglofs, BERTSCH (1918); 8326/1: Moos bei Schweinebach, BERTSCH (1918).

Bastard-Sonnentau *(Drosera × obovata)*
Feldseemoor, 1961

2. × 3. Drosera anglica × intermedia
Dieser Bastard wurde bisher aus Baden-Württemberg nur
einmal angegeben: 8323/4: Deggersee, 1915, BERTSCH
(STU; 1918: 156). Der Herbarbeleg zeigt tatsächlich eine
Zwischenstellung in manchen Merkmalen. Die Blütenschäfte steigen bogig aus den unteren Blattachseln auf wie
bei *D. intermedia* Die Blattspreiten sind aber länglicher
und kräftiger als bei *D. intermedia* und deuten in Richtung
D. anglica.

1. × 3. Drosera rotundifolia × intermedia
D. × beleziana Camus 1891
Unter diesem Namen liegen im Herbar (STU) 3 Belege (2
von K. BERTSCH, 1 von G. SCHLENKER gesammelt).
BERTSCH (1918) hat diese Belege in seine Arbeit nicht aufgenommen. Offenbar kamen ihm selbst Bedenken, ob es
sich um diesen Bastard handelt. Auch der 3. Beleg von
G. SCHLENKER (Häcklerweiher, 1913) ist wohl kaum hier
einzuordnen. Für diesen Bastard gibt es also noch keinen
sicheren Nachweis aus Baden-Württemberg. Die genannten Belege sind ebenfalls *D. × obovata* zuzuordnen.

Rosaceae

Rosengewächse
Bearbeiter: S. SEYBOLD, O. SEBALD *(Alchemilla,*
Aphanes, Potentilla), G. TIMMERMANN *(Rosa)*
und H. E. WEBER *(Rubus)*

Bäume, Sträucher oder Kräuter; Blätter wechselständig, ungeteilt, gelappt oder gefiedert, meist mit
Nebenblättern; Blüten zwittrig, durch Insekten bestäubt; Kelch- und Kronblätter meist 5, Kronblätter frei; Staubblätter zahlreich oder nur 1–5;
Fruchtblätter zahlreich oder 1–4, frei.

Die Familie, nach den Gräsern vielleicht die für
den Menschen wichtigste Familie der Blütenpflanzen, umfaßt etwa 120 Gattungen und 3370 Arten.
Sie ist eine der ältesten Familien unter den zwei-
keimblättrigen Blütenpflanzen und insgesamt von

weltweiter Verbreitung. Viele Obstbäume und Beersträucher gehören zu ihr. Ihre Hauptverbreitung liegt in den gemäßigten Zonen. In unserem Gebiet kommen Arten aus allen wichtigeren Gattungen der Familie vor. Viele Arten sind sehr lebenskräftig und vermehren sich sowohl vegetativ wie generativ. Sie sind oft auch ökologisch verhältnismäßig anspruchslos, gedeihen daher auf vielen Standorten und sind so ziemlich häufig. Durch vielfache Bastardierung ist in manchen Gattungen die Artbildung noch nicht abgeschlossen. Andere Gattungen vermehren sich auch apomiktisch, so daß die Formenfülle erhalten bleibt. Die Zuordnung zu fest umrissenen und konstanten Sippen wird dadurch erschwert, ja teilweise fast unmöglich gemacht.

Die Gattungen gruppieren sich in 4 Unterfamilien; die Spiraeoideae mit *Spiraea*, *Physocarpus* und *Aruncus*, die Maloideae mit *Cydonia*, *Malus*, *Pyrus*, *Sorbus*, *Amelanchier*, *Cotoneaster*, *Mespilus* und *Crataegus*, die Prunoideae mit *Prunus* und die Rosoideae mit den restlichen Gattungen.

1 Blätter mit Nebenblättern 4
– Blätter ohne Nebenblätter 2
2 Blätter doppelt gefiedert . . . . 2. *Aruncus*
– Blätter gelappt oder ungeteilt 3
3 Frucht aufgeblasen . . . . *(Physocarpus)*
– Frucht nicht aufgeblasen . . . . 1. *Spiraea*
4 Bäume oder Sträucher 17
– Kräuter 5
5 Blütenblätter vorhanden 8
– Blütenblätter fehlend 6
6 Blüten in endständigen Köpfchen 8. *Sanguisorba*
– Blüten in Rispen oder blattachselständig 7
7 Pflanze ausdauernd, mit langgestielten Rosettenblättern; Staubblätter 4 . . 12. *Alchemilla*
– Pflanze ein- bis zweijährig; Laubblätter alle stengelständig und kurzgestielt; Staubblätter 1–(2) . .
13. *Aphanes*
8 Blätter gefiedert 12
– Blätter gefingert 9
9 Blüten ohne Außenkelch . . . . 4. *Rubus*
– Blüten mit Außenkelch 10
10 Frucht reif nicht fleischig, Blüten gelb, weiß, rosa oder braunrot . . . . 10. *Potentilla*
– Frucht reif fleischig, Blüten weiß oder gelb 11
11 Blüten gelb . . . . *(Duchesnea)*
– Blüten weiß . . . . 11. *Fragaria*
12 Blätter gefiedert, aber nicht unterbrochen gefiedert 16
– Blätter unterbrochen gefiedert 13
13 Blüten in reichblütigen Blütenständen, weiß oder rosa . . . . 3. *Filipendula*
– Blüten in wenigblütigen Blütenständen oder Blüten gelb 14
14 Blüten in verlängerten Ähren . . . 6. *Agrimonia*
– Blüten einzeln oder in Rispen 15
15 Staubblätter 5 . . . . 7. *Aremonia*
– Staubblätter zahlreich . . . . 9. *Geum*

16 Blüten ohne Außenkelch, weiß oder rötlich . . . .
4. *Rubus*
– Blüten mit Außenkelch . . . . . . 10. *Potentilla*
17 Blätter ungeteilt oder gelappt 20
– Blätter gefiedert oder gefingert 18
18 Stengel ohne Stacheln . . . . 16. *Sorbus*
– Stengel mit Stacheln 19
19 Frucht eine Hagebutte, vom Kelchboden umschlossen . . . . 5. *Rosa*
– Frucht wie Himbeere oder Brombeere, nicht vom Kelch umschlossen . . . . 4. *Rubus*
20 Fruchtblätter 1, Blätter ungeteilt . . 21. *Prunus*
– Fruchtblätter entweder 2 und mehr oder Blätter gelappt 21
21 Blüten in zwei- oder mehrblütigen Blütenständen 24
– Blüten einzeln 22
22 Blüten weiß, kürzer als die Kelchzipfel . . . . . .
19. *Mespilus*
– Blütenblätter rosa, so lang oder länger als der Kelch 23
23 Blüten 4–4,5 cm im Durchmesser . . *(Cydonia)*
– Blüten unter 1 cm im Durchmesser . . . .
18. *Cotoneaster*
24 Blätter gelappt 25
– Blätter nicht gelappt 26
25 Zweige dornig . . . . 20. *Crataegus*
– Zweige ohne Dornen . . . . 16. *Sorbus*
26 Blüten blattachselständig, Blütenblätter 2–3 mm lang . . . . 18. *Cotoneaster*
– Blüten endständig, größer 27
27 Blütenblätter 3–8 mm lang . . . . 16. *Sorbus*
– Blütenblätter 10–20 mm lang 28
28 Blütenblätter schmal, 2- bis 5mal so lang wie breit
17. *Amelanchier*
– Blütenblätter breiter, etwa 2 mal so lang wie breit . 29
29 Staubblätter rot; Griffel am Grund verwachsen, Frucht eine Birne . . . . 14. *Pyrus*
– Staubblätter gelb; Griffel am Grund nicht verwachsen, Frucht ein Apfel . . . . 15. *Malus*

Physocarpus opulifolius (L.) Maxim. 1879
Spiraea opulifolia L. 1753
Blasenspiere

Bis 3 m hoher Strauch; Blätter 2–10 cm lang, gestielt, eiförmig bis rautenförmig, auffallend dreilappig, gesägt-gekerbt; Blüten in reicher halbkugelförmiger Doldentraube, weiß; Fruchtblätter 4–5; Früchte reif rosa, aufgeblasen; Balgfrucht. – Blütezeit: Mai bis Juli.
Als Zierstrauch kultiviert und gelegentlich verwildert. Heimat: Östliches Nordamerika, in Ufer-Weidengebüschen. Bei uns im Schwarzwald an Bächen in Einbürgerung begriffen: 7217/1: Enz bei Calmbach, 1987, S. SEYBOLD (STU); 7416/3: Murg SW Heselbach, 1986, S. SEYBOLD (STU); 7515/4: Wolf bei Dollenbach, 1986, S. SEYBOLD (STU); 7615/2: Schapbach, 1991, S. SEYBOLD (STU-K).

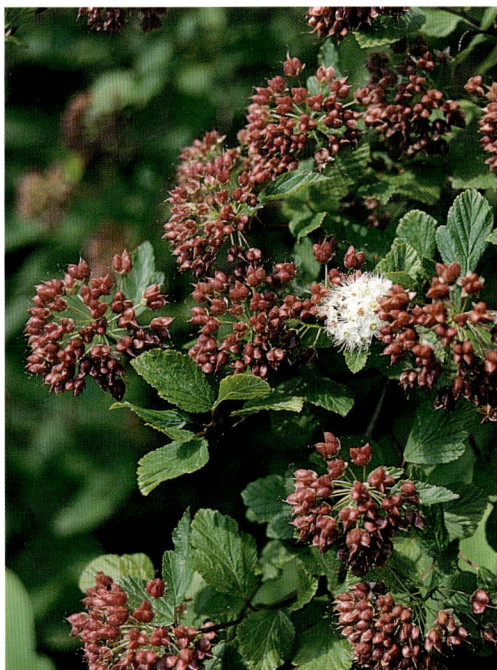

Blasenspiere *(Physocarpus opulifolius)*
Bad Rippoldsau, Dollenbach, 11.7.1991

1. **Spiraea** L. 1753
Spierstrauch

Sträucher; Blätter einfach, ohne Nebenblätter; Blüten weiß oder rot; Fruchtblätter 5; Balgfrüchte.

Zur Gattung gehören 120 Arten der nördlichen gemäßigten Zone. In Europa kommen 12 Arten vor. Im Gebiet wurden verwildert besonders Arten der Gruppe *S. salicifolia* agg. beobachtet.

Artengruppe **Spiraea salicifolia** agg.
Sträucher mit zylindrischer Blütenrispe, Blüten rosa oder weiß. ADOLPHI u. NOWACK (1983) haben darauf aufmerksam gemacht, daß in dieser Gruppe verschiedene Arten zu unterscheiden sind. Die Belege in STU wurden 1991 dankenswerterweise von K. ADOLPHI, Rossbach/Wied, revidiert.

1 Blätter unterseits mehr oder weniger filzig 3
– Blätter unterseits kahl 2
2 Blüten weiß oder weiß-rosa . . . . 1. *S. alba* s.l.
– Blüten rosa . . . . *[S. salicifolia]*
3 Blätter unterseits dicht grau- bis weißfilzig . . . .
         [S. douglasii]
– Blätter unterseits schwach filzig   2. *S. × billardii*

Folgende bisher für „*Spiraea salicifolia*" vorliegende Fundangaben ließen sich einer Art nicht eindeutig zuordnen: 6518/4: o.O., SCHÖLCH (STU-K); 6723/3: Friedrichs-

ruhe, 1969, S. SEYBOLD (STU-K); 6820/2: Bruchbach SW Biberach, 1990, H.W. SCHWEGLER (STU-K); 7121/2: Neustadter Wald, 1837, T. SCHODER (STU); 7124/4: Schwäbisch Gmünd, HERTER in MARTENS u. KEMMLER (1882 (2): 132); 7218/1: Nagold zwischen Liebenzell und Monbach, um 1960, W. WREDE (STU-K); 7221/4: Ruit-Weil, KIRCHNER (1888: 458); 7316/3: Schwarzenberg, 1969, S. SEYBOLD (STU-K); 7318/1: Unteres Teinachtal, um 1960, W. WREDE (STU-K); 7418/1: Reute N Ebhausen, 1984, W. WREDE (STU-K); 7420/3: Tübingen, A. MAYER (1904); 7615/2: Wolfach, 1954, OBERDORFER (1956: 281); 7923/2: Kappel, 1897, (STU), KIRCHNER u. EICHLER (1900); 8114/4: o.O., um 1985, REINEKE u. RIET-DORF (STU-K); 8126/3: Eschach unterhalb Leutkirch, HEPP in STU-K (K.BERTSCH); 8225/1: Kißlegg, 1852, SCHÜZ (STU); 8226/4: Eisenbach, KIRCHNER u. EICHLER (1913).

Ältester Nachweis der Arten-Gruppe: 7121/2: Neustadt, 1837.

Spiraea salicifolia L. 1753
Weiden-Spierstrauch

Morphologie: 1–2 m hoher Strauch; Blätter sehr kurz gestielt, 4–8 cm lang und 1–2 cm breit, elliptisch bis lanzettlich, scharf gesägt; Blütenrispe 4–12 cm lang, dicht; Blütenstiele etwas behaart; Blüten 8 mm im Durchmesser; Kelchblätter dreieckig, aufrecht, rosa; Nektarring innerhalb des Staubblattrings vorhanden, Kelchzähne an der Frucht aufrecht. – Blütezeit: Juni bis Juli.
Allgemeine Verbreitung: Osteuropa, Sibirien, Ostasien und Alaska.

Die Art wird in Baden-Württemberg gelegentlich angepflanzt, wurde jedoch noch nirgends sicher verwildert beobachtet.

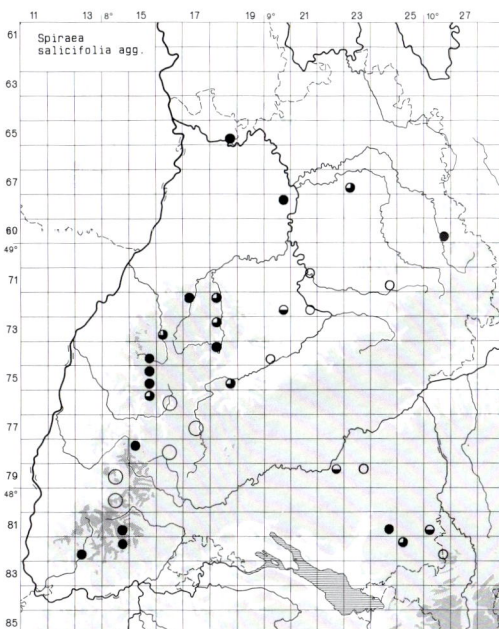

29

Weiden-Spierstrauch (*Spiraea salicifolia* agg.)
Lahr, 1961

1. Spiraea alba Duroi 1772
Weißer Spierstrauch

Morphologie: Ähnlich *S. salicifolia*, aber Blüten weiß; Blätter etwas breiter, Kelchzähne an der Frucht aufrecht.
Variabilität: Hierher gehört auch die var. *latifolia* (Ait.) Dippel (= *S. latifolia* (Ait.) Borkh.)
Ökologie: Auf sickernassen oder zeitweise überschwemmten, kalkarmen Kies- oder Schotterböden, an Bachufergebüschen, hier stellenweise anscheinend eingebürgert. Vegetationsaufnahmen sind bisher keine bekannt.
Allgemeine Verbreitung: USA, New York bis Missouri, südlich bis Mississippi und Georgia. In Europa teilweise eingebürgert.
Verbreitung in Baden-Württemberg: Selten im Schwarzwald, im Alpenvorland und im Neckarland. Folgende Fundorte sind belegt:

Schwarzwald: 7217/1: Enz bei Calmbach, 1987, S. SEYBOLD (STU); 7415/4: Rechtmurg bei Buhlbach, 1986, S. SEYBOLD (STU); 7815/1: Vorderlauben bei Schonach, 970 m, 1986, S. SEYBOLD (STU).
Neckarland: 6926/4: Rotbachtal E Jagstzell, 420 m, 1984, S. SEYBOLD (STU). 7420/3: Tübingen, 1827, (STU).

Alpenvorland: 7923/2: Buchau, 1912, A. MAYER (STU); 8124/4: Grüneberger Weiher, 1991, O. SEBALD (STU), 8225/1: Kißlegg, Wäldchen N Bahnhof, 1959, K. MAHLER (STU).

Höchstes Vorkommen: 7815/1: Schonach, 970 m; tiefstes Vorkommen (bisher): 7217/1: Calmbach, 380 m.
Erstnachweis: 7923/2: Buchau, 1912.
Bestand und Bedrohung: Die Art ist wohl in langsamer Einbürgerung begriffen und daher anscheinend nicht bedroht.

2. Spiraea × billardii Hérincq
Billards Spierstrauch

Morphologie: Ähnlich *S. salicifolia*, aber Blätter unterseits schwach filzig behaart, Kelchzähne an der Frucht herabgeschlagen.
Ökologie: Wie *S. alba.*
Allgemeine Verbreitung: Zierstrauch-Hybride. Eltern sind *S. douglasii* Hook. (1832) und *S. alba.*
Verbreitung in Baden-Württemberg: Ist erst unvollständig bekannt, da mit *S. salicifolia* verwechselt. OBERDORFER (1990: 500) stellt alle früheren Angaben (1983: 499) von „*S. salicifolia*" hierher. Das ist aber sicher nur teilweise richtig. Nachweise liegen vor von:

Schwarzwald: 7515/2: An der Wolf, 1986, S. SEYBOLD (STU-K); 7515/4: Wolf bei Dollenbach und bei Bad Rippoldsau, 1991, S. SEYBOLD (STU); 8213/3: Möhrenberg bei Zell i.W., 1987, S. SEYBOLD (STU); 8214/2: Häusern, Straßenrand, 1991, S. SEYBOLD (STU).
Neckarland: 7220/4: Stuttgart, zwischen Rohr und Vaihingen, 1934, SANDNER (STU).

Höchstes Vorkommen (bisher): 8214/2: Häusern, 880 m; tiefstes Vorkommen (bisher): 7220/4: Stuttgart, ca. 450 m.
Erstnachweis: 7220/4: Stuttgart, 1934.
Bestand und Bedrohung: Die Art ist stellenweise z.B. im Schwarzwald wieder im Rückgang begriffen. Sie wird an ihren Standorten von *Reynoutria japonica* und *R. sachalinensis* verdrängt.
Literatur: ADOLPHI u. NOWACK (1983); SILVERSIDE (1990).

2. Aruncus Linnaeus 1758
Geißbart

Zweihäusige Stauden; Blätter mehrfach dreizählig, ohne Nebenblätter, Blüten weiß, in Rispen; Balgfrucht. Die Gattung umfaßt in enger Umgrenzung 14 nahe verwandte Arten, die in der nördlichen gemäßigten Zone vorkommen. In Europa kommt nur eine Art vor.

Waldgeißbart *(Aruncus dioicus)*
Zastlertal am Feldberg, 1963

1. Aruncus dioicus (Walter) Fernald 1939
Spiraea aruncus L. 1753; *Actaea dioica* Walter
1788; *Aruncus vulgaris* Raf. 1838; *A. silvestris*
Kostel. 1844. Die Art muß bei enger Artabgrenzung *A. vulgaris* Raf. heißen.
Waldgeißbart

Morphologie: Bis 2 m hohe Staude, aufrecht, mit
kahlem Stengel; Blätter lang gestielt, doppelt bis
dreifach dreizählig, bis 1 m lang, ohne Nebenblätter; Blättchen oval, oft mit langer Spitze, doppelt
scharf gesägt; Blütenstand eine pyramidenförmige
Rispe, aus langen, schmalen, geraden Ährentrauben zusammengesetzt; Blüten meist eingeschlechtig, weiß oder gelblichweiß; Kronblätter 1,5–2 mm
lang; Staubblätter 20–30, aus der Blüte herausragend; Fruchtblätter 3; Balgfrucht etwa 3 mm lang,
hängend. – Blütezeit: Mai bis Juli. Blüten nektarlos.

Ökologie: An luftfeuchten, aber lichten oder halbschattigen Standorten, auf sickerfrischen, nährstoffreichen und basenreichen, oft kalkarmen, lokkeren Mullböden, in Schluchten in Ahorn-Eschenwäldern, auch in Buchen Tannenwäldern oder
Buchenwäldern, oft in Säumen an Bächen
(KLAUCK 1991) oder an Böschungen. Vegetationsaufnahmen z.B. bei KUHN (1937: 322), KREH
(1949: 215), OBERDORFER (1957: 484–487), LANG
(1973: Tab. 116), SEBALD (1974: Tab. 9b) und
MURMANN-KRISTEN (1987: 176).
Allgemeine Verbreitung: Von Belgien bis zur
Ukraine und von Südostfrankreich bis Albanien,
außerdem in den Pyrenäen und im Kaukasus, Himalaja, in Ostasien und in Nordamerika.
Verbreitung in Baden-Württemberg: Zerstreut, besonders im Südschwarzwald, im Odenwald, im
westlichen Teil des Schwäbisch-Fränkischen Waldes und im Allgäu, seltener im Ostteil des mittleren

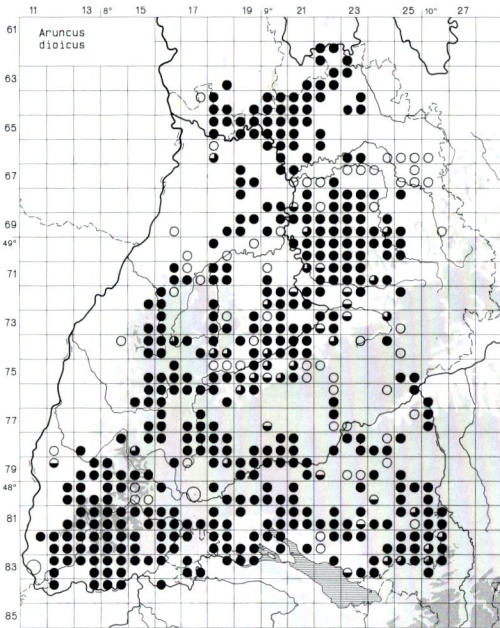

1. **Filipendula vulgaris** Moench 1794

Spiraea filipendula L. 1753; *Filipendula hexapetala* Gilibert 1781 nom. illegit.; *Ulmaria filipendula* (L.) Hill 1768

Knolliges Mädesüß, Knollige Spierstaude

Morphologie: Ausdauernd, 30–60 cm hoch; Adventivwurzeln mit spindelförmigen bis kugeligen, bis 8 mm breiten Verdickungen (Knollen); grundständige Blätter sehr lang, unterbrochen gefiedert mit 8–25 größeren Fiederblattpaaren, die fiederspaltig, gesägt und 1–2 cm lang sind; Blütenstand eine Trugdolde; Kronblätter 6, weiß, außen z.T. rötlich, 5–9 mm lang; Früchte behaart, aufrecht. – Blütezeit: Mai–Juli.

Ökologie: Auf wechseltrockenen, kalkreichen Lehm- oder Tonböden, gern auf Mergeln (z.B. Gipskeuper oder Knollenmergel), in Magerwiesen und Halbtrockenrasen, oft zusammen mit *Cirsium tuberosum* oder *Trifolium montanum*, selten in feuchten Glatthaferwiesen; hält sich nach Wiederbewaldung relativ lange. Auch in lichten Eichenwäldern und im Saum von Gebüschen. Vegetations-

und nördlichen Schwarzwalds, am mittleren und oberen Neckar, auf der Südwestalb und im nördlichen und westlichen Bodenseegebiet. Sonst selten, im Oberrheingebiet und auf der mittleren und östlichen Schwäbischen Alb fast fehlend.

Tiefste Vorkommen bei 100 m (6417/2); höchste Vorkommen am Seebuck (8114/1) bei 1350 m.

Erstnachweise: Die Art ist im Gebiet urwüchsig. Ältester literarischer Nachweis: DUVERNOY (1722: 27) für die Umgebung von Tübingen. Schon von H. HARDER 1574–76 vermutlich aus dem Gebiet belegt (SCHORLER 1908: 87).

Bestand und Bedrohung: Die Art ist im Gebiet nicht gefährdet.

3. **Filipendula** Miller 1754 em. Adanson
Spierstaude

Stauden; Blätter unterbrochen gefiedert oder gelappt, mit großen Nebenblättern; Blüten weiß oder rot.

Die Gattung umfaßt 8 Arten der nördlichen gemäßigten Zone. In Europa kommen nur unsere beiden Arten vor.

1　Blätter mit 8–25 Fiederblattpaaren　1. *F. vulgaris*
–　Blätter mit 2–5 über 2 cm langen Fiederblättchen
　　　　　　　　　　　　　　　　2. *F. ulmaria*

Knolliges Mädesüß *(Filipendula vulgaris)* Zellerhorn bei Hechingen, 3.7.1991

Filipendula
vulgaris

Filipendula
ulmaria

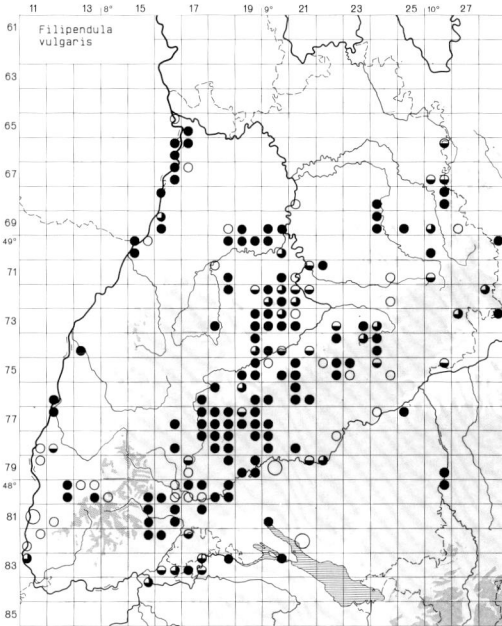

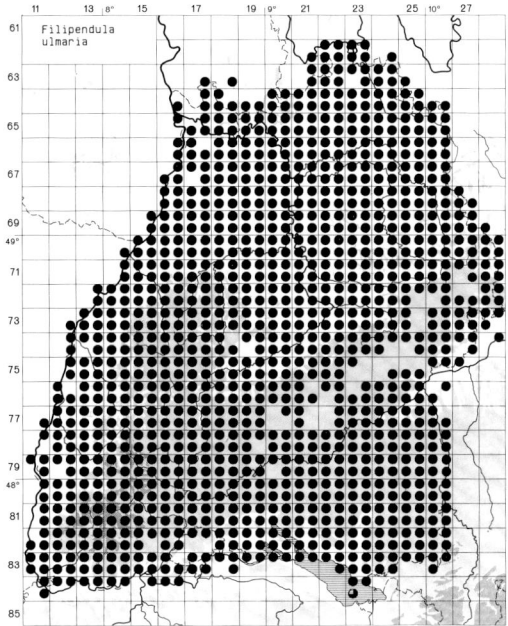

aufnahmen z. B. bei Kuhn (1937: 108–169), Ober-DORFER (1957), Görs (1974: 378–381) und Sebald (1983: Tab. 12).

Allgemeine Verbreitung: Europa, nur im Norden fehlend, Nordafrika, West- bis Zentralasien. Charakterpflanze der südrussischen Wiesensteppe (Walter 1970: 323).

Verbreitung in Baden-Württemberg: Zerstreut im Neckarland, auf der Schwäbischen Alb, im Baar-Wutach-Gebiet und im Klettgau, seltener im Oberrheingebiet. Fehlt im nördlichen Neckarland, im Main-Taubergebiet und im Odenwald. Im Schwarzwald und im Alpenvorland selten:

Schwarzwald (Beobachtungen nach 1970): 7118/4: Steinegg und Tiefenbronn, 1989, S. Demuth (KR-K); 7218/2: Monbachtal zwischen Neuhausen und Unterhaugstett, 1975, S. Seybold, 1985, K. Liebheit (STU-K); 7318/3: Oberhaugstett-Martinsmoos, 1980, A. Assmann (STU); 7716/4: o.O., T. Sattler (STU-K); 7816/4: o.O., A. Benzing (STU-K); 8012/4: o.O., (KR-K); 8013/4: Höllenbachtal, 1986, B. Quinger; Geroldsbachtal bei Oberried, 1988, G. Philippi; früher im Zartener Becken in mageren Glatthaferwiesen, zuletzt um 1960, G. Philippi (KR-K); 8015/4: NW Rötenbach, o.J., G. Philippi (KR-K).

Alpenvorland (Beobachtungen seit 1970): 7725/1: Ersinger Gemeindewald, 1982, O. Sebald (STU-K); 7922/1: Donauried bei Herbertingen, 1906, K. Bertsch (STU), Eskuche (1955: 55); 7926/4: Egelsee-Illerbachen, 1977, E. Dörr (STU-K); 8026/2: Kronwinkel bei Tannheim, 1984, K. H. Lenker, E. Dörr in Dörr (1985: 19); 8120/3: Ludwigshafen, 1988, S. Seybold (STU-K); 8221: o.O.

(STU-K); 8320/2: Wollmatinger Ried, 1982-3, M. Dienst (STU-K).

Höchste Vorkommen: Plettenberg (7718/4) und Gosheimer Kapelle (7818/4), 1000 m, K. Bertsch (1919: 330); tiefste Vorkommen bei 100 m.

Erstnachweise: Die Art ist im Gebiet urwüchsig, nach G. Philippi (mdl.) z. B. am Isteiner Klotz (8311/1). Ältester literarischer Nachweis: Fuchs (1542: 563) „Tubingae certe in monte Austriaco nominato copiossime prouenit et in sylva non procul ab arce eius oppidi distante" (Österberg und Wald beim Tübinger Schloß, 7420).

Bestand und Bedrohung: Die Art ist deutlich zurückgegangen; sie ist gefährdet (Stufe 3). Wesentlich zum Rückgang beigetragen haben die starke Düngung aller Wiesen und die Vernichtung vieler kleiner Feldrain-Biotope bei der Flurbereinigung. Die Pflanze ist nirgends häufig. Von insgesamt 171 Quadranten wurden seit 1970 nur noch 103 = 60 % bestätigt (Stand 1991). Die Art sollte noch besser durch weitere Schutzgebiete gesichert werden!

2. Filipendula ulmaria (L.) Maxim. 1879
Spiraea ulmaria L. 1753
Echtes Mädesüß

Morphologie: 50–150 cm hohe Staude; untere Blätter 30–60 cm lang, unterbrochen gefiedert, mit 2–5

Echtes Mädesüß *(Filipendula ulmaria)*
Alpersbach, 1991

an Gräben oder Bächen. Gern zusammen mit *Ly-thrum salicaria, Cirsium oleraceum* oder *Geranium palustre*. Verbandscharakterart des Filipendulion, besonders oft im Filipendulo-Geranietum. Vegeta-tionsaufnahmen z. B. bei KUHN (1937: 83–84); OBERDORFER (1957: 203–209, 1983: 363–403), PHILIPPI (1972: 36), LANG (1973), GÖRS u. MÜL-LER (1974: 248) oder SCHWABE (1987: Tab. 12, 17).

Allgemeine Verbreitung: Ganz Europa, nur im äu-ßersten Süden fehlend, östlich bis Zentralasien.

Verbreitung in Baden-Württemberg: Verbreitet, nur auf der Albhochfläche stellenweise seltener.

Höchste Vorkommen: Feldberg, 1420 m, OBER-DORFER (1962: 514); tiefste Vorkommen bei 100 m.

Erstnachweise: Die Art ist im Gebiet urwüchsig. Ältester archäologischer Nachweis aus dem Frühen Subboreal von Sipplingen (JACOMET 1990): Ältester literarischer Nachweis: J. BAUHIN (1598: 199) für die Umgebung von Bad Boll (7323); J. BAUHIN et al. (1651: 489) „copiose inter Durlacum et Eslin-gen", also zwischen Durlach und Ettlingen (7016). Auch schon von H. HARDER 1574–76 vermutlich im Gebiet gesammelt (SCHORLER 1908: 84).

Bestand und Bedrohung: Die Art ist im Gebiet ins-gesamt nicht gefährdet. Sie geht aber stellenweise zurück. Durch intensive Düngung erfolgt die Mahd der Wiesen zu früh, so daß die Art nicht mehr zum Aussamen kommt. Auch die Dränage und die An-lage von Steilufern (R. FISCHER 1982: 148) führen mancherorts zu einem Rückgang.

1. **Rubus** L. 1753
Brombeere

Sträuche oder Kräuter; Blätter einfach, gelappt, ge-fiedert oder gefingert; Blüten weiß oder rosa.

Weltweit kommen etwa 200 Arten vor, doch wurden insgesamt schon etwa 2000 Arten ein-schließlich unbedeutender Lokalsippen beschrie-ben. In Europa kommen wohl etwa 75 wichtige Artengruppen vor.

1   Pflanze strauchig 3
–   Pflanze krautig 2
2   Blätter gelappt . . . . 1. *R. chamaemorus*
–   Blätter dreizählig . . . . 2. *R. saxatilis*
3   Blätter gefiedert, unterseits weißfilzig
                                         3. *R. idaeus*
–   Blätter gefingert, unterseits weiß- oder graufilzig oder grün 4
4   Früchte blau bereift; Stengel des Schößlings blau bereift; Stengelblätter dreizählig, Seitenblätter sit-zend . . . . 52. *R. caesius*
–   Früchte nicht bereift; Stengelblätter oft 5- bis 7zählig . . . . . . 4.–51. Art der Artengruppe
                      R. fruticosus und *R. corylifolius*

großen, doppelt gesägten Fiederblättchen, die 2–8 cm lang sind, Endblättchen groß, tief dreilap-pig; Blüten in vielstrahligen Trugdolden, oft aus mehreren Etagen trugdoldiger Teilblütenstände zu-sammengesetzt, zur Fruchtzeit trichterförmig; Blü-ten stark duftend; Kronblätter 5–6, 2–5 mm lang, gelblichweiß; Früchte spiralig gedreht, kahl. – Blü-tezeit: Juni–August.

Variabilität: Man unterscheidet 2 Varietäten:

a) var. *ulmaria*: Blätter unterseits grau- bis weißfilzig

b) var. *denudata* (Presl) Beck (= subsp. *denudata* (Presl) Hayek): Blätter unterseits grün, nicht filzig.

Beide Sippen kommen anscheinend sogar neben-einander in unserem Gebiet vor (vgl. GÖRS 1968: 170). Da sie sich aber geographisch nicht gegenein-ander abgrenzen lassen, ist eine Einstufung als Va-rietät wohl richtig.

Ökologie: Auf nassen, nährstoffreichen Lehm-, Ton- oder Torfböden, in Naßwiesen, in Auwäldern,

1. Rubus chamaemorus L. 1753
Moltebeere

Morphologie: Ausdauernd, 5–30 cm hoch, mit bis zu 10 m langem, kriechendem Wurzelstock; Blätter nierenförmig, runzelig, mit 5 seichten Lappen, Rand gekerbt-gesägt; Blüten groß, endständig, einzeln; Kelchblätter aufrecht-abstehend; Blütenblätter 5 oder mehr, weiß; Früchte hellrot, später gelb bis bräunlich, eßbar, angenehm säuerlich-aromatisch schmeckend. – Blütezeit: Mai–Juni.

Ökologie: Auf nährstoffarmen, kalkarmen Böden in Hoch- und Zwischenmooren, meist zusammen mit Bleichmoos *(Sphagnum)*. Es sind keine Vegetationsaufnahmen aus dem Gebiet bekannt. Über die Biologie und Kultur der Art vgl. KUHMICHEL (1991).

Allgemeine Verbreitung: Zirkumpolar: Nordeuropa, von Nord- bis Zentralasien und in Nordamerika.

Verbreitung in Baden-Württemberg: Es gibt nur die folgende Fundangabe:

Baar: 7917/3: Schwenninger Moos, 700 m, RÖSLER (1788: 44). RÖSLER schreibt: „...sie tragen insonderheit viele gegen das Spätjahr reifwerdende, und von den Kindern begierig zur Speise aufgesuchte rothe Beere, Rubus Chamaemorus, Multbeere, ...“ Diese alte, leider nicht belegte Angabe wurde insbesondere von K. BERTSCH (1926: 50–51) als unmöglich abgetan; ihm folgten u.a. GÖRS (1968: 168–169) und B. u. K. DIERSSEN (1984: 205, 391). Bei HUBER (in HEGI 1964: 290) wird der Finder gar als

Moltebeere *(Rubus chamaemorus)*
Rondane (Norwegen), 18.7.1989

Schwindler bezeichnet. Das trifft ganz sicher nicht zu. Bei Berücksichtigung der Rösler zur Verfügung stehenden Literatur und der damaligen Nomenklatur kann man vielmehr die meisten der von BERTSCH bezweifelten Angaben deuten und bestätigen. Die botanischen Kenntnisse unserer Floristen des 18. Jahrhunderts werden bei BERTSCH falsch gedeutet. RÖSLER muß durchaus als glaubhaft gelten. Der fossile Nachweis der Zwergbirke *(Betula nana)* im Schwenninger Moos durch STARK (1912) untermauert die Möglichkeit eines früheren Vorkommens der Moltebeere. Mit STARK (1912: 212–213), HEGI (1922: 765), RESVOLL (1925) und OLTMANNS (1922: 497, 566; 1927: 406, 513) möchte ich an der Glaubwürdigkeit festhalten. Vielleicht gelingt sogar eines Tages noch ein fossiler Nachweis in den Resten des Moores. Ältester subfossiler Nachweis von Pollen aus dem Würm-Glazial bei Biberach (FRENZEL 1978).

Bestand und Bedrohung: Die Art ist anscheinend vor 1800 im Gebiet ausgestorben. Sie gehört zu den durch die Bundesartenschutzverordnung besonders geschützten Arten.

2. Rubus saxatilis L. 1753
Steinbeere

Morphologie: 10–30 cm hohe, ausdauernde Staude mit bogigen, vegetativen Ausläufern und zarten Stacheln; Blätter dreizählig gefiedert, ungleich gesägt, unterseits etwas behaart, Nebenblätter an blühenden Sprossen breit elliptisch; Blüten in 3- bis

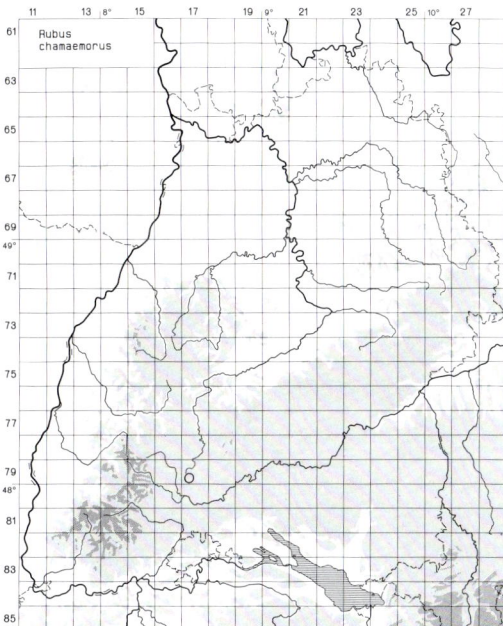

Steinbeere *(Rubus saxatilis)*
Flözlingen, 30.6.1991

Steinbeere *(Rubus saxatilis)*
Hüfingen, 4.8.1991

10blütigen Doldentrauben; Kronblätter weiß; Früchte hellrot, säuerlich schmeckend. – Blütezeit: Mai–Juli.

Biologie: Die Chromosomenzahl von 2n = 28 wurde an Pflanzen vom Lonetal schon durch SCHEERER (1939) festgestellt.

Ökologie: Auf humushaltigen, lockeren, meist kalkhaltigen Stein- oder Lehmböden, in Kiefernwäldern und Tannenwäldern, auch in Fichtenforsten und in Reitgrasfluren (Sorbo-Calamagrostietum), gern zusammen mit *Orthilia secunda, Melampyrum sylvaticum* oder dem Moos *Rhytidiadelphus loreus.*

Vegetationsaufnahmen z.B. bei OBERDORFER (1975: 348, 364–367, 510–512), SEBALD (1983: Tab. 2, 3 und 4) und WITSCHEL (1986: 166–170).

Allgemeine Verbreitung: Nord-, Mittel- und Osteuropa bis Zentralasien, Grönland; in West- und Südeuropa seltener.

Verbreitung in Baden-Württemberg: Ziemlich verbreitet auf der Schwäbischen Alb, im Baar-Wutach-Gebiet und im oberen und mittleren Neckarland bis Stuttgart, dann wieder im Schwäbisch-Fränkischen Wald, in Kocher-, Jagst- und Taubergebiet, außerdem im Alpenvorland. Im südlichen Schwarzwald und im Odenwald sehr selten, im Oberrheingebiet fast fehlend.

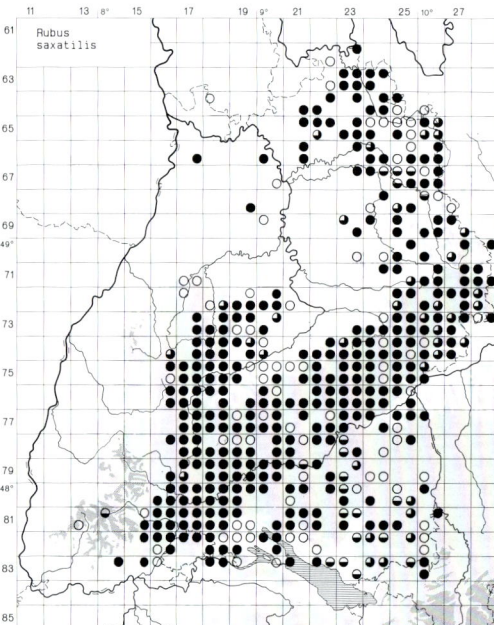

Isolierte Fundorte:

Oberrheingebiet: 6617/4: o.O., SCHÖLCH (STU-K).
Südlicher Schwarzwald: 7715; o.O., HAEUPLER u. SCHÖNFELDER (1988); 8113/3: Belchen, NEUBERGER (1898: 118); 8114/1: Zastler Wand und Baldenweger Buck, NEUBERGER (1898: 188); Seebuck, OBERDORFER (1936: 83, 1982: 348), K. MÜLLER (1948: 257); 8115/4: o.O., (KR-K); 8215/2: o.O., (KR-K).
Neckarland: 6620/3: Pfaffenbusch S Kälbertshausen, 1988, F. MESZMER (STU-K); 6720/4: Bonfeld, Biberacher Wald, vor 1900, SCHUMANN (STU-K); 6819/4: o.O., SCHÖLCH (STU-K); 6920/1: Stockheim, EICHLER, GRADMANN u. MEIGEN (1909: 234).

Höchste Vorkommen: 8114/1: Seebuck, 1400 m, OBERDORFER (1936: 83), K. MÜLLER (1948: 257); tiefste Vorkommen: 100 m (6617/4); 270 m (6223/2).

Erstnachweise: Die Art ist im Gebiet urwüchsig. Ältester archäologischer Nachweis: Spätes Atlantikum von Hornstaad (Rösch 1985); Frühes Subboreal von Sipplingen (K. Bertsch 1932). Ältester literarischer Nachweis: Stahl (1769: 246) für Württemberg. Schon von H. Harder 1576–94 vermutlich im Gebiet gesammelt (Schinnerl 1912: 240).

Bestand und Bedrohung: Die Art ist im Gebiet nicht gefährdet. Sie zeigt aber einen gewissen Rückgang, der vielleicht durch Änderungen der forstlichen Nutzung verursacht ist.

Literatur: Eichler, Gradmann u. Melgen (1909).

3. Rubus idaeus L. 1753
Himbeere

Morphologie: 50–150 cm hoher Strauch mit Wurzelsprossen; Stengel zweijährig, verholzend, aufrecht und überhängend, mit schwachen Stacheln; Blätter 3- bis 5teilig gefiedert, Blättchen gesägt, zugespitzt, unterseits weißfilzig, Nebenblätter fädlich; Blüten nickend, ca. 1 cm im Durchmesser; Kronblätter weiß, aufrecht und nur wenige Tage sichtbar; Frucht rot, selten gelb, sich leicht vom Fruchtboden lösend. – Blütezeit: Mai–Juni. Bestäubende Insekten bei Westrich (1989: 383).

Ökologie: Auf frischen, nährstoff- und humusreichen Böden. In Hochstaudenfluren, in lichten Gebirgswäldern, auf Waldschlägen, an Waldwegen,

Himbeere *(Rubus idaeus)*
Roßkopf bei Freiburg, 1988

auf Holzlagerplätzen. Zeigt Störung durch Eutrophierung an. Ist u.a. Charakterart des Rubetum idaei. Vegetationsaufnahmen z.B. bei Bartsch u. Bartsch (1940: 169–170, 183, 206), Kuhn (1954: 48–49), Sebald (1966: Tab. 5, 6; 1983: Tab. 1, 7), Oberdorfer (1971: 278; 1973: Tab. 1–3; 1982: 352–361), Philippi (1983: 459–460) und Schwabe (1987: Tab. 30).

Allgemeine Verbreitung: In ganz Europa, nur im Süden etwas seltener, außerdem in Asien und Nordamerika.

Verbreitung in Baden-Württemberg: Im ganzen Gebiet verbreitet.

Höchste Vorkommen: 8114/1: Feldberg, 1400 m; tiefste Vorkommen: 100 m.

Erstnachweise: Die Art ist im Gebiet urwüchsig. Ältester archäologischer Nachweis: häufig in spätneolithischen Feuchtbodensiedlungen (ab dem Späten Atlantikum) z.B. von Riedschachen (K. Bertsch 1931). Ältester literarischer Nachweis: J. Bauhin (1598: 150) für die Umgebung von Bad Boll (7323).

Bestand und Bedrohung: Die Art ist nicht gefährdet.

4.–51. Artengruppe des Rubus fruticosus L. 1753 und Rubus corylifolius Sm. 1800
Brombeeren
Bearbeiter: H. E. Weber (Text) und S. Seybold (Verbreitungskarten)

Eine gründliche Bearbeitung der Brombeeren in Baden-Württemberg steht noch aus. Dennoch ist das Inventar der im Gebiet vorkommenden Sippen

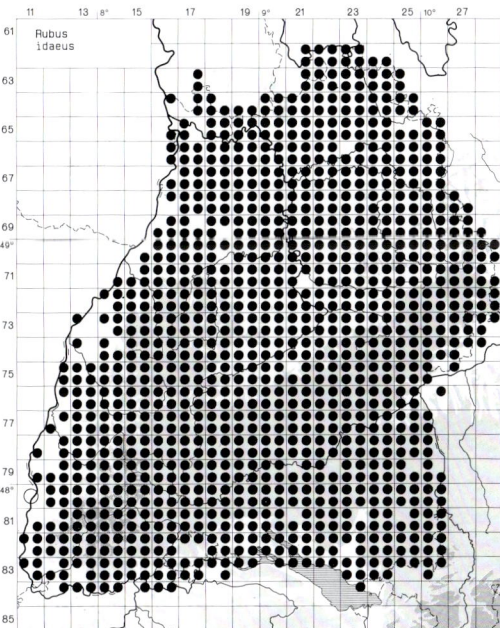

auf der Grundlage von Herbarstudien und in Teil-gebieten auch durch Geländeuntersuchungen gro-ßenteils bekannt. Neben den durch Apomixis stabi-lisierten Arten mit regionaler oder weiterer Verbrei-tung kommen zahlreiche Hybriden und deren herausgespaltene Abkömmlinge vor, die lediglich als singuläre Biotypen oder als kleinräumig verbrei-tete „Lokalsippen" auftreten und heute nicht mehr als Gegenstand der Taxonomie betrachtet werden. Vor allem im Zusammenhang mit den Brombeer-studien, die A. GOETZ um die Jahrhundertwende im Elztal (Schwarzwald) vornahm, wurden auch derartige Pflanzen als „Arten" benannt, weniger durch GOETZ selbst, sondern weil von ihm gesam-melte Pflanzen unter falschen Namen im „Herba-rium europaeum" von C. BAENITZ verteilt wurden, was H. SUDRE 1905 veranlaßte, sie in großer Zahl als neue Arten zu benennen.

Morphologie: Ausdauernde Scheinsträucher, deren oberirdische Teile gewöhnlich nur zwei Jahre alt werden und als Wurzelsprosse, als Erneue-rungssprosse am Grunde vorjähriger Triebe oder durch einwurzelnde Sproßspitzen entstehen. Im er-sten Jahr entwickelt sich ein etwa 1–8 m langer, vegetativer Langsproß („Schößling"). Dieser ist mehr oder minder verzweigt, wächst fast aufrecht wie bei der Himbeere, ohne mit den Spitzen einzu-wurzeln, oder hoch bis flach bogig bis kriechend und bewurzelt sich dann im Herbst an der dem Erdreich aufliegenden Spitze. Der Schößling ist bei den einzelnen Serien und Arten mit gleichartigen oder ungleichen Stacheln bewehrt, kahl oder be-haart, stieldrüsenlos bis dicht stieldrüsig. Seine Blätter sind 3- bis 5zählig gefingert mit gesägten bis fast kerbzähnigen Blättchen, ausnahmsweise auch 7zählig gefiedert-gefingert, unterseits filzlos grün bis grauweiß filzig und haben am Grunde des Blatt-stiels 2 Nebenblättchen. Die Blattformen sind überaus mannigfaltig, wobei besonders die Form des Endblättchens für das Erkennen der Arten eine wichtige Rolle spielt. Aus den Achseln der sommer- bis wintergrünen Blätter entwickeln sich im näch-sten Jahr als Kurzsprosse meist rispige Blüten-stände. Nach deren Fruchten stirbt der dann zwei-jährige Gesamtsproß ab.

Die Artbeschreibungen sind hier aus Raumgrün-den sehr kurz gehalten. Ausführlichere Diagnosen und weitere Abbildungen finden sich in der Spezial-literatur zu dieser Gattung.

Biologie: Blüte artverschieden von Mai bis August. Abgesehen von dem diploiden *Rubus canescens*, sind alle übrigen im Gebiet vorkommenden Sippen polyploide (meist tetraploide) Apomikten. Die Samen werden durch Vögel verbreitet, wodurch

sich bei phylogenetisch jüngeren Sippen durch Fernausbreitung zunächst oft große Arealdisjunk-tionen ergeben, die sich durch spätere Erweiterung der Teilareale schließen können.

Ökologie: Bei einzelnen Arten entweder mehr in Gebüschen, als Pioniergehölze oder bevorzugt auf Waldlichtungen und an Waldrändern. Allgemein Licht- bis Halbschattenpflanzen, die bei stärkerer Beschattung unbestimmbare Kümmerformen aus-bilden. Allgemein bevorzugt werden nicht zu trok-kene, humose, mäßig basenreiche Böden in winter-milder, luftfeuchter Klimalage. Viele Arten sind kalkfliehend, andere kommen vornehmlich auf kalkreichen Böden vor. Basaltböden und (ehemals) häufiger überschwemmte Auenbereiche, in denen *Rubus caesius* Massenbestände entwickeln kann, werden von Brombeeren gemieden. Auch die Wär-meansprüche sind unterschiedlich. In höheren Ge-birgslagen dominieren wintergrüne, drüsenreiche, kriechende Sippen, die im Winter unter der Schnee-decke geschützt sind, oder in geringerem Maße auch halbaufrecht wachsende, sommergrüne Arten mit relativ frosttoleranten, im Winter entlaubten Sprossen. Brombeeren haben ihren Schwerpunkt in azidophilen bis basiphilen Gebüschen (Frangule-tea, Rhamno-Prunetea). Die häufig verwilderte Gartenbrombeere *Rubus armeniacus* bildet in Ru-deralgesellschaften (Artemisietea) eine Dominanz-gesellschaft, ist aber stellenweise auch ortsfern in Prunetalia spinosae-Gebüschen eingebürgert. Die *Rubus corylifolius*-Gruppe zeigt eine gewisse Vor-liebe für (sub-)rudérale Bereiche.

Allgemeine Verbreitung: In temperaten bis subme-ridionalen Bereichen weltweit verbreitet.

Verbreitung in Baden-Württemberg: Brombeeren sind als Gesamtgruppe fast überall im Gebiet ver-breitet und meist häufig. Die Verbreitung der ein-zelnen Arten ist jedoch sehr unzureichend bekannt und meist auf wenige inselartige Teilbereiche beschränkt. Durch die Untersuchungen von A. GOETZ liegen aus früherer Zeit Daten aus dem Elztal im westlichen Schwarzwald vor, durch neue-re Beobachtungen von SEYBOLD solche aus der Umgebung von Stuttgart. Eine detaillierte Unter-suchung (mit Kartierung der Arten in MTB-Vier-telquadranten) erfolgte 1980 durch WEBER in einem Transekt vom Oberrheingebiet bei Offenburg durch den Schwarzwald bis ins Nagold-Neckarge-biet (Meßtischblattzeilen 7413-7417 und 7513-7517). Literaturangaben (z.B. von KÜKENTHAL, der 1938 und 1944 „Beiträge zur Kenntnis der Brombeeren des Schwarzwaldes" veröffentlichte) können bei *Rubus* wegen der früheren zahlreichen Fehlbestimmungen bis auf einzelne Ausnahmen

61
Rubus
fruticosus agg.

63

65

67

69
49°

71

73

75

77

79
48°

81

83

85

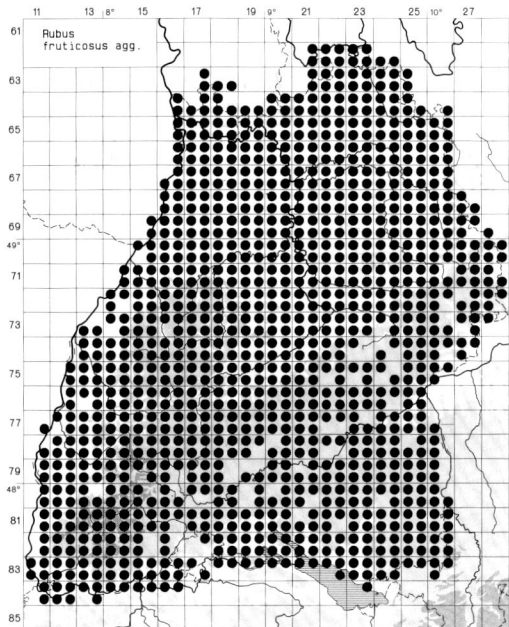

nicht ohne Überprüfung von Herbarbelegen übernommen werden und werden hier auch nicht im
einzelnen diskutiert. Die wenigen hier veröffentlichten Verbreitungskarten geben eher den lückigen
Bearbeitungsstand als das tatsächliche Areal der
jeweiligen Art im Gebiet wieder.

Bis auf *Rubus allegheniensis, R. laciniatus* und
R. armeniacus, die aus Gärten verwildert und teilweise eingebürgert sind, sowie auf den sicher eingeschleppten *R. sciocharis* und vielleicht auch *R. fabrimontanus* sind alle übrigen Arten im Gebiet urwüchsig.

Bei gründlicher Untersuchung der Brombeerflora können zweifellos noch weitere Arten nachgewiesen werden, vor allem solche, von denen zahlreiche Fundpunkte wenig außerhalb der Grenzen
Baden-Württembergs bekannt sind.
Bestand und Bedrohung: Als Gesamtgruppe sind die
Brombeeren im Gebiet nicht gefährdet, werden jedoch gebietsweise infolge der landwirtschaftlichen
Hypertrophierung durch nitrophile Hochstauden
(*Urtica dioica* u.a.) verdrängt. Die Gefährdung der
einzelnen Arten kann erst nach genaueren Untersuchungen der Brombeerflora, wie sie für einige andere Bundesländer bereits vorliegen, eingeschätzt
werden.
Hinweis zu den Bestimmungsschlüsseln: Blatt- und
Schößlingsmerkmale beziehen sich auf die Mittelre-
gion des Schößlings (diesjährigen Sprosses), Blü-

tenstandsmerkmale auf Infloreszenzen aus dem
Mittelbereich des vorjährigen Sprosses derselben (!)
Pflanze. Die angegebenen Farben des Schößlings
und der Stacheln gelten für die Sommermonate Juli–August und gehen später oft verloren. Außer den
im Schlüssel berücksichtigten Arten kommen im
Gebiet zahlreiche singuläre oder teilweise auch
lokal verbreitete Biotypen vor. Das gilt besonders
für den Schwarzwald mit seinen unstabilisierten
Formenschwärmen drüsenreicherer Brombeeren
der Serien *Pallidi, Hystrix* und *Glandulosi.*

1   Blätter des Schößlings (diesjährigen Sprosses) mit
    schmalen, sich gewöhnlich randlich nicht decken-
    den Blättchen. Untere Blättchen 5zähliger Blätter
    (0–) 1–8 (–12) mm lang gestielt. Blattstiel ober-
    seits meist nur am Grunde gefurcht. Nebenblätt-
    chen gewöhnlich fädig bis schmal lineal. Seiten-
    blättchen 3zähliger Blätter im Blütenstand (0–)
    2–6 (–10) mm lang gestielt. Kronblätter meist el-
    liptisch oder umgekehrt eiförmig, nicht knittrig.
    Sammelfrucht glänzend schwarzrot bis schwarz, in
    der Regel mit allen Teilfrüchtchen wohlentwickelt.
                          4.–44. *R. fruticosus*-Gruppe
–   Blätter des Schößlings oft mit breiten, sich rand-
    lich überdeckenden Blättchen. Untere Blättchen
    5zähliger Blätter 0–1 (–2) mm lang gestielt. Blatt-
    stiel oberseits durchgehend gefurcht. Nebenblätt-
    chen schmal lanzettlich. Seitenblättchen 3zähliger
    Blätter im Blütenstand 0–1 (–2) mm lang gestielt.
    Kronblätter oft rundlich und knitterig. Sammel-
    frucht etwas matt schwarz und gewöhnlich unvoll-
    kommen mit nur einzelnen Teilfrüchtchen entwik-
    kelt. . . . . . . 45.–51. *R. corylifolius*-Gruppe

4.–44. **Rubus fruticosus**-Gruppe
Sektion *Rubus*
Echte Brombeeren

1   Blütenstiele mit 0–3, meist nur bis 0,2 mm langen
    Stieldrüsen. Schößling (diesjähriger Sproß) gleich-
    stachelig, mit 0–5 (–20) Stieldrüsen, deren Stümp-
    fen oder feinen Stachelchen pro 5 cm. 2
–   Blütenstiele mit mehr als 20, oft längeren Stieldrü-
    sen; Schößling gleich- bis ungleichstachelig, meist
    mit mehr als 20 Stieldrüsen pro 5 cm (hierher
    auch 7. *R. allegheniensis* mit stieldrüsenlosem
    Schößling) 23
2   Blätter mit gefiederten oder fiederteilig zerschlitz-
    ten Teilblättchen . . . . 21. *R. laciniatus*
–   Blätter mit ungeteilten oder etwas gelappten Teil-
    blättchen, selten das Endblättchen 2- bis 3teilig . 3
3   Schößling völlig kahl, Blätter dünn, unterseits filz-
    los grün. Kelch außen (glänzend) grün, graurötlich
    berandet. Pflanzen oft fast aufrecht wachsend . . 4
–   Schößling kahl oder (oft nur mit einzelnen Här-
    chen) behaart. Blätter unterseits grüngrau bis weiß
    filzig oder grünlich und dann Schößling behaart.
    Kelch außen graugrünlich bis grauweiß filzig.
    Pflanzen meist bogig wachsend oder niederliegend 8

4 Schößling grünlich, rundlich, mit zerstreuten, schwarzvioletten, kegelig-pfriemlichen, meist nur 1–3 mm langen Stachelchen . . . 4. *R. nessensis*
– Schößling mit breiteren, längeren, grünlichen, gelblichen oder rötlichen Stacheln 5
5 Staubblätter nicht so hoch wie die Griffel. Blättchen gefaltet, untere Seitenblättchen im Sommer 0–2 (später bis 4) mm lang gestielt 8. *R. plicatus*
– Staubblätter die Griffel überragend, untere Seitenblättchen (1–) 2–10 mm lang gestielt 6
6 Blütenstandsachse mit dünnen, überwiegend (fast) geraden Stacheln. Endblättchen verkehrt eiförmig bis rundlich, aufgesetzt bespitzt 10. *R. integribasis*
– Blütenstandsachse mit breiten, deutlich gekrümmten Stacheln. Endblättchen anders geformt 7
7 Schößling mit tief gefurchten Seiten. Endblättchen herzeiförmig bis rundlich, allmählich 15–20 mm lang bespitzt, lebend oft konvex. Untere Seitenblättchen 5–10 mm lang gestielt . . 5. *R. sulcatus*
– Schößling flachseitig oder wenig gefurcht. Endblättchen schmal verkehrt eiförmig oder elliptisch, mit breit dreieckiger, 2–10 mm langer Spitze, lebend etwas gefaltet. Untere Seitenblättchen 2–5 mm lang gestielt . . . . . 9. *R. divaricatus*
8 (3) Blätter unterseits (an ausreichend besonnten Standorten) grüngrau bis weiß filzig (Lupe!) . . . 9
– Blätter unterseits filzlos grün, seltener (bei 20. *R. nemoralis* und 24. *R. macrophyllus*) angedeutet graugrün filzig 18
9 Schößling kahl (ausnahmsweise mit 1 Härchen auf 1 cm der 5 Seiten) 10
– Schößling behaart, manchmal nur an den Stachelbasen mit vereinzelten Büschelhärchen (Lupe!) . . 13
10 Blätter oberseits mit mehr als 100 feinen Härchen pro cm^2. Südbaden . . . . . 15. *R. obtusangulus*
– Blätter oberseits (fast) kahl 11
11 Schößling deutlich gefurcht, mit auffallend rotfüßigen Stacheln. Griffel am Grunde oft etwas rötlich . . . . 6. *R. canaliculatus*
– Schößling ohne auffallend gefärbte Stacheln. Griffel nicht rötlich 12
12 Schößling mit meist nur 1–3 Stacheln pro 5 cm. Endblättchen aus schmal ausgerandetem Grund schmal verkehrt eiförmig, mit kaum abgesetzter, fast dreieckiger Spitze. Fruchtknoten kahl . . . .
16. *R. montanus*
– Schößling mit 4–8 Stacheln pro 5 cm. Endblättchen breit-eiförmig bis verkehrt-eiförmig, mehr abgesetzt bespitzt. Fruchtknoten behaart . . . .
17. *R. grabowskii*
13 (9) Blätter deutlich fußförmig (die unteren Seitenblättchen entspringen 1–5 mm oberhalb der Stielbasis der mittleren Seitenblättchen). Blütenstandsachse mit dünnen, (fast) geraden Stacheln 14
– Blätter hand- oder nur angedeutet fußförmig. Blütenstandsachse mit breiteren, gekrümmten Stacheln 15
14 Blüten rosa. Schößling fein büschelhaarig. Blätter (3–) 4- bis 5zählig, 1–3 mm tief gesägt. Häufige Art . . . . 11. *R. bifrons*
– Blüten weiß. Schößling dichthaarig. Blätter 5zählig, 3–5 mm tief gesägt. Seltene Art . . . .
19. *R. albiflorus*

15 Schößling grünlich, mit auffallend rötlichen Kanten und Stachelbasen. Kronblätter 14–20 mm lang. Sehr robuste Pflanze . . 13. *R. armeniacus*
– Schößling ohne auffallend gefärbte Kanten und Stacheln. Kronblätter kleiner 16
16 Blüten lebhaft rosa . . . . . . 14. *R. amiantinus*
– Blüten weiß bis blaßrosa 17
17 Schößling sehr kräftig (bis 15 mm breit). Blätter am Rande wellig. Fruchtknoten vielhaarig . . . .
12. *R. praecox*
– Schößling schwächer. Endblättchen am Rande glatt. Fruchtknoten wenig behaart, rasch verkahlend . . . . 18. *R. phyllostachys*
18 (8) Blätter lederig, oberseits völlig kahl. Schößling fast kahl. Seltene Art . . . . . 20. *R. nemoralis*
– Blätter nicht lederig, oberseits wenigstens mit einzelnen Härchen. Schößling zerstreut bis dicht behaart 19
19 Staubbeutel vielhaarig (Lupe!). Blätter 3- bis 5zählig. Sehr selten eingeschleppte Art . . . .
23. *R. sciocharis*
– Staubbeutel kahl. Blätter (überwiegend) 5zählig . 20
20 Schößling mit 7–9 (–10) mm langen Stacheln. Blütenstiele mit 4–5 (–6) mm langen Stacheln . .
22. *R. gracilis*
– Schößling mit 4–6 (–7) mm langen Stacheln. Blütenstiele mit 0,5 –2,5 (–3) mm langen Stacheln . 21
21 Endblättchen am Grunde schmal abgerundet, mit deutlich längeren, teilweise auswärts gekrümmten Hauptzähnen 2–4 mm tief gesägt, unterseits von nervenständigen, schimmernden Haaren samtig weich . . . . 26. *R. neumannianus*
– Endblättchen am Grunde meist breit-herzförmig, mit fast gleichlangen Zähnen 1–3 mm tief gesägt, unterseits ohne schimmernde Haare, nicht fühlbar bis weich behaart 22
22 Schößling violettrot, flachseitig bis rinnig, mit ähnlich gefärbten Stacheln. Blätter hand- oder angedeutet fußförmig. Endblättchen verlängert breit-verkehrteiförmig, mit etwas abgesetzter, 15–20 mm langer Spitze, lebend konvex. Blütenstandsachse zottig-filzig, zerstreut bestachelt. Im Oberrheingebiet sehr häufige Art . . . .
24. *R. macrophyllus*
– Schößling grünlich, stumpfkantig-rundlich, mit gelblichen Stacheln. Blätter deutlich fußförmig 5zählig, teilweise 3- bis 4zählig. Endblättchen eiförmig, allmählich 15–25 mm lang bespitzt. Selten in Südbaden . . . . 25. *R. gremlii*
23 (1) Schößling kahl, ohne Stieldrüsen; Endblättchen herzeiförmig, auffallend lang (20–40 mm) bespitzt, sehr scharf bis 2 mm tief gesägt, unterseits schimmernd weichhaarig. Blütenstand traubig, mit langen, dicht kurz stieldrüsigen Blütenstielen. Staubblätter nach der Blüte ausgebreitet oder zurückgekrümmt . . . . . 7. *R. allegheniensis*
– Schößling kahl oder behaart, mit oder ohne Stieldrüsen. Endblättchen anders geformt. Blütenstand rispig. Staubblätter nach der Blüte zusammenneigend 24
24 Blätter oberseits zumindest im Blütenstand sternhaarig (Lupe!) und weich, unterseits grauweiß filzig. Endblättchen aus oft keilförmigem Grund

schmal, mit breiten, fast abgerundeten Zähnen, grob und 4–5 (–6) mm tief kerbzähnig. Kronblätter weiß, beim Trocknen gelblich . . . .

27. *R. canescens*

– Blätter oberseits nicht weichhaarig, anders gesägt. Kronblätter weiß bis rosa 25

25 Stacheln des Schößling fast gleichartig, ohne oder mit wenigen Übergängen zu kleineren Stachelchen und (drüsigen) Borsten 26

– Stacheln des Schößling in allen Größenordnungen und zahlreichen Übergängen zu kleineren Stachelchen auf (drüsigen) Borsten 36

26 Schößling (oft dicht) behaart, mit zerstreuten bis fast fehlenden Stieldrüsen. Blätter unterseits graufilzig und dazu oft weichhaarig 27

– Schößling kahl oder behaart, mit vielen Stieldrüsen 28

27 Schößling dicht mit bis etwa 1 mm langen Haaren behaart, wie die Blütenstandsachse mit geraden Stacheln. Blätter unterseits schimmernd weichhaarig, bis 1,5 mm tief gesägt. Blüten weiß oder rosa

28. *R. vestitus*

– Schößling fein büschelhaarig, wie die Blütenstandsachse mit (teilweise) etwas gekrümmten Stacheln. Blätter unterseits nicht immer weichhaarig, 2,5–3,5 mm tief gesägt. Blüten rosa . . . .

29. *R. conspicuus*

28 Blätter überwiegend 5zählig, oberseits kahl, zumindest die oberen im Blütenstand unterseits filzig. Zahnung mit längeren, deutlich auswärts gekrümmten Hauptzähnen 29

– Blätter oberseits zumindest mit zerstreuten Härchen, wenn unterseits filzig, dann überwiegend 3zählig und mit fast gleichlangen, nicht deutlich auswärts gekrümmten Hauptzähnen 30

29 Schößling (fast) kahl, mit 4–6 (–7) mm langen Stacheln. Blätter unterseits nur schwach filzhaarig. Blütenstand sperrig. Blütenstiele nur angedrückt filzig, mit dichtgedrängten, über die Behaarung hinausragenden, gleichartigen, kurzen, rotköpfigen Stieldrüsen. Kelch abstehend . . 32. *R. rudis*

– Schößling behaart, mit 6–9 (–10) mm langen Stacheln. Blätter unterseits deutlich graufilzig. Blütenstand schmal pyramidal. Blütenstiele auch mit längeren Haaren, die die etwas ungleichlangen Stieldrüsen in der Mehrzahl überragen. Kelch zurückgeschlagen . . . . 31. *R. radula*

30 Kronblätter lebhaft rosa. Blätter überwiegend 5zählig, unterseits nicht fühlbar behaart. Endblättchen oft kreisrund, mit aufgesetzter Spitze . .

33. *R. schnedleri*

– Kronblätter weiß bis blaßrosa. Blätter überwiegend 3zählig 31

31 Schößling mit 2,5–4 mm langen Stacheln. Stieldrüsen der Blütenstiele fast alle 0,2–0,5 mm lang 32

– Schößling mit 4–6 mm langen Stacheln. Stieldrüsen der Blütenstiele großenteils länger als 0,5 mm 35

32 Schößling dichthaarig und gedrängt stieldrüsig, mit pfriemlichen, geraden, 3 (–3,5) mm langen Stacheln. Endblättchen verkehrt-eiförmig, mit aufgesetzter, dünner, 20–25 mm langer Spitze, fein 1 mm tief gesägt. Kronblätter weiß. Griffel rotfüßig oder insgesamt rot . . 36. *R. tereticaulis*

– Schößling kahl bis mäßig behaart, oft mit entfernteren Stieldrüsen, kräftiger bestachelt. Endblättchen tiefer gesägt. Griffel grünlichweiß oder am Grunde blaßrosa 33

33 Schößling (fast) kahl. Blätter unterseits filzlos grün, Endblättchen aus herzförmigem Grund breit, etwas abgesetzt 10–15 mm lang bespitzt, 2 (–3) mm tief gesägt. Blütenstiele mit dichten, roten, nur 0,1–0,2 mm langen Stieldrüsen. Kronblätter weiß . . . . 39. *R. subcordatus*

– Schößling behaart. Blätter unterseits dünn sternflaumig-filzig. Endblättchen allmählich bespitzt, 1–1,5 mm tief gesägt. Blütenstiele mit etwas längeren, oft weniger dichten Stieldrüsen 34

34 Schößling mit schlanken Stacheln, zerstreuten Stieldrüsen und Stachelchen. Endblättchen oft rundlich. Blütenstandsachse nicht ausgeprägt zickzackförmig gebogen. Fruchtknoten zottig . .

34. *R. foliosus*

– Schößling mit breiteren Stacheln, vielen Stieldrüsen und zahlreicheren kleineren Stachelchen. Endblättchen nie rundlich. Blütenstandsachse zickzackförmig gebogen. Fruchtknoten (fast) kahl . .

35. *R. flexuosus*

35 Endblättchen aus schmalem Grund verkehrt-eiförmig, zur Spitze hin mit deutlich längeren, auswärts gekrümmten Hauptzähnen gesägt. Seitenblättchen am Grunde abgerundet . . . .

37. *R. distractus*

– Endblättchen aus deutlich herzförmigem Grund fast kreisrund, mit nur wenig längeren Hauptzähnen. Seitenblättchen (3zähliger Blätter) am Grunde herzförmig . . . . . 38. *R. bregutiensis*

36 (25) Kronblätter lebhaft rosa. Blätter unterseits graugrün bis grau filzig . . . . 40. *R. bavaricus*

– Kronblätter weiß oder etwas rosa angehaucht. Blätter unterseits filzlos grün 37

37 Größere Stacheln des Schößlings am Grunde einige mm oberhalb davon breit zusammengedrückt . 38

– Größere Stacheln des Schößlings wenig oberhalb des etwas verbreiterten Grundes pfriemlich dünn 39

38 Schößling kahl. Blätter überwiegend 5zählig. Endblättchen breit verkehrt-eiförmig bis rundlich, 7–13 mm lang bespitzt, mit sehr scharfen Zähnen 2–4 mm tief gesägt . . . . . 30. *R. pseudinfestus*

– Schößling etwas behaart. Blätter überwiegend 3zählig. Endblättchen schmaler, nie rundlich, 15–20 mm lang bespitzt, 1,5–2 mm tief kerbzähnig . . . . 41. *R. schleicheri*

39 Schößling fast kahl, rundlich. Blätter 3zählig. Endblättchen elliptisch, wie die Seitenblättchen mit aufgesetzter, dünner, 15–25 mm langer Spitze. Blütenstand mit blaß gestielten Stieldrüsen. Kronblätter meist kaum mehr als 3 mm breit . . . . .

42. *R. pedemontanus*

– Endblättchen kürzer bespitzt. Blütenstand mit schwarzroten Stieldrüsen. Kronblätter breiter . . 40

40 Schößling kantig-flachseitig. Blätter 3zählig. Griffel am Grunde rötlich. . . . . 43. *R. atrovinosus*

– Schößling rundlich. Blätter 3- bis 5zählig. Griffel (im Gebiet) meist grünlichweiß 44. *R. hirtus* agg.

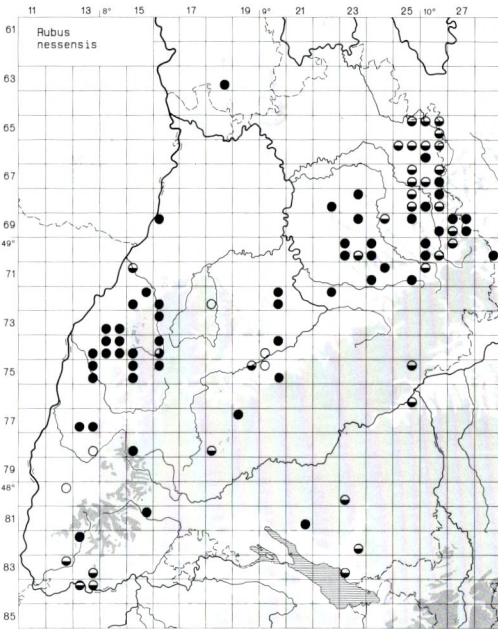

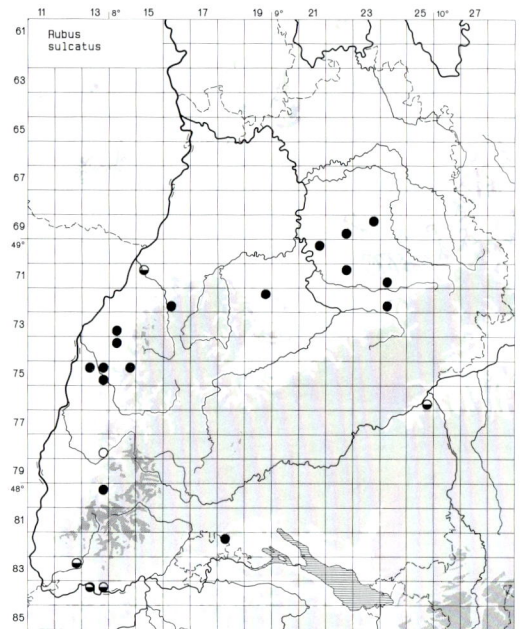

Subsektion *Rubus* (*Suberecti* Lindley)
Sommergrüne Brombeeren

4. Rubus nessensis Hall 1794
R. suberectus Anders. ex Sm. 1824
Halbaufrechte Brombeere, Fuchsbeere

Morphologie: Schößling fast aufrecht, 50 cm bis
über 250 cm hoch, kahl, mit entfernten, nur
1–3–(5) mm langen, kegeligen bis pfriemlichen,
dunkelvioletten Stacheln; Blatt 5- bis 7zählig. Blättchen, dünn, oberseits glänzend, fast kahl, unterseits
nicht fühlbar behaart. Endblättchen 5zähliger Blätter herzeiförmig, lang zugespitzt, gleichmäßig gesägt; Blütenstand traubig; Blüten weiß; Frucht
schwarzrot, mit etwas himbeerartigem Geschmack.
Blüte früh (Mai-Juni).
Ökologie: In Wäldern und Gebüschen auf meist
sandigem, kalkfreien, oft etwas feuchtem Boden,
liebt Halbschatten.
Allgemeine Verbreitung: In Europa von Irland über
Frankreich bis St. Petersburg und Moskau, nordwärts bis Südskandinavien, südwärts bis zu den
Alpen.
Verbreitung in Baden-Württemberg: Unvollständig
bekannt. Zerstreut in allen großen Landschaften,
jedoch in den Kalkgebieten fehlend, auch in Tieflagen gebietsweise seltener.
   Höchste Fundorte: im Schwarzwald bis 1000 m

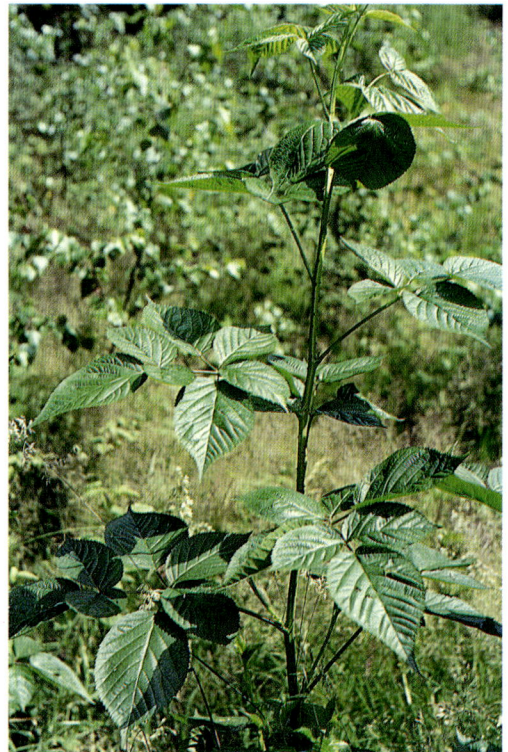

Halbaufrechte Brombeere *(Rubus nessensis)*
Negernbötel, 12.7.1967

42

Gefurchte Brombeere *(Rubus sulcatus)*
Bouzonville (Lothringen), 25.7.1989

(OBERDORFER 1979: 499); tiefste bekannte Vorkommen vorläufig bei 7513/4: S Berghaupten, 180 m.
Erstnachweise: DÖLL (1843: 762), Baden-Baden, A. BRAUN.

5. Rubus sulcatus Vest 1821
Gefurchte Brombeere

Morphologie: Pflanze fast aufrecht, bis über 3 m hoch; Schößling grün, kantig, mit tief gefurchten Seiten, kahl. Stacheln 6–10 mm lang, meist sehr schwach gekrümmt, nicht auffallend gefärbt; Blätter handförmig 5zählig, oberseits glänzend, unterseits filzlos grün, nicht oder kaum fühlbar behaart, untere Seitenblättchen schon im Sommer 5–10 mm lang gestielt, Endblättchen konvex, nicht gefaltet, Blütenstand oft traubig; Kronblätter weiß bis blaßrosa; Staubblätter die Griffel deutlich überragend.
Ökologie: Im Bereich von Wäldern: auf Lichtungen, an Wegen und an Waldrändern auf mäßig nährstoffreichen, kalkfreien Böden.
Allgemeine Verbreitung: Subatlantische Art. Von Südengland und Südskandinavien bis Polen und vom mittleren Frankreich bis Rumänien.

Verbreitung in Baden-Württemberg: Noch völlig unzureichend bekannt, wohl im allgemeinen zerstreut, gebietsweise, wie in der Rheinebene, häufiger, im Schwarzwald auf großen Strecken fehlend.

Oberrheingebiet: 7115/1: Rastatt, KRAUSE (1921: 132). Im Raum Offenburg–Gengenbach–Bühl ziemlich häufig, 1980, WEBER. Vermutlich über dieses bislang untersuchte Gebiet hinaus ähnlich verbreitet.
Schwarzwald: 7216/3: Zwischen Reichental und Hilpertsau, 1990, S. SEYBOLD (STU-K); 7813/4: Zinkenwald bei Siegelau, 1897, GOETZ (M); 8013/2: Kappel, HETZEL.
Schwäbisch-Fränkischer Wald: zerstreut.
Alpenvorland: 8218/1: Wald SW Schlatt am Randen, 1989, S. SEYBOLD (STU-K).

Höchste bekannte Vorkommen bei 8218/1: Wald SW Schlatt, 540 m; tiefste bei 7115/1: Rastatt, 100–120 m.
Erstnachweise: Älteste literarische Angabe: MARTENS u. KEMMLER (1882: 135) für Stuttgart (MARTENS) und Schneckenweiler (KEMMLER).

6. Rubus canaliculatus P.J. Müller 1858

Morphologie: Ähnlich *Rubus sulcatus*, doch Schößling mit auffallend rotfüßigen Stacheln. Blätter unterseits etwas graugrün bis grau dünnfilzig und weichhaarig; der Griffel ist am Grunde häufig etwas rötlich.

Ökologie: Wenig bekannt, anscheinend ähnlich wie *Rubus sulcatus*.

Allgemeine Verbreitung: Regionalsippe des Oberrheingebiets mit angrenzenden Randbereichen des Pfälzer Waldes, der Vogesen und des Schwarzwaldes.

Verbreitung in Baden-Württemberg: Wenig bekannt, wohl im nördlichen Oberrheingebiet und angrenzendem Schwarzwald zerstreut zwischen Rastatt und Offenburg.

Oberrheingebiet: In den bislang untersuchten Blättern 7513–7514 im Raum Offenburg an sieben Fundorten beobachtet, 1980, WEBER (We), u.a. 7513/1: Kreuzschlag bei Offenburg; 7513/2: zw. Rammelsweiher und Unterweiler; 7513/4: zw. Berghaupten und Steglenz sowie östlich von Zunsweiler; 7514/2: Weg E Hoferleshalde.
Schwarzwald: 7813/4: Zinkenwald bei Siegelau, 1897, GOETZ (Z).

7. Rubus allegheniensis Porter 1896

Morphologie: Schößling fast aufrecht, kahl, gefurcht, mit zerstreuten bis nahezu fehlenden, 3–6 (–9) mm langen Stacheln; Blätter 5zählig, unterseits von schimmernden Haaren samtig weich; Endblättchen herzeiförmig, allmählich in eine 20–40 mm lange Spitze verschmälert, sehr fein und scharf 1,5–2 mm tief gesägt; Blütenstand traubig, Blütenstiele 20–35 mm lang, dicht kurz stieldrüsig und behaart; Kronblätter weiß, vertrocknet haften bleibend, Staubblätter nach der Blütezeit ausgebreitet oder zurückgeschlagen.

Ökologie: Als Obststrauch kultiviert und gelegentlich verwildert. Stammt aus Nordamerika.

Verbreitung in Baden-Württemberg: Bislang erst einmal nachgewiesen. 8121/4: Ehem. Bahnhof Leustetten, 1973, SEYBOLD (STU).

8. Rubus plicatus Weihe & Nees 1822
Falten-Brombeere

Morphologie: Schößling meist fast aufrecht bis überhängend, 80–200 cm hoch, stumpfkantig rundlich oder mit flachen Seiten, kahl, mit geneigten oder schwach gekrümmten Stacheln; Blätter handförmig 5zählig, besonders an sonnigen Standorten auffällig (zwischen den Seitennerven aufgewölbt) gefaltet, unterseits grün, fühlbar behaart; Endblättchen meist herzeiförmig, ziemlich gleichmäßig gesägt; Seitenblättchen sich randlich oft etwas deckend, untere Seitenblättchen im Sommer

Falten-Brombeere *(Rubus plicatus)*
Bramsche (Niedersachsen), August 1987

nur bis 2 mm lang, im Herbst bis 4 mm lang gestielt; Blüten weiß bis blaßrosa; Staubblätter nicht so hoch wie die Griffel.

Ökologie: an sonnigen bis halbschattigen Standorten, in Gebüschen, auf Waldlichtungen und an Wegrändern auf nährstoffärmeren, kalkfreien Böden. Charakterart des Lonicero-Rubion silvatici, Differentialart des Rubo plicati-Sarothamnetum (WEBER 1987: 147–152). Vegetationsaufnah-

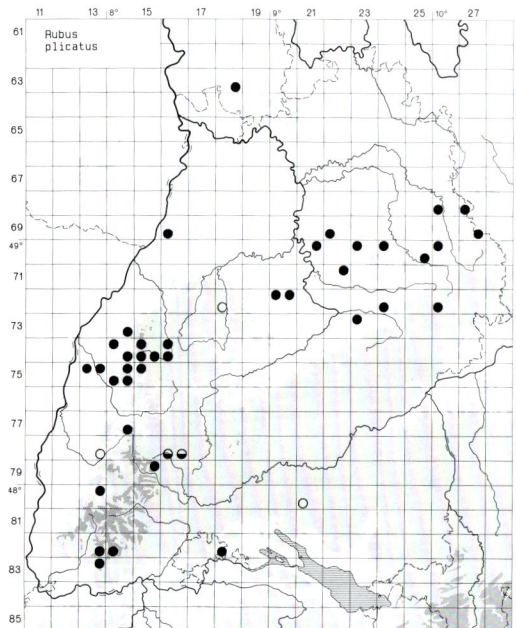

men bei SCHWABE-BRAUN (1980) und WEBER (1987: 151).

Allgemeine Verbreitung: Von Irland bis Rumänien und zur Ukraine, nördlich bis Südskandinavien, südlich bis zu den Alpen.

Verbreitung in Baden-Württemberg: Unvollständig bekannt. Verbreitet und oft häufig im Oberrheingebiet, nicht selten im Schwarzwald, in den Keupergebieten des Neckarlandes und im Alpenvorland. Insgesamt wohl nur zerstreut, vermutlich nach Süden zu seltener (in der Schweiz bereits selten).

Höchste bislang bekannte Vorkommen bei 8213/4: Gersbach, 910 m; 7915/2: Oberkirnach, 900 m, SCHWABE-BRAUN (1980: Tab. III b); tiefste bei 7021/2: Kälbling bei Höpfigheim, 240 m.

Erstnachweise: Älteste literarische Angabe: DÖLL (1843: 762).

9. Rubus divaricatus P.J. Müller 1858
R. nitidus Weihe & Nees 1822 pro parte
Sparrige Brombeere

Morphologie: Ähnlich *Rubus plicatus*, doch Schößling stark verzweigt; Blätter nicht oder weniger auffällig gefaltet; Endblättchen schmal verkehrt-eiförmig bis elliptisch, mit breit dreieckiger, kaum abgesetzter, 2–15 mm langer Spitze; untere Seitenblättchen im Sommer 2–5 mm lang gestielt; Staubblätter die Griffel überragend.

Ökologie: Wie *Rubus plicatus*, doch etwas anspruchsvoller an die Bodenbedingungen.

Allgemeine Verbreitung: Südengland, Südschweden, Bornholm, außerdem von den Benelux-Ländern und Nordfrankreich bis Polen. Südwärts bis ins Oberrheingebiet.

Verbreitung in Baden-Württemberg: Kaum bekannt. Vermutlich von Karlsruhe zerstreut südwärts am Westrande des Schwarzwaldes mit den angrenzenden Tälern bis ins Elztal. Nachweise:

Oberrheingebiet: Oppenau, 1942, KÜKENTHAL (M); 6916/1: Wildpark bei Karlsruhe, 1990, WEBER; 6916/3: Karlsruhe, N Schloß, 1990, WEBER.
Schwarzwald: 7216/2: Herrenalb, 1907, KAUFMANN (W); 7813/4: Siegelau, 1895, GOETZ (B).

10. Rubus integribasis P.J. Müller ex Boulay 1866

Morphologie: Schößling fast aufrecht bis hochbogig, kantig-flachseitig, grünlich, kahl, mit fast geraden, schlanken, oft etwas rotfüßigen Stacheln; Blätter handförmig 5zählig, unterseits grün, weichhaarig; Endblättchen verkehrt-eiförmig bis rundlich, mit etwas abgesetzter, 5–10 (–15) mm langer Spitze, eng gesägt; untere Seitenblättchen im Sommer 3–8 mm lang gestielt, Achse des Blütenstands mit dünnen, wenig gekrümmten Stacheln; Blüten weiß bis schwach rosa; Staubblätter die weißlichen Griffel überragend.

Ökologie: In Gebüschen, an Waldrändern und auf Lichtungen auf etwas nährstoffreicheren, kalkfreien Böden.

Allgemeine Verbreitung: Südengland. Von Jütland bis ins mittlere Frankreich, nach Osten bis Westdeutschland, im Süden bis zum Schwarzwald.

Verbreitung in Baden-Württemberg: Wenig bekannt, anscheinend zerstreut am westlichen Schwarzwaldrand mit Nebentälern.

Oberrheingebiet: Haslach, zw. Bannstein u. Bärenbachtal, 1935, KÜKENTHAL (Museum Coburg); 7314/3: Mark bei Önsbach, 1980, WEBER; 7414/1: SE Renchen, 1980, WEBER (We); Zusenhofen, 1980, WEBER; 7414/4: Hubakker, 1980, WEBER; 7912/3: Nordrand der Stadt Freiburg, 1969, WEBER (We).
Schwarzwald: 7415/3: Schwabenkopf N Allerheiligen, 1980, WEBER; 7515/3: Hohbruck S Oppenau, 1980, WEBER; 7813/4: Siegelau, 1936, KÜKENTHAL als *R. sulcatus* (B); 7913/2: zw. Kandel und Waldkirch, 1980, WEBER (We); 8013/1: Kappeler Tal, 480 m, 1991, HETZEL (We); 8312/2: Entegast bei Schopfheim, 1907, KELLER als *R. nitidus* (Z); 8413/2: zw. Egg und Willaringen, 1907, KELLER (Z).

Subsektion *Hiemales* E.H.L. Krause
Wintergrüne Brombeeren

Serie *Discolores* (P.J. Müller) Focke

11. Rubus bifrons Vest 1821
Zweifarbige Brombeere

Morphologie: Bis über 1 m hoch bogig; Schößling kantig, braunrot-violett, fein sternhaarig, mit abstehenden oder geneigten, (überwiegend) geraden, 6–8 mm langen Stacheln; Blätter 4- bis 5zählig, ausgeprägt fußförmig (Stielchen der unteren Seitenblättchen entspringen meist 3–6 mm oberhalb der Basis der Stielchen der mittleren Blättchen), oberseits dunkelgrün, kahl, unterseits grau bis grauweiß filzig; Endblättchen rundlich bis eiförmig, mit abgesetzter, 5–15 (–20) mm langer Spitze, mit sehr scharf zugespitzten, etwas verschiedengerichteten Zähnen 1–3 mm tief gesägt; Blütenstand mit fast nadelförmigen, (überwiegend) geraden Stacheln; Kronblätter breit elliptisch, rosa; Staubbeutel meist (teilweise) behaart.

Ökologie: Auf basenreichen, oft steinigen, mehr oder minder lehmigen Böden an Weg- und Waldrändern, in Gebüschen, seltener auch auf Lichtungen.

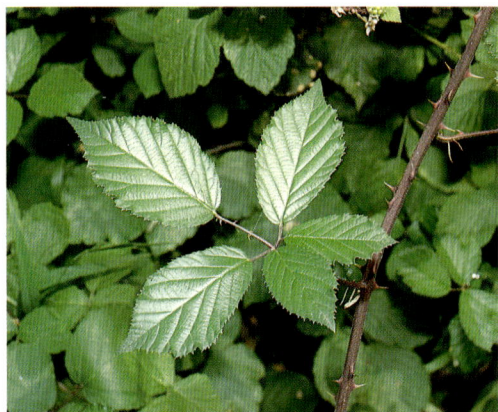

Zweifarbige Brombeere *(Rubus bifrons)*
Bouzonville (Lothringen), 25.7.1989

Allgemeine Verbreitung: Von den südlichen Niederlanden, Belgien und Nordfrankreich bis Mitteldeutschland, Oberitalien und Ungarn.
Verbreitung in Baden-Württemberg: Noch ungenügend bekannt. Vermutlich in allen Landschaften vorhanden, besonders in den Sandsteingebieten. Eine der häufigsten Brombeeren des Gebietes, anscheinend nur im Schwarzwald auf großen Strecken fehlend.

Höchstes (bisher bekannte) Vorkommen: 7423/1: Ochsenwand, 800 m; tiefstes Vorkommen: 7513/1: Albersbösch bei Offenbach, 150 m.

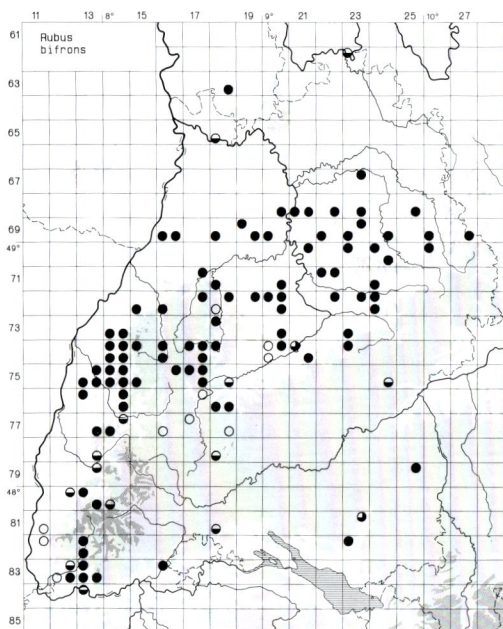

Erstnachweise: Älteste literarische Angabe: MARTENS u. KEMMLER (1882: 136): Stuttgart (MARTENS), Haspelhäuser See (KEMMLER).

12. Rubus praecox Bert. 1842
R. procerus P.J. Müller ex Boulay 1864

Morphologie: Schößling hochbogig, sehr kräftig (bis etwa 15 mm breit), scharfkantig-rinnig, ohne auffallend gefärbte Kanten und Stacheln, mit zerstreuten Büschelhärchen und breiten, 8–13 mm langen Stacheln; Blätter groß, 5zählig, oberseits (fast) kahl, unterseits weißgrau bis weißfilzig; Endblättchen meist herzeiförmig, seltener verkehrt-eiförmig, mit breiter, 5–15 mm langer Spitze, etwas grob 2–3 mm tief gesägt, am Rande grobwellig; Blütenstand reichblütig, seine Achse filzhaarig-kurzzottig, mit breiten, deutlich gekrümmten Stacheln; Kronblätter weiß bis blaßrosa, 10–13 (–14) mm lang; Staubbeutel kahl oder etwas behaart. Sammelfrucht von normaler Größe, wenig saftig.
Ökologie: Wärmeliebende Art basenreicher Böden, vorzugsweise in sonnigen Gebüschen und an Waldrändern.
Allgemeine Verbreitung: Von Westfalen südwärts bis Nordspanien und Portugal, ins mittlere Italien und bis Makedonien, im Osten bis zur Krim. Angaben für die Niederlande, die Britischen Inseln und andere Gebiete beziehen sich auf *R. armeniacus.*
Verbreitung in Baden-Württemberg: So gut wie unbekannt. Vielleicht auf das Oberrheingebiet beschränkt, wo sie, nach den Vorkommen in den Nachbargebieten (Elsaß, Pfalz) zu urteilen, mehrfach zu erwarten sein dürfte.

7314/4: Eichwald bei Oberachern, 1980, WEBER (We).

13. Rubus armeniacus Focke 1874
Armenische Brombeere

Morphologie: Pflanze hochbogig, mächtige Gebüsche bildend; Schößling kräftig, 8–25 mm im Durchmesser, kantig, glänzend grünlich und im Sommer mit auffallend roten Kanten und Stachelfüßen (später mehr gleichfarbig), mit vereinzelten Büschelhärchen oder verkahlend und mit 6–7 (–11) mm langen Stacheln; Blätter groß, unterseits weißgrau filzig; Endblättchen am Rande nicht grobwellig, konvex; Blütenstand sehr umfangreich, Stacheln auffallend rotfüßig, überwiegend fast gerade; Kronblätter blaßrosa, 14–20 mm lang; Staubbeutel (teilweise) behaart; Sammelfrucht sehr groß, saftig.

Ökologie: Verwildert und eingebürgert besonders an Bahndämmen und Ruderalflächen in den Industriegebieten, dort eine *Rubus armeniacus*-Gesellschaft bildend (WEBER 1987). Gelegentlich auch ortsfern in Prunetalia-Gebüschen. Wohl in Ausbreitung begriffen.

Allgemeine Verbreitung: Urwüchsig anscheinend in den Kaukasusländern. Als Kulturpflanze in Europa, Nordamerika und Australien gebaut und verwildert.

Verbreitung in Baden-Württemberg: Völlig unzureichend bekannt. Wohl zerstreut in den tieferen Lagen.

Höchstes bisher bekanntes Vorkommen bei 7220/4: Oberaichen, 480 m, tiefstes bei 6817/3: Bahnhof Bruchsal, 110 m.

14. Rubus amiantinus (Focke) Foerster 1878
R. hedycarpus subsp. *amiantinus* Focke 1877

Morphologie: Schößling kantig-flachseitig, dunkelweinrot, fein büschelhaarig, später verkahlend, mit 6–8 mm langen Stacheln; Blätter 5zählig, oberseits mit 0–5 (–15) Härchen pro cm^2, unterseits grau- bis grauweiß filzig und schimmernd weichhaarig; Endblättchen ± elliptisch, allmählich 10–15 mm lang bespitzt, scharf mit etwas verschiedengerichteten Zähnen bis 2–2,5 mm tief gesägt; Blütenstand schmal; Blütenstiele mit etwas stieldrüsigen Deck-

Armenische Brombeere *(Rubus armeniacus)*
Hannover, 20.7.1986

blättchen; Kronblätter lebhaft rosa, 8–13 mm lang; Staubbeutel meist zum Teil behaart; Griffel am Grunde oft etwas rötlich.

Ökologie: Auf basenreichen Böden in Gebüschen und an Waldrändern.

Allgemeine Verbreitung: Westdeutschland, Niederlande und Belgien.

Verbreitung in Baden-Württemberg: Bislang nur ein Nachweis:

Oberrheingebiet: 7017/1: S Berghausen, 1948, HRUBY als „*R. candicans* f. *deflexus*" (M). Vermutlich auch sonst vereinzelt von Norden in das Gebiet eindringend.

15. Rubus obtusangulus Gremli 1870

Morphologie: Schößling meist stumpfkantig-rundlich, (fast) kahl, mit breiten, etwas gekrümmten, 7–9 mm langen Stacheln; Blätter 5zählig, oberseits (zuletzt oft nur nahe dem Rand) dicht feinhaarig (100–200 Härchen pro cm^2), unterseits weißgrau filzig; Endblättchen aus schmal abgerundetem Grund schmal verkehrt-eiförmig, mit abgesetzter, 5–10 mm langer Spitze, mit spitzen Zähnen nur 1–2 mm tief gesägt; Kronblätter blaßrosa; Staubbeutel kahl.

Ökologie: In sonnigen Gebüschen und an Waldrändern auf nährstoffreicheren Böden.

Allgemeine Verbreitung: Nordtirol, Schweiz, Liechtenstein, Südbaden.

Verbreitung in Baden-Württemberg: Von der Schweiz aus ins südliche Baden übergreifend.

Oberrheingebiet: 8111/1: N Zienken, 210 m, 1991, REIF (Herb. REIF, We).

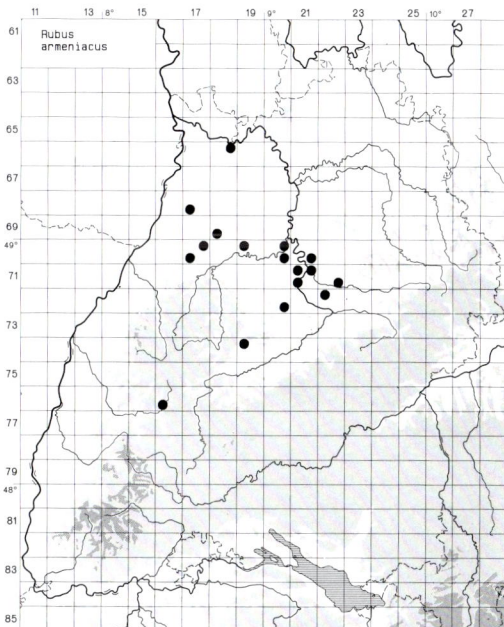

Mittelgebirgs-Brombeere *(Rubus montanus)*
Bouzonville (Lothringen), 25.7.1989

Rubus grabowskii
Schaidt bei Bergzabern, 21.7.1990

Schwarzwald: 8413/1: Eichbühl bei Oeflingen, 1907, KEL-
LER (Z); zwischen Oeflingen und Bergalingen, 1907, KEL-
LER (Z); 8413/2: Brenet oberhalb Säckingen, 1906, KEL-
LER (Z).

16. Rubus montanus Libert ex Lej. 1813
R. candicans Weihe ex Rchb. 1832 pro parte
Mittelgebirgs-Brombeere

Morphologie: Schößling kantig, meist etwas rotvio-
lett-kleinfleckig, (fast) kahl, mit entfernten (meist
1–3 pro 5 cm), kräftigen, (fast) geraden Stacheln;
Blätter handförmig 5zählig, oberseits kahl, unterseits angedrückt graufilzig, Endblättchen mit
schmalem, meist seicht ausgerandetem Grund
schmal verkehrt-eiförmig, mit fast dreieckiger,
5–15 mm langer Spitze, mit breiten Zähnen
3–4 mm tief gesägt; unteres Seitenblättchen
1–4 mm lang gestielt; Blütenstand oft schmal;
Kronblätter weiß oder blaßrosa; Fruchtknoten
kahl.
Ökologie: Auf basenreichen, meist lehmigen Böden
in Gebüschen, an Waldrändern und auf Lichtungen.
Allgemeine Verbreitung: Von Frankreich und den
Benelux-Ländern bis Polen und Rumänien, südlich
bis Südtirol, Istrien und Slowenien.
Verbreitung in Baden-Württemberg: Unzureichend
bekannt. Die Art kommt vielleicht in allen Landschaften vor. Nur im Schwarzwald jedoch auf großen Strecken fehlend. Bisher bekannt vom:

Oberrheingebiet: 6916/2, 6916/3, 6916/4: Wildpark bei
Karlsruhe, 1980, WEBER.
Neckarland: zerstreut.

Höchstes bekanntes Vorkommen bei 6922/3:
Kanapeebuche bei Altersberg, 480 m, tiefstes Vor-
kommen bei 6223/1: Bestenheid, 130–300 m.
Erstnachweise: Ältester literarischer Nachweis:
Stuttgart, neue Weinsteige, 1832, MARTENS (ZKM
in STU-K), MARTENS u. KEMMLER (1865: 161).

17. Rubus grabowskii Weihe 1827
R. thyrsanthus (Focke) Foerster

Morphologie: Wie *Rubus montanus*, doch Schößling
dichter bestachelt (4–8 Stacheln pro 5 cm), Blätter
etwas fußförmig; Endblättchen breit-eiförmig bis
verkehrt-eiförmig, mit schlankerer, oft deutlich abgesetzter Spitze. Fruchtknoten an der Spitze behaart.
Ökologie: Wie *Rubus montanus*.
Allgemeine Verbreitung: Von Südskandinavien
durch Mitteleuropa einschließlich der Benelux-
Länder bis zu den Alpen, im Osten bis Rumänien
und Ostpolen.
Verbreitung in Baden-Württemberg: Kaum bekannt.
Vielleicht häufiger als *Rubus montanus* und, bis auf
das Innere des Schwarzwaldes, anscheinend allgemein verbreitet. Nachweise:

Oberrheingebiet: 6916/2: W Blankenloch bei Karlsruhe,
1990, WEBER; 7016/1: Karlsruhe, an der Autobahn nächst
Rüppurr, 1948, HRUBY (M); 7414/3: mehrfach zw. Ober-
kirch und Durbach, 1980, WEBER; 7414/4: W Lautenbach,
1980, WEBER; 7514/1: Hahnlesberg bei Riedle, 1980,
WEBER.
Schwarzwald: 7415/3: Lierbach, 1980, WEBER; 7514/2:
Ramsbach bei Oppenau, 1980, WEBER; 7515/1: NE Oppe-
nau, 1980, WEBER.
Neckargebiet: 7517/2: S Obertalheim, 1980, WEBER.

18. Rubus phyllostachys P.J. Müller 1858

Morphologie: Schößling zerstreut büschelhaarig; Blätter schwach fußförmig, oberseits kahl, unterseits graugrün- bis graufilzig; Endblättchen aus herzförmiger Basis eiförmig bis rundlich, mit 10–15 mm langer Spitze, ziemlich gleichmäßig 2–3 mm tief gesägt; Blütenstand bis nahe der Spitze beblättert; Kronblätter weiß; Fruchtknoten rasch verkahlend.
Ökologie: Auf nährstoffreichen, auch kalkhaltigen Böden in Gebüschen, an Waldrändern und auf Lichtungen.
Allgemeine Verbreitung: Niederlande, Belgien, Westdeutschland, Elsaß, nördliche Schweiz.
Verbreitung in Baden-Württemberg: Die Art wurde früher meist nicht von den vorigen unterschieden. Sie kommt vermutlich zerstreut im gesamten Oberrheingebiet mit den angrenzenden Schwarzwaldtälern vor. Nachweise:

Oberrheingebiet: 7414/3: W Herbstkopf bei Oberkirch, 1980, WEBER (We); 7513/4: Zunsweiler, 1980, WEBER; 7514/3: W Gengenbach, 1980, WEBER.
Schwarzwald: 7414/4: SE Lautenbach, 1980, WEBER (We); 7514/2: Ramsbach, 1980, WEBER (We); 7813/4: Siegelau, 1888, GOETZ (B, M); 8312/2: Entegast bei Schopfheim, 1907, KELLER (Z).

19. Rubus albiflorus Boulay & Luc. 1881

Morphologie: Schößling kantig, gefurcht oder flachseitig, dicht behaart, mit schlanken, geraden Stacheln; Blätter etwas fußförmig 5zählig, oberseits kahl, unterseits grau bis grauweiß filzig und weichhaarig; Endblättchen eiförmig bis elliptisch, allmählich zugespitzt, mit längeren, auswärts gekrümmten Hauptzähnen 3–5 mm tief gesägt;

Rubus laciniatus
Schlutter bei Delmenhorst (Niedersachsen), 21.8.1991

Achse des Blütenstands dicht filzig-zottig, mit dünnen, (fast) geraden Stacheln; Kronblätter weiß.
Ökologie: In Gebüschen und an Waldrändern auf nährstoffreichen, auch kalkhaltigen Böden.
Allgemeine Verbreitung: Mittleres und östliches Frankreich, Schweiz, Österreich (Vorarlberg), Südwestdeutschland.
Verbreitung in Baden-Württemberg: Vermutlich seltenere Art. Bislang nur:

Oberrheingebiet: 8013/1: Kappel bei Freiburg, Waldweg oberhalb der Petersbergstraße, 1969, WEBER (We); Kappeler Tal, 1991, HETZEL (We).

Serie *Rhamnifolii* (Bab.) Focke

20. Rubus nemoralis P.J. Müller 1858
Rubus selmeri Lindeberg

Morphologie: Schößling kantig, mit vereinzelten Härchen, mit 6–8 mm langen geraden oder etwas krummen Stacheln; Blätter 5zählig, etwas lederig, oberseits kahl, unterseits weichhaarig und dazu gelegentlich sternflaumig bis graugrün filzig; Endblättchen breit verkehrt-eiförmig bis fast kreisrund, mit abgesetzter, schlanker, 10–15 mm langer Spitze, ziemlich eng gesägt; Blütenstand krummstachelig; Kronblätter blaßrosa.
Ökologie: In Gebüschen, an Waldrändern und auf Lichtungen auf mäßig nährstoffreichen, meist kalkarmen Böden.
Allgemeine Verbreitung: Britische Inseln, Südnorwegen, von Schleswig-Holstein bis Belgien, Saarland, Pfalz, Südschwarzwald, Böhmen, im Osten bis Polen.
Verbreitung in Baden-Württemberg: Vermutlich selten und isoliert. Bislang nur zwei Nachweise von benachbarten Fundpunkten:

Schwarzwald: 8213/3: zw. Schopfheim und Wehr, 1907, KELLER (Z); zw. Eichen und Hasel, 1907, KELLER (Z).

21. Rubus laciniatus Willd. 1806

Morphologie: Wie *Rubus nemoralis*, doch Blätter fiederteilig bis gefiedert zerschlitzt und dadurch sich von allen anderen Brombeeren leicht unterscheidend.
Allgemeine Verbreitung: Nur als Kulturpflanze bekannt, die seit dem 17. Jahrhundert zuerst in England in Gebrauch kam und vermutlich aus dem dort verbreiteten *Rubus nemoralis* entstanden ist.
Verbreitung in Baden-Württemberg: Als Obststrauch in Gärten gepflanzt und gelegentlich als Sämling verwildert:

Rubus gracilis
Forchheim (Oberfranken), 1.8.1978

6821/3: SE Heilbronn, 1984, S. Seybold (STU-K); 7220/2: Nittel bei Stuttgart-Botnang, 1991, S. Seybold (STU-K); 7222/3: N Zell, 1984, S. Seybold (STU).

22. Rubus gracilis J. & C. Presl 1822

R. villicaulis Köhler ex Weihe & Nees 1825;
R. atrocaulis P.J. Müller 1859

Morphologie: Schößling stumpfkantig, satt dunkelweinrot, mäßig dicht mit bis 1 mm langen Haaren besetzt und mit breiten, geraden oder krummen 7–9 (–10) mm langen Stacheln; Blätter 5zählig, oberseits zerstreut behaart, unterseits weichhaarig und manchmal schwach graufilzig; Endblättchen elliptisch bis verkehrt-eiförmig, 1,5–2,5 mm tief gesägt; Blütenstandsachse mit (teilweise) gekrümmten, 6–9 mm langen Stacheln; Kronblätter weiß oder blaßrosa. – Im Gebiet nur die subsp. *gracilis* mit grünlichen Griffeln.
Ökologie: In Gebüschen, an Waldrändern und auf Lichtungen auf mäßig nährstoffreichen Böden.
Allgemeine Verbreitung: Als Gesamtart nordwärts bis Südskandinavien. Die subsp. *gracilis* von Norddeutschland bis zur Pfalz, zum Schwarzwald, Bayern, Böhmen und Mähren, Österreich (isoliert in der Steiermark), im Osten bis zur westlichen Ukraine und Ostpolen.
Verbreitung in Baden-Württemberg: So gut wie unbekannt, da die Art anscheinend kaum beachtet wurde und wohl auch recht selten sein dürfte. Bislang nur in einem genauer untersuchten Gebiet um Offenburg nachgewiesen:

Oberrheingebiet: 7314/3: Mark N Önsbach, 1980, Weber (We); 7414/1: S Renchen, 1980, Weber (We); 7513/2: Albersbösch bei Offenburg, 1980, Weber (We).

Serie *Sylvatici* (P.J. Müller) Focke

23. Rubus sciocharis (Sudre) W.C.R. Watson 1946

Morphologie: Schößling stumpfkantig, grünlich, behaart, mit nur 4–5 (–6) mm langen Stacheln; Blätter 3- bis 5zählig, oberseits zerstreut, unterseits filzlos grün, kaum fühlbar behaart; Endblättchen breit herzeiförmig, lebend konvex; Kelch gelbstachelig; Kronblätter weiß, Staubbeutel dicht behaart.
Ökologie: Auf Lichtungen, als Kümmerform in lichten Wäldern, außerdem in Gebüschen und an Waldrändern auf mäßig nährstoffreichen Böden. Im Gebiet eingeschleppt.
Allgemeine Verbreitung: England, außerdem von Dänemark bis ins mittlere Niedersachsen, isoliert davon auch in den Niederlanden (1 Fundort) und in Nordbelgien. Besonders häufig in Holstein und dort auch als „Unkraut" in den Baumschulen, von wo die Art mit Pflanzgut z.B. nach Brandenburg, Bayern, Westfalen und auch ins Gebiet eingeschleppt wurde und stellenweise sich eingebürgert hat.
Verbreitung in Baden-Württemberg: Mit Pflanzgut zur Böschungsbepflanzung eingeschleppt:

Neckargebiet: 7416/1: Böschungsbepflanzung an der Nagold-Talsperre bei Erzgrube, 1980, Weber (We).

24. Rubus macrophyllus Weihe & Nees 1824
Großblättrige Brombeere

Morphologie: Schößling hochbogig oder bis über 3 m hoch kletternd, kantig mit flachen oder rinnigen Seiten, schmutzig rotviolett, oft fleckig, ziemlich dicht mit überwiegend büscheligen Härchen besetzt und mit breiten, (fast) geraden, 4–6 (–7) mm langen Stacheln; Blätter 5zählig, oft auffallend groß, oberseits fast kahl, unterseits meist grün und kaum fühlbar, seltener weich behaart oder mit dünnem Filz; Endblättchen aus herzförmigem Grund verkehrt-eiförmig, oft fast parallelrandig, breit dreieckig zugespitzt, 1–2 mm tief gesägt, lebend konvex; Blütenstandsachse filzig-kurzzottig, mit zerstreuten, dünnen, (fast) geraden, 2–5 mm langen Stacheln; Blütenstiele mit 0–2 kurzen Stieldrüsen; Kronblätter weiß bis blaßrosa.
Ökologie: An Waldrändern auf Lichtungen, in Gebüschen auf nährstoffreicheren, gern stickstoffhaltigen Böden. Wärmeliebend.
Allgemeine Verbreitung: Südengland, Benelux-Länder, Mitteleuropa, Frankreich, Norditalien (Alpen), im Osten bis Rumänien, Slowakei, Südpolen.

Großblättrige Brombeere *(Rubus macrophyllus)*
Bellheimer Wald (Pfalz), 17.7.1990

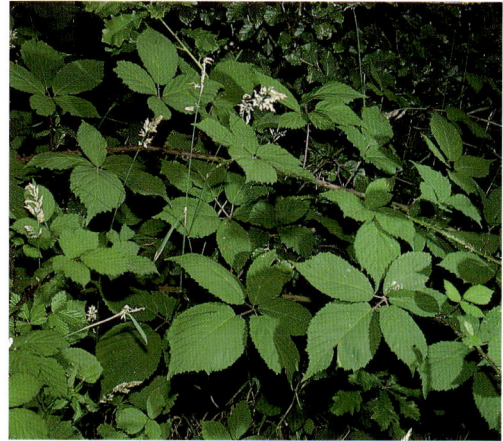

Rubus neumannianus
Westlich Daun (Eifel), 10.8.1985

Verbreitung in Baden-Württemberg: Unzureichend bekannt. Jedenfalls im Oberrheingebiet sehr häufig, oft massenhaft, besonders im Bereich der Wälder. Nur randlich in den Schwarzwald, im südlichen Teil vielleicht etwas weiter eindringend. Sonst nur in tieferen Lagen.

Tiefster bekannter Fundpunkt in 7414/1 bei Renchen (146 m), höchster Fundort in 7514/3 E Gengenbach (300 m).

25. Rubus gremlii Focke 1877

Morphologie: Ähnelt *Rubus macrophyllus*, doch Blätter 3- bis 5zählig, oberseits zerstreut behaart; Endblättchen verlängert eiförmig, allmählich in eine schwer abzugrenzende, 15–30 mm lange Spitze verschmälert, 2–3 mm tief gesägt, nicht konvex. Stacheln der Blütenstandsachse (überwiegend) gekrümmt.
Ökologie: Wie *Rubus macrophyllus*, doch weniger wärmeliebend.
Allgemeine Verbreitung: Schweiz, Süddeutschland.
Verbreitung in Baden-Württemberg: Von der Schweiz aus bis Konstanz und anscheinend auch bis zum südlichen Schwarzwaldrand eindringend (von FOCKE 1902: 525 für den Schwarzwald angegeben).

26. Rubus neumannianus H.E. Weber & Vannerom 1990

Morphologie: Schößling stumpfkantig, zerstreut behaart, mit 5–6 (–7) mm langen, abstehenden Stacheln; Blätter 5zählig, oberseits kahl, unterseits filzlos grün, schimmernd weichhaarig; Endblätt-

chen elliptisch bis verkehrt-eiförmig, mit groben, etwas auswärts gekrümmten Hauptzähnen 2–4 mm tief gesägt; Blütenstand schmal-kegelförmig; Blütenstiele mit etwas stieldrüsigen Deckblättchen; Kronblätter weiß bis blaßrosa; Griffel an der Basis manchmal etwas rosa.
Ökologie: Auf Lichtungen, an Waldrändern auf mäßig nährstoffreichen, kalkarmen Böden.
Allgemeine Verbreitung: Belgien, Luxemburg, Westdeutschland.
Verbreitung in Baden-Württemberg: Kaum bekannt. Nachgewiesen in Höhen zwischen 400–650 m am westlichen Schwarzwaldrand bei Offenburg, vermutlich jedoch auch im Odenwald Vorkommen, wo die Art auf hessischem Gebiet bereits häufiger gefunden wurde. Nachweise:

Schwarzwald: 7415/3: zw. Lierbach und Rinkhalde, 1980, WEBER (We); 7514/4: Löcherbergwasen, 1980, WEBER (We); 7515/3: W Unter-Freiersbach, 1980, WEBER (We).

Serie *Canescentes* H.E. Weber

27. Rubus canescens DC. 1813
R. tomentosus Borckh. 1794 pro parte
Filz-Brombeere

Morphologie: Schößling flachbogig-niederliegend, behaart oder kahl, stieldrüsig oder drüsenlos, mit etwas ungleichen, 4–6 mm langen Stacheln; Blätter 3- bis 5zählig, oberseits kahl bis dicht sternhaarig, unterseits grau bis grauweiß filzig; Endblättchen am Grund oft keilig verschmälert, nicht abgesetzt, meist breit zugespitzt, grob bis eingeschnitten 4–5 (–6) mm tief kerbzähnig; Blütenstand sehr schmal, seine Achse mit 3–5 mm langen, krummen Stacheln; Kronblätter nur 8–10 mm lang, weiß, beim Trocknen gelblich, Sammelfrucht klein.

Ökologie: Auf basenreichen, oft kalkhaltigen Böden in sommerwarmen Lagen, an Waldrändern und im Saum von Gebüschen.

Allgemeine Verbreitung: Süd- und südliches Mitteleuropa, Westasien. Von Spanien, Frankreich und Belgien ostwärts bis zum Kaukasus, südlich bis Sizilien, zur Türkei bis Israel und zum Iran.

Verbreitung in Baden-Württemberg: Noch ungenügend bekannt. Nach bisherigen Beobachtungen besonders im Südschwarzwald, am Keuperstufenrand des Neckarlandes und im Taubergebiet, seltener auf der Schwäbischen Alb, am Oberrhein und im Alpenvorland. Insgesamt recht selten. Fehlt dem nördlichen Schwarzwald und dem Kerngebiet des Schwäbisch-Fränkischen Waldes. Fundorte (Beobachtungen nach 1970):

Oberrheingebiet: 6517/1: N Feudenheim, 1988, BREUNIG u. KÖNIG (STU-K).

Schwarzwald: 8112/3: Hochkelch, 1989, O. SEBALD (STU); 8113/3: Multen, 1983, S. SEYBOLD (STU-K); 8212/4: Gresgen, 1988, G. PHILIPPI (KR-K); 8213/1: Bannwald Flüh, SCHWABE et al. (1989); 8315/3: Höchenschwand, SCHWABE-BRAUN (1980: Tab. X); 8313/4: Wehratal, 1990, S. SEYBOLD (STU).

Neckarland: 6223/4: Niklashausen, 1987, S. SEYBOLD (STU-K); 6323/2: S Niklashausen, PHILIPPI (1983: 600–602); 6323/3: NW Schweinberg, PHILIPPI (1983: 186–188); 6724/4: S Rüblingen, 1974, S. SEYBOLD (STU);

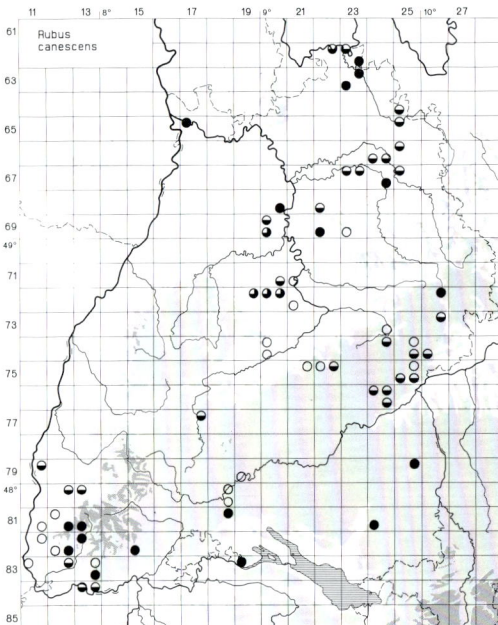

Filz-Brombeere *(Rubus canescens)*
Wadern (Saarland), 26.7.1989

6820/4: Heuchelberger Warte, 1970, S. SEYBOLD (STU-K); 6922/3: Kanapeebuche E Altersberg, 1973, S. SEYBOLD (STU):

Schwäbische Alb: 7226/2: Volkmarsberg, 1980, S. SEYBOLD (STU-K); 8118/2: Rehletal NW Talmühle, 1974, S. SEYBOLD (STU-K).

Alpenvorland: 7925/2: Laubach, DÖRR; 8124/3: Erbisreute, 1972, S. SEYBOLD (STU-K); 8319/1: NE Schienen, 1974, S. SEYBOLD (STU).

Höchstes bekanntes Vorkommen: 8112/4: Hochkelch, 1200 m; tiefstes Vorkommen: N Feudenheim, 100 m.

Erstnachweise: Älteste literarische Angabe: BAUER et al. (1815: 61) für das Gebiet Hohenlohe-Mergentheim.

Bestand und Bedrohung: Die Art hat im Gebiet einige Fundorte verloren; sie ist wegen ihrer Seltenheit potentiell bedroht. Die Ursachen des Rückgangs sollten genauer erforscht werden.

Serie *Vestiti* (Focke) Focke

28. Rubus vestitus Weihe 1825
Samt-Brombeere

Morphologie: Schößling rundlich-stumpfkantig, dunkelviolett-braunrot, mit grauer, dichter Behaarung und sehr vereinzelten Stieldrüsen, Stacheln schlank gerade abstehend, 7–8 (–10) mm lang; Blätter (4- bis) 5zählig; etwas lederig, oberseits zerstreut behaart, unterseits grauweiß filzig und schimmernd weichhaarig; Endblättchen oft fast kreisrund mit kurzer, aufgesetzter Spitze, 1,5 mm tief gesägt; Blütenstandsachse mit geraden, dünnen

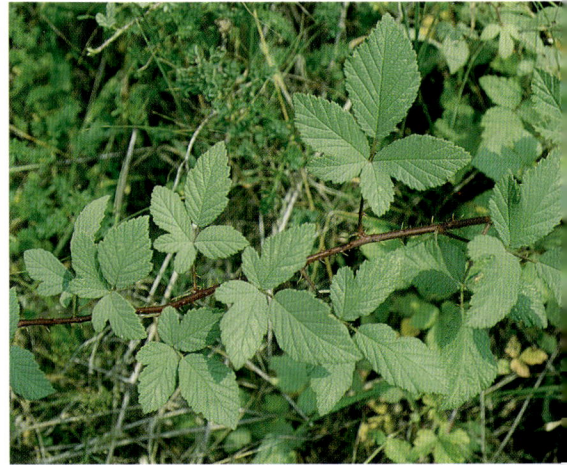

Stacheln, Kronblätter weiß (so überwiegend im Gebiet) oder lebhaft rosa.

Ökologie: An meist sonnigen Stellen auf basenreichen, oft kalkhaltigen Böden an Waldrändern, in
Gebüschen und auf Lichtungen.

Allgemeine Verbreitung: Von den Britischen Inseln
ostwärts im wesentlichen bis Westdeutschland, sehr
vereinzelt bis Polen. Von Südschweden südwärts
bis Nordspanien und Portugal, zur Schweiz, Österreich und Ungarn.

Verbreitung in Baden-Württemberg: Noch ganz ungenügend bekannt.

Oberrheingebiet: Anscheinend sehr verbreitet (nachweis-
lich an 11 Fundpunkten im Raum Offenburg in den Blät-
tern 7314, 7414 und 7514; 1980, WEBER); 6916/3: Wild-
park bei Karlsruhe, 1990, WEBER.
Schwarzwald: 7516/1: Freudenstadt, 1980, WEBER; 7516/
4: W Glatten und zw. Wittendorf u. Loßburg, 1980,
WEBER; 7714/2: Haslach, am Herrenberg, 1936, KÜKEN-
THAL als „R. genevieri subsp. elzinus" (B); 7913/2: Wald-
kirch, o.J., GOETZ (LD); 8013/1: Kappel, HETZEL.
Neckarland: 7323/4: Teufelsloch bei Eckwälden, 1973,
S. SEYBOLD (STU); 7420/1: Bromberg, 1893, F. HEGEL-
MAIER (STU); 7420/2: Eichenfirst N Pfrondorf, 1991,
S. SEYBOLD (STU); 7517/3: Oberelfringen, 1980, WEBER;
7517/4: Neckarhausen, 1980, WEBER (We).
Schwäbisch-Fränkischer Wald: 6922/3: Kanapeebuche E
Altersberg, 1973, S. SEYBOLD (STU); 7023/1: Springstein
bei Siebenknie, 1989, S. SEYBOLD (STU); 7024/1: Schanze
W Fichtenberg, 1975, S. SEYBOLD (STU); 7124/3: Keller-
klinge bei Lorch, 1989, S. SEYBOLD (STU); 7222/2: Asang
N Hohengehren, 1989, S. SEYBOLD (STU-K).

Samt-Brombeere (Rubus vestitus)
Salzbergen (Niedersachsen), 4.7.1988

Höchstes bislang bekanntes Vorkommen bei
7023/1: Springstein bei Siebenknie, 470 m; tiefstes
Vorkommen: 7115/1: Rastatt, 100–120 m.

Erstnachweise: Älteste literarische Angabe: SCHNEI-
DER (1880: 116): 8112/3: Schwärze bei Oberweiler,
VULPIUS.

29. Rubus conspicuus P.J. Müller ex Wirtgen 1858

Morphologie: Wie *Rubus vestitus*, doch Schößling
schwächer behaart, mit oft etwas gekrümmten Stacheln und zahlreicheren Stieldrüsen; Blätter unterseits angedrückt graufilzig, ohne oder mit nur geringer längerer Behaarung; Endblättchen schmaler,
nie kreisrund, grober, mit stark auswärts gekrümmten Hauptzähnen 2,5-3,5 mm tief gesägt;
Blütenstandsachse mit etwas gekrümmten Stacheln; Kronblätter und Griffelbasis stets rosa.

Ökologie: Ähnlich *Rubus vestitus*.

Allgemeine Verbreitung: Südliche Niederlande,
Nordfrankreich, Schweiz, westlichstes Deutschland.

Verbreitung in Baden-Württemberg: Bislang so gut
wie unbekannt, doch wohl nur im Oberrheingebiet
mit angrenzenden Schwarzwaldtälern zu erwarten.
Bislang nur ein Nachweis.

Schwarzwald: Waldkirch, 400 m, 1898, GOETZ (M).

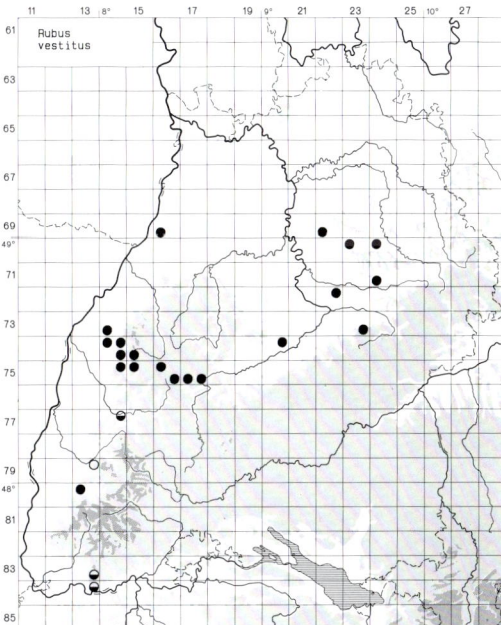

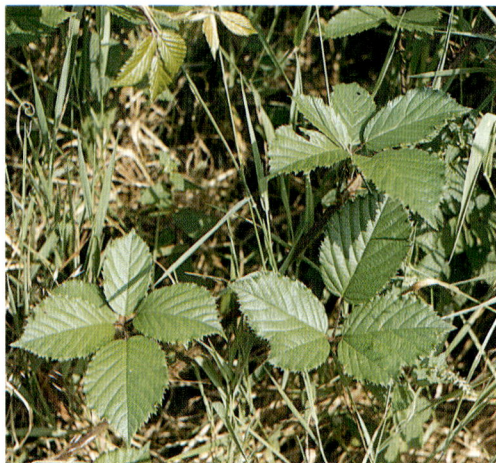

Rubus pseudoinfestus
Aiterbächle (Schwarzwald), locus typicus, 10.8.1980

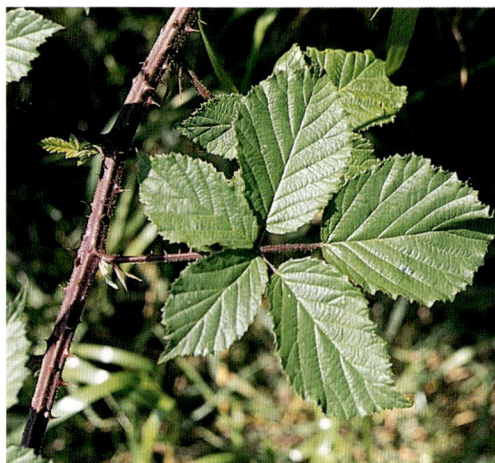

Raspel-Brombeere *(Rubus radula)*
Angeln (Schleswig-Holstein), Juli 1977

Serie *Anisacanthi* H. E. Weber

30. Rubus pseudinfestus H. E. Weber 1989
(„pseudoinfestus")

Morphologie: Schößling zerstreut behaart, mit abschnittsweise mehr ungleichen oder gleichen, 5–7 mm langen, gekrümmten Stacheln, Stachelhöckern und (drüsigen) Borsten; Blätter 3- bis 5zählig, oberseits fast kahl, unterseits etwas weich, doch nicht filzig behaart; Endblättchen verkehrteiförmig bis rundlich, mit 7–13 mm langer Spitze, 2–4 mm tief gesägt; Kronblätter weiß oder etwas rosa angehaucht.
Ökologie: In Lichtungen und an Waldrändern auf mäßig nährstoffreichen Böden, bislang beobachtet in Höhen zwischen 150 m bis 660 m.
Allgemeine Verbreitung: Vermutlich endemisch im Schwarzwald und Neckargebiet.
Verbreitung in Baden-Württemberg: Als recht häufige Art in 34 Rasterfeldern (Viertelquadranten des MTB) bislang nachgewiesen vom Oberrheingebiet bei Offenburg durch den Schwarzwald über Oppenau, Baiersbronn, Freudenstadt bis ins Neckargebiet bei Nagold und nahe Rottenburg.

Serie *Radula* (Focke) Focke *(„Radulae")*

31. Rubus radula Weihe 1824
Raspel-Brombeere

Morphologie: Schößling kurz behaart, durch zahlreiche, etwa gleichlange Stieldrüsen raspelartig rauh, außerdem mit fast gleichartigen, überwiegend geraden, 6–9 (–10) mm langen Stacheln; Blätter (3-) 4- bis 5zählig, oberseits kahl, unterseits grünlich grau bis grau-filzig, Endblättchen aus meist abgerundetem bis geradem Grund elliptisch, mit auswärts gekrümmten Hauptzähnen 2–3 mm tief gesägt; Blütenstiele 10–15 mm lang, mit zahlreichen, 0,1–0,3 (–0,5) mm langen Stieldrüsen, die größtenteils von der Behaarung überragt werden; Kelchzipfel an der Frucht zurückgeschlagen; Kronblätter blaßrosa bis fast weiß.
Ökologie: Auf Lichtungen, an Waldrändern und in Gebüschen auf nährstoffreicheren, auch kalkhaltigen Böden.
Allgemeine Verbreitung: Von den Britischen Inseln ostwärts bis Ostpolen und Rumänien. Von Südskandinavien bis Spanien (in Frankreich fehlend?), Schweiz, Österreich.
Verbreitung in Baden-Württemberg: Wohl selten, da das Gebiet westlich der (vorläufigen) Westgrenze der Art liegt. Nur ein Nachweis:

Oberrheingebiet: Hartwald bei Karlsruhe, 1948, HRUBY als „*R. granulatus* P.J. Müller" (B).

32. Rubus rudis Weihe 1825

Morphologie: Wie *Rubus radula*, doch Schößling kahl, mit schwächeren, nur 4–6 (–7) mm langen Stacheln; Blätter unterseits meist nur dünn graugrün filzig; Endblättchen elliptisch bis ei-rautenförmig, wie die Seitenblättchen mit keiligem Grund; Blütenstiele (15–) 20–30 mm lang, dichtgedrängt mit rotköpfigen, 0,1–0,3 mm langen, den Haarfilz

Rubus rudis
Bramsche (Niedersachsen), Juli 1991

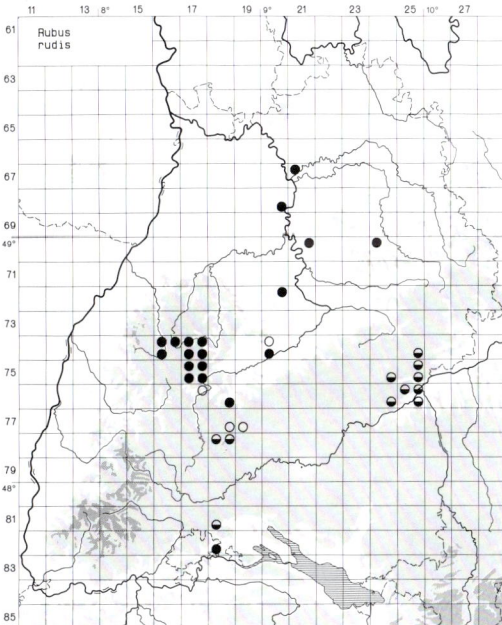

überragenden Stieldrüsen besetzt, Kelchzipfel an der Sammelfrucht abstehend oder etwas aufgerichtet; Kronblätter blaßrosa.

Ökologie: Auf Lichtungen, an Waldrändern und in Gebüschen auf nährstoffreicheren, auch kalkhaltigen Böden.

Allgemeine Verbreitung: Von England ostwärts im wesentlichen bis Westdeutschland, außerdem ein Teilareal in Ostpolen bis in die angrenzende Ukraine. Von Dänemark südwärts bis zur Schweiz, Österreich (Vorarlberg) und Böhmen.

Verbreitung in Baden-Württemberg: Ungenügend bekannt. Vermutlich im ganzen Gebiet zerstreut und im Neckargebiet streckenweise häufig. Fehlt anscheinend im westlichen Schwarzwald und im Oberrheingebiet.

Höchste bisher bekannte Vorkommen: 7517/1: Pfahlberg bei Dornstetten, 700 m; tiefstes Vorkommen bei 6721/1: Müssigmühle bei Tiefenbach, 210 m.

Erstnachweise: Älteste literarische Angabe: MARTENS u. KEMMLER (1882: 138) von Stuttgart (MARTENS) und Donnstetten (KEMMLER).

Serie *Pallidi* W.C.R. Watson

33. **Rubus schnedleri** H.E. Weber 1989

Morphologie: Schößling dunkelweinrot, behaart, und mit bis 1 mm langen Stieldrüsen, dazu mit (überwiegend) geraden, 5–6 mm langen Stacheln; Blätter 5zählig, oberseits mit zerstreuten Haaren, unterseits nicht fühlbar behaart; Endblättchen breit verkehrt-eiförmig bis kreisrund, abgesetzt 12–15 mm lang bespitzt, 2,5–3 mm tief gesägt; Kelch stachelig; Kronblätter rosarot, Griffel an der Basis gerötet.

Ökologie: In Gebüschen, auf Lichtungen und an Waldrändern auf mäßig nährstoffreichen Böden.

Allgemeine Verbreitung: Westdeutschland und Elsaß, außerdem ein disjunktes Teilareal in Ostpolen.

Verbreitung in Baden-Württemberg: Kaum bekannt. Im nördlichen Oberrheingebiet und im Odenwald vermutlich nicht selten. Nachweise:

Oberrheingebiet: 6916/1–4: häufig im Wildpark N Karlsruhe, 1990, WEBER (We).
Odenwald: 6420/2: N Ernsttal, 1989, SCHNEDLER u. JUNG (Herb. SCHNEDLER, We); 6519/4: S Neckarwimmersbach, 1989, SCHNEDLER (Herb. SCHNEDLER, We) und NW Schwanheim, 1989, SCHNEDLER u. JUNG (Herb. SCHNEDLER, We).

34. **Rubus foliosus** Weihe 1825

Morphologie: Schößling stumpfkantig rundlich, dunkelweinrot, ziemlich dichthaarig und mit zahlreichen bis zu 1 (1,5) mm langen Stieldrüsen sowie mit gleichartigen, (überwiegend) geraden, 2,5–4 mm langen Stacheln. Blätter 3- bis 5zählig, oberseits zerstreut behaart, unterseits etwas graugrün und weichhaarig, selten auch etwas filzig; Endblättchen meist elliptisch bis etwas rundlich, mit 10–25 mm langer Spitze, ziemlich gleichmäßig 1–1,5 mm tief gesägt; Blütenstandsachse nicht auffallend zickzackartig gebogen; Blütenstiele mit zerstreuten Stieldrüsen (meist nur bis 10) und mit bis zu 9 Stacheln. Kronblätter bei der im Gebiet vorherrschenden oder möglicherweise allein vorkommenden Varietät *corymbosus* (P.J. MÜLLER) R. KELLER blaßrosa, Griffel bei dieser Varietät am Grunde rosa, sonst grünlichweiß. Fruchtknoten an der Spitze vielhaarig.

Ökologie: Auf Lichtungen und an Waldrändern auf mäßig nährstoffreichen, kalkfreien Böden.

Allgemeine Verbreitung: Von Südniedersachsen durch das westliche Westdeutschland und die Westschweiz bis Genf, außerdem in den Niederlanden und Belgien.

Verbreitung in Baden-Württemberg: Kaum bekannt, aber wohl auf den westlichen und südlichen Rand des Schwarzwaldes und das Oberrheingebiet beschränkt.

Oberrheingebiet: 7513/1: Kreuzschlag bei Offenburg, 1980, WEBER (We).
Schwarzwald: 7414/2: Ödsbach, 1980, WEBER; 7414/4: Nordrach, 1980, WEBER; Schönwald, 1980, WEBER; 7415/2: Jakobsbrunnen bei Hußl, 1980, WEBER (We); 7514/2: Ramsbach, 1980, WEBER (We); 7515/3: E Hohbruck, 1980, WEBER (We); 8013/1: Lorettoberg bei Freiburg, 1936, KÜKENTHAL (Museum Coburg); 8413/2: Eggberg ob Säckingen, 1906, KELLER (Z); Badisch-Wallbach, 1906, KELLER (Z):

35. **Rubus flexuosus** P.J. Müller & Lef. 1859

Morphologie: Wie *Rubus foliosus*, doch mit dichteren Stieldrüsen, etwas ungleicheren, teilweise sicheligen Stacheln; Blätter überwiegend 3zählig, unterseits kaum fühlbar behaart, aber öfters etwas dünnfilzig; Endblättchen schlank, nie rundlich, Blütenstand mit deutlich zickzackförmig gebogener Achse (Name!); Fruchtknoten kahl oder wenig behaart.

Ökologie: Wie *Rubus foliosus*.

Allgemeine Verbreitung: Britische Inseln, Nordfrankreich, Benelux-Länder, Westdeutschland, Schweiz.

Verbreitung in Baden-Württemberg: Wenig bekannt. Wohl zerstreut am West- und Südrande des Schwarzwaldes und Wehr. Wenige Nachweise:

Schwarzwald: 7813/4: Siegelau, 1894, GOETZ als „*R. foliosus*" (B); 7714/2: Galgenbühl bei Haslach, 1936, KÜKENTHAL als „*R. foliosus* var. *litiginosus* Sudre" (Museum Coburg); 7913/2: Kandelabhang gegen Waldkirch, 1896, GOETZ (POLL); 8413/2: Eggberg ob Säckingen, 1906, KELLER (Z).

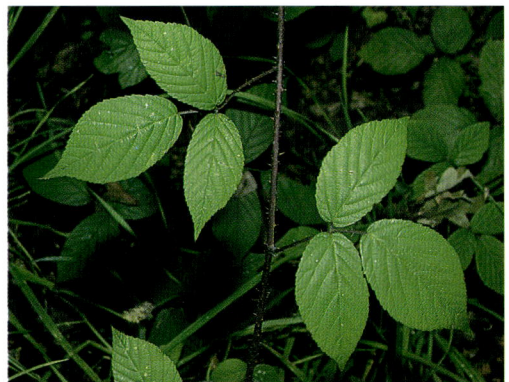

Rubus flexuosus
Tunxdorf an der Ems (Niedersachsen), 18.8.1988

36. Rubus tereticaulis P.J. Müller 1858

Morphologie: Schößling stielrund, graugrünlich, dicht behaart und mit dunkelroten, meist bis 0,5 mm langen Stieldrüsen besetzt, mit nahezu gleichartigen, fast nadelig dünnen, geraden, kaum über 3 mm langen Stacheln; Blätter fast alle 3zählig, oberseits zerstreut, unterseits nicht fühlbar bis etwas weich behaart; Endblättchen verkehrt-eiförmig mit aufgesetzter, dünner, 20–25 mm langer Spitze, fein, nur etwa 1 mm tief gesägt; Blütenstand filzig-kurzzottig, dichtdrüsig, nadelstachelig; Kelch mit verlängerten, zuletzt aufgerichteten Zipfeln; Kronblätter weiß, nur 6–9 mm lang; Staubblätter so hoch wie die am Grunde oder insgesamt roten Griffel oder kürzer.

Ökologie: Auf Lichtungen und an Waldrändern auf mäßig nährstoffreichen Böden.

Allgemeine Verbreitung: Nordfrankreich und Südwestdeutschland.

Verbreitung in Baden-Württemberg: Unzureichend bekannt, aber nach den bisherigen Beobachtungen sicherlich zumindest streckenweise eine der häufigsten Brombeerarten des nördlichen und mittleren Schwarzwaldes mit vorgelagerten Bereichen des Oberrheingebiets. Nach Osten zu abnehmend. Nördlichster Fundpunkt in 6916/4 im Wildpark bei Karlsruhe (1980, WEBER, We), südlichster bei Freiburg nahe der Autobahnabfahrt (1975, WEBER, We). Außerdem:

Neckargebiet: 7517/2: S Altheim, 1980, WEBER; 7517/4: Dettingen, 1980, WEBER.

37. Rubus distractus P.J. Müller ex Wirtgen 1860
R. menkei Weihe 1825 pro parte non Weihe ex Sprengel 1825

Morphologie: Schößling rundlich, weinrot überlaufen, vielhaarig und mit dichten, ungleichen, bis 1,5 (–2) mm langen Stieldrüsen sowie mit (fast) geraden, 4–6 mm langen Stacheln; Blätter fast alle 3zählig, oberseits zerstreut, unterseits schimmernd weich behaart, ohne Filz; Endblättchen aus schmaler Basis verkehrt-eiförmig, unvermittelt in eine scharf abgesetzte, 9–13 mm lange, dünne Spitze verschmälert, besonders oben mit stark verlängerten und auswärts gekrümmten Hauptzähnen 2–3 mm tief gesägt; Blütenstand sperrig breit; Kronblätter weiß; Fruchtknoten dichthaarig, bald verkahlend.

Ökologie: Auf Lichtungen und an Waldrändern auf mäßig nährstoffreichen, meist kalkarmen Böden.

Allgemeine Verbreitung: Vom Weserbergland bis zum Schwarzwald, in die nördliche Schweiz und nach Nordfrankreich.

Verbreitung in Baden-Württemberg: Anscheinend nicht selten am Westrande des Schwarzwaldes mit unmittelbar vorgelagerten Bereichen des Oberrheingebiets. Nachweise:

Oberrheingebiet: 7414/2: W Kappelrodeck, 1980, WEBER (We).
Schwarzwald: 7414/4: Ober-Rüstenbach, 1980, WEBER (We); 7415/3: Lierbach, 1980, WEBER; 7415/4: Aiterbächle bei Obertal, 1980, WEBER (We); 7514/1: Wolfsgrube S Durbach, 1980, WEBER; 7514/2: Ödsbach, Ramsbach und Mooshof bei Kutt, 1980, WEBER; 7515/1 + 3: 6 Fundorte im Raum Oppenau–Bad Peterstal, 1980, WEBER; 7813/4: Siegelau, 1895, GOETZ (LD); 7913/2: zw. Kandel und Waldkirch, 1980, WEBER (We); 8013/1: Kappel bei Freiburg, 1969, WEBER (We).

38. Rubus bregutiensis A. Kerner ex Focke 1894
Bregenzer Brombeere

Morphologie: Schößling ähnlich wie bei *R. distractus*, mit 4–5 mm langen Stacheln; Blätter weit überwiegend 3zählig, unterseits meist nicht fühlbar behaart; Endblättchen herzförmigem Grund breit verkehrt-eiförmig, mit etwas abgesetzter Spitze, mit wenig längeren, auswärts gekrümmten Hauptzähnen, 1–2,5 mm tief gesägt; Kronblätter blaßrosa, Fruchtknoten an der Spitze behaart.

Ökologie: Wie *Rubus distractus*.

Allgemeine Verbreitung: In der Schweiz eine der häufigsten Arten, von hier aus bis Vorarlberg und (nach FOCKE 1894) bis in den südlichen Schwarzwald vordringend.

Verbreitung in Baden-Württemberg: Das von FOCKE (1894) angegebene Vorkommen im südlichen Schwarzwald konnte bislang nicht bestätigt werden, kann aber als hinreichend gesichert gelten.

Bregenzer Brombeere *(Rubus bregutiensis)*
Alpnach bei Luzern (Schweiz), 31. 7. 1986

Rubus subcordatus
Dornstetten (Schwarzwald), 4.8.1980

39. Rubus subcordatus H.E. Weber 1989

Morphologie: Schößling fast kahl, mit vielen 0,5–1 mm langen Stieldrüsen und vielen, etwas ungleichen, (fast) geraden, 4–5 mm langen Stacheln; Blätter fast alle 3zählig, unterseits meist nicht fühlbar behaart; Endblättchen aus herzförmigem Grund eiförmig bis breit-elliptisch, etwas abgesetzt bespitzt, fast gleichmäßig 2 (–3) mm tief gesägt; Kronblätter weiß; Griffel grünlich oder am Grunde etwas rötlich.
Ökologie: Auf Lichtungen und an Waldrändern auf meist nährstoffreicheren Böden.
Allgemeine Verbreitung: Westdeutschland (besonders Pfälzer Wald, Odenwald und Schwarzwald), nördliche Vogesen und Lothringen.
Verbreitung in Baden-Württemberg: Unzureichend bekannt, vermutlich häufiger im Odenwald, wo die Art im angrenzenden Hessen mehrfach gefunden wurde. Außerdem im Oberrheingebiet und im östlichen Schwarzwald und Neckargebiet.

Oberrheingebiet: 7513/4: mehrfach um Zunsweiler, 1980, WEBER (We).
Schwarzwald: 7516/2+4: im Raum Freudenstadt–Loßburg–Dornstetten nicht selten, 1980, WEBER (We, Belege zitiert bei WEBER 1989).

Neckargebiet: In den bislang untersuchten Blättern 7417 und 7517 eine der häufigsten Arten, 1980, WEBER (We, Belege zitiert bei WEBER 1989); 7519/3: zw. Wendelsheim und Seebronn, 1980, WEBER.

Serie *Hystrix* Focke („Hystrices")

40. Rubus bavaricus (Focke) Hruby 1928
R. koehleri subsp. *bavaricus* Focke 1877

Morphologie: Schößling behaart und mit am Grunde verbreiterten Stacheln, Stachelborsten und Stieldrüsen in allen Größenordnungen besetzt; Blätter 3- (4- bis 5-)zählig, oberseits fast kahl, unterseits graugrün bis grauweiß filzig; Kronblätter rosa.
Ökologie: Auf Lichtungen und an Waldrändern auf meist etwas nährstoffreicheren Böden.
Allgemeine Verbreitung: Süddeutschland und Böhmen.
Verbreitung in Baden-Württemberg: Erst neuerdings nachgewiesen:

Alpenvorland: 7826/3: Bei Rot a.d. Rot, 1989, DÖRR (Herb. DÖRR, We); 8023/3: S Aulendorf bei Bad Waldsee, 1991, LAUERER (We): Vermutlich auch an anderen Stellen von Bayern aus übergreifend.

41. **Rubus schleicheri** Weihe ex Tratt. 1823

Morphologie: Schößling behaart, grünlich oder wenig braunrot überlaufen, mit breiten gelblichen oder etwas rötlichen, ungleichen Stacheln; die größten von ihnen 6–7 (–8) mm lang, gekrümmt; Blätter überwiegend 3zählig, unterseits nicht fühlbar behaart und ohne Filz; Kronblätter weiß.

Ökologie: Auf Lichtungen und an Waldrändern auf mäßig nährstoffreichen, kalkarmen Böden.

Allgemeine Verbreitung: Nördliches und mittleres Deutschland, selten in den Niederlanden, außerdem in Böhmen und Polen. Schweiz?

Verbreitung in Baden-Württemberg: Vermutlich selten. Nachgewiesen:

Oberrheingebiet: 7414/1: an zwei Fundstellen SW Renchen, 1980, WEBER (We).

Serie *Glandulosi* (Wimmer & Grab.) Focke

42. **Rubus pedemontanus** Pinkwart 1898
R. bellardii Weihe 1825 pro parte
Träufelspitzen-Brombeere

Morphologie: Schößling rundlich, grünlich bis violettrot, fast kahl, mit fast pfriemlich schlanken, bis 3–4 (–5) mm langen geraden Stacheln und kleineren Stachelchen in allen Übergängen zu ungleichen Drüsenborsten und Stieldrüsen; Blätter fast immer 3zählig mit fast gleichgroßen Teilblättchen, unterseits nicht fühlbar behaart und ohne Filz; Endblättchen elliptisch bis schwach verkehrt-eiförmig, wie die Seitenblättchen mit aufgesetzter, dünner, 15–25 mm langer Spitze, fast gleichmäßig 1–2 mm tief kerbzähnig gesägt; Blütenstand mit blaßgelblich gestielten Drüsen, Kronblätter weiß, schmal spatelig-elliptisch, meist nur 3 mm breit; Griffel grünlich.

Ökologie: Oft bestandsbildend auf Schlägen, in aufgelichteten Wäldern, auch an Waldrändern auf mäßig nährstoffreichen, kalkarmen Böden.

Allgemeine Verbreitung: Von England mit Wales ostwärts bis ins ehemalige Ostpreußen und Polen. Von Südschweden aus südwärts bis Frankreich, Schweiz, Vorarlberg, Bayern und Böhmen.

Verbreitung in Baden-Württemberg: Das Gebiet liegt im Süden des Areals dieser Art, in dem sie weitgehend bis völlig auf (sub-)montane Lagen beschränkt ist. Im Schwarzwald gehört sie zu den häufigsten Brombeeren und steigt hier (in 8114/1 bei Rinken) bis 1280 m empor. Außerhalb des Schwarzwaldes liegen bislang keine Nachweise vor, obwohl die Art auch hier vereinzelt vorkommen könnte.

Träufelspitzen-Brombeere *(Rubus pedemontanus)*
Königshainer Berge (Lausitz), 30.7.1991

Rubus atrovinosus
Eisen (Hunsrück), 1.8.1989

43. Rubus atrovinosus H.E. Weber 1986

Morphologie: Ähnlich *Rubus pedemontanus*, doch Schößling kantig-flachseitig und mit dunkelvioletten Stieldrüsen; Endblättchen etwas breiter bespitzt; Blütenstand mit schwarzroten Stieldrüsen; Kronblätter bis 5 mm breit; Griffel zumindest am Grunde rötlich.

Ökologie: Wie *Rubus pedemontanus.*

Allgemeine Verbreitung: Südwestfalen (Sauerland), Hunsrück, Pfälzer Wald und Schwarzwald.

Verbreitung in Baden-Württemberg: Bislang nur in einem genauer kartierten Transekt in den Meßtischblättern 7415-7417 und in den angrenzenden Bereichen der Blätter 7515-7517 nachgewiesen als streckenweise häufige Art vom Raum Baiersbronn und Freudenstadt bis Pfalzgrafenweiler.

44. Rubus hirtus Waldst. & Kit. 1804 agg.

Morphologie: Schößling und Blütenstand mit dichten, ungleich langen schwarzroten Stieldrüsen und ungleichen dünnen Stacheln. Im übrigen als unstabilisierter Formenschwarm sehr veränderlich.

Ökologie: Auf Lichtungen und an Waldrändern auf unterschiedlichen Böden in submontaner bis subalpiner Lage.

Allgemeine Verbreitung: In Mitteleuropa in den höheren Mittelgebirgen und Alpen, in südlicheren Gebirgen bis zu den Pyrenäen, Sizilien und Griechenland, im Osten bis zur Krim und zum Kaukasus.

Verbreitung in Baden-Württemberg: Im Schwarzwald häufig, möglicherweise stellenweise auch darüber hinaus vorkommend.

45.–51. Rubus corylifolius-Gruppe
Sektion *Corylifolii* Lindley
Haselblatt-Brombeeren

1 Staubbeutel vielhaarig (Lupe!) . . . .
                        47. *R. camptostachys*
– Staubbeutel kahl (selten mit einem Härchen) . . . 2
2 Blätter oberseits (zumindest im Blütenstand) weichhaarig, unterseits ausgeprägt grau bis grauweiß filzig und samtig weich. Endblättchen 5–6 mm tief gesägt . . . . 48. *R. mollis*
– Blätter oberseits nicht weichhaarig, unterseits filzlos grün oder schwach graugrün filzig. Endblättchen feiner gesägt 3
3 Schößling (fast) ohne Stieldrüsen, kahl. Blätter 5zählig, oberseits fast kahl. Kronblätter hellrosa. Griffel am Grunde oft rosa 4

60

– Schößling (oft dicht) stieldrüsig, kahl oder behaart. Blätter 3- bis 5zählig, oberseits behaart.
Kronblätter weiß oder blaßrosa. Griffel weißlich
grün 5
4 Schößling kantig-flachseitig oder etwas rinnig.
Blattstiel mit etwa 5–9 fast geraden Stacheln. Endblättchen verkehrt-eiförmig bis rundlich, nicht
konvex. Häufigere Art . . . . . 46. *R. mougeotii*
– Schößling stumpfkantig-rundlich. Blattstiel mit
10–15 stark gekrümmten, fast hakigen Stacheln.
Endblättchen breit-eiförmig bis elliptisch, lebend
etwas konvex. Seltene Art . 45. *R. hadracanthos*
5 Blätter überwiegend 3zählig. Endblättchen breit
(verkehrt)-eiförmig, allmählich 10–20 mm lang
bespitzt. Blütenstand dicht mit schwarzroten,
0,5–1 mm langen Stieldrüsen besetzt. Kelch mit
verlängerten Zipfeln die Sammelfrucht umfassend.
51. *R. villarsianus*
– Blätter überwiegend 5zählig. Endblättchen rundlich bis kreisrund, mit aufgesetzter kurzer Spitze.
Blütenstand mit etwas rötlichen Stieldrüsen. Kelch
ohne verlängerte Zipfel, abstehend oder schwach
aufgerichtet 6
6 Schößling mit ungleich verteilten, oft fast fehlenden Stieldrüsen. Endblättchen lebend konvex.
Blütenstand oben mit mehreren einfachen, rundlichen Blättern. Häufigere Art . . . .
50. *R. rotundifoliatus*
– Schößling dicht stieldrüsig. Endblättchen lebend
nicht oder nur angedeutet konvex. Blütenstand
ohne einfache, rundliche Blätter. Seltene Art . . .
49. *R. fabrimontanus*

Subsektion *Sepincoli* (Weihe ex Focke) Hayek

Serie *Sepincoli* (Weihe ex Focke) E. H. L. Krause

45. Rubus hadracanthos G. Braun 1881
(„*hadroacanthos*")

Morphologie: Schößling kantig, kahl, (fast) stieldrüsenlos, mit dicken, 3–4 mm langen Stacheln;
Blätter 5zählig, oberseits fast kahl, unterseits grün
bis graugrün; Endblättchen breit-eiförmig bis elliptisch, lebend etwas konvex; Kronblätter rosa, Griffel weißlich, am Grunde oft etwas rosa.
Ökologie: In Gebüschen und an Waldrändern auf
nährstoffreichen, auch kalkhaltigen Böden.
Allgemeine Verbreitung: Von Dänemark vor allem
bis ins mittlere Mitteleuropa, vereinzelt auch weiter
südlich bis ins Neckargebiet und Nordböhmen. Im
Osten nur wenig die Elbe überschreitend.
Verbreitung in Baden-Württemberg: So gut wie unbekannt. Bislang nur ein Nachweis.

Neckargebiet: 7517/2: Grünmettstetten nahe Horb, 1980,
WEBER (We).

Serie *Subthyrsoidei* (Focke) Focke

46. Rubus mougeotii Billot ex F. Schultz 1848
R. roseiflorus P. J. Müller 1858

Morphologie: Schößling kantig, kahl, stieldrüsenlos, mit gleichartigen, rotfüßigen Stacheln; Blätter
5zählig, oberseits (fast) kahl, unterseits graugrün,
weichhaarig und oft schwach filzig; Endblättchen
breit-verkehrteiförmig bis fast rundlich, abgesetzt
bespitzt, gleichmäßig gesägt; Kronblätter hellrosa;
Griffel am Grunde manchmal etwas rötlich.
Ökologie: In Gebüschen und an Waldrändern auf
nährstoffreicheren Böden.
Allgemeine Verbreitung: Nordöstliches Frankreich,
Südwestdeutschland.
Verbreitung in Baden-Württemberg: Unzureichend
bekannt. Vermutlich zerstreut im Oberrheingebiet
mit angrenzenden Bereichen des Schwarzwaldes
von Bruchsal bis nahe Freiburg, außerdem im Nek-
kargebiet mit dem benachbarten Schwarzwaldrand.
Nachweise:

Oberrheingebiet: 6817/4: Bruchsal, Hochstraße, 1980,
WALSEMANN (We); 7413/4: Effentrich S Appenweier, 1980,
WEBER (We); 7513/4: Zunsweiler, beim Sportplatz, 1980,
WEBER (We):
Schwarzwald: 7417/2: Nagoldtal W Altensteig, 1980,
WEBER (We); 7517/1: mehrfach um Dornstetten; 1980,
WEBER (We); 7813/4: Kollnau bei Waldkirch, 1980, WEBER
(We).
Neckargebiet: 7517/4: Neckartal zw. Fabrikortsteil und
Ihlingen und bei Neckarhausen; SW Dettingen, 1980,
WEBER (We).

Serie *Subsilvatici* (Focke) Focke

47. Rubus camptostachys G. Braun 1881
R. ciliatus Lindeberg 1885

Morphologie: Schößling stumpfkantig, zerstreut
behaart und etwas stieldrüsig; Blätter 4- bis 5zählig,
unterseits meist filzlos grün; Blüten weiß (selten
rosa angehaucht), Antheren dichthaarig, Griffel
grünlich.
Ökologie: In Gebüschen und an Waldrändern.
Weitgehend bodenvag.
Allgemeine Verbreitung: Von Südschweden bis Belgien und ins mittlere Deutschland, vereinzelt bis
Böhmen, im Osten bis Polen. In Norddeutschland
eine der häufigsten Arten, im Süden vereinzelt bis
zum Schwarzwaldrand.
Verbreitung in Baden-Württemberg: Bislang nur
nachgewiesen an zwei Fundstellen im Oberrheingebiet bei Offenburg. Sie liegen isoliert jenseits der
Südgrenze des Areals.

Oberrheingebiet: 7414/1: Wald beim Sportplatz S Renchen; Hubneck, 1980, WEBER (We).

Serie *Subcanescentes* H.E. Weber

48. Rubus mollis J. & C. Presl 1822

Morphologie: Schößling kantig oder rundlich, meist fast kahl, fein stieldrüsig und mit dünnen, 2–2,5 (–3) mm langen Stacheln; Blätter 5zählig, oberseits meist weich kurzhaarig, unterseits graufilzig und samtig weich; Endblättchen breit-eiförmig bis verkehrt-eiförmig, wenig abgesetzt bespitzt, grob bis 5–6 mm tief gesägt; untere Seitenblättchen 0–2 (–4) mm lang gestielt; Blütenstand oben etwas ebensträußig, Kronblätter weiß, beim Trocknen gelblich.
Ökologie: In sonnigen Gebüschen und an Waldrändern auf nährstoffreichen, oft kalkhaltigen Lehmböden. Wärmeliebend.
Allgemeine Verbreitung: Südliches Mitteleuropa, westlich bis zum Neckar, ostwärts bis in die Slowakei und zur Steiermark.
Verbreitung in Baden-Württemberg: Bislang nur drei Fundorte:

Neckargebiet: 7417/2: E Altensteig und bei Walddorf, 1980, WEBER (We).
Schw. Alb: 7326/2: Heidenheim, 1897, VOLLMANN (M).

Serie *Subradula* W.C.R. Watson *(„Subradulae")*

49. Rubus fabrimontanus (Sprib.) Sprib. 1905

Morphologie: Schößling rundlich, mit vielen, meist bis 1 mm langen Stieldrüsen und abstehenden, geraden, 4–5 (–7) mm langen Stacheln; Blätter 5zählig, unterseits filzlos grün; Endblättchen verlängert elliptisch bis fast kreisrund, mit aufgesetzter Spitze, gleichmäßig 1,5(–2) mm tief gesägt, lebend schwach konvex; Kronblätter blaßrosa bis weiß; Griffel grünlich.
Ökologie: Auf Waldlichtungen und an Waldrändern sowie in Gebüschen auf armen bis mäßig nährstoffreichen Böden.
Allgemeine Verbreitung: Isolierte Vorkommen in Südschweden und Dänemark, häufiger im mittleren und östlichen Deutschland südwärts bis Ostbayern, Böhmen und Mähren, im Osten bis Polen.
Verbreitung in Baden-Württemberg: Ein isolierter, vielleicht auf Verschleppung beruhender Fundort der weiter östlich verbreiteten Art im südlichen Schwarzwald.
Schwarzwald: 8212/4: Tegernau, 1978, PEDERSEN (We).

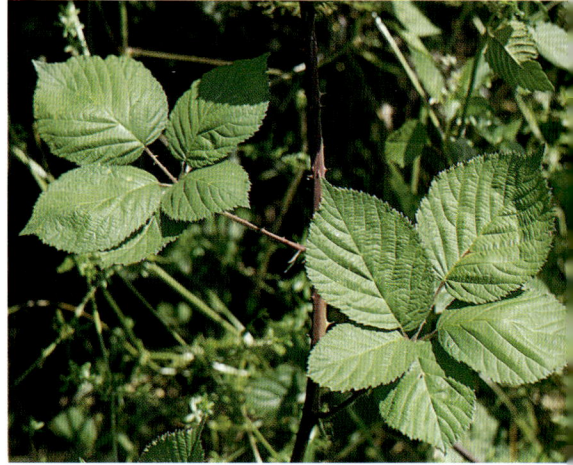

Rubus rotundifoliatus
Oppenauer Steig bei Oppenau (Schwarzwald), 31.7.1980

50. Rubus rotundifoliatus Sudre 1913
R. rotundifolius P.J. Müller 1858 non Reinw. ex Miquel 1855

Morphologie: Schößling flachseitig, fein büschelhaarig, mit ungleich verteilten, streckenweise fehlenden kurzen Stieldrüsen und etwas ungleichen breitfüßigen Stacheln; Blätter (4- bis) 5zählig, unterseits grün und filzlos; Endblättchen fast kreisrund, mit aufgesetzter, 5–10 mm langer Spitze, gleichmäßig 1–2 mm tief gesägt; Blütenstand oben mit rundlichen Blättchen; Kronblätter blaßrosa bis fast weiß.
Ökologie: In Gebüschen und an Waldrändern auf etwas nährstoffreicheren Böden.
Allgemeine Verbreitung: Oberrheingebiet und benachbarte Mittelgebirge (Pfälzer Wald, Vogesen, Schwarzwald).
Verbreitung in Baden-Württemberg: Anscheinend im Oberrheingebiet zerstreut von der Gegend um Rastatt südwärts bis nach Freiburg sowie in den angrenzenden Tälern des Schwarzwaldes, besonders im Elz- und Renchtal. Im bislang genauer untersuchten Gebiet um Offenburg allgemein verbreitet.

Serie *Hystricopses* H.E. Weber

51. Rubus villarsianus Focke ex Gremli 1870

Morphologie: Schößling rundlich, fast kahl, mit dunkelroten Stieldrüsen und ungleichen, geraden Stacheln; Blätter (überwiegend) 3zählig, unterseits

filzlos grün und meist nicht fühlbar behaart; Endblättchen oft breit-eiförmig bis verkehrt-eiförmig,
allmählich bespitzt, 1–2,5 mm tief gesägt; Blütenstand dicht dunkelrot stieldrüsig, Kelch mit verlängerten Zipfeln die Sammelfrucht umfassend; Kronblätter weiß.

Ökologie: In Gebüschen, auf Lichtungen und an
Waldrändern auf meist nährstoffreicheren, auch
kalkhaltigen Böden.

Allgemeine Verbreitung: Schweiz (hier eine der häufigsten Arten), angrenzendes Baden und Vorarlberg.

Verbreitung in Baden-Württemberg: Von der
Schweiz aus bis Konstanz und an den südlichen
Schwarzwaldrand um Bad Säckingen vordringend.
Nahestehende, anscheinend unstabilisierte Bioty-
pen mit blasseren Stieldrüsen sind im gesamten
Schwarzwald verbreitet.

52. Rubus caesius L. 1753
Kratzbeere

Morphologie: 50–200 cm langer, bogig niederliegender und an der Spitze wieder wurzelnder
Strauch; Stengel mit bläulichem Wachsüberzug und
nur mit kleinen Stacheln; Nebenblätter an Schöß-
lingen schmal-lanzettlich; Blätter dreizählig gefingert, gesägt, behaart, aber nicht filzig, seitliche Fiederblättchen sitzend, Blätter mit schöner roter
Herbstfärbung; Blütenstand wenigblütig; Blüten

Kratzbeere *(Rubus caesius)*
Pinneberg (Holstein), Juli 1970

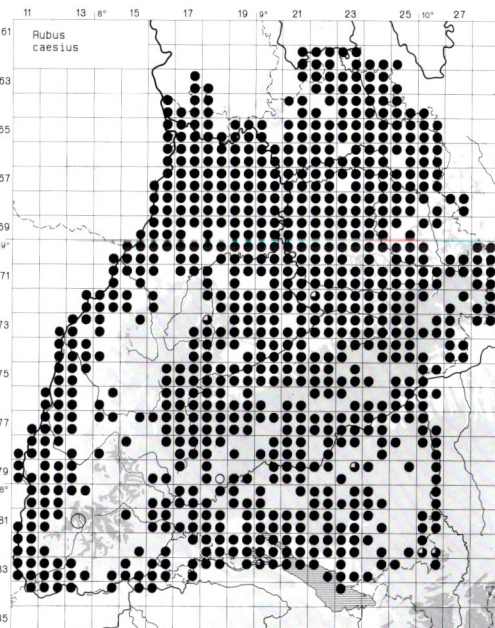

weiß, 20–25 mm im Durchmesser; Frucht schwarz,
bläulich bereift. – Blütezeit: Mai–Juni.

Variabilität: Bildet viele Bastarde mit den Arten der
Gruppe *R. fruticosus* (= *R. corylifolius*-Gruppe).

Ökologie: Auf feuchten, kalkhaltigen, nährstoffreichen Lehm- oder Tonböden, in Auwäldern, an
Fluß- und Bachufern, in Hecken, an Böschungen,
auf ehemaligen Schuttplätzen, auf Äckern. Vegetationsaufnahmen finden sich z.B. bei KREH (1938:
69–78), KUHN (1954: 48–49), OBERDORFER (1957:
392–4, 397, 399–402, 403, 412–415), T. MÜLLER
(1974: 405–419, 1983: 138–170), HÜGIN (1982:
Beilagen) und PHILIPPI (1983: 459–460).

Allgemeine Verbreitung: Europa, nur im Norden
fehlend, Nordafrika, West- und Zentralasien.

Verbreitung in Baden-Württemberg: Verbreitet, nur
im Kerngebiet des Schwarzwaldes selten oder fehlend, auch im östlichen Alpenvorland lokal seltener.

Höchste Vorkommen: 7918/3, Hohenkarpfen,
900 m (wohl sonst noch höher); tiefste Vorkommen
bei 100 m.

Erstnachweise: Die Art ist im Gebiet urwüchsig.
Ältester archäologischer Nachweis: ziemlich häufig
in spätneolithischen Feuchtbodensiedlungen (ab
Spätem Atlantikum) z.B. bei Hornstaad (RÖSCH
1985). Ältester literarischer Nachweis: J. BAUHIN
(1598: 150) für die Umgebung von Bad Boll (7323).

Bestand und Bedrohung: Die Art ist im Gebiet nicht
gefährdet.

5. **Rosa** L. 1753

Rose, Wildrose

Bearbeiter: G. TIMMERMANN

Sträucher, 0,5–3 m hoch, in geeigneter Umgebung mit den Stacheln als „Spreizklimmer" mehrere Meter hoch kletternd. Sect. *Caninae* CREPIN und sect. *Synstylae* DC. kuppelartige Büsche mit überhängenden Zweigen, die letztere mit nur kriechenden bildend, von R. KELLER (1931) als „Rosae arcuatae" den „Rosae sociales" gegenübergestellt: sect. *Pimpinellifoliae* DC., *Cinnamomeae* DC. und *Gallicanae* DC. als aufrechte Stämmchen z.T. mehrere Meter entfernte Ausläufergruppen über unterirdischen Achsensystemen bildend.

An Stämmen und Zweigen Stacheln als Bildungen der Haut, gerade, gekrümmt oder hakig, auch nadelförmige, biegsame Borsten. Blätter sommergrün, unpaarig gefiedert, meist 5- bis 7zählig, auch bis 11zählig; Nebenblätter (Stipeln) weitgehend dem Blattstiel angewachsen, nur die Öhrchen frei. Teilblätter (Blättchen) an der Blattspindel (Rhachis) sitzend, mit fiederartigen Seitenadern, die in Blattzähne mit dreieckiger Knorpelspitze enden, einfach gezähnt oder bei drüsentragenden Blättchen mit Nebenzähnchen ohne Gefäßendigungen, aber mit kurzgestielten Drüsen, so Blättchenrand doppelt oder mehrfach zusammengesetzt und immer drüsig gezähnt. Solche Drüsen gibt es auch auf der Rhachis, besonders auf deren beiden ventralen Leisten, auf der Blattunterseite als „Subfoliardrüsen", gelegentlich auch auf der Blattoberseite als „Suprafoliardrüsen". Nur einzelne Drüsen am Blattrand oder auf der Rhachis sind taxonomisch ohne Bedeutung.

Blätter kahl oder behaart. Gelegentliche bürstenartige Bekleidung der Rhachis oder verstreute Flaumhaare auf Gefäßsträngen ohne taxononomischen Wert. Beste Ausbildung der seidenglänzenden Haare nach der Laubentfaltung. Bis zum Laubfall steter Verlust der Haare, vor allem auf der Blattoberseite. Blütenstand 1- bis mehrblütig, dann eine fast ebensträußige Schirmrispe (Corymbus) bildend, deren apikale Blüte als Erstblüte von den späteren umgeben. Da sie mit Blütenstiel und späterer Frucht von den sie umgebenden abweicht, bleibt sie taxonomisch außer Betracht. Tragblatt am Grund des Blütenstiels. Dieser verschieden lang, glatt oder Stieldrüsen und Drüsenborsten tragend. 5 Kelchblätter, alle ungefiedert oder zur Hälfte gefiedert, kurz „gefiedert" genannt: 2½ in der Blütenknospe bedeckte, innere Kelchblätter ungefiedert, die äußeren 2½ gefiedert, auf dem Rükken mit oder ohne Drüsen und Haare. Kelchblätter in ⅖-Stellung: innere in den Lücken der äußeren. Taxonomisch von Bedeutung Stellung der Kelchblätter nach der Blüte: zurückgeschlagen und bald abfallend oder ausgebreitet bis aufgerichtet und lange bleibend. 5 Kronblätter, breit-herzförmig auf schmalem, hellerem Nagel, weiß oder hell- bis dunkelrosa und rot, Stellung über den Kelchblattlükken. Staubblätter zahlreich, mit einwärtsgewendeten, gelben Staubbeuteln. Fruchtknoten, Karpelle, je nach Größe unter 10 bis etwa 50 auf der behaarten Innenwand des krugförmigen Kelchbechers, Hypanthium, sitzend, ergeben reif strohgelbe bis braunorange einsamige Nüßchen, die Früchte i.e.S., die „Kerne" der Hagebutte. Diese Scheinfrucht, kurz Frucht genannt, aus dem Hypanthium hervorgegangen, glatt, auch locker oder dicht mit Stieldrüsen, auch Drüsenborsten bedeckt. In der Wand orangeroter Früchte Carotinoide, bei roten bis schwarzen Früchten zusätzlich Anthocyanine. Die behaarten Griffel durch die Mündung des Hypanthiums, den Griffelkanal, hinaustretend, oben vom Diskusring umgeben, darüber ein schlankes, oft unbehaartes Narbenköpfchen oder ein breites, behaartes Narbenkissen bildend.

Beginn der Rosenblüte von Witterungsverlauf und Meereshöhe gesteuert, u.U. schon ab Anfang Mai. Reihenfolge des Aufblühens der Sippen genetisch bestimmt: frühblühenden wie *Rosa villosa*, *R. majalis*, *R. pendulina* und *R. pimpinellifolia* stehen spätblühende mit *R. gallica*, *R. arvensis*, *R. micrantha* und *R. agrestis* gegenüber. Zwischen beiden Gruppen *R. canina*.

Verbreitung der Gattung: Nordhemisphäre außerhalb der Tropen mit etwa 200 Arten in 10 Sektionen. Artenzentrum in der west- und zentralasiatischen Region. Nach I. KLASTERSKY (1968) in Flora Europaea in Europa 42 Arten in 5 Sektionen, diese mit 27 Arten in Baden-Württemberg nachgewiesen. Die Vielgestaltigkeit der Sippen v.a. innerhalb der Sect. *Caninae* wird durch die zytologischen Verhältnisse erklärt. Bei einer Chromosomengrundzahl n = 7 (haploider Satz) in der Gattung *Rosa* sind die Rosen der Sekt. *Caninae* meist pentaploid, d.h. 2n = 35, z.T. auch hexaploid, 2n = 42. In der Reduktionsteilung werden Pollenzellen mit 7 und Eizellen mit 27 bzw. 35 Chromosomen gebildet, aus denen nach der Befruchtung neue Individuen mit wieder 35 bzw. 42 Chromosomen hervorgehen. Wegen des genetischen Übergewichts der Mutterpflanze sind mögliche Artbastarde schwer erkennbar. Ein Teil der beobachteten hohen Variabilität der Rosen ist genetisch bedingt. Ein weiterer Teil ist standortbedingt. Starker Einfluß auf die Gestalt durch Licht- und Wassermangel,

Kartoffelrose *(Rosa rugosa)*
Waldkirch, 1988

wie Kontrollen durch Umpflanzen belegen. Bei Lichtmangel z.T. erhebliche Vergrößerung der dann dünneren Blattflächen, Verlängerung der Zweiginternodien, Verringerung der Blütenstände auf nur 1 Blüte, bzw. Verlust des Blühvermögens. Im vollen Licht dichtere Ausbildung von Drüsen und Haaren, Bildung größerer und kugeligerer Früchte mit mehr Samen, bei vielen Sippen Blaurotfärbung der Rinde. Bei dauerndem Wassermangel Zwergwuchs. Blütenarmut oder Blütenlosigkeit auch durch Wildverbiß möglich.

Die Gliederung der Gattung hält sich an das von I. KLASTERSKY (1968) in Flora Europaea aufgestellte Schema. Dieses löst die von R. KELLER (1923, 1931) stark geraffte Taxonomie der Sekt. *Caninae* in mehrere selbständige Arten auf, die im Gelände verhältnismäßig gut unterscheidbar sind. Bei mehreren Sippen handelt es sich vermutlich nur um sog. morphologische Arten, die aus pragmatischen Gründen nach Merkmalen der Früchte und Blätter unterschieden werden. Da bei diesen Sippen bisher keine Areale erkennbar sind, wären sie im strengen Sinn als Varietäten einzustufen. Sachliche Korrekturen durch H. REICHERT (1986) wurden berücksichtigt wie zuvor in der Flora OBERDORFER (1990). Nicht gefolgt wurde der Bereinigung der Rosentaxonomie durch GRAHAM & PRIMAVESI (1990), die aus morphologischen Gründen zahlreiche Taxa zu Hybriden erklären und so die Artenzahl der Sekt. *Caninae* deutlich verringern. Einer künftigen, experimentell begründeten Klärung der genetischen Verknüpfungen unter den Wildrosen dürfte das Beharren auf den vielfachen Unterschie-

den der Sippen eher dienlich sein, als der frühzeitige Verzicht darauf.

Einige ausländische Wildrosenarten wurden und werden auch bei uns außerhalb von Siedlungen an Straßenböschungen, Dämmen von Rückhaltebekken usw. zusammen mit einheimischen Gehölzen ausgepflanzt. Über echte Verwilderungen solcher Arten verbunden mit Einbürgerung liegen aus Baden-Württemberg offenbar kaum Beobachtungen vor. Auch nur gepflanzte ausländische Wildrosen können natürlich gelegentlich beim Rosenbestimmen in die Irre führen.

Einige der häufiger angepflanzten ausländischen Wildrosen sind:

Rosa multiflora Thunb. ex Murray 1784
Büschelrose
Blütenstand rispig, aus zahlreichen, kleinen, weißen Blüten; Nebenblätter fransig zerschlitzt; Griffel säulenförmig wie bei *R. arvensis*. Heimat: Ostasien. Es gibt verschiedene Hybriden mit dieser Art.

Rosa rugosa Thunberg 1784
Kartoffelrose
Triebe dicht stachelborstig; Stacheln gerade; Blätter dunkelgrün, stark runzelig; Blüten meist 6–8 cm Durchmesser, oft dunkelrosa, selten auch weiß; Kelchblätter ungeteilt, aufrecht; Hagebutte abgeflacht kugelig; bildet durch unterirdische Ausläufer dichte Gebüsche. Heimat: Küstengebiete in Ostasien.

Rosa lucida Ehr. 1789; *R. virginiana* auct. p.p.
Spiegelrose, Virginische Rose
Triebe zerstreut bestachelt; Stacheln schwach gekrümmt, oft paarweise unter den Blättern; Kelchblätter ungeteilt, ausgebreitet; ziemlich bald abfallend; Blüten rosa, etwa 5 cm Durchmesser; Hagebutten abgeflacht kugelig, 1–1,5 cm Durchmesser. Heimat: östliches Nordamerika. Verwandte nordamerikanische Arten aus der gleichen Sektion werden ebenfalls bei uns angepflanzt: *R. carolina* L. 1762 (Hagebutten klein (8 mm Durchmesser) und kugelig; *R. nitida* Willd. 1809 (Hagebutten klein 5–8 mm Durchmesser) und kugelig; Triebe dicht stachelborstig; Blättchen auffallend schmal).

Rosa foetida J. Herrmann 1762; *R. lutea* Miller
Fuchsrose
Diese gelbblühende, aus Südwest- und Zentralasien stammende Rose wird bei C.C. GMELIN (1826: 356) wie eine einheimische Pflanze behandelt. Daß es sich bei ihren Vorkommen nur um Verwilderungen aus früheren Anpflanzungen handeln könnte, wird schon von DÖLL (1858: 33) richtiggestellt. Heute scheint diese Art bei uns wenig angepflanzt zu werden.

Zur Bestimmung werden ausschließlich blüten- bzw. fruchttragende Zweige herangezogen. Die beste Zeit zum Bestimmen ist nach einer Vororientierung während der Blüte die Zeit der Fruchtreife im August und September. Die folgenden Artbeschreibungen berücksichtigen i.a. nur die genannten Teile. Sterile Zweige, Stockausschläge und Sommertriebe weichen i.d.R. in wesentlichen Merkmalen erheblich von den Blütenzweigen ab.

1 Griffel als keulenartiges Säulchen aus dem Blütenbecher hervorragend; weißblühender, niederliegender, grün-rindiger Strauch . . . 1. *R. arvensis*
– Griffel nur wenig als kissenförmiges bis kugeliges Narbenköpfchen oder lockeres Griffelsträußchen aus dem Blütenbecher herausragend 2
2 Kelchblätter ungefiedert, höchstens an den äußeren Kelchblättern fädliche Anhängsel, auf der Frucht bleibend; aufrechte Sträucher, nicht bogig überhängende Zweige 3
– Äußere Kelchblätter deutlich gefiedert 6
3 Weiße Blüte, kurze Kelchblätter später auf kugeliger, zuletzt braun- bis blauschwarzer Frucht; Kleinstrauch mit Ausläufern; gerad-borstige Stacheln . . . . 2. *R. pimpinellifolia*
– Lange Kelchblätter, auch mit spatelförmiger Spitze, auf roter Frucht 4
4 Blütenzweige stachellos, nur am Grund nadelförmige Stacheln; Kelchblätter mit fleischigem Grund in hängende, flaschenförmige Frucht übergehend
5. *R. pendulina*
– Blütenzweige bestachelt, Rinde rotbraun oder der jungen Triebe blaurot 5
5 Rinde glänzend braunrot, unter Blattachseln meist paarige, dünne Stacheln; rote Blüte; kugelige, meist hängende Frucht an drüsigem Stiel; Ausläufer treibend . . . . 3. *R. majalis*
– Junge Triebe blaurot, ältere braun bis weißgrau; Blätter blaurot überlaufen, mit roten Adern; Stacheln schwach hakig; Blüte karminrot, weißer Nagel; lange, schmale Kelchblätter, kugelige, kirschrote Frucht . . . . 4. *R. glauca*
6 Kleinstrauch mit verschiedenartigen, gemischten Stacheln: Stachelborsten, Nadelstachel, sichelförmige Stacheln; große, duftende rosa Blüte; Frucht mit langen, zurückgeschlagenen Kelchblättern auf langem, drüsigem Stiel . . . . . . 6. *R. gallica*
– Sträucher mit bogig überhängenden Zweigen und meist gleichartigen Stacheln 7
7 Stacheln ganz gerade bis gekrümmt, aber nicht sichelförmig oder hakig 9
– Stacheln sichelförmig bis hakig gekrümmt 8
8 Blätter reich drüsig, mehrfach gezähnt, oft fruchtig duftend. Artengruppe Weinrosen 20
– Blätter ohne Drüsen oder nur duftlose an Rhachis, Nebenblättern, Hauptadern und Nebenzähnen. Artengruppe Hundsrosen 30
9 Blattoberseite unbehaart, Unterseite und Rhachis drüsig, behaart oder unbehaart; große rosa Blüte; Frucht auf drüsigem Stiel, Kelchblätter zurückgeschlagen, hinfällig . . . . 8. *R. jundzillii*
vgl. auch 13. *R. blondaeana*
– Blätter beidseitig behaart, oberseits schwächer, unterseits und Rhachis wollig. Artengruppe Filzrosen 10
Artengruppe **Filzrosen**
10 Nur gerade Stacheln; Blätter blaugrün, reichdrüsig; frühe, rosa Blüte auf drüsenborstigem Hypanthium; kirschgroße, hängende, drüsenborstige Frucht, große Kelchblätter aufgerichtet bleibend .
23. *R. villosa*

– Stacheln schwach gekrümmt, einzelne auch gerade 11
11 Blüte rosa; Fruchtstiel höchstens so lang wie die kugelige, drüsige Frucht, schwach gefiederte Kelchblätter aufgerichtet, bleibend, Blattzähne mit Nebenzähnen und Drüsen . . 22. *R. sherardii*
– Blüte hellrosa bis weiß; Fruchtstiel so lang oder länger als die kugelige, meist drüsenborstige Frucht 12
12 Blattzähne fast ohne Drüsen und Nebenzähne; Kelchblätter ausgebreitet, früh abfallend . . . . .
20. *R. tomentosa*
– Blattzähne mit Nebenzähnen und Drüsen; Kelchblätter ausgebreitet bis aufgerichtet, lange bleibend . . . . 21. *R. scabriuscula*

Artengruppe **Weinrosen**
20 Blättchen überwiegend mit breitgerundetem Grund, einander genähert oder berührend; alle Fruchtstiele reichdrüsig 23
– Blättchen nur oder überwiegend mit keiligem Grund, voneinander entfernt; Fruchtstiele ohne Drüsen, im gleichen Fruchtstand auch welche mit Drüsen möglich 21
21 Weiße, späte Blüte; Fruchtstiel so lang oder länger als die Frucht; Kelchblätter zurückgeschlagen, bald abfallend; Narbenköpfchen kugelig, erhoben
26. *R. agrestis*
– Hellrosa Blüte; Fruchtstiel nicht länger als die Frucht; breites, wolliges Narbenköpfchen 22
22 Kelchblätter aufgerichtet, bleibend . . . .
25a. *R. elliptica* subsp. *elliptica*
– Kelchblätter ausgebreitet, bald abfallend . . . . .
25b. *R. elliptica* subsp. *inodora*
23 Rosa Blüte; Fruchtstiel nicht länger als die Frucht; Kelchblätter ausgebreitet bis aufgerichtet, bleibend; breites, wolliges Narbenköpfchen . . . . .
24. *R. rubiginosa*
– Hellrosa Blüte; Fruchtstiel so lang oder länger als die kleine Frucht; Kelchblätter straff zurückgeschlagen, bald abfallend; Narbenköpfchen kugelig, klein . . . . 27. *R. micrantha*

Artengruppe **Hundsrosen**
30 Kelchblätter zurückgeschlagen, früh abfallend; Diskus gewölbt bis kegelförmig, Griffelkanal eng, Narbenköpfchen kugelig 34
– Blüte bzw. Frucht von großem laubigem Hochblatt umgeben; Kelchblätter ausgebreitet bis aufgerichtet, länger bleibend 31
31 Fruchtstiel höchstens so lang wie die Frucht; reichgefiederte Kelchblätter in der Mehrzahl aufgerichtet, bleibend; Diskus schüsselförmig, Griffelkanal weit, breites, wolliges Narbenkissen 33
– Fruchtstiel so lang oder länger als die Frucht; Kelchblätter nur ausgebreitet, früh abfallend; Diskus flach, Griffelkanal auch eng 32
32 Blätter unbehaart . . . . 15. *R. subcanina*
– Blätter wenigstens auf Rhachis und Adern behaart
. . . . 17. *R. subcollina*
33 Blätter unbehaart . . . . 14. *R. vosagiaca*
– Blätter behaart . . . . 16. *R. caesia*
34 Blätter unbehaart 38
– Blätter wenigstens auf Rhachis und Hauptadern der Blattunterseite behaart 35

35 Blätter einfach gezähnt; Rhachis ohne oder nur
   mit zerstreuten Drüsen 36
– Weiße Blüte; Blätter mit Drüsen auf Nebenzähnen, Adern und Rhachis . . . . 9. *R. tomentella*
36 Fruchtstiel ohne Drüsen . . . 18. *R. corymbifera*
– Fruchtstiel mit Drüsen 37
37 Fruchtstiel so lang wie die drüsige Frucht . . . .
                                   19. *R. deseglisei*
– Fruchtstiel mehrfach länger als die drüsenlose
   Frucht . . . . 7. *R. stylosa*
38 Blätter einfach gezähnt 41
– Blätter zusammengesetzt gezähnt, mit Drüsen . . 39
39 Fruchtstiel ohne Drüsen 40
– Fruchtstiel mit Drüsen, Rhachis stark drüsig,
   Adern der Stipelunterseite drüsig . . . .
        13. *R. blondaeana* vgl. auch 8. *R. jundzillii*
40 Rhachis und Hauptader locker drüsig, Stipelun-
   terseite ohne Drüsen . . . .
                         10b. *R. canina* subsp. *dumalis*
– Rhachis dicht drüsig, Stipelunterseite mit Drüsen
                                   11. *R. scabrata*
41 Fruchtstiel ohne Drüsen . . . .
                         10a. *R. canina* subsp. *canina*
– Fruchtstiel mit Drüsen, auch Frucht unterseits
   oder ganz mit Drüsen bestanden . . . .
                                 12. *R. andegavensis*

Sect. *Synstylae* DC.

1. Rosa arvensis Hudson 1762
R. repens Scopoli 1772
Kriechende Rose

Morphologie: Niederliegender, grünrindiger
Strauch, mehrere Meter weit kriechender, auch
kletternder Stamm mit aufgerichteten, kurzen Blütenzweigen; Stacheln gleichartig, schwach gebogen,
Blütenzweige auch stachellos; Blatt 5- bis 7zählig,
stumpfgrün; Blättchen dünn, einfach gezähnt, kahl
oder schwach anliegend behaart; Blütenstand meist
1-, im vollen Licht auch mehrblütig; Blüte rein
weiß; Blütenstiel lang, schwach drüsig; Kelchblätter
ungefiedert oder mit einigen fädlichen Anhängseln,
kürzer als die Kronblätter, bald abfallend; auf breitem Diskus etwa 3 mm hohe Griffelsäule mit kuge-
ligem Narbenköpfchen; Früchte je nach Beson-
nung oval und klein bis kugelig und groß, später
braunrot. – Blüte: spät, Juni, Juli; Fruchtreife September. Im Wald auch blütenlose, schwachwüchsige Schattenformen.
Ökologie: Etwas wärmeliebende, halbschattenertragende Pflanze auf mäßig trockenen bis mäßig
feuchten oder wechselfeuchten, basenreichen, kalkarmen oder kalkreichen, meist lehmigen oder im
Untergrund tonigen Böden; optimale Entfaltung in
Verlichtungsstadien von Wäldern, an Waldweg-
und Waldrändern als Spreizklimmer Schleier über
anderer Vegetation bildend; nach WILMANNS

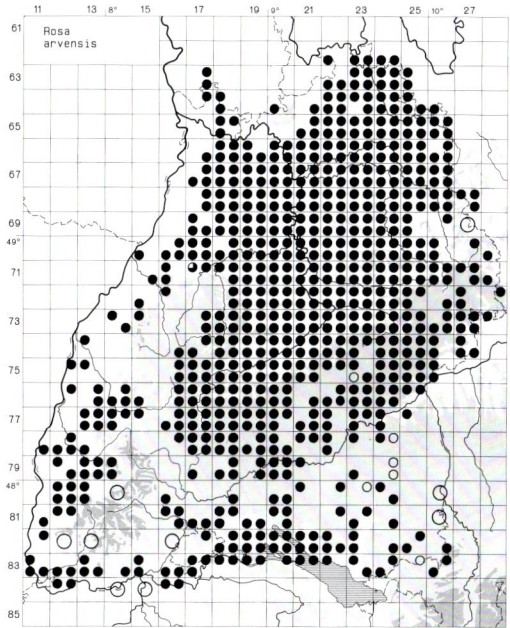

(1980) bei uns in 2 Regionalassoziationen: das subatlantische Hedero-Rosetum arvensis im südlichen
Oberrheingebiet und eine provisorisch als Rosetum
subkontinentale bezeichnete Gesellschaft östlich
des Schwarzwalds; kann nicht mehr als Charakterart des Carpinion-Verbandes (Eichen-Hainbuchenwälder) angesehen werden, da in den Wäldern nur
in verringerter Vitalität und kaum blühend (WIL-
MANNS 1980); vegetationskundliche Aufnahmen
aus Eichen-Hainbuchenwäldern z. B. des Kraichgaus bei OBERDORFER (1952: Tab. II) u.a. zusammen mit *Potentilla sterilis, Dactylis polygama, Ga-*

Kriechende Rose *(Rosa arvensis)*
Rauher Kapf bei Böblingen, 29.6.1991

Kriechende Rose *(Rosa arvensis)*
Dalisberg bei Unterböhringen, 3.10.1991

lium sylvaticum, Carex umbrosa usw., des mittleren Albvorlandes bei BUCK-FEUCHT (1980: Tab. 1) in reicheren Ausbildungen u.a. zusammen mit *Ranunculus auricomus, Allium ursinum, Scilla bifolia* u.a.; gelegentlich auch in anderen Waldgesellschaften: z.B. im Berg-Lindenwald (Acereto-Tilietum) der Wutachschlucht nach OBERDORFER (1949: Tab. 10) in 7 von 12 Aufnahmen.

Allgemeine Verbreitung: West- bis westmitteleuropäische Rose. Von Irland bis Nordspanien und von den Ardennen zum Bayerischen Wald, Balkangebirge; eine Pflanze des subatlantisch-submediterranen Florengebiets.

Verbreitung in Baden-Württemberg: Im Gebiet verbreitet bis häufig, selten im Schwarzwald und Odenwald, nur zerstreut in Teilen der Schwäbischen Alb und im nördlichen Oberschwaben.

Die tiefsten Vorkommen befinden sich im nördlichen Oberrheingebiet bei etwa 100 m, die höchsten wurden bisher auf der Schwäbischen Alb am Plettenberg (7718/4) bei 1000 m notiert.

Erstnachweise: Die Art wird schon von J. BAUHIN (1598: 149) für die Umgebung von Bad Boll (7323) erwähnt.

Bestand und Bedrohung: Als urwüchsige Pflanze der lichten Wälder im Gebiet nicht gefährdet, wird dagegen durch Fichtenaufforstungen unterdrückt.

Bastarde: Mit *R. gallica.*

Bibernellblättrige Rose *(Rosa pimpinellifolia)*
Würzburg, 19.5.1990

Sect. *Pimpinellifoliae* DC.

2. Rosa pimpinellifolia L. 1759
R. spinosissima L. 1753 nom. inv.
Bibernellblättrige Rose, Felsenrose

Morphologie: Zwergsträucher in Kolonien, 10–100 cm hoch, selten höher; dunkelbraune Stämmchen, kurze Äste mit zahlreichen Stachelborsten und derberen, geraden Stacheln; Blatt 7- bis 11zählig; Blättchen rundlich, 10–20 mm lang, einfach gezähnt, mattgrün; Blüten einzeln; Blütenstiel bis 30 mm lang; Kelchblätter kurz, ganzrandig, nach der Blüte aufgerichtet, bleibend; Kron-

blätter milchweiß, um 20 mm lang, gelblicher Nagel; schmaler Diskus, weiter Griffelkanal, Narbenköpfchen breit; Frucht kugelig bis zusammengedrückt, ledrig, reif braun- bis blauschwarz; frühe Blüte, im Mai beginnend.

Variabilität: Standortbedingter extremer Zwergwuchs an Felsen, bei Lichtmangel schwachwüchsig, ohne Blüten; Formen mit halbgefüllten Blüten aus alten Kulturen ausgewildert; von Baumschulen für Böschungsbepflanzungen var. *altaica* Willdenow ausgebracht: bis 1,80 m hoch, geringere Bestachelung, größere, anfangs mehr gelbliche Blüten.

Ökologie: Besiedler von Felsspalten, Felsbändern, steinig-sandigen Lehmböden; durch Koloniebil-

69

Bibernellblättrige Rose *(Rosa pimpinellifolia)*
Kayh, 5.10.1991

dung mit viele Meter langen, verzweigten Bodenausläufern dauerhafte Besiedlung des Standorts; Bodenfestiger, Lichtpflanze, Pollenblume; an lichten Waldrändern in thermophilen Saumgesellschaften, an Felsbändern mit *Amelanchier ovalis; Cotoneaster integerrimus, Berberis vulgaris*; vegetationskundliche Aufnahmen z.B. bei KUHN (1937: Tab. 29 bzw. 30) vom Querceto-Lithospermetum bzw. Xerobrometum seslerietosum, *Peucedanum*

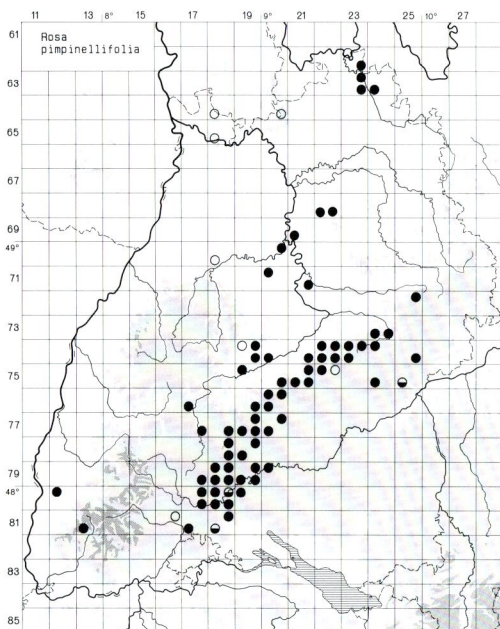

cervaria-Variante, bei WITSCHEL (1980: Tab. 20, 21 und 28) von verschiedenen Geranion-Gesellschaften und vom Prunus-Ligustretum, u.a. mit *Geranium sanguineum, Thesium bavarum, Carex humilis, Anthericum ramosum, Hippocrepis comosa, Stachys recta, Bupleurum falcatum* usw.

Allgemeine Verbreitung: Durch nacheiszeitliche Florenentwicklung disjunkte Areale: an Nordseeküsten um Jütland, Britische Inseln, im Kontinent in Felslandschaften der Mittelgebirge, Alpen, mediterrane Bergländer; ein eurasiatisch-kontinentales bis submediterranes Florenelement.

Verbreitung in Baden-Württemberg: An der Traufseite der Schwäbischen Alb, auch Höhen der Südwestalb, nirgends häufig, vereinzelt an Stubensandsteinkanten des Keuperlands, an Felsbändern des Muschelkalks im Neckarland und Taubertal und im Südschwarzwald.

Die tiefsten Vorkommen wurden im Taubergebiet bei Impfingen (6323) bei 260 m notiert, die höchsten Vorkommen werden von der Südwestalb vom Lemberg mit 1008 m (BERTSCH in STU-K) angegeben, eventuell sind die Vorkommen am Südhang des Belchen (vgl. GROSSMANN (1989: 676) im Südschwarzwald noch höher gelegen.

Erstnachweise: Nach RÖSCH (unpubl.) gibt es subfossile Nachweise von Murrhardt aus dem 3. Jhd. n.Chr. und nach KIEFER (1984) von Osterburken aus dem 2./3. Jhd. n.Chr. einer *Rosa* cf. *pimpinellifolia*. Die Art wird von GMELIN (1772: 150) mit „in silva Uracensi juxta viam Blabyrensem Ulmersteige" (7522) von der Schwäbischen Alb bei Urach genannt.

Bestand und Bedrohung: Wegen des Vorkommens auf extrem exponierten Standorten grundsätzlich gefährdet; durch Verbuschung und Waldsukzession Verkümmern vieler Bestände; durch Äsungsdruck Verlust von Knospen und Blühvermögen; Gefährdung auch an Kletterfelsen. In Rote Liste 1983 in Kategorie G5 als „schonungsbedürftig" aufgenommen, sollte jedoch in Kategorie G3 „gefährdet" gestuft werden.

Bastarde: mit *R. pendulina, R. tomentosa.*

Sect. *Cinnamomeae* Crepin

3. Rosa majalis J. Herrmann 1762
R. cinnamomea L. 1759 p.p.
Mairose, Zimtrose

Morphologie: Niedriger, bis schulterhoher Strauch, an unterirdischen Achsen zahlreiche Ausläufer; Stamm und dünne Zweige braunrot; dünne Sta-

Mairose *(Rosa majalis)*
Lonetal bei Bernstadt, 1.7.1973

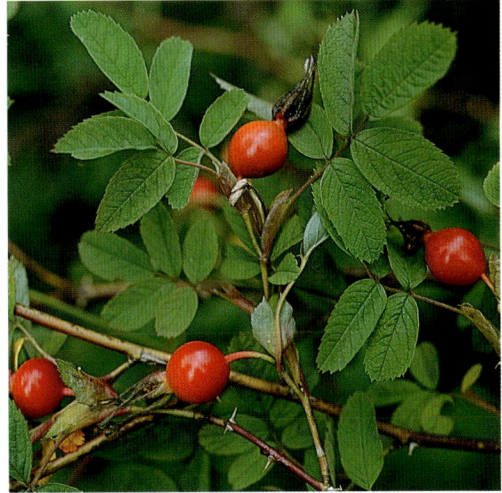

Mairose *(Rosa majalis)*
Donautal, um 1970

cheln paarweise an den Blattachseln, an Blütenzweigen auch fehlend; Blätter meist 7zählig,
stumpfgrün; Blättchen dünn, oberseits und Rhachis meist fein behaart, einfach gezähnt, ohne Drüsen; Blüte meist einzeln, an langem, drüsenlosem
Stiel; Kelchblätter ganzrandig, länger als die Kronblätter, nach der Blüte aufgerichtet und bleibend;
Kronblätter karminrot, bis 30 mm lang; schmaler
Diskus mit weitem Griffelkanal; Narbenköpfchen
groß, weißwollig; Frucht kugelig bis birnförmig,
glatt, dunkelrot, meist hängend; frühe Blüte, zwischen Anfang Mai und Anfang Juni, frühe Fruchtreife.

Ökologie: An felsigen Hängen, im Auengebüsch,
auf sommerwarmen, frischen, wechselfeuchten,
auch steinigen und kiesigen Lehm- und Tonböden
vorkommend.

Licht- bis Halbschattenpflanze; Pollenblume;
Böschungsbefestiger; im Sanddorn-Lavendelwei-
denbusch der Alpenflüsse; ehemals beliebte
Zierpflanze in Bauerngärten, auch mit „überzähli-
gen" Kronblättern und halbgefüllt, gefüllt als var.
„foecundissima".

Allgemeine Verbreitung: Nordosteuropa und Nordasien bis 70° n.Br. mit nacheiszeitlich isoliertem
Areal im Alpenraum und im nördlichen Alpenvor-

land; ein nordosteuropäisch-asiatisches Florenelement.

Verbreitung in Baden-Württemberg: Sehr selten, ursprünglich im Argen- und Illertal, erloschen im
Schussen- und Rißtal; Funde in anderen Landschaften und wohl teilweise auch schon im Ulmer
Raum aus alter Kultur verwildert; im Bereich der
Schwäbischen Alb an Straßenböschungen gepflanzt; heutige W-Grenze des Areals zwischen Iller

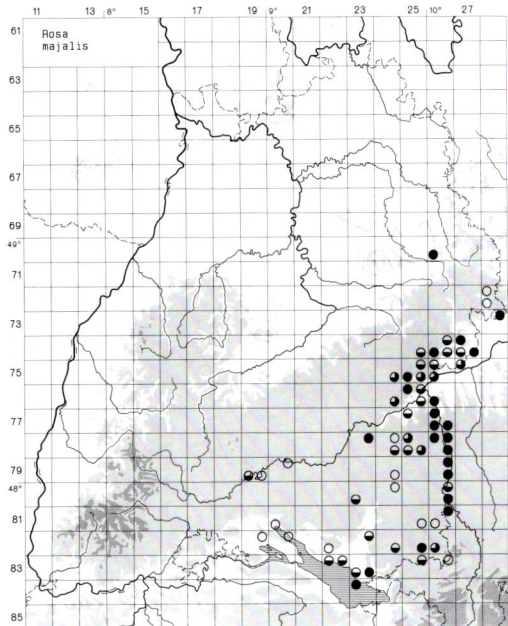

und Bodensee. Nur aus Verwilderung stammende Vorkommen wurden nicht in die Verbreitungskarte aufgenommen.

Die tiefsten, natürlichen Vorkommen bei 400 m in der Nähe der Argenmündung (8423/1), die höchsten im Tal der unteren Argen bei Christazhofen (8225/4) bei etwa 600 m.

Erstnachweis: Wird schon von VON MARTENS (1822: 404) von der Donau bei Ulm angeführt. Ein bei Wiblingen 1821 von VON MARTENS gesammelter Beleg liegt in STU. Ältere Angaben bei ROTH VON SCHRECKENSTEIN sind unsicher.

Bestand und Bedrohung: Rückgang der Bestände v.a. durch Wasserbaumaßnahmen in den Flußauen. In Rote Liste 1983 in Kategorie G5, „schonungsbedürftig", sollte angesichts des dramatischen Rückgangs in diesem Jahrhundert in G3 „gefährdet" eingestuft werden.

4. Rosa glauca Pourret 1788
R. rubrifolia Villars 1789; *R. ferruginea* auct.: SEUBERT und KLEIN (1905) et al.
Rotblättrige Rose

Morphologie: Oft bäumchenartiger Strauch, bis 3 m hoch; glänzend kastanienbrauner Stamm, im alter weißgrau; rotblau überlaufene Zweige; junge Triebe auffallend dunkelblaurot; Stacheln dünn, meist gerade, abwärts geneigt, Blütenzweige auch stachellos; Blätter 5- bis 7zählig, blaurot, auch kup-

Rotblättrige Rose *(Rosa glauca)* Oberes Münstertal, 1984

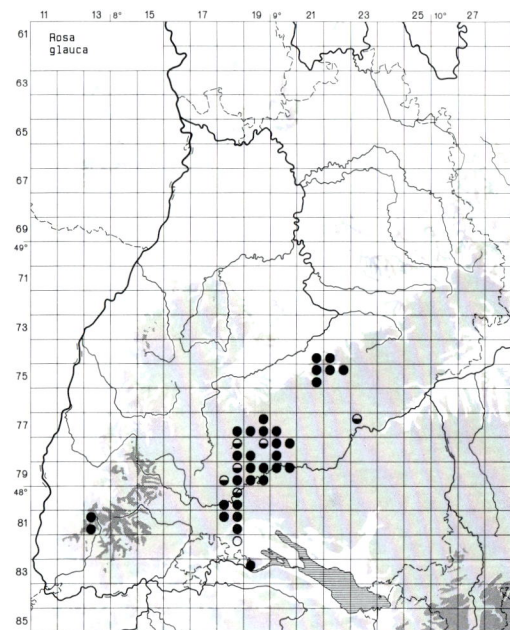

ferrot überlaufen; Blättchen einfach gezähnt, ohne Drüsen, Rhachis kahl, Blattunterseite mit roten Adern; Blütenstand 1- bis 5blütig; Blütenstiel kahl, lang; Kelchblätter ganzrandig, sehr lang und schmal, zwischen den Kronblättern als Strahlen ausgestreckt, auf der Frucht aufgerichtet, bis zur Reife bleibend; Kronblätter klein, mit Zipfel in der Mitte, karminrot mit weißem Nagel, mit den hellgelben Staubbeuteln eine dreifarbige, flache Blume bildend; über schmalem Diskus mit weitem Griffelkanal ein breites, weißwolliges Narbenkissen; Frucht klein, kugelig, glatt, glänzend kirschrot, frühreifend; Blüte Juni bis Anfang Juli.

Variabilität: Neben var. *typica* Christ mit drüsenlosen Fruchtstielen auch var. *glaucescens* Wulfen mit locker stieldrüsigen Fruchtstielen und drüsigen Kelchblattrücken. Von Baumschulen als *Rosa glauca* Pourret angebotene Sträucher gehören der letzteren var. an.

Ökologie: Spaltenwurzler auf Felsen und Schuttfluren mit Ausläufern nur in nächster Nähe; oberhalb 700 m; Lichtpflanze, Pollenblume, Vogelnahrung; im Felsgebüsch mit *Amelanchier ovalis, Cotoneaster integerrimus, Rosa pimpinellifolia, R. scabriuscula.*

Allgemeine Verbreitung: Mittel- und südeuropäische Gebirgspflanze, von den Pyrenäen über die

Alpen bis zu den Balkangebirgen; ein präalpines Florenelement.

Verbreitung in Baden-Württemberg: Selten, Felsen der Traufseite der mittleren Schwäbischen Alb und auf der Südwestalb, einzelne Vorkommen im Hegau und Südschwarzwald; nördlichstes Vorkommen am Olgafels oberhalb Metzingen-Neuhausen; zwischen Echaz- und Ermstal var. *typica*, auf der Südwestalb var. *glaucescens* vorherrschend. Als Zierstrauch früh in Gärten angepflanzt: Wangen i. Allg. KONOLD u. EISELE (1990); in Baumschulkultur seit Beginn des 19. Jh. Ältere Fundortszusammenstellungen findet man bei EGM (1907: 151–152) und nur für das obere Donautal bei BERTSCH (1917: 128).

Wegen der Namensgleichheit mit *R. glauca* Vill. (= *R. vosagiaca*) sind verschiedene Angaben in der Literatur fälschlich auf *R. glauca* Pourr. bezogen worden. Dies gilt besonders für Angaben außerhalb des beschriebenen Verbreitungsgebiets auf der Schwäbischen Alb. Aus dem Südschwarzwald wurden nur folgende Angaben in die Karte übernommen:

8113/1: Scharfenstein, NEUBERGER (1912), OBERDORFER (1934: 6), LITZELMANN (1951: 195), GROSSMANN (1989: 678); 8113/3: Felsen bei Utzenfeld, 1963, KORNECK und PHILIPPI in PHILIPPI und WIRTH (1970); Wieden, 1962, LITZELMANN (1963), GROSSMANN (1989: 678).

Die tiefsten Vorkommen wurden im Gebiet von Urach (7522/2) bei der Ruine Baldeck mit 625 m, die höchsten bei 990 m am Hummelberg beim Klippeneck (7818/4) notiert.

Erstnachweis: Die Art wird von HILLER (1805: 23) für den Lichtenstein (7521/4) angegeben.

Bestand und Bedrohung: Als Felsbesiedler überall gefährdet durch Sukzessionsdruck des Waldes, an Kletterfelsen bereits vernichtet. In Rote Liste 1983 nicht aufgeführt; die an den wenigen verbliebenen Standorten eingetretenen Verhältnisse lassen eine Einstufung wenigstens in Kategorie G4 „potentiell wegen Seltenheit gefährdet" als angebracht erscheinen.

Bastarde: mit *R. vosagiaca* (nach REBHOLZ (1923: 36)).

5. Rosa pendulina L. 1753
R. alpina L. 1762
Alpenheckenrose

Morphologie: Lockerwüchsiger, aufrechter Strauch, 0,3–3 m hoch, an unterirdischen Achsen zahlreiche Ausläufer; basal nadelförmige, abwärts geneigte Stacheln, aufwärts stachellos; Blätter 7- bis 9zählig, matt dunkelgrün; Blättchen länglich, dünn, Drüsen

Alpenheckenrose *(Rosa pendulina)*
Riedholzer Eistobel, 12.6.1991

an Zähnen und Rhachis; meist 1blütig; Blütenstiel lang, gelegentlich drüsig; Kelchblätter ungefiedert, mit langem Zipfel, nach der Blüte aufgerichtet und mit orange werdendem fleischigen Grund auf der Frucht bleibend; Kronblätter rosa bis dunkelrot; weiter Griffelkanal von breitem, weißwolligem Narbenkissen bedeckt; Frucht hängend, länglich, mit flaschenförmigem Hals, mit und ohne Drüsenborsten; frühe Blüte, mit *R. pimpinellifolia*, Ende Mai bis Juni; frühe Fruchtreife.

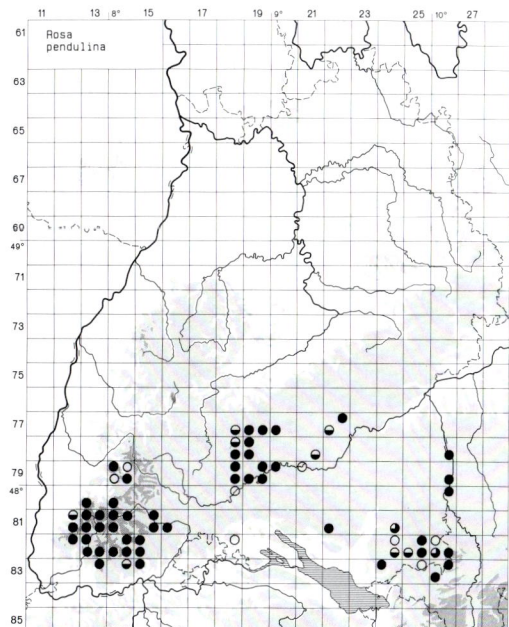

Alpenheckenrose *(Rosa pendulina)*
Belchen, 1992

Ökologie: Licht- bis Halbschattenpflanze montaner bis subalpiner lichter Bergmischwälder und ihrer Säume, im Hochstaudengebüsch, an Felsen, auf frischen, kalkarmen und kalkreichen, mäßig stickstoffreichen und feuchten, auch flachgründigen Lehmböden; hält als Koloniebildner lichte Waldränder dauerhaft besetzt. Vegetationskundliche Aufnahmen z.B. vom Belchen bei PHILIPPI (1989: Tab. 7) aus *Calamagrostis arundinacea*-Fluren u.a. zusammen mit *Digitalis grandiflora, Centaurea montana, Poa chaixii, Teucrium scorodonia,* bei SCHWABE-BRAUN (1979: Tab. 8b; 1987: Tab. 31) eine *Rosa pendulina-Lonicera nigra*-Gesellschaft u.a. mit *Ribes alpinum, Rubus idaeus, Oxalis acetosella, Sorbus aucuparia* usw.
Allgemeine Verbreitung: Mittel- und südeuropäische Gebirgsrose zwischen Pyrenäen und Sudeten, Karpaten und Balkangebirgen mit Schwerpunkt in den Alpen.
Verbreitung in Baden-Württemberg: Selten. Südschwarzwald zwischen Kandel und Hotzenwald, Südwestliche Donaualb, Westallgäu mit Argen- und Illertal sowie Adelegg. Verbreitungskarte der Vorkommen in bachbegleitenden Vegetationskomplexen des Südschwarzwaldes bei SCHWABE (1987: Karte 17).
Das tiefste Vorkommen wurde im Wiesetal bei Mambach (8213/3) bei 490 m, das höchste am Feldberg (8114/1) am Seebuck bei 1440 m festgestellt.
Erstnachweis: Schon bei ROTH VON SCHRECKENSTEIN (1797; 1798) „um den Feldberg" angegeben.
Bestand und Bedrohung: Alle Bestände im Rückgang begriffen, am wenigsten im Südschwarzwald. E. REBHOLZ (1922) nennt zwei Areale am NW-Rand des Gr. Heubergs und am oberen Donautal,

R. GRADMANN (1950) „Vom Randen bis zur Eyach und zur Lauchert nicht selten", heute nur wenige Vorkommen v.a. im Bäratal. Ähnlicher Rückgang im Allgäu. Gefährdung durch lichtarme Fichtenkulturen vor alten Waldrändern. In Rote Liste 1983 in Kategorie G5 aufgenommen. Heute dürfte G4 „potentiell wegen Seltenheit gefährdet" angebracht sein.
Bastarde: Mit *R. pimpinellifolia, R. tomentosa, R. vosagiaca* angegeben; vgl. REBHOLZ (1923), LITZELMANN (1963).

Sect. *Gallicanae* DC.

6. **Rosa gallica** L. 1753
R. pumila Jacq. 1773; *R. gallica* var. *pumila* (Jacq.) Braun 1892
Essigrose

Morphologie: Aufrechter Kleinstrauch, im Gras nur bis 0,5 m, zwischen Sträuchern auch über 1 m hoch, auf weitverzweigten, unterirdischen Trieben stehend, bildet mit vielen, nur scheinbar selbständigen Sträuchern einen flächenhaften Trupp; Stacheln zahlreich, uneinheitlich: dünn, borstenförmig, auch leicht gekrümmt, abwärts geneigt; Blatt meist 5zählig, groß, derb, rauh, braungrün, Sommerblätter bis in den Winter bleibend; Blättchen grob gezähnt, auch mit drüsigen Nebenzähnchen,

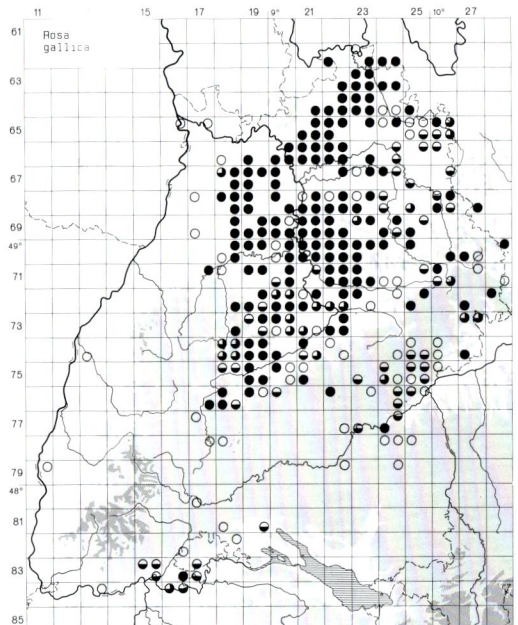

Essigrose *(Rosa gallica)*
Bayern, 1987

Rhachis rauh durch Drüsen und Haken; Blüten auf sehr langem, dicht drüsigem, stachligem Stiel, aufrecht, meist einzeln, gut besonnt auch mehrblütig; Hypanthium drüsig, kurzborstig, auch die langen, zur Hälfte gefiederten Kelchblätter, diese nach der Blüte straff zurückgeschlagen, hinfällig; große hell- bis purpurrote Kronblätter mit hellem Nagel, Rosenduft; auf breitem Diskus kugeliges, wolliges Narbenköpfchen. Frucht braunrot, ledrig, kugelig bis kegelförmig; späte Blüte: Juni, Juli.

Ökologie: In lichten Eichenwäldern, an Eichen- und Kiefernwaldrändern, an sonnigen Waldwegen mit *Molinia arundinacea*, an Weinbergrändern, trockenen Ackerrainen; Licht- bis Halbschattenpflanze; auf eher trockenen, stickstoffärmeren Lehm- und Tonböden, nicht auf Silikatböden; nach Th. Müller (1966: Tab. 1a, Tab. 3) zusammen mit *Carex flacca, Stachys officinalis, Serratula tinctoria* zur Trennartengruppe einer Variante von *Molinia arundinacea* im Galio-Carpinetum, Subassoziation von *Potentilla alba* und entsprechender Kiefernforstgesellschaften gehörend. Begleiter der Geranion-sanguinei-Saumgesellschaft warmer Hügelländer; alte Kulturpflanze.

Allgemeine Verbreitung: Eurasiatische Pflanze des pontischen Florengebiets mit Ausstrahlung nach

Westen in die Hügelländer Süddeutschlands und Frankreichs, sowie der Balkan- und Apenninenhalbinsel, Nordgrenze verwischt durch alte Kultur.

Verbreitung in Baden-Württemberg: Weitgehend beschränkt auf Neckarland mit Taubergebiet, vereinzelt auf der Ostalb und im Klettgau; selten. Ob Bestände in Siedlungsnähe zur autochthonen Flora, evt. auch als Archaeophyten gehören oder aus älteren Kulturen verwildert, ist schwer zu entscheiden.

Frühere, eventuell aus Kulturen verwilderte Vorkommen im Raum Mannheim lagen bei 100 m Höhe, Angaben von existierenden Vorkommen gibt es aus dem Neckartal bei Kirchheim (6920/4) mit 210 m. Die höchsten Vorkommen auf der Schwäbischen Alb wurden am Jusi (7422/1) mit 660 m notiert.

Erstnachweise: Archäologische Nachweise liegen offenbar nicht vor. In der Literatur wird die Art von WIBEL (1799: 350–351) aus der Gegend von Wertheim genannt. Frühere Angaben bei J. BAUHIN et al. (1650) oder LEOPOLD (1728) sind unsicher.

Bestand und Bedrohung: In diesem Jahrhundert dramatischer Rückgang der Verbreitung. Überall potentiell gefährdet durch Waldsukzession, Siedlungsdruck, Waldbau, Straßen- und Wegebau, Flur- und Rebflurbereinigung. In Rote Liste 1983 in Kategorie G5 „schonungsbedürftig" aufgenommen. Dem heutigen Stand entsprechend sollte die Art wenigstens in Kategorie G4 „potentiell wegen Seltenheit gefährdet" eingestuft werden.

Bastarde: Die Art ist wohl die Rosenart, die die meisten Bastarde bildet, am häufigsten offenbar mit *R. arvensis*. Als weitere Arten werden in Baden-Württemberg genannt: *R. caesia*, *R. canina*, *R. corymbifera*, *R. majalis*, *R. tomentella*, *R. tomentosa*.

Sect. *Caninae* DC.

7. Rosa stylosa Desvaux 1809
Griffelrose

Morphologie: Lockerästiger, bis 3 m hoher, auch kletternder Strauch, meist einzeln stehend; Stacheln haken- oder sichelförmig, Blütenzweige auch stachellos; Blatt 5- bis 7zählig; Blättchen drüsenlos, nach vorn weisende Zähne; Oberseite dunkelgrün glänzend, zerstreut behaart; Unterseite wenigstens auf den Adern locker behaart, auch Stipelunterseite; Rhachis flaumig; Blütenstand 1- bis mehrblütig; Blütenstiele bis 4fach länger als das Hypanthium, mit zerstreuten Stieldrüsen und Haaren;

Kelchblätter reich gefiedert, außen flaumig, nach der Blüte zurückgeschlagen, hinfällig; Kronblätter weißlich bis hellrosa; Diskus meist kegelförmig, enger Griffelkanal, locker behaarte Griffel zu einem verlängerten Strauß gebündelt; Frucht glatt, länglich-eiförmig; Blütezeit vor *R. canina*, Fruchtreife im August.

Variabilität: *R. stylosa* Desv. s.str. mit weißen Blüten und stark konischem Diskus ist im Gebiet offensichtlich nicht vertreten. Dagegen finden sich zu *R. canina* überleitende Formen. R. KELLER (1931) beschreibt eine f. *lanceolata* vom Isteiner Klotz, die noch heute dort angetroffen wird, mit zugespitzten Blättchen, rosa Blüten und kaum verlängertem Griffelbündel. Ferner beschreibt er eine var. *palatina* R.K. mit unbehaarten Blättern und nicht ausgeprägt kegelförmigem Diskus.

Ökologie: auf trocken warmen, kalkhaltigen, flachgründig-steinigen Lehmböden; Tiefwurzler; Lichtholzart; in Mänteln der Trockenwälder sonniger Hänge, Flaumeichenverband.

Allgemeine Verbreitung: Westeuropäische Rose, von Irland bis Nordspanien, in Frankreich ohne den Norden, Ostgrenze Oberrhein, Schweizer Jura, Genfer See, Savoyen; ein Element der subatlantisch-submediterranen Flora.

Verbreitung in Baden-Württemberg: Die wenigen am südlichen Oberrhein vorhandenen Vorkommen bilden die äußerste Ostgrenze der Art. Sie repräsentieren nicht die Art im strengen Sinn, sondern zei-

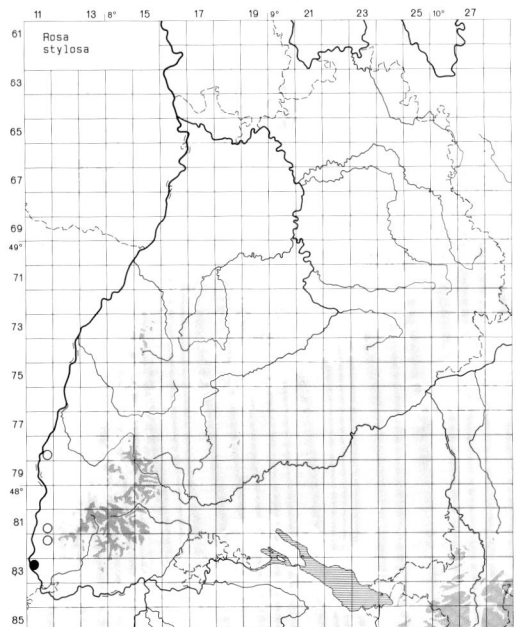

gen in Blütenfarbe und Fruchtform Übergänge zu *Rosa canina*.

Das Vorkommen gegenüber der Burgundischen Pforte stellt ein Bindeglied zur atlantisch-westeuropäischen Rosenflora dar.

Folgende Vorkommen werden angegeben:

7811/4: Limburg, SEUBERT und PRANTL (1885: 256), bei NEUBERGER (1912) als von ihm gesehen bestätigt. Dieser Fund ist zugleich der erste Nachweis. 8111/4: Müllheim, SEUBERT und PRANTL (1891), NEUBERGER (1912); 8211/2: Lipburg, NEUBERGER (1912); 8311/1: Isteiner Klotz, SEUBERT und KLEIN (1905), NEUBERGER (1912), 1989 bestätigt durch TIMMERMANN.

Die angegebenen Vorkommen liegen im Bereich zwischen 200 m und 400 m.

Bestand und Bedrohung: Von *R. stylosa* sind nur wenige Wuchsorte mit geringen Beständen bekannt. Als Lichtholzart ist sie in Waldmänteln der Verdrängung durch rasch wachsende Bäume ausgeliefert. In die Rote Liste (1983) ist sie nicht aufgenommen. Sie sollte wenigstens in Kategorie G4 „potentiell wegen Seltenheit gefährdet" geführt werden.

8. Rosa jundzillii Besser 1816
R. trachyphylla Rau 1816
Rauhblättrige Rose

Morphologie: Aufrechter Strauch, 0,5–über 2 m hoch, dann dicht verzweigt mit bogig hängenden

Rauhblättrige Rose *(Rosa jundzillii)*
Rappenberg bei Rottenburg, 26.5.1990

Rauhblättrige Rose *(Rosa jundzillii)*
Rappenberg bei Rottenburg, September 1991

Zweigen, Ausläufer treibend; Stacheln kräftig, gleichartig, gerade bis gebogen, nicht hakig; Blätter 5- bis 7zählig; Blättchen oval, große Zähne mehrfach drüsig gezähnt, oberseits kahl, dunkelgrün, matt oder glänzend, unterseits und Rhachis mit Drüsen, kahl oder flaumig behaart; Blütenstand wenigblütig; Blütenstiel drüsig; Kelchblätter gefiedert, drüsig, postfloral zurückgeschlagen, abfallend; Kronblätter groß, hell- bis dunkelrosa; auf breitem Diskus ein kugeliges, behaartes Narbenköpfchen; Fruchtstiel drüsenborstig, auch länger als die kugelige bis ovale, wenigstens am Grund drüsige, rote Frucht; Blüte nach den frühblühenden Wildrosen.

Variabilität: *R. jundzillii* gilt als die uneinheitlichste Art unter den heimischen Wildrosen. Vereinigt

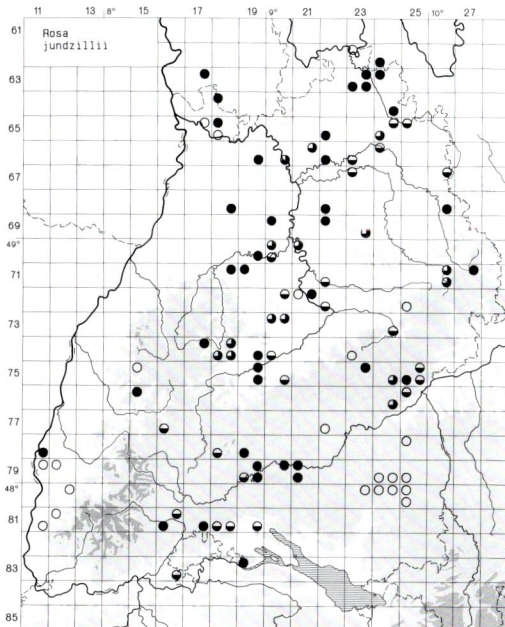

ganz deutlich Merkmale von *R. gallica* mit solchen von *R. canina*. Fehlbestimmungen sind daher wohl nicht auszuschließen. In Frage kommen *Canina*- und *Vosagiaca*-Formen mit drüsigen Fruchtstielen.

Ökologie: Wärmeliebende Lichtholzart auf mäßig trockenen, auch steinigen Lehmböden; Pollenblume; an Waldrändern der lichten Eichen- und Kiefernwälder und in entsprechenden Feldhecken; mit den großen, kräftig gefärbten Blüten ein Schmuckstück in der Landschaft.

Allgemeine Verbreitung: Von der Ukraine über Schlesien, Süddeutschland bis Burgund, fehlt in den Gebirgen; ein Element des gemäßigt-kontinentalen Florengebiets.

Verbreitung in Baden-Württemberg: Selten, vor allem in Weinbaugebieten des Neckarlands, der Bergstraße und des Kaiserstuhls, auch im Hegau und an der Donau gefunden.

Tiefste Vorkommen mit konkreten Angaben sind die am Odenwaldrand bei Leutershausen (6518/1) mit 230 m, die höchsten auf der Schwäbischen Alb bei Beuron (7919/4) mit 810 m (nach REBHOLZ 1922: 23).

Erstnachweis: Bei DIERBACH (1827: 174): „Prope Ladenburg, Weinheim alibique".

Bestand und Bedrohung: Waldsukzession und Siedlungsdruck engen die wenigen Vorkommen ein. Seit Beginn des 20. Jahrhunderts erheblicher Rückgang. In Rote Liste (1983) in Kategorie G3 „gefährdet" eingestuft.

9. Rosa tomentella Léman emend. Christ 1873

R. obtusifolia Desvaux 1809 s.l. subsp. *tomentella* (Léman emend. Christ) R. Keller 1923
Flaumrose

In den meisten Floren, auch in der Flora Europaea (1968), wird diese Sippe mit dem Namen *R. obtusifolia* Desvaux 1809 belegt. Die älteren Beschreibungen von DESVAUX 1809 und auch die von LEMAN 1818 als *R. tomentella* sind inhaltsarm und führen leicht zu Fehldeutungen. CHRIST (1873) ordnet *R. obtusifolia* Desv. als forma der *R. dumetorum* Thuill. (= *R. corymbifera* Borkh.) zu. *R. tomentella* Léman behält CHRIST (1873) dagegen als eigene Art bei und gibt von dieser eine detaillierte Diagnose. CHRISTS Diagnose wird hier der Vorzug gegeben.

Morphologie: Aufrechter Strauch mit bogig hängenden Zweigen, dichtwüchsig; Stacheln hakig, kräftig; Blätter 7zählig, dunkelgrün glänzend; Blättchen klein, breitoval, oberseits runzlig durch eingetiefte Adern, mehrfach drüsig gezähnt, locker behaart, unterseits Adern dichter behaart, auch mit Drüsen, Rhachis flaumig, mit Drüsen; Blütenstand mehrblütig; Blütenstiel kahl, länger als das Hy-

Flaumrose *(Rosa tomentella)*
Heuberger Warte, 1988

panthium; Kelchblätter reich gefiedert, ohne Drüsen, postfloral zurückgeschlagen, früh abfallend; Kronblätter weiß, in der Knospe noch zartrosa, klein; Diskus breit, leicht gewölbt, Griffelkanal $\varnothing$ < 1 mm, kugeliges Narbenköpfchen auf schlankem Griffelbündel; Frucht klein, kugelig bis krugförmig, scharlachrot, glatt, auf glattem Stiel, länger als das breite Tragblatt; Blüte einige Tage vor *R. canina*, etwa Juni.

Ökologie: Im sonnigen Gebüsch an Waldrändern, in Feldhecken, solitär auf Kalkmagerweiden; Licht-

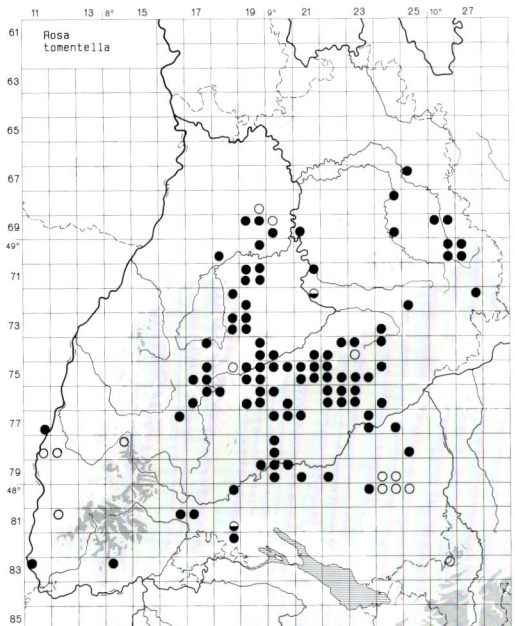

78

Flaumrose *(Rosa tomentella)*
Heuberger Warte, 26.9.1988

bis Halbschattenpflanze, auf steinigen Lehmböden, Lesesteinriegeln, wächst von der Ebene bis in die Berglagen.

Allgemeine Verbreitung: Nur in Europa mit Schwerpunkt in Mitteleuropa, fehlt im Südwesten, Osten und Nordosten, ein subatlantisch-submediterranes Florenelement.

Verbreitung in Baden-Württemberg: Im Gebiet zerstreut bis selten, bis in Hochlagen der Schwäbischen Alb, fehlt im Schwarzwald; möglicherweise nicht immer von *R. corymbifera* getrennt, so daß Verbreitungsbild unsicher.

Rezente Angaben liegen bei 170 m am Rhein bei Weisweil (7711/4) und bei 780 m auf der Schwäbischen Alb bei Dettingen/Erms (7421/4). Nimmt man ältere, nicht durch Belege abgesicherte Angaben hinzu, erweitert sich der Bereich auf rund 100 m bei Ladenburg (6517/2) und 1100 m am Schwarzen Grat (PROBST 1887).

Erstnachweis: Wenn die Bestimmung der Pflanze richtig war, dürfte DIERBACH (1827: 176) die Art unter dem Namen *R. canina* forma a. *obtusifolia* Desv. „prope Ladenburg" als Erster aus Baden-Württemberg angegeben haben. Er nennt auch daneben als forma c. *dumetorum* Desv. mit Synonym *R. corymbifera* Borkh. In den Landesfloren taucht die Art aber erst bei SEUBERT und PRANTL (1885) und bei VON MARTENS und KEMMLER (1882) unter dem Namen *R. tomentella* Lém. auf, wohl im Gefolge der Rosen-Bearbeitung der Schweiz durch CHRIST (1873).

Bestand und Bedrohung: Die seltenen Vorkommen durch Verbuschung und Waldsukzession bedroht; in Rote Liste (1983) unter dem Namen *R. obtusifolia* in Kategorie G3 „gefährdet" eingestuft.

Bastarde: Es ist nicht verwunderlich, wenn Bastarde mit *R. corymbifera* angegeben werden. Es wird gelegentlich angezweifelt, ob *R. tomentella* spezifisch von *R. corymbifera* zu trennen ist (vgl. HESS, LANDOLT und HIRZEL 1970).

10. Rosa canina L. 1753
Hundsrose

Morphologie: Kräftige Sträucher, mit ausladenden, bogig überhängenden Zweigen, über 2 m hoch, auch kletternd; Stacheln sichelförmig oder hakig gekrümmt; Blätter 5- bis 7zählig, frisch- bis blaugrün; Blättchenform sehr variabel zwischen stumpf herzförmigem und keilig verschmälertem Blättchengrund, Blattzähne spitz, nach vorn weisend; Blüte hellrosa, meist mehrere im Blütenstand; Kelchblätter gefiedert, postfloral zurückgeschlagen, früh abfallend; Frucht meist schlank eiförmig; Diskus breit, gewölbt bis kegelförmig, Griffelkanal sehr eng, $\varnothing$ < 1 mm, lang, Griffel daher gebündelt, Narbenköpfchen kugelig, meist kahl; Blüte im Juni, späte Fruchtreife.

Variabilität: Es werden zwei als Unterarten eingestufte Sippen unterschieden, H. REICHERT (1986): a) subsp. *canina* = subsp. *lutetiana* (LEMAN 1818) HAYEK 1908 mit einfachen Blattzähnen, ohne Drüsen an Rhachis, Adern, Blütenstiel, Hypanthium oder Kelchblattrücken und b) subsp. *dumalis* (BAKER 1869) HAYEK 1908 mit doppelt bis mehr-

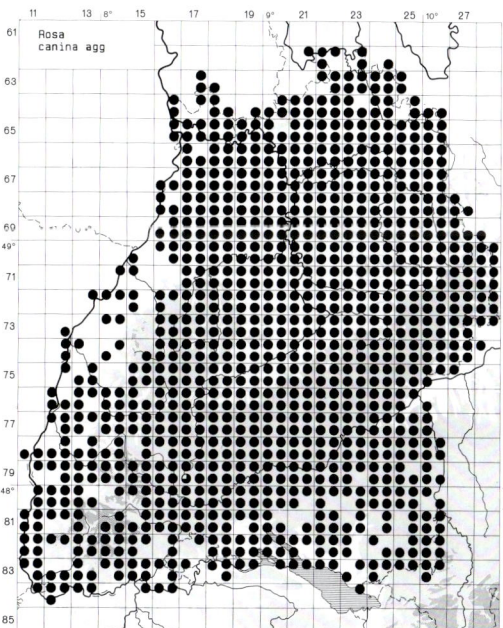

Hundsrose *(Rosa canina)*
Bollschweil, 1989

fach drüsig gezähnten Blättchen und Drüsen an Stipelrand, Rhachis und Adern, jedoch nicht im Blütenbereich. G.G. GRAHAM und A.L. PRIMA-VESI (1990) haben 1989 LINNES Lectotypus zu *R. canina* gesehen und als einfach gezähnt, ohne Drüsen und Haare befunden, identisch mit der bisher als ‚lutetiana' benannten Sippe. Dieses Epitheton kann daher entfallen. Weitere im Grundsatz wohl als Varietäten zu betrachtende Sippen mit unterschiedlich starker Bedrüsung werden Flora Europaea folgend als eigene Arten dargestellt, unter Übernahme der Verbesserungen durch H. REICHERT (1986): *R. scabrata, R. andegavensis* und *R. blondaeana*, entsprechend OBERDORFER (1990).

Ökologie: An Wald- und Wegrändern, in Feldhekken, auf Kalkmagerweiden und Ödland; Lichtpflanze, Pioniergehölz, durch kuppelförmigen Wuchs Unterschlupf für viele Tiere, Nistplatz und Warte für Vögel, Pollenblume; auf mäßig trockenen, tiefgründigen Lehmböden bis zu lehmigen Sandböden mit weiter Toleranz des Kalk- und Stickstoffgehalts; in tiefen bis in montanen Lagen; aus Baumschulkulturen an Verkehrswegen und Böschungen, auch in Feldgehölzen angepflanzt. *R. canina* ist ein häufiger Bestandteil in einer Reihe von Gebüschgesellschaften; entsprechende vegetationskundliche Aufnahmen z.B. bei WITSCHEL (1980: Tab. 27) aus dem Hippophaeo-Berberidetum des südlichen Oberrheingebiets, bei FISCHER (1982: Tab. 16) und bei TH. MÜLLER (1966: Tab. 16) aus dem Pruno-Ligustretum des Kaiserstuhls bzw. des Tübinger Raumes.

Allgemeine Verbreitung: Ganz Europa bis 62° n. Br., Zentralasien und Nordwestafrika; ein eurasiatisch-subozeanisch-submediterranes Florenelement mit weiter Toleranz der Standortbedingungen.

Verbreitung in Baden-Württemberg: Im ganzen Ge-

Hundsrose *(Rosa canina)*
Weissach, 26.10.1991

biet verbreitet, wenn auch mit unterschiedlicher Häufigkeit. Beide Unterarten kommen meist nebeneinander vor, aber mit verschiedenem Übergewicht. Genauere Kenntnisse fehlen.

Tiefste Vorkommen im Raum Mannheim bei etwa 100 m, die höchsten im südlichen Schwarzwald, z.B. am Belchen (8113/3) bei 1090 m.

Erstnachweise: Fruchtkerne eines *R. canina*-Typs wurden mehrfach in spätneolithischen Siedlungen gefunden (ab Spätem Atlantikum) z.B. bei Hornstaad (RÖSCH 1985) und bei Sipplingen (BERTSCH 1932). Allerdings lassen sich nicht alle Rosenarten voneinander unterscheiden, so daß der *R. canina*-Typ noch andere Arten enthalten kann.

In der Literatur wird *R. canina* schon von J. BAUHIN (1598: 149) für die Umgebung von Bad Boll (7323) erwähnt.

Bestand und Gefährdung: Als häufigste Wildrose ist sie nicht gefährdet. Spontane Ausbreitung auf Kahlschlägen und Ruderalplätzen.

Bastarde: Es gibt Angaben für Bastarde mit *R. gallica, R. jundzillii, R. glauca* und *R. rubiginosa*, die teilweise noch der Überprüfung bedürfen. Natürlich sind nicht selten auch Zwischenformen zu den nah verwandten Sippen wie *R. corymbifera, R. vosagiaca, R. caesia* zu finden (vgl. auch *R. subcanina, R. subcollina*).

11. Rosa scabrata Crépin 1869
R. squarrosa (Rau) Boreau 1857 nom. inv.

Morphologie: Übereinstimmend mit *R. canina*, aber über subsp. *dumalis* deutlich hinausgehend

drüsenreichere Blätter: Stipelunterseite wenigstens der unteren Blätter eines Blütenzweigs mit Drüsen, Stipelrand, Rhachis, auch Seitenadern und mehrfach gezähnter Blattrand dicht mit oft dunklen Drüsen besetzt.

Allgemeine Verbreitung: Nach R. KELLER (1931) „von Frankreich bis Ungarn, aber selten".

Verbreitung in Baden-Württemberg: Da erst seit OBERDORFER (1990) in einer Flora aufgenommen, nur wenige Fundmeldungen. Genauere Kenntnisse fehlen noch.

12. Rosa andegavensis Bastard 1809
Anjourose

Morphologie: Übereinstimmend mit *R. canina* subsp. *canina* sind Blättchen einfach gezähnt, aber wie *R. canina* subsp. *dumalis* Drüsen an Rhachis und vor allem wenigstens an Blütenstiel, auch Hypanthium bzw. Frucht an der Basis oder ganz; Kelchblattrücken drüsig; Fruchtstiel länger als die eiförmige bis kugelige Frucht; Blüte hellrosa bis lebhaft rosa.

Allgemeine Verbreitung: R. KELLER (1931): „Über das ganze Areal der *R. canina* verbreitet, aber viel seltener als diese".

Verbreitung in Baden-Württemberg: Da erst seit OBERDORFER (1979) in einer Flora aufgenommen, bisher nur wenige Fundmeldungen. Genauere Kenntnisse fehlen noch.

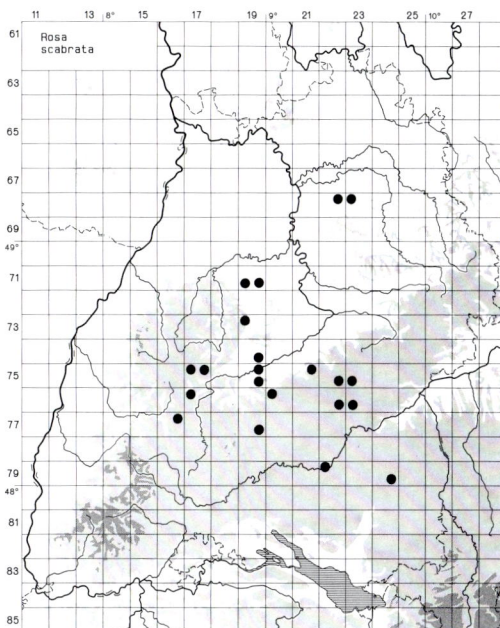

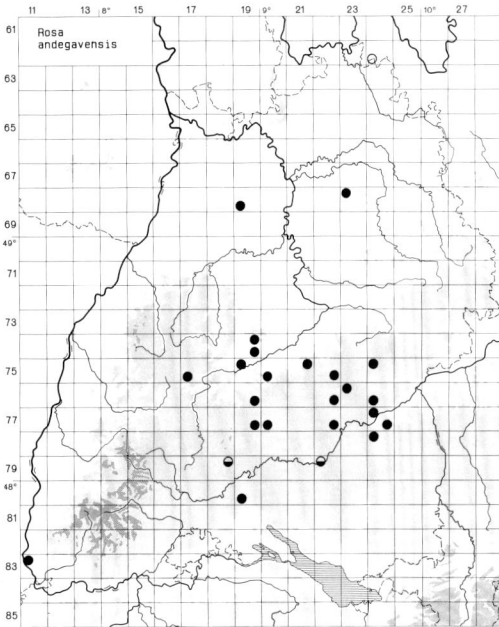

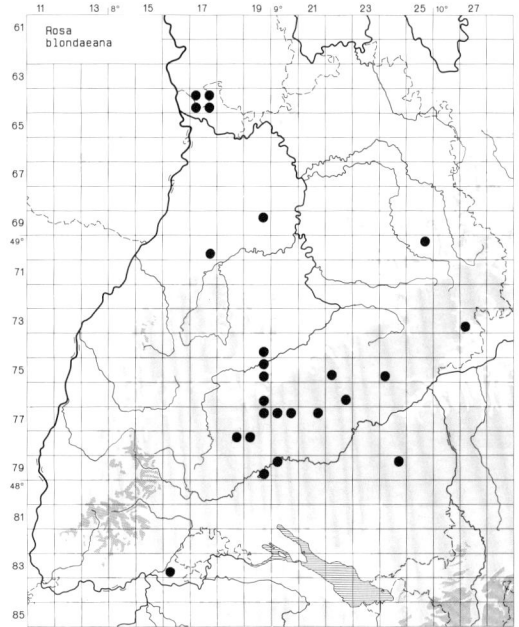

13. Rosa blondaeana Ripart ex Déséglise 1861
R. nitidula auct.
Blondeaus Rose

Morphologie: Übereinstimmend mit *R. canina*, aber über subsp. *dumalis* hinausgehend, wie *R. scabrata* stärkere Bedrüsung des Blatts mit Stipelrand und -unterseite, sowie des Blüten- bzw. Fruchtstiels, auch an der Basis des Hypanthiums. Drüsenausstattung kann am selben Strauch nicht an allen Zweigen gleich intensiv sein. Blüte hell- bis lebhaft rosa.

Allgemeine Verbreitung: Nach R. KELLER (1931) „von Frankreich bis Ungarn, aber selten".

Verbreitung in Baden-Württemberg: Da erst seit OBERDORFER (1990) in einer Flora genannt, bisher nur wenige Fundmeldungen. Genauere Kenntnisse fehlen noch.

14. Rosa vosagiaca Desportes 1828
R. glauca Villars 1809 nom. inv.; *R. afzeliana* Fries 1817; *R. reuteri* Godet 1861; *R. afzeliana* subsp. *vosagiaca* (Desp.) Keller et Gams 1923; *R. caesia* subsp. *glauca* (Nyman) Graham et Primavesi 1990; *R. coriifolia* Fries subsp. *glauca* (Vill.): BERTSCH 1933, 1948
Vogesenrose, Blaugrüne Rose

Nach GRAHAM und PRIMAVESI (1990) entspricht der verschiedentlich als ältester Name für diese Art benutzte Name *R. dumalis* Bechst. 1810 nach der Beschreibung (der Typus wurde im letzten Krieg in Berlin zerstört) der Hybride zwischen *R. canina* und *R. vosagiaca*. D.h. wenn diese Ansicht richtig ist, würde dieser Name eventuell den Namen *R. subcanina* ersetzen müssen. Als ältester Name müßte nach Ansicht von GRAHAM und PRIMAVESI (1990) der Name *R. afzeliana* Fries 1817 den Namen *R. vosagiaca* Desp. 1828 ersetzen.

Morphologie: Oft nur schulterhoher, gedrungener Strauch; Stacheln hakig; Blätter oft von gleicher Form wie *R. canina*, blaugrün glänzend; Nebenblätter breit; Hochblätter breit, laubig, die kurzen glatten Blütenstiele überragend; Hypanthium bzw. Frucht meist kugelig; Kelchblätter groß, laubig gefiedert, postfloral auf der Frucht ausgebreitet bis aufgerichtet bleibend, meist einen langen Schopf bildend; Kronblätter lebhaft rosa; Diskus schmal, schüsselförmig, mit weitem Griffelkanal, $\varnothing >$ 1 mm, darüber breites, weißwolliges Narbenkissen; Blüte vor *R. canina*, frühe Fruchtreife.

Variabilität: Wie bei *R. canina* drüsenlose und drüsentragende Sippen, in FLORA EUROPAEA jedoch nicht ausgegliedert. Im Gebiet neben der häufigeren *R. vosagiaca* s.str. auch var. *myriodonta* (CHRIST 1873) mit drüsenreichen Blättern und var. *transiens* (KERNER 1870) mit Stieldrüsen an Blütenstiel und Hypanthium.

Ökologie: An Weg- und Waldrändern, in Hecken, auf Kalkmagerweiden, Lesesteinriegeln; Lichtpflanze; Tiefwurzler auf steinigen Lehmböden, ge-

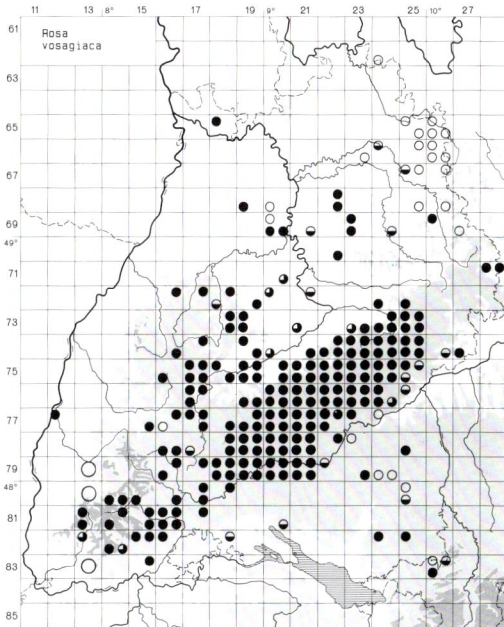

Rosa
vosagiaca

ringe Toleranz gegenüber Silikatböden; Pioniergehölz; Pollenblume; Charakterart des montanen Hasel-Rosen-Buschs (Corylo-Rosetum vosagiacae OBERD.) auf Lesesteinriegeln; vgl. z. B. vegetationskundliche Aufnahmen bei WITSCHEL (1980: Tab. 23) von Hecken der Baar.

Allgemeine Verbreitung: In den Bergländern Nord-, Mittel- und Osteuropas sowie auf den Britischen Inseln vorkommend; ein präalpin-nordeuropäisches Florenelement.

Verbreitung in Baden-Württemberg: Vorwiegend in Höhenlagen von Südschwarzwald und Schwäbischer Alb, vereinzelt auch in den Gäulandschaften, im Neckarland und im Alpenvorland.

Die tiefsten Vorkommen wurden im Oberrheingebiet im NSG Taubergießen (7712/1) bei etwa 160 m gefunden, die höchsten im Südschwarzwald im Belchengebiet (8113/3) bei 1100 m.

Erstnachweis: Die Art wird erstmals bei CHRIST (1873: 166) für den Hohentwiel genannt. In den Landesfloren findet sie sich dann im Gefolge der Arbeit von CHRIST bei VON MARTENS und KEMMLER (1882) als *R. reuteri* Godet und bei SEUBERT (1885) als *R. glauca* Vill.

Bestand und Bedrohung: Die Art breitet sich auf freiwerdenden Flächen spontan aus. Sie ist daher nicht gefährdet.

15. Rosa subcanina (Christ) Dalla Torre et Sarnth. 1909

R. reuteri f. *subcanina* Christ 1873; *R. glauca* Vill. subsp. *subcanina* (Christ) Hayek 1908; *R. glauca* Vill. var. *subcanina* (Christ) Keller in Aschers. et Graebner 1901; *R. afzeliana* Fries subsp. *subcanina* (Christ) Lemke 1963; *R. coriifolia* Fries subsp. *subcanina* (Christ) Dostal 1948; *R. dumalis* Bechst. subsp. *subcanina* (Christ) Soó 1972; *R. vosagiaca* Desp. subsp. *subcanina* (Christ) Schinz et Keller (n. Oberd. 1970); *R. afzeliana* Fries subsp. *vosagiaca* var. *subcanina* (Christ) Keller et Gams 1923

Morphologie: Unter dem Epitheton *subcanina* werden Sippen zusammengefaßt, die sich weder bei

Vogesenrose *(Rosa vosagiaca)*
Münsingen, 1986

Vogesenrose *(Rosa vosagiaca)*
Schönaich, 20.10.1991

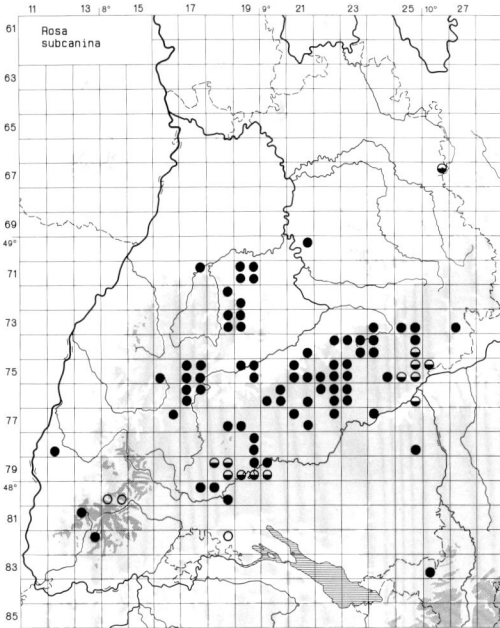

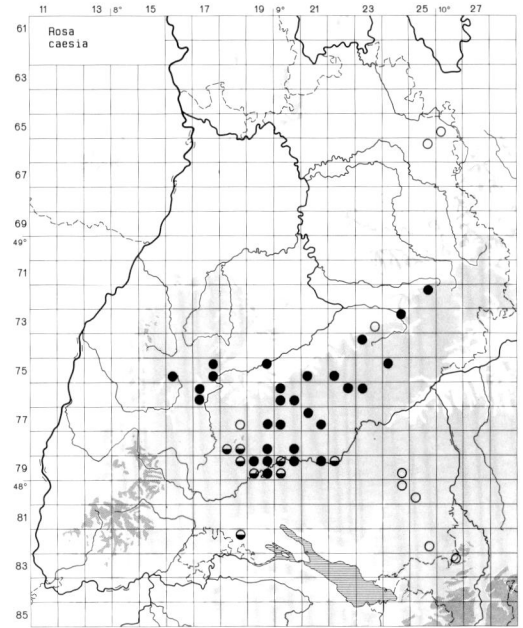

R. *vosagiaca* s.str. noch bei *R. canina* s.str. einfügen lassen, sondern jeweils Elemente der anderen Art in sich vereinigen. Daher enthält der Formenkreis *R. subcanina* teils mehr *canina*-ähnliche, teils mehr *vosagiaca*-ähnliche Sippen. Wuchsform und Höhe nehmen eine Mittelstellung ein, Hochblätter sind kleiner und schmäler, Fruchtstiele länger, Früchte ovaler, Kelchblätter mehr ausgebreitet als bei *R. vosagiaca*, Diskus eher breit und leicht gewölbt, Griffelkanal eng, $\varnothing$ < 1 mm, Narbenköpfchen kugelig, ähnlich *R. canina*.

Ökologie: In Feldhecken, an Wald- und Wegrändern wie *R. canina* und *R. vosagiaca*.

Allgemeine Verbreitung: Greift über die Bergländer Mitteleuropas in die Tiefebenen aus.

Verbreitung in Baden-Württemberg: Von der Sippe liegen nur wenige Fundmeldungen vor, sie ist wohl an die Verbreitung von *R. vosagiaca* gebunden. Wohl ähnlich wie *R. vosagiaca* selbst. Bisher liegen nur ungenaue Angaben vor zwischen 300 m (Neckartal) und 1100 m (Südschwarzwald, Weißtannenhöhe).

Erstnachweis: VON MARTENS und KEMMLER (1882) erwähnen schon Mittelformen zwischen *R. canina* und *R. reuteri*. KIRCHNER und EICHLER (1900) führen bei *R. glauca* Vill. var. *subcanina* (Christ) auf.

Bestand und Bedrohung: *R. subcanina* breitet sich spontan auf freiwerdenden Flächen aus. Es besteht keine Gefährdung.

16. Rosa caesia Smith in Sowerby 1812
R. coriifolia Fries 1814; *R. afzeliana* Fries subsp. *coriifolia* (Fries) Keller et Gams 1923
Lederrose

Morphologie: Gedrungener Strauch, schulterhoch; Stacheln hakig; Blätter behaart, im Frühjahr blaugrün schimmernd, Behaarung oberseits während des Sommers abnehmend, unterseits wenigstens auf den Adern bleibend, Rhachis flaumig bis filzig; Blütenstiel nicht länger als das kugelige Hypanthium; Kelchblätter groß, laubig gefiedert, postfloral auf der kugeligen Frucht ausgebreitet bis aufgerichtet bleibend, einen langen Schopf bildend; Kronblätter lebhaft rosa, im Verblühen hell; Diskus schmal mit weitem Griffelkanal, $\varnothing$ > 1 mm, breites weißwolliges Narbenkissen; Blüte im Juni.

Variabilität: Mit FLORA EUROPAEA wird hinsichtlich der Drüsenausstattung nicht unterschieden; im Gebiet vorkommende Sippe mit reich drüsigen Blättern var. *cinerea* Christ 1873, sowie eine mit stieldrüsigem Blütenstiel.

Ökologie: Sonnige Waldränder, Feldhecken; Lichtholzart, Tiefwurzler auf kalkreichen, steinigen Lehmböden, Lesesteinhaufen.

Lederrose *(Rosa caesia)*; aus SOWERBY, J. & J.E. SMITH, Engl. Botany, Band 33, Tafel 2367 (1811–12).

July 1 1811 published by Ja.ˢ Sowerby London.

Lederrose *(Rosa caesia)*
Rosenäcker bei Rottenburg, 1990

Allgemeine Verbreitung: Bergländer Nord-, Mittel- und Osteuropas, der Britischen Inseln; Element der präalpin-nordeuropäischen Flora.

Verbreitung in Baden-Württemberg: Selten, vorwiegend auf der Schwäbischen Alb, auch in den Gäulandschaften.

Gesicherte Angaben liegen bis jetzt für das niederste Vorkommen mit 360 m im Neckartal bei Rottenburg (7519/2) und für das höchste Vorkommen mit 970 m am Klippeneck auf der Südwestalb (7818/4) vor.

Erstnachweis: Die Art wird erstmals von CHRIST (1873: 190) für den Hohentwiel angegeben.

Bestand und Gefährdung: Bei E. REBHOLZ (1922) „im oberen Donautal nicht selten", ist sie heute eine sehr selten beobachtete Wildrose. In Rote Liste (1983) ist sie in Kategorie G3 „gefährdet" eingestuft.

17. Rosa subcollina (Christ) Dalla Torre et Sarnth. 1909

R. coriifolia f. *subcollina* Christ 1873; *R. coriifolia* Fries subsp. *subcollina* (Christ) Hayek 1909; *R. caesia* Sm. subsp. *subcollina* (Christ) Soó 1972

Morphologie: Unter dem Epitheton *subcollina* werden Sippen zusammengefaßt, die eine Zwischenstellung zwischen *R. caesia* und *R. corymbifera* einnehmen und sich weder der einen noch der anderen

Art s.str. zuordnen lassen. Im Wuchs lockerer als *R. caesia*, Behaarung meist auf Rhachis und Adern beschränkt; Fruchtstiel länger als die eher ovale Frucht; große Kelchblätter mehr ausgebreitet bis zurückgeschlagen, weniger lange haften bleibend

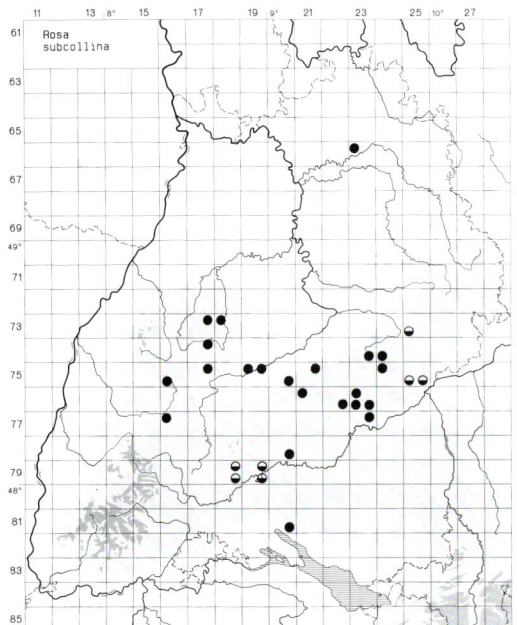

als bei *R. caesia*; auf breitem Diskus Griffelkanal eng, $\varnothing < 1$ mm, Narbenköpfchen auch behaart, eher eine Kugel bildend; Blütenfarbe meist heller als bei *R. caesia*.

Ökologie: Wie *R. caesia*.

Allgemeine Verbreitung: Wie *R. caesia*.

Verbreitung in Baden-Württemberg: Selten, bis jetzt nur auf der Schwäbischen Alb und in der Gäulandschaft gefunden.

Gesicherte Angaben liegen vor für den tiefsten Fund bei 350 m im Raum Rottenburg (7519/2) und für den höchsten auf der Südwestalb am Bernhardstein (7918/2) bei 920 m.

Erstnachweis: A. MAYER (1929) gibt die Sippe ohne konkreten Fundort mit „im Gebiet der coriifolia" an. K. MÜLLER (1957) benennt 3 Fundorte auf der Schwäbischen Alb.

Bestand und Gefährdung: Da diese Sippe auch als Unterart zu *R. caesia* aufgefaßt wird, könnte sie wie diese entsprechend Rote Liste (1983) in Kategorie G3, zumindest in G4 eingestuft werden.

18. Rosa corymbifera Borkhausen 1790

R. canina L. var. *corymbifera* (Borkh.) Rouy 1900;
R. dumetorum Thuill. 1799; *R. canina* L. subsp.
dumetorum (Thuill.) Hartm. emend. Keller;
R. canina L. var. *dumetorum* (Thuill.) Desv. 1813;
R. collina DC. 1815
Buschrose

Morphologie: In Wuchsform und allen wesentlichen Teilen wie *R. canina* subsp. *canina*, von der sie sich durch lockere Behaarung der abgerundet ovalen Blättchen unterscheidet; Rhachis flaumig behaart, Blattunterseite wenigstens auf den Adern behaart, Blattoberseite dünn behaart; Blüte wie bei *R. canina* hellrosa bis weißlich; die mäßig gefiederten Kelchblätter postfloral zurückgeschlagen, bald abfallend; Frucht länglich-oval bis krugförmig; Diskus breit, gewölbt; Griffelkanal eng, $\varnothing < 1$ mm, mit kleinem, haarigem Narbenköpfchen; Blüte einige Tage vor *R. canina*; Fruchtreife früher.

Variabilität: Ähnlich wie bei *R. canina* finden sich Formen mit mehrfacher, drüsiger Zahnung sowie mit stieldrüsigen Blütenstielen, die jedoch taxonomisch nicht beachtet werden. Die Abgrenzung gegen *R. subcollina*, auch *R. tomentella* ist oft sehr schwer.

Ökologie: An Wald- und Wegrändern, in Feldhecken; Lichtpflanze; Tiefwurzler; etwas wärmeliebender als *R. canina*; im Schlehengebüsch mit *Crataegus laevigata* und *R. canina*.

Allgemeine Verbreitung: Etwa deckungsgleich mit *R. canina*, aber weniger häufig; in den Alpen son-

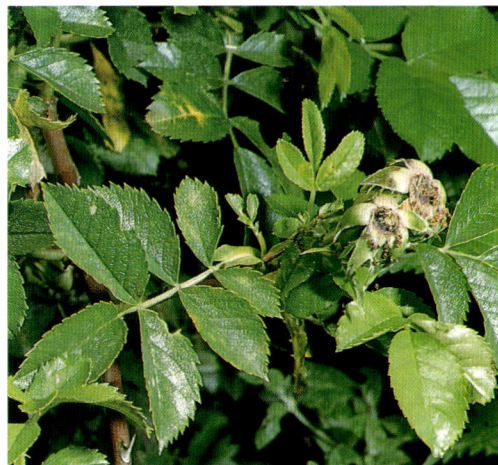

Buschrose *(Rosa corymbifera)*
Cleversulzbach, 1989

nenseitig bis in hochmontane Lagen steigend; ein eurasiatisch-subozeanisches bis submediterranes Florenelement.

Verbreitung in Baden-Württemberg: Ziemlich häufig in den Heckenlandschaften der Schwäbischen Alb und der Gäulandschaft, viel seltener im Keuperwaldgebiet und Voralpenland und fast fehlend im Schwarzwald.

Die tiefsten Vorkommen befinden sich im Raum Mannheim bei etwa 100 m, die höchsten wurden

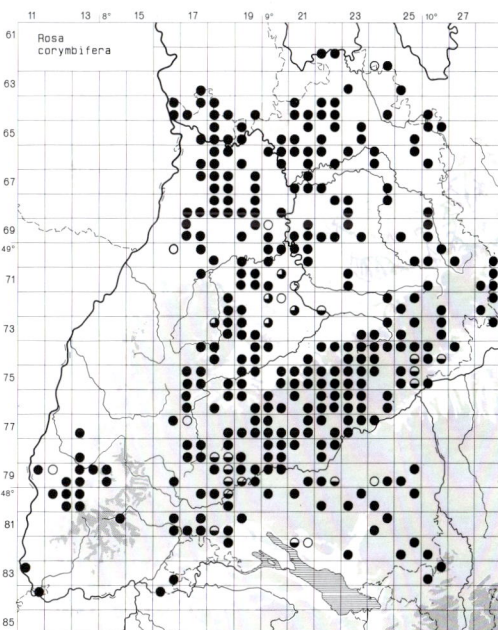

bisher auf der Südwestalb am Lochenhörnle (7719/3) bei 950 m notiert.

Erstnachweis: Bei C.C. GMELIN (1806: 424) erwähnt mit mehreren Fundorten: „retro dem Thurnberg, prope Grötzingen, Weingarten, Bruchsal et alibi".

Bestand und Gefährdung: Ähnlich *R. canina* nicht gefährdet.

19. Rosa deseglisei Boreau 1857

R. dumetorum f. *deseglisei* (Bor.) Christ 1873;
R. dumetorum var. *deseglisei* (Bor.) Seub. et Klein 1891; *R. dumetorum* subsp. *deseglisei* (Bor.) Stoj et Stef. 1924/25; *R. corymbifera* subsp. *deseglisei* (Bor.) Stohr

Morphologie: Nur schulterhoher Strauch; Stacheln sichelförmig bis hakig; länglich-ovale Blättchen beidseitig weich behaart, einfach gezähnt, Rhachis flaumig behaart, ohne Drüsen; Blüten- bzw. Fruchtstiel mit Stieldrüsen, auch die länglich-ovale Frucht wenigstens an der Basis; Diskus breit, kaum behaartes Narbenköpfchen; Blüte weiß.

Allgemeine Verbreitung: Nach R. KELLER (1931): „Von Frankreich über Deutschland bis zu den Karpaten, aber viel seltener als *R. corymbifera*".

Verbreitung in Baden-Württemberg: Im Gebiet sehr selten beobachtet, läßt sich keiner typischen Pflanzengesellschaft zuordnen; vielleicht aus alter Kultur verwildert (G. SCHULZE und H. HENKER 1989).

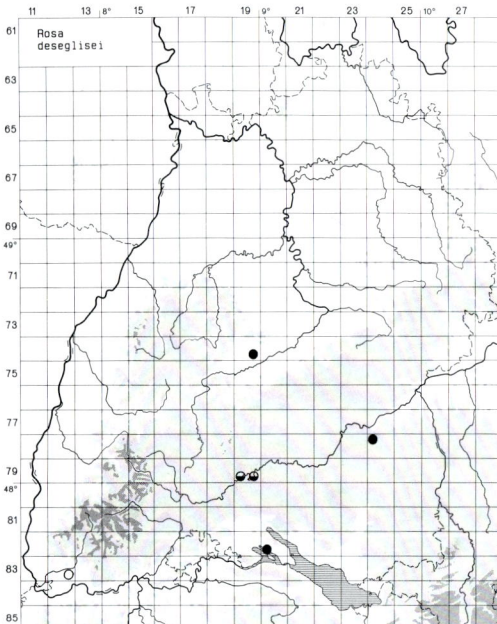

Deseglises Rose *(Rosa deseglisei)*
Wurmlingen, 12.6.1989

Erstnachweis: Die erste Erwähnung der Sippe in einer Landesflora erfolgte durch SEUBERT und KLEIN (1891: 243), allerdings ohne Angabe eines konkreten Fundorts.

20. Rosa tomentosa Smith 1800
Filzrose

Morphologie: Meist schulterhohe, dichte Sträucher; Stacheln fast gerade bis schwach gebogen; Blätter 5- bis 7zählig; Blättchen mit einfachen, meist breiten, zwiebelförmigen Zähnen, drüsenlos; Oberseite weich behaart, Unterseite und Rhachis dicht filzig; Blüte hellrosa bis weißlich, auf langem, drüsenreichem, auch drüsenborstigem Stiel; Kelchblätter reich gefiedert, mit drüsigem Rücken, postfloral in flattriger Stellung, während der Fruchtreife abfallend; Frucht kugelig, drüsig; auf flachem Diskus über eher weitem Griffelkanal, ⌀ 1–1,5 mm, schwach behaartes Narbenköpfchen. Blüte spät, im Juni.

Variabilität: Sehr uneinheitliche Art, mit Übergängen zu *R. scabriuscula*. Die älteren Landesfloren (GRADMANN, BERTSCH, A. MAYER) unterschieden die beiden Arten nicht.

Ökologie: Waldränder, Feldhecken, Lesesteinriegel; auf warmen Lehm- und Lößböden; Licht- bis Halbschattenpflanze; Pollenblume; im Schlehen-Liguster-Gebüsch mit *Crataegus laevigata*.

Allgemeine Verbreitung: Von Europa ohne den Norden Skandinaviens und den Süden der Mittelmeerländer bis zum Schwarzen Meer, ein Element der submediterran-gemäßigt kontinentalen Flora.

Verbreitung in Baden-Württemberg: Als agg., unter Einschluß von *R. scabriuscula*, im Gebiet zerstreut,

Filzrose *(Rosa tomentosa)*
Remseck, September 1991

Kratzrose *(Rosa scabriuscula)*
Mägerkingen, September 1991

selten im Schwarzwald und im Alpenvorland. Es wurde versucht, neben einer Verbreitungskarte von *R. tomentosa* agg. auch Karten von *R. tomentosa* s.str. und *R. scabriuscula* zu erstellen. Letztere Karten sind natürlich weit von der Vollständigkeit entfernt. Es gibt auch zahlreiche Übergänge zwischen den beiden Sippen (vgl. dazu die ähnliche Feststellung von NIESCHALK (1986) für Nordhessen.

Tiefste Vorkommen bei etwa 110 m im Raum Karlsruhe (6915/4), höchste auf der Adelegg (8326/2) bei 1040 m. (Angaben für *R. tomentosa* agg.).

Erstnachweise: RÖSCH (unpubl.) fand einen *R. tomentosa*-Fruchttyp in Fundschichten des Späten Mittelalters in Heidelberg. J. BAUHIN et al. (1650: 44) berichtet über eine Rose, die nach KIRSCHLE-GER (1857:XXIX) diese Art ist: „a me reperta est mense Septembri in monte Wirtemberg, ubi sita arx Teck" (7422).

Bestand und Gefährdung: Als Waldrandpflanze durch Sukzession gefährdet. Sollte in die Kategorie G5 „schonungsbedürftig" aufgenommen werden.

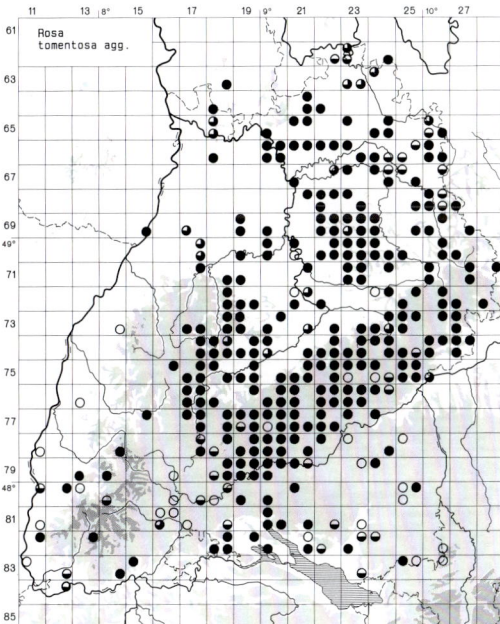

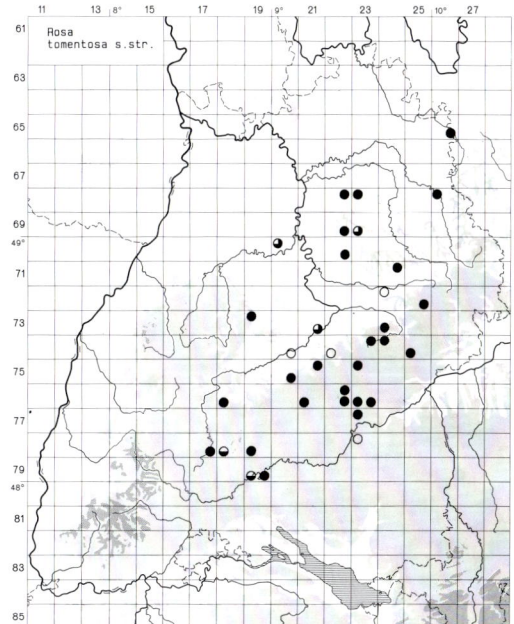

1896

June 1.1808. Publish'd by Ja.ᵗ Sowerby. Lond

21. Rosa scabriuscula Smith in Smith & Sowerby 1808

R. tomentosa Sm. subsp. *pseudoscabriuscula*
R. Keller 1931
Kratzrose

Die richtige Typifizierung des Namens *R. scabriuscula* Sm. 1808 bereitet einige Probleme (HEATH 1990) und es ist nicht sicher, ob er in Mitteleuropa bisher richtig angewandt wurde. Nach GRAHAM and PRIMAVESI (1990: 123) soll *R. scabriuscula* Sm. sogar der älteste und korrekte Name für die Hybride *R. canina* × *R. tomentosa* sein.

Morphologie: Höherer, lockerwüchsiger Strauch, bis 3 m hoch; Stacheln schwach gebogen bis fast gerade; Blätter 5- bis 7zählig; Blättchenrand mit schmalen, spitzen Zähnen, dicht mit drüsentragenden Nebenzähnen besetzt; Blättchen graugrün, beidseitig behaart, Rhachis flaumhaarig, Subfoliardrüsen im Haarfilz versteckt, besonders an den unteren Blättern der Blütenzweige, beim Reiben nach Harz duftend; Rhachisunterseite mit mehr kratzenden Häkchen besetzt als die weicheren Blätter der *R. tomentosa*; Blütenstand mehrblütig an reichblütigem Strauch; Blüte hellrosa bis weißlich, Blütenknospe rosa, bald verblassend; Blütenstiel mit Stieldrüsen, auch Drüsenborsten bestanden, länger als das stieldrüsige Hypanthium; Kelchblätter reich gefiedert, mit Drüsen an Rücken und Rändern, postfloral ausgebreitet bis ganz aufgerichtet, lange bleibend; Diskus breit, leicht gewölbt, Griffelkanal eng, ∅ < 1 mm, Narbenköpfchen wollig; Frucht kugelig, stieldrüsig, mit Kelchblattschopf; Blühtermin nach den frühblühenden Rosen, etwa mit *R. canina*.

Variabilität: In den Merkmalen sehr uneinheitlich, Abgrenzung zu *R. tomentosa* oft sehr schwierig. Sicherstes Kennzeichen bleiben die spitzen, drüsig zusammengesetzten Blattzähne und die aufgerichteten Kelchblätter.

Ökologie: Waldränder, Feldhecken, Kalkmagerweiden, Kalkfelsen; Tiefwurzler auf Lehmböden, Lesesteinriegeln, Felsspalten; Licht- bis Halbschattenpflanze; Pollenblume, Vogelnahrung; im Schlehen-Liguster-Gebüsch mit *Berberis vulgaris, Rosa vosagiaca*.

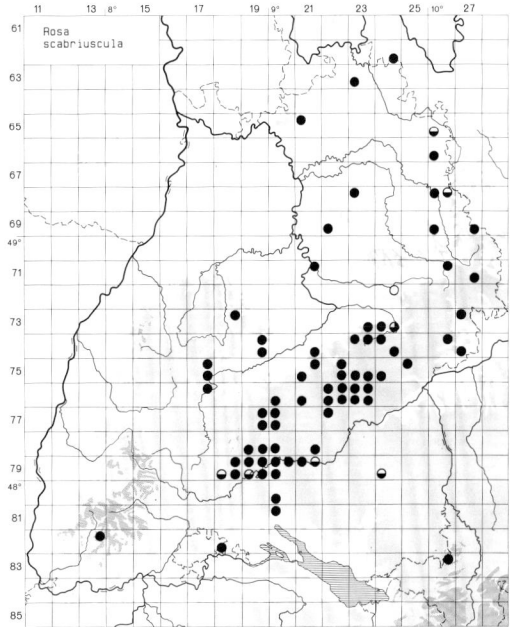

Kratzrose *(Rosa scabriuscula)*; aus SOWERBY, J. & J.E. SMITH, Engl. Botany, Band 27, Tafel 1896 (1808)

Allgemeine Verbreitung: Von Europa ohne den Norden Skandinaviens und den Süden der Mittelmeerländer bis zum Schwarzen Meer, ein Element der submediterran-gemäßigt kontinentalen Flora.

Verbreitung in Baden-Württemberg: Auf der Schwäbischen Alb und im Neckarland nachgewiesen. Wegen der späten Aufnahme der Art in neuere Floren ist die Verbreitung noch ungenügend bekannt. Sie scheint jedoch im Gebiet häufiger als *R. tomentosa* vertreten zu sein. Tiefstes Vorkommen bisher bei 240 m bei Remseck im Neckartal (7121/2), höchstes Vorkommen auf der Südwestalb auf dem Dreifaltigkeitsberg (7918/2) bei 970 m.

Erstnachweis: Fehlt in allen älteren Landesfloren. Bei K. MÜLLER (1957) wird *R. tomentosa* subsp. *scabriuscula* mit einem Fundort (Temmenhausen) angegeben.

Bestand und Bedrohung: Die in der Landschaft seltenen Bestände sind grundsätzlich durch Sukzession oder als Felsbesiedler potentiell gefährdet. Die Art sollte in Kategorie G5 „schonungsbedürftig" aufgenommen werden.

22. Rosa sherardii Davies 1813

R. omissa Déséglise 1866
Verkannte Samtrose

Morphologie: Mittelhoher, kurzästiger Strauch; Stacheln schwach gebogen bis gerade; Blätter 5- bis 7zählig, matt graugrün schimmernd; Blättchen mit-

Verkannte Samtrose *(Rosa sherardii)*
Weipertshofen, 19.9.1991

telgroß, länglich, sich nicht berührend, beidseitig dicht behaart, unterseits dicht drüsig, Blattrand zusammengesetzt dicht drüsig gezähnt; Rhachis filzig, dicht drüsig, mit Häkchen; Blütenstand mehrblütige Doldentraube; Blüte lebhaft rosenrot mit heller Mitte; Blütenstiel dicht stieldrüsig, nicht länger als das stieldrüsige Hypanthium; Kelchblätter spärlich gefiedert, auf dem Rücken dicht drüsig, postfloral aufgerichtet, auf der Frucht bleibend; Kronblätter mit glattem Rand; Diskus schmal, Griffelkanal weit, ⌀ > 2 mm; Narbenköpfchen breit, weiß wollig behaart; Frucht kugelig, drüsenborstig, mit Kelchblattschopf, frühreifend. Blüht vor *R. tomentosa.*

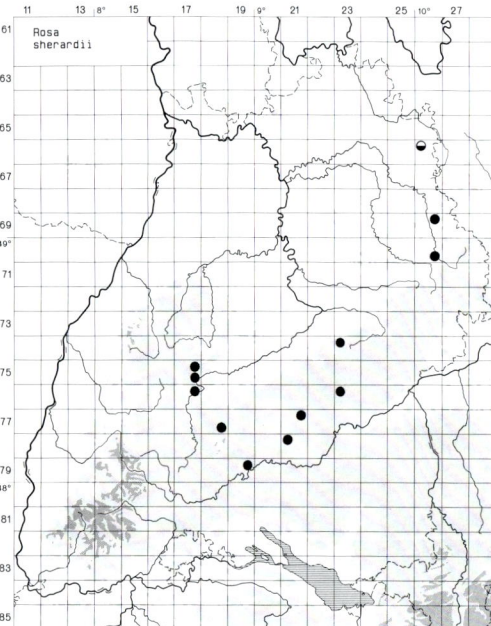

Ökologie: Im sonnigen Gebüsch an Waldrändern und Felsen; auf Lehm- und Steinböden; Tiefwurzler; Lichtpflanze; Pollenblume; im Hasel-Rosen-Gebüsch.

Allgemeine Verbreitung: Südskandinavien, West- und Mitteleuropa bis zu den Karpaten; ein präalpines Florenelement.

Verbreitung in Baden-Württemberg: Sehr selten; bisher nur in der Hohenloher Ebene, im oberen Jagsttal, im oberen Neckargebiet und von der Schwäbischen Alb nachgewiesen.

Wenn nicht während der Blüte beobachtet, später leicht mit *R. scabriuscula* verwechselt. Könnte in den südlichen Landesteilen, in Alpennähe noch gefunden werden.

Neckarland: 6626/1: W Spielbach, 1910, HANEMANN (STU); 6926/2: 1,5 km ESE Weipertshofen, 1991, SEBALD (STU); 7026/4: Schleifhäusle, 1989, SEBALD (STU); 7517/2 + 4 und 7617/2: o.O., TH. MÜLLER.
Schwäbische Alb: 7423/1 und 7623/1: o.O., TH. MÜLLER; 7721/2: Harthausen, Bannwald Dürrbuch, 1897, KARL (STU-K); 7718/4: o.O., TH. MÜLLER; 7821/1: 0,7 km W Veringendorf, 1982, SEBALD (STU); 7919/2: o.O., TH. MÜLLER.
Alpenvorland: Unter dem Namen *R. villosa* subsp. *omissa* führt BERTSCH (1933, 1948) das Gebiet der oberen Riß mit 7 Vorkommen und eine Angabe für den Schwarzen Grat an. Diese Funde wurden schon von PROBST (1887) veröffentlicht unter den Namen *mollis* Sm. Nach BERTSCH (1949) sind diese Rosen „nicht einmal typische *Rosa omissa*". Sie nähern sich nach BERTSCH durch die langen Fruchtstiele *R. tomentosa,* jedoch PROBST: „unterscheidet sich von *tomentosa* durch vielfach gezähnelten Blattrand und subfoliare Drüsen." Es spricht manches dafür, diese Rosen zu *R. scabriuscula* zu stellen. Diese Angaben von *R. omissa* aus dem Alpenvorland wurden nicht in die Verbreitungskarte von *R. sherardii* aufgenommen. Ferner gibt es eine weitere Angabe von *R. omissa:* 8326/2: Adelegg, bei Rohrdorf-Haslach, 1971, DÖRR (1971; STU), det. MERXMÜLLER. Der Beleg in STU nähert sich in manchen Merkmalen *R. sherardii,* allerdings ist der Griffelkanal eng und das kegelförmige Griffelköpfchen nur wenig behaart. Diese Pflanze ist daher wohl ebenfalls noch zu *R. scabriuscula* zu stellen.

Erstnachweis: Der Name *R. sherardii* taucht in Landesfloren offenbar erstmals bei OBERDORFER (1962) als Synonym von *R. omissa* auf. Seit der Rosenbearbeitung in der FLORA EUROPAEA durch KLASTERSKY (1968) wird der Name allgemein verwendet. Sieht man von den kaum hierher gehörenden *R. omissa*-Angaben aus dem Alpenvorland ab, so dürfte TH. MÜLLER (1982: 654) als erster die Art für die Schwäbische Alb allerdings ohne konkrete Fundorte angegeben haben.

Bestand und Bedrohung: Wegen ihrer Seltenheit sollte sie in Kategorie G4 „potentiell gefährdet" eingestuft werden.

92

23. Rosa villosa L. 1753

R. pomifera J. Herrmann 1762; *R. villosa* subsp.
pomifera (Herrm.) Keller et Gams 1923
Apfelrose

Morphologie: Meist nur schulterhoher Strauch,
kurze dunkelbraune Äste, in der Nähe Ausläufer;
Stacheln ganz gerade, schlank; Blätter 5- bis 7zäh-
lig, mit blaugrüner Oberseite; Blättchen groß, sich
nicht berührend, Endblättchen < 5 cm, langoval,
oberseits dicht anliegend behaart, mit Suprafoliardrüsen, unterseits wollig-filzig, drüsenreich; Blattrand: große Sägezähne mit drüsigen Nebenzähnchen und weiteren Drüsen, gerieben nach Harz duftend; Blütenstand wenigblütig bis 1blütig; Blüte
lebhaft rosenrot mit heller Mitte; kurzer Blütenstiel, dicht mit klebrigen Stieldrüsen und Drüsenborsten besetzt, ebenso das große Hypanthium,
„igelfrüchtig"; Kelchblätter lang, reich gefiedert
und drüsig, postfloral aufgerichtet, dauerhaft bleibend; Kronblätter am oberen Rand mit hellen, drüsentragenden Zähnchen besetzt; Diskus schmal,
leicht schüsselförmig; Griffelkanal weit, ∅ >
2 mm, Narbenköpfchen breit, wollig; hängende
Frucht kugelig, kirschgroß, grob drüsenborstig,
klebrig, nach Harz duftend. Blüte früh, mit *R. pimpinellifolia*; früheste Fruchtreife.

Variabilität: Bildet auf Felsen nur fußhohe Zwergsträucher. Abgrenzung gegen die niederwüchsige
nordeuropäische *R. mollis* Sm. ist unzureichend er-

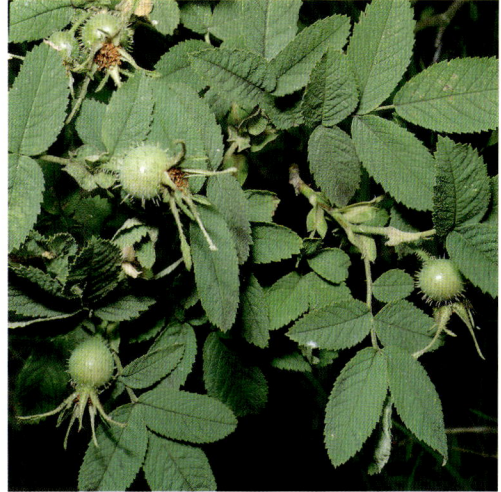

Apfelrose *(Rosa villosa)*
Schafhausen, 7.7.1991

forscht. Bei NILSON (1967: 5) sind beide Sippen
nebeneinander abgebildet.

Ökologie: Im sonnigen Felsgebüsch und an warmen Waldrändern; ein Tiefwurzler auf flachgründigen, meist kalkhaltigen Steinböden; Pollenblume.

Allgemeine Verbreitung: Europäische Rose der
Westalpen und benachbarter Gebiete, ein alpines
bis präalpines Florenelement. Da alte Nutz- und
Zierpflanze, ursprüngliches Areal schwer abzugrenzen.

Verbreitung in Baden-Württemberg: Autochthon
wohl nur in der Heuberg- und Südwestlichen Donaualb, sehr selten. Sonst seltenes Kulturrelikt.

Die Art wurde früher öfters in Gärten kultiviert
wegen der großen, eßbaren Hagebutten (vgl. DIER-
BACH 1827: 172: „rarius sponte crescit, sed ob fruc-
tus edules saepius in hortis colitur"). In die Verbreitungskarte wurden wildwachsende und verwildert
angegebene Vorkommen aufgenommen. Für die
wohl natürlichen Vorkommen im oberen Donautal
gibt es folgende Angaben:

7920/2: Felsen bei Tiergarten, BERTSCH (1916: 128), det.
KELLER als var. *recondita* Christ; Tiergarten, 1922, FRICK
(KR); Falkenstein, 1918, REBHOLZ (1922: 26); Teufelsloch
1 km NW Dietfurt, 1983, MARQUART (STU), SCHERER
(STU-K); bei Gutenstein, 1983, SCHERER (STU-K); Fels
beim Schmeiental-Eingang, 1983, SCHERER (STU-K); insgesamt stellte SCHERER 1983 an 3 Fundorten zusammen
ca. 55 Pflanzen fest; 7912/2: zwischen Rauhem Stein und
Eichfels, 1989, KARL (STU-K).

Erstnachweis: Die erste Angabe für *R. villosa* findet
sich bei DIERBACH (1827: 172), allerdings ohne

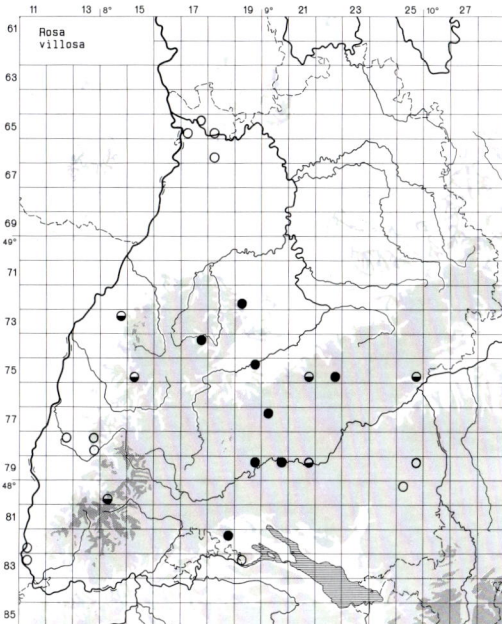

konkreten Fundort und eher bezogen auf kultivierte Pflanzen. Bei SEUBERT und PRANTL (1885: 259) wird die Art mit dem Fundort Schienerberg (8319) genannt.

Bestand und Bedrohung: Die Art ist in die Rote Liste (HARMS et al. 1983) als „stark gefährdet" (G2) aufgenommen. Die wenigen natürlichen Vorkommen verdienen unbedingten Schutz.

24. Rosa rubiginosa L. 1771
R. eglanteria L. 1753 nom. ambig.
Weinrose, Hagdorn

Morphologie: Gedrungener, kurzästiger Strauch, bis über 2 m hoch; Stacheln eng hakig gekrümmt, daneben auch ganz gerade, dicht stehende, abwärts geneigte Stacheln und Borsten, vor allem an Sommertrieben und in Nähe des Blütenstands; Blätter meist 7zählig, dunkel- bis gelbgrün; Blättchen rundlich, breit-eiförmig, mit gerundetem Ansatz, sich gegenseitig deckend; unterseits und Rhachis locker behaart, dicht mit kurzgestielten, rotbraunen Drüsen besetzt; im Frühsommer auch ohne Reiben deutlicher Duft nach frischen Äpfeln; Blättchenrand mit mehrfach zusammengesetzten Zähnen und reichem Drüsenbesatz; Blütenstand 1- bis mehrblütig; Blüte klein, lebhaft rosa, im Aufblühen auch dunkler; Blütenstiel nicht länger als das Hypanthium, dicht mit klebrigen Stieldrüsen bestanden, die sich am gleichen Strauch auch auf die Basis

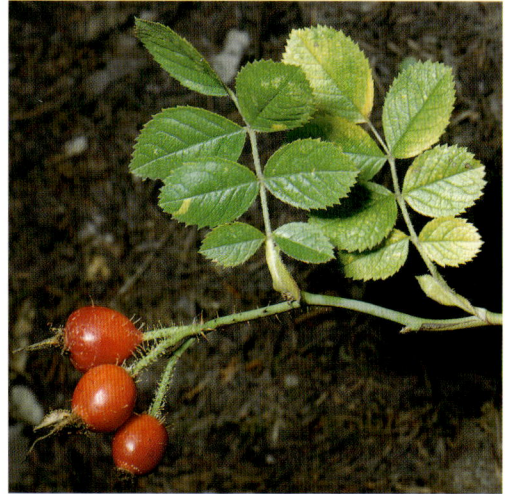

Weinrose *(Rosa rubiginosa)*
Schönaich, 20.10.1991

oder die ganze Oberfläche des Hypanthiums ausbreiten können; Kelchblätter länger als die Kronblätter, reich gefiedert, mit Drüsen auf Rücken und Rändern, postfloral ausgebreitet bis voll aufgerichtet, auf der Frucht bleibend; Diskus schmal, schüsselförmig; Griffelkanal weit, $\varnothing > 1$ mm, darüber breites, wolliges Narbenkissen; Frucht kugelig bis eiförmig, frühreifend, orangerot. Blühtermin später als *R. canina*, aber mit *R. elliptica* früher als *R. micrantha* und *R. agrestis*.

Variabilität: Im Gebiet gelegentlich Zwischenformen zu *R. micrantha, R. elliptica* und *R. agrestis*, u. U. schwer einzuordnen.

Sehr selten wurden auch Pflanzen gefunden, die in allen Merkmalen mit *R. rubiginosa* übereinstimmen, die Subfoliardrüsen fehlen jedoch und die Blättchen sind ganz kahl (7225/4: Schafweide N Rötenbach, 1988, SEBALD 10015 (STU)). KELLER (1901: 99) beschreibt mit diesen Merkmalen eine var. *decipiens* Sagorski 1885.

Einzelne Sippen tauchen auch im Artrang in Landesfloren auf, so z. B. *R. gremlii* (Christ) Christ 1874 bei SEUBERT und KLEIN (1905), eine weißblühende Pflanze mit relativ langen, stieldrüsigen Fruchtstielen (= *R. rubiginosa* f. *gremlii* Christ 1873; *R. rubiginosa* var. *gremlii* (Christ) Keller 1901). Sie wird vor allem am Hochrhein vom Klettgau bis zum Hohentwiel angegeben.

Ökologie: Auf Kalkmagerweiden, an Waldrändern, Böschungen, Felstreppen, in Feldhecken; auf eher kalkhaltigen, tiefgründigen, bis steinigen Lehmböden; Tiefwurzler; Pollenblume, Vogelnahrung, Nistgehölz; Lichtpflanze, Pioniergehölz; häufig zu-

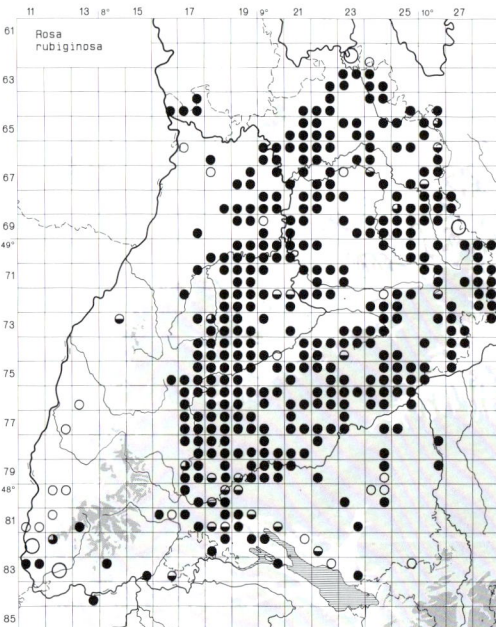

Weinrose *(Rosa rubiginosa)*
Weissach, 12.6.1991

sammen mit *Juniperus communis, Prunus spinosa, Ligustrum vulgare, Crataegus laevigata* auf Schafweiden freigebissen; auch am Rand einstiger Weidewälder als Rest des lebenden Weidezauns mit *Carpinus betulus, Prunus spinosa, Rosa canina*; aus Baumschulkulturen an Verkehrswegen und Böschungen, auch in Feldgehölzen angepflanzt.

TH. MÜLLER (1966: Tab. 17, Aufn. 7–10) unterscheidet am Spitzberg bei Tübingen eine Subassoziation von *R. rubiginosa* des Ligustro-Prunetums auf Schafweiden, in der nichtdornige Sträucher zurücktreten. Nach WITSCHEL (1984: Tab. 1, Aufn. 3) kommt die Art gelegentlich in Kiefern-Trockenwäldern (Cytiso-Pinetum mit *Daphne cneorum*) vor.

Allgemeine Verbreitung: Vorwiegend Bergländer Europas bis 60° im Norden und bis zur Krim im Osten; ein subatlantisch-submediterranes Florenelement.

Verbreitung in Baden-Württemberg: Fehlend im Schwarzwald, selten bis fehlend in Keuperwaldgebieten, am Oberrhein und im Alpenvorland, sonst verbreitet bis häufig, bis auf die Höhen der Südwestalb steigend. Tiefste Vorkommen im Raum Mannheim (6416/4: Friesenheimer Insel) bei 92 m, höchste bisher notiert auf der Südwestalb mit 930 m am Oberhohenberg (7818).

Erstnachweise: Archäologisch nach RÖSCH (unpubl.) von Villingen aus dem 13. Jhd. n. Chr. nachgewiesen. In der Literatur bei J. BAUHIN (1598: 149–150) für die Umgebung von Bad Boll (7323) angegeben.

Bestand und Gefährdung: Da die Art sich auf freiwerdenden Flächen spontan ausbreitet, ist sie nicht gefährdet.

Bastarde: Neben den schon oben erwähnten Zwischenformen zu den übrigen Arten der Gruppe der Weinrosen wird ein Bastard mit *R. vosagiaca* angegeben (REBHOLZ 1923: 36).

25. Rosa elliptica Tausch 1819
R. graveolens Grenier 1847
Keilblättrige Rose

Morphologie: Gedrungener, dicht verzweigter, kurzästiger Strauch, kaum über schulterhoch, in der Nähe Ausläufer bildend; Stacheln hakig gekrümmt, stets gleichartig, meist paarig unter den Blattachseln; Blatt meist 7zählig, graugrün, im Frühsommer auch braungrün glänzend; Blättchen klein, keilig verschmälert bis verkehrt-eiförmig, mit weitem Abstand voneinander, zusammengesetzt drüsig gezähnt, oberseits gelegentlich Drüsen, unterseits und Rhachis dicht drüsig, Rhachis und Adern auch mit Haaren; im Frühsommer auch ohne Reiben angenehmer Apfelduft; Blütenstand 1- bis wenigblütig; Blüte hellrosa, im Aufblühen auch lebhaft rosa; Blütenstiel nicht länger als das Hypanthium bzw. die Frucht, wie dieses glatt,

Keilblättrige Rose *(Rosa elliptica)*
Münsingen, 22.9.1988

meist ohne Drüsen; Diskus schüsselförmig, schmal, mit weitem Griffelkanal, $\varnothing > 1$ mm, darüber breites, wolliges Narbenköpfchen; Frucht kugelig bis krugförmig, auch eiförmig, scharlachrot, glatt. Blühtermin nach *R. canina*, mit *R. rubiginosa*.

Variabilität: Im Gebiet Zwischenformen zu *R. rubiginosa* mit einzelnen stieldrüsigen Blütenstielen im Blütenstand. Ferner ist neben der typischen Sippe subsp. *elliptica* auch die als Übergangsform zu *R. agrestis* betrachtete subsp. *inodora* selten vorhanden:

a) subsp. **elliptica**: Kelchblätter lang, gefiedert, Rücken ohne Drüsen, nach der Blüte aufgerichtet, als Schopf bleibend.

b) subsp. **inodora** (Fries 1814) Schwertschlager 1910; Kelchblätter wie subsp. *elliptica*, postfloral flattrig ausgebreitet, bis zur Fruchtreife abfallend; Wuchs lockerer, Stacheln an Blütenzweigen auch fehlend.

Ökologie: An sonnigen Felshängen, auf Kalkmagerrasen, steinigen Lehmböden; Tiefwurzler; Pollenblume, Vogelnahrung, Nistgehölz; Lichtpflanze; mit *Juniperus communis, Berberis vulgaris, R. vosagiaca* auf Schafweiden, sonst in Hecken.

Allgemeine Verbreitung: Mitteleuropäische Rose von Burgund über die Alpen, Süddeutschland, Böhmen bis zu den Karpaten; ein präalpin-gemäßigt kontinentales Florenelement.

Verbreitung in Baden-Württemberg: Selten auf der mittleren Schwäbischen Alb, punktuell im Neckarland und Voralpenland.

Tiefste Vorkommen mit konkreten Angaben bei Enzweihingen (7019/4) bei 290 m, die höchsten an der Kugel bei Isny (8326/3) bei etwa 920 m.

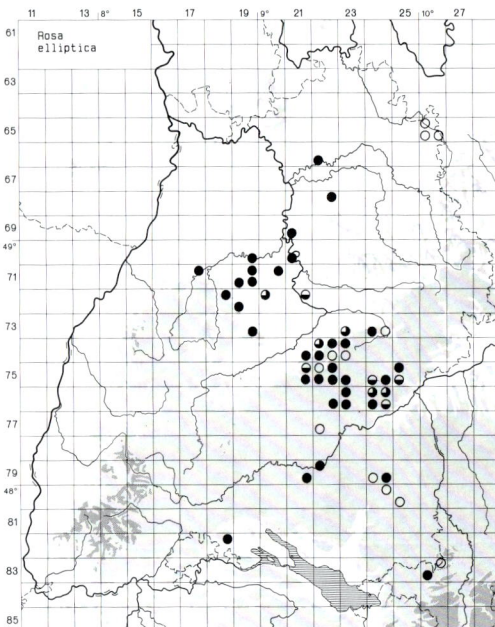

96

Erstnachweis: Für einige Fundorte auf der mittleren Alb erstmals bei VON MARTENS und KEMMLER (1882/1: 152) angegeben.

Bestand und Gefährdung: Während BERTSCH (1933) das Vorkommen auf der Schwäbischen Alb noch als „zerstreut" bezeichnet, sind die Funde heute dramatisch zurückgegangen. Die Art ist in Rote Liste (1983) in Kategorie G3 „gefährdet" aufgenommen. Sie sollte heute eher als „stark gefährdet" in Kategorie G2 eingestuft werden.

26. Rosa agrestis Savi 1798
R. sepium Thuillier 1799
Feldrose, Hoher Hagdorn

Morphologie: Lockerwüchsiger, langästiger Strauch, auch über 2 m hoch; Stacheln gleichartig, hakig gekrümmt, meist einzeln unter den Blattachseln; Blatt meist 7zählig, dunkelgrün glänzend; Blättchen keilig verschmälert bis verkehrt-eiförmig, mit weitem Abstand voneinander; spitz gezähnt, zusammengesetzt drüsig, unterseits und Rhachis locker mit schwarzen Drüsen besetzt, auch behaart. Im Frühsommer beim Reiben Apfelduft; Blütenstand 1- bis wenigblütig; Blüte weiß, klein; Blütenstiel länger als das Hypanthium, glatt, ohne Drüsen; Kelchblätter schwach gefiedert, auf dem Rükken ohne Drüsen, postfloral zurückgeschlagen, bald abfallend; Diskus breit, leicht gewölbt; Griffelkanal eng, ⌀ < 1 mm, Narbenköpfchen kuge-

Feldrose *(Rosa agrestis)*
Provence (Frankreich), 23.6.1987

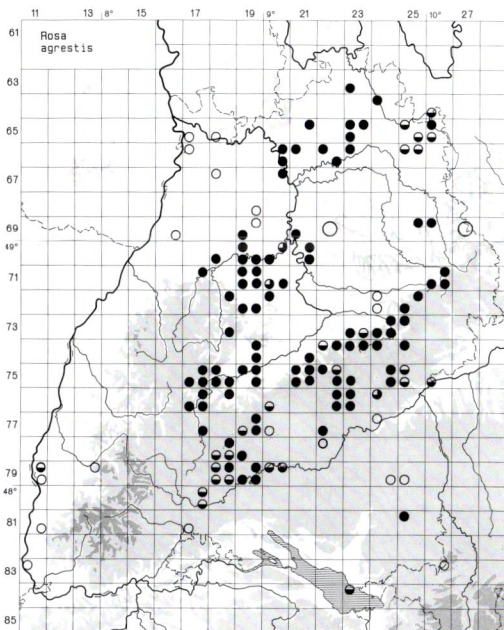

lig, kaum behaart; Frucht kugelig bis eiförmig, glatt, scharlachrot. Mit *R. micrantha* spätester Blühtermin, späte Fruchtreife, früher Laubfall an den Fruchtzweigen.

Variabilität: Die zwischen *R. agrestis* und *R. elliptica* stehende *R. inodora* wird als subsp. bei *R. elliptica* vorgestellt.

Ökologie: An sonnigen Waldrändern, Felshängen und Schuttfluren; ein Tiefwurzler, auch auf steinigem Lehmboden; Lichtpflanze; zusammen mit *Quercus pubescens, Amelanchier ovalis, Cotoneaster integerrimus, R. micrantha, R. pimpinellifolia, R. vosagiaca.*

Allgemeine Verbreitung: Von den Mittelmeerländern mit den Atlasländern bis zum Süden der Britischen Inseln, dem südlichen Mitteleuropa und den Alpen; ein submediterran-subatlantisches Florenelement.

Verbreitung in Baden-Württemberg: Zerstreut in den Gäulandschaften zwischen Heckengäu und Taubergrund; im sonnenseitigen Traufbereich der Schwäbischen Alb, sowie an der Donauseite; fehlt fast völlig im Schwarzwald, am Oberrhein und im Alpenvorland.

Alte Höhenangaben aus dem nördlichen Oberrheingebiet südlich Mannheim liegen bei etwa 100 m, die höchsten wurden bisher auf der südwestlichen Schwäbischen Alb auf dem Großen Heuberg (7918/2) bei 940 m festgestellt.

Erstnachweise: Archäologisch von Köngen aus dem 2. Jhd. n.Chr. angegeben (S. MAIER 1988). In der Literatur schon bei C.C. GMELIN (1806: 416–417) für mehrere Fundorte aus der Pforzheimer Umgebung erwähnt.

Bestand und Gefährdung: Nach GRADMANN (1950) auf der Schwäbischen Alb noch „an vielen Orten", ist sie heute dort selten geworden. Bestände der Südwest- und Donaualb seit Beginn des 20. Jahrhunderts zum großen Teil erloschen, v.a. durch Verbuschung, Waldsukzession und Aufforstungen. In Rote Liste (1983) in Kategorie G5 „schonungsbedürftig" eingestuft. Sie sollte in Kategorie G4 „potentiell wegen Seltenheit gefährdet" aufgenommen werden.

Bastarde: Abgesehen von Zwischenformen mit anderen Sippen der Weinrosen-Gruppe werden von K. MÜLLER (1957: 109) Bastarde mit *R. canina* und *R. corymbifera* angegeben.

27. Rosa micrantha Borrer ex Smith in Sowerby 1812
Kleinblütige Rose

Morphologie: Lockerwüchsiger, langästiger Strauch, 3 m erreichend, in der Nähe mit Ausläufern; Stacheln gleichartig, hakig gekrümmt, auch paarig oder wirtelig unter den Blattachseln; Blatt meist 7zählig, dunkelgrün glänzend; Blättchen rundlich bis breitoval, mit Spitze, sich einander berührend, zusammengesetzt drüsig gezähnt; unterseits und Rhachis dicht drüsig, locker behaart; Blütenstand 1- bis mehrblütig; Blüte klein, hellrosa; Blütenstiel so lang oder länger als das Hypanthium, dicht stieldrüsig; Kelchblätter schwach gefiedert, auf dem Rücken dicht drüsig, nach der Blüte zurückgeschlagen, bald abfallend; Diskus breit, leicht gewölbt; Griffelkanal eng, $\varnothing < 1$ mm, Narbenköpfchen klein, unbehaart; Frucht klein, krug- bis eiförmig, glatt oder von unten ansteigend mit Stieldrüsen und Drüsenborsten bestanden, dunkelrot. Mit *R. agrestis* spätester Blühtermin, späte Fruchtreife; früher Laubfall an den Fruchtzweigen.

Variabilität: Im Gebiet Zwischenformen zu *R. rubiginosa*, u.U. schwer einzuordnen.

Ökologie: Sonnige Waldränder, Felshänge; Tiefwurzler auf Steinriegeln und steinigen Lehmböden; wärmeliebende Lichtpflanze; auf Kalkmagerrasen

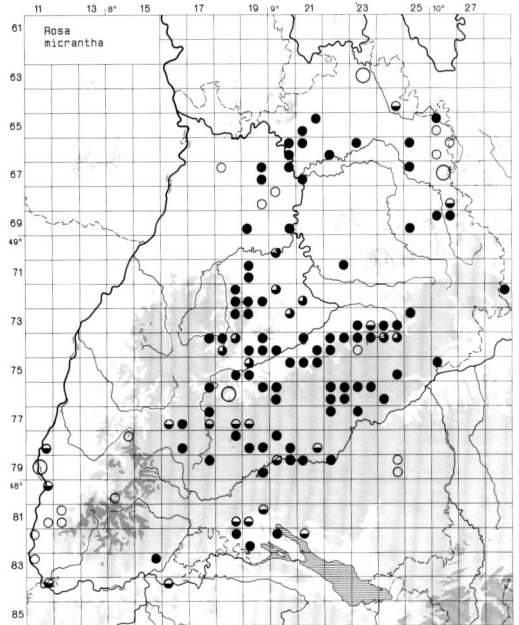

mit *R. elliptica* und *R. vosagiaca*, in Fels-Saumgesellschaft mit *R. agrestis, Amelanchier ovalis, Cotoneaster integerrimus*.

Allgemeine Verbreitung: Von den Mittelmeerländern mit den Atlasländern bis zum Süden der Britischen Inseln, dem Süden Mitteleuropas mit den Alpen bis zum Schwarzen Meer; ein submediterran-subatlantisches bis südmitteleuropäisches Florenelement.

Verbreitung in Baden-Württemberg: Selten in den Gäulandschaften zwischen Oberem Neckar und Taubergrund, im sonnenseitigen Traufbereich der Schwäbischen Alb, hier über 900 m steigend, und an der Donauseite; fehlt fast völlig am Oberrhein, im Schwarzwald, den Keuperwaldgebieten und im Voralpenland.

Konkrete Angaben für tiefe Vorkommen liegen bei 190 m für den Raum Mosbach (6620/2), für höchste Vorkommen bei 940 m am Schafberg auf der Südwestalb (7719/3).

Kleinblütige Rose *(Rosa micrantha)*; aus SOWERBY, J. & J.E. SMITH, Engl. Botany, Band 35, Tafel 2490 (1812–13).

Dec. 1 1812 published by Ja.s Sowerby London.

Kleinblütige Rose *(Rosa micrantha)*
Wurmlinger Kapellenberg, 1991

Kleinblütige Rose *(Rosa micrantha)*
Wurmlinger Kapellenberg, 1991

Erstnachweis: Bei DIERBACH (1827: 173) ohne konkreten Fundort für den Heidelberger Raum angegeben. Bei CHRIST (1873) dann für den Hohentwiel (8218/2).

Bestand und Gefährdung: Bestände seit Beginn des 20. Jahrhunderts erheblich zurückgegangen, v.a. durch Verbuschung, spontane Waldsukzession, Aufforstung. Die Art ist in Rote Liste (1983) in Kategorie G3 „gefährdet" eingestuft.

Bastarde: Außer den erwähnten Zwischenformen zu anderen Arten der Weinrosen-Gruppe führt REBHOLZ (1923: 35) den Bastard mit *R. vosagiaca* an.

Rosenbastarde in Baden-Württemberg

R. agrestis × *R. canina*
7325/3?: Geislingen, K. MÜLLER (1957: 109).
R. agrestis × *R. corymbifera*
7525/3: Weidach, K. MÜLLER (1957: 109).
R. arvensis × *gallica; R.* × *polliniana* Sprengel 1813; *R.* × *hybrida* Schleicher 1815; *R.* × *geminata* Rau 1816; *R. axmannii* Gmelin 1826.
Formenreiche, offenbar relativ häufige Hybride in allen Übergangsformen zwischen den beiden Arten; vgl. dazu auch die Angaben bei SEUBERT und KLEIN (1905), KIRCHNER und EICHLER (1913), A. MAYER (1904, 1929), KUMMER (1943), BERTSCH (1948), K. MÜLLER (1957), SEYBOLD (1968/69).
Neckarland: 6824/1: W Kupfermoor, 1919, HANEMANN (STU); 7122/4: Remstalhang bei Geradstetten, 1900, GRADMANN (STU); 7220/2: Kräherwald, 1931, SCHAAF in KREH (STU-K; SEYBOLD 1968/69); Feuerbacher Horn, 1931, SCHAAF in KREH (STU-K; SEYBOLD 1968/69); 7221/2: Wäldenbronn, 1903, BERTSCH (STU); Katharinenlinde, 1903, BERTSCH (STU); Obertürkheim, 1930, PLANKENHORN (STU); 7420/3: Tübingen: Galgenberg, 1874, HEGELMAIER (STU), det. CHRIST; Schwärzlocher Wald, 1874, HEGELMAIER (STU), det. CHRIST; Wald hinter dem Spitz-

berg, 1879, HEGELMAIER (STU); zwischen Gutleuthaus und Bebenhausen, 1881, HEGELMAIER (STU); beim Buß, 1909, A. MAYER (STU); beim Ammerhof, 1910, A. MAYER (STU); am unteren Hirschauer Berg, 1909, A. MAYER (STU); 7520/1: Tübingen, beim Eckhof, 1917, A. MAYER (STU); Stockach, gegen Steinlachtal, 1907, GRADMANN (STU); 7618/2: Haigerloch, 1853, FISCHER (STU); 7618/4: Waldränder zwischen Haigerloch und Binsdorf, 1851, leg.? (STU).
Schwäbische Alb: 7525/1: Bollingen-Weidach, 1926, K. MÜLLER (STU); 7525/2: „Breitenfilde" NW Beimerstetten, 1927, K. MÜLLER (STU); Dornstadt, Waldrand am „Oberen Forst", 1931, K. MÜLLER (STU); 7624/3: „Wannenplätze" N Ehingen, 1954, K. MÜLLER (STU)! Weitere Fundortsangaben bei K. MÜLLER (1957: 109).

R. canina × *gallica*
R. × *konsinsciana* Besser 1819
Mehrfach in Floren angegebener Bastard (vgl. KIRCHNER und EICHLER 1900, 1913, A. MAYER 1904, 1929, K. MÜLLER 1957, SEYBOLD (1968/69: 219). Belege dazu in STU: 7419/4: Tübingen, Hirschauer Berg, 1933, K. MÜLLER, rev. SCHALOW; 7420/3: Tübingen Schwärzlocher Wald, 1875, 1878, HEGELMAIER, det. CHRIST; Tübingen, Galgenberg, 1909, A. MAYER, rev. SCHEUERLE; Tübingen, Kreuzberg, 1911, A. MAYER; 7525/2: Dornstadt, Oberer Forst, 1926, 1932, 1936, K. MÜLLER, rev. SCHALOW; 7525/4: Ulm, Oberer Eselsberg, 1932, K. MÜLLER, rev. SCHALOW; 7724/1: Ehingen, Wefzgenberg, 1954, K. MÜLLER; 7824/2: Schemmerberg, PROBST, det. CHRIST.

Rosa canina × *glauca*
Nur einmal vom Schafberg (7719/3) angegeben durch A. MAYER (1929).

R. canina × *jundzillii*
7818/3: Zwischen Frittlingen und Neufra, SCHEUERLE (1909), REBHOLZ (1923: 36). BERTSCH (STU-K) hält diese Pflanze nur für eine besondere Form von *R. jundzillii*.

R. corymbifera × *R. gallica*
Wird verschiedentlich angegeben (VON MARTENS und

KEMMLER 1882; K. MÜLLER 1957; KIRCHNER und EICHLER 1900, 1913; JACK 1900: 82 unter *R. collina* Jacq.). In STU befinden sich dazu folgende Belege: 7824/2: Schemmerberg, Langenschemmern, PROBST; 7525/4: Ulm. Oberer Eselsberg, 1932, K. MÜLLER, rev. SCHALOW.

R. gallica × R. tomentosa
Angaben zu diesem Bastard finden sich bei VON MARTENS und KEMMLER (1882), KIRCHNER und EICHLER (1900), A. MAYER (1905), SEUBERT und KLEIN (1905), KUMMER (1943), K. MÜLLER (1957). In STU befinden sich dazu folgende Belege: 7419/4: Tübingen, Hirschauer Berg, 1871, HEGELMAIER, det. CHRIST; 7624/2: Riedental bei Pappelau, mit den Eltern, 1932, K. MÜLLER; 7724/1: Wefzgenberg N Ehingen, mit den Eltern, 1954, K. MÜLLER.

R. gallica × vosagiaca
Sehr selten angegeben: 7824/2: Schemmerberg, PROBST in KIRCHNER und EICHLER (1900). In STU: 7521/1–2: an der alten Straße zwischen Reutlingen und Eningen, 1871, HEGELMAIER, det. CHRIST.

R. glauca × vosagiaca
Es gibt nur wenige Angaben, z.B. bei KIRCHNER und EICHLER (1913), REBHOLZ (1923: 36), A. MAYER (1929). Die Angaben waren bisher nicht durch Belege nachprüfbar.

R. micrantha × R. vosagiaca
8017/4: Gutmadingen, REBHOLZ (1923: 35).

R. pendulina × R. pimpinellifolia
Der Bastard wird im Schwarzwald vom Belchen mehrfach zwischen den Elternarten angegeben, vgl. LITZELMANN in BINZ (1956: 187) und LITZELMANN (1963: 463–475). Von der Schwäbischen Alb gibt ihn REBHOLZ (1923) gleich in 3 verschiedenen Varietäten an, alle von 7918/2: Dreifaltigkeitsberg. Es befinden sich folgende Belege in STU: Var. *Kelleri* Rebholz: 1921/22, REBHOLZ (STU), 1924, K. MÜLLER (STU; var. *Eichleri* Rebholz: Bruderholz (auf dem Dreifaltigkeitsberg), 980 m, 1922, REBHOLZ (STU), K. MÜLLER (STU); Var. *Baldurensis* Rebholz: Bruderholz (auf dem Dreifaltigkeitsberg), 984 m, 1921, REBHOLZ (STU). Weitere Angabe des Bastards: 7919/4: Fridingen, 1927, REBHOLZ (STU).

R. pendulina × R. tomentosa
Diesen Bastard gibt REBHOLZ (1923) von der südwestlichen Donaualb in 5 verschiedenen Varietäten an, von denen 3 von ihm neu beschrieben werden. Eine Gruppe tendiert dabei mehr zu *R. pendulina* („Spinulifolia"), die andere mehr zu *R. tomentosa* („Vestita"). Die Belege von *Rebholz* befinden sich in STU: Gruppe „Spinulifolia R. Keller": Var. *denudata* Keller: 7919/4: Schafberg S Beuron, 730 m, 1921, REBHOLZ (STU; 1923: 29); var. *wasserburgensis* Keller: 7919/4: Eichhalde bei Beuron, 735 m, 1922, REBHOLZ (STU; 1923: 29); var. *Zahnii*: 7919/4: Burren bei Fridingen, 1922, REBHOLZ (STU; 1923: 29). Gruppe „Vestita" R. Keller: Var. *Ottoi* Rebholz: 7919/4: Rotstein bei Fridingen, 1921, REBHOLZ (STU; 1923: 30), = Fridinger Alb, auch 1924, 1927, K. MÜLLER (STU); var. *Scheuerlei* Rebholz: 7919/4: Fridinger Alb, Burren, 1921/22, REBHOLZ (STU; 1923: 32). In neuerer Zeit wurde eine weitere Rose gefunden, die der var. *Scheuerlei* am nächsten zu stehen scheint: 7919/2: Beuron, nahe Spaltfels, 1978, SEBALD (STU).

R. pendulina × R. vosagiaca (*R. glauca* Vill. ex Lois.)
R. × salaevensis Rapin 1856
Nur einmal von REBHOLZ angegeben: 7919/4: Rotstein bei Fridingen, 760 m, REBHOLZ (1923: 23; 1926: 103), als var. *salaevensis* (Rapin) R. Keller in Ascherson und Graebner (1902: 354). Ein Beleg von diesem Fundort ist in STU: 1924, 1927, K. MÜLLER, mit dem Vermerk „dürfte richtig sein" rev. SCHAHLOW.

R. pimpinellifolia × tomentosa s.l.; *R. × sabini* Woods 1816; *R. × involuta* Smith 1804
Schwäbische Alb: 7422/2: Engelhof, 1946, SCHMOHL (STU); 7423/3: Schopfloch, Talrandkante, 1876, 1881, KEMMLER (STU), VON MARTENS und KEMMLER (1882), 1901, HINDENLANG (STU), 1934, K. MÜLLER (STU); 7521/3: Wackerstein, 1952, K. MÜLLER (STU); 7918/2: Dreifaltigkeitsberg, 1905, SCHEUERLE (STU; 1909), KIRCHNER und EICHLER (1913), 1920–1929, REBHOLZ (STU: 1923: 28), 1924, K. MÜLLER (STU); 7918/4: Ayebuch bei Wurmlingen, 1921, REBHOLZ (STU) = Selteltal, REBHOLZ (1923: 28); Brielmühlekapf, REBHOLZ (1923: 28).

6. Agrimonia L. 1753
Odermennig

Stauden, Blätter unterbrochen gefiedert; Blüten 5zählig, gelb, in ährenähnlichen Trauben; Frucht an der Spitze mit Haken.

Die Gattung umfaßt 25 Arten hauptsächlich der gemäßigten Zonen, der tropischen Gebirge und Südamerikas. 4 Arten kommen in Europa vor.

1 Unterste Stacheln der Frucht aufrecht bis senkrecht abstehend, Stengel mit langen und kurzen drüsenlosen Haaren . . . . . . 1. *A. eupatoria*
– Unterste Stacheln der Frucht zurückgeschlagen; nur die längeren Haare des Stengels drüsenlos . .
2. *A. procera*

1. Agrimonia eupatoria L. 1753
Kleiner Odermennig

Morphologie: Pflanze ausdauernd, 30–100 cm hoch, Stengel mit langen abstehenden und kürzeren gekräuselten, drüsenlosen Haaren; Blätter unterbrochen gefiedert, mit großen Nebenblättern, gesägt, wechselständig, untere in einer Rosette; Blüten kurzgestielt, in langen lockeren Trauben; Kronblätter 4–6 mm lang, goldgelb; Staubblätter 10–20; Frucht im unteren Teil kegelförmig, gefurcht, vorne mit zahlreichen Haken, die bei der Reife aufrecht bis senkrecht abstehend sind. – Blütezeit: Juni bis September. Nach KIRCHNER (1888) blüht jede Blüte nur einen Tag lang.
Ökologie: Auf nährstoffreichen Böden an sonnigen, trockenen Standorten, auf Magerweiden, an Wegböschungen, im Saum von Gebüschen. Cha-

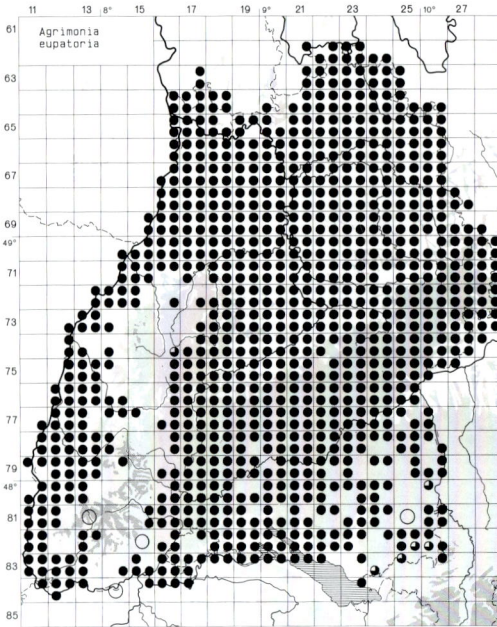

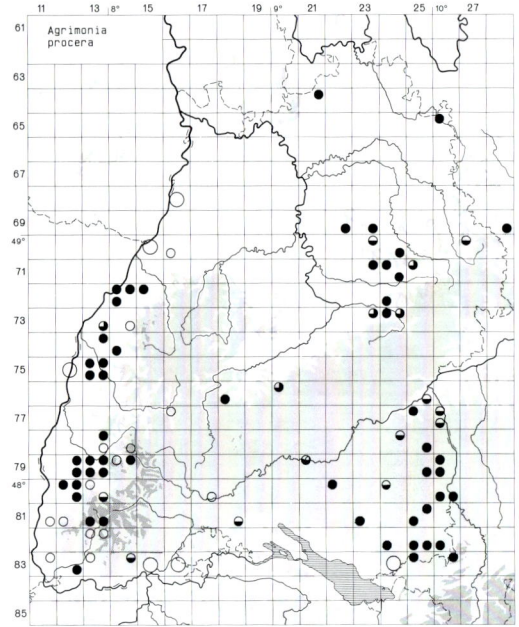

rakterart des Trifolio-Agrimonietum. Gern zusammen mit *Trifolium medium, Brachypodium pinnatum* oder *Origanum vulgare*. Vegetationsaufnahmen z.B. bei T. MÜLLER (1962: Tab. 2), T. MÜLLER in OBERDORFER (1978: 284–287) und SEITZ (1989: Tab. 9). Hier auch ein Foto der Pflanzengesellschaft (Abb. 27, S. 73).

Allgemeine Verbreitung: Von den Azoren und Nordafrika durch fast ganz Europa bis Westasien, nördlich bis Südskandinavien. Verbreitung eurasiatisch-subozeanisch-submediterran.

Verbreitung in Baden-Württemberg: Fast im ganzen Gebiet verbreitet, besonders in den Kalkgebieten. Fehlt aber im Innern des Schwarzwaldes und stellenweise im Alpenvorland.

Höchstes Vorkommen: Schafberg (7719/3), 980 m, K. BERTSCH (1919: 327); tiefste Vorkommen bei 100 m.

Erstnachweise: Die Art ist im Gebiet urwüchsig. Älteste subfossile Nachweise seit dem Spätneolithikum (um 4000 v.Chr.) z.B. Hornstaad (RÖSCH 1985), Ehrenstein (HOPF 1968), Sipplingen (K. BERTSCH 1932). Ältester literarischer Nachweis: WALAHFRID STRABO (827): „campos quae plurima passim vestit et effetis silvarum in venta sub umbris nascitur …“, Umgebung der Insel Reichenau (vgl. auch STOFFLER 1978).

Bestand und Bedrohung: Die Art ist im Gebiet nicht gefährdet.

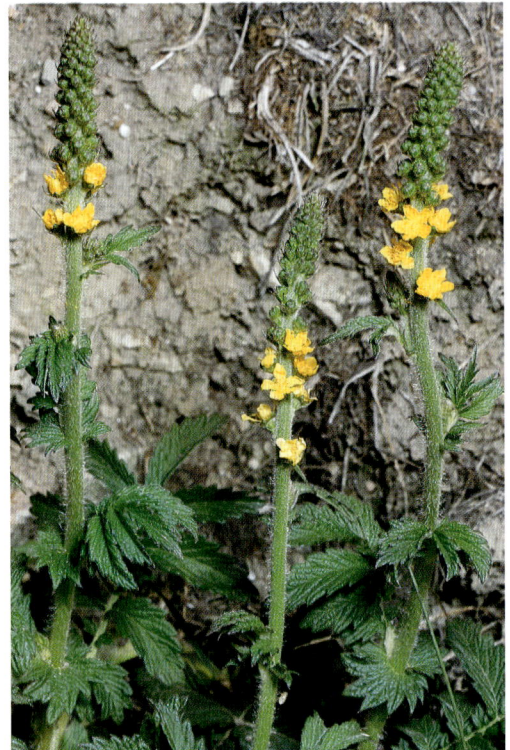

Kleiner Odermennig *(Agrimonia eupatoria)* Schweinsberg, 6.7.1991

Großer Odermennig *(Agrimonia procera)*
Möderhof, 19.7.1972

2. Agrimonia procera Wallroth 1840
A. odorata auct.
Großer Odermennig, Wohlriechender Odermennig

Morphologie: Pflanze ausdauernd, 50–150 cm hoch, mit langen drüsenlosen Haaren und kürzeren Drüsenhaaren, untere Blätter nicht rosettig gehäuft; Blätter unterbrochen gefiedert, grob gesägt; Blüten in langen Trauben, Kronblätter goldgelb; Frucht im unteren Teil kegelig und schwach grubig, unterste Häkchen bei der Reife nach hinten umgeschlagen. – Blütezeit: Juni bis August.

Ökologie: An Waldrändern, an Waldwegen und an Hecken, auf nährstoffreichem Boden, meidet aber Kalk! Steht an schattigeren und frischeren Standorten als der Kleine Odermennig. Publizierte Vegetationsaufnahmen sind nicht bekannt. Nach BRAUN-BLANQUET und RÜBEL (1933: 792) ist die Art „ohne deutliche Assoziationszugehörigkeit".

Allgemeine Verbreitung: Art subatlantisch-submediterraner Verbreitung. Ist außer wenigen Vorkommen in Westasien ganz auf Europa beschränkt. Von West-, Mittel- und Südeuropa nördlich bis Südfinnland und östlich bis zur Ukraine. Hat dieselbe Nordgrenze wie *A. eupatoria*, reicht aber im Westen, Süden und Osten weiter.

Verbreitung in Baden-Württemberg: Selten. Im Schwarzwald besonders am Westabfall und hier stellenweise bis in die Rheinebene, im Alpenvorland besonders zwischen Riß, Schussen und Iller. Fehlt dem Muschelkalkgebiet und der Schwäbischen Alb. In den übrigen Landschaften selten.

103

Früchte des Großen Odermennigs *(Agrimonia procera)*, links und des Kleinen Odermennigs *(A. eupatoria)*, rechts
Möderhof, 14.9.1991

Odenwald: 6421/2: o.O., SCHÖLCH (STU-K).
Schwarzwald (Ostseite): 7716/1: Schiltach, Weg gegen den Kuhberg, GOLL in DÖLL (1863: 71); 7814/4: Haslachsimonswald-Kostgfäll, SCHILDKNECHT in DÖLL (1863: 71); 8314/2: Immeneich, LINDER (1905: 47).
Gäulandschaften: 6526/1: Schirmbach-Frauental, 1974, K.H. HARMS (STU).
Keuper-Liaslandschaften: 6922/4: o.O., ca. 1970, H.W. SCHWEGLER (STU-K); 6923/4: NE Grab, 1988, H.W. SCHWEGLER (STU-K); 6928/3: S Wittenbach, 1973, S. SEYBOLD (STU); 7023/2: Göckelhof, 1926, H. MÜRDEL, HANEMANN (STU); 7024/4: o.O., ca. 1970, H.W. SCHWEGLER (STU-K); 7027/1: Muckentaler Weiher, 1935, K. MÜLLER (STU); 7123/2: Eibenhof, 1977, H.W. SCHWEGLER (STU); 7124/1: SW Höldis, 1989, H.W. SCHWEGLER (STU-K); 7124/4: NE Lindach, 1991, H.W. SCHWEGLER (STU-K); 7125/1: W Utzstetten, 1959, K. BAUR (STU); 7224/3: Hohrein, um 1985, P. ALEKSEJEW (STU-K); 7323/2: Jebenhausen-Bezgenriet, 1956, G. KNAUSS (STU); 7324/1: Rommental E Schlat; H. MÜRDEL, 1971, S. SEYBOLD (STU); 7324/2: Baierhof, Weinhalde, ca. 1950, H. MÜRDEL (STU-K); 7618/3: Heiligenzimmern, 1987, W. KARL (STU-K); 7620/1: Belsen-Stetten, 1945, A. MAYER (STU).
Baar-Wutach-Gebiet: 8017/4: Geisingen, SEUBERT u. KLEIN (1905).
Alpenvorland: zerstreut, im westlichen Teil selten: 7921/1: Sigmaringen, um 1940, WEIGER (STU-K); 8022/1: Magenbuch W Ostrach, 1973, S. SEYBOLD (STU); 8118/4: o.O., 1984, B. QUINGER (KR-K); 8123/3: Schmalegger Tobel, 1985, S. SEYBOLD (STU).

Höchstes Vorkommen 8226/3: Rangenberg, 725 m; Tiefstes Vorkommen: 7214: Sinzheim, ca. 120 m.

Erstnachweise: Die Art ist im Gebiet wohl urwüchsig. Ältester literarischer Nachweis: C.C. GMELIN (1826: 326) „Sasbachwalden... nuper vidi"; SPENNER (1829: 762) „Waldkirch ubi primus vidit C. Frank".

Bestand und Bedrohung: Die Art ist selten, ihre Populationen bestehen meist aus wenigen Exemplaren. Deshalb ist die gesamte Anzahl für das Land nur gering.

Mancherorts scheint die Art auch etwas unbeständig zu sein (SKALICKY 1962: 94). Sie kann jedoch anscheinend Saumstandorte auch neu besiedeln; sie ist deshalb zur Zeit nicht gefährdet.

1. **Aremonia** Neck. ex Nestl. 1816
Die Gattung umfaßt nur eine Art.

1. **Aremonia agrimonoides** (L.) De Candolle 1825
Agrimonia agrimonoides L. 1753
Nelkenwurz-Odermennig

Morphologie: Pflanze ausdauernd, mit langem Wurzelstock, 5–20 cm hoch, mit Blattrosette; Blätter unterbrochen gefiedert, behaart, Blättchen gekerbtgesägt; Blüten in lockeren Doldentrauben, mit Hochblatthülle; Kronblätter gelb, Staubblätter 5 oder 10. – Blütezeit: Mai bis Juni.

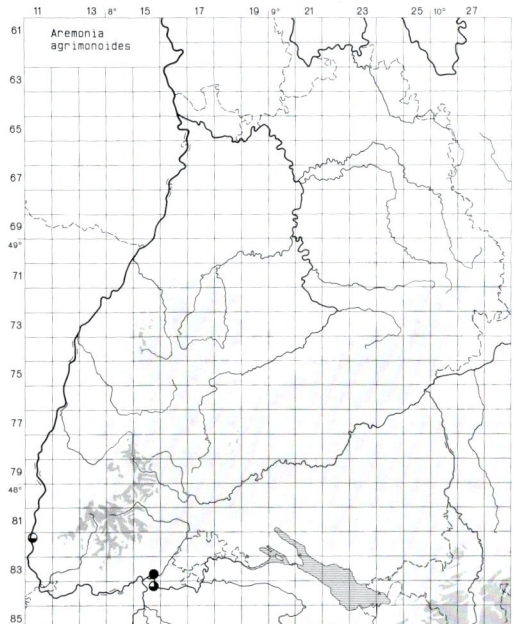

Nelkenwurz-Odermennig *(Aremonia agrimonoides)*
Dangstetten

Ökologie: Auf nährstoffreichen Lehm- oder Ton-böden, in Buchenwäldern und Eichen-Hainbuchen-wäldern, an Waldwegen. Eine Vegetationsauf-nahme findet sich bei OBERDORFER (1938: 200).

Verbreitung: Süd- und Mitteleuropa von Süd-westdeutschland und Sizilien ostwärts bis Klein-asien. Die Art ist ostsubmediterraner Verbreitung.

Verbreitung in Baden-Württemberg: Sehr selten, nur am Hochrhein und bei Schliengen in der Vorberg-zone des Schwarzwalds.

Schwarzwald: 8211/1(?): Schliengen, OBERDORFER (1938: 199–201); 1941, A. SCHLATTERER, BINZ (1942: 112).
Hochrhein: 8315/4: Kadelburg, Jungbannhau, 1966, THOMMA (1972: 553), 1983, K.H. HARMS, 1990, A. WÖRZ (STU); Bernhardholz, 1983, K.H. HARMS (STU-K); Berchenwald, WITSCHEL (1980: 132), 1983, K.H. HARMS (STU-K); 8415/2: Dangstetten, Kernenwie-den, 1967, THOMMA (1972: 553); Eichenberg, 1967, FECH-TER, MAYER und THOMMA, THOMMA (1972: 553).

Die Fundorte liegen zwischen ca. 300 m und 510 m (WITSCHEL 1980: 132).

Erstnachweise: Die Art ist im Gebiet vielleicht nicht urwüchsig (K.H. HARMS in litt.), da sie im Wald nur an vom Menschen gestörten Stellen auftritt. Sie kann aber schon lange eingebürgert sein. Ältester literarischer Nachweis: BECHERER (1921: 145–146), bei Kadelburg entdeckt am 14. Mai 1921 von A. BECHERER.

Bestand und Bedrohung: Die Art ist gefährdet, da sie von den wenigen Vorkommen überhaupt an-scheinend schon einzelne verloren hat. Man sollte für sie daher neue Schutzgebiete errichten. Bei HAEUPLER und SCHÖNFELDER (1988) sind auch Vorkommen auf den Meßtischblättern 8212, 8316 und 8416 angegeben, doch dürfte es sich hier um Fehlangaben oder um Vorkommen außerhalb des Gebiets handeln.

1. Sanguisorba L. 1753
Wiesenknopf

Stauden; Blätter gefiedert; Blütenstand kopfig; Blütenblätter fehlend; Kelch blütenblattähnlich; Frucht eine Achäne.

Zur Gattung gehören 37 Arten der nördlichen gemäßigten Zone; in Europa kommen davon 7 Arten vor.

1 Blütenköpfe dunkel braunrot; Fiederblättchen jederseits mit etwa 12–20 Zähnen . 1. *S. officinalis*
− Blütenköpfe grünlich; Fiederblättchen jederseits mit etwa 5–9 Zähnen . . . . 2. *S. minor*

1. Sanguisorba officinalis L. 1753
Großer Wiesenknopf

Morphologie: 30–150 cm hohe Staude, Blätter meist gestielt, gefiedert, mit 3–7 Paaren eiförmiger bis trapezförmiger Fiederblättchen, diese bis 5 cm lang, jederseits mit 12–20 Zähnen, unterseits graugrün; Blütenstand kopfig, dunkel-braunrot; 1–3 cm lang; Blüten meist zwittrig. – Blütezeit: Juni bis September.

Variabilität: Man kann 2 Varietäten unterscheiden:

a) var. **officinalis:** Blättchen 2–5 cm lang; Stengel bis 150 cm hoch, ästig, beblättert. Ist ziemlich verbreitet.

b) var. **montana** (Jord.) Car. et St. Lag.: Blättchen kaum über 2 cm lang; Stengel 30–60 cm

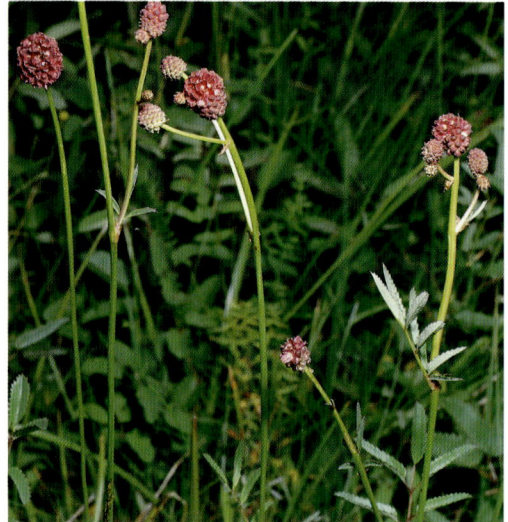

Großer Wiesenknopf *(Sanguisorba officinalis)* Irndorf, 9.6.1991

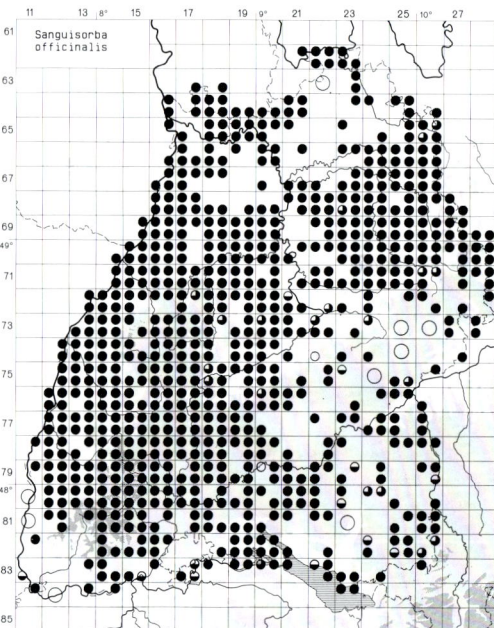

hoch, meist nicht oder schwach verzweigt, außer Blättern am Grunde nur mit Hochblättern: Auf Bergwiesen, im Mai bis Juli blühend, nach A. BRAUN (ASCHERSON u. GRÄBNER 1902: 429) z. B. am Feldberg im Schwarzwald, außerdem nach OBERDORFER (1970: 512) auch auf der Schwäbischen Alb. Die Wichtigkeit der Unterscheidung dieser Varietäten wird verschieden beurteilt; bei DAHLGREN in HEGI (1990) werden sie nicht einmal erwähnt.

Ökologie: Auf grundwasserfeuchten, gedüngten oder schwach gedüngten, oft auch leicht sauren Lehm- oder Tonböden, in Naßwiesen, in Pfeifengraswiesen, auch in Bergwiesen, häufig zusammen mit *Deschampsia cespitosa* oder *Polygonum bistorta*. Vegetationsaufnahmen z. B. bei KUHN (1937: 188–190), OBERDORFER (1957: 184–217; 1982: 25–26), SEBALD (1966: Tab. 11; 1974: Tab. 23a, b), PHILIPPI (1972: Tab. 11, 12) und GÖRS (1974: 368–389).

Allgemeine Verbreitung: Eurasiatische Art. Von West- und Mitteleuropa durch Sibirien bis Ostasien und Nordamerika. Ist in Süd- und Nordeuropa seltener.

Verbreitung in Baden-Württemberg: Im ganzen Gebiet ziemlich verbreitet, aber lokal selten oder fehlend. Höchste Vorkommen: Schwarzwald, 1400 m, OBERDORFER (1979: 522); tiefste Vorkommen bei 100 m.

Erstnachweise: Die Art ist im Gebiet urwüchsig. Älteste archäologische Nachweise: Spätes Atlantikum von Hornstaad (RÖSCH unpubl.); Frühes Sub-

Kleiner Wiesenknopf *(Sanguisorba minor)*
Onstmettingen, 2.6.1991

boreal von Sipplingen (JACOMET 1990). Ältester literarischer Nachweis: WEPFER (1679: 1) „Almanshofen" (8017/3).

Bestand und Bedrohung: Die Art ist im Gebiet insgesamt nicht gefährdet, doch geht sie zurück. Wegen zu früher Mähtermine können ihre Früchte nicht mehr ausreifen; auf die Dauer muß das zum Verschwinden führen (R. FISCHER 1982: 158).

2. Sanguisorba minor Scopoli 1772
Poterium sanguisorba L. 1753
Kleiner Wiesenknopf

Morphologie: Pflanze ausdauernd, 20–100 cm hoch, mit Blattrosette, Stengel aufrecht; Blätter mit 3–12 Paaren eiförmiger bis elliptischer Fiederblätter, Blättchen 0,5–2 cm lang, jederseits mit 3–9 Zähnen; Blütenköpfe grünlich, 1–3 cm im Durchmesser, obere Blüten weiblich, mittlere oft zwittrig, untere männlich; Staubblätter hängend, Narben pinselförmig, rot; Fruchtbecher runzelig oder warzig. – Blütezeit: Mai bis August.

Variabilität: Man unterscheidet eine subsp. *minor* mit netzartig-runzeligem Fruchtkelch von einer subsp. *polygama* (W. et K.) Holub 1978 (= subsp. *muricata* Briq. 1913, *Poterium muricatum* Spach 1846, *P. polygamum* W. et K. 1803, *P. sanguisorba* subsp. *muricatum* (Spach) Rouy 1900, *Sanguisorba muricata* Gremli 1874) mit vertieft runzeligem Fruchtkelch mit geflügelten Kanten. Über die Variabilität der Früchte vgl. aber G. DAHLGREN in HEGI (IV 2B: 12–13, 1990).

a) subsp. **polygama** (W. et K.) Holub 1978
Allgemeine Verbreitung: Süd- und Mitteleuropa, nördlich bis Skandinavien, dazu Nordafrika und Südwestasien bis Afghanistan.

Verbreitung in Baden-Württemberg: Immer wieder auf Bahngelände und mit Rasenansaaten eingeschleppt und stellenweise an Böschungen vielleicht eingebürgert.

Oberrheingebiet: 6517/3: o.O., SCHÖLCH (STU-K); 6915/4: Karlsruher Rheinhafen, eingebürgert, 1952, OBERDORFER (1956: 281); 7016/2: o.O. (KR-K); 8211/1: Autobahn S Neuenburg, gepflanzt, HÜGIN in PHILIPPI (1963: 182); 8411/2: Leopoldshöhe, A. MÄDER in SCHNEIDER (1880: 133).

Odenwald: 6418/1: o.O., SCHÖLCH (STU-K); 6418/3: Gorxheimertal, Trösel, 1987, S. DEMUTH (KR-K); 6421/2: o.O., SCHÖLCH (STU-K); 6422/2: o.O., SCHÖLCH (STU-K); 6618/1: Leopoldsstein, St. Nikolausschlag, 1985, TH. BREUNIG (KR-K).

Schwarzwald: 7614/3: o.O. (KR-K); 7714/3: o.O. (KR-K).

Neckarland: 6621/1: o.O., SCHÖLCH (STU-K); 6718/2: o.O., SCHÖLCH (STU-K); 6724/4: W Jungholzhausen, 1984, NEBEL (STU-K); 6826/1: Teufelsklinge, 1989, M. VOGGESBERGER (STU-K); 7021/3: Zwischen Neckarweihingen und Poppenweiler, 1962, K. SIEB in SEYBOLD et al. (1968: 217); zwischen Kugelberg u. Monrepos, 1989, S. SEYBOLD (STU); 7120/2: Schnellbahntrasse W Möglingen, 1991, S. SEYBOLD (STU); 7220/1: Gerlingen, Krummbachtal, 1989, M. NEBEL (STU-K); 7221/1: Stuttgart, Bahndamm, 1882, R. GRADMANN (STU); 7221/2: Kappelberg bei Fellbach, 1989, M. VOGGESBERGER (STU-K); 7222/1: Klingenkopf bei Strümpfelbach, 1989, M. NEBEL (STU-K); 7224/4: Schurrenhof E Ottenbach, 1989, M. VOGGESBERGER (STU-K).

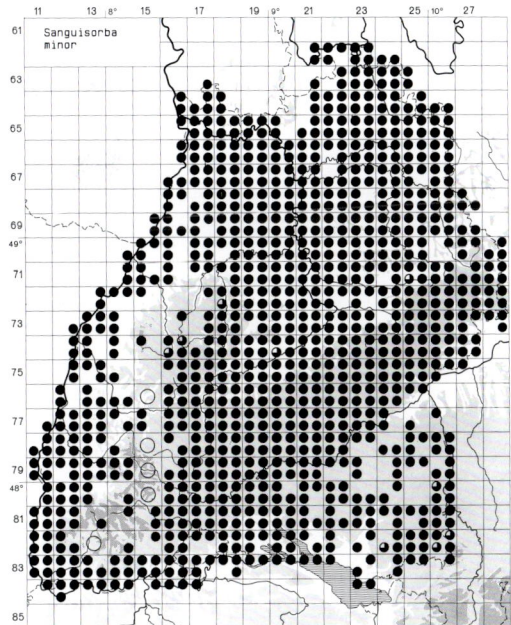

Schwäbische Alb: 7324/4: Michelsberg bei Geislingen, 1940, A. MAYER (STU), K. MÜLLER (1957: 106); 7421/4: Roßberg, Westseite, 1989, M. VOGGESBERGER (STU-K); 7424/1: Gosbach, 1949, K. MÜLLER (1957: 106); 7426/4: Langenau, 1940, A. MAYER (STU); 7525/1: Tomerdingen, 1938–39, K. MÜLLER (1957: 106); 7624/3: zwischen Ehingen und Allmendingen, 1934–35, K. MÜLLER (1957: 106); 7719/3: Lochenstein, 1989, DEMUTH u. VOGGESBERGER (STU-K); 8018/1: zwischen Tuttlingen und Möhringen, 1986, S. SEYBOLD (STU).

Alpenvorland: 7525/4: Ulm, „seit 1934", K. MÜLLER (1957: 106); 8223/2: Ravensburg, 1934, K. BERTSCH (STU-K); 8324/2: Bahngelände Wangen, „seit 1968", BRIELMAIER in DÖRR (1974: 127).

Höchstes Vorkommen: 7719/3: Lochenstein, 880 m; tiefstes Vorkommen: 6517/3: ca. 100 m.

Die Unterart ist in Baden-Württemberg nicht urwüchsig. Älteste Nachweise: SCHNEIDER (1880: 133): 8411/2: Leopoldshöhe, A. MÄDER; Bahndamm bei Stuttgart (als „S. minor"), 1882, R. GRADMANN (STU).

b) subsp. **minor**
Ökologie: Auf trockenen, kalkreichen Lehmböden, in Halbtrockenrasen, auf Schafweiden, in trockenen Wiesen, an Wegböschungen, gern zusammen mit *Onobrychis viciifolia, Bromus erectus* oder *Brachypodium pinnatum*. Vegetationsaufnahmen finden sich z. B. bei KUHN (1937: 120–190); OBERDORFER (1957: 282–294, 364–367; 1978: 112–139); T. MÜLLER (1966: 438–471); O. SEBALD (1966: Tab. 11) und WITSCHEL (1980: 161–163).
Allgemeine Verbreitung: Süd-, West- und Mitteleuropa, nordwärts bis Südskandinavien, außerdem in Nordafrika, ostwärts bis zum Kaukasus und bis Zentralasien. In Nordamerika eingeschleppt.
Verbreitung in Baden-Württemberg: Verbreitet. Auch im Kerngebiet des Schwarzwaldes und stellenweise im Alpenvorland, dort aber seltener.
Höchste Vorkommen: Südlicher Schwarzwald, 1100 m, OBERDORFER (1979: 523); tiefste Vorkommen bei 100 m.
Erstnachweise: Die Art ist im Gebiet vermutlich urwüchsig. Ältester literarischer Nachweis: J. BAUHIN (1598: 197) für die Umgebung von Bad Boll (7323).
Bestand und Bedrohung: Die Art ist in ihrem Bestand im Gebiet nicht gefährdet.

9. Geum L. 1753
Nelkenwurz

Kräuter mit gefiederten Blättern; Blüten weiß, gelblich oder rot; Staub- und Fruchtblätter zahlreich; Griffel zur Fruchtzeit hakig.

Die Gattung umfaßt 70 Arten, die in allen Erdteilen vorkommen; in Europa gibt es 13 verschiedene Arten.

Die bei uns bekannten 2 Arten sind leicht miteinander kreuzbar und der Bastard *(G. intermedium* Ehrh. 1789 = *G. rivale* × *G. urbanum)* ist fast vollkommen fruchtbar.

Trotzdem tritt er bei uns nur gelegentlich auf und beide Arten bleiben genetisch so gut wie unvermischt.

1 Blüten nickend, mit rötlichen Blütenblättern; Nebenblätter klein . . . . 1. *G. rivale*
– Blüten aufrecht, gelb; Nebenblätter groß . . . . . 2. *G. urbanum*

1. Geum rivale L. 1753
Bach-Nelkenwurz

Morphologie: Pflanze ausdauernd, mit kurzem Wurzelstock; Stengel 20–60 cm hoch; grundständige Blätter gefiedert, mit wenigen Paaren sehr ungleich großer, gesägter Fiederblättchen, Stengelblätter gefiedert, dreiteilig oder ungeteilt; Blütenstand 2- bis 5blütig; Blüten walzenförmig, nickend, Kelch dunkel-kupferbraun; Kronblätter 8–15 mm lang, rosa bis gelblich, dunkel geadert; Fruchtköpfchen im Kelch später gestielt, Nüßchen mit langem hakigem Schnabel. – Blütezeit: April bis Juni. Bestäuber ist z. B. die Wildbiene *Osmia tuberculata* (WESTRICH 1989: 372).

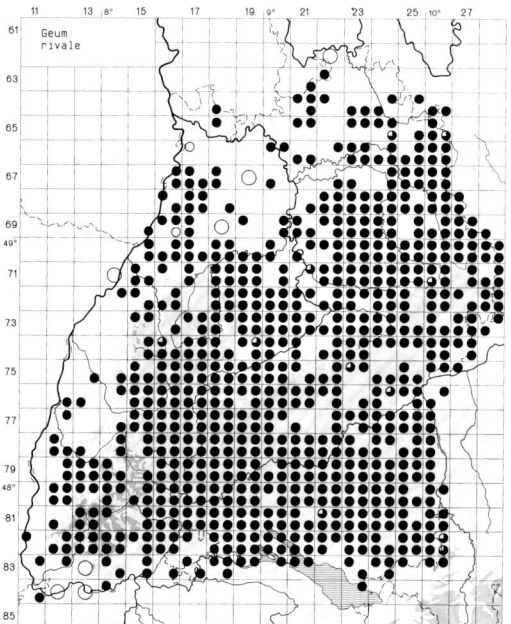

Bach-Nelkenwurz *(Geum rivale)*
Onstmettingen, 2.6.1991

Ökologie: Auf sickernassem, nährstoffreichem Lehm- oder Tonboden in nassen Wiesen, an Wiesengräben, an Bächen, in Auwäldern, besonders in kühleren Gebieten wie im Gebirge. Vegetationsaufnahmen z.B. bei KUHN (1937: 83–84, 224–226), OBERDORFER (1957: 182–184), LANG (1973: 340–347) oder T. MÜLLER (1983: 348–375).

Allgemeine Verbreitung: Nordisch-eurasiatisch-subozeanische Art. Von Mittel- und Nordeuropa bis Zentralasien, in Südeuropa selten, außerdem in Nordamerika.

Verbreitung in Baden-Württemberg: Im ganzen Gebiet zerstreut, besonders im Bergland. In tiefen Lagen selten. Lokal (z.B. in Nord- und Mittelbaden) selten oder fehlend.

Höchstes Vorkommen: 8114/1: Zastlerhütte, 1250 m; tiefste Vorkommen bei 100 m.

Erstnachweise: Die Art ist im Gebiet urwüchsig. Ältester archäologischer Nachweis: Spätes Atlantikum von Hornstaad (RÖSCH 1988). Ältester literarischer Nachweis: H. BOCK (1539:153B) „Gengenbacher Waldt, jhnsit des Reins hinder Offenburgk", (7513).

Bestand und Bedrohung: Die Art ist im Gebiet insgesamt zwar nicht gefährdet, ist aber im Rückgang begriffen. Sie wird bei intensiver Düngung durch die Konkurrenz schneller hochwachsender Arten bedrängt. Die frühe Mahd verhindert die Fruchtbildung. Man findet sie dann nur noch an weniger gedüngten Graben- oder Bachrändern (FISCHER 1982: 159).

2. Geum urbanum L. 1753
Echte Nelkenwurz

Morphologie: Pflanze ausdauernd, mit nach Nelken duftendem Rhizom; Stengel 20–60 cm hoch; grundständige Blätter gefiedert, mit 1–5 Paaren ungleich großer, gesägter Blättchen, Stengelblätter breit, 3–5teilig, Nebenblätter groß, 1–3 cm lang, gesägt; Blütenstand 2–5blütig, Blüten gestielt, 10–15 mm im Durchmesser; Kronblätter 4–7 mm lang, gelb, so lang wie die Kelchblätter; Nüßchen behaart, zu etwa 70 einen kugeligen Kopf bildend, mit langer, dunkelpurpurner, hakiger Spitze. – Blütezeit: Mai bis September.

109

Echte Nelkenwurz *(Geum urbanum)*
Irndorf, 13.7.1991

Ökologie: Häufig an Waldwegen, in Eichen-Hain-buchenwäldern und Auwäldern, auch in Robinien-wäldchen, auf frischen, nährstoffreichen Lehmbö-den, gern in Gemeinschaft mit *Glechoma hederacea*, aber auch in einer eigenen *Geum urbanum-Festu-ca gigantea*-Gesellschaft. Vegetationsaufnahmen z.B. bei T. MÜLLER in OBERDORFER (1983: 160–203).

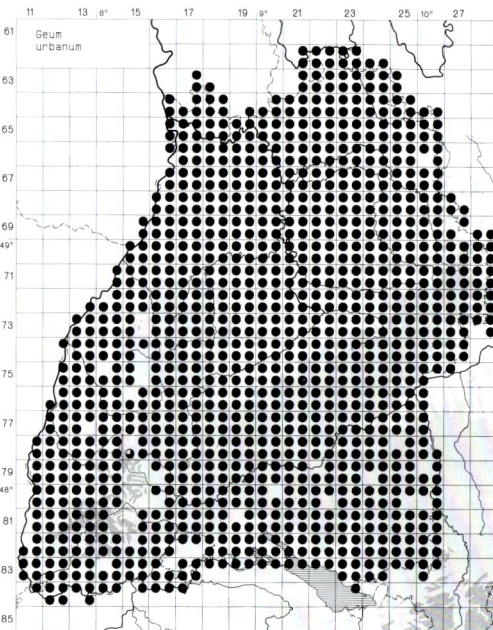

Allgemeine Verbreitung: Von Europa und Nord-afrika bis Zentralasien.

Verbreitung in Baden-Württemberg: Kommt im Ge-biet fast überall vor, wird aber in den höheren Lagen seltener. Höchste Vorkommen: 8114/1, Feld-see, ca. 1100 m, auf der Schw. Alb 7818: Lemberg, 1014 m, K. BERTSCH (1919: 330); tiefste Vorkom-men bei 100 m.

Erstnachweise: Die Art ist im Gebiet urwüchsig. Ältester archäologischer Nachweis: Spätes Atlanti-kum von Hornstaad (RÖSCH 1985). Ältester litera-rischer Nachweis: J. BAUHIN (1598: 201), Umge-bung von Bad Boll (7323).

Bestand und Bedrohung: Die Art ist im Gebiet nicht bedroht.

10. **Potentilla** L. 1753

inkl. *Comarum* L. 1753
Fingerkräuter
Bearbeiter: O. SEBALD

Meist ausdauernde, krautige Pflanzen mit unter-irdischer oder kriechender, verzweigter, oft von Re-sten abgestorbener Blattstiele und Nebenblätter be-deckter Grundachse (Rhizom), selten auch ein- bis zweijährige Kräuter oder kleine Sträucher. Blätter grundständig in Rosetten oder wechselständig ge-fiedert, gefingert oder dreizählig, stets mit Neben-blättern. Blühende Sprosse seitenständig aus den Achseln grundständiger, zur Blütezeit oft schon verwelkter Blätter oder endständig, aufsteigend bis aufrecht, selten auch niederliegend und sich an den Knoten bewurzelnd; untere Stengelblätter meist ähnlich den Grundblättern und ± gestielt, obere meist sitzend und allmählich in die manchmal auch gegenständigen Tragblätter im Blütenstande über-gehend. Blüten in arm- bis reichblütigen, rispenarti-gen Blütenständen, zusammengesetzt aus di- bis monochasial verzweigten Teilblütenständen, selten Blüten einzeln. Blüten meist 5-, selten 4- oder 6zäh-lig; Außenkelchblätter stets vorhanden; Kronblät-ter gelb, weiß, selten rosa oder rot, länger oder auch kürzer als die Kelchblätter, ausgerandet oder abge-rundet, selten spitz *(P. palustris)*. Staubblätter vor-wiegend 20 (10–30), auf dem ringförmigen Rand-wulst des flachen Blütenbechers entspringend; Fila-mente meist in 3 deutlich verschiedenen Längen vorhanden, kahl, selten auch behaart, die längsten über den Kelchblättern, die mittellangen jeweils links und rechts davon und die 5 kurzen über den Kronblättern bzw. Außenkelchblättern auf der In-nenseite des Ringwulstes des Blütenbechers einge-fügt; Antheren breiter als lang oder länger als breit, intros. Blütenbecher innen und der zentrale, halbkugelige Fruchtblattträger dicht behaart. Fruchtblätter zahlreich, (4–) 10–100, sich zu einsamigen, kahlen oder selten behaarten, glatten oder runzeligen, einzeln abfallenden Nüßchen entwickelnd; Griffel meist nahe der Spitze, selten seitlich oder nahe der Basis eingefügt, nicht bleibend, gleichmäßig oder oben bzw. unten dicker.

Die Gattung *Potentilla* umfaßt mehr als 300 Arten, von denen 75 Arten in Europa vorkommen. Die übrigen Arten besiedeln im wesentlichen die anderen Teile der Nordhalbkugel. Nur wenige kommen, z.T. eingeschleppt, auch in Gebieten der Südhalbkugel vor. In manchen Artengruppen sind die Sippen sehr schwierig gegeneinander abgrenzbar. Die große Vielfalt verbunden mit einer gewissen Konstanz von Merkmalskombinationen erklärt sich aus Hybridisierungen, verbunden mit Polyploidisierung und der Erhaltung so entstandener Sippen durch die in der Gattung verbreitete apomiktische Fortpflanzung. Gelegentlich entstehen jedoch auch zwischen normal sich nur apomiktisch fortpflanzenden Sippen echte Bastarde. Zur Erzeugung keimfähiger Samen ist bei den apomiktischen *Potentilla*-Sippen eine Bestäubung nötig, da der sekundäre Embryosackkern zur Entwicklung des Endosperms befruchtet werden muß (Pseudogamie). Hinweise zum Bestimmen:

1. Zur Beobachtung mancher wichtiger Merkmale (Haartypen, Griffelformen) ist mindestens eine sehr gute Lupe, besser ein Stereomikroskop oder Mikroskop zu benutzen.

2. Zum Bestimmen sind ganze Pflanzen mit grundständigen Blättern, mit Blüten und Früchten zu sammeln. Auf das Vorkommen nicht blühender Blattrosetten und die Stellung der Blütensprosse (end- oder seitenständig) ist dabei zu achten.

3. Trotz Beachtung dieser Hinweise kann es immer einzelne Pflanzen geben, die sich nicht sicher zuordnen lassen.

1 Blätter gefiedert 2
– Blätter dreizählig oder gefingert 9
2 Kronblätter weiß oder rot 3
– Kronblätter gelb 5
3 Kleiner Strauch; Blätter unterseits seidenhaarig; Zierpflanze . . . . [*P. fruticosa*]
– Krautige Pflanzen 4
4 Blüten dunkel purpurrot; Kronblätter bleibend, halb so lang wie der Kelch; Sumpfpflanze . . . .
                              1. *P. palustris*
– Blüten weiß; Kronblätter länger als der Kelch; Landpflanze . . . . 3. *P. rupestris*
5 Kleiner Strauch; Blätter unterseits seidenhaarig; Zierpflanze . . . . [*P. fruticosa*]
– Krautige Pflanzen 6

6 Fiederblättchen ganz oder an der Spitze 2- bis 3spaltig; sehr seltene Adventivpflanze [*P. bifurca*]
– Fiederblättchen mit mehr als 3 Zähnen oder Lappen 7
7 Blätter vorwiegend dreizählig, nur unterste gelegentlich gefiedert mit 5 Blättchen 8. *P. norvegica*
– Blätter vorwiegend gefiedert 8
8 Blüten 15–30 mm breit; Blätter unterbrochen gefiedert mit 7–12 großen Fiederpaaren, unterseits weiß seidig behaart; Pflanzen mit kriechenden Ausläufern . . . . 2. *P. anserina*
– Blüten 6–10 mm breit; Blätter einfach gefiedert, untere mit 2–7 Fiederpaaren, unten und oben grün . . . . 7. *P. supina*
9 (1) Kronblätter weiß, rosa oder rot 10
– Kronblätter gelb 15
10 Blätter dreizählig 11
– Blätter gefingert, mit meist 5 Blättchen 14
11 Blüten rot; Kronblätter länger als 7 mm und deutlich länger als der Kelch; Blütenstengel meist länger als 30 cm; Zierpflanzen, selten verwildert . . . 12
– Blüten weiß oder rosa; Kronblätter 3–7 mm lang, kürzer bis kaum länger als der Kelch; Blütenstengel meist kürzer als 15 cm; wildwachsende Arten . 13
12 Blättchen unterseits weißfilzig behaart; Zierpflanze, selten verwildert [*P. atrosanguinea*]
– Blättchen unterseits grün, locker behaart; Zierpflanze, selten verwildert [*P. nepalensis*]
13 Staubfäden dünn, kahl, viel schmäler als die Antheren; Blättchen jederseits meist nur mit 4–6 Zähnen; Pflanze oft mit Ausläufern . . . . . .
                              20. *P. sterilis*
– Staubfäden abgeflacht, so breit wie die Antheren, im unteren Teil behaart; Blättchen jederseits mit 6–10 Zähnen; Pflanze ohne Ausläufer . . . . .
                              21. *P. micrantha*
14 Blüten rot; Blättchen breit verkehrt-eiförmig, Rand weit herab gesägt-gekerbt 12
– Blüten weiß; Blättchen verkehrt-lanzettlich, ganzrandig, nur nahe der Spitze mit wenigen, flachen Zähnen, unterseits silbrigweiß seidenhaarig, oberseits grün . . . . 19. *P. alba*
15 (9) Kelch- und Kronblätter mindestens teilweise 4zählig 16
– Kelch- und Kronblätter stets 5zählig 17
16 Kelch- und Kronblätter stets 4zählig; Stengel liegend bis aufrecht, nie wurzelnd; Blätter 3zählig (ohne die blättchenartigen Nebenblätter); Fruchtblätter oft 4–8, selten bis 20 . . 16. *P. erecta*
– Kelch- und Kronblätter 4- und 5zählig; Blätter wenigstens teilweise aus 4–5 Blättchen; Stengel bald liegend und sich bewurzelnd; Fruchtblätter 20–50 . . . . 17. *P. anglica* agg.
17 Blüten einzeln in den Blattachseln; Blütenstengel liegend, sich an den Knoten bewurzelnd . . . . .
                              18. *P. reptans*
– Blüten in arm- bis reichblütigen, dichasial oder monochasial verzweigten Blütenständen; Blütenstengel sich nicht an den Knoten bewurzelnd . . . 18
18 Sternhaare vorkommend 19
– Sternhaare fehlend, aber bei manchen Arten Blätter unterseits durch krause Haare dicht filzig behaart 20

19 Blättchen oben und unten mit sternförmigen Haaren bedeckt; Sternhaare meist mit 10–30 Strahlen . . . . 15. *P. arenaria*
– Blättchen nur mit zerstreuten Sternhaaren, besonders unterseits; Sternhaare mit wenigen und kurzen Strahlen und einem längeren Mittelstrahl (sogenannte Zackenhaare) . . . . . . 14. *P. pusilla*
(oder *P. arenaria* × *P. neumanniana*)
20 Blätter unterseits dicht weißfilzig; Blattrand nach unten eingerollt . . . . 4. *P. argentea*
– Blätter unterseits locker behaart, ohne krause Haare oder wenn graufilzig behaart, Blattrand nicht eingerollt 21
21 Blätter unterseits durch krause Haare ± graufilzig, z.T. ev. zusätzlich gerade, steife Haare besonders auf den Adern vorhanden 22
– Blätter unterseits fast kahl oder mit abstehenden bis anliegenden Haaren 26
22 Blütenstengel endständig; zur Blütezeit nichtblühende Blattrosetten meist nicht vorhanden 23
– Blütenstengel seitenständig; zur Blütezeit meist einzelne oder mehrere nichtblühende Blattrosetten vorhanden . . . . 6. *P. collina* agg.
23 Blattunterseite fast nur mit krausen Haaren . . .
4. *P. argentea*
– Blattunterseite zusätzlich ± dicht mit geraden, steifen Haaren bedeckt 24
24 Untere Stengelblätter meist 5- bis 7zählig gefingert; Blättchen jederseits mit 5–11 Zähnen oder Abschnitten bis nahe zur Basis herab; Antheren 0,8–1 mm lang . . . . 5. *P. inclinata*
– Blättchen meist nur 5zählig und nur mit 2–6 Zähnen oder Abschnitten, im basalen Viertel ganzrandig; Antheren 0,5–0,7 mm lang 25
25 Außenkelch meist etwas kürzer als der Kelch; Kronblätter 4–7 mm lang . . . 6. *P. collina* agg.
– Außenkelch ein wenig länger als der Kelch; Kronblätter 4–5 mm lang . . . . . . 9. *P. intermedia*
26 (21) Blütenstengel endständig, zur Blütezeit ohne zentrale, nichtblühende Blattrosette 27
– Blütenstengel seitenständig, Pflanzen mit zentraler, nichtblühender Blattrosette zur Blütezeit . . . 28
27 Blätter vorwiegend dreizählig; Kronblätter nicht länger als der Kelch . . . . . . 8. *P. norvegica*
– Blätter 5- bis 7zählig gefingert; Kronblätter länger als der Kelch . . . . 10. *P. recta*
28 Nebenblätter der unteren Blätter linear-lanzettlich . . . . 13. *P. neumanniana*
– Nebenblätter lanzettlich bis eiförmig 29
29 Grundständige Blätter zum Teil mit mehr als 5 Blättchen; Blütenstengel oft rötlich überlaufen und abstehend zottig behaart; Kronblätter 5–7 mm lang . . . . 12. *P. heptaphylla*
– Grundständige Blätter vorwiegend mit 5 Blättchen; Blättchen unterseits auf den Adern und am Rand seidig anliegend behaart, oberseits dunkelgrün; Kronblätter meist länger als 7 mm . . . . .
11. *P. aurea*

Potentilla fruticosa L. 1753
Strauch-Fingerkraut

Reich verzweigter Strauch bis zu etwa 1 m Höhe; Blätter gefiedert, mit meist 5 (3–7) elliptischen bis lanzettlichen,

1–3 cm langen, behaarten, ganzrandigen Blättchen. Blüten 2–3 cm breit, gelb oder weiß; Kronblätter länger als der Kelch. Früchtchen dicht behaart; Griffel keulenförmig, nahe der Basis eingefügt.

Die sehr häufig bei uns in verschiedenen Sorten als Zierstrauch verwendete Art kommt in Europa nur in wenigen Gebieten wild vor, so in den Pyrenäen, Seealpen, Irland, England, Öland, Baltikum, Ural, Rodope-Gebirge; in Asien weit verbreitet in Sibirien, Zentral- und Ostasien, ferner im westlichen und östlichen Nordamerika. Die Art kann gelegentlich verwildern. BERTSCH (1948) gibt Verwilderungen von Morstein, Hemigkofen und Leutkirch an. Sichere Beobachtungen über eine Selbstaussaat scheinen jedoch aus Baden-Württemberg noch nicht vorzuliegen. Hinweise dazu sind erwünscht.

Potentilla bifurca L. 1753

Kleiner Halbstrauch mit basal verholzenden, aufsteigenden, 15–30 cm langen Blütentrieben. Blätter gefiedert, beidseits mit 3–8 elliptischen bis linealen, ganzrandigen, teilweise jedoch verschieden tief in 2 Abschnitte gespaltene Seitenfiedern sowie einer meist tief dreispaltigen Endfieder; Fiedern 0,5–3 cm lang. Blüten meist lang gestielt, 5–15 mm breit; Kronblätter länger als der Kelch. Pflanze fast kahl oder etwas seidig behaart.

Die Art kommt in Südosteuropa und in großen Teilen Asiens von Anatolien bis ins Amurgebiet vor. Selten wird auch aus Baden-Württemberg über Einschleppungen bzw. Einbürgerungen berichtet: 6516/2: Mannheim, an der Kanalböschung auf der Mühlau von 1886 an mehrere Jahre eine ziemlich zahlreiche Kolonie beobachtet, LUTZ (1910: 374), „bis 1941 noch regelmäßig am Hafenkanal zwischen Mühlau und freiem Rhein", durch Auffüllen mit Trümmerschutt zerstört, HEINE (1952).

Potentilla atrosanguinea Loddiges ex Don 1825
Dunkelblutrotes Fingerkraut

30–60 cm hoher, aufrechter Stengel; Blätter 3- bis 5zählig gefingert; Blättchen breit verkehrt-eiförmig bis elliptisch, 2–8 cm lang, weit herab gesägt-gekerbt, unterseits weißfilzig, oberseits grün, fein weichhaarig. Blüten 20–30 mm breit, purpur- bis dunkelrot.

Die Art ist im westlichen und mittleren Himalajagebiet von Kaschmir bis Nepal beheimatet. Sie wird als Zierpflanze auch in Mitteleuropa da und dort angepflanzt. Gelegentlich wird über Verwilderungen dieser Art berichtet, so auch aus Baden-Württemberg: 7922/3: Mengen, verwildert auf dem Missionsberg, 1906, BERTSCH (STU).

Von der aus dem gleichen Gebiet stammenden, aber gelb blühenden *P. argyrophylla* Wallich ex Lehm. 1831 ist die Art praktisch nur durch die Blütenfarbe unterschieden. Es gibt in Gärten auch Hybridformen der beiden Arten.

Potentilla nepalensis Hooker 1824

Habitus ähnlich wie *P. atrosanguinea*, aber Blätter unterseits nicht weißfilzig, sondern grün und locker behaart; Blättchen schmal verkehrt-eiförmig; Blüten 22–25 mm breit, scharlach- bis hellpurpurrot mit dunkleren Adern, basal mit schwarzrotem Fleck.

Die Heimat ist der westliche Himalaja nach Osten bis Nepal in der Höhenstufe von 1500–2700 m. Die Art wird gelegentlich in Gärten als Zierpflanze gehalten.

Sumpfblutauge *(Potentilla palustris)*
Feldberg, 4.8.1991

1. Potentilla palustris (L.) Scop. 1772
Comarum palustre L. 1753; *P. comarum* Nestler 1816
Sumpfblutauge

Die Art ist bei uns der einzige Vertreter der nur aus zwei Arten bestehenden Untergattung *Comarum* (L.) Syme. Diese Untergattung wird mit einiger Berechtigung öfters auch als eigene Gattung behandelt.

Morphologie: Ausdauernde Sumpfpflanze; Rhizom kriechend, sich bewurzelnd, verholzend, bis etwa 1 m lang und in einen beblätterten, vegetativen Sproß endend; seitliche Stengel aufsteigend bis aufrecht, 10–50 cm lang, beblättert, vegetativ oder in einen arm- und lockerblütigen Blütenstand endend. Blätter gefiedert mit meist 5 (3–7), engstehenden, lanzettlichen bis schmal-eiförmigen, kräftig gesägten, 3–7 cm langen und 1–3 cm breiten Blättchen. Außenkelchblätter viel kürzer und schmäler als die eiförmigen, deutlich zugespitzten, sich bis zur Fruchtreife auf 15–20 mm verlängernden, innen dunkel purpurroten Kelchblätter. Kronblätter dun-kel purpurrot, schmal-lanzettlich, etwa halb so lang wie die Kelchblätter, bis zur Fruchtreife bleibend. Fruchtboden kugelig aufgewölbt, schwammig, behaart; Früchtchen kahl, zahlreich, mit seitlich ansitzendem Griffel.

Biologie: Blütezeit meist von Juni bis August. Die Blüten sind proterandrisch und werden von Insekten bestäubt (vor allem Dipteren und Hymenoptern). Die Früchtchen können durch Wasserströmungen oder durch Tiere (auch endozooisch) verbreitet werden.

Ökologie: Mäßige Beschattung ertragende Sumpfpflanze auf nassen und oft überschwemmten, kalk- und basenarmen, höchstens mäßig nährstoffreichen Torf- und Schlammböden; vor allem in basenarmen Kleinseggen-Flachmooren (Caricetalia fuscae) und in Zwischenmoor- und Schlenken-Gesellschaften (Scheuchzeretalia), gelegentlich auch in kleinseggenreichen Naßwiesen (Calthion) und Großseggen-Verlandungsgesellschaften (Magnocaricion); vgl. dazu vegetationskundliche Aufnahmen aus dem Caricetum limosae, Caricetum la-

113

siocarpae, Caricetum diandrae vom Schwarzwald bei DIERSSEN (1984: Tab. 3a+b, Tab. 6, Tab. 8), bzw. für das Alpenvorland bei GÖRS (1960: Tab. 5) und bei KUHN (1961: Tab. 6), aus dem Caricetum rostratae bei DIERSSEN (1984: Tab. 7) für den Schwarzwald und bei RODI (1963: Tab. II/c) für den Schwäbisch-Fränkischen Wald; außer den schon genannten *Carex*-Arten sind als häufige Begleitpflanzen zu nennen: *Menyanthes trifoliata, Eriophorum angustifolium, Viola palustris, Peucedanum palustre, Pedicularis palustris, Carex stellulata, C. canescens,* u.a.

Allgemeine Verbreitung: Zirkumpolare Art der nördlichen Hemisphäre von den gemäßigten bis in die subarktischen Zonen; in Europa nach Süden bis ins nördliche Spanien, nach Norditalien und Bulgarien; ferner isolierte Vorkommen in Ost-Anatolien, in Armenien und im Kaukasus-Gebiet; in Nordasien vom Ural bis nach Japan, in Nordamerika, auf Grönland und Island.

Verbreitung in Baden-Württemberg: Entsprechend den Standortsansprüchen der Art finden wir eine Häufung der Vorkommen in Gebieten mit vielen Mooren und Stillgewässern, also vor allem im Alpenvorland, im östlichen Teil des mittleren und südlichen Schwarzwalds sowie im östlichen Keuperbergland um Ellwangen. Außerhalb dieser Gebiete handelt es sich häufig nur um sehr kleinflächige Vorkommen, z.B. wassergefüllte und verlandende Dolinen (vor allem im Gipskeuper wie bei

Sersheim, 7120/1 oder im Kupfermoor bei Schwäbisch Hall, 6824/1).

Früher kam die Art auch in den tiefsten Lagen des Landes bei Mannheim um 95 m noch vor, in der Zwischenzeit dürften die Vorkommen am mittleren Oberrhein (7214/2) bei etwa 120 m die tiefstgelegenen sein. Die höchsten Vorkommen des Landes finden sich im Südschwarzwald: 1100 m am Feldseemoor (8114/1); 1460 m Baldenweger Moor, LANG (1974).

Außerhalb Baden-Württembergs wurde die Art in den Alpen Graubündens noch bei 2136 m festgestellt (BECHERER 1971: 324).

Erstnachweise: Die Art ist bei uns als urwüchsig zu betrachten. Früchtchen und Pollen der Art wurden in verschiedenen spät- und nacheiszeitlichen Perioden gefunden. Der älteste Fund eines Früchtchens dürfte der von BERTSCH (1924) aus dem Alleröd des Reichermooses sein. G. LANG (1952: 98) fand die Art in der jüngeren Dryas-Zeit (Periode III nach FIRBAS) im Dreherhofmoor im Schwarzwald.

Die erste Angabe in der Literatur findet sich bei ROTH VON SCHRECKENSTEIN (1798: 104) mit „um Mülheim".

Bestand und Bedrohung: Die Bestände in den Hauptverbreitungsgebieten sind noch einigermaßen umfangreich. Die Art ist hier durchaus konkurrenzkräftig und zeigt sich als Verlandungspionier, indem die Rhizome am Rand von Schwingrasen und der Verlandungsgürtel ins offene Wasser hinauswachsen. Allerdings nimmt die Anzahl nicht stark eutrophierter Gewässer und Moore ständig ab. Dadurch ist eine gewisse Gefährdung gegeben, insbesondere auch außerhalb der Hauptverbreitungsgebiete, wo wie z.B. im nördlichen Oberrheingebiet viele Vorkommen schon erloschen sind (vgl. THOMAS 1989). Die Art ist in der Roten Liste daher zu Recht als gefährdet (G3) eingestuft (HARMS u.a. 1983).

2. Potentilla anserina L. 1753
Gänse-Fingerkraut

Morphologie: Ausdauernd, mit kurzem, dickem, verzweigtem Rhizom und Rosetten grundständiger Blätter. Blätter unterbrochen gefiedert, bis über 30 cm lang werdend, mit 5–20 wechsel- oder gegenständigen Fiederpaaren; Fiedern schmal-elliptisch bis verkehrt-lanzettlich, 2–5 cm lang, tief gesägt bis fiederspaltig, unterseits silbrigweiß dicht anliegend behaart, oberseits ebenso oder dunkelgrün und nur wenig behaart. Blühende Sprosse seitenständig, niederliegend und an den Knoten sich bewurzelnd, bis 80 cm lang. Blüten einzeln (selten zu 2) an den

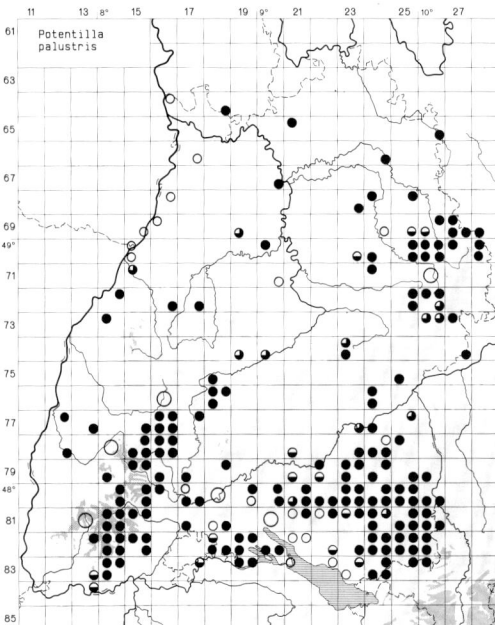

114

Gänse-Fingerkraut *(Potentilla anserina)*
Böblingen, 10.7.1991

Knoten auf langen Stielen, 2–3 cm breit. Außenkelchblätter oft mehrzähnig, ungefähr so lang wie die lanzettlichen, spitzen Kelchblätter. Kronblätter breit-elliptisch, 1,5–2 × länger als der Kelch. Reife Früchtchen kahl. Griffel seitlich entspringend, fadenförmig, nur an der Narbe verdickt.

Biologie: Blüht von Mai bis Oktober. Die Blüten werden von Fliegen, Hautflüglern und Käfern bestäubt. Es ist auch Selbstbestäubung möglich. Die Früchtchen können durch Wasser oder auch endozooisch verbreitet werden.

Ökologie: Vor allem auf frischen bis wechselfeuchten, basen- und nährstoffreichen, lehmigen bis tonigen Böden in Pionier- und Ruderalfluren an Weg- und Straßenrändern, an Ufern, in Äckern und in Weiden vorkommend; gilt als Charakterart der Flutrasen und feuchten Weiden (Verband Agropyro-Rumicion). Die Art verträgt auch hohe Salzkonzentrationen, was ihr häufiges Vorkommen an Straßenrändern mit Salzstreuung verständlich macht.

Die Art kommt hier gern zusammen vor mit *Polygonum aviculare* und *Juncus compressus*. Vegetationskundliche Aufnahmen liegen aus einer Vielzahl unterschiedlicher Ruderal-, Tritt- und Zwergbinsengesellschaften vor (vgl. z.B. PHILIPPI 1968: Tab. 7, Tab. 9; OBERDORFER 1971: Tab. 2, Tab. 3; TH. MÜLLER in SEYBOLD und MÜLLER 1972: Tab. 3, Tab. 5, Tab. 9).

Allgemeine Verbreitung: In den gemäßigten und kalten Zonen der Nordhemisphäre weit verbreitet, dazu auf der Südhemisphäre in Südamerika, Neuseeland und Australien vorkommend. In Europa nur im eigentlichen Mittelmeergebiet weitgehend fehlend.

Verbreitung in Baden-Württemberg: Fast überall verbreitet und häufig, nur im Schwarzwald und im Odenwald offenbar streckenweise fehlend bis selten.

Von den tiefsten Lagen des Landes nördlich Mannheim bei etwa 95 m bis in die höchsten Lagen der südwestlichen Schwäbischen Alb am Plettenberg (7718/4) bei 970 m noch notiert.

Erstnachweis: Die Art ist bei uns urwüchsig. Sie wurde schon im Frühen Subboreal (2. Hälfte des 4. Jahrtausend v.Chr.) von Hornstaad in einer Siedlung der Horgener Kultur gefunden (RÖSCH 1990e).

P. anserina wird schon von J. BAUHIN (1598: 201) für die Umgebung von Bad Boll (7323) angegeben.

Bestand und Bedrohung: Die Art ist eine unserer häufigsten und am weitesten verbreiteten Pflanzen und daher nicht bedroht. Sie hat in den letzten Jahrzehnten entlang der Ränder neugebauter Straßen und Feldwege sich besonders stark ausgebreitet. Gleichwohl dürfte die Art zur ursprünglichen Flora gehören, an Flußufern dürfte sie schon immer geeignete Wuchsorte gefunden haben.

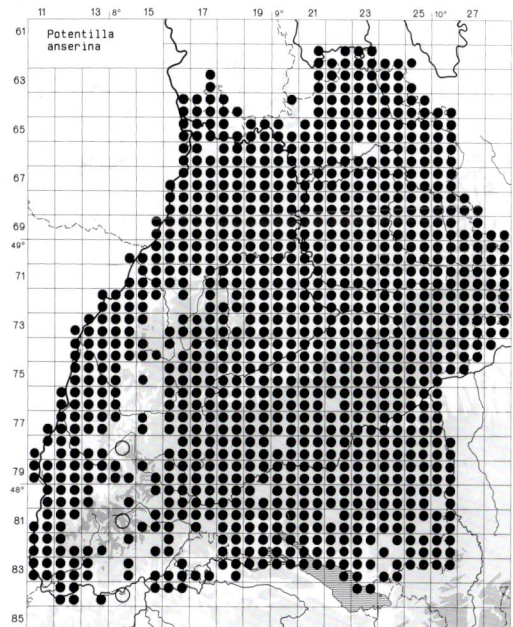

3. Potentilla rupestris L. 1753
Felsen-Fingerkraut, Stein-Fingerkraut

Morphologie: Ausdauernd, Rhizom mit aufsteigenden Ästen, die an ihren Spitzen Rosetten langgestielter Grundblätter tragen. Grundblätter unpaarig gefiedert, mit 2–4 Fiederpaaren; Endblättchen 1,5–5 cm lang, die anderen kleiner, breit-eiförmig, tief und teilweise doppelt gekerbt-gesägt. Blütenstengel aufrecht, 20–60 cm hoch, oben steilastig verzweigt, einen lockeren, arm- bis reichblütigen, manchmal fast scheindoldenartigen Blütenstand bildend. Blüten langgestielt. Kelchblätter eiförmig, zugespitzt, ca. 7 mm lang, deutlich größer als die lanzettlichen Außenkelchblätter. Kronblätter fast kreisrund, sich deckend, 8–12 mm lang. Blütenboden behaart, flach, in der Mitte mit eiförmigem Köpfchen mit 60–80 Fruchtblättern. Griffel oben und unten verschmälert, nahe der Basis der Fruchtblätter entspringend.

Biologie: Blüht vorwiegend im Mai und Juni.

Ökologie: Halbschattenertragende, etwas wärmeliebende Pflanze auf mäßig trockenen, basenreichen, aber im Oberboden meist entkalkten, sandigen bis lehmigen Böden; vor allem in lichten Eichen- und Kieferwäldern, in Saumgesellschaften an Wald- und Gebüschrändern, in Halbtrockenrasen; gilt als Verbandscharakterart des Geranion sanguinei; eine vegetationskundliche Aufnahme aus einem Halbtrockenrasen (Gentiano-Kolerietum)

des westlichen Bodenseegebiets bringt LANG (1973: Tab. 80, Aufn. 5). Die Art kommt dort u. a. zusammen vor mit *Brachypodium pinnatum, Bromus erectus, Carex caryophyllea, Ononis spinosa, Sanguisorba minor, Hippocrepis comosa, Pimpinella saxifraga, Potentilla neumanniana.*

Allgemeine Verbreitung: Südliches Mitteleuropa und Südosteuropa, in Südeuropa vor allem in den Gebirgen von Spanien im Westen bis zur Krim und Kaukasus im Osten, ferner in Nordwest-Afrika, Anatolien und Nord-Iran. Im Norden zersplittertes Areal bis Schottland, Süd-Schweden, Süd-Finnland, Polen. Die Art wird dem submediterranen Florenelement zugerechnet.

Verbreitung in Baden-Württemberg: Seltene Art, die nur in 2 Teilarealen mit mehreren Fundorten vorkommt, einmal im Stromberg und Heuchelberg im Norden und dann im Süden in einem Gebiet, das Teile der Randen- und Hegau-Alb, des Hegaus und des westlichen Bodenseegebiets sowie des Klettgaus und Hochrheintales umfaßt.

Auch südlich des Hochrheins auf schweizerischem Gebiet beschränken sich die Vorkommen von *P. rupestris* auf ein kleines anschließendes Gebiet. So ist auch in der Schweiz dieses Teilareal weit getrennt von den Hauptvorkommen in zentral- und südalpinen Tälern.

Außer den Teilarealen gibt es in Baden-Württemberg nur noch ein aktuelles Vorkommen im Illertal. Alte, offenbar seit langem nicht mehr bestätigte Angaben für Einzelvorkommen gibt es aus dem Oberrheingebiet und dem Taubergebiet.

Oberrheingebiet: 6717/1: Waghäusel, LOUDET in DÖLL (1843, 1862), SCHULTZ (1846), SCHMIDT (1857), genauere Angaben lauten auf „zwischen Waghäusel und Lussheim" oder „eine halbe Stunde von Waghäusel an einer freien Waldstelle rechts vom Wege nach Schwetzingen"; ? Quadrant: Kaiserstuhl, ohne Fundortsangabe, DÖLL (1862), von NEUBERGER (1912) mit! bestätigt; SLEUMER (1934) zitiert nur DÖLL und NEUBERGER. Dieser Fund konnte nicht in die Karte eingetragen werden.

Taubergebiet: 6524/2?: Mergentheim, BAUER in SCHÜBLER und VON MARTENS (1834), SCHLENKER (1910), seither nicht mehr bestätigt.

Stromberg und Heuchelberg: 6918/4: Scheitelberg (= Scheuelberg), HILLER in SCHÜBLER und VON MARTENS (1834), ob = Maulbronn, 1864, RAICHLEN (STU), 1932, SCHWEIZER (STU) oder = Freudenstein, K. SCHLENKER (STU-K)?; bei einem See bei Maulbronn, KARRER und LÖRCHER in VON MARTENS und KEMMLER (1882); 6919/2: Heuchelberg bei Kleingartach, 1890, ALLMENDINGER (STU), KIRCHNER und EICHLER (1900), wohl = Heuchelberg oberhalb Güglingen, PFAU in SCHÜBLER und VON MARTENS (1834); 6919/?: Sternenfels, Hiller in SCHÜBLER und VON MARTENS (1834); 6920/3: Wald hinter dem Michaelsberg bei Cleebronn, 1899, BADER (STU), KIRCHNER und EICHLER (1900); Wald über Hohenhaslach, 1967,

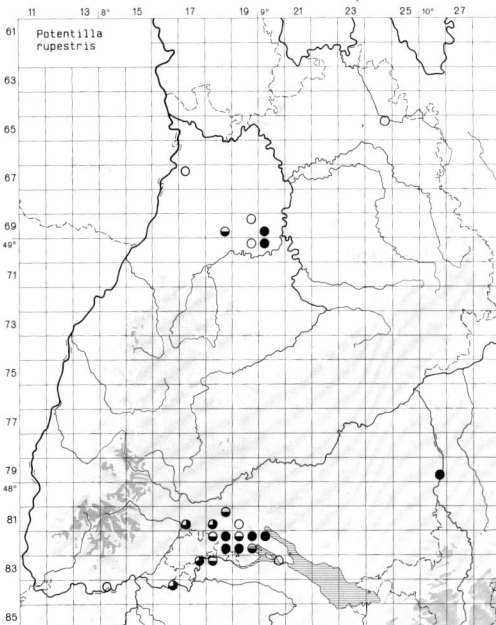

Potentilla rupestris

Felsen-Fingerkraut *(Potentilla rupestris)*
Bingen, 1989

GLOCKER (STU-K), SEBALD (STU), 1981 noch 5 Pflanzen, WOLF (STU-K); 7019/2: Schanzenberg bei Ensingen,
1826, MOSER (STU), SCHÜBLER und VON MARTENS
(1834); 7020/1: Großsachsenheim, in einem Wald, LÖCKLE
in VON MARTENS und KEMMLER (1882), wohl = Wald
beim Sersheimer Moor, 2 Pflanzen, 1985, SEBALD (STU-
K).

Randen, Hegau und westliches Bodenseegebiet: 8117/3:
Eichberg, DÜLL in PHILIPPI und WIRTH (1970: 343); 8118/
2: Engen, VON STENGEL in DÖLL (1843, 1862), wohl = N
Engen, am Eingang ins Brudertal, 1923, OTT in KUMMER
(1943); 8118/3: Hohenhöwen, GRADMANN (1936: 428),
1963, KNAUSS (STU); 8119/3: zwischen Aach und Vol-
kertshausen, 1835, HÖFLE (1850); 8218/1: Hohenstoffeln,
NW-Hang, 1922, KOCH in KUMMER (1943); 8218/2: Wald
beim Hohentwiel, KARRER in VON MARTENS und KEMM-
LER (1882); Hohentwiel, Ostfuß, 1976, ATTINGER in ISLER-
HUEBSCHER (1980); Gönnersbohl, 1929, LEUTENEGGER in
KUMMER (1943); 8218/4: Gailinger Berg, BRUNNER (1882),
JACK (1892), nach 1970, E. KOCH (STU-K); 8219/1: Bru-
derhof, 1879, KARRER (STU); Zellerhau bei Singen, JACK
(1892: 389); Singen, am Bahndamm gegen Konstanz,

1897, A. MAYER (STU); an Straße von Radolfszell nach
Singen, 1837, JACK in HÖFLE (1850), 1904, A. MAYER
(STU); 8219/2: Buchenseen bei Güttingen, 1951, 1979,
HENN u.a. (STU-K), 1962, LANG (1973: Tab. 80,
Aufn. 5); Rickelshausen, LINDER (1907: 171); 8219/3:
Hartberg N Worblingen, 1982, BEYERLE (STU-K); 8220/1:
beim Mindelsee, JACK (1891: 356); 8220/3: Kaltbrunn,
VON STENGEL in DÖLL (1862), JACK (1891: 354); 8318/1:
Büsingen, DÖLL (1862), JACK (1892), ob dieser Qua-
drant?; 8320/2: Konstanz, am Tabor, LEINER in HÖFLE
(1850), DÖLL (1843, 1862).

Hochrhein und Klettgau: 8317/2: Altenburg, HUEBSCHER
in KUMMER (1943), 1956, MAYER in PHILIPPI (1961);
8414/1: Laufenburg, DÖLL (1862), NEUBERGER (1912);
8416/2: Hohentengen, 1953, 5 Pflanzen, später verschwunden, THOMMA (1972).

Illertal: 7926/4: beim Hertel (Härtle) zwischen Illerbachen
und Egelsee, DUCKE in VON MARTENS und KEMMLER
(1865), u.a., noch 1973 bestätigt, DÖRR (STU).

Früher lag der tiefste Fundort bei Waghäusel
(6717) bei etwa 105 m, jetzt könnte dies das Vor-

kommen beim Sersheimer Moor (7020) bei 235 m sein. Als höchstes Vorkommen wurde bisher der Eichberg (8117/3) mit 900 m notiert.

Erstnachweis: Die Art dürfte bei uns zur ursprünglichen Flora gehören. Archäologisch ist sie bis jetzt noch nicht nachgewiesen.

Bei VON MARTENS (1823: 241) wird die Art für das württembergische Unterland erwähnt.

Bestand und Bedrohung: Die sehr seltene Pflanze ist vor allem durch Zuwachsen von Trockenrasen und Saumgesellschaften sowie durch den dichteren Kronenschluß früher lichter Wälder bedroht und ist in der Roten Liste (HARMS u.a. 1983) berechtigt als stark gefährdet (G2) eingestuft.

Bei den noch vorhandenen Vorkommen sollte eine Überwachsung und Eutrophierung verhindert werden.

4. Potentilla argentea L. 1753 s.l.
Silber-Fingerkraut

Morphologie: Ausdauernd; mit Pfahlwurzel und aufrechtem bis aufsteigendem, verzweigtem Rhizom; Blütenstengel endständig, niederliegend bis aufrecht, 20–50 cm hoch, filzig weißhaarig, oben in den rispigen bis fast trugdoldigen, reichblütigen Blütenstand verzweigt. Stengelblätter zahlreich, untere 5zählig gefingert und lang gestielt, obere sitzend, oft nur 3zählig; Blättchen 1–3 cm lang, verkehrt-eiförmig mit keilförmiger Basis im Umriß,

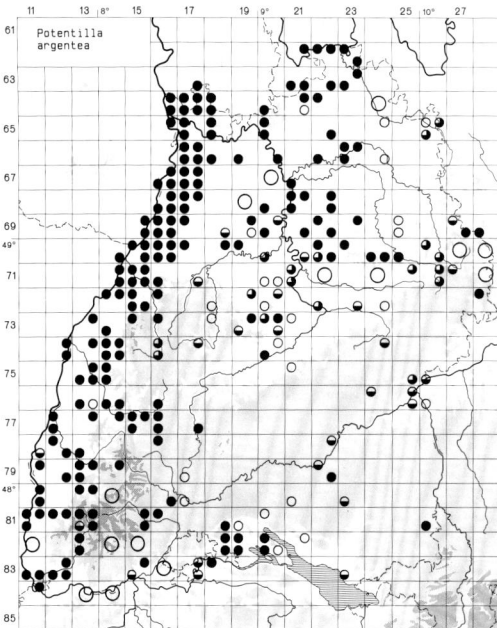

tief gezähnt bis fiederschnittig, mit 2–5 dreieckigen bis linealen Zipfeln beidseits; Unterseite weißfilzig, Rand oft eingerollt; Oberseite grün, schwach behaart bis kahl. Blüten 1–3 cm lang gestielt, 5zählig, 10–15 mm Durchmesser. Kelchblätter schmal-eiförmig, spitz, 4–6 mm lang, etwas länger als die Außenkelchblätter, außen filzig behaart. Kronblätter verkehrt-eiförmig, kaum ausgerandet, 4–6 mm lang. Blütenboden behaart; Fruchtblätter zahlreich, kahl, Griffel nahe der Spitze eingefügt, basal schwach verdickt, mit kopfiger Narbe. Früchtchen gerieft.

Variabilität: *P. argentea* in weiterem Sinne bildet einen Komplex aus diploiden und polyploiden Sippen, die sich überwiegend apomiktisch fortpflanzen. Die bisher aus Mitteleuropa beschriebenen Sippen werden sehr unterschiedlich eingestuft, als Varietäten z.B. bei WOLF (1908), GAMS in HEGI (1923) und OBERDORFER (1949), als Unterarten bei OBERDORFER (1970, 1983, 1990), als Kleinarten bei ROTHMALER (1976, 1986). EHRENDORFER (1973) zieht diese Sippen mit Ausnahme von *P. neglecta* Baumg. in die Variation von *P. argentea* ein. Schon WOLF (1908) betont, daß die Sippen durch Zwischenformen verbunden sind und daß es sehr schwierig ist, einen brauchbaren Bestimmungsschlüssel für sie zu entwerfen. Angesichts dieser Sachlage und der geringen Kenntnisse über diese Sippen im Untersuchungsgebiet erschien es am zweckmäßigsten, sie wie schon bei WOLF nur als Varietäten beizubehalten.

1   Blättchenzipfel sehr schmal (mindestens 4mal so lang wie breit; Blättchen fast bis zur Mittelrippe eingeschnitten und manchmal fast doppelt-fiederspaltig 2

–   Blättchenzipfel breiter und nicht bis fast zur Mittelrippe eingeschnitten; Blättchen nur einfach fiederspaltig 3

2   Blättchen oberseits filzig, grau bis weiß
     . . . . g) var. *dissecta*

–   Blättchen oberseits grün, fast kahl . . . .
     . . . . f) var. *tenuiloba*

3   Blättchen oberseits weiß bis grau filzig . . . . . .
     . . . . b) var. *incanescens*

–   Blättchen oberseits grün, fast kahl 4

4   Stengel dick, aus niederliegendem Grund aufsteigend; Blütenstiele kurz und starr; Blättchen nur mit 1–2 stumpfen Zähnen . . . e) var. *grandiceps*

–   Stengel dünn; Blütenstiele dünn und lang 5

5   Stengel aufrecht oder nur basal niederliegend . .
     . . . . a) var. *argentea*

–   Stengel wenigstens im unteren Drittel niederliegend 6

6   Stengel kreisförmig ausgebreitet, dem Boden anliegend; Blättchen klein, am Rand stark eingerollt, mit 1–2 schmalen Zähnen; eher auf trockenen, nährstoffarmen Standorten . . . c) var. *demissa*

Silber-Fingerkraut *(Potentilla argentea)*
Rastatt, 29.5.1991

– Stengel allmählich aufsteigend, bis 50 cm lang; Blättchen groß, am Rand nicht oder wenig eingerollt; eher auf frischen, nährstoffreicheren Standorten . . . . d) var. *decumbens*

a) var. **argentea**

Morphologie: S. oben.

Biologie: Blütezeit von Mai bis November. Die Blüten werden vor allem von Hymenopteren bestäubt. Die Früchtchen werden vom Wind aus den Blüten geschüttelt.

Ökologie: Licht- und etwas wärmeliebende Art auf trockenen bis mäßig frischen, basenreichen, aber meist kalkarmen, sandigen bis kiesigen Standorten, vor allem in ruderalen oder brachliegenden Sandflächen, in lückigen Sand-Rasen, in Kiesgruben, an Wegrändern, auf Bahngelände, an Weinbergmauern, selten sogar an Kalkfelsen; gilt als Klassenkennart der Sedo-Scleranthetea. Nach Vegetationsaufnahmen von PHILIPPI (1971: Tab. 6 und

10; 1973: Tab. 1, 5 und 13) im Oberrheingebiet in der *Helianthemum obscurum-Asperula cynanchica*-Gesellschaft der Sandfluren, in *Carex praecox*-Beständen, im Spergulo morisonii-Corynephoretum, im Vulpietum myuri, *Spergularia rubra*-Beständen, nach DEMUTH (1988: Tab. 1) auch in der Mauergesellschaft mit *Ceterach officinarum*.

Allgemeine Verbreitung: Fast ganz Europa, nach Osten durch Sibirien bis zum Altai; im Süden vor allem in den Gebirgen von Griechenland, über Anatolien, Kaukasus, Nord-Iran, Afghanistan bis Turkmenistan. In Nordamerika und Neuseeland eingebürgert.

Verbreitung in Baden-Württemberg: Verbreitet vor allem in den Sandgebieten des Oberrheingebiets, von da entlang der Täler tief in den Schwarzwald eindringend, ebenso im Maingebiet, zerstreut auch im Keupersandsteingebiet des mittleren und nördlichen Württembergs, viele dieser Angaben sind jedoch nicht mehr aktuell bestätigt. Auf der Schwäbischen Alb fehlt die Art fast völlig, wurde allerdings bei Schelklingen auch an Kalkfelsen beobachtet (K. Müller auf Herbarbeleg). Eine gewisse Häufung ist noch im Hegau und im westlichen Bodenseegebiet festzustellen, während die Art im übrigen Alpenvorland recht selten ist.

Mit 91 m liegt das tiefste Vorkommen bei Mannheim (6416/4). Die höchsten Vorkommen wurden bei 780 m im Süd-Schwarzwald bei Kappel (8115/2) und am Belchen mit 1270 m (8112/4) notiert.

Erstnachweis: Die Art wurde im Präboreal am Federsee nach Firbas (1948) gefunden.

In der Literatur wird die Art erstmals bei Leopold (1728: 139) bei Ulm mit „am Schneckengarten" erwähnt.

Bestand und Bedrohung: Die Art ist in ihrem Hauptverbreitungsgebieten noch relativ häufig und hier wohl nicht bedroht. Andererseits sind viele der zerstreuten Vorkommen nicht mehr aktuell bestätigt worden, so daß hier mit einem beachtlichen Rückgang zu rechnen ist. Die noch vorhandenen Vorkommen bedürfen einer Schonung.

b) var. **incanescens** (Opiz) Focke 1892
P. incanescens Opiz 1824; *P. impolita* auct. non Wahlenberg 1814; *P. neglecta* Baumg. 1816
Diese Sippe wird als einzige von den hier aufgeführten Varietäten bei Ehrendorfer (1973) und von Ball, Pawlowski und Walters (1968) als eigene Art *P. neglecta* Baumg. der *P. argentea* s. str. gegenübergestellt.

Sie ist in der Regel hexaploid mit 2n = 42 Chromosomen, während *P. argentea* s. str. in der Regel diploid mit 2n = 14 Chromosomen ist. Beide Sippen sind vorwiegend apomiktisch. *P. neglecta* soll im größten Teil Europas vorkommen. Nach Oberdorfer (1983) kommt die Sippe im nördlichen Oberrheingebiet vor.

Als wesentliches Unterscheidungsmerkmal dienen bei Wolf (1908) die auch oberseits grau- bis weißfilzig behaarten Blättchen. Nach Wolf (1908) ist die Varietät ebenso häufig und formenreich wie die typische und kommt auch mit dieser zusammen vor. Mit Ausnahme der Behaarung und Färbung der Blättchenoberseite gleicht nach Wolf die var. *incanescens* der typischen in allem. Ball et al. (1968) verwenden in der Flora Europaea allerdings im Schlüssel andere Merkmale: *P. neglecta* (= var. *incanescens*) besitzt danach bei den Blättchen der unteren Blätter 9–11 spitze Zähne oder Lappen und 5–7 mm lange Kronblätter, *P. argentea* dagegen nur 2–7 stumpfere Zähne oder Lappen und nur 4–5 mm lange Kronblätter.

c) var. **demissa** (Jord.) Lehm. 1856
P. demissa Jord. 1849
Die Varietät zeichnet sich durch ihre dem Boden angedrückten, kleinblättrigen Stengel aus. Wolf (1908) hält sie für eine „gute" Varietät, obwohl der Gedanke an eine Standortsmodifikation z. B. durch Trittbelastung naheliegt. Von der Sippe werden 2n = 14 Chromosomen angegeben. Nach Wolf (1908) ist die var. *demissa* in Europa weitverbreitet. In Baden-Württemberg scheint sie bisher nicht beachtet worden zu sein.

d) var. **decumbens** (Jord.) Focke 1892
P. decumbens Jord. 1849
Auch bei dieser Varietät liegt der Gedanke an eine standörtlich bedingte Modifikation nahe. Konkrete Fundmeldungen aus Baden-Württemberg scheinen nicht vorzuliegen. Ein Beleg dürfte hierher gehören: 6516/2: Mannheimer Hafen, 1933, K. Müller (STU).

e) var. **grandiceps** (Zimm.) Rouy et Camus 1900
P. grandiceps Zimm. 1889
Die Varietät ist außer durch die im Schlüssel angegebenen Merkmale durch eine etwas sparrig und steif verzweigte Infloreszenz und den sich im Fruchtzustand deutlich vergrößernden Kelch ausgezeichnet. Nach Wolf (1908) kommt die Sippe außer im Bereich der Alpen von den Seealpen bis Tirol noch in Spanien, Frankreich, in der Tschechoslowakei und in Ungarn vor. Ältere Angaben aus Bayern sind nach Wolf (1908) größtenteils irrtümlich. Aus Baden-Württemberg scheinen noch keine Fundmeldungen vorzuliegen.

f) var. **tenuiloba** (Jord.) Schwarz 1899
P. tenuiloba Jord. 1852
Schon Wolf (1908) hält die Sippe für keine „gute" Varietät. Sie geht unmerklich in die typische Varietät über. Die Verbreitung ist unzureichend bekannt und aus Baden-Württemberg liegen noch keine Fundmeldungen vor.

g) var. **dissecta** Wallr. 1822
Die Blattform ist sehr ähnlich der vorigen Varietät. Wallroth meinte unter diesem Namen nur die Pflanzen mit grau und dicht behaarten Oberseiten. Wolf (1908) erweiterte die Sippe, ohne auf die Behaarung der Oberseite großen Wert zu legen. In Übereinstimmung mit Wallroth und neueren Floren (Oberdorfer 1990; Rothmaler 1986) wird hier der Name nur auf die auf der Blattoberseite ± dicht behaarten Pflanzen angewandt.

Für die Sippe werden 2n = 56 Chromosomen angegeben. Es ist allerdings sehr fraglich, ob alle morphologisch hierher gestellten Pflanzen tatsächlich diese Chromosomenzahl aufweisen. Die Verbreitung ist noch unzureichend bekannt. Aus Baden-Württemberg wird die Sippe schon von DÖLL (1862) unter dem Namen var. *tomentosa* für den Kaiserstuhl und für die Rheinebene bei Maxdorf angegeben.

Es liegen folgende weitere Angaben vor: 6417/2: NW Weinheim, 1988, DEMUTH (KR); 6417/3: Käfertaler Wald, 1988, BREUNIG u. KÖNIG (STU-K); 6524/2: Mergentheim, 1823, BAUER (STU), wohl ältester Beleg; 6526/2: Freudenbach, 1962, BAUR (STU); 6617/4: Pfalzgrafenberg bei Walldorf, 1988, BREUNIG u. KÖNIG (STU-K); 6624/4: Jagstberg, BAUER (STU); 6821/2: NE Eberstadt, 1988, SCHWEGLER (STU); 7513/2: Kinzigdamm S Offenburg, 1988, DEMUTH (KR).

5. Potentilla inclinata Vill. 1788
P. canescens Besser 1809; *P. adscendens* Waldst. et Kit. ex Willd. 1809; *P. argentea* var. *inclinata* (Vill.) Döll 1843
Graues Fingerkraut

Morphologie: Ausdauernd, mit mehrköpfigem Rhizom; Stengel endständig, aufsteigend bis aufrecht, reichlich beblättert, 20–50 cm hoch, locker bis dicht filzig behaart und mit vorwärts abstehenden Haaren, oben verzweigt in einen reichblütigen, rispig-thyrsischen Blütenstand. Untere Blätter langgestielt, obere sitzend, meist 5- bis 7zählig gefingert; Blättchen 2–5 cm lang, verkehrt-lanzettlich, tief gesägt-gezähnt bis (teilweise doppelt-)fie-

Graues Fingerkraut *(Potentilla inclinata)*
Mägdeberg, 23.6.1991

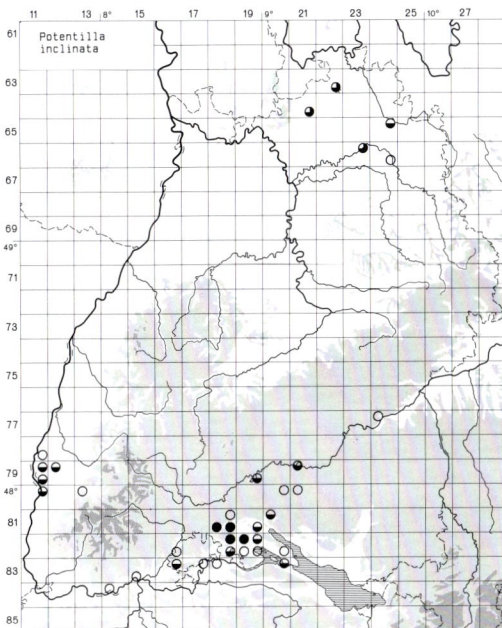

derspaltig bis nahe zur Basis herab, mit 5–11 Einschnitten jederseits; unterseits grau, filzig und mit langen Striegelhaaren auf den Adern, Rand flach; oberseits hellgrün, locker bis mäßig behaart. Blätter der meist nach der Blüte erscheinenden, nichtblühenden Rosetten kürzer und breiter (verkehrt-eiförmig), oft nur mit 3–5 Zähnen. Blütenbecher und Außenkelch etwas zottig behaart. Außenkelchblätter 3–4 mm lang, lanzettlich; Kelchblätter 4–5 mm lang, eiförmig, spitz. Kronblätter 5–7 mm lang, sehr breit verkehrt-eiförmig, seicht ausgerandet; Blüten bis etwa 15 mm breit. Blütenbecher innen behaart. Stamina 20; Filamente kahl, 1–3 mm lang. Fruchtblätter sehr zahlreich (ca. 80); Griffel fast endständig, etwa 1 mm lang, nach unten etwas verdickt.

Biologie: Blüht von Mai bis August. Die Früchtchen können durch den Wind verbreitet werden.

Ökologie: Ähnlich wie bei *P. argentea*, aber wenig genau bekannt; vor allem an ruderalen Stellen wie Wegränder, Bahn- und Hochwasserdämme, Kiesgruben, Trockenrasen, vorwiegend auf kalkarmen, sandigen bis steinigen Standorten.

Allgemeine Verbreitung: Mittel-, Süd- und Südosteuropa, von Mittelfrankreich im Westen bis nach Mittelrußland, ferner im westlichen und zentralen Sibirien, Kaukasusgebiet, Iran und Anatolien; eingeschleppt auch in Nordamerika. Im Norden Europas und auf den Britischen Inseln fehlend. Die Art ist dem kontinentalen Florenelement zuzurechnen.

Verbreitung in Baden-Württemberg: Selten vorkommende Art, öfters nur synanthrop. Die meisten

Fundortsangaben liegen aus dem westlichen Bodenseegebiet, vom Hochrhein- und südlichen Oberrheingebiet vor.

Oberrheingebiet: 7811/4: Limburg, THELLUNG (1903: 336); 7911/2: Schneckenberg bei Achkarren, VULPIUS in SLEUMER (1934); Kreuzbuck bei Ihringen, VULPIUS in SLEUMER (1934); zwischen Ihringen und Bickensohl, 1892, KNEUCKER (KR), rev. WOLF; 7911/4: Ihringen, im Winkel, SPENNER (1829), DÖLL (1843); Fohrenberg bei Ihringen, SCHILL in SLEUMER (1934); Breisach, SEUBERT (1885), NEUBERGER in SCHLATTERER (1920: 111); Felder bei Breisach, 1888, GÖTZ (KR), rev. WOLF; 7912/1: Ihringen, Totenkopf, 1926, K. MÜLLER (STU); 8011/2: Rothaus, THELLUNG (1903: 296), NEUBERGER (1912); 8013/1: Freiburg, Dreisamufer bei der Karthausbrücke, SPENNER (1829).

Taubergebiet, Bauland, Hohenlohe: 6322/4: Hardheim, 1955, SACHS (1961); 6421/4: Buchen, 1955, SACHS (1961); 6524/2: Mergentheim, 1922, VON ARAND-ACKERFELD (STU); 6623/2: Krautheim, 1953, SACHS (1961); 6624/4: Jagstberg, BAUER in VON MARTENS und KEMMLER (1865).

Wutachgebiet, Hochrhein, Klettgau: 8216/4: Stühlingen, WÜRTH in ROTH VON SCHRECKENSTEIN et al. (1814), KUMMER (1943); 8315/3: Waldshut, DÖLL (1862); 8316/2: Erzingen, APPEL in KUMMER (1943); 8317/2: Östlich Jestetten, SCHALCH in KUMMER (1943); 8318/1: Rheinhölzle bei Büsingen, BRUNNER in KUMMER (1943); 8414/1: Laufenburger Schloß, BINZ (1901: 152).

Schwäbische Alb (Donauseite): 7724/1: Ehingen, ROGG in VON MARTENS und KEMMLER (1865); 7919/4: Bronnen, JACK (1892: 16; 1900), 1914, A. MAYER (STU), nach BERTSCH (STU-K) nur verschleppt und erloschen; Beuron, JACK (1892: 15; 1900); 7921/1: Sigmaringen, BERTSCH (STU).

Hegau und westliches Alpenvorland: 8020/2: Meßkirch, DÖLL (1862), JACK (1900); 8021/1: Kiesgrube bei Otterswang, 1856, SAUTERMEISTER (STU), = Klosterwald, SEUBERT und KLEIN (1905); 8118/2: Engen, DÖLL (1862), ? = Talkapelle, JACK (1892: 404); 8118/3: Hohenhöwen, WINTER in JACK (1900); bei Watterdingen, 1979/81, BEYERLE (STU-K); 8118/4: Welschingen, 1930, KOCH und KUMMER in KUMMER (1943), 1960, KNAUSS (STU), 1979/81, BEYERLE (STU-K); Mägdeberg, AMTSBÜHLER in ROTH VON SCHRECKENSTEIN et al. (1814), 1942, BACMEISTER (STU); 8119/4: Südabhang der Nellenburg, BARTSCH (1925: 304); 8120/1: Stockach, VON STENGEL in DÖLL (1862); Bleiche N Stockach, FRICK in BARTSCH (1925: 304); 8218/2: Hohentwiel, 1834, ROESLER (STU) u.v.a., ATTINGER in ISLER-HUEBSCHER (1980); Hohenkrähen, DÖLL (1862) u.a., 1980, SEYBOLD (STU); Gönnersbohl, BARTSCH (1925: 304), 1935 viele Hundert Exemplare nach KUMMER (1943), 1976, ISLER-HUEBSCHER (1980); „um den Hohenstoffeln", ROTH VON SCHRECKENSTEIN (1799), ob dieser Quadrant?; 8218/4: Ebersberg bei Ebringen, 1930, EHRAT in KUMMER (1943); Heilsperg N Gottmadingen, 1924, KUMMER (1943); 8219/1: Schloß Friedingen, BARTSCH (1925: 304), 1938, KUMMER (1925: 304), 1968, PEINTINGER (STU-K); 8219/2: Hardtmühle S Steißlingen, BARTSCH (1925: 304); Südrand des Seehölzle am Böhringer See, BARTSCH (1925: 304); 8219/3: Überlingen a.R., JACK (1892: 355; 1900); 8219/4: Radolfzell, am Weg zur Mettnau, JACK (1892: 355; 1900); 8220/4: Kiesgrube beim Gi-

ratsmoos, JACK (1900); 8320/2: Wollmatingen, JACK (1896: 364), SEUBERT und KLEIN (1905), ob = Taborberg, 1912, GRADMANN (STU)?

Die tiefsten Funde werden aus dem südlichen Oberrheingebiet bei Breisach (7911) bei etwa 190 m angegeben, die höchsten vom Hohenkrähen im Hegau (8218/2) bei 640 m, das erloschene Vorkommen bei Bronnen (7914/4) auf der südwestlichen Donaualb lag mit wohl 720–750 m noch höher.

Erstnachweis: Die Art wird schon bei ROTH VON SCHRECKENSTEIN (1799: 28) „um den Hohenstoffeln" erwähnt.

Bestand und Bedrohung: Die vielen nicht mehr bestätigten Vorkommen deuten auf einen starken Rückgang dieser Art. Sie ist in der Roten Liste (HARMS et al. 1983) sicher zu Recht als stark gefährdet (G2) eingestuft. Auch wenn unsicher ist, ob die Art überhaupt zu unserer urwüchsigen Flora gehört, sollten die noch vorhandenen Vorkommen geschont werden, z.B. durch dauerhaftes Offenhalten geeigneter Ruderalstellen bzw. Beseitigung konkurrenzkräftigerer Arten.

6. Potentilla collina agg.
Hügel-Fingerkraut in weiterem Sinne

In dieser Sippengruppe werden Pflanzen zusammengefaßt, die in ihren Merkmalen zwischen P. argentea und P. neumanniana (und den mit ihr verwandten Arten) stehen. Sie nähern sich bald mehr den Elterngruppen und sind dann nicht immer von diesen zu unterscheiden, oder sie sind intermediär. Sie dürften durch Hybridisierung entstanden sein und verdanken ihre Erhaltung der apomiktischen Fortpflanzung. Die Sippen des P. collina agg. werden heute im allgemeinen als Kleinarten behandelt.

Morphologie: Ausdauernd; zur Blütezeit ohne oder mit nichtblühenden Trieben, die Rosetten grundständiger Blätter tragen; Blütentriebe aufrecht bis niederliegend, endständig oder seitenständig. Blätter fingerförmig aus 5–7 verkehrt-lanzettlichen bis verkehrt-eiförmigen, basal keilförmigen, gezähnten bis fiederteiligen Blättchen zusammengesetzt, mit 2–6 Zähnen beidseits; unterseits weißfilzig bis grün und nur mäßig dicht behaart. Kronblätter 4–7 mm lang.

Ökologie: Ansprüche ziemlich ähnlich wie P. argentea, vor allem in Felsfluren, Sandtrockenrasen, an Dämmen und Wegrändern, auf trockenen, meist kalkarmen, sandigen bis steinigen Standorten.

Allgemeine Verbreitung: Vor allem Mittel-, Ost- und Südosteuropa, im einzelnen jedoch noch wenig genau bekannt, nach Norden bis Südskandinavien, ferner im Kaukasus, in Kleinasien und Armenien.

Verbreitung in Baden-Württemberg: Selten, mit gewissen Schwerpunkten im Nördlichen Oberrheingebiet und im Hegau und am Hochrhein, also in den Gebieten, in denen *P. argentea* häufiger ist. Da sich ein großer Teil der Angaben nicht sicher auf eine bestimmte Kleinart beziehen läßt, war es nur möglich, eine Verbreitungskarte für *P. collina* agg. zu erstellen.

Oberrheingebiet: 6516/2: Mannheimer Hafen, 1969, DÜLL (STU-K); Mannheimer Schloßgarten, ZAHN (1895: 285); 6517/1: zwischen Friedrichsfeld und Relaishaus, ZAHN (1895: 285); 6517/3: unweit des Roten Lochs, ZAHN (1895: 285); 6517/4: o.O., SCHÖLCH (STU-K); 6616/4: o.O., SCHÖLCH (STU-K); 6717/2: o.O., SCHÖLCH (STU-K); 7412/2: Kehl, 1835, H. WOLF (STU); Rheinhafen Kehl, 1989, KLEIN (KR-K); 8011/2: Rothaus, NEUBERGER (1912); 8111/2: Heitersheim, am Weg nach Weinstetten, BRAUN-BLANQUET und KOCH (1928: 7); 8111/3: Neuenburg-Zienken, VULPIUS in BINZ (1901).
Tauber-Main-Gebiet: 6223/2: Wertheim, WIBEL (1799).
Neckarland: 6918/4: o.O.; 6919/3: Endberg, TODT (BZ-Bericht 1961/6/9); 7221/1: Weinberg zwischen Degerloch und Heslach, 1947, KREH (STU); zuletzt 1954 (STU-K):
Hochrhein, Klettgau, Hegau: 8218/2: Hohentwiel, BRUNNER (1882) als *P. güntheri*, VULPIUS (1887: 351), JACK (1892: 392), zu *P. praecox* gestellt (JACK 1900: 84); BRAUN-BLANQUET (1931: 75) als *P. wiemanniana* (s.l.), nach BERTSCH (1932) gehören die Pflanzen vom Hohentwiel zu *P. argentea*; an Wegen in Weinbergen, 1990, SASS, (STU-K); Schloßhof von Hohenkrähen, VULPIUS (1887: 352); 8218/4: Gottmadingen, Industriegebiet, nach 1970, E. Koch (STU-K); 8219/1: Schloßberg bei Friedingen, 1977, HENN (STU-K); 8219/2: o.O.; 8219/3: sonnige Abhänge bei Worblingen, VULPIUS (1887: 354), bei SEUBERT und KLEIN (1905) zu *P. argentea* gestellt, 8318/1: Kirch-

berg bei Büsingen, JACK (1892: 392), zu *P. praecox* gestellt (vgl. JACK (1900), KUMMER (1943)); 8416/2: Hohentengen, BECHERER (1921: 187), als *P. praecox*.
Östliches Alpenvorland: 8223/2: Ravensburg, 1920–1939, BERTSCH (STU; 1932: 101), K. MÜLLER (STU), als *P. sordida* bezeichnet.

Die tiefsten Vorkommen gibt es im Raum Mannheim bei etwa 100 m, die höchsten auf den Hegaubergen (auf baden-württembergischen Gebiet) bei 640 m (Hohenkrähen in 8218/2).

Erstnachweis: Die namengebende Art *P. collina* wurde erstmals von WIBEL (1799: 267) nach einem Fund bei Wertheim (6223) „ad colles prope molam suburbanam, v.g. am Kuerassgarten" beschrieben.

Bestand und Bedrohung: Vorkommen dieser seltenen Sippengruppe sind in jedem Fall besonders schützenswert. Allerdings sollte für eine sichere Bestimmung auch ausreichendes Herbarmaterial zur Verfügung stehen. Die Kenntnis des *P. collina* agg. ist bei uns noch völlig unzureichend. Wegen der Seltenheit sind alle Sippen dieser Gruppe potentiell gefährdet (G4).

Variabilität: Aus Baden-Württemberg werden in der Literatur aus der *P. collina*-Gruppe mehrere Sippen angegeben. Einige Namen wurden auch irrtümlich oder in verschiedenem Sinne verwendet. Früher wurden in den älteren Landesfloren einige Sippen als Varietäten *P. argentea* zugeordnet. Die Unterscheidung der Sippen ist schwierig und es ist keineswegs sicher, ob alle im Land vorkommenden Pflanzen dieser Gruppe den bisher bekannten Sippen zugeordnet werden können. Der Bestimmungsschlüssel wird nicht immer eine sichere Bestimmung zulassen.

Neuere Untersuchungen liegen bei uns nicht vor. Fast alle Bearbeitungen in den Floren basieren noch weitgehend auf der Monographie von WOLF (1908).

1 Pflanzen ohne nichtblühende Blattrosetten zur Blütezeit (ganz fehlend oder sich erst im Spätsommer entwickelnd); *P. argentea* näher stehend . . . 2
– Pflanzen mit nichtblühenden Blattrosetten zur Blütezeit; *P. verna* agg. näherstehend oder intermediär (*P. wiemanniana* in weiterem Sinne: vgl. ASCHERSON u. GRAEBNER 1904) 3
2 Blätter unterseits weißfilzig; Stengel kräftig, aufsteigend . . . . a. *P. collina* s.str.
– Blätter unterseits grau bis graugrün, weniger dichtfilzig; Stengel schlaff, niederliegend-aufsteigend . . . . b. *P. sordida*
3 Oberer Teil des Stengels, Äste und Blütenstiele von weichen, abstehenden Haaren zottig; Blüten 12–15 mm groß . . . . e. *P. praecox*
– Stengel, Äste und Blütenstiele weiß- bis graufilzig behaart, mit zerstreuten ± abstehenden Haaren; Blüten selten über 12 mm 4

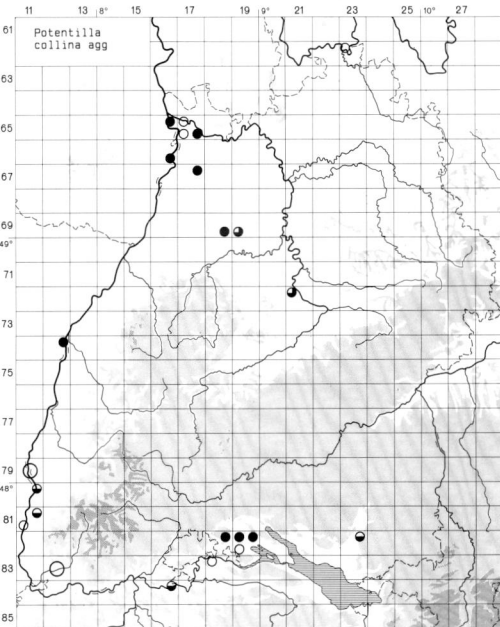

4 Blättchen tief eingeschnitten gezähnt, oberseits
zerstreut behaart bis kahl; unterseits weiß- bis
graufilzig, meist mit 1–2 schmalen Zähnen . . . .
. . . . c. *P. wiemanniana* s.str.
– Blättchen weniger tief eingeschnitten, mit 2–4
stumpfen Zähnen, oberseits seidig behaart bis
graufilzig, unterseits graufilzig . . . .
. . . . d. *P. leucopolitana*

a. **Potentilla collina** Wibel 1799 s.str.
P. wibeliana Wolf 1903; *P. sordida* subsp. *wibeliana*
(Wolf) Aschers. et Graebner 1904; *P. argentea* var.
collina (Wibl.) Döll 1843; *P. argentea* var. *planifolia*
Döll 1862
Hügel-Fingerkraut im engeren Sinne
Habitus kleineren Exemplaren von *P. argentea*
ähnlich; Stengel 25–35 cm hoch, bogig aufsteigend.
Blättchen tief eingeschnitten gezähnt, beidseits mit
2–4 länglichen, stumpfen bis spitzen Zähnen und
einem meist kürzeren Endzahn, am Rand nicht um-
gerollt; unterseits weiß bis grau dichtfilzig, wobei
die den Filz überdeckenden Striegelhaare im Gegensatz zu den anderen Sippen fehlen; oberseits
locker kurzhaarig. Blütenstiele auch im Fruchtzustand gerade. Kronblätter länger als die Kelchblätter.

WOLF (1908) gibt Vorkommen aus der Schweiz,
Tschechoslowakei, Polen und Rußland an. In
Baden-Württemberg gibt es außer dem locus typicus Wertheim noch bei SEUBERT und KLEIN (1905)
als Unterart *wibeliana* von *P. sordida* folgende Angaben: Rheinau, Friedrichsfeld, Mannheim, alle
aus dem nördlichen Oberrheingebiet. Angaben für
den Hohentwiel werden von WOLF (1908) in Zwei-
fel gezogen. Diese Sippe ist wohl am ehesten im
Tauber-Main-Gebiet und im nördlichen Oberrheingebiet noch zu finden. Allerdings ist sie auch
am leichtesten mit Formen von *P. argentea* zu verwechseln.

b. **Potentilla sordida** Fries ex Aspegren 1823 s.str.
P. argentea var. *sordida* Fries 1823; *P. collina* subsp.
sordida (Fries) Bertsch 1933
Unscheinbares Fingerkraut
Nach WOLF (1908) ist diese Sippe von *P. collina*
s.str. auch durch die weniger stark filzige Behaarung mit darüberliegenden Striegelhaaren auf der
Blattunterseite zu unterscheiden. Die Oberseite ist
meist fast kahl. Pflanzen mit stärker behaarten
Blattoberseiten und den vereinzelt auftretenden
nichtblühenden Blattrosetten sind kaum von *P. leucopolitana* zu unterscheiden.

Zu beachten ist, daß der Sippenname *sordida*
auch in einem weiteren Sinne unter Einschluß von
P. collina s.str. und anderen Sippen verwendet
wurde (vgl. ASCHERSON und GRAEBNER 1904: 723).

Unscheinbares Fingerkraut *(Potentilla sordida)*
Ravensburg, 1930, leg. K. Bertsch (STU)

Unbelegte *sordida*-Angaben sind in der Regel nur
für *P. collina* agg. verwendbar.

Die Verbreitung der Sippe ist nur unzureichend
bekannt. Bei SCHÜBLER und VON MARTENS (1834)
taucht der Name *sordida* Fries als Varietät unter
P. argentea mit 2 Fundorten auf, die in späteren
Floren nicht mehr erwähnt werden: „im Gschnaith
bei Weil im Dorf" und „Schafrein bei Jagstberg".
Bei KIRCHNER und EICHLER (1913) fehlt dann *sordida* bei *P. argentea*. Dafür wird als eigene Art
P. wiemanniana aufgeführt mit der Fundortsangabe „Hohentwiel" (vgl. dazu *P. wiemanniana*).

In den badischen Landesfloren ordnet DÖLL
(1862) *sordida* Fries seiner var. *planifolia* von *P. argentea* zu. Dieser var. *planifolia* wird von DÖLL
auch *P. collina* Wibel s.str. zugeordnet als Form b.
Für beide nennt er den Hohentwiel als Fundort.
Die Angaben in den älteren Floren von *P. collina*,
P. sordida und *P. wiemanniana* für den Hohentwiel
gehören schon nach SEUBERT und KLEIN (1905)
und BERTSCH (1932) zu *P. argentea*. Nach BERTSCH
(1932) führten vor allem Herbstpflanzen von *P. argentea* zu den Fehlangaben (vgl. aber Angaben von
P. praecox).

BERTSCH entdeckte 1920 bei Ravensburg (8223/
2) ein Vorkommen einer Sippe des *P. collina* agg.
Nach eingehenden Vergleichen mit von WOLF über-
gebenen Belegen verschiedener Kleinarten des
P. collina agg. hält er diese Sippe für *P. sordida*

124

s.str. (Bertsch 1932: 101). Das Vorkommen war 1939 noch vorhanden (Belege in STU).

c. **Potentilla wiemanniana** Guenther et Schummel 1813 s.str.

Das beste Kennzeichen sind nach Wolf (1908) die vorn tief in 1–2 (–4) schmale, vorgestreckte bis zusammenneigende Zähne eingeschnittenen Blättchen. Oberseits sind die Blättchen meist spärlich anliegend behaart, unterseits weiß- bis graufilzig.

Die Typuslokalität dieser Sippe befindet sich in Schlesien. Ihre Verbreitung ist nach Wolf (1908) sehr unsicher, da der Name *P. wiemanniana* häufig als Sammelart wie *P. collina* agg. verwendet wurde oder diesen Namen ersetzte. Nach Seubert und Klein (1905) kommt in Baden *P. wiemanniana* s.str. nicht vor, sondern nur *P. praecox* Schultz, die dort als Unterart von *P. wiemanniana* geführt wird. Die früher angegebenen Fundorte von *P. wiemanniana* gehören danach entweder zu *P. argentea* oder zu *P. collina* s.str.. Oberdorfer (1949–1990) gibt *P. wiemanniana* für den Kaiserstuhl, das Oberrheingebiet und das Bodenseegebiet an. Diese Angaben lassen sich nicht auf *P. wiemanniana* s.str. beziehen, sondern eher auf die folgende Sippe *P. leucopolitana*.

d. **Potentilla leucopolitana** P.J. Müller in Billot 1862
P. wiemanniana subsp. *leucopolitana* (Müller) Aschers. et Graebner 1904
Weißenburger Fingerkraut

Blütenstengel niederliegend bis aufsteigend, 10–20 cm lang; Pflanze zur Blütezeit mit nichtblühenden, teilweise verlängerten Trieben. Blättchen weniger tiefgezähnt, beidseits mit 2–3 fast gleichen, stumpfen bis spitzen Zähnen; oberseits ziemlich dicht anliegend bis seidig behaart durch Striegelhaare; unterseits weißlich bis grau, die filzige Behaarung durch Striegelhaare z.T. überdeckt. Von *P. wiemanniana* s.str. durch die gleichmäßigen, breiteren und meist stumpferen, nicht auffallend vorwärts gerichteten Blattzähne verschieden, jedoch in sich noch sehr variabel.

Weißenburger Fingerkraut *(Potentilla leucopolitana)* Weißenburg (Elsaß), 18.5.1901, leg. H. Petry (STU)

Nach Wolf (1908) hat diese Sippe von allen „Collinae" die weiteste Verbreitung von Ostfrankreich bis Mittelrußland und von der Ostsee bis in die Schweiz. Die Typuslokalität ist Weißenburg im Elsaß. Die Sippe dürfte im badischen Oberrheingebiet ebenfalls vorkommen. Ein Teil der Angaben zu *P. collina* agg., zu *P. wiemanniana* und zu *P. sordida* könnte sich auf diese Sippe beziehen. Im Herbar KR findet sich ein Beleg von „trockenen Stellen nahe Karlsruhe" von C. u. E. Mayer, den Wolf als *P. leucopolitana* var. *schultzii* revidiert hat.

e. **Potentilla praecox** Schultz 1859
P. wiemanniana subsp. *praecox* (Schultz) Aschers. et Graebner 1904
Frühblühendes Hügel-Fingerkraut

Habituell sich der *P. neumanniana* nähernd, die niederliegenden bis aufsteigenden Blütentriebe bis 30 cm lang. Stengel etwas zottig behaart. Blättchen unterseits grau, filzig und mit Striegelhaaren. Blüten 12–15 mm breit, größer als bei *P. leucopolitana*, Kronblätter deutlich länger als die Kelchblätter.

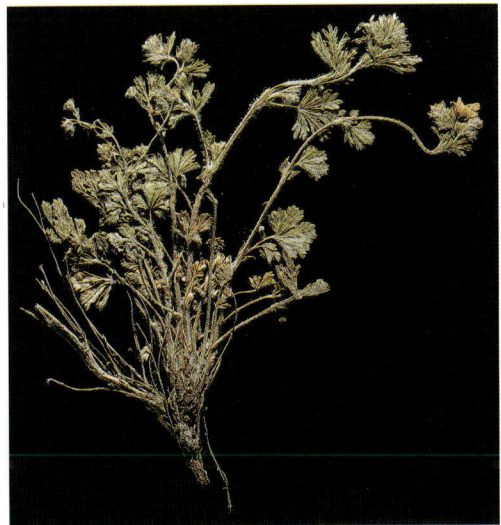

Frühblühendes Hügel-Fingerkraut *(Potentilla praecox)* Hohfluh bei Schaffhausen (Schweiz), 9.5.1922, leg. G. Kummmer (STU)

Die Sippe scheint endemisch zu sein für ein kleines Gebiet am Hochrhein und im westlichen Bodenseegebiet (vgl. K. u. F. Bertsch (1934) mit Verbreitungskärtchen, Kummer (1943) mit Fundortsaufzählung auch der Vorkommen auf deutschem Gebiet). Die Sippe wurde 1856 von Schalch bei Schaffhausen entdeckt und von F. Schultz dann 1859 beschrieben. Der Name *praecox* ist etwas irreführend. Neben frühblühenden Pflanzen kann man auch den Sommer hindurch bis in den Herbst blühende Pflanzen finden. KUMMER (1943) hat *P. praecox* außer an der Hohfluh bei Neuhausen (Kanton Schaffhausen) seit 1922 nicht mehr gefunden. Von deutschem Gebiet gibt es folgende Angaben:

8218/2: Hohentwiel, BRUNNER in JACK (1900: 84), im Herbar SCHALCH (ZT) nach KELHOFER (STU-K BERTSCH), „früher am Hohentwiel", BERTSCH (1948); 8318/1: am Rhein unterhalb Büsingen, 1865, SCHALCH in JACK (1900), KUMMER (1943); 8416/2: Felsenheide bei Hohentengen, BECHERER (1921: 187).

Nach BERTSCH (1934) sammelte 1900 KELHOFER am Hohentwiel den Bastard *praecox × verna*.

7. Potentilla supina L. 1753
Niedriges Fingerkraut

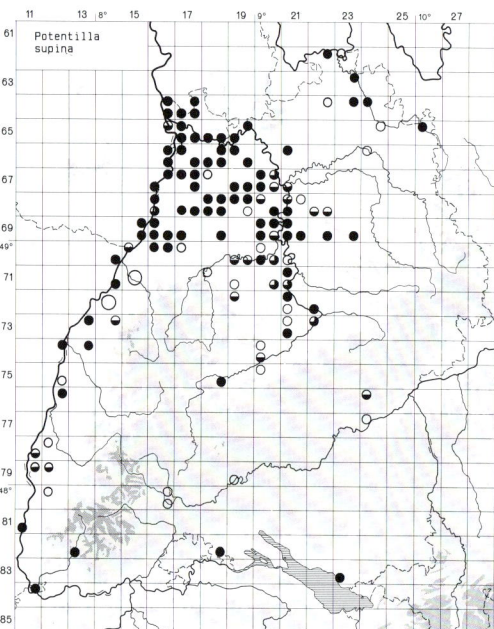

Niedriges Fingerkraut (*Potentilla supina*)
Mühlhausen (Elsaß)

Morphologie: Einjährige bis kurzlebig ausdauernde, fast kahle bis weichhaarige Pflanze mit meist mehreren, niederliegenden bis aufsteigenden, 10–40 cm langen, verzweigten reichblütigen Stengeln. Blätter gefiedert, mit 2–6 Paar länglichen bis verkehrt-eiförmigen, grob gesägt-gekerbten bis fiederspaltigen, 1–3 cm langen Fiederblättchen und einem oft tief gespaltenen Endblättchen, oben und unten grün; Tragblätter im Blütenstand weit hinauf laubblattartig und die jungen Blüten überragend. Blüten 6–10 mm breit, blattgegenständig oder scheinbar achselständig (bei gegenständigen Tragblättern), auf 5–20 mm langen, nach der Blüte nach unten gebogenen Stielen. Kronblätter gelb, meist kürzer als die 3–4 mm langen, dreieckigen Kelchblätter. Früchtchen sehr zahlreich, etwa 1 mm lang, runzelig, kahl.

Biologie: Blütezeit von Mai bis September. Die Früchtchen werden vom Wind und durch Tiere verbreitet.

Ökologie: Licht- und etwas wärmeliebende Art auf nährstoffreichen, frischen bis feuchten Standorten; vor allem auf schlammigen bis kiesigen Ufern von Gewässern, an Wegrändern, auf Straßenschotter, im Bereich von Hafen- und Bahnanlagen, auf Auffüllerde, Klärschlamm usw., in verschiedenen Schlamm-, Teichboden-, Tritt- und Ruderalgesellschaften auftretend. PHILIPPI (1977: 20 und Tab. 4) fand die Art im Kraichgau u.a. z.B. zusammen mit *Cyperus fuscus, Bidens radiata*.

Allgemeine Verbreitung: Gemäßigte und wärmere Zonen von Europa und Asien von Frankreich im Westen durch Mitteleuropa, das südliche Osteuropa und das südliche Sibirien nach Osten bis nach China und Korea; im Norden einzelne Vorkommen bis Mittelskandinavien, im Süden in Nordafrika, Anatolien, Irak, Iran, Armenien, in den zentralasiatischen Gebirgen; eingeschleppt auch in Nordamerika, Südafrika.

Verbreitung in Baden-Württemberg: Zerstreute Vorkommen im Oberrheingebiet, im unteren und mittleren Neckargebiet und im Kraichgau, sonst nur vereinzelte und oft unbeständige Vorkommen bekannt.

Die tiefsten Vorkommen befinden sich im Raum Mannheim bei etwa 100 m, die höchsten, nur vor-

übergehenden Vorkommen wurden in der Baar bei Donaueschingen (8016) bei etwa 680 m notiert. Die Art scheint eindeutig die tieferen und wärmeren Lagen zu bevorzugen.

Erstnachweis: Die Art wird schon bei POLLICH (1777: 65) mit „prope Heidelberg, Neuenheim" erwähnt.

Bestand und Bedrohung: Ob die Art bei uns urwüchsig ist, ist nicht ganz sicher. Sie tritt besondes außerhalb ihres Hauptverbreitungsgebiets in den Flußtälern von Rhein und Neckar eher wie eine unbeständige Adventivpflanze auf. Ihre Standorte sind naturgemäß raschen Veränderungen unterworfen und ihre Vorkommen oft bedroht.

Bei der Seltenheit von *P. supina* ist sie mit Recht in der Roten Liste (HARMS et al. 1983) als gefährdet (G3) eingestuft. Bei der kurzlebigen Art ist es besonders wichtig, daß die Früchtchen zur Reife gelangen können.

8. Potentilla norvegica L. 1753
Norwegisches Fingerkraut

Morphologie: Einjährig bis kurzlebig ausdauernd; Blütenstengel endständig, aufrecht bis aufsteigend, 15–50 cm hoch, abstehend und etwas steif behaart, reichbeblättert, in einen rispenartigen Blütenstand verzweigt. Blätter 3zählig fingerförmig (unterste manchmal bis 5zählig), untere langgestielt; Blättchen elliptisch bis verkehrt-eiförmig, 2–6 cm lang,

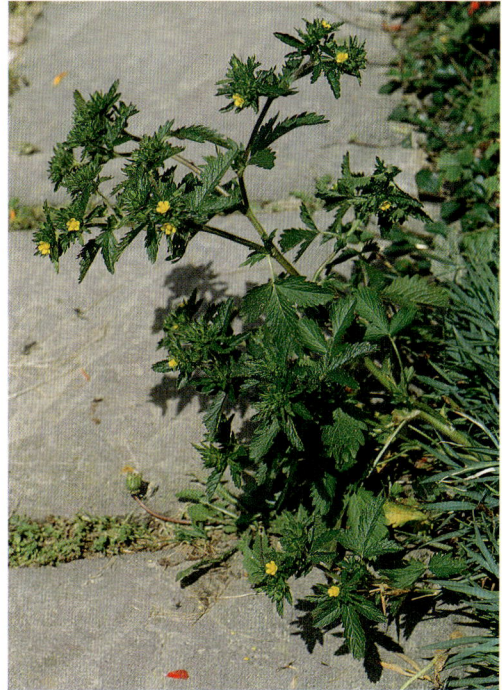

Norwegisches Fingerkraut *(Potentilla norvegica)* Vogesen, 1970

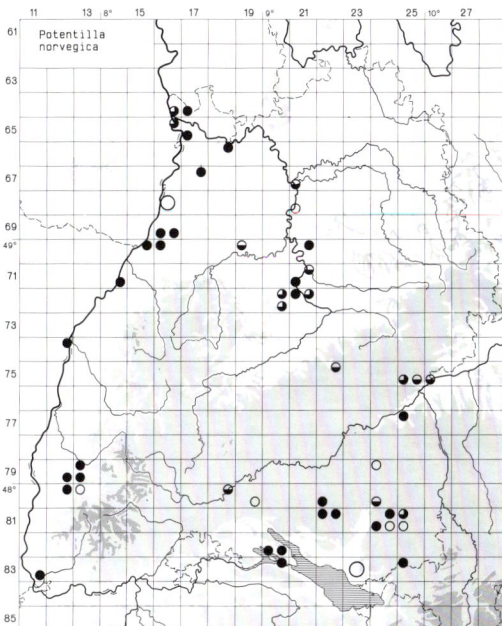

meist tief und grob gesägt bis fast fiederspaltig, teilweise auch doppelt, locker bis ziemlich dicht behaart. Kelchblätter eiförmig, spitz, sich von 4–5 mm bis zur Fruchtreife auf 8–10 mm vergrößernd; Außenkelchblätter länger als die Kelchblätter, sich von 5–6 mm auf 12–14 mm vergrößernd. Kronblätter verkehrt-eiförmig, seicht ausgerandet, meist kürzer als die Kelchblätter. Früchtchen sehr zahlreich (über 100), ca. 1 mm lang, runzelig; Griffel sich nach unten verdickend, fast endständig.

Biologie: Blüht von Juni bis September. Die Früchtchen können auch endozooisch verbreitet werden.

Ökologie: Als Pionier- und Ruderalpflanze auf nährstoffreichen, frischeren, meist kalkarmen Mineral- und Torfböden; vor allem auf trockengefallenen Weiherböden, schlammigen Uferpartien, in Moorgräben, an Wegrändern, in Kiesgruben, auf Bahnhof- und Hafengelände; vegetationskundliche Aufnahmen bei TH. MÜLLER (1985: Tab. 3, Aufn. 26) aus der Flußknöterichflur (Chenopodio-Polygonetum brittingeri) und bei LANG (1973: Tab. 5, Aufn. 14) aus der Gesellschaft der Zarten Binse (Juncetum tenuis) von einem Wegrand, bei GÖRS (1960: Tab. 5, Aufn. 17 bzw. Tab. 10, Aufn. 11) aus der Trichophorum cespitosum-Gesellschaft bzw. dem Weiden-Birkenbruch (Salici-Betuletum pubescentis) des Pfrunger Rieds.

Allgemeine Verbreitung: gemäßigte und boreale Zonen Eurasiens und Nordamerikas (hier in der subsp. *monspeliensis*); wahrscheinlich in Westeuropa und Mitteleuropa westlich der Elbe nicht ursprünglich, sondern eingeschleppt (z.B. mit Saatgut); nach Süden bis zum Alpensüdrand, im ganzen Mittelmeergebiet und Kleinasien fehlend.

Verbreitung in Baden-Württemberg: Seltene und oft auch unbeständige Art, mit einem gewissen Schwerpunkt in den Moor- und Weihergebieten des Alpenvorlandes. Ob allerdings dort ein ursprüngliches Vorkommen angenommen werden kann, erscheint fraglich.

Die tiefsten Vorkommen befinden sich im Raum Mannheim bei ca. 100 m, die höchsten im Alpenvorland beim Rohrsee (8124/2) bei 660 m.

Erstnachweis: Die Art wird erstmals bei LINGG (1832: 28) aus dem Gebiet von Kißlegg (8125/3) im Alpenvorland genannt.

Bestand und Bedrohung: Die Art taucht eher unbeständig da und dort für kurze Zeit auf, wohl meist eingeschleppt. Manche Vorkommen, so vor allem im Alpenvorland, scheinen jedoch beständiger zu sein, so daß man hier von einer Einbürgerung sprechen könnte. Nach MELZER (1986: 156) und KRACH und FISCHER (1982: 168) tritt die Art auch außerhalb Baden-Württembergs offenbar zunehmend ruderal auf. Wegen der Seltenheit der Art sollten ihre Vorkommen möglichst geschont werden (z.B. durch Ausreifenlassen der Früchtchen).

9. Potentilla intermedia L. 1767
Mittleres Fingerkraut

Morphologie: Zweijährige bis kurzlebig ausdauernde Pflanze; blühende Stengel aufrecht, basal aufsteigend, schon von weit unten gabelig verzweigt, unten abstehend behaart, oben weichhaarig bis fast filzig durch krause Haare, zu Beginn der Blütezeit meist ohne nichtblühenden Blattrosetten. Blätter 5zählig gefingert; Blättchen verkehrt-eiförmig, meist 2–4 cm lang, tief gekerbt bis fiederspaltig mit 3–6 Zähnen beidseits; oberseits dunkelgrün, locker behaart, unterseits graugrün, mäßig dicht weichhaarig, auf Adern mit längeren und steiferen Haaren, Rand nicht eingerollt. Blüten etwa 10 mm breit, auf 1–2 cm langen, aufrechten, filzig behaarten Stielen. Außenkelchblätter schmal länglich, so lang wie der Kelch oder etwas länger; Kelchblätter zur Blütezeit 3–4 mm, später 5–7 mm lang, dreieckig, sehr spitz. Kronblätter 4–5 mm lang, etwa so lang wie der Kelch. Staubblätter 20; Antheren fast

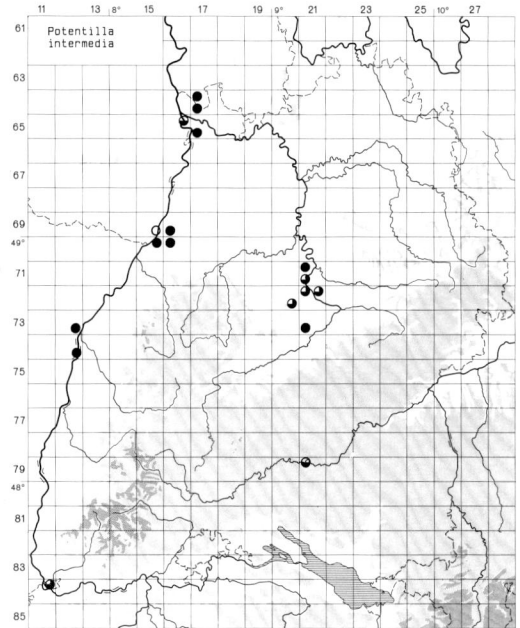

rundlich, nur wenig länger als breit, 0,6 mm lang.

Biologie: Blüht vorwiegend von Juni bis September.

Variabilität: Die Art ist nicht immer leicht von Formen von *P. collina* agg. und *P. argentea* agg. zu unterscheiden. Über das Wachstum des Kelches nach der Blüte gibt es unterschiedliche Angaben. BALL et al. (1968) geben an, daß sich die Kelchblätter von 5 mm auf 15–20 mm im Fruchtstadium vergrößern. Nach GAMS in HEGI (1923) vergrößert sich der Kelch nur wenig. Letzteres scheint bei den baden-württembergischen Belegen eher der Fall zu sein.

Ökologie: Licht- und etwas wärmeliebende Pflanze auf trockenen, vorwiegend sandigen bis kiesigen, nährstoffreichen, aber oft kalkarmen Standorten; vor allem in lockeren Ruderalfluren an Wegen, auf Hafen- und Bahngelände; nach TH. MÜLLER in SEYBOLD und MÜLLER (1972: Tab. 11) in der Graukressenflur (Berteroetum incanae) zusammen mit *Centaurea diffusa*, *Bromus squarrosus*, *Plantago indica*, *Echium vulgare* u.a., nach HEINE (1952) in Mannheim oft mit *Potentilla norvegica* vergesellschaftet.

Mittleres Fingerkraut *(Potentilla intermedia)*; aus REICHENBACH, L., Icones florae germanicae et helveticae, Band 25, Tafel 58, Fig. 1–7 (1909–12)

G. Beck del.

Potentilla intermedia L.

Mittleres Fingerkraut *(Potentilla intermedia)*
Bremgarten, 1987

Allgemeine Verbreitung: Ursprüngliches Verbreitungsgebiet im nordöstlichen Europa und Sibirien, heute eingeschleppt in Nord-, West- und Mitteleuropa sowie in Nordamerika, oft nur als unbeständige Adventivpflanze, sich aber da und dort einbürgernd.

Verbreitung in Baden-Württemberg: Eine seltene Adventivpflanze mit geringer Verbreitung. Vorkommen vor allem im Oberrheingebiet und im Stuttgarter Raum.

Oberrheingebiet: 6417/1: Viernheimer Heide, BUTTLER und STIEGLITZ (1976); 6417/3: Käfertaler Wald, 1988, BREUNIG und KÖNIG (STU-K); 6516/2: Hafen von Mannheim, 1880, 1906, ZIMMERMANN (1907); auf der Mühlau, LUTZ (1910: 373); Mühlau, häufig, 1921, JAUCH (KR); 6517/3: bei der Station Rheinau, 1909, POEVERLEIN (STU); 6915/4: Hafen bei Maxau, 1900, KNEUCKER (KR), rev. WOLF; 6916/3: Rheinhafen Karlsruhe, 1911, MAENNIG (KR), rev. WOLF, 1938, JAUCH (KR), 1947, OBERDORFER (KR), nach 1970 (KR-K); 7015/2: Rheinstrandbad, bei den Bootshäusern, 1989, KLEINSTÜBER (KR); 7016/1: o.O., (KR-K); 7412/4: o.O., 1980–88, RENNWALD (KR-K); 8411/2 (Schweiz): alter badischer Güterbahnhof, 1946, KUNZ in BINZ (1951).
Neckargebiet: 7121/1: Kornwestheim, Güterbahnhof, 1954, KREH (STU), 1973, SEYBOLD (STU); Mühlhausen,

bei der Kläranlage, 1983, SEILER (STU-K); 7121/3: Stuttgart-Nord, Güterbahnhof, 1950, KREH (STU); 7220/4: Möhringen, Bahnhof, 1947, KREH (STU); 7221/1: Stuttgart, Güterbahnhof, 1954, KREH (STU); Stuttgart, Feuersee, 1978, SEILER (STU-K); 7221/2: Untertürkheim, Hafengelände, KREH (STU-K); 7321/3: Aich, an der Umgehungsstraße, 1981, SEILER (STU-K).
Donaugebiet: 7921/1: Sigmaringen, 1920, HARZ (STU).

Die tiefsten Vorkommen wurden im Hafengebiet von Mannheim bei etwa 100 m, die höchsten bei Sigmaringen im oberen Donautal bei etwa 530 m beobachtet.

Erstnachweis: Die Art wurde etwa ab 1880 im Mannheimer Hafengebiet gefunden (ZIMMERMANN 1907). In Mitteleuropa trat die Art erstmals 1825 in Norddeutschland auf.

Bestand und Bedrohung: Die sehr seltene und oft unbeständige Adventivpflanze kann dadurch gefördert werden, daß man ihre Samen zur Reife gelangen läßt.

10. **Potentilla recta** L. 1753

P. pilosa Willd. 1799
Aufrechtes Fingerkraut, Hohes Fingerkraut

Morphologie: Ausdauernd, mit mehrköpfigem Rhizom; Blütenstengel endständig, meist steif aufrecht, 20–80 cm hoch, beblättert, oben in den rispenartigen, reich- und lockerblütigen Blütenstand verzweigt, locker bis dicht abstehend langhaarig, da-

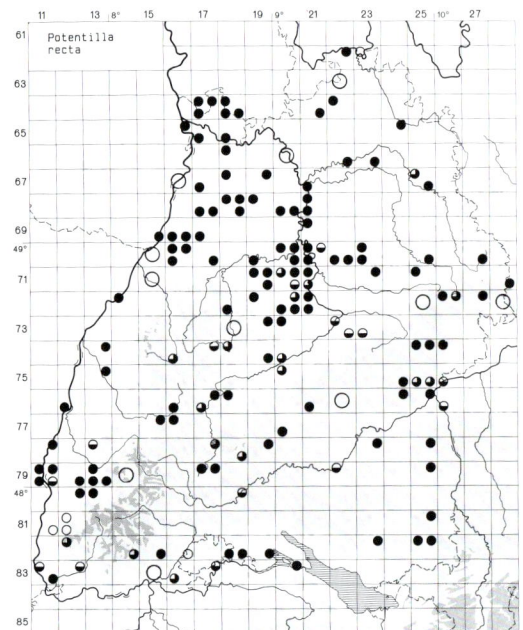

Aufrechtes Fingerkraut *(Potentilla recta)*
Nördlich Staufen, 1986

zwischen sehr kurze Borstenhaare, im oberen Teil drüsig behaart. Blätter gefingert, mit 5–7 verkehrt-lanzettlichen bis eiförmigen, kräftig gesägten bis fast fiederspaltigen, 3–8 cm langen Blättchen, diese ± dicht und lang behaart, aber nie filzig. Blüten 20–25 mm breit, mit herzförmigen, blaßgelben bis goldgelben Kronblättern; Außenkelchblätter lanzettlich, 7–8 mm lang, sich auf 10–12 mm vergrößernd, etwas länger als die dreieckig-eiförmigen, spitzen Kelchblätter. Staubblätter oft etwa 25, kahl; Antheren deutlich länger als breit. Früchtchen sehr zahlreich (über 100), runzelig; Griffel nach unten verdickt, fast terminal.

Biologie: Blüht von Mai bis September. Die Früchtchen werden entweder vom Wind oder durch Tiere verbreitet.
Ökologie: Licht- und etwas wärmeliebende Art auf trockenen, basenreichen Standorten; gern in ruderalen Grasflächen und in Pionierfluren an Hochwasser- und Bahndämmen, Ufer- und Straßenböschungen, in Parkanlagen, Kiesgruben usw., gelegentlich auch mit Forstpflanzen in Aufforstungen eingeschleppt.
Allgemeine Verbreitung: Ursprünglich wohl südosteuropäische, südwest- bis zentralasiatische Art, heute in Europa nach Westen bis Spanien, nach

Norden bis ins südliche Skandinavien, im Süden im ganzen Mittelmeergebiet einschließlich Nordwestafrika, Anatolien, Iran vorkommend; ferner eingeschleppt in Nordamerika und Neuseeland. Die Art ist ein ostmediterran-kontinentales Florenelement und befindet sich offenbar noch in weiterer Ausbreitung in West-, Mittel- und Nordeuropa.

Verbreitung in Baden-Württemberg: In den meisten Landschaften eine ziemlich seltene Adventivpflanze, in Ballungsgebieten mit vielen Verkehrswegen wie im nördlichen Oberrheingebiet und im mittleren Neckargebiet etwas häufiger.

Die tiefsten Vorkommen befinden sich im Raum Mannheim bei 90–100 m, die höchsten bisher bekannten auf der Schwäbischen Alb bei Ebingen (7720/3) bei etwa 800 m.

Erstnachweis: Die Art wird für das Gebiet erstmals bei WIBEL (1797: 29; 1799: 267–268) von Wertheim erwähnt.

Bestand und Bedrohung: Die Art ist bei uns nirgends als ursprünglich zu betrachten. Sie breitet sich anscheinend immer noch weiter aus, wobei auch die Verschleppung der Früchtchen mit Saatgut und Forst- und Zierpflanzen sowie die Verwilderung aus Gärten eine Rolle spielen. Die Art wird da und dort auch als Zierpflanze gehalten. In früheren Jahrzehnten spielte besonders der Ausbau der Bahnlinien und Wasserstraßen eine wichtige Rolle. Im Stuttgarter Raum wird die Art erst seit 1916 beobachtet (KREH 1959), im Ulmer Raum seit etwa 1895 (HAUG 1907). Eine Bedrohung ist kaum anzunehmen, wenn auch gerade bei ruderalen Standorten immer mit der Vernichtung einzelner Vorkommen zu rechnen ist.

Variabilität: Die Art ist formenreich hinsichtlich der Zähnung der Blättchen, der Dichte der Behaarung und der Blütenfarbe. Die blaßgelbblühende und bei uns häufigste Sippe wurde früher häufig als var. oder subsp. *sulphurea* aufgeführt. Sie gehört zur Typusunterart subsp. *recta*.

Insgesamt ist aber die Untergliederung der Art noch nicht befriedigend bearbeitet. Es handelt sich bei ihr um einen Polyploidkomplex verbunden mit apomiktischer Fortpflanzung zumindest bei einem Teil der Sippen.

Potentilla thuringiaca Bernh. ex Link 1822
Armblütiges Fingerkraut
Eine wahrscheinlich hybridogen entstandene Sippe, die zwischen *P. recta* und *P. crantzii* bzw. *P. neumanniana* steht. Sie wird aus Baden-Württemberg einmal von WEIGER (1949: 113) für Beuron (7919/2 oder 4) und Gorheim bei Sigmaringen (7921/1) ohne weiteren Kommentar angegeben. Belege zu diesem Fund sind nicht bekannt. Die Sippe nähert sich im nördlichen Bayern (Unter- und Mit-

telfranken) der baden-württembergischen Landesgrenze aus ihrem mitteldeutschen Teilareal. Nach KORNECK (1985: 65) liegt der westlichste bayerische Fundort im Quadrant 6627/3 zwischen Diebach und Bellershausen.

11. Potentilla aurea L. 1756
P. halleri Ser. in DC. 1825
Gold-Fingerkraut

Morphologie: Ausdauernd; mit ziemlich dickem, verzweigtem, von braunen Blattresten bedecktem, sich bewurzelndem Rhizom. Grundständige Blätter gefingert mit 5 keilförmigen bis verkehrt-eiförmigen, 1–3 cm langen Blättchen; Blättchen beidseits mit 2–5 spitzen, nach vorn gerichteten Zähnen, am Rand und auf den Adern der Unterseite anliegend seidig behaart, sonst fast kahl. Blattstiele und Stengel anliegend behaart. Nebenblätter der grundständigen Blätter lang angewachsen, bräunlich, mit eiförmigen bis lanzettlichen spitzen Öhrchen. Blütenstengel seitlich, niederliegend-aufsteigend, 5–25 cm lang, 1- bis 9blütig; Blüten 15–25 mm Durchmesser, langgestielt. Außenkelchblätter linear bis schmal-elliptisch, stumpflich, ca. 4 mm lang; Kelchblätter schmal-eiförmig, spitz, 5–6 mm lang. Kronblätter goldgelb, breit-verkehrteiförmig, ausgerandet, 6–10 mm lang. Blütenboden behaart, im Zentrum Köpfchen mit ca. 30–40 kahlen Karpellen.

Biologie: Blütezeit Juni bis August. Die Blüten werden vor allem von Fliegen bestäubt. Die Fortpflan-

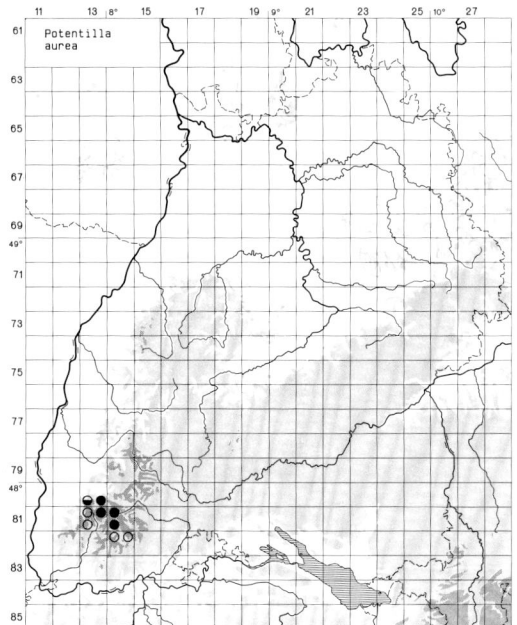

Goldfingerkraut *(Potentilla aurea)*
Feldberg, 1975

zung erfolgt amphimiktisch (Chromosomenzahl 2n = 14). Die Früchtchen werden auch endozooisch verbreitet.

Ökologie: Lichtliebende Art auf nährstoff-, basen- und kalkarmen, sandigen bis lehmigen Böden, vor allem in subalpinen bis alpinen bodensauren Magerrasen und Zwergstrauchheiden; gilt als Charakterart des Nardion-Verbandes; im Südschwarzwald vor allem im Leontodo-Nardetum, u. a. zusammen mit *Calluna vulgaris, Vaccinium myrtillus, V. vitisidaea, Meum athamanticum, Galium saxatile, Leontodon helveticus, Arnica montana, Campanula scheuchzeri, Luzula luzuloides, L. multiflora, Deschampsia flexuosa, Antennaria dioica*; vgl. vegetationskundliche Aufnahmen z. B. von USINGER und WIGGER (1961: 34), O. WILMANNS und K. MÜLLER (1976: Tab. 2), SCHWABE-BRAUN (1980: Tab. 20), sowie Stetigkeitstabelle bei OBERDORFER (1982: Tab. 7, Spalte a).

Allgemeine Verbreitung: Mittel- und südeuropäische Gebirgspflanze von Nordspanien im Westen bis in die Karpaten im Osten, nördlich der Alpen im französischen und schweizerischen Jura, im Südschwarzwald, Riesengebirge, Mährisches Gesenke, Tatra, im Süden im Apennin und auf der nördlichen Balkanhalbinsel bis nach Montenegro, in der

Unterart *chrysocraspeda* (Lehm.) Nyman 1878 (= *P. ternata* Koch 1847) auch im südlichen Teil der Balkanhalbinsel und in Nordwest-Anatolien.

Verbreitung in Baden-Württemberg: Nur in den höheren Lagen des Südschwarzwaldes. Bei EGM (1905) gibt es eine ältere Fundzusammenstellung.

Schwarzwald: 8013/3: Schauinsland, NEUBERGER in EGM (1905) und (1912); 8013/4: Erlenbach, 1987/88, PHILIPPI (KR-K); 8113/1: Trubelsmattkopf, MEIGEN in EGM (1905); 8113/2: Stübenwasen, 1380 m, SCHLATTERER in WINTER (1887), PHILIPPI (KR-K); 8113/3: Wiedener Eck, 1130 m, CLAUSSEN in EGM (1905); 8114/1: zwischen Rinken und Alpersbach, MEIGEN in EGM (1905); Feldberg, an verschiedenen Stellen, ABERLE in ROTH VON SCHREKKENSTEIN et al. (1814) u. v. a., z. B. SCHWABE-BRAUN (1980: Tab. 20), beim Bismarkturm, 1990, WILMANNS et al. (1991); 8114/3: Krunkelbachtal, 970 m, SCHUHWERK in PHILIPPI und WIRTH (1970: 343); 8214/1: Mutterslehen, EGM (1905); hierher wohl auch Todtmoos, EGM (1905); 8214/2: St. Blasien, BINZ (1901: 153).

Nach OBERDORFER (1983) liegen die Vorkommen des Südschwarzwaldes zwischen 970 und 1490 m.

Erstnachweis: LANG (1962: 141) fand an der Schussenquelle in Oberschwaben in späteiszeitlichen Schichten (Ia) 18 Früchte, die er dieser Art zurechnete.

133

Der erste Literaturhinweis findet sich bei ROTH VON SCHRECKENSTEIN et al. (1814: 286–287) mit „Feldberg am Seebuck bey dem Kreutz, ABERLE; Vöhrenbach, VON ENGELBERG". Die Angabe für Vöhrenbach wurde noch verschiedentlich übernommen (vgl. DÖLL 1843, ZAHN 1889, EGM 1905), aber anscheinend nicht mehr bestätigt. Sie wurde in der Verbreitungskarte daher nicht berücksichtigt, da sie doch sehr vom sonstigen Verbreitungsgebiet im Schwarzwald abweicht und wohl irrtümlich gemacht wurde.

Bestand und Bedrohung: Die Art besitzt in Baden-Württemberg nur ein kleines Teilareal und hat durch den Rückgang der Magerrasen gewisse Einbußen hinnehmen müssen. Auch wenn keine ausgeprägte Gefährdung vorliegt, sollten die Magerrasen mit dieser Art dringend geschont werde. In der Roten Liste (HARMS et al. 1983) ist die Art ebenfalls als schonungsbedürftig eingestuft (G5).

12. Potentilla heptaphylla L. 1755

P. opaca L. 1755, 1759; *P. rubens* (Crantz) Zimmeter 1884; *Fragaria rubens* Crantz 1763; *P. heptaphylla* subsp. *rubens* (Crantz) Gams in Hegi 1923; *P. verna* var. *opaca* (L.) Döll 1843
Rötliches Fingerkraut, Siebenblättriges F., Dunkles Frühlings-F.

Der korrekte Name dieser Art war oft umstritten. Nach PESMEN (1972) ist der Ursprung des Namens *P. heptaphylla* L. an der angegebenen Quelle (LINNE, Cent. Pl. 1: 13) nicht zu finden. Dort wird erstmals der Name *P. opaca* L. benutzt. Dieser Name wird 1759 in LINNE, Amoen. Acad. 4: 274 nur wiederholt. Dieser Name wurde in früheren Floren häufig verwendet. In den meisten neueren Floren (BALL et al. 1968, OBERDORFER 1990, ROTHMALER 1986) wird jedoch der Name *P. heptaphylla* L. benutzt. Wir haben uns diesem Gebrauch angeschlossen.

Morphologie: Ausdauernd; Rhizom verzweigt, mit kurzen, von dunkelbraunen Resten alter Blätter bedeckten, aufsteigenden Ästen. Grundständige Blätter langgestielt, aus 7 (–9) verkehrtlanzettlichen Blättchen, diese mit 5–8 Zähnen auf jeder Seite, 10–25 mm lang, unten und oben mit vorwärts gerichteten, 1–2 mm langen Haaren. Blattstiele zottig abstehend, teilweise auch rückwärts, 1–3 mm lang behaart; freier Teil der Nebenblätter bei den untersten Blättern eiförmig bis lanzettlich, häutig. Blütenstengel aufsteigend, 10–20 cm lang, oben locker verzweigt in den 3- bis 10blütigen Blütenstand. Blattstiele und Stengel oft rötlich überlaufen. Blütenstiele nach der Blüten nickend. Blüten mit 10–15 mm Durchmesser; Außenkelchblätter länglich-elliptisch, stumpf, 2,5–4 mm lang; Kelchblät-

ter eiförmig, etwas länger als die Außenkelchblätter, 4–5 mm lang. Kronblätter gelb, breit-verkehrteiförmig, ausgerandet, 5–7 mm lang. Gynaeceum ein halbkugeliges Köpfchen aus etwa 25–40 Fruchtblättern; Griffel kahl, ca. 1 mm lang, basal verschmälert, etwas unterhalb der Spitze inseriert.

Variabilität: Die Art ist in einigen Merkmalen (Blättchenform, Behaarung) ziemlich variabel, doch lassen sich keine infraspezifischen Sippen bei uns abtrennen (vgl. auch WOLF 1908). Es kommen Bastarde zu den Sippen von *P. verna* agg. vor. Ihre Ansprache ist oft schwierig, da auch bei reiner *P. heptaphylla* im zeitigen Frühjahr bei den diesjährigen Grundblättern oft nicht die typische, später ausgebildete Form vorhanden ist, sondern eher eine sich dem *P. verna* agg. annähernde Form. Zu beachten sind daher auch die oft noch vorhandenen Reste der vorjährigen Grundblätter.

Biologie: Blütezeit: April bis Juni. Es gibt sexuelle und apomiktische Rassen.

Ökologie: Lichtliebende Art auf basen- und meist auch kalkreichen, mageren, trockenen bis mäßig frischen Sand- und Kiesböden, auf Kalkverwitterungslehmen, Löß, vor allem in den Kalk-, Trocken- und Magerrasen der Klasse Festuco-Brometea, aber auch in Saumgesellschaften, naturnahen Blaugras-Halden und in lichten Trocken-Wäldern (Cytiso-Pinetum); gern zusammen vorkommend u.a. mit *Bromus erectus, Brachypodium pinnatum, Sanguisorba minor, Scabiosa columbaria, Prunella*

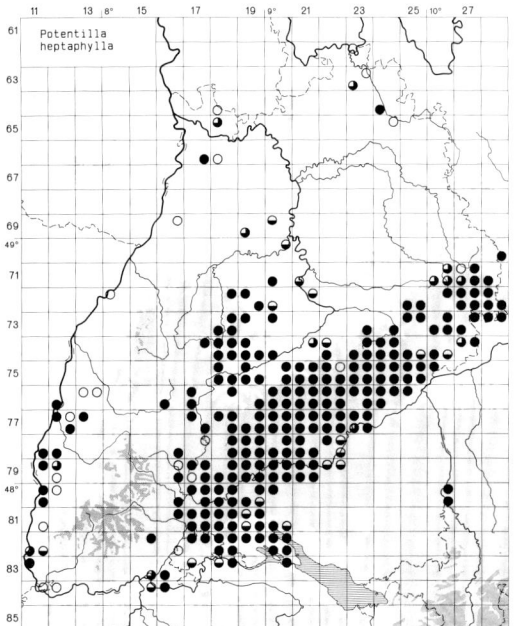

Rötliches Fingerkraut *(Potentilla heptaphylla)*
Marckolsheim (Elsaß), 1982

grandiflora, Asperula cynanchica, Ranunculus bulbosus, Teucrium chamaedrys, T. montanum, Helianthemum nummularium, Daphne cneorum, u.a.; vgl. Vegetationsaufnahmen z.B. bei KUHN (1937: Tab. 17–19), WITSCHEL (1980: Tab. 8, Tab. 11, Tab. 31; 1984: Tab. 1); TH. MÜLLER (1966: Tab. 20), FISCHER (1982: Tab. 2).

Allgemeine Verbreitung: Die Art ist ein im weiteren Sinne mitteleuropäisches Florenelement. Sie kommt von Elsaß-Lothringen im Westen bis in die Ukraine im Osten vor. Im Norden erreicht sie Ostpreußen und Südschweden, im Süden noch Norditalien, Montenegro und das untere Donaugebiet. Ein einzelnes Vorkommen wird aus Anatolien angegeben. Da sich nah verwandte Sippen im Osten und Südosten anschließen, ist die Abgrenzung des Areals dort etwas unsicher. In West- und Südeuropa fehlt die Art.

Verbreitung in Baden-Württemberg: Auf der Schwäbischen Alb und in den Muschelkalkgebieten vom Wutachgebiet im Süden bis ins Heckengäu westlich Stuttgart hat die Art bei uns ihre Hauptverbreitung. Ferner kommt sie im südlichen Oberrheingebiet einschließlich Kaiserstuhl noch öfters vor. Im Norden des Landes gibt es nur noch vereinzelte, teilweise aktuell nicht mehr nachgewiesene Vorkommen im nördlichen Oberrheingebiet, im Tauber-Main-Gebiet und im Neckarbecken nördlich Stuttgart. Im Alpenvorland beschränken sich die wenigen Vorkommen auf das Donautal, das Illertal und das westliche Bodenseegebiet. Die Art fehlt in den kalkarmen Gebieten des Odenwalds, des Schwarzwalds und des Schwäbisch-Fränkischen Waldes.

Die tiefsten Vorkommen werden aus dem Mannheimer und Schwetzinger Raum bei etwa 100 m angegeben, die höchsten von der südwestlichen Schwäbischen Alb mit 1000 m (Schafberg, 7719).

Erstnachweis: Die Art wird schon von C. BAUHIN (1620: 139) für Grenzach in der Nähe von Basel (8411) angegeben: „in montis Crentzacensis ad patibulum ascensu, provenit".

Bestand und Bedrohung: Für ganz Baden-Württemberg betrachtet, ist die Art noch nicht entscheidend bedroht. Sie hat jedoch in den Gebieten, in denen sie ohnehin nur schwach vertreten war, besonders starke Rückgänge erfahren. Das hängt natürlich mit dem Rückgang der Flächen an Kalk-Magerrasen in vielen Landschaften zusammen. Erhaltung und Pflege dieser Magerrasen ist der beste Weg, den weiteren Rückgang aufzuhalten. Mit Recht wird die Art in der Roten Liste (HARMS u.a. 1983) als schonungsbedürftig (G5) bezeichnet. Regional wäre sogar eine Einstufung als gefährdet (G3) gerechtfertigt.

Bastarde:
12. × 13. *P. heptaphylla × neumanniana*; *P. × aurulenta* Gremli 1867; *P. × matzialekii* auct.
Dieser Bastard wird auch aus Baden-Württemberg in Gebieten, in denen beide Arten verbreitet sind, angegeben, z.B. aus dem Ulmer Raum bei K. MÜLLER (1957: 104), bei JACK (1892: 399) vom Hegau (Mägdeberg). Nach HAEUPLER (1967: Neudruck 1969: 7) ist der Bastard hochgradig fertil, macht Rückkreuzungen und verdrängt oft die Eltern.
12. × 15. *P. heptaphylla × arenaria*; *P. × subcauliopaca* Lasch 1829; *P. × subrubens* Borbas in Zimmeter 1884
Für diesen Bastard gibt es Angaben aus dem Kaiserstuhl (Bitzenberg) von BRAUN und KOCH (STU-K BERTSCH).

13–15. Potentilla verna agg.
Artengruppe des Frühlings-Fingerkrautes

Morphologie: Ausdauernde, oft Teppiche bildende Pflanzen; primäre Sprosse (Rhizome) oft ausläuferartig verlängert, liegend, sich bewurzelnd, an der Spitze mit einer Rosette langgestielter Grundblätter. Grundblätter fingerförmig, aus 5–7 keilförmigen bis verkehrt-eiförmigen Blättchen; Blättchen 1–3 cm lang, jederseits mit 2–5 Zähnen; freier Teil der Nebenblätter der Grundblätter sehr schmal linear bis lanzettlich (Unterschied zu *P. heptaphylla*). Blühende Triebe seitlich, aus den Achseln der vorjährigen, zur Blütezeit teilweise vergangenen Grundblätter, niederliegend, mit der Spitze aufsteigend, 5–15 cm lang, mit mehreren Stengelblättern; Blütenstand 3- bis 10blütig, oft schon aus den Achseln der unteren Stengelblätter verzweigt. Blüten wie *P. heptaphylla*, z. T. auch größer.

Variabilität: In der Gruppe kommen Sippen mit Chromosomenzahlen zwischen 2n = 28 und 2n = 84 vor. Zwischen den Ploidie-Stufen können sich Bastarde bilden, die sich apomiktisch weiter vermehren können. Um lebensfähige Samen zu erhalten, muß allerdings eine Bestäubung stattfinden (Pseudogamie). Die Eizellen stellen nach den Untersuchungen von RUTISHAUSER (1943) ihr Wachstum ein, wenn kein Endosperm gebildet wird.

Im Prinzip ist zur Zeit noch keine befriedigende Zerlegung des Sippenkomplexes möglich. Es wurden schon sehr viele Sippen in den unterschiedlichsten Rangstufen beschrieben (vgl. z. B. WOLF 1908). Von der bei uns ziemlich allgemein verbreiteten *P. neumanniana* (= *P. tabernaemontani, P. verna* in früheren Floren) trennt man für unser Gebiet meist nur 2 weitere Sippen im Artrang ab, nämlich *P. arenaria* mit dichter Sternbehaarung und *P. pusilla* mit zerstreuter Behaarung aus sogenannten Zakkenhaaren (Haare mit einem langen, kräftigen Mittelstrahl und einigen kurzen Seitenstrahlen an der Basis). Letztere Art ist kaum von Bastarden zwischen *P. neumanniana* und *P. arenaria* zu unterscheiden.

Außer den verschiedenen Haartypen gibt es praktisch keine diagnostisch brauchbaren Merkmale zwischen diesen Sippen. Dies wirft natürlich die Frage auf, ob überhaupt eine Einstufung der Sippen im Artrang gerechtfertigt ist. Alle 3 Arten können auch Bastarde miteinander bilden. Die Behandlung der Sippen als Unterarten einer Art, wie sie GAMS in HEGI (1923) vorgenommen hat, könnte vielleicht angemessener sein.

1   Blättchen oben und unten dicht mit 10- bis 30strahligen Sternhaaren bedeckt 15. *P. arenaria*
–   Blättchen ganz ohne Sternhaare oder nur zerstreute Stern- und Zackenhaare und diese fast nur auf der Unterseite 2
2   Blättchen ohne Sternhaare . . 13. *P. neumanniana*
–   Blättchen mit zerstreuten Stern- und Zackenhaaren 3
3   Sternhaare mit Mittelstrahl, der nur etwa bis doppelt so lang ist wie die Seitenstrahlen (an Haaren

zwischen den Blattadern, nicht auf den Blattadern) . . 13. × 15. *P. neumanniana × arenaria*
–   Sternhaare mit Mittelstrahl, der mehrfach länger ist als die nur 2–10 kurzen Seitenstrahlen . . . . .
    14. *P. pusilla* oder 13. × 15. *P. neumanniana ×*
                                       arenaria

13. **Potentilla neumanniana** Reichenb. 1832
P. tabernaemontani Asch. 1891; *P. verna* auct.
Frühlings-Fingerkraut

Der früher übliche Name *P. verna* L. für diese Art ist ein nomen ambiguum. Er bezog sich mindestens teilweise auf *P. crantzii* (Crantz) Beck ex Fritsch.

Morphologie: Vgl. Beschreibung bei *P. verna* agg. und Bestimmungsschlüssel. Pflanzen, die keine Sternhaare aufweisen, werden in unserem Bereich zu dieser Art gestellt. Die Behaarung besteht bei *P. neumanniana* nur aus einfachen, 2–3 mm langen Haaren („Striegelhaaren"), die meist vorwärts gerichtet sind, seltener auch fast abstehend, auf der Blattunterseite besonders dicht auf den Adern, auf der Blattoberseite lockerer oder manchmal fast fehlend. Im oberen Teil der Blütentriebe und an den Blattstielen finden sich kürzere, gekrümmte Haare, manchmal auch kurze Drüsenhaare. Es gibt aber abgesehen vom Haartypus eine große Vielgestaltigkeit bei anderen Merkmalen (Form und Zahl der Blättchen, Zähnung des Blättchenrandes, Habitus, u.a.). Doch ist bis jetzt noch keine befriedigende

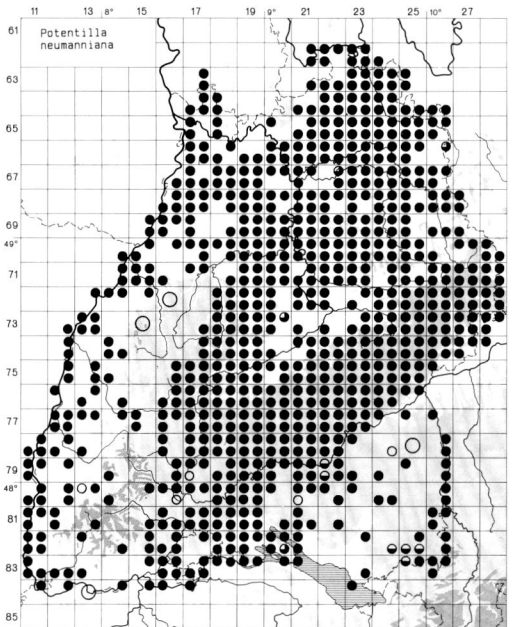

Frühlings-Fingerkraut *(Potentilla neumanniana)*
Breisach, 1985

Einteilung der Art gelungen. WOLF (1908) teilt die Art in 10 Varietäten, diese zum Teil dann noch in mehrere Formen. Er mußte fast überall Übergänge feststellen.

Biologie: Blütezeit von März bis Mai, manchmal im Spätsommer und Herbst ein zweites Mal. Die Bestäubung der Blüten erfolgt durch Insekten.

Ökologie: Licht- und wärmeliebende Art auf nährstoffarmen, basenreichen, kalkarmen oder kalkreichen, trockenen Standorten wie Felsköpfen, offenen Kies- und Sandböden, vor allem Mauerpfeffer-Pionierfluren (Sedo-Scleranthetea-Gesellschaften), in Voll- und Halbtrockenrasen (Brometalia-Gesellschaften), sekundär auch an Weinbergmauern, Straßen- und Dammböschungen, Wegrändern; oft vereint mit *Sedum album, S. acre, Teucrium chamaedrys, T. montanum, Hippocrepis comosa, Thymus pulegioides, Helianthemum nummularium* s.l., *Carex humilis, Sanguisorba minor, Asperula cynanchica, Koeleria gracilis, K. pyramidata, Allium montanum* u.a.; vgl. z.B. Vegetationsaufnahmen bei PHILIPPI (1984: Tab. 3, 4 und 8) aus dem Taubergebiet, bei PHILIPPI (1971) von den Sandfluren des nördlichen Oberrheingebiets, bei SEBALD (1983: Tab. 9, 12) von der Schwäbischen Alb.

Allgemeine Verbreitung: Vor allem im gemäßigten Europa von Nordspanien im Westen bis nach Weißrußland und Bulgarien im Osten; nach Norden bis Schottland, Mittelnorwegen, Estland, Karelien, im Süden auf Korsika, in Italien bis Apulien, auf der Balkanhalbinsel bis Makedonien.

Verbreitung in Baden-Württemberg: Vor allem in den Landschaften mit basenreicheren Böden verbreitet, so im Oberrheingebiet, in den Gäulandschaften, aber auch in den Keupergebieten nicht selten, sehr häufig auf der Schwäbischen Alb. Im Vorland der Schwäbischen Alb zeichnet sich eine Verdünnungszone der Vorkommen ab. Nur wenig besiedelt sind die Silikat- und Sandsteingebiete im Odenwald, Schwarzwald und große Teile des Alpenvorlands.

Von den tiefsten Lagen am nördlichen Oberrhein bei etwa 95 m bis zu den höchsten Lagen der Schwäbischen Alb vorhanden. Nach BERTSCH (1911: 391) liegt das höchste Vorkommen jedoch im Bereich der Adelegg (8326/2) bei 1020 m.

Erstnachweis: Die bei uns urwüchsige Art ist nach RÖSCH (1992b) wahrscheinlich in der Späten Bronzezeit bei Hagnau (mittleres bis spätes Subboreal) gefunden worden.

Sie wird in der Literatur erstmals von J. BAUHIN (1598: 200) für die Umgebung von Bad Boll (7323) angegeben.

Bestand und Bedrohung: Die Art ist noch so stark verbreitet, daß keine Bedrohung besteht. Sie hat allerdings sicher durch den Rückgang der Trocken- und Magerrasen Einbußen erlitten. Andererseits siedelt sich die Art ziemlich rasch auf neugeschaffenen, sekundären Standorten wie rohen, noch unbewachsenen Straßenböschungen an und kann hier – wohl nur vorübergehend – größere Teppiche bilden als an ihren ursprünglichen Standorten. Ein Hinweis, unter Umständen auch auf die Bepflanzung von Straßenböschungen zu verzichten und der Natur ihren Lauf zu lassen.

14. Potentilla pusilla Host 1831

P. puberula Krašan 1867; *P. verna* subsp. *puberula* (Krašan) Gams in Hegi 1923; *P. gaudini* Gremli 1874

Flaum-Fingerkraut, Grauflaumiges F.

Morphologie: Vergleiche Bestimmungsschlüssel; sonst mit *P. neumanniana* übereinstimmend und in vielen Merkmalen ebenso variabel wie diese Art. Schon der Monograph der Gattung *Potentilla* WOLF (1908) stellte fest: „nimmt man der *P. Gaudini* (= *pusilla*) die zerstreuten Sternhaare, so ist sie von *P. verna* spezifisch durch nichts mehr zu unterscheiden". Die zerstreuten Sternhaare sind vom Typ der sogenannten „Zackenhaare", d.h. der Mittelstrahl ist ein kräftiges und langes Haar („Striegelhaar"), das an seiner Basis von oft nur wenigen bis etwa 10 kurzen Borsten umgeben ist. Die Zackenhaare finden sich sehr locker bis mäßig dicht auf der Unterseite der Blättchen, aber auch an den Blattstielen.

Das Problem bei *P. pusilla* ist die Unterscheidung von den Bastarden zwischen *P. neumanniana* und *P. arenaria*. WOLF (1908) hält es zwar für möglich, daß *P. pusilla* ehemals aus Kreuzungen dieser Arten hervorgegangen ist, aber dann als gefestigte Art eine eigene Entwicklung genommen hat. Er hält daher eine Trennung von *P. pusilla* von den *P. arenaria* × *neumanniana*-Bastarden für notwendig und möglich, vor allem auch aus geographischen Gründen (vgl. Abschnitte zur Allgemeinen Verbreitung). WOLF (1908) betont aber, daß es „mitunter unentschieden bleiben wird", ob ein Bastard oder *P. pusilla* vorliegt in Gebieten, in denen alle 3 Arten zusammen vorkommen können. Dies trifft für Baden-Württemberg zu.

Ökologie: Lichtliebende Art auf trockenen, kiesigen Auestandorten, auf steinig-felsigen Hängen,

vor allem in Kalk-Trockenrasen, in den Alpen bis in die subalpine Stufe.

Allgemeine Verbreitung: Südliches und südöstliches Mitteleuropa, vor allem im ganzen Alpengebiet vom Rhonetal im Westen bis an die Donau im Osten, nach Norden stellenweise weit in die Vorländer vordringend, so in Bayern, Österreich, auch in Böhmen und Mähren, aber westlich davon in den tieferen Teilen der Nordschweiz, Baden und fast ganz Württemberg fehlend. Im Süden bis zum Apennin, im Südosten bis Montenegro, Ungarn und Rumänien vorkommend.

Verbreitung in Baden-Württemberg: Nach BERTSCH (1911) kommt diese Sippe im Alpenvorland im Iller- und im Argental vor. Ein Teil seiner Herbarbelege wurde von dem Gattungsmonographen WOLF revidiert und bestätigt. BERTSCH (1911) fand diese Pflanzen nur in dem Gebiet, in dem noch Alpenpflanzen wachsen, bzw. mit den Flüssen herabsteigen. Gelegentlich gab es Fundmeldungen für diese Art aus anderen Landesteilen. Mit größter Wahrscheinlichkeit handelte es sich dabei um *arenaria* × *neumanniana*-Bastarde.

Alpenvorland: Illertal: 7826/4: Dettingen, BERTSCH (STU-K); Unterdettingen, 1929, K. MÜLLER (STU); 7926/2 (Bayern): Heimertingen, DÖRR (1974: 130); 7926/4: Egelsee, 1910, BERTSCH (STU; 1911); Oberopfingen, 1910, BERTSCH (STU; 1911), 1929, K. MÜLLER (STU); 8026/2: Mooshausen, 1909, BERTSCH (STU; 1911); Ferthofen, BERTSCH (1911); 8026/4: Marstetten, 1909, BERTSCH (STU; 1911); Aitrach, 1909, BERTSCH (STU). – Argentäler:

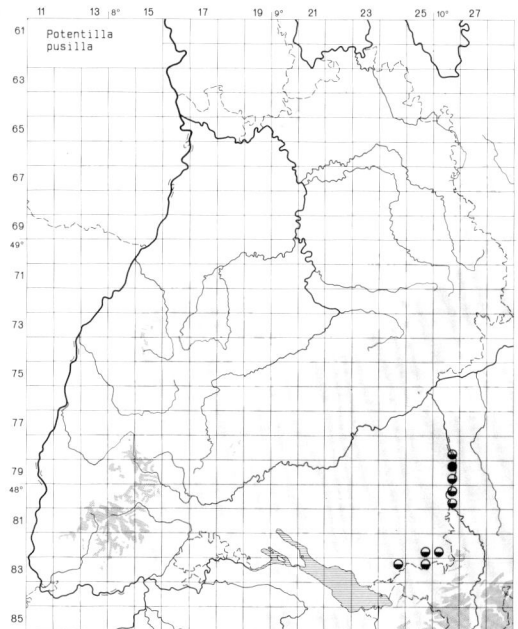

138

8225/4: Wengen, 1910, Bᴇʀᴛsᴄʜ (STU; 1911); 8226/3: Rat-zenhofen, 1910, Bᴇʀᴛsᴄʜ (STU; 1911); 8324/2: Wangen, gegen Pfärrich, Bᴇʀᴛsᴄʜ (1911); 8325/2: Eglofs, 1909, Bᴇʀᴛsᴄʜ (STU; 1911).

Im Illertal liegen die Vorkommen zwischen 540 m und 600 m, in den Argentälern zwischen 540 m und 700 m (bei Ratzenhofen).

Erstnachweis: Auf diese Sippe machte erstmals bei uns K. Bᴇʀᴛsᴄʜ (1911: 383) aufmerksam, der 1908 bei Wangen den ersten Beleg sammelte.

Bestand und Bedrohung: Bᴇʀᴛsᴄʜ (1911 und STU-K) benennt zusammen 11 Vorkommen. Eine wei-tere Angabe findet sich bei K. Müʟʟᴇʀ (1957) für Wiblingen (7926/2), doch der Beleg (STU) deutet eher auf einen Bastard *arenaria* × *neumanniana*. Auf württembergischem Gebiet gibt es offenbar keine aktuelle Bestätigung der Fundorte von Bᴇʀᴛsᴄʜ, was bei dieser schwierig zu erkennenden Sippe noch nicht bedeutet, daß sie erloschen ist. Da jedoch gerade die Trockenrasen in den Flußtälern besonders gefährdet sind, muß mit einem Rück-gang der Sippe gerechnet werden. Sie ist sicher zu Recht in der Roten Liste (Hᴀʀᴍs u.a. 1983) als gefährdet (G3) eingestuft. Insgesamt ist aber die Verbreitung bei uns noch nicht ausreichend er-forscht.

Bastarde: Belege mit besonders wenigen Sternhaa-ren im Verbreitungsgebiet der *P. pusilla* werden als Bastard mit *P. neumanniana* gedeutet. Bei K. Müʟʟᴇʀ (1957: 104) findet sich für Wiblingen (7625/2) dieser Bastard angegeben. Da im Ulmer Raum auch *P. arenaria* und ihre Bastarde vorkom-men, bleibt die Zuordnung des Wiblinger Belegs fraglich.

Auf der Alpen-Südseite ist der Anteil von Über-gangsformen zwischen *P. neumanniana* und *P. pu-silla* beachtlich hoch, wie die Untersuchungen von Düʙɪ und Kᴀᴜꜰꜰᴍᴀɴɴ (1961) für das Tessin und angrenzende Gebiete ergaben.

15. Potentilla arenaria Borkhausen 1795/96

P. verna subsp. *arenaria* (Borkhausen) Gams in Hegi 1923: *P. cinerea* auct. non Chaix ex Vill. 1779 s.str.; *P. incana* Gaertner, Meyer et Scherbius 1800
Sand-Fingerkraut

P. arenaria und *P. cinerea* werden in den meisten mittel-europäischen Floren als separate Arten behandelt, vor allem auch aus geographischen Gründen (vgl. Abschnitt Allgemeine Verbreitung). Faßt man beide Sippen zu einer Art zusammen, dann gilt der ältere Name *P. cinerea* (vgl. z.B. Flora Europaea 1968).

Morphologie: Unterscheidet sich von *P. neumanni-ana* durch die dichte Behaarung mit vielstrahligen

Sternhaaren. Die Blattunterseite ist sehr dicht filzig sternhaarig und dadurch hell-graugrün, auf der Oberseite ist die Behaarung etwas weniger dicht. Der Mittelstrahl der Sternhaare, der dem normalen Haartyp bei *P. neumanniana* entspricht (sogenann-tes „Striegelhaar") ist besonders auf den Haaren der Blattadern oft ähnlich kräftig ausgebildet wie bei *P. neumanniana*. Bei den Haaren auf der La-mina zwischen den Adern ist er jedoch oft nur wenig kräftiger als die Seitenstrahlen. Doch gibt es hier eine beträchtliche Schwankungsbreite bei den einzelnen Pflanzen von *P. arenaria*.

Rᴜᴛɪsʜᴀᴜsᴇʀ (1943: 119) stellte fest, daß die Ausbildung mit dem Mittelstrahl als Striegelhaar bei osteuropäischen Pflanzen zurücktritt und gleichzeitig die Zahl der Seitenstrahlen höher wird als an *arenaria*-Pflanzen aus dem Gebiet von Schaffhausen. Letztere erwiesen sich als teilweise sexuell. Er konnte den ersten künstlichen Bastard zwischen *arenaria* und *neumanniana* erzeugen. Möglicherweise ist das stärkere Auftreten des Strie-gelhaar-Mittelstrahls im südwestlichen Mittel-europa ein Zeichen für Merkmalsintrogressionen von *neumanniana*.

Die Sternhaare der Blattoberseite haben häufig etwas weniger Strahlen als die der Unterseite.

Biologie: Blüht von März bis Mai.

Ökologie: Licht- und wärmeliebende Pflanze auf trockenen, nährstoffarmen, basenreichen, kalk-armen oder kalkreichen, sandigen, steinigen oder

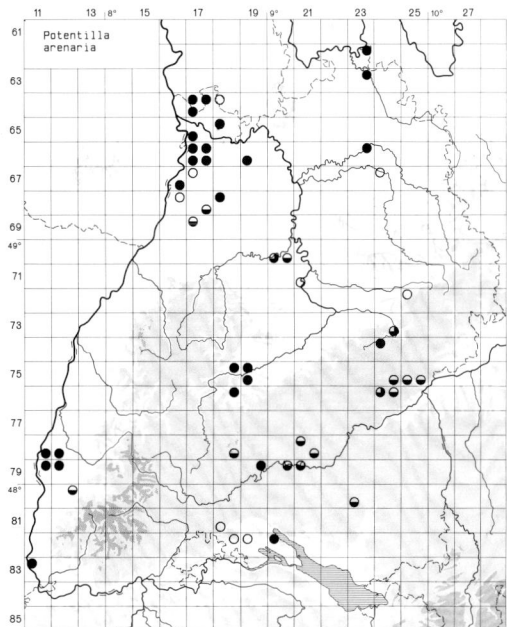

Sand-Fingerkraut *(Potentilla arenaria)*
Kaiserstuhl, 1987

felsigen Standorten; vor allem in Sandfluren und Kalk-Trockenrasen (vor allem Xerobromion-Gesellschaften), ferner in Mauerpfeffer-Pionierfluren (Sedo-Scleranthetea-Gesellschaften) oder in lichten Kiefern-Trockenwäldern; gern zusammen vorkommend u.a. mit *Potentilla neumanniana, Asperula cynanchica, Dianthus carthusianorum, Hippocrepis comosum, Teucrium chamaedrys, Globularia punctata, Carex humilis, Linum tenuifolium* usw.; vegetationskundliche Aufnahmen z.B. aus den Sandfluren des nördlichen Oberrheingebiets bei PHILIPPI (1971: Tab. 8), hier *P. arenaria* als Trennart einer besonderen Subassoziation der *Helianthemum obscurum-Asperula cynanchica*-Gesellschaft, bei KORNECK (1975: Tab. 29) aus dem Cerastietum pumili des Kaiserstuhls, bei WILMANNS (1988: Tab. 1) aus dem Xerobrometum des Kaiserstuhls, bei LANG (1973: Tab. 80) aus dem Gentiano-Koelerietum des westlichen Bodenseegebiets.

Allgemeine Verbreitung: *P. arenaria* ist ein europäisch-kontinentales Florenelement, mit einer Westgrenze vom Elsaß zum Nahetal. Das Areal erstreckt sich durch Mittel- und Osteuropa bis in die südliche Uralregion und in das nördliche Kaukasusgebiet. Im Norden zieht die Grenze quer durch das norddeutsche Flachland zur Odermündung, nach Südschweden und ins Baltikum. Im Süden zieht die Grenze von Basel entlang des Rheins zum Bodensee, weiter durch Oberbayern und Österreich (Steiermark) über Ungarn und Jugoslawien zum Schwarzen Meer in Bulgarien.

Unter *P. cinerea* im engeren Sinne werden die Populationen im südwestlichen Europa von den Westalpen im Wallis südwärts durch Frankreich bis nach Spanien verstanden (vgl. MEUSEL u.a. 1965: 217).

Verbreitung in Baden-Württemberg: Die Vorkommen konzentrieren sich auf einige Landschaften, die ziemlich weit voneinander entfernt sind. Dazwischen gibt es nur einzelne Vorkommen. Eine etwas größere Verbreitung erreicht die Art nur im nördlichen Oberrheingebiet, im Kaiserstuhl, im oberen Neckargebiet in der Rottenburger und Horber Gegend sowie am südlichen Rand der Schwäbischen Alb.

Aus der disjunkten Verbreitung kann man den Eindruck gewinnen, daß es sich um Relikte einer einst weiteren Verbreitung während einer trockenen Klimaperiode handeln könnte.

Oberrheingebiet: Nördlicher Teil: 6417/1: Glockenbuckel W Viernheim, BUTTLER und STIEGLITZ (1976); 6417/2: Schindersbuckel N Viernheim, BUTTLER und STIEGLITZ (1976); 6417/3: Sanddünen W Viernheim, BUTTLER und STIEGLITZ (1976); Käfertal–Viernheim, PHILIPPI (1971: Tab. 8); 6418/1: Zwischen Weinheim und Heppenheim, ZAHN (1895: 284); 6517/3: „Hirschacker" N Schwetzingen, 1989, NEBEL (STU-K), Friedrichsfeld, DÖLL (1862); zwischen Friedrichsfeld und Schwetzingen, PHILIPPI (1971: Tab. 1); Düne am Grenzhofer Wald, 1988, BREUNIG und KÖNIG (STU-K); 6518/1: Schriesheim-Branich, 1988, DEMUTH (STU-K); Ludwigstal bei Schriesheim, SCHMIDT (1857: 91), 1962, DÜLL (KR-K); 6617/1: Oftersheim, PHILIPPI (1971: 34), Schwetzingen, DÖLL (1843), SCHMIDT (1857); 6617/2: SE Oftersheim, PHILIPPI (1971: Tab. 8); 6617/3: N Hockenheim; 6617/4: Walldorf, SCHMIDT (1857: 91); Sandhausen, SCHMIDT (1857: 91); Sandhausen-Walldorf, PHILIPPI (1971: 34); 6716/4: zwischen Philippsburg und Oberhausen, BREUNIG (STU-K); 6717/1: Zwischen Waghäusel und Reilingen, KNEUCKER (1887: 297); 6816/2: Huttenheim, 1886, BONNET (1887: 331). – Südlicher Teil: Kaiserstuhl: 7811/4: „Saspach", SPENNER (1829), „frequentissime"; Oberbergen, Hesseleterbuck, 1979, FISCHER (1982: 114); Sponeck und Burgheim, SPENNER (1829), Rheinhalde NW Burkheim, 1973, KORNECK (1975: Tab. 29); Limburg, NEUBERGER (1912), SLEUMER (1934); Lützelberg, 1987, WILMANNS (1988); 7812/3: Schelingen, 1973, KORNECK (1975: Tab. 29); 7911/2: Bitzenberg, 1956, LITZELMANN (STU-K); Scheibenbuck, 1956, LITZELMANN (STU-K); Achkarren, 1973, KORNECK (1975: Tab. 15); 7912/1: Badberg, NEUBERGER (1912), 1973, KORNECK (1975: Tab. 29); Oberbergen, 1959, KNAUSS (STU); N Oberbergen, 1986, THOMAS (KR-K); „Eichelberg", SPENNER (1829); 8012/2: Leutersberg, THELLUNG (1903: 296); ob = Schönberg?, NEUBERGER (1912); 8311/1: Isteiner Klotz, SEUBERT (1880: 284), u.a., WITSCHEL (1980: Tab. 7); Hartberg, BINZ (1915: 193).

Tauber-Main-Gebiet: 6223/2: o.O.; 1985, PHILIPPI (KR-K); 6323/2: Hirschberg E Werbach, PHILIPPI (1984: Tab. 3: 5).

Kraichgau: 6619/3: o.O., SCHÖLCH u.a. (STU-K); 6817/4: Heidesheim, Gekelter, 1927–29, BARTSCH (1931: 124); 6818/1: Zeutern, Waldschänke, 1927–29, BARTSCH (1931: 123); 6917/1: Michelsberg bei Untergrombach, OBERDORFER (1937: 131).

Neckarland: Hohenlohe: 6623/2: zwischen Marlach und Sindeldorf, 1969, SEYBOLD (STU), 1991; SEBALD (STU-K); 6724/1: Scheuerberg bei Ingelfingen, RAMPOLT in SCHÜBLER und VON MARTENS (1834). – Neckarbecken N Stuttgart: 7020/3: Wolfsbühl bei Unterriexingen, 1951, SIEB in KREH (STU-K); 7020/4: Schellenhof, Enzblick, 1941, KREH (STU), 1991 nur noch *arenaria × neumanniana*-Bastarde, SEBALD (STU); 7121/3: Stuttgart-Bad Cannstatt, W. LECHLER in MARTENS und KEMMLER (1865), an Tuffelsen, 1871, W. GMELIN (STU): „bei Anlage des Kurparks „Sulzerrain" zerstört." – Oberes Neckargebiet: 7518/2: Börstingen, 1989, SEBALD (STU); 7519/1: E Remmingsheim, an der „Burg", 1953, K. MÜLLER (STU); Bieringen, Steige nach Eckenweiler, 1953, K. MÜLLER (STU), 1989, SEBALD (STU); oberhalb der oberen Bronnenmühle, 1966, SEBALD (STU); Waldrand W Schwalldorf, 1953, K. MÜLLER (STU); bei Rottenburg, 1839, SAUTERMEISTER (STU) u.a.; Niedernau, 1912, BERTSCH (STU); 7519/3: Frommenhauser Mühle, 1938, HAUFF in BERTSCH (STU-K), 1989, SEBALD (STU); Sommerhalde E Sulzau, 1953, K. MÜLLER (STU); Siebentäler, 1953, LEIDOLF (STU); Tiefstein, 1960, WREDE in BZ-Bericht (1960); 7618/2: W Stetten, 1975, HARMS (STU):

Schwäbische Alb: Nordseite: 7225/1: Scheuelberg, STRAUB (1903); 7324/4?: Geislingen, HAUFF in BRIELMAIER (1965: 46); 7424/1: Galgenberg bei Ditzenbach, 1947, HAUFF

(STU), 1992, auf mehreren Felsen, SEBALD (STU); Oberbergfels E Bad Ditzenbach, 1991, SEBALD (STU); 7818/4: Gosheim, A. MAYER (1950). Südseite: schon bei VALET (1847) für das Blau- und (kleine) Lautertal erwähnt; 7524/4: Blaubeuren, 1910, BERTSCH (STU); Gerhausen, 1910, BERTSCH (STU); 7525/3: Arnegg, 1910, BERTSCH (STU); Herrlingen, 1910, BERTSCH (STU); 7525/4: Tobel bei Mähringen, 1926, K. MÜLLER (STU); Felsen im Lehrer Tal, 1901, RENNER (STU); 7624/1: Allmendingen, 1910, BERTSCH (STU); 7624/2: Syrgenstein, 1910, BERTSCH (STU); 7821/1: Veringenstadt, A. MAYER (1950); 7821/4: Hornstein, 1908, BERTSCH (STU), 1927, PLANKENHORN (STU); 7919/2: Eichfelsen, 1909, „nur noch ein kleiner Rasen", BERTSCH (1911; STU), 1991, SEBALD (STU); Rauher Stein, 1910, BERTSCH (STU); 7920/2: Gutenstein, 1908, BERTSCH (STU); Teufelsloch bei Dietfurt, 1908, BERTSCH (STU); Tiergarten, JACK (1892: 22); 7921/1: Inzigkofen, 1909, BERTSCH (STU; 1911: 372); Gespaltener Fels bei Laiz, 1909, BERTSCH (STU); Brenzkofer Berg, 1909, BERTSCH (STU); Sigmaringen, 1867, SAUTERMEISTER (STU), 1933, PLANKENHORN (STU).

Alpenvorland: 8023/3: Wolfsgrube NE Ebenweiler, 1924, K. MÜLLER (STU), 1942, BERTSCH (STU). – Hegau und westliches Bodenseegebiet: 8118/3: Hohenhöwen, JACK (1892: 401); 8218/2: Hohentwiel, 1837, HÖFLE (1850), JACK (1892; 1900); 8219/1: Schloß Friedingen, 1837, HÖFLE (1850), JACK (1892: 400); 8220/1: Hohrain W Liggeringen, 1961, LANG (1973: Tab. 80), 1982, PEINTINGER (KR-K; herb.!); unterhalb Schlauchen N Liggeringen, 1962, LANG (1973: Tab. 80).

Die tiefsten Vorkommen befinden sich auf den Sanddünen nördlich Mannheim bei etwa 100 m, die höchsten auf der Schwäbischen Alb im Bereich des oberen Donautales (7919/2: Eichfelsen, Rauher Stein) bei etwa 780 m.

Erstnachweise: C.C. GMELIN (1806: 449) gibt die Art schon aus dem Kaiserstuhl an: „auf den Schellinger Wiesen… nuperrime vidi".

Bestand und Bedrohung: Mit dem Rückgang der Sandfluren und Trockenrasen hat auch *P. arenaria* einen gewissen Rückgang erfahren. Da die Art magere, lückige Vegetationsflächen braucht zum Überleben, wird sie besonders auch durch das Verbuschen von Trockenrasen gefährdet. Ihre Bestände sollten in jeden Fall geschont werden (vgl. Rote Liste als G5). Glücklicherweise ist sie jedoch wie *P. neumanniana* in der Lage, dort wo sie überlebt hat, neue geeignete Standorte wie Straßenränder zu besiedeln. Vermutlich ist ein beachtlicher Teil der in der Karte als nicht mehr aktuell bestätigten Vorkommen doch noch wenigstens in Resten vorhanden, da die Art oft wenig beachtet wird. Allerdings bezeichnete schon BERTSCH (1911: 381) *P. arenaria* als eine „bei uns im Aussterben begriffene Art", nach seiner Meinung vor allem bedingt durch eine Klimaverschlechterung. Er sieht die Art auf der Schwäbischen Alb an ihrer oberen Höhengrenze.

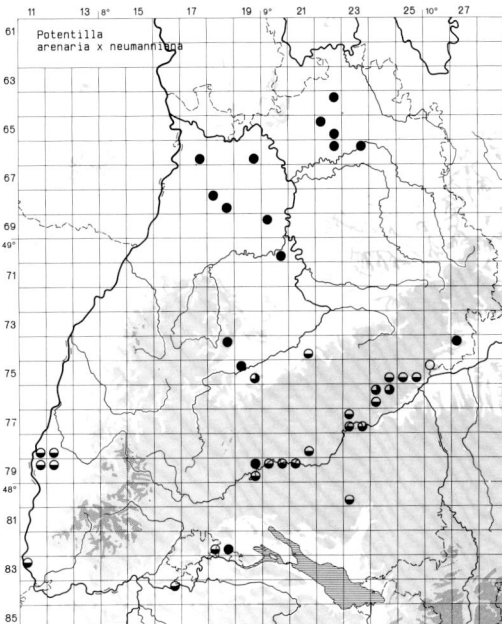

Potentilla
arenaria × neumanniana

Bastarde: *P. arenaria* × *neumanniana*: Am häufigsten und wohl fast überall, wo bei uns *P. arenaria* vorkommt, ebenfalls vorhanden. Darüber hinaus auch gefunden an Orten, wo bisher typische *P. arenaria* nicht festgestellt wurde. Neben intermediären Formen gibt es Formen, die mehr zu *P. arenaria* oder mehr zu *P. neumanniana* neigen. Die Bastarde werden häufig auch mit dem Namen *P.* × *subarenaria* Borbas ex Zimmeter (1884) belegt.

Die bisher bekannten Vorkommen von Bastarden wurden in einer besonderen Verbreitungskarte festgehalten. Angaben für *P. pusilla* aus Nordbaden und Nordwürttemberg wurden diesen Bastarden zugerechnet. Eine ältere Fundortsaufzählung für die Schwäbische Alb findet sich bei BERTSCH (1911: 378).

16. Potentilla erecta (L.) Räuschel 1797
P. tormentilla Necker 1770; *P. sylvestris* Necker 1768; *Tormentilla erecta* L. 1753
Blutwurz, Tormentill

Morphologie: Ausdauernd, mit knolligem bis walzenförmigem, 1–3 cm dickem, außen schwarzbraunem, an Schnittflächen rötlich anlaufendem Rhizom. Grundständige Blätter langgestielt, dreizählig gefingert, mit breit verkehrt-eiförmigen Blättchen, zur Blütezeit meist verwelkt. Blütenstengel aufsteigend, 5–40 cm lang, oben sympodial und teilweise gabelig in einen lockeren, armblütigen Blütenstand

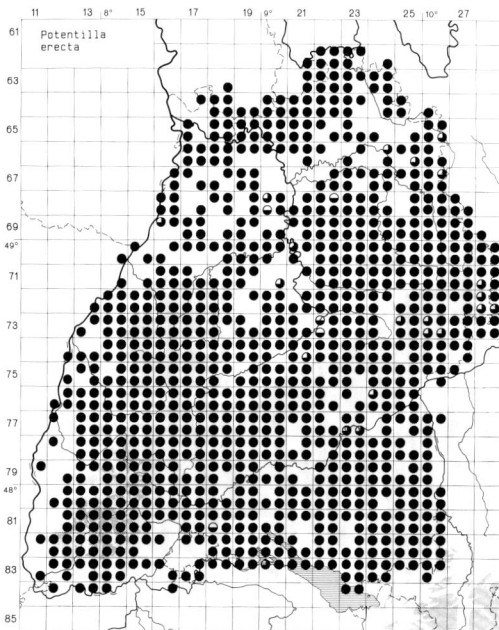

verzweigt. Stengelblätter dreizählig gefingert, sitzend oder kurz gestielt; Blättchen verkehrt-lanzettlich, 1–3 cm lang, mit meist 3–5 Zähnen pro Seite; Nebenblätter krautig, fingerförmig eingeschnitten. Blüten 4zählig, etwa 1 cm Durchmesser, auf 2–7 mm langen, dünnen Stielen. Kronblätter 4–6 mm lang, herzförmig. Staubblätter 14–20; Fruchtblätter 4–8 (–20).

Biologie: Blüht von Mai bis August. Vergallungen am Stengel finden sich nicht selten bis zum Rhizom herab durch die Gallwespe *Xestophanes brevitarsis*.

Ökologie: Auf mageren, nährstoffarmen, basenarmen, manchmal auch basen- und sogar kalkreichen, trockenen bis wechselfeuchten Sand-, Lehm- oder Torfböden; vor allem in bodensauren Magerrasen, Zwergstrauchheiden, Streuwiesen, Flach- und Zwischenmooren, in lichten Wäldern und auf Waldwegen; in einer Vielzahl verschiedener Gesellschaften vorkommend, so daß typische Begleiter nur schwer anzugeben sind; vgl. z.B. vegetationskundliche Aufnahmen bei PHILIPPI (1970: Tab. 2; 1989: Tab. 13–15), SCHALL 1988: Tab. 8), TH. MÜLLER (1966: Tab. 11), RODI (1960: Tab. 1) u.v.a.

Allgemeine Verbreitung: Gemäßigte und nördliche Zonen von fast ganz Europa und Sibirien bis zum Altai, in Südeuropa vor allem in den Gebirgen; ferner in Island, Azoren, Nordwest-Afrika, im Kaukasus; isolierte Vorkommen im östlichen Nordamerika sind eventuell eingeschleppt.

Verbreitung in Baden-Württemberg: Weit verbreitet in den meisten Landschaften, in den vom Ackerbau beherrschten wärmeren Gäulandschaften nur zerstreut vorkommend, besonders häufig in den Silikat- und Sandgebieten des Odenwalds, des Schwarzwald und im Keuperbergland sowie im Alpenvorland.

Sie reicht von den Sandgebieten um Mannheim bei 95 m bis zu den höchsten Lagen am Feldberg (8114/1) bei 1490 m.

Erstnachweis: LANG (1973: 45) fand Pollen von vermutlich *P. erecta* in allen Pollenzonen im Baldenwegermoor am Feldberg mit einem Höchstwert von 5% in der Zone 4. BERTSCH (1931) stellte die Art im Riedschachen für das späte Atlantikum fest. Nach FRITZ (1979) kam die Art in hallstattzeitlichen Schichten am Magdalenenberg bei Villingen vor.

In der Literatur wird die Art schon bei THEODOR (1588: 446) für den „Schwartzwald" angeführt.

Bestand und Bedrohung: Die Art ist bei uns noch so verbreitet, daß eine Gefährdung nicht besteht. Zweifellos muß aber mit einer beträchtlichen Abnahme gerechnet werden durch den Rückgang der

Blutwurz *(Potentilla erecta)*
Feldberg, 4.8.1991

Flächen an Magerrasen, Streu- und Moorwiesen. Dieser Rückgang drückt sich im Quadrantenraster der Karten noch nicht aus.

17. Potentilla anglica agg.
Sippen-Gruppe des Niederliegenden Fingerkrautes

Morphologie: Die Pflanzen dieser Gruppe stehen in den Merkmalen zwischen *P. erecta* und *P. reptans*. Das bis 1 cm dicke Rhizom entwickelt mehrere, ausläuferartige, niederliegende, 20–70 cm Blütenstengel, die sich ab Sommer an den Knoten bewurzeln können. Grundständige Blätter 3- bis 5zählig gefingert, langgestielt; Blättchen verkehrt-eiförmig, mit 4–7 Zähnen beidseits, bis 4 cm lang; Stengelblätter ähnlich, aber kurzgestielt und kleiner. Blüten einzeln achselständig oder in armblütigen Zymen, 4- oder 5zählig, 14–18 mm Durchmesser. Bei den Sippen dieser Gruppe handelt es sich um

Bastarde zwischen *P. erecta* und *P. reptans* bzw. um Rückkreuzungen von solchen Bastarden mit den Elternarten. Sie besitzen unterschiedliche Chromosomenzahlen. Da sie morphologisch oft kaum unterscheidbar sind, können nur zytologische Untersuchungen die letzte Gewißheit über die Zugehörigkeit bringen.

Aus Baden-Württemberg liegen offenbar keine aktuellen Angaben für diese Gruppe vor. Es gibt jedoch einige ältere Angaben, die zum Teil durch Herbarbelege abgesichert sind. Zytologische Untersuchungen liegen jedoch nicht vor, so daß die genaue Zuordnung offenbleibt.

Verbreitung in Baden-Württemberg: Von *P. anglica* agg. gibt es in den Landesfloren (meist unter dem Namen *P. procumbens*) nur wenige ältere Angaben:

6925/1: Untersontheim, auf einem Acker, 1859, KEMMLER (STU); VON MARTENS und KEMMLER (1865); 7026/4: „Goldrain" S Ellwangen, 1849/50, RATHGEB (STU); VON

143

Niederliegendes Fingerkraut (*Potentilla anglica* agg.)
Ellwangen/Jagst, leg. HAFNER (STU)

MARTENS und KEMMLER (1865); 7218/3: Calw, KIRCHNER und EICHLER (1913); 7817/4: „Primholz" S Rottweil, 1882, LANG (1872: 115), VON MARTENS und KEMMLER (1882); 7914/3: bei Sankt Peter am Weg nach dem Kandel, DE BARY in DÖLL (1862: 32), SEUBERT (1880); 8219/4: am Weg zwischen Moos und Itznang, VULPIUS in JACK (1900: 84); 8220/4: Hegne, 1930, PLANKENHORN (STU); 8223/2: Ravensburg, in der Höll, BERTSCH (STU); 8323/3: Wolfzennen, BERTSCH (STU-K).

Erstnachweis: Bei VON MARTENS und KEMMLER (1865) wird der Fund von RATHGEB (vgl. 7026/4) für Württemberg erwähnt, bei DÖLL (1862) die Angabe für Sankt Peter (7914/3) durch von DE BARY für Baden.

Potentilla anglica Laich. 1790 s.str.
P. procumbens Sibth. 1794; *Tormentilla reptans* L. 1753
Niederliegendes Fingerkraut im engeren Sinne
Diese Sippe wird als eigene Art betrachtet. Sie ein samenfertiler, erbkonstanter, allopolyploider Bastard mit 2n =

56 Chromosomen von *P. erecta* und *P. reptans*. Er wurde verschiedentlich auch experimentell erzeugt (vgl. SCHWENDENER 1970, MATFIELD 1972). Die Elternarten *P. erecta* und *P. reptans* besitzen jeweils nur 2n = 28 Chromosomen. Die primären Bastarde zwischen ihnen entwickeln keine fertilen Samen, unterscheiden sich aber morphologisch nicht von *P. anglica* s.str. *P. anglica* kann mit *P. erecta* bzw. *P. reptans* Bastarde bilden, die 2n = 42 Chromosomen besitzen. Zum Teil kommen noch weitere abweichende Chromosomenzahlen vor. Manche dieser, oft samensteriler Bastarde können sich durch vegetative Vermehrung erhalten und ausbreiten. Nach den Befunden von SCHWENDENER (1970) gibt es zwischen *P. reptans*, *P. anglica* und *P. erecta* keine unüberwindbaren Isolationsbarrieren.

P. anglica s.str. kommt vor allem in West- und Mitteleuropa vor und wird dem subatlantischen Florenelement zugeordnet. In Baden-Württemberg ist die Sippe noch nicht nachgewiesen. Aus dem hessischen Odenwald wird von FALTER (1972) *P. anglica* und von LENSKI und LUDWIG (1972) auch *P. anglica* × *P. erecta* angegeben.

18. Potentilla reptans L. 1753
Kriechendes Fingerkraut

Morphologie: Ausdauernd, mit dünnem, mehrköpfigen Rhizom und Rosetten langlebiger, grundständiger Blätter, aus ihren Achseln 30–100 cm lange, liegende, sich an den Knoten bewurzelnde Blütenstengel treibend. Stengelblätter ähnlich wie Grundblätter langstielig, fingerförmig 5- (bis 7)teilig, Blättchen verkehrt-eiförmig, 10–70 mm lang, gezähnt bis gesägt, wie die Stiele und Stengel anlie-

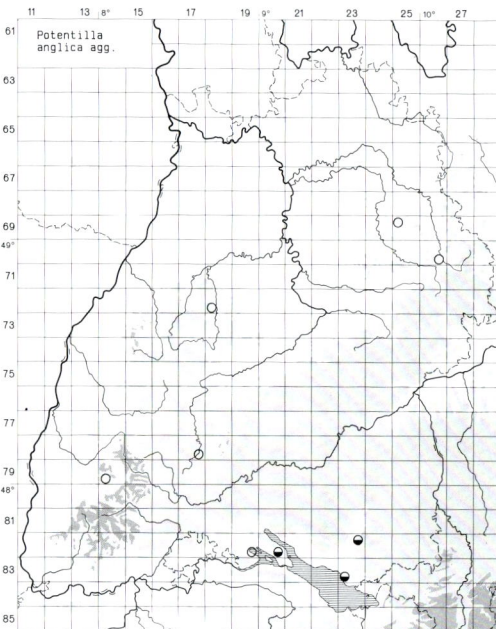

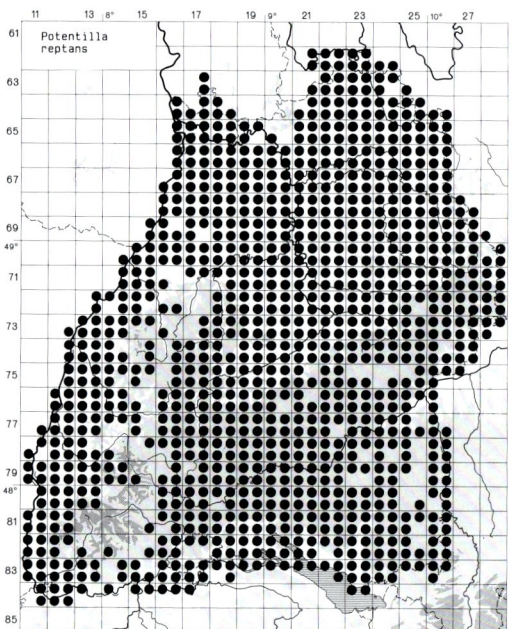

Kriechendes Fingerkraut *(Potentilla reptans)*
Schönaich, 12.7.1991

gend behaart oder fast kahl. Blüten 5zählig, einzeln auf langen Stielen, achselständig, etwa 2,5 cm Durchmesser. Früchtchen runzelig.

Biologie: Blütezeit von Mai bis Oktober. Die Blüten werden von Insekten bestäubt. Die Verbreitung der Früchtchen erfolgt durch Ameisen oder endozooisch durch Säugetiere. Durch die Bildung sich rasch bewurzelnder Adventivtriebe in den Achseln der Stengelblätter vermehrt sich die Pflanze leicht auch vegetativ.

Ökologie: Auf frischen bis feuchten, nährstoffreichen, lehmigen bis tonigen Böden als Kriechpionier siedelnd, vor allem an Wegrändern, an Ufern, Dämmen, Ackerrändern, in Wiesen; vor allem in Tritt- und Kriechrasen (gilt als Agropyro-Rumicion-Verbandscharakterart) und Ruderalgesellschaften; gern zusammen mit *Agrostis stolonifera* (z.B. im Rorippo-Agrostietum des Bodenseeufers nach LANG (1973: Tab. 47 oder im Stellario-Scirpetum setaci auf feuchten Waldwegen nach TH. MÜLLER (1966: Tab. 13); vegetationskundliche Aufnahmen aus Ruderalgesellschaften z.B. aus dem Taubergebiet bei PHILIPPI (1983: Tab. 9, Tab. 12, Tab. 13).

Allgemeine Verbreitung: Europa und Westasien mit Ausnahme des nördlichen Skandinavien und Nordrußland; ferner Nordafrika, Äthiopien, Vorderasien, Iran; in den gemäßigten Zonen heute fast weltweit verschleppt.

Verbreitung in Baden-Württemberg: Fast überall verbreitet und auch häufig. Nur im Schwarzwald und Odenwald zeichnet sich eine Ausdünnung der Vorkommen ab.

Die Vorkommen reichen von den tiefsten Lagen im Raum Mannheim bei ca. 100 m bis 925 m am Oberhohenberg auf der südwestlichen Schwäbischen Alb (7818/2), bzw. bis 970 m an der Iberger Kugel im Allgäu (8326/3).

Erstnachweis: KARG (1990) fand die Art im Frühen Subboreal von Allensbach. Nach FRITZ (1979: 167) kam die Art auch in hallstattzeitlichen Fundschichten am Magdalenenberg bei Villingen vor.

Literarisch wird die Art schon bei J. BAUHIN (1598: 200) für die Umgebung von Bad Boll (7323) erwähnt.

Bestand und Bedrohung: Die weitverbreitete Art ist bei uns nicht bedroht. Sie kann auch neu geschaffene Standorte wie z.B. Straßenränder sehr rasch besiedeln.

19. Potentilla alba L. 1753
Weißes Fingerkraut

Morphologie: Ausdauernd; Rhizom mehrköpfig, oft mit verlängerten Ästen. Blätter bis 20 cm lang gestielt, fingerförmig aus 5 verkehrt-lanzettlichen, an der Spitze etwas gesägten, 2–6 cm langen Blättchen zusammengesetzt. Blättchen unterseits weiß seidig anliegend behaart, ebenso am Rand und der Stiel, oberseits dunkelgrün, fast kahl. Nebenblätter mit 1–2 cm langen, sehr spitzen, anliegend behaarten Öhrchen. Blütenstengel armblütig, 5–15 cm lang; Stengelblätter oft nur 2–3, kurzgestielt bis sitzend, 3- bis 5zählig gefingert oder nur noch 1 Blättchen vorhanden. Blüten langgestielt, 15–25 mm Durchmesser; Außenkelchblätter sehr spitz, etwas kürzer als die ebenfalls zugespitzten 7–10 mm langen Kelchblätter. Kronblätter 10–12 mm lang, herzförmig.

Biologie: Blüht von April bis Juni, selten noch eine zweite Blüte im September. Die Früchtchen werden von Ameisen verbreitet.

Ökologie: Leichte Beschattung ertragende Art auf trockenen bis wechselfeuchten, nährstoffarmen, mäßig basenarmen bis basenreichen, oben meist entkalkten sandigen bis tonigen Böden (z.B. zweischichtige Keuperböden, Kalkverwitterungslehme); vor allem in lichten Eichen- und Kiefernwäldern, in Saumgesellschaften an Waldrändern, in Magerwiesen, auf der Schwäbischen Alb u. a. auch in Borstgrasrasen mit *Arnica montana, Calluna vulgaris, Salix starkeana* (vgl. KUHN 1937: Tab. 24); gilt als Charakterart des Potentillo-Quercetums; kommt gern zusammen vor mit *Trifolium alpestre, Lathyrus niger, Festuca heterophylla, Tanacetum corymbosum, Peucedanum cervaria, P. officinale, Anthericum liliago, Filipendula vulgaris, Carex montana* u. a.; vgl. vegetationskundliche Aufnahmen bei TH. MÜLLER (1966: Tab. 1, Tab. 14) aus dem Keupergebiet und bei WITSCHEL (1989: Tab. 1) von der Schwäbischen Alb).

Allgemeine Verbreitung: Die Art ist ein europäisch-kontinentales Florenelement. Das Areal umfaßt das östliche Mitteleuropa und Osteuropa bis zur Wolga. Die Nordgrenze quert Norddeutschland. Die Art fehlt in Fennoskandien und auf den Britischen Inseln. Die Westgrenze verläuft in den Vogesen und Ardennen. Im Süden zieht die Grenze durch Norditalien, Jugoslawien und Bulgarien über die Ukraine zur mittleren Wolga.

Verbreitung in Baden-Württemberg: In Mitteleuropa ist das Areal von großen Lücken unterbrochen. In Baden-Württemberg haben wir das umfangreichste Teilareal in einem Streifen, der im Norden vor allem das Keuperbergland von Glemswald, Schönbuch und Rammert umfaßt, dann auf die südwestliche Schwäbische Alb reicht, früher auch große Teile der Baar umfaßte und dann über die Hegau-Alb ins Hegau und in den Klettgau im Süden bis an den Hochrhein grenzt. Daneben gibt es kleinere Teilareale im nördlichen Oberrheingebiet und auf der Schwäbischen Alb im Raum Münsingen-Wiesensteig. Einzelvorkommen sind aus dem Tauber-Main-Gebiet, aus dem Wörnitzgebiet östlich Crailsheim und von der Ostalb bekanntgeworden.

Einige frühere Angaben wurden wegen ihrer Zweifelhaftigkeit nicht in die Verbreitungskarte aufgenommen. Es sind dies die Angaben für (7124) Gmünd (VON MARTENS und KEMMLER 1882) und (7121) Waiblingen (KIRCHNER 1888).

Die Angabe der Art für das Blatt 7020 bei SEYBOLD (1977) und HAEUPLER und SCHÖNFELDER (1988) muß wahrscheinlich *P. rupestris* zugeordnet werden.

Nördliches Oberrheingebiet: 6417/3: Käfertaler Wald, 1839, DÖLL (KR; 1843); Mannheim,? (STU); „sylva Kaefertaliensi prope natus Sanddorf", 1820, Dierbach (KR); 6617/1 + 3: zwischen Oftersheim und Hockenheim mehrfach, PHILIPPI (1971: 34), Oftersheimer Wald, 1838, DÖLL (KR); Schwetzingen, SCHIMPER, SEUBERT (1880).
Tauber-Main-Gebiet: 6223/3: Wertheim, AXMANN in DÖLL (1843), wohl = Reicholzheim, nach 1970, PHILIPPI (KR-K).
Wörnitz-Gebiet: 6827/3: zwischen Bergbronn und Weidelbach, FRICKHINGER in VON MARTENS und KEMMLER (1865), SCHNIZLEIN und FRICKHINGER (1848).
Oberes Gäu: 7418/2: N Oberjettingen im Spitalwald, 1954–67, WREDE (STU-K); 7419/3: Hailfingen, SAUTER in BERTSCH (STU-K); Seebronn, 1894, RESTLE (STU).
Glemswald, Schönbuch und Rammert: 7219/2: E Renningen, 1937, HÖSCHELE (STU-K); Warmbronner Hang, 1962, SEYBOLD (STU-K); 7220/1: Leonberger Wald „Steinenfirst", BARTH in VON MARTENS und KEMMLER (1865); zwischen Seehaus und Bruderhaus, BARTH in KIRCHNER (1888); vom Seehaus bis Waldeck, 1952, KREH (STU-K); Stöckachwald bei Gerlingen, 1896, UHL (STU) ? = bei der Schillerhöhe, 1961, SEYBOLD (STU-K); Krummbachtal, 1943, KREH 1974, SEYBOLD (STU-K); Steigwald E Warmbronn, 1985, KÄFERLE (STU); Straße Warmbronn–Frauenkreuz, 1955, SEYBOLD (STU-K); beim Teich E Warmbronn, 1955, SEYBOLD (STU-K); 7220/2: hinter dem Schatten, KIRCHNER (1888); 7220/3: Sindelfingen, PAHL in VON MARTENS und KEMMLER (1865), am „Sonnenberg", 1943, KREH (STU-K); 1954, 1957, SEYBOLD (STU-K); 7220/4: Musberg, im Madentälchen, 1929, HAAS (STU), 1940, KREH (STU-K); 7319/2: Schönbuch bei Ehningen, ROSER in VON MARTENS und KEMMLER (1865); 7319/4: Hildrizhausen, METZGER in A. MAYER (1904); 7320/1: Böblingen, Rauher Kapf, 1943, KREH (STU-K); Böblingen, 1947, KÜHNLE in BERTSCH (STU-K); 7320/2: Sulzbachtal zwischen Schönaich und Steinenbronn, 1943, KREH (STU-K); 7320/3: Holzgerlingen, METZGER in A. MAYER (1904); 7419/1: Herrenberg, BERTSCH (STU-K); E Herrenberg, BAUMANN (1990); 7419/2: Grafenberg, 1871, HEGELMAIER (STU), noch 1990, SEYBOLD (STU-K); Breitenholz, 1933, F. BERTSCH (STU); Schönbuchspitz, 1965, SEBALD (STU-K); Kayher und Goldersbachtal, 1965, SE-

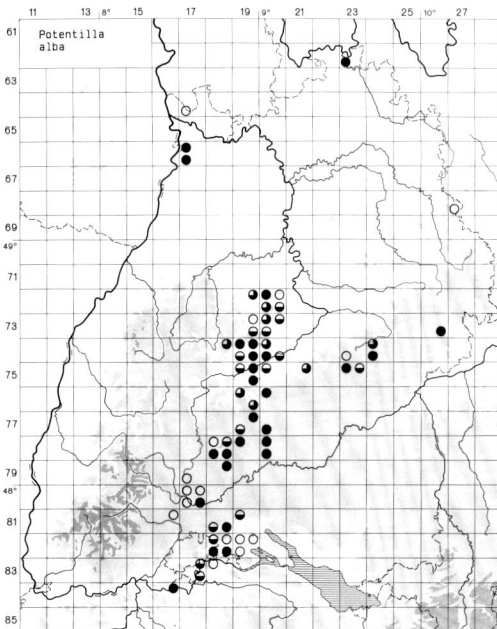

Potentilla alba

146

Weißes Fingerkraut *(Potentilla alba)*
Wendelsheim, 31.5.1991

BALD (STU-K); Müneck bei Breitenholz, TSCHERNING in
VON MARTENS und KEMMLER (1865); 7419/4: Spitz- und
Hirschauer Berg, 1829, SCHÜZ (STU); u.v.a., vgl. auch
TH. MÜLLER (1966: Tab. 1, Tab. 14); Wendelsheim, 1991,
BAUMANN (STU-K); S Hohenentringen, 1964, SEBALD
(STU-K); Paffenberg, 1950, A. MAYER (STU); 7420/1: SE
Bebenhausen, 1964, SEBALD (STU-K); 7420/3: Spitzberg
N Hirschau, 1962, TH. MÜLLER (1966: Tab. 14), BAU-
MANN (1990); Steinenberg, A. MAYER (1929); Kreuzberg,
A. MAYER (1904); Galgenberg, A. MAYER (1904); 7420/4:
Pfrondorf, KRAUSS in A. MAYER (1904); 7519/1: Rotten-
burg, beim Heuberg-Turm, 1898, HEGELMAIER (STU),
1938, FILZER (STU-K); 7519/2: Sonnenberg S Kiebingen,
1953, K. MÜLLER (STU), 1965, SEBALD (STU-K); zwi-
schen Geißhalde und Martinsberg, 1990, KARL (STU-K);
7519/4: Rappenberg, 1969, 1990, SEYBOLD (STU-K);
7520/1: beim Waldhörnle, 1852, STEUDEL (STU); Wald am
Bläsiberg, SCHÜBLER und VON MARTENS (1834), 1873,
SCHÜZ (STU); Weilheim und Derendingen, KIRCHNER

und EICHLER (1900); Eichelberg bei Bühl, SCHÜBLER und
VON MARTENS (1834), A. MAYER (1904); 7619/1: „Köpfle"
bei Hirrlingen, 1953, K. MÜLLER (STU).
Vorland der Südwestalb, Baar und Wutachgebiet: 7818/1:
Dissenhorn („Dinzenhorn") bei Rottweil, LANG (1872:
115), VON MARTENS und KEMMLER (1882); 7818/3: o.O.,
1988, SATTLER (STU-K); 7917/3: „Ankenbuck" bei Dürrheim, WINTER (1882: 33); Hirschhalde bei Dürrheim,
ZAHN (1889); 8017/1: Aasen, ENGESSER (1852), ZAHN
(1889); 8017/2: Wiesen am Himmelberg, 1887, WINTER in
ZAHN (1889); 8017/3: Pfohren, DÖLL (1862), ZAHN
(1889), N „Berchenwald" an Straße nach Pfohren, 1857,
STEHLE in ZAHN (1889); 8017/4: NSG „Unterhölzer",
1982, SEYBOLD (STU); 8116/2: Mundelfingen, BRUNNER
in DÖLL (1843), ZAHN (1889).
Schwäbische Alb: 7326/4: Buigen, 1960, durch VON HEY-
DEBRAND entdeckt (STU-K); reichlich, noch 1991 etwa
100 Pflanzen, SEBALD (STU-K); 7423/3: „zwischen Donnstetten, Zainigen und Feldstetten auf Waldmädern und im

Freien nicht selten", KEMMLER in VON MARTENS und KEMMLER (1882); Donnstetten, 1872, KEMMLER (STU); 7424/1: Gosbach, 1947, HAUFF in BERTSCH (STU-K), ob = Drackenstein?, A. MAYER (1950); 7424/3: Wassertal, 1931, K. MÜLLER (STU), noch 1984, KLOTZ (STU-K); „Afra" S Hohenstadt, 1972, SEYBOLD (STU-K); wohl = Hohenstadt, 1947, HAUFF in BERTSCH (STU-K); 7521/2: Heide S St. Johann, 1952, K. MÜLLER (STU); Ursulaberg, KIRCHNER und EICHLER (1900), DURRETSCH in A. MAYER (1904), ob dieser Quadrant?; 7523/1: Zainingen, Heuberg, 1932, PLANKENHORN (STU); „Galgen" NE Zainingen, 1976, SEYBOLD (STU-K); 7523/2: Grasau W Laichingen, 1944, K. MÜLLER (STU); 7610/1: Schildeck, am Trauf mehrfach, 1988, SEBALD (STU–K); Dreifürstenstein, 1953, WREDE (STU); 7619/4: Zellerhorn-Blasenberg, 1947, A. MAYER (STU); Zellerhorn, KIRCHNER und EICHLER (1900); 7719/2: zwischen Zitterhof und Hundsrück, 1891, HEGELMAIER (STU), noch 1989 zahlreich, SEBALD (STU-K); Roschberg, 1914, GRADMANN (STU); Blasenberg, A. MAYER (1929); Irrenberg, A. MAYER (1937: 143); 7719/3: Schafberg, KIRCHNER und EICHLER (1900), A. MAYER (1950); an der Lochen, KIRCHNER und EICHLER (1913); 7720/3: Ebingen, KIRCHNER und EICHLER (1913), = Degenfeld, im Arnica-Nardetum, KUHN (1937: Tab. 24, Aufn. 4 + 7) = „Hohenbühle" und „Eichhalde" W Bitz, 1984, G. MAYER (STU-K), WITSCHEL (1986: Tab. 1); 7818/2: Hochberg bei Wehingen, A. MAYER (1929); 7818/4: unweit Gosheimer Kapelle, 1894, SCHEUERLE (STU); Böttingen, 1921, BOLTER (STU), NW Böttingen, 1973, SEBALD (STU); „Kronbühl" bei Bubsheim, 1972, SEBALD (STU); „Hummelsberg" 1990, VOGGESBERGER (STU-K); 7819/1: „Hinter der Linde" SW Heidenhof, 1988, SATTLER (STU-K); 7820/1: zwischen Großem und Kleinem Hohlenfels, 1920, MAAG (STU); im Pfaffental mehrfach, 1984, SEBALD (STU-K); 7820/3: Seetal, 1986, MARQUART (STU-K); 7918/2: Dreifaltigkeitsberg, 1896, A. MAYER (STU); „Hirnbühl" 2,5 km SW Böttingen, 1974, BECK (STU-K); 8118/4: Schoren, DÖLL (1862), u.a., 1962, KNAUSS (STU); 8119/1: Schönbühl bei Eigeltingen, BARTSCH (1925: 304).

Hegau, westliches Bodenseegebiet und Klettgau: 8118/3: zwischen Welschingen und Binningen, KUMMER (1943); 8218/1: Hohenstoffeln, BARTSCH in KUMMER (1943); 8218/2: Hohentwiel, KARRER in VON MARTENS und KEMMLER (1882); Weiterdingen, 1867, VON KETTNER in DÖLL (1868: 73); 8218/3: Schaffhauser Wald N Büsingen, 1971, HENN (STU-K); 8218/4: Hof Katzental, JACK (1892: 394); 8219/1: „Zellerhau" E Singen, JACK (1892: 389), Wald zwischen Radolfzell und Singen, JACK in HÖFLE (1850); 8219/2: Böhringer Gemeindewald, VON STENGEL in JACK (1900); 8219/3: Schneidholz bei Rielasingen, VON STENGEL in JACK (1892), ? = Rielasingen gegen Singen, VON STENGEL in HÖFLE (1850); 8317/2: „Schwaben" bei Altenburg, 1921, KUMMER (1943); 8317/4: „Hardt" E Nack, 1935, HÜBSCHER in KUMMER (1943); 8318/1: Büsingen, 1854, SCHALCH (KR) und in JACK (1892: 395), ob dieser Quadrant?; 8416/2: Günzgen, 1908, KUMMER (1943); Herdern, WITSCHEL (1980: Tab. 17, Aufn. 3); Waldrand E Herdern, 1989, SEBALD (STU-K).

Die tiefsten Vorkommen werden aus dem nördlichen Oberrheingebiet bei Schwetzingen (6617), früher auch bei Mannheim (6417), angegeben bei

Bastard von Potentilla *alba* × *sterilis*
Habsberg (Elsaß)

rund 100 m. Als höchster Fund wurden 980 m auf der Schwäbischen Alb bei Gosheim (7818/4) notiert.

Erstnachweis: Schon DUVERNOY (1722: 112) gibt die Art für die Umgebung von Tübingen (7420) an.

Bestand und Bedrohung: Die Bestände der Art nehmen schon seit langer Zeit deutlich ab. So berichtet z.B. E. HÖSCHELE 1937 in einer Notiz über die Vorkommen östlich Renningen (7219/2): „Vor etwa 30 Jahren war noch der ganze Südrand des Eichwalds weiß gesäumt durch die großen Blüten; jetzt sind die meisten Pflanzen im aufschießenden Gras und Gesträuch erstickt." Er hat damit eine wichtige Ursache des Rückgangs genannt: Die früher lichten Wälder sind heute geschlossener, die Waldsäume stärker ruderalisiert bzw. eutrophiert, magere Waldwiesen gedüngt oder aufgeforstet. Die Art ist in der roten Liste (HARMS et al. 1983) als gefährdet (G3) eingestuft. Es wäre auch zu vertreten, sie als stark gefährdet (G2) zu bezeichnen. Die Art ist ein Relikt aus der Zeit vor der Intensivierung von Land- und Forstwirtschaft, die schon im vorigen Jahrhundert einsetzte. Die noch vorhandenen Vorkommen sollten unbedingt geschont werden.

Bastarde: *P. alba* × *sterilis; P.* × *hybrida* Wallr. 1822
Ein seltener Bastard, der aus Baden-Württemberg mehrfach angegeben ist:

7420/3: Tübingen, mit den Elternarten, 1874, HEGELMAIER (STU); Tübingen, Hirschauer Berg, mit den Elternarten, 1907, A. MAYER (STU); 7520/1: Tübingen, Wald hinter dem „Waldhörnle", mit den Elternarten, 1913, A. MAYER (STU); 8317/4: Hardt E Nack, 1936, KUMMER (1943), ? = Lottstetten, BECHERER in BERTSCH (STU-K).

Die Bastarde stehen zum Teil *P. alba*, zum Teil *P. sterilis* näher.

20. Potentilla sterilis (L.) Garcke 1856

P. fragariastrum Pers. 1807; *Fragaria sterilis* L. 1753

Erdbeer-Fingerkraut

Morphologie: Ausdauernd; Rhizom von den braunen Resten der alten Blattstiele bedeckt, ausläufertreibend. Grundständige Blätter 5–10 cm lang gestielt, mit 3teiliger, grau-grüner Spreite; mittleres Blättchen fast sitzend oder kurz gestielt, breit verkehrt-eiförmig, 1–4 cm lang, beidseits mit 4–7 Zähnen, Mittelzahn viel kleiner; seitliche Blättchen stark asymmetrisch. Blütenstengel niederliegend bis aufsteigend, 5–15 cm lang, abstehend behaart wie die Blattstiele, mit nur 1–2 Stengelblättern und 1–3 Blüten. Blüten langgestielt; Kronblätter verkehrt-herzförmig, 5–6 mm lang, sich nicht berührend, kaum länger als die spitzen Kelchblätter, die Kelchblätter neigen sich nach der Blüte über dem Fruchtköpfchen zusammen und vergrößern sich etwas (bis auf etwa 8 mm). Staubblätter (17–) 20, mit kahlen Filamenten. Blütenboden behaart, mit Köpfchen aus 28–40 Fruchtblättern. Griffel fädig, etwa 2 mm lang, im oberen Teil der bohnenförmigen Fruchtblätter eingefügt; reife Früchtchen runzelig.

Biologie: *P. sterilis* blüht sehr früh von März bis Mai. Die Blüten werden von Insekten bestäubt. Die oft schon im Mai reifen Früchtchen werden von Ameisen verbreitet.

Erdbeer-Fingerkraut *(Potentilla sterilis)*
Böblingen, 4.5.1991

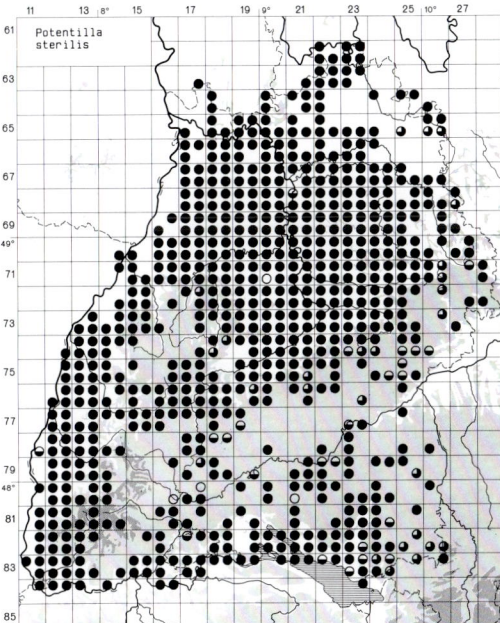

Ökologie: Halbschatten ertragende Pflanze auf mäßig trockenen bis frischen, mäßig nährstoffarmen bis -reichen, oft etwas entkalkten, sandigen bis lehmigen Böden; vor allem in Eichenmischwäldern, auch in Kiefern- und Fichten-Forsten, Gebüschen, in Schlagfluren und Saumgesellschaften an Waldrändern, in mageren Wiesen; wird häufig als Verbandscharakterart des Carpinions (Eichen-Hainbuchenwälder) bezeichnet, hat jedoch eine wesentlich weitere soziologische Amplitude; kommt gern zusammen vor mit *Galium sylvaticum, Carex umbrosa, Rosa arvensis, Dactylis polygama*, jedoch auch noch mit vielen anderen Arten; vegetationskundliche Aufnahmen aus Eichen-Hainbuchwäldern z.B. des Kraichgaus bei OBERDORFER (1952: Tab. II) oder aus dem Tübinger Raum bei TH. MÜLLER (1966: Tab. 1).

Allgemeine Verbreitung: Im gemäßigten West- und Mitteleuropa weit verbreitet von Nordspanien im Westen bis Ostdeutschland, mit sehr zerstreuten Einzelvorkommen in Polen, Weißrußland. Im Norden in Skandinavien mit Ausnahme des südlichsten Schwedens fehlend. Im Süden in den Pyrenäen, südlich der Alpen durch Norditalien, Nord-Jugoslawien nach Ungarn, mit einzelnen Vorkommen bis Mazedonien. Die Art gehört zum subatlantischen Florenelement.

Verbreitung in Baden-Württemberg: In den tieferen und mittleren Lagen der westlichen Landesteile weitverbreitet, ebenso im südlichen Alpenvorland. In den höheren Lagen des Schwarzwalds und auf der Hochfläche der Schwäbischen Alb nur noch sehr zerstreut vorhanden, ebenso im nordöstlichen Alpenvorland sowie in den nordöstlichsten Gäulandschaften. In den beiden letztgenannten Landschaften nähert sich die subatlantische Art schon einem Teil ihrer östlichen Verbreitungsgrenze.

Die tiefsten Vorkommen liegen bei etwa 100 m in der nördlichen Oberrheinebene im Raum Schwetzingen–Mannheim. Als höchste Vorkommen wurden bisher notiert im Schwarzwald 1005 m bei Multen (8113/3) und auf der Schwäbischen Alb 950 m am Zundelberg bei Spaichingen (7918/1).

Erstnachweis: Die Art ist bei uns zweifellos ein Glied der urwüchsigen Flora. Archäologische Nachweise liegen anscheinend bei uns jedoch noch nicht vor.

Die Art wird schon von J. BAUHIN (1598: 200) für die Umgebung von Bad Boll (7323) angegeben.

Bestand und Bedrohung: Die Art ist in vielen Landschaften noch so verbreitet, daß keine Gefährdung besteht. Allerdings ist zu beobachten, daß sich die Wiesen-Vorkommen der Art deutlich auf die weniger gut gedüngten und daher mageren Partien entlang von Waldrändern oder auf die steilen Wiesenraine konzentrieren. Im Bereich der Wiesen dürfte die Art daher einen gewissen Rückgang erfahren haben.

21. Potentilla micrantha Ramond ex DC. in Lam, et DC. 1805
Kleinblütiges Fingerkraut, Rheinisches Fingerkraut

Morphologie: *P. sterilis* etwas ähnlich, sich vor allem durch folgende Merkmale unterscheidend: Rhizom mit kurzen, aufsteigenden Ästen, keine langen Ausläufer treibend; Blättchen beidseits mit 7–11, tiefer eingeschnittenen Zähnen, breit verkehrt-eiförmig. Blütenstengel meist deutlich kürzer als die Blattstiele der Grundblätter, meist mit ungeteilten, einzelnen Stengelblättern, nur mit 1–3 Blüten. Kronblätter nur 3–5 mm lang, weiß oder rosa, oft etwas kürzer als die Kelchblätter. Staubfäden bandförmig verbreitert und in der unteren Hälfte behaart; Staubbeutel nicht breiter als die Staubfäden.

Biologie: Blüht von März bis Mai, selten noch einmal im Spätherbst. Die Früchtchen werden nach Beobachtungen von KUMMER (1943: 57) von Ameisen verbreitet.

Ökologie: Etwas wärmeliebende, halbschattenertragende Art auf mäßig trockenen bis mäßig frischen, sandigen bis kiesigen, kalkreichen oder oben entkalkten Lehmböden, im Kanton Schaffhausen nach KELLER (1985) vor allem auf Moränen und Schottern über Jurakalken; vor allem in lichten Laubmischwäldern, an Waldrändern und -wegen, manchmal auch an Felsen und Mauern; nach vegetationskundlichen Aufnahmen von KUMMER (1934) und besonders von KELLER (1985) besonders hochstet im Galio-Carpinetum luzululetosum, *Lathyrus vernus*-Variante; u.a. gern zusammen mit *Potentilla sterilis*, *Galium sylvaticum*, *Convallaria majalis*, *Lathyrus montanus* und *L. vernus*, *Mercurialis perennis*, *Pulmonaria obscura*, *Festuca heterophylla*, *Dactylis polygama*, *Hepatica nobilis*, *Melica uniflora*.

Die Art wird von KELLER als submediterrane Trennart der Schaffhauser Carpineten gegenüber den Carpineten in Süddeutschland bezeichnet.

Allgemeine Verbreitung: In Süd- und Südosteuropa verbreitet von den Kantabrischen Bergen in Spanien nach Osten bis zur Krim, Kaukasus, Nord-Iran, Anatolien. In Mitteleuropa nördlich der Alpen mit disjunkten Teilarealen im Elsaß, nach Norden bis zum Mittelrhein, am Hochrhein, im bayerischen Alpenvorland bei Schliersee, Österreich; im Süden bis Nordwestafrika, Sizilien, Griechenland. Die Art ist dem submediterranen Florenelement zuzurechnen.

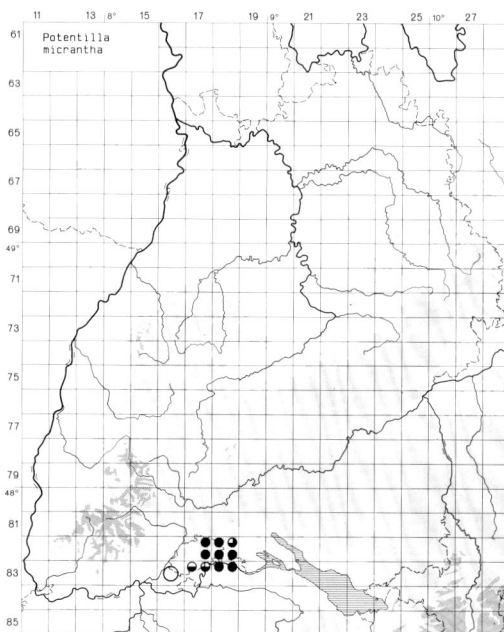

Potentilla micrantha

Kleinblütiges Fingerkraut *(Potentilla micrantha)*
Mühlhausen (Elsaß), 1979

Verbreitung in Baden-Württemberg: Eines der mitteleuropäischen Teilareale umfaßt einen Teil des schweizerischen Kantons Schaffhausen und angrenzende deutsche Gebiete im Hegau und am Hochrhein. In diesem Teilareal ist die Art stellenweise ziemlich häufig. Eine ausführliche Zusammenstellung der schweizerischen und deutschen Fundorte bringt KUMMER (1943). In der folgenden Aufstellung werden die deutschen und einzelne Schweizer Fundorte aufgeführt. In der Karte sind auch die Grenzquadranten aufgenommen, in denen bisher nur Angaben für schweizerisches Gebiet vorliegen. Ferner gibt es eine zweifelhafte Angabe der Art für das südliche Oberrheingebiet. Diese Angabe wurde in der Karte weggelassen.

Südliches Oberrheingebiet: 8111/3: zwischen Neuenburg und Zienken, SEUBERT und PRANTL (1885), NEUBERGER (1912), GAMS in HEGI (1923), die Angabe wurde anscheinend später nicht mehr bestätigt und ist zweifelhaft. Im Elsaß, besonders in den Vogesentälern, ist die Art jedoch schon lange an zahlreichen Fundorten bekannt (vgl. KIRSCHLEGER 1852, der schreibt, daß ihm auf der deutschen Seite des Oberrheins kein Vorkommen bekannt ist).

Klettgau, Randen und Hegau: 8217/2: Wiechs, mehrere Fundorte bei KUMMER (1943); „Eichert" S Wiechs, 1989, WÖRZ (STU-K); 8217/4: Bisher nur Schweiz: „Gsang" W Herblingen, 1933, KUMMER (1934: Tab.), 1980, und „Dachsenbühl" W Herblingen, 1974, KELLER (1985); 8218/1: Schlatt am Randen, mehrere Fundorte, 1926, KUMMER (1943), 1991, SEBALD (STU-K); Büßlingen, 1926, KUMMER (1943); „Linkishardt" W Büßlingen, 1930, STAMM in KUMMER (1943); 8218/2: Hohentwiel, Ostseite, 1936, 1938, HAUG in BERTSCH (STU; 1948), noch 1946 nach HAUG (STU-K BERTSCH); 8218/3: mehrere Fundorte W und SW Bietingen, KUMMER (1943); „Spicher" W Bietingen, 1989, WÖRZ (STU-K); 8218/4: Ramsen, Waldrand E Zollhaus, 1989, WÖRZ (STU-K); 8317/1: Bisher nur

Schweiz: Laufer Berg S Guntmadingen, KUMMER (1943); 8317/2: Bisher nur Schweiz: Aazheimer Hof–Neuhausen, KUMMER (1943); 8318/1: NW Büsingen, 1990, E. KOCH (STU-K); 8318/2: Waldrand E Gailingen, KUMMER (1943), noch 1989, WÖRZ (STU-K), zahlreich, E. KOCH (STU-K).

Sieht man von der zweifelhaften Angabe aus dem südlichen Oberrheingebiet ab, liegen die Höhen der Vorkommen im Schaffhauser Raum zwischen 440 m bei Büsingen (8318/1) und 780 m bei Wiechs (8217/2).

Erstnachweis: Die Art ist in ihrem Areal bei uns sicher ein Mitglied der ursprünglichen Flora. Archäologische Nachweise liegen jedoch anscheinend noch nicht vor. Hinweise auf die schweizerischen Vorkommen im Kanton Schaffhausen finden sich u. a. bei DÖLL (1862), MEISTER (1887) usw. Funde auf baden-württembergischen Gebiet werden erstmals wohl von BRUNNER (1882) mit „bei Büsingen" angegeben (vgl. JACK 1900).

Bestand und Bedrohung: Die Art kommt bei uns nur in wenigen Quadranten, wenn auch stellenweise in größerer Anzahl, vor. E. KOCH (briefl. Mitt.) schätzt den Bestand auf der deutschen Seite im Hegau auf 900–1000 Pflanzen. Nach seinen Beobachtungen wird die Art durch Störungen und gelegentliche Mahd der Wegränder gefördert. Er weist auf eine eventuell mögliche langsame Verdrängung durch P. sterilis hin, die dort sehr ähnliches ökologisches Verhalten zeigt.

Wenn auch keine besondere Gefährdung als Waldpflanze vorliegt, sollten die Vorkommen doch wegen des kleinen Arealanteils geschont werden. Nadelholzaufforstungen bzw. Umwandlungen von Laubwälder sind dieser sehr früh blühenden Art abträglich. Die Rote Liste (HARMS et al. 1983) stuft die Art als potentiell durch Seltenheit gefährdet ein (G4).

Bastarde: Von KUMMER (1943) wird ein 1923 von KOCH im Kanton Schaffhausen gefundener Bastard P. micrantha × sterilis angegeben. Er könnte eventuell auch auf baden-württembergischen Gebiet gefunden werden.

11. **Fragaria** L. 1753
Erdbeere

Kräuter, meist mit Ausläufern; Blätter dreizählig, die seitlichen Blättchen sich gegenüberstehend; Blüten weiß; Staubblätter zahlreich; Fruchtblätter auf kegeligem Blütenboden.

Die Gattung umfaßt 8 Arten, die in der nördlichen gemäßigten Zone, im Himalaja und in Mit-

tel- und Südamerika vorkommen. In Europa finden sich 4 Arten.

Die Gattung ist mit den Fingerkräutern (Potentilla) näher verwandt (vgl. P. sterilis). Gelegentlich konnten sogar Bastarde zwischen Arten beider Gattungen gezüchtet werden.

1　Spreite der Blättchen meist 6–9 cm lang, oberseits kahl, etwas lederig, Frucht 1–3 cm im Durchmesser . . . . [F. × ananassa]
–　Spreite der Blättchen selten länger als 6 cm, Frucht unter 1 cm im Durchmesser 2
2　Blütenstiele waagrecht oder rückwärts abstehend behaart . . . . 2. F. moschata
–　Blütenstiele angedrückt oder aufrecht abstehend behaart 3
3　Fruchtkelch der Frucht anliegend; Blütenboden durchgehend behaart . . . . 3. F. viridis
–　Fruchtkelch abstehend oder zurückgeschlagen; Blütenboden nur außen behaart . . . . 1. F. vesca

1. **Fragaria vesca** L. 1753
Wald-Erdbeere

Morphologie: Pflanze ausdauernd, 5–20 cm hoch, mit langen, dünnen Ausläufern; Ausläufer zwischen 2 Tochterpflanzen stets mit Niederblatt; Blätter in grundständiger Rosette, langgestielt, dreizählig gefiedert, Blättchen eiförmig-elliptisch, am Grunde oft keilig, 1–6 cm lang, gekerbt-gesägt, besonders unterseits behaart; Blüten in Trugdolden, Blütenstiele angedrückt behaart, Blüte etwa

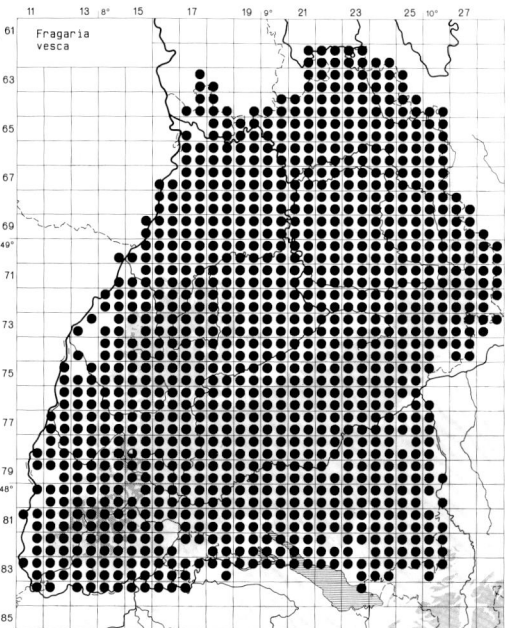

Wald-Erdbeere *(Fragaria vesca)*

15 mm im Durchmesser; Kelchblätter zur Fruchtzeit abstehend oder zurückgeschlagen; Kronblätter
breit-eirund, weiß, 5–6 mm lang; Staubblätter
zahlreich; Blütenboden nur unten behaart; Nüßchen aus dem roten, fleischigen Fruchtboden hervortretend. Chromosomenzahl: 2n = 14, gezählt
von W. LIPPERT (1985) an Material aus Baden-
Württemberg: 7328/1: Wald NE Schloß Taxis,
15. 5. 1982, J. E. KRACH. – Blütezeit: April–Juni.
Ökologie: Auf sandigen oder lehmigen, meist nährstoffreichen Böden, in Waldschlägen, an Waldwegen und Böschungen, an Waldrändern, oft in
Epilobietea-Gesellschaften. Vegetationsaufnahmen
z.B. bei OBERDORFER (1957: 99–105; 1973) und
T. MÜLLER in OBERDORFER (1978: Tab. 124–135).
Allgemeine Verbreitung: Ganz Europa bis Zentralasien, auch in Nordamerika.
Verbreitung in Baden-Württemberg: Im ganzen Gebiet verbreitet, nur in den intensiv landwirtschaftlich genutzten Gebieten des Oberrheintals stellenweise selten.
    Höchstes Vorkommen: Feldberg, 1350 m,
K. MÜLLER (1948: 258); tiefste Vorkommen bei
100 m.
Erstnachweise: Die Art ist im Gebiet urwüchsig.
Älteste subfossile Nachweise: Heilbronn-Böckin-
gen, Öhringen (wohl Mittleres/Spätes Atlantikum,
BERTSCH u. BERTSCH 1947), Großsachsenheim,
Mittelneolithikum (PIENING 1986).
    Da es sich im letzteren Fall um ein unverkohl-
tes Nüßchen in einer Mineralbodensiedlung handelte, ist nicht auszuschließen, daß es aus einer

jüngeren Verunreinigung stammt. Häufig tritt die
Erdbeere in den spätneolithischen Feuchtbodensiedlungen auf. Eine morphologische Unterscheidung der Nüßchen von *F. vesca* und *F. viridis* ist
schwer möglich.
    Ältester literarischer Nachweis: J. BAUHIN
(1598: 200, 1602: 217–218) für die Umgebung von
Bad Boll (7323). BAUHIN berichtet hier schon von
einem Fund der Monatserdbeere, f. *semperflorens*
(Ser.) Staudt: „Den 23. unnd 27. Septembris
brachte mir ein Küh-Hirt viel und hübsche zeitige
Erdbeer mit den Blumen. Und hab ich ihr noch im
October gehabt. Etliche Einwohner zu Boll ver-
wunderten sich darüber, das man so spät im Jahr
noch finden solte, und sagten, es were etwas besonders, so nicht bald geschehe. Aber der Küh-Hirt
sagte, das sie am selben orth, da er die obgemelte
gelesen, auch andere jahr umb die zeit zu wachsen
pflegten . . . "
Bestand und Bedrohung: Die Art ist im Gebiet nicht
gefährdet.

2. Fragaria moschata Duchesne 1766
F. elatior Ehrhart 1792
Zimt-Erdbeere

Morphologie: Pflanze ausdauernd, 10–40 cm hoch,
mit wenigen oder keinen Ausläufern; Blättchen alle
kurz gestielt; Blütenstand die Blätter weit überragend; Blütenstiele alle dicht abstehend behaart (vgl.

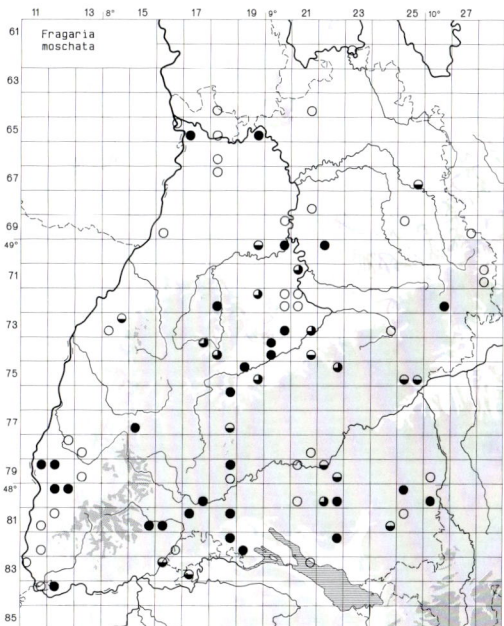

Zimt-Erdbeere *(Fragaria moschata)*
Utzmemmingen, 4.7.1992

KOCH 1842), Haare später deutlich abwärts gerichtet; Blütenstand 5- bis 12blütig; Blüten 15–25 mm im Durchmesser, gewöhnlich eingeschlechtig, weiß, Blütenboden überall behaart; Kelch zur Fruchtzeit abstehend; Fruchtboden an der Basis ohne Nüßchen. – Blütezeit: Mai–Juni. Verwechslungsmöglichkeiten: mit *F. vesca* und *F. viridis* (vgl. LIPPERT 1985).

Ökologie: Nach OBERDORFER (1990) auf frischen, nährstoffreichen, basenreichen, oft kalkarmen Lehmböden, an Hecken, an Waldrändern, in Erlen-Auwäldern. Eine Vegetationsaufnahme vom Salici-Betuletum findet sich bei GÖRS (1959/60: Tab. 10).

Allgemeine Verbreitung: Von Südfrankreich und Südengland bis Skandinavien, von Italien bis Bul-garien, Rußland und zum Kaukasus. Außerhalb Europas nur wenige Vorkommen.

Verbreitung in Baden-Württemberg: Im Gebiet selten. Fehlt den höheren Lagen des Schwarzwaldes. Es wurden nur Belege oder sichere Beobachtungen in die Verbreitungskarte aufgenommen.

Fundorte (Beobachtungen seit 1945):

Oberrheingebiet: 6517/3: o.O., H.-F. SCHÖLCH (STU-K); 7911/2: Bitzenberg, 1986, B. QUINGER (KR-K); 7912/1: Badberg, 1985, B. QUINGER (KR-K); 8012/1: Tuniberg, 1986, B. QUINGER (KR-K); 8012/2: Mooswald, 1986, B. QUINGER (KR-K).

Odenwald: 6519/4: Schönbrunn, 1988, S. DEMUTH (KR-K).

Schwarzwald: 7715/3: Schloß Hornberg, 1991, S. SEYBOLD (STU).

Neckarland: 7020/2: Weinberge N Bietigheim, 1991, S. SEYBOLD (STU); 7022/1: Allmersbach a.W., 1980, 1991, H.W. SCHWEGLER (STU); 7121/1: Ludwigsburg, Salonwald, 1920, KOLB, ca. 1955, E. GREB (STU-K); 7218/3: o.O., A. ASSMANN (STU-K); 7219/2: Eltingen, Rain beim Schopflochberg, 1950, W. KREH (STU-K); 7220/1: Solitude, in Baumschule, ca. 1950, P. SCHMOHL (STU-K); 7320/4: Dettenhausen, 1983, G. GOTTSCHLICH (STU-K); 7321/4: Grötzingen, Weiherbachtal, 1955, KREH u. SEYBOLD (STU-K); 7417/2: Egenhäuser Kapf, 1953, W. WREDE (STU-K); 7418/3: Killberg bei Nagold, 1957, W. WREDE (STU-K); 7420/3: Tübingen, Schloß-berg, 1978, G. GOTTSCHLICH (STU-K); 7519/1: Südost-viertel des Quadranten, 1981/2, G. GOTTSCHLICH (STU-K); 7519/4: Rappenberg N Dettingen, 1953, K. MÜLLER (STU).
Baar-Wutachgebiet: 8115/4: o.O., B. QUINGER (KR-K); 8116/3: Wutachschlucht E Schattenmühl, 1985, B. QUIN-GER (KR-K); 8117/1: o.O., B. QUINGER (KR-K).
Hochrhein: 8412/1: Klosterhau N Wyhlen, 1990, M. VOGGESBERGER (STU-K).
Schwäbische Alb: 7226/4: SE Königsbronn, 1979, E. VON HEYDEBRAND (STU-K); 7522/2: Wittlingen-Hohenwittlin-gen, 1964, G. KNAUSS (STU); 7918/2: Dreifaltigkeitsberg, 1984, D. LANGE (STU-K); 8017/4: Pfaffental, 1984, D. LANGE (STU-K).
Alpenvorland: 8022/3: Pfrunger Ried, Schnödenwiesen, GÖRS (1959/60: Tab. 10); 8022/4: Hoßkirch-Hüttenreute, 1987, A. WÖRZ (STU-K); 8025/1: Eggmannsried, 1978, DÖRR in LIPPERT (1985); 8026/3: Ruine Marstetten, 1970, DÖRR (1974), LIPPERT (1985); 8118/2: Martinskapelle, 1977, K. HENN (STU-K); 8218/2: Hohentwiel, 1988–90, E. KOCH (STU-K); 8219/3: Singen, Schneidholz, 1988–90, E. KOCH (STU-K); 8222/2: Littistobel N Rog-genbeuren, 1983, D. LANGE (STU-K).

Höchstes Vorkommen: 7919/4: Stiegelesfels, 780 m, K. BERTSCH (1919: 330); tiefste Vorkom-men bei ca. 100 m.

Erstnachweise: Die Art ist im Gebiet vermutlich nicht urwüchsig, dagegen wohl aber in Ostbayern (vgl. HAEUPLER u. SCHÖNFELDER 1988, SCHÖNFEL-DER et al. 1990). Sie ist nur aus früherer Kultur verwildert. Ältester literarischer Nachweis: MAR-TENS (1823: 241): Stuttgart, feuchte Stellen des Bop-serwaldes, 12. Mai 1823 (STU).

Bestand und Bedrohung: Die Art ist stark zurückge-gangen, sie muß als bedroht gelten. Ihre genauere Verbreitung ist noch zu erforschen.

3. Fragaria viridis Duchesne 1766
F. collina Ehrh. 1792
Hügel-Erdbeere, Knackelbeere

Morphologie: Ausdauernd, 5–20 cm hoch, mit Ausläufern; Ausläufer nur bei der ersten Toch-terpflanze mit schuppenförmigem Niederblatt; Blätter gestielt, dreizählig gefiedert, gesägt-gekerbt, besonders unterseits, weißfilzig behaart; Blüten

gelblichweiß; Kelchblätter zur Fruchtzeit der Frucht angedrückt, Blütenboden am Rand ohne Nüßchen. – Blütezeit: Mai–Juni.

Verwechslungsmöglichkeiten (vgl. auch GERST-BERGER 1978: 93–97): Die Art ist nicht immer leicht von *F. vesca* zu unterscheiden. Sie ist deswegen häu-figer als die Karte angibt. Sichere Merkmale sind die angedrückten Kelchblätter und die Niederblät-ter der Ausläufer. Etwas weniger sicher, aber noch gut brauchbar sind folgende Merkmale: Blüten-blätter groß, 6–10 mm lang; Blattzähne im vorde-ren Drittel nach vorne eingekrümmt, Endzahn kür-zer als die seitlichen.
Ökologie: Auf sommerwarmen, kalkhaltigen Böden, in Trockenrasen, in Steppenheidesäumen, am Rand von Steppenheidewäldern, an Wegrainen. Vegetationsaufnahmen z.B. bei T. MÜLLER in OBERDORFER (1978: Tab. 124, 125, 128) und PHI-LIPPI (1983: 556–561, 591).
Allgemeine Verbreitung: Von den Pyrenäen nord-wärts bis Südskandinavien, von Frankreich und Italien bis zum Kaukasus und bis Zentralasien.
Verbreitung in Baden-Württemberg: In den Gäu-landschaften besonders auf Muschelkalk ziemlich verbreitet, seltener auf der Schwäbischen Alb, dem Oberrheingebiet, im Hegau, am Hochrhein und im Baar-Wutachgebiet. Im Alpenvorland sehr selten, im Schwarzwald fehlend. Nach K. MÜLLER (1957) kommt im Gebiet um Ulm statt *F. viridis* nur *F. ×hagenbachiana* vor. Eine genauere Trennung der

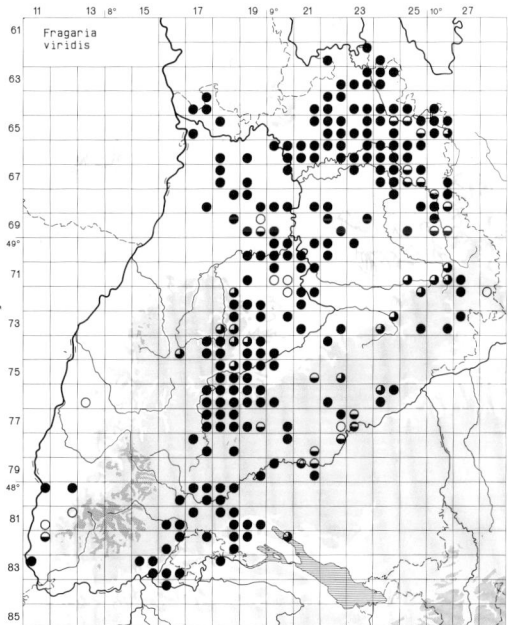

Fragaria viridis

Hügel-Erdbeere *(Fragaria viridis)*
Rheindamm bei Neuenburg

Sippen in diesem Gebiet muß einer besonderen Untersuchung vorbehalten bleiben.

Alpenvorland: 7921/4: Zielfingen und Umgebung, M. MARQUART (STU-K); 8220/2: Hügelstein NW Liggeringen, 1961, 1962, LANG (1973: 372).

Höchstes Vorkommen: 7719/3: Lochenstein, 950 m, K. BERTSCH (1919: 330); tiefste Vorkommen bei ca. 100 m.

Erstnachweise: Die Art ist im Gebiet urwüchsig. Ältester literarischer Nachweis: ROTH VON SCHRECKENSTEIN (1814: 266), Immendingen und Weiterdingen, AMTSBÜHLER, Gündlingen bei Heitersheim, VON ITTNER.

Bestand und Bedrohung: Die Art ist trotz ihres Rückgangs noch nicht gefährdet.

Fragaria × hagenbachiana Lang et Koch 1842
F. vesca × viridis
Morphologie: Aussehen ähnlich *F. viridis*, aber Pflanze höher und weniger seidig behaart, Ausläufersystem verzweigt, teils mit schuppenförmigem Niederblatt dazwischen, teils ohne (GERSTBERGER 1978); Blättchen öfters gestielt, beim Typus von *F. × hagenbachiana* besonders das mittlere und bis zu einem Viertel der Länge des Blättchens; Staubbeutel so lang wie die Griffel.

Variabilität: Es sollte noch geklärt werden, ob nicht *F. × hagenbachiana* eine besondere Sippe außerhalb des Bastardes *F. vesca × viridis* darstellt (vgl. ASCHERSON u. GRAEBNER 1904: 649–659).

Verbreitung in Baden-Württemberg: Bisher noch ungenügend bekannt, da der Bastard schwer gegen *F. viridis* abzugrenzen ist. Fundangaben liegen hauptsächlich aus dem Raum Ulm vor. Dort kommt nach K. MÜLLER (1957: 102) keine reine *F. viridis* vor.

Oberrheingebiet: 7912/1: Hundskehle, 1981, DIENST (1981: 83); 8012/2: Bohl N Ebringen, NEUBERGER (1912: 137), 1981, BOGENRIEDER in DIENST (1981: 83); 8111/2: Zunzingen, KRAFT in HAGENBACH (1843: 199), STU; 8312/3: Haagen, 1981, DIENST (1981: 83).

Neckarland: 7020/2: Spinnerei N Bietigheim, 1991, S. SEYBOLD (STU); 7420/3: Tübingen, 1980, G. GOTTSCHLICH (STU-K).

Schwäbische Alb: 7424/4: Merklingen, K. MÜLLER (1957: 102); 7426/3: Lonetal bei Bernstadt, 1934, K. MÜLLER (STU); 7426/4: Langenau, K. MÜLLER (1957: 102); 7524/4: Weiler, K. MÜLLER (1957: 102); 7525/1: Bermaringen und Bollingen, K. MÜLLER (1957: 102); Waldrand N Weidach, 1945, K. MÜLLER (STU); 7525/2: Tobel bei Hagen,

156

1945, K. Müller (STU); 7525/3: Herrlingen, K. Müller (1957: 102); Wippingen, Bosch und Rauneker (1984: 76); 7525/4: Tobel N Mähringen, 1940, K. Müller (STU); 7526/1: Ägenberg W Hörvelsingen, 1941, K. Müller (STU); 7624/1: Schmiechen, K. Müller (1957: 102); Schelklingen, 1941, 1943, K. Müller (STU), Rauneker (1984: 76); Steinsberg N Allmendingen, 1944, K. Müller (STU); 7624/3: Weitental SE Ermelau, 1954, K. Müller (STU); 7919/4: Fridingen, Stiegelesfels, 1942, K. Müller (STU).

Hegau: 8218/2: Hohentwiel, Gerstberger (1978: 97).

Erstnachweise: Ältester literarischer Nachweis: Entdeckt von Gärtner Kraft aus Müllheim wurde *F. × hagenbachiana* erstmals von Lang und Koch in Koch (1842: 529–539) beschrieben. Vorkommen: „steinige Hügel bei Zunzingen . . . in Menge und mit keiner anderen Art von Erdbeeren untermischt". Eine Abbildung findet sich bei Hagenbach (1843).

Literatur: Dienst (1981).

Fragaria × ananassa (Duchesne) Guédès 1984
F. × magna Thuillier 1800
Brestling, Garten-Erdbeere
Morphologie: Pflanze ausdauernd, 15–45 cm hoch, mit Ausläufern; Blätter lederig, oberseits kahl oder fast kahl, dunkelgrün; Blütenstiele aufrecht-abstehend behaart; Frucht groß, etwa 1–3 cm im Durchmesser. – Blütezeit: Mai bis Juni.

Kulturpflanze, als Bastard unter Beteiligung von *F. chiloensis* aus Südchile und *F. virginiana* aus Nordamerika in Frankreich zwischen 1715 und 1740 entstanden. Wird besonders auf sandig-lehmigen Böden gepflanzt, nur selten auf Schuttplätzen als Kulturrelikt.

Duchesnea indica (Andrews) Focke 1888
Fragaria indica Andrews
Indische Erdbeere
Morphologie: Pflanze ausdauernd, mit Ausläufern; Blätter erdbeerähnlich, lang gestielt, dreiteilig, gekerbt; Blüten gelb, einzeln; Außenkelch so lang oder länger als die Kelchblätter, an der Spitze drei- bis fünfzähnig; Frucht fleischig, rot, fad schmeckend. – Blütezeit: Mai bis Oktober.

Indische Erdbeere *(Duchesnea indica)*
Bahngelände bei Staufen, 1982

In Gärten und Parks kultiviert und durch seine Ausläufer gelegentlich verwildert, aber noch nicht eingebürgert. Heimat: Süd- und Ostasien.

Fundorte: 6417/4 o.O., 1988, Demuth (KR-K); 7021/3: Ludwigsburger Schloß, 1991, S. Seybold (STU); 7220/4: Sonnenberg, 1968, T. Weber (STU); 8012/2: Lorettoberg bei Freiburg, Waldweg, 1990, W. Plieninger (STU-K); 8013/1: o.O., U. Koch (STU-K); 8023/2: Fichtenwald N Aulendorf, 1978, L. Zier (STU-K); 8319/2: Tobel W Wangen, 1991, E. Koch (STU).

12. **Alchemilla** L. 1753
Frauenmantel, Sinau
Bearbeiter: O. Sebald

Ausdauernd; primäre Sproßachse liegend, sich bewurzelnd, mit kurzen Internodien, etwas verholzend, mit sekundärem Dickenwachstum, von Resten der Blattstiele und Nebenblätter bedeckt, an der Spitze mit einer Rosette langgestielter Grundblätter. Spreiten der Grundblätter im Umriß kreis- bis nierenförmig, fingerförmig geteilt oder gelappt; Nebenblätter mit Ausnahme der „Öhrchen" mit dem Blattstiel und jung um die Sproßanlage herum röhrig verwachsen, später aufreißend. Blühende Sprosse seitlich aus den Achseln vorjähriger, verwelkter und diesjähriger Grundblätter.

Blütenstand ± reichblütig, rispenähnlich, vom Typ eines geschlossenen Thyrsus mit einer monopodial aufgebauten, beblätterten Hauptachse und einer Bereicherungszone aus entsprechend aufgebauten Seitenachsen. Haupt- und Seitenachsen enden mit einer Blüte, finden jedoch eine Fortsetzung mit sympodial aufgebauten, meist di- bis pleiochasial verzweigten, seltener aus monochasialen Ästen; die Teilblütenstände bestehen aus 1 oder mehreren, längerstieligen Einzelblüten und 1 oder mehreren, meist deckblattlosen, oft wickelartigen, meist armblütigen Monochasien; je nach Blütenzahl und den Relationen der Längen von Blütenstielen, Blütenbechern und der sympodialen Achsenabschnitte besitzen die Teilblütenstände ein knäueliges, kugeliges, scheindoldiges, büscheliges oder wickelartiges Aussehen. Blüten gestielt, klein, zwittrig, gelblich bis grün, 4 (–5)zählig, mit einem halbkugeligen, glockenförmigen oder ± kegelförmigen Blütenbecher, oben durch einen ringförmigen Diskus abgeschlossen, mit 4 (5) Außenkelchblättern und 4 (5) Kelchblättern. Kronblätter fehlend. Staubblätter 4 (5), zwischen den Kelchblättern am Außenrand des Diskus eingefügt; Antheren rundlich, durch einen waagrechten Riß sich öffnend. Fruchtblatt 1 (selten 2), einsamig, sich zu einem eiförmigen Nüßchen entwickelnd; Griffel fadenförmig, knapp über der Basis eingefügt und wie die Nüßchenspitze aus der Diskusöffnung ragend; Narbe linsenförmig bis halbkugelig.

Die Artenzahl von *Alchemilla* ist kaum genau anzugeben, da die Gattung viele apomiktische Sippen enthält, die noch nicht alle bekannt sind. Nach FRÖHNER (1990) ist mit mehr als 1000 Arten zu rechnen. Die Gattung *Alchemilla* in der hier angewandten Umgrenzung ist vor allem in den gemäßigten und nördlichen Zonen Eurasiens verbreitet, wobei die Gebirge besonders artenreich sind. Trockengebiete werden von der Gattung weitgehend gemieden. Außerhalb von Eurasien findet sich aus dieser Verwandtschaftsgruppe von *Alchemilla* nur noch eine Art im Atlas-Gebirge in Nordafrika. Europäische Arten wurden allerdings auch in Nordamerika, Neuseeland und Australien eingeschleppt.

In den Gebirgen Ostafrikas gibt es weitere *Alchemilla*-Arten (etwa 70), die zum Teil strauchig wachsen und zu anderen Sektionen als die eurasiatischen Vertreter der Gattung gehören. Außerhalb von Afrika gibt es noch 2 Arten aus diesen afrikanischen Sektionen in Südindien, Sri Lanka und auf Java. Die *Alchemilla* nahestehenden Verwandten in Südamerika werden heute den Gattungen *Aphanes* L. und *Lachemilla* (Focke) Rydberg zugeordnet.

Als Artenzahl für Mitteleuropa ergibt sich nach der neuen Bearbeitung der Gattung durch FRÖHNER (1990) die noch nicht endgültige Anzahl von 137 Arten. Für Bayern werden von LIPPERT und MERXMÜLLER (1974–1982) 38 Arten, für Hessen von KALHEBER (1979) 15 Arten, für die Schweiz von HESS, LANDOLT und HIRZEL (1970) 86 Arten aufgeführt. GRIMS (1988) nennt für Oberösterreich 31 Arten, von denen allerdings außerhalb der Alpen nur 9 Arten vorkommen. GRIMS (1988) fand auf einem Quadranten in den Alpen bis zu 18 Arten. Besonders artenreich sind nach FRÖHNER (1990) die südwestlichen Schweizer Alpen, der Französische und südliche Schweizer Jura. Das Maximum des Artenreichtums befindet sich nach FRÖHNER auf der Gemmi-Alp (Wallis, Schweiz), wo auf 2 km^2 etwa 50 verschiedene *Alchemilla*-Arten gefunden wurden.

Die hier vor allem interessierende Artenzahl für Baden-Württemberg ist noch nicht endgültig anzugeben. Eine gründliche Bearbeitung der Gattung für das Land ist noch nicht erfolgt und war auch im zeitlichen Rahmen dieses Projekts nicht möglich. Einige frühere Angaben für bestimmte Arten sind zweifelhaft, andererseits muß mit der Auffindung noch weiterer Arten gerechnet werden. Nach den zur Zeit verfügbaren Informationen ist mit 18 Arten zu rechnen. Am artenreichsten erwiesen

sich die Schwäbische Alb, das Allgäu und der südliche Schwarzwald.

Die meisten Arten trifft man in montanen bis subalpinen Wiesen und Magerrasen oder saumartiger, stauden- oder grasreicher Vegetation entlang von Wegen und Waldrändern, von Gräben und Bächen. In den meisten Fällen handelt es sich bei uns um sekundäre, nicht um primäre, natürliche oder naturnahe Vegetation, in der die *Alchemilla*-Arten vorkommen. Das legt nahe, daß sich viele *Alchemilla*-Arten besonders in den etwas tieferen Lagen im Gefolge des Menschen ausgebreitet haben. Durch den Rückgang der Trocken- und Magerrasen haben allerdings einige schwachwüchsige Arten in neuerer Zeit wieder Rückgänge erfahren (z. B. *A. glaucescens*, *A. filicaulis*). Intensive Beweidung und häufiger Mähschnitt lassen kein ungestörtes Wachstum der Pflanzen zu.

Die Bevorzugung der montanen bis subalpinen Regionen unseres Landes zeigt schon, daß die meisten *Alchemilla*-Arten keine zu trockenen Standorte sondern eher frische bis feuchte bevorzugen. Nur einzelne Arten wie *A. glaucescens* kommen auch auf recht trockenen Standorten vor. Die meisten Arten meiden stark bodensaure, sehr basenarme Böden, stellen sonst aber an den Basengehalt keine besonderen Ansprüche.

Grundlagen der Sippenbildung: Die einheimischen *Alchemilla*-Sippen pflanzen sich nur apomiktisch fort, d. h. ihre Samen entwickeln sich ohne Befruchtung. Die Nachkommen gleichen genetisch immer der Mutterpflanze. Ihre Fortpflanzung ist also fast einer vegetativen Vermehrung vergleichbar. Die Merkmalsunterschiede der Sippen sind oft sehr subtil. Außerdem unterliegen sie beträchtlichen modifikatorischen Einflüssen durch unterschiedliche Standortsverhältnisse und durch jahreszeitlich bedingte Abwandlungen. Die Bestimmung vieler *Alchemilla*-Sippen ist daher schwierig und an ungeeignetem Material oft unmöglich.

Die *Alchemilla*-Sippen weisen ungewöhnlich hohe Chromosomenzahlen auf (2n = 96 bis 152). Man nimmt heute meist an, daß sie durch Polyploidisierung und Hybridisierung entstanden sind. Die sexuellen Ausgangssippen sind offenbar längst ausgestorben. Die apomiktischen Sippen müssen ein beträchtliches Alter haben. Ein Teil von ihnen besiedelt sehr ausgedehnte Areale.

Gelegentlich wurden auch Einwände gegen die Theorie der völligen Konstanz und Uniformität der apomiktischen *Alchemilla*-Sippen laut. TURESSON (1956) und BRADSHAW (1963) fanden bei Kulturversuchen mit einigen nordeuropäischen bzw. britischen *Alchemilla*-Sippen genetisch bedingte Varianten. FRÖHNER (1990) hält in diesen Fällen eine Plasmonvererbung für möglich. PLOCEK (1976) stellte in den Karpaten bei *A. monticola* außer einer typischen Varietät zwei genetisch fixierte lokale Varietäten (var. *contractilis* und var. *crassa*) fest. Er hatte die Pflanzen mehrere Jahre unter vergleichbaren Bedingungen kultiviert. Er nimmt an, daß die lokalen Varianten durch Mutation entstanden seien. GLAZUNOVA (1977) hat unter Laborbedingungen noch kurze Pollenschläuche erhalten und nimmt sogar an, daß eine eingeschränkte Kreuzbefruchtung noch möglich sei. FRÖHNER (1990) lehnt diese Beobachtung als Beweis für die Möglichkeit rezenter Bastardierung jedoch ab. Auch etwaigen Mutanten erkennt er wegen fehlender Rekombinationsmöglichkeit nur einen sehr geringen Wert für die Sippenbildung bei *Alchemilla* zu.

Gliederung von Alchemilla: Die systematische Einteilung der Gattung *Alchemilla* in neueren Bearbeitungen (vgl. WALTERS 1968, LIPPERT und MERXMÜLLER 1974–1982, LIPPERT in OBERDORFER 1983; 1990) basiert weitgehend auf den Arbeiten von ROTHMALER (1936, 1938, 1966). Nach dieser Einteilung gehören alle wildwachsenden Sippen in Baden-Württemberg zur Sektion *Alchemilla* (= *Brevicaules* ROTHMALER 1938), auch alle anderen europäischen Arten gehören zu dieser Sektion mit Ausnahme der alpinen *A. pentaphyllea*. Letztere Art bildet die monotypische Sektion *Pentaphylleae* Buser ex Camus 1900. Sie ist nicht apomiktisch, sondern pflanzt sich normal sexuell fort.

Die Sektion *Alchemilla* gliedert sich in folgende Subsektionen, Series und Subseries (Reihenfolge der baden-württembergischen Arten wie in der FLORA EUROPAEA 1968):

A. Subsect. *Chirophyllum* Rothm.
    Grundblätter ganz oder fast ganz fingerförmig 5- bis 9teilig.
    a. Series *Saxatiles* Buser: Keine Arten in Baden-Württemberg.
    b. Series *Hoppeanae* Buser: (= *A. conjuncta* agg.)
    A. hoppeana s.l.

B. Subsect. *Alchemilla* (= *Heliodrosium* Rothm.)
    Grundblätter selten auf mehr als ½ geteilt; Außenkelchblätter nicht länger, aber schmäler als die Kelchblätter
    a. Series *Splendentes* Buser (= *A. splendens* agg.) Keine Arten in Baden-Württemberg.
    b. Series *Pubescentes* Buser (= *A. hybrida* agg.) Überall, auch an den Blütenstielen dicht behaarte Pflanzen; Blattlappen pro Seite nur mit 4–6 Zähnen
    A. glaucescens
    c. Series *Vulgares* Buser (= *A. vulgaris* agg.)
    Kahle bis mäßig dicht behaarte Pflanzen; Blütenstiele meist kahl; Blattlappen meist mit 6 und

mehr Zähnen pro Seite; Kelchblätter kürzer als der Blütenbecher.
    c1. Subseries *Hirsutae* Lindberg
    Blattstiele und Stengel ± abstehend behaart
    A. monticola
    A. crinita
    A. strigosula
    A. subcrenata
    A. acutiloba (= *vulgaris*)
    A. gracilis (= *micans*)
    A. xanthochlora
    A. filicaulis
    c2. Subseries *Heteropodae* Buser.
    Wahrscheinlich keine Arten in Baden-Württemberg (Fehlangaben von *A. decumbens, A. tenuis*).
    c3. Subseries *Subglabrae* Lindberg
    Blattstiele und Stengel ± anliegend behaart
    A. connivens
    A. reniformis
    A. lineata
    A. effusa
    A. impexa
    A. glabra
    c4. Subseries *Glabrae* Rothm.
    Blattstiele und Stengel kahl
    A. coriacea
    A. straminea

C. Subsect. *Calycanthium* Rothm.
    a. Series *Elatae* Rothm.
    Außenkelchblätter so lang und so breit wie Kelchblätter. Nur 1 gepflanzte und bisweilen verwilderte Art in Baden-Württemberg
    [*A. mollis*]
    b. Series *Calycinae* Buser.
    Keine Arten in Baden-Württemberg.

FRÖHNER (1975, 1986, 1990) schlägt eine ziemlich veränderte Gliederung unserer europäischen *Alchemilla*-Sippen vor. Nach seiner Theorie sind an den hybridogen entstandenen *Alchemilla*-Sippen 4 verschiedene Merkmalskomplexe beteiligt, die den 4 reinen Ausgangssektionen (Nr. 1, 6, 12 und 13) entsprechen und deren Anfangsbuchstaben (E, U, A und P) er verwendet, um die Kombination der Merkmalskomplexe zu bezeichnen, die in einer *Alchemilla*-Art zu erkennen sind. Die 137 von FRÖHNER (1990) erfaßten mitteleuropäischen Arten verteilen sich bei ihm auf insgesamt 13 Sektionen, 4 einem der 4 Grund-Merkmalskomplexe und 9 bestimmten Kombinationen dieser 4 Merkmalskomplexe zuordnungsfähig. Von den 13 Sektionen sind 6 in Baden-Württemberg vertreten, eventuell können noch 1–2 weitere hinzukommen.

Vergleicht man die neue Gliederung von FRÖH-NER mit der bisherigen, so zeigen sich drei wichtige Unterschiede für die baden-württembergischen Arten: 1. die anliegend behaarten und kahlen Arten der Subserien *Subglabrae* und *Glabrae* sind bei FRÖHNER in einer Sektion *Coriaceae* (Nr. 3) mit der Kombination EUP zusammengefaßt. 2. Die abstehend behaarten Arten des *Alchemilla vulgaris* agg. (= Subseries *Hirsutae*) verteilen sich bei FRÖHNER auf die drei Sektionen Nr. 2, 6 und 7 (*Alchemilla* mit den Merkmalskomplexen EU, *Ultravulgares* als Grundsektion nur mit U, *Plicatae* mit den Merkmalskomplexen UAP). Die drei Sektionen haben also den Merkmalskomplex U gemeinsam, unterscheiden sich aber in der Beimengung anderer Merkmalskomplexe. 3. *A. glaucescens* steht bei FRÖHNER mit einigen Arten der „Hirsutae" in der Sektion *Plicatae* (Nr. 7).

Übersicht über die Gliederung von *Alchemilla* und die Zuordnung der bisher in Baden-Württemberg gefundenen Arten nach FRÖHNER in HEGI (1990):

1. Sektion *Erectae* Fröhner 1986
   Selbständige Grundsektion mit dem Merkmalskomplex E; Arten vorwiegend im Kaukasus und Anatolien, einzelne in Südosteuropa; bei uns 1 Art angepflanzt und gelegentlich verwildert.
   [*A. mollis*]
2. Sektion *Alchemilla*
   Sektion von Hybriden zwischen Sektion *Erectae* und Sektion *Ultravulgares* mit den Merkmalskomplexen EU. Die Arten dieser Sektion sind in Europa weit verbreitet. Einige unserer häufigeren, ± abstehend behaarten (Subser. *Hirsutae*) Arten werden hier eingeordnet.
   1. *A. vulgaris* (= *acutiloba*)
   2. *A. xanthochlora*
   3. *A. micans* (= *gracilis*)
   4. *A. crinita*
3. Sektion *Coriaceae* Fröhner 1986
   Sektion von Hybriden mit den Merkmalskomplexen EUP, die also aus den drei Sektionen *Erectae, Ultravulgares* und *Pentaphylleae* nach FRÖHNER (1990) entstanden sein sollen. Arten dieser Sektion sind in Europa weitverbreitet. Unsere bisher zu den Subserien *Glabrae* und *Subglabrae* gestellten Arten mit vorwiegend anliegend behaarten oder kahlen Blattstielen und Stengeln gehören hierher.
   5. *A. lineata*
   6. *A. straminea*
   7. *A. coriacea*

8. *A. connivens*
9. *A. glabra*
10. *A. reniformis*
11. *A. impexa*
12. *A. effusa*

4. Sektion *Calycinae* Buser emend. Fröhner 1986
   Sektion von Hybriden der Sektionen *Erectae* und *Pentaphylleae*, also mit den Merkmalskomplexen EP. Arten höherer Gebirge im südlichen Europa und Vorderasien. In Baden-Württemberg nicht vorkommend.
5. Sektion *Decumbentes* Fröhner 1986
   Sektion aus Hybriden der Sektionen *Ultravulgares* und *Pentaphylleae*, also mit den Merkmalskomplexen UP. Verbreitung ähnlich wie die vorige Sektion. Angaben von Arten der Sektion *Decumbentes* aus Baden-Württemberg sind sehr fraglich, auch wenn sie sich bis in die neuere Zeit in Floren finden.
   [*A. decumbens*]
   [*A. tenuis*]
6. Sektion *Ultravulgares* Fröhner 1986
   Nach FRÖHNER Grundsektion mit dem Merkmalskomplex U. Die Arten sind in Europa, Vorderasien und Sibirien weit verbreitet. Eine Art unserer abstehend behaarten Arten (Subseries *Hirsutae*) gehört hierher.
   13. *A. subcrenata*
7. Sektion *Plicatae* Fröhner 1986
   Sektion von Hybriden, die sich aus den Grundsektionen *Ultravulgares, Alpinae* und *Pentaphylleae* zusammensetzen sollen, also die Merkmalskomplexe UAP aufweisen. Die Arten kommen in großen Teilen Europas und Asiens mit Ausnahme der Trockengebiete vor. Hierher stellt FRÖHNER einige der abstehend behaarten Arten (Subseries *Hirsutae*) und überraschend auch *A. glaucescens*, eine Art, die sonst nicht der Artengruppe des *A. vulgaris* agg. zugeordnet wurde, sondern dem *A. hybrida* agg. (= Series *Pubescentes*).
   14. *A. strigosula*
   15. *A. monticola*
   16. *A. filicaulis*
   17. *A. glaucescens*
8. Sektion *Pubescentes* Buser
   Diese Sektion enthält Hybriden, die aus den Sektionen *Ultravulgares* und *Alpinae* entstanden sein sollen, also die Merkmalskomplexe UA besitzen. Arten dieser Sektion kommen in den höheren Gebirgen im südlichen Europa und in Vorderasien vor. Nach Ausschluß von *A. glaucescens* aus dieser Sektion, gibt es in Baden-Württemberg keine Arten dieser Sektion.

9. Sektion *Splendentes* Buser emend. Fröhner 1986

Hybridensektion aus den Sektionen *Erectae, Ultravulgares* und *Alpinae*, also mit den Merkmalskomplexen EUA. Verbreitung wie vorige Sektion, ohne Arten in Baden-Württemberg.

10. Sektion *Flabellatae* Fröhner 1986

Hybridensektion aus den Sektionen *Erectae, Alpinae* und *Pentaphylleae* (Merkmalskomplexe EAP). Verbreitung ähnlich wie die beiden vorhergehenden Sektionen, ohne Arten in Baden-Württemberg.

11. Sektion *Glaciales* Fröhner 1986

Sektion von Hybriden aus den Sektionen *Alpinae* und *Pentaphylleae* entstanden (also mit den Merkmalskomplexen AP). Arten der höheren Gebirge im südlichen Europa und in Südwestasien. Nur eine Art dieser Sektion *A. nitida,* wird von Fröhner (1990) für Baden-Württemberg genannt. Allerdings muß nach Fröhner (1990: 199) gerade *A. nitida* noch auf tatsächliche P-Anteile geprüft werden. Warum diese Art dann aus der Series *Hoppeanae* der Sektion 12. *Alpinae* herausgenommen wurde, bleibt einigermaßen rätselhaft.

12. Sektion *Alpinae* Buser ex Camus 1900, emend. Fröhner 1986

Grundsektion mit Merkmalskomplex A. Verbreitung wie die vorige Sektion und darüber hinaus auch in Nordeuropa und Nordostamerika. Diese Sektion wird auch von Fröhner (1990) in die beiden Series *Saxatiles* und *Hoppeanae* gegliedert (vgl. auch Rothmaler (1936: 209) bzw. Walters (1968: 52)). Nur Pflanzen aus der Series *Hoppeanae* kommen in Baden-Württemberg vor. Sie werden hier in vorläufiger Weise mit dem Namen *A. hoppeana* s.l. belegt.

18. *A. hoppeana* s.l.

13. Sektion *Pentaphylleae* Buser ex Camus

Grundsektion mit dem Merkmalskomplex P., nur aus einer in den westlichen Alpen und in den Pyrenäen vorkommenden Art bestehend.

Alchemilla in den Landesfloren: In den älteren Landesfloren ist die Hauptmasse der heutigen *Alchemilla*-Arten meist unter der einen Art *A. vulgaris* zusammengefaßt, für Württemberg so bei Schübler und von Martens (1834), von Martens und Kemmler (1865, 1872, 1882). Kirchner und Eichler (1900) nennen 2 Formen: α *typica* Focke: Stengel abstehend behaart und β) *luteovirens* Focke: Stengel kahl (wohl einschließend der teilweise anliegend behaarten Pflanzen zu verste-

hen). Hegelmaier (1906) beschäftigt sich erstmals intensiver mit den Alchemillen der Schwäbischen Alb. Er führt 9 Arten auf. Sein von dem schweizerischen Alchemillen-Spezialisten Robert Buser revidiertes Belegmaterial befindet sich in STU und war natürlich auch für diese Bearbeitung eine wertvolle Grundlage. Kirchner und Eichler (1913) übernehmen die Ergebnisse von Hegelmaier (1906), gliedern sie allerdings in das von Ascherson und Graebner (1902) übernommene hierarchische System ein. Dieses System kommt nicht mit den sonst üblichen infraspezifischen Rangstufen Unterart (subspecies) und Varietät (varietas) aus, sondern unterscheidet noch weitere, zum Teil dazwischengeschobene Rangstufen. Auch Gams in Hegi (1923) gliedert die Fülle der Sippen des *Alchemilla vulgaris* agg. hierarchisch, begnügt sich aber mit den Rangstufen der Unterart und Varietät. Spätere württembergische Landes- und Regionalfloren (Bertsch 1933, 1948, Gradmann 1936 und K. Müller 1957) führen die Sippen einheitlich im Rang von Unterarten.

In den älteren badischen Landesfloren sind die Verhältnisse ähnlich. Döll (1843, 1862) kennt außer *A. arvensis* und *A. alpina* nur *A. vulgaris,* allerdings mit der Varietät *subsericea,* die „namentlich im Schwarzwald und Odenwald" vorkommt. Bei der var. *subsericea* dürfte es sich teilweise um *A. glaucescens* gehandelt haben. Auch Seubert und Klein (1905) beschränken sich wie Döll auf die 3 *Alchemilla*-Arten.

Die vorliegende Bearbeitung für Baden-Württemberg konnte in STU auf die zum großen Teil von Buser selbst revidierten Sammlungen von Hegelmaier und Bertsch zurückgreifen. Von den neueren Aufsammlungen ist ein beachtlicher Teil von Lippert und seinen Mitarbeitern (Botanische Staatssammlung München) revidiert worden.

Hinweise zum Bestimmen:

1. Da mehrere Arten oft am gleichen Ort wachsen, auf Zugehörigkeit des Materials achten. Den oberen Teil der Grundachse mit Grundblattrosette und den Blütensprossen zusammen entnehmen und erst nachträglich zerlegen.
2. am frischen Beleg besonders auf folgende Merkmale achten: Farbe, Wellung, Faltung der Grundblattspreiten; Farbe und Grad der Verwachsung der Nebenblätter; Farbe und Stellung der Kelchblätter.
3. Pflanzen, die durch Verbiß, Mahd oder Tritt beeinträchtigt sind, bleiben oft unbestimmbar. Grundblätter schwacher, seitlicher Triebe sind oft untypisch.

4. Zu früh oder zu spät gesammelte Pflanzen sind oft unbestimmbar. Die Form der Grundblätter und der Umfang der Behaarung können je nach Jahreszeit unterschiedlich sein. Spätere Blätter sind meist stärker behaart.

1 Grundständige Blätter auf mehr als ⅔ fingerförmig geteilt *(A. conjuncta* agg. = series *Hoppeanae)* 32
– Grundständige Blätter auf weniger als ½ geteilt . 2
2 Stiele der Grundblätter und zumindest der untere Teil der Stengel abstehend (waagrecht, etwas aufwärts oder abwärts gerichtet) behaart 3
– Stiele und Stengel kahl oder ± anliegend behaart 24
3 Kelchblätter länger als der Blütenbecher 4
– Kelchblätter so lang wie oder kürzer als der Blütenbecher; Außenkelchblätter kürzer als Kelchblätter 5
4 Grundblattspreiten weniger als 6 cm breit; Blattlappen pro Seite nur mit 4–6 Zähnen; Außenkelchblätter kürzer und schmäler als die Kelchblätter . . . . 17. *A. glaucescens*
– Grundblätter breiter als 6 cm; Blattlappen pro Seite mit mehr als 6 Zähnen; Außenkelchblätter etwa so lang und so breit wie die Kelchblätter . . *[A. mollis]*
5 Stiele der grundständigen Frühjahrsblätter ± kahl, die späteren abstehend behaart; Stengel an den basalen 1–2 Internodien (fast) kahl, die folgenden deutlich behaart . . . . *[A. decumbens]*
– Stiele und Stengel auch im Frühjahr schon ± abstehend behaart 6
6 Ganze Pflanze einschließlich der Blütenstiele und Blütenbecher dicht behaart; Blattlappenhälften nur mit 4–6 Zähnen; Kelchblätter so lang oder etwas länger als Blütenbecher 17. *A. glaucescens*
– Wenigstens Teile des Blütenstandes, zumindest jedoch die meisten Blütenstiele kahl; Blattlappen pro Seite meist mit 6 und mehr Zähnen; Kelchblätter höchstens so lang wie der Blütenbecher oder etwas kürzer 7
7 Blütenbecher meistens ± abstehend behaart . . . 8
– Blütenbecher kahl oder nur einzelne abstehend behaart 9
8 Grundblattspreiten eher kreisförmig, mit enger Basalbucht, unterseits auch zwischen den Adern so dicht behaart wie oberseits . 15. *A. monticola*
– Grundblattspreiten eher nierenförmig, mit weiter Basalbucht, unterseits zwischen den Adern schwächer behaart bis fast kahl . . . 16. *A. filicaulis*
9 Basaler Teil der Adern der Blattunterseite anliegend behaart; Grundblattstiele und Stengel wenigstens teilweise deutlich schief aufwärts (ca. 45°) behaart 10
– Basaler Teil der Adern der Blattunterseite abstehend oder selten auch rückwärts gerichtet behaart; Grundblattstiele und Stengel waagrecht oder rückwärts oder schwach vorwärts gerichtet behaart 11
10 Blattoberseite nur auf den Zähnen und in den „Falten" behaart; Stiele der unteren Stengelblätter nicht oder kaum länger als ihre Spreite . . . . .
8. *A. connivens*

– Blattoberseite gleichmäßiger behaart; Stiele der unteren Stengelblätter häufig deutlich bis mehrfach länger als ihre Spreite . . . . . 3. *A. micans*
11 Lappen der Grundblattspreiten schmal-trapezförmig bis schmal-dreieckig, oft länger als breit . . .
1. *A. vulgaris*
– Lappen der Grundblattspreiten flach- bis hochbogig, entweder parabolisch oder breit- bis stumpfdreieckig 12
12 Adern der Blattunterseite basal ± rückwärts gerichtet behaart . . . . 14. *A. strigosula*
– Adern der Blattunterseite basal waagrecht abstehend oder etwas vorwärts gerichtet behaart . . . 13
13 Blattoberseite gleichmäßig und ± dicht behaart . 14
– Blattoberseite ganz kahl oder nur in den „Falten" und auf den Lappen behaart 19
14 Grundblattspreiten eher kreisförmig, mit enger bis geschlossener Basalbucht 18
– Grundblattspreiten eher nierenförmig, mit offener Basalbucht 15
15 Blätter nur auf ⅛ bis ¼ des Radius gelappt 16
– Blätter auf ¼ bis ½ des Radius gelappt 17
16 Grundblätter unterseits zwischen den Adern ziemlich gleichmäßig behaart; Adern basal und Blattstiel oben dicht behaart; Stengel bis weit in den Blütenstand hinauf behaart; Kelchblätter rundlich-eiförmig, kaum länger als breit; Pflanze an den Blattstielbasen kaum rot . . . . 4. *A. crinita*
– Grundblätter unterseits zwischen den Adern oft fast kahl; Adern basal und Stiel oben schwach behaart oder fast kahl; Stengel meist nur bis etwa ⅔ behaart; Kelchblätter eiförmig, deutlich länger als breit; Pflanze an den Blattstielbasen häufig rötlich überlaufen . . . . 16. *A. filicaulis*
17 Grundblattspreiten unterseits zwischen den Adern gleichmäßig behaart; Blattstiele durchgehend dicht behaart; Behaarung weit in den Blütenstand hinaufreichend; Blattstielbasen kaum rötlich . . .
15. *A. monticola*
– Grundblattspreiten unterseits zwischen den Adern oft fast kahl; Blattstiele oben und Adern basal wenig behaart; Behaarung meist nur bis ⅔ der Stengellänge reichend; Blattstielbasen oft rötlich überlaufen . . . . 16. *A. filicaulis*
18 Stiele der unteren Stengelblätter oft deutlich bis mehrfach länger als ihre Spreiten; Blattlappen oft länger als breit und schmal-trapezförmig bis dreieckig; Blätter zwischen den Adern unterseits fast kahl oder wenig behaart . . . . . 1. *A. vulgaris*
– Stiele der unteren Stengelblätter kaum länger als ihre Spreite oder kürzer 17
19 (13) Blätter oberseits meist kahl . . . .
2. *A. xanthochlora*
– Blätter oberseits zerstreut behaart oder nur in den „Falten" und auf den Lappen 20
20 Stengel und Blattstiele etwas abwärts gerichtet behaart 16
– Stengel und Blattstiele ± waagrecht oder schwach aufwärts abstehend behaart 21
21 Stiele der unteren Stengelblätter oft deutlich bis mehrfach länger als ihre Spreiten 22
– Stiele der unteren Stengelblätter nicht oder kaum länger als ihre Spreiten 23

162

22 Blattlappen wenigstens teilweise länger als breit, schmal-trapezförmig bis dreieckig . 1. *A. vulgaris*
– Blattlappen abgerundet . . . 2. *A. xanthochlora*
23 Grundblattspreiten eher kreisrund, mit enger, manchmal geschlossener Basalbucht; Blattlappen pro Seite mit 5–7 auffallend breiten, stumpfen oder kurz bespitzten Zähnen . 13. *A. subcrenata*
– Grundblattspreiten nierenförmig, mit offener Basalbucht; Blattlappen mit meist 7–9 spitzen schmäleren Zähnen 16
24 (2) Stengel und Stiele der Grundblätter kahl (höchstens einige Haare auf den Blattstielbasen oder im Spätsommer an einzelnen Stengeln) . . . 31
– Stengel basal an einem oder mehreren Internodien und Stiele der Grundblätter ganz oder teilweise anliegend behaart 25
25 Stengel (schon im Frühsommer) an mehr als 2 Internodien behaart; Stiele der Grundblätter meist auf ganzer Länge behaart; Blattadern unterseits auf ganzer Länge behaart 26
– Stengel meist nur an 1–2 basalen Internodien behaart; Blattstiel öfters im oberen Teil kahl; Blattadern meist nur in der äußeren Hälfte behaart (im Spätsommer Behaarung oft stärker) 28
26 Haare am Stengel und an den Stielen der Grundblättern oft mehr als 45° abstehend, manchmal fast waagrecht; Blattspreite oben in „Falten" meist behaart . . . . 8. *A. connivens*
– Haare deutlich anliegend; Blattspreiten oberseits kahl 27
27 Stengel meist an mehr als 4 Internodien (oft bis ¾ der Länge) behaart; Grundblattspreiten unterseits zwischen den Adern ± behaart, zumindest auf den Basallappen; Blattlappen besonders fein, aber scharf gezähnt . . . . 5. *A. lineata*
– Pflanze weniger umfangreich behaart oder mit gröberen Zähnen an den Blattlappen; Grundblattspreiten unterseits zwischen den Adern kahl oder nur der Basallappen etwas behaart 28
28 Blattlappen zum Teil länger als ⅓ des Radius und einige deutlich länger als breit; Basalbucht eng bis geschlossen; Kelchblätter fast so breit wie lang . 12. *A. effusa*
– Nicht alle diese Merkmale gleichzeitig zutreffend 29
29 Blattlappen stumpf-dreieckig bis trapezförmig; Form der Grundblattspreiten ähnelt zwei übereinander gelegten und um 45° verschobenen Vierecken; Blattadern schon im Frühsommer auf ganzer Länge behaart; Stengel weit über die halbe Länge behaart . . . . 11. *A. impexa*
– Nicht alle diese Merkmale gleichzeitig zutreffend 30
30 Blattlappen halbkreisförmig, flachbogig bis breit trapezförmig und gestutzt; Zähne gerade und relativ klein . . . . 10. *A. reniformis*
– Blattlappen parabolisch bis dreieckig; Zähne oft zur Lappenspitze gebogen und relativ breit . . . 9. *A. glabra*
31 (24) Blätter dunkel- bis blaugrün; mit abgerundeten, durch einen V-förmigen Einschnitt getrennten Lappen . . . . 7. *A. coriacea*
– Blätter und ganze Pflanze eher gelbgrün; mit ± dreieckigen Blattlappen ohne deutlichen Einschnitt . . . . 6. *A. straminea*

32 (1) Grundblätter zu 100–85% geteilt . . . .
18. *A. hoppeana* s.l.
– Grundblätter teilweise basal auf ¼–⅓ ungeteilt; Zierpflanze (Heimat: Westalpen) . . . .
[*A. conjuncta* s.str.]

Alchemilla mollis (Buser) Rothmaler 1934
A. acutiloba Steven subsp. mollis Buser 1896
Weicher Frauenmantel
Grundblattspreiten ± kreisrund, mit enger bis überlappter Basalbucht, 8–20 cm breit, auf ¹⁄₁₀ bis ¼ in 9–11 sehr flachbogige Lappen geteilt, oben und unten dicht samtig behaart; Lappen pro Seite mit 7–10 Zähnen; Stiele dicht abstehend behaart. Blütensprosse 30–80 cm lang, dicht abstehend behaart auf fast der ganzen Länge. Blütenstand sehr umfangreich; Blütenstiele 2–6 mm lang, kahl oder schwach behaart. Blüten gelblich, 4–5 mm breit; Blütenbecher zum Teil abstehend behaart, kegelförmig, kürzer als die eiförmigen Kelchblätter; Außenkelchblätter ungefähr so lang und so breit wie die Kelchblätter.

Die in den Gebirgen Südosteuropas und Südwestasiens beheimatete Art ist bei uns eine häufig angepflanzte Zierpflanze. Die ausdauernde Art breitet sich auch in Gärten und Anlagen durch Sämlinge aus und kann ab und zu verwildert abseits von Anpflanzungen gefunden werden. Da die Art offenbar erst in neuerer Zeit in größerem Umfang als Bodendecker angepflanzt wird, bleibt abzuwarten, ob die Art sich als eingebürgerte Wildpflanze etabliert.

Bis jetzt liegen aus Baden-Württemberg zu wenige Meldungen vor, um sich ein genaues Urteil bilden zu können. Die Art ist in den baden-württembergischen Wildpflanzen-Floren im allgemeinen nicht enthalten und vielleicht daher auch weniger beachtet worden.

1.–16. Alchemilla vulgaris agg.
Artengruppe des Gewöhnlichen Frauenmantels

Die Arten 1 bis 16 werden häufig auch als *Alchemilla vulgaris*-Aggregat zusammengefaßt (vgl. z. B. EHRENDORFER 1973).

Wegen der schwierigen Bestimmung vieler *Alchemilla*-Arten wurden bei der floristischen Kartierung häufig nur Angaben über das Vorkommen von *A. vulgaris* agg. gemacht. Die Aggregats-Karte zeigt, daß die Artengruppe mit Ausnahme einiger warm-trockener Tieflagen in Baden-Württemberg weit verbreitet ist. Die Verbreitungskarten vieler Kleinarten des Aggregats sind von einer Vollständigkeit noch weit entfernt. Trotzdem werden sie hier gebracht, um den derzeitigen Kenntnisstand aufzuzeigen.

Die Zuordnung des Linneischen Namens *Alchemilla vulgaris* zu einer bestimmten Kleinart war lange umstritten. Manche Autoren meinten, daß die heute als *A. xanthochlora* Rothm. bezeichnete Sippe der *A. vulgaris* L. entspräche. Nach FRÖHNER (1986) entspricht der Lectotypus von *A. vulgaris* L. der bisher als *A. acutiloba* Opiz benannten Sippe.

1. Alchemilla vulgaris L. 1753 emend. Fröhner 1986

A. acutiloba Opiz 1838; *A. acutangula* Buser 1894; *A. vulgaris* L. subsp. *acutangula* (Buser) Bertsch 1933

Spitzlappiger Frauenmantel

Morphologie: Meist kräftige, bis über 50 cm hohe Art. Grundblätter meist nierenförmig, seltener kreisförmig, 4–15 cm breit, auf ¼ bis ½ in 9–11 schmal-dreieckige bis parabolische oder schmal-trapezförmige Lappen geteilt. Lappen teilweise deutlich länger als breit, auf der Hälfte mit meist 8–12 spitzen, dreieckigen Zähnen, diese oft sehr ungleich groß. Blätter oberseits mäßig dicht oder auch nur in den Falten und auf den Lappen behaart. Blattstiele und Blütenstengel auf ½ bis ¾ abstehend behaart. Teilblütenstand letzter Ordnung kahl, selten Blütenbecher mit wenigen Haaren. Blütenbecher glockig, basal nur mäßig stumpf. Untere Stengelblätter oft ziemlich lang gestielt bis 2–5 × Spreitenlänge. – Blütezeit: Mai bis August.

Variabilität und Ähnlichkeiten: An kleineren Pflanzen und vor allem an frühen und späten Blättern ist die so charakteristische Form der Blattlappen nicht immer typisch ausgebildet. Von *A. monticola* dann vor allem an den lang gestielten Stengelblätter und den fast immer kahlen, oben nicht eingeengten Blütenbechern zu unterscheiden. Die meisten Probleme bereitet jedoch die Unterscheidung von *A. micans*

(= A. gracilis), was schon BUSER (1894: 71) bei der Erstbeschreibung von *A. acutangula* hervorhebt.

Beide Sippen haben oft ähnliche Blattlappen und langgestielte untere Stengelblätter. Wegen der Unterschiede vgl. bei *A. micans*.

Ökologie: Eine Halbschatten ertragende, frische bis feuchte, nährstoffreiche, kalkarme oder kalkreiche Standorte bevorzugende Art; häufig an den Rändern von Waldwegen, an Gebüschrändern und an Gräben, auch in Wiesen und Hochstaudengesellschaften.

Allgemeine Verbreitung: In den gemäßigten bis borealen Zonen Mittel-, Nord- und Osteuropas, nach Osten bis ins westliche Sibirien, nach Süden bis in die Südwestalpen und auf der Balkanhalbinsel bis Mazedonien.

Verbreitung in Baden-Württemberg: Noch unzureichend bekannt, wohl zerstreut mit Ausnahme der warmen Tieflagen in vielen Landschaften. Bisher liegen vor allem Funde aus dem Odenwald, Schwarzwald, aus dem Schwäbisch-Fränkischen Wald, von der Schwäbischen Alb und einzelne auch aus dem Alpenvorland vor.

Die bisher tiefsten Vorkommen wurden bei Peterstal im Odenwald (6518/4) bei 300 m, die höchsten im Allgäu auf der Iberger Kugel (8326/3) bei rund 1000 m notiert.

Erstnachweis: Die älteste Angabe findet sich bei HEGELMAIER (1906) für die Schwäbische Alb (unter

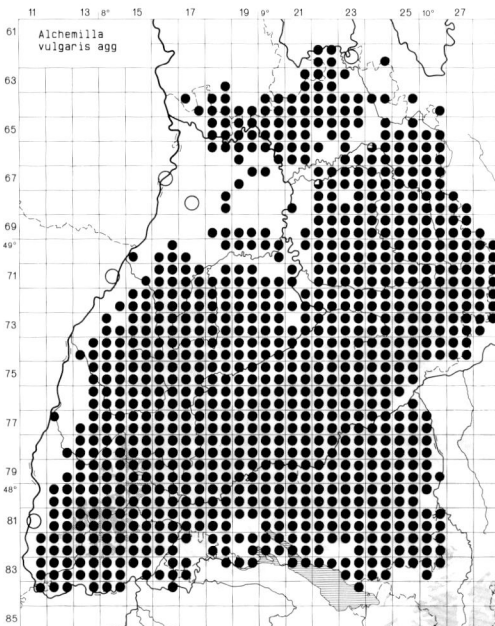

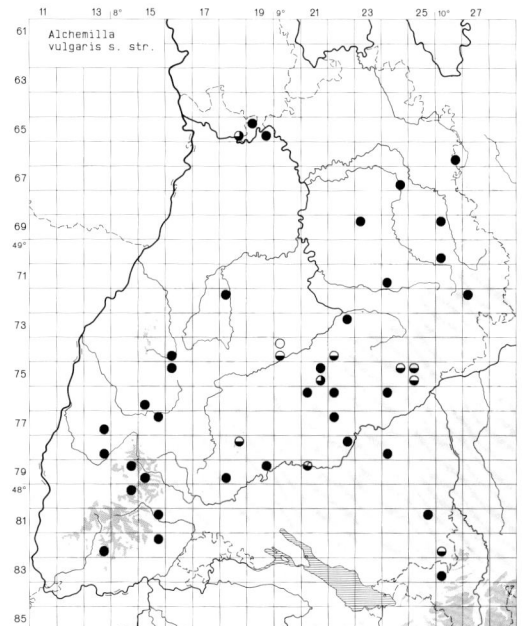

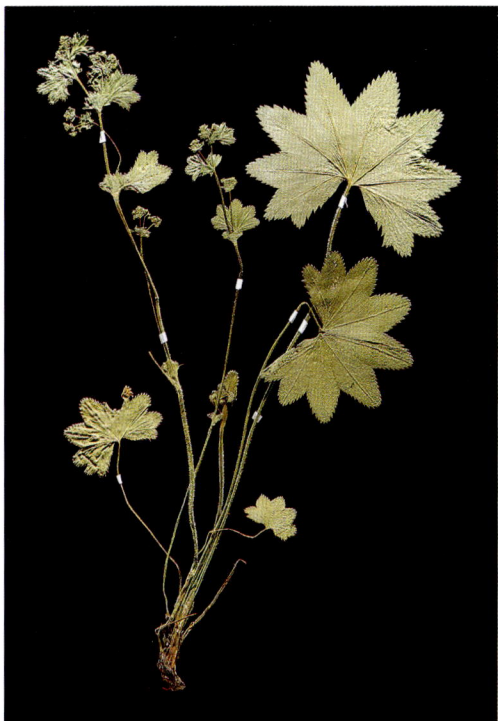

Spitzlappiger Frauenmantel (*Alchemilla vulgaris* s. str.) Spirzendobel (Schwarzwald), 30.5.1991, leg. O. SEBALD (STU)

A. acutangula). BUSER (1894: 72) gibt die Art allerdings schon für Württemberg ohne konkreten Fundort an, vielleicht aufgrund von Belegen, die ihm Hegelmaier schon damals übersandt hatte. *A. vulgaris* agg. wird natürlich schon viel früher erwähnt, nämlich von J. BAUHIN (1598: 201) für die Umgebung von Bad Boll (7323).

Bestand und Bedrohung: Wohl kaum bedroht. Die Art ist auch auf nährstoffreicheren Standorten noch konkurrenzfähig. Ihre Bestände sind vermutlich wesentlich umfangreicher als bisher bekannt.

2. Alchemilla xanthochlora Rothmaler 1937

A. pratensis auct. p.p., non Opiz; *A. vulgaris* L. subsp. *pratensis* auct. p.p.: z.B. GAMS in HEGI 1923, BERTSCH 1933, 1948; *A. vulgaris* L. var. *pratensis* auct. p.p. non F.W. Schmidt 1794; *A. sylvestris* auct. p.p.
Gelbgrüner Frauenmantel

Der Name *A. xanthochlora* wurde erst 1937 von ROTHMALER neu geschaffen für eine Sippe, die BUSER 1895 *A. pratensis* (Schmidt) Buser genannt. Dieser Name ist nach ROTHMALER (1937: 167) wegen des älteren Homonyms

A. pratensis Opiz 1838 nicht verwendbar. *A. pratensis* Opiz 1838 wie auch *A. vulgaris* var. *pratensis* Schmidt 1794 bezeichnen nach ROTHMALER eine andere Art, die oberseits behaarte Blätter besitzt laut den Beschreibungen von OPIZ und SCHMIDT. FRÖHNER (1990: 60) allerdings gibt *A. vulgaris* var. *pratensis* Schmidt 1794 als Synonym von *A. xanthochlora* Rothm. an.

Morphologie: Stattliche, bis 70 cm hohe Art. Grundblätter groß, rundlich bis nierenförmig, 7–15 cm breit, mit enger bis weiter Basalbucht, meist auf $\frac{1}{3}$ bis $\frac{2}{5}$ in 9–11 parabolische bis halbkreisförmige Lappen geteilt; Lappenhälften mit 7–12 dreieckigen, ziemlich breiten Zähnen; Blattoberseiten kahl, höchstens in den Falten oder auf den Lappen etwas behaart; Unterseite ziemlich dicht, besonders auf den Adern, behaart. Blattstiele ganz und Blütenstengel bis etwa $\frac{3}{4}$ der Länge abstehend behaart. Stengelblätter oft zahlreich und ziemlich gleichmäßig groß. Blüten gelbgrün, relativ klein, Blütenbecher ± kegelförmig, kahl. Kelchblätter breit-eiförmig, kahl, 1,3–1,5 mm lang. – Blütezeit: Mai bis September.

Ähnlichkeiten: *A. xanthochlora* ist fast von allen Sippen mit gewisser Ähnlichkeit durch die kahle Oberseite der großen Grundblätter gut zu unterscheiden. Am ehesten könnte es Schwierigkeiten mit *A. vulgaris* geben, mit der *A. xanthochlora* in einer Reihe von Merkmalen näher übereinstimmt als mit anderen Arten. Bei *A. vulgaris* ist jedoch die Blattoberseite fast immer noch etwas behaart, die

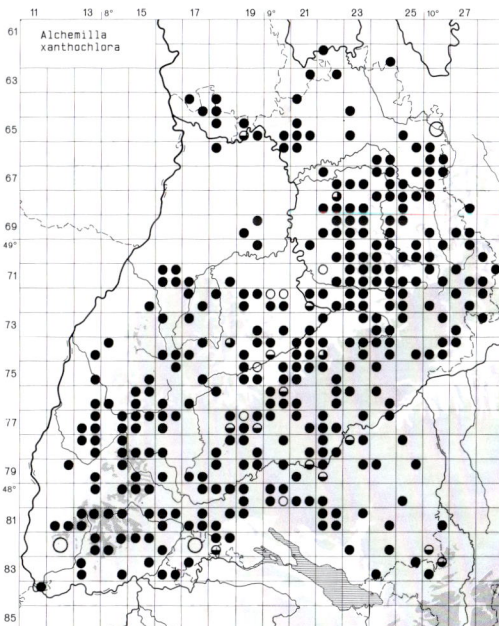

165

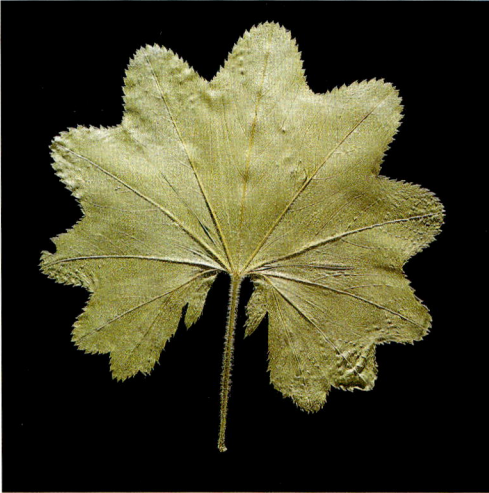

Blatt des Gelbgrünen Frauenmantels *(Alchemilla xanthochlora)* Obernau, 26.5.1989, leg. O. SEBALD (STU)

Stengelblätter sind im Verhältnis kleiner und auch im mittleren Stengelbereich oft noch deutlich länger gestielt als bei *A. xanthochlora*. Zwar kommen auch bei *A. xanthochlora* gelegentlich Lappen vor, die länger als breit sind. Doch deren Seitenlinie ist dann gebogen und nicht gerade.

Ökologie: Leichte Beschattung ertragend, frische bis feuchte, nährstoffreiche, basenreiche, kalkarme und kalkreiche Standorte besiedelnd; vor allem in Wiesen, an Gräben, Bachufern, in Hochstaudenfluren, an Gebüsch- und Waldrändern, an Waldwegen vorkommend. Vegetationskundliche Aufnahmen z. B. bei SCHWABE (1987: Tab. 18, Aufn. 10, 15) aus dem Chaerophyllo-Ranunculetum aconitifolii des Schwarzwaldes.

Allgemeine Verbreitung: Vor allem im westlichen und mittleren Europa verbreitet, nach Norden bis nach Südschweden und Lettland, im Süden vor allem in den Gebirgen bis nach Griechenland, nach Osten bis Polen; ferner eingeschleppt im östlichen Nordamerika und in Australien.

Verbreitung in Baden-Württemberg: Neben *A. monticola* die häufigste *Alchemilla*-Art und in fast allen Landschaften vorkommend, nur in den warm-trockenen Tieflagen des Oberrheingebiets, im Taubergebiet und im Neckarbecken nördlich Stuttgart selten.

Die tiefsten Vorkommen wurden bisher bei etwa 200 m bei Heiligkreuz im westlichen Odenwald (6418/3) bzw. im südlichen Oberrheingebiet bei Oberwald (7912/2) notiert, die höchsten am Belchen im Schwarzwald (8113/3) bei 1370 m.

Erstnachweis: Die Art wird erstmals von HEGELMAIER (1906) für die Schwäbische Alb als *A. pratensis* (Schmidt) Buser aufgeführt.

Bestand und Bedrohung: Die weitverbreitete Art dürfte bei uns nirgends bedroht sein. Durch den Bau vieler Waldwege in den letzten Jahrzehnten hat sie entlang der dadurch entstandenen Waldinnensäume noch eine weitere Ausbreitung erfahren.

3. Alchemilla micans Buser 1893

A. gracilis auct. plur. non Opiz 1838; *A. vulgaris* L. subsp. *palmata* (Gilib.) Gams var. *micans* (Buser) Schinz et Keller 1900; *A. vulgaris* L. subsp. *micans* (Buser) Bertsch 1933

Zierlicher Frauenmantel

Nach FRÖHNER (1990: 62) gehört der Typus von *A. gracilis* Opiz 1838 zu *A. monticola* Opiz.

Morphologie: Kleine bis mittelgroße, bis etwa 40 cm hohe Pflanze. Grundblätter meist nierenförmig, 4–12 cm breit, zu ¼–⅖ in 7–9 relativ schmal parabolische bis stumpf oder abgestutzt dreieckige Lappen geteilt; Lappen teilweise länger als breit, pro Hälfte mit 5–10 relativ schmalen, spitzen, ± warzenförmigen Zähnen, der mittlere öfters etwas kleiner, Lappen dadurch an der Spitze gestutzt. Oberseite und Unterseite ± anliegend behaart, Adern bis zur Basis herab ± anliegend behaart. Blattstiele und Blütenstengel (oft mehr als ¾ der Länge) vorwärts abstehend behaart. Untere Sten-

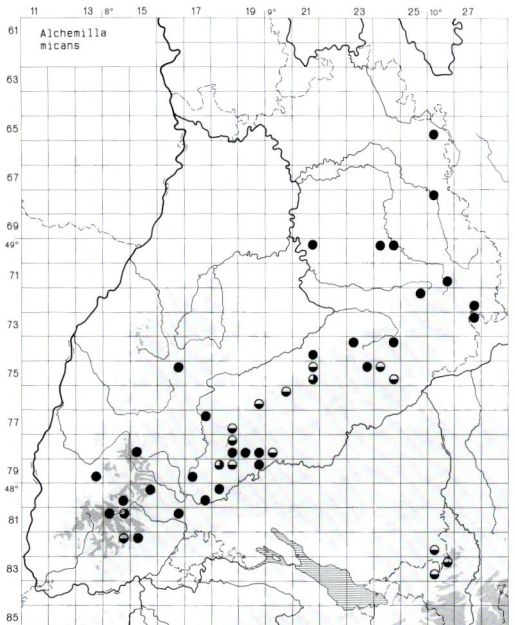

gelblätter oft auffallend langgestielt. Blütenstand oft ziemlich schmal und steilastig. Teilblütenstände meist locker büschelig bis scheindoldig und relativ armblütig, alle Teile kahl. Blüten grünlich; Blütenbecher 1,6–2,0 mm lang, kegelig bis glockig, basal mäßig spitz. Kelchblätter breit eiförmig-dreieckig, etwas spitz, 1,3–1,6 mm lang. Nüßchen meist nur mit $\frac{1}{8}$–$\frac{1}{5}$ der Länge aus dem Diskus hervorragend. Blattstiele basal und die Nebenblätter oft rötlich überlaufen. – Blütezeit: Mai bis September.

Variabilität und Ähnlichkeiten: *A. micans* hat öfters ähnlich relativ lange, ± dreieckige Blattlappen und langstielige untere Stengelblätter wie *A. vulgaris*. Besonders an größeren Pflanzen ist die Behaarung an Blattstielen, Stengeln und auch auf den Adern der Unterseite nicht immer so streng aufrecht gerichtet. Nach den Beschreibungen von *A. vulgaris* und *A. micans* bei FRÖHNER (1990) verbleiben als wichtige Unterscheidungsmerkmale zu *A. vulgaris* in solchen Fällen der nicht so sparrig verzweigte Blütenstand, die oft rötlich überlaufenen Blattstielbasen nebst Nebenblätter (schon von BUSER (1894: 71) angegeben) und die relativ wenig aus dem Diskus hervorragenden Nüßchen.

Ökologie: Noch ungenau bekannt; auf mäßig trokkenen bis feuchten, kalkarmen und kalkreichen Böden; auf der Schwäbischen Alb z.B. auf Kalkverwitterungslehmen und kalkfreien Feuersteinlehmen; in mageren Wiesen, in extensiv beweideten Rotstraußgrasweiden, in Flachmooren, vor allem auch entlang von Waldwegen, an Gräben, im Schwarzwald nach SCHWABE (1987: Tab. 18, A. 6, Tab. 19, A. 1) vereinzelt im Chaerophyllo-Ranunculetum aconitifolii bzw. in *Trollius europaeus*-reichen Säumen.

Allgemeine Verbreitung: In den gemäßigten Zonen von Mittel- und Osteuropa von Frankreich im Westen bis nach Westsibirien im Osten, nach Norden bis ins südliche Skandinavien, im Süden noch in Italien und Griechenland; im einzelnen aber nicht exakt bekannt.

Verbreitung in Baden-Württemberg: Noch völlig unzureichend bekannt. Die Verbreitungskarte hat nur den Charakter einer Arbeitskarte zur Darstellung des Kenntnisstandes. Die meisten Vorkommen liegen bisher im Bereich der Schwäbischen Alb.

Die tiefstgelegenen Vorkommen wurden bisher beim Forsthof im Neckarland (8021/2) bei 270 m, die höchsten im Feldberggebiet bei 1320 m (8114/1) notiert (vgl. SCHWABE 1987: Tab. 18, Aufn. 6).

Erstnachweis: *A. micans* wird erstmals von HEGELMAIER (1906) für die Schwäbische Alb erwähnt.

Bestand und Bedrohung: Keine zuverlässige Aussage möglich, da die Verbreitung noch ganz unzu

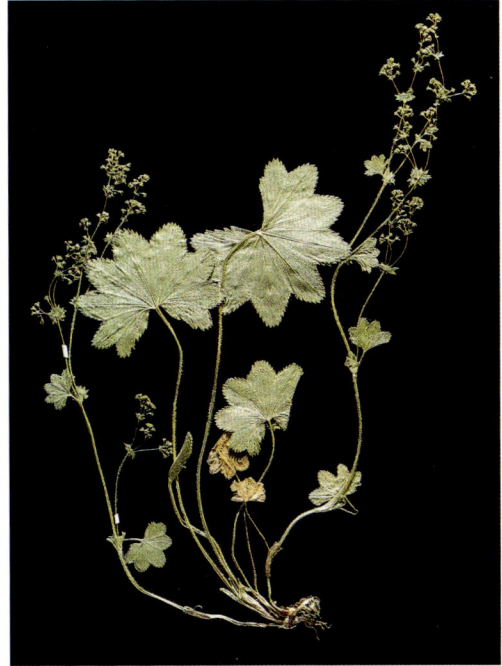

Zierlicher Frauenmantel *(Alchemilla micans)*
Aufhausen, 19.6.1991, leg. O. SEBALD (STU)

reichend bekannt ist. Nach den bisher bekannten Standortsansprüchen wohl nicht allzu stark gefährdet. Gewisse Rückgänge durch das weitgehende Verschwinden extensiv bewirtschafteter Wiesen.

Alchemilla obscura Buser 1903
Dunkler Frauenmantel

Die Art wird aus Baden-Württemberg für die Schwäbische Alb angegeben bei LIPPERT und MERXMÜLLER (1975: 32). Diese Angabe bezieht sich auf einige Belege von der Ulmer Alb, die K. MÜLLER (1957: 105) als *A. vulgaris* subsp. *crinita* aufführt. Diese Belege sind sehr kleine Pflanzen mit kreisrunden, nur sehr flachgelappten Blätter mit geschlossener, überlappter Basalbucht. Eine erneute Überprüfung ergab, daß diese Belege zu *A. strigosula* zu stellen sind, eine Art, die auf der Schwäbischen Alb nicht allzu selten ist.

4. Alchemilla crinita Buser 1892
A. vulgaris L. subsp. *pratensis* (Schmidt) Camus var. *crinita* (Buser) Schinz et Keller 1900; *A. vulgaris* L. subsp. *palmata* (Gilib.) Gams var. *crinita* (Buser) Schinz et Keller 1900; *A. vulgaris* L. subsp. *crinita* (Buser) Bertsch 1933
Langhaariger Frauenmantel

Morphologie: Kleine bis nur mittelgroße Art. Grundblätter nierenförmig mit offener und meist

Langhaariger Frauenmantel *(Alchemilla crinita)*
Feldberg, 4.8.1991

weiter Basalbucht, 3–8 cm breit, nur zu ⅛ bis ¼ in meist 7 flache, breite, oft abgestutzte bis ausgerandete Lappen geteilt; Blätter oben und unten ziemlich dicht behaart, Blattstiele und der Blütenstengel oft weit in den Blütenstand hinauf abstehend oder etwas rückwärts gerichtet behaart. Blütenbecher kurz glockig, ziemlich stumpf, kahl, 1,2–1,5 mm lang. Kelchblätter sehr breiteiförmig, stumpflich, fast so breit wie lang.

Variabilität und Ähnlichkeiten: Von der häufigen *A. monticola* unterscheidet sich die Art in der Regel leicht durch die breiten, flachen Blattlappen, die meist nicht durch Einschnitte getrennt sind. Doch kann man bei *A. monticola* unter den ersten Blättern auch solche mit flachen Lappen finden. *A. cri-*

nita hat jedoch kahle Blütenbecher, die oben nicht verengt sind und ihre Teilblütenstände sind armblütiger und eher scheindoldig als kugelig-knäuelig. Die Unterschiede zu *A. subcrenata* s. diese Art.

Ökologie: Bei uns noch nicht genau untersucht; mäßig trockene bis ziemlich feuchte Standorte, vor allem in montanen bis alpinen Wiesen und Weiden, Staudensäumen u.ä.; auf der Iberger Kugel in magerer, wohl wenig gemähter Wiese zusammen mit *Stellaria graminea, Silene vulgaris, Pimpinella saxifraga, Potentilla erecta* usw.

Allgemeine Verbreitung: *A. crinita* ist eine mittel- und südeuropäische Gebirgspflanze, vorkommend von den Westalpen und dem französischen Jura bis zu den Karpaten, auch auf der Balkanhalbinsel und

168

in Anatolien, ferner im nördlichen Apennin, im nördlichen Alpenvorland und in den mitteleuropäischen Mittelgebirgen.

Verbreitung in Baden-Württemberg: Bisher nur aus dem Allgäu von der Adelegg und der Iberger Kugel und aus dem Südschwarzwald vom Feldberg belegt.

Oberrheingebiet: 7912/2: Hugstetten NW Freiburg, 1948, OBERDORFER (1951: 189), det. Rothmaler, fraglich, ob wirklich diese Art?; die Angabe wurde in der Verbreitungskarte weggelassen.
Schwarzwald: Nur eine konkrete Angabe bis jetzt: 8114/1: Feldberg, Wegböschung beim Feldberger Hof, 1250 m, 1979, SCHUHWERK (M), briefl. Mitt. von W. LIPPERT. Bei HAEUPLER und SCHÖNFELDER (1988) sind für diese Art im Schwarzwald keine Vorkommen eingetragen.
Schwäbische Alb: Von MÜLLER (1957: 105) wird die Art von einigen Fundorten der Ulmer Alb angegeben. Die zugehörigen Belege befinden sich in STU. Sie haben sich alle als zu anderen Arten gehörend herausgestellt (vor allem zu *A. strigosula*). Bei BERTSCH (1933, 1948) findet sich eine Angabe für Böttingen, O.A. Spaichingen (7818/4) für die es aber keinen Beleg (?) gibt (nach BERTSCH-Kartei: leg. REBHOLZ, det. JAQUET) und die anderweitig nicht bestätigt worden ist. Sie wurde in der Karte weggelassen.
Alpenvorland: 8326/2: Adelegg, 900–1000 m, 1905, K. BERTSCH (STU; 1909: 42) und Schwarzer Grat, 1000–1100 m, 1905, K. BERTSCH (STU), rev. von R. BUSER, 1971 (schon auf bayerischem Gebiet) bei der Wenger Egg-Alpe bestätigt, VOLLRATH und VOIGTLÄNDER nach LIPPERT und MERXMÜLLER (1975: 23); 8326/3: Kugel, 1908, BERTSCH (STU; 1909: 42), 1989, SEBALD (STU).

Die bisher bekannten Funde liegen in Höhen zwischen 900 m und 1250 m an der Adelegg bzw. am Feldberg.

Erstnachweis: Die ersten Funde der Art machte 1905 BERTSCH (1909: 42), die dann bei KIRCHNER und EICHLER (1913) erstmals Eingang in eine Landesflora fanden.

Bestand und Bedrohung: Da die Art in Baden-Württemberg vermutlich nur wenige Vorkommen besitzt, sollten diese vorsichtshalber geschont werden.

5. Alchemilla lineata Buser 1894

A. vulgaris L. subsp. *lineata* (Buser) Gams in Hegi 1923; *A. vulgaris* L. subspec. *alpestris* (Schmidt) Camus var. *lineata* (Buser) Ascherson et Graebner 1902

Gestreifter Frauenmantel

Morphologie: Meist mittelgroße Pflanze. Grundblätter vorwiegend nierenförmig, 4–10 cm breit, mit offener, enger bis weiter Basalbucht, auf 10–25% des Radius 7- bis 11lappig; Lappen breit und stumpf-dreieckig bis sehr flachbogig, aber nicht gestutzt oder ausgerandet, meist ohne Einschnitte, mit 7–12 Zähnen pro Lappenseite; Zähne relativ gleichmäßig und klein, spitz, schmal bis breit-dreieckig, teilweise zur Lappenspitze gekrümmt; Mittelzahn etwas kleiner, aber nicht kürzer; auf der Unterseite Adern in ganzer Länge anliegend behaart, dazwischen kahl oder sehr locker be-

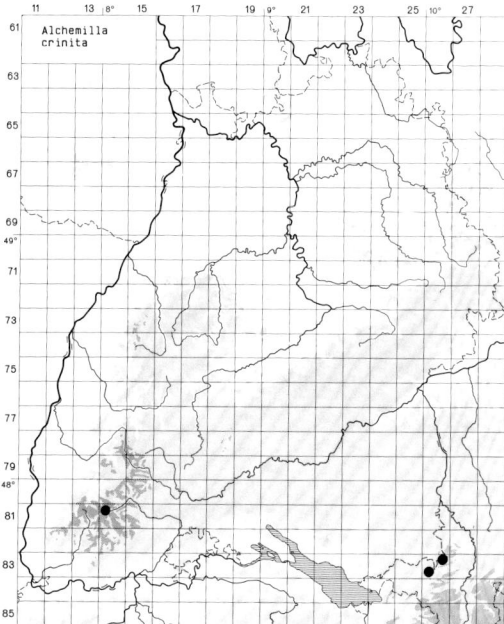

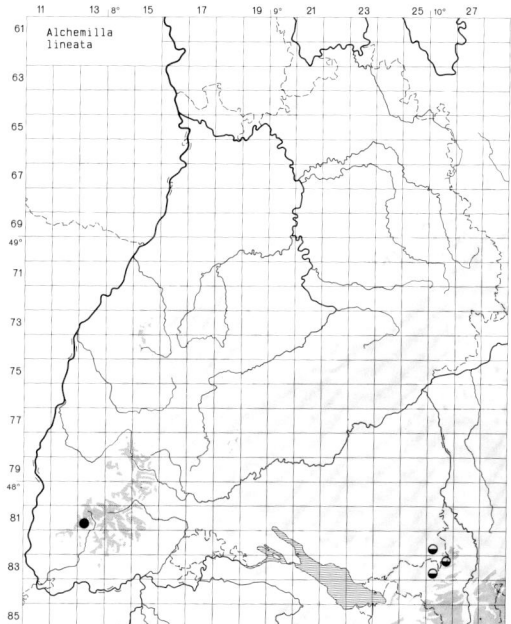

Gestreifter Frauenmantel *(Alchemilla lineata)* Aigeltshofen, 21.6.1908, leg. K. BERTSCH (STU)

haart, Basallappen oft dichter; Oberseite kahl oder in Falten etwas behaart; Stiel auf ganzer Länge behaart. Blütenstengel 10–45 cm lang, meist bis über die halbe Länge anliegend behaart; Blütenstandsäste und Blütenstiele kahl. Teilblütenstand scheindoldig, mit 0,5–2 mm langen Blütenstielen. Kelchbecher glockig-kegelig, basal wenig spitz oder stumpf, kahl, 1,5–1,8 mm lang. Kelchblätter eiförmig-dreieckig, spitz, deutlich länger als breit, oft fast so lang wie der Kelchbecher. Außenkelchblätter oft fast so lang wie die Kelchblätter und oft breiter als die halbe Breite der Kelchblätter.

Bemerkungen: *A. lineata* ist eine fein- und spitzzähnige, relativ stark anliegend behaarte Art, die bei uns offenbar vor allem mit *A. connivens* verwechselt wurde (Unterschiede vgl. *A. connivens*).

Ökologie: Wenig bekannt; anscheinend vor allem in Weiden und Staudenfluren und -säumen der montanen bis subalpinen Stufe auf frischen bis mäßig feuchten, nährstoffreichen Böden auf Kalk- und Silikatgestein.

Allgemeine Verbreitung: Fast im ganzen Alpengebiet, ferner im Französischen und Schweizer Jura, auch von Pyrenäen, Vogesen und Karpaten angegeben. Im nördlichen Alpenvorland entfernt die Art

sich nicht weit vom Alpenrand (vgl. Karte bei LIPPERT und MERXMÜLLER (1979: 61 bzw. 1982: 40).

Verbreitung in Baden-Württemberg: Bisher liegen nur Belege aus dem Allgäu und aus dem Südschwarzwald vor (vgl. auch LIPPERT in OBERDORFER (1983, 1990) und FRÖHNER (1990)). Angaben der Art für 2 Fundorte auf der Schwäbischen Alb bei K. MÜLLER (1957: 105) müssen zu *A. connivens* gestellt werden.

Schwarzwald: 8113/3: Belchen, 1150 m, 1982, ALBERTSHOFER (M), briefl. Mitt. von W. LIPPERT.
Alpenvorland: 8226/3: Aigeltshofen, 1908, BERTSCH (STU), bei BERTSCH (1909: 41) heißt es: „unterhalb Rohrdorf"; 8326/2: Schwarzer Grat, 1000–1100 m, 1905, BERTSCH (STU; 1909: 41), det. BUSER; 8326/3: Kugel, 1908, BERTSCH (STU; 1909: 41), nach Etikett von BERTSCH noch Württemberg, nach KIRCHNER und EICHLER (1913) schon auf bayerischem Gebiet.

Die wenigen Angaben liegen im Höhenbereich von ca. 800 m bei Rohrdorf (8226/3) und 1150 m am Belchen (8113/3).

Erstnachweis: Die Art wurde erstmals 1905 von BERTSCH (1909: 41) gefunden. Seine Funde sind bei KIRCHNER und EICHLER (1913) aufgeführt als „*A. vulgaris* L. b. *alpestris* Schmidt β *obtusa* Briquet var. *lineata* Buser".

Bestand und Bedrohung: Die Art verdient auf jeden Fall bei ihrer Seltenheit Schonung.

Alchemilla firma Buser 1893
A. glaberrima Schmidt subsp. *firma* (Buser) Gams 1923
Fester Frauenmantel

Die Angabe dieser Art für die Schwäbische Alb mit den Fundorten Böttingen und Dürbheim bei BERTSCH (1933) beruht auf einer Verwechslung mit *A. glabra* (BERTSCH in STU-K). Die Pflanzen waren von REBHOLZ gesammelt worden und von JAQUET irrtümlich als *A. firma* bestimmt worden.

6. Alchemilla straminea Buser 1894
A. vulgaris L. subsp. *coriacea* (Buser) Camus var. *straminea* (Buser) Schinz et Keller 1900; *A. coriacea* Buser var. *straminea* (Buser) Schinz et Keller 1900; *A. vulgaris* L. subsp. *straminea* (Buser) Bertsch 1933
Strohgelber Frauenmantel

Morphologie: Kahle oder fast kahle, mittelgroße bis große Art. Grundblätter unterseits nur im äußeren Drittel auf den Adern anliegend behaart, am Rand bewimpert; Blattstiele und Stengel meist kahl, nur auf den basalen Nebenblättern einige anliegende Haare, in seltenen Fällen können die späteren (inneren) Blattstiele und die Basis der späteren Blütenstengel anliegend behaart sein. Außer der fast fehlenden Behaarung läßt sich die Art von der sonst ziemlich ähnlichen *A. glabra* vor allem durch die noch stärker gelbgrünen Blüten, die hellgrünen Blätter und den straff aufrechten Wuchs der Stengel unterscheiden.

Ökologie: Bei uns wenig bekannt, beansprucht offenbar ausreichend feuchte, nährstoffreiche Standorte und erträgt auch Halbschatten; die Art ist vor allem in feuchten Wiesen, in Quell- und Bachuferfluren zu finden.

Allgemeine Verbreitung: Im Bereich der süd- und mitteleuropäischen Gebirge von der Sierra Nevada in Spanien bis zu den Karpaten und auf der Balkanhalbinsel vorkommend; in Mitteleuropa nördlich der Alpen im Schweizer Jura, im Alpenvorland, Böhmerwald, Sudeten, ferner für die Schwäbische Alb angegeben (FRÖHNER 1990: 88).

Verbreitung in Baden-Württemberg: Sehr selten, eventuell da und dort übersehen oder mit *A. glabra* verwechselt. Bisher liegen konkrete Angaben nur aus dem Alpenvorland und der Hegau-Alb vor.

Schwäbische Alb: Ohne eine konkrete Fundortsangabe ist die Schwäbische Alb bei FRÖHNER (1990: 88) angegeben (vgl. auch LIPPERT in OBERDORFER 1983: JU?). Ein Fundort liegt im Grenzbereich Hegau-Alb/Alpenvorland bei 8019/3: zwischen Liptingen und Emmingen, 1983, SEBALD (STU).
Alpenvorland: 7922/3: Weitried bei Ölkofen, 1907, BERTSCH (STU; 1915), rev. BUSER; 8326/1: Schweinebach bei Isny, 1911, BERTSCH (STU), rev. PFEUFFER; 8326/2: Bolsternang, 1908, BERTSCH (STU), rev. LIPPERT.

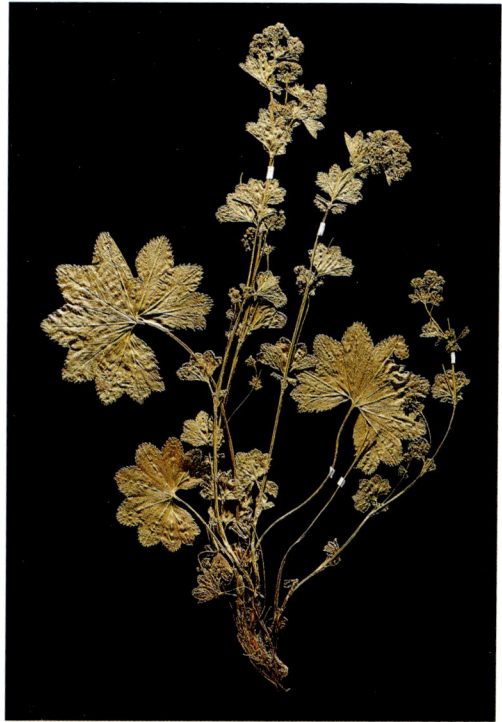

Strohgelber Frauenmantel *(Alchemilla straminea)* Ölkofen, 2.6.1907, leg. K. BERTSCH (STU)

Die bisher bekannten Fundorte liegen zwischen 550 m (7922/3) und etwa 770 m (8326/2).

Erstnachweis: Die Art wurde von BERTSCH 1907 entdeckt und von BUSER bestätigt (vgl. BERTSCH 1915, 1933, 1948).

Bestand und Bedrohung: Über den tatsächlichen Bestand können nur Vermutungen angestellt werden. Nach den Standortsansprüchen zu urteilen, dürfte die Art nicht allzusehr gefährdet sein.

7. Alchemilla coriacea Buser 1891

A. vulgaris L. subsp. *coriacea* (Buser) Camus var. *typica* Aschers. et Graeb. 1902
Lederiger Frauenmantel

Morphologie: Kahle bis fast kahle, mittelgroße Art; von der ähnlichen *A. glabra* durch die ganz kahlen Blattstiele und Stengel verschieden (nur auf den Nebenblättern der Grundblattstiele und denen der untersten Stengelblätter einige anliegende Haare; selten an spätsommerlichen Stengeln auch 1–3 Internodien behaart). Spreiten der Grundblätter kahl mit Ausnahme des Randes und des äußeren Drittels der Adern unterseits. Von der ähnlich kahlen *A. straminea* unterscheidet sich die Art vor

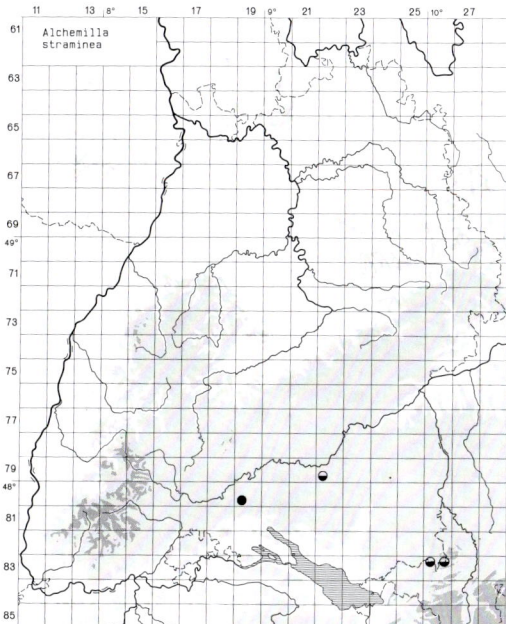

171

allem durch eher lederige, blaugrüne Blätter mit breiteren, abgerundeteren Lappen mit breit v-förmigem, kurzem Einschnitt und breiteren, stumpflicheren Zähnen, die nicht zur Lappenspitze gebogen sind. Die Blütenfarbe ist eher blaugrün als gelbgrün. Die Kelchblätter erreichen nur ⅔ bis ¾ der Blütenbecherlänge, während bei *A. glabra* und *A. straminea* die Kelchblätter nicht selten fast so lang wie Blütenbecher sind.

Ökologie: Bei uns wenig bekannt. Die Art scheint besonders feuchtigkeitsliebend zu sein und kommt vor allem in feuchten Bergwiesen, an Wald- und Gebüschsäumen, entlang von Quellrinnsalen und auch in Flachmooren vor.

Allgemeine Verbreitung: Gebirge im westlichen Süd- und Mitteleuropa von Portugal und Spanien bis nach Tirol und Salzburg; nördlich der Alpen im Schweizer Jura, im Schwarzwald und im Vorland nahe des Alpenrandes.

Verbreitung in Baden-Württemberg: Bestätigte Angaben bisher nur vom Schwarzwald und aus dem Allgäu vorhanden. Vermutlich wurde die Art da und dort übersehen oder mit *A. glabra* verwechselt.

Schwarzwald: 7415/1: unterhalb des Ruhesteins gegen Obertal, 1904, HEGELMAIER (STU), det. BUSER, rev. LIPPERT; 7515/4: Rippoldsau, 1990, SEBALD (STU), det. LIPPERT; 8113/3: Belchen, im Luzuletum desvauxii, 1953, OBERDORFER (1956: 281).
Alpenvorland: 8226/3: Neutrauchburg, 1911, BERTSCH (STU), rev. LIPPERT; 8326/1: beim Hengelesweiher, 720 m,

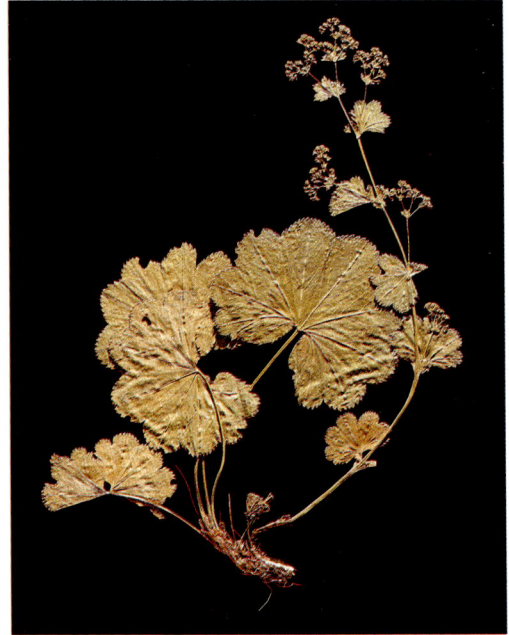

Lederiger Frauenmantel *(Alchemilla coriacea)* Hengelsweiher bei Isny, 21.6.1908, leg. K. BERTSCH (STU)

1908, BERTSCH (STU; 1909: 40), rev. LIPPERT; 8326/2: Schwarzer Grat, 1100 m, 1907–08, BERTSCH (STU; 1909: 40), Adelegg, 1908, BERTSCH (STU), rev. LIPPERT, 1930, PLANKENHORN (STU), rev. LIPPERT; Bolsternang, 750 m, 1908, BERTSCH (STU; 1909: 40), rev. LIPPERT; 8326/3: Kugel, 1908, BERTSCH (STU), vgl. auch Abschnitt über *A. trunciloba.*

Folgende Angaben sind zweifelhaft und wurden nicht in die Verbreitungskarte aufgenommen: Hegau-Alb: 8018/4: Hochwiesen beim Witthoh, REBHOLZ in BERTSCH (STU-K), det. JAQUET, übernommen bei GRADMANN (1936); 8019/4: Schindelwald bei Neuhausen, REBHOLZ in BERTSCH (STU-K), det. JAQUET.

Die Höhenangaben liegen zwischen etwa 530 m bei Rippoldsau (7515/4) und 1100 m am Schwarzen Grat (8326/2) bzw. am Belchen (8113/3) bei etwa 1300 m.

Erstnachweis: Der erste Fund der Art wurde 1904 von HEGELMAIER beim Ruhestein (7415/1) gemacht und im gleichen Jahr von BUSER bestimmt. In die Landesfloren gelangten allerdings als erste die Funde 1907/1908 von BERTSCH im Allgäu (vgl. KIRCHNER und EICHLER 1913).

Bestand und Bedrohung: Der tatsächliche Umfang der Vorkommen ist unbekannt. Eine gewisse Bedrohung durch Eutrophierung von Bergwiesen oder deren Aufforstung ist bei dieser Art denkbar. Für eine sichere Bestimmung sind unbedingt gut gesammelte Herbarbelege erforderlich.

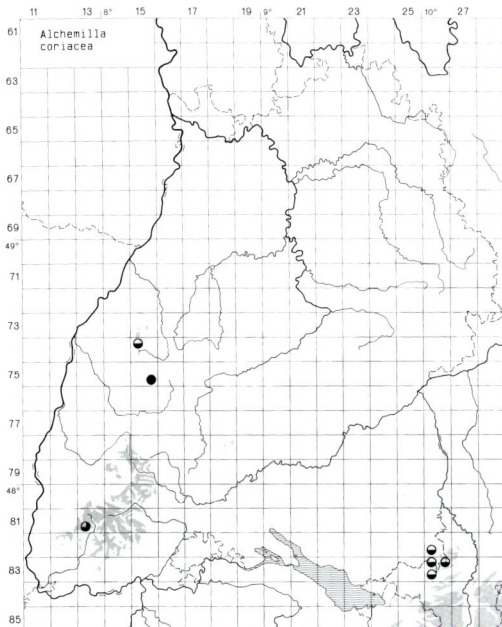

Alchemilla trunciloba Buser 1894

A. coriacea Buser var. *trunciloba* (Buser) Schinz et Keller 1900; *A. vulgaris* L. subsp. *inconcinna* (Buser) Gams in Hegi var. *trunciloba* (Buser) Schinz et Keller 1900; *A. vulgaris* L. subsp. *trunciloba* (Buser) Bertsch 1933
Gestutzter Frauenmantel

Kleine bis mittelgroße Art, oft etwas rötlich überlaufen. Grundblätter eher nierenförmig, 3–10 cm breit, auf 20–40 % des Radius 7- bis 9 (–11)lappig, oft mit kurzen, aber deutlichen ungezähnten Einschnitten zwischen den Lappen; Lappen breit-flachbogig bis gestutzt oder ausgerandet, pro Seite mit 6–9 spitzen, dreieckigen bis warzenförmigen, 1–2 mm langen Zähnen. Blattstiele meist kahl, Stengel kahl oder öfters 1–2 Internodien behaart. Grundblattspreiten nur auf der äußeren Hälfte der Adern unterseits behaart, sonst kahl.

Die Art ist nach Fröhner (1990) in den Westalpen der Schweiz und im Französischen und Schweizer Jura verbreitet. Alle weiteren Angaben insbesonders aus Bayern hält er für fragwürdig oder falsch, da oft Verwechslungen mit kahlen Pflanzen mit gestutzten Blattlappen anderer Arten vorliegen wie von *A. glabra, A. lineata, A. reniformis, A. straminea* und *A. coriacea* (vgl. Lippert und Merxmüller 1979).

Für Baden-Württemberg wird die Art aufgrund von 2 Funden von Bertsch 1908 vom Schwarzen Grat (8326/2) und von der Kugel bei Isny (8326/3) in Landesfloren und anderen Publikationen mehrfach erwähnt (vgl. Kirchner und Eichler (1913), Bertsch (1909: 41; 1933; 1948), Lippert und Merxmüller (1979), Dörr (1981: 97)).

Die beiden Funde von Bertsch liegen in STU. Es sind ausgesprochen kleine Pflanzen mit 10–15 cm langen Stengeln. Die Blattstiele und die Stengel sind ganz kahl. Die Lappenform entspricht zwar weitgehend der für *A. trunciloba* angegebenen, aber solche kleinwüchsigen Exemplare sind fast immer schwierig anzusprechen. Eine erneute Überprüfung der beiden Belege mit dem Typus von *A. trunciloba* (Isotypus in STU) und mit *A. coriacea*-Pflanzen vom Schwarzen Grat legt nahe, daß diese beiden Belege zu *A. coriacea* gehören. Bei dieser Art besteht besonders bei schwächlichen Pflanzen in bestimmten Stadien ebenfalls eine gewisse Tendenz zur Ausbildung gestutzter Blattlappen mit zahnlosen Einschnitten.

8. Alchemilla connivens Buser 1894

A. vulgaris L. subsp. *connivens* (Buser) Camus 1900; *A. vulgaris* L. subsp. *montana* (F. W. Schmidt) Gams in Hegi 1923 var. *connivens* (Buser) Gams 1923; *A. vulgaris* L. var. *montana* F. W. Schmidt 1794
Zusammenneigender Frauenmantel

Morphologie: Mittelgroße Art. Grundblätter eher rundlich mit vorwiegend enger Basalbucht, 3–10 cm breit, zu ¼ bis ⅓ in 7–9 (–11) halbkreisförmige, breit parabolisch oder stumpf dreieckige Lappen geteilt; Lappenhälften mit 6–10 spitzen, ziemlich schmalen, oft zur Lappenspitze neigenden Zähnen; Oberseite in den Falten und auf den Lap-

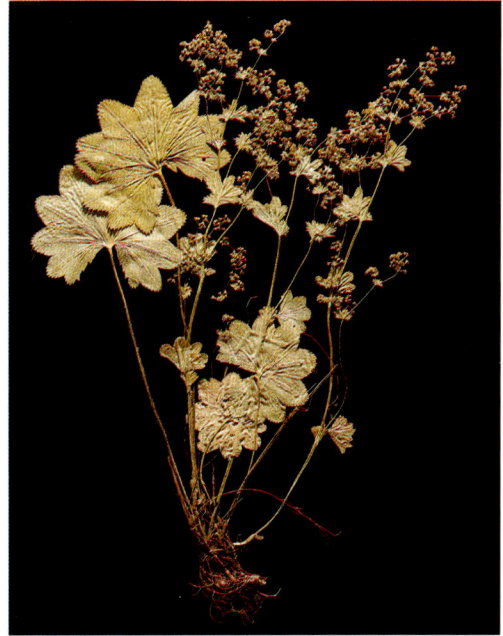

Zusammenneigender Frauenmantel *(Alchemilla connivens)*
Ebingen, 20.6.1904, leg. F. Hegelmaier (STU)

pen oft locker behaart, sonst ± kahl; Unterseite zwischen den Adern kahl oder meist zerstreut behaart, Adern auf ganzer Länge behaart. Blattstiele auf ganzer Länge und Blütenstengel auf den unteren 3–4 Internodien spitzwinklig aufwärts abstehend behaart, fast anliegend, selten auch fast waagrecht. Blütenbecher kahl, kurz glockig, basal mäßig spitz. Außenkelchblätter nur wenig kürzer als die Kelchblätter und breiter als die halbe Breite der Kelchblätter. – Blütezeit: Vorwiegend Juni bis Juli.

Variabilität und Ähnlichkeiten: Von den „Subglabrae" ist nur *A. lineata* ähnlich umfangreich behaart wie *A. connivens*. Nach Lippert und Merxmüller (1979: 36) sind die Pflanzen von der Schwäbischen Alb gegenüber anderen Populationen stärker behaart. *A. lineata* unterscheidet sich von *A. connivens* durch flachere und breitere Blattlappen mit sehr spitzen, dreieckigen Zähnen, durch mehr nierenförmige Blätter mit offenerer Basalbucht. Durch die manchmal mehr abstehende Behaarung der Blattstiele und Stengel nähert sich *A. connivens* den „Hirsutae".

Ökologie: Die Art wurde bei uns bisher in der montanen Stufe der Schwäbischen Alb in Wald- und Bergwiesen, an Waldwegen auf mäßig trockenen bis frischen, basenreichen und nicht selten auch kalkreichen Böden gefunden. In den Alpen besie-

173

delt sie in der subalpinen und alpinen Stufe (im Wallis bis 2500 m) Weiden, Grünerlen- und Latschengebüsche und Staudenfluren.

Allgemeine Verbreitung: Mittel- und südeuropäische Gebirgspflanze von den Pyrenäen im Westen über die Alpen bis in die Karpaten und das Rhodope-Gebirge in Bulgarien im Osten, ferner im Französischen, Schweizer und Schwäbischen Jura sowie im Apennin. Nach KALHEBER (1982) wurde die Art auch in Hessen (Taunus, Theißtal) an einem Fundort entdeckt, eventuell als Einschleppung.

Verbreitung in Baden-Württemberg: Bisher nur von der Schwäbischen Alb bekannt von der Gegend nördlich Ulm bis auf die Südwestalb bei Wehingen. Angaben bei K. MÜLLER (1957) aus dem Ulmer Raum als *A. vulgaris* subsp. *lineata*.

Schwäbische Alb: 7520/4: Bergwald am Filsenberg, 1904, HEGELMAIER (STU), det. BUSER, rev. KELLER; 7524/2: Hänglestal E Machtolsheim, 1927, K. MÜLLER (STU), det. KELLER; Böckhau NW Bermaringen, 1927, K. MÜLLER (STU), det. KELLER; 7525/1: Eichert N Bermaringen, 1927, K. MÜLLER (STU), det. KELLER; 7619/4: Zellerhorn, Bergwiese, 1905, HEGELMAIER (STU); 7620/1: Dreifürstenstein, 1903, HEGELMAIER (STU), det. BUSER, rev. KELLER; Plateau des Schömbergs, 1902/03, HEGELMAIER (STU); 7620/2: Köbele S Salmendingen, 1903, HEGELMAIER (STU), det. BUSER, rev. KELLER; Salmendinger Kapelle, 1903, HEGELMAIER (STU), det. BUSER, rev. KELLER; 7620/3: Bergwald oberhalb Jungingen, 1903, HEGELMAIER (STU), det. BUSER, rev. KELLER; zwischen Hangendem Stein und Himberg, 1903, HEGELMAIER (STU), det. BUSER, rev.

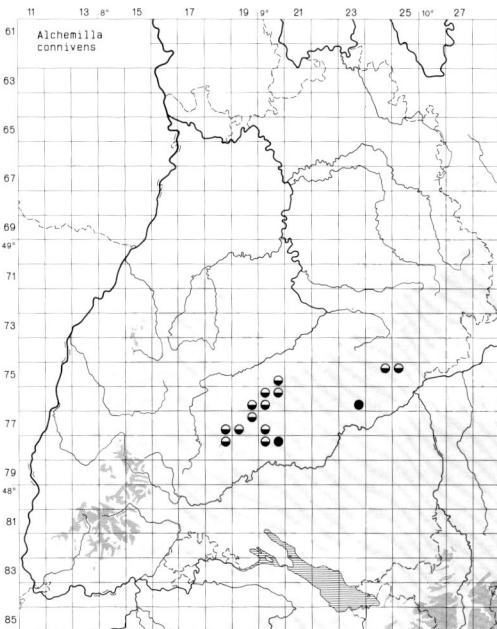

KELLER; 7623/4: N Briel, 1989, SEBALD (STU); 7718/4: Plettenberg, 1904, HEGELMAIER (STU), det. BUSER, rev. KELLER; 7719/2: Waldrand über Pfeffingen, 1904, HEGELMAIER (STU), det. BUSER, rev. KELLER; 7719/3: Schafberg, 1904, HEGELMAIER (STU); 7720/3: „Kuhbuchen" über Ebingen, 1905, HEGELMAIER (STU), rev. KELLER; 7818/2: Osthang des Hochbergs, 1923, K. MÜLLER (STU), rev. KELLER; 7820/1?: Plateau des Hardts zwischen Ebingen und Schwenningen, 1904, HEGELMAIER (STU), det. BUSER, rev. KELLER; 7820/2: „Banwald" ENE Winterlingen, 1991, SEBALD (STU).

Die bisher bekannten Funde liegen im Bereich von 620 m bei Machtolsheim (7524/2) und 1000 m auf dem Plettenberg (7718/4).

Erstnachweis: Die Art wird erstmals von den oben aufgeführten Fundorten durch HEGELMAIER (1906) erwähnt. Bei KIRCHNER und EICHLER (1913) ist die Sippe unter dem Namen *A. vulgaris* L. subsp. *alpestris* α *eu-alpestris* Aschers. et Graebn. 3. *montana* (Schmidt) zu finden.

Bestand und Bedrohung: Die Zahl und Größe der Vorkommen sind noch weitgehend unbekannt. Ein gewisser Rückgang ist zu vermuten, da viele Waldwiesen in den letzten Jahrzehnten aufgeforstet worden sind.

9. Alchemilla glabra Neygenfind 1821

A. vulgaris L. var. *alpestris* F.W. Schmidt 1794; *A. vulgaris* L. subsp. *alpestris* (Schmidt) Camus 1900; *A. alpestris* Schmidt (Buser) 1893; *A. vulgaris* L. var. *glabra* (Neygenfind) Mertens et Koch 1823; *A. libericola* Fröhner 1965 p.p.
Kahler Frauenmantel

Morphologie: Mittelgroße bis große Art bis 60 cm hoch. Grundblätter nieren- bis kreisförmig, mit offener, enger bis weiter Basalbucht, oft etwas trichterförmig, 6–15 cm breit, zu $\frac{1}{4}$ bis $\frac{1}{3}$ in 7–9 (–11) breit und stumpf-dreieckige, hyperbolische, bei späteren Blättern auch in flachbogige Lappen geteilt; Lappen mit 6–10 schmal- bis breit-dreieckigen, teilweise zur Lappenspitze neigenden Zähnen; Oberseite kahl, Unterseite kahl, Adern in der äußeren Hälfte (bei späten Blättern auch auf ganzer Länge) anliegend behaart. Blattstiele oft nur im basalen Teile (bei späten Blättern oft durchgehend) anliegend behaart. Blütenstengel meist nur auf den unteren 1–2 Internodien (= $\frac{1}{3}$ des Stengels) anliegend behaart, sonst kahl. Blüten eher gelbgrün, in scheindoldigen bis büscheligen Teilblütenständen; Blütenbecher 1,6–2,0 mm lang, kegelig-glockig; Kelchblätter relativ spitz eiförmig-dreieckig, 1,3–1,6 mm lang; Außenkelchblätter meist schmäler als die halbe Breite der Kelchblätter.

Kahler Frauenmantel *(Alchemilla glabra)*
Feldberg, 4.5.1991

Variabilität und Ähnlichkeiten: *A. glabra* ist standörtlich und jahreszeitlich bedingt äußerst variabel in vielen Merkmalen, besonders in der Blattform und im Umfang der Behaarung. Die Lappenform kann von fast halbkreisförmig-hochbogig über dreieckig zu flachbogig wechseln. Früher als *A. acutidens* Buser bestimmte Pflanzen wurden in *A. glabra* einbezogen (vgl. das gleiche Vorgehen von LIPPERT und MERXMÜLLER (1979, 1982) bei bayerischen Pflanzen).

Ökologie: Auf basenreichen, kalkarmen und kalkreichen, frischen bis feuchten, auch leicht beschatteten Standorten; vor allem in mageren Mäh- und Streuwiesen, an Grabenrändern, an Waldwegen, in Staudensäumen an Wald- und Gebüschrändern, im Schwarzwald u.a. mit *Geranium sylvaticum, Knautia sylvatica, Crepis paludosa, Chaerophyllum hirsutum, Filipendula ulmaria.*

Allgemeine Verbreitung: In Europa ziemlich weit verbreitet, nach Norden bis 70° n.B., im Süden bis in die nördlichen Teile Spaniens, Italiens und der Balkanhalbinsel, im Nordosten bis Finnland, Lettland und Litauen, eventuell auch noch im Ural.

Verbreitung in Baden-Württemberg: Von den kahlen oder anliegend behaarten *Alchemilla*-Sippen (sect. *Coriaceae* Fröhner = Subseries *Subglabrae* + *Gla-*

175

brae) des *Alchemilla vulgaris* agg. weitaus die häufigste Art. Jedoch ist die Verbreitung noch nicht bis in die Einzelheiten bekannt. Jeweils mehrere bis viele Funde liegen vor aus dem Odenwald, dem Schwäbisch-Fränkischen Wald, dem Schwarzwald, der Schwäbischen Alb und aus dem Alpenvorland. Die Art scheint jedoch den warmtrockenen Tieflagen des Oberrheingebiets, des Tauber-Main-Gebiets und dem Neckarbecken nördlich Stuttgart weitgehend zu fehlen. Die tiefsten Vorkommen wurden bisher bei 270 m im Seebachtal im Odenwald (6520/4) notiert, die höchsten am Belchen im Südschwarzwald (8113/3) bei 1390 m.

Erstnachweis: Hegelmaier (1906) erwähnt die Art (als *A. alpestris*) für die Schwäbische Alb mit einigen Fundorten.

Bestand und Bedrohung: Die Art ist bei uns offenbar recht weit verbreitet und nach *A. monticola* und *A. xanthochlora* die dritthäufigste Art. Eine Bedrohung dürfte zur Zeit nicht bestehen.

Alchemilla libericola Fröhner 1965

Diese von Fröhner neuaufgestellte Art mit einem Typusbeleg aus dem Französischen Jura wird von ihm als einzigem deutschen Fundort auch aus dem württembergischen Allgäu (8326/3: Kugel, 1000 m) angegeben. *A. libericola* sollte ein Vertreter einer Artengruppe sein, die sich von *A. glabra* unterscheidet und die Fröhner (1965) in Ableitung von der Typusart dieser Gruppe, *A. reniformis*, als die „Nierenblättrigen" bezeichnet. Fröhner (1990: 107, 109) selbst zieht die früher als *A. libericola* bestimmten Pflanzen offenbar weitgehend wieder zu *A. glabra*.

10. Alchemilla reniformis Buser 1894

A. vulgaris L. subsp. *obtusa* (Buser) Gams 1923 var. *reniformis* (Buser) Gams 1923; *A. vulgaris* L. subsp. *alpestris* (Schmidt) Camus 1900 proles *obtusa* (Buser) A. et G. var. *reniformis* (Buser) Ascherson et Graebner 1902
Nierenförmiger Frauenmantel

Bei Fröhner (1990: 112) wird als Rangstufe von *reniformis* bei Ascherson und Graebner (1902: 414) subvar. angegeben und die Sippe einer var. *obtusa* zugeordnet. *Reniformis* ist bei Ascherson und Graebner (1902) jedoch einwandfrei als „Abart" eingestuft, *obtusa* als Rasse (= proles), die mehrere Abarten umfaßt. Nach Ascherson und Graebner (1896: VIII) sind die Abarten den Varietäten gleichzusetzen, während Unterarten den Subvarietäten entsprechen. Die bei Ascherson und Graebner (1896) zwischen Unterart (subspecies) und Abart (varietas) eingeschobene Rangstufe der Rasse (proles) wird von anderen Autoren kaum verwendet. Diese Rangstufe ist zwar im Artikel 4.1. des International Code of Botanical Nomenclature (Greuter et al. 1988) nicht aufgeführt, aber nach Artikel 4.2. durchaus zulässig.

Diese Bemerkungen zu Fröhner (1990) gelten entsprechend auch für *A. impexa*, *A. effusa*, *A. tenuis*, *A. subcrenata*, *A. strigosula*, *A. monticola* u.a.

Morphologie: Mittelgroße bis große Art, unterscheidet sich von *A. glabra* vor allem durch die auch schon an frühen Blättern, Stielen und Stengeln stärkere Behaarung. Spät gesammelte Pflanzen von *A. glabra* können offenbar leicht mit dieser Art verwechselt werden, daher ist mit relativ häufi-

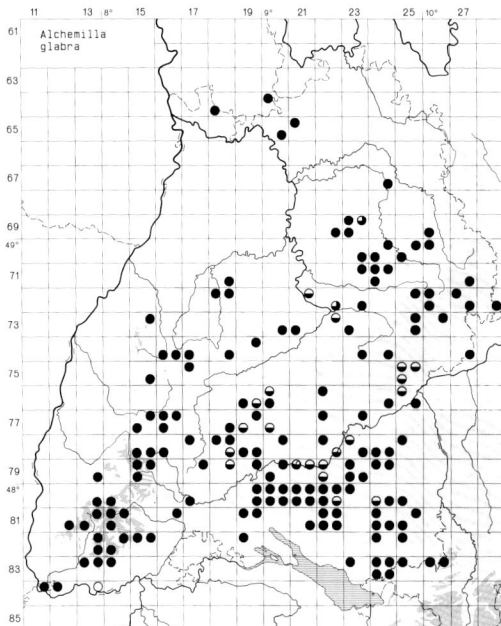

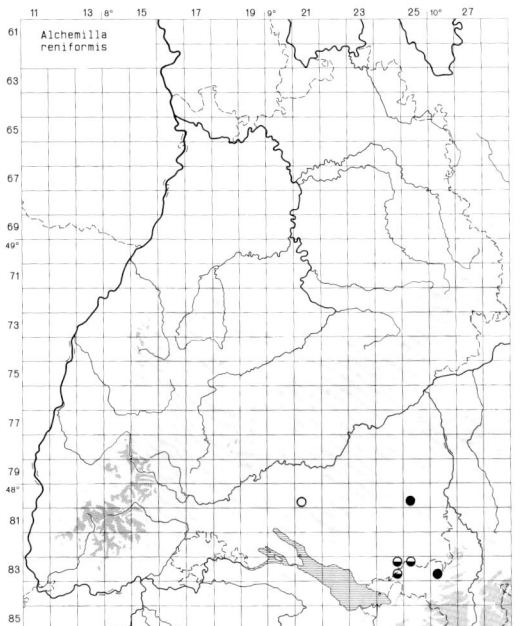

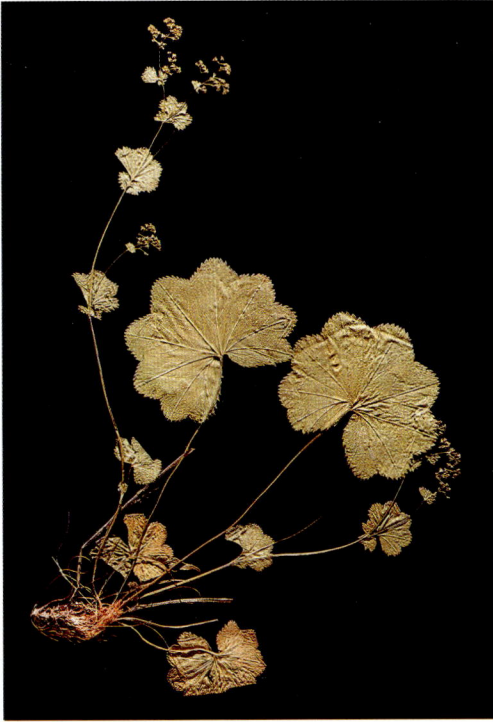

Nierenförmiger Frauenmantel *(Alchemilla reniformis)* Fribourg (Schweiz), 18.7.1904, leg. JAQUET (STU)

gen Fehlbestimmungen zu rechnen. Grundblätter zu $\frac{1}{8}$–$\frac{1}{4}$ in flachbogige bis breit-trapezförmig abgestutzte Lappen geteilt, meist nierenförmig mit weiter Basalbucht. Blattadern unterseits oft auf ganzer Länge anliegend behaart, ebenso die Blattstiele. Stengel meist auf $\frac{1}{3}$–$\frac{2}{3}$ der Länge anliegend behaart. Stengelblätter relativ groß, oft nur undeutlich gelappt.

Variabilität: LIPPERT und MERXMÜLLER (1979) unterscheiden eine „forma *trunciloba* Buser in schedis". Diese besitzt kleinere, nur 7- bis 9lappige Blätter mit deutlicher gestutzten Lappen und sehr weiter Basalbucht. In Bayern scheint diese Form häufiger zu sein als die typische *A. reniformis*. Auch die forma *trunciloba* kann sehr leicht mit spätsommerlichen *A. glabra* verwechselt werden.

Ökologie: Bei uns weitgehend unbekannt. Nach FRÖHNER (1990) scheint diese Art eher auf kalkärmeren Standorten vorzukommen bis in die Zwischenmoore hinein.

Allgemeine Verbreitung: Vor allem Alpen, ferner Schweizer Jura, Erzgebirge, Sudeten, südliche Karpaten, jugoslawische Gebirge und Bulgarien. Aus den Nachbargebieten Baden-Württembergs führen LIPPERT und MERXMÜLLER (1979) für Bayern be-

sonders aus dem Alpenvorland zahlreiche Fundorte auf, einzelne auch aus dem nördlichen Bayern. Aus Hessen wird die Art bei KALHEBER (1979) nicht erwähnt. Aus der Schweiz wird die Art bei HESS, LANDOLT und HIRZEL (1970) für die Alpen und den Jura als ziemlich häufig angegeben.

Verbreitung in Baden-Württemberg: Noch weitgehend unbekannt. Es gibt nur einzelne Angaben aus dem Alpenvorland. Die Angabe der Art für die Schwäbische Alb bei Böttingen in BERTSCH (1933) beruht nach BERTSCH in STU-K auf einer Verwechslung mit *A. glabra*. Auch bei FRÖHNER (1990) finden sich keine baden-württembergischen Landesteile als zum Areal dieser Art gehörend angegeben. Bisher sind nur folgende Angaben bekannt:

Alpenvorland: 8021/3: Klosterwald, 1869, SAUTERMEISTER (STU), det. LIPPERT; 8025/3: Quelltöpfe Haidgauer Aach, DÖRR (1981: 54), det. LIPPERT; 8324/2: Kolbenmoos und Schwarzensee, 1937, ROTHMALER in LIPPERT und MERXMÜLLER (1979); 8324/4: Hergatz, Degermoos, 1937, ROTHMALER in LIPPERT und MERXMÜLLER (1979), 8326/3: Iberger Kugel, 1989, SEBALD (STU), det. LIPPERT.

Die oben erwähnten Fundorte liegen zwischen 550 m (8025/3) und 1000 m an der Iberger Kugel (8326/3).

Erstnachweis: Abgesehen von der auf einer Fehlbestimmung beruhenden Angabe bei BERTSCH (1933) findet sich die Art ohne konkrete Fundorte bei OBERDORFER (1949: „z. B. Ju") und bei ROTHMALER (1962: „Allgäu") erwähnt. Konkrete Fundortsangaben finden sich erst bei LIPPERT und MERXMÜLLER (1979), die auf Aufsammlungen von ROTHMALER beruhen.

Bestand und Bedrohung: Der tatsächliche Umfang der Vorkommen ist völlig unzureichend bekannt, so daß über eine mögliche Bedrohung keine Aussage gemacht werden kann. Nach FRÖHNER (1990) ist die Art in den Mittelgebirgen durch die Intensivierung der Landwirtschaft in starkem Rückgang.

11. Alchemilla impexa Buser 1894

A. vulgaris L. subsp. *alpestris* (F.W. Schmidt) Camus var. *impexa* (Buser) Aschers. et Graeb. 1902; *A. vulgaris* L. subsp. *obtusa* (Buser) Gams var. *impexa* (Buser) Ascherson et Graebner 1902 Ungekämmter Frauenmantel

Vgl. nomenklatorische Bemerkungen bei *A. reniformis* zu FRÖHNER (1990).

Morphologie: Mittelgroße Art aus der Verwandtschaft von *A. glabra*. Die Grundblattspreiten sind nieren- bis kreisförmig, meist flach-trichterförmig, mit enger bis weiter Basalbucht und zu $\frac{1}{6}$ bis $\frac{1}{3}$ in

9–11 relativ breite, stumpf dreieckige bis trapezförmige Lappen geteilt. Die Adern der Unterseite sind auch schon im Frühsommer auf ganzer Länge behaart, nicht selten auch zwischen den Adern. Die Blattstiele sind ziemlich dicht auf ganzer Länge und die Stengel meist deutlich mehr als die halbe Länge behaart. Die Nebenblattöhrchen sind unter sich ziemlich weit verwachsen (bis 15 mm). Von *A. effusa* unterscheidet die Art sich ebenfalls durch die stärkere Behaarung und die eigenartige Blattform, die zwei übereinandergelegten und 45° verschobenen Vierecken ähnelt. Die Blattzähne sind etwas schmäler als bei *A. effusa*.

Ökologie: Auf frischen bis feuchten, basenreichen, kalkarmen und kalkreichen Standorten in Wiesen, Weiden und Staudensäumen entlang kleiner Bäche und Gebüsche, vor allem in der subalpinen und alpinen Stufe.

Allgemeine Verbreitung: In den Alpen vor allem im westlichen Teil, bis in die Steiermark und Kärnten vereinzelt; ferner südlicher Schweizer Jura, Apennin.

Verbreitung in Baden-Württemberg: Bisher nur eine konkrete Angabe aus dem Alpenvorland: 8025/4: Westlich des Waldweihers bei Wurzach, 730 m, DÖRR (1981: 95), det. LIPPERT. Bei MERXMÜLLER und LIPPERT (1979: 47 und Karte 37; 1982: 40) gibt es noch einen Fund auf bayerischem Gebiet bei Kreuztal (8226/4) nahe der baden-württembergischen Grenze.

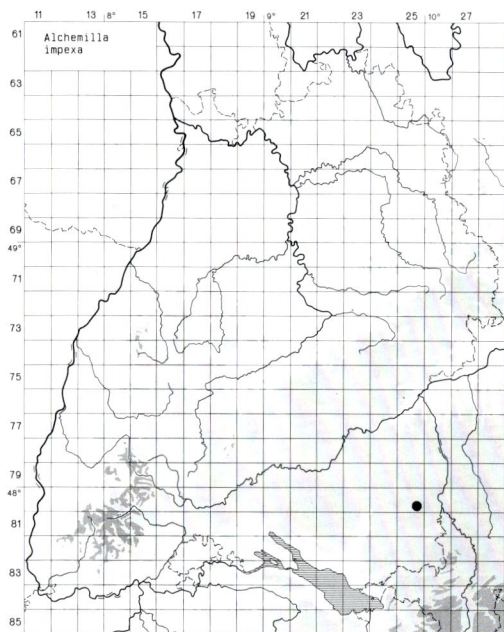

Ungekämmter Frauenmantel *(Alchemilla impexa)* Gruyère (Schweiz), 15.7.1898, leg. JAQUET (STU)

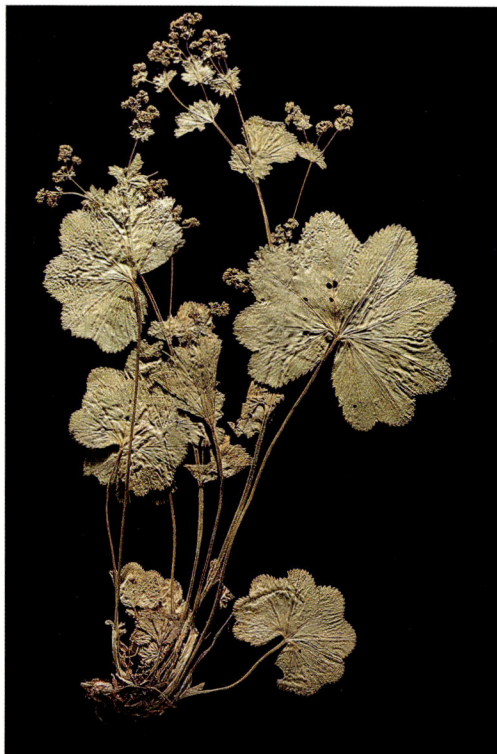

Bestand und Bedrohung: Die leicht mit *A. glabra* und *A. effusa* verwechselbare Art könnte sicher da und dort übersehen worden sein. Eine Aussage über Bestand und Bedrohung ist derzeit noch nicht möglich.

12. Alchemilla effusa Buser 1894

A. vulgaris L. subsp. *alpestris* (F.W. Schmidt) Camus var. *effusa* Aschers. et Graebn. 1902;
A. vulgaris L. subsp. *obtusa* (Buser) Gams in Hegi var. *effusa* (Buser) Ascherson et Graebner 1902
Ausgebreiteter Frauenmantel

Vgl. nomenklatorsche Bemerkungen bei *A. reniformis* zu FRÖHNER (1990).

Morphologie: Mittelgroße bis große Art aus der Verwandtschaft der *A. glabra*. Von *A. glabra* unterscheidet sich *A. effusa* vor allem durch die eher kreisförmigen, flach ausgebreiteten, kaum trichterigen Grundblattspreiten mit meist enger bis geschlossener Basalbucht. Die Grundblattspreiten sind relativ tief auf ¼ bis ½ in 9–11 schmal parabolische bis dreieckige Lappen geteilt. Die Blattzähne sind relativ kurz, aber breit. Die Blätter sind nur unten im äußeren Teil der (im Spätsommer auch auf ganzer Länge) Adern behaart. Die Nebenblattöhrchen sind unter sich etwas verwachsen. Die Kelchblätter sind breit-eiförmig bis fast rundlich und oft fast so breit wie lang. Die Außenkelchblätter sind meist breiter als die halbe Breite der Kelchblätter.

Ökologie: Halbschattenertragende Art auf frischen bis feuchten, basenreichen, aber vorzugsweise kalkarmen Standorten, vor allem in montanem bis alpinem Weideland, in Flachmooren und in Quellfluren, ferner in Waldlichtungen, am Schwarzen Grat z. B. zusammen mit *Saxifraga rotundifolia*, *Crepis paludosa*, *Veronica montana*, *Cardamine flexuosa* u.a.

Allgemeine Verbreitung: Fast in den ganzen Alpen, ferner in den Cevennen, im Französischen und südlichen Schweizer Jura, im Apennin und in den jugoslawischen Gebirgen, selten auch im nördlichen Alpenvorland, im Bayerischen Wald, im Erzgebirge und in den Sudeten.

Verbreitung in Baden-Württemberg: Bisher nur wenige Vorkommen im Alpenvorland bekanntgeworden. Die Art wurde vielleicht gelegentlich übersehen bzw. mit *A. glabra* verwechselt.

Alpenvorland: 8025/3: Quelltöpfe Haidgauer Aach bei Wurzach, 650 m, DÖRR (1981: 96), det. LIPPERT; 8326/2: Schwarzer Grat, 1080 m, 1989, SEBALD (STU); 8326/3:

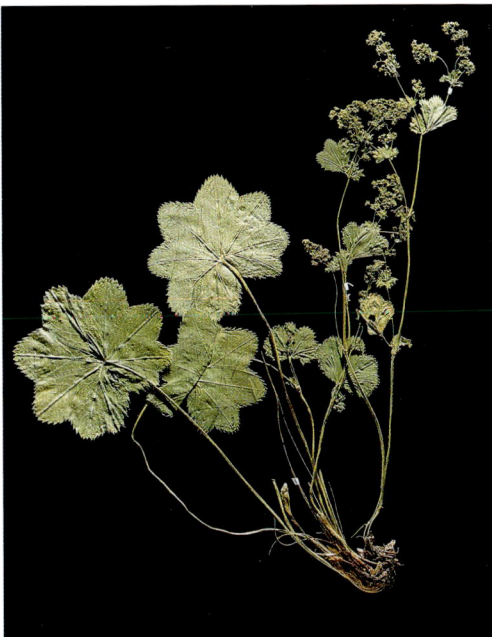

Ausgebreiteter Frauenmantel *(Alchemilla effusa)* Schwarzer Grat, 30.8.1989, leg. O. SEBALD (STU)

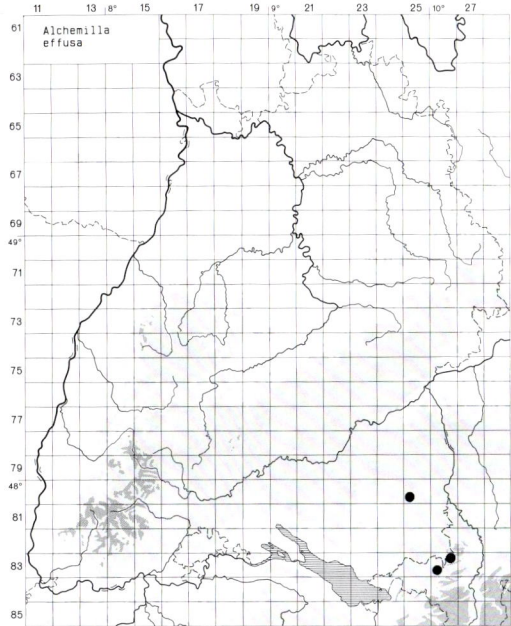

Iberger Kugel, 960 m, 1989, SEBALD (STU); einige grenznahe Fundorte auf bayerischem Gebiet sind bei LIPPERT und MERXMÜLLER (1979, 1982) aufgeführt.

Die bisher bekannten Funde in Baden-Württemberg liegen zwischen 650 m (8025/3) und 1080 m (8326/2).

Erstnachweis: DÖRR (1981: 96), vgl. oben.

Bestand und Bedrohung: Noch weitgehend unbekannt, nach den wenigen Beobachtungen scheint jedoch eine Bedrohung nicht allzu groß zu sein.

Alchemilla acutidens Buser 1894
A. vulgaris L. subsp. *acutidens* (Buser) Gams in Hegi 1923; *A. vulgaris* L. subsp. *alpestris* (Schmidt) Camus var. *acutidens* (Buser) Ascherson et Graebner 1902
Spießzahn-Frauenmantel
Nach FRÖHNER (1990: 125) fehlt die Art in Deutschland. Von BERTSCH wurde 1905 ein Beleg am Schwarzen Grat (8326/2) gesammelt und von BUSER selbst irrtümlich als *A. acutidens* bestimmt. Diese Angabe (vgl. auch BERTSCH 1909: 41) ging in die Landesfloren von KIRCHNER und EICHLER (1913), von BERTSCH (1933, 1948) und ohne Ortsangabe auch in die von OBERDORFER (1949) ein. LIPPERT und MERXMÜLLER (1979) führen ebenfalls für Bayern unter *A. acutidens* eine Reihe von Belegen auf, die sie später (LIPPERT und MERXMÜLLER 1982) zu *A. glabra* stellen. Auch der württembergische Beleg vom Schwarzen Grat muß zu *A. glabra* gestellt werden. *A. acutidens* ist aus der baden-württembergischen Florenliste zu streichen.

Schwachwüchsige und zugleich früh gesammelte Pflanzen von *A. glabra* besitzen eine besonders scharfe und feine Zähnung und oft relativ tief eingeschnittene Blattlappen.

Alchemilla decumbens Buser 1894

A. vulgaris L. subsp. *heteropoda* (Buser) Gams var. *decumbens* Gams in Hegi 1923
Niederliegender Frauenmantel
Diese kleine bis mittelgroße Art gehört zur Subseries *Heteropodae* Buser 1894. Bei den *Heteropodae* (bei FRÖHNER (1990) als Sektion *Decumbentes* bezeichnet) ist der jahreszeitliche Wechsel in der Behaarung noch viel schärfer ausgeprägt als bei den Arten der anderen Subseries *(Hirsutae, Subglabrae* und *Glabrae)*. Einige der ersten Blattstiele sind im Frühjahr kahl, die späteren abstehend behaart. Nach FRÖHNER (1990) ist die Art in den Alpen und im Französischen Jura verbreitet. Nach HESS, LANDOLT und HIRZEL (1970: 341) soll die Art auch im Hegau am Gailinger Berg vorkommen, was wohl wenig wahrscheinlich sein dürfte. LIPPERT und MERXMÜLLER (1976) geben die Art von den Allgäuer Alpen an, aber nicht aus dem nördlich anschließenden Alpenvorland.

Alchemilla tenuis Buser 1894

A. vulgaris L. subsp. *eu-vulgaris* Aschers. et Graebn. proles *heteropoda* (Buser) Aschers. et Graebn. var. *tenuis* (Buser) Aschers. et Graebn. 1902; *A. vulgaris* L. subsp. *heteropoda* (Buser) Gams var. *tenuis* (Buser) Ascherson et Graebner 1902
Diese ebenfalls zu der Subserie *Heteropodae* bzw. Sektion *Decumbentes* Fröhner gehörende Art soll nach ROTHMALER (1962) und FRÖHNER (1990) vielleicht auch in Oberschwaben und auf der Schwäbischen Alb vorkommen. Bis jetzt gibt es aber offenbar keine Belege für diese Angabe. Auch LIPPERT in OBERDORFER (1983, 1990) und LIPPERT und MERXMÜLLER (1976) geben darauf keine Hinweise. Nach ihren Angaben kommen die Arten der *Heteropodae* in Bayern anscheinend nur in Lagen über 1000 m vor. *A. tenuis* hat weniger tief geteilte Blätter als *A. decumbens* (nur ¼–⅓).

13. Alchemilla subcrenata Buser 1893

A. vulgaris L. var. *subcrenata* (Buser) Briquet 1899; *A. vulgaris* L. subsp. *eu-vulgaris* Aschers. et Graebn. proles *silvestris* (Schmidt) Aschers. et Graebn. var. *subcrenata* (Buser) Briquet 1899; *A. vulgaris* L. subsp. *palmata* (Gilib.) Gams var. *subcrenata* (Buser) Briquet 1899
Stumpfzähniger Frauenmantel, Gekerbter Frauenmantel

Vgl. nomenklatorische Bemerkungen bei *A. reniformis* zu FRÖHNER (1990).

Morphologie: Mittelgroße Art. Grundblätter meist dunkelgrün, vorwiegend kreisrund mit enger, teilweise überlappter Basalbucht, 3–10 cm breit, zu ¼–⅓ in meist 7–9 (–11) halbkreisförmige bis parabolische, im Spätsommer auch breit-trapezförmige, abgestutzte Lappen geteilt, oft auffallend wellig am Rand; Lappenhälften meist mit 5–9 relativ groben, schmalen, häufiger breiten, warzenförmigen, stumpfen oder etwas spitzen Zähnen. Blätter oben oft nur locker behaart, in den Falten dichter. Blatt-

stiele oft ziemlich locker waagrecht abstehend oder etwas rückwärts gerichtet behaart. Stengel bis in den Blütenstand hinauf behaart wie die Blattstiele; obere Äste, Blütenstiele und Blütenbecher kahl. Teilblütenstände relativ armblütig, scheindoldig bis büschelig; Blütenbecher kurz glockig, basal ziemlich spitz. Kelchblätter länglich-eiförmig, spitz, 1,3–1,7 × länger als breit, meist aufgerichtet. – Blütezeit: Mai bis August.

Variabilität und Ähnlichkeiten: Die frühen, oft etwas kleineren Grundblätter haben noch schmale Zähne an den höher gebogenen Lappen, die späteren Blätter zeigen relativ wenige, sehr ungleiche und breite Zähne an den dann breiteren, oft trapezförmigen, abgestutzten Lappen.

Von *A. crinita* ist *A. subcrenata* außer durch die Blatt- und Lappenform auch an den relativ schmäleren Kelchblättern und der schwächer behaarten Blattoberseite mit im Mittel etwas kürzeren Haaren zu unterscheiden.

Ökologie: Frische bis feuchte, nährstoffreiche, kalkarme und kalkreiche Standorte bevorzugend; vor allem in Wiesen, an Weg- und Gebüschrändern; im einzelnen sind die Standortsansprüche bei uns aber nur ungenau bekannt.

Allgemeine Verbreitung: In den gemäßigten und borealen Zonen Europas und Westsibiriens, nach Norden bis zum Nordkap, nach Osten bis zum Altai, im Süden noch im Apennin und vermutlich auch auf der Balkanhalbinsel, in Mitteleuropa vor

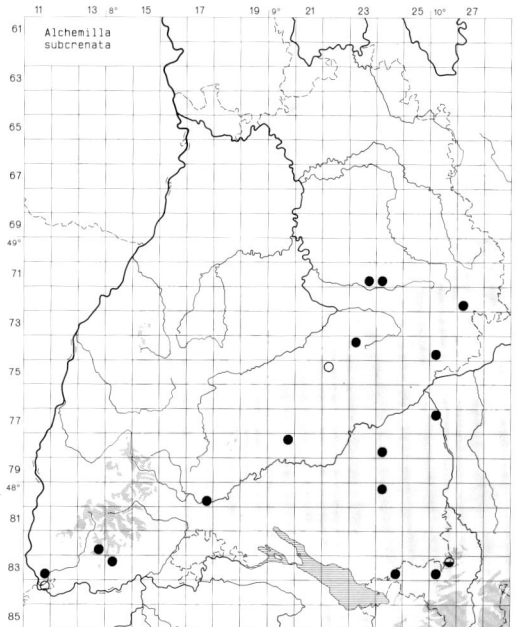

Alchemilla subcrenata

Stumpfzähniger Frauenmantel *(Alchemilla subcrenata)* Bruck bei Schwäbisch Gmünd, 21.8.1991, leg. O. SEBALD (STU)

(STU); 7426/3: Bernstadt, 1971, KURZ (1973); 7522/1: Urach, 1850, FINCKH ? (STU), rev. BUSER; 7820/2: ENE Winterlingen, 1991, SEBALD (STU); 8017/4: Donauufer bei Gutmadingen, 1989, WÖRZ (STU).

Alpenvorland: 7726/1: Wochenau, 1970, KURZ (1973), det. FRÖHNER; 7824/3: S Aßmannshardt, 1989, SEBALD (STU); 8024/1: E Kürnbach, 1989, SEBALD (STU); 8324/4: NE Engetsweiler, 1984, SEBALD (STU); 8326/2: Schwarzer Grat, ca. 1000–1100 m, 1905, BERTSCH (STU; 1909: 41), rev. OSTERER; 8326/3: Kugel bei Simmerberg, 900 m, 1908, BERTSCH (STU; 1909: 41), 1000 m, 1989, SEBALD (STU); Wiesen unterhalb Simmerberg, 1903, BERTSCH (1909: 41).

Die bisher tiefsten Vorkommen wurden im südlichen Oberrheingebiet bei Lörrach (8411/2) bei 250 m notiert, die höchsten am Schwarzen Grat (8326/2) bei etwa 1000–1100 m Höhe.

Erstnachweis: Die Art wird erstmals von HEGELMAIER (1906: 8) von der Schwäbischen Alb für Urach (7522/1) erwähnt.

Bestand und Bedrohung: Es dürften sich noch weit mehr als die in der Karte eingetragenen Vorkommen finden lassen. Nach den bisher bekannten Standorten zu urteilen, dürfte eine besondere Bedrohung dieser Art kaum bestehen. Am ehesten könnten ihr Aufforstungen von waldnahen Wiesen schaden.

14. **Alchemilla strigosula** Buser 1893

(= *A. strigulosa*)
A. vulgaris L. subsp. *minor* (Huds.) Camus var. *strigosula* (Buser) Briquet 1899, *A. vulgaris* L. subsp. *strigosula* (Buser) Bertsch 1933; *A. vulgaris* L. subsp. *eu-vulgaris* Aschers. et Graebn. proles *minor* (Huds.) Aschers. et Graebn. var. *strigulosa* (Buser) Briquet 1899
Gestriegelter Frauenmantel

Morphologie: Mittelgroße bis kleine Art. Grundblattspreiten meist kreisförmig, mit offener, enger oder überlappter Basalbucht, 3–11 cm breit, auf 15–30 % der Radiuslänge 7- bis 9lappig; Lappen meist breit-flachbogig, parabolisch bis fast gestutzt, ohne ungezähnte Einschnitte, mit 4–8 Zähnen pro Hälfte; Zähne oft länger als breit, stumpflich oder spitz, warzenförmig, 1–3 mm lang; mittlerer Zahn etwas kleiner, aber kaum kürzer; Oberseite mäßig dicht behaart; Unterseite auf den Adern weit aufwärts waagrecht abstehend, basal teilweise etwas rückwärts gerichtet behaart, zwischen den Adern oft nur mäßig behaart; Stiel dicht und ± rückwärts gerichtet behaart. Stengel aufsteigend bis aufrecht, 10–40 cm lang, meist auf 50–90 % der Länge ± rückwärts abstehend behaart, Blütenstandsäste kahl oder behaart. Teilblütenstände relativ reichblütig, oft scheindoldig. Kelchbecher kurz glockig,

allem in den Alpen und in den Mittelgebirgen weit verbreitet mit einer Westgrenze entlang des Jura und des Rheins.

Verbreitung in Baden-Württemberg: Die Art dürfte öfters übersehen worden sein, so daß die Verbreitungskarte sehr unvollständig ist. Bisher liegen Funde aus dem südlichen Oberrheingebiet und Schwarzwald, aus dem Schwäbisch-Fränkischen Wald, von der Schwäbischen Alb und dem Alpenvorland vor.

Oberrheingebiet: 8311/4?: Lörrach, Maienbühl, 1984, BRODTBECK und ZEMP (1986); 8411/2: Basel, Lange Erlen, 1890, BINZ nach BRODTBECK und ZEMP (1986).

Schwarzwald: 8213/4: Fetzenbachtal, 1991, SEBALD (STU), 8314/1: Stollenmatte E Engelschwand, 1991, SEBALD (STU).

Neckarland: Schwäbisch-Fränkischer Wald: 7123/4: Walkersbacher Tal, 1991, SEBALD (STU); 7124/3: Mühlbachtal E Bruck, 1991, SEBALD (STU).

Schwäbische Alb: 7227/3: Hirntal S Großkuchen, 1991, SEBALD (STU); 7423/1: Hang S Neidlingen, 1991, SEBALD

1,6–2 mm lang, basal wenig spitz bis stumpf, kahl. Kelchblätter oft fast so lang der Blütenbecher oder sogar ein wenig länger, 1,3–1,7 × länger als breit, außen oft etwas behaart. Außenkelchblätter schmal-eiförmig, 0,6–0,8 × so lang und 0,4–0,6 × so breit wie die Kelchblätter.

Bemerkungen: Vgl. auch den Abschnitt über *A. obscura.*

Ökologie: Meist magere Wiesen, grasige Waldlichtungen und Waldwege; nach LIPPERT und MERXMÜLLER (1975) etwas feuchte und schattige Standorte bevorzugend, nach FRÖHNER (1990) und eigenen Beobachtungen auch auf ziemlich trockenen Standorten vorkommend (z. B. im Bereich von Mesobrometum-Rasen auf flachgründigen Kalkverwitterungslehmen).

Allgemeine Verbreitung: Die Art ist wohl ein im wesentlichen präalpines Florenelement mit einer Verbreitung in den süd- und mitteleuropäischen Gebirgen von den Pyrenäen, über Zentralfrankreich, dem Französischen und Schweizer Jura durch die gesamten Alpen; südlich der Alpen im nördlichen Apennin und im nördlichen Jugoslawien, nördlich der Alpen auf der Schwäbischen Alb und im Alpenvorland vorkommend.

Verbreitung in Baden-Württemberg: Weitaus die meisten Vorkommen sind bisher von der Hochfläche der Schwäbischen Alb bekannt, einzelne aus dem Alpenvorland, dem Heckengäu und dem oberen Wutachgebiet.

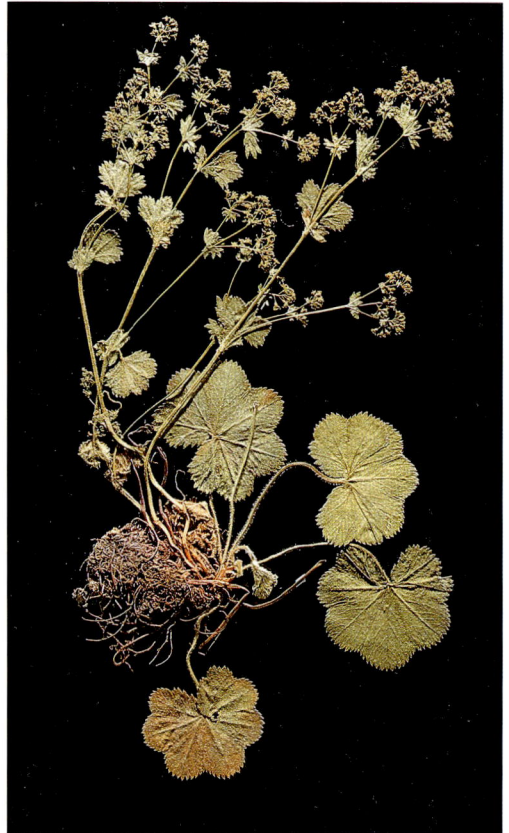

Gestriegelter Frauenmantel *(Alchemilla strigosula)* Farrenberg bei Mössingen, 1.7.1903, leg. F. HEGELMAIER (STU)

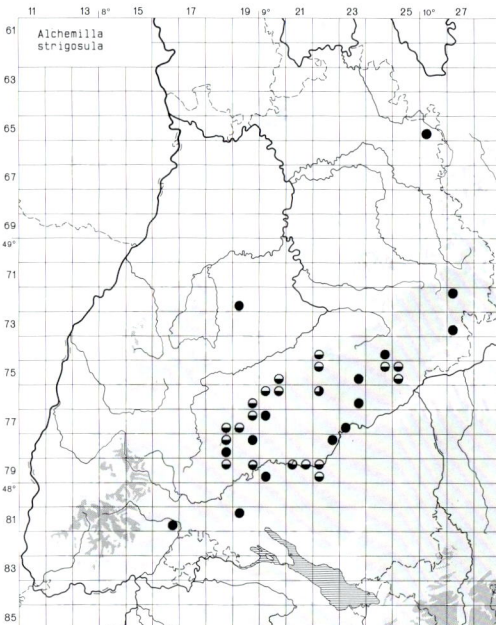

Heckengäu: 7219/3: Lochwald S Ostelsheim, 1989, SEBALD (STU).

Oberes Wutachgebiet: 8116/4: 0,5 km SE Überauchen, 1989, SEBALD (STU).

Schwäbische Alb: 7227/1: Waldrand 2 km W Elchingen, 1991, ROSENBAUER (STU); 7327/3: Buigen, 1991, SEBALD (STU-K); 7422/3: Buckleter Kapf, 1903, BERTSCH (STU); Hülben, 1903, BERTSCH (STU); Dettinger Roßberg, 1926, PLANKENHORN (STU); 7424/4: Zwischen Scharenstetten und Merklingen, 1990, SEBALD (STU-K); 7520/4: Filsenberg, 1904, HEGELMAIER (STU); 7522/1: Urach, 1903, BERTSCH (STU); 7523/4: Eistal, 1989, WÖRZ (STU); 7524/2: Hänglestal E Machtolsheim, 1927, K. MÜLLER (STU); 7525/1: Eichert N Bermaringen, 1927, K. MÜLLER (STU); Blumenhau, 1926, K. MÜLLER (STU); 7525/3: Lautertal N Herrlingen, 1927, K. MÜLLER (STU); „Steinberg" N Wippingen, 1927, K. MÜLLER (STU); 7619/4: Raichberg, 1905, HEGELMAIER (STU); 7620/1: Farrenberg, 1903, HEGELMAIER (STU); Dreifürstenstein, 1903, HEGELMAIER (STU); „Schild" bei Hechingen, 1904, HEGELMAIER (STU); 7620/2: Salmendinger Kapelle, 1903, HEGELMAIER (STU); 7622/1: Lettenberg SE Kohlstetten, 1952, K. MÜLLER (STU); 7623/4: N Briel, 1989, SEBALD (STU); 7718/4: Plettenberg, 1000 m, 1903, BERTSCH (STU), 1904,

HEGELMAIER (STU); 7719/2: Hundsrücken, 1904, HEGEL-
MAIER (STU); 7719/3: Lochen, 1904, HEGELMAIER (STU);
Schafberg, 1904, HEGELMAIER (STU); 7720/1: „Burg" bei
Tailfingen, 1990, SEBALD (STU); 7723/3: SW Talheim,
1989, SEBALD (STU); 7818/2: Delkhofen, 1923, K. MÜL-
LER (STU); 7818/4: Dreifaltigkeitsberg–Gosheim, 1905,
HEGELMAIER (STU); Melchiorshalde bei Gosheim, 1991,
SEBALD (STU); 7819/2: 1,5 km WSW Meßstetten, 1989,
SEBALD (STU); 7822/2: zwischen Pflummern und Mörsin-
gen, 1989, SEBALD (STU); 7918/2: Dreifaltigkeitsberg,
1905, HEGELMAIER (STU); 7920/3: N Altheim, 1987, SE-
BALD (STU); 7921/1: Laiz, 1911, BERTSCH (STU); 7921/2:
Laucherttal beim Hüttenwerk, 1907, BERTSCH (STU);
8119/1: Kohltal S Eckartsbrun, 1991, SEBALD (STU).
Alpenvorland: 7922/1: Heudorf, 1907, BERTSCH (STU);
7922/3: Ölkofen, 1907, BERTSCH (STU).

Die tiefsten Vorkommen wurden bisher im
Raum nordwestlich Ulm bei etwa 500 m gefunden,
die höchsten auf der südwestlichen Schwäbischen
Alb bei 1000 m am Plettenberg (7718/4).

Erstnachweis: Die Art wird erstmals von HEGEL-
MAIER (1906) von der Schwäbischen Alb angegeben. Diese Angabe wird von KIRCHNER und EICH-
LER (1913) unter dem Namen *A. vulgaris* L. α *eu-
vulgaris* Aschers. & Graeb. γ *minor* Hudson var.
strigosula Buser übernommen.

Bestand und Bedrohung: Die Vorkommen sind bei
uns nur sehr unvollständig bekannt. Vermutlich hat
die Art in letzter Zeit einen gewissen Rückgang erfahren, da sie eher magere Wiesen zu bevorzugen
scheint.

15. Alchemilla monticola Opiz 1838

A. pastoralis Buser 1891; *A. vulgaris* L. subsp.
palmata (Gilib.) Gams var. *pastoralis* (Buser)
Aschers. et Graebn. 1902; *A. vulgaris* L. subsp.
pastoralis (Buser) Bertsch 1933; *A. vulgaris* L.
subsp. *eu-vulgaris* Aschers. et Graebn. proles
silvestris (Schmidt) Aschers. et Graebn. var.
pastoralis (Buser) Aschers. et Graebn. 1902
Bergwiesen-Frauenmantel

Morphologie: Kleine bis mittelgroße Art. Grundblätter rundlich, 3–10 cm breit, mit meist enger Basalbucht, zu ¼ bis ⅖ in 9–11 halbkreisförmige bis
parabolische Lappen mit Einschnitten dazwischen
geteilt; spätere Blätter oft ohne Einschnitte und mit
flacheren, hyperbolischen bis stumpf-dreieckigen
Lappen. Lappenhälften mit 6–10 gleichmäßigen,
oft ziemlich schmalen, warzenförmigen Zähnen.
Blätter oberseits und unterseits dicht behaart. Stengel bis weit in den Blütenstand hinauf behaart, jedoch Blütenstiele kahl. Untere Stengelblätter selten
länger gestielt als die Spreitenlänge. Teilblütenstände oft relativ wenig zahlreich, aber die einzelnen reichblütig und dicht knäuelig. Blütenbecher

meist ± abstehend behaart, kurz glockig bis fast
kugelig, nicht selten oben leicht eingeschnürt.
Kelchblätter breit-eiförmig. Blütezeit: Mai bis September.

Variabilität und Ähnlichkeiten: Die Behaarungs-
dichte ist gewissen Schwankungen unterworfen.
Sehr stark behaarte, kleine Pflanzen sind nicht selten mit *A. glaucescens* verwechselt worden. Die
Blütenstiele sind bei *A. monticola* fast immer noch
kahl, bei *A. glaucescens* dicht behaart.

Ökologie: Lichtliebende Art, die auf mäßig trockenen bis feuchten, kalkarmen und kalkreichen
Standorten vorkommen kann; vor allem in Wiesen
und Weiden, an grasigen Wegböschungen, auch an
Waldwegen, in Halbtrocken-Rasen (Mesobrometum) und in Borstgras-Rasen (Nardetalia), allerdings extrem basenarme Böden meidend.

Allgemeine Verbreitung: In den gemäßigten bis borealen Gebieten von Mittel-, Nord- und Osteuropa
weit verbreitet, nach Osten bis ins westliche Sibirien, im Süden mehr in den Gebirgen bis zu den
Pyrenäen und dem Apennin. Neben *A. xanthochlora* die häufigste Art in großen Teilen Mitteleuropas.

Verbreitung in Baden-Württemberg: In fast allen
Landschaften vorkommend und mit Ausnahme der
ausgesprochen warm-trockenen Tieflagen auch
meist häufig.

Die tiefsten Vorkommen wurden bisher am südlichen Oberrhein (7712/1) bei etwa 160 m, die

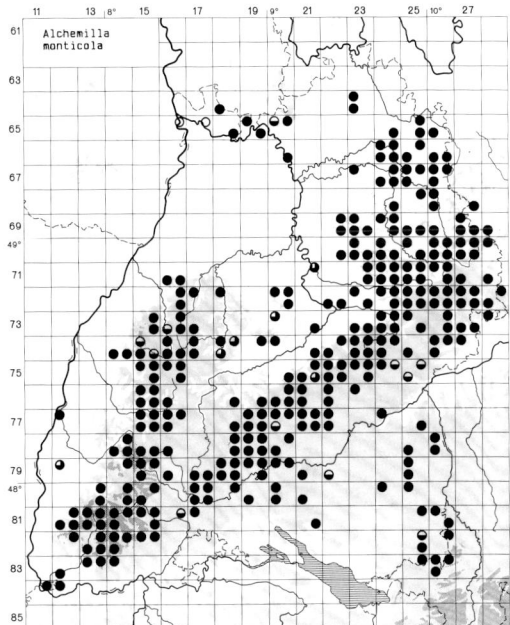

Bergwiesen-Frauenmantel *(Alchemilla monticola)*
Irndorf, 9.6.1991

höchsten im Südschwarzwald am Feldberg (8114/1) bei 1400 m notiert.

Erstnachweis: Die erste Angabe in der Literatur findet sich bei HEGELMAIER (1906) für mehrere Vorkommen der Schwäbischen Alb (als *A. pastoralis*).

Bestand und Bedrohung: Die Art ist besonders in den etwas höheren Lagen noch sehr häufig, auch in gemähten und gedüngten Wiesen und erträgt bis zu einem gewissen Grad eine intensivere Bewirtschaftung von früher mageren, wenig gedüngten Wiesen.

16. Alchemilla filicaulis Buser 1893

A. vulgaris L. subsp. *minor* (Huds.) Camus var. *filicaulis* (Buser) Gams in Hegi 1923; *A. vulgaris* L. var. *minor* (Huds.) Briq. 1899; *A. vulgaris* L. subsp. *filicaulis* (Buser) Bertsch 1933
Fadenstengel-Frauenmantel

Morphologie: Kleine bis mittelgroße, selten über 30 cm hohe Art. Grundblätter meist nierenförmig, 3–8 cm breit, mit mäßig enger bis weiter Basalbucht, zu ¼ bis ⅖ in (5–) 7 (–9) Lappen geteilt; Lappen an frühen Blättern flachbogig mit Einschnitten, dann halbkreisförmig bis parabolisch ohne Einschnitte und später breit hyperbolisch, teilweise abgestutzt, pro Hälfte mit 5–9 spitzen, eher warzenförmigen Zähnen; Oberseite locker bis mäßig dicht, in den Falten dicht behaart; Unterseite zwischen Adern basal oft fast kahl, Adern basal meist sehr locker abstehend behaart. Blattstiele oft relativ locker abstehend behaart, ihre Basis und die Nebenblätter oft rot überlaufen. Stengel oft nur in der basalen Hälfte locker abstehend behaart, selten auch auf ganzer Länge. Blütenstand relativ schmal und wenig verzweigt, aber

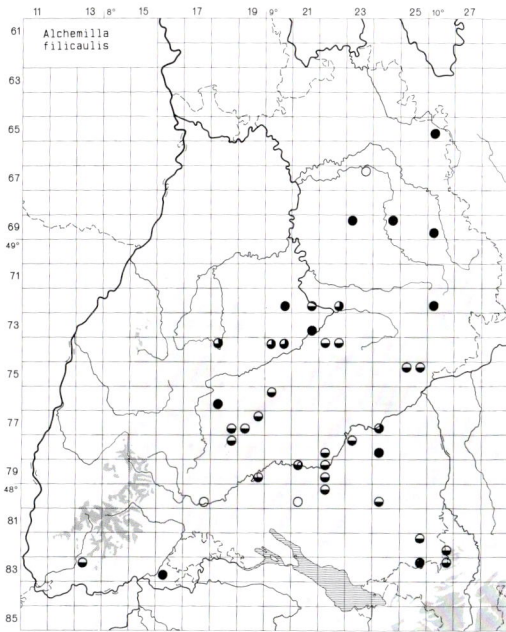

trockene Standorte und sind bis zu einem gewissen Grad Magerkeitszeiger.

Ökologie: Lichtliebend, auf mäßig trockenen bis feuchten, basenarmen und basen- und kalkreichen Standorten vorkommend; oft in etwas mageren Wiesen und Weiden, an Wald- und Wegrändern; auf der Ostalb z.B. in Rotstraußgras-Weiden auf kalkarmen Feuersteinlehmen.

Allgemeine Verbreitung: In den gemäßigten bis subarktischen Zonen von Europa, nach Norden bis Island und Nordrußland, ferner in Grönland und im östlichen Nordamerika; im Westen in den Pyrenäen, Zentral-Frankreich, Alpen, Schweizer Jura, Alpenvorland, Mittelgebirge nach Osten bis Mähren, im mitteleuropäischen Flachland offenbar ziemlich selten.

Verbreitung in Baden-Württemberg: Noch sehr unvollständig bekannt. Bisher liegen Funde aus dem Südschwarzwald, dem Hochrheingebiet, aus dem Neckarland, der Schwäbischen Alb und aus dem Alpenvorland vor.

Teilblütenstände oft ziemlich reichblütig, scheindoldig bis kugelig. Blütenbecher kurz glockig-kegelig, öfters ± abstehend behaart, 1,6–1,8 mm lang. Kelchblätter etwas kürzer als Blütenbecher, eiförmig, spitz. – Blütezeit: Mai bis September.

Variabilität und Ähnlichkeiten: Auch in Baden-Württemberg kommen selten stärker behaarte Pflanzen vor (Behaarung bis weit in den Blütenstand hinauf, Blütenbecher dicht behaart), die manchmal schon an *A. glaucescens* erinnern. Solche Pflanzen werden der subsp. *vestita* (Buser) Bradshaw 1963 zugeordnet (vgl. auch LIPPERT und MERXMÜLLER 1975: 41). BRADSHAW (1963) glaubt, in *A. filicaulis* s.l. genetisch bedingte, signifikante Unterschiede zwischen Herkünften verschiedener Höhenlagen und Lebensräume in Kulturversuchen nachgewiesen zu haben.

A. filicaulis hat wie *A. monticola* häufig ± behaarte Blütenbecher, ist aber in der Regel gut durch insgesamt geringere Behaarung und die mehr nierenförmigen Blätter mit flacherer Lappung zu unterscheiden.

FRÖHNER (1986: 46; 1990) stellt diese Art zusammen mit *A. strigosula, A. monticola* und *A. glaucescens* in die Sektion *Plicatae*. Besonders mit den beiden letzteren Arten gemeinsam hat *A. filicaulis* den relativ wenig verzweigten Blütenstand, in dem aber die Teilblütenstände besonders reichblütig sein können, und die behaarten Blütenbecher. Die Arten dieser Sektion sind klein, besiedeln auch

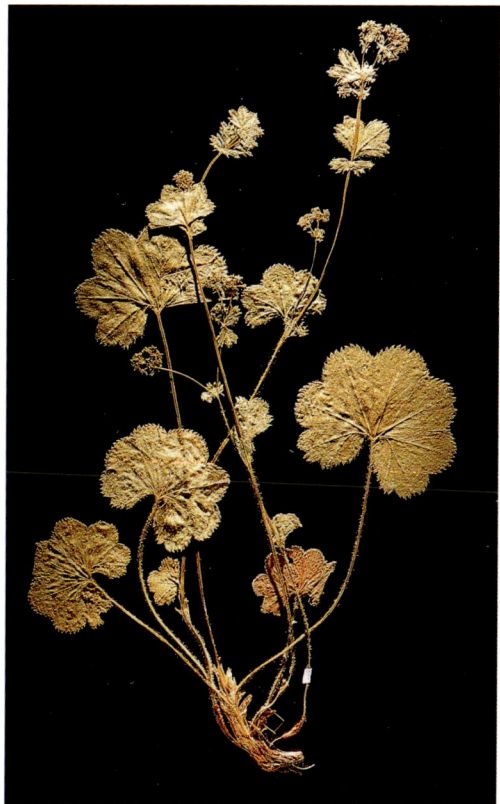

Fadenstengel-Frauenmantel *(Alchemilla filicaulis)* Wilhelmsfelsen bei Neuffen, 2.6.1903, leg. K. BERTSCH (STU)

Die tiefsten Funde wurden bisher im Neckarland bei Esslingen (7221/4) bei 250 m notiert, die höchsten auf der Schwäbischen Alb beim Plettenberg (7718/4) bei 1000 m, bzw. im Allgäu auf dem Schwarzen Grat (8326/2) bei 1000–1100 m.

Erstnachweis: Die Art wird erstmals von HEGELMAIER (1906) für Fundorte auf der Schwäbischen Alb erwähnt. Bei KIRCHNER und EICHLER (1913) ist diese Angabe dann unter *A. vulgaris* L. a. *euvulgaris* Asch. et Graebn. γ *minor* Huds. zu finden.

Bestand und Bedrohung: Die Verbreitung der Art ist bei uns noch wenig erforscht. Da die Sippe eher magere Standorte bevorzugt, könnte ein gewisser Rückgang in den letzten Jahrzehnten angenommen werden.

Nach FRÖHNER (1990) ist die Art im östlichen Mitteleuropa durch Meliorationen und Eutrophierung stark gefährdet.

Alchemilla hybrida agg.
Artengruppe des Bastard-Frauenmantels

Nur eine Art dieser Artengruppe (vgl. EHRENDORFER 1973) kommt in Baden-Württemberg vor, nämlich 17. *A. glaucescens*. *A. hybrida* agg. entspricht der Series *Pubescentes* Buser.

17. Alchemilla glaucescens Wallr. 1840
A. pubescens auct. p. p., non Lamarck 1791; *A. pubescens* subsp. *montana* (Willd.) Aschers. et Graeb. proles *glaucescens* (Wallr.) Aschers. et Graeb. 1902; *A. hybrida* auct. p. p., non L. (L.) 1756; *A. hybrida* L. emend. Miller subsp. *pubescens* (Lam.) Gams 1923 var. *glaucescens* (Wallr.) Paulin 1907; *A. vulgaris* L. subsp. *pubescens* auct.: Bertsch 1933
Filziger Frauenmantel, Bastard-Frauenmantel

Die Synonymie dieser Art ist ziemlich verworren und über die Typisierung verschiedener Namen gibt es Unstimmigkeiten (vgl. ROTHMALER 1962: 227; FRÖHNER 1990: 172).

Morphologie: Kleine Art, selten 30 cm erreichend. Grundblätter meist rundlich, mit enger bis etwas überlappter Basalbucht, nur 2–6 cm breit, auf ⅓ bis ½ in (5–) 7–9, bei frühen Blättern relativ schmalen, parabolischen Lappen mit Einschnitten geteilt, bei späteren Blättern in breitere, hyperbolische bis flachbogige Lappen ohne Einschnitte geteilt; Lappenhälfte mit 3–6 ziemlich schmalen, warzenförmigen Zähnen; Mittelzahn meist kurz, daher Lappen etwas gestutzt. Ganze Pflanze einschließlich der Blütenstiele und Blüten dicht, teilweise sehr dicht abstehend bis vorwärts abstehend behaart. Blütenbecher kugelig-glockig, basal ± abgerundet, oben

oft leicht eingeschnürt. Kelchblätter etwa so lang wie der Blütenbecher oder sogar etwas länger. Außenkelchblätter deutlich kürzer und schmäler als Kelchblätter. – Blütezeit: Mai bis August.

Bemerkungen: *A. glaucescens* ist an sich leicht kenntlich durch die sehr starke Behaarung und die wenigzähnigen Lappen der meist kleinen Blätter. Die Art wird neuerdings von FRÖHNER (1990) mit einigen Arten der „*Hirsutae*" in der Sektion *Plicatae*, z. B. mit *A. monticola*, vereinigt.

Es ist möglich, daß in einigen pflanzensoziologischen Arbeiten Angaben von *A. hybrida* oder von *A. pubescens* auch stärker behaarte, kleinwüchsige Pflanzen von *A. monticola* einbeziehen. Auch stark behaarte Pflanzen von *A. monticola* haben jedoch kahle oder fast kahle Blütenstiele und wenigstens an einem Teil der Blattlappen mehr als 6 Zähne pro Hälfte.

Ökologie: Lichtliebend; im Gegensatz zu den meisten anderen Arten eher auf trockenen oder sehr mageren Standorten wachsend, und zwar auf kalkreichen und kalkarmen Standorten; vor allem in Bromus erectus-reichen Magerwiesen, Schafweiden, in Rotstraußgras-Weiden, in Borstgrasrasen und an Wegböschungen; WITSCHEL (1986: Tab. 1, Aufn. 1, 2, 5) bringt einige Vegetationsaufnahmen aus mageren Wiesen (Borstgrasrasen bzw. Bergwiesen) der Schwäbischen Alb, in denen die Art u. a. mit *Anemone narcissiflora, Phyteuma orbiculare, Galium pumilum, Galium boreale, Sanguisorba*

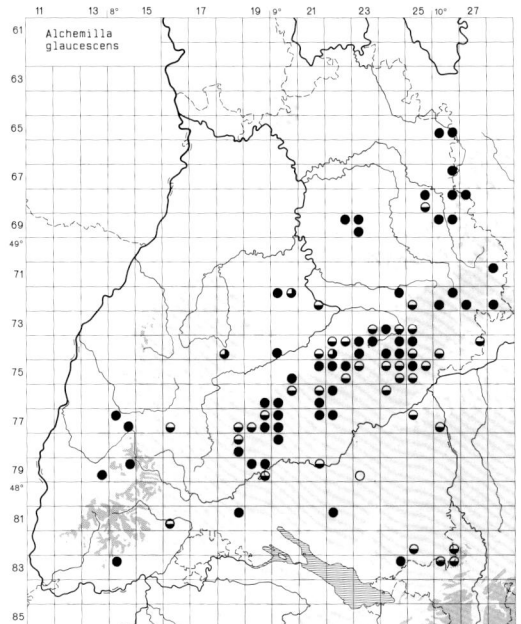

Filziger Frauenmantel *(Alchemilla glaucescens)*
Beim Hangenden Stein bei Hechingen, 4. 7. 1903,
leg. F. HEGELMAIER (STU)

minor, Briza media, Helianthemum nummularium
vergesellschaftet ist.

Allgemeine Verbreitung: Im gemäßigten und borealen Bereich Europas, im Süden in Gebirgen bis in den Pyrenäen, im Apennin bis nach Süditalien, bis nach Albanien und Bulgarien, ferner auf der Krim, nach Osten bis ins obere Wolgagebiet, nach Norden bis Mittelskandinavien, einzelne Vorkommen bis Nordnorwegen (vgl. Arealkarte von JÄGER in FRÖHNER 1990: 174). In den Alpen im Wallis bis in 3000 m Höhe vorkommend.

Verbreitung in Baden-Württemberg: Noch unvollständig bekannt. Die meisten Funde wurden bisher auf der Schwäbischen Alb gemacht. Zerstreute Vorkommen wurden im nordwürttembergischen Keuperbergland festgestellt, nur einzelne bisher im Schwarzwald und im Alpenvorland.

Die tiefsten Vorkommen lagen bisher im Neckarland bei Esslingen (7221/4) bei 250 m, die höchsten am Schwarzen Grat im Allgäu (8326/2) bei 1100 m.

Erstnachweis: Die erste schriftliche Erwähnung findet sich für Baden bei DÖLL (1843) als A. vulgaris b) montana („Willd. als Art") mit der Angabe „so z. B. im Odenwald". Allerdings liegen aus dem Odenwald anscheinend keine neuen Angaben vor, so daß es fraglich ist, ob es sich tatsächlich dabei um *A. glaucescens* gehandelt hatte. In Württemberg führen SCHÜBLER und VON MARTENS (1834) nur beiläufig für stärker behaarte Pflanzen den Namen *A. vulgaris* β *hybrida* L. in Klammern auf.

Es könnten also auch hier *A. monticola* z. T. einbezogen worden sein. Erst HEGELMAIER (1906) führt die Sippe im Artrang als *A. pubescens* Lam. und einzige Art der Gruppe „*Pubescentes*" für die Schwäbische Alb auf.

Bestand und Bedrohung: Der Umfang der Bestände ist noch sehr ungenau bekannt. Es ist anzunehmen, daß bei dieser Art schon viele Vorkommen erloschen sind, bevor sie entdeckt wurden. Die schwachwüchsige Art ist wenig konkurrenzkräftig in intensiver bewirtschafteten Wiesen und Weiden. Daher ist schon eine gewisse Gefährdung anzunehmen. Die vorsichtige Einstufung in der Roten Liste (HARMS et al. 1983) als nicht gefährdet aber schonungsbedürftig (G5) sollte eventuell auf G3 (gefährdet) verändert werden.

Alchemilla conjuncta agg.
Artengruppe des Verbundenen Frauenmantels

Dieser Artengruppe entspricht der Series *Hoppeanae* Buser ex Rothmaler (1936). Außer der nur als Zierpflanze bei uns in Gärten angepflanzten *A. conjuncta* s. str. kommen noch eine, oder nach FRÖHNER (1990) zwei, wildwachsende Arten dieser Artengruppe bei uns vor, die hier als *A. hoppeana* s. l. zunächst zusammengefaßt werden sollen.

Alchemilla conjuncta Babington 1842 s. str.
Verbundener Frauenmantel im engeren Sinne
Die Blättchen der Grundblätter sind bei dieser Sippe zum Teil noch auf ¼ bis ⅓ miteinander verwachsen. Die Art kommt wild nur in den Westalpen, im Französischen und eventuell noch im südlichen Schweizer Jura vor. Sie wird in Gärten verwendet (z. T. unter dem Namen *A. splendens*). Bei uns scheinen noch keine Verwilderungen bekannt zu sein.

Die zwei in Frage kommenden Sippen lassen sich hauptsächlich nach der Blättchenform unterscheiden (vgl. auch LIPPERT und MERXMÜLLER 1974; FRÖHNER 1990):

1 Blättchen eher schmal länglich (auf einem großen Teil der Länge gleich breit, an der Spitze oft annähernd gestutzt, seitlich wenig weit herab gezähnt, meist sternförmig ausgebreitet . . . .
18a. *A. hoppeana* s. str.
– Blättchen eher elliptisch bis schmal verkehrt-eiförmig, mit Zähnen weiter herab am Rand, oft gefaltet, aber auch ausgebreitet . . . .
18b. *A. nitida* (= *A. plicatula* p. p.)
LIPPERT und MERXMÜLLER (1974) nennen noch weitere Unterscheidungsmerkmale: Bei *A. plicatula* soll die dichtere Behaarung der Blattunterseite die Aderung nicht mehr durchscheinen lassen und die Haarbüschel an der Spitze der Außenkelchblätter sollen diese um das Doppelte überragen. Beide Merkmale sind jedoch ziemlich variabel und nicht sehr zuverlässig.

Wildwachsende Vorkommen von *A. hoppeana* s.l. im Schwarzwald sind bisher nur vom Feldberg und vom Belchen bekannt. Ihre Zuordnung zu *A. hoppeana* s.str. oder zu *A. nitida* (= *A. plicatula* p.p.) ist unter *Alchemilla*-Spezialisten offenbar noch umstritten (vgl. LIPPERT in OBERDORFER 1990, FRÖHNER 1990).

Nach FRÖHNER (1990) ist der Name *A. plicatula* Gandoger 1882 nicht auf eine bestimmte Kleinart beziehbar, sondern höchstens als Name einer Sammelart für mehrere Kleinarten geeignet. Nach FRÖHNER (1990) muß ein großer Teil der bisher als *A. plicatula* bezeichneten Pflanzen den Namen *A. nitida* Buser tragen.

18. Alchemilla hoppeana s.l.
Hoppes Frauenmantel (in weiterem Sinne)

Morphologie: Kleine, meist nur 10–20 cm hohe Pflanzen. Grundblätter fingerförmig bis zum Grund oder fast bis zum Grund in 7–9 längliche, schmal elliptische bis schmal verkehrt-eiförmige geteilt; Blättchen meist 1,5–3 cm lang, an der Spitze abgerundet oder manchmal fast abgestutzt, mit 2–6, 1–2 mm langen, zur Spitze gebogenen, seitlich auch sägeartigen Zähnen; Unterseite dicht anliegend silberweiß bis hell grauweiß behaart, Aderung durch die Behaarung verdeckt oder etwas durchscheinend; Oberseite dunkel- bis mittelgrün, kahl. Blütenstiele meist länger als die Blütenbecher; Blütenstiele, Blütenbecher und Kelchblätter außen dicht ± anliegend weiß behaart. Blüten etwa 4 mm breit; Kelchblätter abstehend oder etwas zurückgeschlagen, etwas länger bis etwas kürzer als der basal kegelförmige Blütenbecher; Außenkelchblätter klein bis winzig, meist ½ bis ¼ so lang wie die Kelchblätter, Haarbüschel an der Spitze ½ so lang bis so lang wie die Außenkelchblätter.

Variabilität und Kleinarten: Unter *A. hoppeana* s.l. sollen hier die Pflanzen zusammengefaßt werden, die aus Baden-Württemberg oder genauer aus dem Schwarzwald als *A. hoppeana* oder *A. plicatula* (neuerdings von FRÖHNER (1990) durch *A. nitida* ersetzt) angegeben werden. In den älteren Landesfloren sind diese Pflanzen noch unter dem Namen *A. alpina* L. zu finden (z.B. bei DÖLL 1843, 1862; SEUBERT und KLEIN 1905; EGM 1905).

Eine erneute Überprüfung der Belege vom Feldberg und vom Belchen ergab, daß es sich um die gleiche Sippe handelt und daß diese Belege *A. hoppeana* s.str. zuzuordnen sind. FRÖHNER (1990) stellt einen Beleg vom Feldberg zu *A. nitida*, die übrigen zu *A. hoppeana* s.str. Der zu *A. nitida* gestellte Beleg ist äußerst kümmerlich und kaum sicher be-

stimmbar. Es ist unwahrscheinlich, daß am Feldberg zwei verschiedene Sippen aus der Series *Hoppeanae* vorkommen.

Zwei offensichtlich synanthrope, aber wildwachsende Vorkommen aus der Series *Hoppeanae* wurden jedoch in tieferen Lagen im Schwarzwald gefunden. Ihre Herkunft ist unbekannt. Bei ihnen handelt es sich nicht um *A. hoppeana* s.str., sondern um eine andere Sippe aus der Series *Hoppeanae*. Die beiden Vorkommen können *A. nitida* zugeordnet werden.

18a. Alchemilla hoppeana (Reichenbach) Dalla Torre 1882
A. alpina L. var. *hoppeana* Reichenbach 1832; *A. hoppeana* var. *angustifoliola* Buser 1894
Hoppes Frauenmantel im engeren Sinne
Morphologie: Vgl. oben.
Ökologie: In der subalpinen Stufe auf frischen bis feuchten steinig-felsigen Standorten, auf Felsbändern und Felsschutt (in der Nähe kalkhaltiger Gneisklüfte), nach USINGER und WIGGER (1961: 33) u.a. zusammen mit *Carex frigida, Pinguicula vulgaris, Carduus defloratus, Campanula cochleariifolia.*
Allgemeine Verbreitung: Nach FRÖHNER (1990) kommt *A. hoppeana* s.str. außer in den Ostalpen auch in den Schweizer Kalkalpen, im Jura sowie in den Vogesen und im Schwarzwald vor. Nach LIPPERT und MERXMÜLLER (1974: 44) ist *A. hoppeana*

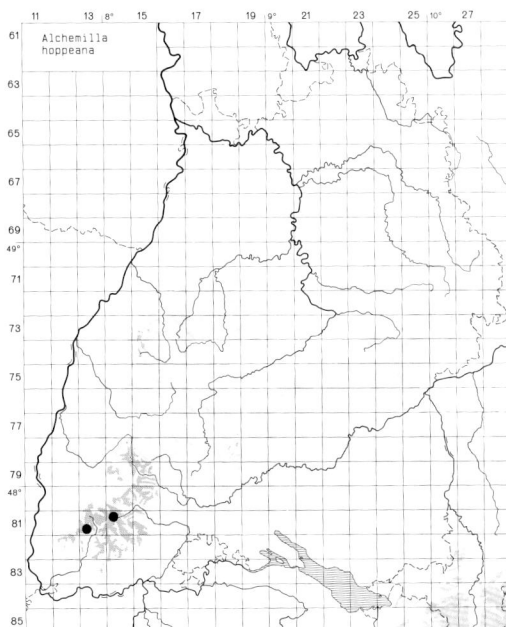

Hoppes Frauenmantel *(Alchemilla hoppeana)*
Feldberg, 1992

s.str. in Bayern in den östlichen Kalkalpen verbreitet mit dem westlichsten Vorkommen an der Benediktenwand. Nach LIPPERT (briefl. Mitt.) gibt es jedoch auch in den Vogesen eindeutige *A. hoppeana* s.str.

Verbreitung in Baden-Württemberg: Natürliche Vorkommen nur im Südschwarzwald vom Feldberg und Belchen bekannt.

Schwarzwald: 8113/3: Belchen, Nordhang, unterer Ausgang der *Rhodiola*-Klamm, 1966, LUDWIG (1968: 22, als *A. hoppeana*); der von LUDWIG gesammelte Beleg konnte vom Bearbeiter eingesehen werden. Er ist identisch mit der Sippe vom Feldberg. Es ist bekannt, daß VULPIUS am Belchen u.a. auch *A. alpina* im weitesten Sinne angesalbt hat. Vor LUDWIG (1968) wird aber nie über Funde am Belchen berichtet, so daß der Ansalbung wohl kaum Erfolg beschieden war. LUDWIG nimmt an, daß VULPIUS kaum an dem unzugänglichen Nordhang-Fundort angesalbt hat, sondern an zugänglicheren Stellen. Neuere Bestätigungen bei GROSSMANN (1989), WILMANNS et al. (1991).

8114/1: Feldberg, SPENNER in DÖLL (1843: 774), bei DÖLL (1862: 1368) heißt es: „an Felsen des Seebucks von SCHILL entdeckt"; vom Feldberg, 1885, FROMHERZ (KR); am Seebuck, 1891, MAUS (KR), rev. BUSER als *A. hoppeana* f. *angustifoliola*; an Felsen über dem Feldsee, 1922, JAUCH (KR); MÜLLER (1935: 131) benennt 3 Fundstellen am Seebuck und an der Feldseewand; zahlreiche weitere Bestätigungen bis nach 1970, so BOGENRIEDER (1982).

Die Vorkommen am Feldberg und Belchen liegen im Höhenbereich zwischen 1160 und 1400 m.
Erstnachweis: Die Vorkommen am Feldberg und Belchen gehören zur Gruppe der Glazialrelikte des Südschwarzwalds und sind daher als urwüchsig anzusehen. die erste Erwähnung findet das Vorkommen am Feldberg bei DÖLL (1843: 774) unter *A. alpina*.

Bestand und Bedrohung: Die Vorkommen sind wegen ihrer Seltenheit potentiell bedroht (G4), wenn auch die Standorte an sich wenig gefährdet sind. Beobachtungen über Verbiß durch Wild, insbesondere durch Gemsen, wären interessant.

18b. **Alchemilla nitida** Buser 1903
A. hoppeana (Richenbach) Dalla Torre var. *nitida* (Buser) Keller 1908; *A. plicatula* auct. pro parte
Glänzender Frauenmantel
Morphologie: Vgl. oben und Bestimmungsschlüssel.
Ökologie: In Baden-Württemberg synanthrope Vorkommen auf einer Straßenböschung auf Muschelkalk und auf einer Ufermauer.
Allgemeine Verbreitung: Nach FRÖHNER (1990) kommt *Alchemilla nitida* in den westlichen und mittleren Alpen und auch deren Randgebiete vor (Schweizer Jura, Vogesen und Schwarzwald); in den

Ostalpen hat die Sippe zerstreute Vorkommen bis nach Oberösterreich. Sie ist weithin die häufigste Art der Verwandtschaft von *A. alpina* im weitestem Sinne.

Verbreitung in Baden-Württemberg: Nach der Zuordnung der Vorkommen am Feldberg und Belchen zu *A. hoppeana* s.str. verbleiben für Baden-Württemberg nur zwei synanthrope Vorkommen. Sie wurden nicht in der Verbreitungskarte eingetragen.

7418/1 und 2: Östlich Nagold auf der Böschung der B 28 am „Mittleren Bergle", 1954 an 2 Stellen, 1957 an 1 weiteren Stelle, 1969 noch an 2 Stellen vorhanden, davon 1 mit vielen Sämlingen, WREDE (STU; STU-K), 1969, SEYBOLD (STU); das Vorkommen wächst schon auf Muschelkalk, daher genaugenommen nicht mehr zum Schwarzwald, sondern schon zu den Gäulandschaften gehörend.

7515/4: Unterhalb Rippoldsau, am Straßenrand auf einer Ufermauer, 1990, SEBALD (STU).

Die beiden synanthropen Vorkommen liegen bei 480 m (7418) bzw. bei 530 m (7515), also ungewöhnlich tief.

Bestand und Bedrohung: Wie die beiden Beispiele zeigen, können sich Sippen von *A. hoppeana* s.l. da und dort auch in tieferen Lagen an geeigneten sekundären Standorte einigermaßen dauerhaft ansiedeln. Eine gewisse Schonung solcher Vorkommen wäre sicher wünschenswert, da keine Gefahr besteht, daß diese Arten andere gefährdete Arten verdrängen.

13. **Aphanes** L. 1753
Ackerfrauenmantel, Ackersinau
Bearbeiter: O. SEBALD

Die Gattung *Aphanes* ist nah verwandt mit *Alchemilla* und wird öfters auch in diese Gattung einbezogen, meist in der Rangstufe einer Untergattung. ROTHMALER (1937), der sich intensiv mit *Alchemilla* in weiterem Sinne befaßt hatte, stellte fest, daß *Aphanes* Gattungsrang zuerkannt werden muß. Die wesentlichen Unterschiede sind im Bestimmungsschlüssel zu den Gattungen aufgeführt.

ROTHMALER (1937) listet unter *Aphanes* 16 Arten auf, die sich auf das Mittelmeergebiet und das übrige Europa, auf Makaronesien, auf die Azoren, das südöstliche und pazifische Nordamerika, in Südamerika auf Chile, Peru und den atlantischen Teil von Südamerika und auf das südliche Australien verteilen. Eine Art kommt im äthiopischen Hochland vor. Nach dem derzeitigen Stand kommen in Europa 6–7 Arten vor, von denen 2 in Baden-Württemberg vorkommen.

Kelchbecher einschließlich Kelchblätter zur Zeit der Fruchtreife 2–2,5 mm lang; Kelchblätter aufrecht, nicht zusammenneigend; Lappen der Nebenblätter stumpf-dreieckig bis eiförmig, höchstens ein wenig länger als breit . .
 1. *A. arvensis*
Kelchbecher einschließlich Kelchblätter 1,4–1,8 mm lang; Kelchblätter zusammenneigend; Lappen der Nebenblätter länglich, oft deutlich länger als breit . 2. *A. inexspectata*

1. **Aphanes arvensis** L. 1753
Alchemilla arvensis (L.) Scop. 1772
Gewöhnlicher Ackerfrauenmantel

Morphologie: Zierliche sommer- oder häufiger winterannuelle Pflanze mit dünner Wurzel, meist von der Basis verzweigt mit niederliegenden bis aufsteigenden, 5–30 cm langen Trieben, fast anliegend oder etwas abstehend behaart, graugrün. Blätter gleichartig, oft länger als die Stengelinternodien, tief 3teilig mit keilförmiger Basis, 0,8–2,0 cm lang; Abschnitte handförmig 3- bis 5lappig; Blattstiel kurz, 2–8 mm lang; Nebenblätter mit dem Blattstiel und tütenförmig unter sich verwachsen, jedes mit 3–7 stumpf-dreieckigen bis eiförmigen Lappen, die selten die halbe Länge der Nebenblätter überschreiten. Blüten zu 5–20 in blattgegenständigen Knäueln, sitzend oder bis 2 mm langgestielt, die umhüllenden Nebenblätter meist etwas überragend. Kelchbecher im Fruchtstadium 2–2,5 mm lang; Kelchblätter aufrecht oder etwas spreizend, nicht zusammenneigend.

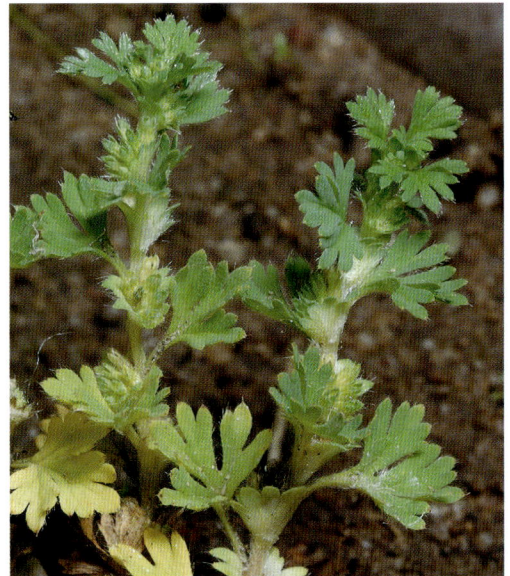

Gewöhnlicher Ackerfrauenmantel *(Aphanes arvensis)* Forchheim bei Rastatt, 29.5.1991

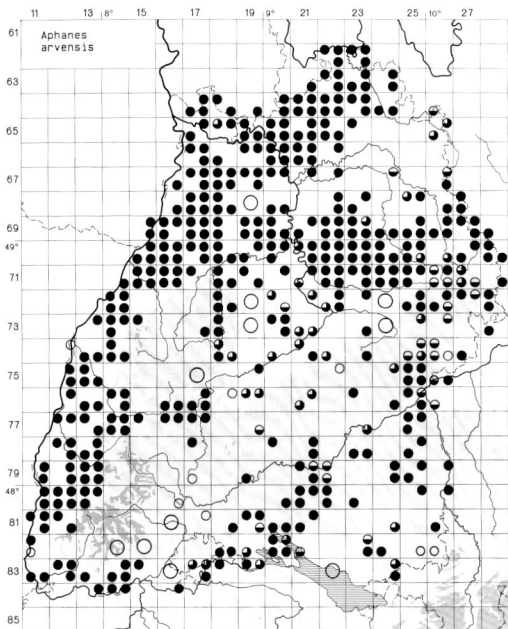

Biologie: Blüte von Mai bis Oktober. Bei der Art wurde bei europäischen Pflanzen fakultative Apomixis festgestellt. In den Blüten steht der Staubbeutel schief über der Narbe, so daß leicht Selbstbestäubung stattfinden kann. Von Insekten werden die unscheinbaren Blüten kaum besucht. In Mitteleuropa keimen die meisten Pflanzen erst spät im Jahr und überwintern mit einer kleinen Blattrosette.

Ökologie: Lichtliebende Art auf kalkarmen oder entkalkten, nährstoffarmen oder nur mäßig nährstoffreichen, sandigen bis lehmigen Böden; vor allem in Getreideäckern, seltener auch in Weinbergen, an Straßenböschungen; gilt als Verbandskennart des Aperion (Windhalmäcker), namengebend auch für den Unterverband Aphanenion arvensis (OBERDORFER 1983), zu dem die beiden Assoziationen gehören, in denen *A. arvensis* mit der höchsten Stetigkeit anzutreffen ist, nämlich im Alchemillo arvensis-Matricarietum chamomillae (Kamillen-Gesellschaft) und im Galeopsio-Aphanetum arvensis = Spergulo-Scleranthetum annui (Berg-Ackerknäuelkraut-Gesellschaft); vegetationskundliche Aufnahmen mit *A. arvensis* aus diesen Gesellschaften finden sich u.a. bei KNAPP (1964: Tab. 3) aus dem unteren Neckargebiet, aus dem Schwäbisch-Fränkischen Wald bei RODI (1959/60: Tab. I) und SEBALD (1974: Tab. H.), von der Schwäbischen Alb bei WILMANNS (1956: Tab. A) und bei TH. MÜLLER in OBERDORFER (1983: Tab. 144,

Ass. 7c). *A. arvensis* wird gern u.a. von folgenden Arten begleitet: *Apera spica-venti, Raphanus raphanistrum, Matricaria chamomilla, Centaurea cyanus, Scleranthus annuus, Vicia hirsuta* u. *tetrasperma, Viola arvensis, Myosotis arvensis, Veronica arvensis, Spergula arvensis.*

Allgemeine Verbreitung: Süd-, West- und Zentraleuropa; nach Norden bis Südschweden und ins Baltikum, nach Osten bis Nordost-Polen, Krim, Kaukasus, Nord-Iran; nach Süden bis Anatolien, Libanon und Nordwestafrika; eingeschleppt in Äthiopien, auf den Azoren, im östlichen und westlichen Nordamerika, in Australien und Neuseeland. Man kann die Art als submediterran-subatlantisches Florenelement bezeichnen.

Verbreitung in Baden-Württemberg: Relativ verbreitet in Gebieten mit kalkarmen Böden mit Ausnahme hoher Lagen; vor allem im Oberrheingebiet, Odenwald, im nordwürttembergischen Keuperbergland, Teilen des Schwarzwalds und Alpenvorlands; in den Kalkgebieten der Gäulandschaften und der Schwäbischen Alb jedoch nicht völlig fehlend, dort besonders auf entkalkten Lößlehmen bzw. Decklehmen vorkommend.

Die Art gedeiht bei uns von den tiefsten Lagen im Oberrheingebiet bei Mannheim bei etwa 100 m bis über 900 m (Schwäbische Alb bei Burgfelden (7719/4).

Erstnachweise: Die Art dürfte bei uns nicht urwüchsig sein, da sie nicht an primären, vom Menschen unbeeinflußten Standorten vorkommt. Sie ist jedoch als Archäophyt zu betrachten und bei uns sicher schon lange eingebürgert.

In der Literatur wird die Art schon bei LEOPOLD (1728: 7) aus der Umgebung von Ulm erwähnt: „in denen Äckern, wo man in die Söfflinger Weinberg gehet".

Bestand und Bedrohung: Die wenig konkurrenzkräftige Ackerpflanze hat in den letzten Jahrzehnten erhebliche Rückgänge hinnehmen müssen. Im Allgäu ist nach DÖRR (1974) der Schwund der Vorkommen mit dem Rückgang der Ackerflächen zugunsten des Grünlandes verbunden. Auch RAUNEKER (1984) berichtet aus dem Ulmer Raum über einen starken Rückgang.

In der Roten Liste von 1983 (HARMS et al.) ist diese Art noch nicht als bedroht aufgeführt. Aus heutiger Sicht wäre zu überlegen, ob die Art nicht schon in die Kategorie G5 (noch nicht gefährdet, aber schonungsbedürftig) aufgenommen werden sollte.

In Teilen Norddeutschlands scheint die Art dagegen teilweise zugenommen zu haben (MEISEL und VON HÜBSCHMANN 1976).

2. Aphanes inexspectata Lippert 1984

A. microcarpa auct. non (Boiss. & Reuter) Rothm.
1937
Kleinfrüchtiger Ackerfrauenmantel

Nach LIPPERT (1984) bezieht sich der Name *A. micro-carpa* (Boiss. & Reuter) Rothm. auf eine Sippe, die in ihrer Verbreitung auf das westliche Mittelmeergebiet und die Kanaren begrenzt ist und die spezifisch von der in Mitteleuropa vorkommenden Sippe verschieden ist. Da für letztere Sippe noch kein anderer Name verfügbar war, wurde sie von LIPPERT als *A. inexspectata* neu benannt.

Morphologie: Die Art ähnelt *A. arvensis*, ist aber zierlicher, weniger stark verzweigt, von mehr rein grüner Färbung und wird im allgemeinen nur 3–15 cm hoch. Die wesentlichen Unterscheidungsmerkmale sind im Bestimmungsschlüssel aufgeführt. Die Fruchtkelche überragen die tiefer gelappten Nebenblätter nicht oder kaum. Die Außenkelchblätter sind winzig oder fehlen ganz. Eine gute, vergleichende Zeichnung findet sich schon bei BERTSCH (1949: 148).

Biologie: Blüht von Mai bis September. Die Art pflanzt sich offenbar normal sexuell fort bei vorherrschender Fremdbestäubung.

Ökologie: Lichtliebende Art auf nährstoffarmen bis nur mäßig nährstoffreichen, kalkarmen, sauren, sandigen Böden; vor allem in mageren Getreidefeldern und brachliegenden Sandflächen, besonders in den Lämmersalat-Äckern (Unterverband Arnoseridenion) und in den Therophyten-Gesellschaften

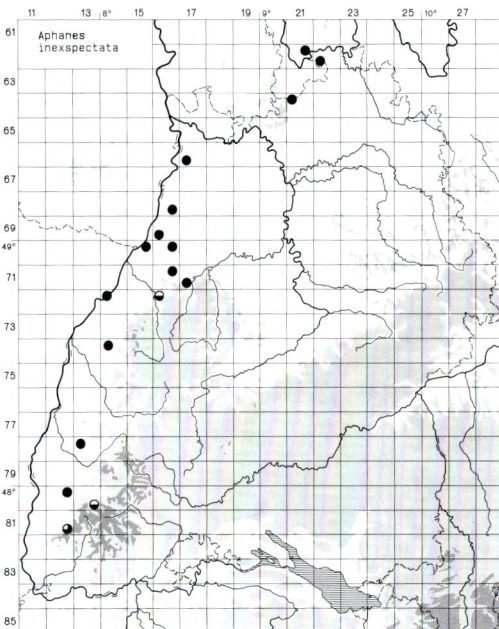

Kleinfrüchtiger Frauenmantel *(Aphanes inexspectata)* Ochsenfeld (Elsaß), 1988

des Verbandes Thero-Airion (Kleinschmielen-Fluren). Aus Baden-Württemberg gibt es nur wenige Angaben zur Vergesellschaftung. BERTSCH (1949) nennt bei dem Loffenauer Fund (7216/1) als Begleiter: *Spergularia rubra, Gypsophila muralis, Filago minima* und *Aphanes arvensis.*

Beide Ackerfrauenmantel-Arten kommen anscheinend öfters zusammen vor. Bei HÜGIN (1986: Tab. 2, Aufn. 42) sind aus dem südlichen Oberrheingebiet u.a. *Anthemis arvensis, Apera spicaventi, Veronica arvensis, Scleranthus annuus* und *Aphanes arvensis* aufgeführt.

Im Pfälzer Wald (OESEAU 1973: Tab. 8, Sp. 1) ist *A. inexspectata* mit geringer Stetigkeit im Teesdalio-Arnoseridetum sandiger, nährstoffarmer Böden anzutreffen zusammen u.a. mit *Hypochoeris glabra, Ornithopus pusillus, Galeopsis segetum, Teesdalia nudicaulis, Rumex acetosella* usw. (vgl. auch OBERDORFER 1983: Tab. 147, Ass. 10a, Sclerantho-Arnoseridetum, westliche Rasse mit *Teesdalia nudicaulis).*

Allgemeine Verbreitung: Außermediterranes West- und Mitteleuropa von der Atlantikküste Frankreichs und Irland nach Osten bis Ostpreußen und Böhmen; nach Norden bis Südschweden. Auf der Iberischen Halbinsel und im übrigen Mittelmeerraum bisher nicht nachgewiesen, dort ersetzt durch die beiden anderen Arten des *A. microcarpa*-Komplexes, *A. microcarpa* s.str. und *A. minutiflora* (Aznavour) Holub 1970. Man kann *A. inexspectata* dem subatlantischen Florenelement zurechnen.

Verbreitung in Baden-Württemberg: Sehr selten, bisher nur aus einigen Teilen des Oberrheingebiets, des Odenwalds, des nördlichen und südlichen Schwarzwalds und aus dem Maingebiet bekannt; wohl auch manchmal übersehen, da die Art durchaus auch zusammen mit *A. arvensis* vorkommen kann.

Oberrheingebiet: 6617/3: Sandgrube N Hockenheim, 1992 PHILIPPI (KR); 6816/4: Leopoldshafen, im nördlichen Teil des Kernforschungszentrums, 1984, PHILIPPI (KR); 6916/3: Karlsruhe, Hardtwald bei der G. Jakob-Hütte, 1987, PHILIPPI (KR-K); 7015/2: Sandfelder E Mörsch, 1977, SEYBOLD (STU); Kiesgrube S Bahnhof Forchheim (= „Allmendäcker"), 1986, PHILIPPI (KR), 1988, BREUNIG (STU-K); 7016/2: o.O., Bot. Arbeitsgem. Karlsruhe (KR-K); 7214/1: Sandflächen bei Stollhofen, 1988, BREUNIG (STU-K); 7414/1: Damm des Renchkanals S Renchen, 1977, PHILIPPI (KR); 8012/2: Freiburg-Weingarten, 1983, HÜGIN (1986: Tab. 2, Auf. 42).
Odenwald und Maingebiet: 6221/2: N Freudenberg, 1984, PHILIPPI (KR); 6222/3: Rauenberg, gegen Dürrhof, 1975, PHILIPPI (KR); 6421/1: o.O.; SCHÖLCH (STU-K).
Schwarzwald: 7116/2: W Spielberg, 1984, PHILIPPI (KR); 7117/3: Schwann, 1978, PHILIPPI (KR); 7216/1: Loffenau, 1931, BERTSCH (STU); 7813/1: Freiamt, 1991, SCHLESINGER (KR-K); 8013/4: Oberried, 1904, NEUBERGER in K. MÜLLER (1937: 249), det. ROTHMALER; 8112/4: SE Untermünstertal, Mulden, 1966, LUDWIG (1968).

Die Vorkommen liegen im Höhenbereich von etwa 115 m bei Karlsruhe (6916/3) und etwa 600 m bei Untermünstertal im Südschwarzwald (8112/4), vgl. LUDWIG in PHILIPPI und WIRTH (1970).
Erstnachweis: Die erste Fundangabe findet sich für Baden bei K. MÜLLER (1937: 249) von Oberried (8013/4), gefunden 1904 durch NEUBERGER, bestimmt durch ROTHMALER. Den ersten Fund in Württemberg (hart an der ehemaligen Grenze zu Baden) meldet BERTSCH (1948: 258; 1949) von Loffenau (7216/1), 1931 von ihm selbst gefunden und ebenfalls von ROTHMALER bestimmt.
Bestand und Bedrohung: Die Art hat bei uns nur wenige Vorkommen, zudem sind auch ihre Standorte stark gefährdet. Sie ist daher zumindest als gefährdet anzusehen und entsprechend auch in der Roten Liste 1983 mit G3 eingestuft. Eine Erhaltung von Vorkommen ist durch eine Extensivierung des Ackerbaus bzw. Anlage von Ackerwildkraut-Reservaten empfehlenswert.

Cydonia oblonga Miller 1768
Pyrus cydonia L. 1753, *Cydonia vulgaris* Delarbre 1800
Echte Quitte

Morphologie: Strauch oder Baum, bis 8 m hoch, mit Schuppenborke, Zweige erst filzig, später kahl; Blätter eiförmig, ganzrandig, kurz gestielt, oberseits dunkelgrün, unterseits graugrün filzig, Spreite 5–10 cm lang und 35–75 mm breit, Blüten rosa, 40–45 mm im Durchmesser; Frucht kugelig, apfel- oder birnförmig, 4–12 cm im Durchmesser, gelb, filzig, duftend. – Blütezeit: Mai.

In den Weinbaugebieten oft gepflanzt, selten als Kulturrelikt verwildert, z.T. aber schon sehr lange, wie etwa bei Tübingen (7420/3). Heimat: Südwest- und Zentralasien.
Erstnachweise: Älteste subfossile Nachweise für das Hohe bis Späte Mittelalter aus Heidelberg (BOPP u. ZENNER unpubl.,) und aus Tübingen (RÖSCH 1991b).

14. **Pyrus** L. 1753
Birnbaum

Bäume oder Sträucher, zum Teil mit Dornen; Blätter einfach; Blüten weiß oder rosa; Staubblätter 20–30; Fruchtblätter 1–2 Samen, Frucht birnförmig.
Zur Gattung gehören 25 Arten, die von Europa und Nordafrika bis Ostasien vorkommen. In Europa wachsen 13 Arten.

1   Zweige dornig; Früchte klein . . . 1. *P. pyraster*
–   Zweige dornenlos; Früchte groß . *[P. communis]*

1. **Pyrus pyraster** Burgsd. 1787
P. achras Gaertn. 1791, *P. communis* subsp.
pyraster Asch. et Gr. 1906.
Wildbirne, Holzbirne

Morphologie: 10–18 m hoher Baum mit dornigen Zweigen; Blätter elliptisch, oval oder kreisförmig, mit 2–7 cm langem Stiel, zugespitzt, ganzrandig oder gekerbt-gesägt, Spreite 2,5–7 cm lang und

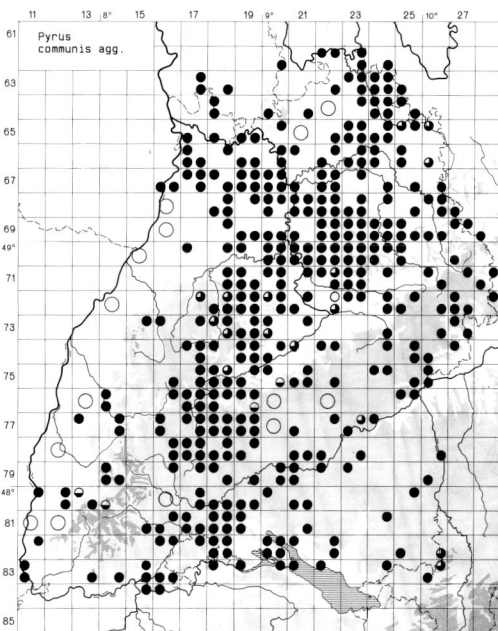

193

Wildbirne *(Pyrus pyraster)*
Michelsberg bei Geislingen/Steige, 13.5.1973

Oberrheingebiet. Durch verwilderte Sämlinge von Kulturbirnen, die meist nicht von wilden Populationen getrennt werden konnten, ist das Verbreitungsbild etwas verwischt (vgl. auch Browicz in Davis 1972: 163), aber noch zu erkennen. Die Verbreitungskarte umfaßt sämtliche Vorkommen nicht kultivierter dorniger Birnen. Höchste Vorkommen: 8014/3: Piketfelsen, 1020–1040 m, K. Müller (1948: 217); tiefste Vorkommen bei 100 m.

Erstnachweise: Die Art ist im Gebiet urwüchsig. Ältester archäologischer Nachweis: Frühes Subboreal von Wangen am Bodensee (Heer 1866). Ältester literarischer Nachweis: Leopold (1728: 138) aus der Umgebung von Ulm.

Bestand und Bedrohung: Die Art ist im Gebiet etwas zurückgegangen, ist aber noch nicht allgemein gefährdet.

Pyrus communis L. 1753
P. communis L. subsp. *sativa* (Lam. et DC.) Asch. et Gr. 1906; *P. sativa* Lam. et DC. 1815
Kulturbirne

Morphologie: Bis 20 m hoher, dornloser Baum, Zweige kahl oder etwas behaart; Blätter gestielt, Spreite 5–8 cm lang und 3,5–5,5 cm breit, eiförmig, spitz, kerbig-gesägt; Blüten weiß; Frucht kegelförmig, zum Stiel hin verschmälert, 6–16 cm lang, 4–12 cm breit, süß.

Der Kulturbirnbaum ist eine Bastardsippe, an der eine Reihe von Wildarten, jedoch kaum *P. pyraster* beteiligt waren. Es wurden über 1500 verschiedene Sorten beschrieben. Zahlreiche besonders früher kultivierte Sorten findet man bei Schübler u. Martens (1834) u. Martens u. Kemmler (1865, 1882). Einer der größten Bäume Württembergs stand bei Öschelbronn (7418). Er ist bei Feucht (1911: Abb. 21) abgebildet, hatte 6 m Umfang und war etwa 400 Jahre alt.

Sämlinge findet man öfters an Waldrändern und Wegrainen; sie sind oft schwer von *P. pyraster* zu unterscheiden. Gelegentlich werden auch beide als Unterarten einer Art (*P. communis* L. s.l.) zusammengefaßt. Die Kulturbirne ist wie der Kulturapfel nirgends im Gebiet eingebürgert.

Erstnachweise: Ältester archäologischer Nachweis: Seit dem Späten Subatlantikum (Römische Kaiserzeit) z.B. bei Köngen (S. Maier 1988). Wie beim Apfel ist allerdings auch hier eine sichere Trennung von Wildart und Kulturart anhand der Samen nicht möglich.

2–5 cm breit; Blüten weiß, Kronblätter 10–17 mm lang und 7–13 mm breit; Frucht kugelig bis kegelig, 13–35 mm lang und 18–35 mm breit, gelb, braun oder schwarz. – Blütezeit: April–Mai.

Variabilität: Man unterscheidet eine subsp. *pyraster* mit fast von Anfang an unterseits kahlen Blättern von einer subsp. *achras* (Gaertn.) Stohr mit unterseits auf den Nerven bleibend behaarten Blättern. Beide kommen im Gebiet vor, lassen sich aber nicht geographisch trennen, so daß der Rang einer Varietät angemessener wäre.

Ökologie: Auf nährstoffreichen, basenreichen Böden, in Auwäldern, lokal sogar Charakterart des Querco-Ulmetum, in Steppenheidewäldern, an Felsen, in Gebüschen und an Waldrändern. Vegetationsaufnahmen finden sich z.B. bei K. Müller (1948: 215–216); Oberdorfer (1957: 364–367, 412–415), T. Müller (1966: 430–433) und bei Witschel (1980, Tab. 28 und 30).

Allgemeine Verbreitung: Süd-, West- und Mitteleuropa, Vorderasien mit Türkei, Iran und Kaukasus.

Verbreitung in Baden-Württemberg: In allen Landschaftsteilen ziemlich verbreitet; besonders reichlich im Neckarland, seltener im Schwarzwald und im

15. **Malus** Miller 1754
Apfelbaum

Bäume oder Sträucher, selten mit Dornen; Blüten weiß bis rot; Staubblätter 15–50; Frucht apfelartig.

Zur Gattung gehören 25 Arten der nördlichen gemäßigten Zone. In Europa kommen 6 Arten vor.

1 Blätter unterseits filzig . . . . . *[M. domestica]*
– Blätter unterseits kahl . . . . . . 1. *M. sylvestris*

Holzapfel *(Malus sylvestris)*
Unterjesingen, 21.4.1991

Holzapfel *(Malus sylvestris)*
Entringen, 3.10.1991

1. Malus sylvestris Miller 1768

Pyrus malus var. *sylvestris* L. 1753; *Malus acerba*
Mérat 1812; *M. sylvestris* subsp. *acerba* (Mér.)
Mansfeld 1940; *M. communis* Lam. 1793; *M.*
communis subsp. *sylvestris* (Miller) Gams 1922
Holzapfel, Wilder Apfelbaum

Morphologie: 2–15 m hoher Baum oder Strauch,
meist wenig dornig; Zweige braun; Blätter
1,5–3 cm lang gestielt, eiförmig-elliptisch, gekerbt
oder gesägt, zugespitzt, 3–11 cm lang und

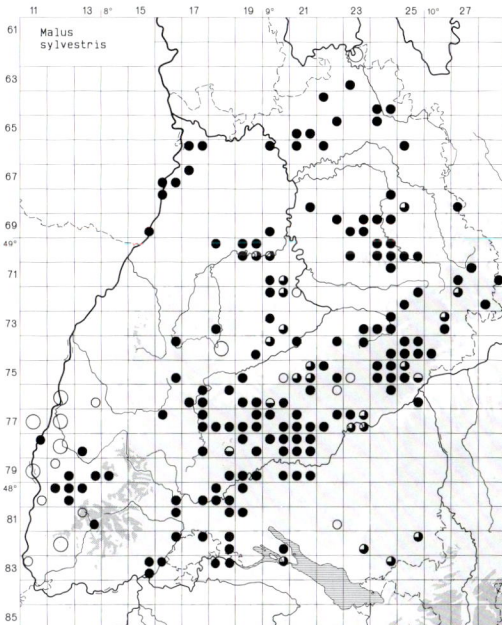

2,5–5,5 cm breit, kahl, höchstens unterseits auf den
Nerven etwas behaart; Blütenblätter 12–20 mm
lang, rosa oder weiß, Kelchblätter dreieckig, außen
kahl; Frucht klein, 2–3 cm im Durchmesser; gelbgrün, essigsauer. – Blütezeit: April bis Mai.

Variabilität: BERTSCH (1961) hat einige im Donautal beobachtete Formen als Arten (aber nicht regel-
gerecht) beschrieben, z.B. *M. longepedunculata,*
M. brevepedunculata, M. mitis und *M. praecox.*
Die Berechtigung dieser Sippen kann nicht endgültig beurteilt werden.

Leider ist nur von einem Teil Belegmaterial erhalten (STU). Offen muß auch bleiben, ob unter
seinen Sippen sich nicht auch verwilderte Exemplare von *M. domestica* befanden.

Ökologie: Auf nährstoffreichen und meist kalkhaltigen Lehm- oder Steinböden, in Auwäldern, lokal
Charakterart des Querceto-Ulmetum, auch in Eichen-Hainbuchenwäldern oder in Steppenheidewäldern, besonders in den weniger forstlich ge-
pflegten Bauernwäldern. Vegetationsaufnahmen
finden sich bei OBERDORFER (1953: 61–64, 1957:
412–415), PHILIPPI (1972: Tab. 5) und bei LOH-
MEYER und TRAUTMANN (1974: 428–433).

Allgemeine Verbreitung: Europa, jedoch im Norden
fehlend, ostwärts bis zur Türkei, zum Kaukasus
und vereinzelt bis Zentral- und Ostasien.

Verbreitung in Baden-Württemberg: Hauptsächlich
auf der Schwäbischen Alb, im Oberrheingebiet und
im Neckarland sowie dem Tauber- und dem Baar-
Wutach-Gebiet. Im Schwarzwald und im Alpen-
land selten.

Höchste Vorkommen: 7818/4: Gosheimer Steinbruch, mehr als 900 m, E. BOLTER (STU); tiefste
Vorkommen bei 100 m.

Erstnachweise: Die Art ist im Gebiet urwüchsig. Ältester archäologischer Nachweis: Mittleres Atlantikum von Hilzingen (Bandkeramik, STIKA 1991). Häufig nachgewiesen ab dem Späten Atlantikum (Spätneolithikum z. B. von Riedschachen, K. BERTSCH 1931). Ältester literarischer Nachweis: LEOPOLD (1728: 102) für die Umgebung von Ulm.

Bestand und Bedrohung: Der Holzapfelbaum ist besonders durch die Intensivierung der Forstwirtschaft zurückgegangen. Er sollte mehr beachtet und bewußt durch Naturdenkmale geschützt werden. Der Rückgang wird in Württemberg besonders durch die Oberamtsbeschreibungen dokumentiert. Die Angaben sind aber zu wenig lokalisierbar und konnten daher nicht in die Karte aufgenommen werden.

Literatur: BERTSCH (1961).

Malus domestica Borkhausen 1803
M. sylvestris var. *domestica* (Borkh.) Mansf.
Kulturapfel

Morphologie: Zweige filzig; Blätter 4–13 cm lang und 3–7 cm breit, oval-elliptisch, unterseits dicht filzig behaart; Frucht mehr als 5 cm im Durchmesser. Sonst wie *M. sylvestris*. Die Art ist als Bastard des Holzapfels mit anderen *Malus*-Arten entstanden.

Der Apfelbaum ist einer der schönsten Bäume unserer Landschaft. Es sind über 2000 verschiedene Sorten von ihm beschrieben worden. Im Streuobstbau wurden früher Sorten verwendet, die heute am Verschwinden sind. Aufzählungen davon finden sich z. B. bei SCHÜBLER u. MARTENS (1834) und bei MARTENS u. KEMMLER (1865, 1882). Einer der größten Apfelbäume Württembergs stand nach FEUCHT (1911: Abb. 20) bei Nußdorf (7019/7119). Er war 120 Jahre alt, hatte einen Umfang von 4,35 m und trug maximal im Jahr 50–55 Zentner Äpfel.

Verbreitung in Baden-Württemberg: Die Art wird überall viel gepflanzt und verwildert als Sämling. Vom Holzapfel kann man sie am besten an der behaarten Blattunterseite unterscheiden. Doch gibt es auch hier manchmal Abgrenzungsschwierigkeiten. Nach CARBIENER (1974: 480) finden aber Einkreuzungen von *Malus-domestica*-Formen in *M. sylvestris*-Beständen kaum statt.

Apfelbäume sind im ganzen Gebiet in Wäldern, an Waldrändern, besonders gern im Saum des Steppenheidewaldes, in Hecken und an Wegrainen verwildert. Die Art ist jedoch noch nirgends eingebürgert, da sie noch keine Populationen gebildet hat, die mehrere aufeinanderfolgende Generationen umfassen.

Erstnachweise: Älteste archäologische Nachweise: Ab der Römischen Kaiserzeit (z. B. bei Rottweil, BAAS 1974). *M. domestica* und *M. sylvestris* sind aber anhand der Samen nicht mit Sicherheit zu unterscheiden. Man nimmt an, daß es sich in vorrömischer Zeit um die Wildart und danach überwiegend um die Kulturart handelt.

16. **Sorbus** L. 1753
Mehlbeere

Bäume oder Sträucher; Blätter einfach, gelappt oder gefiedert; Blüten weiß, selten rosa; Staubblätter 15–20; Fruchtblätter 2–5; Frucht kugelig, apfel- oder birnförmig.

Die Gattung umfaßt 80 Arten hauptsächlich auf der nördlichen Halbkugel. In Europa kommen mindestens 18 Arten vor, doch wurden noch zahlreiche weitere Kleinarten beschrieben. Im Gegensatz zu vielen anderen Rosengewächsen haben einige *Sorbus*-Arten auffallend charakteristische Areale. *S. aucuparia* ist am weitesten verbreitet; sie kommt fast überall vor, liebt aber die höheren Lagen. *S. aria* ist die typische Art des Berglands; sie besetzt besonders die Schwäbische Alb, kommt aber auch (mit Lücken) im Schwarzwald regelmäßig vor. Den Gegensatz dazu bildet *S. torminalis*, die *S. aria* beinahe komplementär ergänzt. Sie besiedelt hauptsächlich das Keuperstufenland. Die Extreme bilden schließlich *S. domestica*, eine Art der warmen Hügelstufe und *S. chamaemespilus* in der kühlen subalpinen Stufe.

1	Blätter ungeteilt oder gelappt 3
–	Blätter gefiedert (falls nur am Grunde gefiedert vgl. S. × hybrida, Bastardmehlbeeren Gruppe A) 2
2	Borke glatt; Frucht rot, erbsengroß . . . . 2. *S. aucuparia*
–	Borke rissig; Frucht gelbrot, kirschgroß . . . . . 1. *S. domestica*
3	Niedriger Strauch; Blütenblätter rosa . . . . . . 4. *S. chamaemespilus*
–	Höhere Sträucher oder Bäume; Blütenblätter weiß 4
4	Blatt tief gelappt, besonders am Grund, nur anfangs unterseits filzig, jederseits mit 4–5 Seitennerven . . . . 3. *S. torminalis*
–	Blatt nicht oder wenig tief gelappt, unterseits bleibend filzig, jederseits mit 8–15 Seitennerven . . . 5
5	Blätter ungleich gesägt oder mit undeutlichen, nach der Blattspitze zu größer werdenden Lappen, jederseits mit 7–14 Seitennerven . . . 5. *S. aria*
–	Blätter deutlich seicht gelappt; Blattlappen der Spitze zu kleiner werdend Gruppe B und C der Bastardmehlbeeren

1. **Sorbus domestica** L. 1753
Speierling, Sperberbaum

Morphologie: 5–26 m hoher Baum mit längsrissiger, eichenähnlicher Borke, Knospen klebrig (Foto bei DAGENBACH 1978: 202); Blätter unpaarig gefiedert, ähnlich denen der Eberesche mit 6–8 Paaren gesägter Fiederblättchen; Blüten in Doldenrispen, weiß; Griffel 5; Früchte 25–30 mm lang, gelbrot meist birnähnlich, seltener apfelähnlich. – Blütezeit: Mai.

Speierling *(Sorbus domestica)*
Niederweiler bei Badenweiler

Biologie: Der Baum kann bis 400 Jahre alt werden und einen Stammumfang von 4 m erreichen. Er wird damit viel älter und größer als die ähnliche Eberesche, die nur durchschnittlich 80 Jahre erreicht. Nach LINCK (1938) hatte der dickste Stamm Württembergs (bei Illingen) einen Brusthöhendurchmesser von 75 cm (vgl. DÜRR u. LINK 1988: 300). Der Speierling bildet in der Natur selten Sämlinge. DAGENBACH (1978), der die Keimung und das Jugendwachstum beschreibt, führt das auf genetische Inzucht zurück. Nach seiner Erfahrung braucht der Baum zum Aufwachsen einen beschatteten Fuß. Für weitere Beobachtungen vgl. auch SCHELLER et al. (1979).

Ökologie: Auf frischen, kalkhaltigen Ton- oder Lehmböden in ebener oder leicht nach Norden ge-

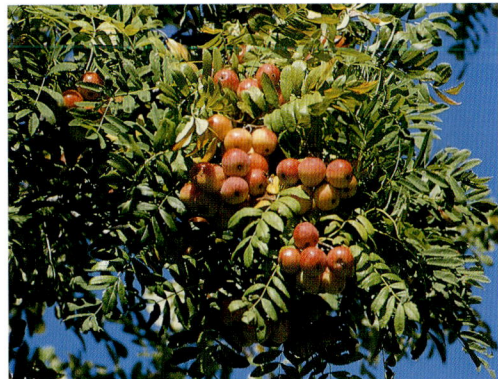

Speierling *(Sorbus domestica)*
Niederweiler bei Badenweiler

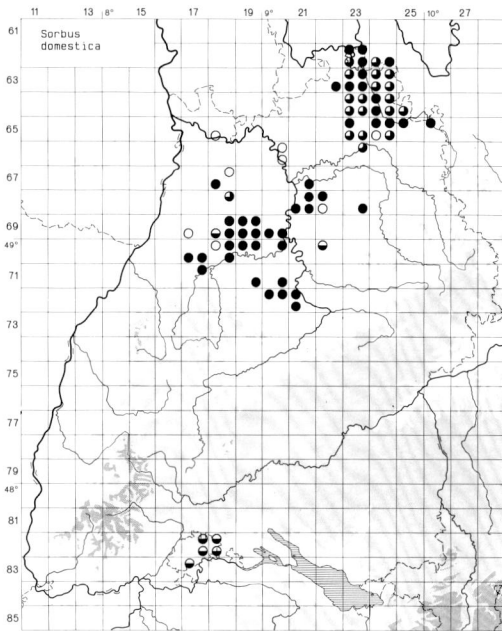

neigter Lage, gern auf Muschelkalk, Gipskeuper, Bunten Mergeln und auf Lettenkeuper. LINCK (1938) gibt pH-Werte von 4,8–6 an. Meist in Eichenmischwäldern, oft zusammen mit *Sorbus torminalis*. Vegetationsaufnahmen bei OBERDORFER (1957: 534–537) und PHILIPPI (1983: 19–22, 72–76, 122–126).

Allgemeine Verbreitung: Südeuropa und Mitteleuropa, Kleinasien, Kaukasus und Nordafrika.

Verbreitung in Baden-Württemberg: Die Karte berücksichtigt nur Wildvorkommen (in Wäldern). Die Art ist selten im Main-Taubergebiet, Kraichgau, Strom- und Heuchelberg, den Glemshöhen bei Stuttgart, dem unteren Neckargebiet mit Hohenlohe, ferner am Hochrhein. Gepflanzt kommt der Speierling heute nur noch sehr selten vor (vgl. DÜRR u. LINK 1988).

Fundorte des Waldspeierlings (Beobachtungen nach 1970):

Hochrhein (Schweiz): 8217/2: Legellen, Büttenhardt, KUMMER (1944); 8217/4: Herblingen, Bremlen, Schaffhausen, KUMMER (1944); 8218/1: Lohn, Thayngen, KUMMER (1944); 8218/3: Stetten, Lohn, KUMMER (1944); 8317/1: Roßberghof Radegg, KUMMER (1944).

Main-Taubergebiet: 6223/1: Gaisberg SE Bettingen, ca. 1987, W. RATHAUSKY, 1987 (STU-K); 6223/2: Dertinger Kopf, 1983, S. SEYBOLD (STU-K), Lindelbach, HOFMANN (1962: 153); 6223/3: Urphar, HOFMANN (1962); E Reicholzheim, HOFMANN (1962); E Dörlesberg, HOFMANN (1962: 153); Dickbuckel bei Bronnbach, PHILIPPI (1983: 22); 6223/4: Kembach, HOFMANN (1962); 6224/3: E

Wenkheim, SEUBERT u. KLEIN (1905), HOFMANN (1962); 6224/4: Tännig N Gerchsheim, 1987, S. SEYBOLD (STU-K); Hachtel zwischen Großrinderfeld und Gerchsheim, ca. 1990, W. RATHAUSKY (STU-K); 6322/4: N Hardheim gegen Steinfurt, KLEIN (1908: 324); PHILIPPI (1983: 126); 6323/1: N Külsheim, HOFMANN (1962); Külsheim-Uissigheim, HOFMANN (1962); SE Külsheim, HOFMANN (1962), KLEIN (1908: 324); 6323/2: Großholz W Hochhausen, ca. 1987, W. RATHAUSKY (STU-K); W Hochhausen und Impfingen, HOFMANN (1962); 6323/3: Teufelsberg N Königheim, PHILIPPI (1983: 76); N und SW Schweinberg, HOFMANN (1962), SCHLATTERER (1912: 171); 6323/4: Königheim-Eiersheim, HOFMANN (1962); Stammberg W Tauberbischofsheim, DIETERICH et al. (1970: 95), 1983, S. SEYBOLD (STU-K); 6324/1: W Großrinderfeld, HOFMANN (1962); 8324/2: Großrinderfeld-Schönfeld, HOFMANN (1962), SW und SE Ilmspan, HOFMANN (1962); 6324/3: Zwischen Grünsfeld und Tauberbischofsheim, HOFMANN (1962); 6324/4: E Grünsfeld, HOFMANN (1962); 6423/1: SW Gissigheim, HOFMANN (1962); 6423/2: Breitenloch S Gissigheim 1986, X. ACHSTETTER (STU-K); SE Dittwar, HOFMANN (1962); Gissigheim-Heckfeld, HOFMANN (1962); 6423/3: N Gerichtstetten, HOFMANN (1962); Eubigheim-Gerichtstetten, HOFMANN (1962); 6423/4: SE Heckfeld, HOFMANN (1962); N u. S Kupprichhausen, HOFMANN (1962); Lengenrieden, HEIMBERGER (1950: 9); 6424/1: Steinbacher Höhe W Distelhausen, PHILIPPI (1983: 76); N u. S. Oberlauda, HOFMANN (1962); N Beckstein, HOFMANN (1962); Eichholz W Lauda, ca. 1985, W. RATHAUSKY (STU-K); 6424/2: S Kützbronn-Messelhausen, HOFMANN (1962); Jungholz SE Messelhausen, HOFMANN (1962); 6424/3: W Beckstein, HOFMANN (1962); Mehlberg bei Sachsenflur, HOFMANN (1962); SW Unterschüpf, HOFMANN (1962); Theobaldswald, HOFMANN (1962), 1991, S. SEYBOLD (STU); 6424/4: Buchrain E Unterbalbach, HOFMANN (1962); 6425/3: Hochhausen-Nassach, HOFMANN (1962); 6523/1: Vohberg N Berolzheim, HOFMANN (1962); Berolzheim-Hirschlanden, HOFMANN (1962); Holzspitze S Berolzheim, HOFMANN (1962), 1991, S. SEYBOLD (STU); 6523/3: N u. NW Oberwittstadt, SCHLATTERER (1912: 169); HOFMANN (1962); S Schillingstadt, HOFMANN (1962); 6524/1: Althausen, im Birkenbusch, ND, MATTERN (STU-K); Schweigern–Dainbach–Althausen–Bobstadt, HOFMANN (1962); N Lustbronn, HOFMANN (1962); 6524/2: Untertal und Sailberg N Apfelbach, 1983, S. SEYBOLD (STU-K); Katzenwald, ca. 1979, O. BAYER (STU-K); 6524/3: Wanne N Rengershausen, 1908, METZGER (STU-K); 6524/4: Herbsthausen, 1951, PATZELT (STU-K); 6525/1: Schäftersheim, ND, MATTERN (STU-K); Winterberg bei Schäftersheim, HOFMANN (1962); 6526/1: Creglingen, Bockstall, ND, MATTERN (STU-K).

Neckarland: 6620/2: Mosbach, KLEIN (1908: 324); 6620/4: Haßmersheim, SEUBERT u. KLEIN (1905); 6623/2: S Neunstetten, HOFMANN (1962); 6718/2: Sternenwald bei Tairnbach, KLEIN (1908: 324); 6718/3: Bad Mingolsheim, DÜRR u. LINK (1988: 299); 6721/4: Boppelesklotz W Dahenfeld, 1978, S. SEYBOLD (STU-K); 6725?: Oberamt Gerabronn, LINCK (1938: 176); 6818/2: Greifenberg NW Eichelberg, Bannwald, DIETERICH et al. (1970: 116–117, Abb. 36); 6821/2: Heerwald NW Weinsberg, 1991, H. W. SCHWEGLER (STU-K); 6821/3: Steinkreuzhaus SE Heilbronn, 1983, E. KLOTZ (STU-K); 6821/4: Langer

Forchenwald SE Weinsberg, 1991, H. W. SCHWEGLER (STU-K); 6822/1: Kiefertal bei Hölzern, 1981, E. KLOTZ, S. SEYBOLD (STU-K); 6822/3: Eichelberg, GÖTZ (1890: 31–32); 6823/4: Dürrenklinge E Obersteinbach, 1977, O. SEBALD, S. SEYBOLD (STU); 6917/3: Berghausen, SEUBERT u. KLEIN (1905); 6918/2: Oberderdingen, Kupferhaldenkopf, ND, DÜRR u. LINK (1988: 298); 6918/3: Schillingswald, ca. 1940, GUTBROD (STU-K); 6918/4: Knittlingen, Schillingswald, DÜRR u. LINK (1988: 307); 6919/1: Sternenfels, DÜRR u. LINK (1988: 305); Langrain zwischen Leonbronn und Sternenfels, 1978, S. SEYBOLD (STU-K); 6919/2: Spitzenberg bei Zaberfeld, DÜHRING (1990: 24); 6919/3: Mettenberg bei Zaisersweiher, ca. 1978, H. MATTERN, 1986, S. SEYBOLD (STU-K); Schützingen, Gleichenberg, DÜRR u. LINK (1988: 300); Endberg bei Schützingen, 1978, S. SEYBOLD (STU); Sternenfels, Trinkwald, DÜRR u. LINK (1988: 305); Streichert S Häfnerhaslach, 1978, K. KÜMMEL, 1979, S. SEYBOLD (STU-K); 6919/4: Blaues Sträßle S Ochsenbach, 1978, HALLA u. HAHN, 1978, 1980, S. SEYBOLD (STU-K); 6920/3: Stökkach W Hohenhaslach, 1970, 1977, S. SEYBOLD (STU); Seeberg-Pfeiferhütte bei Freudental, 1976, V. WIRTH, 1977, S. SEYBOLD, 1990, N. SCHMATELKA (STU-K); Teufelsberg bei Hohenhaslach, 1980, S. SEYBOLD (STU-K); Schönenberg SW Freudental, HALLA u. HAHN, 1978, 1980, S. SEYBOLD, 1990, N. SCHMATELKA (STU-K); Pfefferwald bei Cleebronn, 1978, HALLA u. HAHN (STU-K); 6920/4: Hart bei Walheim, 1977, GEORGII, S. SEYBOLD (STU); 7017/3: Ellmendingen, Althau, DÜRR u. LINK (1988: 305); 7017/4: Ellmendingen, Rannwald, 1988, I. MAASS, DÜRR u. LINK (1988: 305); Bärengrund E Nöttingen, 1988, I. MAASS (STU-K); Ersingen, beim Pforzheimer Stadtwald, DÜRR u. LINK (1988: 304); Wald Klapfenhardt, ND, FREI et al. (1985: 54); 7018/1: Heimbrunn bei Stein, SCHLATTERER (1912: 170); 7018/2: Eichelberg, 1977, S. SEYBOLD (STU); 7018/4: Lattenwald bei Kieselbronn, DÜRR u. LINK (1988: 302); 7019/1: Mühlacker, Hochberg, DÜRR u. LINK (1988: 301); Illingen, Knabenkreuz, 1977, S. SEYBOLD, DÜRR u. LINK (1988: 300); Ensinger Hau und Lienzinger Hau S Schützingen, 1977, S. SEYBOLD (STU-K); 7019/2: Großer Fleckenwald NW Ensingen, 1977, S. SEYBOLD (STU); Stockwald SE Schützingen, 1988, S. SEYBOLD (STU); 7020/2: Rossert bei Bietigheim, 1977–90, S. SEYBOLD (STU); Bietigheimer Forst, verschwunden, aber neue nachgepflanzt, GEORGII (STU-K); 7022/1: Kleinaspach, LINCK (1938: 172); 7117/2: Dietlingen, Unterwald, DÜRR u. LINK (1988: 305); Oberhausen, Unterer Wald, DÜRR u. LINK (1988: 305); Birkenfeld, Schönbiegel, 1988, I. MAASS, DÜRR u. LINK (1988: 305); 7119/4: Hoher Acker SE Weißbach, in Hecke, wohl ursprünglich, 1988, D. WALZ (STU-K); 7120/4: Fasanengarten bei Weilimdorf, ND, DAGENBACH (1978); 1978, F. OECHSSLER, S. SEYBOLD (STU-K); Lindental-Hohe Warte, 1978, 1991, F. OECHSSLER (STU-K); 1978, S. SEYBOLD (STU-K); Lemberg bei Feuerbach, ca. 1940, W. KREH, GUTBROD (STU-K); 7220/1: Warmbronner Wald, ND, 1983–90, M. SCHEUERLE, 1983, S. SEYBOLD (STU-K); 7220/2: Sandkopf–Heukopf–Augenwald, teils ND, DAGENBACH (1978), 1978, 1991, F. OECHSSLER, 1978, S. SEYBOLD (STU-K); Solitude, Biegel, ND, 1973, F. OECHSSLER, 1977, 1991, S. SEYBOLD (STU); Saufang im Schwarzwildpark, ND, 1973, F. OECHSSLER, 1977, S. SEYBOLD (STU-K); Kräherwald, ND, 1973, 1991, F. OECHSSLER, 1978, S. SEYBOLD (STU-K); 7221/1: Frauenkopf bei Rohracker, 1978, F. OECHSSLER, S. SEYBOLD (STU-K); Bopserwald über der neuen Weinsteige, SCHMIDLIN (1832: 223), CALWER in KIRCHNER (1888: 432), 1991, F. OECHSSLER (STU-K); 7221/3: Oberer Wald bei Degerloch, ca. 1991, F. OECHSSLER (STU-K). Oberrheingebiet (hier wohl nicht indigen): 6518: Schriesheim-Handschuhsheim, SEUBERT u. KLEIN (1905); 8012/2: Schönberg, 1984, 1985, P. THOMAS, M. KÜBLER (KR-K); 8111/1: Heitersheim, SPENNER (1829: 784); 8112/1: Grunern, Ballrechten, SPENNER (1829: 784); 8112/4: Ölberg, 1981, M. DIENST (KR-K).

Höchste Vorkommen (Waldspeierlinge): 7220/1: Warmbronn, 480 m; tiefste Vorkommen: 7020/2: Rossert bei Bietigheim, 230 m.

Erstnachweise: Die Art ist im Gebiet urwüchsig (LINCK 1938, DÜLL 1959: 30), was insbesondere aus ihrem eigenständigen Areal hervorgeht. Da die Art schlecht keimt, ist eine Einbürgerung in früherer Zeit unwahrscheinlich. Ältester literarischer Nachweis: KERNER (1785: 61) „Im Stromberger und Leonberger Forst häufig, sonst nur einzeln im Land. In der Botnanger Hut auch in der Abart Apfelsperber." Die Angabe von GMELIN (1772: 145) „in monte Balingensi Schalksburg" ist wohl unrichtig.

Bestand und Bedrohung: Die Art ist stark gefährdet. Sie zeigt selten Sämlinge. Im Gebiet dürften heute nur noch wenige hundert wilde Exemplare vorkommen. Der Rückgang erfolgte schon seit längerer Zeit. Man vergleiche das Wort KERNERS („häufig") mit den heute zählbar vielen Bäumen. Im Solitudeforst kamen beispielsweise vor 50 Jahren noch über 50 Stück vor; heute gibt es im ganzen Gebiet Stuttgarts nur noch etwa ein Dutzend. Der Rückgang wird auf den Übergang von der Mittelwaldwirtschaft zum heutigen Hochwald hin zurückgeführt (LINCK 1938).

Die Forstliche Versuchs- und Forschungsanstalt in Freiburg zieht Speierlinge an und pflanzt sie nach. Auf diese Weise kann die Art erhalten werden. Es sollten aber alle Bäume als Naturdenkmale ausgewiesen werden, auch die gepflanzten Feldspeierlinge.

Literatur: LINCK (1938); HOFMANN (1962); DAGENBACH (1978); SCHELLER et al. (1979), DÜRR u. LINK (1988).

2. Sorbus aucuparia L. 1753
Pyrus aucuparia (L.) Ehrh. 1791
Vogelbeerbaum, Eberesche

Morphologie: 5–15 m hoher Baum, Rinde glatt; Blätter unpaarig gefiedert, mit 4–9 Fiederpaaren, Fiedern länglich-lanzettlich, 2,5–9 cm lang, scharf

Vogelbeerbaum *(Sorbus aucuparia)*

gesägt; Blüten in Doldenrispen mit bis zu 100 weißen Blüten; Griffel 3–4; Frucht rot, kugelig,
8–10 mm im Durchmesser, meist bitter schmek-
kend. – Blütezeit: Mai bis Juni.
Variabilität: Man unterscheidet eine Unterart
subsp. *aucuparia* (diesjährige Zweige und Knospen
behaart, Blütenstiele behaart, Frucht kugelig) von
einer subsp. *glabrata* (Wimm. et Grab.) Cajander
(diesjährige Zweige und Knospen verkahlend; Blütenstiele kahl, Früchte mehr eiförmig, länger als
breit).

a) Subsp. **aucuparia**
Ökologie: Auf meist kalkarmen, nährstoffarmen
Böden, in Laub- und Nadelwäldern, an Felsen, an
Waldrändern und auf Waldschlägen. Vegetations-
aufnahmen z.B. bei K. MÜLLER (1948: 215–217,
254–258), OBERDORFER (1957: 348–356, 378,

Vogelbeerbaum *(Sorbus aucuparia)*
Lochen bei Balingen, 9.6.1991

200

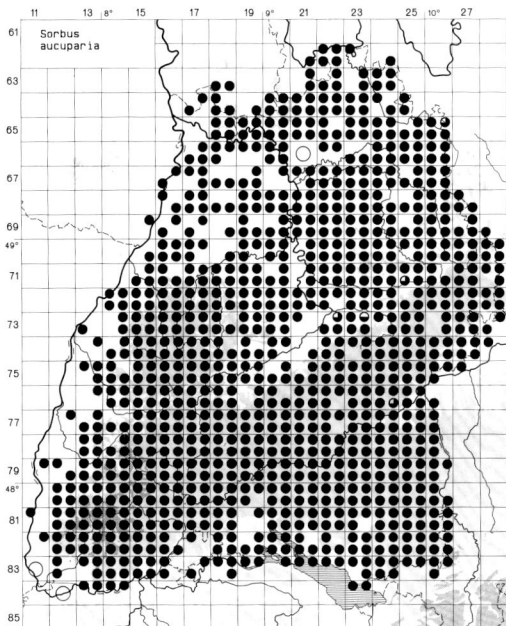

Sorbus aucuparia

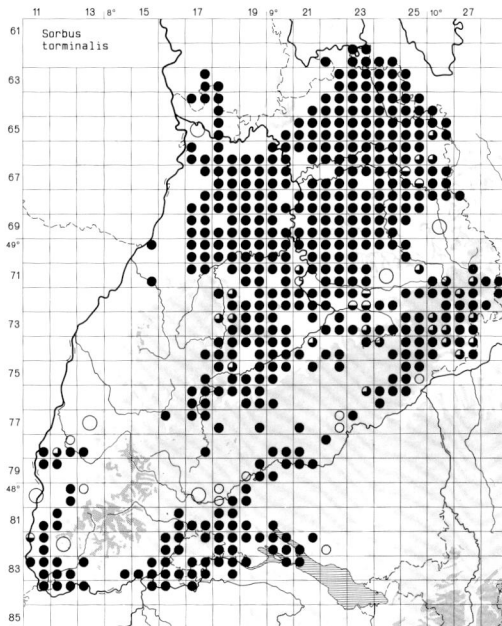

Sorbus torminalis

521–525; 1973; 1982: 352–363), PHILIPPI (1989: 758–791) oder SCHWABE (1987: 228).

Allgemeine Verbreitung: Ganz Europa, dazu Kleinasien und Kaukasus.

Verbreitung in Baden-Württemberg: Im ganzen Gebiet ziemlich verbreitet, in den höheren Lagen häufiger. Alte Bäume sind sehr viel seltener als Jungpflanzen.

Höchste Vorkommen: 8114/1: Feldberg und 8113/3: Belchen, jeweils bei 1390 m; tiefste Vorkommen: 100 m.

Erstnachweise: Die Art ist im Gebiet urwüchsig. Ältester archäologischer Nachweis: Frühes Subboreal vom Dullenried/Federsee (K. BERTSCH 1931). Älteste literarische Nachweise: J. BAUHIN (1598: 139) für Bad Boll (7323); J. BAUHIN et al. (1650(1): 63) „circa fontes Griesbachianos" (7515).

Bestand und Bedrohung: Die Unterart ist im Gebiet nicht gefährdet.

b) Subsp. **glabrata** (Wimm. et Grab.) Cajander 1906

Ökologie: An der Waldgrenze im Piceo-Sorbetum, auch in Fichten-Pionierstadien (OBERDORFER 1970: 478).

Allgemeine Verbreitung: Nordeuropa und Gebirge Mitteleuropas.

Verbreitung in Baden-Württemberg: Nach DÜLL (1959: 76) und brieflich (1969): 7315/3: Hornisgrinde und Biberkessel; 8114/1: Feldberggipfel.

Es bedarf jedoch noch weiterer Untersuchungen, wie die beiden Unterarten im Gebiet gegeneinander abgegrenzt werden können, da an beiden Orten auch subsp. aucuparia vorkommt. Nach GROSSMANN (1989: 643) wäre eine solche Untersuchung auch für den Belchen nötig.

3. Sorbus torminalis (L.) Crantz 1763
Crataegus torminalis L. 1753, *Pyrus torminalis* (L.) Ehrh. 1789
Elsbeerbaum, Elsbeere

Morphologie: 5–25 m hoher Baum, Borke dunkelbraun bis grau, kleinschuppig (Foto: DAGENBACH 1978: 203); Knospen kahl, grün; Blätter gestielt, 5–9 cm lang, im Umriß oval, zugespitzt, jederseits mit 3–4 tief (etwa bis zur Hälfte) eingeschnittenen Seitenlappen, gesägt, am Grund herzförmig oder gestutzt, unterseits grün, verkahlend, jederseits mit 4–6 Seitennerven; Blüten in Doldenrispen, weiß, Griffel 2; Frucht rundlich, 12–18 mm lang, braun, punktiert. – Blütezeit: Mai bis Juni.

Ökologie: Auf mäßig trockenen, meist kalkreichen, steinigen Lehmböden, in Eichen-Steppenheidewäldern, oft in alten Bauernwäldern, an Waldrändern, gern zusammen mit *Quercus petraea, Tanacetum corymbosum, Campanula persicifolia* oder *Cynanchum vincetoxicum*. Vegetationsaufnahmen bei KUHN (1937: 235–236), OBERDORFER (1936, 1957: 534–537); T. MÜLLER (1962: 119, Tab. 3; 1966:

Elsbeerbaum *(Sorbus torminalis)*
Kaiserstuhl, 1980

399–409), LANG (1973: Tab. 106, 112–115) und
SEBALD (1966: Tab. 6).

Allgemeine Verbreitung: Submediterrane Art. Von
Algerien über Spanien und Portugal, Italien und
Südengland bis ins nördliche Mitteleuropa (vgl.
NIKLFELD 1971: 567), Griechenland, Rumänien,
Kleinasien und zum Kaukasus.

Verbreitung in Baden-Württemberg: Typische Art
des Neckarlands, nördlich bis ins Taubergebiet,
dazu im südlichen Oberrheingebiet, am Hochrhein,
im Wutach- und Bodenseegebiet, außerdem an der
Donau, auf der südlichen Ostalb und an der Bergstraße; sonst ziemlich selten.

Höchste Vorkommen: 7719/4: Heersberg bei
Lautlingen, 870 m, höchstes Vorkommen in
Deutschland (nach DÜLL briefl. 1969); tiefste Vor-
kommen bei 100 m.

Erstnachweise: Die Art ist im Gebiet urwüchsig.
Ältester archäologischer Nachweis: Frühes Subbo-
real von Heilbronn-Klingenberg (Michelsberger
Kultur, STIKA 1988). Ältester literarischer Nach-
weis: LEOPOLD (1728: 47): „hinter Söfflingen in den
Waldungen" (7625).

Bestand und Bedrohung: Die Art ist im Gebiet nicht
gefährdet. Alte Bäume werden aber seltener und
sollten als Naturdenkmale geschützt werden.

4. Sorbus chamaemespilus (L.) Crantz 1763
Mespilus chamaemespilus L. 1753; *Pyrus
chamaemespilus* (L.) Ehrhart 1789
Zwerg-Vogelbeere, Zwerg-Eberesche

Morphologie: 1–3 m hoher Strauch; Blätter elliptisch-eiförmig, 3–6 cm lang, fein gesägt, beiderseits
grün, oberseits kahl, unterseits kahl werdend; Blü-

ten in Doldentrauben; Kronblätter rosa, 5 mm
lang; Frucht kugelig bis eiförmig, orange bis rot,
10–13 mm lang. – Blütezeit: Juni bis Juli.

Variabilität: Im Gebiet kommt auch der Bastard
S. aria × chamaemespilus (= *S. × ambigua*
(Decne.) Nyman; = *Aria ambigua* Decaisne 1874)
vor. Er hat unterseits etwas filzige Blätter, die
Zähne des Blattrandes sind länger. Er bildet mit
beiden Elternpaaren zusammen am Feldberg an-
scheinend eine Population, die am Baldenweger
Buck sogar bis 1480 m Höhe reicht (DÜLL, 1959,
STU).

Ob die Bastardabkömmlinge erbfest sind oder
nicht, bedürfte einer besonderen Untersuchung
(vgl. auch OBERDORFER 1983: 505).

Ökologie: Nur auf trockenen, flachgründigen und
basenreichen Lehmböden, Charakterart einer subalpinen Hochgrasflur, des Sorbo-Calamagrosti-
tums. Vegetationsaufnahmen bei OBERDORFER
(1957: 348).

Allgemeine Verbreitung: Gebirge Mittel- und Süd-
europas, von den Pyrenäen bis zu den Vogesen, von
den Alpen und dem Schwarzwald bis Sizilien, von
den Karpaten bis zur Balkanhalbinsel.

Verbreitung in Baden-Württemberg: Nur im Feldberggebiet: 8114/1: Seebuck und Zastler Wand. Die
Angabe von 8014/3: Alpersbach, NEUBERGER,
1901, in EICHLER, GRADMANN u. MEIGEN (1906:
99) ist wohl unrichtig, da sie NEUBERGER (1912:
135) nicht wiederholt.

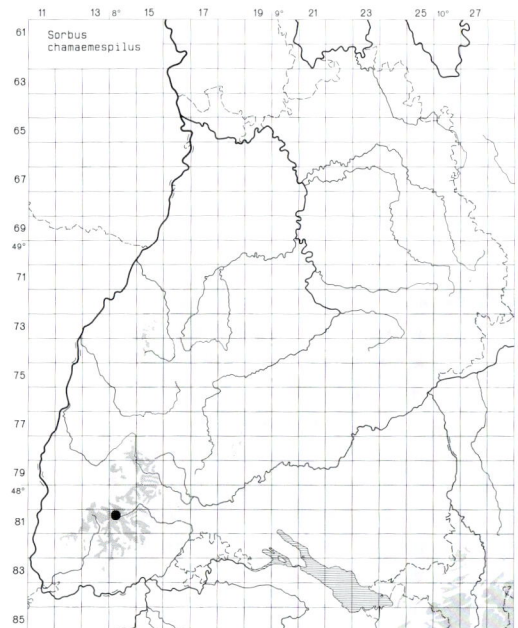

Zwerg-Vogelbeere *(Sorbus chamaemespilus)*
Feldberg, 1989

Zwerg-Vogelbeere *(Sorbus chamaemespilus)*
Feldberg, 1959

Höchste Vorkommen: Baldenweger Buck, 1480 m; tiefste Vorkommen wohl bei ca. 1250 m OBERDORFER 1982: Vegetationskarte).

Erstnachweise: Die Art ist im Gebiet urwüchsig. Älteste literarische Nachweise: ABERLE in ROTH v. SCHRECKENSTEIN et al. (1814: 143–144): Feldberg, unfern der Baldenegger Sennhütte; GMELIN (1826: 341–342): „Feldberg, legi 1807". Ältester Nachweis für *S. × ambigua*: SEUBERT u. PRANTL (1885: 282).

Bestand und Bedrohung: Die Art ist wegen ihrer Seltenheit potentiell gefährdet, sie ist aber durch das Naturschutzgebiet Feldberg geschützt.

Literatur: EICHLER, GRADMANN und MEIGEN (1906: 99).

5. Sorbus aria (L.) Crantz 1763
Crataegus aria L. 1753; *Pyrus aria* (L.) Ehrh. 1789
Mehlbeere, Mehlbeerbaum

Morphologie: 2–10 m hoher Baum; Blätter gestielt, elliptisch bis eirund, abgerundet oder zugespitzt, unregelmäßig gesägt, 6–12 cm lang, mit 7–14 Paar Seitennerven, oberseits anfangs filzig, später verkahlend, unterseits bleibend weißfilzig; Blüten in Doldenrispen, weiß; Früchte rot, mehlig (Name!). – Blütezeit: Mai bis Juni.

Variabilität: Man unterscheidet eine Unterart subsp. *aria* von einer subsp. *cretica* (Lindl.) Holmboe 1914 (= *Sorbus graeca* (Spach) Kotschy 1865; *Pyrus aria* (L.) Ehrh. var. *cretica* Lindl. 1830). Bei der subsp. *cretica* ist das Blatt oberhalb der Mitte am breitesten, die Frucht ist nicht länger als breit. Bei subsp. *aria* ist das Blatt in der Mitte oder unterhalb der Mitte am breitesten, an der Basis gerun-

det; die Früchte sind länger als breit. Die subsp. *cretica* kommt in Südosteuropa und im östlichen Mitteleuropa vor bis zur Türkei.

Nach DÜLL (1959) und OBERDORFER (1962: 471) tritt sie auch bei uns auf. DÜLL (1959) und WARBURG u. KÁRPÁTI in TUTIN et al. (1968: 67–71) geben aber verschiedene Anzahlen von Seitennerven als typisch an. Eine Abgrenzung beider Sippen gegeneinander und damit eine Kartierung war bisher im Gebiet noch nicht möglich (vgl. aber BRESINSKY 1978 oder SUCK u. MEYER 1990), genauso-

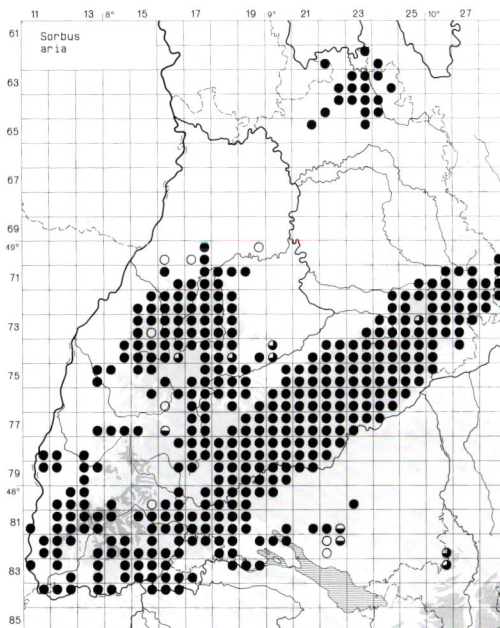

Mehlbeere *(Sorbus aria)*
Kaiserstuhl, 1980

wenig wie eine sichere Erkennung der Übergangs-
sippe (= *S. pannonica* Kárp.).
Ökologie: Auf trockenen, flachgründigen Lehm-
oder Steinböden, im Eichensteppenheidewald, im
Ahorn-Lindenwald, an Felsköpfen, an Waldrändern, in Gebüschen und Hochstaudenfluren. Besonders gern an den Hangkanten der Schwäbischen
Alb.
Vegetationsaufnahmen finden sich bei KUHN
(1937: 235–236, 265), KOCH u. VON GAISBERG
(1938: 39–48), OBERDORFER (1957: 521–522,
534–537, 541–543), T. MÜLLER (1962: Tab. 3),
WITSCHEL (1980: 140–141, 150–152, 158–159,
166–167), PHILIPPI (1983: 19–22) und SEBALD
(1983: Tab. 1–10).
Allgemeine Verbreitung: Von Nordafrika über
Westeuropa bis Skandinavien, südliches Mitteleuropa, Südeuropa. In speziellen Unterarten (auch
als Arten aufgefaßt) bis Kleinasien, Zentral- und
Ostasien.
Verbreitung in Baden-Württemberg: Die ursprüngliche Verbreitung, die besonders durch Angaben
von EICHLER, GRADMANN u. MEIGEN (1909) zu
erkennen war, wird auf der Karte dargestellt. Die
Art kommt vor auf der Schwäbischen Alb, im

nördlichen und südlichen Schwarzwald, ist aber im
mittleren Schwarzwald selten, außerdem im oberen
bis mittleren Neckargebiet (besonders im Schwarzwaldvorland), im Baar-Wutachgebiet, im Taubergebiet, im südlichen Oberrheingebiet, seltener im
Alpenvorland. Sie fehlt den Schwäbisch-Fränkischen Waldbergen.

Höchstes Vorkommen: 8114/1: Feldberg,
1390 m; tiefstes Vorkommen: 8111/3: ca. 230 m.
Erstnachweise: Die Art ist im Gebiet urwüchsig.
Ältester archäologischer Nachweis: Frühes Subboreal von Wangen am Bodensee (HEER 1866). Ältester literarischer Nachweis: J. BAUHIN (1598: 138):
„in montibus fonti mirabili proximi, et in ruderibus
arcis Teck in monte cognomini" (7323: Bad Boll,
7422: Teck).
Bestand und Bedrohung: Die Art ist im Gebiet nicht
gefährdet. Sie wird auch forstlich außerhalb ihres
Verbreitungsgebiets angepflanzt.
Literatur: EICHLER, GRADMANN u. MEIGEN (1909),
DÜLL (1959).

Artengruppe A, Bastard-Mehlbeeren *(S. aria-aucuparia)*

S. × hybrida L. 1762
S. aria × aucuparia
Bastard-Eberesche
Morphologie: 5–15 m hoher Baum. Ähnlich der Eber-
esche, *S. aucuparia*, aber Blätter nur am Grund stark ein-
geschnitten oder gelappt und wenigstens mit einzelnen
Fiederpaaren, unterseits graufilzig; nach KEMMLER (STU-
K): „Frucht kugelig, korallenroth, nicht so mehlig süß wie
bei *S. aria*, hintennach etwa nicht unangenehm säuerlich".
– Blütezeit: Mai bis Juni.
Kommt in Baden-Württemberg selten dort vor, wo
beide Elternarten zusammentreffen. Ist nach DÖLL (1862:
1084) aber keine Hybride, die aufspaltet.
Fundorte: Oberrheingebiet: 7911/2: Bitzenberg, SLEUMER
(1934: 139).
Schwarzwald: z.B. Ballenberghöhe S Wittenschwand,
1962, E. u. M. LITZELMANN (1963: 473).
Baar: Geisingen, 1891, SCHATZ (STU).
Neckarland: 7318/4: Lützental NW Wildberg, ca. 1960,
W. WREDE (STU-K); 7418/1: Staufenkapf W Rohrdorf,
1958, W. WREDE (STU-K); 7418/3: Wolfsberg-Vollmarin-
ger Steige, 1960, W. WREDE (STU-K); 7717/3: o.O., 1988,
T. SATTLER (STU-K).
Schwäbische Alb: 7326/1: Stockhau bei Söhnstetten, 1953,
E. KOCH (STU-K); 7326/2: Siechenberg bei Heidenheim,
1963, E. KOCH (STU); 7327/1: Osterholz bei Heidenheim,
1943, E. KOCH (STU), 7423/1: Ruine Reußenstein, von
1864–1971 belegt (STU); 7424/1: Hiltenburg bei Bad Ditzenbach, HERTER in MARTENS u. KEMMLER (1882: 1: 167);
7522/1: Upfingen, A. MAYER (1929); 7522/2: Hohenwitt-
lingen, 1929, I. PLANKENHORN (STU); 7524/2: Lautertal
bei Treffensbuch, 1936, K. MÜLLER (STU); 7718/4: Plettenberg, MARTENS u. KEMMLER (1882: 1: 167); 7719/3:
Lochen, HERTER in MARTENS u. KEMMLER (1882), wohl
gepflanzt; Schafberg, 1980, E. ZIEGLER (STU); 7720/1:
Burg bei Onstmettingen, 1890, F. HEGELMAIER (STU);

7818/2: Kuchenhalde bei Delkhofen, 1923, K. Müller (STU); 7818/4: Wehingen, Scheuerle in Martens u. Kemmler (1882: 1: 167); Bubsheim, A. Mayer (1950); 7819/1: Obernheim, ca. 1900, Helble (STU-K); 8018/2: Möhringen, Roth von Schreckenstein in Döll (1862: 1084); 8118/2: Engen, Talmühle, Roth von Schreckenstein in Döll (1862: 1084).
Bodenseegebiet: 8220/1: Bodman, von Stengel in Döll (1862: 1084).

Erstnachweis: Ältester literarischer Nachweis: Roth von Schreckenstein (1797): „Möhringen an der Donau gegen Emmingen zu ließ ich ihn auß graben, und in den Garten versezen".

Artengruppe B, Bastard-Mehlbeeren
(S. aria-torminalis)

Artengruppe **S. latifolia** (Lam.) Persoon 1806.
Breitblättrige Mehlbeere, Saubeere
Diese Gruppe umfaßt den Bastard von Elsbeere und Mehlbeere und eine Reihe von aus Bastarden entstandenen, aber erbfest gewordenen, sich apomiktisch fortpflanzenden Kleinarten. Sie seien hier unter dem Namen *S. latifolia* zusammengefaßt. Kummer (1943: 30) kennzeichnet die Problematik dieser Artengruppe richtig: „Wohl z.T. hybridogene Arten, die sich aber sehr schwer von rezenten Bastarden trennen lassen". Neu scheinen solche Bastarde aber selten aufzutreten, da man sie dort, wo beide Eltern zusammentreffen meist vergeblich sucht.
Morphologie: Blattspreite so lang wie breit oder um etwa ein Viertel länger, jederseits mit 7–9 Seitennerven, am Grunde abgerundet oder schwach-herzförmig, etwas lederig, gelappt, oberseits verkahlend, unterseits graufilzig, Seitenlappen dreieckig, das 2. Paar das breiteste, gesägt; Frucht fast kugelig, 12–15 mm im Durchmesser, gelbbraun.
Ökologie: In Eichen- und Buchen-Steppenheidewäldern, in trockenen Eichen-Hainbuchenwäldern, gern zusammen mit *Quercus petraea* oder *Sorbus torminalis*. Vegetationsaufnahmen bei Philippi (1983: 22, 72–76, 80–83, 122–127).
Allgemeine Verbreitung: Portugal, Spanien, Frankreich bis Deutschland.
Verbreitung in Baden-Württemberg (ohne *S. badensis*).
Oberrheingebiet: 8311/1: Isteiner Klotz, Mez (1883: 91); 8411/2: Unterberg bei Grenzach, Binz (1901: 146), 1960, E. Litzelmann (1963: 473).
Neckarland: 7122/2: Untreuhau am Königsbronnhof, 1976, E. Bückle (STU-K); 7418/1: S Mindersbach, 1985, W. Wrede (STU-K); 7420/1: Glashau NW Bebenhausen, 1890, von Biberstein (STU), Kirchner u. Eichler (1913); 7518/4: Felshang SE Imnau, 1976, K.H. Harms (STU); 7617/3: Sommerhalde bei Aistaig, 1980, M. Ade (STU).
Taubergebiet: 6322/4: N Hardheim gegen Steinfurt, Philippi (1983: 122–127); 6323/1: Schweizerberg N Külsheim, Philippi (1983: 22); 6323/3: Teufelsberg N Königheim, Philippi (1983: 72–76), N Schweinberg, Philippi (1983: 122–127); Stammberg, 1983, S. Seybold (STU); 6323/4: E Königheim, Philippi (1983: 72–76, 80–83).
Schwäbische Alb: 7326/1: Stockhau bei Söhnstetten, 1952, E. Koch (STU); 7524/3: Seißen, Feucht (1911: 82), vgl. Hegi (1922: 724); 7526/1: Wald zwischen Hörvelsingen und Hagen, 1843, Valet (1847: 33), STU; 7624/1(?): Ehin-

Saubeere *(Sorbus latifolia* agg.*)*
Nendingen, 10.9.1991

ger Hau SE Schelklingen, 1942, K. Müller (STU); 7625/2: Kühnenbuch bei Pappelau, 1948, K. Müller (STU); 7722/2: Hayingen, Kalkofen über Ahlental, 1988, Pangerl (STU); 8019/1: Brennten S Nendingen, „Saubeerhalde", 1833, Roesler, zuletzt 1991, Seybold (STU), Blatt von diesem Fundort abgebildet bei Düll (1959: Abb. 38c).
Klettgau: 8316/4: Birnberg bei Grießen, Koch, Becherer und Kummer in Kummer (1943: 31).
   Höchste Vorkommen: Nendingen (8019/1), 800 m; tiefste Vorkommen: Bischofsheimer Gründlein E Königheim (6323/4), 255 m, am Isteiner Klotz (8311/1) vielleicht auch tiefer.
Erstnachweis: Die Artengruppe ist im Gebiet urwüchsig. Ältester literarischer Nachweis: Roesler (1839: 118) von der „Haldorfer Forche ob Nendingen" (8019).
Bestand und Bedrohung: Wegen ihrer Seltenheit ist diese Artengruppe potentiell bedroht. Es wäre zu empfehlen, eine wertvolle Population wie die von Nendingen (8019), die nach Auskunft des Forstamts Tuttlingen etwa 15 Bäume und dazu die beiden Elternarten umfaßt z.B. als Schonwald zusätzlich zu schützen. Dieser Bestand ist schon seit ca. 160 Jahren belegt, aber im Volksmund schon länger bekannt.
Literatur: Moor (1967).

Spezielle Kleinart aus der Gruppe B:

S. badensis Düll 1961
Badische Eberesche
Morphologie: Blätter im Umriß elliptisch-eiförmig, an der Basis abgerundet bis gestutzt, jederseits mit 9–10 Seitennerven; Doldenrispe mit 20–25 Blüten, aber reif nur mit etwa 10 Früchten; Pollen 42–45 µ groß, Frucht fast kugelig, 9–14 mm lang und 8–13 mm breit.
Ökologie: Im Eichen-Steppenheidewäldern auf Muschelkalk, 300 m–380 m, meist westexponiert.
Allgemeine Verbreitung: Taubertal und Maintal zwischen Tauberbischofsheim, Würzburg und Karlstadt, Verbreitungskarte bei Düll (1961: 52).
Verbreitung in Baden-Württemberg: 6224/1: Mühlholz bei Holzkirchen, Düll (1961: 52); 6323/2: NSG Apfelberg bei Gamburg, Holotypus vom 10.9.1960 und 7.5.1961 in TUB, Düll; 6324/1: Höhberg bei Werbachhausen,

1945, A. KNEUCKER, 1960, R. DÜLL (1961: 52); 6521/2: Kalter Berg bei Bödigheim, 350–380 m, 1964, R. DÜLL (STU).
Bestand und Bedrohung: Die Art ist wegen ihrer Seltenheit potentiell bedroht; sie ist aber an ihrem klassischen Fundort in einem Naturschutzgebiet erhalten.
Literatur: DÜLL (1959, 1961).

Artengruppe C, Bastard-Mehlbeeren
(S. aria-aucuparia-torminalis)
Diese Gruppe von meist erbfesten Bastarden ist besonders schwierig. Ihre Sippen bedürfen im Gebiet noch einer speziellen Überprüfung und Abgrenzung gegen die Elternarten, hauptsächlich gegen *S. aria*. Sie konnte bisher noch nicht durchgeführt werden. Alle Angaben zur Verbreitung sind daher vorläufiger Natur.

S. intermedia (Ehrh.) Persoon 1806
S. suecica (L.) Krok et Almquist 1888, *Pyrus intermedia* Ehrhart 1789, *Crataegus aria* β *suecica* L. 1753.
Schwedische Eberesche
Morphologie: 3–15 m hoher Baum, ähnlich der Mehlbeere, *S. aria*, aber Blätter gelappt, Einschnitte aber höchstens halb bis zur Mittelrippe erreichend, jederseits mit 7–9 Seitennerven, unterseits gelblich-grau, Früchte 12–15 mm lang, länger als breit. – Blütezeit: Mai–Juni.
   Erbfeste Hybride *(S. torminalis × aria × aucuparia)* aus Skandinavien und dem Gebiet um die Ostsee. Bei uns vielfach in Parks und als Straßenbaum gepflanzt und selten als Sämling verwildert z.B.: 6922/3: o.O., ca. 1985, H.W. SCHWEGLER (STU-K); 6925/3: Banholz WSW Bühlertann, 1987, H.W. SCHWEGLER (STU-K); 7016/3: o.O., (KR-K); 7125/1: Eschach, 1989, PAYERL (STU); 7220/2: Rotwildpark und Birkenkopf bei Stuttgart, 1962, S. SEYBOLD, Nittel bei Botnang, 1991, S. SEYBOLD; Kräherwald, 1963, S. SEYBOLD (STU-K); 7519/3: Sulzau, Starzeltal, 1980, G. GOTTSCHLICH (STU-K); 7619/4: Bisingen, 1990, W. KARL (STU-K); 7718/3: o.O. (STU-K); 8114/1: o.O. (KR-K); 8115/1: Straßendamm E Kappel, 850 m, 1991, S. SEYBOLD (STU); 8324/2: Schwarzensee-Herzmanns, 1986, S. SEYBOLD (STU-K).
Hier anzuschließen ist:
S. mougeotii Soyer-Willemet et Godron 1858
Vogesen-Mehlbeere
Morphologie: 3–20 m hoher Baum, Blätter ähnlich denen der Mehlbeere, gestielt, 7–10 cm lang und 3,5–5,5 cm breit, oval-eiförmig, gesägt, schwach gelappt, Einschnitte höchstens bis ¼ der Entfernung zur Mittelrippe erreichend; Blätter am Grund keilig, oberseits kahl, unterseits graufilzig, jederseits mit 9–12 Seitennerven, diese in den Lappen deutlich am Innenrand verlaufend, nicht in der Mitte wie bei *S. × intermedia* (G. KRÜSSMANN 1978: 356); Frucht fast kugelig, 10 mm im Durchmesser, rot. – Blütezeit: Mai bis Juni.
Ökologie: Auf trockenen, basenreichen, steinigen Lehmböden (OBERDORFER 1970: 479), in sonnigen Gebüschen, im Eichen-Steppenheidewald. Vegetationsaufnahmen aus dem Elsaß bei OBERDORFER (1957: 534–537).
Allgemeine Verbreitung: Gilt als erbfeste Hybride aus dem Bereich *S. aria* × *S. aucuparia*. Westalpen und Vorgebirge.
Verbreitung in Baden-Württemberg: Sehr selten im Wutachgebiet: 8116/2: Gauchachschlucht über der Straße

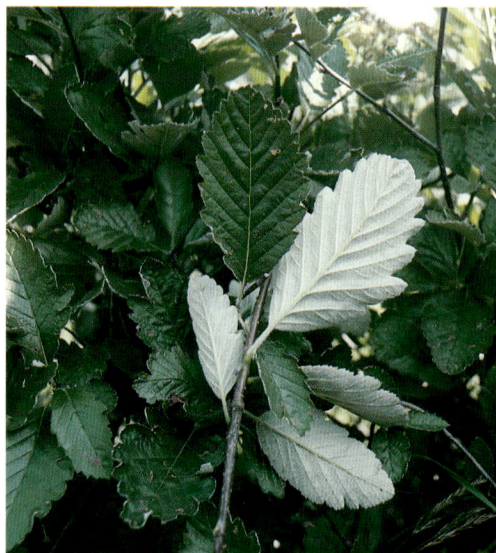
Vogesen-Mehlbeere *(Sorbus mougeotii)* Hohneck (Vogesen), 1988

Wutachmühle–Mundelfingen, ca. 650 m, 1937, SCHURHAMMER, det. ISSLER, ISSLER (1937: 329–331).
   Nach OBERDORFER (1983: 504) auf der Südwestalb sowie nach WITSCHEL (1980: 150) am Hochrhein.
   Die weitere Verbreitung ist noch nicht abschließend geklärt, da die Abgrenzung gegenüber *S. aria* schwierig ist. Für eine genauere Abklärung dieser Abgrenzung sollten die von T. MÜLLER (vgl. OBERDORFER 1983: 504), W. KARL und M. WITSCHEL (1980: 150) für *S. mougeotii* angegebenen Stellen überprüft werden:
Schwarzwald: 7415/1: Karlsruher Grat.
Wutach und Hochrhein: 8115/4: Räuberschlößle; 8117/3: Buchberg bei Blumberg; 8316/3: Küssaburg; 8416/1: Sommerhalde bei Küßnach.
Schwäbische Alb: 7521: Urselberg; 7524/3: Rabensteig; 7719/2: Pfeffingen, Roschbach; 7719/3: Untereck–Hülenbuch–Lochenhörnle; 7719/4: Burgfelden und Böllat, 7720/2: Buo bei Neufra; 7720/3: Ebingen, Schloßberg.
Erstnachweis: ISSLER (1937: 329–331).
Bestand und Bedrohung: Da wegen den Schwierigkeiten der Erkennung das genaue Verbreitungsbild der Art noch nicht bekannt ist, kann auch über die Bedrohung wenig gesagt werden. Aus Seltenheitsgründen ist eine potentielle Gefährdung anzunehmen.

17. **Amelanchier** Medicus 1789
Felsenbirne

Sträucher und kleine Bäume; Blätter eiförmig; Blüten in Trauben; Staubblätter zahlreich; Griffel 5.
   Die Gattung umfaßt 25 Arten, die in der nördlichen gemäßigten Zone vorkommen. Nur eine Art ist in Europa einheimisch.

Felsenbirne *(Amelanchier ovalis)*
Kaiserstuhl, 1987

1. Amelanchier ovalis Medicus 1793
Felsenbirne

Morphologie: Bis 2 m hoher Strauch, junge Zweige filzig; Blätter gestielt, oval, an der Spitze meist abgerundet, gesägt, jung weißfilzig; Blütentrauben 3 bis 7blütig, aufrecht; Kronblätter lineal, 10–15 mm lang, weiß; Staubblätter 10–20; Frucht mit langem Stiel, blauschwarz. – Blütezeit: April bis Mai.

Ökologie: Auf sonnigen warmen, basenreichen Felsböden, auf Kalk, Gneis oder Porphyr, im Felsgebüsch Charakterart des Cotoneastro-Amelanchieretum, seltener im Cytiso-Pinetum, oft zusammen mit *Cotoneaster integerrimus.* Die Gesellschaft des Cotoneastro-Amelanchieretums wurde zuerst von FABER (1936) von der Schwäbischen Alb bei Pfullingen, Grabenstetten und Hausen an der Fils beschrieben.

Doch hat schon POLLICH (1777: 39–40) beobachtet, daß Felsenbirne und Zwergmispel gern zusammen vorkommen. Vegetationsaufnahmen finden sich bei FABER (1936: 3–4), T. MÜLLER (1966: 36–38), LANG (1973: 377–379) oder WITSCHEL (1980: 140–141).

Allgemeine Verbreitung: Gebirge Süd- und Mitteleuropas, nördlich bis Mitteldeutschland, außerdem in Nordafrika, Kaukasus und Westasien. Die Art ist von submediterran-präalpiner Verbreitung.

Verbreitung in Baden-Württemberg: Auf der Schwäbischen Alb zerstreut, besonders am Felstrauf der

Felsenbirne *(Amelanchier ovalis)*
Hohentwiel, 8.5.1991

Oberrheingebiet (Beobachtungen ab 1970): 7911/2: Bitzenberg bei Achkarren (KR-K); 7912/1: Badberg, 1974, Rasbach in Wilmanns et al. (1977: 154); 8311/1: Isteiner Klotz, Witschel (1980: 140-1), 1990, Demuth u. Voggesberger (STU-K).

Schwarzwald (Beobachtungen ab 1945): 7215/1: Battert, Murmann-Kristen (1987); 7215/3: Korbmattfelsen SW Baden-Baden (KR-K); 7415/1: Karlsruher Grat, Murmann-Kristen (1987); 7515/1: Eckenfels NE Oppenau, 1968, G. Philippi (KR-K); 7715/3: Uhufelsen, 1975, A. Montag (KR-K); 7716/1: o.O. (STU-K); 7716/3: o.O. (STU-K); 7816/1: o.O. (STU-K); 8013/1: Kibfelsen E Günterstal (KR-K); 8013/4: Scheibenfelsen bei Zastler (KR-K); 8014/3: Hirschsprung; 8112/1 + 2: Staufen-Untermünstertal (KR-K); 8112/3: Brudermattfels bei Schweighof (KR-K); 8113/1: Scharfenstein, 1989, O. Sebald (STU-K); 8113/3: Rosenfelsen am Belchen, A. Grossmann (1989); 8113/4: Kleine Utzenfluh, A. Grossmann (1989); 8214/4: Bildsteinfelsen bei Außerurberg (KR-K); 8215/3: Brenden, Rappenfelsen, 1968, L. Mayer in Thomma (1972: 553).

Hegau und Bodenseegebiet (Beobachtungen ab 1945): 8120/3: Beerental W Sipplingen, 1961, Lang (1973: 378-9); 8218/2: Hohenkrähen; 8218/4: Ebersberg bei Gottmadingen; Rosenegg; 8220/1: o.O. (STU-K); 8220/2: Hornberg bei Sipplingen (STU-K).

Nord- und Südseite, aber auf der Ostalb fast fehlend. In den Gäulandschaften am oberen Neckar zwischen Rottenburg und Rottweil und im Eyachtal zerstreut. Sonst hier nur bei 6620/2: Zwerrenberg bei Mosbach, spärlich, seit 1974 bekannt, F. Meszmer (STU-K).

Außerdem im Wutachtal mehrfach. In den übrigen Gebieten selten oder sehr selten:

Höchstes Vorkommen: 8113/3: Rosenfelsen am Belchen, 1300 m (Grossmann 1989: 675–676); tiefstes Vorkommen: 7811: Limburg, ca. 220 m.

Erstnachweise: Die Art ist im Gebiet urwüchsig. Ältester literarischer Nachweis: Kerner (1789: 117) „bei Blaubeuren, an der Klemmersteig". Auch schon von H. Harder 1576–94 vermutlich im Gebiet gesammelt (Schinnerl 1912: 239).

Bestand und Bedrohung: Ist insgesamt im Gebiet nicht gefährdet, aber stellenweise durch Biotopveränderung verschwunden.

Literatur: Eichler, Gradmann u. Meigen (1906: 119–125, Karte 4).

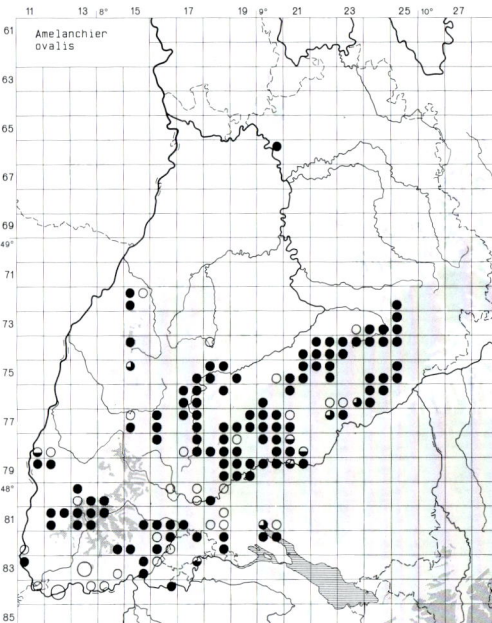

18. **Cotoneaster** Medikus 1789
Zwergmispel

Sträucher ohne Dornen, mit ungeteilten, ganzrandigen Blättern; Nebenblätter hinfällig; Kronblätter weiß oder rosa; Staubblätter zahlreich, Griffel 2–5; Frucht rot oder schwarz, mehlig.

Die Gattung umfaßt ca. 50–150 Arten, die auf Europa, Asien und Nordafrika beschränkt sind. Die meisten sind Felspflanzen der Gebirge mit einem Häufungszentrum in China. In Europa kommen 11 Arten vor, doch werden viele weitere Arten angepflanzt. Außer von *C. horizontalis* wurden aber bisher noch kaum Sämlinge außerhalb der Gärten beobachtet. Das ist auffallend, da die Arten meist reichlich fruchten. Auch von *Pyracantha* und von *Choenomeles* wurden bisher kaum wilde Sämlinge gesehen.

1 Blätter höchstens 15 mm lang . *[C. horizontalis]*
– Blätter länger 2
2 Kelch außen kahl, nur am Rand behaart, Blätter 1–4 cm lang, oberseits wenig behaart . . . .
. . . . 1. *C. integerrimus*
– Kelch außen filzig, Blätter 2–6 cm lang, jung oberseits filzig . . . . 2. *C. nebrodensis*

Cotoneaster horizontalis Decaisne 1879
Fächer-Zwergmispel

Morphologie: Bis 50 cm hoher Strauch mit abstehenden horizontalen Zweigen, Zweige regelmäßig zweizeilig beblättert und verzweigt; Blätter klein, bis 15 mm lang, kreisförmig bis elliptisch, oberseits glänzend, unterseits kahl; Blüten zu 1–2, Kronblätter rötlich; Frucht kugelig, rot, 5–6 mm im Durchmesser. – Blütezeit: Mai bis Juni.

Häufig in Gärten gepflanzt. Heimat: West-China. Im Gebiet sind bisher nur selten einzelne Sämlinge beobachtet worden. Die Art ist noch nirgends eingebürgert. Fundorte: 7019/4: Roßwag, 1975, S. SEYBOLD (STU-K); 7121/3: Güterbahnhof Stuttgart-Nord, 1949, W. KREH (STU-K); 7220/2: Stuttgart, Birkenkopf, 1962, S. SEYBOLD (STU-K); 7220/4: Vaihingen, 1962, Schmellbachtal bei Rohr, 1961, SEYBOLD et al. (1968: 213); 7221/1: Stuttgart, beim Pragfriedhof, 1957, W. KREH in SEYBOLD et al. (1968: 213); Hedelfingen, 1975, S. SEYBOLD (STU-K); 7418/1: Nagold, Galgenberg, 1954, W. WREDE, (STU-K).

1. Cotoneaster integerrimus Med. 1793
Gewöhnliche Zwergmispel

Morphologie: Aufrechter und verzweigter, bis 2 m hoher Strauch, Zweige braun, anfangs behaart, später kahl; Blätter sommergrün, kreisförmig bis oval, 1–4 cm lang und 0,5–3 cm breit, stumpf oder spitz, an Langtrieben zugespitzt, ganzrandig, oberseits kahl oder wenig behaart, unterseits graufilzig, gestielt; Blüten zu 1–4 in Zymen; Blüten kegelig, Kelchblätter kahl oder nur am Rand behaart, dreieckig; Kronblätter rosa, wenig länger als der Kelch; Staubblätter 20; Griffel 2; Frucht kugelig, rot, 6–8 mm im Durchmesser. – Blütezeit: April bis Mai. Bestäuber ist die Wildbiene *Andrena fulva* (WESTRICH 1989: 370).

Ökologie: Auf basenreichen, meist kalkreichen Felsböden, in Felsspalten, in felsnahem Gebüsch, gern zusammen mit *Amelanchier ovalis*. Charakterart des Cotoneastro-Amelanchieretum. Vegetationsaufnahmen z. B. bei OBERDORFER (1934: 4–7), FABER (1936: 3–4), TH. MÜLLER (1966: 36–38), KORNECK (1974, Tab. 133) und WITSCHEL (1980: 140–141).

Allgemeine Verbreitung: Von Mittel- und Südosteuropa bis zum Kaukasus, in Südskandinavien, Italien und in den Pyrenäen, sonst selten in Spanien und in England.

Verbreitung in Baden-Württemberg: Am häufigsten auf der Schwäbischen Alb, besonders am Nord- und Südrand mit einer Lücke zwischen Aalen und Ulm; sonst zerstreut am oberen Neckar mit Nebentälern, selten im Südschwarzwald, am Hochrhein, im Gebiet der Wutach und im Hegau, sehr selten im südlichen Oberrheingebiet, im Bodenseegebiet und im mittleren Neckarland. Für die Karte wurden nur ursprüngliche Vorkommen berücksichtigt. Beim Fund vom Michelsgrund zwischen Weinheim und Lützelsachsen (6418/3) ist die Ursprünglichkeit nicht gesichert (S. DEMUTH).

Oberrheingebiet: 7811/4: Limburg, SLEUMER (1934: 139); 8311/1: Isteiner Klotz.

Schwarzwald: 8014/3: Kaiserwachtfelsen, OBERDORFER (1934); 8114/1: Seebuck, OBERDORFER (1934); 8113/4: Todtnau, BARTSCH (1951: 189); 8215/3: Rappenfelsen im Schwarzatal, KERSTING (1986); 8315/2: o.O.; 8315/3: Güllen N Waldshut, MAYER in THOMMA (1972: 553).

Hochrhein: 8316/4: Hornbuck bei Riedern, 1955, THOMMA (1972: 553); 8416/2: W Hohentengen, 1953, THOMMA (1972: 553).

Hegau und westlicher Bodensee: 8118/3: Hohenhewen, ENGESSER u. WINTER in ZAHN (1889: 71); 8118/4: Hohenkrähen, ENGESSER u. WINTER in ZAHN (1889: 71); 8218/2: Hohentwiel; Hohenstoffeln, DÖLL in JACK (1900: 81); 8218/4: Rosenegg, KUMMER und HÜBSCHER in KUMMER (1943: 27); Gailinger Berg, KUMMER (1943: 27); 8220/1: Bodman, BAUR in JACK (1900: 81); 8220/2: Goldbach, JACK in DÖLL (1862: 1086).

Neckarland: 7019/3: Burg Löffelstelz, MARTENS u. KEMMLER (1882: 1: 158); 7120/3: Hauerloch bei Leonberg; 7418/

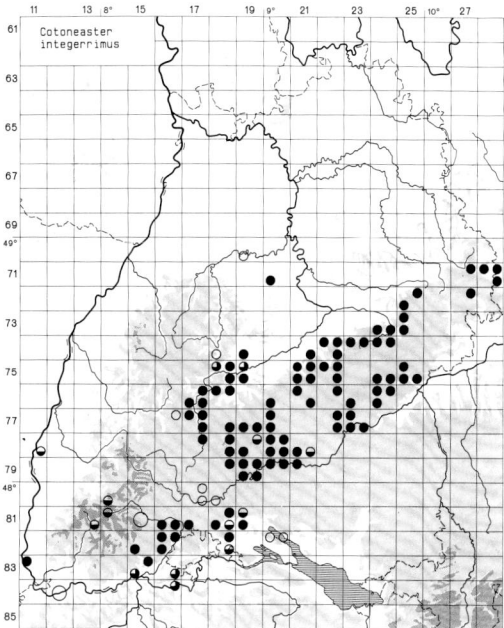

209

Gewöhnliche Zwergmispel *(Cotoneaster integerrimus)*
Leonberg, 4.5.1991

3: Unterschwandorf, MARTENS u. KEMMLER (1865: 183); 7419/3: Reusten; 7716/2: Winzeln, KIRCHNER u. EICHLER (1900: 194).

Höchstes Vorkommen am Feldberg (8114/1), zwischen 1150 und 1250 m (OBERDORFER 1934); tiefstes Vorkommen am Isteiner Klotz (8311/1): 280 m.

Erstnachweise: Die Art ist im Gebiet urwüchsig. Ältester literarischer Nachweis: KERNER (1789: 109) „An Felsen und Klippen in dem Uracher Forst".

Bestand und Bedrohung: Die Art ist lokal durch Biotopveränderung bedroht, aber insgesamt nicht gefährdet.

2. Cotoneaster nebrodensis (Guss.) Koch 1853
C. tomentosus Lindl. 1822; *Pyrus nebrodensis* Guss. 1827; *Mespilus tomentosa* Aiton 1789.
Filzige Zwergmispel

Morphologie: Aufrechter, bis 2 m hoher Strauch; junge Zweige filzig; Blätter 2–6 cm lang, kreisförmig bis elliptisch, stumpf, jung oberseits filzig, später kahl, unterseits mit grauem Filz, Blattstiel 3–6 mm lang; Blüten zu 3–12, nickend; Kelchblätter filzig, Kronblätter rosa; Frucht rot, kugelig, behaart, 7–8 mm im Durchmesser. – Blütezeit: April bis Mai.

Ökologie: Auf flachgründigen, kalkreichen Steinböden, in felsnahem Gebüsch, meist im Cotoneastro-Amelanchieretum, dazu an Waldrändern und im Geißklee-Kiefernwald (Cytiso-Pinetum). Vegetationsaufnahmen bei LANG (1973: 377–379).

Allgemeine Verbreitung: Nordspanien, Frankreich, Italien, Alpen, Jura, Süddeutschland, in Südosteuropa bis Griechenland und zu den Karpaten.

Verbreitung in Baden-Württemberg: Sehr selten. Am Oberen Neckar, auf der Südwest-Alb, im Hegau und westlichen Bodenseegebiet, an der Wutach, am Hochrhein und im Kaiserstuhl.

Kaiserstuhl: 7811/4: Sponeck, BAUSCH in DÖLL (1862: 1086), EICHLER, GRADMANN u. MEIGEN (1914: 343 „neuerdings nicht mehr").
Hochrhein: 8412/1: NSG Grenzacher Horn, BINZ in BINZ (1922: 268), HÜGIN (1979: 151, 187); zwischen Wyhlen und Degerfelden, NEUBERGER in BINZ (1915: 192).
Oberer Neckar: 7717/2: Kapf bei Altoberndorf, ADE (1990: 559); 7717/4: Kapfwald bei Epfendorf, 1983, AIGELDINGER (STU-K); Neckartal NE Epfendorf, 1980, AIGELDINGER (STU).
Wutachgebiet: 8116/1: Bachheim, OBERDORFER (1962: 467); 8117/2: Kirchen-Aulfingen, 1888, HALL in ZAHN (1889: 71); 8216/2: zwischen Stühlingen und Weizen, PROBST in KUMMER (1943: 27); Stühlingen-Schwaningen, STEHLE (1884: 146); 8216/3: Gehren bei Eggingen, WITSCHEL (1980: Tab. 36); 8315/2: Krenkingen, WITSCHEL (1980: Tab. 28); 8316/3: Küssaburg, ca. 1985, B. QUINGER (KR-K).
Südwest-Alb: 7918/3: Weitenberg zwischen Wurmlingen und Seitingen, REBHOLZ (1926: 64); 7918/4: Eichen NW Wurmlingen, 1921, E. REBHOLZ (STU); Wurmlinger Kapf, REBHOLZ (1926: 64); 7920/1: Werenwag, GMELIN (1826: 720); 8017/2: Öfingen, REHMANN u. BRUNNER (1851: 65); Talhof, WITSCHEL (1986: 170); 8017/4: Galgenbuck bei Geisingen, 1887, SCHATZ in ZAHN (1889: 71); Gutmadingen, 1861–65, STEHLE in ZAHN (1889: 71);

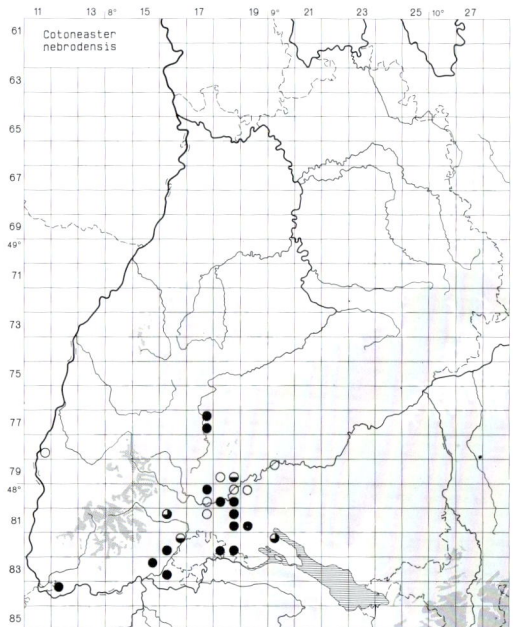

Filzige Zwergmispel *(Cotoneaster nebrodensis)*
Immendingen, um 1970

8018/2: Duttental, 1833, HÄUSLER, 1834, RÖSLER, ZKM; 8018/3: Mettenberg bei Immendingen, 1895, HEGELMAIER (STU), REBHOLZ (1926: 64); Hagenbühl, 1974, S. SEYBOLD (STU); Amtenhausen, 1977, O. SEBALD (STU); Kirchen, 1928, E. REBHOLZ (STU), WITSCHEL (1980: Tab. 28); 8018/4: Gutenbiel S Hattingen, 1928, E. REBHOLZ, 1979, S. SEYBOLD (STU-K); 8019/1: Spitalwald bei Tuttlingen, RÖSLER (1839: 119).

Hegau und westliches Bodenseegebiet: 8118/2: Talmühle, 1928, A. MAYER (STU), 1987, W. KARL (STU-K); Kriegertal, 1919, K. BERTSCH (STU), 1958, G. KNAUSS (STU), 1989, V. HELLMANN (STU-K); Talkapelle, KNEUCKER (1903: 315), MEIGEN in BARTSCH (1924: 304); 8118/4: Schoren bei Engen, 1974, S. SEYBOLD (STU); 8119/3: Oberhalb Aachtopf, 1923, REBHOLZ (1926: 64), 1989, V. HELLMANN (STU-K); 8218/4: Gailinger Berg, 1988–90, E. KOCH (STU-K); 8220/1: Hügelstein NW Liggeringen, BARTSCH (1924: 304), 1961, LANG (1973: 377–379); Teufelstal NW Langenrain, BARTSCH (1924: 304), 1961, LANG (1973: 377–379).

Höchste Vorkommen: 8017/2: Talhof, 810 m, WITSCHEL (1986: 170); 7918/4: Wurmlinger Kapf 800 m, REBHOLZ (1926: 64); tiefstes Vorkommen: 7811/4: Sponeck, ca. 220 m.

Erstnachweise: Die Art ist in Baden-Württemberg urwüchsig. Der älteste archäologische Nachweis ist aus dem Spätmittelalter von Heidelberg (RÖSCH, unpubl.). Älteste literarische Nachweise: ROTH v. SCHRECKENSTEIN (1797, 1799: 27) „um Imendingen an der Hagner Halden", als *Mespilus Cotoneaster*, doch ist *C. nebrodensis* gemeint (REHMANN u. BRUNNER 1851: 65). SCHATZ (1895: 264) bestätigt, daß ein Beleg dieser Art im Herbar AMTSBÜHLER (1798–1804) in Donaueschingen vorhanden ist.

Bestand und Bedrohung: Die Art ist im Gebiet gefährdet. Insbesondere ist der Bestand an Individuen recht gering; er dürfte höchstens wenige hundert Exemplare umfassen. Die Erhaltung sollte daher durch weitere Schutzgebiete gesichert werden.

19. Mespilus L. 1753
Die Gattung umfaßt nur eine Art.

1. Mespilus germanica L. 1753
Mispel

Morphologie: 1 bis 4 m hoher, dorniger Strauch oder kleiner Baum; Blätter eiförmig-lanzettlich, oft zugespitzt, 5–12 cm lang, behaart oder oberseits kahl, ganzrandig oder fein gesägt; Blüten groß, 3–4 cm im Durchmesser, einzeln; Kelchblätter linealisch-dreieckig, 10–16 mm lang, an der Frucht

Mispel *(Mespilus germanica)*
Kaiserstuhl, 1984

Mispel *(Mespilus germanica)*
Kaiserstuhl, 1984

bleibend; Kronblätter weiß, etwa 12 mm lang; Frucht birnförmig bis kugelig, 2–3 cm lang. – Blütezeit: Mai bis Juni.

Ökologie: Auf basenreichen, oft kalkarmen Lehmböden, an Waldrändern, in Hecken. Vegetationsaufnahmen aus dem Gebiet sind keine bekannt, aber aus Westfalen bei BUTZKE (1986: 180).

Allgemeine Verbreitung: Wild in Süd- und Südosteuropa und in Vorderasien, in Mitteleuropa wohl nur eingebürgert.

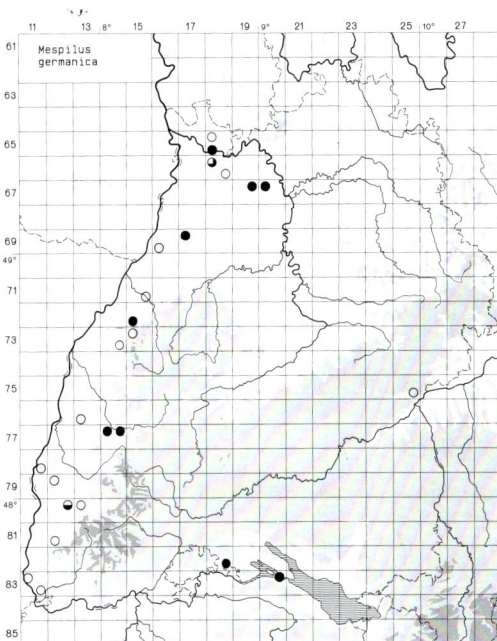

Verbreitung in Baden-Württemberg: *M. germanica* ist nur in den wärmsten Gebieten des Landes anzutreffen, besonders im Gebiet des Oberrheins, sonst jedoch sehr selten.

Oberrheingebiet: 6518/1: Handschuhsheim-Schriesheim, SCHMIDT (1857: 100); 6518/3: Handschuhsheim, Zapfenberg-Steinberg, ca. 1967, DÜLL, 1976, F. SCHÖLCH (STU-K); Heidelberg, SCHMIDT (1857: 100), nach HEGI (1922: 740) hier eingebürgert, 1976, F. SCHÖLCH (STU-K); 6618/1: Rohrbach, 1965, DÜLL (KR-K); 6618/4: Mauer, ZAHN (1890: 236); 6916/3: Hartwald bei Karlsruhe, KNEUCKER (1886: 84); 6917/1: o.O., F. SCHÖLCH (STU-K); 7115/4: Bühlertal-Kuppenheim, SEUBERT u. KLEIN (1905); 7215/3: Gänsbächel-Salmensgrund NE Neuweier, 1987, S. SEYBOLD (STU); 7314/4: Lauf und Sasbachwalden, WINTER (1884: 143); 7315/1: Bühlertal-Kuppenheim, SEUBERT u. KLEIN (1905); 7613/3: Burgheimer Heg bei Lahr, MOHR (1898: 40); 7714/1: NW Bollenbach, 1986, T. SATTLER, 1987, S. SEYBOLD (STU); 7714/2: o.O., T. SATTLER (STU-K); 7811/4: Kiechlinsbergen, NEUBERGER (1898: 118); 7812: o.O., HAEUPLER u. SCHÖNFELDER (1988); 7912/1: Oberschaffhausen und Wasenweiler, LAUTERER (1874: 149); 8012/2: Schallstadt, 1928, A. MAYER (STU); Ebringen, 1923, K. MÜLLER (STU); 8013/1: Schloßberg, NEUBERGER (1898: 188); 8112/3: Schloßberg bei Sulzburg, 1896, NEUBERGER in ECKSTEIN et al. (1896: 367); 8311/1: Isteiner Klotz, NEUBERGER (1898: 118); 8311/4: Tüllingen, BINZ (1901: 147).

Kraichgau: 6719/2: o.O. (KR-K); 6720/1: o.O., M. MÜLLER (STU-K).

Schwäbische Alb: 7525/4: Ulm, Eselswald, 1889, HAUG (STU-K).

Bodenseegebiet: 8320/2: NW Ulmisried bei Konstanz, 1985, M. DIENST (STU-K).

Hochrhein: 8218/4: Gailinger Berg, 1988–90, E. KOCH (STU-K).

Höchste Vorkommen: 8320/2: Konstanz, 420 m; tiefste Vorkommen bei 110 m.

Erstnachweise: Die Art ist im Gebiet vielleicht nicht ureinheimisch, aber schon lange eingebürgert. Der älteste archäologische Nachweis stammt erst aus dem Spätmittelalter von Heidelberg (BOPP u. ZENNER, unpubl.). Ältester literarischer Nachweis: FUCHS (ca. 1565, 2(3): 51) „Inter Argentoratum autem et Badenses thermas inferiores in sylva sponte sua luxuriat“. So auch bei J. BAUHIN et al. (1650: 71). BOCK (1577: 357r) schreibt: „an der Liechtenawe, zwischen Straßburg und Baden, wachsen in einem Wald uberflüssig für sich selbs…“. Nach BROWICZ in DAVIS (1972: 129) ist dieser Wuchsort bei Lichtenau der „locus typicus“!

Bestand und Bedrohung: Die Art ist im Gebiet zurückgegangen. Sie ist wegen ihrer Seltenheit potentiell gefährdet. Sie sollte stärker geschützt werden, hauptsächlich durch Naturdenkmale

20. **Crataegus** L. 1753
Weißdorn

Bäume oder Sträucher, bei unseren Arten stets mit Dornen; Blätter einfach oder gelappt; Blüten weiß oder rot; Staubblätter zahlreich; Griffel 1–5.

Zur Gattung gehören 1000 Arten der nördlichen gemäßigten Zone, hauptsächlich in Nordamerika. In Europa kommen etwa 22 Arten vor.

Zur Bestimmung sollten nur Blätter von Kurztrieben verwendet werden. Wegen vielfacher Bastardierung (BYATT 1976, LIPPERT 1978: 167) ist eine sichere Bestimmung nicht in allen Fällen möglich. Unter den Bastarden ist C. × macrocarpa am häufigsten.

1	Blüten eingriffelig oder teils ein- teils zweigriffelig .	3
–	Blüten ausschließlich zwei- oder mehrgriffelig . . .	2
2	Blätter wenig (selten über ein Drittel) geteilt, mit kurzen Blattlappen . . . . 1. *C. laevigata*	
–	Blätter stärker (oft bis über die Hälfte) geteilt; Blattlappen spitz, gezähnt . 2. *C. × macrocarpa*	
3	Blüten stets eingriffelig	5
–	Blüten teils ein-, teils zweigriffelig	4
4	Kelchblätter teilweise viel länger als breit . . . . . 2.*C. × macrocarpa*	
–	Kelchblätter alle so lang wie breit . . . . *C. laevigata × monogyna (C. × ovalis)*	
5	Kelchblätter breit-dreieckig; Blatteinschnitte kaum gezähnt; Blattlappen an der Spitze mit nur wenigen Zähnen . . . . 4. *C. monogyna*	
–	Kelchblätter zum Teil länger als breit; Blattlappen mit einigen Zähnen	6
6	Kelchblätter nur zum Teil länger als breit . . . . . *C. monogyna × rosiformis (C. × kyrtostyla)*	
–	Kelchblätter alle erheblich länger als breit; alle Blatt-Lappen und -Einschnitte scharf gezähnt . . 3. *C. rosiformis*	

1. **Crataegus laevigata** (Poiret) DC. 1825
Mespilus laevigata Poiret 1798, *Crataegus oxyacantha* auct.
Zweigriffeliger Weißdorn

Morphologie: 2–6 m hoher Strauch oder Baum mit Dornen; Blätter gestielt, eiförmig, gesägt, mit 3–5 stumpfen, wenig tief eingeschnittenen Seitenlappen; Doldentrauben 5- bis 10blütig; Kelchblätter dreieckig; Kronblätter weiß, Fruchtknoten mit 2–3 Griffeln; Frucht kugelig oder walzlich, rot, mit 2 Steinen. – Blütezeit: Mai–Juni, ca. 2 Wochen vor *C. monogyna*. Bestäubende Insekten bei WESTRICH (1989: 370).

Ökologie: Auf frischen, nährstoffreichen und basenreichen Lehmböden, in lichten Laubwäldern, an Waldrändern und in Hecken. Vegetationsaufnahmen z.B. bei OBERDORFER (1957: 419–456, 521–525); LANG (1973), SEBALD (1974), PHILIPPI (1983) und NEBEL (1986).

Allgemeine Verbreitung: Nordwest-, Nord-, Mittel- und nördliches Südeuropa; von England, Schweden und dem Baltikum bis zu den Pyrenäen, Italien, Griechenland und dem Schwarzen Meer.

Verbreitung in Baden-Württemberg: Allgemein verbreitet, ist aber im Oberrheingebiet und im Kerngebiet des Schwarzwaldes auffallend selten.

Die Verbreitungskarte für *C. laevigata* agg. umfaßt Angaben von *C. laevigata* s.str. und von *C. × macrocarpa*. Die Karte für *C. laevigata* s.str. umfaßt überwiegend nur durch Belege gesicherte Angaben.

Höchste Vorkommen: 7718/4: Plettenberg, 1005 m (sic), K. BERTSCH (1919: 329). Tiefste Vorkommen bei 100 m.

Zweigriffeliger Weißdorn *(Crataegus laevigata)*
Calw, 1976

213

Crataegus laevigata agg.

Crataegus laevigata s.str.

Crataegus x macrocarpa

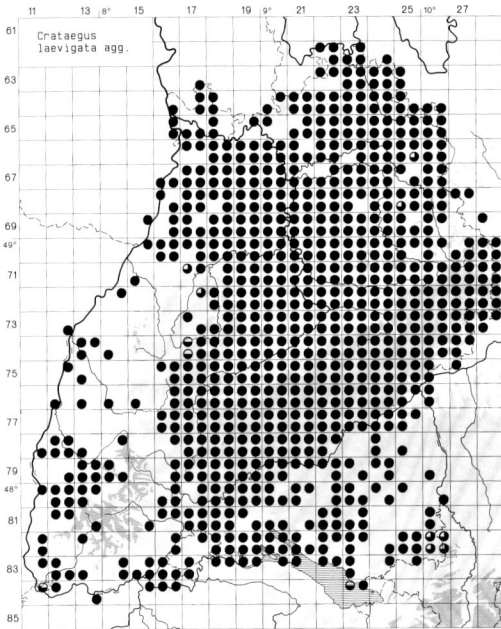

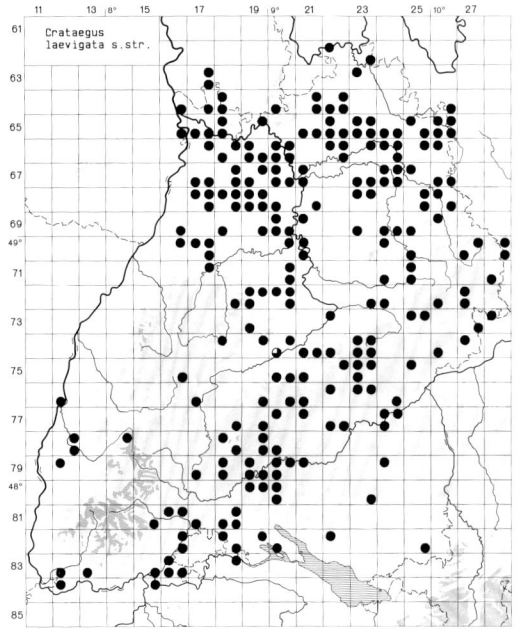

Erstnachweise: Die Art ist im Gebiet urwüchsig. Ältester literarischer Nachweis für die Gattung *Crataegus*: J. BAUHIN (1598: 147); für den Zweigriffeligen Weißdorn: WIBEL (1799: 254). Ältester subfossiler Nachweis für diese Art aus dem Frühen Subboreal von Sipplingen (K. BERTSCH 1932).

Bestand und Bedrohung: Die Art ist im Gebiet nicht gefährdet.

2. Crataegus × macrocarpa Hegetschw. 1840
C. rosiformis × laevigata, Cr. calycina Petermann 1849 non auct.
Großfrüchtiger Weißdorn

Morphologie: Steht im Aussehen zwischen beiden Eltern; Griffel 2 oder 1; Frucht groß, 10–15 mm lang und 8–10 mm breit, oft walzlich und mit Höckern. – Blütezeit: Mai–Juni.

Ökologie: Auf frischen, basenreichen Lehmböden, in lichten Laubwäldern, an Waldrändern, in Hecken. Vegetationsaufnahmen sind z.B. bei SEBALD (1983: Tab. 6) zu finden.

Allgemeine Verbreitung: Alpenländer und Tschechoslowakei.

Verbreitung in Baden-Württemberg: Im östlichen Teil verbreitet, hier meist die häufigste Weißdorn-Sippe (T. MÜLLER 1982). Im Oberrheingebiet anscheinend fehlend.

Höchste Vorkommen: 7819/2: Schildhalde W

Meßstetten, 950 m, M. VOGGESBERGER; tiefste Vorkommen: 7811/4: Zollhaus an der Limburg, 200 m, SLEUMER (1934: 139).

Erstnachweise: Ältester literarischer Nachweis: BRAUN-BLANQUET u. KOCH (1928: 8): Hohentwiel

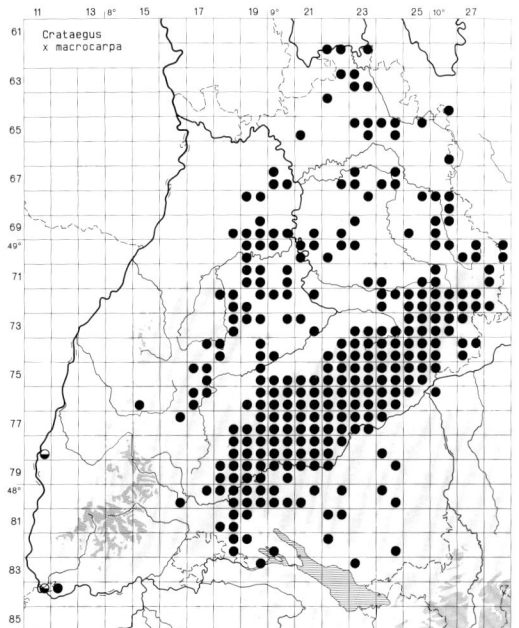

Großfrüchtiger Weißdorn *(Crataegus × macrocarpa)*
Ermingen, 13.9.1990

und Mägdeberg (1925, W. KOCH); Hohenkrähen (1927, G. KUMMER); Grenzacher Horn (1927, E. SCHMID-GAMS).

Bestand und Bedrohung: Die Sippe ist im Gebiet nicht gefährdet.

Literatur: BYATT (1976), LIPPERT (1978), CHRISTENSEN (1985).

3. Crataegus rosiformis Janka 1870
(„rosaeformis")

C. curvisepala Lindman 1918, *C. monogyna* Jacq. subsp. *curvisepala* (Lindman) Soó 1951
Großkelchiger Weißdorn

Morphologie: 1–5 m hoher Strauch oder kleiner Baum, meist mit Dornen; Blätter gestielt, im Umriß breit-eiförmig, am Grund keilig, mit tiefen, spitzen Einschnitten, Blattlappen spitz, fein und scharf gesägt, Nebenblätter blühender Kurztriebe meist mit zahlreichen Drüsenzähnen; Blüten in Doldentrauben; Kelchblätter pfriemlich, 3–4 mm lang; Kronblätter weiß; Griffel 1; Frucht 9–15 mm lang und 5–10 mm breit, ellipsoidisch bis walzlich, dunkel kirschrot, mit 1 Stein. – Blütezeit: Mai–Juni.

Variabilität: Man unterscheidet die subsp. *rosiformis* mit stets deutlich zurückgeschlagenen Kelchblättern von der subsp. *lindmanii* (Hrab.-Uhr.) Christensen (1985) mit nach oben gerichteten Kelchblättern.

Beide sind im Gebiet nachgewiesen, letztere scheint seltener zu sein. Bisher wurden von ihr folgende Fundorte bekannt:

Main-Taubergebiet: 6223/3: SE Bronnbach, PHILIPPI (1983: 88–92); 6224/4: Irtenberger Wald N Gerchsheim, PHILIPPI (1983: 98–103); 6323/1: SE Külsheim, PHILIPPI (1983); 6323/2+4: S u. SE Eiersheim, PHILIPPI (1983: 20–22); 6323/3: SW Schweinberg, PHILIPPI (1983: 29); 6324/1: E Werbach, PHILIPPI (1983: 72–76); 6423/1: Zw. Gissigheim u. Brehmen, PHILIPPI (1983: 78–83).
Mittleres Neckarland: 7220/1: Glemseck, 1974, S. SEYBOLD (STU); 7221/2: Kappelberg, 1989, S. SEYBOLD (STU); außerdem nach T. MÜLLER (briefl.) in 6918/4, 6919/3+4, 6920/3; 6921/4, 7018/2, 7019/1+2, 7021/2, 7119/4.
Schwäbische Alb: 7622/2: T. MÜLLER.
Alpenvorland: 8222/4: LIPPERT (1978: 195). Die genauere Verbreitung der Unterarten kann aber noch nicht angegeben werden.

Ökologie: Auf basenreichen Böden, in lichten Eichen-Hainbuchenwäldern, in Gebüschen, an Waldrändern. Charakterart des Galio-Carpinetum (OBERDORFER). Vegetationsaufnahmen z.B. bei PHILIPPI (1983: 72–102) oder NEBEL (1986:Tab. 9, 10, 14).

Allgemeine Verbreitung: Mittel- und Osteuropa, nordwärts bis Südskandinavien, ostwärts bis Südrußland und Bulgarien, südwärts bis Jugoslawien und Griechenland, dazu in der Türkei und im Kaukasus.

Verbreitung in Baden-Württemberg: Die Verbreitung der Art ist nur unvollständig bekannt wegen Verwechslungen mit verwandten Arten. Sie kommt anscheinend nur zerstreut vor, besonders im Oberrheingebiet und im Neckarland, seltener auf der

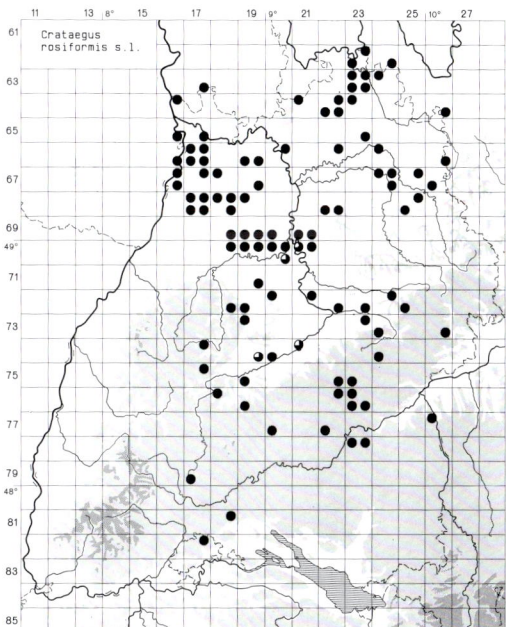

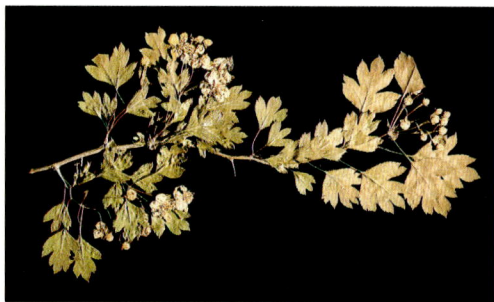

Großkelchiger Weißdorn *(Crataegus rosiformis)*
Rosenfeld, Juni 1907, Leg. A. MAYER (STU)

Schwäbischen Alb oder im Alpenvorland. Sie scheint im Schwarzwald zu fehlen.

Höchste Vorkommen: 7917/3: Türnleberg bei Mühlhausen, 790 m, vermutlich auch höher; tiefste Vorkommen bei 100 m.

Erstnachweise: Die Art ist im Gebiet urwüchsig. Ältester literarischer Nachweis: Wurmlinger Berg (7419/4), T. MÜLLER in GÖRS (1966: 560).

Bestand und Bedrohung: Die Art ist im Gebiet nicht gefährdet, auch nicht ssp. *lindmanii.*

Literatur: LIPPERT (1978), CHRISTENSEN (1985).

4. Crataegus monogyna Jacquin 1775
Eingriffeliger Weißdorn

Morphologie: Strauch oder kleiner, bis 6 m hoher Baum mit Dornen (im Rheinauwald bis 17 m hoch); Blätter eiförmig bis rhombisch, am Grunde keilförmig, mit 3–7 tief eingeschnittenen Seitenlappen, die nur an der Spitze wenige Zähne tragen; Nebenblätter der blühenden Kurztriebe sichelförmig bis lineal, mit wenigen Zähnen und ohne Drüsen; Blüten 8-15 mm im Durchmesser, weiß; Kelchblätter so lang wie breit, stumpflich; Blüte nur mit 1 Griffel; Früchte 8–11 mm lang und 7–10 mm breit, rot, mit 1 Stein. – Blütezeit: Mai–Juni, ca. 2 Wochen nach *C. laevigata.* Bestäubende Insekten bei WESTRICH (1989: 370).

Ökologie: Auf kalkhaltigen Lehmböden, an Felsen, in Hecken und in lichten Laubwäldern. Vegetationsaufnahmen z. B. bei T. MÜLLER (1966: 36–39, 45–47; 1966: 278–475); PHILIPPI (1972, 1983), LANG (1973) oder SEBALD (1974: Tab. 7a).

Allgemeine Verbreitung: Ganz Europa außer im Norden, Nordafrika, Kaukasus und westliche UdSSR.

Verbreitung in Baden-Württemberg: Verbreitet, besonders im Gebiet des Oberrheins, des Hochrheins und am Bodensee. Kommt im Kerngebiet des Schwarzwaldes seltener vor.

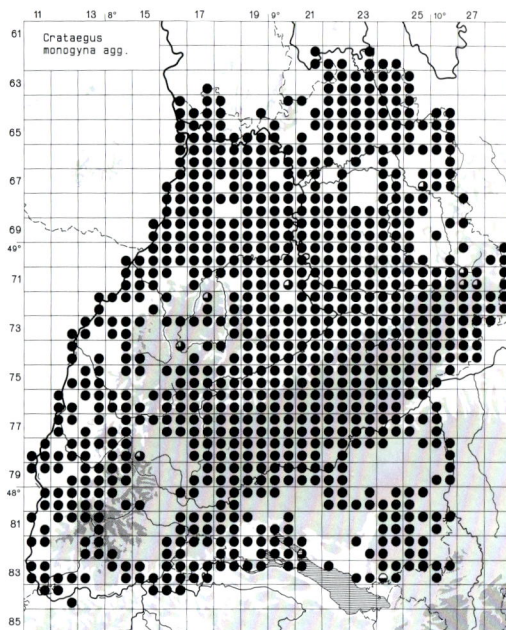

Die genauere ursprüngliche Verbreitung ist nicht bekannt. Sie ist auch schwierig festzustellen, weil die Art heute oft angepflanzt wird. Solche Vorkommen wie etwa an Straßen- oder Bahndämmen wurden nach Möglichkeit bei der Verbreitungskarte nicht berücksichtigt. Die Karte für

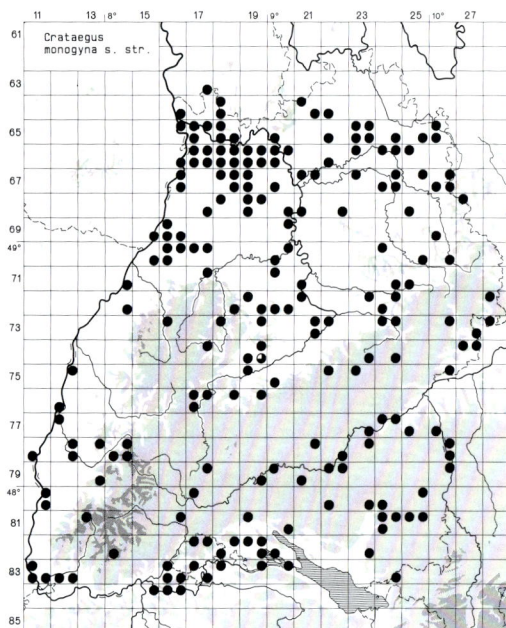

Eingriffliger Weißdorn *(Crataegus monogyna)*
Schelingen, 19.5.1991

Eingriffliger Weißdorn *(Crataegus monogyna)*
Wutachgebiet, 1970

C. monogyna agg. umfaßt außer den Angaben von *C. monogyna* s.str. auch solche von *C. rosiformis* und ihren Bastarden. Die Karte von *C. monogyna* s.str. berücksichtigt hauptsächlich durch Belege gesicherte Vorkommen.

Höchste Vorkommen: 8214/3: Ibach, 1100 m, O. SEBALD (STU-K); tiefste Vorkommen bei 100 m.

Erstnachweise: Die Art ist im Gebiet urwüchsig. Ältester subfossiler Nachweis: Spätes Atlantikum von Hornstaad (RÖSCH, unpubl.). Ältester literarischer Nachweis: WIBEL (1799: 254) für die Umgebung von Wertheim.

Bestand und Bedrohung: Die Art ist im Gebiet nicht gefährdet.

C. monogyna × rosiformis = C. kyrtostyla Fingerhuth 1829
Dieser Bastard steht morphologisch zwischen den Elternarten und kommt in Baden-Württemberg ziemlich zerstreut bis selten vor. Für eine Beschreibung und Karte vgl. LIPPERT (1978).

C. laevigata × monogyna = C. × ovalis Kitaibel 1863
Im Gebiet ebenfalls zerstreut bis selten. Für eine Beschreibung und Karte vgl. LIPPERT (1978).

21. **Prunus** L. 1753
Kirsche, Pflaume

Bäume oder Sträucher; Blätter ungeteilt, gesägt oder gekerbt, Blüten 5zählig, Staubblätter 15–20, Kronblätter weiß oder rosa, nur 1 Fruchtblatt.

Die Gattung umfaßt 200 Arten hauptsächlich in den nördlichen gemäßigten Zonen, seltener im tropischen Asien oder Amerika. In Europa kommen 21 Arten wild oder eingebürgert vor.

1	Blüten in doldenförmigen Büscheln oder einzeln .	4
–	Blüten in Trauben	2
2	Blüten zu 3–10 in kurzen Trauben 3. *P. mahaleb*	
–	Blüten zu 12 bis 40 in Trauben	3
3	Kronblätter 6–9 mm lang . . . . . . 4. *P. padus*	
–	Kronblätter 2,5–4 mm lang, Blätter lederig, glänzend . . . . 5. *P. serotina*	
4	Blüten in doldenförmigen Büscheln zu meist mehr als 2	10
–	Blüten einzeln oder zu zweien	5
5	Blüten fast sitzend	6
–	Blüten deutlich gestielt	8
6	Blüten weiß oder rötlich, etwa 25 mm breit, Blätter herzeiförmig, lang gestielt . . *[P. armeniaca]*	
–	Blüten rosa, über 25 mm breit, Blätter lanzettlich	7
7	Blattstiel 15–25 mm lang, Blatt unterhalb der Mitte am breitesten, Blüten meist zu 2, 3–5 cm breit . . . . *[P. dulcis]*	
–	Blattstiel 8-15 mm lang, Blatt oberhalb der Mitte am breitesten, Blüten meist einzeln, 25–35 mm breit . . . . *[P. persica]*	
8	Blütenstiele flaumig, Blüten zu zweien *[P. domestica]*	
–	Blütenstiele kahl, Blüten meist einzeln, Blätter kahl oder unterseits nur auf den Nerven etwas behaart	9
9	Junge Zweige kahl, oft grün; Strauch nur wenig dornig; Kronblätter 8–10 mm lang . . . . *[P. cerasifera]*	
–	Junge Zweige anfangs samtig behaart; Pflanze stark dornig; Kronblätter 5–8 mm lang . . . . . 1. *P. spinosa*	

10 Blütendolde am Grund nur mit Knospenschuppen
. . . . 2. *P. avium*
– Blütendolde am Grunde mit 1–3 Blättern 11
11 Blätter der Kurztriebe 8–12 cm lang, Kronblätter
nicht ausgerandet . . . . *[P. cerasus]*
– Blätter der Kurztriebe 3–5 cm lang, Kronblätter
vorn ausgerandet . . . . *[P. fruticosa]*

Prunus persica (L.) Batsch 1801
Persica vulgaris Miller 1768, *Amygdalus persica* L. 1753
Pfirsichbaum
Morphologie: Bis 6 m hoher Baum; Blätter lanzettlich,
Spreite 5–15 cm lang und 2–4 cm breit, gesägt; Blüten
meist einzeln; Kronblätter 10–20 mm lang, dunkelrosa;
Frucht 4–8 cm im Durchmesser, kugelig, filzig, fleischig,
grünlichgelb oder rötlichgelb; Stein gefurcht. Eine kahle
Frucht hat die Nektarine, var. *nucipersica* (L.) Schneider. –
Blütezeit: März bis April.
   Im Weinbaugebiet oft gepflanzt, besonders gern auf
lockeren, sandigen Lehmböden. Heimat: Nord- und Mit-
tel-China. Bei uns selten als Sämling verwildert und zu
wenig notiert: 6517/4: Neckarspitze, 1989, K. ADOLPHI
(191: 118); 6518/3: Mauer SE Ziegelhausen, 1989, K. AD-
OLPHI (1991: 118); 7220/2: Schuttplatz Nittel bei Stuttgart-
Botnang, Sämlinge, 1962, S. SEYBOLD (STU-K):
Erstnachweise: Älteste subfossile Nachweise: ab dem Mitt-
leren Subatlantikum (römische Kaiserzeit): Pforzheim
(FIETZ 1961), Welzheim, 3. Jh. n.Chr. (KÖRBER-GROHNE
u. PIENING 1983), Osterburken, 2.–3. Jh. n.Chr.
(FRÖSCHLE 1984).

Prunus dulcis (Mill.) Webb 1967
Amygdalus dulcis Miller 1768, *Amygdalus communis* L.
1753, *Prunus amygdalus* Batsch 1801
Mandelbaum
Morphologie: Bis 8 m hoher Strauch oder Baum; Blätter
lanzettlich, Spreite 4–12 cm lang und 12–30 mm breit,
gekerbt-gesägt; Blüten meist zu 2, in der Knospe rosa,
später heller bis weiß werdend; Frucht 35–60 mm im
Durchmesser, eiförmig, zusammengedrückt, filzig, graugrün, nicht fleischig. – Blütezeit: Februar bis April.
   Selten in milden Lagen z.B. an der Bergstraße gepflanzt. Heimat: Vorder- und Mittel-Asien, im Mittelmeergebiet eingebürgert.
Erstnachweise: Älteste subfossile Nachweise aus dem
Hoch- bis Spätmittelalter z.B. von Heidelberg (U. MAIER
1983).

Prunus armeniaca L. 1753
Armeniaca vulgaris Lam. 1783
Aprikosenbaum
Morphologie: 3–6 m hoher Strauch oder Baum; Blätter
herz-eiförmig oder rundlich-eiförmig, zugespitzt, gesägt,
Spreite 5–10 cm lang und 5–8 cm breit, Blattstiel 2–4 cm
lang; Blüten zu 1–2; Kronblätter 10–15 mm lang, weiß
oder blaßrosa; Frucht 4–8 cm im Durchmesser, fast kuge-
lig, filzig, gelblichorange, fleischig. Stein glatt. – Blütezeit:
April.
   Selten in den Weinbaugebieten gepflanzt, gern auf
Lehmböden. Heimat: Turkestan bis Nord-China.
Erstnachweise: Älteste subfossile Nachweise: Villingen,
13. Jh. n.Chr. (RÖSCH, unpubl.), Heidelberg, Spätmittelalter (BOPP u. ZENNER, unpubl.).

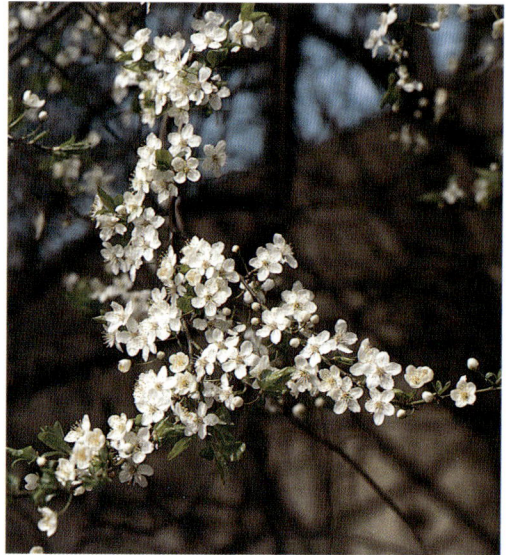

Kirschpflaume *(Prunus cerasifera)*
Stuttgart-Nord, 27.3.1992

Prunus cerasifera Ehrh. 1789
Kirschpflaume
Morphologie: Strauch oder Baum, bis 8 m hoch, oft etwas
dornig; junge Zweige kahl, glänzend, oft grün; Blätter ge-
stielt, elliptisch bis eiförmig, Spreite 4–7 cm lang und
2–3,5 cm breit, gekerbt-gesägt, kahl, nur unterseits am
Ansatz des Mittelnervs etwas bärtig; Blüten meist einzeln,
vor oder mit den Blättern erscheinend; Blütenstiel
6–15 mm lang, kahl; Kronblätter 8–10 mm lang, weiß;
Frucht kugelig, meist gelb, seltener rot, 20–30 mm im
Durchmesser. – Blütezeit ist März bis April. Blüht vor der
Schlehe und vor Pflaume und Zwetschge.
Variabilität: In Gärten werden häufig rotblättrige Sorten,
die meist rosa blühen, gepflanzt, z.B. die Sorten 'Atropur-
purea' oder 'Nigra'.
Ökologie: An Wegrainen, an Bahn- und Straßendämmen,
in Gärten, an Waldrändern, im Auwaldgebüsch, oft auf
lehmigen Böden. Vielfach in der Nähe von Obst-
baumpflanzungen. Vegetationsaufnahmen aus dem Gebiet sind keine bekannt.
Allgemeine Verbreitung: Balkanhalbinsel, Kleinasien,
Kaukasus, SW-Sibirien. Ist vielfach im mittleren und südlichen Europa verwildert.
Verbreitung in Baden-Württemberg: Im Wein- und Obst-
baubereich des Landes oft verwildert. Die Art ist die Ver-
edelungsunterlage vieler Pflaumensorten. Sie treibt oft
Wurzelsprosse und bildet so neben den Kulturen Verwilderungen (vgl. BAILEY 1919: 2825). Solche Exemplare
können Früchte bilden, so daß eine Einbürgerung möglich
ist. Da die Pflaumen und Zwetschgen ebenfalls von dieser
Art abstammen, sind verwilderte Pflaumen oft ähnlich
und ihre Abgrenzung kann im Einzelfall schwierig sein.
BERTSCH (1958) hat auf diese Schwierigkeiten aufmerksam
gemacht. Er zählte die von ihm beobachteten Stücke zu
den Pflaumen und hielt diese im Bodenseegebiet für urwüchsig. Da es aber noch heute bei uns keine sicher einge-

bürgerten Populationen gibt, halte ich die Urwüchsigkeit eher für unwahrscheinlich. Eine Verbreitungskarte der Art kann noch nicht gegeben werden, da von Kartierern auch Verwechslungen (mit *Prunus spinosa, P. domestica* oder Bastarden) vorliegen können. Aus demselben Grund sind auch noch keine verläßlichen Angaben über die Höhengrenzen möglich.

Gesicherte Angaben: 6418/1: Wüstnächstenbach, 1990, S. Demuth (KR); 6418/3: Belzbuckel E Großsachsen, 1990, S. Demuth (KR); 7019/4: Vaihingen-Roßwag, 1990, S. Seybold (STU); 7021/3: Beihingen, Neckar, 1992, S. Seybold (STU-K); Ludwigsburg-Hoheneck, 1990, S. Seybold (STU); 7021/4: Lemberg bei Affalterbach, 1991, S. Seybold (STU-K); 7121/1: Ludwigsburg-Oßweil, 1990, S. Seybold (STU); 7121/3: Stuttgart, Nordbahnhof, 1990, S. Seybold (STU), Stuttgart-Zuffenhausen, Bahndämme, 1990, S. Seybold (STU-K); 7220/2: Stuttgart, Trümmerberg am Birkenkopf, 1990, S. Seybold (STU); 7420/3: Tübingen, an vielen Stellen, 1991, F. Cammisar (STU-K).

Erstnachweise: Ältester archäologischer Nachweis: Hoch- bis Spätmittelalter von Freiburg (Sillmann, im Druck), Villingen (Rösch, unpubl.). Ältester literarischer Nachweis: Baumann (1911: 364): Bei Wangen am Untersee verwildert im Ufergebüsch.

Literatur: K. Bertsch (1958).

Prunus domestica L. 1753

Pflaume, Zwetschge

Morphologie: Bis 6 m hoher Baum oder Strauch, junge Zweige oft behaart; Blätter gestielt, elliptisch-oval, gekerbt-gesägt, Spreite 3–8 cm lang und 1,8–5 cm breit, oberseits kahl, unterseits mehr oder weniger behaart; Blüten oft zu 2 oder 3, Blütenstiele 5–20 mm lang, behaart;

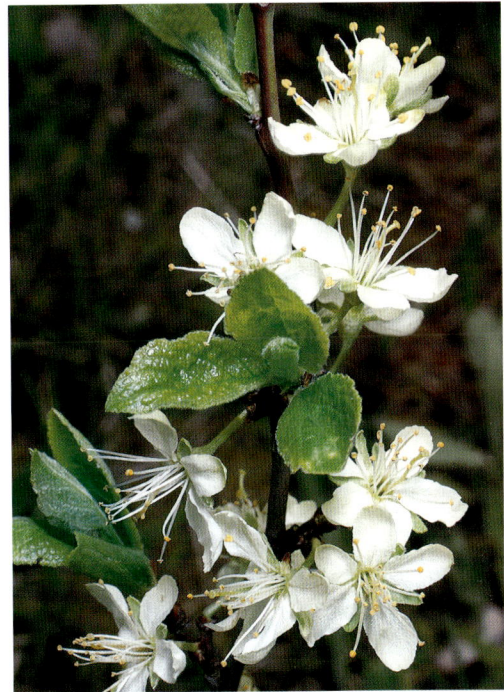

Pflaume *(Prunus domestica)*
Entringen, 21.4.1991

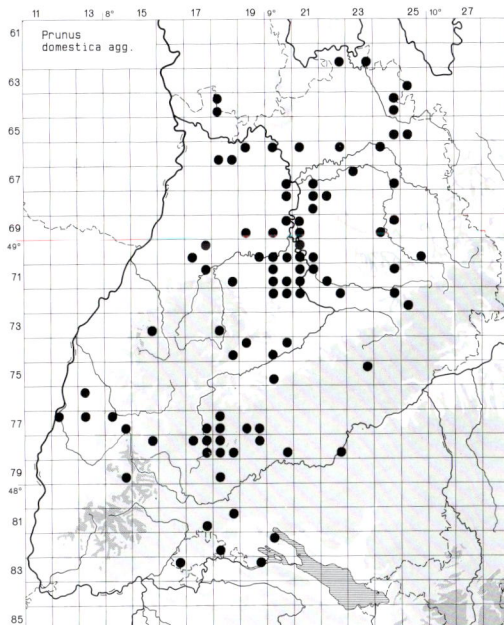

Kronblätter weiß oder grünlichweiß, 7–12 mm lang; Frucht 20–75 mm lang, kugelig oder länglich, gelb, rot oder violett. – Blütezeit: April bis Mai.

Im Gebiet vielfach kultiviert und gelegentlich verwildert. Folgende Unterarten können unterschieden werden:

ssp. *domestica*, Zwetschge: Blütenblätter grünlichweiß, Fruchtfleisch sich vom Kern lösend, Frucht 40–75 mm lang.

ssp. *insititia* (L.) Schneider 1906 (*Prunus insititia* L. 1753), Haferpflaume, Krieche. Kronblätter reinweiß, Fruchtfleisch sich nicht vom Kern lösend, Frucht kaum 2 cm lang.

ssp. *italica* (Borkh.) Gams 1923 (*Prunus italica* Borkh. 1803), Reineclaude. Kronblätter reinweiß, Fruchtfleisch dem Kern anhängend, Frucht 25–50 mm lang.

ssp. *syriaca* (Borkh.) Janchen 1957 (*Prunus syriaca* Borkh. 1803), Mirabelle. Blütenblätter grünlichweiß, Fruchtfleisch sich vom Kern lösend, Frucht kugelig, gelb.

Verbreitung in Baden-Württemberg: Besonders in den Obstbaugebieten gelegentlich verwildert, aber noch nirgends eingebürgert. Wegen Verwechslungsmöglichkeit mit *P. cerasifera* kann nur eine gemeinsame Veerbreitungskarte (*P. domestica* agg.), die sicher unvollständig ist, gezeigt werden.

Erstnachweise: Älteste archäologische Nachweise für die ssp. *domestica* ab dem Mittleren Subatlantikum (Römische Kaiserzeit), Pforzheim (Fietz 1961), Welzheim, 3. Jahrhundert n.Chr. (Körber-Grohne u. Piening 1983). Ältester Nachweis für die ssp. *insititia*: Mittleres Subatlantikum (Römische Kaiserzeit) z.B. von Rottweil (Baas 1974).

Schlehe *(Prunus spinosa)*
Oberrimsingen, 1991

Schlehe *(Prunus spinosa)*
Entringen, 21.4.1991

1. Prunus spinosa L. 1753
Schlehe, Schwarzdorn

Morphologie: Strauch, bis 4 m hoch (im Rheinau-wald bis 9 m), mit zahlreichen sparrigen Zweigen und Dornen, sich mit Wurzelschößlingen vermeh-rend; Rinde schwarz, junge Zweige im 1. Jahr dicht behaart; Blätter mit 2–10 mm langem Stiel, Spreite verkehrt-eiförmig oder schmal-elliptisch, am Grunde keilig, an der Spitze oft gerundet, 2–4 cm lang, gekerbt-gesägt, kahl, nur unterseits auf den Nerven etwas behaart, an Kurztrieben gebüschelt; Blüten sehr zahlreich, meist vor den Blättern er-scheinend, Blütenstiel bis 6 mm lang, kahl; Kron-blätter weiß, (4)–5–8–(12) mm lang, meist schmal, aber auch rundlich; Frucht blauschwarz, bereift, kugelig, mit 10–15 mm Durchmesser, schmeckt sauer und zusammenziehend, Fleisch am Steinkern haftend, dieser fast kugelig, 7,5–10 mm lang und 6–8 mm breit. – Blütezeit ist März–Mai. Bestäu-bende Insekten bei WESTRICH (1989: 381).

Variabilität: K. BERTSCH (1958) beschrieb eine be-sondere spätblühende Form als „*P. tardeflorens*". Auf eine hochstrauchige bis baumförmige Sippe, *P. × fruticans*, mit behaarten Blütenstielen und Blü-ten, die mit den Blättern erscheinen, ist zu achten (MANG 1972, GÖRS u. MÜLLER 1974: 250).

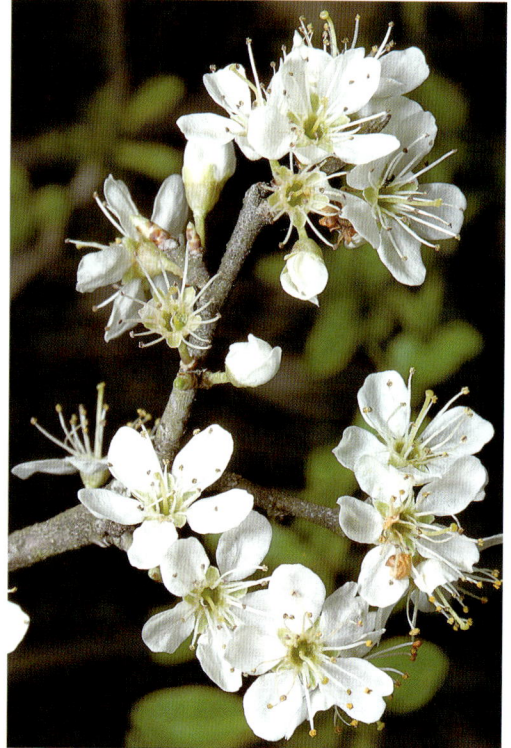

Ökologie: An Hecken, auf Steinriegeln, an Waldrändern, seltener in lichten Wäldern, auf nährstoffreichem, oft kalkhaltigem Boden. In Gesellschaften der Prunetalia, oft zusammen mit *Rosa canina* und *Ligustrum vulgare*. Vegetationsaufnahmen z. B. bei OBERDORFER (1957: 519–520), ROSER (1962: Tab C) oder SEITZ (1989: Tab. 11).

Allgemeine Verbreitung: Schwerpunkt ist Europa. Erreicht nördlich Südskandinavien, im Süden Nordafrika und in Asien das Kaspische Meer.

Verbreitung in Baden-Württemberg: Überall verbreitet, nur lokal im Schwarzwald und im Alpenvorland fehlend.

Tiefste Vorkommen bei 100 m, höchstes Vorkommen am Lemberg (7818) bei 1014 m (K. BERTSCH 1919: 333).

Erstnachweise: Die Art ist im Gebiet urwüchsig. Ältester archäologischer Nachweis: Mittleres Atlantikum von Hilzingen (Bandkeramik, STIKA 1991). Ältester literarischer Nachweis: J. BAUHIN (1598: 141) für die Umgebung von Bad Boll.

Bestand und Bedrohung: Die Art ist im Gebiet nicht gefährdet.

Literatur: K. BERTSCH (1958), F. MANG (1972).

Prunus fruticosa Pallas 1784
Cerasus fruticosa (Pallas) Woronow 1925
Zwergkirsche
Morphologie: Bis 1,5 m hoher Strauch; Blätter elliptisch-lanzettlich, 3–4 cm lang, gesägt, glänzend; Blüten in Dol-

den zu 2–5, Blütenstiele 2–3 cm lang; Kronblätter weiß, 5–7 mm lang, ausgerandet; Frucht kugelig, dunkelrot. – Blütezeit: April.

Wild nur im Gebiet westlich des Rheins. Bei uns angegeben von Südbaden, dem Donautal und dem Kraichgau (zuletzt OBERDORFER 1962: 526; GARCKE 1972). Nach KORNECK (1974: 163, vgl. auch OBERDORFER 1970, 1983, 1990) liegt nach Überprüfung der Herbarien eine Verwechslung mit *Prunus cerasus* subsp. *acida* vor.

2. Prunus avium L. 1755
Süßkirsche, Vogelkirsche

Morphologie: Baum, wird 10–20 m hoch und 80–100 Jahre alt; Borke schwärzlich, sich papierartig in Streifen ablösend; Blätter gestielt, Stiel 2–5 cm lang, mit 2 Drüsen, Spreite 8–15 cm lang und 4–7 cm breit, eiförmig-elliptisch, mit langer Spitze, gesägt-gekerbt, mit stumpfen Zähnen; Blüten in Dolden zu 2–6, mit 2–5 cm langem Stiel; Kronblätter weiß, 9–15 mm lang; Frucht kugelig oder herzförmig, mit Steinkern. – Blütezeit: April–(Mai).

Variabilität: Man unterscheidet

a) var. **avium**, Wildkirsche, mit kleinen, runden, bis 10 mm breiten, schwarzroten, herben Früchten

b) var. **juliana** (L.) Schübl. et Martens, Herzkirsche, mit größeren, herzförmigen, weichen, meist schwarzen Früchten, Saft dunkelrot; nur kultiviert bekannt

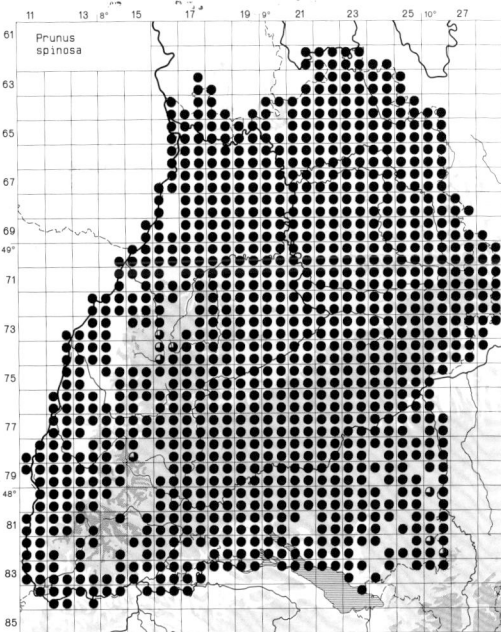

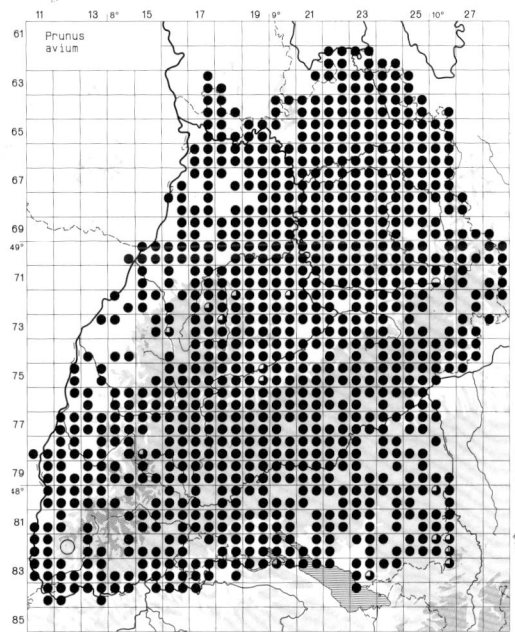

Vogelkirsche *(Prunus avium)*
Michelsberg bei Geislingen/Steige, 30.4.1978

c) var. **duracina** (L.) Schübl. et Martens, Knorpel-
kirsche, mit größeren, festen, gelben bis roten
Früchten, Saft farblos; nur kultiviert bekannt.
Ökologie: Die var. *avium* in Laubwäldern, beson-
ders in Eichen-Hainbuchenwäldern, seltener in
Hecken, auf nährstoffreichen, kalkreichen Lehmböden. Vegetationsaufnahmen z.B. bei OBERDOR-
FER (1957).
Allgemeine Verbreitung: Art subatlantisch-submediterraner Verbreitung. Von den Pyrenäen und von
Südengland bis zum Kaukasus und Iran, in Südeuropa und Nordafrika selten. In Südskandinavien,
Schottland und Nordamerika eingebürgert.
Verbreitung in Baden-Württemberg: Die var. *avium*
fast überall im Gebiet, in den reinen Sandsteingebieten wie z.B. im Schwarzwald streckenweise
selten. Überall treten aber auch Sämlinge von kultivierten Kirschen auf. Sie konnten nicht ausgeklam-
mert werden und sind daher in der Verbreitungskarte mitberücksichtigt.
   Höchste Vorkommen im Schwarzwald bei
1200 m (OBERDORFER 1970: 532); nach GROSS-
MANN am Belchen 1000 m (1989: 678), bei 7818/2
am Oberhohenberg bei 1010 m; tiefste Vorkommen
bei 100 m.
Erstnachweise: Die Art ist im Gebiet anscheinend
urwüchsig (vgl. auch WEBB in TUTIN et al. 1968:
79). Sie ist jedoch archäologisch erst aus römischer
Zeit gesichert nachgewiesen (Köngen, S. MAIER
1988). Mit Angaben aus dem Frühen Subboreal
von Dullenried (K. BERTSCH 1931), Stuttgart-Berg
(K. BERTSCH 1929) und Ravensburg (K. BERTSCH
u. F. BERTSCH 1947) liegen lediglich Fundmeldungen vor, die aufgrund der stratigraphischen Fund-
umstände Anlaß zu Zweifeln hinsichtlich der Datierung geben können. Ältester literarischer Nachweis: J. BAUHIN (1598: 140) „Bollensibus in sylvis
spontanea", in der Umgebung von Bad Boll (7323).

Bestand und Bedrohung: Die Art ist in Baden-Württemberg nicht bedroht.

Prunus cerasus L. 1753
Cerasus vulgaris Miller 1768
Sauerkirsche

Morphologie: Baum oder Strauch; Blätter 6–10 cm lang,
länglich-eiförmig, zugespitzt, gesägt; Blattstiel oft ohne
Drüsen; Blüten in Dolden, am Grund mit 1–3 kleinen
Blättchen; Kronblätter fast kreisrund, nicht ausgerandet,
weiß. Frucht kugelig, sauer schmeckend. – Blütezeit: April
bis Mai. Bestäuber ist u.a. die Wildbiene *Osmia cornuta*
(WESTRICH 1989: 381).
   Man unterscheidet im Gebiet 2 Unterarten:
   a) subsp. **cerasus**, Pflanze baumförmig, Stein in der
Frucht rundlich, wird häufig kultiviert.
   b) subsp. **acida** (Dumort.) Asch. et Gr. (1906), Pflanze
strauchig, mit Ausläufern, Blattstiel mit Drüsen, Stein
oval, wird ebenfalls oft gepflanzt und ist in Gebüschen des
Pruno-Ligustretums verwildert, so im Kaiserstuhl, im
Kraichgau, im Tauber-Jagst-Gebiet und im mittleren
Neckarland, sonst seltener. Wurde gelegentlich auch mit
P. fruticosa verwechselt, siehe diese.
Erstnachweise: Älteste subfossile Nachweise: Aus dem
Hoch- bis Spätmittelalter z.B. von Heidelberg (U. MAIER
1983).

3. Prunus mahaleb L. 1753
Felsenkirsche

Morphologie: Strauch oder bis 6 m hoher Baum;
junge Zweige drüsig behaart; Blätter gestielt,
4–8 cm lang, breit-elliptisch, zugespitzt und am

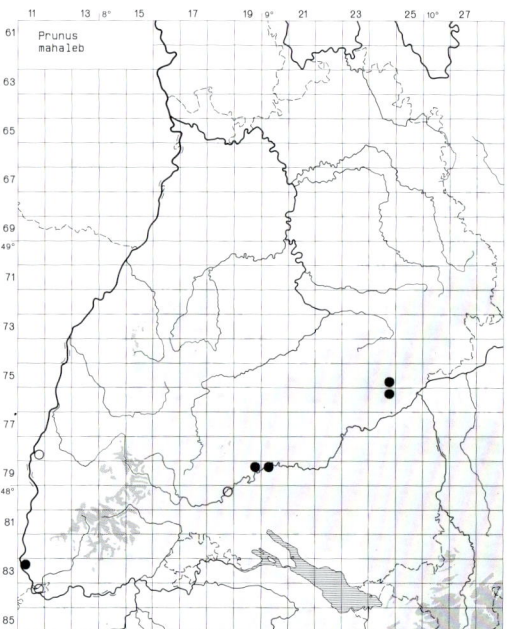

Felsenkirsche *(Prunus mahaleb)*
Leonberg, 4.5.1991

Grunde abgerundet, gekerbt-gesägt, mit Drüsen, oberseits kahl, glänzend, unterseits nur an der Mittelrippe etwas behaart; Blüten in kurzen Trauben zu 4–10, duftend; Blütenstiel ca. 10 mm lang; Kronblätter 5–8 mm lang, weiß; Frucht dunkelrot, später schwarz, eiförmig, 8–10 mm lang. – Blütezeit ist April bis Mai. Bestäuber bei WESTRICH (1989: 381).

Ökologie: An Felshängen, in Steppenheidewäldern, oft an Wegrainen und Böschungen gepflanzt. Charakterart des Coronillae-Prunetum mahaleb. Aufnahmen aus dem Gebiet sind nicht bekannt (vgl. aber KORNECK 1974: Tab. 150).

Allgemeine Verbreitung: Submediterrane Art. In Süd- und Mitteleuropa von Belgien bis zur Ukraine und Vorderasien.

Verbreitung in Baden-Württemberg (nur urwüchsige Vorkommen): Sehr selten, nur im Durchbruchstal der Donau bei Beuron, bei Blaubeuren, im Kaiserstuhl, am Isteiner Klotz und am Grenzacher Horn.

Oberrheingebiet: 7811/4: Sponeck, Burkheim und Limburg, GMELIN (1806(2): 354); 8311/1: Isteiner Klotz; 8411/2: Grenzach, NEUBERGER (1912).
Schwäbische Alb: 7524/4: Rusenschloß; 7624/2: Schmiechen, Lurgenbahn, 1978, H. RAUNEKER, ob ursprünglich? 7919/2: Finstertal, Eichfelsen, Rauher Stein, Wasserfels, Bandfels; 7920/1: Bandfelsen, Fachfelsen, Werenwag, Korbfelsen, Turm bei Hausen; 7920/2: Gebrochen Gutenstein, 1983, H. SCHERER, ob ursprünglich? 7921/1: Gorheim, ca. 1940, WEIGER in ZKB (STU-K), ob ursprünglich? 8018/2: Möhringen, SEUBERT u. KLEIN (1905). Sonst vielfach gepflanzt und stellenweise auch in Einbürgerung begriffen, z.B. 6414/1: Galgenberg bei Lauda, 1989, EBERT u. RENNWALD (1991: 228); 7120/3: Leonberg, Hauerloch, 1991, H. BAUMANN (STU-K).

Höchste Vorkommen beim Rauhen Stein, 780 m (BERTSCH), tiefste Vorkommen im Kaiserstuhl bei ca. 200 m und am Isteiner Klotz bei ca. 250 m.
Erstnachweise: Die Art ist im Gebiet urwüchsig. Ältester archäologischer Nachweis: Spätes Subboreal (Späte Bronzezeit) von Hagnau, RÖSCH (1992b

im Druck, aber nur cf-Bestimmung!). Ältester literarischer Nachweis: GMELIN 1806(2): 354: „prope Sponeck, Burgheim et Limburg". Diese Angabe wird aber von SPENNER (1829: 736) nicht bestätigt. Außerdem durch G. VON MARTENS (1826: 79) am 7. 5. 1820 bei Hohen-Gerhausen (7524/4) festgestellt (STU-K).

Bestand und Bedrohung: Die seltenen urwüchsigen Vorkommen sind nicht bedroht. Die Art ist außerdem vielfach gepflanzt worden und von dort oft verwildert, so daß sie nicht gefährdet ist.

4. Prunus padus L. 1753
Padus avium Miller 1768
Traubenkirsche

Morphologie: Strauch oder bis 10 m hoher Baum, im Rheinauwald sogar bis 23 m hoch; Blätter 10–15 mm langgestielt, mit 2 Drüsen am Stiel, Blattspreite eiförmig-elliptisch, zugespitzt, gesägt, 6–10 cm lang und 3–6 cm breit; Blüten in meist hängenden, 10–15 cm langen Trauben, Kronblätter weiß, 6–9 mm lang; Frucht kugelig, schwarz, glänzend, 6–8 mm im Durchmesser, bitter und zusammenziehend; Stein netzig-grubig. – Blütezeit: April bis Mai.

Variabilität: Im Gebiet kommt selten auch eine etwas abweichende Sippe, die Nordische Traubenkirsche vor, die meist als Unterart, ssp. *borealis* Cajander (= ssp. *petraea* (Tausch) Domin) eingestuft

Traubenkirsche *(Prunus padus)*
Oberrimsingen, 1982

wird. Sie bleibt strauchig, die jungen Zweige können behaart sein; die Blätter sind mehr lederig und unterseits heller, die Blüten geruchlos. NIESCHALK und NIESCHALK (1974), die diese Sippe genauer untersucht haben, lassen nur diese Merkmale als Unterschiede gelten.

Man findet sie nur in höheren oder kälteren Lagen, an Felshängen oder in Blockhalden. Nach ASCHERSON und GRÄBNER (1906/7: 161) bedarf sie aber noch eines eingehenden Studiums. Von verschiedenen Beobachtern wurden bisher folgende Fundorte genannt:

6923/3: Rot oberhalb Traubenmühle, 1982, T. MÜLLER; 7522/4: Grafeneck, 1982, T. MÜLLER; 7819/3: Galgenwiesen S Nusplingen, 1982, T. MÜLLER; 7919/4: Jägerhaushöhle, 1988, DIEKJOBST (alles STU-K); 8114/1: Felsenweg am Seebuck, ca. 1300 m, BECHERER u. GYHR (1928: 4), OBERDORFER (1982: 324); 8213/1: Böllental und Mairösleinhalde bei Utzenfeld, GROSSMANN (1989: 643).

Ökologie: In Auwäldern, z.B. im Pruno-Fraxinetum, seltener an Waldrändern, in Blockhalden, auf staunassen oder zeitweise überschwemmten, nährstoffreichen, oft lehmigen Böden. Begleiter sind Esche und Erle. Die ssp. *padus* zeigt meist hohen Grundwasserstand an, während die ssp. *borealis* in Blockhalden oder an Felshängen vorkommt. Vegetationsaufnahmen z.B. bei OBERDORFER (1957), LOHMEYER u. TRAUTMANN (1974: 428–433) oder SCHWABE (1985).

Allgemeine Verbreitung: Nördliches und mittleres Europa bis Zentralasien, in Südeuropa und Nordafrika selten.

Verbreitung in Baden-Württemberg: Fast überall, besonders in den tieferen Lagen. Fehlt aber in Teilen des Schwarzwaldes, der Hochfläche der Schwäbischen Alb und der Hohenloher Ebene.

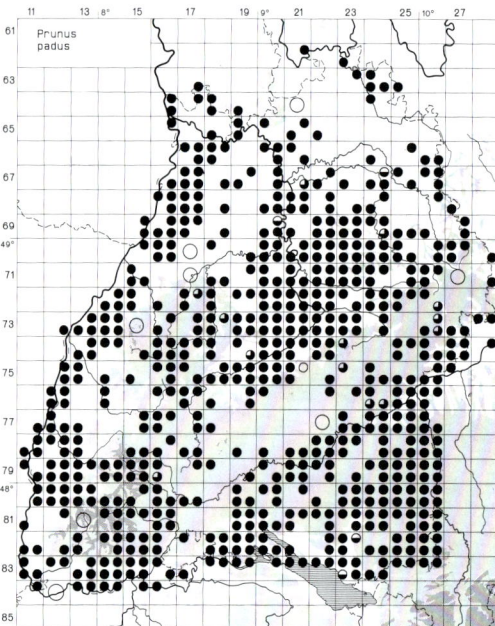

Späte Traubenkirsche *(Prunus serotina)*
Sandhausen, 1.6.1991

Höchstes Vorkommen: Seebuck (8114/1) bei 1350 m (K. MÜLLER 1948: 290), tiefste Vorkommen bei 100 m.

Erstnachweise: Die Art ist im Gebiet urwüchsig. Ältester archäologischer Nachweis: Boreal/Atlantikum vom Federsee (K. BERTSCH 1931); Frühes Subboreal von Sipplingen (K. BERTSCH 1932) oder Hornstaad (Pfyner Kulturschicht von „Hörnle I", 36. Jahrhundert v.Chr., RÖSCH unpubl.). Ältester literarischer Nachweis: LEOPOLD (1728: 35–36) „im Gänßhöltzlein" bei Ulm, 7525.

Bestand und Bedrohung: Die Art ist im Gebiet nicht bedroht. auch die Unterart ssp. *borealis* ist es nicht.

Literatur: NIESCHALK u. NIESCHALK (1974).

5. **Prunus serotina** Ehrhart 1788
Späte Traubenkirsche

Morphologie: Bis 30 m (bei uns bis 8 m) hoher Baum; Blätter gestielt, lanzettlich bis elliptisch, zugespitzt, gekerbt, am Grunde meist keilig, oberseits glänzend; Blüten zu etwa 30 in 6–15 cm langen Trauben; Kelch an der Frucht bleibend; Blüten weiß; Frucht kugelig, ca. 8 mm im Durchmesser, schwarz. – Blütezeit: Mai bis Juni.

Ökologie: Auf sandigen, kalkarmen Böden in Wäldern, besonders Kiefernwäldern, gern zusammen mit *Quercus robur, Betula pendula* oder *Teucrium scorodonia*, an Waldrändern, auch in Gebüschgesellschaften mit Rubus fruticosus (WITTIG 1979). Vegetationsaufnahmen bei PHILIPPI (1970: 52–56).

Allgemeine Verbreitung: Östliches Nordamerika und Mexiko bis Guatemala. In Europa stellenweise eingebürgert.

Verbreitung in Baden-Württemberg: In Wäldern und Anlagen angepflanzt, in Wäldern als Bodenschutzholz oder zur Verbesserung der Humusqualität in Kiefernwäldern. Hier auch verwildert und eingebürgert. Im Oberrheingebiet und am Rand von Schwarzwald und Odenwald zerstreut, sonst selten. Bei der Kartierung konnte nicht zwischen kultivierten, verwilderten oder eingebürgerten Vorkommen unterschieden werden, sie sind daher alle auf der Karte mit erfaßt. Tiefste Vorkommen bei 100 m, höchstes Vorkommen: 7516/3, Waldrand bei Vordersteinwald, ca. 800 m.

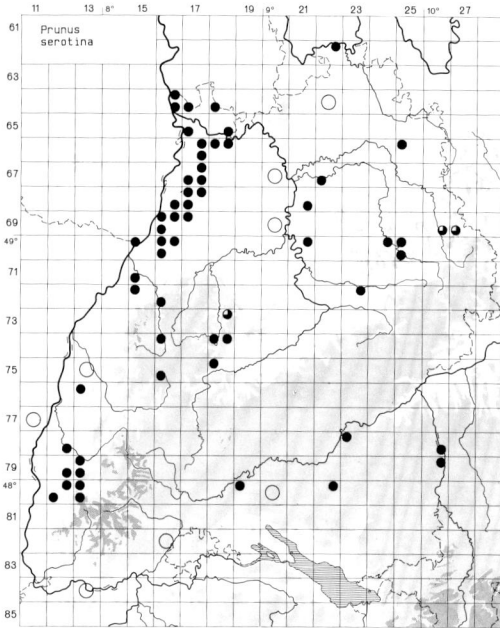

Prunus
serotina

Erstnachweise: Ältester Nachweis für die Anpflanzung im Gebiet: C. C. GMELIN (1806: 352–353).

Bestand und Bedrohung: Da die Art in Einbürgerung begriffen ist, ist sie anscheinend nicht bedroht.

Literatur: WITTIG (1979).

Crassulaceae

Dickblattgewächse
Bearbeiter: O. SEBALD

Ein- oder zweijährig oder ausdauernd, krautig. Blätter wechselständig, gegenständig, wirtelig oder in Rosetten, ungeteilt, ohne Nebenblätter, fast immer fleischig (sukkulent). Blüten in arm- oder reichblütigen, terminalen Thyrsen, ähren-, trauben-, rispenähnliche oder trugdoldige Blütenstände bildend, radiär, meist zwittrig (nur *Rhodiola* zweihäusig).

Kelchblätter frei oder basal verwachsen, so viele wie Kronblätter. Kronblätter frei, 4–20, weiß, gelb oder rot. Staubblätter meist doppelt so viele wie Kronblätter (nur bei *Sedum rubens* gleich viel), in zwei Kreisen, frei oder 1 Kreis etwas mit den Kronblättern verwachsen; Antheren bithezisch, intrors, mit Längsschlitz öffnend. Fruchtblätter oberständig, frei oder höchstens basal verwachsen, so viele wie Kronblätter, sich zu mehr- bis vielsamigen, häutigen bis ledrigen Balgfrüchtchen entwickelnd;

Samen klein mit meist spärlich entwickeltem Endosperm; Narben einfach, terminal.

Die Familie ist fast weltweit vor allem in warm-trockenen Regionen verbreitet mit Artenzentren in Südafrika und Mittelamerika. Da die Abgrenzung vieler Gattungen und Arten schwierig und immer noch umstritten ist, schwanken die angegebenen Zahlen der Gattungen zwischen 26 und 35 und die der Arten zwischen 600 und 1500 weltweit.

Für Europa werden in der Flora Europaea (1964) 13 Gattungen mit zusammen 107 Arten aufgeführt, davon ist *Sedum* mit allein 57 Arten am artenreichsten. In Baden-Württemberg gibt es ungefähr 15 wildwachsende Crassulaceen, dazu kommen noch einige gelegentlich verwilderte Arten.

Sedum- und *Sempervivum*-Arten sind beliebte Gartenpflanzen, einige Arten wurden als Arznei- oder Zauberpflanzen verwendet. Nach der Bundesartenschutzverordnung vom 19. 12. 1986 gehören alle *Sempervivum*- und *Jovibarba*-Arten zu den besonders geschützten Arten.

Von den Unterfamilien der Crassulaceae (vgl. BERGER 1930) kommen nur die Sempervivoideae und die Sedoideae bei uns vor. Die Crassulaceae sind am nächsten mit den Saxifragaceae verwandt.

Die Angabe von *Crassula aquatica* (L.) Schönl. = *Tillaea aquatica* L. von 2 südbadischen Fundorten (Nonnenmattweiher und Meyerskopf bei Bürglen) durch C. C. GMELIN (1805: 395) beruhte offenbar auf Fehlbestimmungen (vgl. SPENNER 1829: 815 und DÖLL 1858: 32).

Wichtige zusammenfassende Literatur: BERGER (1930), PRAEGER (1932)

1   Staubblätter so viele wie Kronblätter (je 5); Pflanze einjährig . . . . . . 3. *Sedum (rubens)*
–   Staubblätter doppelt so viele wie Kronblätter; einjährig bis ausdauernd 2
2   Kronblätter 4–6 (–9); Blätter am Stengel verteilt .   4
–   Kronblätter 6–20; Grundblätter in kugeligen oder flachen Rosetten 3
3   Kronblätter 6, gefranst, aufrecht, gelb . . . . . .
                                          2. *Jovibarba*
–   Kronblätter 8–20, ganzrandig, ausgebreitet, rot . .
                                       1. *Sempervivum*
4   Pflanze 2häusig; Kronblätter und Kelchblätter 4; Blätter flach . . . . 4. *Rhodiola*
–   Blüten zwittrig, Kronblätter 5–6 (–9); Blätter flach oder (halb)stielrund . . . . . . 3. *Sedum*

1. Sempervivum L. 1753
Hauswurz, Dachwurz

Ausdauernde, oft polsterbildende Pflanzen; untere Blätter in kugeligen bis ausgebreiteten Rosetten; vegetative Vermehrung durch rosettenbildende

Ausläufer. Blätter wechselständig, ungeteilt, sitzend, fleischig. Blütenstand ein terminaler Thyrsus, meist mit mehreren, doldenartigen Ästen, Rosetten nach der Bildung des Blütenstandes absterbend. Blüten 8- bis 20zählig, sitzend oder kurzgestielt. Kelchblätter lanzettlich, behaart. Kronblätter rötlich, abstehend, am Rand und außen behaart. Staubblätter doppelt so viele wie Kronblätter; Fruchtblätter so viele wie Kronblätter; Griffel nach außen gekrümmt. Balgfrüchtchen vielsamig.

Die Gattung *Sempervivum* ist vor allem in den Gebirgen Süd-, Mittel- und Südosteuropas verbreitet von der Sierra Nevada und den Kantabrischen Gebirgen Spaniens bis zu den Karpaten und den Gebirgen Bulgariens im Osten, ferner kommen Arten in Nordafrika im Atlas-Gebirge sowie in Südwestasien (Kaukausus, Anatolien, Nordwest-Iran) vor. Die Umgrenzung der Arten ist oft umstritten. Es wird mit 20–30 Arten gerechnet. Die Flora Europaea (1964) nennt 23 Arten. Viele Arten werden als Gartenpflanzen kultiviert und neigen auch zur Bastardierung, was ihre Bestimmung oft schwierig macht. In der Natur bevorzugen die meisten Arten felsige oder steinige Standorte, vor allem in den Gebirgen. Ob die Gattung mit urwüchsig vorkommenden Arten in Baden-Württemberg vertreten ist, ist zweifelhaft. Nur von *S. tectorum* s.l. wird angenommen, daß einzelne Vorkommen ursprünglich sein könnten.

Nach der Bundesartenschutzverordnung vom 19. 12. 1986 sind alle *Sempervivum*-Arten besonders geschützt.

1 Rosettenblätter oben und unten kahl, am Rand bewimpert, ± flach ausgebreitet   1. *S. tectorum*
– Rosettenblätter an der Spitze durch spinnwebige Haare verbunden und/oder auf der Fläche drüsenhaarig, kugelig zusammengekrümmt . . . .
[S. arachnoideum × montanum]

1. Sempervivum tectorum L. 1753
Dach-Hauswurz, Echte Hauswurz

Morphologie: Rosetten 3–12 cm breit; Rosettenblätter länglich-verkehrt-lanzettlich, scharf zugespitzt, 2–6 cm lang, 1–2 cm breit, blaugrün oder rötlich überlaufen. Blütenstengel kräftig, 20–40 cm hoch, behaart, ebenso obere Stengelblätter. Blüten 12–16 (meist 13)zählig, 2–3 cm Durchmesser; Kronblätter 10–12 mm lang, spitz, linear-lanzettlich; Staubfäden rötlich, kahl oder an der Basis etwas behaart. Fruchtblätter grünlich mit rötlichem Griffel. – Blütezeit: Juli bis September.

Variabilität: Die Art ist sehr variabel und es wurden in ihrem Bereich schon viele Sippen in den verschie-

Dach-Hauswurz *(Sempervivum tectorum)*
Oberrimsingen, 1966

densten Rangstufen beschrieben. Die seit vielen Jahrhunderten angepflanzte Hauswurz wird fast immer mit Hilfe von Rosetten vegetativ vermehrt. Es sind daher wohl nur wenige Sorten (Cultivars) weiter verbreitet. *S. tectorum* im engeren Sinn weist öfters verkümmerte Staubblätter und Früchtchen auf. Die Entstehung und Herkunft ist offenbar noch unklar. Die wildwachsende Sippe des Alpenraums wird manchmal als eigene Art *S. alpinum* Grisebach et Schenk 1852 (so z.B. von HESS, LANDOLT u. HIRZEL 1970) angesehen, öfters jedoch nur als Unterart subsp. *alpinum* (Grisebach et Schenk) Wettstein in Hayek 1922. Die subsp. *alpinum* unterscheidet sich durch kleinere Rosetten, stets ausgebildete Staubblätter und durch am Grunde weißliche Rosettenblätter von der subsp. *tectorum*. Bei HESS, LANDOLT u. HIRZEL (1970) werden für *alpinum* auch 3 Fundorte aus Baden-Württemberg angegeben (Istein, Breisach, Hohentwiel). Nach FAVARGER und ZESIGER (1964) ist eine endgültige

Untergliederung von *S. tectorum* s.l. noch nicht möglich.

Ökologie: Lichtliebende Pflanze trockener, besonnter Standorte auf Felsen, in Spalten, auf Felssimsen, auf Silikat- und Kalkgestein; auch auf Mauern, Dächern und in Gärten angepflanzt und stellenweise dauerhaft verwildert. Vegetationsaufnahmen von den als natürlich vermuteten Vorkommen am Hohentwiel findet man bei TH. MÜLLER (1966: Tab. 2) im Diantho-Festucetum u.a. zusammen mit *Sedum album, Allium montanum, Phleum phleoides, Trifolium arvense, Genistella sagittalis.*

Allgemeine Verbreitung: Von den Pyrenäen über den ganzen Alpenraum bis in die nördliche Balkanregion, sonst in großen Teilen Europas seit langer Zeit angepflanzt und stellenweise eingebürgert. In Deutschland gelten die Vorkommen im mittleren Rheingebiet und im Allgäu als natürlich.

Verbreitung in Baden-Württemberg: Die Art ist in allen Landschaften als Gartenpflanze verbreitet. Seit alter Zeit wird sie als Schutz- und Arzneipflanze verwendet. Auf die Dächer gepflanzt, sollte sie die Häuser vor Blitzeinschlägen schützen. Aber auch rein mechanisch konnten ihre dichten Rosetten den Dächern bei Regen einen gewissen Schutz bieten. So berichten VON MARTENS und KEMMLER (1865): „auf der Alp wird zuweilen der ganze First des Strohdachs damit besetzt." Die Art wurde auch auf Felsen in der Nähe von Ortschaften oder Burgen ausgepflanzt, ebenso in den Weinbergen auf Mauern. Es ist heute daher in den meisten Fällen nicht mehr festzustellen, ob es sich um echte Verwilderungen handelt oder nur um Anpflanzungen. Auch auf Felsen weitab von Ortschaften fanden und finden gelegentlich Anpflanzungen statt. Mit einigem Vorbehalt als natürliches Vorkommen kann der Hohentwiel betrachtet werden, obwohl hier durch die Nähe der Burg durchaus auch die Möglichkeit der Auspflanzung bestehen könnte. Immerhin sollen die Pflanzen vom Hohentwiel zu der subsp. *alpinum* gehören (vgl. HESS, LANDOLT u. HIRZEL 1970). Unter den geschilderten Umständen war es kaum möglich, eine Verbreitungskarte für nachgewiesen wildwachsende Vorkommen Baden-Württembergs zu erstellen. Es wurde aber eine Karte für die Vorkommen angefertigt, die auf Felsen wachsen.

Für die Felsen-Vorkommen können rund 130 m beim Haarlaß bei Heidelberg (6518/3) und rund 960 m am Lochenstein bei Balingen (7719/3) als die bisher niedersten bzw. höchsten Werte angegeben werden.

Erstnachweise: Betrachtet man die Vorkommen am Hohentwiel als natürlich, so kann man als älteste Angabe die von ROESLER (1839: 118) nennen. Noch ältere Angaben für *S. tectorum* beziehen sich auf Vorkommen mit unsicherem Status, so AMTSBÜHLER in ROTH VON SCHRECKENSTEIN et al. (1814) für Hewenegg (8018/3), oder auf kultivierte Pflanzen (z.B. C. GMELIN (1806).

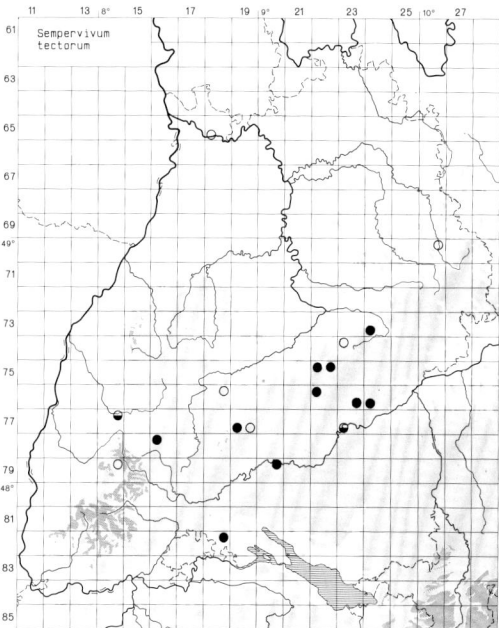

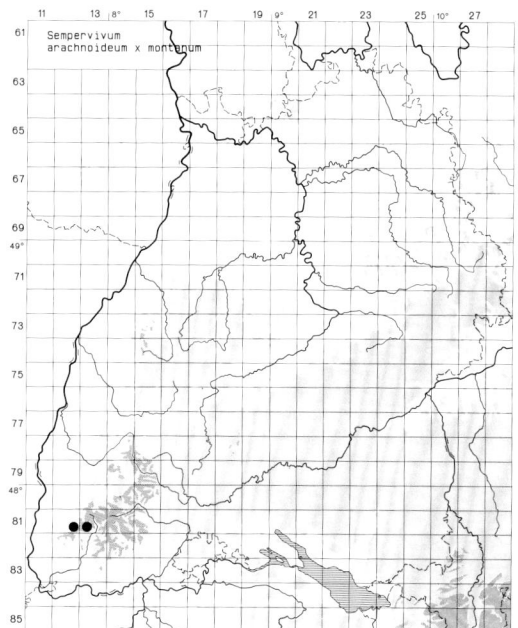

„Belchen-Hauswurz" *(Sempervirum arachnoideum ×
S. montanum)* Belchen, 7.7.1992

Bestand und Bedrohung: Die als natürlich vermuteten Vorkommen sollten auf jeden Fall geschont werden. Sie sind in der Roten Liste (HARMS et al. 1983) auch als wegen ihrer Seltenheit als potentiell gefährdet bezeichnet (G4). Unterbleiben sollten jedoch alle Anpflanzungen (Ansalbungen) in der freien Landschaft, z.B. auf Felsen. Die schon vorhandenen Ansalbungen sollten beobachtet werden, ob sie eventuell andere schützenswerte Pflanzen in Bedrängnis bringen, damit rechtzeitig eingegriffen werden kann.

Sempervivum arachnoideum L. 1753 × **S. montanum** 1753
S. × barbulatum Schott 1853
„Belchen-Hauswurz"
Dichte Polster kleiner, kugeliger Rosetten von 1–2 cm Durchmesser bildend; Blätter elliptisch-länglich, stumpf, die spinnwebige Behaarung fehlt weitgehend, bzw. ist durch eine etwas wollige Behaarung der Blattspitze ersetzt. Blütenstengel 5–15 cm hoch; Blüten meist 10zählig, etwa 2 cm Durchmesser; Kronblätter rosa.
Die Pflanze wurde 1867 von VULPIUS am Belchen im Südschwarzwald angesalbt und hat sich dort in der *Silene rupestris-Sedum annuum*-Assoziation nach OBERDORFER (1956: 181) vollkommen eingebürgert (vgl. auch PHILIPPI 1989: Tab. 11, Aufnahmen 11 und 12). Danach kommt die Art dort in den Quadranten 8112/4 und 8113/3 in Höhen zwischen 1250 und 1350 m vor. Nach LUDWIG (1968) könnte es sich auch um eine Rückkreuzung des Bastards mit der Elternart *S. arachnoideum* handeln. Die beiden Elternarten sind in den Silikatgesteins-Gebieten der Alpen weitverbreitet.
Sempervivum montanum L. 1753
Die Angabe von *S. montanum* L. für das obere Donautal durch GMELIN (1826: 329) ist sicher falsch (vgl. dazu auch DÖLL 1858: 32 und JACK 1892: 24).

2. **Jovibarba** Opiz 1852

Diopogon Jord. et Fourr. 1868; *Sempervivum* sect. *Jovibarba* DC. 1828 pro parte; *Sempervivum* sect. *Jovisbarba* Mertens et Koch 1831
Donarsbart

Ähnlich *Sempervivum* im Habitus, aber Blüten 6zählig, mit hellgelben, aufrechten, drüsig gefransten Kronblättern. Von den 5 in den Alpen, Mittel-, Ost- und Südosteuropa vorkommenden Arten der Gattung wird nur *J. sobolifera* aus Baden-Württemberg als eingebürgert angegeben.
Die Angabe von *J. hirta* (L.) Opiz = *Sempervivum hirtum* L, durch GMELIN (1826: 329) für das obere Donautal ist sicher falsch (vgl. DÖLL 1958: 32, JACK 1892: 24).
Nach HUBER (1963: 103) umfaßt die Gattung nur 2 Arten, die als Unterarten eingestufte geographische Rassen bilden. *J. sobolifera* heißt bei ihm *Diopogon hirtus* subsp. *borealis*.

1. **Jovibarba sobolifera** (Sims) Opiz 1852

Sempervivum soboliferum Sims 1812; *Diopogon hirtus* (L.) Huber 1965 subsp. *borealis* Huber 1963
Sprossender Donarsbart, Sprossende Fransen-Hauswurz

Rosetten 2–4 cm Durchmesser, halbkugelig; Blätter einwärts gekrümmt, verkehrt-eiförmig bis -lanzettlich, kahl, am Rand drüsig bewimpert. Kelch-

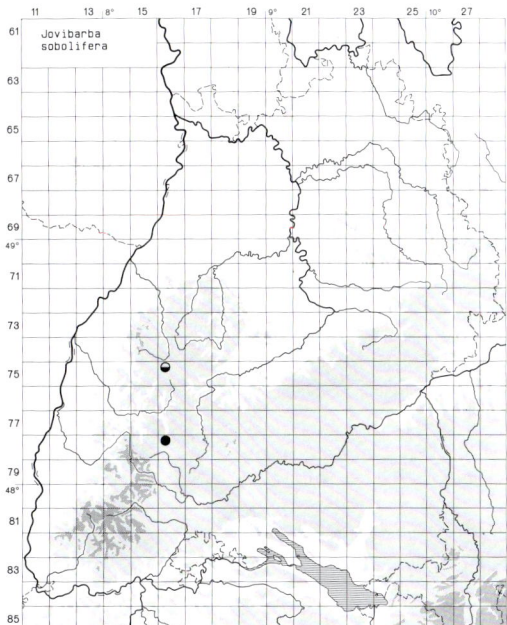

Sprossender Donarsbart *(Jovibarba sobolifera)*
Ramstein im Bernecktal, 2.8.1992

blätter kammförmig gefranst. Kronblätter 15–17 mm lang. Staubblätter am Grunde drüsenhaarig.

Die mittel-, ost- und nordosteuropäische Art ist ein gemäßigt-kontinentales Florenelement auf flachgründigen Stein- und Felsböden. Die nächstgelegenen Vorkommen befinden sich im nördlichen Frankenjura und im Maingebiet. Nach HUBER (1963) sind wahrscheinlich alle westlich der Elbe gelegenen Vorkommen aus alten Verwilderungen entstanden.

Aus Baden-Württemberg nur aus dem mittleren Schwarzwald angegeben:

7816/1: Bernecktal S Schramberg, Ramstein, zahlreich über die Granitfelsen verteilt neben *Sempervivum tectorum*, eingebürgert, eventuell einst aus dem Burggarten verwildert, 1960, SEILER (STU-K), 1961, WREDE (STU), 1986, SEYBOLD (STU-K). Eine weitere und zugleich die älteste Angabe findet sich bei A. MAYER (1929: 193: 7516/1: Christophstal, an 2 Stellen verwildert.

3. **Sedum** L. 1753
Mauerpfeffer, Fetthenne

Einjährige bis ausdauernde, krautige Pflanzen; Blätter ungeteilt, fleischig, flach oder stielrund, wechsel- oder gegenständig, ohne Nebenblätter. Blüten radiär, zwittrig, 5–7 (–9)zählig; Kronblätter

frei; Staubblätter doppelt so viele wie Kronblätter (Ausnahme: *S. rubens*). Fruchtblätter frei oder nahezu frei, mit vielen Samenanlagen, aufrecht oder abspreizend.

Die Gattung *Sedum* kommt mit rund 500 Arten auf der Nordhalbkugel weit verbreitet vor mit Artenschwerpunkten in Mexiko, im Mittelmeerraum und in Ostasien. In Südamerika dringt die Gattung in den Anden bis nach Bolivien vor. Auch in den afrikanischen Gebirgen und auf Madagaskar hat sie noch einige Vertreter (vgl. Arealkarte der Gattung *Sedum* mit eingetragenen Artenzahlen für die einzelnen Gebiete bei BÖTTCHER und JÄGER 1984: 129).

In Europa kommen nach WEBB (1964) 57 Arten vor, von denen 11 Arten auch in Baden-Württemberg wildwachsend gefunden werden.

Die Gliederung der Gattung *Sedum* ist noch nicht einheitlich (vgl. BERGER 1930, HUBER 1961). Die Reihenfolge der Arten folgt hier WEBB (1964). *Rhodiola* wurde als eigene Gattung behandelt.

Eine ganze Reihe von *Sedum*-Arten werden in Gärten als Zierpflanzen kultiviert. Einige von ihnen verwildern ziemlich leicht oder werden öfters auch außerhalb der Ortschaften an Mauern in Weinbergen, an Straßenrändern und in Wochenendgrundstücken ausgepflanzt.

Der Status solcher Vorkommen, ob eingebürgert und echt wildwachsend oder angepflanzt, muß öfters offenbleiben.

1	Blätter flach, mindestens 3mal breiter als dick . . 2
–	Blätter (halb)stielrund, elliptisch, im Querschnitt nur wenig breiter als dick 6
2	Kronblätter rot, rosa, weißlich oder blaßgelb . . . 5
–	Kronblätter kräftig gelb 3
3	Stengel aufrecht . . . . [*S. aizoon*]
–	Stengel niederliegend 4
4	Blätter verkehrt-lanzettlich, sitzend . . . . [*S. kamtschaticum*]
–	Blätter verkehrt-eiförmig, etwas gestielt . . . . . [*S. hybridum*]
5	Kronblätter 8–13 mm lang; Stengel kriechend bis aufsteigend, mit nichtblühenden Trieben . . . . . [*S. spurium*]
–	Kronblätter 3–6 mm lang; Stengel aufrecht; Pflanze ohne nichtblühende Triebe . . . . 1.–3. *S. telephium* agg.
6	(1) Kronblätter gelb 15
–	Kronblätter weiß oder rötlich 7
7	Staubblätter so viele wie Kronblätter 8
–	Staubblätter doppelt so viele wie Kronblätter . . 9
8	Blüten fast sitzend . . . . 11. *S. rubens*
–	Blüten deutlich gestielt . . . . . . 9. *S. villosum*
9	Ausdauernde Pflanzen mit nichtblühenden Trieben 11
–	Ein- bis zweijährige Pflanzen, ohne nichtblühende Triebe 10

10 Blüten 6- bis 9zählig; Balgfrüchte sternförmig . .
                                  12. *S. hispanicum*
– Blüten 5zählig; Balgfrüchte aufrecht . . . . . .
                                   9. *S. villosum*
11 Pflanze kahl 12
– Pflanze behaart 13
12 Blüten 6- bis 9zählig . . . . . . 12. *S. hispanicum*
– Blüten 5zählig . . . . 7. *S. album*
13 Blätter gegenständig . . . . . 8. *S. dasyphyllum*
– Blätter wechselständig 14
14 Blüten 6- bis 9zählig; Balgfrüchtchen sternförmig
                                  12. *S. hispanicum*
– Blüten 5zählig; Balgfrüchtchen aufrecht . . . . .
                                   9. *S. villosum*
15 (6) Früchtchen aufrecht; Blüten 6- bis 7zählig;
     Blätter bespitzt . . . . 4. *S. rupestre*
– Früchtchen abstehend; Blüten 5zählig; Blätter
     stumpf 16
16 Ausdauernde Pflanzen, mit vielen nichtblühenden
     Trieben 17
– Ein- bis zweijährige Pflanzen, ohne nichtblühende
     Triebe . . . . 10. *S. annuum*
17 Blätter eiförmig . . . . 5. *S. acre*
– Blätter linear-walzlich . . . . . 6. *S. sexangulare*

Sedum aizoon L. 1753

Ausdauernd, mit mehreren, aufrechten, 30–50 cm hohen Stengeln. Blätter wechselständig, verkehrt-lanzettlich, unregelmäßig gesägt bis gezähnt, 4–8 cm lang. Kronblätter 7–10 mm lang, scharf zugespitzt, gelb bis gelborange. Die in Asien von Westsibirien bis nach Japan vorkommende Art wurde aus Baden-Württemberg nur selten als verwildert gemeldet, so z.B. von 6824/3: Friedensberg bei Schwäbisch Hall, 1901, DIEZ (1902: XXVIII), KIRCHNER und EICHLER (1913, BERTSCH (1933; 1948).

Sedum kamtschaticum Fischer et Meyer 1841

Nah verwandt mit *S. aizoon*, aber Stengel niederliegend. Die in Ostsibirien, Korea, Japan und China beheimatete Art wurde vereinzelt als verwildert gemeldet. So z.B.: 7418/1: Nagold, 1956, 2 Horste, WREDE (STU-K).

Sedum hybridum L. 1753

Ausdauernd, Stengel kriechend, sich bewurzelnd. Blätter an den Spitzen der Triebe rosettig gehäuft, 2–3 cm lang. Kronblätter 6–9 mm lang, lanzettlich spitz, gelb, mit einem grünlichen Kiel. Die Art ist weit verbreitet in Nordasien vom Ural bis nach Ost-Sibirien und Turkestan, vor allem in den Bergsteppen. Ziemliche häufige Steingartenpflanze.

1.–3. Sedum telephium agg.
Artengruppe der Roten Fetthenne

Morphologie: Sommergrüne Stauden mit sympodial aufgebautem Rhizom und verdickten Speicherwurzeln, meist mehrere bis viele, aufrechte bis aufsteigende, 20–70 cm hohe, nur oben verzweigte Blütensprosse treibend; nicht blühende Sprosse fehlend. Blätter flach, die meisten breiter als 1 cm und 2–10 cm lang, sitzend, wechsel-, gegen- oder selten auch quirlständig. Blütenstand eine reichblütige, ziemlich dichte Trugdolde. Blüten 5zählig, deutlich gestielt; Kelchblätter nur 1–2 mm lang, spitz-dreieckig; Kronblätter 4–5 mm lang, lanzettlich bis eiförmig, Spitze kapuzenartig zusammengezogen mit kurzer aufgesetzter Spitze, gelblich- oder weißlichgrün, rosa bis dunkelpurpurrot. Staubblätter 10, die Filamente der vor der Kronblätter stehenden Staubblätter oft auf ¼ bis ⅖ ihrer Länge mit diesen verwachsen; Antheren die Kronblätter wenig überragend oder gleich lang. Fruchtblätter aufrecht, grünlich oder rötlich.

Allgemeine Verbreitung: Fast ganz Europa mit Ausnahme des nördlichen Skandinaviens und großer Teile der Iberischen Halbinsel, Siziliens und Griechenlands, durch Sibirien bis nach Ostasien (Japan, Korea, China) vorkommend; ferner auch in Nordafrika, Anatolien und Kaukasusgebiet; eine Arealkarte des *Telephium*-Wuchsformtyps findet sich bei BÖTTCHER und JÄGER (1984: 135). Das genauere Areal der einzelnen Sippen der Gruppe ist wegen der Schwierigkeit ihrer Abgrenzung oft nur unvollständig anzugeben.

Variabilität: *S. telephium* im weiteren Sinne wird für Mitteleuropa meist in 3 Sippen gegliedert. Zur Unterscheidung der 3 Sippen werden vor allem die Blütenfarbe, die Blattstellung und die Blattform (Gestalt der Blattbasis, Blattrand) herangezogen. Als weitere Merkmale wurden noch verwendet: die Länge der Verwachsung der Staubfäden mit den

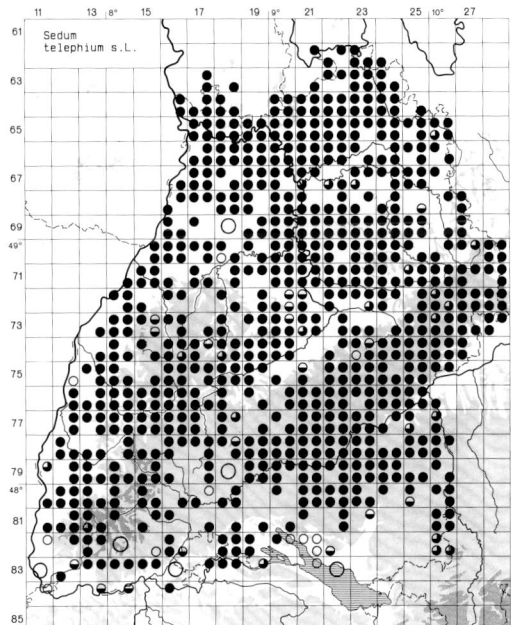

231

Kronblättern (vgl. HEGI 1921: 523), die Ausspreizung der Kronblätter (OBERDORFER 1983, 1990; ROTHMALER 1986; SCHMEIL-FITSCHEN 1982) sowie die Ausbildung einer Rinne auf der Außenseite der Früchtchen (WEBB 1964: 358; HUBER in HEGI 1961; ROTHMALER 1976, 1986). Einige der angegebenen Merkmale sind leider nicht immer zuverlässig. JALAS (1954) hat in Finnland festgestellt, daß die Blattstellung selbst an Trieben des gleichen Individuums verschieden sein kann. Viele Merkmale variieren unabhängig voneinander. Auch die Chromosomenzahlen haben bisher noch keine endgültige Klärung gebracht. Die Bearbeitung der Sippen wird erschwert durch die Tatsache, daß sie seit langem als Zier- und Heilpflanzen in Gärten gehalten werden und sich durch Verwilderungen und Einkreuzungen die natürlichen Verhältnisse verwischen können.

Die meisten Argumente sprechen wohl für eine Einstufung der 3 Sippen als Unterarten (vgl. WEBB 1961, 1964; GREUTER, BURDET und LONG 1986). EHRENDORFER (1973), OBERDORFER (1983, 1990), ROTHMALER (1976, 1986) führen die Sippen jedoch als eigene Arten. HUBER in HEGI (1961) läßt *S. maximum* als eigene Art bestehen und faßt *S. fabaria* und *S. telephium* s.str. als Unterarten in *S. telephium* zusammen.

Eine Bearbeitung der Sippengruppe für Südwestdeutschland fehlt noch. SCHNIZLEIN und FRICKHINGER (1848: 132) kamen nach jahrelangen Beobachtungen zu der Überzeugung, daß *S. maximum* und *S. telephium* s.str. in einander übrgehen. Mit den erwähnten Vorbehalten wird hier jedoch der Artrang für die Sippen vorläufig beibehalten. Bei der floristischen Kartierung wurden die Sippen oft nicht getrennt, so daß nur die Karte des *S. telephium*-Aggregats einigermaßen vollständig ist. Die Karten der einzelnen Sippen sind noch sehr unvollständig.

1 Mittlere und obere Blätter basal breit abgerundet bis etwas herzförmig stengelumfassend; Blüten gelblich bis weißlichgrün . . . . . 1. *S. maximum*
– Blätter mit keilförmiger bis stielartiger Basis, höchstens die oberen basal etwas abgerundet; Blüten rosa bis purpurrot 2
2 Obere Blätter breit-keilförmig bis etwas abgerundet; Kronblätter meist purpurrot, ihr oberer Teil ausgebreitet . . . . 2. *S. telephium* s.str.
– Alle Blätter basal-keilförmig bis fast stielartig verschmälert; Kronblätter rosa, gerade gerichtet . . .
3. *S. fabaria*

1. **Sedum maximum** (L.) Hoffmann 1791

S. telephium L. subsp. *maximum* (L.) Krocker 1790; *S. telephium* L. var. *maximum* L. 1753; *S. telephium* L. var. *cordatum* Döll 1843
Große Fetthenne, Großer Mauerpfeffer

Morphologie: Vgl. Schlüssel. 30–80 cm hoch. Blätter öfters gegenständig oder 3wirtelig, oft nur 1,5–2,5mal länger als breit, elliptisch, eiförmig bis verkehrt-eiförmig, stumpf und entfernt schwach gezähnt, nur untere Blätter mit keilförmiger Basis. – Blütezeit: Juli bis September.

Ökologie: Lichtliebende Art auf trockenen bis mäßig frischen, basenreichen, kalkarmen und kalkreichen Böden, an felsigen, sandigen oder steinigen Standorten, Acker- und Wegrändern, Feldraine, Lesesteinhaufen, Mauern, Saumgesellschaften an Gebüsch- und Waldrändern.

Nach Aufnahmen von TH. MÜLLER (1966: Tab. 8) bei Tübingen auch in lichten Eichenwäldern (Quercetum medio-europaeum, Subassoziation von *Sorbus torminalis*.

Allgemeine Verbreitung: Im größten Teil Europas, im Westen offenbar zerstreut; Verbreitung nur ungenau bekannt.

Verbreitung in Baden-Württemberg: Wohl im ganzen Land sehr zerstreut vorkommend, aber viel weniger häufig als *S. telephium* s.str. Die Verbreitungskarte ist noch sehr unvollständig und nur als Arbeitskarte zu betrachten.

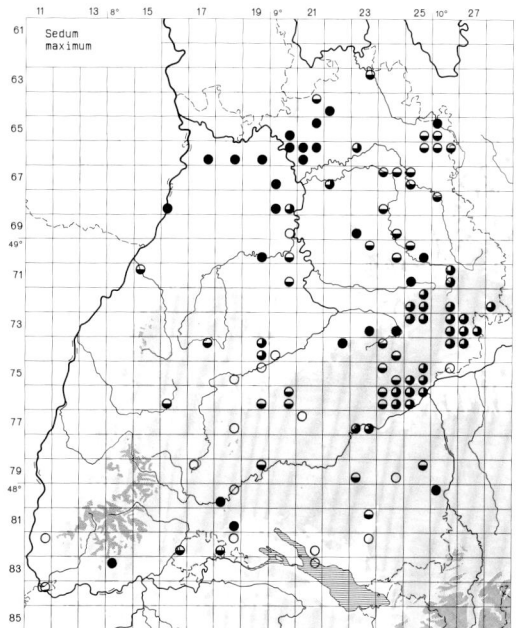

Große Fetthenne *(Sedum maximum)*
Remswasen bei Schwäbisch Gmünd, 28.8.1991

Vorkommen im nördlichen Oberrheingebiet bei Schwetzingen (6617/4) liegen bei etwa 100 m, auf der Schwäbischen Alb sind Vorkommen bei 710 m bei Erkenbrechtsweiler (7422/2) notiert worden.

Erstnachweise: Bei DÖLL (1843: 608) werden die Varietäten *cordatum* und *rotundatum* für Wertheim, Freiburg bzw. Karlsruhe angeführt. Erstere als mit herzförmigem Grund stengelumfassend, letztere als mit abgerundeter Basis sitzend.

Bestand und Bedrohung: Die Verbreitung ist noch sehr ungenau bekannt, so daß über eine Bedrohung nichts ausgesagt werden kann. (vgl. Abschnitt bei *S. telephium* s.str.)

2. Sedum telephium L. 1753 s.str.

S. telephium L. subsp. *telephium; S. telephium* L. var. *purpureum* L. 1753; *S. telephium* L. subsp. *purpureum* (L.) Hartman 1849; *S. purpureum* (L.) Schultes 1814; *S. purpurascens* Koch 1843; *S. vulgare* (Haw.) Link 1821 pro parte; *S. telephium* var. *angustifolium* Döll 1843
Purpur-Fetthenne, Purpurroter Mauerpfeffer

Morphologie: Vgl. Schlüssel. 30–60 cm hoch. Blätter seltener gegenständig, oft kräftiger gezähnt als bei voriger Sippe, 3–8 cm lang, oft mehr als 2,5 mal so lang wie breit, schmal-elliptisch bis schmal verkehrt-eiförmig. Früchtchen außen rinnig (im Ge-

gensatz zu *S. fabaria*). – Blütezeit: Juli bis September.

Ökologie: Wohl weitgehend mit *S. maximum* übereinstimmend. Nach WILMANNS (1956: Tab. A) kam die Sippe auf der Schwäbischen Alb mit hoher Stetigkeit besonders in der *Caucalis lappula-Lathyrus tuberosus*-Assoziation der kalkreichen Äcker vor. Sie wird von WILMANNS als lokale Assoziationscharakterart dieser Unkrautgesellschaft bezeichnet.

Allgemeine Verbreitung: Vgl. Abschnitt bei *S. telephium* agg.

Verbreitung in Baden-Württemberg: In fast allen Landschaften zerstreut vorkommend, in Teilen des Alpenvorlandes offenbar fast fehlend. Verbreitungskarte noch sehr unvollständig. Weitaus die häufigste Sippe der Gruppe (vgl. auch Verbreitungskarte der Gruppe).

Die Vorkommen reichen von etwa 90 m im Raum nördlichen Mannheim bis zu den höchsten Lagen der Schwäbischen Alb bei etwa 1000 m (7818/4) bei Gosheim.

Erstnachweis: Bei Wallhausen wurden Reste von *S. telephium* agg. im frühen Subboreal gefunden (RÖSCH 1990).

S. telephium agg. wird schon bei J. BAUHIN (1598: 203) für die Umgebung von Bad Boll (7323) aufgeführt. Es ist mit großer Wahrscheinlichkeit anzunehmen, daß es sich dabei um *S. telephium* s.str. gehandelt hat.

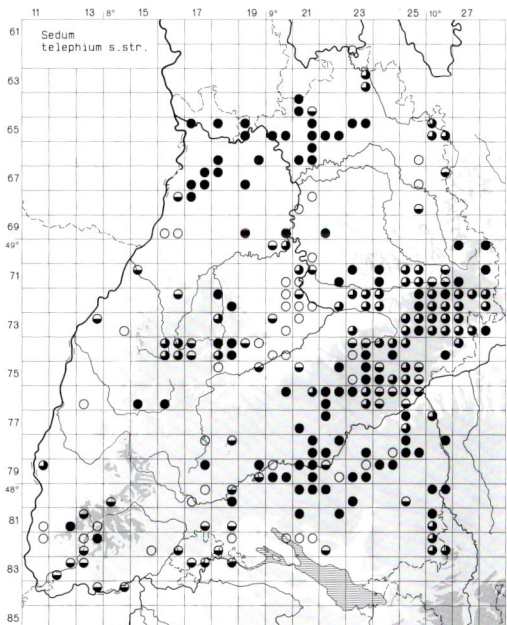

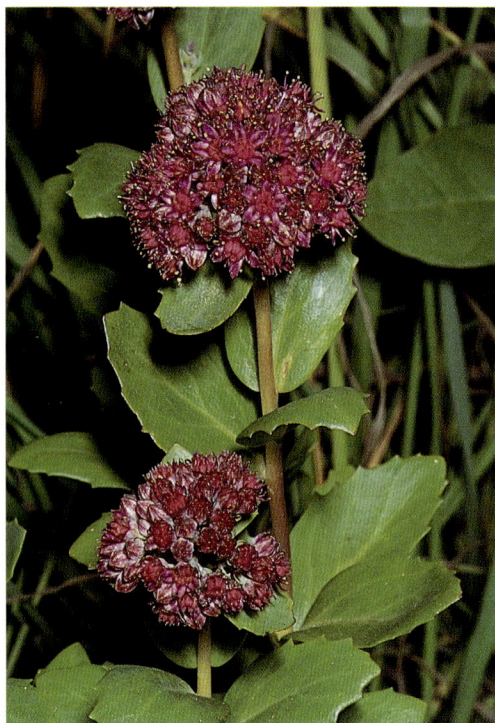

Purpur-Fetthenne *(Sedum telephium)*
Heidhöfe bei Böhmenkirch, 23.8.1980

Bestand und Bedrohung: Die Art ist keiner stärkeren Bedrohung ausgesetzt. Doch dürften manche Wuchsorte durch frühere Flurbereinigungen verlorengegangen sein durch Beseitigung von Feldrainen, Lesesteinhaufen und Gebüschen. Die Sippe ist zwar relativ bodenvag, vermag aber nur ganz bestimmte Wuchsorte zu besiedeln, da sie weder öfteres Abmähen, Beweiden, Umbrechen noch Beschattung erträgt.

3. Sedum fabaria Koch 1837

S. telephium L. subsp. *fabaria* (Koch) Kirchleger 1852; *S. vulgare* (Haw.) Link 1821 pro parte; *S. telephium* L. var. *vulgare* (Haw.) Burnat
Berg-Fetthenne, Saubohnen-Mauerpfeffer

Morphologie: Vgl. Schlüssel. Meist nur 20–40 cm hoch; Stengel eher aufsteigend. Blätter fast immer wechselständig, länglich bis verkehrt-lanzettlich, meist kräftig gezähnt, oft stielartig verschmälert. Früchtchen außen nicht rinnig. – Blütezeit: Juli bis September.
Ökologie: Eine lichtliebende Art auf den trockenen Silikatfels-Standorten der höheren Lagen; am Belchen nach PHILIPPI (1989: Tab. 7, Aufn. 7) in

Calamagrostis arundinacea-Fluren auf S- bis SW-exponierten Hängen zusammen mit *Digitalis grandiflora, Poa chaixii, Teucrium scorodonia, Polygonatum verticillatum, Luzula luzuloides, Rosa pendulina* u.a.

Allgemeine Verbreitung: Noch unzureichend bekannt. Es gibt widersprüchliche Angaben: nach WEBB (1964) „chiefly in W. & C. Europe", nach HESS et al. (1970) „osteuropäische Pflanze".

Verbreitung in Baden-Württemberg: Angaben, die mit einiger Sicherheit zu dieser Sippe gerechnet werden können, liegen nur aus dem Südschwarzwald vor.

8014/4: Hinterzarten, 1949, BORNER (STU); 8112/4: Belchen, Hochkelch, PHILIPPI (1989: Tab. 7., Aufn. 7); 8113/3: Belchen, KLEIN in BINZ (1901: 138). u.v.a.; im ganzen Belchengebiet zwischen Neubronn und Neuenweg bis 1000 m herab, 1962, LITZELMANN (1963), am Belchen, GROSSMANN (1989: 668); 8114/1: im Zastlertal, SCHLATTERER (1912: 172); 8212/4: o.O., ? (KR-K).

Folgende Angaben finden sich in einigen Floren, wurden aber nicht in die Karte aufgenommen. Es dürfte sich bei ihnen um Gartenflüchtlinge oder eventuell um Ansalbungen handeln: Nordschwarzwald: 7418/1: Nagold, FEUCHT in HEGI (1921), HUBER in HEGI (1961).
Schwäbische Alb: 7325/3: Eybach, KIRCHNER und EICHLER (1913), GRADMANN (1936); 7324/3: Fuchseck, KIRCHNER und EICHLER (1913), GRADMANN (1936); letztere Angabe ist irrtümlich und gehört zu *S. spurium*, K. SCHLENKER in BERTSCH (STU-K).

Am Belchen zwischen 1000 und 1300 m, weitere Angaben liegen nicht vor.

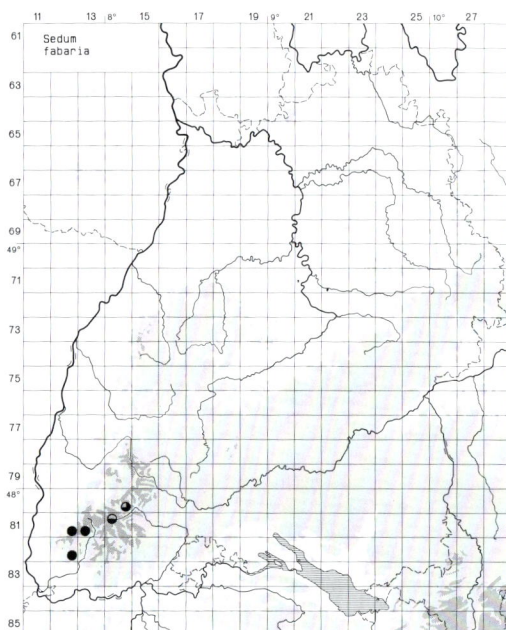

Berg-Fetthenne *(Sedum fabaria)*
Belchen, Südseite, 1980

Erstnachweis: DÖLL (1962: 1041) hat durch VUL-
PIUS Pflanzen vom Belchen erhalten, die er nur für
kleinere Formen von *S. telephium* hielt: „ich habe
jedoch an denselben keine spezifischen Unterschiede zu entdecken vermocht".

Bestand und Bedrohung: Die Berg-Fetthenne ist
wegen ihrer Seltenheit potentiell gefährdet (G4 der
Roten Liste). Am Belchen kommt sie innerhalb des
Naturschutzgebietes vor.

Sedum spurium Bieb. 1808
S. oppositifolium Sims 1816
Kaukasus-Mauerpfeffer, Unechte Fetthenne

Ausdauernd; Stengel reichverzweigt, kriechend und wurzelnd, mit kurzen, nicht blühenden, rosettenartigen Trieben und aufsteigenden, 10–20 cm hohen Blütentrieben.
Blätter gegenständig oder dreiquirlig, fleischig, abgeflacht,
verkehrt-eiförmig bis keilförmig-rautenförmig, gekerbt
und bewimpert am Rand, 1–4 cm lang. Blüten 5 (–6)zäh-
lig, fast sitzend bis gestielt in einer dicht- und reichblütigen

Trugdolde. Kelchblätter lanzettlich, 4–5 mm lang, rötlich;
Kronblätter purpurrot bis rosa, selten weißlich, schmal-
lanzettlich, sehr spitz, 8–13 mm lang. Staubblätter
10. Früchtchen 5, etwa 8 mm lang. – Blütezeit: Juni bis
August.

Die im Kaukasusgebiet, Armenien und im nordöstlichen Anatolien beheimatete Art ist in Mitteleuropa eine
der häufigsten Zierpflanzen. Sie läßt sich leicht vegetativ
durch Stengelstücke vermehren. Außerhalb von Ortschaften wurde die Art an Mauern in Weinbergen und an Straßen, manchmal sogar an Felsen ausgepflanzt. Selbst schon
lange beobachtete Vorkommen außerhalb von Ortschaften können daher nicht ohne weiteres als eingebürgerte
Gartenflüchtlinge angesehen werden. Manchmal landen
Pflanzen dieser Art mit Gartenabfällen in Kiesgruben,
Steinbrüchen und auf Auffüllflächen. Sie können sich
dann halten und vermehren.

Die Verbreitungskarte zeigt daher Vorkommen mit sehr
unterschiedlichem Status. Gartenanpflanzungen wurden
nicht aufgenommen. Die Karte ist sicher noch sehr unvollständig, was die außerhalb von Gärten eingebürgerten,
aus Anpflanzung oder echter Verwilderung hervorgegangenen Vorkommen angeht.

Kaukasus-Mauerpfeffer *(Sedum spurium)*
Mauer bei Staufen, 1989

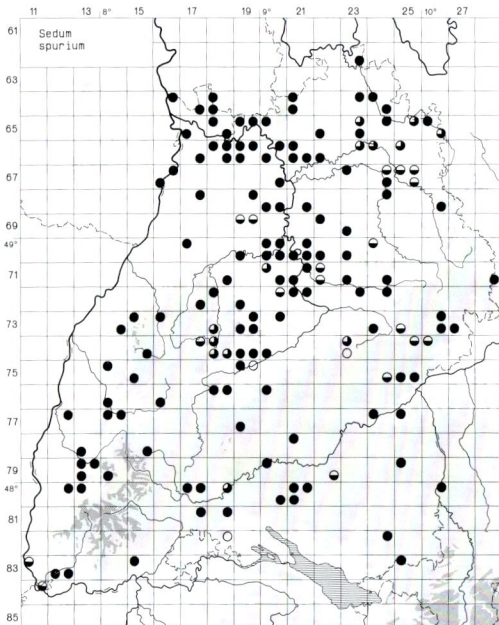

Die Art kann auf kalkarmen und kalkreichen Gesteinen gedeihen. Von der Schwäbischen Alb liegen mehrere Angaben über eingebürgerte, aus Anpflanzungen hervorgegangene Vorkommen auf Kalkfelsen vor, z.B.: 7324/3: Fuchseck, Rottelstein, 770 m, offenbar schon im vorigen Jahrhundert ausgepflanzt, noch 1988 in einem größeren Teppich vorhanden, SEBALD (STU-K); 7719/3: Lochenstein, 960 m, 1989, DEMUTH u. VOGGESBERGER (STU-K), das bisher höchste Vorkommen.

In den älteren Landesfloren (z.B. SCHÜBLER und VON MARTENS 1834, DÖLL 1843, 1862) ist die Art als Zierpflanze meist nicht aufgenommen. Erst KIRCHNER (1888) führt sie mit „bisweilen verwildert" auf.

4. Sedum rupestre L. 1753
S. reflexum L. 1755, 1762; *S. rupestre* L. subsp.
reflexum (L.) Hegi et Schmid 1923
Felsen-Mauerpfeffer, Tripmadam

Es ist umstritten, ob für diese Art der Name *S. rupestre* oder *S. reflexum* korrekt ist. JANCHEN (1963: 50) sieht durch die Abtrennung des *S. reflexum* 1755 durch Linné von dem weit gefaßten *S. rupestre* L. 1753 letzteren Namen auf die westeuropäischen Sippen eingeschränkt und daher für unsere Sippe nicht mehr verwendbar.

Felsen-Mauerpfeffer *(Sedum rupestre)*
Hegau, 1963

GREUTER, BURDET & LONG (1986: 26) behalten jedoch den älteren Namen *S. rupestre* bei und verweisen *S. reflexum* in die Synonymie.

Morphologie: Ausdauernd, mit kriechenden, verzweigten Sprossen und zahlreichen aufsteigenden, kurzen, nicht blühenden, dicht beblätterten Trieben rasig wachsend. Blätter wechselständig, fleischig, fast stielrund, grau- bis blaugrün, mit kurzer Stachelspitze, basal gespornt, 10–17 mm lang. Blütensprosse aufsteigend-aufrecht, 10–40 cm hoch; Blüten (5–) 6–7 (–9)zählig, kurz gestielt, in trugdoldig angeordneten, wickeligen Ästen; anfangs Blütenstand nickend. Kelchblätter eilanzettlich, 3–4 mm lang; Kronblätter lanzettlich, spitz, ausgebreitet, gelb, 6–7 mm lang. Staubblätter 10–14, Filamente an der Basis gewimpert, etwa so lang wie Kronblätter. Fruchtblätter meist 6–7, aufrecht, mit ca. 2 mm langem, geradem Griffel.

Variabilität: Die Art *S. rupestre* bildet zusammen mit einigen nah verwandten Arten eine Artengruppe *S. rupestre* agg. Die morphologischen und geographischen Abgrenzungen in dieser Gruppe sind nicht ausreichend geklärt. JANCHEN (1963: 50) trennt (unter *S. reflexum*) die Wildform als subsp. *glaucum* (Lejeune) Janchen von der Gartenform subsp. *reflexum* ab. Dieser Abtrennung wird aber in den meisten Floren nicht gefolgt.

Biologie: Blütezeit Juni bis August. Die Blüten sind proterandrisch und werden von verschiedenen Insekten (Bienen, Schwebfliegen, Fliegen, Tagfalter) bestäubt. Die Art läßt sich durch die kriechenden, bewurzelten Sprosse sehr leicht vegetativ vermehren.

Ökologie: Lichtliebend, auf trockenen, sonnigen Standorten mit sandigen, steinigen oder felsigem, oft kalkarmem, manchmal auch kalkreichem Boden, so vor allem auf Felsköpfen, Binnendünen, Mauern, Weg- und Dammböschungen, vor allem in Pionierfluren und Trockenrasen, gilt als Klassencharakterart der Sedo-Scleranthetea. Im mittleren Neckargebiet kommt die Art mit Vorliebe entlang Keuperstufenkante an der Grenze Wald–Weinberge vor. Gern zusammen mit anderen *Sedum*-Arten, an Mauern nach DEMUTH (1988: Tab. 1) auch mit *Potentilla argentea, Ceterach officinarum, Asplenium trichomanes*, nach PHILIPPI (1989: 819) mit *Poa compressa, P. nemoralis, Epilobium collinum*; im Kaiserstuhl nach KORNECK (1975: Tab. 15) u.a. zusammen mit *Allium montanum, Veronica verna, Erophila praecox*; im nördlichen Oberrheingebiet auf Binnendünen und Sandfluren (PHILIPPI 1971) zusammen mit *Corynephorus canescens, Alyssum montanum* subsp. *gmelinii, Asperula cynanchica, Helianthemum obscurum* u.a.

Allgemeine Verbreitung: Die Art wurde früher viel als Gewürz- und Arzneipflanze in Gärten gezogen, während sie heute als Zierpflanze verwendet wird. Die Abgrenzung des ursprünglichen Areals ist infolge der häufigen Verwilderungen oder Auspflanzungen schwierig. Die Art kommt in Europa von Frankreich im Westen bis in die Ukraine im Osten vor, nach Norden bis Mittelnorwegen und Finnland. Nach der Verbreitungskarte bei HULTEN und FRIES (1986: K1005) kommt in Art im Süden in Italien bis nach Sizilien und auf der Balkanhalbinsel bis nach Griechenland vor. Nach GREUTER, BURDET & LONG (1986) ist jedoch das Vorkommen der Art in Griechenland fraglich.

Verbreitung in Baden-Württemberg: Vor allem in den Sand- und Silikatgesteinsgebieten im westlichen Landesteil, ziemlich verbreitet auch im mittleren Neckargebiet in den Keuperrandgebieten, im Osten des Landes zerstreut und in den meisten Fällen nur verwildert oder angesalbt. Eine Trennung ursprünglicher und eingebürgerter, verwilderter Vorkommen war auf der Verbreitungskarte mangels zuverlässiger Angaben unmöglich.

Die niedersten Vorkommen befinden sich bei etwa 95 m in den Sandfluren im Raum Mannheim, die höchsten wurden im Südschwarzwald am Belchen (8112/4) mit 1270 m notiert (vgl. PHILIPPI 1989: Tab. 11, Aufn. 8), wo die Art im Sileno rupestris-Sedetum annui vorkommt.

Erstnachweis: Reste der Art wurden bei Wallhausen im frühen Subboreal gefunden (RÖSCH 1990). In der Literatur wird die Art von BOCK (1539: 109B) für den „Schwartzwaldt" erwähnt.

Bestand und Bedrohung: Eine ernste Gefährdung ist noch nicht anzunehmen. Vermutlich hat jedoch die Art im Zuge von Weinbergumlegungen etliche Wuchsorte an Weinbergmauern und an Waldrändern verloren. An anderen Stellen dürfte sich das Zuwachsen von alten Weinbergen und Trockenrasen mit Gehölzen nachteilig bemerkbar machen.

5. Sedum acre L. 1753
Scharfer Mauerpfeffer

Morphologie: Ausdauernd, Sprosse kriechend, reich verzweigt, zahlreiche, rasenbildende, dicht beblätterte, nicht blühende Triebe und 3–10 cm hohe, locker beblätterte Blütensprosse treibend. Blätter dick, fleischig, eiförmig, stumpf, 3–6 mm lang, scharf schmeckend. Blüten 5zählig, fast sitzend oder bis zu 4 mm langgestielt, in doldenartig angeordneten Wickeln. Kelchblätter stumpf, eiförmig, etwa 3 mm lang. Kronblätter gelb, lanzettlich, spitz, abstehend, 6–9 mm lang. Staubblätter 10, gelb, etwas kürzer oder so lang wie die Kronblätter. Balgfrüchtchen 3–5 mm lang, sternförmig auseinander gespreizt.

Biologie: Blütezeit von Mai bis August. Die Blüten sind proterandrisch und werden vorwiegend von Fliegen und Hautflüglern bestäubt. Die Frücht-

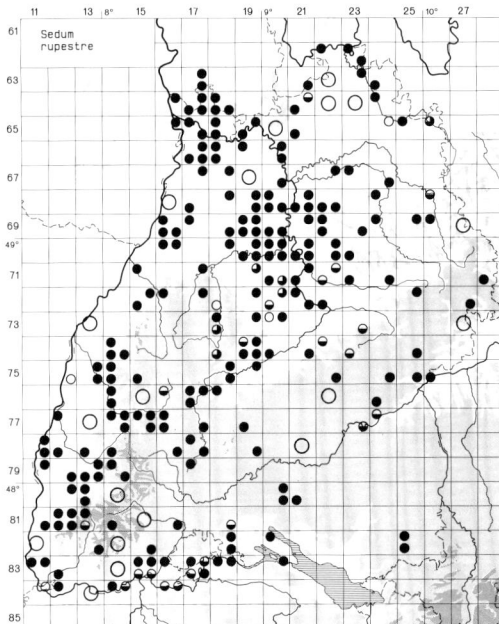

Sedum rupestre

Scharfer Mauerpfeffer *(Sedum acre)*
Hohentwiel, 5.7.1991

chen öffnen sich bei feuchter Witterung. Die Art wird gelegentlich als Arzneipflanze verwendet. Sie enthält u.a. Alkaloide, die eine blutdrucksenkende Wirkung besitzen.

Ökologie: Lichtliebend, trockenheitsertragend, vorwiegend auf besonnten, basenreichen, kalkarmen oder kalkreichen, sandigen, kiesigen oder felsigen Standorten wie Felsköpfen, Felsschutt, Schotterbänke, Mauerkronen, Bahn- und Hochwasserdämme, Pflasterfugen, Kiesdächer usw., mit Vorliebe in offenen, therophytenreichen Pionierfluren und lockeren, niederen Sand- oder Trockenrasengesellschaften; gilt als Klassencharakterart der Sedo-Scleranthetea; z.B. in Sandfluren des nördlichen Oberrheingebiets (PHILIPPI 1971: Tab. 1, Tab. 5,

Tab. 6) zusammen mit *Koeleria glauca, Corynephorus canescens, Medicago minima, Artemisia campestris, Petrorhagia prolifera, Veronica verna* vorkommend; nach NEBEL (1990: Tab. 1) ist die Art auf Sand und Kalk in der moosbeherrschten *Sedum acre-Tortula ruraliformis*-Gesellschaft häufig. Neben anderen *Sedum*-Arten wird *S. acre* in vielen Gesellschaften meist von einer Reihe von Therophyten begleitet wie *Arenaria serpyllifolia, Saxifraga tridactylites, Erophila verna* s.l., *Cerastium pumilum, C. brachypetalum, Alyssum alyssoides, Thlaspi perfoliatum* usw.

Allgemeine Verbreitung: In fast ganz Europa, nach Osten bis Westsibirien, ferner Island, Kaukasus-Gebiet, Anatolien, Nordwestafrika; synanthrop

239

auch im östlichen Nordamerika, Grönland und Neuseeland. Eine neuere Verbreitungskarte bringen HULTEN und FRIES (1986: K1006).

Verbreitung in Baden-Württemberg: Fast in allen Landschaften vorkommend, wenn auch nicht überall häufig. Negativ heben sich auf der Verbreitungskarte die Landschaften heraus, die wenig primäre und zugleich sekundäre Standorte bieten, so z.B. das Vorland der Schwäbischen Alb, Teile des Alpenvorlandes.

Bei der floristischen Kartierung war es nicht möglich, die Vorkommen naturnaher und sekundärer Standorte zu trennen. Eine Karte nur der naturnahen Standorte würde eine noch schärfere landschaftliche Differenzierung bringen.

Die Art kommt von den tiefsten Lagen im Raum Mannheim bei etwa 95 m zumindest bis in die höchsten Lagen der Schwäbischen Alb mit 1005 m am Plettenberg (7718/4) nach BERTSCH (STU-K). Wahrscheinlich können im südlichen Schwarzwald noch etwas höhere Werte erreicht werden.

Erstnachweis: Von J. BAUHIN (1598: 203; 1602: 222) „auf dem Eichelberge" (7323) erwähnt.

Archäologischer Nachweis aus dem 3. Jahrhundert n.Chr. bei Mainhardt (KÖRBER-GROHNE und RÖSCH 1988).

Bestand und Bedrohung: Die Art ist noch so reichlich vorhanden, daß eine Bedrohung noch nicht erkennbar ist. Sie kann offenbar leicht auch geeignete sekundäre Standorte besiedeln. Im Oberrheingebiet z.B. häufig an Straßenrändern, Verkehrsinseln usw., in Zunahme?

6. Sedum sexangulare L. 1753 emend. Grimm 1773

S. mite Gilib. 1781 (nom. invalid.); *S. boloniense* Loisel. 1809

Milder Mauerpfeffer

Morphologie: Ausdauernd, lockere Rasen bildend; Stengel kriechend, mit vielen, kürzeren, dicht 6zeilig beblätterten, nicht blühenden Trieben und 5–15 cm hohen aufsteigend-aufrechten, locker beblätterten Blütentrieben. Blätter wechselständig, linear, stielrund, stumpf, 4–7 mm lang, an der Basis gespornt, kahl. Blüten 5zählig, kurzgestielt, in doldenähnlich angeordneten, armblütigen Wickeln. Kelchblätter schmal-eiförmig, 2–3 mm lang. Kronblätter gelb, lanzettlich, spitz, abstehend, 4–5 mm lang. Staubblätter 10. Balgfrüchtchen sternförmig ausgebreitet, 3 mm lang. – Blütezeit: Juni bis August.

Ökologie: Ziemlich ähnlich wie bei *S. acre*; gilt ebenfalls als Klassencharakterart der Sedo-Scleranthetea. PHILIPPI (1978: Tab. 5) unterscheidet im nördlichen Oberrheingebiet am Hochwasserdamm innerhalb des Mesobrometums eine Variante von *S. sexangulare*. Im Naturschutzgebiet Taubergießen am mittleren Oberrhein kommt die Art nach GÖRS und MÜLLER (1974) gern auf Kiesflächen

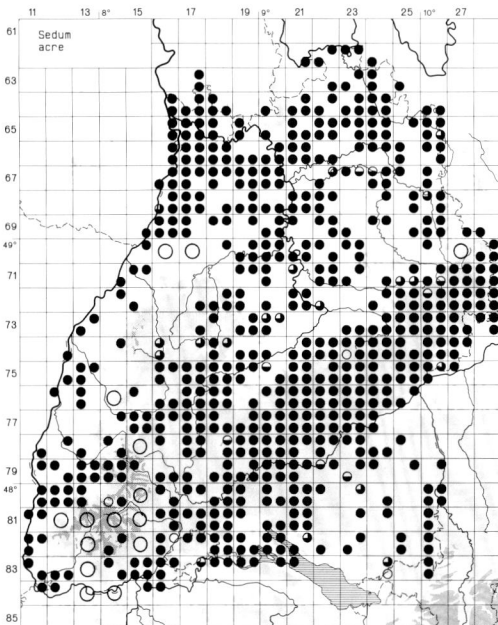

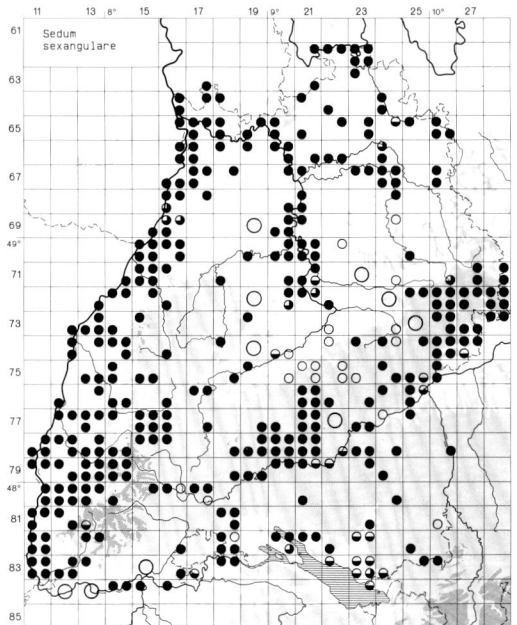

Milder Mauerpfeffer *(Sedum sexangulare)*
Steinenstadt, 1991

zusammen mit *Centaurea stoebe, Scrophularia canina, Sedum album, Daucus carota, Picris hieracioides* u.a. vor.

Im Kaiserstuhl kommt die Art auch im Allio montani-Veronicetum vernae auf kalkarmem, aber basenreichem Tephrit vor (KORNECK 1975: Tab. 15), sonst ist die Art im südlichen Oberrheingebiet vor allem auch im Cerastietum pumili verbreitet (KORNECK 1975, WITSCHEL 1980).

Allgemeine Verbreitung: Mittleres und südöstliches Europa, nach Norden bis England, Süd-Skandinavien, Litauen (teilweise nur eingeschleppt), von Frankreich im Westen bis nach Polen und zur Ukraine im Osten, im Süden bis Mittelitalien und Griechenland. Die Art gehört zum gemäßigt kontinentalen östlich submediterranen Florenelement.

Verbreitung in Baden-Württemberg: Vor allem im Oberrheingebiet und von dort in den mittleren und südlichen Schwarzwald eindringend, ferner in den Muschelkalktälern Nordwürttembergs und Nordbadens sowie in Teilen der Schwäbischen Alb stark verbreitet. Im Kraichgau, im nördlichen Schwarzwald, im Keuper-Lias-Land und in großen Teilen

des Alpenvorlandes nur sehr zerstreut vorkommend, insgesamt weniger allgemein verbreitet als *S. acre*. In der Karte konnten die Vorkommen auf naturnahen und auf sekundären Standorten nicht getrennt werden, da nähere Angaben oft fehlten.

Von den Tieflagen im Raum Mannheim bei etwa 100 m bis 1270 m am Belchen im Südschwarzwald (PHILIPPI 1989), wo die Art im Sileno-Sedetum annui vorkommt.

Erstnachweis: Die Art wird bei DUVERNOY (1722: 132) für Tübingen (7420) erwähnt.

Bestand und Bedrohung: Die Art ist dank ihrer weiten Verbreitung bei uns nicht bedroht. Sie kann auch ziemlich schnell neu entstehende sekundäre Standorte wie Kiesflächen oder Wegränder besiedeln.

7. Sedum album L. 1753
Weißer Mauerpfeffer

Morphologie: Ausdauernd, mit kriechendem Stengel, vielen kurzen, dicht beblätterten, niederliegenden, nicht blühenden Trieben und aufrechten,

10–20 cm hohen, locker beblätterten Blütentrieben. Blätter wechselständig, ellipsoidisch bis walzlich, stumpf, oberseits etwas abgeflacht, 5–20 mm lang, 2–5 mm breit, kahl. Blütenstand eine lockerund reichblütige, zeitweise nickende Trugdolde. Blüten 5zählig, 1–3 mm lang gestielt. Kelchblätter eiförmig, stumpf, etwa 1,5 mm lang. Kronblätter länglich-elliptisch, stumpf bis etwa spitz, weiß oder rosa, mit rotem Mittelnerv, 3–5 mm lang. Staubblätter 10, rötlich, meist ein wenig kürzer als die Kronblätter. Fruchtblätter aufrecht, in den geraden Griffel verschmälert, 3–5 mm lang.

Biologie: Blütezeit von Juni bis August. Die Blüten sind proterandrisch und werden von Insekten bestäubt.

Ökologie: Lichtliebend, auf trockenen bis mäßig frischen, basenreichen, kalkarmen oder kalkreichen, sandigen, kiesigen bis felsigen, feinerdearmen Böden; vorwiegend in Pionierfluren und lückigen Fels- und Trockenrasen auf Felsköpfen, auch in Felsspalten, Felsschutthalden, Steinriegeln, Mauerkronen, grusig-steinigen Ruderalstellen, Kiesdächern usw.; gilt als Ordnungscharakterart der Sedo-Scleranthetalia. Hochstet ist die Art vor allem im Alysso-Sedetum albi (TH. MÜLLER 1961) auf den Felsköpfen der Schwäbischen Alb, aber auch im Diantho-Festucetum pallentis, z.B. in der Wutachschlucht nach OBERDORFER (1949: Tab. 3); WITSCHEL (1980: Tab. 6), ebenso auf den Hegau-Bergen (TH. MÜLLER 1966: Tab. 2). Im Kaiser-

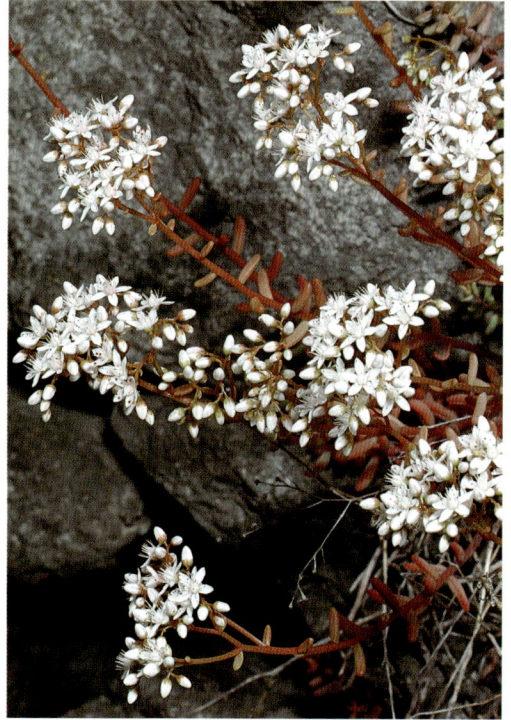

Weißer Mauerpfeffer *(Sedum album)*
Hohentwiel, 5.7.1991

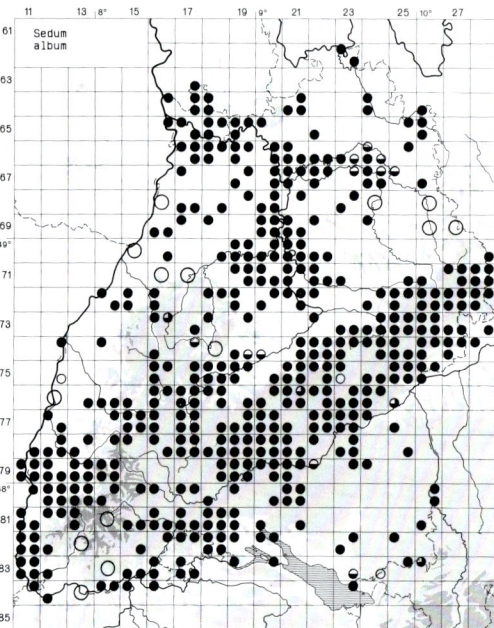

stuhl und im südlichen Oberrheingebiet wächst die Art oft im Cerastietum pumili und Xerobrometum (KORNECK 1975; WITSCHEL 1980; FISCHER 1982; WILMANNS 1988 u.a.).

Begleitet wird *S. album* gern von anderen *Sedum*-Arten, *Potentilla neumanniana, P. arenaria, Acinos arvensis, Allium montanum, Erophila verna* s.l., *Thymus praecox, Holosteum umbellatum, Galeopsis angustifolium* usw.

Allgemeine Verbreitung: Gemäßigtes Europa, nach Norden bis Südskandinavien und Südfinnland, im kontinentalen Nordosten und Osten fehlend, nach Osten bis zu den Karpaten, Krim, Kaukasus-Gebiet, ferner in Nordwest-Iran, Anatolien, Libanon und in Nordafrika, im südlichen Europa vorwiegend in den Gebirgen. Die Art kann man zum subatlantisch-submediterranen Florenelement rechnen. Im nördlichen Teil ihres Areals ist die Art streckenweise wohl nur eingebürgert (vgl. HULTEN und FRIES 1986: K1008).

Verbreitung in Baden-Württemberg: Besonders stark verbreitet in den Landschaften mit reichlich vorhandenen primären (Felsen) oder sekundären (Weinbergmauern, Steinriegeln usw.) Standorten, allerdings im Taubergebiet offenbar nur zerstreut vorkommend. Nahezu fehlend im Schwäbisch-Fränkischen Wald, im Vorland der Schwäbischen Alb und in großen Teilen des Alpenvorlandes.

Die tiefsten Vorkommen findet man bei 100 m im Mannheimer Raum. Die höchsten im Südschwarzwald, wo am Belchen (8113/3) 1300 m notiert wurden (GROSSMANN 1989: 674).

Erstnachweis: J. BAUHIN (1598: 203) erwähnt die Art aus der Umgebung von Bad Boll (7323).

Bestand und Bedrohung: Eine Bedrohung ist im allgemeinen nicht gegeben. Da die Art aber gern z.B. auf den Steinriegeln in großer Menge wächst, sollten diese Steinriegel nicht beseitigt werden.

8. Sedum dasyphyllum L. 1753
S. glaucum Lam. 1778
Dickblatt-Mauerpfeffer, Dickblättrige Fetthenne, Buckel-Fetthenne

Morphologie: 3–15 cm hohe, ausdauernde Pflanze, mit niederliegenden bis aufsteigenden, dicht beblätterten, nicht blühenden Trieben und im oberen Teil locker beblätterten, drüsenhaarigen Blütentrieben. Blätter meist gegenständig, eiförmig, 5–8 mm lang, oben abgeflacht, unten stark gewölbt, blaugrün, teilweise rötlich überlaufen. Blütenstand locker und wenigblütig. Blüten 3–5 mm langgestielt, 5- bis 6zählig; Kelchblätter eiförmig, etwa 1,5 mm lang; Kronblätter spitz, 3–4 mm lang, weiß bis rosa, außen mit rotem Mittelstreif. Staubblätter 10 oder

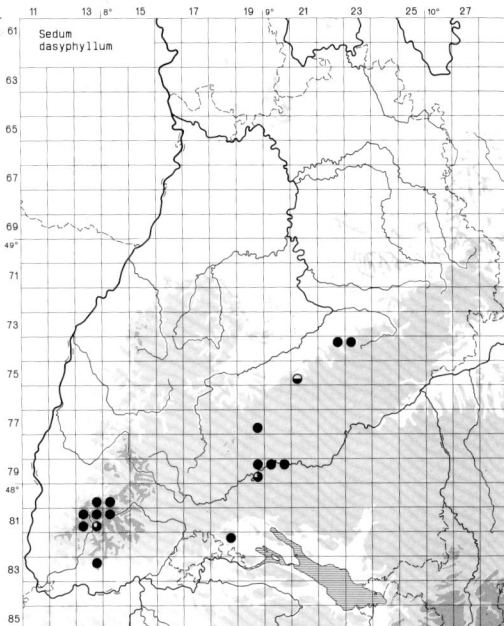

Sedum dasyphyllum

12. Fruchtblätter aufrecht, mit kurzen, nach außen gekrümmten Griffeln.

Biologie: Von Juni bis August blühend. Die Blüten sind proterogyn. Eine vegetative Vermehrung erfolgt durch abfallende Triebe, die aus den Achseln der basalen Blätter entspringen und oft schon an der Mutterpflanze Adventivwurzeln entwickeln.

Ökologie: Vorwiegend in meist besonnten Spalten von Kalk- und basenreichen Silikatfelsen (Gneis, Phonolith) in verschiedenen Gesellschaften; gilt als Klassen-Charakterart der Asplenietea trichomanis; ferner auch auf Felsgrus und -schutt sowie sekundär auf und an Mauern und alten Dächern vorkommend.

Auf der Schwäbischen Alb nach Aufnahmen von KUHN (1937: Tab. 8), GRADMANN (1936: 428) und im Hegau am Hohentwiel nach Aufnahmen von BRAUN-BLANQUET et al. (1931: 66) und TH. MÜLLER (1966: Tab. 1) im Drabo-Hieracietum humilis, im Südschwarzwald nach OBERDORFER (1957: 2; 1977) in der *Primula auricula-Hieracium humilis*-Gesellschaft vorkommend; gern in Gesellschaft mit *Sedum album, Saxifraga paniculata, Asplenium ruta-muraria, A. trichomanes, Valeriana tripteris, Potentilla neumanniana, Festuca pallens*, im Schwarzwald noch zusammen mit *Asplenium septentrionale, Epilobium collinum*, auf sekundären Mauerstandorten nach PHILIPPI (1989: 819) auch mit *Sedum reflexum, Poa compressa, P. nemoralis* u.a.

Allgemeine Verbreitung: Südeuropa von Spanien bis nach Griechenland, vor allem in der montanen und subalpinen Stufe, nach Norden bis Zentralfrankreich und Süddeutschland, weiter nördlich einzelne Einbürgerungen; ferner gibt es Vorkommen in Südwest-Anatolien und in Nordwestafrika. Die Art ist im wesentlichen ein submediterranpräalpines Florenelement. In den Alpen bis 2500 m aufsteigend (Wallis).

Verbreitung in Baden-Württemberg: Seltene Art, von einigen Anpflanzungen oder Verwilderungen abgesehen nur an wenigen Wuchsorten im südlichen Schwarzwald, auf der Schwäbischen Alb und im Hegau am Hohentwiel vorkommend.

Schwarzwald: 8013/4: Zastler-Tal, SPENNER (1829: 811), bestätigt bei NEUBERGER (1912: 128); Scheibenfelsen, 1991, PHILIPPI (KR-K); 8014/3: Hirschsprung im Höllental, SPENNER (1829: 811), u.v.a., noch 1985, PHILIPPI (KR-K); 8113/1: Scharfenstein, PHILIPPI und WIRTH (1970: 343), seit 1965 nicht mehr beobachtet, PHILIPPI (1989: 817); Obermünstertal, Straße zum Wiedener Eck, Mauerkrone, PHILIPPI (1989: 819); 8113/2: St. Wilhelmer Tal, SPENNER (1829: 811), bestätigt 1992, PHILIPPI (KR-K); 8113/3: Belchen-Südseite, THOMAS in PHILIPPI (1989: 817); Große Utzenfluh, WIRTH (1975: 469), USIN-

Dickblatt-Mauerpfeffer *(Sedum dasyphyllum)*
Höllental, 1963

GER und WIGGER (1961: 34); 8113/4: Kleine Utzenfluh, K. MÜLLER (1935: 135), 1950, LITZELMANN in BINZ (1951: 258), wohl = Utzenfeld, NEUBERGER (1912); Felsen oberhalb Geschwend und Schlechtnau, WIRTH in PHILIPPI und WIRTH (1970); 8114/1: Feldberg: Feldseekessel, „überall" an Felswänden, K. MÜLLER (1901), Seewand, 1961, WIRTH (STU-K), USINGER und WIGGER (1961: Tab. 4, Aufn. 2), 1991, PHILIPPI (KR-K); 8313/2: o.O., SCHUHWERK (KR-K).

Schwäbische Alb: 7422/2: Erkenbrechtsweiler, an 2 Stellen, GRADMANN (1936: 150), A. MAYER (1950: 230), 1981, KLOTZ und SEYBOLD (STU-K); 7423/1: Reußenstein, TSCHERNING in VON MARTENS und KEMMLER (1865: 216), nach HAUFF 1962 noch zahlreich, 1984, BURGHARDT (STU-K), 1990, SEYBOLD (STU-K); Heimenstein, 60er Jahre, MATTERN (STU-K); 7521/3: Wackerstein, 1945, CHR. MAIER (STU-K BERTSCH), A. MAYER (1950: 230), von BURGHARDT 1987 vergeblich gesucht; 7719/4: Schalksburg, 1979, E. ZIEGLER (STU); Laufen, Nordhang des Gräbelesbergs, KUHN (1937: Tab. 8., Aufn. 8); 7919/2: Eichfelsen, BERTSCH (1911: 375), noch 1979 sehr viel, BURGHARDT (STU-K), wohl = Irrendorf, KIRCHNER und EICHLER (1913), GRADMANN (1936); 7919/4: Fridingen, Breiter Fels, REBHOLZ (STU-K BERTSCH), 1960, KNAUSS (STU); 7920/1: Felsen nahe Wildenstein, 4 Pflanzen, 1980, BURGHARDT (STU-K); 7920/2: Bei den Heidenlöchern, DÖLL (1864: 81), wohl = Tiergarten bei SEUBERT und KLEIN (1885, 1905), KIRCHNER und EICHLER (1913), GRADMANN (1936), ob = Gutenstein, GRADMANN (1936: 150)?; Tiergarten, ca. 40 Pflanzen, 1981, BURGHARDT (STU-K).

Hegau: 8218/2: Hohentwiel, vor allem Felsen der Südseite, VON MARTENS (1823: 239), ROESLER in SCHÜBLER und VON MARTENS (1834), u.v.a., ATTINGER in ISLER-HUEBSCHER (1980).

Gepflanzte, verwilderte oder im Status zweifelhafte Vorkommen (nicht in die Karte eingetragen):
Oberrheingebiet: 7314/3 oder 4: Oberachern, WINTER

(1883: 90); 8312/1: Egerten bei Wollbach, 1876–1921, F. Zimmermann in Binz (1922: 268); 8311/1: Efringen und Istein, De Bary und Schildknecht in Döll (1864: 81), De Bary (1865: 26), „wohl gepflanzt", Winter (1889: 56).
Neckarland: 7323/4: Bad Boll, Pflaster des Hofs, „verwildert", 1905, Thellung (1911: 35), Kirchner und Eichler (1913: 198).
Schwäbische Alb/Donautal: 7723/2: Munderkingen, 1959–1967, von Arand-Ackerfeld (STU-K); 7724/1: Rottenacker, 1969, von Arand-Ackerfeld (STU-K).

Die Vorkommen an primären Standorten (Felsen) reichen von 600 m im Höllental (8014/3) bis etwa 1200 m am Feldberg (8114/1) nach Oberdorfer (1957: 2).
Erstnachweis: Bei von Martens (1823: 239) für den Hohentwiel (8218/2) angegeben. Eine noch ältere Angabe bei Roth von Schreckenstein (1798: 101) „auf dem Hohenblauen" ist später anscheinend nie bestätigt worden, daher wohl irrtümlich.
Bestand und Bedrohung: Die Vorkommen der Art verdienen wegen ihrer geringen Anzahl unbedingten Schutz, zumal sie in manchen Fällen oft nur aus wenigen Pflanzen bestehen. Auf der Schwäbischen Alb sind z. B. maximal 12 Vorkommen angegeben worden. Auch wenn die primären Fels-Biotope der Art an sich weniger gefährdet sind, ist die Pflanze völlig zu Recht in der Roten Liste (Harms et al. 1983) als gefährdet (G3) eingestuft. Auch kleinere Entnahmen von Pflanzen gefährden schon manche der Vorkommen.

9. Sedum villosum L. 1753
Sumpf-Fetthenne, Moor-Fetthenne

Morphologie: Zweijährige, seltener auch einjährige oder ausdauernde, überall drüsig behaarte Pflanze, basal niederliegend, mit kurzen, beblätterten Ausläufern. Blätter lineal, halbstielrund, 4–10 mm lang, aufrecht abstehend. Blütenstengel aufrecht, 5–15 cm hoch, reich beblättert, nur im rispenähnlichen, monochasialen, 3- bis 15blütigen Blütenstand verzweigt oder schon von der Basis an mit aufrechten, blühenden Seitentrieben. Blüten 5zählig, auf dünnen, 3–10 mm langen Stielen, teilweise etwas nickend. Kelchblätter elliptisch, stumpf, etwa 2 mm lang. Kronblätter 4–5 mm lang, elliptisch bis verkehrt-eiförmig, oft kurz zugespitzt, rosa, mit roten Streifen in der Mitte. Staubblätter (5–) 10, etwa so lang wie die Kronblätter, mit roten Staubbeuteln. Fruchtblätter 5, aufrecht, 4–5 mm lang, grünlich bis rötlich.
Biologie: Vorwiegend von Juni bis August blühend. Die Samen werden ab Mitte August ausgestreut. Nach den Beobachtungen von Kempf (1985) kei-

men die Samen bei ausreichender Feuchtigkeit nach 8–14 Tagen in großer Zahl. Während des Herbstes und im Frühjahr erfolgt durch den Abfall von Bruchästen eine beachtliche vegetative Vermehrung. Durch Abschwemmung der Fragmente kann entlang von Gräben auch eine Ausbreitung erfolgen.
Ökologie: Auf sickernassen bis überrieselten, nährstoff- und kalkarmen Torf- und sandigen bis grusigen Mineralböden vorkommend, oft in Lagen mit kühl-humidem, bodennebelreichem Lokalklima; vor allem in bodensauren Quellfluren (Charakterart des Cardamino-Montion-Verbandes nach Oberdorfer (1990)) und in Braunseggen-Flachmoor-Gesellschaften. Die konkurrenzschwache, stenöke Art verschwindet rasch beim Aufkommen höherwüchsiger Sukzessionsstadien oder bei Störung des gleichmäßig kühl-humiden Standortsklimas.
Allgemeine Verbreitung: Boreale bis subarktische Art mit subatlantischer Tendenz, in Europa nach Norden bis zum Nordkap, ferner Island, Grönland und 1 Vorkommen in Nordamerika (Labrador), im mittleren und südlichen Europa vor allem in den Gebirgen von Spanien bis Polen, außerdem auch in Nordwestafrika.
Verbreitung in Baden-Württemberg: Im vorigen Jahrhundert noch in einer ganzen Reihe von Landschaften vorhanden, so im Oberrheingebiet, im Odenwald, bei Mergentheim und in Hohenlohe, im

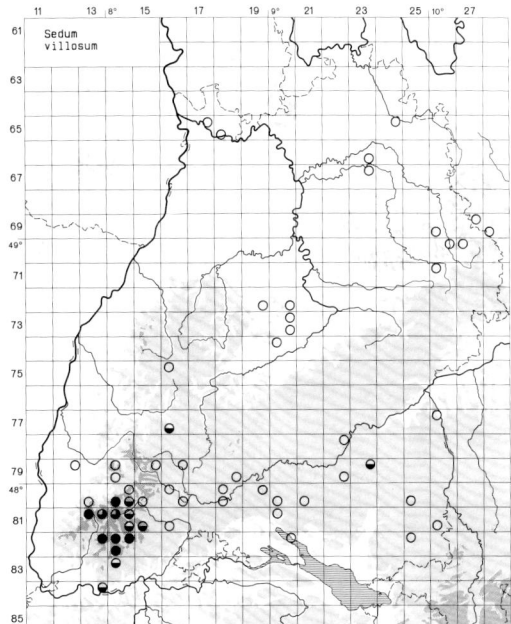

Sumpf-Fetthenne *(Sedum villosum)*
Bei St. Peter, 1974

Ellwanger Raum, zwischen Stuttgart und Tübingen, etwas häufiger allerdings offenbar nur im südlichen Schwarzwald und im Alpenvorland. Nur aus dem Südschwarzwald gibt es noch einige Bestätigungen nach 1970.

Im Alpenvorland gibt es aus diesem Jahrhundert nur eine Bestätigung für das Federseeried (7923/2) für 1918 oder etwas früher.

Oberrheingebiet: 6517/2: Bei Schriesheim, Döll (1862); 7912/2: Hugstetten, Kobelt in Neue Standorte (1903: 336).
Odenwald: 6518/3: Hirschgasse bei Heidelberg, 1828, Bischoff, Schimper in Schmidt (1857), Döll (1862), erloschen, F. Zimmermann (1925).
Schwarzwald: 7516/1: Freudenstadt, Roesler in Martens (STU-K), Schübler u. Martens (1834); 7716/3: „Ramstein" im Bernecktal, Weiger in Bertsch (STU-K),

könnte auch 7816/1 sein; 7914/1: Kandel, Goetz (1902:242); 7914/3: Hirschmatte bei St. Peter, Seubert u. Klein (1905); zwischen St. Peter und der Platte, Valet in De Bary (1865: 26), De Bary in Lauterer (1874: 143); 7915/2: Kirnach, Seubert u. Klein (1905); 7916/2: Villingen, von Stengel in Döll (1843); Seubert u. Klein (1905); 8013/3: St. Ulrich, Seubert u. Klein (1905); 8014/2: Thurner, Seubert u. Klein (1905); 8014/3: Alpersbach versus Rinken, Bausch in Spenner (1829: 811), Alpersbach, Seubert u. Klein (1905); noch um 1972, Philippi (KR-K); 8014/4: Breitnau, 1916, Schlatterer (1920: 111); Löffelschmiede, 1917, Poeverlein in Schlatterer (1920: 111); 8015/3: Neustadt, Seubert u. Klein (1905); 8016/1: Hubertshofen, Zahn (1989); 8016/4: Hölzlehof u. Bräunlingen, Zahn (1889); 8113/1: S Hofsgrund, 1955, Rand des Baches W Notschrei, reichlich, 1955, zuletzt 1963, Philippi (KR-K); 8113/3 o./1: Wieden, 1985, Lutz (STU-K); 8113/2: Sumpfwiesen am Schweinebach, 1963, Litzelmann (1963); Muggenbrunn, Seubert u. Klein (1905); 8114/1: Seebuck und am Weg zur Todtnauer

246

Hütte, SPENNER (1829: 811); Hofsgrund, GÖTZ (1882: 16); Feldberg u. Hofsgrund, SEUBERT u. KLEIN (1905); im Feldberg-Gebiet noch um 1960, WIRTH (STU-K); 8114/2: Falkau, WOLF in Neue Standorte (1884), K. MÜLLER (1937: 354); 8114/4: Schluchseemoor, NEUBERGER (1912); 8115/3: Grünwald bei Lenzkirch, 1919, SCHLATTERER (1920: 111); 8116/3: Bonndorfer Ziegelhütte, ZAHN (1889); 8213/1: Schönau, 1951, LITZELMANN in BINZ (1956: 186); 8213/2: Herrenschwend, 1986, LUTZ (STU-K); 8214/1: Bernau, 1988, FREUNDT (STU-K); 8214/2: St. Blasien, BRAUN in BINZ (1901), SEUBERT u. KLEIN (1905); Blasiwald-Althütte, 1989, STEINER (STU-K); 8214/3: Ibach, 1960, THOMMA (1972), 1977, KNOCH in SCHUH-WERK (STU-K); 8314/1: Engelschwand, LINDER (1905: 43); 8413/2: Jungholzer Torfmoor, 1911, BINZ in G. u. W. ZIMMERMANN (1912: 112), GLAUSER in BINZ (1942: 110).

Neckarland: Hohenlohe: 6524/2: Mergentheim, SCHÜBLER u. VON MARTENS (1834); 6623/4: Ingelfingen, RAMPOLT in VON MARTENS (STU-K), SCHÜBLER u. VON MARTENS (1834); 6723/2: häufig in der Umgebung des Hermersberger Sees, BAUER in VON MARTENS (STU-K). – Schwäbisch-Fränkischer Wald: 6926/3: Hohenberg, SCHNIZLEIN u. FRICKHINGER (1848); 6927/2: (Bayern) zwischen Seidelsdorf und Bergbronn, SCHNIZLEIN u. FRICKHINGER (1848); 6928/3: (Bayern) Mönchsroth, SCHNIZLEIN u. FRICKHINGER (1848); 7026/2: Galgenberg, RATHGEB in VON MARTENS (STU-K); Rotenbach, SCHNIZLEIN u. FRICKHINGER (1848); 7027/1: Muckental, SCHNIZLEIN u. FRICKHINGER (1848); 7126/1: Abtsgmünd, ROESLER in VON MARTENS (STU-K), SCHÜBLER u. VON MARTENS (1834). – Schönbuch und Glemswald: 7219/4: An der Chausee nach Magstadt am Sindelfinger Waldtor, CLOSS in VON MARTENS (STU-K), SCHÜBLER u. VON MARTENS (1834); 7220/4: Zwischen Rohr und Oberaichen, CLOSS in VON MARTENS (STU-K), SCHÜBLER u. VON MARTENS (1834); 7320/2: Echterdingen, Fleischer in VON MARTENS (STU-K) u. KIRCHNER (1888); 7320/4: Waldenbuch, in der Weisshalde, A. GMELIN in VON MARTENS (STU-K), SCHÜBLER u. VON MARTENS (1834), KIRCHNER (1888); 7420/1: am Birkensee, SCHÜBLER u. VON MARTENS (1834).

Schwäbische Alb: 7918/4?: Ludwigsthal, ROESLER in VON MARTENS (STU-K); 8018/1: Bachzimmern, SEUBERT u. KLEIN (1905); 8018/3: Hewenegg, ROTH VON SCHRECKEN-STEIN (1800), ZAHN (1889), SEUBERT u. KLEIN (1905).
Alpenvorland: 7726/1: Wochenauer Hof, 1820, VON MARTENS (STU-K), SCHÜBLER u. VON MARTENS (1834), von MAHLER (1898) und K. MÜLLER (1957) vermißt; 7822/2: Riedlingen, SCHÜBLER u. VON MARTENS (1834); ob = „Im Dürmentinger Wald", JUNG in VON MARTENS (STU-K); 7922/4: Sießen, TROLL (STU); 7923/2: Federseeried, 1854, VALET (STU), 1860, KIFER (STU), A. MAYER Verz. 1918 (STU-K EICHLER); 8019/2: Neuhausen-Schwandorf, ROESLER (1839); 8020/3: Gallmannsweil, VON STENGEL in BARTSCH (1925: 118); 8021/3: Klosterwald (? = Mess-kirch, DÖLL (1862), nach BARTSCH (1925); 8025/3: Wurzacher Ried, 1851, ? (STU), SCHÜBLER u. VON MARTENS (1834); 8120/1: Stockach, DÖLL (1862); JACK (1900: 77); 8126/3: Leutkirch, beim Ochsenweiher, LANG in VON MARTENS (STU-K); 8220/2: Überlingen, DÖLL (1862); 8225/1: Kißlegg, PFANNER in VON MARTENS (STU-K), SCHÜBLER u. VON MARTENS (1834).

Als tiefstgelegene Wuchsorte können die Angaben für das Oberrheingebiet gelten (6517/2 und 7912/2), was 100 m bzw. 200 m entspricht. Die höchsten Vorkommen waren am Feldberg (8114/1), Feldbergerhof gegen Seebuck, ca. 1300 m, K. MÜLLER, vor 1940 (KR-K). Eine genaue Angabe gibt es für 8113/2 (am Schweinebach N Todt-nauberg) mit 1120 durch LITZELMANN (1963).

Erstnachweis: Die älteste Literaturangabe findet sich bei LEOPOLD (1728: 156) für den Ulmer Raum, bezieht sich aber eventuell auf einen Wuchsort auf bayerischem Boden. Bei ROTH VON SCHRECKEN-STEIN (1800: 49) findet sich die Angabe: „Zu Bach-zimmern, zwischen Imendingen und Höwenek, auch um Billafingen, GARRAND".

Bestand und Bedrohung: Die Art zählt bei uns zu den nahezu ausgestorbenen Arten (G1 nach der Roten Liste 1983). Es scheinen nach 1970 nur noch 6 Vorkommen, alle im Südschwarzwald, festgestellt worden zu sein. Die meisten Vorkommen mit Aus-nahme des Südschwarzwaldes sind schon im vori-gen Jahrhundert erloschen. Die bevorzugten Stand-orte dieser Pflanze (vgl. Abschnitt Ökologie) waren auch im vorigen Jahrhundert schon gefährdet durch Entwässerungen und die verstärkte Dün-gung. Allerdings sind wir über den tatsächlichen Umfang der früheren Vorkommen nur unzurei-chend informiert. Schon BERTSCH (1933) meinte, daß die Verbreitung wohl immer überschätzt wor-den sei und hielt die Art für Württemberg als einge-gangen. KIRCHNER u. EICHLER (1900, 1913) be-zeichnen die Art für Oberschwaben noch als häufig. Auch in anderen Teilen Deutschlands, z.B. in Sach-sen (HEMPEL 1975) ist die Art schon im vorigen Jahrhundert stark zurückgegangen, teilweise sogar schon vor 1800. Als Hauptursachen des Rückgangs in Sachsen benennt HEMPEL (1975) vor allem die Entwässerung und in Inkulturnahme der Standorte verbunden vor allem mit einer Verschlechterung des konstant humid-kühlen Lokalklimas, z.B. durch zunehmende Temperaturschwankungen des Quell- und Rieselwassers. KEMPF (1985) hält nach seinen Erfahrungen in Thüringen die Erhaltung der Art nur in besonders geschützten Flächen verbun-den mit speziell angepaßten Pflegearbeiten für möglich. Er empfiehlt das Ziehen von Gräben und Offenlegen quelliger Bodenstellen, um der konkur-renzschwachen Art überhaupt Siedlungsmöglich-keiten zu schaffen. Die optimale Entwicklung der Bestände erfolgte an zweijährigen Gräben, danach überwuchern andere Pflanzen die Art. Erneutes Öffnen der Gräben und Bodenstellen sowie ma-nuelles Entfernen der Konkurrenten sind notwen-dig. Mähen ist weniger geeignet.

10. Sedum annuum L. 1753

S. saxatile DC. 1805

Einjähriger Mauerpfeffer

Morphologie: Ein- bis zweijährig, kahl, oft rötlich gefleckt oder gestreift, ohne nicht blühende Triebe, basal in mehrere aufsteigende, 5–15 cm lange Blütentriebe verzweigt. Blätter wechselständig, locker, verkehrt-eiförmig bis zylindrisch (etwas abgeflacht), 5–10 mm lang, an der Basis mit kurzem Sporn, Blüten 5 (–6)zählig, sitzend oder kurzgestielt, in verzweigten, lockeren Wickeln. Kelchblätter 2–3 mm, stumpf; Kronblätter spitz, gelb, oft mit rötlichen Streifen, 4–5 mm lang. Staubblätter 10, Staubbeutel gelb.

Biologie: Blütezeit von Juni bis August. Die Blüten sind proterogyn. Die äußeren Staubblätter öffnen sich früher als die inneren. Sie dienen vor allem der Fremdbestäubung, während die inneren auch zur Selbstbestäubung beitragen können.

Ökologie: Auf trockenen, besonnten, steinigen bis grusigen Böden über kalkarmem, noch mäßig basenreichem Silikatgestein (Granit, Gneis, Schiefer) auf Felsköpfen, auf Felsschutt, sekundär auch auf Mauern oder alten Dächern, gilt als Charakterart des Sedo-Scleranthion-Verbandes (subalpine und alpine Fetthennen- und Hauswurz-Gesellschaften), im Südschwarzwald und in den benachbarten Vogesen speziell als Charakterart des Sileno rupestris-Sedetum annui (Felsenleimkraut-Mauerpfeffer-Ge-sellschaft). Die Art ist oft vergesellschaftet mit *Silene rupestris*, anderen *Sedum*-Arten, vor allem *S. rupestre, Rumex acetosella, Festuca ovina, Scleranthus perennis* (vgl. Vegetationsaufnahmen bei OBERDORFER (1957, 1978), KORNECK (1975, für die Vogesen 1988), PHILIPPI (1989: Tab. 11)).

Allgemeine Verbreitung: Grönland, Island, Skandinavien bis zum Nordkap, mittel- und südeuropäische Gebirge von den Pyrenäen über die Alpen (bis 2800 m) bis zu den Karpaten, Gebirge der Balkan-Halbinsel, im Süden in der Sierra Nevada in Südspanien, im Apennin, im Kaukasus; in Anatolien und West-Iran. Die Art ist ein subarktisch (ozeanisch)-präalpin-alpines Florenelement.

Verbreitung in Baden-Württemberg: Nur im südlichen Schwarzwald auf primären und sekundären Standorten und ziemlich selten vorkommend. Die Art ist nach OBERDORFER (1957) an primären Standorten auf den Felsköpfen wohl als Glazialrelikt zu betrachten.

Eine ältere Fundortszusammenstellung findet sich auch bei EICHLER, GRADMANN und MEIGEN (1906: 103).

Schwarzwald: 7814/1: Oberwinden im Elztal, MAIER in EGM (1906: 103); 7814/2: Elztal bei Yach, LAUTERER (1874: 143), Yacher Tal, KRAUSS in GOETZ (1902: 239); 7814/3: „an Mauern von Niederwinden aufwärts", GOETZ (1902: 241), Elztal, SEUBERT und KLEIN (1905), NEUBERGER (1898, 1912); 7914/1: Kandelgebiet, NE-Absturz des „Gereuts" zum Wildgutachtal, 1932–35, LITZELMANN (1961); 8013/1: Ebnet, SPENNER (1829: 813), NEUBERGER (1898, 1912); 8013/4: Oberried, 1883, SCHLATTERER in EGM (1906: 103), NEUBERGER (1912), 1959 auf Ziegeldach, KORNECK (1975: 53); 8014/3: Falkensteig, 1850, THIRY in EGM (1906: 104), an Bahnstützmauer, 600 m, 1954, OBERDORFER in KORNECK (1975: Tab. 7, A. 5). Höllental, SPENNER (1829: 813), WINTER (1887: 317), u.a., 1987, PHILIPPI (KR-K); Alpersbach, SPENNER (1829: 813); 8112/3: Sirnitz-Schweighof, BINZ (1905: 154); 8112/4: Belchen-Südseite, 1350 m, OBERDORFER in PHILIPPI (1989: Tab. 11, A. 11); 8113/1: Breitnau, 990 m, 1984, PHILIPPI (KR-K); Scharfenstein, 1877, 1889, STEHLE (1895: 326), OBERDORFER (1934: 5); Obermünstertal, Elend, 640 m, Mauerkrone, PHILIPPI (1989: 819); 8113/2: St. Wilhelm, SPENNER (1829: 813), EGM (1906); 8113/3: Belchen, HAGENBACH (1821), SPENNER (1829), u.a., zuletzt mehrfach bei PHILIPPI (1989: Tab. 11); Wieden, NEUBERGER (1912: 128); 8113/4: Utzenfeld, NEUBERGER (1912), 600 m, 1963, KORNECK (1975: Tab. 7, A. 4) = Kleine Utzenfluh, LITZELMANN in BINZ (1951), PHILIPPI (KR-K); Geschwend, 1988, PHILIPPI (KR-K); Todtnau, SPENNER (1829: 813), u.a., EGM (1906: 104); 8114/1: Feldberg-Gebiet: „in valle Rothwasser", SPENNER (1829: 813), Feldberg, NEUBERGER (1898, 1912), u.a., neuere Bestätigung?; 8114/2: Raitenbuch, HIMMELSEHER in EGM (1906: 104), anderweitig offenbar nicht bestätigt; 8114/3: Bernau, SPENNER (1829: 813), EGM (1906: 104); Angabe fehlt bei NEUBERGER (1912); Geschwend-Bernau, BINZ (1915: 192); 8212/1: Blauen, NEUBERGER (1898,

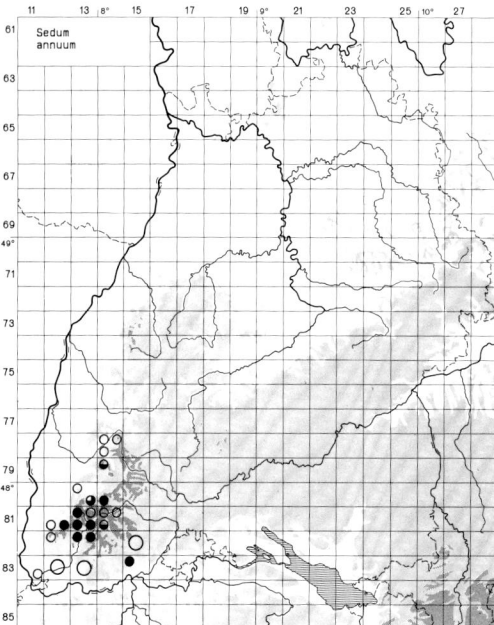

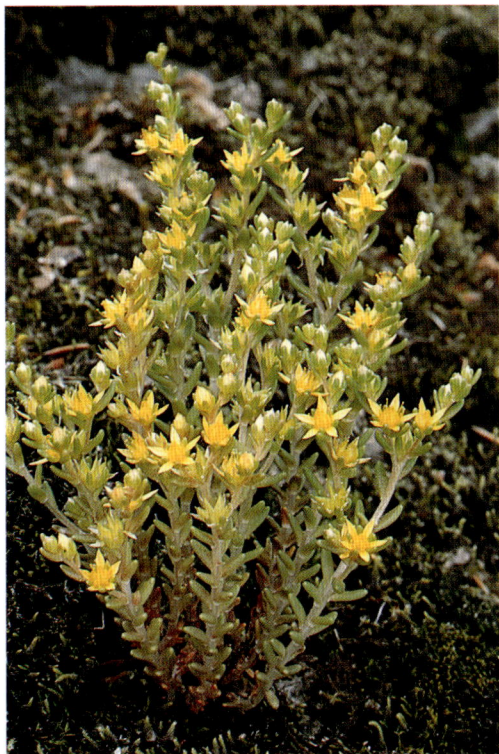

Einjähriger Mauerpfeffer *(Sedum annuum)*
Belchen, 1992

1912), SEUBERT und KLEIN (1905), EGM (1906: 104), neuere Bestätigung fehlt; 8213/1: Schoenau, SPENNER (1829: 813), NEUBERGER (1912), u.a., EGM (1906: 104), südlich Wembach, 1987, PHILIPPI (KR-K); 8213/2: Präg, 1985, PHILIPPI (KR-K); 8315/1: Berauer Halde zwischen Wannen und Hauenbach, 620 m, KERSTING (1986). Oberrheingebiet: 8311/4: Lörrach, HAGENBACH (1821: 416), DÖLL (1843), später offenbar nicht mehr angeben außer bei EGM (1906).

Die in neuerer Zeit noch bestätigten Vorkommen im Südschwarzwald gedeihen zwischen 470 m bei Oberried (8013/4) und etwa 1350 m am Belchen (8112/4).

Die alten, seit langem nicht mehr bestätigten Angaben für Ebnet bei SPENNER (1829) und für Lörrach bei HAGENBACH (1821) lagen noch deutlich unter 400 m. Genauere Höhenangaben sind für sie allerdings nicht angegeben.

Erstnachweis: Die älteste Literaturangabe findet sich bei HAGENBACH (1821: 416) mit: „In M. Belchen Bad. Cl. HOFMEISTER nuperrime, unicum exemplar legi in sabulosis Wiesae prope Lörrach."

Bestand und Bedrohung: Die unauffällige Art kann da und dort übersehen worden sein. Insgesamt ist sie sicher heute ziemlich selten, so daß ihre Be-

stände in jedem Fall geschont werden sollten. Sie gilt wegen ihrer Seltenheit auch nach der Roten Liste (HARMS et al. 1983) als potentiell gefährdet (G4). Bei EGM (1906) wird die Art noch als ziemlich verbreitet bezeichnet.

Die Art dürfte besonders auch auf sekundären Standorten einen gewissen Rückgang erfahren.

11. Sedum rubens L. 1753
Crassula rubens (L.) L. 1759
Rötliche Fetthenne, Rötliches Dickblatt

Morphologie: Einjährige, 5–15 cm hohe Pflanze mit einfachem oder schon von der Basis an verzweigtem Stengel, aufrecht oder mit aufsteigenden Ästen, im oberen Teil drüsenhaarig. Blätter halbstielrund, wechselständig, 10–20 mm lang, stumpf, blaugrün. Blüten 5zählig, sitzend oder kurzgestielt, auf mehreren, doldenartig angeordneten, reichblütigen Wickelästen. Kelchblätter 1–1,5 mm lang, spitz; Kronblätter ca. 5 mm lang, weiß bis rosa, scharf zugespitzt. Staubblätter 5, selten auch 10, mit roten Antheren. Balgfrüchte basal verwachsen, im oberen Teil aufgerichtet, drüsig, mit langen, geraden Griffeln. – Blütezeit: Mai bis Juni.

Ökologie: Licht- und wärmeliebende, wenig konkurrenzkräftige Art auf trockenen, wenig bewachsenen, vorwiegend kalkarmen, sandigen bis lehmigen Böden von Brachfeldern, Weinbergen, Wegrändern, Mauern, früher offenbar auch in Äckern, am

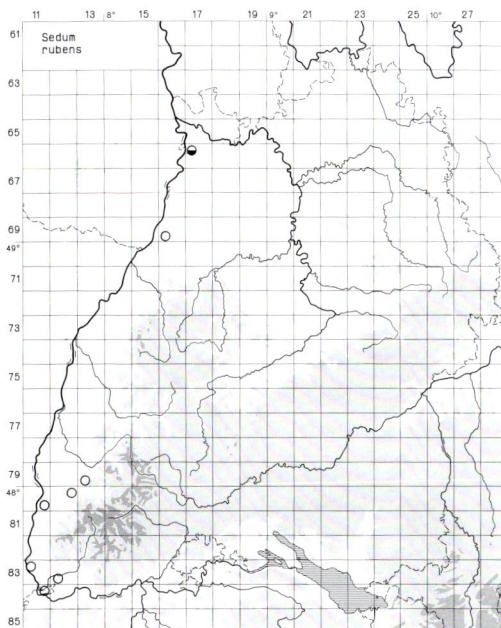

249

Rötliche Fetthenne *(Sedum rubens)*
Moseltal bei Trier, um 1960

Isteiner Klotz z. B. zusammen mit *Nigella arvensis,*
Neslia paniculata und *Erucastrum nasturtiifolium.*

Allgemeine Verbreitung: Gesamtes Mittelmeergebiet einschließlich Nordafrika, nach Osten bis zur
Krim und nach Nord-Iran, in Westeuropa nach
Norden bis Belgien. In Deutschland nur im Oberrheingebiet und an der Mosel; ferner auf den Kanarischen Inseln vorkommend. Der östlichste Wuchsort nördlich der Alpen befand sich bei Eglisau am
Hochrhein auf schweizerischem Gebiet, wo die Art
noch 1923 gefunden wurde (KUMMER 1943).

Verbreitung in Baden-Württemberg: Früher selten
im Oberrheingebiet. Vermutlich hatte die Art bei
uns nie ursprüngliche Vorkommen, könnte aber als
Archäophyt schon lange bei uns vorgekommen
sein.

Die alte Kulturlandschaft früherer Jahrhunderte
bot der Art sicher mehr Ansiedlungsmöglichkeiten
als die heutige Landschaft.

Oberrheingebiet: 6617/1: Schwetzinger Schloßhof,
1901–1903, F. ZIMMERMANN (1907: 140); 6916/3: Karls-
ruhe, Rasenplätze, 1885, KNEUCKER (STU); 7913/3: Frei-
burg, beim neuen Friedhof, STEHLE in Neue Standorte
(1885: 209); 8011/4: Zwischen Grißheim und Hartheim,
GÖTZ in Neue Standorte (1884: 107); Weinstetten, NEU-
BERGER (1912: 128); 8012/2: St. Georgen, 1824, BRAUN in
SPENNER (1829: 812); wohl = bei Freiburg an der Basler
Landstraße, BRAUN in DÖLL (1843: 608); 8311/1: Am
Isteiner Klotz auf Äckern, HEGI (1921: 515); 8312/3: Lör-

rach-Steinen, SEUBERT und KLEIN (1905: 177); 8411/2: Am
Damm bei der Leopoldshöhe, SCHNEIDER in Neue Standorte (1882: 16); Weil, 1863–1883, COURVOISLER in BINZ
(1901: 139), NEUBERGER (1912: 128); Schweizer Wuchsorte in diesem Quadranten: Zwischen Basel und Riehen,
HAGENBACH (1821: 297); Bettingen, DÖLL (1862: 1045);
Baseler Gegend bei Riehen, GMELIN in DÖLL (1843: 608).

Die heute durchweg erloschenen Wuchsorte
lagen zwischen etwa 100 m bei Schwetzingen (6617/
1) und maximal 350 m beim Isteiner Klotz (8311/
1).

Erstnachweis: Bei SPENNER (1829: 812) findet sich
die Angabe: „a St. Georgen versus Thiengen haud
procul a domo ultima detexit amicus ALEX. BRAUN
1824" (8012/2). Nahe der Landesgrenze auf elsässi-
schem Gebiet war die Art offenbar schon C. BAU-
HIN im 17. Jh. von Hüningen (8411/1–2) bekannt
(vgl. HAGENBACH (1821: 297).

Bestand und Bedrohung: Die Art ist in Baden-Württemberg seit längerem nicht mehr gefunden worden. Die mediterrane Pflanze war bei uns immer
am Rande ihres Verbreitungsgebiets und konnte
nur in der warmen Oberrheinebene gedeihen. Sie ist
in der Roten Liste (HARMS et al. 1983) in der
Gruppe der ausgestorbenen oder verschollenen
Arten geführt (G0).

12. Sedum hispanicum L. in Jusl. 1755

S. glaucum Waldst. et Kit. 1805; *S. sexfidum*
Bieb. 1808
Spanischer Mauerpfeffer

Morphologie: Zweijährige, manchmal auch einjährige oder ausdauernde Pflanze, gelegentlich auch
mit kurzen, nichtblühenden Trieben; Stengel einfach oder von der Basis an verzweigt, 5–15 cm
hoch. Blätter wechselständig, linear bis verkehrt-
lanzettlich, abgeflacht, stumpf oder etwas spitz,
blaugrün, 7–20 mm lang. Blüten (5–) 6 (–9)zählig,
kurzgestielt, in oft doldenartig verzweigten, reichblütigen Wickeln. Kelchblätter ¼ so lang wie die
5–7 mm langen, weißen, zugespitzten Kronblätter,
diese mit rotem Mittelstreif. Antheren dunkelpurpurrot. Fruchtblätter aufrecht. Pflanze kahl oder
im oberen Teil drüsenhaarig. – Blütezeit: Juni bis
August.

Ökologie: Lichtliebende Pflanze auf trockenen bis
frischen, basen-, oft auch kalkreichen Standorten
auf Felsen, Mauern, an Weg- und Brückenrändern,
auf Bahnschotter, auf Abraumhalden von Bergwer-
ken.

Allgemeine Verbreitung: Ursprüngliches Vorkommen in Südosteuropa und Südwestasien (Anatolien, Kaukasusgebiet, Nord- und West-Iran, Nord-

Spanischer Mauerpfeffer *(Sedum hispanicum)*
Badenweiler, 1971

Irak, Libanon, Palästina); in Mitteleuropa ursprünglich in den Südalpentälern und vielleicht einzelnen Föhngebieten der Alpennordseite (Rheintal), sonst in vielen Ländern Europas verwildert und stellenweise eingebürgert.

Verbreitung in Baden-Württemberg: Sehr zerstreut auf sekundären Standorten im südlichen Oberrheingebiet, im Schwarzwald, im Ellwanger Raum, im Hegau und im Allgäu. Einige Bestände dürften als eingebürgert gelten. Die Art der Entstehung der Bestände ist häufig ungeklärt, d.h. ob sie unmittelbar als Verwilderung von kultivierten Pflanzen abstammen oder ob sie unabsichtlich eingeschleppt worden sind, ist unbekannt. Bisher wurden die folgenden, wildwachsenden Vorkommen registriert:

Oberrheingebiet: 6518/3: Heidelberg, Friedhof, 1892, verwildert, Zimmermann (1907: 140); 7913/3: o.O.,

U. Koch (STU-K); 8012/1: o.O., U. Koch (STU-K); 8012/2: o.O., U. Koch (STU-K); 8012/4: o.O., U. Koch (STU-K).

Schwarzwald: 7415/4: Gärtenbühl bei Mitteltal, an Mauer verwildert, 1986, Seybold (STU); 7515/2: Kniebis, 930 m, 1991, Seybold (STU-K); 7715/1: o.O., Ade (STU-K); 8015/2: Brücke über die Schollach beim Gfellhof, 1986, Seybold (STU); 8213/1: Bergwerkshalde oberhalb Schönau, Grossmann (1989: 726).

Neckarland: 7026/2?: Ellwangen, 1860, Hafner (STU); Quadrant und Status der Angabe unsicher, es handelt sich um die älteste Angabe aus Baden-Württemberg, falls der Beleg tatsächlich von einem wildwachsenden Bestand stammen sollte; 7027/2: Halheim, an einer Brücke eines Feldwegs, 1989, Sebald (STU).

Alpenvorland: Hegau: 8013/3: Hewenegg, auf Steingrus beim Tor, 1987, Karl (STU-K); 8218/4: Industriegebiet Gottmadingen, E. Koch (STU-K). – Illertal: 7926/4: Unterhalb Buxheim, an Mauern am Illerufer, Lenker in Dörr (1985). – Westallgäuer Hügelland: 8325/2: nahe

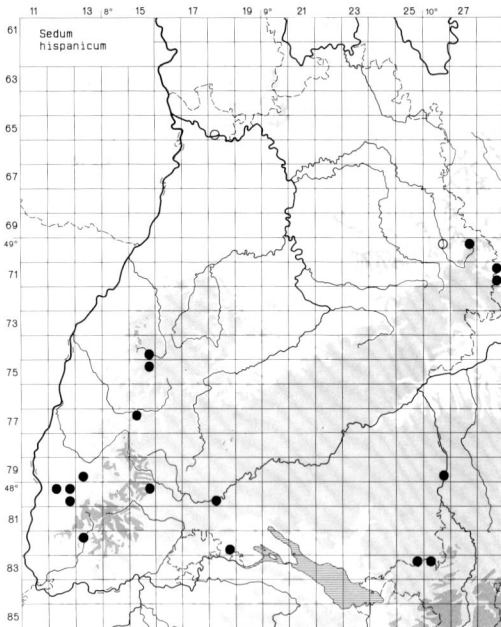

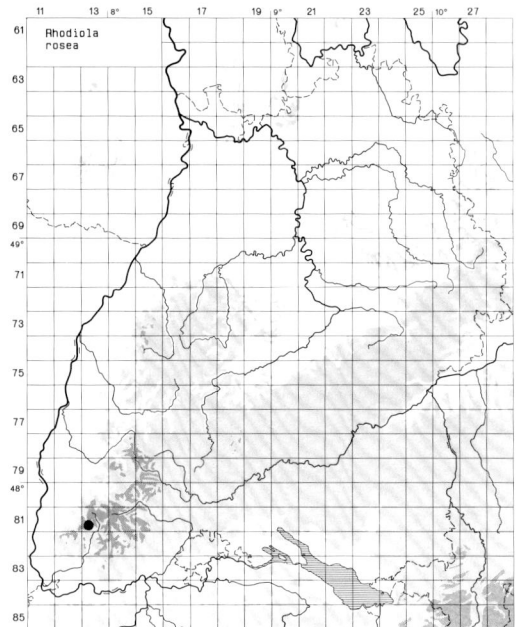

dem Staudacher Weiher, 1981, DÖRR (1981: 25); Wegrand bei Staudach nahe Eisenharz, 1985, DÖRR (1985: 18); 8326/1: Isny, südlicher Teil des Bahnhofgeländes, 1987, SEBALD (STU).

Die tiefstgelegenen Bestände wurden im Raum Freiburg (8012) bei etwa 240 m, die höchsten im Schwarzwald am Kniebis (7515/2) bei 930 m gefunden.

Erstnachweis: Abgesehen von dem oben erwähnten Beleg von Ellwangen von 1860 ist die älteste Angabe in der Literatur bei F. ZIMMERMANN (1907: 140) zu finden mit: „auf dem Friedhof von Heidelberg verwildert. August 1892".

Bestand und Bedrohung: Die Art wird gelegentlich als Zierpflanze gehalten. Die durch Verwilderung oder Verschleppung entstandenen wildwachsenden Bestände sind naturgemäß etwas unbeständig. Ein gezielter Schutz ist an den sekundären Standorten nur schwer möglich, ob er überhaupt erwünscht ist eine andere Frage. Die hohe Zahl der in den letzten Jahren neu aufgefundenen Vorkommen deutet auf eine eher zunehmende Verbreitung hin (vgl. gleichartige Feststellung von DÖRR (1974) für das bayerische Allgäu).

4. **Rhodiola** L. 1753
Rosenwurz

Die öfters auch als Sektion *Rhodiola* in *Sedum* einbezogene Gattung besteht nach BERGER (1930) aus rund 50 Arten, die in den Gebirgen der Nordhalbkugel verbreitet sind. Besonders artenreich sind die zentral- und ostasiatischen Gebirge von Afghanistan bis West-China. In Europa gibt es nur 2 Arten, von denen *Rh. rosea* auch in Baden-Württemberg vorkommt.

1. **Rhodiola rosea** L. 1753
Sedum roseum (L.) Scop. 1772; *S. rhodiola* DC. 1805
Rosenwurz

Morphologie: Ausdauernd, mit verdicktem, fleischigem Rhizom, das beim Zerschneiden rosenartig duftet und von dreieckigen Niederblättern bedeckt ist, mehrere aufrechte, unverzweigte, 10–40 cm hohe Blütensprosse treibend. Blätter wechselständig, verkehrtlanzettlich bis verkehrteiförmig, meist kurz zugespitzt, im äußeren Teil gesägt, 1,5–4 cm lang. Blütenstand eine dichte, reichblütige Trugdolde; Blüten zweihäusig, selten zwittrig, 4zählig. Männliche Blüten mit 4 linearen, gelben, rötlich überlaufenen, 3–4 mm langen Kronblättern, 8 Staubblättern, die die Kronblätter überragen, mit

Rosenwurz *(Rhodiola rosea)*
Alpen, 1976

2–4 verkümmerten Fruchtblättern. Weibliche Blüten mit 4 oft fehlenden oder verkümmerten Kronblättern; Balgfrüchtchen 4, aufrecht, braun, reif 6–12 mm lang.

Biologie: Blüte von Juni bis August. Die Blüten werden vor allem von Fliegen bestäubt.

Ökologie: Halbschattige, frische Standorte in Felsspalten kalkarmer Gesteine, auch auf Felsschutt. Vorwiegend in der subalpinen und alpinen Stufe.

Allgemeine Verbreitung: Die Art ist ein zirkumpolar verbreitetes arktisch-alpines Florenelement. Im Norden von Nordamerika (Labrador) über Grönland, Island, Skandinavien bis Nordostsibirien vorkommend, ferner in den Gebirgen Irlands, Großbritanniens; in den Gebirgen Mittel- und Südeuropas von den Pyrenäen, Vogesen, Alpen, Sudeten, Karpaten bis nach Bulgarien und Mazedonien. Nah verwandte Sippen auch im pazifischen Nordamerika nach Süden bis Kalifornien und in Japan.

Verbreitung in Baden-Württemberg: Nur ein Vorkommen im Südschwarzwald: 8113/3: Am Nordabhang des Belchen, 1300 m, an unzugänglicher Felswand, 1966, zuerst von LUDWIG (1968: 21) entdeckt; vgl. auch GROSSMANN (1989: 628).

Bestand und Bedrohung: LUDWIG (1968) hat nur 1 Stock gesehen. Auch wenn das Vorkommen sich in einem Naturschutzgebiet und an kaum zugänglicher Stelle befindet, muß die Art bei uns wegen ihres geringen Bestandes als gefährdet angesehen werden (G4 der Roten Liste von 1983). Die Art wurde früher auch da und dort als Duft- und Arzneipflanze in Gärten angepflanzt und gelegentlich angesalbt.

253

Saxifragaceae

Steinbrechgewächse
Bearbeiter: O. Sebald

Die Familie Saxifragaceae wird hier im engeren Sinne aufgefaßt, entspricht also dem, was bei weiter Fassung der Familie als Unterfamilie Saxifragoideae bezeichnet wird. Die Grossulariaceae *(Ribes)* und die Parnassiaceae wurden als eigene Familien abgetrennt in Übereinstimmung mit neueren Bearbeitungen. Die Gründe sind bei diesen Familien angegeben.

Vorwiegend ausdauernde, selten einjährige, krautige Pflanzen; Blätter wechselständig, selten gegenständig, oft auch in Rosetten, ohne Nebenblätter, ungeteilt bis gelappt. Blüten zwittrig, 4- bis 5zählig, meist radiär, manchmal etwas zygomorph, in trauben-, rispen- oder trugdoldenartigen Blütenständen. Kronblätter frei, selten fehlend. Staubblätter 8 oder 10, obdiplostemon (der äußere Kreis über den Kronblätter stehend, der innere über den Kelchblättern); Staubbeutel intrors. Fruchtblätter 2, unter sich und mit dem flachen bis glockenförmigen Blütenbecher ± verwachsen. Fruchtknoten ober- oder halbunterständig, zwei- oder einfächerig; Griffel 2, frei. Frucht eine Kapsel, an den inneren Nähten des nicht verwachsenen Teils aufspringend. Samenanlagen zahlreich, achsen- oder wandständig.

Die Saxifragaceae im engeren Sinne sind in den gemäßigten bis arktischen Zonen der Nordhalbkugel weit verbreitet, wobei die Gebirge Ostasiens und Nordamerikas besonders artenreich sind. Einige Gattungen kommen auch in den tropischen Gebirgen vor und reichen in Südamerika bis Feuerland. Die Familie umfaßt etwa 30 Gattungen mit 600 bis 700 Arten.

In Europa und auch in Baden-Württemberg ursprünglich vorhanden sind nur 2 Gattungen, *Saxifraga* und *Chrysosplenium*. Eine Reihe weiterer Gattungen der Familie sind beliebte Gartenpflanzen *(Astilbe, Heuchera, Rodgersia, Bergenia, Tiarella)*. Gelegentlich kommen Verwilderungen vor. Einbürgerungen sind bisher nur selten (z. B. *Tellima, Tiarella)* bekannt geworden.

1 Kronblätter fehlend; Blütenbecher kreiselförmig, mit dem Fruchtknoten verwachsen; Blüten in Trugdolden von gelblichen Hochblättern unterstützt . . . . 2. *Chrysosplenium*
– Kronblätter vorhanden; Blüten in trauben- bis rispenartigen Blütenständen 2
2 Kronblätter tief fiederspaltig; Samenanlagen wandständig; Fruchtknoten einfächerig . . . . . .
. . . . *[Tellima]*
– Kronblätter ungeteilt 3

3 Fruchtknoten und Frucht zweifächerig; Samenanlagen achsenständig; Kronblätter meist größer als 5 mm (Ausnahme: *S. tridactylites*) 1. *Saxifraga*
– Fruchtknoten und Frucht einfächerig, Samenanlagen an der Basis der wandständigen Plazenta; Kronblätter 3–5 mm lang . . . . *[Tiarella]*

1. Saxifraga L. 1753

Steinbrech

Vorwiegend ausdauernde, oft rosetten- und polsterbildende, krautige Pflanzen mit sterilen und blühenden Trieben, selten ein- bis zweijährig und ohne sterile Triebe. Blätter wechselständig (nur bei *S. oppositifolia* gegenständig), ungeteilt oder finger- bis handförmig geteilt. Blütenstand trauben-, rispen- oder trugdoldenartig, mit zymosen Teilblütenständen. Blüten radiär, selten schwach zygomorph, (4–) 5 (–6)zählig. Kronblätter weiß, gelb oder rot, oft punktiert. Staubblätter 10, obdiplostemon. Fruchtknoten aus ± verwachsenen Fruchtblättern, oberständig oder halbunterständig, mit 2 freien Griffeln. Samen zahlreich.

Die rund 350 Arten der Gattung kommen in den gemäßigten bis arktischen Zonen der Nordhalbkugel vor. Besonders viele sind Gebirgspflanzen. Nur eine Art kommt in Afrika in den Gebirgen südlich der Sahara vor.

In Europa gibt es nach Webb (1964) 123 Arten, nach Webb and Gornall (1989) 119 Arten, von denen 10 Arten in Baden-Württemberg wildwachsend vorkommen oder vorkamen. Von diesen 10 Arten sind 2 Arten *(S. hirculus* und *S. oppositifolia)* bei uns erloschen. Weitere Arten werden als Zierpflanzen in Gärten kultiviert. Nach der Bundesartenschutzverordnung vom 19. 12. 1986 sind alle wildlebenden *Saxifraga*-Populationen mit Ausnahme von *S. tridactylites* besonders geschützt.

Nur 2 Arten, *S. granulata* und *S. tridactylites*, kommen in größeren Teilen Baden-Württembergs vor, die übrigen Arten sind auf bestimmte Landschaften oder gar einzelne oder wenige Vorkommen beschränkt. Einige alte Angaben weiterer Arten *(S. caesia, S. cotyledon)* bei Gmelin (1826) sind irrtümlich. Sie wurden schon von Döll (1858) richtiggestellt.

1 Blätter am Stengel gegenständig; Blütenstand einblütig; Blüten rot bis violett . . 8. *S. oppositifolia*
– Blätter am Stengel wechselständig; Blütenstand mehrblütig; Blüten weiß oder gelb, höchstens rot punktiert 2
2 Pflanze ein- bis zweijährig, ohne sterile Triebe; Blüten nur etwa 4 mm lang . . 4. *S. tridactylites*
– Pflanze ausdauernd, mit sterilen Trieben oder Rosetten; Blüten größer 3

3	Kronblätter weiß	4
–	Kronblätter gelb oder orange	8
4	Blätter oberseits am Rand mit kalkausscheidenden Grübchen, band- bis zungenförmig, in deutlichen Rosetten . . . . 9. *S. paniculata*	
–	Blätter ohne kalkausscheidende Grübchen	5
5	Blätter tief-handförmig, 3- bis 5spaltig in Zipfel geteilt . . . . 6. *S. rosacea*	
–	Blätter ungeteilt, gekerbt oder gelappt	6
6	Blätter in Rosetten, verkehrt-eiförmig, mit keilförmiger Basis sitzend; Kelchblätter zurückgeschlagen . . . . 1. *S. stellaris*	
–	Grundblätter langgestielt, herz- bis nierenförmig, rundlich, gekerbt bis gelappt; Kelchblätter aufrecht bis abstehend	7
7	Stengel an der Basis mit unterirdischen Knöllchen; Fruchtknoten halbunterständig . 7. *S. granulata*	
–	Stengel an der Basis ohne Knöllchen; Fruchtknoten oberständig . . . . 2. *S. rotundifolia*	
8(3)	Blätter in Rosetten, spatel- bis bandförmig, mit Grübchen, aber meist ohne Kalkausscheidungen; Kelchblätter nicht zurückgeschlagen 10. *S. mutata*	
–	Blätter nicht in Rosetten und/oder ohne Grübchen	9
9	Blätter linear, im Querschnitt halbstielrund, fleischig, sitzend; Kelchblätter den Kronblättern anliegend; Fruchtknoten halbunterständig . . . . . 5. *S. aizoides*	
–	Blätter linear-lanzettlich, flach, nicht fleischig, untere in langen Stiel verschmälert; Kelchblätter nach dem Aufblühen zurückgeschlagen; Fruchtknoten oberständig . . . . 3. *S. hirculus*	

1. Saxifraga stellaris L. 1753
Stern-Steinbrech

Morphologie: Ausdauernd, mit waagrechter, einfacher oder verzweigter Grundachse; Blätter in Rosetten, lockere bis dichte Polster bildend, 1–5 cm lang, verkehrt-eiförmig bis keilförmig, vorne mit einigen Zähnen, locker behaart bis kahl, sitzend oder in kurzen Stiel verschmälert. Blütenstengel 5–20 cm hoch, locker-drüsenhaarig, endständig, einzeln oder mit zusätzlichen Blütentrieben aus den oberen Blattachseln der Rosetten; Blütenstand steilastig verzweigt, lockerblütig, mit zymos-wicklig aufgebauten Ästen. Kelchblätter zurückgeschlagen, länglich, 2–4 mm lang. Kronblätter 4–8 mm lang, lanzettlich, weiß mit 2 gelben Punkten am Grund. Kapsel eiförmig, 5–8 mm lang.

Variabilität: *S. stellaris* wird von Temesy (1957) in 4 Unterarten aufgeteilt. Die Vorkommen in Baden-Württemberg gehören danach zu der subspec. *alpigena*. Sie umfaßt die Populationen der süd- bis mitteleuropäischen Gebirge von Spanien bis zum Balkan. Die typische Unterart subspec. *stellaris* umfaßt die nordisch-arktischen Populationen.

Biologie: Blütezeit ist von Juni bis August. Die Blüten sind proterandrisch und werden besonders von Fliegen bestäubt. Unter extremeren Umweltbedingungen ist auch Autogamie möglich. In manchen Regionen ihres Areals neigt die Art zur Bildung von Bulbillen an Stelle von Blüten. Diese laubigen Knospen dienen der vegetativen Vermehrung. An den Wuchsorten der Art in Baden-Württemberg sind bisher noch keine Bulbillen beobachtet worden.

Ökologie: In Quellfluren, auf überrieselten Felsen, Blöcken und Steinen, an sickerfeuchten Bach- und Wegrändern, oft zwischen Moosen, im Gebiet vorzugsweise in absonniger Lage, auf mäßig basenreichen, kalkarmen Standorten.

Die Art wird als Klassen-Charakterart der Quellflurengesellschaften Montia-Cardaminetea angesehen (Oberdorfer 1990). Oberdorfer (1936: 80) bringt eine Vegetationsaufnahme des Vorkommens im Nordschwarzwald, Bogenrieder (1982: 314) vom Feldberg eine auf Aufnahmen von Kambach beruhende Stetigkeitstabelle des Bryo-Philonotidetum seriatae.

Außer der hochsteten *S. stellaris* sind an Blütenpflanzen vorhanden: *Stellaria alsine, Cardamine amara, Montia fontana, Caltha palustris*. Die vorherrschenden Moose sind *Scapania paludosa, Philonotis seriata, Drepanocladus exannulatus*.

In einer Aufnahme bei Philippi (1989: 827) vom Belchen-Gebiet und bei Schüchen (1972: 120)

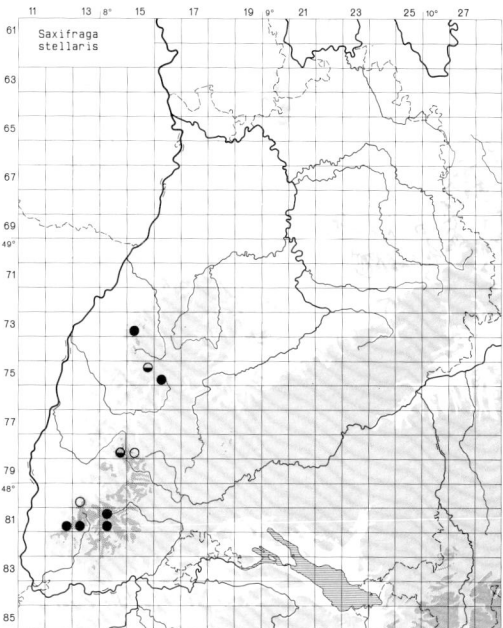

Stern-Steinbrech *(Saxifraga stellaris)*
Feldberg

vom Feldberg herrscht *Scapania undulata* als Begleiter vor.

Allgemeine Verbreitung: In Eurasien und Nordamerika in den arktischen Gebieten zirkumpolar verbreitet. Im südlichen und mittleren Europa in den Gebirgen von Portugal bis zur Balkanhalbinsel. In der unmittelbaren Nachbarschaft zu Baden-Württemberg kommt die Art in den Vogesen, in den Schweizer Alpen, in Vorarlberg und in den Allgäuer Alpen vor. Man kann die Art als arktischalpines Florenelement bezeichnen.

Verbreitung in Baden-Württemberg: Selten, nur an wenigen Wuchsorten in der montanen bis subalpinen Stufe im Nord- und Süd-Schwarzwald. Eine ältere Aufzählung der baden-württembergischen Fundorte findet sich bei EGM (1905).

Schwarzwald: 7315/3: Hornisgrinde, Biberkessel, 1000 m, WINTER (1892), u.v.a., z.B. 1983, SEYBOLD (STU-K); 7515/2: Ellbach-See, WÄLDE in KIRCHNER und EICHLER (1900), wenige Pflanzen, ca. 1931, GÖTZ (STU-K); ob = Kniebis?, KIRSCHLEGER, 1852, EGM (1905), O. FEUCHT (1912, Tafel 32); 7516/3: Burgbacher Wasserfall bei Rippoldsau, SCHILDKNECHT in DÖLL (1862), noch 1973, SEYBOLD (STU-K), 1983, ADE (STU-K), wohl = Rippoldsau, DÖLL (1843) und „an Granitfelsen am Burbach 2 Stunden von Christophstal", 1832, ROESLER in VON MARTENS (STU-K); 7615/2?: Schapbach, MEIGEN (1902), SEUBERT und KLEIN (1905), wohl = voriger Fundort, daher in Karte weggelassen; 7814/4: Hinterstes Haslachsimonswälder Tal 1932–35, und Quellgebiet des Ibichbachs am Obereck, 1932–35, beide Fundorte LITZELMANN (1961); 7815/3: Triberger Wasserfall, SANDBERGER in DÖLL (1863), MEIGEN (1902), SEUBERT und KLEIN (1905), offenbar keine späteren Bestätigungen; 8013/3: Schauinsland, WIELAND in SPENNER (1829: 807), u.a., MEIGEN (1902);

256

Hofsgrund, WIELAND in SPENNER (1829: 807), von NEU-BERGER (1912) bestätigt, seither nicht mehr; 8112/4: Belchen-Nordhang = „an mitternächtlichen Bächen des Belchen", VULPIUS in ROTH VON SCHRECKENSTEIN (1807: 368), seither viele andere, z.B. PHILIPPI (1989), in einer vegetationskundlichen Aufnahme vom „Knappengrund", 1989, SEBALD (STU-K) mit Fundorten zwischen 900 m und 1350 m; 8113/3: Belchen-Südseite, nördlich Oberböllen, PHILIPPI (1989); 8114/1: Feldberg, schon von ABERLE „in der Gegend des Feldsees" in ROTH VON SCHRECKENSTEIN (1807), danach von vielen anderen, z.B. an überrieselten Felsen des Seebuck-Ostabfalls, BOGENRIEDER (1982), 1987, PHILIPPI (KR-K); im Zastlerloch, SPENNER (1829), DÖLL (1862); 8114/3: am Wasserfall der Menzenschwander Alb, 1937, K. MÜLLER (1937), 1989 vergeblich gesucht, SEBALD; Menzenschwand, MAYER in THOMMA (1972); am Rempenbächlein, 1050 m, 1948, MAYER in THOMMA (1972).

Das tiefste Vorkommen scheint das bei Rippoldsau (7516/3) mit 630 m zu sein, das höchste am Feldberg (8114/1) mit 1400 m am Höhenweg oberhalb der Seewände (vgl. USINGER und WIGGER 1961: 33).

Erstnachweis: Subfossile bzw. archäologische Funde scheinen aus dem Land nicht bekannt zu sein. In der Literatur wird die Art schon bei C.C. GMELIN (1806) für den Belchen erwähnt. Bei HAGENBACH (1821: 389) heißt es: „ad rivulos M. Belchen Bad. legit Thomas Platerus t. Jac. Hagenbach". Die Fundzeit wäre also um 1600, da TH. PLATTER von 1574 bis 1628 lebte

Bestand und Bedrohung: Wie die meisten *Saxifraga*-Arten ist *S. stellaris* nach der Bundesartenschutzverordnung eine besonders geschützte Art. Die wenigen Vorkommen in Baden-Württemberg verdienen eine besondere Schonung. Entsprechend ist *S. stellaris* in der Roten Liste (HARMS et al. 1983) in G4 (potentiell wegen Seltenheit gefährdet) eingestuft. Nach Beobachtungen von PHILIPPI (1989) vom Belchen-Gebiet ist die Art fähig, junge, vom Menschen geschaffene Standorte wie Wegränder, Böschungen oder Grabenränder zu besiedeln. Wichtig ist vor allem, daß keine Konkurrenz durch andere Blütenpflanzen droht. Nach diesen Beobachtungen wäre die Art ein Beispiel eines progressiven Glazialrelikts.

2. Saxifraga rotundifolia L. 1753
Rundblättriger Steinbrech

Morphologie: Ausdauernd, mit lockeren Rosetten aus langstieligen, nierenförmigen bis runden, grob gekerbten, 2–7 cm breiten Grundblättern. Blütenstengel 10–50 cm hoch, untere Stengelblätter den Grundblättern ähnlich, obere sitzend, gezähnt bis gelappt; Blütenstand lockerästig, rispenartig, reich-

blütig, drüsenhaarig. Kelchblätter 2–4 mm lang, schmal-eiförmig, aufrecht-abstehend. Kronblätter 5–10 mm lang, schmal länglich, weiß, basal mit gelben, in der oberen Hälfte mit roten Punkten. Fruchtknoten oberständig; Kapsel eiförmig, 7–8 mm lang.

Biologie: Blüte vorwiegend Juni bis August. Die Blüten sind proterandrisch und werden vor allem von Fliegen bestäubt.

Ökologie: Vor allem an halbschattigen, luftfeuchten, bodenfrischen bis sickerfeuchten, nährstoff-, basen- und manchmal auch kalkreichen Standorten in subalpinen Gebüschen und Hochstaudenfluren, an Bachufern und in Bergwäldern; gilt als Ordnungscharakterart der Adenostyletalia (hochmontane bis subalpine Gebüsche und Hochstaudenfluren). Nach BAUR (1968) ist die Art in der Adelegg bezeichnend für die „Tobelwälder", die einen Vegetationskomplex verschiedener Gesellschaften umfassen.

Als Begleiter kommen vor allem vor: *Aruncus dioicus, Adenostyles alliariae, Chaerophyllum hirsutum, Crepis paludosa, Chrysosplenium alternifolium, Stellaria nemorum, Senecio alpinus, Veronica urticifolia, Stachys sylvatica* usw. Vegetationskundliche Aufnahmen aus dem württembergischen Allgäu finden sich bei BAUR (1968, Beil. 7).

Allgemeine Verbreitung: Die Art bewohnt vorwiegend die montane bis subalpine Stufe der süd- und mitteleuropäischen Gebirge. Sie ist im Alpenraum

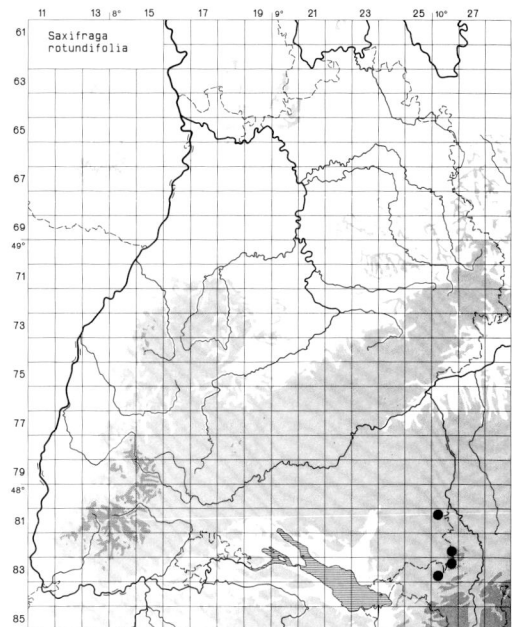

Saxifraga rotundifolia

Rundblättriger Steinbrech *(Saxifraga rotundifolia)*
Riedholzer Eistobel, 16.6.1991

weitverbreitet und meist auch häufig. Ihr Areal reicht von den Pyrenäen im Westen bis den Karpaten und den Balkangebirgen im Osten. Im Süden kommt sie noch auf Korsika, Sardinien, Sizilien und in Griechenland vom Norden bis zum Peloponnes vor; ferner noch in Kleinasien und im Kaukasus. In den Nachbargebieten Baden-Württembergs ist *S. rotundifolia* im Bregenzer Wald, in Vorarlberg und im bayerischen Allgäu verbreitet.

Verbreitung in Baden-Württemberg: Nur im Bereich der Voralpen des Adelegg-Gebiets und der Iberger Kugel. Dort allerdings nicht besonders selten. Von BAUR (1968; STU-K) werden von 3 Quadranten zusammen 41 Wuchsorte angegeben. Eine ältere Fundortsaufzählung findet sich bei EGM (1906: 103). Einzelne Angaben der Art aus dem Schwarzwald beziehen sich auf Anpflanzungen, so z.B. 8013/3: Schauinsland, 1919, KNEUCKER (KR).

Alpenvorland (einschließlich Voralpen): 8126/1: An der Aitrach W Aichstetten, 1986, RIEKS (STU-K), als Schwemmling wohl nur vorübergehend. – Adelegg: 8226/4: 1955 von BAUR (STU-K) an mindestens 18 Stellen gefunden; 8326/2: 1955 von BAUR (STU-K) an mindestens 21 Stellen gefunden; nach 1970 in beiden Quadranten jeweils von einigen Fundstellen bestätigt (STU-K). – Iberger Kugel: 8326/3: 1955 von BAUR an mindestens 2 Stellen auf württembergischem Gebiet gefunden (STU-K); nach DÖRR (1974) auf bayerischem Gebiet an der Kugel und im Eistobel vorkommend.

Die bis jetzt festgestellten Höhenlagen bewegen sich zwischen 618 m an der Aitrach westlich Aichstetten (8126/1) und 1100 m am Schwarzen Grat (8326/2).

Erstnachweis: Die Art ist im Gebiet sicher ursprünglich. Archäologische Nachweise sind bis jetzt noch nicht vorhanden.

Die älteste Angabe aus Baden-Württemberg findet sich bei LINGG (1832: 26) für die Adelegg. Sie bezieht sich auf den gleichen Fund wie bei SCHÜBLER u. VON MARTENS (1834: 272), wo es heißt „In dem Putzaustobel (8226/4) bei der Graf Quadtischen Glashütte von Isny, 11. 6. 1832, ZELLER u. S." (= SCHÜBLER), auch bei VON MARTENS (STU-K). Die an sich ältere Angabe bei C.C. GMELIN (1826: 293) „retro Moeskirch im Donauthal frequens" ist mit Sicherheit wie so manche seiner Angaben falsch.

Bestand und Bedrohung: Im allgemeinen ist *S. rotundifolia* wenig gefährdet. Der württembergische Anteil am Areal des Art ist jedoch so gering, daß eine besondere Schonung der Vorkommen im Lande angebracht ist.

In der Roten Liste (HARMS et al. 1983) ist die Art daher in G5 eingestuft. Die Art gehört wie die meisten Steinbrecharten zu den nach der Bundesartenschutzverordnung von 1986 besonders geschützten Pflanzenarten.

3. Saxifraga hirculus L. 1753
Moor-Steinbrech, Bocks-Steinbrech

Morphologie: Ausdauernd, mit beblätterten Ausläufern, Blätter nicht in Rosetten. Stengel aufrecht, 10–40 cm hoch, mit zahlreichen, linear-lanzettlichen, 1–3 cm langen Blättern, untere in langen Stiel verschmälert, obere sitzend. Stengel oben, Blütenstiele, Kelchblätter, oft auch Blattstiele und Ausläufer mit langen, braunen, krausen Haaren besetzt, sonst oft fast kahl. Blüten zu 1–6 an der Spitze des nicht oder nur oben verzweigten Stengels. Kelchblätter 2–5 mm lang, länglich bis elliptisch, stumpf, nach dem Aufblühen zurückgeschlagen. Kronblätter 10–15 mm lang, gelb, schmal-elliptisch, stumpf. Fruchtknoten oberständig; reife Kapsel 8–10 mm lang.

Biologie: Nach den Herbarbelegen blühte die Pflanze in Oberschwaben von Juli bis Ende September. Die Bestäubung vermitteln vor allem Fliegen.

Ökologie: Lichtliebende Pflanze nasser, mäßig saurer, nährstoffarmer Standorte auf Torfböden, vor allem in Moorwiesen, Zwischenmooren, Schwingrasen, auch in Quellfluren. Gilt als Verbandscharakterart des Caricion lasiocarpae. Nach Angaben bei den Herbarbelegen (STU) kamen als Begleitpflanzen in Oberschwaben u.a. vor: *Sphagnum*-Arten, *Aulacomnium palustre, Oxycoccus palustris*, Vegetationsaufnahmen aus Baden-Württemberg liegen offenbar keine vor.

Allgemeine Verbreitung: Zirkumpolar, vorwiegend in der arktischen bis borealen Zone von Eurasien und Nordamerika, in Europa nach Süden bis Irland, England und ins norddeutsche Flachland, isolierte Arealteile im Französischen und Schweizer Jura, im nördlichen Alpenvorland, im Kaukasus, Himalaja und Altai; WELTEN und SUTTER (1982) bringen eine Verbreitungskarte für die Schweiz, BRESINSKY (1965) für das nördliche Alpenvorland und Mitteleuropa.

Verbreitung in Baden-Württemberg: Im vorigen Jahrhundert von 13 Fundorten in teilweise individuenreichen Beständen im Alpenvorland bekannt; letztes Vorkommen im Federseeried um 1960 erloschen.

Alpenvorland: 7923/2: Federseeried, Belege in STU aus 1851 bis 1932 vorhanden, ferner ein Foto von 1933, nach VON MARTENS und KEMMLER (1865) war TROLL der erste Finder. Die Art ist offenbar an mehreren Stellen vorhanden gewesen (Moosburger Ried und Oggelshauser Ried). In einem Brief von 1961 von L. KUHN an G. KNAUSS (STU-Archiv) heißt es: „Es gibt nur noch zwei Stellen im Ried und auch die habe ich in den letzten zwei Jahren nicht mehr bestätigen können". 7926/3: „bei Kloster Roth auf Torfwiesen ziemlich häufig", W. LECHLER (1844: 33); am

Moor-Steinbrech *(Saxifraga hirculus)*
Murnauer Moos (Bayern), um 1960

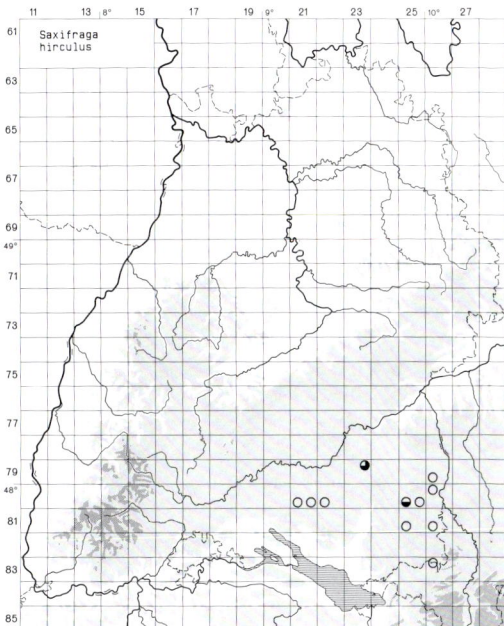

Schweinsgraben bei Unterzell, 1868, E. LECHLER in VON MARTENS (STU-K); Eichenberger Ried, DUCKE bei VON MARTENS (STU-); 8021/3: Klosterwald, beim Tiefen Weiher, 1868, SAUTERMEISTER (STU), vgl. JACK (1892, 1900), ob = Ruhestetten bei Klosterwald, SAUTERMEISTER in JACK (1901)?; 8021/4: Taubenried (Trubenried) bei Pfullendorf, VON STENGEL in DÖLL (1862), JACK (1892: 383); 8022/3: Pfrunger Ried, HEGELMAIER (STU), 1880, FETSCHER (STU-K BERTSCH); 8025/3: „im Wurzacher Ried häufig", PFANNER in VON MARTENS (STU-K), vgl. auch LINGG (1832: 29), Belege in STU von 1838 bis 1868, letzte Bestätigung 1906, HILDEBRAND in BERTSCH (STU-K); 8025/45: Dietmannser Ried, LECHLER (1844), DUCKE in VON MARTENS und KEMMLER (1865); 8026/1: „im Wiesental bei Thannheim gegen den Wolfsbrunnen" DUCKE bei VON MARTENS (STU-K), VON MARTENS und KEMMLER (1865); 8125/3: Immenried, SCHUPP in KIRCHNER u. EICHLER (1900), vermutlich identisch mit: Gründlenried, 1852, in herb. SCHÜZ (STU); 8126/3: Stadtweiher bei Leutkirch, KOLB in SCHÜBLER u. VON MARTENS (1834), LECHLER (1844); 8326/1: Zwischen Schweinebach und Dorenwaid, W. GMELIN in VON MARTENS u. KEMMLER (1865).

Der Höhenbereich der Vorkommen schwankte zwischen 580 m am Federsee (7923/2) und etwa 680 m bei Schweinebach (8326/1).

Moor-Steinbrech *(Saxifraga hirculus)*
Federsee, 1963

Erstnachweis: Die Art dürfte sich nach Bresinsky (1965) von Mooren außerhalb der Jungmoräne wie dem Federseeried und dem Wurzacher Ried in der Nacheiszeit in das eisfrei gewordene Jungmoränegebiet ausgebreitet haben. Subfossile Funde scheinen allerdings zu fehlen. Die älteste Angabe in der Literatur findet sich bei Lingg (1832: 29) für das Wurzacher Ried und den Stadtweiher von Leutkirch.

Bestand und Bedrohung: Die meisten Vorkommen sind nach 1900 nicht mehr bestätigt worden. Etliche Vorkommen dürften im vorigen Jahrhundert schon erloschen sein, bevor sie von der floristischen Forschung erfaßt wurden. Nur für das Wurzacher Ried und das Federseeried liegen Bestätigungen nach 1900 vor. Fundangaben liegen aus 11 Quadranten vor, wobei auf 2 Quadranten (7923/2, 7926/3) mindestens 2 Wuchsorte existierten. Nach den alten Angaben muß die Art stellenweise sogar zahlreich gewesen sein. *S. hirculus* gehört heute zu den erloschenen Arten (vgl. Rote Liste = G0).

Auch in den Nachbargebieten ist die Art nahezu ausgestorben. Für die Schweiz zeigt die Karte bei Welten und Sutter (1982) von zusammen 23

durch Belege abgesichertem früheren Vorkommen nur noch eine Fundstelle im südlichen Jura als existent. Im bayerischen Alpenvorland sind die 4 Vorkommen in der weiteren Umgebung von Augsburg längst erloschen (Bresinsky 1959). Nach Dörr (1974) ist die Art in neuerer Zeit im bayerischen Allgäu noch an 2 Stellen nachgewiesen.

Nach Bresinsky (1965) kann man die rezenten Arealverluste der Art nicht mit Klimaschwankungen erklären, da sie immerhin die Erwärmung während der postglazialen Wärmezeit überdauert hat. Er macht teilweise menschlich bedingte Einwirkungen verantwortlich, weist allerdings auch darauf hin, daß die Art oft schon im vorigen Jahrhundert wieder verschwunden ist, als manche Standorte noch nicht wesentlich durch den Menschen verändert waren.

4. Saxifraga tridactylites L. 1753
Dreifinger-Steinbrech, Finger-Steinbrech

Morphologie: Winter- oder sommerannuelle, 3–20 cm hohe, klebrig-drüsenhaarige Pflanze ohne nichtblühende Triebe. Blätter spatelförmig oder 3- bis 5lappig, 1–2 cm lang, die grundständigen in einer rasch verwelkenden Rosette. Stengel einfach oder schon von der Basis verzweigt, arm- bis reichblütig; Blütenstiele mehrfach länger als die Blüten. Blütenbecher etwa 2 mm lang; Kelchblätter eiförmig, etwa 1 mm lang; Kronblätter weiß, verkehrt-

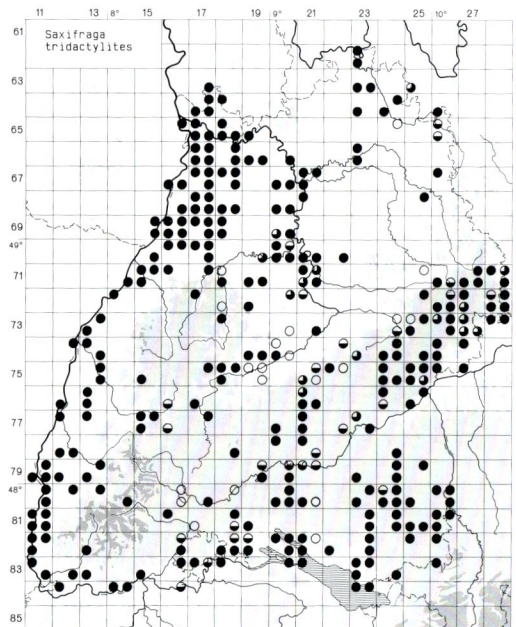

Dreifinger-Steinbrech *(Saxifraga tridactylites)*
Ihringen

eiförmig, 3–4 mm lang. Fruchtknoten halbunterständig; Kapsel fast kugelig, etwa 4 mm lang.

Biologie: Blüht von März bis Mai. Die Blüten werden meist selbstbestäubt. Die leichten Samen reifen in wenigen Wochen heran und werden vor allem vom Wind verbreitet. Nach der Samenreife sterben die Pflanzen rasch ab. Die sommerliche Trockenheit der Standorte wird als Samen überstanden. Die Keimung der Samen kann noch im gleichen Jahr im Herbst oder erst im nächsten Frühjahr erfolgen (KNABEN 1961). KREH (1949: 201) beobachtete bei uns die Überwinterung als Rosette mit 4–6 Blättern.

Ökologie: Licht- und etwas wärmeliebend, auf trockenen, basen-, oft auch kalkreichen, offenen bis lückig bewachsenen Sand-, Grus-, Kies- oder Schotterflächen, auf extrem flachgründigen, steinigen Verwitterungsböden (Protorendzinen), z.B. auf Felsköpfen, auf sekundären Standorten wie Mauerkronen, Kiesdächern, Pflasterfugen, Bahnanlagen; in der Feinerde zwischen den Skeletteilen wurzelnd und auf eine gewisse Frühjahrsfeuchtigkeit angewiesen; nach KREH (1949: 201) gegen Trockenheit jedoch widerstandsfähiger als *Erophila*

verna und *Arenaria serpyllifolia*. Vorhandene Moospolster wirken sich wegen ihrer Wasserspeicherung positiv für die Pflanzen aus: Die Art gilt als Verbandskennart des Alysso-Sedion (thermophile süd-mitteleuropäische Kalkfelsgrus-Gesellschaften); vegetationskundliche Aufnahmen aus diesem Verband bringen u.a. WITSCHEL (1980: Tab. 2) und KORNECK (1975) aus dem Oberrhein- und Hochrhein-Gebiet von mehreren Gesellschaften, NEBEL (1990: Tab. 1) aus der *Sedum acre-Tortula ruraliformis*-Gesellschaft auf Sand im nördlichen Oberrheingebiet, PHILIPPI (1971: Tab. 6) aus der *Medicago minima-Veronica verna*-Gesellschaft auf Binnendünen. Begleiter sind häufig andere Therophyten wie *Cerastium pumilum, Alyssum alyssoides, Erophila verna, Thlaspi perfoliatum, Veronica arvensis, Erodium cicutarium*, aber auch ausdauernde Arten, vor allem *Sedum acre, S. album, S. sexangulare, Allium montanum, Teucrium chamaedrys, T. montanum, Potentilla arenaria, P. neumanniana, Echium vulgare* usw.

Allgemeine Verbreitung: Im größten Teil Europas, aber dem nördlichen Skandinavien und großen Teilen des nördlichen und östlichen europäischen Rußlands fehlend. Im südlichen Teil der UdSSR nach Osten bis zum Kaukasus und Turkmenien; ferner in Nordafrika und in Südwestasien nach Osten bis Iran. Eine neuere Darstellung der Verbreitung findet sich bei HULTEN u. FRIES (1986: K1022). Man kann die Art mit gewissen Einschränkungen als ein submediterranes-subatlantisches Florenelement bezeichnen.

Verbreitung in Baden-Württemberg: In den meisten Landschaften zerstreut, aber oft in großer Individuenzahl vorkommend, nur in den höheren Lagen des Schwarzwalds, im Odenwald und im Schwäbisch-Fränkischen Wald weitgehend fehlend.

Der Höhenbereich der Art reicht von etwa 95 m im Raum Mannheim bis etwa 880 m am „Hohenbühle" westlich Bitz auf der Schwäbischen Alb (7720/3).

Erstnachweis: Als natürliche Standorte kommen vor allem Felsköpfe und Kiesablagerungen in Frage. Die Art ist als urwüchsig bei uns zu betrachten. Einen ersten Nachweis aus dem mittleren bis späten Subboreal (Späte Bronzezeit) von Hagnau meldet RÖSCH (1992b).

Die ältesten schriftlichen Nachweise beziehen sich schon auf sekundäre Standorte, so bei DUVERNOY (1722: 128) auf Mauern bei Hirschau nahe Tübingen und bei LEOPOLD (1728: 152) auf Dächer beim Ulmer Münster.

Bestand und Bedrohung: *S. tridactylites* ist im Frühjahr oft in großen Mengen vor allem im Bereich

261

von Bahnhöfen anzutreffen. Eine Bedrohung ist zur Zeit nicht zu erkennen. Der Vernichtung einzelner Wuchsorte steht die rasche Besiedlung neu entstandener geeigneter Standorte gegenüber. Entscheidend für das Überleben mancher Populationen dürfte in vielen Fällen auch die Witterung im Frühjahr sein. Bei anhaltender Trockenheit gehen viele Pflanzen ein, bevor sie Samen bilden können. Die Art konnte sich im vorigen Jahrhundert durch den Eisenbahnbau ausbreiten, mußte aber wohl auch durch Befestigung vorher nur gekiester Bodenflächen oder durch die Sanierung alter Mauern Einbußen hinnehmen.

4. Saxifraga aizoides L. 1753
S. autumnalis L. 1753
Fetthennen-Steinbrech, Bach-Steinbrech, Mauerpfeffer-Steinbrech, Bewimperter Steinbrech

Morphologie: Rasig wachsende, ausdauernde Pflanze mit reich beblätterten, aufsteigenden, 5–25 cm langen Blütenstengeln und vielen nichtblühenden Trieben. Blätter nicht in Rosetten, linear, fleischig, 1–3 cm lang, bespitzt, kahl oder basal bewimpert, im Querschnitt oben abgeflacht, unten gewölbt. Blüten in bis zu 10blütigen, endständigen Scheindolden. Kelchblätter eiförmig, kahl, 3–6 mm lang, den doppelt so langen, gelben bis orangen, oft dunkler gefleckten Kronblättern anliegend. Fruchtknoten halbunterständig.

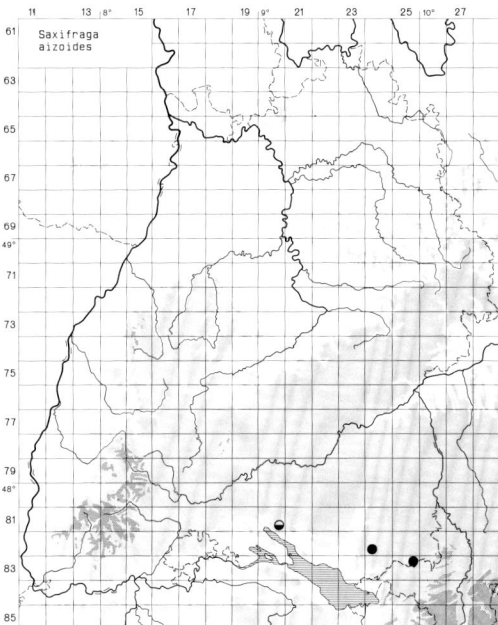

Biologie: Blüht von Juni bis September. Die Blüten sind proterandrisch. Die Bestäubung besorgen verschiedene Insekten, vor allem Fliegen. Beim Übergang zur weiblichen Phase ist auch Selbstbestäubung möglich. Eine vegetative Vermehrung findet durch Absterben alter Triebe und das Weiterwachsen von Nebentrieben statt.

Ökologie: Auf feuchten oder überrieselten, basen- und oft auch kalkreichen Standorten in Quellfluren, an den Rändern und auf den Anschwemmungen kleiner Bäche, auf Felsschutt und an Felsen von der montanen bis in die alpine Stufe; gilt als Verbandskennart des Cratoneurion commutati (kalkreiche Quellfluren). In Oberschwaben nach vegetationskundlichen Aufnahmen von WINTERHOFF (1976: Tab. 1) in geschlossenen Rasen kalktuffbildender Moose (vor allem *Cratoneuron commutatum*) zusammen mit *Pinguicula vulgaris, Drosera anglica, Schoenus ferrugineus, Molinia caerulea* usw. vorkommend.

Allgemeine Verbreitung: Arktische und subarktische Gebiete und Bergländer Nordeuropas, nach Osten bis Nowaja Semlja, nach Süden bis Irland, Nord-England, Süd-Norwegen, ferner in Island, Grönland, im arktischen und subarktischen Nordamerika; in den süd-mitteleuropäischen Gebirgen: Pyrenäen, nördlicher Französischer Jura, Alpen, Alpenvorland, Apennin, Albanien, Tatra, Karpaten. Die Art ist ein arktisch-alpines Florenelement. BRESINSKY (1965) bringt eine Karte der Verbreitung im nördlichen Alpenvorland.

Verbreitung in Baden-Württemberg: Nur ein aktuelles und ein erloschenes Vorkommen im Alpenvorland sind bekannt. Die Vorkommen liegen im Höhenbereich von 560 m bei Sipplingen (8120/4?) und 620 m bei Grünkraut (8224/3).

Alpenvorland: 8120/4?: Oberhalb Sipplingen an überrieselten Molassefelsen, 2–3 Dutzend Stöcke, 1921, LAUTERBORN (1921: 204), BARTSCH (1925: 127), 1926, KNEUCKER (KR), ca. 200 Stöcke, 1937, BACMEISTER (STU); schon von LANG (1973) ist dieses Vorkommen als verschollen bezeichnet worden. – 8224/3: Quellmoor bei Grünkraut, 1969–1974, längs zweier Bäche in einer vom Primulo-Schoentum umgebenen Quellflur, WINTERHOFF (1976), 1974 bestätigt (DÖRR 1974).

Ein weiteres aktuelles Vorkommen gibt es nahe der Landesgrenze auf bayerischem Boden: 8325/2: Schmalenberg westlich Gestraz, 1961 von BRIELMAIER gefunden (STU), bestätigt von DÖRR (1974).

Ferner gibt es eine zweifelhafte, nicht bestätigte und daher nicht in die Karte übernommene Angabe von SCHMIDLE in BARTSCH (1925: 127): Tobel zwischen Wallhausen und Bodman (8220/1). Vielleicht liegt hier auch eine Namensverwechslung mit *S. aizoon* (= *S. paniculata*) vor. Diese Art hat dort eines der wenigen Vorkommen im Bodenseegebiet.

Fetthennen-Steinbrech *(Saxifraga aizoides)*

Erstnachweis: LANG (1952) fand eine Frucht in späteiszeitlichen Ablagerungen (älteste Dryaszeit) am Schleinsee. Es spricht manches dafür, die Vorkommen im Alpenvorland als Relikte der Eiszeit anzusehen und nicht als jüngere Einwanderung zu betrachten (vgl. auch WINTERHOFF 1976).

In den Landesfloren findet die Art bis zu ihrer Entdeckung bei Sipplingen durch LAUTERBORN (1921) keine Aufnahme. Die von DÖLL (1843) angegebenen Vorkommen auf der schweizerischen Seite des Hochrheins bei Rheinfelden und Augst gehen auf HAGENBACH (1821: 390) zurück. Ebenso gibt es eine alte Angabe für Laufenburg (MÜHLBERG in BINZ 1901). Es dürfte sich hier wohl um Anschwemmlinge aus den Schweizer Alpen gehandelt haben. Sie sind später anscheinend nicht mehr bestätigt worden. Die rätselhafte Angabe bei DÖLL (1843) „im badischen Jura bei Füssen" rührt her von ROTH VON SCHRECKENSTEIN (1807: 372): „um Fuessen (Dr. THWINGERT)" unter *S. autumnalis*. DÖLL (1843) scheint Fuessen mit Fützen in Verbindung gebracht zu haben. Die ebenfalls unter *S. autumnalis* laufenden Angaben bei C.C. GMELIN (1806: 219) aus dem Nordschwarzwald „auf dem Kaltenbrunn" und „auf der Herrenwiese" sind sicher unrichtig wie etliche seiner sonstigen Angaben in der Gattung *Saxifraga*.

Bestand und Bedrohung: Das einzige aktuelle Vorkommen in Baden-Württemberg verdient natürlich ganz besonderen Schutz, auch wenn *S. aizoides* außerhalb des Landes in den Alpen mit zu den häufigeren Pflanzen gehört. *S. aizoides* wurde in der Roten Liste mit Recht als vom Aussterben bedroht (G1) eingestuft (HARMS et al. 1983). Eine sorgfältige Pflege des Quellmoors ist zur Erhaltung des Vorkommens unumgänglich.

6. Saxifraga rosacea Moench 1794

S. decipiens Ehrh. 1790 nom. nud.; *S. cespitosa* subsp. *decipiens* (Ehrh.) Engler et Irmscher 1916; *S. caespitosa* subsp. *rosacea* (Moench) Thell. 1907; *S. caespitosa* auct.; *S. groenlandica* auct.; *S. petraea* Roth 1789 non L.; *S. uniflora* Sternb. 1822

Rosenblütiger Steinbrech, Rasen-Steinbrech, Trügerischer Steinbrech

Morphologie: Ausdauernde, lockere Polster bildende Halbrosettenpflanze, aus den Achseln von Rosettenblätter locker beblätterte vegetative Triebe bildend. Blätter meist ± langgestielt, tief-handförmig 3- bis 5spaltig, mit Stiel 2–4 cm lang, Abschnitte lanzettlich bis bandförmig, stumpf oder spitz, aber nicht mit aufgesetzter Grannenspitze, der mittlere ungeteilt oder 3zähnig, die seitlichen oft 2spaltig.

Blätter, vegetative Triebe und Stengelbasis oft spinnwebig langhaarig, Stengel oben, Blütenstiele und Kelche kurz-drüsenhaarig. Blütenstengel aufrecht bis aufsteigend, 10–30 cm hoch, einfach oder schon von der Rosette an verzweigt, einen wenigblütigen bis rispigen Blütenstand bildend. Kelchzipfel 3–4 mm lang, eiförmig, den Kronblättern anliegend. Kronblätter 7–12 mm lang, verkehrt-eiförmig, rein weiß. Fruchtknoten unterständig, in 3–4 mm langem Kelchbecher; Kapsel eiförmig bis kugelig.

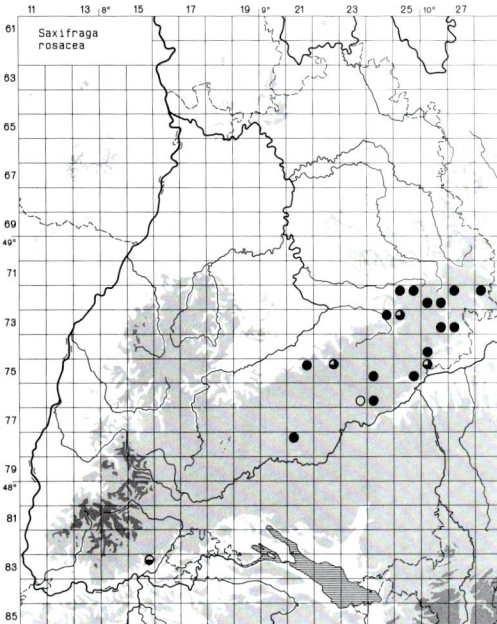

Rosenblütiger Steinbrech *(Saxifraga rosacea)* Veringendorf, 18.5.1990

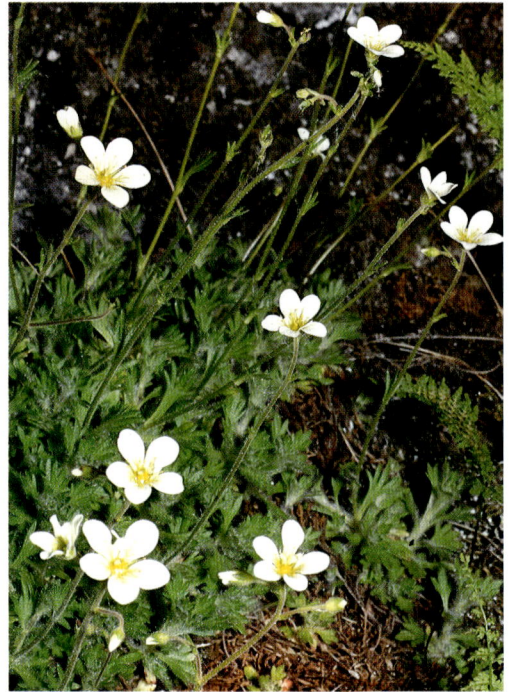

Variabilität: Die Art ist sehr vielgestaltig hinsichtlich Blattform, Stengelverzweigung, Behaarung, Dichte der Polster. Trotzdem gehören nach heutiger Erkenntnis alle natürlichen Vorkommen in Baden-Württemberg zu der subspec. *rosacea*.

Biologie: Blüht bei uns von Mai bis Juli. Die Blüten sind proterandrisch. Zwischen dem männlichen und weiblichen Stadium ist ein geschlechtsloses Stadium eingeschaltet, so daß eine Selbstbestäubung der gleichen Blüte schwer möglich ist.

Ökologie: Bei uns mit Vorliebe an halbschattigen oder nordseitig exponierten Kalk- und Dolomitfelsen, in Felsspalten und zwischen Felsschutt wurzelnd und locker aufliegende Polster und Rasen bildend, gern auch in oder über Moosteppiche wachsend; gilt als Charakterart der Klasse Asplenietea trichomanis (Felsspalten-Gesellschaften), dabei vor allem in der moosreichen Ausbildung der Habichtskraut-Felsflur (Drabo-Hieracietum humilis geranietosum robertiani), in der Blasenfarn-Gesellschaft (Asplenio-Cystopteridetum fragilis), ferner in moosreichen Ausbildungen der Ruprechtsfarn-Flur (Gymnocarpietum robertiani) vorkommend; einmal von E. KLOTZ (STU-K) im Wental sogar epiphytisch auf *Acer pseudoplatanus* beobachtet. Vegetationskundliche Aufnahmen u.a. bei FABER

(1936: Tab. 2) und bei GENSER (1991: Tab. 1, Aufn. 62), letztere aus dem Gentiano-Koelerietum seslerietosum am Fuß von Felsen. Als Begleitpflanzen von *S. rosacea* werden vor allem genannt: *Asplenium trichomanes, Cystopteris fragilis, Sedum album, Cardaminopsis arenosa, Geranium robertianum, Sesleria varia, Gymnocarpium robertianum* und die oft girlandenartigen Gehänge größerer Moose wie *Hylocomium splendens, Neckera crispa* usw.

Einige der in HEGI (1963: 198) für die Schwäbische Alb genannten Begleiter wie *Kernera saxatilis, Hieracium bupleuroides, Sedum dasyphyllum* treffen nicht zu, da diese Arten auf der Schwäbischen Alb nicht an den gleichen Fundorten wie *S. rosacea* vorkommen.

Allgemeine Verbreitung: Areal sehr zerstreut in Nordwest- und Mitteleuropa: Island, Färör, West-Irland, Wales, in den mitteleuropäischen Mittelgebirgen von den Ardennen bis zu den Sudeten, ferner im Fränkischen und Schwäbischen Jura, einzelne Vorkommen in den Vogesen. Dem Alpengebiet fehlt die Art. Im Gebiet westlich des Rheins und im Französischen Jura gehören die Vorkommen zu der subspec. *sponhemica* (C.C. Gmelin) Webb 1963. Nah verwandte Sippen kommen zirkumpolar außer in Europa auch in Nordamerika und Sibirien vor. *S. rosacea* ist ein boreal-atlantisches bis mitteleuropäisch-montanes Florenelement.

Die nächsten Vorkommen finden sich in der Fränkischen Alb, besonders reichlich im nördlichen Teil (vgl. Karte bei MILBRADT 1976: 166). Einige Wuchsorte gibt es auch im Altmühltal. Im mittleren Bereich der Frankenalb fehlt die Art.

Eine neueste Verbreitungskarte findet sich bei WEBB and GORNALL (1989: 186).

Verbreitung in Baden-Württemberg: Ziemlich selten, natürliche Vorkommen nur auf der Schwäbischen Alb, vor allem in ihrem nordöstlichen Teil. Das Schwarzwald-Vorkommen im Schlüchttal (8315/2) ist in seiner Ursprünglichkeit umstritten.

Schwäbische Alb: 7225/1: Scheuelberg, Nordseite, KIRCHNER und EICHLER (1900), 1989, HAGSPIEL (STU-K); 7225/2: Rosenstein, mehrere Vorkommen, schon bei SCHÜBLER und VON MARTENS (1834), Belege in STU von 1864 bis 1967, noch 1986, DÖLER (STU-K); 7226/3: Wental, KIRCHNER und EICHLER (1900), dort 1943–1960 von E. KOCH an mindestens 11 Stellen vom Steinernen Meer abwärts bis zu den Felsen am Hochberg-Hang gefunden, 1989 noch mehrere Hundert Pflanzen, SEYBOLD (STU-K); „Gemeintal" östlich des Steinernen Meeres, 1986, DÖLER (STU-K); 7226/4: Königsbronn, mehrere Vorkommen, älteste Angabe „auf dem Stein bei Königsbronn", 1800, NOERDLINGER in VON MARTENS (STU-K), SCHÜBLER und

VON MARTENS (1834), Ruine Herwartstein, 1986, DÖLER (STU-K); 7227/1: Krätzthal bei Neresheim, FROELICH in VON MARTENS (STU-K), = Hohler Stein im Krätzental, 1938, MAHLER, 1990 noch zahlreich, ENGELHARDT (STU-K); 7228/1: Köhlberg östlich Kloster Neresheim, 1 kleines Vorkommen, um 1980 erloschen, ENGELHARDT (STU-K); 7324/2: „Mösselberg im Königreich Württemberg", VON STERNBERG (1822), „auf dem Scheitel des Mösselbergs", 1826, VON MARTENS (STU-K), 1990 noch 2 Polster, SEBALD (STU-K); 7325/1: am Fußweg zum Mösselhof, KLEMM (STU) = nördlich Messelhof, 1947, MÜRDEL (STU-K); nach der genauen Eintragung von MÜRDEL gab es auf diesem Quadranten ein zweites Vorkommen auf dem Messelberg. Eine Nachsuche 1990 blieb erfolglos. 7326/4: Anhausen, VON MARTENS und KEMMLER (1865),? = Felsen bei der Bindsteinmühle, 1951, KOCH (STU-K), 1990 noch ein Polster gefunden, SEBALD (STU-K); Eselsburger Tal, am „Stürzel", 1952, KOCH (STU-K); zu diesen beiden Angaben wohl auch die von SCHÜBLER (1822) zu „Heidenheim" bei SCHÜBLER (1822) gehörend; 7327/1?: Nattheim, VON MARTENS und KEMMLER (1865), offenbar nie bestätigt und Status unsicher, wurde weggelassen in der Karte; 7327/3: Eselsburger Tal, SCHÜBLER und VON MARTENS (1834), im „Giegert", 1951, KOCH (STU-K), 1990 noch etwa 15 Polster, SEBALD (STU-K), vgl. auch GENSER (1991: Tab. 1, Aufn. 62), hierher wohl auch „bey der Eselsburg", 1824, MOSER in VON MARTENS (STU-K); 7422/1: Hohenneuffen, VON MARTENS und KEMMLER (1882), nach KIRCHNER und EICHLER (1900) und A. MAYER (1929) ist diese Angabe fraglich, sie wurde in der Karte weggelassen; 7426/3: Lonetal bei Bernstadt, Salzstein (= Englenghäu), MAHLER (1898), mehrfach bestätigt, zuletzt 1990, SEBALD (STU-K); 7521/2: Mädles- und Wollenfels, 1981, STADELMAIER (STU-K); 7522/1: Felsen zwischen Seeburg und Gruorn, GMELIN und FINCKH in VON MARTENS (STU-K), 1854, FINCKH (STU), = Bohnental, 1964, KNAUSS in BZ-Ber. 9/2, 1968, KNAUSS (STU); 7524/3: Tiefental, 1821, SCHÜBLER (1822; STU-K VON MARTENS), zahlreiche Bestätigungen, zuletzt 1978, RAUNEKER (STU-K); 7525/4: Klingenstein, Galgenberg, aufgelassener Steinbruch, 1966, RAUNEKER (STU-K; 1984), 1990 nicht mehr gefunden; 7526/1: Stuppelau, RAUNEKER (STU-K), 1990 nicht mehr gefunden; 7623/4: Rauhtal bei Dächingen, KIRCHNER und EICHLER (1900), offenbar seither keine Bestätigung; 7624/3: Allmendingen, HAGENMEYER in RAUNEKER (1984), genauer Wuchsort nicht mehr feststellbar (H.); 7821/1: Felsen am Weg von Hettingen nach Veringenstadt, 1894, KLEMM (STU); Lauchertal bei Veringen und Hermentingen, MAYER (1929), noch 1990, mindestens 30 Polster, SEBALD (STU-K), 1990, BURGHARDT (STU-K).

Schwarzwald: 8315/2: Schlüchttal, Schwedenfelsen, 1903, FROMHERZ (1904: 365); LINDER (1904: 383) hat 2,5 km von diesem Fundort nahe den Burgfelsen die Art gefunden. Er nimmt kein ursprüngliches Vorkommen an. Nach OBERDORFER (1990) ist das Vorkommen im Schlüchttal verschollen.

Die Höhenlage der Vorkommen schwankt zwischen 490 m im Eselsburger Tal (7327/3) und 740 m am Messelberg (7324/2).

Erstnachweis: Die Art hat bei uns eine Reihe ursprünglicher Vorkommen. Die älteste schriftliche Angabe findet sich in der Kartei von G. VON MAR-

TENS (STU-K) mit „auf dem Stein (Herwartstein) bei Königsbronn, 1800, NOERDLINGER" (7226/4). SCHÜBLER (1822) nennt schon die Fundorte „im Tiefental bei Blaubeuren und bei Heidenheim". Bemerkenswert ist, daß Graf STERNBERG (1822) vom „Mösselberg im Königreich Württemberg" (7324/2) eine neue Steinbrechart, *S. uniflora*, beschreibt und abbildet. *S. uniflora* stellte sich aber bald als eine Form der schon 1794 beschriebenen *S. rosacea* Moench heraus (vgl. MERTENS und KOCH in ROEHLING 1831: 150).

Bestand und Bedrohung: Die bekannten Vorkommen verteilen sich auf 16 Quadranten, wobei insgesamt mit etwa 35 Vorkommen zu rechnen ist. Auch wenn die meisten Vorkommen wenig gefährdet erscheinen, sollte die Art bei uns wegen ihrer Seltenheit geschont werden.

Die Rote Liste (HARMS et al. 1983) stuft die Art sogar als „gefährdet" (G3) ein. Soweit die Vorkommen nicht schon in Natur- oder Landschaftsgebieten (z. B. Eselsburger Tal, Wental, Rosenstein) liegen, sollten sie als Naturdenkmale ausgewiesen werden. Wie die meisten einheimischen Steinbrecharten gehört der Rosenblütige Steinbrech zu den besonders geschützten Pflanzenarten.

7. Saxifraga granulata L. 1753
Knöllchen-Steinbrech, Körner-Steinbrech

Morphologie: Ausdauernd; grundständige und untere Stengelblätter langgestielt, nierenförmig, tief-gekerbt bis gelappt, Spreite 1–3 cm lang. Stengel aufrecht, etwas behaart, 15–30 cm hoch, an der Basis mit kleinen Bulbillen. Blütenstand aus wenigblütigen Wickeln zusammengesetzt, locker rispenartig. Kelchblätter aufrecht, länglich bis eiförmig, 4–6 mm lang, drüsenhaarig. Kronblätter weiß, 10–18 mm lang, schmal-verkehrteiförmig. Fruchtknoten halbunterständig.

Biologie: Vorwiegend im Mai und Juni blühend. Die Blüten sind proterandrisch und werden meist durch Fliegen bestäubt. Die Pflanze zieht im Sommer relativ rasch ein und wird dann leicht übersehen. Die vegetative Vermehrung erfolgt durch die Bulbillen.

Ökologie: Auf mäßig frischen bis feuchten, oft kalkarmen, basenreichen bis mäßig sauren Böden in vorwiegend mageren Ausbildungen der Glatthafer-Wiesen (Verband Arrhenatherion) und der Goldhafer-Wiesen (Verband Polygono-Trisetion); gilt als Ordnungscharakterart der Arrhenatheretalia. Die Art kommt besonders häufig an weniger intensiv gedüngten grasigen Böschungen oder in Waldrandnähe vor. Typische Begleitpflanzen sind

kaum zu nennen; bei den Wiesengräsern sind die der mageren Ausbildungen besonders reichlich vertreten wie *Holcus lanatus*, *Festuca rubra*, *Anthoxanthum odoratum*. Vegetationsaufnahmen, in denen *S. granulata* mit relativ hoher Stetigkeit auftritt, finden sich bei SEBALD (1966: Tab. 11, Spalte n, o, q, r) von kalkärmeren Lettenkeuper-Böden im Bereich des oberen Neckars von Glatthafer-Wiesen frischer Standorte, aber auch von wechselfeuchten bis feuchten Ausbildungen, in denen die Art u.a. zusammen mit *Alopecurus pratensis*, *Lychnis floscuculi*, *Succisa pratensis*, *Carex leporina*, *Cirsium oleracuem*, *Geum rivale* vorkommt. Aufnahmen mit geringerer Stetigkeit liegen vor aus dem Schwäbisch-Fränkischen Wald (RODI 1960: Tab. II, SEBALD 1974: Tab. 23a, b, c, 24a) und von Hohenlohe (NEBEL 1986: Tab. 19, Auf. 12.).

Allgemeine Verbreitung: Schwerpunkt im westlichen und zentralen Europa; in Skandinavien bis zum 64° n. Br. nach Norden, nach Osten bis Westrußland, Ungarn, Rumänien, in Südeuropa vor allem in den Gebirgen bis nach Sizilien; ferner in Nordwest-Afrika. Die Art ist ein subatlantisches-submediterranes Florenelement.

Verbreitung in Baden-Württemberg: In den nördlichen Landesteilen in fast allen Landschaften zerstreut bis verbreitet. In großen Teilen des Alpenvorland, auf der südwestlichen Schwäbischen Alb und im südlichen Schwarzwald fehlt die Art oder ist sehr selten.

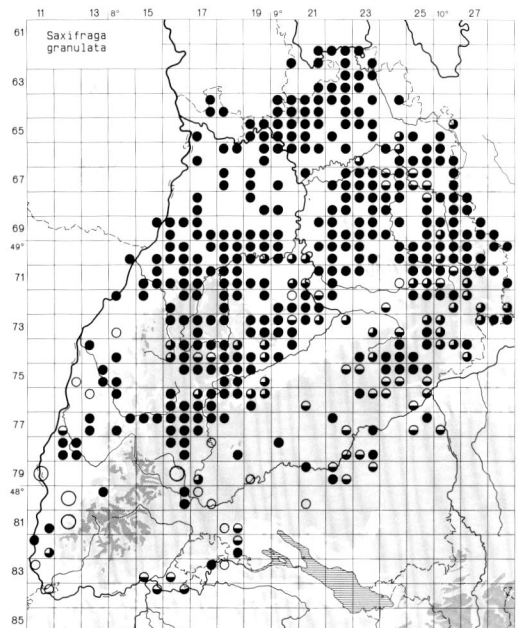

Saxifraga granulata

Knöllchen-Steinbrech *(Saxifraga granulata)*
Sindelfingen, 24.5.1991

Die tiefsten Vorkommen liegen in der nördlichen Oberrheinebene im Raum Mannheim bei etwa 100 m, die höchsten wurden bisher auf der Schwäbischen Alb bei Böttingen (7818/4) bei 960 m notiert.

Erstnachweis: Die Art ist bei uns wohl als urwüchsig zu betrachten. Allerdings sind ihre heutigen Wuchsorte meist in Wiesen und daher anthropogen bedingt. Aus anderen Gebieten wird angegeben, daß die Art auch in Wäldern vorkommen kann. Fossile oder archäologische Nachweise sind anscheinend nicht bekannt.

Einen schriftlichen Nachweis findet man für unser Land schon bei DUVERNOY (1722: 12) für Tübingen. C.C. GMELIN (1806) bezeichnet die Art schon als „passim frequens" (überall häufig).

Bestand und Bedrohung: Die Art dürfte in den letzten Jahrzehnten durch die intensivere Wiesenbewirtschaftung bzw. Aufforstung waldnaher Wiesenparzellen einen deutlichen Rückgang erfahren haben. In der Verbreitungskarte kommt dies noch nicht zum Ausdruck. In vielen Quadranten lassen sich an mageren Wiesenböschungen oder in mageren, waldrandnahen Wiesenstreifen noch wenigstens einzelne Vorkommen feststellen. In der Roten

Liste (HARMS et al. 1983) wird *S. granulata* als noch nicht gefährdet, aber schonungsbedürftig (G5) eingestuft. Nach der Bundesartenschutzverordnung von 1986 gehört *S. granulata* zu den besonders geschützten Arten.

8. Saxifraga oppositifolia L. 1753
Roter Steinbrech, Paar- oder Gegenblättriger Steinbrech

Die Art ist in Baden-Württemberg nur durch eine an die speziellen Standorte am Bodenseeufer angepaßten Sippe vertreten, die meist als subsp. *amphibia* bezeichnet wird. WEBB (1964) hält allerdings die Einstufung lokaler Populationen als Unterarten für kaum gerechtfertigt, da *S. oppositifolia* insgesamt extrem variabel ist. Die Merkmale zeigen dabei nur schwache Beziehungen zur Geographie. So ist subspec. *amphibia* von ihm in der Bearbeitung der Gattung *Saxifraga* in der Flora Europaea nicht erwähnt.

a) subspec. **amphibia** (Sündermann) Braun-Blanquet in Hegi 1923
S. oppositifolia var. *amphibia* Sündermann 1909;
S. oppositifolia subspec. *eu-oppositifolia* subvar. *amphibia* (Sündermann) Engler et Irmscher 1919
Bodensee-Steinbrech

Morphologie: Ausdauernd, mit vielen, niederliegenden, sterilen Trieben. Blätter gegenständig, breit-

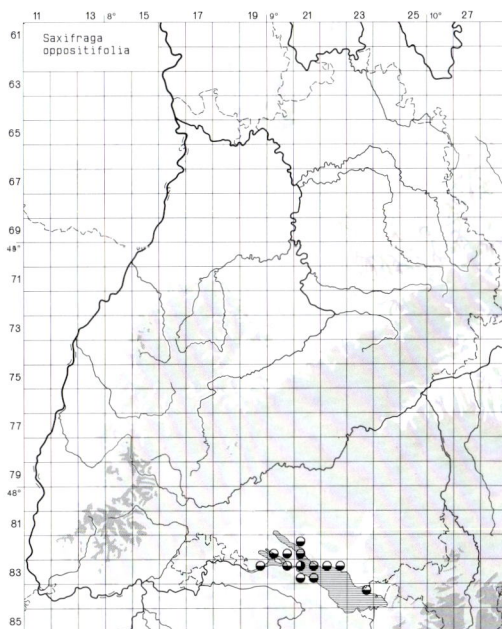

eiförmig, 3–6 mm lang, am Rand beidseits mit 3–7 Wimpern (subspec. *oppositifolia* mit 8–13 Wimpern), unterseits schwach gekielt (subspec. *oppositifolia* stark gekielt), oft mit 2–3 Grübchen (subspec. *oppositifolia* vorwiegend nur 1 Grübchen). Blütentriebe dicht beblättert, kurz, einblütig. Kelchblätter 3–5 mm, stumpf, bewimpert. Kronblätter purpurrot, 8–13 mm lang. Fruchtknoten fast oberständig. Eine Tabelle der Unterschiede der Unterarten *amphibia* und *oppositifolia* bringt LANG (1967: 476).

Biologie: Blüht vor der sommerlichen Überflutung von Februar bis April, in günstigen Jahren im Herbst noch ein zweites Mal nach dem Rückgang des Hochwassers. BAUMANN (1911: 360) beobachtete an Bodenseepflanzen vorwiegend Proterandrie der Blüten, nur selten Homogamie. Die reifen Samen sind nach BAUMANN (1911) nicht schwimmfähig, ein Argument gegen die Schwemmlingstheorie.

Ökologie: Der Bodensee-Steinbrech kam früher an kiesigen Ufern im oberen Bereich des Grenzstreifens zwischen sommerlichem Hochwasser und winterlichem Niedrigwasser vor. Er galt als Charakterart der Strandrasengesellschaft des Deschampsietum rhenanae. Er kam dort in Begleitung einiger anderer floristischer Besonderheiten vor wie: *Myosotis rehsteineri, Deschampsia litoralis, Armeria maritima* subsp. *purpurea*. Daneben kamen noch vor: *Agrostis stolonifera, Ranunculus reptans, Carex serotina, Juncus alpinus, J. articulatus, Allium schoenoprasum*. Zwei Vegetationsaufnahmen findet man bei LANG (1967: Tab. 20, Aufn. 7 und 30; 1973: Tab. 62, Aufn. 6 und 24). Die Sippe übersteht eine nicht allzu lang währende Überflutung gut (vgl. SÜNDERMANN in SCHRÖTER und KIRCHNER (1902: 59)).

Allgemeine Verbreitung: Die subspec. *amphibia* war endemisch am Bodensee. Die Gesamtart ist zirkumpolar verbreitet und ein arktisch-alpines Florenelement. Sie ist in den Alpen weitverbreitet und steigt bis in 3800 m Höhe auf.

Verbreitung in Baden-Württemberg: Subspec. *amphibia* kam früher am Bodensee an mindestens 30 Orten (einschließlich Schweiz und Bayern) vor, teilweise in sehr reichen Beständen. In der Karte sind sämtliche, nicht nur die baden-württembergischen Quadranten dargestellt. Von WELZ (1885: 207) wird *S. oppositifolia* s.l. vom Hochrhein gegenüber der Aaremündung angegeben. Der Fund wurde später nicht mehr bestätigt, wohl ein Schwemmlingsfund, bei dem offenbleiben muß, ob er aus dem Bodensee oder über die Aare aus den Schweizer Alpen an diese Stelle gelangte.

Frühere Fundortsaufstellungen findet man bei JACK (1900), EGM (1905: 57), BAUMANN (1911), LANG (1967). Verbreitungskarten finden sich bei BRESINSKY (1965), LANG (1967: 473; 1973: 185).

Nordufer Überlinger und Oberer See: 8221/1 oder 3: Nußdorf, BÖHM in Neue Standorte (1884: 122), JACK (1891: 343; 1892: 372); bei Maurach, HÖFLE (1850); zwischen Nußdorf und Untermaurach, SCHRÖTER und KIRCHNER (1902), noch um 1930, SCHMALZ in LANG (1967); 8221/3: Unteruhldingen, um 1930, SCHMALZ in LANG (1967); 8321/2: Meersburg, JACK (1900), 1927, K. MÜLLER (STU); Hagnau, BAUMANN (1911); zwischen Kirchberg und Hagnau, HÖFLE (1850); 8322/1: Kirchberg, JACK (1891; 1892), 1921, BERTSCH (STU); Kippenhorn bis Schloß Kirchberg, JACK (1900), noch um 1930, SCHMALZ in LANG (1967); bei Fischbach, 1838, KAUFFMANN (STU-K); zwischen Fischbach und Immenstaad, 1854, W. GMELIN (STU); Immenstaad, 1912, GRADMANN (STU), 1921, BERTSCH (STU); zwischen Grenzhof und Helmsdorf, noch um 1930, SCHMALZ in LANG (1967); zwischen Fischbach und Helmsdorf, noch 1933, BERTSCH (STU-K); zwischen Manzell und Fischbach, SCHRÖTER und KIRCHNER (1902); 8322/2: Manzell, 1906, BERTSCH (STU), 1912, sehr spärlich, 1933 verschwunden, BERTSCH (STU-K); Friedrichshafen, KURR in DÖLL (1843), Muckenhörnle bei Friedrichshafen, 1912, BERTSCH (STU-K), 1933 verschwunden; 8423/2 (Bayern): Nonnenhorn, SÜNDERMANN (1909); zwischen Reutenen und Wasserburg an mehreren Stellen, ADE (1901: 41), hier auch schon bei SENDTNER (1854); östlich Wasserburg, SCHRÖTER und KIRCHNER (1902), 1928 noch vorhanden, LANG (1967); nach DÖRR (1982) war die Sippe 1959 am bayerischen Bodenseeufer verschwunden.

Delta der Bregenzer Aach (Vorarlberg): 8424/3: nach DALLA TORRE und VON SARNTHEIM (1909: 474), von SCHRÖTER und KIRCHNER (1902: 58) dort nie gefunden, „seit langem verschollen" DÖRR (1982). Diese fragliche Angabe wurde in der Karte weggelassen.

Südufer Überlinger See: 8220/4: Klausenhorn, BAUMANN (1911); östlich Wallhausen gegen St. Nikolaus, 1937, PLANKENHORN (STU); 8221/3: westlich und südöstlich des Fließhorns, um 1930, SCHMALZ in LANG (1967); Litzelstetten, um 1930, SCHMALZ in LANG (1967); 8321/1: zwischen Staad und Eichhorn, JACK (1900), schon 1769 von Abbé CARDEUR hier entdeckt und 1967 als letzter Wuchsort noch vorhanden (LANG 1967); zwischen Staad und Lorettowäldchen, 1835, HÖFLE (1850); zwischen Waldhaus Jakob und Staad, 1925, KNEUCKER (KR); zwischen Hörnle und Staad, 1926, KNEUCKER (KR).

Untersee-Nordufer und Reichenau: 8220/3: Östlich Markelfinger Naturfreundehaus, BAUMANN (1911), um 1930, SCHMALZ in LANG (1967); Schlafbacher Horn und Westrand von Allensbach, BAUMANN (1911), um 1930, SCHMALZ in LANG (1967); 8220/4: Hegne, JACK (1891: 353); Landungsplatz Hegne, 1937, BACMEISTER (STU); 8320/2: Ufer beim Wollmatinger Ried, JACK (1900), von BAUMANN (1911) nicht bestätigt; Spitze der Insel Langenrain, 1923, SCHMALZ in LANG (1967), später nicht mehr; beim Damm zur Reichenau, KNEUCKER (1903: 317); 8220/3: Reichenau, Bürglehorn, BAUMANN (1911), noch 1938, OBERDORFER in LANG (1967), = Westende der Reichenau, HÖFLE in JACK (1893: 27); 8320/2: Reichenau, südwestli-

Roter Steinbrech *(Saxifraga oppositifolia)*
Alpen, 1963

ches Ufer, 1836, HÖFLE (1850); südöstliches Ufer, JACK (1900), von BAUMANN (1911) nicht bestätigt; Reichenau-Bibershof, BAUMANN (1911).

Südufer Untersee und Obersee (Schweiz): 8319/2: zwischen Steckborn und Glarisegg, BAUMANN (1911), nach P. MÜLLER (1957) vor 1950 erloschen (LANG 1967); westlich Glarisegg, BAUMANN (1911) vor 1930 erloschen, SCHMALZ in LANG (1967); 8321/3: Münsterlingen, Mündung des Seebachs, JACK (1891: 343; 1900), 1956 erloschen (P. MÜLLER 1957); Scherzingen, SCHRÖTER und KIRCHNER (1902), vor 1950 erloschen, P. MÜLLER (1957); Schlössli bei Bottighofen, SCHRÖTER und KIRCHNER (1902), 1956 erloschen, P. MÜLLER (1957); 8321/4: zwischen Moosburg und Schloß Ammansegg, SCHRÖTER und KIRCHNER (1902), 1956 erloschen, P. MÜLLER (1957); „Soor" zwischen Güttingen und Ruederbomm, vor 1950

erloschen, P. MÜLLER (1957); zwischen Ruederbomm und Landschlacht, SCHRÖTER und KIRCHNER (1902), war 1956 erloschen, P. MÜLLER (1957). Untersuchungen der Strandschmielen-Gesellschaft am Schweizer Bodenseeufer durch DIENST und WEBER (1990) in den Jahren 1987–1989 ergaben keine aktuelle Vorkommen mehr.

Erstnachweis: Der Bodensee-Steinbrech wird allgemein als Glazialrelikt betrachtet und nicht als relativ junge Ansiedlung von Alpen-Schwemmlingen (vgl. SCHROETER und KIRCHNER 1902; BAUMANN 1911). Pollen von *S. oppositifolia* s.l. wurden im Alpenvorland mehrfach in späteiszeitlichen Ablagerungen gefunden, so im Federseebecken von GÖTTLICH (1955: 92), am Buchensee von A. Bertsch (1961), an der Schussenquelle von Lang (1962).

Die erste Erwähnung in der Literatur findet die Sippe bei Roth von Schreckenstein (1799: 24) „um Constanz aufgesammelt".

Bestand und Bedrohung: Der Bodensee-Steinbrech gilt spätestens seit 1978 als verschollen (G0). Die meisten Wuchsorte sind nach 1900 in den Jahrzehnten vor und nach dem letzten Weltkrieg erloschen. Neben den vielen vom Menschen bedingten Ursachen des Rückgangs können sich auch extrem trockene Sommer ohne Überflutung nachteilig ausgewirkt haben (vgl. P. Müller (1957)).

Die Strandrasen des Bodensees, das Deschampsietum rhenanae, zu denen der Bodenseesteinbrech als Charakterpflanze gehörte, sind insgesamt stark zurückgegangen. Ihre noch vorhandenen Reste verdienen einen unbedingten Schutz (Thomas u. a. 1987, Weber 1988). Vergleichsaufnahmen der gleichen Bestände aus den Jahren 1959 durch Lang und 1980–84 durch M. Dienst und P. Thomas in Thomas (1987: Tab. 2) zeigen meist eine starke Zunahme der Störzeiger wie *Agrostis stolonifera, Phalaris arundinacea* und *Potentilla reptans.* Als mögliche Ursachen werden Baumaßnahmen, Aufgabe der Schilfmahd, Badebetrieb und Eutrophierung genannt. Als Gegenmaßnahmen werden von Thomas u. a. (1987) empfohlen: Entfernen des Schwemmgutes und der Algenwatten, Abschirmung gegen Betreten, vorsichtiges Jäten von konkurrierenden, raschwüchsigen Pflanzen, Zurückdämmung von Weiden, die in die Strandrasen hineinwachsen.

9. Saxifraga paniculata Miller 1768
S. aizoon Jacquin 1778
Trauben-Steinbrech, Rispen-Steinbrech

Der lange Zeit verwendete Namen *S. aizoon* Jacq. muß nach Fuchs (1960) durch den älteren Namen *S. paniculata* Miller ersetzt werden. Die taxonomische Zuordnung dieses Namens war bis in die neuere Zeit nicht richtig erkannt worden.

Morphologie: Ausdauernd, flache Polster bildend, mit kurzen, sterilen, locker beblätterten, ausläuferartigen Trieben, die an der Spitze Rosetten bilden. Blätter in flachen oder halbkugeligen Rosetten, zungen- bis schmal-verkehrteiförmig, 1–6 cm lang, blaugrün, ledrig, am Rand feingesägt und mit vielen kalkausscheidenden Grübchen, basal bewimpert. Blütenstengel 10–40 cm hoch, locker beblättert, eine schmale, reichblütige Rispe bildend; Äste 1- bis 3blütig, wie der Stengel kurz drüsenhaarig. Kelchblätter stumpf, meist kahl, 2–4 mm lang.

Kronblätter weiß, oft rot punktiert, 4–9 mm lang. Fruchtknoten halbunterständig.

Biologie: Blüht bei uns von Mai bis Juli. Die Blüten sind proterandrisch und werden vor allem von Fliegen bestäubt. Die Samen werden ab Ende Juni oder im Juli entlassen.

Nach den Untersuchungen von Wilmanns u. Rupp (1966) ist die Art ein obligater Lichtkeimer. Sie ist zur Keimung nicht auf Kälteeinwirkung angewiesen. Eine wirksame vegetative Vermehrung erfolgt durch abbrechende Rosetten, die sich dann bewurzeln.

Ökologie: Lichtliebend, aber vollsonnige Südexposition eher meidend, Halbschatten ertragend, auf trockenen bis mäßig frischen Standorten auf vorwiegend kalkreichen Felsen, vor allem auf Felsköpfen und -gesimsen; ferner auf konsolidiertem Felsschutt; nicht mit einer Hauptwurzel in Spalten wurzelnd sondern mit vielen, feineren Wurzeln in der dünnen humosen Schicht über den Felsen befestigt; gern zusammen mit teppichbildenden Moosen wachsend. Die Art hat nach Wilmanns u. Rupp (1966) von den alpinen Felspflanzen der Schwäbischen Alb die weiteste ökologische Amplitude. Nach den Vegetationsaufnahmen von Gradmann (1936), Kuhn (1937) und Wilmanns u. Rupp (1966) kommt die Art im Drabo-Hieracietum humilis, im Diantho-Festucetum pallentis und im Valeriano-Seslerietum vor, u. a. zusammen mit *Draba aizoides, Hieracium humilis, Kernera saxatilis,*

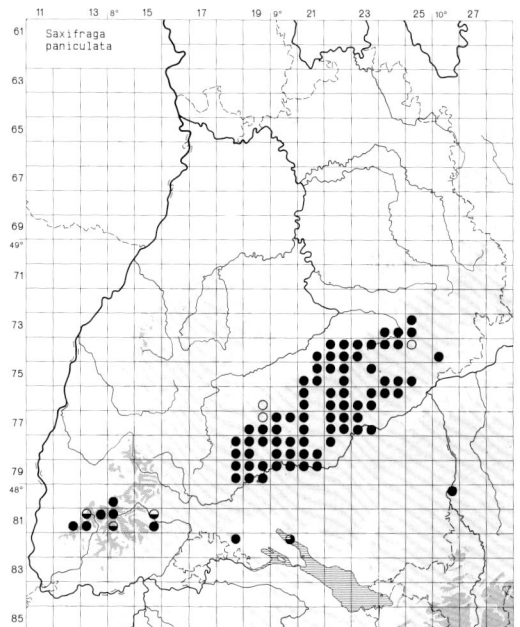

Trauben-Steinbrech *(Saxifraga paniculata)*
Lochen bei Balingen, 9.6.1991

Sedum acre, S. album, Dianthus gratianopolitanus, Festuca pallens, Sesleria varia, Cerastium arvense, Potentilla tabernaemontani, Asplenium trichomanes usw. SEBALD (1980: Tab. 2) fand *S. paniculata* im oberen Donautal auch reichlich in moosreichen Felsschutthalden, deren Vegetation sich dem Asplenio-Cystopteridetum nähert, hier zusammen u.a. mit *Cystopteris fragilis, Campanula cochleariifolia, Cardaminopsis arenosa* und *Valeriana tripteris.* Von dem Vorkommen an der oberen Wutach bringt KORNECK in OBERDORFER (1971: Tab. 8, Aufn. 8–12) Aufnahmen aus dem Diantho-Festucetum pallentis. Die Vergesellschaftung der Art an den Phonolithfelsen des Hohentwiels im Hegau ist durch TH. MÜLLER (1966: Tab. 1) dokumentiert. Aufnahmen vom Süd-Schwarzwald bringen OBERDORFER (1957: 2) und USINGER und WIGGER (1961: 39). Hier treten u.a. noch *Sedum dasyphyllum, Epilobium collinum, Primula auricula* und *Veronica fruticans* als weitere Begleitarten hinzu. OBERDORFER (1977) bezeichnet diese basiphile Felsspaltengesellschaft des Süd-Schwarzwalds als *Primula auricula-Hieracium humile*-Gesellschaft.

Allgemeine Verbreitung: In den Gebirgen Mittel- und Südeuropas von Nordspanien im Westen bis zu den Karpaten im Osten; ferner in Norwegen wenige Vorkommen. Außerhalb Europas in Anatolien und in nah verwandten, oft nur als Unterarten behandelten Sippen, im Kaukasus, Nord-Iran, im nordöstlichen Nordamerika, auf Grönland und Island. In den Nachbargebieten von Baden-Württemberg ist die Art im Schweizer Jura und in den Schweizer, Vorarlberger und Bayerischen Alpen verbreitet, in den Vogesen selten.

Verbreitung in Baden-Württemberg: Einigermaßen verbreitet auf der Schwäbischen Alb, daneben gibt es nur noch vereinzelte Vorkommen im Süd-schwarzwald, im Wutachgebiet und im westlichen Bodenseegebiet. Auf der Schwäbischen Alb liegen die nordöstlichsten Vorkommen im Roggental bei Eybach (7325/1), bzw. im Lonetal bei Bernstadt (7426/3). Auf der Südwestalb enden die Vorkommen mit dem Verschwinden von Felsbildungen etwas östlich der Linie Spaichingen–Tuttlingen. Schwerpunkte auf der Schwäbischen Alb sind die an Felsen reichen Partien am Nordwesttrauf, die zur Donau ziehenden Seitentäler und das obere Donautal. Ausführliche Fundortslisten finden sich bei EGM (1905), für das obere Donautal bei BERTSCH (1913).

Süd-Schwarzwald und obere Wutach: 8014/3: Hirschsprung im Höllental, schon von ITTNER in ROTH VON SCHRECKENSTEIN (1807), bis 550 m herab, KNEUCKER (1903), K. MÜLLER (1935: 168) u.v.a., noch nach 1970, PHILIPPI (KR-K); Kaiserwachtfelsen, NEUMANN (1907: 163), K. MÜLLER (1935: 136); 8112/4: Belchen, am Hochkelch, VULPIUS in GMELIN (1806), u.v.a., noch 1989, SEBALD (STU-K); 8113/1: Scharfenstein, OBERDORFER (1934: 5); 8113/2: St. Wilhelm, um 1960, SCHREMPP, noch 1992, PHILIPPI (KR-K); 8113/3: Belchen, Rosenfelsen, GROSSMANN (1989: 668); 8113/3 oder 4: Utzenfeld, 600 m, NEUBERGER in EGM (1905: 23); 8114/1: Feldberg, Zastlerloch, SPENNER (1829), Seewand am Feldsee bzw. Seebuck, GÖTZ (1882: 16) u.v.a., BOGENRIEDER (1982: 304); 8114/3: Menzenschwand, Rappenfelsen, 1930, MAYER in THOMMA (1972); 8115/2: Hörnle bei Rötenbach, HIMMELSEHER in EGM (1905), SEUBERT u. KLEIN (1905), K. MÜLLER (1935: 134); 8115/4: Räuberschlößle bei Göschweiler bzw. Stallegg, HIMMELSEHER in EGM (1905), SEUBERT u. KLEIN (1905), K. MÜLLER (1938: 390), 1966, KORNECK in OBERDORFER (1971), WITSCHEL (1980), 1987, PHILIPPI (KR-K).
Schwäbische Alb: in 70 Quadranten der mittleren und südwestlichen Alb aktuell nachgewiesen. Nördlichste Vorkommen; 7325/1: Roggental bei Eybach, Albanus- und Gabelfelsen; 7426/3: Salzbühl im Lonetal bei Bernstadt, ZIEGLER in EGM (1905), noch 1990 bestätigt durch E. KLOTZ (STU-K). Südwestlichste Vorkommen: 7918/2: Aggenhausen, BEER in EGM (1905), 1984, LANGE (STU-K); 7918/4: Ursental, 1988, DÖLER (STU-K). Folgende bei EGM angeführte Vorkommen konnten nicht mehr aktuell bestätigt werden: 7425/1 (oder 3?): Ursprung, ENGEL in EGM (1905); 7619/4: Zellerhorn, LÖRCH in EGM (1905); 7719/2: Hundsrück, SCHEIBLE in EGM (1905).

Eine Verbreitungskarte für die Schwäbische Alb bringen auch WILMANNS u. RUPP (1966: 66).
Hegau und Alpenvorland: 8026/2: An der Iller bei Mooshausen, 1985, DÖRR (1985: 18), an der Landesgrenze; 8218/2: Hohentwiel, schon AMTSBÜHLER in ROTH VON SCHRECKENSTEIN (1807), u.v.a., 1984, QUINGER (KR-K); 8220/2: bei Kargegg zwischen Bodman und Wallhausen, 1837, HÖFLE (1850), lange verschollen, 1920 wieder entdeckt durch Baron VON BODMAN (vgl. LAUTERBORN 1921: 204, „mehrere Dutzend Stöcke"), 1962, LANG (1973).

Die tiefsten Vorkommen der Alb befinden sich im Blautal bei Altental (7525/3) mit etwa 510 m, die höchsten auf dem Schafberg (7719/3) mit etwa 1000 m. Noch höher liegen einige der wenigen Vorkommen im Süd-Schwarzwald, nämlich am Belchen (8112/4) bei etwa 1350 m, am Feldberg (8114/1) bei etwa 1250 m. Das einzige Vorkommen auf Molassefelsen am westlichen Bodensee bei Kargegg (8220/2) liegt mit 450 m noch tiefer als die Vorkommen im Blautal.

Erstnachweis: S. paniculata wird allgemein als Glazialrelikt betrachtet. Die Art hat ihr Areal in den letzten Jahrhunderten wohl kaum verändert. Fossile oder subfossile Nachweise liegen bei uns offenbar nicht vor.

In der floristischen Literatur des Landes wird die Art schon früh erwähnt, so bei VALERIUS CORDUS (1561: 92 bzw. 222) von Reutlingen bzw. Ebingen. Nach SEYBOLD (1987) hat CORDUS bei Reutlingen die Art neu für die Wissenschaft entdeckt. Im Ulmer Raum war die Art LEOPOLD (1728: 153) schon von Klingenstein bekannt.

Bestand und Bedrohung: Die Art ist heute auf der Schwäbischen Alb noch in 70 Quadranten meist mit mehreren Vorkommen vorhanden. Nach einer Hochrechnung dürften etwa 350–400 Wuchsorte existieren. Nur wenige alte Angaben konnten in letzter Zeit nicht mehr bestätigt werden. In der Roten Liste (HARMS u.a. 1983) ist die Art noch als nicht gefährdet, aber schonungsbedürftig (G5) eingestuft. Durch den zunehmenden Klettersport entsteht dieser Art eine weitere Bedrohung. An leichter zugänglichen Stellen wird Tritt oder auch die Entnahme von Pflanzen gefährlich (vgl. auch entsprechende Beobachtungen von WILMANNS und RUPP 1966: 67).

10. Saxifraga mutata L. 1753
Kies-Steinbrech

Morphologie: Ausdauernd, mit bis 12 cm breiten Rosetten, die vor der Blüte Ausläufer treiben und danach absterben, daher nur lockere Polster oder vereinzelt wachsend. Rosettenblätter spatelig-linealisch, stumpf, lederig, 3–7 cm lang, am Rand knor-

Kies-Steinbrech *(Saxifraga mutata)*
Riedholzer Eistobel, 15.7.1991

pelig, mit zahlreichen Grübchen, meist ohne Kalk-
ausscheidungen; Blattrand weit hinauf gewimpert,
im mittleren Teil gesägt-gekerbt, nahe der Spitze
ganz. Blütenstengel 10–40 cm hoch, drüsenhaarig,
mit zahlreichen, verkehrt-eiförmigen, 1–2 cm langen Blättern, einen schmalen, reichblütigen, rispigen Blütenstand bildend. Kelchzipfel 3–5 mm lang,
dreieckig-eiförmig, stumpf, nicht zurückgeschlagen. Kronblätter 6–8 mm lang, schmal-lanzettlich,
spitz, gelb bis orange. Fruchtknoten halbunterständig. – Blütezeit: Juni bis Juli.

Ökologie: Auf oft etwas schattigen, sickerfeuchten,
meist kalkreichen Standorten an Felswänden (häufig Molasse oder Nagelfluh), auf kiesig-mergeligen
Rutschhängen oder Bachalluvionen; die Art gilt als
Charakterart des Astero bellidiastri-Saxifragetum
mutati; als Begleitpflanzen werden (aus Bayern) angegeben u.a. *Aster bellidiastrum, Carex davalliana,
Calamagrostis varia, Molinia arundinacea, Primula
farinosa, Epipactis palustris*; gern auch zusammen
mit *Saxifraga aizoides* in kalkreichen Quellfluren

Kies-Steinbrech *(Saxifraga mutata)*
Einzelblüte

273

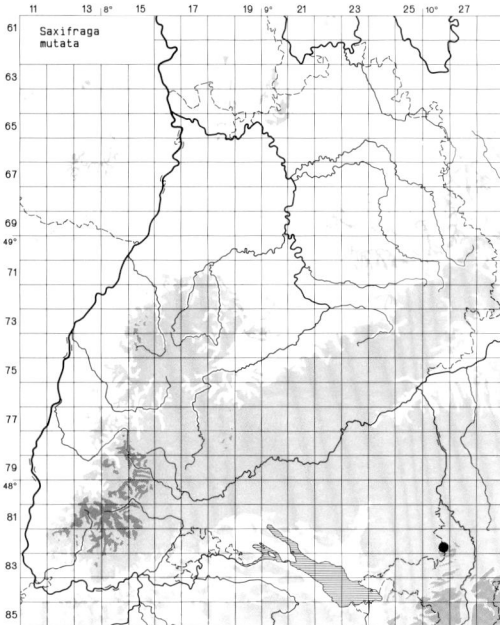

Saxifraga mutata

vorkommend. Von dem württembergischen Vorkommen scheint keine Vegetationsaufnahme zu existieren.

Allgemeine Verbreitung: Nördliches Alpenvorland, Alpen im Westen von der Dauphine bis in die Steiermark nach Osten (vor allem in den nördlichen Vor- und Kalkalpen in niederen Lagen, in den Zentralalpen und in den südlichen Kalkalpen nur sehr zerstreut); ferner in einer besonderen Unterart in den Karpaten. Die Art ist ein im wesentlichen präalpines Florenelement; eine Verbreitungskarte findet sich bei BRESINSKY (1965).

Verbreitung in Baden-Württemberg: Im Gebiet ist nur ein Fundort bekannt: 8226/4: Adelegg, Schleifertobel, 830–900 m, 1844 von KLEIN erstmals dort gesammelt und von W. LECHLER (1845: 160) mit folgender Angabe publiziert: „auf der Adelegg am sogenannten Schleifer-Dobel auf Nagelfluh-Felsen von demselben". Nach BERTSCH (1909: 42) war die Art seit dem ersten Fund durch KLEIN verschollen und wurde von BERTSCH 1905 wiedergefunden. Die letzte Bestätigung erfolgte 1990 durch E. KLOTZ (STU-K): es waren noch mindestens 50 Pflanzen vorhanden.

Ein nahegelegenes Vorkommen gibt es auf bayerischem Gebiet im Eistobel (8326/3). Ferner gibt es vom schweizerischen Ufer des Hochrheins ältere Angaben: 8416/2: Rheinsfelden, 1835/38, Dr. HAUSER in herb. KÖLLIKER, nach KUMMER (1943); 8417/1: Rüdlingen, 1853, SCHALCH in DÖLL (1862), dort 1923 noch 100 Exemplare, OTT u.

STEMMLER in KUMMER (1943); Felswände des Rheinufers bei Seglingen, 1923, KUMMER (1943).

Bestand und Bedrohung: Das einzige Vorkommen im Land verdient unbedingten Schutz, besonders da es eine kleine Population zu sein scheint. In der Roten Liste (HARMS u.a. 1983) ist die Art wegen ihrer Seltenheit zu Recht als potentiell gefährdet eingestuft (G4).

Saxifraga umbrosa L. 1762
Schatten-Steinbrech, Porzellanblümchen

Häufige, aus den Pyrenäen stammende Zierpflanze, die gelegentlich verwildert. Blätter in Rosetten, etwas lederig, verkehrt-eiförmig bis elliptisch, gekerbt, mit breitem, flachem, zottig bewimperten Blattstiel, der etwa gleich lang ist wie die Spreite. Stengel 10–30 cm hoch, ohne Blätter, oben drüsig behaart, mit lockerem, rispenartigen Blütenstand. Kronblätter weiß mit roten Punkten. Kelchblätter abwärts geschlagen. Die *S. umbrosa* in Gärten ist häufig auch die Hybride *S. spathularis* Brot. 1804 × *S. umbrosa* L. 1762 = *S.* × *urbium* Webb 1963.

2. **Chrysosplenium** L. 1753
Milzkraut

Niedere, ausdauernde, zarte Pflanzen mit niederliegenden bis aufsteigenden Stengeln; Blätter gestielt, wechsel- oder gegenständig, rundlich bis nierenförmig, fast ganzrandig bis tief gekerbt. Blüten klein, gelblichgrün, in endständigen, von laubblattartigen Hochblättern umgebenen Trugdolden. Kelchblätter 4 (selten 5). Kronblätter fehlend. Staubblätter meist 8, in 2 Kreisen, mit kurzen Staubfäden und breiten, seitlich aufreißenden Staubbeuteln. Fruchtknoten bis über die Hälfte mit dem Kelchbecher verwachsen, ungefächert. Griffel 2. Kapsel mit vielen Samen.

Die Gattung umfaßt etwa 55 Arten, die vorwiegend in den gemäßigten und borealen Zonen der Nordhalbkugel verbreitet sind. Besonders viele Arten gibt es in China und Japan. 2 isolierte Arten kommen noch im südlichen Südamerika vor. In Europa gibt es nur 5 Arten, von denen die beiden in Baden-Württemberg vorkommenden Arten am weitesten verbreitet sind.

1   Blätter gegenständig; Stengel vierkantig . . . . .
                                      1. *C. oppositifolium*
–   Blätter wechselständig; Stengel dreikantig . . . .
                                      2. *C. alternifolium*

1. Chrysosplenium oppositifolium L. 1753
Gegenblättriges Milzkraut, Paarblättriges M.

Morphologie: Ausdauernd, aber ohne unterirdisches Rhizom; Stengel aufsteigend, an den basalen Knoten wurzelnd, oft locker abstehend behaart, vierkantig, ohne Ausläufer. Blätter gegenständig, rundlich, basal fast abgestutzt oder kurz in Stiel zusammengezogen, am Rand nur flach gekerbt, Spreite 0,8–2 cm lang, oberseits locker abstehend behaart. Blütenstengel 5–20 cm lang, mit wenigen, langen Internodien. Kelchblätter breit-eiförmig, stumpf, 1–2 mm lang.

Biologie: Meist von März bis Mai blühend. Es ist Insekten- und Selbstbestäubung möglich. Die vegetative Vermehrung erfolgt durch Verzweigung der Stengel, ohne daß besondere Ausläufer gebildet werden. Es fehlt auch ein unterirdisches Rhizom als Überwinterungsorgan. Die Art wird daher durch das kühle, aber im Winter nicht zufrierende Quellwasser begünstigt.

Ökologie: Vor allem in schattigen, luftfeuchten Lagen auf überrieselten bis sickerfeuchten, meist kalkarmen, selten auch kalkreichen Standorten in Quellfluren, an überrieselten Felsen, an Bachrändern, auf Bachalluvionen und Waldwegen vorkommend.

Gilt als Charakterart des Chrysosplenietum oppositifolii (Milzkraut-Quellflur der Silikatgesteins- und Sandsteingebiete), kommt aber auch in der Bodenschicht von bachbegleitenden Hochstaudenfluren, Gebüschen und Auwäldern (Carici remotae-Fraxinetum) vor.

Häufige Begleiter sind u.a. *Cardamine amara, Stellaria nemorum, Impatiens noli-tangere, Cardamine flexuosa, Lysimachia nemorum, Circaea intermedia, Stachys sylvaticus, Ranunculus repens, Geranium robertianum, Veronica montana, Luzula sylvatica, Carex remota, Scirpus sylvaticus*. Beispiele für Vegetationsaufnahmen aus den Milzkraut-Quellfluren findet man u.a. bei PHILIPPI (1981: Tab. 18; 1989: Tab. 12) vom Odenwald bzw. Belchen-Gebiet, bei SCHWABE (1987: Tab. 26) aus dem Schwarzwald und bei SEBALD (1975: Tab. 3 und 5) aus dem Schwäbisch-Fränkischen Wald, aus bachbegleitender Vegetation im Schwarzwald mit *Alnus viridis* bei WILMANNS (1977), aus dem Chaerophyllo-Ranunculetum aconitifolii bei PHILIPPI (1989: Tab. 21), aus dem Stachyo-Impatientetum bei SCHWABE (1987: Tab. 13).

Vereinzelt kommt *C. oppositifolium* sogar auf Kalktuff vor (vgl. SEBALD 1975: Tab. 1, Aufnahme 13) im Bereich des Cratoneurion commutati-Verbandes. Auch von SEYBOLD wurde die Art am Kocherufer westlich Michelbach (6924/1) auf Kalktuff gefunden.

Allgemeine Verbreitung: Subatlantisches Florenelement von West- und Mitteleuropa. Im Westen von der nördlichen iberischen Halbinsel und den britischen Inseln bis in die Tschechoslowakei nach Osten mit vereinzelten Vorposten in Polen und Slowenien; in Skandinavien nur in Süd-Norwegen. Eine sehr nahestehende Sippe, *C. alpinum* Schur, ist ein Endemit der Ostkarpaten. Diese Sippe wird manchmal mit *C. oppositifolium* vereinigt. In den Alpen fehlt *C. oppositifolium* fast ganz.

Verbreitung in Baden-Württemberg: Ziemlich verbreitet in den Silikat- und Sandsteingebieten von Odenwald, Schwarzwald und im Schwäbisch-Fränkischen Wald. Außerhalb dieser 3 Landschaften nur ganz vereinzelte Vorkommen:

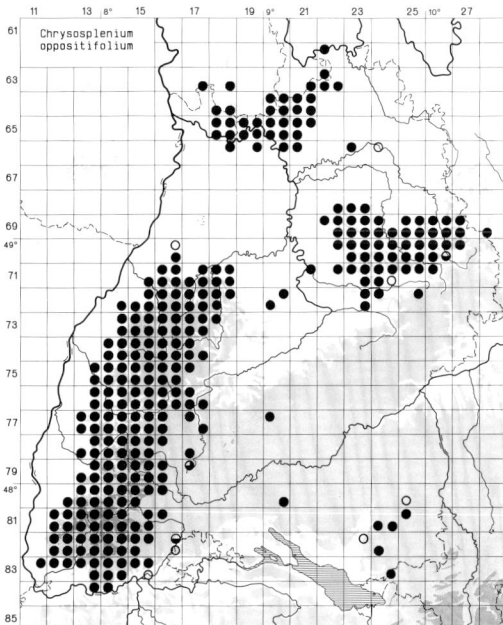

Neckarland: Hohenlohe und Haller Bucht: 6623/1: Quelltopf SE Winzenhofen, 1974, DIETERICH (STU-K), SEYBOLD (STU); 6624/1: bei der St. Wendelskapelle bei Dörzbach „an den feuchten Taugsteinfelsen" (Kalktuff), „in Gesellschaft mit Sesleria varia", BAUER in MARTENS (STU-K), SCHÜBLER u. VON MARTENS (1834: 271); 6924/1: Kocherufer W. Michelbach, auf Kalktuff, 1984, SEYBOLD (STU-K). – Neckarbecken nördlich Stuttgart 7121/2: „Alte Rems" N Hegnach, 1978, SEYBOLD (STU), „wohl neu aufgetreten". – Glemswald: 7220/2: Diebsklinge am Schattengrund, MOHL in SCHÜBLER u. VON MARTENS (1837), seit ca. 1810 bekannt, 1957 durch Straßenbau vernichtet, KREH (1959), SEYBOLD (1969) (wohl = „bey dem Bildstöckleskopf" unweit Schatten, HILLER in NOERDLIN-

Gegenblättriges Milzkraut *(Chrysosplenium oppositifolium)*
Feldberg, 21.7.1990

GER (vgl. VON MARTENS in STU-K)), galt lange als „einziger Wuchsort zwischen Schwarzwald und Schwäbischen Wald (SEYBOLD 1969), bis 1977/78 weitere Vorkommen entdeckt wurden: 7220/3: S Pfaffensee, 1977, KROYMANN (STU-K), 1977, SEYBOLD (STU); 7220/3: beim Steinbachsee, 1978, KROYMANN (STU-K).

Oberes Neckargebiet und Wutachgebiet: zerstreut an den vom Schwarzwald kommenden Nebenflüssen, nur vereinzelt ohne diesen Zusammenhang, z.B.: 7617/3: Lauterbach bei Aistaig, ADE (1989); Wald beim Herrenhof, ADE (1989); 7717/1: Oberndorf, am Dieselbach, LANG in VON MARTENS (STU-K), 1986, ADE (1989).

Schwäbische Alb: 7521/1 oder 2: am Ursulaberg, DURRETSCH in A. MAYER (1904: 131), KIRCHNER u. EICHLER (1900, 1913); 7521/3: Gönningen, Ramstel, kalter Brunnen, STEIN in A. MAYER (1904: 131), KIRCHNER u. EICHLER (1900, 1913); 7722/4: Zwiefalten, im „Tobel" an einem Bach, HERTER in VON MARTENS u. KEMMLER (1882: 187), KIRCHNER u. EICHLER (1900, 1913). Für BERTSCH (STU-

K) sind die Funde auf der Schwäbischen Alb sehr zweifelhaft. Er führt sie in seiner Flora (1933, 1948, 1962) nicht mehr auf. Auch A. MAYER (1930: 195) hält es für notwendig, diese Angaben nachzuprüfen. Diese drei älteren Angaben wurden nicht in die Karte aufgenommen. Eine neue Fundangabe gibt es von 7720/1: Felsen im „Risselen" S Hausen i.K., 1983, IRSSLINGER (STU-K).

Alpenvorland: Vorkommen im Alpenvorland werden in den Landesfloren von SCHÜBLER u. V. MARTENS (1834) bis BERTSCH (1962) merkwürdigerweise nicht erwähnt. Auch in der BERTSCH-Kartei (STU-K) finden sich keine Angaben. Erst in neuer Zeit hat vor allem DÖRR (1976, 1980, 1985) eine ganze Reihe von Funden gemacht. Man könnte daher der Meinung sein, daß die Art sich erst in letzter Zeit im Alpenvorland angesiedelt hat. Sie könnte jedoch auch übersehen worden sein, obwohl z.B. BERTSCH den oberschwäbischen Raum zu seiner Zeit intensiv durchforscht hat. Eine vor 1833 gemachte Angabe in der Kartei VON MARTENS (STU-K): „Ravensburg, GOSSNER"

276

wurde von SCHÜBLER u. VON MARTENS (1834) nicht aufgegriffen. Sie erscheint im Licht der neuen Funde durchaus glaubhaft. F.X. GOSSNER (1765–1833) war Apotheker in Ravensburg. Ferner gibt es in STU einen undatierten, alten Herbarbeleg von GESSLER mit der Angabe „Wurzach". 8020/4: „Engelesholz" SE Sentenhart, 1989, VOGGESBERGER (STU-K); 8124/3: Erbisreute, 1983, DÖRR (STU), NE Lochmoos, 1983, DÖRR (STU), SW Weißenbronnen, 1983, DÖRR (STU); nach DÖRR (1985: 18) an den Quellbächen des Schwarzenbachs mindestens 9 Wuchsorte auf diesem Quadranten; 8124/4: E Weißenbronnen, 1978, SCHÄFER-VERWIMP, 1983, DÖRR (STU); 8125/1: „Hummelluckenwald" 1,5 km NE Eintürnen, 1985, SEBALD (STU-K); ein alter, undatierter Beleg in STU von GESSLER mit der Angabe „Wurzach" könnte möglicherweise auch von diesem Quadranten stammen; 8224/3: im Zuflußgebiet der Rohne mindestens 7 Wuchsorte, 1980, DÖRR (STU und 1980: 19). In Bayern gibt es unweit der Landesgrenze noch Vorkommen in 8324/4: Am Krebsbach bei Ruhlands, 1976, DÖRR (STU); nahe Hergensweiler, 1976, DÖRR (STU; 1976).

Der Bereich der Art reicht von etwa 200 m am Odenwaldrand im Maintal beim Trennhof (6222/1) bis 1400 m am Feldberg (8114/1) nach USINGER und WIGGER (1961: 33).

Erstnachweis: Die Art ist sicher ein ursprüngliches Glied der einheimischen Flora, allerdings liegen anscheinend keine fossilen oder archäologischen Nachweise vor. Die erste Erwähnung in der Literatur findet sich bei ROTH VON SCHRECKENSTEIN (1798: 101): „um Müllheim, VULPIUS".

Bestand und Bedrohung: Die Art ist wegen ihrer zahlreichen Vorkommen nicht bedroht. Eher scheint da und dort eine Tendenz zu weiterer Ausbreitung vorzuherrschen, wohl begünstigt durch die Ausdehnung der Waldflächen und vielleicht auch durch eine Reihe milder Winter, die diese subatlantische Art ohne unterirdische Überwinterungsorgane begünstigen.

Bastarde: Obwohl beide *Chrysosplenium*-Arten öfters zusammen vorkommen, scheint es gut wie nie zu Bastardierungen zu kommen. Aus dem Gebiet berichtet nur W. ZIMMERMANN (1929: 59) über den Fund einer Pflanze im Schwarzwald im Ybachtal bei Geroldsau, die er für einen Bastard hält. Allerdings scheinen mir die Schilderung der Merkmale und eine kleine Zeichnung der Pflanze nicht eindeutig auf einen Bastard hinzuweisen.

2. Chrysosplenium alternifolium L. 1753
Wechselblättriges Milzkraut, Gold-Milzkraut

Morphologie: Ausdauernd; mit kurzem Rhizom und langen, dünnen, oft unterirdischen Ausläufern, mit mehreren langstieligen, nierenförmigen, tief gekerbten, 2–5 cm breiten Grundblättern. Blüten-

stengel 5–15 cm hoch, aufrecht, dreikantig, mit 1–3 nierenförmigen bis rundlichen, wechselständigen Blättern, mit einem endständigen, trugdoldigen, von laubblattartigen, nach innen zu gelbgrünen Tragblättern umgebenen Blütenstand, der meist umfangreicher ist als bei *C. oppositifolium*. Kelchblätter 4, gelblich, 2–3 mm breit und 1,5–2 mm lang.

Biologie: Blüht von März bis Mai. SCHLEE (1977: 6) fand an einem Bestand im Nordschwarzwald bei der Nektaraufnahme verschiedene Fliegen, Hautflügler, auch vereinzelt Käfer, Wanzen, Ameisen und Collembolen.

Ökologie: Schattenertragende Pflanze luft- und bodenfeuchter, nährstoff- und basenreicher, oft auch kalkreicher Standorte in Quellfluren, an Bachrändern, in sickerfeuchten Bachauenwäldern, in Berg- und Schluchtwäldern, auf frischen, moosreichen Felsschutthalden, auf Waldwegen; gilt als Verbands-Charakterart des Alno-Ulmion (Auenwälder); kommt gern zusammen vor mit *Carex remota, Impatiens noli-tangere, Stellaria nemorum, Stachys sylvatica, Rumex sanguineus, Scirpus sylvaticus, Valeriana dioica* u.v.a. Vegetationsaufnahmen mit dieser Art finden sich u.a. aus Quellfluren (auch im Chrysosplenietum oppositifolii) z.B. vom Belchen-Gebiet im Schwarzwald bei PHILIPPI (1989) und

Wechselblättriges Milzkraut *(Chrysosplenium alternifolium)*, Attental bei Freiburg, 1989

aus dem Schwäbischen-Fränkischen Wald bei SE-BALD (1975), von feuchten Waldwegen der Schwä-bischen Alb im Stachyo-Impatientetum bei SCHALL (1988, Tab. 1, Spalte 8), in frischen Ausbil-dungen auf Felsschutthalden des oberen Donautals bei SEBALD (1980: Tab. 1 und Tab. 3), hier u.a. zusammen mit *Gymnocarpium robertianum* und *Phyllitis scolopendrium*.

Beispiele für Aufnahmen aus dem Carici remo-tae-Fraxinetum finden sich u.a. bei SAUER (1989: Tab. 3) vom Schönbuch; aus dem Grauerlen-Au-wald (Alnetum incanae) der Wutachschlucht bei OBERDORFER (1949: Tab. 7).

Allgemeine Verbreitung: Gemäßigte und boreale Zonen Europas und Asiens nach Osten bis Japan. In Westeuropa seltener als *C. oppositifolium* und auf der Iberischen Halbinsel fehlend; ferner in eini-gen Gebirgen des Mittelmeerraums und im Kauka-sus sowie in Exklaven in Nordamerika.

Verbreitung in Baden-Württemberg: In allen Land-schaften vorhanden, allerdings in den warm-trocke-nen Tieflagen des Oberrheingebiets, des Neckar-beckens nördlich Stuttgart und im Taubergebiet nur sehr zerstreut bis selten vorkommend. In den kühleren, niederschlagsreicheren Landschaften meist verbreitet und hier ein viel weiteres Spektrum von Standorten besiedelnd (z.B. Waldwege).

Die tiefsten Fundorte befinden sich in der nörd-lichen Oberrheinebene, z.B. im Raum Karlsruhe bei etwa 110 m, die höchsten im Süd-Schwarzwald

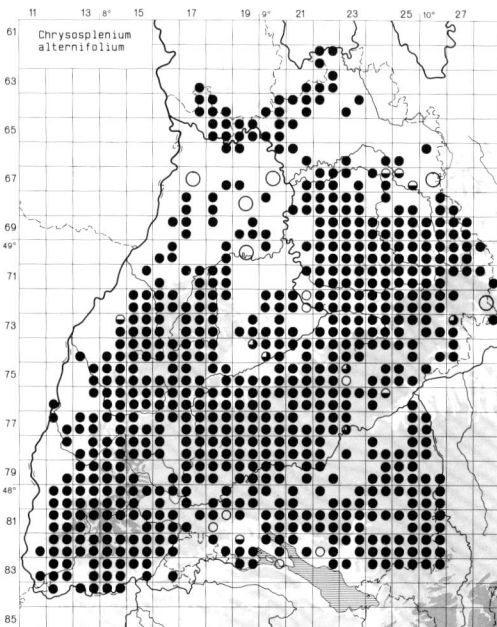

bisher notierten Fundorte sind am Belchen bei 1210 m (8113/3) nach PHILIPPI (1989: Tab. 8, Aufn. 4).

Erstnachweis: Die Art gehört zur ursprünglichen Flora unseres Gebiets. Sie wird von KIEFER (1984) bei Osterburken aus dem 2./3. Jahrhundert n.Chr. angegeben. Die Art ist schon in den alten Landes-floren wegen ihrer Häufigkeit ohne konkrete Fund-orte aufgeführt (z.B. bei ROTH VON SCHRECKEN-STEIN 1807). Eine erste Erwähnung findet sie schon bei J. BAUHIN (1598: 201) für die Umgebung von Bad Boll (7323).

Bestand und Bedrohung: Dank der weiten Verbrei-tung in den meisten Landschaften ist die Art nicht bedroht. Ebenso ist ein Rückgang in letzter Zeit kaum anzunehmen. Durch die Aufforstungen in vielen Bachtälern könnte die Art eher noch weitere zusagende Standorte gewonnen haben.

Tellima R. Brown 1823

Die Gattung besteht nur aus der folgenden, im pazifischen Nordamerika von Kalifornien bis Alaska beheimateten Art.

Tellima grandiflora (Pursh) Douglas ex Lindley 1828
Mitella grandiflora Pursh 1814

Staude mit knollig verdicktem Rhizom; basale Blätter langgestielt, rundlich-herzförmig, flach 3- bis 7lappig, ge-zähnt. Blütenstengel aufrecht, 30–80 cm hoch, drüsig be-haart, mit einigen nach oben kleineren Blättern; Blüten auf 2–5 mm langen Stielen in einer einfachen Traube. Blü-tenbecher glockig, 7–10 mm lang, zu ⅓ bis ½ mit dem Fruchtknoten verwachsen. Kelchblätter eiförmig, rinnig zugespitzt, aufrecht, 2–4 mm lang. Kronblätter 5, anfangs weißlichgrün, später rötlich, fiederig gefranst, 4–7 mm lang, zurückgebogen bis ausgebreitet. Staubblätter 10. Fruchtknoten einkammerig, eiförmig, vielsamig.

OBERDORFER (1985) berichtet erstmals über eine seit mindestens 1983 bekannte Einbürgerung in Baden-Würt-temberg im Südschwarzwald in einem parkartigen Ge-lände in Saig (8115/1) in 1020 m und bringt auch eine Tabelle mit vegetationskundlichen Aufnahmen. Danach wächst die Art gern in nitrophilen, frischen, halbschatti-gen Saumgesellschaften (im Epilobio montani-Geranie-tum robertiani) zusammen mit *Alliaria petiolata*, *Gle-choma hederacea*, *Aegopodium podagraria* u.a. Ob der Be-stand aus einer Verwilderung oder einer Einschleppung hervorgegangen ist, ist unbekannt. Nach WEBB (1964) scheint sich die Art schon in England und Irland einzubür-gern. Aus Deutschland berichtet STRAUSS (1986) über das Vorkommen an 3 Stellen in Wolfsburg, wo die Art das einheimische *Geum urbanum* verdrängt. Auch aus Bayern liegt ein Beleg vor von: 6927/2: Dinkelsbühl, im Park ver-wildert, 1. 6. 1969, SEYBOLD (STU).

Tiarella L. 1753
Schaumblüte

Eine Gattung mit 7 Arten in Nordamerika und Ostasien.

Tiarella cordifolia L. 1753
Herzblättrige Schaumblüte

Eine öfters als Zierpflanze bei uns in Gärten gezogene Waldpflanze aus dem östlichen Nordamerika. Sie besitzt deutlich gestielte, herzförmige, etwas fünfeckig gelappte, 5–10 cm lange Blätter, 10–30 cm hohe Blütenstengel mit zarten Trauben von 3–10 cm Länge mit kleinen, weißen Blüten. Die Kronblätter sind nur 3–5 mm lang und werden von den Staubfäden überragt. Die Kapsel ist aus 2 sehr ungleichen Fruchtblättern aufgebaut und enthält nur wenige kugelige Samen.

Die Art wurde verwildert gefunden: Neckarland: 7320/2: Am Bettelweg zwischen Steinenbronn und Musberg, 1987 an 2 Stellen mit je über 100 Exemplaren in einem Graben, schon mindestens 3 Jahre vorhanden, LINKE (STU-K).

Parnassiaceae

Herzblattgewächse
Bearbeiter: O. SEBALD

Diese Familie besteht nur aus der Gattung *Parnassia*. *Parnassia* wurde häufig auch den Saxifragaceae zugeordnet, allerdings im Rang einer besonderen Unterfamilie Parnassioideae. Teilweise wurde die Gattung auch mit den Droseraceae in Verbindung gebracht. In manchen Merkmalen (vor allem im Andrözeum) bestehen gewisse Übereinstimmungen mit den Hypericaceae (bezüglich weiterführender Hinweise vgl. HUBER 1964 und HULTGÅRD 1987). Nach KRACH (1976) liefern die Samen keine zusätzliche Argumente für die Zuordnung zu einer der erwähnten Familien. Ihre Merkmale betonen eher die isolierte Stellung von *Parnassia*.

1. **Parnassia** L. 1753
Herzblatt

Die Gattung umfaßt etwa 50 Arten, von denen allein 30 vom Himalaja bis nach China vorkommen. Von allen Arten am weitesten verbreitet und der alleinige Vertreter der Gattung in Europa ist *P. palustris*. Die anderen Arten verteilen sich auf die gemäßigten bis kalten Zonen der Nordhemisphäre.

1. **Parnassia palustris** L. 1753
Sumpfherzblatt, Studentenröschen

Morphologie: Ausdauernd, mit kurzem Rhizom, mit einer Rosette langstieliger, breit-eiförmiger bis herzförmiger, 1–3 cm langer Grundblätter und mit einem oder mehreren, aufrechten, 10–40 cm hohen, einblütigen Blütenstengeln, diese in der

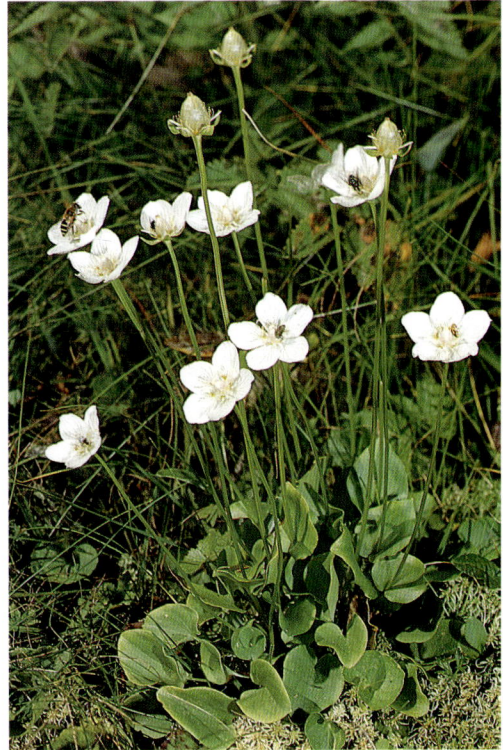

Sumpfherzblatt *(Parnassia palustris)*
Feldberg, 1990

unteren Hälfte meist mit einem sitzenden, herzförmigen Blatt. Kelchblätter 5, schmal-elliptisch bis eiförmig, 3–7 mm lang, grünlich. Kronblätter 5, weiß, dunkel geadert, breit-eiförmig bis fast rundlich, 8–17 mm lang. Staubblätter 5, alternierend mit 5 spatelförmigen, in 9–13 drüsenköpfige Zipfel geteilte Staminodien. Fruchtknoten oberständig, aus 4 Fruchtblättern bestehend, mit wandständigen Samenanlagen. Frucht eine vielsamige Kapsel.
Biologie: Ein ausgesprochener Spätblüher, der meist von August bis Oktober erst blüht. Die Blüten sind deutlich proterandrisch und werden von verschiedenen Insektengruppen bestäubt, vornehmlich von Fliegen. Die glänzenden, gelbgrünen Drüsenköpfchen der Staminodien sind trocken, sind also Scheinnektarien. Es handelt sich um eine „Fliegentäuschblume". Die Samen benötigten nach HULTGÅRD (1987) im Kulturversuch 23–31 Tage bis zur Reife.
Ökologie: Lichtliebende, wenig konkurrenzkräftige Art, die feuchte, wechselfeuchte bis wechseltrockene oder auch quellige, höchstens schwach basenarme, meist jedoch basenreiche bis kalkreiche Standorte bevorzugt. Gilt als Ordnungscharakter-

art der Tofieldietalia (Kalk-Flachmoore), kommt aber auch in manchen Ausbildungen der Flachmoore kalkarmer Standorte und der Zwischenmoore vor, ferner in Pfeifengras-Streuwiesen, Halbtrockenrasen (auf der Schwäbischen Alb mit Vorliebe in Schafweiden auf wechseltrockenen Mergelböden) und in Blaugras-Halden (vgl. u.a. HORNUNG 1991: Tab. 2).

Vegetationsaufnahmen gibt es z.B. vom Oberrheingebiet aus dem Cirsio tuberosi-Molinietum des NSG Taubergießen bei GÖRS (1974: Tab. 5), vom Schwarzwald bei DIERSSEN (1984) aus dem Caricetum davallianae, aus dem Drepanoclado-Trichophoretum caespitosi, aus dem Campylio-Caricetum dioicae und aus dem Caricetum frigidae, bei GRÜTTNER (1987: Tab. 15) aus dem Parnassio-Caricetum fuscae. Bei PHILIPPI (1989: Tab. 1) ist die Art in *Blysmus compressus*-Beständen des Süd-Schwarzwalds hochstet vorhanden. Im Caricetum davallianae (Kalk-Quellsümpfe) am Fuß der Schwäbischen Alb ziemlich verbreitet (vgl. USINGER 1963: Tab. VIII; KUHN 1937). Im Alpenvorland fanden GÖRS (1960: Tab. 5) und KUHN (1961: Tab. 7) die Art mit mittlerer Stetigkeit auch im Fadenseggenried (Caricetum lasiocarpae). KONOLD (1987: Tab. 23) beobachtete die Art in *Cladium mariscus*-Beständen.

Allgemeine Verbreitung: Gemäßigte bis arktische Zonen von Europa, Asien und im nordwestlichen Amerika. In Südeuropa, Nordwestafrika und

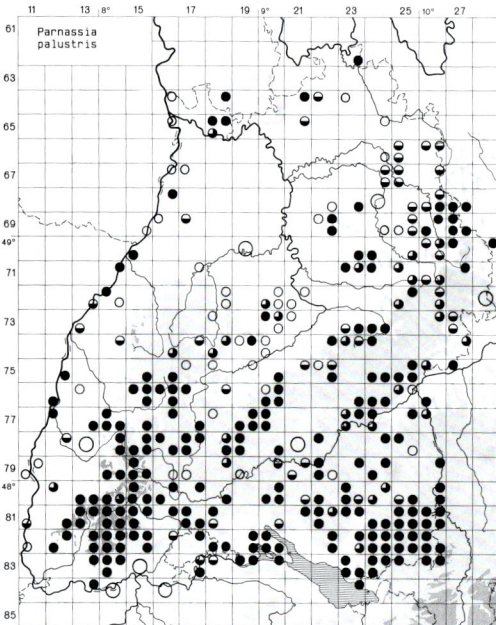

Sumpfherzblatt *(Parnassia palustris)* Lindachtal (Schönbuch), 5.9.1990

Kleinasien nur in den Gebirgen; ferner auch im Kaukasus, in den Gebirgen Zentral- und Ostasiens bis nach Japan und Formosa.

Verbreitung in Baden-Württemberg: Früher mit Ausnahme der trockenen Albhochfläche und großen Teilen der nordbadischen und nordwürttembergischen Gäulandschaften sowie des Nordschwarzwaldes offenbar verbreitet. Heute vor allem in den nördlichen Landesteilen stark zurückgegangen. Am häufigsten noch im moorreichen südlichen Alpenvorland, im Südschwarzwald und entlang des Albtraufs auf tonig-mergeligen Schichten.

Die tiefstgelegenen Wuchsorte befinden sich im nördlichen Oberrheingebiet bei Graben (6816/2) bei etwa 110 m. Früher auch bei Waghäusel (6717/1) bei 98 m, die höchsten am Feldberg bei 1425 m (USINGER und WIGGER 1961: Tab. V).

Erstnachweis: Die Art wurde schon in den späteiszeitlichen Ablagerungen der Allerödzeit am Ursee gefunden (LANG 1971).

Die Art war früher so verbreitet, daß sie in den alten Landesfloren zu Anfang des 19. Jahrhundert ohne konkrete Fundorte aufgenommen ist. Erstmals erwähnt wird *P. palustris* bei J. BAUHIN (1598: 192) für die Umgebung von Bad Boll (7323).

Bestand und Bedrohung: Die Art war früher wesentlich weiter verbreitet. Durch die intensivere Grünlandwirtschaft (Düngung, Entwässerung) hat sie viele Standorte verloren. Ihre Gefährdung, in der Roten Liste (HARMS u.a. 1983) mit G3 eingestuft, könnte in letzter Zeit eher noch zugenommen haben. Sie gehört zu den durch die Bundesartenschutzverordnung vom 19.12.1986 besonders geschützten Arten.

Ebenfalls zu der Ordnung Saxifragales gehört die Familie Philadelphaceae, Pfeifenstrauchgewächse. Zur ihr gehört:

Philadelphus coronarius L. 1753
Europäischer Pfeifenstrauch, Falscher Jasmin

Sommergrüner, 2–4 m hoher Strauch mit gegenständigen, eiförmigen, entfernt gezähnten, etwas zugespitzten Blättern; Nebenblätter fehlend. Blüten duftend, in kurzen, endständigen Trauben, 4zählig; Kronblätter weiß, 12–18 mm lang. Staubblätter etwa 25. Seit Jahrhunderten in Europa als Zierstrauch gepflanzt. Ursprüngliche Vorkommen werden aus den östlichen Südalpen (Südtirol, Steiermark), aus Mittelitalien und Rumänien angegeben. Die Art wird gelegentlich in Landesfloren als verwildert angegeben, so z. B. bei GRADMANN (1936), BERTSCH (1948) für Dettingen/Erms.

Grossulariaceae

Stachelbeergewächse
Bearbeiter: O. SEBALD

Die Familie besteht nur aus der Gattung *Ribes*. Die Gattung *Ribes* wurde früher meist in die Saxifragaceae einbezogen, allerdings als besondere Unterfamilie Ribesioideae. Die meisten neueren Untersuchungen unterstützen jedoch die Selbständigkeit der Familie Grossulariaceae. KLOPFER (1973) nennt als eindeutige Differenzierungsmerkmale gegenüber den Saxifragaceae s. str.: Holzgewächse, Beerenfrüchte, polyporaten Pollen und die einheitliche Chromosomenzahl 2n = 16. KLOPFER tritt allerdings auch für das Belassen der Grossulariaceae in der Nähe der Saxifragaceae ein, also für die Zuordnung zu der Ordnung Saxifragales. Die Saxifragales sind von primitiven Rosales abzuleiten.

1. Ribes L. 1753

Stachelbeere, Johannisbeere

Kleine bis mittelgroße, sommergrüne Sträucher; Blätter wechselständig, ohne Nebenblätter, handförmig 3- bis 5lappig. Aus der Dauerachse am oder im Boden gehen jährlich unverzweigte Schößlinge hervor, die sich ab dem 2. Jahr verzweigen und meist nur 4–8 Jahre alt werden. Im 2. Jahr bilden sich auch die blütentragenden Kurztriebe. Blütenstände sind einfache Trauben ohne Gipfelblüte (bei *R. uva-crispa* ist die Traube auf 1–3 Blüten reduziert und die Traubenachse gestaucht). Blüten radiär, 5zählig; Kelchblätter 5; Kronblätter 5, bei den einheimischen Arten meist unscheinbar grünlich, bei angepflanzten Ziersträuchern gelb oder rot. Staubblätter 5. Fruchtknoten unterständig, sich zu

einer Beere entwickelnd; Griffel 2, basal verwachsen.

Zu der Gattung *Ribes* gehören rund 140 Arten, die vorwiegend in den nördlichen, gemäßigten Zonen sowie in den Bergländern Mittel- und Südamerikas nach Süden bis nach Patagonien verbreitet sind. 9 Arten kommen wildwachsend in Europa vor, 5 davon auch in Baden-Württemberg. Einige nordamerikanische Arten werden wegen ihrer auffälligen Blüten bei uns als Ziersträucher angepflanzt, so: Goldgelbe Johannisbeere (*R. aureum* Pursh): Blüten gelb, in 5- bis 15blütigen Trauben, Blut-Johannisbeere (*R. sanguineum* Pursh): Blüten rosa bis purpurrot, mit röhrenförmigem Kelchbecher, in vielblütigen Trauben.

Von den einheimischen Arten sind 3 Arten beliebte Beerensträucher (Stachelbeere, Rote und Schwarze Johannisbeeren), die häufig auch verwildern. Verwilderte und wilde Sträucher sind nicht immer leicht zu unterscheiden und wurden bei der Kartierung oft nicht eindeutig zugeordnet. In den Verbreitungskarten mußten daher eingebürgerte Verwilderungen und echte Wildpflanzen zusammengefaßt werden. Auch die Alpen-Johannisbeere wird oft als Zierstrauch angepflanzt. Bei dieser Art war es besser möglich, die echten Wildvorkommen zu erfassen.

1 Strauch mit Stacheln; Blüten zu 1–3; Früchte länger als breit . . . . 4. *R. uva-crispa*
– Sträucher ohne Stacheln; Blüten in mehr- bis vielblütigen Trauben; Früchte kugelig 2
2 Blütentrauben nicht herabhängend, ± aufrecht; Traubenachse drüsig; Tragblätter 4–10 mm lang, länger als der Blütenstiel . . . . . 5. *R. alpinum*
– Blütentrauben hängend; Traubenachse nicht drüsig; Tragblätter viel kürzer als die Blütenstiele . . 3
3 Blätter unterseits mit sitzenden Drüsen bedeckt; Beeren schwarz . . . . 3. *R. nigrum*
– Blätter ohne Drüsen; Beeren rot, gelb oder weiß 4
4 Kelchbecher glocken- bis kegelförmig; Kelchblätter gewimpert; Griffel basal kegelförmig . . . . .
. . . . 2. *R. petraeum*
– Kelchbecher flach; Kelchblätter nicht bewimpert; Griffel gleichmäßig dick . . . . . . 1. *R. rubrum*

1. Ribes rubrum L. 1753 s. l.

Rote Johannisbeere

Morphologie: 0,5–1,5 m hoher Strauch ohne Stacheln; Blätter handförmig 3- bis 5lappig mit ± herzförmiger Basis, 4–8 cm breit, langgestielt, am Stiel und unterseits oft behaart, oberseits ± kahl. Trauben locker, 10- bis 20blütig; Tragblätter rundlich, viel kürzer als die Blütenstiele. Kelchbecher flach, mit einem erhabenen Ringwulst zwischen Staubblättern und Griffeln. Kelchzipfel queroval, bleichgrün, ca. 3 mm breit und 2 mm lang, abstehend. Kronblätter viel kürzer, herzförmig. Staubbeutelhälften durch ein Konnektiv getrennt, das so breit ist wie sie selbst; Filamente kaum 0,5 mm lang, aufrecht. Frucht rot, selten weißlich oder gelb, kugelig, säuerlich schmeckend.

Variabilität: Als Beerenobst wird die Rote Johannisbeere in vielen, verschiedenen Sorten angepflanzt (vgl. KEIPERT 1981), die hier nicht behandelt werden können. Das Hauptproblem ist die Unterscheidung zwischen verwilderten Roten Garten-Johannisbeeren (var. *rubrum*) und der wilden Roten Wald-Johannisbeere (var. *sylvestre* (Lam.) DC.). Nach TH. MÜLLER (1985) und OBERDORFER (1979, 1983) kann man folgende Merkmale heranziehen:

Blätter glänzend, netzrunzlig; Pflanzen ausgebreitet mit Kriechsprossen; Beeren klein . . . . var. *sylvestre*
Blätter ± matt, glatt; Pflanzen ohne Kriechsprosse; Beeren groß . . . . var. *rubrum*

Biologie: Blüht im April oder Mai. Die Blüten werden vorwiegend von Fliegen und Hymenopteren bestäubt. Die Verbreitung der Samen erfolgt durch Tiere, die die Beeren verzehren.

Ökologie: Vorwiegend in erlen- und eschenreichen Bachauenwäldern und in Ufergebüschen an Flüssen auf nährstoff- und oft auch kalkreichen, grundfeuchten bis sickernassen Gleyböden oder lehmigen braunen Aueböden vorkommend. Nach TH. MÜL-

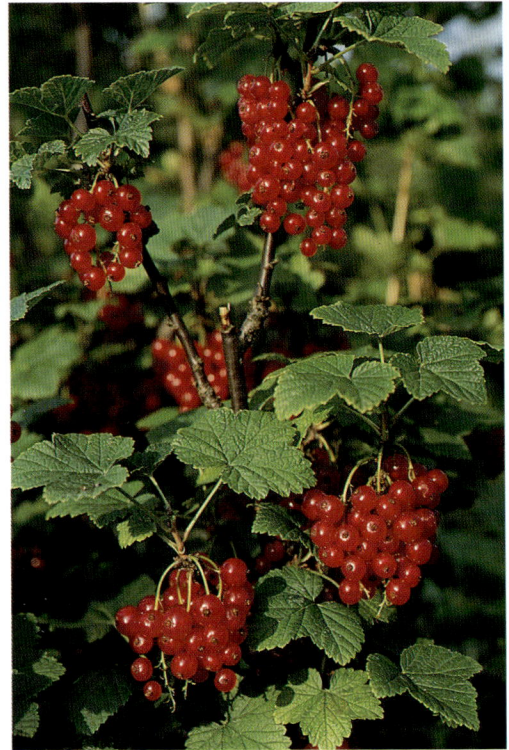

Rote Johannisbeere *(Ribes rubrum)*
Feldberg, 1978

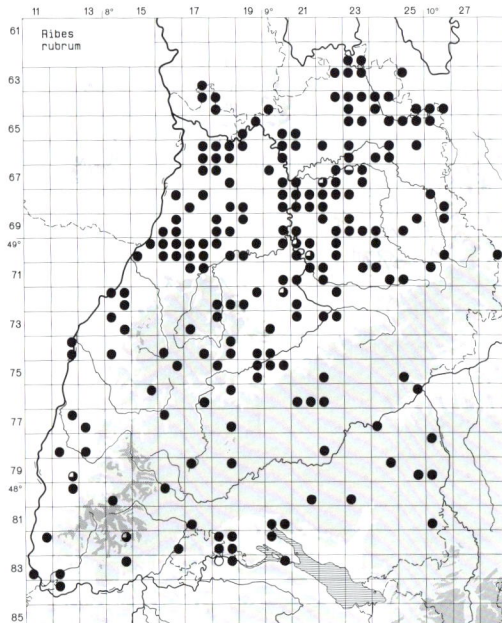

LER (1985) gehören gewisse Erlen-Eschen-Bachauenwälder Südwestdeutschlands zu der subatlantischen Gesellschaft des Ribesio sylvestris-Fraxinetum (Alnetum), dessen praktisch einzige Charakterart eben *Ribes rubrum* var. *sylvestre* ist. Nach TH. MÜLLER (1985: Tab. I, Spalte I) kam diese Sippe in 34% von 129 südwestdeutschen Aufnahmen dieser Assoziation vor, u.a. zusammen mit *Circaea lutetiana, Stachys sylvatica, Festuca gigantea, Glechoma hederacea, Angelica sylvestris, Deschampsia cespitosa, Ranunculus ficaria*. Für nasse Ausbildungen ist *Caltha palustris* bezeichnend, für weniger nasse *Aegopodium podagraria*. TH. MÜLLER (1985: Tab. 12) fand die var. *sylvestre* an der unteren Murr (7021/2) in 9 von 20 Aufnahmen dieser Gesellschaft, u.a. zusammen mit *Urtica dioica, Humulus lupulus, Lamium maculatum*. KREH (1949: 215) fand *R. rubrum* in 3 von 12 Aufnahmen der Bachklingen-Gesellschaft in Gemeinschaft u.a. mit Sträuchern wie *Viburnum opulus, Prunus padus, Euonymus europaea, Sambucus racemosa* und *Aruncus dioicus*. TH. MÜLLER (1966: Tab. 4, Aufn. 6 und 12) fand die Art in Fichten-Forsten und im Aceri-Fraxinetum (Tab. 6, Aufn. 4 und 5).

Nach Aufnahmen von KNOCH in OBERDORFER (1982: Tab. 5) kommt *R. rubrum* s.l. im Süd-schwarzwald auch im Alnetum incanae in 770–800 m Höhe vor.

Allgemeine Verbreitung: Die Art ist ein subatlanti-sches Florenelement des westlichen Europa. Wahr-scheinlich wurde die Wildpflanze im Mittelalter in Nordfrankreich oder Belgien in Kultur genommen. Heute ist *R. rubrum* durch Verwilderung in vielen Ländern Europas eingebürgert.

Verbreitung in Baden-Württemberg: WINTER (1883: 90) bezeichnet schon Pflanzen in Sumpfwäldern des Bezirks Achern als „echt wild". Von der Wildform berichten OBERDORFER (1936: 245) und PHILIPPI (1978: 204) aus dem nördlichen Oberrheingebiet bei Bruchsal, TH. MÜLLER (1985) auch aus dem Kraichgau, aus dem unteren Neckargebiet und aus dem Tauber-Main-Gebiet. Bei der floristischen Kartierung wurde im allgemeinen nicht zwischen verwilderten, eingebürgerten Vorkommen und ech-ten Wildformen unterschieden. Die Verbreitungs-karte umfaßt daher beide. Sie zeigt immerhin eine deutliche Häufung in den tieferen Lagen. Aus dem Alpenvorland und von der Schwäbischen Alb gibt es nur vereinzelte Eintragungen. Die tatsächliche Verbreitung eindeutiger Wildformen ist noch völlig unzureichend bekannt.

Die tiefsten Vorkommen der Wildform liegen im nördlichen Oberrheingebiet bei rund 100 m. Eini-germaßen zuverlässige Angaben zur Obergrenze ließen sich bisher noch nicht erheben.

Erstnachweis: Wildwachsende Vorkommen aus dem Land werden schon bei C.C. GMELIN (1805) erwähnt: „in sepibus montosis prope Sirnitz" (8112/4), ebenso wohl bei GRIESSELICH (1836: 197) „am Harlass bei Heidelberg".

Bestand und Bedrohung: Da der tatsächliche Be-stand der echten Wildform noch nicht gut genug bekannt ist, kann auch keine einigermaßen sichere Aussage zur Gefährdung gemacht werden. Ihre Le-bensräume (Bachauenwälder, Ufergehölze) sind in jedem Fall schonenswert.

Ribes spicatum Robson in With. 1796
R. rubrum auct. non L.
Ährige Rote Johannisbeere

Zur Sippengruppe des *R. rubrum*-Aggregats gehört auch *R. spicatum*, das in Nord- und Osteuropa sowie in Sibirien beheimatet ist. Bis jetzt ist kein urwüchsiges Vorkommen dieser Art in Baden-Württemberg belegt. Die Art ist selten auch an Kreuzungen von Kultursorten der Roten Johan-nisbeere beteiligt. Ein wichtiges Unterscheidungsmerkmal gegenüber *R. rubrum* ist das Fehlen des Ringwulstes zwi-schen Staubblättern und Griffeln (vgl. auch QUASDORF 1976).

Vereinzelt gibt es Angaben über verwilderte Vorkom-men von *R. spicatum*, wobei nicht immer sicher ist, daß wirklich diese Sippe gemeint war. Z.B.: 6421/4: Buchen, in ehemaligen Weinbergen verwildert, auf Steinriegeln und in Hecken, SACHS (1961: 11).

2. Ribes petraeum Wulfen in Jacq. 1781
Felsen-Johannisbeere

Morphologie: 1–2 m hoher Strauch; Zweige mit dunkler Rinde. Blätter zu $\frac{1}{3}$–$\frac{1}{2}$ handförmig 3- bis 5lappig, 4–10 cm breit, oft breiter als lang; Stiel 0,5–1,5 × so lang wie die Spreite. Blütentrauben bis zu 10 cm lang, mit 10–30 zwittrigen Blüten, wenigstens zuletzt hängend. Tragblätter nur 1–2 mm lang, breit abgerundet, kürzer als der Blü-tenstiel; Traubenachse behaart, aber nicht drüsig. Kelchbecher glocken- bis kegelförmig; Kelchblätter fast kreisrund bis spatelförmig, breiter als lang, am Rand gewimpert, sonst kahl; Kronblätter breit ab-gerundet, etwa halb so lang wie die Kelchblätter. Beeren dunkel-purpurrot, säuerlich. – Blütezeit: Ju-ni–Juli.

Ökologie: Schattenertragende Pflanzen auf meist kalkarmen, aber nährstoffreichen, frischen Stand-orten in hochmontanen bis subalpinen Staudenflu-ren, Gebüschen und Bergmischwäldern; gern zu-sammen mit *Alnus viridis, Acer pseudoplatanus, Ad-enostyles alliariae*; gilt als Klassenkennart der Betulo-Adenostyletea. Vegetationsaufnahme aus

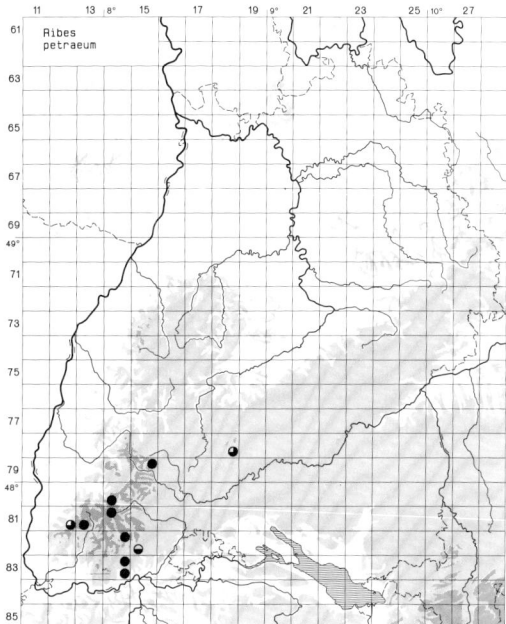

Felsen-Johannisbeere *(Ribes petraeum)*
Feldberg, Zastler, 1976

dem Bergahorn-Eschenwald bei OBERDORFER (1936: 76) u. a. zusammen mit *Ribes alpinum, Lonicera nigra.*

Allgemeine Verbreitung: Vor allem in den Gebirgen Mitteleuropas, nach Süden bis in die Pyrenäen, den Apennin und auf der Balkanhalbinsel bis Bulgarien, nach Norden in den Vogesen, im südlichen Schwarzwald, in den Sudeten und Karpaten, ostwärts durch die asiatischen Gebirge bis ins Amurgebiet (z.T. werden die asiatischen Populationen auch als eigene Arten betrachtet); ferner im Atlas-Gebirge und im Kaukasus.

Die Art kann als präalpines Florenelement betrachtet werden, wenn man die asiatischen Sippen außer Betracht läßt.

Verbreitung in Baden-Württemberg: Selten, nur im südlichen Schwarzwald und ein Fund auf der südwestlichen Schwäbischen Alb.

Schwarzwald: 7915/2: o.O., 1974, H. FINK (KR-K); 8014/3: Hirschsprung, 600 m, GÖTZ in BAUMGARTNER (1884: 107), wohl = Höllental, RÄUBER (1891: 267); Alpersbach, NEUBERGER (1898), SEUBERT und KLEIN (1905), 950 m, OBERDORFER (1936: 76), noch nach 1970, PHILIPPI (KR-K); Breitnau, NEUBERGER (1898), SEUBERT und KLEIN

(1905); zwischen Hanselehof und Bankgallihöhe, EGM (1905); 8112/4: Belchen, Felsenweg der Nordseite, 1952, LITZELMANN in BINZ (1956: 186); 8113/3: oberer Teil des Belchen-Südabsturzes, GROSSMANN (1989: 678); 8114/1: Feldberg, NEUBERGER (1898), u.a., 1960, KNAUSS (STU); Zastler, noch nach 1970, PHILIPPI (KR-K); 8214/2: Steinenbachtal bei St. Blasien, 1956, THOMMA (1972: 552), 1992, SEBALD (STU-K); 8215/3: Schwarzatal, NEUBERGER in SCHLATTERER (1920: 111); 8314/2: o.O., (KR-K); 8314/4: o.O., SCHUHWERK (KR-K). Die Angabe für 8313/2: Wehratal, Gipfel des Wildensteins durch LITZELMANN (1951: 195) ist irrtümlich. Dort kommt nur *R. alpinum* vor.

Schwäbische Alb: 7818/4: Klippeneck, Steilhalden gegen Dreifaltigkeitsberg, 1968, TH. MÜLLER (STU-K und in OBERDORFER 1970: 469); Beleg in herb. TH. MÜLLER.

Die Angaben schwanken zwischen 600 m am Hirschsprung (8014/3) und 1350 m am Belchen (8113/3).

Erstnachweis: Die Art ist im Südschwarzwald und auf der Südwestalb urwüchsig, wurde offenbar aber lange Zeit übersehen. Sie wurde erstmals 1862 von SICKENBERGER zwischen Höllental und Alpersbach gesammelt. Bei DÖLL (1862) fehlt sie noch, wird dann von DÖLL (1863: 60–61) für den oben genannten Fundort angegeben.

Bestand und Bedrohung: Die Art kommt an Stellen vor, die im allgemeinen wenig gefährdet sind. Da die Art nur wenige Vorkommen bei uns hat, ist sie jedoch potentiell gefährdet und daher in der Roten Liste (HARMS et al. 1983) in die Gefährdungskategorie 4 eingestuft. Es ist jedoch zu vermuten, daß noch nicht alle Vorkommen bekannt sind.

3. Ribes nigrum L. 1753
Schwarze Johannisbeere

Morphologie: 1–2 m hoher Strauch ohne Stacheln. Blätter handförmig 3- bis 5lappig, basal-herzförmig, bis etwa 10 cm breit, unterseits mit sitzenden, gelblichen Drüsen und behaart, oberseits ± kahl. Blüten in hängenden Trauben; Blütenstiele dicht unter dem Kelchbecher mit 2 winzigen Vorblättern. Kelchblätter länglich, behaart, zurückgeschlagen, rötlich bis bräunlichgrün. Kronblätter klein, aufrecht, weißlich. Frucht schwarz, 8–12 mm Durchmesser.

Biologie: Blüht meist im April oder Mai. Selbstbestäubung scheint vorzuherrschen, doch ist auch Insektenbestäubung möglich. Die Samen werden durch Tiere verbreitet und können dadurch leicht aus den Kulturen in siedlungsferne Landschaftsteile gelangen.

Ökologie: Schattenertragende Pflanze, die vor allem auf feuchten bis nassen, nährstoffreichen, anmoorigen bis tonigen Böden in Erlenbrüchen, feuchten Gebüschen und Auwäldern vorkommt. Gilt als Charakterart des Carici elongatae-Alnetum (Walzenseggen-Erlenbruch); hier gern zusammen mit *Carex elongata, Lysimachia vulgaris, Galium palustre, Deschampsia caespitosa, Impatiens noli-tangere* (vgl. WINSKI 1983: Tab. 1, Aufn. 1–6, aus dem Acher- und Rench-Bereich im mittleren Oberrheingebiet). Nur verwilderte Pflanzen findet man auch auf weniger nassen Standorten.

Allgemeine Verbreitung: Von England und Frankreich im Westen durch die gemäßigten und borealen Zonen Eurasiens bis zur Mandschurei im Osten. In Europa nach Norden bis Lappland (67°50′ n.Br.), im Süden in Armenien und im Himalaja vorkommend. In Mitteleuropa ist die natürliche Verbreitung praktisch nicht mehr feststellbar, da natürliche und verwilderte Vorkommen kaum zu unterscheiden sind. Die Art ist in Mitteleuropa wohl erst seit dem 16. Jahrhundert in Kultur. In Nordosteuropa ist die Nutzung vermutlich wesentlich älter.

Verbreitung in Baden-Württemberg: Echte Wildformen sind vermutlich kaum vorhanden (vgl. BERTSCH 1948). Nach OBERDORFER in HUBER (1961) machen kulturferne Fundorte am Oberrhein einen natürlichen Eindruck. WINTER (1883: 90) schon bezeichnete die Pflanzen in Sumpfwäldern des Bezirks Achern als echt wild. Jedenfalls konnten im Rahmen der floristischen Kartierung aus den schon erwähnten Gründen verwilderte Vor-

Schwarze Johannisbeere *(Ribes nigrum)*
Ortenau, 1977

kommen und echte Wildvorkommen nicht getrennt in der Verbreitungskarte dargestellt werden. Die Karte zeigt gewisse Schwerpunkte im Oberrheingebiet und im Neckarland. Sie ist sicher aber noch sehr unvollständig.

Die tiefsten Wuchsorte liegen in der Mannheimer Gegend bei rund 100 m, die höchstgelegenen, siedlungsfernen Wuchsorte wurden bisher auf der Schwäbischen Alb bei 700–800 m im Teufelstal bei Bitz (7720/4) notiert.

Erstnachweis: Archäologische Funde der Schwarzen Johannisbeere werden von RÖSCH (unpubl.) aus Hoch- und Spätmittelalter von Heidelberg und Tübingen angegeben. Wildwachsende Pflanzen werden schon von C.C. GMELIN (1805) von der Sirnitz (8112/4) in Südbaden erwähnt.

Bestand und Bedrohung: Da der Bestand an natürlichen Vorkommen weitgehend unbekannt ist, kann auch keine Aussage über die Bedrohung gemacht werden. Erlenbrüche, der wichtigste Lebensraum natürlicher Vorkommen, sind in jedem Fall schützenswerte Biotope.

4. Ribes uva-crispa L. 1753
R. grossularia L. 1753
Stachelbeere

Morphologie: 0,5–1,5 m hoher Strauch mit kräftigen Stacheln (meist zu dritt) an den Knoten. Blätter tief-handförmig, 3- bis 5lappig, 1–5 cm breit. Blüten zu 1–3 in den Blattachseln. Blütenstiele mit 2 kleinen Vorblättern in der Mitte. Kelchblätter länglich, zurückgekrümmt, 4–7 mm lang, grünlich bis rötlich. Kronblätter viel kleiner, weißlich, aufrecht. Frucht länglich bis fast kugelig, grün, gelb oder purpurrot, oft behaart.

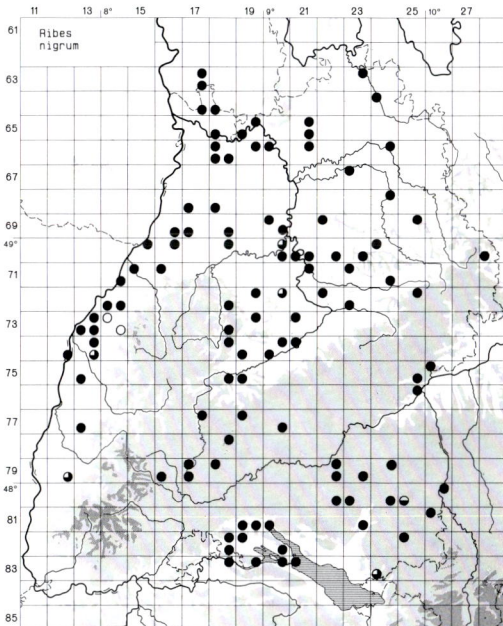

Variabilität: Von der Stachelbeere gibt es zahllose Kultursorten, die sortenecht durch vegetative Vermehrung (meist Absenker) erhalten werden. Die echten Wildformen zeichnen sich vor allem durch deutlich kleinere Beeren aus. BERTSCH (1948: 235) gibt außerdem bei der subsp. *uva-crispa* (Wild-Stachelbeere) noch die kurze, weiche, drüsenlose Behaarung des Fruchtknotens als Unterscheidungsmerkmal gegenüber der subsp. *grossularia* (L.) Rchb. (Garten-Stachelbeere) an. Letztere besitzt einen drüsenborstigen oder kahlen Fruchtknoten (ähnlich auch bei ROTHMALER 1976). Problematisch bis unmöglich ist die Unterscheidung echter Wildformen von aus Sämlingen der Kultursorten hervorgegangenen Verwilderungen. In der Verbreitungskarte mußte auf eine solche Unterscheidung verzichtet werden.

Ökologie: Beschattung ertragender Strauch auf mäßig trockenen bis frischen, nährstoff-, basen- und oft auch kalkreichen, meist lehmigen Böden, vor allem in Gebüschen, in Schlucht- und Bergwäldern, in anderen Wäldern besonders oft in der Nähe des Waldrandes, auf Lesesteinriegeln; Beispiele für Vegetationsaufnahmen aus dem Land finden sich bei WITSCHEL (1980: Tab. 29) aus Gebüschen des Coryleto-Rosetum vosagiacae auf Muschelkalk des oberen Wutachgebiets, bei TH. MÜLLER (1966: Tab. 10) aus der *Galium aparine*-Robinien-Gesellschaft auf aufgelassenen Weinbergen und auf Wegböschungen bei Tübingen, hier u. a.

Stachelbeere *(Ribes uva-crispa)*
Leonberg, 4. 5. 1991

zusammen mit *Glechoma hederacea, Veronica hederifolia, Alliaria petiolata*, bei NEBEL (1986: Tab. 10 und 13) im geophytenreichen Hang-Kalkbuchenwald (Lathyro-Fagetum) von Hohenlohe u. a. zusammen mit *Scilla bifolia, Hepatica nobilis, Asarum europaeum, Lamium galeobdolon, Galium odoratum*, mit hoher Stetigkeit vor allem im Eschen-Ahornwald (Fraxino-Aceretum) und im Linden-Ahornwald (Aceri-Tilietum).

Allgemeine Verbreitung: Fast ganz Europa, nach Norden bis 63° n. B., in Südeuropa in den Gebirgen; ferner in Nordafrika, Kleinasien, Kaukasus, Himalaja, nach Osten bis China.

Verbreitung in Baden-Württemberg: Mit Ausnahme von Teilen des Schwarzwaldes und des Alpenvorlandes in allen Landschaften verbreitet; besonders häufig in den Gäulandschaften und auf der Schwäbischen Alb.

Die Höhenverbreitung reicht von den tiefsten Lagen im Raum Mannheim bei ca. 100 m bis in die höchsten Lagen der Schwäbischen Alb auf dem Plettenberg (7718/4) bei etwa 1000 m, BERTSCH (STU-K).

Erstnachweis: Seit dem 16. Jahrhundert ist die Art in vielen Kultursorten, teilweise auch unter Einkreuzung anderer Arten, bei uns als Beerenobst verbreitet. Die ursprüngliche Verbreitung echter Wildformen ist kaum mehr festzustellen, da eine Trennung von nur verwilderten Sämlingspflanzen der Kultursorten oft schwierig ist.

Archäologische Funde der Stachelbeere liegen aus Hoch- und Spätmittelalter von Konstanz und Heidelberg vor (KÜSTER 1992).

Schon bei FUCHS (1542: 187, 1543: LXVIII) heißt es: „umb Tübingen wechst diß gewechß mit grosser menge, und mit hauffen."

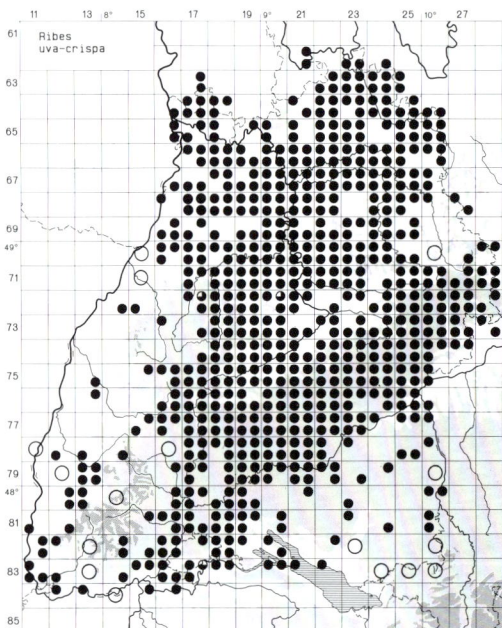

Bestand und Bedrohung: Wildwachsende Vorkommen der Stachelbeere sind so zahlreich, daß eine Bedrohung nicht gegeben ist.

5. Ribes alpinum L. 1753
Alpen-Johannisbeere, Berg-Johannisbeere

Morphologie: 0,7–1,5 m hoher Strauch; Zweige mit heller Rinde. Blätter zu ⅓–⅔ handförmig 3 (–5)lappig, 2–6 cm breit, oft etwas länger als breit; Stiel 0,2–0,7 × so lang wie die Spreite. Pflanze unvollständig zweihäusig; männliche Blütentrauben 4–6 cm lang, aus bis zu 30 Blüten, aufrecht bis abstehend; Tragblätter 4–8 mm lang, länger als der Blütenstiel und am Rand drüsig, spitz; Traubenachse drüsig; weibliche Trauben kürzer, meist nur aus 3–6 (–12) Blüten; Kelchbecher der männlichen Blüten stiel-tellerförmig, der weiblichen birnförmig; Kelchblätter eiförmig, ca. 2 mm lang, länger als breit, kahl, abstehend; Kronblätter weniger als ½ × so lang wie die Kelchblätter, breit abgerundet. Beeren scharlachrot, fad schmeckend.
Biologie: Blütezeit meist April bis Juni.
Ökologie: Halbschattenertragende Pflanze auf frischen, nährstoff- und basenreichen, oft auch kalkreichen Standorten; vor allem in montanen bis hochmontanen Bergwäldern, in Gebüschen, an felsigen Hangpartien, besonders in edellaubholzreichen Schlucht- und Steilhangwäldern; gilt als Charakterart des Verbandes Tilio-Acerion. Vegeta-

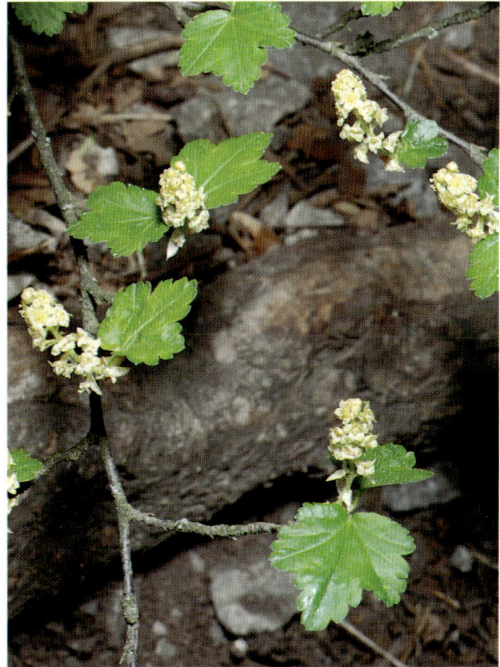

Alpen-Johannisbeere *(Ribes alpinum)*
Hohentwiel, 8.5.1991

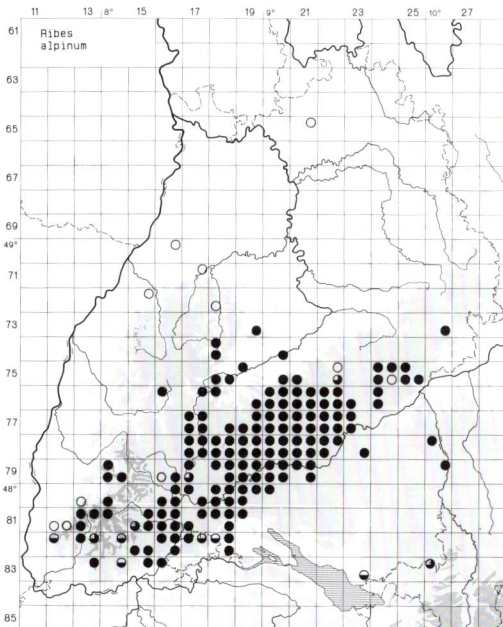

tionsaufnahmen z. B. von der Schwäbischen Alb bei GRADMANN (1936: 423, Tab. Felsschluchtbestände), aus dem Südschwarzwald bei TH. MÜLLER (1969: Tab. 1 und 3), SCHWABE-BRAUN (1979), SCHWABE (1987: Tab. 39) aus dem Aceri-Fraxinetum und anderen Gesellschaften, bei OBERDORFER (1949: Tab. 7 und 10) von der Wutachschlucht aus dem Grauerlen-Auwald (Alnetum incanae) und dem Berg-Lindenwald (Acereto-Tilietum).
Allgemeine Verbreitung: Vor allem in Nord- und Zentraleuropa, ferner in England; nach Norden um den Bottnischen Meerbusen bis zum Polarkreis, nach Osten bis Westrußland, im Süden in den Gebirgen bis nach Nordspanien (Kantabrische Gebirge), Apennin und Bulgarien; ferner in Exklaven in Nordwestafrika (im Atlasgebirge zwischen 2000 und 3300 m), Kaukasus und Nordanatolien. Nah verwandte Sippen gibt es in Ostasien. Die Art ist ein präalpin-boreales Florenelement.
Verbreitung in Baden-Württemberg: Da die Art schon lange auch als Zierstrauch angepflanzt wird, ist die Zuordnung mancher Vorkommen zu den wildwachsenden Populationen nicht immer mit letzter Sicherheit feststellbar. Zum ursprünglichen Verbreitungsgebiet gehören die mittlere und südwestliche Schwäbische Alb, das Muschelkalkgebiet des oberen Neckars, die Baar, das Wutachgebiet

und der Hegau, ferner noch der südliche Schwarzwald. Die Vorkommen im nördlichen Teil Baden-Württembergs dürften vorwiegend synanthrop sein. Auffallend wenige Fundmeldungen liegen aus dem Alpenvorland vor.

Die Schwäbische Alb wird bis zu ihren höchsten Punkten besiedelt (7818/2: Lemberg, 1015 m), die tiefstgelegenen natürlichen Vorkommen sind schwieriger festzustellen. Es gibt Angaben vom Turmberg bei Durlach (7016/2: 200–250 m) und im Stuttgarter Raum bei Mühlhausen (7121/3: 180–250 m).

Erstnachweis: Bei GMELIN (1772: 72) mit „in salicibus ambulacri kleiner Wörth" bei Tübingen (7420). Bei SCHÜBLER (1822) wird die Art schon für die Täler der Alb erwähnt. Bei SPENNER (1829) wird sie für den südlichen Schwarzwald von einigen Stellen angegeben.

Bestand und Bedrohung: Die Art ist in ihrem natürlichen Verbreitungsgebiet noch so zahlreich und vorwiegend an wenig gefährdeten Standorten vorhanden, daß eine Bedrohung zur Zeit noch nicht festzustellen ist.

Fabaceae (Papilionaceae)

Schmetterlingsblütler
Bearbeiterin: M. VOGGESBERGER, mit Beiträgen von A. WÖRZ *(Vicia, Lathyrus)* und S. SEYBOLD *(Medicago)*

Kräuter, weniger oft Bäume oder Sträucher, manchmal mit Dornen. Blätter wechselständig, gefiedert, 3zählig oder gefingert, selten ungeteilt oder reduziert, zuweilen in einer Ranke endend. Nebenblätter vorhanden. Blüten meist in Trauben, selten in Dolden oder Köpfchen, zwittrig, Knospendeckung dachig absteigend; Kelch 5zählig, verwachsen-blättrig, oft zweilippig; Kronblätter 5, genagelt. Krone „schmetterlingsförmig": das oberste Kronblatt (Fahne) ist vergrößert und umschließt in Knospenlage die beiden seitlichen Kronblätter (Flügel), die 2 untersten sind zum Schiffchen (Kiel) verbunden, das die Staubblätter und den Fruchtknoten einschließt; Blüten häufig leuchtend gelb, blau oder rot gefärbt; Staubblätter 10, entweder alle zu einer Röhre verwachsen oder häufiger ein Staubfaden frei; Fruchtknoten oberständig, 1blättrig, Griffel 1, Samenanlagen 2 oder mehr, in 2 Reihen entlang der Bauchnaht; Frucht eine Hülse, Gliederhülse oder Nuß; Samen gewöhnlich mit zäher Samenschale, Embryo mit dicken, nährstoffreichen Keimblättern, Endosperm kaum vorhanden oder fehlend.

Fabaceae, Caesalpiniaceae und Mimosaceae bilden aufgrund ihrer Ähnlichkeiten eine gut umgrenzte Gruppe. Einige Botaniker fassen sie als getrennte Familien unter der Ordnung Fabales zusammen (HUTCHINSON 1964, TAKHTAJAN 1973, CRONQUIST 1981), andere stufen die Dreiergruppe im Rang einer Familie ein, die dann den Namen Leguminosae erhält (GAMS 1923, HEYWOOD 1978, POLHILL u. RAVEN 1981).

Im Gebiet kommen nur die Fabaceae vor. Sie werden hier in Anlehnung an die zuerst genannte Auffassung als Familie behandelt. Die Anordnung und Umgrenzung der Gattungen erfolgt nach POLHILL u. RAVEN (1981).

Caesalpiniaceae und Mimosaceae umfassen hauptsächlich holzige Pflanzen, die in den Tropen und Subtropen verbreitet sind. Im Unterschied zu den Fabaceae ist die Knospendeckung bei den Caesalpiniaceae dachig aufsteigend, Kelch- und Staubblätter sind meist frei. Zu ihnen gehören Zierpflanzen wie die Gleditschie *(Gleditsia triacanthos)* und der Judasbaum *(Cercis siliquastrum)*, sowie der Johannisbrotbaum *(Ceratonia siliquosa)* aus dem Mittelmeergebiet.

Die Blüten der Mimosaceae sind radiär und ihre Blätter oft doppelt gefiedert. Die zahlreichen Staubblätter übernehmen die Schaufunktion. Bekannte Vertreter der Mimosaceae sind u.a. die Akazien („Mimosen") und die Sinnpflanze *(Mimosa pudica)*.

Weltweit sind etwa 10000 Fabaceenarten aus über 400 Gattungen bekannt. Die Hauptentfaltungszentren vieler Taxa liegen in den gemäßigten Breiten, vor allem in Gebieten mit ausgeprägten jährlichen Trockenzeiten. In Europa kommen 830 Arten in 74 Gattungen vor, in Baden-Württemberg sind 89 Arten und 22 Gattungen beheimatet. Mehr als ein Dutzend weiterer Arten treten häufig als Adventivpflanzen auf.

Die meisten unserer Schmetterlingsblütler bevorzugen offene, trockene und kalkreiche, manchmal gestörte, aber immer stickstoffarme Standorte. Dabei kommt ihnen die symbiotische Tätigkeit von Bakterien *(Rhizobium-Arten)* zugute, die in Wurzelknöllchen leben und zur Bindung von Luftstickstoff befähigt sind. Diesen Umstand macht sich die Landwirtschaft schon seit langem zunutze, indem sie Leguminosen zur Bodenverbesserung anbaut. Die Samen vieler Hülsenfrüchtler (Sojabohnen, Kichererbsen, Linsen, Bohnen, Erbsen, Erdnüsse) enthalten wertvolles Eiweiß und Fett und sind für die menschliche Ernährung von großer Bedeutung. Sie gehören zu unseren ältesten und wichtigsten Kulturpflanzen. Weitere Arten (z. B. Klee und Luzerne) sind als Futterpflanzen wirtschaftlich sehr bedeutend. Auch für Bienen, insbesondere Wildbienen, stellen Fabaceen eine unentbehrliche Nahrungsquelle dar (WESTRICH 1989).

Bei der Bestäubung kommt der Fahne die Aufgabe der Anlockung zu, Flügel und Schiffchen fungieren als Landeplatz. Der Pollen kann durch unterschiedliche Auslösemechanismen auf das Insekt übertragen werden. In den einzelnen Triben entwickelten sich konvergent vier verschiedene Funktionstypen, wobei die Art des Auslösemechanismus die Gestalt der Kronblätter mitbestimmt. Am einfachsten funktioniert der Klappmechanismus: durch den Druck des Insekts, das am Grunde des Fruchtknotens nach Nektar sucht, klappen Flügel und Schiffchen nach unten, so daß Staubbeutel und Narbe hervortreten und den Bauch des Insekts berühren. Flügel und Schiffchen sind bei dieser Vorrichtung meist gelenkig miteinander verbunden.

Der Klappmechanismus ist z. B. bei *Onobrychis*, *Trifolium* und *Cytisus* ausgebildet. Beim Bürstenmechanismus wird der Pollen über Haare am Griffel aus dem Schiffchen heraustransportiert, sobald eine Biene oder Hummel Flügel und Schiffchen herabdrückt. Diese Einrichtung ist bei *Vicia* und *Lathyrus* entwickelt. Etwas ausgeklügelter funktioniert der Pumpmechanismus: Der Pollen wird wie eine nudelförmige Masse durch eine Öffnung an der Spitze des sonst geschlossenen Schiffchens gepreßt, wobei die Narbe oder verdickte Staubfäden als Pumpe dienen; ist aller Pollen verbraucht, tritt der Griffel aus dem Schiffchen hervor (*Anthyllis*, *Lotus*, *Coronilla*). Am weitesten fortgeschritten sind Explosionsmechanismen: Sobald auf das Schiffchen Druck ausgeübt wird, brechen die unter Spannung stehenden Staubfäden und der Griffel schlagartig hervor und überschütten den Bestäuber mit Pollen; dieser Vorgang kann nur einmal ausgelöst werden. Er ist bei *Astragalus-*, *Medicago-* und *Genista*-Arten verwirklicht.

Literatur: Neuere Beiträge über die Systematik der Leguminosae sind in einem Tagungsband der International Legume Conference 1978 enthalten (POLHILL u. RAVEN 1981).

1 Blätter 3zählig („Kleeblätter") . . . . . **Gruppe A**
– Blätter von anderer Gestalt 2
2 Pflanze mit mehrfiedrigen Blättern . . **Gruppe B**
– Blätter fingerförmig, 1paarig gefiedert, einfach oder reduziert . . . . **Gruppe C**

Gruppe A
(Fabaceae mit 3zähligen Blättern)

1 Krautige Pflanze 4
– Strauch mit verholzendem Stengel 2
2 Blättchen gezähnt, Endblättchen länger gestielt als die seitlichen; Pflanze drüsig, oft mit Dornen; Kelch 5spaltig . . . . 15. *Ononis*
– Blättchen ganzrandig, gleichlang gestielt; Pflanze drüsen- und dornenlos; Kelch 2lippig 3
3 Hoher Strauch oder Baum bis 10 m; Blüten in langen, hängenden Trauben . . . 20. *Laburnum*
– Strauch niedriger, bis 2 m; Blüten einzeln oder in aufrechten Trauben . . . . 21. *Cytisus*
4 Unterstes Blättchenpaar nebenblattähnlich, Blätter 5zählig, Blättchen ganzrandig, Seitennerven undeutlich, vor dem Blattrand endend 5
– Echte Nebenblätter vorhanden, von den Blättchen verschieden, Seitennerven bis zum Rand verlaufend, Blättchen oft gezähnt 6
5 Blüten in Dolden, < 2 cm lang, Hülsen stielrund
  8. *Lotus*
  (falls Endblättchen viel größer als die seitlichen, Pflanze selten verwildernd, vgl.
  Coronilla scorpiodes)
– Blüten einzeln, > 2 cm lang, Hülsen 4kantig, geflügelt . . . . 9. *Tetragonolobus*
6 Meist nur untere Blätter 3zählig; Pflanze oft verholzend und dornig; alle 10 Staubblätter verwachsen . . . . 15. *Ononis*
– Alle Blätter 3zählig; Pflanze krautig, ohne Dornen; oberstes Staubblatt frei 7
7 Blättchen sitzend oder gleich lang gestielt (Ausnahme: *T. campestre*, *T. dubium*); Kronblätter verwachsen, nach dem Verblühen die Frucht einhüllend; Frucht meist kürzer als der Kelch . . . . .
  18. *Trifolium*
– Mittleres Blättchen länger gestielt; Kronblätter nach der Blüte einzeln abfallend; Frucht länger als der Kelch 8
8 Blüten in verlängerten Trauben; Frucht eiförmig, nüßchenartig; besonders das getrocknete Kraut mit intensivem Cumaringeruch . . 16. *Melilotus*
– Blüten in kurzen, kopfigen Trauben oder zu 1–2 blattachselständig; Frucht länglich, sichel-, nieren- oder schneckenförmig; Pflanze geruchlos oder Geruch würzig 9
9 Frucht sichel-, nieren- oder schneckenförmig; Pflanze geruchlos . . . . 16. *Medicago*
– Frucht gerade oder schwach gebogen, geschnäbelt; Pflanze würzig riechend, selten adventiv . . . . .
  [*Trigonella*]

Gruppe B
(Fabaceae mit mehrfiedrigen Blättern)

1 Blätter paarig gefiedert, am Ende mit Ranke oder krautigem Spitzchen 2
– Blätter unpaarig gefiedert, Endblättchen vorhanden 6
2 Pflanze rankenlos . . . . 14. *Lathyrus*
  (eine seltene, manchmal rankenlose *Vicia*-Art ist .
  V. lathyroides)
– Wenigstens obere Blätter mit Ranken 3

3 Stengel geflügelt . . . . 14. *Lathyrus*
– Stengel ungeflügelt 4
4 Nebenblätter größer als Fiederblättchen . . . . .
. . . . *[Pisum]*
– Nebenblätter kleiner als Fiederblättchen 5
5 Kelchzähne mehr als doppelt so lang wie die Röhre; Hülsen 1- bis 2samig . . . . . . *(Lens]*
– Kelchzähne kürzer; Hülsen mindestens 2samig . .
. . . . 13. *Vicia*
6 Baum oder Strauch 7
– Krautige Pflanze 9
7 Baum; Blüten weiß, in vielblütigen, hängenden Trauben; Nebenblätter verdornend, Blättchen mit hinfälligen Nebenblättchen . . . . . . 1. *Robinia*
– Strauch; Blüten gelb, paarweise oder in wenigblütigen, aufrechten Trauben oder Dolden; Dornen oder Nebenblättchen fehlend 8
8 Hülsen stark aufgeblasen; Nagel der Kronblätter kürzer als der Kelch (nur das Schiffchen länger genagelt); Seitennerven der Blättchen deutlich . .
. . . . 2. *Colutea*
– Hülsen lineal, gegliedert; Nagel der Kronblätter 3mal so lang wie der Kelch (man kann seitlich durch die Blüte hindurchschauen); Seitennerven undeutlich . . . . 10. *Coronilla emerus*
9 Endblättchen viel größer als die seitlichen, Grundblätter oft ungeteilt . . . . 7. *Anthyllis*
– Blätter nicht so 10
10 Blätter mit 3 end- und 2 grundständigen, nebenblattähnlichen Blättchen 11
– Blättchen 7 oder mehr, gleichweit voneinander entfernt 12
11 Blüten in Dolden, < 2 cm lang; Hülsen lineal, stielrund . . . . 8. *Lotus*
– Blüten einzeln, > 2 cm; Hülsen 4kantig, geflügelt
. . . . 9. *Tetragonolobus*
12 Blättchen gezähnt; Blüten einzeln in den Blattachseln; Pflanze drüsenhaarig . . . . *[Cicer]*
– Blättchen ganzrandig; Blüten zu mehreren; Pflanze ohne Drüsenhaare 13
13 Blüten in Dolden; Frucht gegliedert 14
– Blüten in Trauben oder Köpfen; Frucht nicht gegliedert 16
14 Blütenstand mit gefiedertem Tragblatt, Schiffchen stumpf; Fruchtstand vogelfußähnlich, Hülsen stark netznervig . . . . 12. *Ornithopus*
– Blütenstand ohne Tragblatt, Schiffchen spitz; Hülsen glatt oder schwach nervig 15
15 Hülsenglieder hufeisenförmig, flach; Stiel der unteren Blätter viel länger als das unterste Teilblatt . . . . 11. *Hippocrepis*
– Hülsenglieder gerade, stielrund oder 4kantig; Stiel der unteren Blätter kürzer als das unterste Teilblatt . . . . 10. *Coronilla*
16 Frucht 1samig, hart, mit Netzleisten und gezähntem Kamm; Krone rosa, Flügel viel kürzer als das Schiffchen . . . . 6. *Onobrychis*
– Frucht mehrsamig; Krone gelblich, bläulich oder violett, Flügel ungefähr so lang wie das Schiffchen 17
17 Alle 10 Staubblätter verwachsen, Blüten bläulichweiß . . . . 5. *Galega*
– Oberstes Staubblatt frei, Blüten gelblich oder selten blauviolett 18

18 Schiffchen mit fadenförmiger Spitze; Pflanze dicht wollhaarig . . . . 4. *Oxytropis*
– Schiffchen ohne solche Spitze; Pflanze weniger stark behaart . . . . 3. *Astragalus*

Gruppe C
(Fabaceae mit fingerförmigen, 1paarig gefiederten, einfachen oder reduzierten Blättern)

1 Blätter fingerförmig geteilt . . . . . . 19. *Lupinus*
– Blätter 1paarig gefiedert, einfach oder hinfällig . . 2
2 Blätter gezähnt, untere meist 3zählig; Pflanze oft drüsig . . . . 15. *Ononis*
– Blätter ganzrandig 3
3 Krautige Pflanze . . . . 14. *Lathyrus* (vgl. auch *Vicia lathyroides* mit teilweise 1paarigen, rankenlosen Blättern)
– Strauch oder Zwergstrauch 4
4 Blätter nadelförmig, wie Äste und Nebenblätter stechend; Kelch fast bis auf den Grund geteilt, braunwollig . . . . *[Ulex]*
– Blätter nicht so, Pflanze selten mit verdornenden Kurztrieben *(Genista germanica, G. anglica)*; Kelch nicht bis zum Grund geteilt und auch nicht braunwollig 5
5 Blätter hinfällig, untere oft 3teilig; Zweige rutenförmig; Griffel spiralig gerollt . . . . 21. *Cytisus*
– Blätter einfach, bleibend; Griffel gekrümmt . . .
. . . . 22. *Genista*

1. **Robinia** L. 1753
Robinie

Die Gattung *Robinia* stammt ursprünglich aus dem Süden und Südosten der USA sowie aus Mexiko. Im allgemeinen wird ihr Umfang mit 10–20 Arten angegeben, möglicherweise sind es aber nur 4 oder 5 (POLHILL u. SOUSA 1981). In Baden-Württemberg ist eine Art eingebürgert, zwei weitere Arten (*R. hispida* und *R. viscosa*) werden manchmal als Zierbäume in Parkanlagen gepflanzt.

1. **Robinia pseudacacia** L. 1753
Robinie, Falsche Akazie

Morphologie: Bis 25 m hoher, sommergrüner Baum mit tief gefurchter Rinde und lichter Krone. Blätter aus 7–19 eiförmigen Fiederblättchen zusammengesetzt; Blättchen 2–6 cm lang und 1–3 cm breit, bespitzt, dünn, oberseits frischgrün, unten graugrün, nur anfangs kurz behaart; Nebenblätter zu Dornen umgebildet oder hinfällig; Knospen in den Blattstiel eingesenkt; Blüten in 10–20 cm langen, dichten Trauben, stark duftend; Kelch glockig, mit kurzen dreieckigen Zähnen, behaart, Krone bis 2 cm lang, weiß, oberster Staubfaden bis zur Mitte mit den anderen verwachsen,

Robinie *(Robinia pseudacacia)*
Lahr, 1980

Griffel unterhalb der Narbe mit Borstenhaaren (Bestäubungstyp: Bürstenmechanismus). Hülsen bis 10 cm lang, flach und glatt, rotbraun, die bohnenförmigen Samen 6 mm lang, schwarzbraun.

Biologie: Die Robinie blüht ab dem sechsten Jahr von Mai–Juni kurz nach dem Laubaustrieb. Ihr in der Jugend außerordentlich schnelles Höhenwachstum endet bereits nach 30–40 Jahren; einzelne Bäume können über 200 Jahre alt werden. Die Regeneration durch Stockausschläge und Wurzelbrut ist ungewöhnlich rege. Robinien wirken sich auf manche Pflanzenarten ihrer Umgebung förderlich, auf andere hemmend aus. So wurde u. a. eine Unverträglichkeit mit Birken, Buchen und Moosen beobachtet (KOHLER 1963; KOWARIK 1990). Blätter und Rinde enthalten sehr viel Stickstoff, der sich über die leicht zersetzliche Streu im Boden anreichert. Auf diese Weise verändert die Robinie mit

der Zeit den Standort und die Zusammensetzung der Vegetation.

Ökologie: Als lichtliebende Pionierbäume verwildern Robinien gerne an Straßenböschungen und Bahndämmen, auf Brach- und Aufschüttungsflächen, in aufgelassenen Weinbergen und an südexponierten Hängen der planaren bis kollinen Stufe, auf frischen bis trockenen, nährstoffreichen oder -armen, kalkhaltigen bis schwach sauren, sandigen oder lehmigen, hauptsächlich lockeren Böden. Nasse, stark saure oder tonige Böden verträgt die Robinie nicht. Dagegen kann sie dank ihres tiefreichenden und oberflächlich weitstreichenden Wurzelsystems Trockenperioden gut überstehen. Das Chelidonio-Robinietum, eine Vorwaldgesellschaft des Verbands Sambuco-Salicion capreae (vgl. WESTHUS 1981), kann sich auf verschiedenen Laub- und Kiefernwald-Standorten einstellen. Aufgrund

291

Robinie *(Robinia pseudacacia)*
Lahr, 1980

ihrer standortnivellierenden Eigenschaften läßt sich in der Optimalphase der Assoziation allenfalls eine trockene von einer feuchten Ausbildung unterscheiden.

Vegetationsaufnahmen mit der Robinie finden sich bei KOHLER (1963), TH. MÜLLER (1966: Tab. 16) und PHILIPPI (1972: Tab. 9). Typische Begleiter sind Nitrophyten wie *Galium aparine, Chelidonium majus, Geranium robertianum, Geum urbanum, Sambucus nigra*, sowie Ruderalpflanzen und Neophyten.

Allgemeine Verbreitung: *R. pseudacacia* ist im östlichen Nordamerika (Appalachen und Mississippi-Gebiet) beheimatet. Sie wurde um 1635 nach Europa eingeführt und bürgerte sich in subkontinentalen, submediterranen Gebieten rasch ein. Die bedeutendsten europäischen Anbaugebiete für Robinienholz liegen in der ungarisch-rumänischen Tiefebene.

Verbreitung in Baden-Württemberg: Bei der Kartierung von Robinienvorkommen wurde meist ungenügend zwischen Anpflanzungen, Verwilderungen und tatsächlichen Einbürgerungen unterschieden. Letztere beschränken sich auf Landesteile mit einer

relativ warmen und langen Vegetationsperiode: Das nördliche Oberrheingebiet mit der Bergstraße, den Kaiserstuhl, die Freiburger Bucht bis zum Dinkelberg am südlichen Oberrhein, die Gäulandschaften, das Neckarbecken, Rems- und Filstal, den Hegau und das westliche Bodenseegebiet. Die Robinie ist ein Neophyt.

Die Höhenverbreitung von *R. pseudacacia* erstreckt sich von 100 m bei Viernheim (6417) bis 780 m bei Ippingen (8018/1).

Erstnachweis: SCHMIDT (1857: 58) beschreibt erstmals verwilderte Vorkommen von *Robinia* bei Heidelberg (6518).

Bestand und Bedrohung: Imker und Forstleute schätzen Robinien als Bienenweide und Nutzholz. Befinden sich solche Anpflanzungen in der Nähe von Naturschutzgebieten oder gar in diesen selbst, so können ernste Probleme auftreten. Die Robinien neigen nämlich dazu, sich invasionsartig auszubreiten und die autochthone Vegetation zu verdrängen. Sie dringen in Kiefernbestände ein, überwachsen Schlehen-Liguster-Gebüsche und bauen Trockenrasen ab. Die Standortbedingungen werden dabei nachhaltig verändert.

Robiniengehölze sind zeitlich begrenzte, vorwaldartige Sukzessionsstadien, die von Ahornarten, Esche und Ulme überwachsen und abgelöst werden. Bringt man diese Holzarten künstlich ein, so können sich naturnahere Waldbestände schneller entwickeln (WESTHUS 1981). Besteht das Schutz-

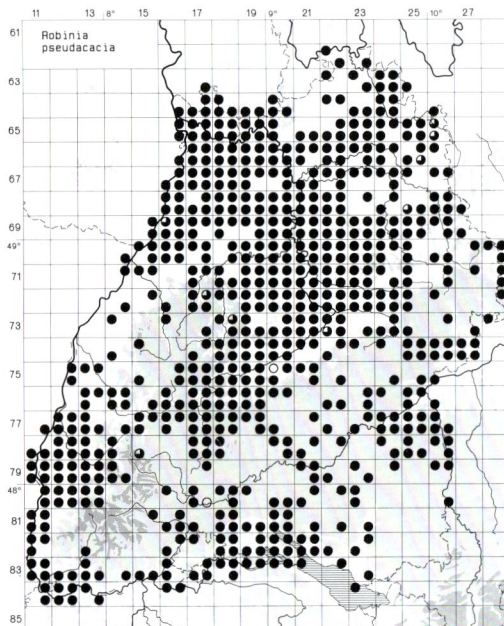

292

ziel im Erhalt der ursprünglichen Trockenvegetation, muß der Robinienaufwuchs mindestens einmal jährlich entfernt werden. Das Abhacken wiederum regt die Bildung von Wurzelsprossen an, so daß die Bekämpfung sehr arbeitsintensiv wird. Da die Art außerdem brandfest ist, bleibt als letzte Bekämpfungsmöglichkeit manchmal nur die Anwendung von Herbiziden (KOHLER 1964; HOFFMANN 1964).

In Städten erweist sich die Robinie als vielseitig verwendbar, da sie relativ resistent gegenüber Industrieabgasen und Bodenversalzung ist.

2. Colutea L. 1753
Blasenstrauch

Die Gattung *Colutea* umfaßt 28 Arten, die vom Mittelmeergebiet bis China, Himalaja und Ostafrika verbreitet sind und meist in trockenen Bergregionen vorkommen. 4 Arten finden sich in Europa, von denen nur *Colutea arborescens* bis Baden-Württemberg vordringt.

1. Colutea arborescens L. 1753
Blasenstrauch

Morphologie: Strauch bis 5 m; junge Zweige, Blattunterseiten, Kelche und Blütenstiele kurz anliegend behaart. Blätter unpaarig gefiedert, Blättchen meist zu 11, kurz gestielt, frischgrün, verkehrt-eiförmig, oft ausgerandet, 1–3 cm lang und bis 1,5 cm breit. 2–8 Blüten in aufrechten, blattachselständigen Trauben; Kelch glockig; Krone 16–20 mm lang, gelb, Fahne fast kreisrund. Hülsen aufgeblasen, 4–8 cm lang und 2–3 cm breit, mit zahlreichen, 3–4 mm großen Samen. – Bestäubungstyp: Bürstenmechanismus. – Blütezeit: Mai–August.
Ökologie: In lichten Eichenwäldern und Gebüschen heißer und trockener Hänge, an Lößhohlwegen, Straßenrändern, Bahndämmen und auf Schuttplätzen, auf trockenen, basenreichen, lockeren Lehm- oder Lößböden, im Gebiet über Kalkgestein, Basalt und Granit.

Der Blasenstrauch ist charakteristisch für die Strauchschicht südeuropäischer Hainbuchenwälder. Als Kennart der Ordnung Quercetalia pubescenti-petraeae tritt er in Südbaden im Lithospermo-Quercetum und Pruno-Ligustretum auf (Vegetationsaufnahmen bei TH. MÜLLER 1962: Tab. 3). Typische Begleiter sind *Coronilla emerus* und *Quercus pubescens*.
Allgemeine Verbreitung: Südeuropäische Pflanze, deren Verbreitung sich von Spanien im Westen bis zur Ukraine im Osten erstreckt. Nördlich reicht sie bis nach Mittelfrankreich und zu den Vorbergen der Vogesen und des Schwarzwalds. Karte bei BROWICZ (1963).
Verbreitung in Baden-Württemberg: Ein seltener Strauch. Die Vorkommen in der Vorbergzone der südlichen Oberrheinebene (Kaiserstuhl, Freiburger Bucht, Markgräfler Hügelland) sind wahrscheinlich indigen (MEUSEL 1965). Am nördlichen Oberrhein und im Neckarbecken verwildert der Blasenstrauch gerne aus Anpflanzungen; Informationen über gesicherte Einbürgerungen liegen von dort bisher nicht vor.

Nordbaden: 6416/4: Mannheim, 1893, LUTZ (KR), N Waldhofstraße, adventiv, HEINE (1952: 105); 6518/1: Leutershausen, 1965, DÜLL (KR-K), 1989, DEMUTH (KR-K); 6518/3: Heidelberg, Tiergartenstraße, HEINE (1952: 105); 6915/4: Maximiliansau, 1886, KNEUCKER (1887: 342); 6916/3: Karlsruhe, Rheinhafen, 1935, KNEUCKER (KR), BRETTAR, nach 1970 (KR-K).
Südbaden: 7811/4: Sponeck, BAUHIN (1650: 380), 1911, SCHLATTERER (1911: 91), Burkheim, 1843, GERLACH (KR), o.O., nach 1970 (KR-K); 7911/2: mehrfach, z.B. Büchsenberg W Achkarren, 1908, KNEUCKER (KR), 1982, NOTHDURFT (STU-K); 7912/1: Eichelspitze, KLEIN (1905: 233); 7912/3: Tuniberg, SEUBERT u. KLEIN (1905: 233), NEUBERGER (1912: 152); 8013/1: Freiburg, Schloßberg, 1836, SAUTERMEISTER (STU), 1872, GASSERT (KR); 8111/4: Innerberg E Oberweiler, vor 1900, LANG (KR), Müllheim, vor 1874, TROLL (STU); 8112/3: Schwärze N Oberweiler, DÖLL (1843: 800); 8211/2: bei Auggen, vor 1900, LANG (KR).

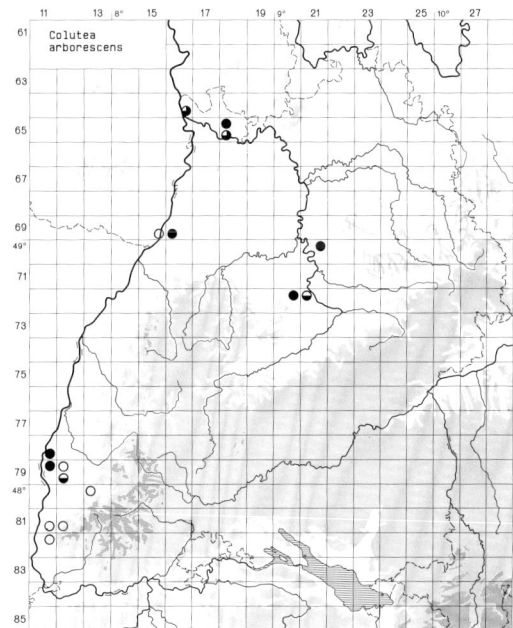

Blasenstrauch *(Colutea arborescens)*
Kaiserstuhl, 1973

Württemberg: 7021/2: Kälbling N Höpfigheim, 1970, Baumann (STU-K); 7220/2: Stuttgart, auf Trümmerschutt, 1950, Kreh (1950: 101), Birkenkopf, Botnang, 1960, Seybold (1969: 87), Feuerbacher Heide, 1991, Voggesberger (STU); 7221/1: Stuttgart, Pfaffenweg, um 1920, Gessler (STU-K).

Die Angaben Engessers vom Randen (1852: 226) und 8116/4: Blumegg, 1880 (Zahn 1889: 63) basierten wohl auf angepflanzten oder verwilderten Vorkommen, denn er hat sie selbst mit Fragezeichen versehen.

Die Fundorte liegen zwischen 200 m (7811) und 400 m (8112) Höhe, synanthrop tritt der Strauch ab 100 m (6916) auf.

Erstnachweis: Bauhin et al. (1650, 1(2): 380) erwähnen die Art erstmalig „iuxta Castellum Sponeck an Rhenum arcem ubi primum spontanea visa" (7811).

Bestand und Bedrohung: Obwohl als Zierstrauch häufig gepflanzt, sind naturnahe Bestände von *C. arborescens* im Gebiet sehr selten. Weinbergsumlegungen und veränderte Waldwirtschaft trugen zur Dezimimierung der wenigen Vorkommen bei. Der Rückgang ist auf der Verbreitungskarte deutlich erkennbar. Da die wenigen noch verbliebenen Wuchsorte am Kaiserstuhl auch aus pflanzengeographischen Gründen erhaltenswert sind (sie bilden die Nordgrenze der natürlichen Verbreitung), sind Schutzmaßnahmen dringend erforderlich. Ob die Einstufung der Art als gefährdet (G3) ausreicht, sollte nach einer gesonderten Überprüfung der Bestände festgestellt werden.

3. **Astragalus** L. 1753
Tragant

Ausdauernde Pflanzen mit verholzten Rhizomen und kurzen, anliegenden Haaren; Blätter unpaarig gefiedert, Fiederblättchen ganzrandig; Blüten kurzgestielt, in achselständigen, zusammengezogenen Trauben; Kelchzähne 5, gleichartig; Kronblätter langgenagelt, Fahne relativ schmal, gerade vorgestreckt oder wenig aufgebogen, Schiffchen kürzer oder so lang wie die Flügel, stumpf, Schiffchen und Flügel ineinander verhakt, oberes Staubblatt frei; Griffel kahl; Frucht 2fächrig (nur im Gebiet so), Samen relativ klein. – Bestäubungstyp: Klappmechanismus.

Die Gattung *Astragalus* gehört mit annähernd 2000 Arten zu den größten Gattungen der Angiospermen. Sie ist hauptsächlich in der gemäßigten Zone der Nordhalbkugel verbreitet, mit den meisten Arten in Mittel- und Westasien sowie im westlichen Nordamerika, reicht südlich bis nach Patagonien, Nordindien und in die Berge des tropischen Afrika.

In Europa kommen 133 Arten vor, in Baden-Württemberg sind nur 3 *Astragalus*-Arten heimisch. Zahlreiche weitere, vorwiegend aus Südund Osteuropa stammende Vertreter der Gattung tauchen im Gebiet hin und wieder adventiv auf.

Die Gattung ist seit dem Tertiär in explosionsartiger Entwicklung begriffen und verfügt über eine große morphologische und ökologische Diversität. Aus diesem Grund ist es bislang nicht geglückt, ein Merkmal für die Abtrennung der etwa 500 entfernt verwandten, neuweltlichen Arten zu finden (PODLECH 1982). Bei den altweltlichen Astragali läßt PODLECH (1982) aufgrund von Behaarungsmerkmalen statt den bisherigen 10 nur noch 2 Untergattungen gelten.

1   Blättchen oberseits kahl, 2mal länger als breit, Nebenblätter oft blättchenartig groß, > 10 mm, frei; Kelch glockig, kahl; Hülsen 3–4 cm lang, länglich
       3. *A. glycyphyllos*
–   Blättchen beidseitig behaart, 3mal länger als breit, Nebenblätter < 10 mm, am Grunde verwachsen; Kelch röhrig, schwärzlich behaart, Hülsen aufgeblasen, bis 1,5 cm lang   2
2   Blüten blaßgelb; Nebenblätter lanzettlich, spitz; Stengel 30–100 cm hoch . . . . . .   1. *A. cicer*
–   Blüten blauviolett; Nebenblätter stumpf-dreiekkig; Stengel 5–20 (–40) cm hoch; Pflanze selten .
       2. *A. danicus*

1. Astragalus cicer L. 1753
Kicher-Tragant, Erbsen-Tragant

Morphologie: Stengel 30–100 cm lang, aufsteigend, zerstreut behaart, Haare kurz und einfach, im Blütenstand schwärzlich. Blätter 15- bis 30fiedrig, unterste Fiedern oft doppelt so groß wie die oberen, Blättchen lanzettlich, 1–3 (–6) cm lang, graugrün, Nebenblätter 5–10 mm lang. Blütenstand länglich-oval, dicht, sein Stiel ½ bis ⅔ so lang wie das zugehörige Stengelblatt; Tragblatt etwa halb so lang wie der Kelch, Blüten schräg-aufrecht; Kelch 7–10 mm; Kronblätter blaßgelb, Fahne 12–16 mm lang. Hülse 10–15 mm, kugelig, mit schwarzen und weißen Haaren, meist nur wenige Samen pro Fach entwickelt. – Blütezeit: Ende Juni bis Anfang August.

Ökologie: An sonnigen Rainen, Wald- und Wegrändern, in Gebüschen und deren Säumen, in verbuschenden oder gestörten Halbtrockenrasen, auf grasigen Wegen, in Weinbergen, auf Steinriegeln, in aufgelassenen Steinbrüchen und an Bahndämmen. Der Kicher-Tragant bevorzugt mäßig trockene bis

wechseltrockene, basenreiche, im Gebiet oft kalkhaltige, wenig humose oder rohe, tonige Böden. Halbschatten erträgt er gut. Origanetalia-Ordnungskennart; aus Baden-Württemberg liegt nur wenig pflanzensoziologisches Aufnahmematerial mit *A. cicer* vor (bei KUHN 1937: Tab. 31, OBERDORFER 1949: Tab. 11, WITSCHEL 1980: 90 und bei PHILIPPI 1984: Tab. 10, jeweils 1 Nennung, Stetigkeitstabellen bei TH. MÜLLER 1962). Die Art tritt vor allem in *Brachypodium pinnatum*-reichen Gesellschaften auf, oft in Begleitung von *A. glycyphyllos* und *Trifolium medium*.

Allgemeine Verbreitung: Europäisch-westasiatische Pflanze. von Nordostspanien im Westen über Südfrankreich bis zu den Ardennen und zum Harz im Norden, südlich bis Oberitalien, Osteuropa, östlich bis zum Kaukasus. Karte der europäischen Verbreitung bei GAMS (1923).

Verbreitung in Baden-Württemberg: Sehr zerstreut wachsende Pflanze. Die Vorkommen konzentrieren sich auf Landesteile mit basenreichen, tonigen Böden (z. B. auf tiefgründigem Löß- und Verwitterungslehm, auf Keuper- und Juramergeln und auf vulkanischem Gestein) und trockenen, warmen Sommern: Dies sind v. a. die Gäulandschaften, der südwestliche Rand der Alb von Reutlingen bis zum Randen, die nördliche Ostalb, die Donaualb, Baar, Wutach, Hegau und Klettgau. Die Wuchsorte im Oberrheingebiet sind erloschen. *A. cicer* ist im Gebiet urwüchsig.

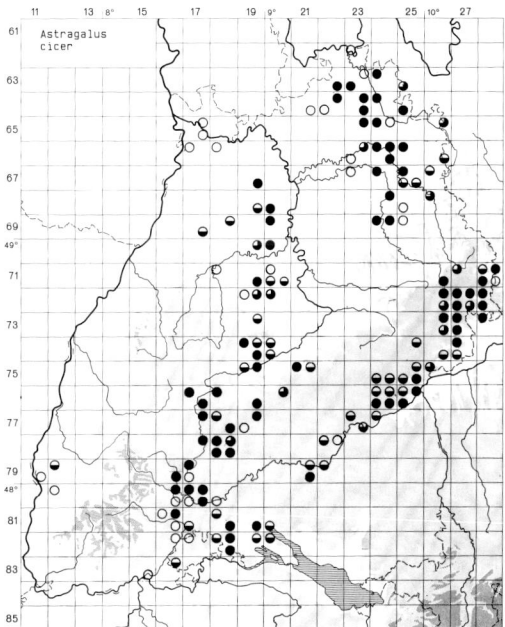

Kicher-Tragant *(Astragalus cicer)*
Schweinsberg, 6.7.1991

Nördliches Oberrheingebiet: 6517/2: Ladenburg, SEUBERT (1880: 298); 6517/4: Wieblingen, DIERBACH (1819–20: 234); 6617/1: Schwetzingen, SEUBERT (1891: 278); 6618/1: Rohrbach, DIERBACH (1819–20: 234).

Freiburger Bucht: 7911/4: Ihringen, vor 1900, LANG (KR); 7912/1: Gottenheim, 1896, HERZOG (1896: 367), 1922, JAUCH (KR); 8012/1: Rimsingen, vor 1900, LANG (KR).

Taubergebiet: 6223/1: Wertheim, DÖLL (1862: 1149); 6323/2: Apfelberg bei Gamburg, SEUBERT (1891: 278); 6324/1: Brunntal-Werbachhausen, 1987, RATHAUSKY (STU-K); 6325/3: Oberwittighausen-Gäubüttelbrunn, 1946, KNEUCKER (KR); 6423/2: Geisberg SW Dittwar, um 1975, PHILIPPI (KR-K); 6423/4: E Uiffingen, 1988, PHILIPPI (KR-K); 6424/1: o.O., um 1970, TÜRK (STU-K); 6425/3: NE Schäftersheim, 1984, PHILIPPI (KR-K); 6524/1: W Althausen, 1989, WÖRZ (STU-K); 6524/2: Neuhaus E Mergentheim, 1861, GMELIN (STU); 6526/2: SE Schön, 1962, BAUR (STU-K).

Hohenlohe und Bauland: Zerstreut im Osten des Baulands und im mittleren Bereich der Hohenloher Ebene.

Kraichgau und Neckarbecken nördlich Stuttgart: 6719/4: o.O., nach 1970, SCHÖLCH (STU-K); 6819/4: Niederhofen, KIRCHNER u. EICHLER (1913: 257); 6820/3: NE Neipperg, 1979, WIRTH (STU-K); 6917/4: Wössingen, 1927/29, BARTSCH (1931: 124); 6918/2: Derdingen, HECKEL in BARTSCH (1931: 124), SCHLENKER (STU-K); 6920/1: N Cleebronn, 1985, KLOTZ (STU-K); 7019/2: Weiher bei Horrheim, 1969, SEYBOLD (STU); 7020/1: o.O., nach 1970, GLOCKER (STU-K); 7118/1: Würmtal, SCHÜZ in FISCHER (1867: 19); 7120/1: Schwieberdingen, 1898, in SEYBOLD (1969: 87); 7120/3: Höfingen, 1900, UHL (STU); 7120/4: Zuffenhausen, 1930, KREH (STU), KREH (1951: 96).

Oberes Gäu und angrenzende Keuperberge: 7119/4: Rutesheim, 1975, BARAL (STU-K); 7219/1: Merklingen, KURR in SCHÜBLER u. MARTENS (1834: 474); 7219/2: Renningen, SEYBOLD (1969: 87); 7220/1: Eltingen, 1954, KREH

(STU); 7319/2: Ehningen, KIRCHNER u. EICHLER (1913: 257); 7419/1: Kayh–Altingen, 1986, ZEUNER (STU); 7419/2: Breitenholz, Entringen, 1904, A. MAYER (STU-K); 7419/4: Hirschauer Berg, 1979, SEYBOLD (STU); 7420/1: Bebenhausen, 1929, SEITZ (STU); 7420/3: Tübingen, bis 1926, A. MAYER (STU-K); 7519/1: Niedernau, 1904, A. MAYER (STU-K); 7519/2: o.O., 1977, HARMS (STU-K).

Oberer Neckar: 7617/1: N Hopfau, nach 1970 (LfU); 7617/4: E Bochingen, 1985, ADE (STU-K); 7618/1: Rindelberg SE Renfrizhausen, Lachen NE Bergfelden, nach 1970 (LfU); 7717/2: Bochingen, 1985, ADE (STU-K); 7817/2: o.O., 1985, ADE, NW Göllsdorf, nach 1970 (LfU).

Baar: 7916/4: Tannhörnle NE Pfaffenweiler, nach 1970 (LfU); 7917/1: o.O., 1982, BENZING (STU-K); 7917/3: Hirschhalde, 1882, SCHATZ (KR); 8016/2: Aufen, ENGESSER in ZAHN (1889: 63); SW Grüningen, nach 1970 (LfU); 8016/4: Hüfingen, BRUNNER in ZAHN (1889: 63); 8017/1: Bonstetten E Donaueschingen, 1989, VOGGESBERGER (STU); 8017/2: N Ippingen, nach 1970 (LfU); 8017/3: Pfohren, BRUNNER in ZAHN (1889: 63); 8116/1: Unadingen, ENGESSER in ZAHN (1889: 63).

Wutach: 8116/2: E St. Wolfgang Kapelle, 1990, VOGGESBERGER (STU); 8116/4: Aselfingen, 1855–69, STEHLE in ZAHN (1889: 63); 8117/3: Buchberg N Fützen, 1931, WINTER, KUMMER u. HÜBSCHER in KUMMER (1944: 31); 8216/2: Weizen, PROBST (1904: 347, 358).

Klettgau: 8315/4: Tiengen, DÖLL (1862: 1149); 8316/2 (Schweiz): Osterfinger Bad, DIEFFENBACH (1826: 477), EGM (1926: 390), Unterhallauer Berg, EGM (1926: 390).

Nördliche Ostalb: Heutiges Hauptverbreitungsgebiet von *A. cicer* in Baden-Württemberg; wegen der zahlreichen Fundorte erfolgt keine gesonderte Aufzählung.

Lone-Egau-Alb: 7327/3: Bauernhau N Herbrechtingen, 1991, VOGGESBERGER (STU-K); 7328/1: Guldesmühle S Dischingen, 1988, VOGGESBERGER (STU); 7425/2: Stubersheim, Ettlenschieß, KIRCHNER u. EICHLER (1900: 231), Lonsee, HAUFF (STU-K); 7426/4: E Langenau, 1940, K. MÜLLER (STU); 7427/1: NW Niederstotzingen, 1984, SEYBOLD (STU); Oberstotzingen, 1942, K. MÜLLER (STU); 7526/1: Kornberg S Hörvelsingen, 1945, K. MÜLLER (STU).

Mittlere Alb: 7521/1: Georgenberg bei Pfullingen, 1985, STADELMAIER (STU-K); 7521/2: Ursulaberg, 1929, PLANKENHORN (STU); 7620/2: Farrenberg bei Talheim, 1964, SEBALD (STU).

Mittlere Donaualb und Donauniederung: Früher zahlreiche Fundstellen, heute nur noch: 7525/4: Ehrenstein, Ulm-Wilhelmsburg, 1984, HILGER (STU-K); 7624/3: Allmendingen, mehrfach, zuletzt 1988, RAUNEKER (STU-K); 7624/4: Altheim, 1984, ANKA (STU-K); 7625/2: Ulm-Donautal, 1985, RAUNEKER (STU-K), Ulm-Lindenhöhe, 1989, BANZHAF (STU-K); 7625/3: Erbach, Marxweiler, 1986, BANZHAF (STU-K); 7921/4: N Zielfingen, 1988, SEBALD (STU-K).

Südwestalb und Vorland: 7619/4: Thanheim-Zimmern, KUHN (STU-K), Hessenbol SE Weilheim, nach 1970 (LfU); 7718/1: Rosenfeld, 1906, A. MAYER (STU); 7718/4: Schömberg–Balingen, 1978, SCHLESINGER (STU); 7719/2: Schrammengreut N Streichen, KUHN (1937: 259), Roschbach NW Pfeffingen, 1990, KARL (STU-K); 7719/3: Lochen, 1862, v. ENTRESS-FÜRSTENECK (STU); 7818/1: Göllsdorf, 1973, SEBALD (STU); 7818/2: Fuß des Plettenbergs, 1954, KÜMMEL (STU); 7818/3: o.O., 1988, SATTLER

(STU-K); 7818/4: o.O., 1988, SATTLER (STU-K); 8017/4: Gutmadingen, 1888, HALL (KR), Länge bei Gutmadingen, WITSCHEL (1980: 90); 8018/3: um Immendingen, ROTH VON SCHRECKENSTEIN (1799: 39); 8118/1: Zimmerholz, EGER in KUMMER (1944: 31); 8217/1: Kugelstetten, PROBST (1904: 354).

Hegau: 8118/4: Hohenhewen, Ostfuß, 1981, BEYERLE (STU); 8119/4: Wahlwies, 1977, HENN (STU-K); 8120/3: Proventsberg W Espasingen, BARTSCH (1924: 305); 8218/1: NE Binningen, 1922, KOCH u. KUMMER in KUMMER (1944: 31); 8218/2: Hohentwiel, Staufen, 1991, VOGGESBERGER (STU); 8218/4: Rosenegg, Katzental, 1990, KOCH (STU); 8219/2: Marktbach NE Stahringen, BARTSCH (1924: 305); 8220/1: Frauenberg S Bodmann, 1923, KNEUCKER (KR).

Außerhalb dieser Gebiete tritt die Art manchmal unbeständig auf, meist verschleppt mit Schutt oder entlang von Bahnlinien, z.B. 7116/4: Herrenalb, 1929, KNEUCKER (KR); 7221/4: am Neckar bei Esslingen, WEINLAND in KIRCHNER (1888: 497); 7224/2: Rechberg, STRAUB (1903: 101); 7322/3: Nürtingen, 1858, LECHLER (STU); 8223/2: Ravensburg, an einem Feldweg hinter dem Friedhof, 1930, BERTSCH (STU). Diese Angaben wurden in die Verbreitungskarte nicht aufgenommen.

Die Höhenverbreitung erstreckt sich von 100 m bei Schwetzingen (6617, erloschen; aktuell 220 m bei Werbachhausen 6324) bis 930 m am Hundsrücken E Balingen (7719/2).

Erstnachweis: ROTH VON SCHRECKENSTEIN (1799:39) erwähnt den Kicher-Tragant erstmalig in der Literatur: „Um Imendingen etwas sparsam" (8018).

Bestand und Bedrohung: Der Kicher-Tragant ist im Mannheimer Raum, der Freiburger Bucht und im Klettgau verschollen, in den übrigen Wuchsgebieten ist er unterschiedlich stark zurückgegangen: Im Kraichgau, im Oberen Gäu, auf der Mittleren Donaualb und im Wutachgebiet sind die meisten Rückgänge zu verzeichnen, weniger stark betroffen ist die nördliche Ostalb. *A. cicer* bevorzugt Lebensräume, wie sie in einer extensiv genutzten Kulturlandschaft vorkommen, z.B. mäßig gestörte Feldraine. In unserer heutigen Feldflur gibt es solche Biotope nicht mehr, weil die landwirtschaftlichen Flächen viel intensiver bewirtschaftet werden, während auf den weniger produktiven Restflächen keine Nutzung mehr stattfindet. Die Populationsgrößen betragen derzeit selten mehr als 5–20 Individuen, oft werden nur Einzelpflanzen gefunden. Populationen von Halbtrockenrasen, die sich in einem fortgeschrittenen Sukzessionsstadium befinden, machten keinen vitalen Eindruck mehr. So wurde mehrmals beobachtet, daß Pflanzen entweder steril blieben oder sich in vorhandenen Früchten keine oder nur wenige Samen entwickelten. *A. cicer* ist in Baden-Württemberg zu Recht als gefährdet (G3) eingestuft.

2. Astragalus danicus Retz. 1783

A. hypoglottis auct.
Dänischer Tragant

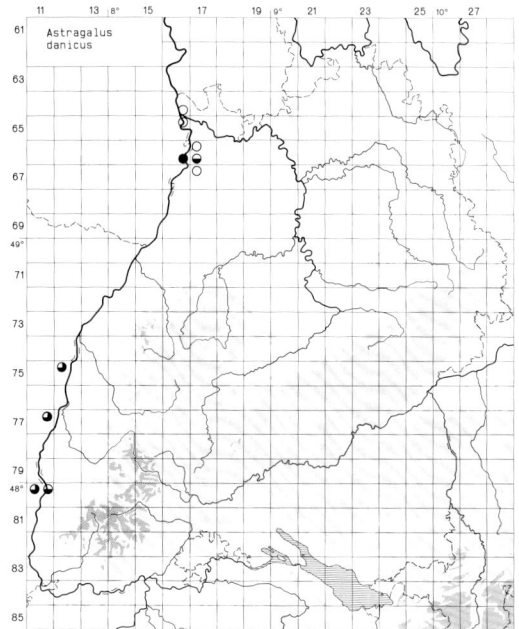

Morphologie: Stengel aufsteigend, 5–20 (–40) cm hoch; Pflanze zerstreut behaart, Haare im Blütenstand schwärzlich. Fiederblättchen 13–27 pro Blatt, lanzettlich, bis 12 mm lang und 4 mm breit; Nebenblätter 3–7 mm lang. Blütenstand kugelig-eiförmig, sein Stiel das zugehörige Stengelblatt überragend; Kelch 6–8 mm; Kronblätter an der Spitze blauviolett, am Grunde gelblich weiß, Fahne 12–18 mm lang. Hülse eiförmig, 6–10 mm × 3–5 mm, mit weißen Haaren, wenigsamig. – Blütezeit: Mai, Juni.

Ökologie: In Steppenrasen und subkontinentalen Halbtrockenrasen, an Gebüsch- und Wegrändern, auf trockenen bis frischen, meist kalkhaltigen, humosen, sandigen bis lehmigen Böden. Schwache Festucetalia valesiacae- Ordnungskennart, im Adonido-Brachypodietum pinnati, auch im Allio-Stipetum capillatae und im Mesobrometum. Veröffentlichte Vegetationsaufnahmen aus Baden-Württemberg liegen nicht vor, aus Franken von GAUCKLER (1957: Tab. 5, 6, 7) und KORNECK (1974: Tab. 75, Stetigkeitstabelle), aus dem Elsaß von ISSLER (1931: Tab. 2), Begleitarten sind Horstgräser wie *Stipa capillata* und *joannis, Festuca sulcata* sowie *Adonis vernalis*.

Allgemeine Verbreitung: Eurasiatische Steppenpflanze, die bis in die boreale Zone reicht, nördlich bis Südschweden und Estland, im Osten bis Mittelsibirien, südlich bis zum Kaukasus. Vereinzelte Vorposten von den Südwestalpen nordwärts über Savoyen, die Oberrheinische Tiefebene, den Harz und Thüringen bis Irland bilden die Westgrenze des Areals.

Verbreitung in Baden-Württemberg: Sehr seltene Pflanze mit nur wenigen Fundstellen auf den kalkhaltigen Alluvionen der nördlichen Oberrheinebene. Alle Wuchsorte befinden sich in einer Höhenlage von etwa 100 m. Der Dänische Tragant ist im Gebiet urwüchsig.

Nördliches Oberrheingebiet: 6416/4: Friesenheimer Insel, 1888, LUTZ (1889: 119), SEUBERT (1891: 278); 6516/2: Mühlau bei Mannheim, 1889, BÄHR (KR); 6616/4: rechtes Rheinufer bei Speyer, 1864, LOHRER (KR), Flugplatz bei Ketsch, 1975, S. MAHLER (KR-K), 1976, PHILIPPI (KR-K), 1991 nicht mehr gefunden, THOMAS (mündl. Mitt.); 6617/1: zwischen Schwetzingen und Ketsch, DIERBACH (1819–20: 233, vgl. DÖLL 1865: 37), bei Schwetzingen, SEUBERT (1880: 298); 6617/3: Hockenheim, OBERDORFER (1938: 195); 6717/1: Neulußheim, SEUBERT (1885: 292). Fundorte außerhalb Baden-Württemberg: Nördliches Oberrheingebiet, Rheinland-Pfalz: z.B. Bad Dürkheim, Oggersheim, Ludwigshafen (STU). – Südliches Oberrhein-

gebiet, Elsaß: 7512/1: Lande d'Eschau, KAPP (1938: 496), Eschau, um 1960, PHILIPPI (KR-K); 7512/1–7412/4: zw. Plobsheim und Neuhof, ISSLER, LOYSON u. WALTER (1965: 322); 7711/2: Ried de Sundhouse, Diebolsheim, ISSLER, LOYSON u. WALTER (1965: 322); 7910: zw. Appenwihr und Wolfgantzen, vor dem Kastenwald, 1949–1960, RASTETTER (1966: 194); 7911/3: S Vogelgrün, 1957, PHILIPPI (KR-K); 8011/1: zwischen Heiteren und der Mühle gegen Geiswasser, nach 1953 nicht mehr, RASTETTER (1966: 194); 8011/2: bei Geiswasser gegen Heiteren und gegen Obersaasheim, 1926, 1929, 1932, ISSLER in BECHERER (1968: 233). – Fränkisches Gäu- und Keuperbergland: in den Gipskeupergebieten bei Schweinfurt und Bad Windsheim (vgl. SCHÖNFELDER u. BRESINSKY 1990).

Erstnachweise: Die ältesten Literaturangaben stammen von DIERBACH (1819–20: 233): „Inter Schwezingen et Ketsch copiose" (6617) und C. C. GMELIN (1826: 559): „Inter Schwezingen et Ketsch... vidi 1813".

Bestand und Bedrohung: Der Dänische Tragant war in Baden-Württemberg aufgrund seiner Seltenheit und der Lage seiner Wuchsorte an der Verbreitungsgrenze gefährdet. Er galt bisher in der roten Liste als vom Aussterben bedroht (G1).

Die meisten badischen Funde konnten schon Anfang dieses Jahrhunderts nicht mehr bestätigt werden. Das letzte aktuelle Vorkommen bestand aus einer kleinen Population am Ketscher Flughafen, die seit 1976 verschollen ist. Die Pflanze muß daher in Baden-Württemberg als ausgestorben gelten (G0).

Dänischer Tragant *(Astragalus danicus)*
Französische Alpen, 1976

Weil die älteren Fundortangaben nicht exakt lokalisierbar sind, lassen sich die Ursachen des Verschwindens im einzelnen nicht mehr feststellen. Es
muß jedoch angenommen werden, daß die meisten
Standorte durch Überbauung vernichtet wurden.
Ein kleinerer Teil (z. B. der Bestand am Ketscher
Flugplatz) ist vermutlich veränderten Bewirtschaf-
tungsweisen zum Opfer gefallen.

Auch die an unser Gebiet anschließenden elsässi-
schen Funde im südlichen Oberrheintal sind den
vorliegenden Informationen nach erloschen. Ähnlich schlimm stellt sich die Situation in der Rheinpfalz, in Franken und im Harz dar (vgl. HAEUPLER
u. SCHÖNFELDER 1988).

3. Astragalus glycyphyllos L. 1753
Bärenschote, Süßblatt-Tragant

Morphologie: Stengel niederliegend oder spreiz-
klimmerartig hochwachsend, bis 150 cm lang;
Pflanze spärlich behaart. Fiederblättchen 7–13 pro
Blatt, elliptisch, frischgrün; Nebenblätter 1–2 cm
lang, schmal-lanzettlich bis blättchenartig breit.
Stiel des Blütenstands höchstens ½ so lang wie das
zugehörige Stengelblatt, Traube länglich eiförmig,
locker, Blüten waagrecht abstehend, Tragblatt nur
wenig länger als der Blütenstiel. Kelch 5–6 mm
lang, kahl; Kronblätter gelbgrün, Fahne 12–
15 mm lang. Hülsen länglich, 3–4 cm × 0,5 cm,

299

aufwärtsgebogen, fast kahl, mit ca. 10 Samen pro Fach. – Blütezeit: Juni–August.

Ökologie: In lichten Wäldern und Gebüschen, auf Waldschlägen, an Waldrändern, in verbuschten Halbtrockenrasen, an Böschungen und Wegrainen, an besonnten Stellen oder im Halbschatten, auf mäßig trockenen bis frischen, nährstoff- und basenreichen, meist kalkhaltigen, humosen oder rohen, lehmigen Böden; wärmeliebende, pionierfreudige Art. Origanetalia-Ordnungskennart, vor allem im Waldwicken-(Vicietum sylvaticae-dumetorum) und Klettenkerbel-Saum (Toriletum japonicae), auch im Mesobrometum, in Berberidion-Gebüschen oder im Cytiso-Pinetum. *A. glycyphyllos* ist in pflanzensoziologischen Aufnahmen nur mit geringer Stetigkeit und Deckungsgraden vorhanden. Vegetationstabellen liegen u.a. vor von TH. MÜLLER (1966: Tab. 18) und PHILIPPI (1984: mehr. Tab.). Typische Begleitarten der Bärenschote sind *Trifolium medium, Vicia sepium* und *sylvatica, Brachypodium sylvaticum* und *Agrimonia eupatoria*.

Allgemeine Verbreitung: Europäisch-westasiatische Pflanze. Die Bärenschote ist im Gegensatz zu den anderen *Astragalus*-Arten nicht kontinental, sondern subozeanisch verbreitet, im Süden besiedelt sie nur montane Lagen: Im Westen von der Iberischen Halbinsel (Kastilisches Gebirge) über Frankreich (ohne Bretagne) bis nach Großbritannien, in den Benelux-Ländern und im nordwestdeutschen Tiefland fehlend, nordwärts bis Südskandinavien und

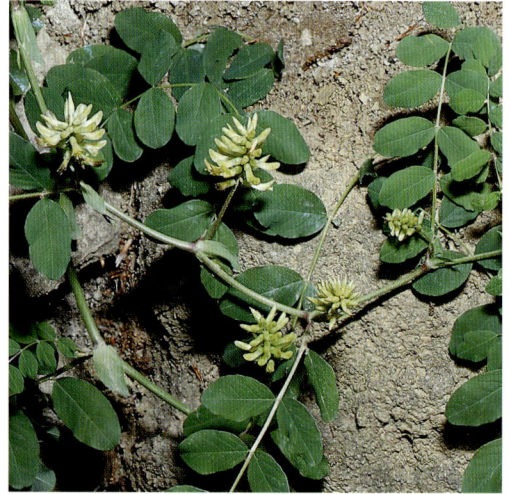

Bärenschote *(Astragalus glycyphyllos)*
Böblingen, 29.6.1991

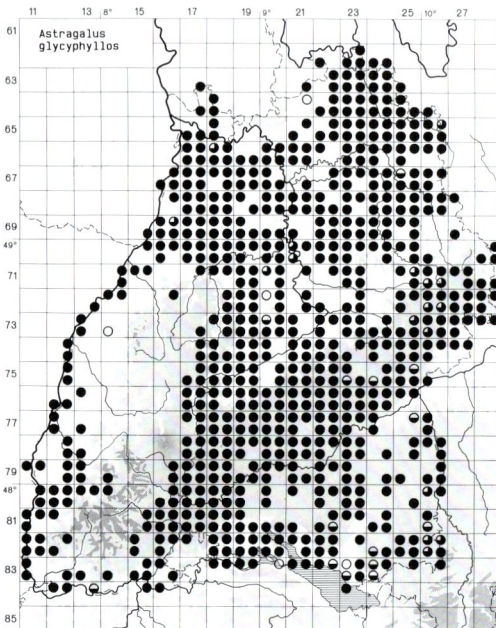

Estland, ostwärts bis zur Wolga mit einem isolierten Areal in Südwestsibirien, im Süden vom Kaukasus über die südliche Schwarzmeerküste und den Peloponnes bis Italien (ohne Sizilien, Sardinien).

Verbreitung in Baden-Württemberg: Verbreitet, aber nicht häufig ist die Bärenschote auf den kalkreichen Alluvionen des Rheins und in der Vorbergzone des Schwarzwalds, auf den Muschelkalk- und Lößflächen der Gäulandschaften, auf der Schwäbischen Alb, im Baar-Wutach-Gebiet, im Hegau und Bodenseeraum, während sie auf Keupersandstein und in Oberschwaben nur lückenhaft vorkommt und den Silikatgebieten (Odenwald, Schwarzwald) ganz fehlt.

Meist findet man die Art nur in wenigen Exemplaren, so daß sie leicht zu übersehen ist. Auf diese Weise lassen sich kleinere Lücken und unbestätigte ältere Angaben in noch nicht gründlich kartierten Gebieten erklären. Die Bärenschote ist in Baden-Württemberg indigen.

Die Höhenverbreitung reicht von 100 m bei Viernheim (6417) bis ca. 1000 m am Lemberg (7818) und am Schwarzen Grat (8326).

Erstnachweis: J. BAUHIN (1598: 154) aus der Umgebung von Bad Boll (7323).

Bestand und Bedrohung: *A. glycyphyllos* ist wie alle wärmeliebenden Saumarten von der intensiveren land- und forstwirtschaftliche Nutzung bedroht, kann sich stellenweise jedoch unter Verdrängung von Trockenrasen-Vegetation ausdehnen. Die Pflanze kann sich außerdem wegen ihrer Pionierfreudigkeit relativ gut behaupten, so daß eine Gefährdung derzeit nicht erkennbar ist.

4. **Oxytropis** DC. 1802
Fahnenwicke, Spitzkiel

Die Gattung *Oxytropis* unterscheidet sich von *Astragalus* durch folgende Merkmale: Schiffchen deutlich bespitzt, Blättchen am Grund asymmetrisch. Sie umfaßt etwa 300 Arten in Eurasien und Nordamerika, 24 davon kommen in Europa und nur die folgende Art in Baden-Württemberg vor.

1. **Oxytropis pilosa** (L.) DC. 1802
Astragalus pilosus L. 1753
Zottige Fahnenwicke

Morphologie: Zweijährige bis kurzlebig ausdauernde Pflanze mit dünner Pfahlwurzel und kurzem, verzweigtem Erdstock. Stengel aufrecht oder bogig aufsteigend, bis 40 cm hoch, wie die ganze Pflanze weißwollig behaart, auf den Nebenblättern und im Blütenstand auch mit einzelnen braunen Haaren; Blätter mit 9–13 Fiederpaaren, Blättchen lanzettlich, bis 30 mm lang und 6 mm breit, Nebenblätter schmal-dreieckig, frei. Blüten in dichten, eiförmigen Trauben, Stiel des Blütenstandes aufrecht, meist länger als das zugehörige Blatt; Kelch glockig, Kelchzähne pfriemlich, ungleich lang; Krone 10–12 mm, blaßgelb. Hülse aufrecht, kurz geschnäbelt, behaart, ca. 15 mm lang und 4 mm breit. – Bestäubungstyp: Klappmechanismus. – Blütezeit: Ende Mai bis Anfang August.
Ökologie: In Trockenrasen an sonnigen Südhängen, auf Erdanrissen an Wegböschungen und an anderen offenen, halbruderalen Standorten wie Äckern, Weinbergen oder Steinbrüchen, auf trockenen, kalk- und basenreichen, lockeren, humosen oder rohen, sandigen Lehmböden, im Gebiet über vulkanischem Tuff und auf Gipskeupergrus.

Die Zottige Fahnenwicke gilt als Kennart des Allium-Stipetum capillatae und als Differentialart einer schwäbischen *Oxytropis pilosa*-Rasse des Xerobrometum; auch im Cytiso-Pinetum kommt sie vor.

Vegetationsaufnahmen aus Baden-Württemberg bei Bartsch (1925: 53), Braun-Blanquet (1931: 60) und Th. Müller (1966–Spitzberg: Tab. 19, 1966–Hohentwiel: Tab. 4), aus Rheinhessen und von der Nahe bei Korneck (1974: Tab. 75). Man findet die Zottige Fahnenwicke in Begleitung von *Bromus erectus, Linum tenuifolium, Bothriochloa ischaemum, Medicago minima, Lactuca perennis* u.a.
Allgemeine Verbreitung: Europäisch-westasiatische Steppenpflanze. Das geschlossene Verbreitungsgebiet reicht von der Tschechoslowakei bis zum Altai-

Gebirge im Osten, nördlich bis Weißrußland und südlich bis zum Kaukasus. An der West- und Nordwestgrenze ist das Areal in einzelne, z.T. sehr isolierte Vorposten aufgesplittert: so im Apennin, in den Alpen, rheinabwärts bis ins mittlere Nahegebiet, in Thüringen, Brandenburg und Nordpolen bis Estland und Südschweden.
Verbreitung in Baden-Württemberg: Von der Zottigen Fahnenwicke sind in Baden-Württemberg nur zwei natürliche Vorkommen bekannt: Das eine befindet sich am Spitzberg bei Tübingen, das andere, mit ursprünglich 7 Wuchsorten größere der beiden, liegt im Hegau. Die Art ist im Gebiet mit ziemlicher Sicherheit urwüchsig.

Nördlicher Oberrhein: 6416/4: Mühlau bei Mannheim, 1875, Lutz (1885: 165), adventiv.
Keuperland: 7419/4: Spitzberg (Hirschauer und Wurmlinger Berg) N Hirschau, 1802, Hiller (1805: 20), zuletzt 1991, Westrich (STU-K); zahlreiche Herbarbelege in STU von 1822 bis 1980 dokumentieren das konstante Vorkommen der Pflanze an diesem Wuchsort fast lückenlos.
Hegau: 8118/4: Offerenbühl, 1922, Kummer (1944: 32), 1927, Braun-Blanquet (1931: 60), 1964, Th. Müller (1966: 31), seither jede Nachsuche erfolglos; 8119/4: Wahlwies, Jack (1892: 388), v. Stengel in Jack (1900: 89), „bisher unbestätigt", Bartsch (1924: 305); 8218/2: Hohenkrähen, 1960, Baumann (STU-K); Staufen, 1922, Ott und Stemmler in Kummer (1944: 32); Hohentwiel, zahlreiche Meldungen, z.B. Dieffenbach (1826: 476), „spärlich, an 2 verschiedenen Orten", Döll (1862: 1149), 1879, W. Gmelin (STU), „in ziemlicher Menge", Vulpius (1887: 351), 1927, Braun-Blanquet (1931: 60), „1946

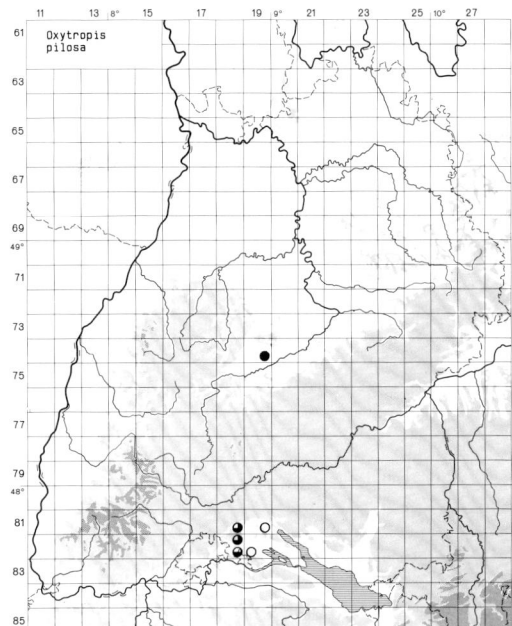

Zottige Fahnenwicke *(Oxytropis pilosa)*
Spitzberg bei Tübingen, 15.6.1991

Stelle in Weinberg umgewandelt", HAUG bei BERTSCH (STU-K), 1972, etwa 10 Exemplare, TH. MÜLLER (schriftl. Mitt.), seither nicht mehr; Plören bzw. Katzental, 1853, BRUNNER in KUMMER (1944: 32), JACK (1892: 396), 1922, BARTSCH (1925: 53), 1933 an 4 Stellen, KUMMER (1944: 32); Basaltgrat N Riedheim, 1921 HÜBSCHER und 1922, „reichlich" KOCH u. KUMMER in KUMMER (1944: 32); 8218/4: Rosenegg, JACK (1892: 393), v. STENGEL in JACK (1900: 89), EHRAT in KUMMER (1944: 32); Heilsperg N Gottmadingen, 1922/23, BARTSCH (1924: 305), sowie BRUNNER, EHRAT, KUMMER, HÜBSCHER in KUMMER (1944: 32); 8219/3: Worblingen, JACK (1892: 393).

Oxytropis pilosa besiedelte in Baden-Württemberg ursprünglich Höhenlagen zwischen 95 m (Mühlau, 6416) und 610 m (Hohentwiel, 8218); die noch bestehenden Populationen wachsen in 350 bis 410 m Höhe (Spitzberg, 7419).

Erstnachweis: Schriftlich erwähnt wird die Fahnenwicke erstmals bei HILLER (1805: 20), der sie 1802 bei Hirschau (7419) fand.

Bestand und Bedrohung: Die beiden Vorkommen von *O. pilosa* in Baden-Württemberg liegen an der westlichen Verbreitungsgrenze der kontinentalen Art und tragen deutlichen Reliktcharakter. Die Art erfreute sich daher eines besonderen wissenschaftlichen Interesses bei Botanikern und Vegetationskundlern.

Von den 8 im Laufe der Zeit bekannt gewordenen Fundorten mit insgesamt mehr als 16 Populationen existiert heute nur noch der Spitzberg-Fundort mit 3 Populationen. Eine von ihnen ist 1982 aus authochtonem Samenmaterial neu begründet worden, nachdem sie einer Weinbergvergrößerung zum Opfer gefallen war; ihr Ausgangsbestand von ca. 10 Exemplaren hat sich in etwa halten können.

Die beiden anderen Populationen befinden sich auf Privatgelände und bestehen zusammen aus etwa 80 Pflanzen. Beide sind potentiell gefährdet: die eine durch Aufforstung mit Fichten, die andere durch Verbuschung.

Im Hegau sind die Vorkommen auf Äckern bei Wahlwies und bei Worblingen bereits im letzten Jahrhundert erloschen, die Wuchsorte Plören, Rosenegger Berg und Rietheim, an denen in den 1920iger und 30iger Jahren noch Pflanzen beobachtet wurden, sind heute bewaldet. Nur die Bestände am Offenbühl (letzte Beobachtung 1964) und Hohentwiel (zuletzt 1972) konnten sich bis in jüngere Zeit halten. Am Hohentwiel ist eine Fundstelle 1946 durch Umwandlung in einen Weinberg verlorengegangen, die andere ist zwischenzeitlich verbuscht. Die Ursachen für das Verschwinden der Art vom Offenbühl sind unklar.

O. pilosa benötigt offene Stellen und kann dichter werdendem Bewuchs nicht standhalten. Sie besitzt eine sehr geringe Ausbreitungsfähigkeit. Ihre Einstufung als stark gefährdete Art (G2) muß nach heutigem Kenntnisstand im Hegau zu G0 (verschollen) und im Keuperland bei Tübingen zu G1 (vom Aussterben bedroht) revidiert werden. Die Art ist nach der Bundesartenschutzverordnung besonders geschützt.

(Für die ausführlichen Mitteilungen zur Situation am Spitzberg sei P. WESTRICH (mündl. 1991), zu Hegau-Fundorten und zur Ökologie TH. MÜLLER (schriftl. 1991) gedankt.)

5. **Galega** L. 1753
Geißraute

Die Gattung umfaßt 6 Arten, die sich gleichermaßen auf Eurasien und die ostafrikanischen Berge verteilen. Auf europäischem Gebiet siedeln zwei Arten: *G. orientalis*, die aus dem Kaukasus

stammt, ist nur selten eingebürgert, während *G. officinalis* im submediterranen Bereich synanthrop weit verbreitet ist und auch in Baden-Württemberg adventiv auftritt.

1. **Galega officinalis** L. 1753
Geißraute

Morphologie: Ausdauernde, spärlich behaarte Pflanze; Stengel 40–150 cm hoch, gerillt, hohl. Blätter 3- bis 9paarig gefiedert, kurzgestielt, Fiederblättchen 15–40 mm lang und 4–18 mm breit, lanzettlich oder eiförmig, zugespitzt oder ausgerandet, mit aufgesetzter Spitze; Nebenblätter halbpfeilförmig. Blütentrauben gestielt, meist länger als das tragende Blatt, reichblütig; Kelchröhre glockig, so lang wie die pfriemlichen Zähne; Krone ca. 12 mm lang, weiß oder hellblau. Hülsen aufrecht abstehend, 30 mm × 3 mm. – Bestäubungstyp: Klappmechanismus; Blütezeit: Juni–September.

Ökologie: Auf Brachflächen, an Flußufern, Feldrainen und Straßenrändern, in Steinbrüchen und Kiesgruben, auf Bahnhofsgelände, Müll- und Lagerplätzen, auf feuchten, nährstoffreichen, lehmigen Böden; frostempfindlich. Aus Baden-Württemberg liegen keine Vegetationsaufnahmen vor. In Südosteuropa wächst die Geißraute in Auenwäldern (Populetalia) und deren Ersatzgesellschaften (Agropyro-Rumicion), Vegetationsaufnahmen bei HORVAT et al. (1974: Tab. 40).

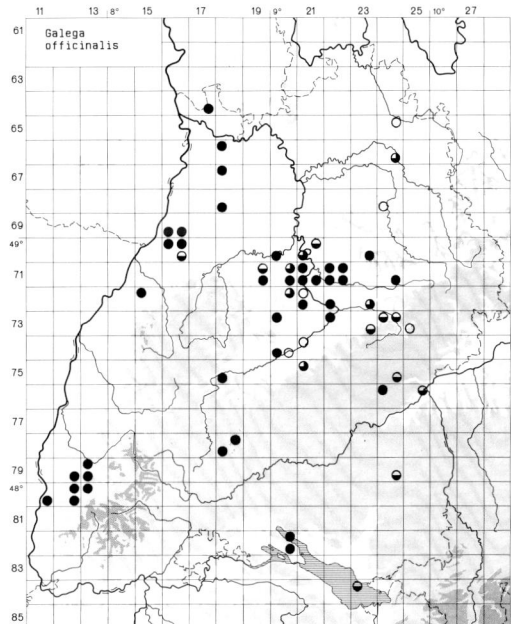

303

Geißraute *(Galega officinalis)*
Stuttgart-Zuffenhausen, 7.7.1991

Allgemeine Verbreitung: Als Zier-, Heil- und Futterpflanze selten kultiviert. Die Geißraute ist vermutlich im orientalischen Steppengebiet beheimatet und synanthrop im südlichen Mitteleuropa, in Süd- und Osteuropa bis Vorderasien verbreitet.

Verbreitung in Baden-Württemberg: Funde von *G. officinalis* häufen sich in den tieferen und wärmeren Lagen der Flußtäler, besonders im Bereich größerer Ansiedlungen, so im Oberrheingebiet um Karlsruhe und Freiburg, im Stuttgarter Neckarbecken, Rems- und Filstal, im Ulmer Raum und am Bodensee. Die Art taucht im Gebiet meist als Gartenflüchtling auf, in neuerer Zeit auch in Ansaaten an Straßenböschungen. Obwohl sie sich an manchen Stellen über Jahre hinweg halten kann, – z. B. nach A. MAYER (STU) an einem Bach am Hasenbühl bei Tübingen von 1882–1892 und nochmals 1943, auch über mehrere Jahre in Stuttgart auf der Prag (KIRCHNER 1888) – ist sie wohl nirgends mit Sicherheit eingebürgert.

Die tiefsten Vorkommen liegen bei 100 m in der Rheinebene, das höchste um 800 m (Weilen, 7818).

Erstnachweis: MARTENS u. KEMMLER (1865: 126) „Bei Mergentheim auch verwildert am Abzugsgraben einer nassen Wiese (C. RÖSLER 1864)", (6524).

Bestand und Bedrohung: Die Geißraute wird seit dem 17. Jh. in deutschen Gärten, Friedhöfen und Parkanlagen als Heil- und Zierpflanze kultiviert. Aus diesen Anpflanzungen verwildert sie regelmäßig und zeigt mancherorts gewisse Einbürgerungstendenzen. Momentan läßt die Art jedoch keine Anzeichen zu stärkerer Ausbreitung oder konkurrenzkräftiger Verdrängung einheimischer Arten erkennen.

6. **Onobrychis** Miller 1754
Esparsette

Zur Gattung *Onobrychis* gehören etwa 130 Arten, die in Europa, West- und Zentralasien sowie in Äthiopien verbreitet sind. Das Entfaltungszentrum liegt zwischen dem westlichen Himalaja und dem Kaukasus. Für Europa werden 21 Arten angegeben, in Baden-Württemberg ist nur die Art *O. viciifolia* mit 2 Unterarten vertreten.

Eine umfassende Monographie der Gattung stammt von ŠIRJAEV (1925). Die Tribus Hedysareae, zu der auch *Onobrychis* gehört, ist für die Schwierigkeiten bei der Abgrenzung von Taxa berüchtigt (POLHILL 1981).

1. **Onobrychis viciifolia** Scop. 1772
O. sativa Lam. 1779; *O. vulgaris* Gueldenst. 1791
Esparsette

Morphologie: Ausdauernde Kräuter mit tiefreichender Pfahlwurzel; Pflanze zerstreut behaart bis kahl. Oberste Laubblätter scheinbar gegenständig, der achselständige Blütenstand daher oft endständig erscheinend; Nebenblätter häutig, spitz, Laubblätter unpaarig gefiedert, Blättchen zugespitzt, abgerundet mit aufgesetztem Spitzchen oder ausgerandet. Blüten in dichten, langgestielten Trauben; Kelch glockig, Kelchzähne meist behaart; Krone weißlichrosa bis purpurn, dunkler geadert, Flügel viel kürzer als Fahne und Schiffchen. Hülsen leicht abfallend, einsamig, eiförmig, abgeflacht, kahl oder behaart, mit gezähnten Netzleisten und einem Kamm aus 4–7 Stacheln. – Bestäubungstyp: Klappmechanismus; Blütezeit: Mai–August.

Variabilität: Innerhalb der Artengruppe *O. viciifolia* werden in Mitteleuropa gewöhnlich die drei Arten *O. viciifolia* s. str., *O. montana* und *O. arenaria* unterschieden. Kommen zwei oder alle drei Arten in einem Gebiet nebeneinander vor, so bilden

Onobrychis
viciifolia

sie fruchtbare Bastarde aus. Ob es sich bei der Durchmischung des Erbguts um Genintrogressionen handelt oder andere Vorgänge eine Rolle spielen, bedarf weiterer Klärung.

Zur Entstehung der drei Taxa kann folgendes Erklärungsmodell dienen (vgl. HANDEL-MAZZETTI 1910, MEUSEL et al. 1965, LANDOLT 1967): Die osteuropäisch-asiatische *O. arenaria* (2n = 14) stellt das ursprüngliche Taxon dar, von dem sich im Zuge der eiszeitlichen Klimaänderungen die Gebirgssippe *O. montana* (2n = 28) abgetrennt hat. In Gegenden, in denen die beiden Sippen durch menschliches Zutun aufeinandertrafen, bildete sich ein Bastard, *O. viciifolia* (2n = 28). Die nachfolgende Inkulturnahme, Züchtung und Ausbreitung der Futter-Esparsette komplizierte diesen Zustand weiter.

In manchen Gegenden ist deshalb eine Auftrennung in Arten oder Unterarten kaum mehr möglich und es kann auch keine Einigkeit über deren Abgrenzung und taxonomische Einstufung erzielt werden. Vergleichbares gilt für *Anthyllis vulneraria* und *Lotus corniculatus*.

Auf der Hohen Schwabenalb, in der Baar und im Hegau trifft man auf Esparsetten, die weder der Futter- noch der Berg-Esparsette eindeutig zuzuordnen sind (K. MÜLLER 1957: 119 spricht von „Annäherungsformen"; vgl. auch WITSCHEL 1980: 73). Pflanzen, die in allen diagnostischen Merkmalen *O. montana* entsprechen, sind im Gebiet nicht

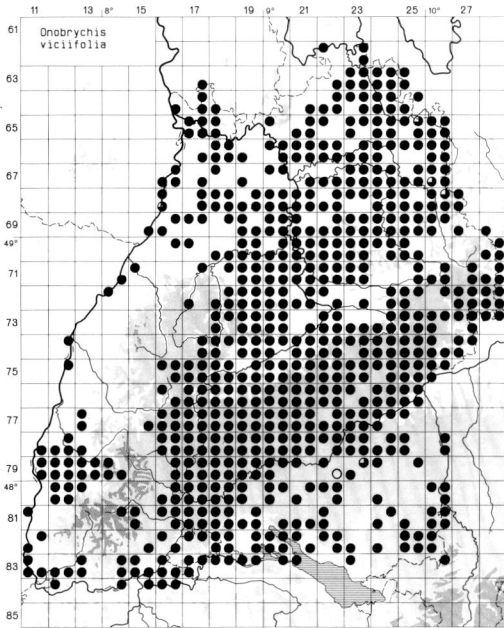

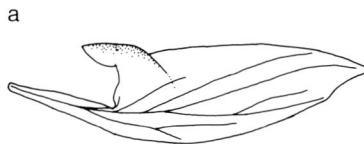

(mehr?) aufzufinden. Meist sind die Merkmale an ein- und derselben Pflanze inkonstant und innerhalb einer Population sehr variabel. Während sich im Gelände das eine Individuum beispielsweise *O. viciifolia* zuordnen ließ, wies die Nachbarpflanze Merkmale von *O. montana* auf. Da es sich bei unseren Esparsetten-Sippen also keineswegs um gut abgrenzbare Arten handelt, werden sie in Anlehnung an GAMS (1924) im folgenden als Unterarten behandelt.

1 Blütenstand schmal spindelförmig, höchstens 1,5 cm breit, Blüten 8–10 mm lang, blaßrosa; Blättchen lineal-lanzettlich, 2–4 mm breit . . . . [subsp. *arenaria*]
– Blütenstand eiförmig, bis 3 cm breit, Blüten 10–14 mm lang, rosa bis dunkelrosa; Blättchen eilänglich, 4–7 mm breit 2
2 Fahne ungefähr so lang wie das Schiffchen, Flügel 3–4 mm lang, stumpf, etwa bis zur halben Länge der Kelchzähne reichend; Blätter 6- bis 12paarig, Stengel aufrecht . . . . a) subsp. *viciifolia*
– Fahne 1–2 mm kürzer als das Schiffchen, Flügel (4–) 5–6 mm lang, spitz, ungefähr so lang wie der Kelch; Blätter 5- bis 7paarig, Stengel niederliegend bis aufsteigend . . . . b) subsp. *montana*

Flügelformen der Unterarten von *Onobrychis viciifolia*:
a) subsp. *montana*
b) subsp. *viciifolia*
c) subsp. *arenaria*
Zeichnung M. VOGGESBERGER.

a) subsp. **viciifolia**
O. viciifolia Scop. s.str.
Futter-Esparsette

Morphologie: Stengel aufrecht, 30–70 cm hoch; Blätter mit 6–12 Fiederpaaren, Blättchen 4–7 mm breit; Stiel des Blütenstandes doppelt (1,5- bis 3mal) so lang wie das zugehörige Blatt; Kelch 5–7 mm lang, seine meist borstlichen Zähne (1,5-) 2–3mal so lang wie die Röhre; Krone rosa, dunkler

305

Futter-Esparsette *(Onobrychis viciifolia)*
Umkirch, 1986

geadert, 10–13 mm lang, Fahne etwa so lang wie das Schiffchen oder wenig länger, Flügel 3–4 mm, stumpf (s. Zeichnung); Frucht 6–8 mm. – Blütezeit: Ende Mai bis August.

Variabilität: Die Futter-Esparsette ist in allen Merkmalen sehr variabel. NEGRI & CENCI (1988) versuchten die morphologische Variabilität von 20 italienischen *O. viciifolia*-Populationen zu fassen, wobei sie die Individuen zum einen am Herkunftsort und zum anderen nach Kultivierung an ihrer Station untersuchten. Dabei ließen sich die Populationen auch noch nach Inkulturnahme morphologisch unterscheiden, wobei zwischen und innerhalb der Populationen eine hohe Variabilität bestand. Die erfaßten morphologischen Merkmale zeigten mit zunehmender Höhenlage eine kontinuierliche Änderung, bis hin zu *O. montana*-ähnlichen Formen.

Ökologie: In mageren ein- oder zweischürigen Wiesen, auf Extensivweiden, an Wegböschungen, auf frischen bis mäßig trockenen, kalkreichen, seltener auch kalkarmen, basenreichen aber stickstoffar-

men, lockeren Lehm- und Lößböden. Oft an Straßenböschungen und Dämmen zur Rekultivierung und Bodenverbesserung angesät. Das Vorkommen von Futter-Esparsette weist in der Regel auf einen früheren Anbau hin. Mesobromion-Verbandscharakterart, hauptsächlich in kollinen und montanen Mesobrometen („Onobrychido-Brometum", TH. MÜLLER 1966), auch in trockenen Salbei-Glatthaferwiesen. Vegetationsaufnahmen mit *O. viciifolia* finden sich z.B. bei KUHN (1937), v. ROCHOW (1951), TH. MÜLLER (1966), WITSCHEL (1980, als *O. viciifolia* agg.) und NEBEL (1986). Typische Begleiter sind: *Bromus erectus, Sanguisorba minor, Scabiosa columbaria, Centaurea scabiosa, Lotus corniculatus, Anthyllis vulneraria.*

Allgemeine Verbreitung: Die Herkunft der Pflanze ist unsicher, sie wird im kontinental beeinflußten Mitteleuropa vermutet. Die Inkulturnahme erfolgte um 1500 in Frankreich, seither hat sie sich in vielen Ländern Süd-, Mittel- und Osteuropas eingebürgert. Die Verbreitung reicht nördlich bis Südengland (in Dänemark nur verwildert, in Norddeutschland fehlend) und Sibirien, im Osten bis zum Baikalgebiet, südlich bis zum Kaukasus und Kleinasien. Die Hauptanbaugebiete befinden sich in den Kalkgebieten Frankreichs, in der Ukraine und Südrußland. In den übrigen europäischen Ländern mußte die Esparsetten-Kultur in diesem Jahrhundert ertragreicheren Futterpflanzen Platz machen.

Verbreitung in Baden-Württemberg: Die Verbreitungskarte von *O. viciifolia* gibt im wesentlichen die Verbreitung von subsp. *viciifolia* wieder. Die Futter-Esparsette ist im mittleren Oberrheingebiet nur zerstreut, im nördlichen und südlichen dagegen häufiger, insbesondere im Kaiserstuhl, der Freiburger Bucht und am Dinkelberg. Auf basenarmen Böden des Odenwalds, Schwarzwalds, der Keupergebiete (Schurwald und Schwäbisch-Fränkischer Wald) und in Oberschwaben fehlt die Art. Im Neckarland, im Baar- und Wutachgebiet, im Klettgau und am Hochrhein sowie auf der Schwäbischen Alb ist subsp. *viciifolia* häufig. Die Unterart kann als voll eingebürgerter Neophyt gelten (GÖRS 1974).

Die Vorkommen reichen von ca. 100 m bei Viernheim (6417) bis 980 m bei Fischbach (8115/3).

Erstnachweise: DUVERNOY (1722: 105), Umgebung von Tübingen (7420). Die Art wurde vermutlich schon 1576–94 von HARDER im Gebiet gesammelt (SCHINNERL 1912: 237). In Süddeutschland nach GAMS (1924) seit 1560 gebaut und noch um die Jahrhundertwende vielfach kultiviert, aber selten verwildert.

Bestand und Bedrohung: Subsp. *viciifolia* ist in vielen Landesteilen verbreitet und häufig. Es muß allerdings davon ausgegangen werden, daß nicht selten Ansaaten und daraus resultierende Verwilderungen kartiert wurden. Die tatsächlich eingebürgerten Vorkommen dürften in Wirklichkeit geringer sein als die Karte vermuten läßt.

b) subsp. **montana** (DC.) Gams 1924
O. montana DC. 1805
Berg-Esparsette

Morphologie: Pflanze niederliegend bis aufsteigend, oft mit sterilen Laubsprossen, 10–40 cm hoch. Blätter 5- bis 7 (-8)paarig, Blättchen eiförmig, 4–6 mm breit. Stiel des Blütenstandes 1- bis 2mal länger als das zugehörige Blatt, Blütenstand gedrungen-eiförmig; Kelch 4–7 mm lang, seine Zähne 1,5- bis 3mal so lang wie die Röhre; Krone 11–14 mm lang, dunkelrosa, purpur gestreift, Fahne an geöffneten Blüten deutlich kürzer als der Kiel, Flügel (4–) 5–6 mm lang, spitz (s. Zeichnung); Hülse 6–8 mm lang. – Blütezeit: Mai–August.
Ökologie: In montanen bis alpinen Kalkmagerrasen und -weiden, an steinigen Steilhalden, auf trockenen, basenreichen, im Gebiet kalkhaltigen, flachgründigen oder skelettreichen Lehmböden. Assoziationskennart montaner Blaugras-Heiden der Südwestalb (Laserpitio-Seslerietum). Außerdem als

alpine Rasenart in lichten Kiefernbeständen (in sog. Reliktföhrenwäldern: Cytiso-Pinetum, Coronillo-Pinetum) sowie im Mesobrometum erecti. Vegetationsaufnahmen bei OBERDORFER (1978: Tab. 113), WITSCHEL (1980: Tab. 11, 31; 1984: 128) und TH. MÜLLER (1980). Begleitpflanzen der Berg-Esparsette sind *Sesleria varia, Aster bellidiastrum, Coronilla vaginalis* und *Thlaspi montanum.*
Allgemeine Verbreitung: Süd- und mitteleuropäische Gebirgspflanze. Von den Pyrenäen im Westen (gleiches Taxon?) über Jura, Alpen und Apennin bis zu den Karpaten im Osten. Verbreitungskarte bei ŠIRJAEV (1925). Pflanzen des Balkans, aus Griechenland und der Türkei sind morphologisch abweichend.
Verbreitung in Baden-Württemberg: Nach den bisher vorliegenden Kenntnissen selten auf der Blaubeurer Alb, auf der Zollern- und Heubergalb nördlich bis Mössingen, auf der Baar- und Hegaualb bis zum Randen. Übergangsformen zwischen Berg- und Futter-Esparsette, die meistens der Futter-Esparsette näher stehen, sind in den genannten Gebieten häufig. Die Behauptung von BERTSCH (1955: 262), nach der die Berg-Esparsette auf dem Heuberg und der Balinger Alb überaus häufig als Charakterpflanze der Bergwiesen vorkommt, kann nicht bestätigt werden. Die Berg-Esparsette ist im Gebiet vermutlich urwüchsig.

Die folgende Fundortliste enthält nur Angaben aus Herbarbelegen und verläßlichen Literaturstellen.

Mittlere Donaualb: 7624/2: Steinenfeld bei Ringingen, 1954, K. MÜLLER (STU); 7624/3: Bühlhäule S Ermelau, 1954, K. MÜLLER (STU).
Zollern- und Heubergalb: 7520/3: Mössingen, um 1850, SAUTERMEISTER (STU); 7718/4: Plettenberg, 1948, BERTSCH (STU); 7719/2: Irrenberg, 1951, BERTSCH (STU); 7719/3: Lochenhorn, 1948, BERTSCH (STU), 1971, SEBALD (STU); 7719/4: Laufen, 1948, BERTSCH (STU); 7818/2: Sattel Oberhohenberg-Hochberg, 1924, K. MÜLLER (STU).
Baar- und Hegaualb: 8017/2: Osterberg SE Öfingen, Talhof, WITSCHEL (1980: Tab. 11); 8017/4: Gutmadingen, Wildtal N Geisingen, WITSCHEL (1980: Tab. 11); 8018/1: Hungerberg bei Ippingen, WITSCHEL (1980: Tab. 11); 8018/3: Bühl N Zimmern, Röggenbach E Geisingen, Galgenbuck bei Geisingen, WITSCHEL (1980: Tab. 31); 8117/1: Zisiberg und Topfental N Hondingen, WITSCHEL (1980: Tab. 11); 8118/2: Hattingersteig, 1932, KUMMER u. HÜBSCHER (KUMMER 1944: 36); 8118/3: Wannenberg E Tengen, 1922, KUMMER u. HÜBSCHER (KUMMER 1944: 36); 8118/4: Schoren SE Engen, 1932, KUMMER (1944: 36); 8218/2: Hohentwiel, JACK (1900: 89), 1937, KUMMER u. HÜBSCHER (KUMMER 1944: 36).

Die tiefste Fundstelle liegt bei 500 m am Südhang des Hohentwiels (8218/2), die höchste bei 950 m auf dem Hörnle bei Balingen (7719/3).

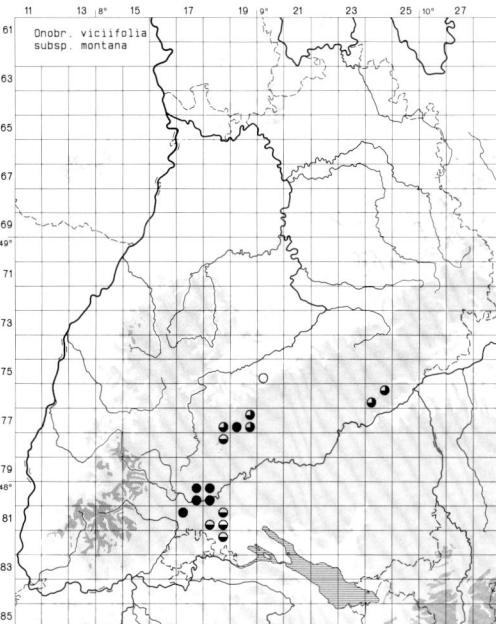

Onobr. viciifolia subsp. montana

Erstnachweis: Die erstmalige Nennung der Berg-Esparsette in einer Landesflora erfolgt bei SEUBERT (1885: 292, „Hohentwiel"), sie wurde jedoch bereits von H. J. SAUTERMEISTER vor 1854 am Hohentwiel und bei Mössingen gesammelt.

Bestand und Bedrohung: *O. viciifolia* subsp. *montana* gehört zu den wenigen dealpinen Arten Baden-Württembergs und ist aufgrund ihrer Seltenheit in der Roten Liste als gefährdet (G3) eingestuft. Genaue Aussagen über frühere und heutige Verbreitung der Berg-Esparsette sowie über ihre Gefährdung sind nicht möglich, weil die Vorkommen der Pflanze bisher ungenügend erforscht waren. Es ist jedoch zu vermuten, daß die ursprüngliche Form der Berg-Esparsette, die als Glazialrelikt nur an wenigen Standorten überdauert hat, seit dem zeitweilig großflächigen Anbau der Kulturform im Gebiet nicht mehr existiert. Diese Durchmischungsvorgänge sind für die Populationsbiologie von großem Interesse. Die entsprechenden Reliktstandorte mit Berg-Esparsetten-Vorkommen sind daher auf jeden Fall schützenswert.

subsp. arenaria (Kit.) Thell. 1912
O. arenaria (Kit.) DC. 1825
Sand-Esparsette

Morphologie: Stengel 20–80 cm hoch, aufsteigend bis aufrecht. Blätter 5- bis 17paarig, Blättchen lanzettlich bis schmal-lineal, 2–4 mm breit. Stiel des Blütenstands etwa 3mal so lang wie das zugehörige Blatt, Blütenstand schmal spindelförmig. Kelch 4–6 mm lang, seine Zähne 1- bis 2mal so lang wie die Röhre, kurz anliegend behaart; Krone 7–10 mm lang, weißlichrosa, Flügel nur 2–3 mm lang (s. Zeichnung). Hülse 4–6 mm, kleiner als bei den anderen Subspezies. – Blütezeit: Juni–Juli.

Variabilität: Die Sand-Esparsette ist vor allem in östlichen Gebieten schwer von der Futter-Esparsette abzutrennen (vgl. ŠIRJAEV 1925, HEDGE 1970). Sie läßt sich durch die kürzeren Blüten, den langgestreckten, schmalen Blütenstand und die schmaleren Blätter von der Futter-Esparsette unterscheiden.

Ökologie: In subkontinentalen Halbtrockenrasen und beweideten Magerrasen, auf mäßig frischen bis trockenen, kalk- oder gipshaltigen Fels-, Sand- und Lößböden. Festucetalia valesiacae- Ordnungskennart, vor allem in krautreichen Wiesensteppen (Cirsio-Brachypodion), auch im Gentiano-Koelerietum und im Trinio-Caricetum humilis (Xerobromion). Vegetationsaufnahmen aus angrenzenden Gebieten liegen von KORNECK (OBERDORFER u. KORNECK 1976) und GAUCKLER (1957) vor.

Allgemeine Verbreitung: Osteuropäisch-asiatische Pflanze. Sie stammt aus den Steppenregionen Eurasiens und reicht bis in die Trockengebiete Mitteleuropas und der zentralen Alpen. Das Verbreitungsgebiet verläuft in einem schmalen Streifen von den Cevennen im Westen über die Alpen, Tschechoslowakei und Polen nördlich bis zum Onegatal, südlich bis zum Balkan, weiter über die südrussischen Steppen bis Südsibirien im Osten. Die Vorkommen in Mitteldeutschland (Thüringen, Rheinhessen, Rheinpfalz,

Franken) liegen außerhalb des zusammenhängenden Areals. Karte bei HULTÉN u. FRIES (1986: Nr. 1257) und ŠIRJAEV (1925: 151).

Verbreitung in Baden-Württemberg: Natürliche Vorkommen der Sand-Esparsette in den fränkischen Gipshügeln reichen von Norden her bis an die Gebietsgrenze. Adventiv wurde sie in Mannheim (1887, 1901, ZIMMERMANN 1907: 134) und in Ludwigshafen (1909, ZIMMERMANN 1914) beobachtet. Bei den schweizerischen Angaben vom Randen soll es sich um Pflanzen handeln, die mit subsp. *arenaria* nicht vollständig identisch sind (BECHERER 1966).

7. Anthyllis L. 1753
Wundklee

Die Gattung *Anthyllis* umfaßt ungefähr 25 Arten und ist in Europa bis nach Island im Norden, im Osten bis zum Kaukasus sowie in Nordafrika bis Äthiopien im Südosten verbreitet. Ihr Hauptentwicklungszentrum liegt im westlichen Mittelmeergebiet (Spanien, Marokko, Algerien). Alle Wundklee-Arten bevorzugen offene und trockene Standorte.

1. Anthyllis vulneraria L. 1753
Wundklee

Morphologie: Ausdauernde, behaarte Pflanze mit Grundblattrosette; Stengel niederliegend oder aufrecht, 5–70 cm hoch. Grundblätter mit großem Endblättchen und 0–6 Seitenfiedern, Stengelblätter 1- bis 7paarig gefiedert, untere langgestielt, obere sitzend, Blättchen oval bis lanzettlich, Seitenfiedern bis 4 × 1 cm, das Endblättchen oft ungleich größer. Blüten in dichten kopfigen Blütenständen, die von handförmig gelappten Hochblättern umgeben sind; Kelch röhrig, ungleich 5zähnig, zur Fruchtzeit trockenhäutig und aufgeblasen; Krone gelb oder weißlich, selten rot, 1–2 cm lang, alle 10 Staubfäden zu einer Röhre verwachsen; Fruchtknoten gestielt; Hülse einsamig. – Bestäubungstyp: Pumpmechanismus, Blütenbesucher sind Hummeln und Langhornbienen (WESTRICH 1989); Blütezeit: Mai–August.

Ökologie: In Trocken- und Halbtrockenrasen, lichten Kiefernwäldern, auf Felsköpfen und in Steinbrüchen, an Bahndämmen und Straßenböschungen, auf trockenen bis frischen, basenreichen, gern kalkhaltigen, mageren, humosen oder rohen, steinigen oder felsigen Böden. Festuco-Brometea-Klassenkennart, schwerpunktmäßig in Mesobromion-Gesellschaften, in beweideten Rasen zurücktretend, auch in Salbei-Trespen-Glatthaferwiesen, sogar in Molinieten, in Saumgesellschaften (Geranio-Peucedanetum), selten in Onopordetalia-Gesellschaften

Gewöhnlicher Wundklee *(Anthyllis vulneraria)*
Tübingen, Spitzberg, 22.5.1991

(Dauco-Picridetum) und im Cytiso-Pinetum. In zahlreichen pflanzensoziologischen Tabellen enthalten, z.B. bei KUHN (1937), LANG (1973), GÖRS (1974: Tab. 1, 3), WITSCHEL (1980: Tab. 10) und SEBALD (1983). Der Wundklee ist häufig in Begleitung von *Bromus erectus, Onobrychis viciifolia, Lotus corniculatus* und *Hippocrepis comosa* zu finden.

Allgemeine Verbreitung: Europäische Pflanze; nördlich bis Island, östlich bis zur Wolga und zum Kaukasus, die Südgrenze verläuft über Syrien bis Nordwestafrika; ein isoliertes Vorkommen in Abessinien.

Verbreitung in Baden-Württemberg: Der Wundklee ist schwerpunktmäßig in Gebieten mit basenreichen Böden verbreitet. Im nördlichen und mittleren Oberrheingebiet kommt er nur zerstreut, im süd-

lichen, insbesondere in den Schwarzwaldvorbergen öfter vor, im Odenwald und Schwarzwald fehlt er (dort einzelne Vorkommen wohl synanthrop). In den Gäulandschaften ist er auf Muschelkalk verbreitet, im Keuperbergland nur über Gispkeuper und Mergeln. Er meidet die Liasböden des Albvorlandes, ist dagegen auf der Schwäbischen Alb selbst, in der Baar, im Wutachgebiet, im Klettgau und am Hochrhein, ebenso im Bodenseegebiet einschließlich dem Hegau häufig anzutreffen. Im nördlichen Oberschwaben tritt er sehr vereinzelt, auf der Würmmoräne und auf Nagelfluh der Voralpen wieder vermehrt auf. Der Wundklee ist in Baden-Württemberg urwüchsig.

Die Höhenverbreitung reicht von 100 m bei Viernheim (6417) bis 975 m auf der Südwestalb (7818).

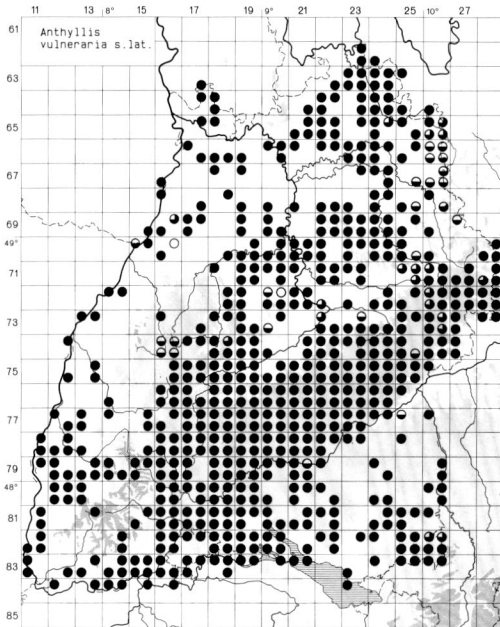

61
Anthyllis
vulneraria s.lat.

Erstnachweise: Pollen im Atlantikum, Schleinsee (8323, H. MÜLLER 1962). J. BAUHIN (1598: 156, 1602: 167) fand die Art „neben Eichelberg und auf dem Berge Teck", (7323, 7422).

Bestand und Bedrohung: Aufgrund der häufigen Vorkommen ist der Bestand der Art insgesamt zur Zeit nicht gefährdet. Hinsichtlich der Unterarten ist jedoch eine differenzierte Einschätzung nötig (s. u.).

Variabilität: Formenreiche Art. CULLEN (1976) unterscheidet in seiner Revision der *Anthyllis vulneraria*-Gruppe 35 Unterarten. Offenbar können alle Taxa miteinander bastardieren. Zwischenformen sind sehr häufig und oft schwierig zu bestimmen (vgl. hierzu die Bemerkung bei *Onobrychis viciifolia*). In Baden-Württemberg kommen 3 Unterarten vor, davon eine nur synanthrop (subsp. *polyphylla*) und eine andere (subsp. *alpestris*) als seltenes, alpines Florenelement.

1 Stengelblätter 3–7, gleichmäßig über den Stengel verteilt, die oberen mit 9–15 Blättchen, Endblättchen kaum vergrößert; Tragblattzipfel lanzettlich; Kelch kaum bauchig; Pflanze aufrecht, oberwärts oft verzweigt . . . . [subsp. *polyphylla*]
– Stengelblätter 1–3, auf den unteren Teil des Stengels beschränkt, die oberen mit 3–9 Blättchen, Endblättchen stark vergrößert; Tragblattzipfel lineal; Kelch deutlich bauchig; Pflanze aufsteigend, oberwärts unverzweigt 2
2 Kelch 8–11 mm lang, anliegend behaart, weißlich bis blaßgelb; Grundblätter meist mit Seitenfiedern . . . . a) subsp. *carpatica*

– Kelch 12–15 mm lang, mit dunkelgrauen, abstehenden Haaren; Grundblätter meist nur aus dem ungeteilten Endblättchen bestehend . . . .
. . . . b) subsp. *alpestris*

subsp. polyphylla (DC.) Nyman 1878
Vielblättriger Wundklee

Aufrechte, ausdauernde, bis 80 cm hohe Pflanze; Stengel im unteren Teil und Blattunterseiten abstehend behaart; Grundblätter zur Blütezeit oft schon verwelkt; Blütenköpfe bis zu 5 pro Stengel, voneinander abgesetzt; Kelch anliegend bis abstehend behaart, 10–13 mm lang, Krone gelb oder rot. – Blütezeit: Juni–August.

Die charakteristischen abstehenden Stengelhaare wurden an Belegmaterial, das aus Baden-Württemberg stammt, bisher nicht beobachtet. Da entsprechende Exemplare in München von CULLEN als subsp. *polyphylla* revidiert worden sind (LIPPERT, schriftl. Mitt.), ist die Behaarung offenbar von untergeordneter Bedeutung.

Subsp. *polyphylla* ist von Mitteleuropa an ostwärts bis zum Kaukasus verbreitet und wird darüber hinaus in weiteren Regionen kultiviert (Verbreitungskarte bei CULLEN 1976). In Baden-Württemberg wurde die Pflanze bisher im Stuttgarter und Ulmer Raum sowie in Oberschwaben gefunden. Man trifft sie angepflanzt oder verwildert an Bahndämmen, Straßen- und Wegböschungen, auf Brachflächen, Äckern und in Wiesen an. Ob diese Vorkommen unbeständig sind oder ob mit ihrer Ausbreitung zu rechnen ist, kann noch nicht entschieden werden.

a) subsp. **carpatica** (Pant.) Nyman 1889
A. vulgaris (Koch) Kerner 1883
Gewöhnlicher Wundklee

Morphologie: Ausdauernde Pflanze; Stengel aufsteigend bis aufrecht, 10–30 cm hoch, kurz anliegend behaart; Blättchen unterseits zerstreut anliegend behaart, oberseits fast kahl, Endblättchen der Grundblätter 2–5 cm lang; Blütenköpfe 2 (–3) pro Stengel, 2–4 cm breit, – Blütezeit: Mai–Juli.

Variabilität: In Baden-Württemberg findet man häufig Übergangsformen zwischen subsp. *carpatica* und der nordeuropäischen subsp. *vulneraria*. Sie zeichnen sich durch rotgerandete Kelche und Schiffchenspitzen, höheren Wuchs und gleichmäßiger am Stengel verteilte Blätter aus. Nach BERTSCH (1912: 39) soll subsp. *vulneraria* auf Felsen im Donautal vorkommen (alle Belege von SAGORSKI revidiert!). CULLEN (1976) beschreibt die Zwischenformen als subsp. *carpatica* var. *pseudovulneraria* (Sagorski) Cullen. Dieses Taxon soll in Süddeutschland, Österreich und der Schweiz beheimatet sein, wo es früher für Futterzwecke angebaut wurde. Fließende Übergänge sind auch zwischen subsp. *carpatica* und subsp. *alpestris* beobachtet worden.

Ökologie: Auf trockenen Wiesen, an Wald- und Wegrändern, auf Felsen, vorzugsweise auf trockenen, kalkhaltigen, Löß- und Lehmböden; früher als Futterpflanze gebaut. Assoziationskennart im Mesobrometum, Vegetationsaufnahmen bei TH. MÜLLER (1966: Tab. 20).

Allgemeine Verbreitung: Mitteleuropäische Pflanze; das Areal des Gewöhnlichen Wundklees reicht von Frankreich im Westen bis nach Ungarn im Osten, von Italien im Süden bis nach Großbritannien (dort nur unbeständig) im Norden. Verbreitungskarten von subsp. *carpatica*, subsp. *vulneraria* und var. *pseudovulneraria* bei CULLEN (1976).

Verbreitung in Baden-Württemberg: Nach dem bisher vorliegenden Datenmaterial ist der Gewöhnliche Wundklee auf der Schwäbischen Alb, vor allem in ihrem östlichen Teil, im nördlichen Albvorland und im Alpenvorland verbreitet (Arbeitskarte).

Subsp. *carpatica* ist die in Baden-Württemberg am weitesten verbreitete *Anthyllis*-Unterart und hier urwüchsig. Die Fundorte befinden sich zwischen 400 m und 700 m üNN.

Bestand und Bedrohung: Durch Intensivierung, Aufforstung oder Vernichtung trockener Magerwiesen gehen dem Gewöhnlichen Wundklee Standorte verloren, die nur stellenweise durch die Neubesiedlung von Pionierstandorten, wie sie z.B. in Schafweiden oder Steinbrüchen auftreten, ausgeglichen werden können. Da seine Verbreitung derzeit noch unzureichend bekannt ist, muß die Beurteilung des Gefährdungsgrades zukünftigen Untersuchungen überlassen bleiben.

b) subsp. **alpestris** (Kit. ex Schultes) Asch. & Graebn. 1908
A. alpestris (Kit. ex Schultes) Reichb. 1832
Alpen-Wundklee

Morphologie: Ausdauernde Pflanze mit tiefreichendem Wurzelstock; Stengel 5–20 (–40) cm hoch, anliegend behaart. Grundblätter zahlreich, ungeteilt, bis 9 cm lang, unterseits zerstreut anliegend behaart, oberseits kahl, Stengelblätter 1- bis 2paarig gefiedert. Blütenköpfe groß, (3–) 4–4,5 cm im Durchmesser, Krone blaßgelb, goldgelb oder selten rötlich überlaufen. – Blütezeit: Juni–August.

Im Gegensatz zu den typischen Exemplaren aus den Alpen fehlt den meisten baden-württembergischen Pflanzen die charakteristische graue, abstehende Behaarung des Kelches. Auch ist der Stengel höher (vgl. Abbildungen und Beschreibung bei TH. MÜLLER 1961).

Ökologie: Auf offenen, trockenen (auch wechseltrockenen) bis frischen, basenreichen, im Gebiet kalkhaltigen, rohen und humosen, oft steinigen

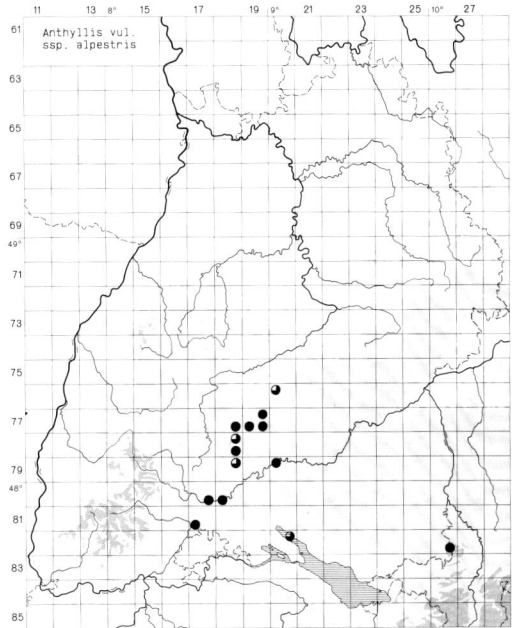

Böden. Seslerietalia-Ordnungskennart, in Pioniergesellschaften auf Mergelhalden der Hohen Schwabenalb (Anthyllido-Leontodontetum hyoseroides), im Laserpitio-Seslerietum, Laserpitio-Calamagrostietum variae und in der *Valeriana tripteris-Sesleria varia*-Gesellschaft, außerdem im Cytiso- und Coronillo-Pinetum. Vegetationsaufnahmen mit dem Alpen-Wundklee sind zu finden bei LANG (1973), TH. MÜLLER (1973, 1980) und WITSCHEL (1980: Tab. 1, 13; 1989). Er wächst gern mit anderen alpigenen Arten zusammen wie *Sesleria varia, Calamagrostis varia, Leontodon hispidus* subsp. *hyoseroides, Chrysanthemum maximum, Ranunculus oreophilus, Carduus defloratus* und *Aster bellidiastrum*.

Allgemeine Verbreitung: Mittel- und südeuropäische Gebirgspflanze: Kantabrisches Gebirge, Alpen, Jura, Karpaten, Gebirge der Balkanhalbinsel (nicht in den Pyrenäen).

Verbreitung in Baden-Württemberg: Seltene Wundklee-Unterart mit nur wenigen Vorkommen auf Weißjura und Weißjuramergeln der Südwest- und der Baaralb, auf Molassehügeln am westlichen Bodensee und der Adelegg. Der Alpen-Wundklee war zu Anfang dieses Jahrhunderts durch BERTSCH (1912: 38) nur von der Adelegg bekannt, und wurde erst später von TH. MÜLLER (1961) auch auf der Hohen Schwabenalb entdeckt. Er ist im Gebiet vermutlich urwüchsig. Seine Wuchsorte liegen in der submontanen und montanen Stufe zwischen 450 m am Bodensee (8220) und ca. 1000 m auf der Schwäbischen Alb (7818).

Südwestalb: 7620/2: Schild bei Schlatt, 1957, TH. MÜLLER (1973); 7718/4: Plettenberg, 1973, TH. MÜLLER (1973), 1991, KARL (STU-K); 7719/2: Riese beim Pfeffinger Böllat, 1959, Heiligenkopf, Krummes Ränkle beim Irrenberg, Hundsrücken, 1970, TH. MÜLLER (1973); 7719/3: NSG Untereck, 1961, TH. MÜLLER (STU), Schafberg, Hörnle, 1973, TH. MÜLLER (1973); 7719/4: Böllat, 1961, TH. MÜLLER (STU), Gräbelesberg, 1970, SEBALD (STU); 7818/2: Ortenberg, 1961, Hochberg, 1968, TH. MÜLLER (1973); 7818/4: Klippeneck, Hochwald bei Gosheim, 1968, TH. MÜLLER (1973), Kochelsberg NW Böttingen, 1973, SEBALD (STU); 7918/2: Dreifaltigkeitsberg, 1968, TH. MÜLLER (1973); 7920/1: Jägerpfad S Hausen i. T., 1977, SEBALD (STU).
Baaralb: 8017/4: Länge bei Gutmadingen, WITSCHEL (1980: 88); 8018/3: o.O., 1988, DÖLER (STU-K); 8117/3: Eichberg, Buchberg, WITSCHEL (1980: 24).
Überlinger Steiluferland: 8220/2: Süßenmühle, 1961, 1964, LANG (1973: Taf. VI).
Voralpen: 8226/4: Schleifertobel, 1905, BERTSCH (STU), 1955, BAUR (STU-K), 1985, RIEKS (STU-K).

Bestand und Bedrohung: Der Alpen-Wundklee gehört zu den Reliktpflanzen, denen aufgrund ihrer Seltenheit, ihrer wissenschaftlichen Bedeutung und ihrer Gefährdung eine besondere Schutzwürdigkeit zukommt. Nach den bisher vorliegenden Kenntnissen ist diese Unterart in Baden-Württemberg als gefährdet (G3) einzustufen. Zur Erforschung ihres Bestandes wären weitere Untersuchungen wünschenswert.

8. **Lotus** L. 1753
Hornklee

Ausdauernde, selten einjährige, kahle oder behaarte Kräuter. Blätter aus 5 Blättchen zusammengesetzt, die beiden untersten am Grund des Blattstiels und wie Nebenblätter aussehend; Nebenblätter winzig, schuppenförmig. Blüten in blattachselständigen, gestielten Dolden, die von einem 3teiligen Hochblatt umgeben sind. Kelch glockig, Zähne fast gleich, ungefähr so lang wie die Röhre. Krone gelb oder rot, abfallend, Schiffchen geschnäbelt, oberstes Staubblatt frei. Hülsen sitzend, lineal, stielrund, Klappen rollen sich beim Aufspringen ein; Samen zahlreich. – Bestäubungstyp: Pumpmechanismus.

Die etwa 100 Arten der Gattung sind in der nördlichen gemäßigten Zone verbreitet, wobei wenige Arten bis in afrikanische Gebirge und in die Etesiengebiete von Mittelchile und Australien reichen. In Europa sind 30 Arten beheimatet. In Baden-Württemberg ist nur die *Lotus corniculatus*-

Gruppe mit 3 Arten vertreten: den beiden diploiden Arten *Lotus glaber* und *L. uliginosus* und dem tetraploiden *L. corniculatus*.

1 Blättchen im oberen Stengelbereich lineal-lanzettlich, mindestens 4mal länger als breit . . . .
1. *L. glaber*
– Blättchen im oberen Stengelbereich breit-lanzettlich bis eiförmig, höchstens 3mal so lang wie breit . 2
2 Kelchzähne an den Knospen sternförmig nach außen gekrümmt, lang bewimpert; Stengel hohl; Dolden 5- bis 12blütig . . . . . . 3. *L. uliginosus*
– Kelchzähne an den Knospen einwärts gekrümmt; Stengel markig (bei var. *sativus* Stengel hohl!); Dolden 1- bis 6 (–8)blütig . . . 2. *L. corniculatus*

1. **Lotus glaber** Miller 1768
L. corniculatus var. *tenuifolius* L. 1753; *L. tenuis* Waldst. & Kit. ex Willd. 1809; *L. tenuifolius* (L.) Reichenb. 1832; *L. corniculatus* subsp. *tenuis* (Willd.) Berher 1887; *L. corniculatus* subsp. *tenuifolius* (L.) P. Fourn. 1935
Schmalblättriger Hornklee

Die systematische Stellung von *Lotus glaber* ist umstritten. Während ihn die meisten mitteleuropäischen Botaniker als eigene Art betrachten, läßt ihn HEYN (1970) aufgrund seiner Beobachtungen in der Türkei nur als Varietät von *L. corniculatus* gelten.

Morphologie: Ausdauernde, fast kahle, 20–90 cm hohe Pflanze, meist ohne unterirdische Ausläufer; Stengel dünner, stärker verzweigt und höher als bei

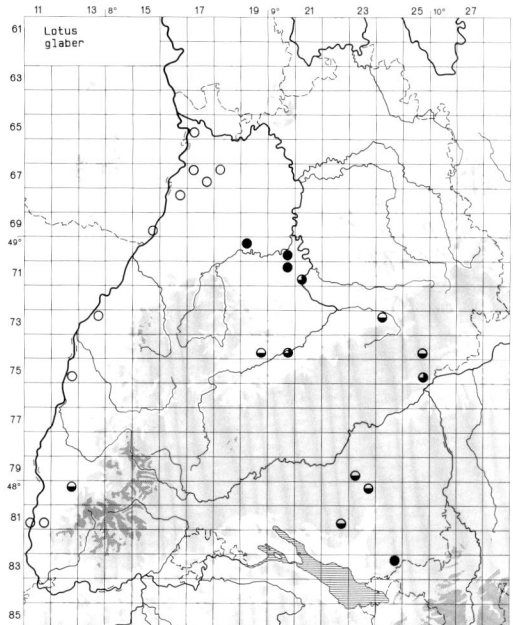

L. corniculatus. Blättchen spitz, bis 17 mm lang und 4 mm breit. Blüten zu 1–6; Kelchzähne aus dreieckigem Grund pfriemlich zugespitzt; Krone 7–12 mm, gelb. Hülse 15–25 mm lang. – Blütezeit: Juli–September.

Ökologie: In Sumpfwiesen und Steinbrüchen, auf Schuttplätzen und Bahnhöfen. Die Art gedeiht vorwiegend auf feuchten, oft salzhaltigen, schweren Böden. Agrostietalia-Art (vgl. OBERDORFER 1983: Tab. 215), Vegetationsaufnahmen aus Baden-Württemberg liegen nicht vor.

Allgemeine Verbreitung: Europa (ausgenommen Fennoskandien und Nordrußland), Westasien, Nordafrika. In Deutschland an der Nord- und Ostseeküste indigen, vereinzelt im südlichen Niedersachsen, in Hessen, im Saarland und in der Oberrheinebene nördlich bis zum Taunus.

Verbreitung in Baden-Württemberg: Möglicherweise in der Rheinebene ursprünglich, sonst nur adventiv. Die Art wurde bis zur Mitte dieses Jahrhunderts mit ausländischem Saatgut und Viehtransporten eingeschleppt (K. MÜLLER 1942), gelegentlich wohl auch angepflanzt (z.B. Pfrunger Ried, 1931, BERTSCH, STU). Heute tritt sie nur noch selten und unbeständig auf.

Oberrheinische Tiefebene: 6517/3: zw. Schwetzingen und Mannheim, DÖLL (1862); 6717/1: Waghäusel, SEUBERT u. KLEIN (1905); 6717/4: Langenbrücken, DÖLL (1862); 6718/1: Frauweiler Bruch bei Wiesloch, HUBER (1891); 6816/2: Graben, SEUBERT u. KLEIN (1905); 6915/4: Daxlanden, DÖLL (1862); 7313/2: Memprechtshofen, WINTER (1885); 7512/4: Ichenheim, SEUBERT u. KLEIN (1905); 8012/2: Freiburg, Kiesgrube Basler Straße, 1901, THELLUNG (1902); 8111/3: Neuenburger Rheininsel, SEUBERT u. KLEIN (1905); 8111/4: Müllheim, DÖLL (1862).
Übrige Landesteile: 7019/1: Mühlacker, Ziegelwerke, 1971, GLOCKER (STU-K); 7020/4: Osterholz bei Ludwigsburg, 1971, GLOCKER (STU-K); 7120/2: o.O., nach 1970, GLOCKER (STU-K); 7121/3: Zuffenhausen, Auffüllplatz, 1958, GLOCKER (STU-K); 7324/1: Salach, 1940 u. 1941, K. MÜLLER (1942: 105); 7419/4: Wurmlinger Berg, 1931, PLANKENHORN (STU), 1936, A. MAYER (STU); 7420/4: Steinbrüche S Pfrondorf, 1963, HARMS (STU); 7425/4: Bahnhof Westerstetten, 1943, K. MÜLLER (1942: 105); 7525/4: Unterer Eselsberg, Ulm, 1935, Güterbahnhof, 1943–51, Bahnhof Söflingen, 1946, K. MÜLLER (1942: 105, STU); 7923/3: Saulgau, Kleeacker, 1932, K. MÜLLER (STU); 8023/2: Aulendorf, BERTSCH (STU-K); 8122/4: Horgenzell, Ringgenweiler, Zußdorf, BERTSCH (STU-K); 8324/2: Güterbahnhof Wangen, 1987, DÖRR (STU).

Die Fundorte liegen zwischen 100 m in der Rheinebene und ca. 600 m in Oberschwaben.

Bestand und Bedrohung: Der Schmalblättrige Hornklee soll früher auf nassen Wiesen in der Rheinebene nicht selten gewesen sein. Ob sich diese Angaben jedoch auf das hier unter *L. glaber* verstan-

dene Taxon beziehen lassen, ist nicht geklärt. DÖLL (1862) führt *L. glaber* nur als Form von *L. corniculatus* auf und stellt häufige Übergänge fest. In der Folgezeit wurde er nur selten von der Nominatform unterschieden. Über Status und Gefährdung des Schmalblättrigen Hornklees sind nach dem jetzigen Wissensstand keine Aussagen möglich.

2. Lotus corniculatus L. 1753
Gewöhnlicher Hornklee

Morphologie: Eine ausdauernde, im Gebiet ausläuferlose, 10–50 cm hohe Pflanze; Stengel niederliegend oder aufsteigend, markig oder engröhrig, kahl oder behaart. Blättchen verkehrt ei- bis keilförmig oder lanzettlich, 3–20 mm lang, 2–10 mm breit, spitz, stumpf oder mit aufgesetzter Spitze. Blüten 10–17 mm lang; Kelchzähne am Grunde breit dreieckig, plötzlich in eine Spitze ausgezogen; Krone gelb, oft rötlich überlaufen. Hülsen 20–30 mm × 2–4 mm. – Blütezeit von Mai bis September.

Ökologie: Wiesenpflanze, auch an Wegrändern und Böschungen, in Kies- und Sandgruben und in lichten Wäldern, auf trockenen bis frischen, nährstoffarmen oder -reichen, humosen oder rohen, lockeren Böden. Der Gewöhnliche Hornklee bevorzugt in Wiesen mäßig trockene und magere Bereiche. Bedeutsamer, von rund 60 heimischen Bienenarten genutzter Pollenspender (WESTRICH 1989). Moli-

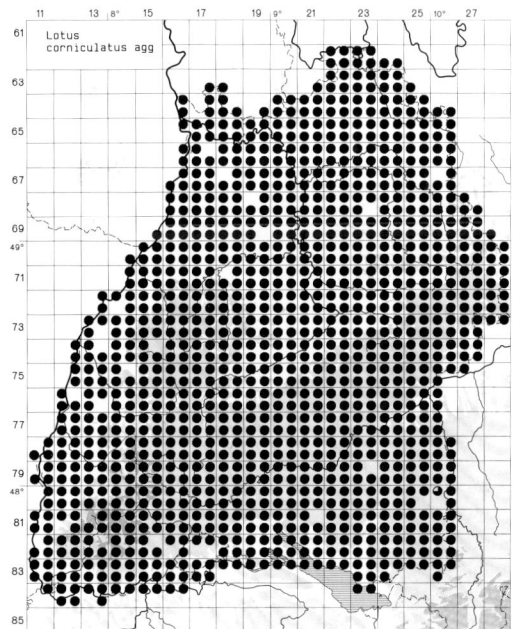

313

Gewöhnlicher Hornklee *(Lotus corniculatus)*
Böblingen, 10.7.1991

nio-Arrhenateretea-Art, schwerpunktmäßig in trockenen Glatthaferwiesen und im Festuco-Cynosuretum. Das Spektrum der besiedelten Gesellschaften reicht vom Xerobrometum bis zum Molinietum. *L. corniculatus* ist in pflanzensoziologischen Aufnahmen aus allen Landesteilen gut dokumentiert, Beispiele finden sich bei KUHN (1937), TH. MÜLLER (1966: Tab. 20), LANG (1973), GÖRS (1974), SEBALD (1983), PHILIPPI (1960, 1984) und NEBEL (1986). Typische Begleiter sind *Salvia pratensis, Leontodon hispidus, Plantago media, Briza media* und *Anthoxantum odoratum.*

Allgemeine Verbreitung: Europäisch-asiatische Pflanze; für eine Leguminose ungewöhnlich ist die Bevorzugung ozeanischer Gebiete in Europa. Weitere Teilareale befinden sich in Nord- und Ostafrika (in Nordafrika oft mit *L. glaber* verwechselt, LASSEN in GREUTER u. RAUS 1987), Vorderasien, Himalaja und Ostasien.

Verbreitung in Baden-Württemberg: Der Gewöhnliche Hornklee ist in allen Landschaften von der planaren (95 m bei Viernheim, 6417) bis in die subalpine Stufe (1490 m am Feldberg, 8114) verbreitet und häufig. Er ist im Gebiet urwüchsig.

Erstnachweise: Frühes Subboreal, Wallhausen (8220, RÖSCH 1990). In der Literatur wird *L. corni-*

culatus erstmalig von J. BAUHIN (1598: 156) aus der Umgebung von Bad Boll (7323) erwähnt.

Bestand und Bedrohung: *Lotus corniculatus* ist aufgrund seiner weiten Verbreitung und seines häufigen Vorkommens in Baden-Württemberg nicht gefährdet. Er übersteht Abmähen und Beweidung gut und ist außerdem recht pionierfreudig. Außerdem ist er in Saatmischungen für Wiesen und Begrünungsmaßnahmen enthalten, und erfreut sich daher (allerdings zumeist in gebietsfremden Varietäten) auch einer synanthropen Ausdehnung seines Verbreitungsgebietes.

Variabilität: *Lotus corniculatus* ist morphologisch außerordentlich variabel. Das hat viele Botaniker dazu veranlaßt, ihn in zahlreiche Varietäten, Unterarten oder sogar Arten aufzuspalten. Einige dieser Formen sind in Mitteleuropa erst durch Kultivierung entstanden und vermischten sich in der Folge mit natürlichen Populationen. Von CHRTKOVÁ-ŽERTOVÁ (1973) werden nur solche Taxa als Varietäten anerkannt, die über konstante Merkmale, definierte ökologische Ansprüche und ein gut umgrenztes Verbreitungsgebiet verfügen. Die einzelnen Varietäten sind durch eine kontinuierliche Serie von Übergangsformen miteinander verbunden. Die drei in Baden-Württemberg häufigeren Varietäten (var. *corniculatus*, var. *hirsutus* und var. *kochii*) stehen im Zentrum eines angenommenen Hybridkomplexes und bilden sehr inhomogene Populationen, was ihre Zuordnung oft erschwert.

1	Stengel hohl, Blattadern unterseits etwas hervortretend; Pflanzen frischgrün, bis 1 m hoch, verzweigt (leicht mit *L. uliginosus* zu verwechseln!) . e) var. *sativus*	
–	Stengel markig, Blattadern unterseits eingesenkt .	2
2	Pflanzen kahl oder spärlich behaart	3
–	Pflanzen dicht behaart oder bewimpert	4
3	Krone 10–14 (–16) mm, Dolden meist 4- bis 6blütig; Blättchen eiförmig-lanzettlich . . . . a) var. *corniculatus*	
–	Krone (12–) 13–17 mm, Kiel oft dunkel gefärbt, Dolden 1- bis 4blütig; Blättchen breit ei- bis herzförmig, dicklich . . . . d) var. *alpicola*	
4	Stengel abstehend behaart bis fast kahl, Blättchen und Kelch bewimpert, Haare ca. 1 mm lang; Blättchen eilanzettlich, zugespitzt; Kelchzähne lanzettlich, Krone blaß- bis leuchtend gelb . . . . b) var. *kochii*	
–	Stengel, Blättchen und Kelch anliegend behaart, Haare ca. 0,5 mm lang; Blättchen eiförmig, stumpf; Kelchzähne lanzettlich bis schmal-dreieckig, Krone goldgelb . . . . . . c) var. *hirsutus*	

a) var. **corniculatus**

Pflanze 10–40 cm hoch, niederliegend bis aufrecht, grün bis blaugrün, Blüten oft rötlich überlaufen;

vielgestaltig, Herbst- und Frühjahrsformen unterschiedlich.

In ganz Baden-Württemberg verbreitete und häufigste *L. corniculatus*-Varietät. Die unter der Artbeschreibung gemachten Angaben zu Ökologie und Verbreitung treffen weitgehend auf diese Varietät zu.

b) var. **kochii** Chrtková-Žertová 1973
L. ciliatus Schur 1876; *L. corniculatus* subvar. *ciliatus* Gams 1924
Bewimperter Hornklee

Var. *kochii* ist in Mittel- und Osteuropa verbreitet. Bei dieser Varietät sind Standortmodifikationen häufig, so können nach CHRTKOVÁ-ŽERTOVÁ (1973) auch Pflanzen mit kahlen Stengeln und Blütenstandstielen vorkommen. Nach GAMS (1924) wächst var. *kochii* neben var. *corniculatus* sowohl an trockenen als auch an feuchten Stellen. LOOS (1991) dagegen fand die bewimperten Exemplare hauptsächlich an trockenen Standorten (Halbtrocken- und Trockenrasen) und faßt sie als Standortmodifikationen von var. *corniculatus* auf. In Baden-Württemberg ist diese Varietät selten eindeutig von var. *hirsutus* oder var. *corniculatus* abzugrenzen; Pflanzen mit deutlich abstehenden Wimperhaaren stammen vom Kaiserstuhl, aus den Muschelkalkgebieten (Hohenlohe, Oberer Neckar), dem Stuttgarter Raum und von der Schwäbischen Alb:

6723/1: Forchtenberg, 1892, GRADMANN (STU); 7220/2: Stuttgart, Hasenberg, 1873, KELLER? (STU); 7221/3: Stuttgart, Riedenberg, Kemnat, KIRCHNER (1888); 7426/1: Schelklingen, 1909, BERTSCH (STU); 7517/4: Rexingen, 1903, BRAUN (STU); 7911/2: Kaiserstuhl, DÖLL (1862), zw. Ihringen und Oberrotweil, 1923, K. MÜLLER (STU), Oberbergen, 1967, SEBALD (STU).

c) var. **hirsutus** Koch 1837
L. corniculatus subsp. *hirsutus* (Koch) Rothm. 1963
Behaarter Hornklee

Pflanzen 5–40 cm hoch. Die Dichte der Behaarung variiert je nach Standort, die Blättchen sind jedoch immer beidseitig behaart (bei var. *kochii* oberseits oft kahl); Knospen an der Spitze meist rötlich. Typische Exemplare aus Halbtrockenrasen sind klein, gedrungen und graufilzig. Var. *hirsutus* ist im gesamten Verbreitungsgebiet der Art zu finden, am häufigsten im südlichen und mittleren Europa. In Baden-Württemberg wächst er zerstreut in den verschiedensten Landschaften (Arbeitskarte) und oft zusammen mit var. *corniculatus*. Reichlich und regelmäßig kommt er auf mageren, kalkhaltigen,

mergeligen Böden im Taubergebiet und auf der Ostalb vor. Die Höhenverbreitung reicht von etwa 100 m in der nördlichen Oberrheinebene bis 1490 m am Feldberg. Der Behaarte Hornklee ist kennzeichnend für den Xerobromion-Verband, Vegetationsaufnahmen bei TH. MÜLLER (1966: Tab. 4, Hohentwiel), WITSCHEL (1980: Tab. 7) und PHILIPPI (1984: Tab. 2). Er wird gern von *Thymus froelichianus, Bromus erectus, Helianthemum nummularium* u. a. Festuco-Brometea-Arten begleitet.

d) var. **alpicola** Beck 1892
Berg-Hornklee

Diese Varietät von *Lotus corniculatus* ist habituell dem Alpen-Hornklee, *Lotus alpinus*, sehr ähnlich, doch ist sie meist höher und variabler in den Merkmalen. Var. *alpicola* ist in Mittel- und Südosteuropa, in den Alpen und Karpaten von der montanen bis in die alpine Zone verbreitet; sie scheint kalkhaltige Böden zu bevorzugen. Dagegen kommt die diploide Art *L. alpinus* nur in den Alpen vor (CHRTKOVÁ-ŽERTOVÁ 1973).

Aus Baden-Württemberg ist der Berg-Hornklee bisher nur von der Südwestalb bekannt: 7719/3: NSG Untereck und Schafberg, 1970, SEBALD (STU). Dort wächst die Pflanze in *Calamagrostis varia*-Halden in einer Höhenlage von 900 m.

e) var. **sativus** Hyl. in Jalas 1950
Saat-Hornklee

Aufrechte, kahle bis spärlich behaarte Pflanze mit langen Internodien. Dolden 5- bis 8blütig, lang gestielt. Var. *sativus* stammt vermutlich aus dem submediterranen Gebiet und ist in West- und Mitteleuropa verbreitet. Im Gebiet wurde er bisher hauptsächlich kultiviert (in Saatmischungen für Straßenböschungen enthalten, vgl. *Anthyllis vulneraria* subsp. *polyphylla*), selten adventiv angetroffen. In den Niederlanden (VAN DER PLOEG 1988) und in Großbritannien (BONNEMAISON u. JONES 1986) sind bereits Bastarde mit Wildpopulationen beobachtet worden. Auf eine eventuelle Ausbreitung dieser Varietät sollte in Zukunft geachtet werden.

3. Lotus uliginosus Schkuhr 1796
Sumpf-Hornklee

Nach LAINZ (1960) ist *L. uliginosus* identisch mit *L. pedunculatus* Cav. 1793. CHRTKOVÁ-ŽERTOVÁ (1966) und BALL in TUTIN et al. (1968) halten *L. pedunculatus* jedoch für eine von *L. uliginosus* getrennte, aber nahverwandte Art der Iberischen Halbinsel. Neuerdings werden in

GREUTER et al. (1989) die beiden Arten wieder zusammengefaßt. In diesem Fall lautet der ältere und daher gültige Name des Sumpf-Hornklees *L. pedunculatus*. Bis zu einer endgültigen Klärung der Frage soll hier der gebräuchlichere Name *L. uliginosus* beibehalten werden.

Morphologie: Ausdauernde Pflanze mit unterirdischen Ausläufern; Stengel 30–90 cm hoch, aufrecht bis aufsteigend, meist kahl. Blättchen bis 25 mm lang und 15 mm breit, verkehrt-eiförmig bis breitlanzettlich, unterseits bläulichgrün, mit deutlichen Seitennerven, zerstreut behaart, oberseits kahl, am Rand gewimpert. Dolden (2-)5- bis 12blütig, bis 15 cm langgestielt; Kelch bis auf die bewimperten Zähne kahl, Zähne nicht ganz so spitz wie bei *L. corniculatus*; Krone 10–14 mm lang, gelb. Hülse ca. 20–30 × 2 mm. – Blütezeit von Juni bis September.

Ökologie: In Naßwiesen und Rieden, in Waldsümpfen, an Quellen, Ufern von Still- und Fließgewässern, an Gräben und feuchten Waldrändern, auf frischen bis nassen, nährstoffreichen, kalkarmen, lehmigen oder tonigen Böden; in Kalkgebieten nur an ganzjährig nassen Stellen. Calthion-Verbandskennart, auch in anderen Molinietalia-Gesellschaften häufig, z.B. im Scirpetum sylvatici, Juncetum acutiflori oder Valeriano-Filipenduletum, in feuchten Glatthafer- und Goldhaferwiesen sowie im Magnocaricion (z.B. Caricetum gracilis) und Caricion fuscae. Vegetationsaufnahmen bei PHILIPPI (1960), OBERDORFER (1971: Tab. 15), LANG (1973)

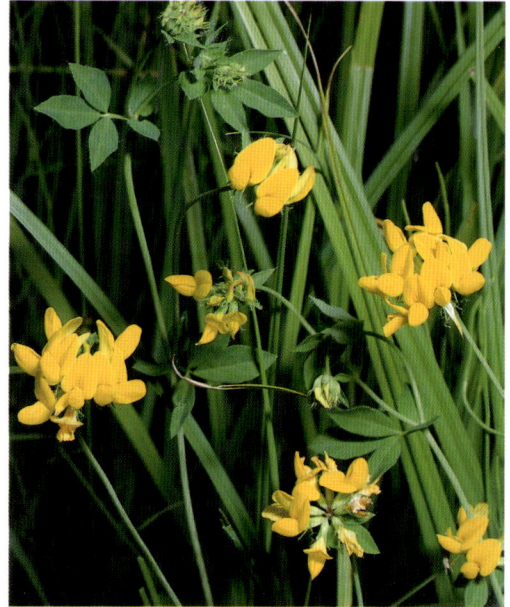

Sumpf-Hornklee *(Lotus uliginosus)*
Böblingen, 12.7.1991

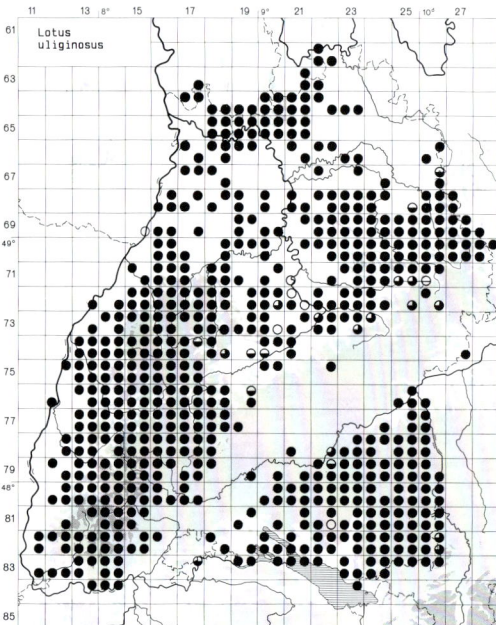

und SEBALD (1974). *L. uliginosus* kommt gern in Begleitung von *Caltha palustris, Cirsium palustre, Valeriana dioica, Scirpus sylvaticus* und *Juncus acutiflorus* vor.

Allgemeine Verbreitung: Europäische Pflanze, die in Trockengebieten und in Osteuropa zurückweicht. Das geschlossene Areal reicht von Portugal im Westen über Nordspanien, Frankreich, Großbritannien bis Südschweden im Norden, ostwärts bis Polen. Die südlichsten Vorposten befinden sich am Bosporus und in Marokko.

Verbreitung in Baden-Württemberg: Der Sumpf-Hornklee ist in den gewässerreichen Landschaften über kalkarmen Ausgangsgestein ziemlich verbreitet, so im Odenwald, Schwarzwald, Schwäbisch-Fränkischen Wald und in Oberschwaben. In der Rheinebene bevorzugt er die basenarmen Böden am Rande der Schotterfächer der Schwarzwaldflüsse. In den Gäuflächen kommt er zerstreut vor, während er den typischen Kalkgebieten (Tauberland, Schwäbische Alb bis zum Klettgau im Süden) fehlt. Er ist im Gebiet urwüchsig.

L. uliginosus wächst von 95 m in der Rheinebene bei Viernheim (6417) bis 1400 m am Feldberg (8114).

Erstnachweise: Alleröd, Reichermoos (BERTSCH 1924); frühester holozäner Nachweis: Mittleres Subatlantikum (Frühmittelalter), Lauchheim (RÖSCH unpubl.). J. BAUHIN (1598: 156) erwähnt den Sumpf-Hornklee zum ersten Mal schriftlich aus der Umgebung von Bad Boll (7323).

Bestand und Bedrohung: Der Sumpf-Hornklee ist wegen seiner Häufigkeit in weiten Landesteilen nicht gefährdet. Durch die unterirdischen Ausläufer ist er auch zu vegetativer Ausbreitung in der Lage. Lokal sind Rückgänge durch Entwässerung von Wiesen und Seggenbeständen, Verdolen von Wiesengräben und Ausbau von Bächen zu verzeichnen. Einige der älteren Angaben sind vermutlich noch zu bestätigen.

9. **Tetragonolobus** Scop. 1772
Spargelerbse

Merkmale wie bei *Lotus*, jedoch Blüten einzeln oder in Paaren, Hülse vierkantig, geflügelt. Im Unterschied zu *Lotus* sollen bei *Tetragonolobus* echte Nebenblätter entwickelt sein (vgl. BALL 1968). Nach HEYN (1976, zit. in POLHILL u. RAVEN 1981) sind die ursprünglichen Nebenblätter jedoch wie bei *Lotus* zu Drüsen umgebildet. Die Gattung wird daher in neuerer Zeit wieder als Untergattung zu *Lotus* gestellt. Zu *Tetragonolobus* gehören in Europa 5 überwiegend mediterran verbreitete Arten, von denen eine Art in Baden-Württemberg vorkommt.

1. **Tetragonolobus maritimus** (L.) Roth 1788
Lotus maritimus L. 1753; *L. siliquosus* L. 1759 (nom illeg.); *Tetragonolobus siliquosus* Roth 1788
Spargelerbse

Morphologie: Pflanze ausdauernd; Stengel niederliegend bis aufsteigend, 10–40 cm hoch, zerstreut anliegend behaart. Blättchen bis 30 mm lang und 15 mm breit, verkehrt-eiförmig, am Grunde keilförmig, meist nur auf der Mittelrippe behaart, graugrün, die 2 untersten Blättchen mit dem Blattstiel verwachsen und kleiner als die 3 oberen. Blüten einzeln, langgestielt; Kelch 15 mm lang, kahl, Zähne halb so lang wie die Röhre, bewimpert; Krone 25–30 mm lang, zitronengelb, Fahne auffallend groß. Hülse 3–6 cm lang und höchstens 5 mm breit, an den Kanten etwa 1 mm breit geflügelt. – Blütezeit: Ende Mai–August, Hauptblütezeit Juni.
Ökologie: Gesellig in lückigen Rieden und Magerrasen, an quelligen Hängen, an Wegrändern und Flußufern, auch in Kiesgruben und anderen Abbauflächen, gern an Störstellen, auf wechseltrockenen bis -nassen, kalk-, salz- oder stickstoffreichen, tonigen Böden, auch auf Kies und Tuff. Die Art bevorzugt mildes, subatlantisch getöntes Klima.

Die Spargelerbse wächst in so unterschiedlichen Gesellschaften wie Pfeifengraswiesen, Kalkflachmooren und Halbtrockenrasen: Molinion-Verbandskennart, besonders im Cirsio tuberosi-Molinietum der Niederungen, im Caricetum davallianae, als Differentialart im Primulo-Schoenetum und im Mesobrometum.

Vegetationsaufnahmen werden mitgeteilt von KUHN (1937: Tab. 12, 18), PHILIPPI (1960), LANG (1973) und GÖRS (1974: Tab. 3, 5). Typische Begleitarten von *Tetragonolobus* sind *Carex flacca, Molinia caerulea, Parnassia palustris, Bromus erectus, Festuca arundinacea.*

Allgemeine Verbreitung: Sudmediterran-mitteleuropäische Pflanze. Das geschlossene Verbreitungsgebiet reicht von Nordwestafrika über Spanien und Frankreich (in England synanthrop) bis nach Südskandinavien im Norden, im Osten bis Polen und Rumänien, im Süden bis NW-Jugoslawien, Norditalien, Korsika und Sardinien. Einzelne Vorkommen finden sich auf der Krim und an der kaukasischen Schwarzmeerküste. In Deutschland reicht die Art nördlich bis zum Taunus und Harz.

Verbreitung in Baden-Württemberg: Sehr zerstreut und nur in den warmen Tieflagen oder an sonnigen Hängen über kalkhaltigem Untergrund häufiger. So in der nördlichen und südlichen Oberrheinebene, im Neckarland ausgesprochen selten, in der Baar und am Hochrhein selten, im nördlichen Bereich der Schwäbischen Alb zerstreut, in Ober-

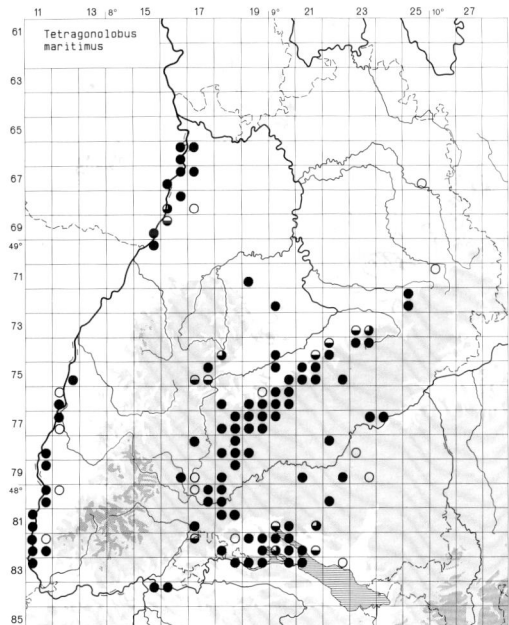

Spargelerbse *(Tetragonolobus maritimus)*
Faule Waag bei Breisach

schwaben selten und im westlichen Bodenseegebiet zerstreut. Die Art ist im Gebiet urwüchsig.

Oberrheinebene: In der nördlichen und südlichen Rheinebene in feuchten Wiesen und an Hochwasserdämmen zerstreut, zwischen Iffezheim und Appenweier fehlend.
Strohgäu bis Oberer Neckar: 7119/3: Silberberg E Heimsheim, 1961, Baur (STU), 1970, Seybold (STU-K); 7220/3: Bahnlinie Böblingen–Vaihingen, 1948, Schwegler (STU-K), seither nicht mehr, wohl synanthrop; 7418/3: Waldachtal SW Nagold, 1954–59, Wrede (STU-K), seither verschollen; 7517/2: Talberg W Altheim, Lauch NW Altheim, 1990, Voggesberger (STU-K); 7517/3: Wittendorf, 1929, A. Mayer (STU-K); 7517/4: Ihlingen, 1903, Braun, 1944, A. Mayer (STU-K); 7817/1: Teufenhalde E Sinkingen, nach 1970 (LfU).
Keuperland und Hohenlohe: 6725/4: Eichenau, Kirchner u. Eichler (1900), nicht mehr auffindbar, Hanemann (STU-K); 7126/1: Abtsgmünd, Martens u. Kemm-

ler (1865); 7420/3: Tübingen, 1827, v. Entress-Fürsteneck (STU), Oedenburg-Sonnenhalde SW Tübingen, nach 1970 (LfU).
Baar: 7916/4: NSG Tannenhörnle NE Pfaffenweiler, N Immenberg, nach 1970 (LfU); 7917/3: Hirschhalden SE Bad Dürrheim, Zahn (1889: 63); 8017/1: an der Dürrheimer Straße häufig, Zahn (1889: 63).
Klettgau: 8415/2: S Dangstetten, 1984, Quinger (KR-K); 8416/1: o.O., o.J. (KR-K).
Schwäbische Alb: Zerstreut am nördlichen Albrand von Bargau (7225) bis zum Randen, vorzugsweise in Hangquellmooren und wechseltrockenen Mesobrometen an Quellhorizonten zwischen Braunem und Weißem Jura. Mittlere Donaualb: 7723/2 u. 7724/1: Wacholderheide E Mühlen, 1992, Banzhaf (STU-K); 7822/1: Andelfinger Berg, 1950, A. Mayer, 1980, Sebald (STU-K).
Alpenvorland: 7823/3: Dürmentingen, Martens u. Kemmler (1865); 7921/3: E Göggingen, 1991, Pfaff (STU-K); 7922/4: Moosheim, 1896, Saulgau, 1899,

318

BERTSCH (STU), Saulgau, bei der Schaulesmühle, 1989, WILLBOLD (STU-K); 7923/4: Schussenried, 1872, SEYERLEN (STU); 8022/3: NSG Pfrunger-Burgweiler Ried, nach 1970 (LfU); 8121/4: Beuren, 1956, v. ARAND-ACKERFELD (STU-K).

<u>Bodenseegebiet:</u> In Pfeifengraswiesen und Flachmooren zerstreut.

Die Höhenverbreitung der Spargelerbse reicht von 95 m in der Rheinebene (6616) bis 1000 m auf der Südwestalb (7818, Melchiorhalde).

Erstnachweise: J. F. GMELIN (1772: 230) fand *Tetragonolobus* „in monte Balingensi Schalksberg et in monte Heuberg" (7719). Vermutlich sammelte aber schon H. HARDER die Art 1576–94 im Gebiet (SCHINNERL 1912: 233).

Bestand und Bedrohung: Die Spargelerbse hat in allen Landschaften Rückgänge hinnehmen müssen; ältere Angaben ließen sich oft nicht mehr bestätigen. Die meisten Populationen finden sich heute auf der Südwestalb, insbesondere der Baaralb, wobei die Größe der Bestände zwischen wenigen und mehreren hundert Individuen schwankt. In der nördlichen Rheinebene sind mittlere Populationsgrößen (bis 50 Exemplare) vorherrschend (THOMAS 1989). Während die Wuchsorte am Albrand hauptsächlich durch Verbuschung, Aufforstung oder Wegebau bedroht sind, besteht die Gefährdung in der Rheinebene, am Bodensee und in Oberschwaben im Trockenlegen von Riedwiesen und deren Umwandlung in Intensivgrünland, sowie im Auffüllen von Kiesgruben u.ä. Die Art ist empfindlich gegen Beweidung und häufige Mahd. Dabei scheint der Mähtermin ausschlaggebend zu sein, denn sie wurde auch in kurzgehaltenen Rasenflächen beobachtet. Schnitte im Juni–Juli wirken sich mit Sicherheit am schädlichsten aus. Die Einstufung von *T. maritimus* als gefährdet (G3) ist weiterhin gerechtfertigt.

10. **Coronilla** L. 1753
Kronwicke

Sträucher oder ausdauernde, selten einjährige Kräuter, kahl oder behaart. Blätter unpaarig gefiedert, selten nur 1 Blättchen vorhanden *(C. scorpioides)*, sitzend oder kurzgestielt; Blättchen ganzrandig, abgerundet oder ausgerandet, bis fast herzförmig, bespitzt, oft blaugrün. Nebenblätter frei oder verwachsen. Blüten in deutlich gestielten Dolden, nickend; Kelch weitglockig, mehr oder weniger zweilippig, seine Zähne kurz-dreieckig; Kronblätter lang genagelt, gelb, selten weiß oder violett *(C. varia)*, Schiffchen stark gebogen, geschnäbelt, oberstes Staubblatt frei. Hülsen mehrsamig, sitzend, gerade oder schwach gekrümmt, reif in 1samige Glieder zerfallend. Bestäubungstyp: Pumpmechanismus.

Coronilla ist eine kleine Gattung mit ungefähr 20 Arten, die in Europa, Westasien und Nordostafrika verbreitet sind. Ihr Mannigfaltigkeitszentrum liegt in Südeuropa. 13 Arten kommen in Europa vor; 4 davon in Baden-Württemberg heimisch. Eine weitere Art tritt im Gebiet selten adventiv auf.

LASSEN (1989) erarbeitete eine neue Fassung der Gattungen *Coronilla*, *Hippocrepis* und *Securigera*. Als Konsequenz ergibt sich für unser Gebiet die Umbenennung von *Coronilla varia* in *Securigera varia* (L.) Lassen 1989 und *Coronilla emerus* in *Hippocrepis emerus* (L.) Lassen 1989. Hier sollen vorläufig jedoch die bisher gültigen Namen weiter verwendet werden.

1   Untere Blätter einfach oder 3 (–5)zählig, Endblättchen viel größer als die seitlichen; einjährige, seltene Adventivpflanze . . . . *[C. scorpioides]*
–   Blätter aus mehr als 5 Blättchen zusammengesetzt, Blättchen ± gleichgroß; Pflanze mehrjährig   2
2   Fahne rosa, Flügel oft weiß, Schiffchen an der Spitze dunkelviolett; häufige Art . . 4. *C. varia*
–   Blüten gelb; weniger häufige Arten 3
3   Strauch; Stengel holzig, Zweige kantig; Dolden meist 2blütig, Nagel der Kronblätter 3mal länger als der Kelch; Pflanze zerstreut behaart . . . . . .
            1. *C. emerus*
–   Stengel höchstens am Grunde verholzt, Zweige stielrund; Dolden 2- bis 20blütig, Nagel der Kronblätter etwa so lang wie der Kelch; Pflanze kahl .   4
4   30–70 cm hohe, aufrechte Staude; Blättchen 15–30 mm lang; Blüten 4–6 mm lang gestielt . .
            3. *C. coronata*
–   5–20 cm hoher, niederliegender Halbstrauch; Blättchen 3–10 mm lang; Blütenstiel 2–4 mm lang (Pflanze ähnelt *Hippocrepis comosa*). . . . .
            2. *C. vaginalis*

1. **Coronilla emerus** L. 1753
Hippocrepis emerus (L.) Lassen 1989
Strauchwicke, Strauchige Kronwicke

Morphologie: 1(–2) m hoher Strauch. Blätter 5- bis 9zählig gefiedert, zerstreut behaart, an den Kurztrieben gehäuft; Blättchen 10–30 mm lang und halb so breit, eiförmig; Nebenblätter frei, 1–2 mm lang, lanzettlich, behaart. Dolden (1–) 2 (–6)blütig; Kelch zerstreut behaart; Krone 2 cm lang, Kronblätter auffallend langgenagelt, gelb. Hülsen gerade, bis 10 cm × 2 mm, netznervig. – Blütezeit: Ab Ende April bis September, überwiegend Mai–Juni.

Ökologie: In lichten, strauchreichen Wäldern, in Gebüschen, verwildert in der Nähe von Burgruinen, Steinbrüchen und Weinbergen, auf mäßig trockenen, basenreichen, vorzugsweise kalkhaltigen, humosen, oft flachgründigen Lehm- oder Lößböden; wärmeliebende, frostempfindliche Pflanze. Berberidion-Verbandskennart, gern auch in Saumgesellschaften wie dem Geranio-Peucedanetum cervariae und Geranio-Dictamnetum, im Lithospermo-Quercetum, Carici-Fagetum und anderen lichten Laubwäldern sowie im Cytiso-Pinetum. Vegetationsaufnahmen mit *Coronilla emerus* bei v. ROCHOW (1951: Tab. 22), TH. MÜLLER (1962: Tab. 1, 3; 1980), LANG (1973) und WITSCHEL (1980, mehrere Tab.).

Als typische Begleiter treten wärmeliebende Gehölze wie *Quercus pubescens, Sorbus aria* und *torminalis, Amelanchier ovalis*, oder auch *Carex alba, Campanula persicifolia* und *Chrysanthemum corymbosum* auf.

Allgemeine Verbreitung: Südeuropäische Pflanze. Das geschlossene Verbreitungsgebiet reicht von Nordost-Spanien über Südfrankreich und die Schweiz nördlich bis zur Donau, umfaßt Italien, Jugoslawien, Griechenland und reicht südlich bis Nordtunesien und an die türkische Mittelmeerküste. Weit abgelegene Vorposten befinden sich in Südskandinavien und auf der Krim.

Verbreitung in Baden-Württemberg: Die Strauchige Kronwicke kommt nur im Süden des Landes vor, wo sie zerstreut an den wärmsten, süd- oder westexponierten Standorten zu finden ist. Im Kaiserstuhl

bevorzugt sie Lößhohlwege (WILMANNS 1974), in der Vorbergzone südlich des Kaiserstuhls wächst sie an Hangkanten und Waldrändern, am Randen und Hochrhein gedeiht sie in Säumen des Geißklee-Föhrenwalds und Flaumeichenwalds. Am Bodensee, besonders im Bereich des Überlinger Sees, besiedelt sie trockene Steilhänge der Molassehügel. In diesen Landesteilen ist der Strauch urwüchsig. Darüber hinaus hat er sich am Hohenneuffen und Traifelberg (ob noch?) eingebürgert und verwildert gelegentlich im Mittleren Neckarraum und auf der Schwäbischen Alb.

Kaiserstuhl und Markgräfler Hügelland: 7811/4: Limburg, 1923, BOLTER, K. MÜLLER (STU), nach 1970 (LfU), SE Kiechlingsbergen, E Bischoffingen NW Burkheim, nach 1970 (LfU), Burg Sponeck, 1991, VOGGESBERGER (STU-K); 7812/3: Scheibenbuck N Schelingen, Obergrub NE Schelingen, 1961, TH. MÜLLER (1962), nach 1970 (LfU); 7812/4: Teningen, 1884, MEESS (KR); 7911/2: NSG Büchsenberg W Achkarren, 1985, QUINGER (KR-K), NSG Schneckenberg N Achkarren, S Achkarren, nach 1970 (LfU); 7912/1: Badberg, 1967, SEBALD (STU), N Liliental, nach 1970 (LfU); 8012/2: o.O., nach 1970, KOCH (STU-K); 8012/4: NE Ehrenstetten, NW Bollschweil, nach 1970 (LfU), Ölberg E Ehrenstetten, nach 1973, KOCH (STU-K); 8111/4: Badenweiler, vor 1900, BAUSCH (STU), Müllheim, vor 1900, LOUDET (KR), o.F. (STU), Innerberg E Müllheim, nach 1970 (LfU); 8112/1: E Ballrechten, nach 1970 (LfU); 8211/2: o.O., nach 1970, KOCH (STU-K); 8211/3: Eichhölzle bei Rheinweiler, WINTER (1889: 53), Hangwald S Rheinweiler, nach 1970 (LfU); 8311/1: Isteiner Klotz, 1927, KREH (STU), 1984, SEYBOLD (STU-K), mehrere Funde zwischen Kleinkems und Efringen-Kirchen, nach 1970 (LfU).

Klettgau und Hochrhein: 8315/2: Unteres Steinatal bei Detzeln, LINDER (1905: 48), Fockelten W Detzeln, nach 1970 (LfU); 8315/3: N Waldshut, 1989, SEBALD (STU-K); 8315/4: Tiengen, LINDER (1905: 48), Bruckhaus, Küssaberg, BECHERER u. KOCH (1923: 262), N Lauchringen, 1984, QUINGER (KR-K); 8316/3: NSG Küssaberg, nach 1970 (LfU); 8316/4: N Riedern, 1987, QUINGER (KR-K); 8317/1: Frankengraben N Jestetten, HÜBSCHER in KUMMER (1944: 32); 8413/2: Rheinuferhalde zw. Säckingen u. Wallbach, LINDER (1905: 48).

Bodenseegebiet: 8120/3: zw. Espasingen u. Ludwigshafen, GROSS (1906: 80), Ludwigshafen, 1988, SEYBOLD (STU-K); 8120/4: Haldenhof N Sipplingen, 1988, SEYBOLD (STU-K); 8218/4: Rosenegg, nach 1970 (LfU); 8219/2: Duttental NW Liggeringen, 1961, LANG (1973: 412); 8220/1: Bodmann, 1844, STAPF (STU), N Markelfingen, 1979, BEYERLE (STU-K); 8220/2: Ruine Kargegg, 1974, SEYBOLD, mehrfach um Sipplingen, nach 1970 (LfU); 8220/4: Bei Hegne, 1979, BEYERLE (STU-K); 8221/3: Unteruhldingen, nach 1970, SMAGLINSKI (STU-K); 8221/4: Daisendorf, LINDER (1910: 364); 8318/2: Gailinger Berg, JACK (1892: 395); Staffel E Gailingen, 1916, EHRAT in KUMMER (1944: 32); 8319/2: Ibtobel, 1981, SCHÄFER-VERWIMP (STU-K); 8320/2: Fürstenberg, 1979, BEYERLE (STU-K); 8321/1: Lorettowald, 1979, BEYERLE (STU-K); 8322/2: Friedrichshafen, Manzell, vor 1900, FLEISCHER bei MARTENS (STU-K), 1923, BERTSCH, im Krieg durch

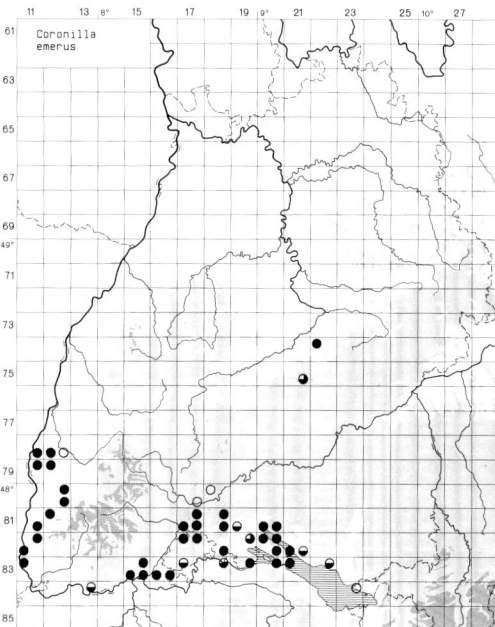

Strauchwicke *(Coronilla emerus)*
Kaiserstuhl, 1990

Bomben zerstört, BERTSCH (1948); 8423/2: Bayern: Wasserburg, vor 1900, LECHLER (STU).

Baar- und Hegaualb bis zum Randen: 8017/4: Geisingen, ENGESSER in ZAHN (1889: 63); 8018/1: Bachzimmern, SCHATZ in ZAHN (1889: 63); 8117/2: Ettenberg E Hondingen, nach 1970 (LfU); 8117/3: Blumberg, Achdorf, ZAHN (1889: 63), Eichberg bei Riedböhringen, 1957, KORNECK (KR), um Blumberg mehrfach, nach 1970 (LfU); 8117/4: Steinbruch S Tengen, nach 1970 (LfU), wohl synanthrop; 8118/2: NE Talmühle, 1981, NOTHDURFT (STU-K); 8118/4: Schoren, 1934, A. MAYER, PLANKENHORN (STU), 1990, E. KOCH (STU-K); 8119/3: bei Aach, 1921, SCHLATTERER (KR); 8217/1: SE Randenhof, nach 1970 (LfU); 8217/2: Buchenwälder bei Wiechs, 1984, QUINGER (KR-K).

Eingebürgerte Vorkommen: 7422/1: Hohenneuffen, zahlreiche Angaben, erstmalig 1825, MOHL (STU), zuletzt: 1991, BURKHARDT (STU-K); 7521/4: Traifelberg, 1929, A. MAYER, 1947, SCHMOHL, Honauer Talfelsen, 1950, A. MAYER (STU-K).

Verwilderungen: 7020/2: Galgenfeld S Besigheim, nach 1970 (LfU); 7120/1: Nippenburg, 1974, SEYBOLD (STU-K); 7423/1: Neidlingen, 1950, GRADMANN, 1953, MÜRDEL (STU-K); 7524/4: Aufgelassener Steinbruch N Weiler, nach 1970 (LfU).

Die Höhenverbreitung reicht von 230 m am Kaiserstuhl (7811) bis etwa 800 m am Randen (8217).

Erstnachweis: Die früheste schriftliche Erwähnung findet sich bei ROTH VON SCHRECKENSTEIN (1798: 112): „bei Kemps am Rhein..., VULPIUS" (8311).

Bestand und Bedrohung: Die Vorkommen von *Coronilla emerus* beschränken sich in Baden-Württemberg auf ein relativ kleines Gebiet und in diesem wiederum auf kleinflächige Spezialstandorte. Die Art siedelt primär in Gebüschen auf Felsköpfen, an Felswänden und Hangoberkanten oder sie dringt in die lichten Wälder der Steilhänge ein. Da diese Stellen in der Regel sehr unzugänglich sind und sich für land- und forstwirtschaftliche Nutzung nicht eignen, sind sie weniger stark gefährdet als die sekundären Vorkommen in Gehölzsäumen ebener Lagen, die oft in Kontakt zu Kulturland stehen. Solche sonnigen und nicht übermäßig steilen Hanglagen sind nicht nur durch land- und forstwirtschaftliche Maßnahmen bedroht, sie werden auch bevorzugt für die Anlage von Wohnsiedlungen genutzt. Da die Bestände der Strauchwicke in den meisten Fällen spärlich und von geringer Ausdehnung sind und sich die Art in Baden-Württemberg am Nordrand ihres geschlossenen Verbreitungsgebietes befindet, sind die Vorkommen in jedem Fall

321

schonungsbedürftig (G5). In der benachbarten Schweiz ist *C. emerus* häufiger, so daß die Art als solche in ihrem Bestand nicht gefährdet ist.

2. Coronilla vaginalis Lam. 1786
Scheiden-Kronwicke, Umscheidete Kronwicke

Morphologie: Niedriger Halbstrauch bis 20 cm Höhe mit kräftiger Pfahlwurzel. Blätter 5- bis 13zählig gefiedert, Blättchen 3–10 mm lang, eiförmig-länglich oder herzförmig, dicklich, mit weißem Knorpelrand, Nerven undeutlich; Nebenblätter 3–8 mm lang, verwachsen, blattgegenständig. Dolden 3- bis 8blütig; Krone 7–10 mm lang, gelb. Hülsen hängend, 10–40 mm × 3 mm, zwischen den Gliedern eingeschnürt, Glieder 6kantig, an 4 Kanten wellig geflügelt. – Blütezeit: Mai, Juni.

Coronilla vaginalis ist durch folgende Merkmale von der ähnlichen *Hippocrepis comosa* leicht zu unterscheiden: Pflanze blaugrün, Blattstiel kaum länger als das unterste Blättchen, Blütenstiel länger als der Kelch, Kelch weitglockig, mit sehr kurzen, undeutlichen Zähnen, Fruchtglieder gerade.

Ökologie: In lückigen Magerrasen oder lichten Kiefernwäldern auf sonnigen Felsköpfen, konsolidierten Kalkschutthalden, an Wegböschungen, auf offenen, trockenen oder wechseltrockenen, nährstoffarmen, kalkhaltigen, flachgründigen und meist feinerdearmen Böden, bei MOOR (1962) treffend als hitzige Kalkrohböden bezeichnet. An diesen extre-

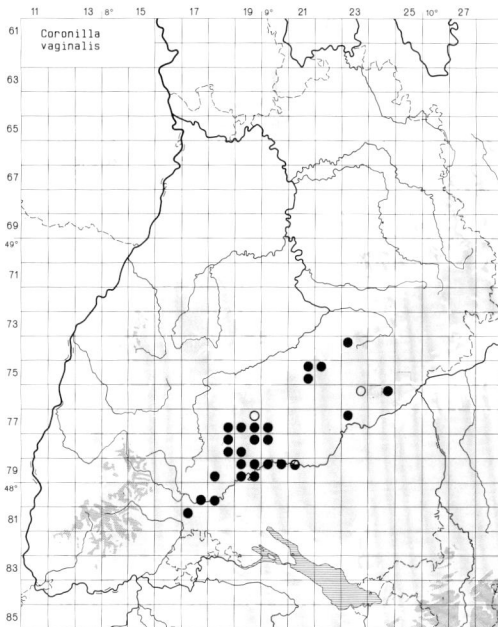

men Standorten kann man beobachten, wie die Pflanze ihre Blättchen in charakteristischer Weise senkrecht zur Sonne hält. Erico-Pinetea-Art, Assoziationskennart des Coronillo-Pinetum, auch im Laserpitio-Calamagrostietum variae, im Pulsatillo-Caricetum humilis, Koelerio-Seslerietum und in Sesleria varia-reichen Mesobrometen (in der primären „Steppenheide"). *C. vaginalis* kommt in pflanzensoziologischen Aufnahmen von KUHN (1937: Tab. 16), WITSCHEL (1980: Tab. 11, 13; 1984, 1987, 1989), TH. MÜLLER (1980) und SEBALD (1983: Tab. 9) vor.

Sie wird von anderen alpinen Arten wie *Crepis alpestris, Thlaspi montanum, Sesleria varia, Festuca amethystina* begleitet.

Allgemeine Verbreitung: Mittel- und Südeuropäische Gebirgspflanze: Alpen, Jura, Nordkarpaten, illyrische Bergländer. Weit vorgelagert sind Vorkommen in Franken, in Thüringen, im Harz und im Norden der Tschechoslowakei sowie in Italien. Die Art ist ein dealpines Florenelement.

Verbreitung in Baden-Württemberg: Seltene, nur auf Felsen und steinigen Abhängen der Schwäbischen Alb vorkommende Kronwicke. Ihr Verbreitungsschwerpunkt liegt im felsenreichen Donautal zwischen Mühlheim und Inzigkofen, an das sich südlich die Vorkommen der Baaralb und nördlich die des Heubergs anschließen. Davon getrennt sind die wenigen, spärlichen Bestände am Albtrauf zwischen Wiesensteig und Eningen und einige reichlichere Populationen im Bereich des unteren Donau- und Blautals. *C. vaginalis* ist in Baden-Württemberg urwüchsig.

Funde am Hohenstaufen (7224/3) und in der Nähe des Aachtopfes (8119/3) sind nie bestätigt worden und zweifelhaft. Sie wurden in der Karte weggelassen. Erfreulicherweise konnten einige ehrenamtliche Mitarbeiter (insbesondere H. BURGHARDT) in den letzten Jahren viele der Fundorte bestätigen.

In der nachfolgenden Fundortsaufzählung wird bei Orten, die von mehreren Findern gemeldet wurden, jeweils nur der erste und letzte Finder angegeben, und bei Quadranten mit zahlreichen Fundstellen nur eine oder wenige beispielhaft herausgegriffen.

Mittlere Kuppenalb: 7423/1: Reußenstein, 1864, TSCHERNING (ZKM), Reußenstein und Schaufelsen S Neidlingen, 1938, STETTNER, 1981, KLOTZ u. SEYBOLD (STU-K), nicht mehr gefunden, 1991, BURGHARDT (STU-K), hierher auch die Angabe Wiesensteig bei KIRCHNER u. EICHLER (1913); 7521/2: Ursulaberg, KIRCHNER u. EICHLER (1900), Eisenloch E Eningen, 1952, K. MÜLLER (STU), 1991, BURGHARDT (STU-K); 7521/4: Traifelberg, 1928, A. MAYER (STU), 1990, BURGHARDT, Rötelstein, 1990, BURGHARDT

Scheiden-Kronwicke *(Coronilla vaginalis)*
Böllat, 2.6.1991

(STU-K); 7522/1: Felsen zw. Hohenurach und St. Johann, 1833, SCHÜBLER (ZKM), Eppenzillfelsen, KUHN (1937: 95), 1946, SCHMOHL (STU-K), 1988, SEBALD (STU-K), Hanner Felsen, 1898, A. MAYER (STU-K), Felsen über dem Brühltal, 1854, FINCKH (ZKM), Hochberg bei Urach, 1927, A. MAYER (STU).

Mittlere Donaualb: 7623/2: Talsteußlingen, MARTENS u. KEMMLER (1872), Schmiechtal bei Talsteußlingen, KIRCHNER u. EICHLER (1900), 1991, nicht gefunden, BANZHAF (STU-K), 7624/2: Höllental bei Beiningen, 1852, GMELIN (STU), VALET (ZKM), 1933, v. ARAND-ACKERFELD (STU-K), Nägelesfels, 1992, BANZHAF (STU-K); 7723/1: Gemsfelsen bei Erbstetten, KIRCHNER u. EICHLER (1913), 1971, Seybold, 1986, BURGHARDT (STU-K).

Zollern- und Heubergalb: 7718/4: Plettenberg, 1898, BERTSCH (STU-K), 1986, BREUNIG (KR-K), 1990, BAUMANN (STU-K), insgesamt 3 Stellen; 7719/2: Irrenberg-Hundsrücken, A. MAYER (1904), nicht mehr, 1991, BURGHARDT (STU-K); 7719/3: Schafberg, 1875, HEGELMAIER (STU), Gespaltener Fels am Schafberg, 1970, SEBALD (STU), Hoher Fels am Schafberg, 1981, BURGHARDT

(STU-K), Lochenstein, vor 1945, BERTSCH (STU-K), 1981, BURGHARDT (STU-K), Hörnle, vor 1945, BERTSCH (STU-K), 1985, BURGHARDT (STU-K), NSG Untereck, A. MAYER (1950), Grat bei Laufen, A. MAYER (1904), 1978, BURGHARDT (STU-K); 7719/4: Gräbelesberg, vor 1945, BERTSCH (STU-K), 1985, BURGHARDT (STU-K), Großer Vogelfels, 1984, BURGHARDT (STU-K), Böllat bei Burgfelden, 1860, v. ENTRESS-FÜRSTENECK (STU), 1911, HERMANN (STU), 1984, G. MAYER (STU-K); 7720/3: Öschlesfelsen, 1978, BURGHARDT (STU-K); 7818/2: Hochberg W Wehingen, 1918, BERTSCH (STU), 1990, BURGHARDT (STU-K); 7818/4: Bürgle SW Wehingen, 1918, BERTSCH (STU), Melchiorshalde SE Gosheim, 1973, SEBALD (STU), 1991, VOGGESBERGER (STU-K), Klippeneck, 1918, BERTSCH (STU), 1991, VOGGESBERGER (STU-K); 7819/2: Schuhmacherfels, 1975, HARMS (STU-K), 1990, BURGHARDT (STU-K); 7819/3: Roßberg-Fels bei Nusplingen, 1973, SEBALD (STU), Uhufels, 1981, BURGHARDT (STU-K), Felsen bei Egesheim, 1982, BURGHARDT (STU-K), 7820/1: Mühlefelsen bei Ebingen, 1918, WAIDELICH (STU-K), 1978, BURGHARDT (STU-K); 7918/2: Dreifaltig-

keitsberg, 1869, SCHEUERLE (ZKM), 1893, SCHEUERLE (STU), 1991, nicht gefunden, BURGHARDT (STU-K); 7919/1: Felsen NW Ensisheim, 1980, SEBALD (STU-K).
Südwestliche Donaualb: 7919/2: 6 Wuchsorte, z.B. Donaudurchbruch bei Beuron, 1860, SAUTERMEISTER (STU), Eichfelsen, 1901, BEER (STU-K), 1983, SCHERER (STU-K); 7919/3: 5 Wuchsorte, z.B. über der Mühlheimer Altstadt, 1835, RÖSLER (ZKM), Gelber Fels, 1981, BURGHARDT (STU-K); 7919/4: An mindestens 12 Stellen, z.B. Schlößchen Bronnen, 1913, BERTSCH (STU), Knopfmacherfels, 1989, VOGGESBERGER (STU-K); 7920/1: 14 Fundorte bekannt, darunter z.B. Wildenstein, 1896, KLEMM (STU), 1913, BERTSCH (STU), Langenfels, 1913, BERTSCH (STU), 1983, SCHERER (STU-K), Schaufelsen, 1987, STADELMAIER (STU-K); 7920/2: Teufelsloch, vor 1945, BERTSCH (STU-K), 1979, BURGHARDT (STU-K), Dietfurth, vor 1945, BERTSCH (STU-K); 7921/1: Gespaltener Felsen, Felsen über der Station Inzigkofen, 1912, BERTSCH (STU-K).
Baar- und Hegaualb: 7918/3: Weilheimer Steige, 1984, LANGE (STU-K); 8017/4: Gutmadingen, WITSCHEL (1980: 79); 8018/3: Schönental S Hintschingen, 1987, SEBALD (STU-K); 8117/1: Fürstenberg, Hondingen, WITSCHEL (1980: 79).

Das tiefste Vorkommen liegt um 600 m bei Schelklingen (7624/2), die höchsten befinden sich bei 1000 m auf der Südwestalb (7719, 7818).

Erstnachweis: C.C. GMELIN (1826: 556) erwähnt die Art als *C. minima*, jedoch war sicherlich *C. vaginalis* gemeint (DÖLL 1858: 33). Er fand sie „retro Moeskirch im Donauthal... vidi 1818".

Bestand und Bedrohung: Die Scheiden-Kronwicke ist aktuell von 27 Quadranten mit annähernd 90 Fundstellen bekannt. Die Wuchsorte am nördlichen Albtrauf sind wegen ihrer Nähe zum Ballungsgebiet Stuttgart am stärksten bedroht. Ihre Populationen (z.B. in 7521/2, 7521/4) sind an Felsen, die stark von Wanderern und Kletterern benutzt werden, oder an beliebten Aussichtspunkten in alarmierender Weise geschrumpft. Auf die Gefährdung der Reußenstein-Vorkommen durch Begehen des Felsrandes, Lagern und Feuermachen machte STETTNER bereits 1938 aufmerksam (STU-K). Die Art ist heute dort verschollen. *C. vaginalis* ist als Reliktpflanze auf die Besiedelung solcher Felsstandorte angewiesen. Deshalb und in Anbetracht der zunehmenden Bedrohung durch erholungssuchende Touristen und Kletterer ist eine Anhebung der bisherigen Einstufung in der Roten Liste (1983) von G5 auf G3 angebracht.

3. Coronilla coronata L. 1759
C. montana Scop. 1772
Berg-Kronwicke

Morphologie: Bis 70 cm hohe, blaugrüne, völlig kahle, aufrechte Staude. Blätter sehr kurzgestielt, unterstes Blättchenpaar fast direkt an den Stengel grenzend, Blättchen 3- bis 7paarig, etwa halb so breit wie lang, breit-elliptisch; Nebenblätter früh abfallend. Blüten zu 10–30 in dichten Dolden, Blütenstiele mehrmals länger als der Kelch; Krone 7–11 mm, gelb. Hülsen bis 35 × 4 mm, 1- bis 5gliedrig, kaum kantig. – Blütezeit: Juni–Juli.

Ökologie: Die Berg-Kronwicke wächst in lichten Wäldern und an Waldsäumen, an Steilhängen, Schutthalden, Böschungen und auf Felsen, auf offenen, trockenen (auch wechseltrockenen) bis mäßig frischen, stets kalkhaltigen, wenig humosen, tonigen, flachgründigen Böden, meist in Süd- bis Westexposition.

Sie tritt fast nur in primären Säumen auf, so daß ihr Vorkommen auf die Natürlichkeit der betreffenden Pflanzengesellschaft hinweist (vgl. WITSCHEL 1980). Geranion sanguinei-Verbandskennart, schwerpunktmäßig im Coronillo-Laserpitietum, häufig auch im Hirschwurz-(Geranio-Peucedanetum cervariae) und Diptam-Saum (Geranio-Dictamnetum), außerdem in *Sesleria*-Halden, im Lithospermo-Quercetum und im Calamagrostio variae-Pinetum.

Beispiele für Vegetationsaufnahmen bei KUHN (1937: Tab. 29, 30, 31), WITSCHEL (1980, mehr. Tab.) und PHILIPPI (1984: Tab. 11). Die Berg-Kronwicke wächst gern mit *Geranium sanguineum, Cytisus nigricans, Peucedanum cervaria, Laserpitium latifolium* und *Calamagrostis varia* zusammen.

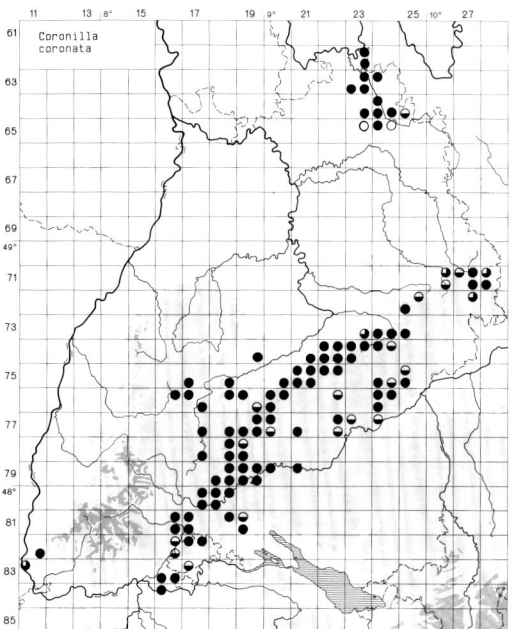

Berg-Kronwicke *(Coronilla coronata)*
Saumgesellschaft am Michelsberg bei Geislingen/Steige, 16.6.1990

Allgemeine Verbreitung: Mittel- und südosteuropäi-sche Pflanze. Das Verbreitungsgebiet ist disjunkt: Burgund, Jura, Mittelgebirge zwischen Mosel und Saale, Alpen, Nordkarpaten, Gebirge in Jugosla-wien und Ungarn, nördliche Schwarzmeerküste von der Krim bis zum Kaukasus, Südostanatolien, wo sie in Nachbarschaft zu *C. orientalis* vorkommt.

Verbreitung in Baden-Württemberg: Die Berg-Kronwicke ist in Baden-Württemberg hauptsäch-lich auf der Schwäbischen Alb vom Ries bis zum Randen verbreitet, wo sie zerstreut, aber gesellig rutschende Weißjuramergelhalden besiedelt. An die Albvorkommen schließen sich nördlich die Vor-kommen auf Muschelkalk im Oberen Neckargebiet an. Am Spitzberg bei Tübingen befindet sich der einzige Wuchsort auf Gipskeuper. Ebenfalls auf Oberem Muschelkalk liegt etwas abgetrennt im Nordosten des Landes ein kleineres Verbreitungs-gebiet im Tauberland (Karte bei PHILIPPI 1984). Isoliert sind auch die Wuchsorte in der südwest-lichen Vorbergzone des Schwarzwaldes zwischen Istein und Kandern. *C. coronata* ist im Gebiet ur-wüchsig.

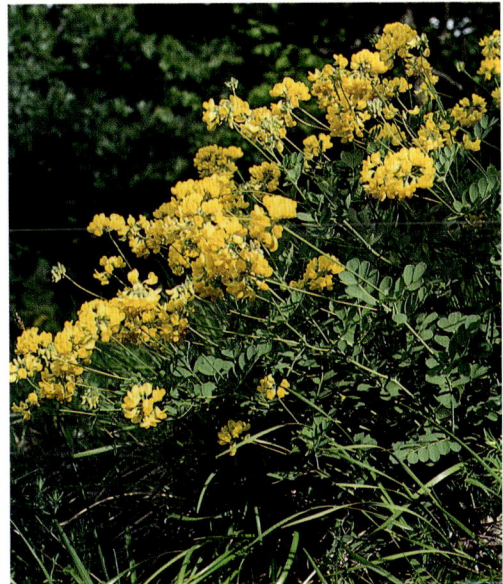

Berg-Kronwicke *(Coronilla coronata)*
Michelsberg bei Geislingen/Steige, 21.6.1969

325

Südliches Oberrheingebiet: 8211/4: Hagschutz S Niedereggenen, nach 1970 (LfU); 8311/1: Oberhalb Bahnhof Kleinkems, 1938, HENN, um 1950, LITZELMANN, heute erloschen.

Taubergebiet und Bauland: 6223/2: Ellenberg bei Dertingen, 1878, o.N. (KR), Dertinger Kopf, 1983, SEYBOLD (STU-K); 6223/4: E Böttigheim, PHILIPPI (1984: 587); 6323/2: W Apfelberg, 1987, RATHAUSKY (STU-K); 6323/3: Buschberg N Königsheim, Geißbuckel N Schweinberg, PHILIPPI (1984: 587); 6323/4: Schüpferhöhe bei Boxberg, 1857, VULPIUS (KR), Hunzenberg W Impfingen, Stammberg E Könighheim, PHILIPPI (1984: 587); 6324/1: LINDENBERG, 1985, PHILIPPI (KR-K); 6423/4: NW Schweigern, 1985, PHILIPPI (KR-K); 6424/1: o.O., nach 1970, TÜRK (STU-K); 6424/3: Mehlberg W Unterbalbach, PHILIPPI (1984: 587); 6424/4: Edelfingen, PHILIPPI (1984: 588); 6425/3: Nassau, KIRCHNER u. EICHLER (1913); 6523/2: Südabhänge zw. Wölchingen u. Uiffingen, 1863, o.N. (KR); 6524/1: Hohberg bei Schweigern, 1970, SEYBOLD, 1989, WÖRZ (STU), Dainbach, PHILIPPI (1984: 588); 6524/2: Igersheim, um 1820, BAUER (PHILIPPI 1984: 608).

Oberer Neckar und Vorland der Südwestalb: 7419/4: Spitzberg N Hirschau, REXER nach KOHLER in GÖRS (1966), 1991, BAUMANN (STU-K); 7517/3: Dießener Tal, 1984, GOTTSCHLICH (STU-K); 7518/4: Bad Imnau, nach 1970 (LfU); 7616/2: Sterneck, 1982, WALDERICH (STU-K); 7617/1: W Hopfau, 1962, SEBALD, nach 1970 (LfU); 7617/4: bei Sulz, 1851, HEGELMAIER (STU), NE Aistaig, 1986, ADE (STU-K); 7618/2: NE Bittelbronn, 1976, HARMS (STU-K); 7619/1: N Rangendingen, 1982, GOTTSCHLICH (STU-K); 7717/4: Schlichemtal SW Epfendorf, nach 1970 (LfU); 7817/4: Oberrotenstein, KIRCHNER u. EICHLER (1913), nach 1970 (LfU).

Klettgau: 8316/3: Küssaburg, MEIGEN (1904: 418), 1984, QUINGER (KR-K), Westhang des Birnbergs, 1991, DEMUTH (STU-K); 8316/4: Hornbuck N Riedern, 1989, KÜBLER (STU-K); 8317/1: Jestetten, EGM (1926: 385); 8416/1: Reckingen, WITSCHEL (1980: 159), Küßnach, WITSCHEL (1980: 108).

Nördliche Ostalb: 7126/2: Brauner Berg, 1908, BRAUN, 1962, KOCH (STU); 7126/4: Härtsfeldbahntunnel bei Unterkochen, 1938, MAHLER (STU-K); 7127/1: Westhausen, EGM (1926: 368); 7127/2: Sachsenberg W Aufhausen, 1990, VOGGESBERGER (STU-K); 7127/4: N Hohenberg, 1988, SEBALD (STU-K); 7128/1: Sandberg bei Bopfingen, 1956, MAHLER (STU-K); 7128/3: Kapf S Trochtelfingen, 1987, NEBEL (STU-K); 7225/2: Rosenstein, STRAUB (1903: 102); 7225/3: Rechbergle S Tannweiler, 1989, VOGGESBERGER (STU-K); 7227/2: Burghalde SW Dorfmerkingen, 1969, ENGELHARDT (STU-K).

Im Bereich des Albtraufs von Geislingen südwärts bis zum Randen zerstreut. Auf der Albhochfläche nur die beiden folgenden Fundorte: 7622/2: Dapfen, EGM (1926: 372); 7721/3: Felsen am Bruckberg SW Hettingen, Fehlatal, nach 1970 (LfU).

Mittlere Donaualb: 7524/3: Impferenstein S Seißen, 1982, SEYBOLD, 1984, MECKLE (STU-K); 7524/4: Weiler, Gerhausen, K. MÜLLER (1957: 118); 7525/1: Bollingen, K. MÜLLER (1957: 118); 7525/3: Süßerhalde S Wippingen, 1982, RAUNEKER (STU-K); 7624/1: Schelklingen, Schmiechen, 1986, BANZHAF (STU-K); 7624/2: S Weiler, Sotzenhausen, 1986, BANZHAF (STU-K); 7624/3: Weites Tal W Allmendingen, 1986, BANZHAF (STU-K); 7722/2:

Lämmerstein, Glastal W Hayingen, 1958, v. ARAND-AKKERFELD (STU), 1986, BURKHARDT (STU-K); 7722/4: Zwiefalten, Baach, EGM (1926: 372); 7723/1: Großes Lautertal, Gemsfelsen, vor 1945, v. ARAND-ACKERFELD (STU-K); 7724/1: Ehingen, MARTENS u. KEMMLER (1872), vor 1945, v. ARAND-ACKERFELD (STU-K).

Südwestliche Donaualb: 7919/2: E Bärenthal, nach 1970 (LfU); 7919/3: Steige Mühlheim–Kolbingen, 1981, SEBALD, Stettener Tal, 1986, BURKHARDT (STU-K); 7919/4: Beuroner Felsen, 1850, LECHLER (STU); W Ruine Pfannenstiel, 1979, SEBALD (STU-K); 7920/1: Werenwag, 1902, o.N. (KR), Hausen, 1977, SEBALD, 1983, SCHERER (STU-K); 7921/1: Felsen bei Laiz, 1980, SEBALD (STU-K).

Hegau: 8118/2: Kriegertal, 1810, GMELIN (KR), Engen-Talmühle, 1981, BEYERLE (STU-K); 8119/1: Schönbühl N Eigeltingen, ZIMMERMANN in KUMMER (1944: 34); 8119/3: bei Aach, 1921, SCHLATTERER (KR), NE Aach, 1990, VOGGESBERGER (STU-K).

Der tiefste Fundpunkt liegt bei 250 m im Taubergebiet (6323/4); auf der Südwestalb steigt die Berg-Kronwicke bis 970 m (7719/3).

Erstnachweis: Von WEPFER (1679: 14) für das Fürstenbergische Gebiet. Doch hatte vermutlich schon H. HARDER die Art 1574–76 in Baden-Württemberg gesammelt (SCHORLER 1908: 90).

Bestand und Bedrohung: Auf der Schwäbischen Alb und im Taubergebiet sind die Bestände von *C. coronata* zwar zerstreut, aber meist individuenreich. Leichte Rückgangstendenzen sind erkennbar. Die Art ist wenig pionierfreudig und weder weide- noch mähfest. Sie scheint auf sekundäre Standorte nicht ausweichen zu können. Obwohl an ihren Wuchsorten das Baumwachstum aus edaphischen Gründen behindert ist, werden immer wieder Versuche zur Aufforstung, vor allem mit Fichten, unternommen. Im Taubergebiet, auf der Schwäbischen Alb und am Oberen Neckar kann die Pflanze in G5 (schonungsbedürftig) belassen werden. Am südlichen Oberrhein ist sie allerdings stark gefährdet oder, falls sich der Fund bei Niedereggenen nicht mehr bestätigen läßt, sogar verschollen. Diese Vorkommen sind aus pflanzengeographischen Gründen besonders schützenswert, so daß die Art für das Oberrheingebiet lokal in G1 eingestuft werden muß.

4. Coronilla varia L. 1753

Securigera varia (L.) Lassen 1989
Bunte Kronwicke

Morphologie: Kahle oder durch kurze Papillen, rauhe Staude; Stengel bis 120 cm lang, liegend oder aufsteigend, gerillt. Blätter 5- bis 12paarig gefiedert, Blättchen 6–25 mm lang, länglich-eiförmig bis lanzettlich, Mittelnerv unterseits hervortretend, in eine Stachelspitze auslaufend; Nebenblätter

Bunte Kronwicke *(Coronilla varia)*
Schönaich, 13.7.1991

1–6 mm, frei. Dolden 6- bis 20blütig, Blütenstiel länger als der Kelch; Kelchzähne spitz; Krone 10–15 mm lang, rosa oder weißlich. Hülsen 2–4 cm lang, Glieder 4kantig. – Blütezeit: Hoch- und Spätsommer (Juni–Oktober).

Ökologie: In Wald- und Gebüschsäumen, an Feld- und Wegrainen, Straßenböschungen und Bahn- dämmen, in Steinbrüchen, auf mäßig trockenen bis frischen, basenreichen, oft kalkhaltigen Böden, gern auf offenen Rohböden. Origanetalia-Ord- nungskennart, vor allem in den kollinen, mehr basi- philen Ausprägungen der Gesellschaften, auch in Berberidion-Gesellschaften, in verbuschenden Me- sobrometen und nicht mehr beweideten Gentiano- Koelerieten sowie in ruderalen Halbtrockenrasen. Vegetationsaufnahmen finden sich bei GÖRS (1966: Tab. 11), TH. MÜLLER (1966: Tab. 18), WITSCHEL (1980: Tab. 16), PHILIPPI (1984: Tab. 11, 12) und NEBEL (1986: Tab. 20).

C. varia wächst in Gesellschaft von Arten wie *Medicago falcata, Vicia tenuifolia, Agrimonia eupa- toria, Bupleurum falcatum, Viola hirta* und *Brachy- podium pinnatum.*

Allgemeine Verbreitung: Die Bunte Kronwicke ist ein subkontinentales, submediterranes Florenele- ment. Die Westgrenze ihres Areals verläuft von Nordspanien bis Nordfrankreich, die Nordgrenze bis zur Elbe (in Deutschland nördlich des Mains nur sehr zerstreut) und bis Litauen, im Osten bis zum Ural, Kaukasus und Elburs-Gebirge. Im Sü- den reicht die Art bis zum Libanon, Cypern, Nord- peloponnes und Süditalien.

Verbreitung in Baden-Württemberg: Die Bunte Kronwicke ist in den tiefergelegenen Landschaften und in sommerwarmen, kontinentalen Lagen auf basenreichen Böden verbreitet. Sie kommt zerstreut im Oberrheingebiet und im Kraichgau vor, vereinzelt entlang des Neckars von Rottweil bis Stuttgart, häufig im Neckarbecken nördlich Stuttgart, im Bauland und Taubergrund. Im Klettgau, Hegau und am westlichen Bodensee ist sie nicht häufig.

Auf der Schwäbischen Alb bevorzugt *C. varia* die kontinentaleren, östlichen Bereiche. Von der südwestlichen Donaualb zwischen Tuttlingen und Sigmaringen sind nur wenige Fundstellen bekannt, von Munderkingen an ostwärts nimmt die Häufigkeit von *C. varia* in der Donaualb zu. Etwas abgelegen ist ein Vorkommen im Illertal zwischen Aitrach und Kirchdorf. Zahlreiche Fundstellen sind synanthropen Ursprungs. Die Art ist im Gebiet urwüchsig.

Die tiefsten Wuchsorte befinden sich bei 100 m in der Rheinebene (6417); am besten gedeiht die Bunte Kronwicke in Lagen unter 500 m, an besonders warmen Südhängen steigt sie auf der Schwäbischen Alb bis 900 m (7719).

Erstnachweise: 11. Jhd. n.Chr., Ditzingen, SILLMANN (1989). C. BAUHIN (1622: 97) fand die Bunte Kronwicke am „monte Crentzacho" (8411).

Bestand und Bedrohung: *C. varia* kommt in den ihr zusagenden Landschaften zwar zerstreut aber meist in größeren Herden vor. Sie meidet nährstoffreiche Standorte und erträgt häufiges Mähen nicht. Auf-

grund ihrer Fähigkeit zur Bildung von Wurzelbrut ist sie recht pionierfreudig und an Sekundärstandorten oder gestörten Stellen wie Steinbrüchen und Wegböschungen fast häufiger zu finden als in primären Säumen oder lückigen Wäldern. Früher wurde die Bunte Kronwicke als Futterpflanze angebaut, heute findet sie für die Begrünung von Straßenböschungen Verwendung. Sie ist in Baden-Württemberg nicht gefährdet, sondern eher in Ausbreitung begriffen.

Coronilla scorpioides (L.) Koch 1835
Skorpionskraut

10–40 cm hohes, kahles Kraut. Endblättchen bis 4 cm lang, rundlich eiförmig, die 2–4 Seitenblättchen höchstens halb so groß. Nebenblätter häutig, verwachsen. Dolden 2- bis 5blütig, Krone 4–8 mm, gelb. Hülsen bis 6 cm lang, krallenförmig gebogen. – Blütezeit: Juli, August.

Das Skorpionskraut ist ein Ackerunkraut, das aus dem Mittelmeergebiet stammt und in Baden-Württemberg nur adventiv auftritt. In warmen Lagen verwildert es selten auf Äckern, in Steinbrüchen, auf Bahnhofsgelände, Schutt- und Müllplätzen und ist meist unbeständig.

6516/2: Mühlau, LUTZ (1910: 373); 6916/4: Güterbahnhof Karlsruhe, 1933, JAUCH (KR); 7121/4: bei Neustadt, 1941, K. MÜLLER (1942–50: 106); 7221/1: Hauptbahnhof Stuttgart, 1933, K. MÜLLER (1935: 52); 7327/1: Steinbruch u. Acker NE Heidenheim, 1971, VON HEYDEBRAND (STU-K); 7525/4: Güterbahnhof Ulm, 1931–34, K. MÜLLER (1935: 52); 7625/2: Kuhberg, 1922, v. ARAND-ACKERFELD (STU-K), Plapperäcker bei Söflingen, 1934, K. MÜLLER (1935: 52); 7724/1: Ehingen, 1880, MARTENS u. KEMMLER (1882); 7822/2: Riedlingen, 1890,

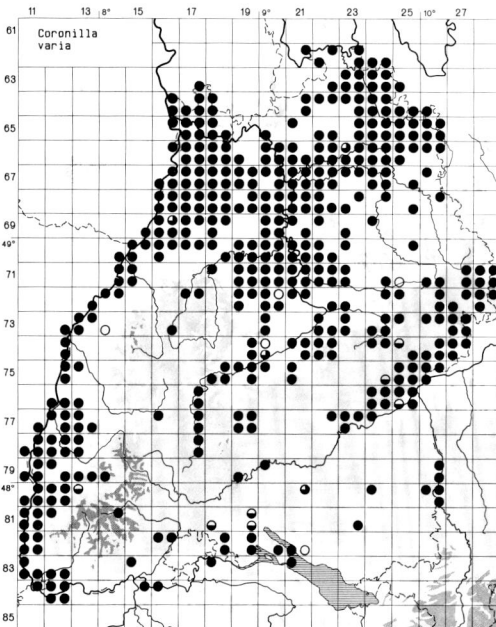

Coronilla varia

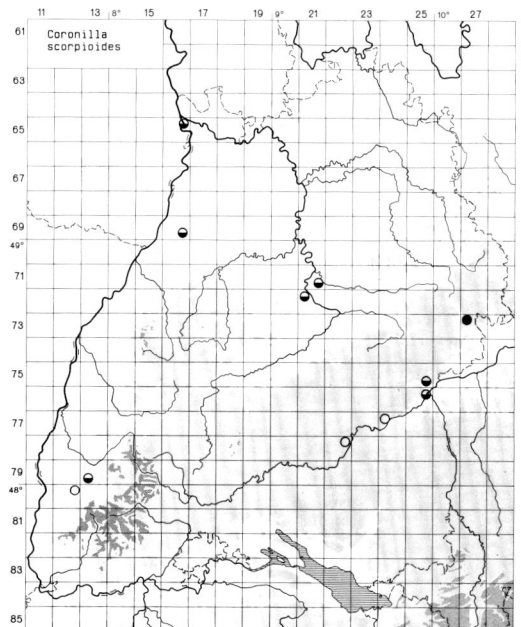

Coronilla scorpioides

A. Mayer (STU); 7913/3: Güterbahnhof Freiburg, 1937, 1939, Jauch (KR); 8012/2: Basler Straße, Freiburg, Thellung, Knetsch in Liehl (1900: 200).

Die tiefste Fundstelle liegt bei 95 m am Mühlauhafen (6516), die höchste bei 530 m (7327). Nach Bertsch (STU-K) soll die Art bereits im Herbar Harder enthalten sein.

11. **Hippocrepis** L. 1753
Hufeisenklee

Die Gattung *Hippocrepis* unterscheidet sich von *Coronilla* durch den längeren Blattstiel und die halbmond- bis hufeisenförmigen, flachen Hülsenglieder. Nach Lassen (1989, s. *Coronilla*) ist *Hippocrepis* durch folgende Merkmale gekennzeichnet: Stengel kantig; Blattstiel lang (manchmal länger als die Spreite); Nebenblätter ein Stück weit mit dem Blattstiel verwachsen, am Grund mit 1(−2) dunklen Punkten; Früchte netznervig, mit Papillen, die oft dunkel gefärbt sind. Da diese Definition auch auf *Coronilla emerus* zutrifft, wird sie von Lassen zu *Hippocrepis* gestellt.

Das Entfaltungszentrum von *Hippocrepis* befindet sich im mediterranen Raum. Die 21 Arten der Gattung sind rund um das Mittelmeergebiet bis Westasien verbreitet. 10 Arten sind auf europäischem Gebiet heimisch. Nur eine Art reicht bis Mitteleuropa und kommt auch in Baden-Württemberg vor.

1. **Hippocrepis comosa** L. 1753
Hufeisenklee

Morphologie: Ausdauernde, zerstreut behaarte Pflanze; Stengel 10−40 cm hoch, am Grunde verholzend. Blätter 7- bis 15zählig gefiedert, Blättchen 5−20 mm lang und 2−6 mm breit, eiförmig bis lineal, abgerundet oder gestutzt, ohne Knorpelrand, Mittelnerv unterseits hervortretend und in einem Spitzchen endend; Nebenblätter 3−5 mm lang. Dolden 5- bis 8blütig, Blütenstiel kürzer als der Kelch; Kelch röhrig-glockig, Kelchzähne spitz-dreieckig; Krone 8−12 mm lang, gelb, Nagel der Kronblätter länger als der Kelch. Hülsen 15−35 mm lang, in bis zu 6 hufeisenförmig gebogene Segmente gegliedert, die mit dunklen Papillen besetzt sind. − Bestäubungstyp: Pumpmechanismus; Blütezeit: Ende April–Juli.
Ökologie: In Magerrasen, auf Felsen und Schutthalden, an Wegböschungen, Dämmen und Abbruchkanten, auf trockenen bis mäßig trockenen, basenreichen, im Gebiet meist kalkhaltigen, steinigen, rohen oder humosen Lehmböden; Tonböden

werden vom Hufeisenklee gemieden. Brometalia-Ordnungskennart, gern in *Sesleria varia*-reichen Magerrasen, auch in Saumgesellschaften (Geranion sanguinei) und in lückigen Kiefernbeständen (Erico-Pinetea).

In Vegetationsaufnahmen ist die Art oft dokumentiert, u.a. bei Kuhn (1937), Witschel (1980), Sebald (1983) und Philippi (1984). Man findet *H. comosa* häufig in Begleitung von *Bromus erectus, Sanguisorba minor, Scabiosa columbaria, Pimpinella saxifraga, Asperula cynanchica* und *Carex humilis*.

Allgemeine Verbreitung: Mittel- und südeuropäische Pflanze. Von Nordspanien nordwärts bis Nordengland, zu den französischen, belgischen und deutschen Mittelgebirgen (Harz, Thüringen), Böhmen und Tatra, im Osten bis Makedonien. Im Süden reicht die Pflanze bis zum Peloponnes und Sizilien.

Verbreitung in Baden-Württemberg: Die Verbreitungsschwerpunkte des Hufeisenklees liegen in den Kalkgebieten: Im nördlichen und mittleren Oberrheingebiet zerstreut auf kalkreichen Dünensanden, Dämmen und Alluvionen (z.B. im Bereich des Neckarschwemmfächers), am südlichen Oberrhein in der Vorbergzone und den Grundwasserabsenkungsflächen, häufig in den Gäulandschaften über Muschelkalk, in den Keupergebieten selten und nur auf reicheren Mergelböden, häufig auch auf Muschelkalkvorkommen am Hochrhein, im Klettgau

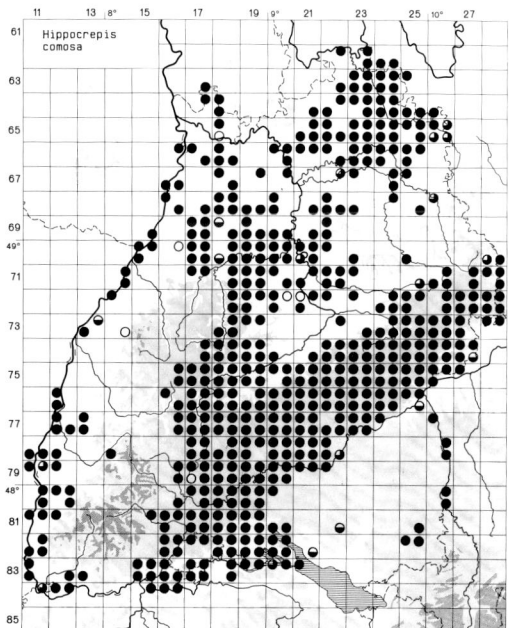

Hippocrepis comosa

Hufeisenklee *(Hippocrepis comosa)*
Schelingen, 19.5.1991

und Wutachgebiet, ebenso im gesamten Jura (Randen, Schwäbische Alb). Im Alpenvorland ist die Art im Hegau und westlichen Bodenseeraum verbreitet, auf Schottern und Dämmen entlang der Iller und im Westallgäuer Hügelland sehr zerstreut. Der Hufeisenklee fehlt den Sandsteingebieten des Odenwalds, Schwarzwalds und Schwäbisch-Fränkischen Waldes sowie weiten Bereichen des Albvorlands und Oberschwabens.

Seine Höhenverbreitung reicht im Gebiet von 100 m in der Rheinebene (6417) bis 1000 m auf der Hohen Schwabenalb (7818). Er ist in Baden-Württemberg urwüchsig.

Erstnachweis: DUVERNOY (1722: 109) fand die Art am Spitzberg bei Tübingen (7420). Sie wurde vermutlich schon von H. HARDER 1574–76 im Gebiet gesammelt (SCHORLER 1908: 88).

Bestand und Bedrohung: *H. comosa* wächst vorzugsweise in Kalkmagerrasen und -weiden, die regional durch intensivere land- und forstwirtschaftliche Nutzung stark zurückgegangen sind. Einmalige Mahd und extensive Beweidung werden von der Pflanze gut überstanden, auch ist sie aufgrund ihrer Pionierfreudigkeit in der Lage, auf Sekundärstandorte auszuweichen. Der Hufeisenklee ist in Baden-Württemberg bislang nicht gefährdet.

Hufeisenklee *(Hippocrepis comosa)*
Früchte, Reichenbach i. T., 15.7.1990

12. **Ornithopus** L. 1753
Vogelfuß

Ein- bis mehrjährige, meist behaarte Kräuter. Blätter unpaarig gefiedert, Nebenblätter frei, lineal. Blüten kurzgestielt in achselständigen Dolden; Kelch röhrig-glockig, mit 5 gleichen, schmal-dreieckigen Zähnen; Krone gelb, rosa oder weiß, Flügel länger als das stumpfe Schiffchen, oberstes Staubblatt frei. Hülsen schwach-gekrümmt, netznervig, gegliedert, flach, zwischen den Gliedern eingeschnürt. – Bestäubungstyp: Klappmechanismus, Selbstbestäubung häufig.

Die Gattung umfaßt 6 Arten, von denen 5 im Mittelmeergebiet von den Kanaren bis Westasien verbreitet sind. Eine Art kommt im südlichen Südamerika vor. Das Mannigfaltigkeitszentrum der Gattung liegt in der Westmediterraneis. In Europa sind 4 Arten heimisch, 2 Arten finden sich in Baden-Württemberg, davon 1 Art nur verwildert. Eine seltene Adventivart ist darüberhinaus *O. compressus* mit gelben Blüten.

1 Blüten 3–4 mm lang, kürzer als das Tragblatt; Blättchen bis 5(–8) mm, oval; Hülse gebogen . .
   1. *O. perpusillus*
– Blüten 5–9 mm lang, das Tragblatt überragend; Blättchen bis 10 mm, lanzettlich; Hülse gerade . .
   [O. sativus]

Ornithopus sativus Brot. 1804
Serradella

Ein- bis mehrjährige, abstehend behaarte Pflanze; Stengel aufrecht, 15–70 cm hoch. Blätter mit 5–15 Fiederpaaren, Blättchen lanzettlich, bis 10 mm lang und 5 mm breit. Blüten zu 2–6, Kelchzähne ½ bis fast so lang wie die Röhre, Krone weiß oder rosa. Hülsen 15–30 mm lang, meist gerade, kahl oder behaart. – Blütezeit: Juli–September.

Serradella benötigt leichte, saure Böden und kann vorübergehend auf Brachäckern, an Wegrändern, in Kiesgruben und auf Bahngelände verwildern. Sie tritt in Ruderalgesellschaften und Sandtrockenrasen auf. Es handelt sich um eine westmediterran-atlantische Art, die bei uns seit dem 19. Jh. als Futterpflanze gebaut wird. In Baden-Württemberg kommt sie sehr zerstreut und unbeständig in Höhenlagen zwischen 90 m (6416) und 830 m (8014) vor. In ausgesprochenen Kalkgebieten wurde sie noch nicht beobachtet.

Auf Bastarde mit der folgenden Art ist zu achten.

1. **Ornithopus perpusillus** L. 1753
Kleiner Vogelfuß, Mäusewicke

Morphologie: Ein- oder mehrjährige, abstehend behaarte Pflanze; Stengel am Grunde verzweigt, niederliegend bis aufsteigend, 5–30 cm hoch. Fiederblättchen 5- bis 15paarig, 2–5 (–8) mm lang und bis 5 mm breit, oval, an der Spitze abgerundet. Blüten zu 2–6; Kelchzähne höchstens ½ so lang wie die Röhre; Krone weißlich, Fahne purpur geadert. Hülsen 1–2 cm lang, aufwärts gekrümmt, behaart.

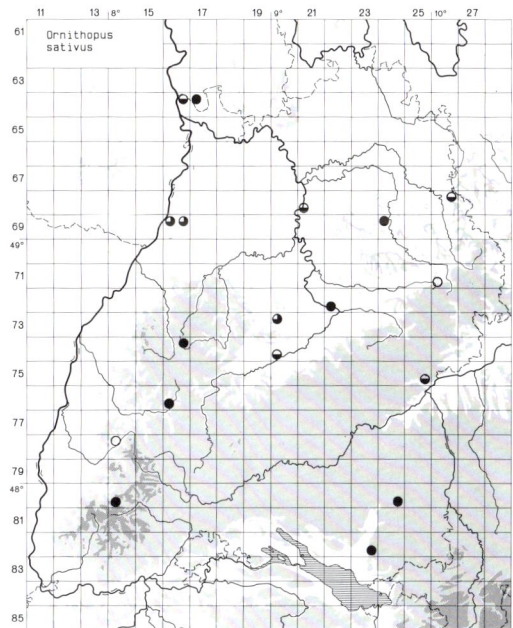

Kleiner Vogelfuß *(Ornithopus perpusillus)*
Ochsenfeld (Elsaß)

Blütezeit: Mai–September. Der vorigen Art ähnlich, jedoch in allen Teilen kleiner.

Ökologie: Der Kleine Vogelfuß wächst in lückigen, niedrigen Rasen aus annuellen Gräsern und Kräutern, in lichten Kiefernwäldern, an Wald- und Wegrändern, in Äckern, auf Dünen und Sandaufschüttungen, in Kiesgruben sowie an Flug- und Sportplätzen.

Er gedeiht auf trockenen bis mäßig frischen, mageren, kalkarmen, wenig humosen, sandigen oder kiesigen Böden, die verfestigt sein können, auch auf Granitgrus; gern im Halbschatten. Thero-Airion-Verbandskennart, als Trennart in Getreide- und Hackfrucht-Unkrautgesellschaften ertragsarmer, saurer Sandböden (Sclerantho-Arnoseridetum, Setario-Galinsogetum, Digitarietum ischaemi).

Vegetationsaufnahmen von Sandfluren bei BARTSCH (1940: Tab. 9) und PHILIPPI (1973: Tab. 4, 5, 7; 1984: Tab. 9), von Unkrautgesellschaften bei BARTSCH (1940: Tab. 6).

O. perpusillus wächst gern in Begleitung von *Agrostis tenuis, Rumex acetosella, Trifolium arvense, Corynephorus canescens,* sowie *Aira-, Vulpia-, Filago-* und *Scleranthus*-Arten.

Allgemeine Verbreitung: Atlantisches Europa von Nord-Portugal, Nord-Spanien und Westitalien nordwärts bis Irland, Schottland, Dänemark und Südschweden, im Osten bis Polen, Thüringen und Bayern.

Verbreitung in Baden-Württemberg: Seltene Pflanze, nur im Westen und äußersten Norden des Landes auf kalkarmen Sandböden sowie über Buntsandstein-, Granit- und Gneisverwitterungsböden. Das heutige Hauptverbreitungsgebiet des Kleinen Vogelfußes ist die nördliche Oberrheinebene, wo er auf der Niederterrasse an Wegen und Dämmen, auf extensiven Schafweiden, am Rande von Kies- und Sandgruben zerstreut vorkommt. Im nördlichen Odenwald sehr selten an sandigen Wegrändern. Im Schwarzwald, besonders im Mittleren und Süd-Schwarzwald, ist er selten auf Äckern, lückigen Weidfeldern und an Wegen zu finden. Die Pflanze fehlt auf den sandigen Böden der Keupergebiete. Sie ist im Gebiet urwüchsig.

Nördliches und mittleres Oberrheingebiet: In zahlreichen Quadranten, die Funde werden nicht im einzelnen aufgeführt.

Freiburger Bucht: 8011/2: Zwischen Niederrimsingen und Rothaus, SPENNER (1829), NEUBERGER (1912); 8012/2: Schönberg beim Uffhauser Steinbruch, PERLEB in SPENNER (1829), NEUBERGER (1912); 8013/1: Lorettoberg, KRAUER in SPENNER (1829), NEUBERGER (1912). Bei NEUBERGER (1912) noch als „ziemlich verbreitet" angegeben.

Odenwald: 6221/2: N Freudenberg, 1985, PHILIPPI (KR-K); 6222/2: Grünenwört gegen Bestenheid, PHILIPPI (1984: 581); 6420/2: Hohberg NW Schlossau, 1989, DE-

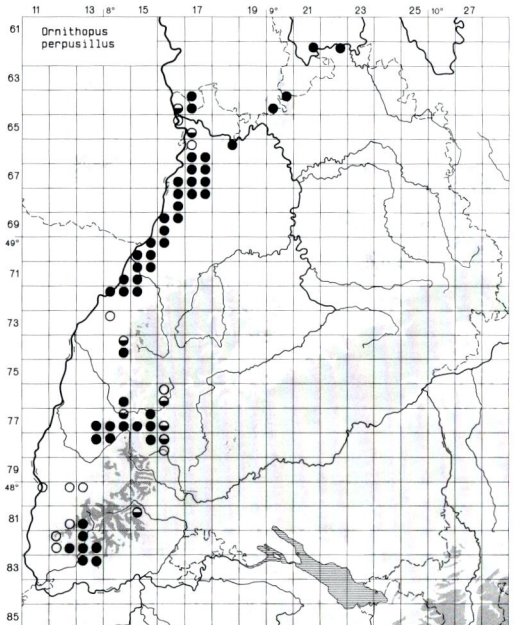

332

Kleiner Vogelfuß *(Ornithopus perpusillus)*
Elztal

MUTH (KR-K); 6420/3: o.O., nach 1970, SCHÖLCH (STU-K); 6618/2: o.O., nach 1970, SCHÖLCH (STU-K).
Nordschwarzwald: 7414/2: Schwend, WINTER (1895: 273), Buchwald über Kappelrodeck, 1928, W. ZIMMERMANN (1929: 60); 7414/4: Mehrfach um Lautenbach, BARTSCH (1940: 44), Sohlberg, um 1986, PHILIPPI (KR-K).
Mittlerer Schwarzwald: Mehrere Funde zwischen Elzach und Alpirsbach. Von den Vorkommen am Ostrand des Schwarzwalds liegen keine aktuellen Angaben mehr vor.
Südschwarzwald: Vor allem im Belchengebiet; die der Vorbergzone zu gelegenen Fundstellen bereits im letzten Jahrhundert verschollen; etwas abgelegen ist der Fundort: 8115/1: um Lenzkirch mehrfach, 1915, NEUBERGER in SCHLATTERER (1920: 111).
Aus den übrigen Landesteilen liegen folgende Beobachtungen unbeständiger Vorkommen vor: 6725/4: NW Kirchberg, FINCKH (1850: 220); 7022/2: Backnang, 1897, KIRCHNER u. EICHLER (1900); 7419/1: bei Thailfingen, GMELIN (STU); 8017/3: Eisenbahndamm bei Pfohren, 1868, BRUGGER in ZAHN (1889: 64). Sie wurden in der Karte weggelassen.

Die tiefstgelegenen Vorkommen befinden sich bei 100 m in der Rheinebene. Im Südschwarzwald (8113) steigt *O. perpusillus* bis auf 1000 m Höhe.
Erstnachweis: Schriftlich erwähnt wird der Kleine Vogelfuß bei C. BAUHIN (1622: 97) „inter novam Domum et Otlingen" (8411–8311).
Bestand und Bedrohung: Der Kleine Vogelfuß ist in Landschaften, in denen er von Natur aus vorkommt, noch in vielen Quadranten zu finden.

Rückgangstendenzen sind jedoch bereits erkennbar. Sie werden durch die Ausdehnung der Siedlungsflächen und die Intensivierung der Landwirtschaft, wozu das Wegfallen der Schafbeweidung, Düngung, Kalkung, und Herbizidanwendung zählt, hervorgerufen. Aus dem dicht besiedelten Mannheimer Raum und in der Freiburger Bucht ist die Art daher verschwunden, ebenso aus Gegenden wie dem Ostschwarzwald, wo sie hauptsächlich Äcker besiedelte.

Der Vogelfuß wächst in Pflanzengesellschaften, deren Existenz vom Menschen abhängt. Leichte Störungen, etwa durch Tritt oder Schafbeweidung, halten die Standorte offen und fördern das Auftreten der Pflanze, die zu den Erstbesiedlern gehört. Die meisten Vorkommen sind sehr kleinflächig und umfassen oft nur 1 oder 2 m². Die Einstufung der Art als schonungsbedürftig (G5) reicht für Gebiete außerhalb der nördlichen Oberrheinebene nicht mehr aus. *O. perpusillus* muß in diesen Landesteilen als gefährdet (G3) gelten.

13. **Vicia** L. 1753

Cracca Benth. 1853; *Ervilia* Link 1822; *Ervum* L. 1753; *Faba* Mill. 1754
Wicke, Vogelerbse
Bearbeiter: A. WÖRZ

Einjährige oder ausdauernde Kräuter mit kletternden, schlaffen Stengeln ohne Knollen oder Rhizome. Laubblätter zweizeilig gestellt, paarig gefiedert, mit verzweigter Ranke, selten auch mit Grannenspitze. Nebenblätter häufig mit extrafloralen Nektarien (Sekt. *Eu-Vicia*), Fiederblättchen stets fiedernervig (Unterschied zu *Lathyrus*!), Blütenstände blattachselständig, Schiffchen kürzer als Flügel, Staubbeutelröhre schief abgeschnitten (Unterschied zu *Lathyrus*!).

Die Bestäubung erfolgt bei *Vicia* mit einem „Bürstenmechanismus" durch Insekten, und zwar vor allem durch Bienen und Schmetterlinge. Autogamie und Kleistogamie kommen ebenfalls vor. In der Regel bewirkt der Schleudermechanismus der Hülsen eine ± effektive Verbreitung, daneben ist für wenige Formen Endozoochorie durch Huftiere nachgewiesen.

Von den weltweit etwa 150 Arten kommen in Europa etwa 55, in Baden-Württemberg 16 vor, wobei hier die Kleinsippen von *V. cracca* agg. als Arten gewertet werden. Außerdem konnte eine Reihe seltener und unbeständiger Formen festgestellt werden, die vor allem an Verkehrswegen gefunden wurden:

Vicia bithynica (L.) L. 1759

Fiederblättchen 1–3 Paar, Nebenblätter grob-gezähnt; Blütenstände 1- bis 2blütig, lang gestielt; Fahne purpurn, Flügel und Schiffchen weiß.

Eingeschleppt aus dem Mittelmeergebiet: 6916/1: Güterbahnhof Karlsruhe, JAUCH (1938); 7121/1: Stuttgart, Hauptgüterbahnhof, SEYBOLD (1968); 7525/4: Ulm, Güterbahnhof, 1931–45, MÜLLER (1957).

Vicia cordata Wulf. in Sturm 1812
V. sativa subsp. *cordata* (Wulf) Ascherson & Graebner 1909
Herzblättrige Wicke

Untere Laubblätter kurz bespitzt, mit 1–3 Paar verkehrteiförmiger Blättchen, obere mit Ranken und 4 bis 7 Paar länglich-linealer Fiederchen. Blüten blau bis lila.

Eingeschleppt aus Südeuropa: 7525/4: Güterbahnhof Ulm, 1945, MÜLLER (STU); nach GAMS in HEGI (1924) auch im Hafen von Mannheim.

Vicia ervilia Willd 1892
Wicklinse

Einjährige, bis 60 cm hohe Staude, Fiederblättchen lineal, ca. 5–15 × 1–4 mm, Nebenblätter halbspießförmig, spitz, Blütenstände kürzer als Laubblätter, 2- bis 4blütig, Blüten ca. 8 mm lang, hellrosa.

Aus dem Mittelmeergebiet stammende Kulturpflanze, die im Gebiet bisweilen verwildert: „unter Linsen bei Müllheim, Gondelsheim und Wertheim", DÖLL (1862); 6224/3: Wenkheim, KNEUCKER (1931); 6424/1: Gerlachsheim, STEIN (1883); 7221/3: Plieningen, KIRCHNER (1888); 7516/1: Freudenstadt, MAYER (1950).

Vicia hybrida L. 1753
Hybrid-Wicke

20–60 cm hohe Pflanze mit 3–8 Fiederpaaren, Fiederblättchen 6–15 × 1,5–7 mm, Blüten einzeln, 18–30 mm lang, hellgelb oder purpurn, mit an der Rückseite behaarter Fahne.

Heimat: Mittelmeergebiet. Bei uns vereinzelt eingeschleppt: 7525/4: Ulm, Güterbahnhof, 1946, MÜLLER (STU).

Vicia melanops Sibth. & Sm. 1813
Schwarzflügelige Wicke

15–80 cm hoher Therophyt mit 5–10 Fiederpaaren, diese 5–20 × 2–8 mm, Blüten grünlichgelb, Schiffchen purpurn, Flügel schwärzlich bespitzt.

Natürliche Vorkommen auf dem Balkan, in Italien und Südfrankreich. Vereinzelt eingeschleppt: 7525/4: Ulm, 1902, HAUG in MÜLLER (1957), KIRCHNER und EICHLER (1913).

Vicia monantha Retz. 1783
Einblütige Wicke

Blätter mit 8–10 länglich-linealen Fiederpaaren, 10–25 × 1–6 mm, Blütenkrone hellpurpurn. 6223/1: Wertheim (STU).

Vicia peregrina L. 1753
Landstreicher-Wicke

Therophyt mit 20–100 cm langem Stengel, Laubblätter mit 3–6 Paar Blättchen, untere bisweilen weniger, Fiederblättchen schmal-lineal, 10–30 × 1–2 mm, Blüten 10–15 mm, Krone purpurn, doppelt so lang wie Kelch.

Eingeschleppt aus Südeuropa: 7525/4: Ulm, Güterbahnhof, 1952, MÜLLER (1957); 7625/2: Äcker am Kuhberg bei Ulm, 1906, MANGOLD (STU).

Vicia tenuissima (M. Bieb.) Sch. & Thell. 1923
Schmalstblättrige Wicke

15–60 cm hoher Therophyt mit 2–5 Paar Fiederblättchen, diese ca. 10–25 × 1–3 mm, Blüten 6–9 mm, hellpurpurn.

Heimat: Süd- und Westeuropa. Vereinzelt eingeschleppt: 6421/4: Buchen, 1951, SACHS (1961).

1	Fiederblättchen sehr schmal, nadelartig, nur ± 1 mm breit. Blüten weißlich-hellviolett, 15–20 mm lang. Thermophile Säume. Sehr selten 4. *V. dalmatica*	
–	Fiederblättchen breiter	2
2	Blütenkrone gelb oder gelblichweiß, selten bräunlich (! bei *V. dumetorum* sind die jungen Blüten bisweilen gelblich !)	3
–	Blütenkrone nicht gelb, meist violett, blau oder rot, bisweilen weiß und bläulich geadert	6
3	Fiederblättchen groß, 20–60 × ± 50 mm, unterstes Fiederblattpaar dem Blattgrund genähert. Pflanze ähnlich *Astragalus glycyphyllos*, aber stets mit Ranken und kleineren Nebenblättern. Wälder, Waldsäume. Selten . . . . 1. *V. pisiformis*	
–	Fiederblättchen kleiner, unter 20 mm lang	4
4	Blüten auffallend groß, 25–35 mm lang, Kelchzähne (fast) gleich, Hülsen kahl oder jung kurzhaarig. Ruderalflächen, Bahnhöfe, Straßenränder. Sehr selten . . . . 12. *V. grandiflora*	
–	Blüten kleiner, unter 25 mm lang, Kelchzähne ungleich, Hülsen behaart	5
5	Blüten 20–25 mm lang, zitronengelb, Kelch höchstens am Rand gewimpert, Hülsen mit langen, abstehenden und auf Knötchen sitzenden Haaren. Äcker, Wegränder, Bahnhöfe. Selten 17. *V. lutea*	
–	Blüten 15–20 mm lang, gelblich, bisweilen auch weißlich oder bräunlich, Kelch deutlich behaart, Hülsen anliegend-zottig behaart. Äcker, Weinberge, Ruderalflächen. Selten . 13. *V. pannonica*	
6	Fiederblättchen auffallend groß, 30–50 × 20–40 mm. Blüten 15–30 mm, mehrfarbig lila, rötlich und violett. Weinberge. Sehr selten . . . . 18. *V. narbonensis*	
–	Fiederblättchen kleiner	7
7	Blüten klein, unter 9 mm lang, bläulichweiß . . .	8
–	Blüten größer als 8 mm	10
8	Blüten 3–4 mm lang, in 3- bis 5blütigen Trauben, Hülsen zottig behaart, 2- bis 3samig. Äcker, Wegränder. Verbreitet . . . . 9. *V. hirsuta*	
–	Blüten 4–9 mm lang, einzeln, selten in 3- bis 5blütigen Trauben, Hülsen meist kahl	9
9	Blätter mit 3–4 Fiederpaaren. Blütenstand mit langer Achse, Blüten daher scheinbar langgestielt,	

Hülsen 4samig, ca. 10 mm lang. Äcker, Ruderalflächen. Verbreitet . . . . . . 10. *V. tetrasperma*
– Blätter mit 1–2, maximal 3 Fiederpaaren, Blüten
in den Blattachseln sitzend, Hülsen ca. 7samig
15–25 mm lang. Wiesen, Magerrasen. Selten . . .
. . . . 16. *V. lathyroides*
10 Blütenstand mit 1–2 Blüten, diese 15–30 mm lang . . . 11
– Blütenstand mehrblütig 12
11 Fiederblättchen deutlich über 5 mm breit, Blüten
20–30 mm lang. Kelchzähne so lang oder länger
als die Kelchröhre. Hülsen hellbraun, 40–65
× 7–10 mm. Äcker. Selten . . . . 14. *V. sativa*
– Fiederblättchen 2–4 mm breit, Blüten 10–16
mm lang. Kelchzähne kürzer als Kelchröhre. Hülsen
braun bis dunkelbraun, 30–55 × 4–6 mm. Ruderalstandorte, Wegraine, Halbtrockenrasen. Zerstreut . . . . 15. *V. angustifolia*
12 Blütenkrone weiß, bläulichviolett geadert. Blättchen eiförmig-elliptisch, abgerundet, Hülsen länglich, dunkelbraun, Bergwälder, Waldsäume. Zerstreut . . . . 6. *V. sylvatica*
– Blütenkrone blau, violett oder lila 13
13 Blüten 8–11 mm lang 14
– Blüten über 12 mm lang 15
14 Blütenstand 20- bis 40blütig. Fiederblättchen
10–25 × 3–5 mm, Hülsen schlank, 5–6 mm
breit, dunkelbraun bis schwärzlich. Wiesen, Waldsäume, Ruderalstandorte. Gemein . . 2. *V. cracca*
– Blütenstand 5- bis 15blütig. Fiederblättchen etwa
12–15 × 5–7 mm, Hülsen 6–8 mm breit, kastanienbraun. Lichte Wälder, Säume. Sehr selten . .
. . . . 5. *V. cassubica*
15 Blätter mit 3–4 Paar gegeneinander versetzter Fiederblättchen, deren unterstes den Nebenblättern
genähert ist, Blättchen relativ groß, rundlich,

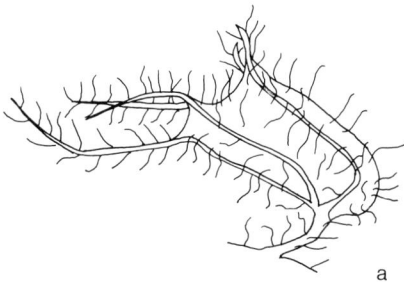

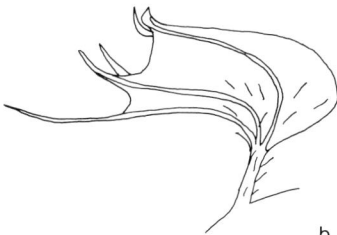

Kelchformen von *Vicia villosa*
a) subsp. *villosa*, b) subsp. *varia*.
Zeichnung A. Wörz.

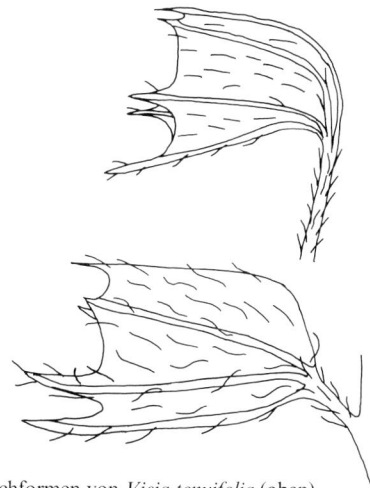

Kelchformen von *Vicia tenuifolia* (oben)
und *V. cracca* (unten).
Zeichnung A. Wörz.

20–40 × 10–20 mm, halb so breit wie lang. Bergwälder, Waldsäume. Zerstreut . 7. *V. dumetorum*
– Blätter anders gestaltet 16
16 Blüten in kurz-gestielten Trauben, mit 2–4, selten
6 schmutzig-blauen bis violetten Blüten, Blättchen
rundlich-elliptisch. Wiesen, Säume, Wegränder.
Gemein . . . . 11. *V. sepium*
– Blüten in langgestielten, meist über 10blütigen
Trauben, Fiederblättchen länglich-lanzettlich . . . 17
17 Platte der Fahne ± so lang wie ihr Nagel, Kelch
deutlich gekröpft (vgl. Zeichnung), Blütenstand ±
so lang wie das zugehörige Tragblatt, Laubblätter
mit 5–10 Paar Fiederblättchen, Hülsen länglich-
eiförmig, 20–40 × 8–10 (12) mm, hellbraun-grün-
lich. Äcker, Ruderalflächen. Zerstreut . . . . . .
. . . . 8. *V. villosa*
– Platte der Fahne bis doppelt so lang wie ihr Nagel,
Kelch schwach gekröpft oder ungekröpft (vgl.
Zeichnung), Blütenstand etwa doppelt so lang wie
das zugehörige Tragblatt, Laubblätter mit
9–14 Fiederblättchen, Hülsen 20–30 × ± 6 mm,
braun. Säume, lichte Laubwälder. Zerstreut . . .
. . . . 3. *V. tenuifolia*

1. Vicia pisiformis L. 1753
Ervum pisiformis (L.) Peterm. 1830
Erbsen-Wicke

Morphologie: Hemikryptophyt mit kräftiger, ästiger Grundachse und 1–2 m langem, weichem,
kantigem und gerilltem Stengel, einfach oder oberwärts verzweigt. Laubblätter zweizeilig stehend,
10–20 cm lang, stets mit Ranken und 3–5 Paar
deutlich gestielter Blättchen. Unterste Fiederblättchen unmittelbar über den kleineren Nebenblättern
stehend, daher erbsenartig große Nebenblätter vor-
täuschend. Blättchen eiförmig, 20–60 mm lang und

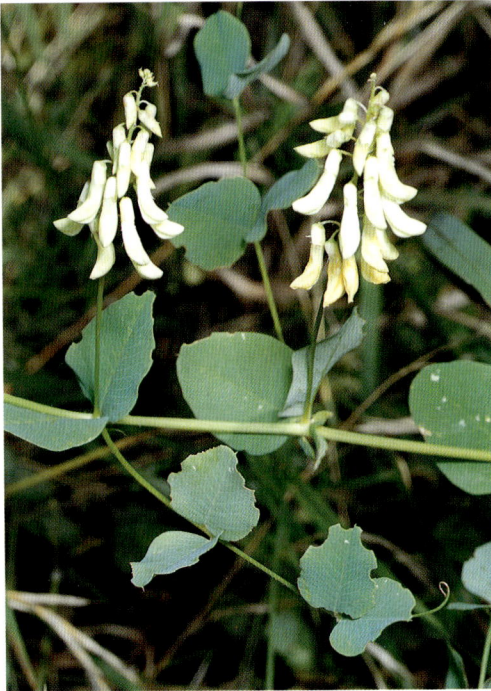

Erbsen-Wicke *(Vicia pisiformis)*
Neresheim, 5.8.1992

nur wenig schmäler, abgerundet und bespitzt. Blütenstände etwas kürzer als Laubblätter, deutlich gestielt und sichelartig gebogen, einseitswendig mit 10–30 Blüten an linealen, hinfälligen Tragblättern. Blüten an 3–4 mm langen Stielen nickend, 12–15 mm lang, Kelch weit-glockig, schief, mit kurzen, lanzettlichen, durch weite Buchten getrennten, z.T. gewimperten Zähnen, obere zusammenneigend und kürzer als untere. Blütenblätter hell- bis schwefelgelb, Fahne rundlich, ausgerandet, wenig länger als Flügel und das an der Spitze grünliche Schiffchen. Hülsen nickend, 25–40 × 6–9 mm, länglich, nach den Enden verschmälert, braun, ca. 6samig. Samen kugelig, braun bis schwarz.

Biologie: *V. pisiformis* blüht von Mai bis August. Als Bestäuber wurden Bienen, Hummeln und Schmetterlinge beobachtet.

Ökologie: *V. pisiformis* kommt in lichten Laub- und Kiefernwäldern sowie an Wegrändern, Waldsäumen und -verlichtungen vor und bevorzugt sommerwarme, trockene bis mäßig trockene Lagen. Der Untergrund besteht aus basenreichen, neutralen bis höchstens mäßig sauren Lehm- und Tonböden, vorwiegend in Kalkgebieten. OBERDORFER wertet sie als Charakterart der thermophilen Saum-

gesellschaften (Origanetalia). Wichtige Begleitarten sind z.B. *Astragalus glycyphyllus, Coronilla varia, Inula salicina, Betonica officinalis.*

Allgemeine Verbreitung: Rußland, Polen, Süd-Skandinavien, Mitteleuropa, Frankreich, Oberitalien, Balkan bis zum Kaukasus. Vicia pisiformis ist ein gemäßigt-kontinentales Florenelement. Verbreitungskarte s. MEUSEL et al. (1965: 248).

Verbreitung in Baden-Württemberg: *V. pisiformis* kommt selten bis zerstreut im Tauberland, auf den Gäuflächen sowie im Kraichgau und im Neckarbecken, ferner stellenweise auf der Alb und im Hegau vor. Im Oberrheingebiet und in Oberschwaben ist sie selten und fehlt in den höchsten Lagen von Schwarzwald und Schwäbischer Alb. Die Art dürfte hier an der Westgrenze ihrer Verbreitung sein. Der niedrigste Fundort liegt bei Dossenheim an der Bergstraße (6518/4) in 108 m ü.M., der höchste bei Gosheim (7818/4) auf der Schwäbischen Alb in 850 m ü.M.

Oberrheingebiet: Im Norden und im Breisgau zerstreut bis selten, im Rückgang.
Kraichgau: zerstreut, im Rückgang.
Tauber-Platten: zerstreut.
Kocher-Jagst-Ebenen: selten bis zerstreut, im Rückgang.
Neckarbecken: zerstreut, im Rückgang.
Obere Gäue: selten, ohne aktuellen Nachweis.
Schwäbische Alb: zerstreut auf der Ostalb und am Trauf der mittleren und westlichen Alb sowie um Ehingen, im Rückgang.
Hegau: zerstreut, im Rückgang.

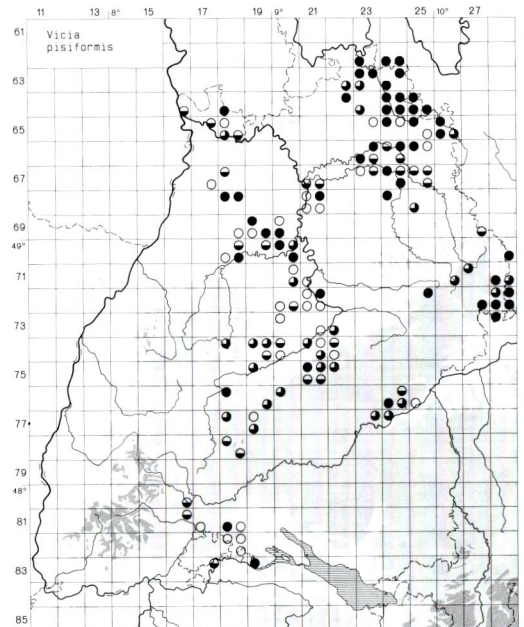

Erstnachweise: Die Art ist im Gebiet indigen. Ihre erste Beobachtung geht auf C. BAUHIN um 1580 zurück, die erste Erwähnung findet sich bei THEODOR (1687: 884).

Bestand und Bedrohung: Aus der Karte ist eine ganz erhebliche Abnahme der Art in vielen Teilen des Gebietes zu entnehmen. Die Gründe dafür sind auch hier in der Vernichtung geeigneter Saumstandorte im Rahmen von Flurbereinigungen zu suchen, ferner spielt auch die Intensivierung der forstwirtschaftlichen Nutzung (Fichtenaufforstungen, Wegebau) mit Sicherheit eine wichtige Rolle. Viele alte Angaben, vor allem in der Ostalb, konnten nicht bestätigt werden.

Für die Erhaltung dieser Art ist es unumgänglich, naturnahe, lichte Wälder ebenso wie Hecken- und Waldsäume zu erhalten.

2. Vicia cracca L. 1753
Vogelwicke

Morphologie: Hemikryptophyt mit weit kriechenden Bodenausläufern, Stengel 20–150 cm lang, meist kletternd, derb, kantig, kurz anliegend behaart (selten aber auch kahl). Laubblätter 5–10 cm lang, mit verzweigten Ranken und 6–10 Paar schmal-lanzettlicher Fiederblättchen, 10–30 × ± 3 mm, an beiden Enden abgerundet bis zugespitzt, unterseits behaart. Nebenblätter klein, die unteren halbpfeilförmig, die oberen lanzettlich bis lineal,

ganzrandig, ohne Nektarien. Blütentrauben so lang oder etwas länger als Laubblätter, einseitswendig, mit 20–50 dichtstehenden Blüten, anfangs gerollt, später gerade. Blüten 8–11 mm lang, kurz gestielt, nickend.

Kelch kurzglockig, wenig und undeutlich gekröpft, Stielansatz am Ende des Kelches (vgl. Zeichnung), mit kurzen, dreieckig-lanzettlichen bis lanzettlichen Zähnen, Krone 3–4 × so lang wie Kelch, blau- bis rotviolett oder lila, selten weiß. Platte der Fahne verkehrt-eiförmig bis verkehrt-herzförmig, so lang wie Nagel und wenig länger als Flügel, Schiffchen deutlich kürzer. Hülsen sehr kurz gestielt, nickend bis ± abstehend, im Umriß schmal-rhombisch, 20–30 × 5–6 mm, reif lederbraun, oft schwärzlich gefleckt, gewölbt, mit 4–8 kugeligen Samen, graugrün, braun gefleckt, bisweilen auch ganz schwarz.

Biologie: *V. cracca* blüht von Juni bis August. Die Blüten werden von Apiden, vor allem Hummeln und Wildbienen (nach WESTRICH 1989 in den Gattungen *Andrena, Eucera, Melitturga, Megachile, Osmia* u. a.) bestäubt.

Einsackungen verbinden die Flügel mit dem Schiffchen, so daß das Insekt beide Organe zusammen nach unten drückt. Die Griffel werden frühzeitig mit Pollen beladen; da eine Bestäubung erst nach Auflösung der Papillen um die Narbe möglich ist, scheint eine Autogamie weitgehend ausgeschlossen zu sein. Die Verbreitung der Samen er-

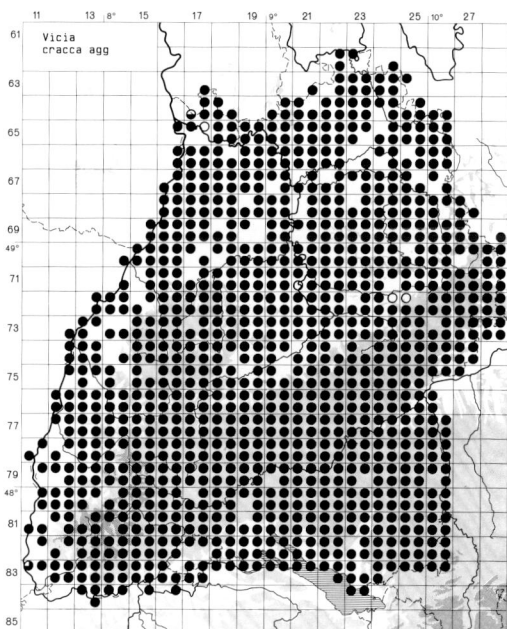

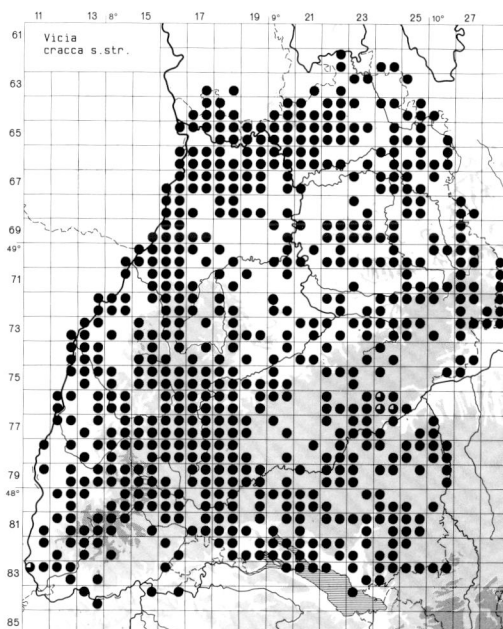

Vogelwicke *(Vicia cracca)*
Dangstetten, 8.6.1991

folgt endozoochor durch Wiederkäuer oder durch den Schleudermechanismus der Hülsen.

Ökologie: *V. cracca* kommt sowohl im Grünland (Wiesen, Weiden), als auch in Hecken, Säumen und Uferstaudenfluren vor. Die Art bevorzugt frischen bis mäßig trockenen Untergrund, sie kann als Tiefwurzler aber auch längere Trockenperioden ertragen. OBERDORFER wertet sie als Molinio-Arrhenatheretea-Klassencharakterart. Die häufigsten Begleitarten sind *Lotus corniculatus, Chrysanthemum leucanthemum, Galium mollugo* agg., *Arrhenatherum elatius, Trisetum flavescens, Centaurea jacea* etc. Soziologische Aufnahmen vgl. KUHN (1937, Tab. 18), v. ROCHOW (1951), LANG (1973), GÖRS (1974), MÜLLER (1974), BRIEMLE (1980), SCHWABE-BRAUN (1980), FISCHER (1982).

Allgemeine Verbreitung: Europa, West- und Nordasien bis Sachalin und Japan, eingeschleppt in Nordamerika. *V. cracca* ist ein nordisch-eurasisches Florenelement. Verbreitungskarte s. MEUSEL et al. (1965: 249).

Verbreitung in Baden-Württemberg: Im ganzen Gebiet häufig bis gemein. *V. cracca* erfuhr eine erhebliche Ausbreitung durch die Tätigkeit des Menschen.

Der niedrigste Fundort liegt bei Mannheim in 97 m ü. M., der höchste im Häuslewald bei Langenordnach im Schwarzwald (8014/4) in 1030 m ü. M.

Erstnachweise: Die Art wurde subfossil erstmals im 2. Jahrhundert n. Chr. in Köngen nachgewiesen (S. MAIER 1988). Sie ist im Gebiet indigen. Der erste literarische Nachweis findet sich bei J. BAUHIN (1598: 157–158; 1602: 166) vom „Eichelberg".

Bestand und Bedrohung: Die hochvitale, häufige und in ihrer Standortswahl recht flexible Art unterliegt keiner Bedrohung in ihrem Vorkommen im Gebiet.

3. Vicia tenuifolia Roth 1788
V. cracca subsp. *tenuifolia* (Roth) Gaudin 1829
Schmalblättrige Vogelwicke

Morphologie: Hemikryptophyt mit Bodenausläufern und schlanken, 20–150 cm langem, ästigem, kletterndem und kurz anliegend behaartem Stengel. Laubblätter 5–15 cm lang, mit verzweigten

Ranken und 9–14 Paar schmal-lanzettlichen bis linealen Blättchen, sehr kurz gestielt bis fast sitzend,
10–25 × 2–4 mm, spitz, fast parallelnervig, unterseits behaart. Nebenblätter klein, schmal, lanzettlich, ohne Nektarien. Blütenstände ± doppelt so
lang wie Laubblätter, 10- bis 25blütig. Blüten
12–15 mm lang (Unterschied zur kleinblütigeren
V. cracca!), gestielt, Kelch kurzglockig, wenig gekröpft bis ungekröpft, Stielansatz seitlich an der
Kelchbasis (vgl. Zeichnung), untere Zähne lang-
dreieckig-lanzettlich, länger als die kurz-lanzett-
lichen oberen. Krone lebhaft violett, 3–4 × so lang
wie Kelch, Platte der Fahne verkehrt-eiförmig bis
verkehrt-herzförmig, bis zu 2 × so lang wie Nagel.
Schiffchen kurz, meist heller gefärbt als Fahne.
Hülsen nickend oder abstehend, 20–30 × 5–7 mm,
kahl, reif lederbraun, schwärzlich gefleckt. Samen
dunkelbraun.

Biologie: *V. tenuifolia* blüht von Juni bis August.
Die Bestäubung erfolgt durch Bienen, vor allem
aus der Gattung *Osmia* (WESTRICH 1989); Bodenausläufer ermöglichen eine vegetative Vermehrung.

Ökologie: *V. tenuifolia* besiedelt sonnige und
warme Gebüschsäume, lichte Laubwälder sowie
Acker- und Wegränder auf ± trockenem, nähr-
stoff- und kalkreichem Untergrund, vor allem Löß
und Lößlehm. Die Art gilt als Charakterart des
Campanulo-Viceetum tenuifoliae (Geranion sanguinii). Häufigste Begleitarten sind *Peucedanum
cervaria*, *Agrimonia eupatoria*, *Galium verum*, *Bra-*

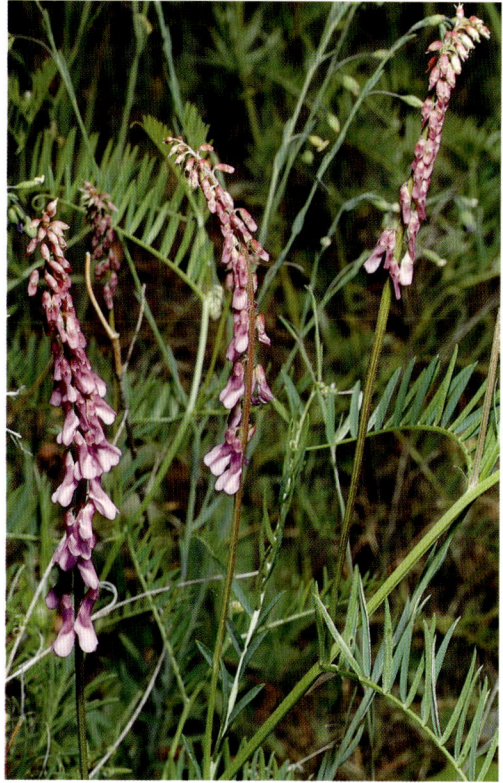

Schmalblättrige Vogelwicke *(Vicia tenuifolia)*
Roßbrunn/Main, 5.6.1991

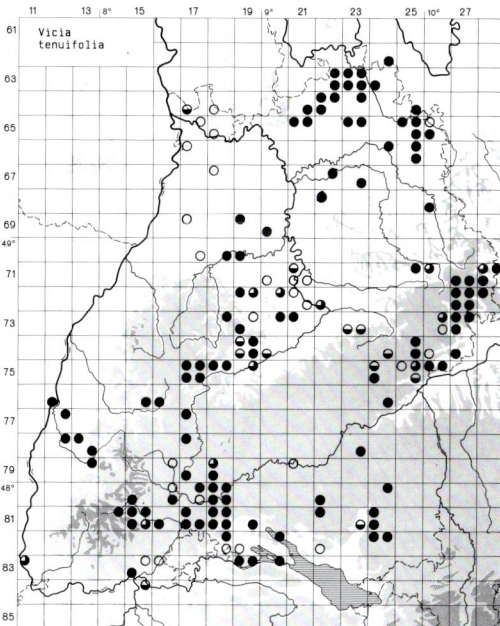

chypodium pinnatum, *Koeleria pyramidata* u.a. Soziologische Aufnahmen s. FISCHER (1982) und
WITSCHEL (1980).

Allgemeine Verbreitung: Gesamtes Mittelmeergebiet, nach Norden bis Frankreich, Süddeutschland,
Süd-Skandinavien, nach Osten bis Rußland und Sibirien. Vicia tenuifolia ist ein submediterran-eurasi-
sches Florenelement. Verbreitungskarten s. MEU-
SEL et al. (1965: 250).

Verbreitung in Baden-Württemberg: Zerstreut in
den wärmeren und tiefer gelegenen Kalkgebieten,
sonst selten, in den höchsten Lagen ganz fehlend.

Der niedrigste Fundort liegt bei Mannheim in ca.
100 m ü.M., der höchste am Eichberg bei Blumberg (8117/3) in ca. 750 m ü.M.

Oberrheingebiet: selten bis zerstreut.
Tauberland: zerstreut.
Kocher-Jagst-Platten: 6723/4: Straße Rebbingshof–Wal-
denburg, 1985, NEBEL (STU-K); 6826/3: Maulach und
Jagst SE Onolzheim, 1985, NEBEL, (STU-K).
Neckarbecken und Obere Gäue: zerstreut.
Schwäbische Alb und Vorland: zerstreut im östlichen Ab-
schnitt, sonst fehlend.

Hegau: zerstreut bis häufig.
Bodenseebecken und Iller-Lechplatten : selten bis zerstreut.

Erstnachweise: Die Art ist im Gebiet nicht urwüchsig, kann aber als eingebürgert gelten (Archäophyt). Der erste literarische Nachweis findet sich bei MARTENS (1823: 244).

Bestand und Bedrohung: *V. tenuifolia* läßt in allen Landesteilen einen deutlichen Rückgang erkennen. Insbesondere in dicht besiedelten Gebieten, wo entsprechende ruderale und halbruderale Standorte offensichtlich mehr und mehr verschwinden, fehlen aktuelle Nachweise.

Für die langfristige Sicherung der Art ist eine Beibehaltung bzw. Neuschaffung von Saum- und Heckenstandorten unerläßlich.

Variabilität: *V. tenuifolia* ist nicht immer mit Sicherheit von der eng verwandten *V. cracca* zu unterscheiden und wird offensichtlich häufig mit dieser verwechselt. Intermediärformen kommen vor.

4. Vicia dalmatica Kerner 1886

V. cracca subsp. *tenuifolia* var. *stenophylla* Boiss. 1872; *V. cracca* subsp. *stenophylla* Vel. 1891
Dalmatische Vogelwicke

Für die Nachbestimmung und Bestätigung der Herbarexemplare dieser Art sei an dieser Stelle Herrn Dr. M. BÄSSLER vom Naturkundemuseum der Humboldt-Universität Berlin herzlich gedankt.

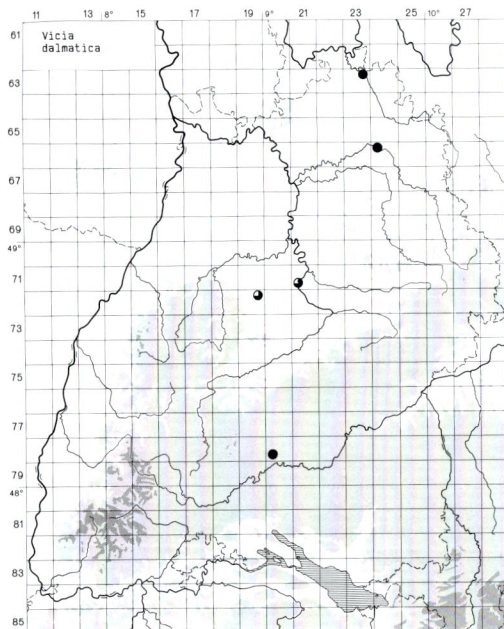

Dalmatische Vogelwicke *(Vicia dalmatica)*
Apfelberg, 19.6.1991

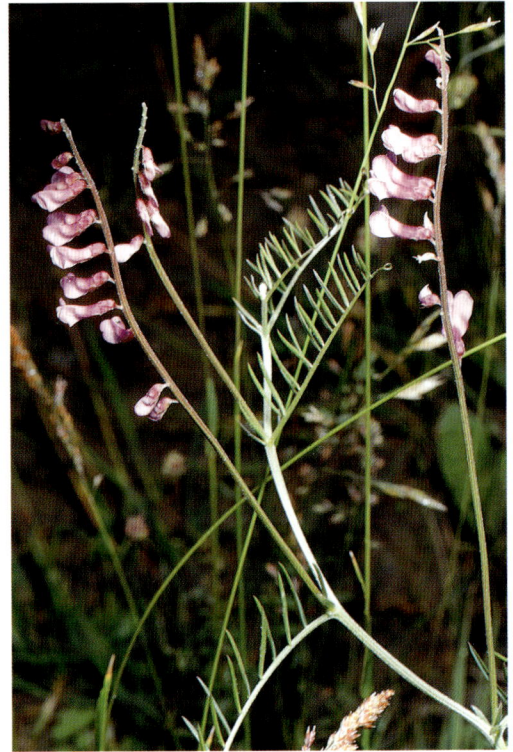

Morphologie: Hemikryptophyt mit Bodenausläufern und buschigem Habitus, Stengel 60–150 cm hoch, schlank, kletternd, kurz anliegend behaart, kantig. Laubblätter 50–100 mm lang, dicht kurz anliegend behaart bis fast kahl, mit 7–10 Paar linealer, bisweilen gegeneinander versetzter Fiederblättchen, kurz gestielt bis fast sitzend, $15–25 \times \pm$ 1 mm, spitz, Nebenblätter klein, schmal-lanzettlich, ohne Nektarien. Blütenstände mit Stiel mindestens doppelt so lang wie Tragblätter, 7- bis 15blütig, locker, Blüten 15–20 mm lang, gestielt, ausgebreitet, Kelch kurzglockig, etwas gekröpft, untere Zähne länglich-dreieckig bis lanzettlich, viel länger als die breit-dreieckigen oberen, Krone mindestens $4 \times$ so lang wie Kelch, Platte der Fahne verkehrt-herzförmig, doppelt so lang wie Nagel, Fahne blau bis violett, Schiffchen heller, meist gelblich gefärbt, kürzer. Hülsen abstehend, $20–30 \times 5–7$ mm, grünlich-braun, netznervig, beiderseits zugespitzt. Nach BÄSSLER (pers. Mitteilung) nehmen die Früchte der Vorkommen im Gebiet eine Mittelstellung zwischen *V. tenuifolia* und *V. dalmatica* ein. Blatt- und Blütenstandsmerkmale erlauben jedoch eine eindeutige Zuordnung zu *V. dalmatica*.

Biologie: *V. dalmatica* blüht (im Gebiet) in den Monaten Juni bis August.

Ökologie: *V. dalmatica* findet sich in trockenen, sonnigen Wald- und Gebüschsäumen sowie Halbtrockenrasen auf meist kalkreichem, nicht zu nährstoffarmem Untergrund. Wichtige Begleitarten sind *Brachypodium pinnatum, Lathyrus pratensis, Knautia arvensis, Daucus carota, Poa angustifolia* u.a. Soziologische Aufnahmen s. WÖRZ und BÄSSLER (1990).

Allgemeine Verbreitung: Italien, Südost-Europa, Kleinasien, Krim, Zypern, Transkaukasien, Syrien, Iran, selten nach Mitteleuropa verschleppt. Die Art dürfte noch an weiteren Stellen in Süddeutschland vorkommen und wird bzw. wurde häufig übersehen.

Verbreitung in Baden-Württemberg: Im Gebiet an fünf Fundorten in der collinen bis montanen Stufe.

Das niedrigste Vorkommen liegt im Goldbachtal bei Dörzbach (6624/1) in 260 m ü.M., das höchste bei Oberglashütte auf der Schwäbischen Alb (7820/3) in 830 m ü.M.

Hohenlohe: 6323/2: Apfelberg bei Gamburg, 1983, SEYBOLD (STU), 1990, BAUMANN; 6624/1: Goldbachtal bei Dörzbach, 1990, NEBEL (STU).

Neckarbecken: 7121/3: Feuerbacher Heide, 1954, KREH (STU); 7219/2: Kammerforst bei Warmbronn, 1954, KREH (STU).

Schwäbische Alb: 7820/3: Oberglashütte, 1983, SEBALD (STU), 1988, WÖRZ (STU).

Erstnachweise: Die Art ist im Gebiet adventiv und stellenweise eingebürgert (Neophyt). Der erste Herbarbeleg stammt von 1954 (KREH, STU), der erste und einzige literarische Nachweis aus dem Gebiet von WÖRZ und BÄSSLER (1990).

Bestand und Bedrohung: *V. dalmatica* muß im Gebiet aufgrund der geringen Zahl der Vorkommen als „potentiell gefährdet" eingestuft werden, und zwei der fünf Fundorte konnten in neuerer Zeit bereits nicht mehr nachgewiesen werden. Das Vorkommen am Straßenrand bei Oberglashütte, wo Baumaßnahmen unter Umständen eine ganz erhebliche Gefährdung des Bestandes darstellen können, bedarf unbedingt des Schutzes, ein weiteres in der Umgebung von Dörzbach liegt im Bereich eines Naturschutzgebietes und sollte im Hinblick auf die Bestandesentwicklung beobachtet werden.

5. Vicia cassubica L. 1753

Ervum cassubicum (L.) Peterm. 1838

Kassuben-Wicke

Morphologie: Hemikryptophyt mit ästiger, kriechender Grundachse und dicken Ausläufern, Stengel einzeln, meist aufrecht, seltener niederliegend oder kletternd, 30–60 cm lang, kantig, weich-zottig behaart, später verkahlend. Laubblätter zweizeilig, 5–12 cm lang, mit Ranken und 6–12 Paar Fiederblättchen, kurz gestielt, elliptisch bis länglich, ca. 12–15 × 5–7 mm, abgerundet und deutlich bespitzt, mit zahlreichen Seitennerven. Nebenblätter halbpfeilförmig bis halbspießförmig, ganzrandig, Blütentrauben kürzer als Tragblätter, 5–8 cm lang, einseitswendig, mit 5–15 jeweils 9–12 mm langen Blüten. Kelch glockig, schief gestutzt, mit kurzen Zähnen, die oberen kurz-dreieckig, die unteren pfriemlich, so lang oder kürzer als Röhre. Fahne rotviolett, dunkler geadert, Flügel weißlich, vorne bläulich, Schiffchen an der Spitze violett. Hülsen deutlich gestielt, 15–25 × 6–8 mm, eirautenförmig, gelbbraun bis olivgrün, gefleckt.

Biologie: *V. cassubica* blüht in den Monaten Juni und Juli. Ihre Verbreitung erfolgt endozoochor durch Hühnervögel, die vegetative Vermehrung durch Bodenausläufer.

Ökologie: Die Art kommt als Halbschattpflanze in lichten Eichen- und Kiefernwäldern sowie an sonnigem Gebüsch oder in Gebüschsäumen vor. Der

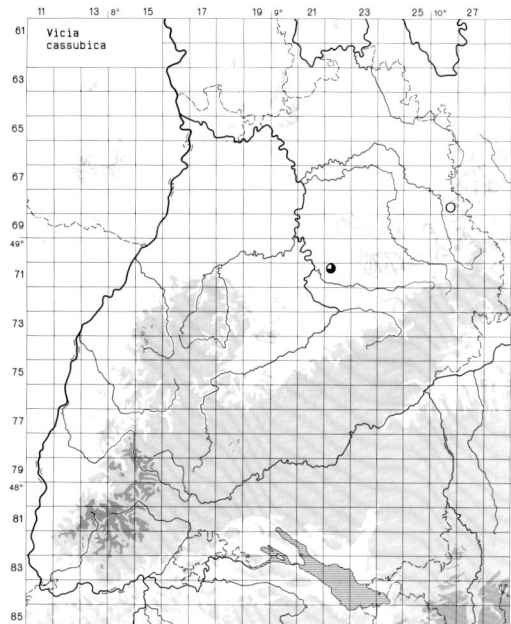

Vicia cassubica

I,II, 1-7. Vicia cassubica L. 8. v. villosa Čel.
XVII 2.

Untergrund ist wechseltrocken bis trocken, basenreich, kalkarm (Keupersandstein) und neutral bis mäßig sauer. Nach OBERDORFER ist *V. cassubica* Charakterart des Agrimonio-Viceetum cassubicae (Trifolion medii).

Allgemeine Verbreitung: Nördliches und östliches Mitteleuropa bis Süd-Skandinavien, Rußland, Ukraine, Krim, Kleinasien, Balkan, Apenninenhalbinsel. Vicia cassubica ist ein gemäßigt-kontinentales bis submediterranes Florenelement. Verbreitungskarte s. MEUSEL (1965: 249).

Verbreitung in Baden-Württemberg: Baden-Württemberg liegt in einer natürlichen Verbreitungslücke der Art, so daß nur wenige Vorkommen bekannt geworden sind.

Keuper-Bergland: 6826/4: Wald zwischen Westgartshausen und Bergbronn, VON MARTENS und KEMMER (1865); 7122/1: Haselstein bei Winnenden, 1955, KÜHNLE (STU).

Erstnachweis: Der erste literarische Nachweis stammt von MARTENS und KEMMLER (1865) und bezieht sich auf die Bestände von Bergbronn. Die Art war vermutlich im Gebiet indigen.

Bestand und Bedrohung: Nach 1955 liegt kein Nachweis von *V. cassubica* mehr vor, so daß die wenigen Vorkommen wohl als erloschen gelten müssen.

6. Vicia sylvatica L. 1753
Ervum sylvaticum (L.) Peterm. 1830
Wald-Wicke

Morphologie: Hemikryptophyt mit Bodenausläufern und 1–2 m langen ästigen, vierkantigen und gefurchten Stengeln, kahl oder jung zerstreut behaart. Laubblätter 50–100 mm lang, mit 6–8 Paar Fiederblättchen und verzweigter Ranke. Fiederblättchen eiförmig-elliptisch, 6–18 × 3–10 mm, spitzlich, dünn, Nebenblätter halbnieren- bis halbmondförmig, in 7–10 lang begrannte Zipfel gespalten, am oberen Stengelteil bisweilen auch ganzrandig. Blütentrauben so lang oder länger als Laubblätter, einseitswendig, 5- bis 20blütig, Blüten 2–3 mm lang gestielt, 12–18 mm lang, Kelch glokkig, mit pfriemlichen Zähnen, untere länger als obere und länger als Kelchröhre. Krone weiß, blau bis violett geadert, Fahne verkehrt-eiförmig, wenig

länger als Flügel, Schiffchen an der Spitze violett. Hülsen abstehend oder nickend, mit Stiel 25–30 × 5–8 mm, geschnäbelt, glatt, lederbraun bis schwärzlich. Samen kugelig-eiförmig, glatt, gelblich-dunkelbraun.

Biologie: *V. sylvatica* blüht in den Monaten Juni bis August. Die vegetative Vermehrung erfolgt durch Bodenausläufer.

Ökologie: Die Art bevorzugt als Licht- bis Halbschattpflanze Waldsäume und Waldwege sowie Verlichtungen naturnaher Schlucht- und Auwälder, vereinzelt findet sie sich aber auch innerhalb lichter Waldgesellschaften. Die Standorte liegen überwiegend in kühlhumiden Lagen der montanen Stufe. Der Untergrund ist meist frisch bis mäßig trocken, nährstoff- und basen-, vielfach auch kalkreich; überwiegend handelt es sich um Lehmböden. OBERDORFER (1983) wertet die Art als Charakterart des Vicietum sylvaticae-dumetori. Häufige Begleitarten sind *Helleborus foetidus, Galium odoratum, Lathyrus vernus, Prenanthes purpurea* u.a. Soziologische Aufnahmen finden sich bei KUHN (1937, Tab. 34), OBERDORFER (1971) und WITSCHEL (1980).

Allgemeine Verbreitung: Mitteleuropa, Frankreich, Skandinavien, Rußland, Sibirien, nördlicher Balkan, Norditalien bis Toskana und Sardinien. Vicia sylvatica ist ein (nordisch-) eurasisch-kontinentales Geoelement. Verbreitungskarte s. MEUSEL et al. (1965: 249).

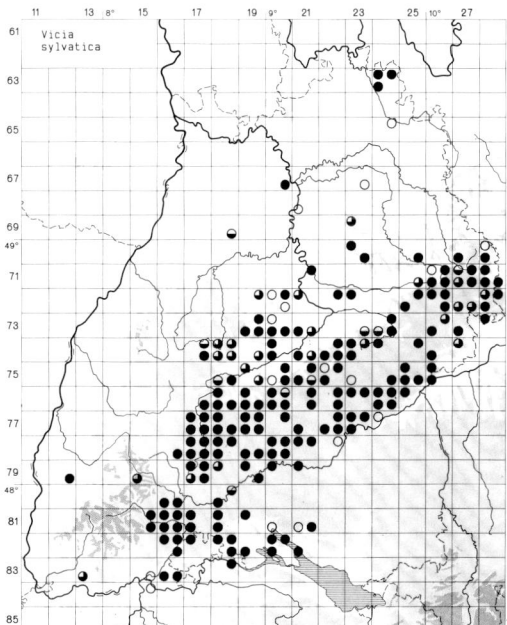

Kassuben-Wicke *(Vicia cassubica)*; aus REICHENBACH, L., Icones florae germanicae et helveticae, Band 22, Tafel 251, Fig. 1–7 (1900–03); bearbeitet von G.E. BECK VON MANNAGETTA.

men erkennen, der wohl auf den zunehmenden Ausbau von Waldwegen und die Intensivierung der forstwirtschaftlichen Nutzung (Fichtenaufforstungen) zurückzuführen ist.

Obwohl die Art nicht unmittelbar vom Aussterben bedroht ist, muß sie doch zumindest als gefährdet eingestuft werden. Die Erhaltung naturnaher Wälder wie auch Waldmäntel und Waldsäume könnte sicherlich zu einer langfristigen Sicherung der Art beitragen.

7. Vicia dumetorum L. 1753
Hain-Wicke

Morphologie: Ausdauernde Kletterstaude mit ästiger Grundachse und 1–1,5 m langem, 2–4 mm dickem Stengel, kahl oder kurzhaarig, vierkantig, mit zum Teil erhabenen Kanten. Laubblätter zweizeilig stehend, 10–20 cm lang, mit verzweigter Ranke und 3–5 Paar gegeneinander versetzter („wechselständiger") Fiederblättchen, diese deutlich kurzgestielt, unterstes Blättchen den Nebenblättern genähert. Blättchen eiförmig-elliptisch, 20–40 × 10–20 mm, abgerundet und kurz bespitzt, oberseits grasgrün, unterseits graugrün. Nebenblätter maximal 10 mm lang, pfeil- bis halbmondförmig, gezähnt, gebuchtet. Blütenstände 1,5–2 × so lang wie Laubblätter, 15–20 cm lang, abstehend, einseitswendig, 4–8blütig. Blüten etwa 15 mm lang, kurz gestielt, nickend. Kelch glockig,

Wald-Wicke *(Vicia sylvatica)*
Hildrizhausen, 21.7.1991

Verbreitung in Baden-Württemberg: Die Art findet sich schwerpunktmäßig im Bereich der Schwäbischen Alb (v.a. Tallagen) und im Bodenseegebiet sowie in den östlichen Teilen des Schwarzwaldes; außerhalb dieser Gebiete ist sie selten.

Der niedrigste Fundort liegt bei Hohenklingen im Kraichgau (6918/4) in 240 m ü.M., der höchste bei Bitz (7720/4) auf der Schwäbischen Alb (860 m ü.M.).

Kraichgau: 6918/4: Straße nach Hohenklingen, 1936, BACMEISTER (STU).
Tauberland: selten bis zerstreut.
Schwäbisch-Fränkische Waldberge: zerstreut.
Obere Gäue: im südlichen Teil zerstreut, sonst selten.
Schwäbische Alb und Vorland : in den Tallagen zerstreut bis verbreitet, auf weiten Strecken der Albhochfläche jedoch fehlend.
Bodensee- und Hegaubecken: im westlichen Teil zerstreut, sonst selten.
Hochrhein: selten im oberen Teil, außerdem: 8313/3: zwischen Hasel und Wehr, 1951, LITZELMANN.

Erstnachweise: Die Art ist im Gebiet indigen. Ihr erster literarischer Nachweis geht auf DUVERNOY (1722: 117) zurück und bezieht sich auf Vorkommen vom Spitzberg bei Tübingen.

Bestand und Bedrohung: *V. sylvatica* läßt einen nicht unerheblichen Rückgang in ihren Vorkom-

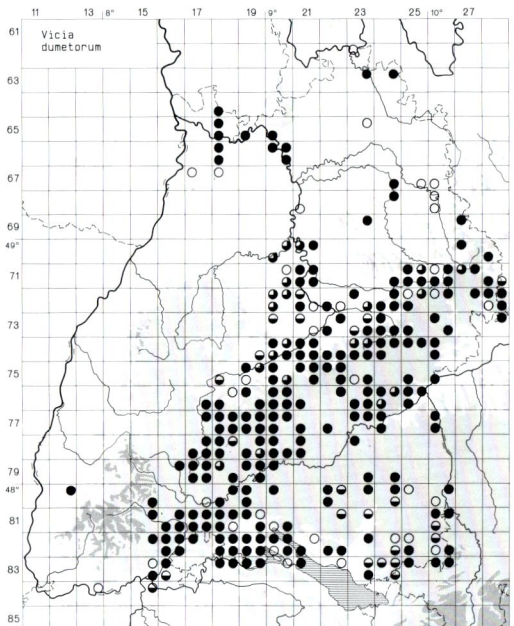

zweilippig, mit kurzen, dreieckigen, weiß berande-
ten Zähnen, obere zusammenneigend, kürzer als
untere. Krone 3 × so lang wie Kelch, jung gelb,
dann purpurrot, beim Verblühen gelblichweiß oder
bräunlich; Fahne mit verkehrt-eiförmiger bis verkehrt-herzförmiger, violett geaderter Platte, Schiffchen grünlichweiß mit violetter Spitze. Hülsen abstehend-nickend, an beiden Enden verschmälert,
4–5 × 8–10 mm, zuerst grünlich, reif hell- bis lederbraun.

Biologie: *V. dumetorum* blüht von Juni bis August
und wird durch Bienen und Hummeln bestäubt.
Die Samen bleiben relativ lang in der Hülse und
werden durch das Aufrollen der Klappen von der
Mutterpflanze fortgeschleudert.

Ökologie: *V. dumetorum* besiedelt naturnahe Waldsäume und Waldlichtungen sowie Hecken auf kalkhaltigem, nährstoff- und basenreichem, sickerfri-
schem Untergrund meist in der montanen Stufe.
Ebenso wie *V. sylvatica* ist auch sie Charakterart
des Vicietum sylvaticae-dumetorum (Trifolion
medii). Häufige Begleitarten sind *Oxalis acetosella,
Mercurialis perennis, Galium odoratum, Aegopodium podagraria, Geranium robertianum* u.a. Soziologische Aufnahmen s. LANG (1973, Tab. 116).

Allgemeine Verbreitung: Mittel- und Osteuropa bis
Frankreich, Süd-Skandinavien, Rußland, West-Si-
birien, Balkan, Italien (Apenninen). *V. dumetorum*
ist ein gemäßigt-kontinentales Florenelement. Verbreitungskarten s. MEUSEL et al. (1965: 248).

Verbreitung in Baden-Württemberg: *V. dumetorum*
kommt zerstreut in den montanen Kalkgebieten
der Schwäbischen Alb und des Hegau vor, außerhalb dieser Gebiete ist die Art selten. In Silikatgebieten fehlt sie vollständig.

Der niedrigste Fundort liegt bei Waghäusel
(6717/3) in 104 m ü.M., der höchste am Zundelberg bei Spaichingen (7918/1) in 940 m ü.M.

Oberrheinebene: 6717/1: Waghäusel, 1857, DÖLL.
Südlicher Odenwald und Kraichgau : zerstreut.
Schwarzwald: selten im südöstlichen Teil auf Muschel-
kalk, außerdem: 8012/2: Schönberg, 1866, RESS in DÖLL,
nach 1970, U. KOCH (STU-K).
Tauberland: 6223/1: Wertheim, 1857, DÖLL; 6323/2: S
Bronnbach, 1987, PHILIPPI (STU-K); 6324/2: Ilmspan,
1985, PHILIPPI (STU-K).
Kocher-Jagst-Ebenen: selten und im Rückgang begriffen.
Schwäbisch-Fränkische Waldberge: selten, z.B. 6923/2:
zwischen Hirschklinge und Comburger Halde, 1981,
SCHWEGLER (STU-K).
Neckarbecken: im mittleren Neckargebiet zerstreut.
Schwäbische Alb: zerstreut bis verbreitet, vor allem am
Albtrauf und im Vorland. Im Rückgang.
Hegau: zerstreut bis verbreitet.
Oberschwaben und Bodenseebecken: selten bis zerstreut,
im Rückgang.

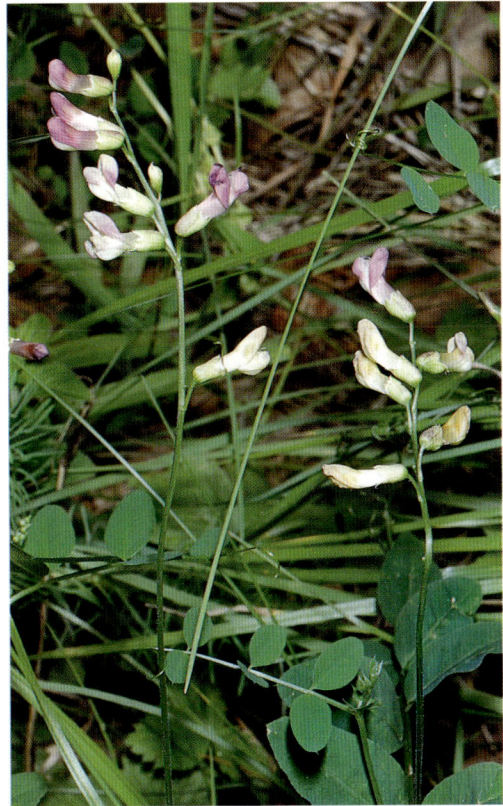

Hain-Wicke *(Vicia dumetorum)*
Hohentwiel, 5.7.1991

Erstnachweise: Die Art ist im Gebiet urwüchsig. Sie
wird erstmals von J. BAUHIN (1598: 157; 1602: 166)
von der Teck und Boll erwähnt.

Bestand und Bedrohung: Die meist reichlich fruchtende und hochvitale *V. dumetorum* läßt ebenso wie
V. sylvatica einen deutlichen Rückgang in ihrem
Bestand erkennen, der wohl auf die Intensivierung
der Waldwirtschaft sowie das Entfernen von Hekken und Säumen zurückzuführen ist. Eine langfristige Sicherung dieser wie vieler anderer Arten ist
also nur über einen Schutz bzw. Erhaltung von
Saumgesellschaften und naturnahen Wäldern möglich.

8. Vicia villosa Roth 1793

inkl. *V. varia* Host 1831; *V. dasycarpa* Ten. 1829
Zottel-Wicke

Morphologie: Therophyt mit der Tracht einer
V. cracca, Stengel jedoch dicht behaart, bei var.
varia aber auch bisweilen kahl, 30–60 cm lang,
ästig, kletternd, kantig-gerillt. Laubblätter mit

Zottel-Wicke *(Vicia villosa)*
Rastatt, 29.5.1991

5–10 Paar Fiederblättchen und ästigen Ranken. Blättchen länglich-eiförmig bis lineal-lanzettlich, 10–30 × 2–20 mm, stumpf oder zugespitzt und bespitzt. Nebenblätter klein, oben lanzettlich und ganzrandig, unter halbpfeil- oder halbspießförmig, bisweilen zerschlitzt. Blütentrauben lang gestielt, einseitswendig, 3- bis 30blütig, Blüten 12–20 mm lang, kurzgestielt, abstehend oder nickend. Kelch deutlich gekröpft (d.h. Ansatz des Blütenstieles seitlich am Kelch, vgl. Zeichnung), Zähne ungleich, untere länger als obere, meist so lang oder kürzer als Röhre. Kronblätter ± dreimal so lang wie Kelch, Nägel weißlich, kahl, Platte der Fahne deutlich kürzer als Nagel. Farbe der Kronblätter varia-

bel, meist blau oder violett. Hülsen 20–40 × 5–10 mm, flach, gestielt, mit Griffelrest, kahl, braun, 2- bis 8samig. Samen kugelig oder abgeflacht, dunkelbraun oder schwarz.

Biologie: Die Art blüht von Juni bis August, vereinzelt bis September. *V. villosa* wird durch Bienen der Gattungen *Osmia* und *Andrena* bestäubt (WESTRICH 1989).

Ökologie: Als typisches Ackerunkraut kommt *V. villosa* in Getreide-, und zwar vorwiegend in Roggenfeldern vor, kann aber vereinzelt auch auf Schuttplätze oder Raine übergreifen. Die sommerwärmeliebende Art bevorzugt trockene, kalkarme Sand- und Lehmböden. OBERDORFER wertet sie als

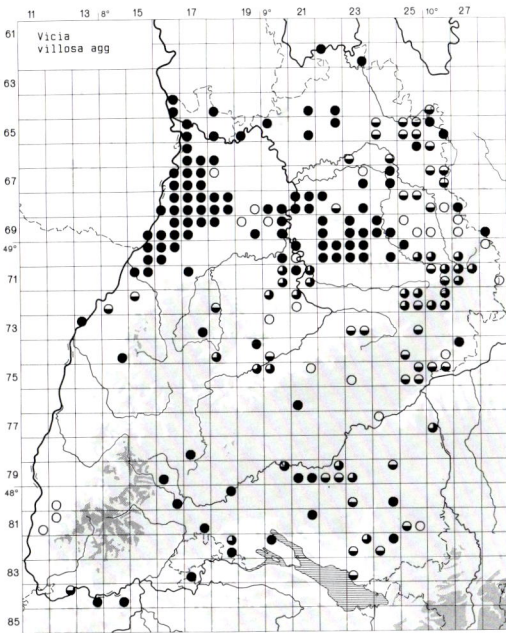

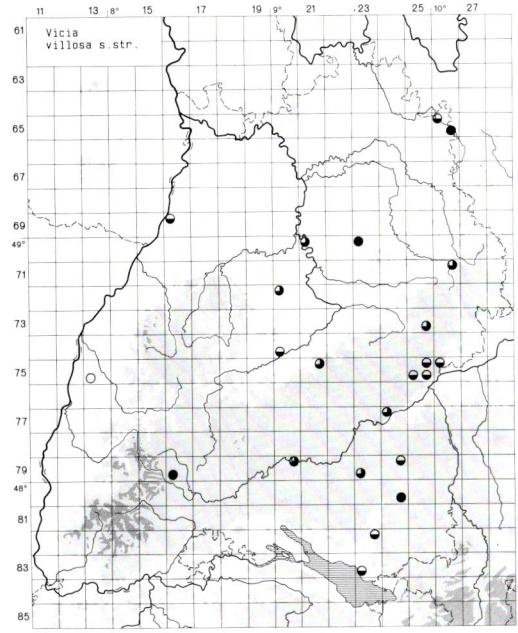

Assoziationscharakterart des Papaveretum argemone, die subsp. *varia* als Secalinetea-Klassencharakterart. Wichtige Begleitarten sind *Bromus iner-
mis, Silene vulgaris, Phleum phleoides, Poa nemoralis* etc. Soziologische Aufnahmen finden sich bei
Bammert (1985).

Allgemeine Verbreitung: Mediterrangebiet und
Südosteuropa, Westasien, Nordafrika, adventiv in
Mitteleuropa, nach Norden bis Skandinavien.
V. villosa ist ein submediterran-(gemäßigtkontinen-
tales) Florenelement.

Verbreitung in Baden-Württemberg: *V. villosa* s. l.
findet sich zerstreut bis selten im ganzen Gebiet mit
Ausnahme der Hochlagen des Schwarzwaldes. In
den westlichen Schwäbisch-Fränkischen Waldbergen scheint ein Verbreitungsschwerpunkt der Art
zu liegen.

Der niedrigste Fundort liegt bei Mannheim in ca.
100 m ü. M., der höchste bei Trochtelfingen auf der
Schwäbischen Alb in ca. 725 m ü. M.

Erstnachweise: *Vicia villosa* ist im Gebiet adventiv
und als Neophyt eingebürgert, z.T. wurde sie als
Futterpflanze angebaut. Ihr Erstnachweis erfolgte
durch C.C. Gmelin (1808: 189) aus der Umgebung von Karlsruhe.

Bestand und Bedrohung: *V. villosa* unterliegt als Ak-
kerunkraut einer ganz erheblichen Bedrohung aufgrund der Intensivierung der landwirtschaftlichen
Nutzung, vor allem durch den Einsatz von Herbizi-

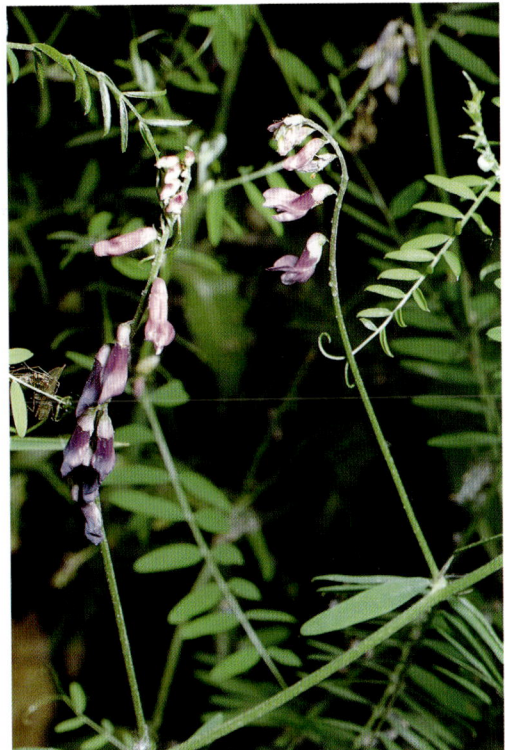

Zottel-Wicke (*Vicia villosa* subsp. *varia*)
Illingen, 30.8.1991

347

den. Eine langfristige Erhaltung dieser Art kann nur durch die Ausweisung extensiv bewirtschafteter „Schutzparzellen" erfolgreich durchgeführt werden.

Variabilität: *V. villosa* kommt im Gebiet in zwei Unterarten vor, die jedoch bei den meisten Nachweisen nicht unterschieden wurden:

a) subsp. **villosa** ist durch abstehend-zottig behaarte Stengel und Kelchzähne gekennzeichnet (vgl. Zeichnung), wobei die unteren Kelchzähne mindestens so lang wie die Kronröhre sind; zerstreut im Neckar- und Donaugebiet, in Hohenlohe und Oberschwaben.

b) subsp. **varia** (Host.) Corb. 1893 (= *Vicia dasycarpa* Tenore) hat anliegend behaarte bis fast kahle Stengel und Kelchzähne, die kürzer als die Kronröhre sind (vgl. Zeichnung); Neckar- und Donaugebiet, Oberrhein, Hohenlohe verbreitet bis zerstreut.

Die bisweilen aus dem Gebiet angegebene subsp. *pseudocracca* (Bertol.) P.W. Ball (vgl. z.B. JAUCH (1938): Güterbahnhof Karlsruhe) scheint dagegen nicht vorzukommen: sämtliche Herbarbelege erwiesen sich als Kümmerformen von subsp. *varia*. Falls diese Sippe tatsächlich vorhanden sein sollte, handelt es sich mit Sicherheit nur um vorübergehende, unbeständige Ansamungen.

9. **Vicia hirsuta** (L.) S.F. Gray 1821

Ervum hirsutum L. 1753
Rauhhaarige Wicke, Zitterlinse

Morphologie: Therophyt mit niederliegendem oder kletterndem Sproß, Stengel zahlreich und verzweigt, zerstreut anliegend behaart, 20–60 cm lang, gerieft, vierkantig. Laubblätter 30–80 mm lang, sitzend, mit 6–8 Paar Fiederblättchen und einfacher oder verzweigter Ranke. Fiederblättchen gestielt, lineal, 5–20 × 1–3 mm, gestutzt, abgerundet oder ausgerandet, bespitzt, meist nur unterseits behaart oder kahl. Nebenblätter klein, lineal, spitz, Blütenstände 3- bis 5blütig, kürzer als die Laubblätter, mit in eine Granne auslaufender Achse. Blüten 3–4 mm lang, an kurzen Stielen nickend. Kelchzähne pfriemlich, spitz, etwas länger als die Röhre, Krone weißlich bis etwas bläulich, Fahne eiförmig, gerade, Schiffchen kürzer als die Flügel, an der Spitze violett. Hülsen nickend, flach, hell olivgrün bis schwarzbraun, 2samig. Samen rundlich-abgeflacht, 1,5–3 mm, glänzend, glatt.
Biologie: *V. hirsuta* blüht von Mai bis Oktober. Der bei Fabaceen-Blüten übliche Hebelmechanismus ist reduziert, die Blüten sind so abgewandelt, daß der

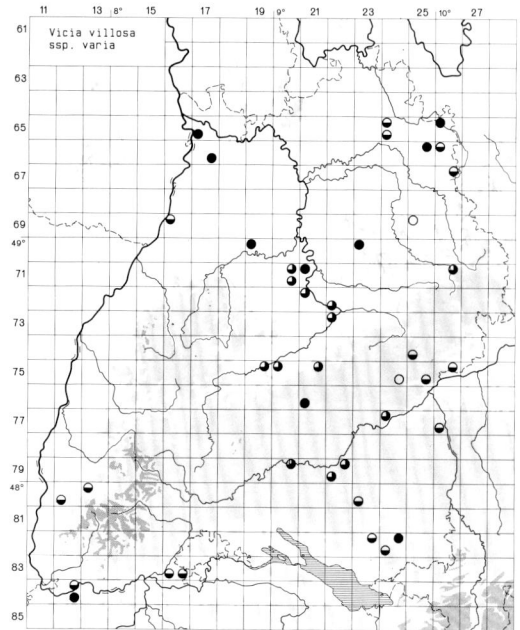

Nektar als Tropfen auf der Unterseite der Fahne erscheint und von außen sichtbar ist. Die Blüten werden von Bienen (nach WESTRICH 1989 u.a. *Andrena labilis*) und Schmetterlingen besucht.
Ökologie: *V. hirsuta* ist ein typisches Ackerunkraut, kommt aber auch an Schuttplätzen, Wegrainen,

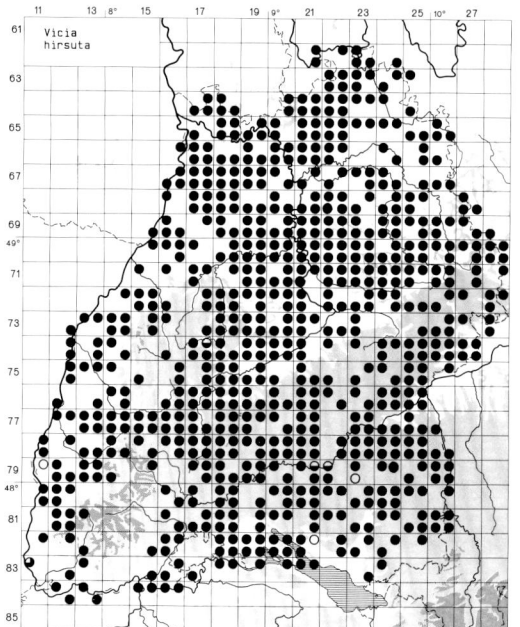

Rauhhaarige Wicke *(Vicia hirsuta)*
Dangstetten, 8.6.1991

Weinbergen und anderen Ruderalstellen vor. Die Standorte sind warm, mäßig trocken und nährstoff- sowie basenreich. Nach OBERDORFER (1983) ist *V. hirsuta* eine Centauretalia cyani-Ordnungscharakterart. Häufige Begleitarten sind *Myosotis arvensis, Avena fatua, Viola arvensis, Bilderdykia convolvulus, Anagallis arvensis, Convolvulus arvensis* u.a. Soziologische Aufnahmen s. KUHN (1937), FISCHER (1982), SEBALD (1983, Tab. 16), v. ROCHOW (1951, Tab. 5, 20), LANG (Tab. 42, 43, 80).

Allgemeine Verbreitung: Europa, Westasien, Nordafrika, in gemäßigten Zonen weltweit verschleppt. Ursprünglich ist *V. hirsuta* ein eurasisch-submediterranes Florenelement.

Verbreitung in Baden-Württemberg: Im ganzen Gebiet verbreitet bis häufig, auf der Albhochfläche und im Schwarzwald gebietsweise etwas seltener.

Der niedrigste Fundort liegt bei Mannheim (97 m ü.M.), der höchste am Hohenkrapfen (ca. 900 m ü.M.).

Erstnachweise: Der früheste sichere subfossile Nachweis stammt von Hornstaad und datiert in das Frühe Subboreal (36. Jahrhundert v.Chr., RÖSCH, unpubl.). Die Art scheint damals in das

Gebiet eingeschleppt worden zu sein (Archäophyt). Ihr erster literarischer Nachweis stammt von J. BAUHIN (1598: 158) aus der Umgebung von Bad Boll.

Bestand und Bedrohung: Noch zu Anfang dieses Jahrhunderts war *V. hirsuta* in Ausbreitung begriffen (GAMS in HEGI 1926) und noch heute ist sie eines der häufigeren Ackerunkräuter. Ein markanter Rückgang der Art ist noch nicht erkennbar, doch bleibt die Intensivierung der landwirtschaftlichen Nutzung sicherlich nicht ohne Folgen auf diese Art.

10. Vicia tetrasperma (L.) Schreber 1771
Ervum tetraspermum L. 1753
Linsen-Wicke, Viersamige Wicke

Morphologie: Einjährige oder überwinternd-einjährige Pflanze mit kahlem oder zerstreut behaartem, 10–50 cm langem, niederliegend-kletterndem und etwas kantigem Stengel. Laubblätter 3–10 cm lang, etwa so lang wie Stengelinternodien, mit einfacher oder verzweigter, selten fehlender Ranke und 3–5 Paar Fiederblättchen. Blättchen lineal, 5–20 × 1–3 mm, stumpf oder spitz. Nebenblätter halbpfeilförmig, oben schmal-lineal, ungeteilt. Blüten 5–9 mm lang, meist in 1-, selten mehrblütigen Blütenständen mit bis zu 40 mm langen Achsen. Kelch mit ungleichen Zähnen, untere länglichpfriemlich, so lang wie Kronröhre, die oberen kür-

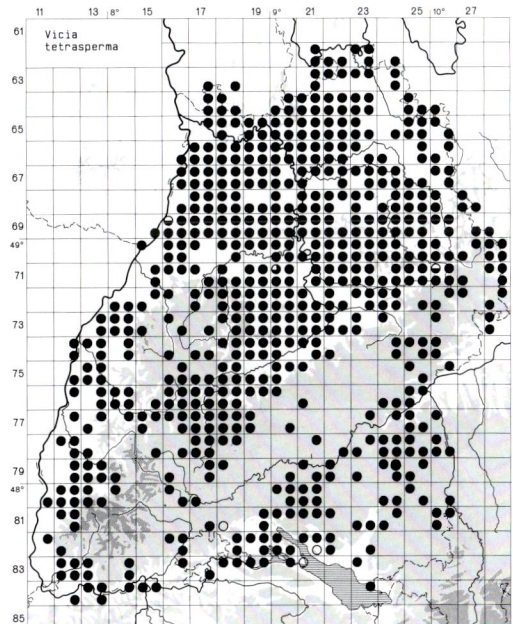

Linsen-Wicke *(Vicia tetrasperma)*
Calw, 1971

zer, dreieckig. Kronblätter hellblau bis hellila, Fahne dunkler geadert. Hülsen um 5 mm lang gestielt, 10–14 × 3–4 mm, abgerundet bis etwas zugespitzt, flach, hell grünlich-bräunlich, reif braun bis dunkelbraun, kahl, meist 4-, selten mehrsamig. Samen linsenförmig bis kugelig, grünlichgrau bis dunkelbraun.

Biologie: *V. tetrasperma* blüht von Mai bis Juli, vielfach noch einmal im September und Oktober. Als Blütenbesucher wurden Bienen beobachtet.

Ökologie: Die Art findet sich überwiegend auf Getreideäckern und Ruderalstellen (Wegrainen, Weinbergen etc.), seltener auch auf Magerrasen und in Moorwiesen. Sie bevorzugt kalkarmen und sauren, aber nährstoffreichen Untergrund. OBERDORFER (1983) wertet sie als Charakterart des Alchemillo-Matricarietum bzw. Viceetum tetraspermae (Aperion). Häufige Begleitarten sind *Myosotis arvensis, Apera spica-venti, Viola arvensis, Vicia hirsuta, Papaver rhoeas, Convolvulus arvensis* etc. Soziologische Aufnahmen vgl. BARTSCH (1940), v. ROCHOW (1951, Tab. 5), LANG (1973, Tab. 42).

Allgemeine Verbreitung: Europa, von Natur aus jedoch nur in Südeuropa, Westasien und Nordafrika, aber weltweit verschleppt. *V. tetrasperma* ist ein submediterran-eurasiatisches Florenelement.

Verbreitung in Baden-Württemberg: In den tiefer gelegenen Keuper- und Buntsandsteingebieten sowie am Oberrhein verbreitet, auf der Schwäbischen Alb und im Hochschwarzwald seltener, regional ganz fehlend.

Der niedrigste Fundort liegt bei Mannheim (97 m ü. M.), der höchste bei Stetten im Laucherttal/Schwäb. Alb auf 720 m ü. M.

Erstnachweise: Der erste subfossile Nachweis erfolgte bei Sipplingen und stammt aus dem Frühen Subboreal (BERTSCH 1932). Die Art ist damals mit dem Ackerbau eingeführt und eingebürgert worden (Archäophyt). Ihr erster literarischer Nachweis stammt von J. BAUHIN (1602: 166) aus der Umgebung von Bad Boll.

Bestand und Bedrohung: *V. tetrasperma* ist in ihrer Standortswahl recht anpassungsfähig. Von den vorzugsweise besiedelten Getreidefeldern kann sie auch auf andere Ruderalstellen übergreifen, so daß die im allgemeinen reichlich fruchtende Art nicht unmittelbar gefährdet zu sein scheint.

Variabilität: Von *V. tetrasperma* sind insgesamt drei Unterarten beschrieben worden, von denen die subsp. *pubescens* (DC) Ascherson & Graebner nur im Mediterrangebiet vorkommt. Aus Baden-Württemberg wird neben der Typusunterart die subsp. *gracilis* (Loisel) Hooker (= *V. tenuissima* (Bieb.) Schinz & Thellung) angegeben. Sie wird als kleinwüchsig beschrieben, mit nur 2–3 Fiederpaaren und einem in eine Granne auslaufenden Blütenstand, der deutlich länger als das Tragblatt ist, außerdem sind die Früchte zugespitzt. Über die Anzahl der Blüten gibt es bereits widersprüchliche Angaben: nach BALL in FLORA EUROPAEA (1968) sollen 2–5, nach GAMS in HEGI (1924) 1–2 (3) Blüten vorhanden sein. Nicht nur deswegen ist aus dem vorliegenden Herbarmaterial eine Auftrennung dieser Sippen sehr problematisch. Aus dem Gebiet liegen zwei Angaben von GAMS in HEGI (Mannheim, Meßbach im Jagsttal) sowie eine unbelegte von BERTSCH in STU-K aus Friedrichshafen vor.

11. Vicia sepium L. 1753
Zaun-Wicke

Morphologie: Hemikryptophyt mit Bodenausläufer treibender Grundachse und aufrechtem bis kletterndem, 30–50 cm langem, kantigem, einfachem Stengel, meist kahl. Laubblätter 5–10 cm lang, außer den untersten stets mit verzweigter Ranke und 4–8 Paar sehr kurzgestielten bis sitzenden Fiederblättchen, diese breit-elliptisch bis eiförmig, bisweilen fast kreisrund, 7–25 × 6–12 mm, beiderseits abgerundet und oft vorne etwas ausgerandet, nur am Rand und unterseits kurz und weich be-

Zaun-Wicke *(Vicia sepium)*
Geisingen, 23.6.1991

haart. Nebenblätter klein, eiförmig bis halbpfeilförmig, gezähnt, unterseits mit einem konkaven, braunen Nektarium. Blüten 12–15 mm lang, kurz gestielt, abstehend oder nickend, in kurzen, 2- bis 4-, selten bis 6blütigen Trauben. Kelch kurzröhrig, behaart, die unteren Zähne pfriemlich, länger als die kurz-dreieckigen, oberen Zähne, aber kürzer als Röhre. Kronblätter rotviolett bis dunkelblau, selten heller bis fast weiß, kahl, Fahne verkehrt-eiförmig bis ausgerandet, rotviolett gestreift, länger als Flügel, diese wiederum länger als Schiffchen. Hülsen länglich bis breit-lineal, $20–35 \times 5–8$ mm, abstehend-nickend, jung kurzhaarig, später verkahlend, schwarz, glänzend, 3- bis 6samig. Samen kugelig, gelblich bis grünbraun, auch rötlich, dunkel gefleckt.

Biologie: *V. sepium* blüht von April bis August mit einem Maximum in den Monaten Mai und Juni. Die Blüten werden von größeren Apiden wie z.B. Hummeln, aber auch von Bienen bestäubt (nach WESTRICH 1989 aus den Gattungen *Andrena, Eucera, Megachile* und *Osmia*), für die die Art als wichtigste der Gattung angesehen wird. Andere In-

sekten wie der Taubenschwanz *(Macroglossa stellatarum)* rauben Nektar.

Ökologie: *V. sepium* ist eine typische Wiesenpflanze, die auf allen gut mit Wasser und Nährstoff versorgten Mähwiesen, vorwiegend auf frischen Lehm- und Tonböden vorkommt. Sie kann aber auch auf Wegränder, Ruderalflächen, Hecken, Waldsäume und Laubmischwälder übergreifen. Die Art gilt nach OBERDORFER als Nährstoffzeiger. Häufigste Begleitarten sind *Arrhenatherum elatius, Trisetum flavescens, Crepis biennis, Anthriscus sylvestris, Galium mollugo, Achillea millefolium* u.a. Soziologische Aufnahmen finden sich bei KUHN (1937 Tab. 26, 34, 36), v. ROCHOW (1951), LANG (1973), GÖRS (1974b), SCHWABE-BRAUN (1980), FISCHER (1982), SEBALD (1983), NEBEL (1986).

Allgemeine Verbreitung: Europa, West- und Mittelasien. Fehlt in weiten Teilen des Mittelmeergebietes. Vicia sepium ist ein eurasisch-subozeanisches Florenelement. Verbreitungskarten s. MEUSEL et al. (1965: 250).

Verbreitung in Baden-Württemberg: Die Art ist im Gebiet überall häufig bis gemein. Nur in den höch-

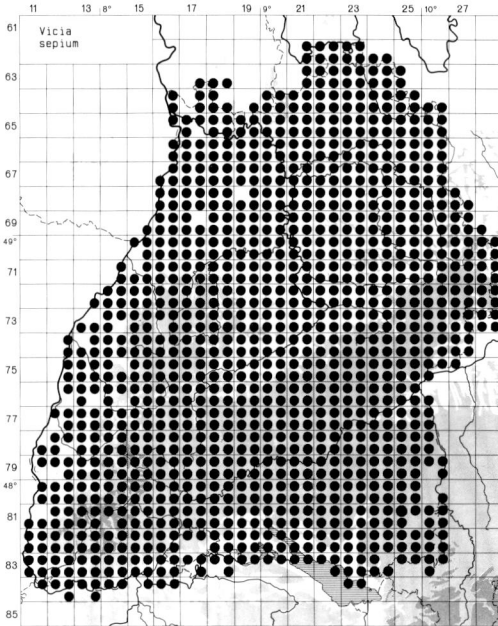

Vicia
sepium

sten Lagen des Schwarzwaldes tritt sie etwas zurück.

Der niedrigste Fundort liegt bei Mannheim (97 m ü.M.), der höchste am Seebuck im Schwarzwald (8114/1) in 1390 m ü.M.

Erstnachweise: Die Art ist im Gebiet urwüchsig. Ihr Erstnachweis erfolgte durch J. BAUHIN (1598: 157; 1602: 166) an Hand Vorkommen an der Teck.

Bestand und Bedrohung: *V. sepium* ist überall häufig und mit hoher Vitalität vorhanden. Die Art ist im Gebiet nicht gefährdet.

Variabilität: Die Zaunwicke ist in Blattform und Blütenfarbe recht variabel. Im Gebiet kommen z.B. weiß- und gelbblütige Formen vor (f. *albiflorus* Gaudin: Stuttgart, Hasenberg; f. *ochroleuca* Bart.: Ulm, Ackerrand), sowie Formen mit schmal-lanzettlichen Blättern, die aber häufig mit *V. sativa* verwechselt werden. Ein Beispiel für diese var. *montanum* (Frölich) Koch ist vom Hohenzollern (SAUTERMEISTER 1853, STU) belegt; sie ist im Gebiet möglicherweise häufiger und wohl vielfach übersehen worden.

12. Vicia grandiflora Scop. 1772
Großblütige Wicke

Morphologie: Therophyt mit flaumig behaartem bis fast kahlem Sproß, Stengel 30–60 cm lang, aufsteigend, verzweigt und stielrund. Laubblätter mit 3–7 Paar dünner, sehr verschiedenartiger Fieder-

blättchen und verzweigten Ranken. Untere Laubblätter mit verkehrt-eiförmigen bis verkehrt-herzförmigen, oft tief ausgerandeten, obere mit verkehrt-eiförmigen bis linealen Blättchen, 10–20 × 2÷8 mm, abgerundet, gestutzt oder ausgerandet, kurz bespitzt. Nebenblätter klein, eiförmig bis halbspießförmig, mit kleinen Nektarien. Blüten zu zweit achselständig, 25–35 mm lang, 2–8 mm lang gestielt. Kelch mit bis 10 mm langer, am Grund ausgesackter Röhre und kürzeren, geraden, fast gleichen Zähnen. Krone hellgelb, Fahne und Spitze des Schiffchens bisweilen violett oder grünlich überlaufen, Fahnenplatte breit-flächig, bis 20 × 20 mm groß, etwas ausgerandet. Flügel ± doppelt so lang wie Kelch und etwas länger als Schiffchen. Hülsen lineal, 30–50 × 6–8 mm, anfangs kurzhaarig, später verkahlend, braun bis schwarz. Samen zusammengedrückt, kugelig. – Blütezeit: Mai bis Juni.

Ökologie: *V. grandiflora* kommt im Gebiet ausschließlich an Ruderalstandorten vor. Mit einer Ausnahme ist sie stets an Verkehrswege, Güterbahnhöfe und Hafenanlagen gebunden. Als eine ausgesprochen wärmeliebende Art bevorzugt sie einen mäßig trockenen und nährstoffreichen Untergrund.

Allgemeine Verbreitung: Südosteuropa bis Italien, Süd-Österreich, nach Osten bis zur Ukraine, Kleinasien, Kaukasus, Persien. *V. grandiflora* ist ein ostsubmediterranes Florenelement.

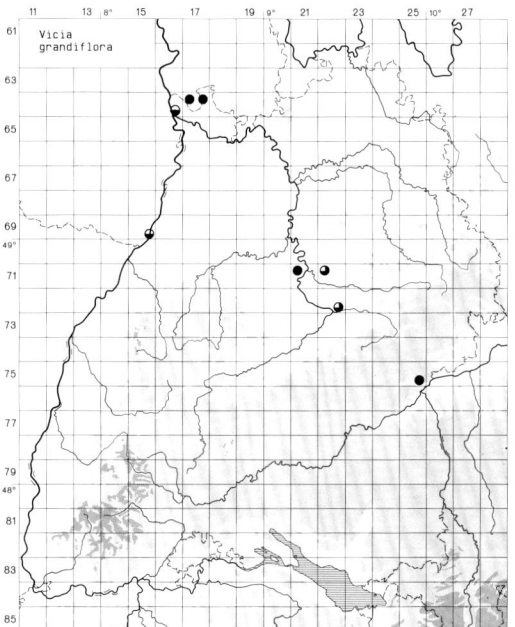

Vicia
grandiflora

Großblütige Wicke *(Vicia grandiflora)*

Verbreitung in Baden-Württemberg: Selten und unbeständig in mittleren und tieferen Lagen.

Der niedrigste Fundort liegt im Rheinhafen bei Mannheim (95 m ü. M.), der höchste im Güterbahnhof Ulm (480 m ü. M.).

Oberrheingebiet: 6416/4: Mannheim, Hafen, ZIMMERMANN (1907); 6417/1: N Mannheim auf R 64 H 95; 6417/2: N Mannheim auf R 71100 und H 91080, beide BUTTLER und STIEGLITZ (1976); 6915/4: Karlsruhe, Rheinhafen, 1914, KNAUSS (STU).
Neckarbecken: 7121/1: Kornwestheim, Bahnhof, 1971, SINDELE (STU-K), 1973, SEYBOLD (STU-K); Güterbahnhof Ludwigsburg, SEYBOLD (1968); 7122/1: Breuningsweiler bei Winnenden, 1962, GREB (STU-K); 7222/4: Plochingen, Güterbahnhof, 1953, LEIDOLF (STU).
Schwäbische Alb: 7525/4: Ulm, Güterbahnhof, 1981, RAUNECKER (STU).

Erstnachweise: Die Art ist im Gebiet adventiv und kann nicht als fest eingebürgert betrachtet werden. Ihre erste literarische Erwähnung findet sich bei ZIMMERMANN (1907: 135) vom Hafen von Mannheim.

Bestand und Bedrohung: *V. grandiflora* ist als unbeständige Adventivpflanze auf Neuansamungen von eingeschleppten Diasporen angewiesen, so daß die Vorkommen mehr oder weniger zufallsbedingt sind. Schutzmaßnahmen sind hier also wenig sinnvoll. Wünschenswert wäre lediglich – und nicht nur im Hinblick auf *V. grandiflora* – eine Einschränkung des Herbizideinsatzes im Bereich von Verkehrswegen (Bahnanlagen!).

13. Vicia pannonica Crantz 1769
Ungarische Ackerwicke

Morphologie: Therophyt mit meist mehreren, niederliegenden bis aufsteigenden oder kletternden Stengeln, 20–50 cm lang, kurzhaarig bis zottig, Laubblätter kurz gestielt, mit Ranken und 7–9 Paar ebenfalls kurzgestielter Fiederblättchen, diese lineal bis schmal-verkehrt-eiförmig, 10–15 × 2–5 mm, an der Spitze gestutzt bis ausgerandet, mit deutlicher Stachelspitze, anliegend behaart bis

353

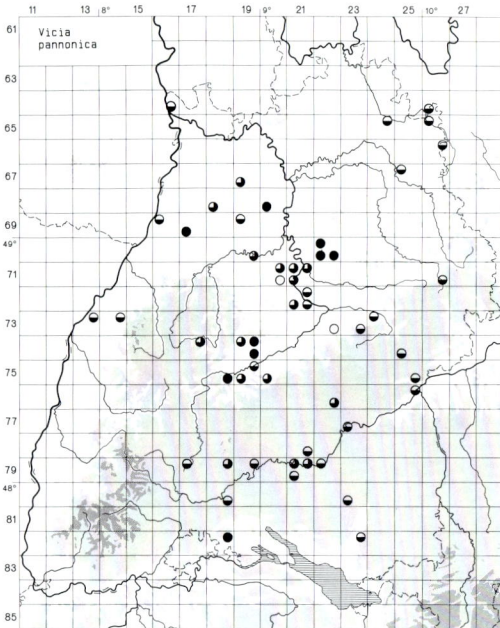

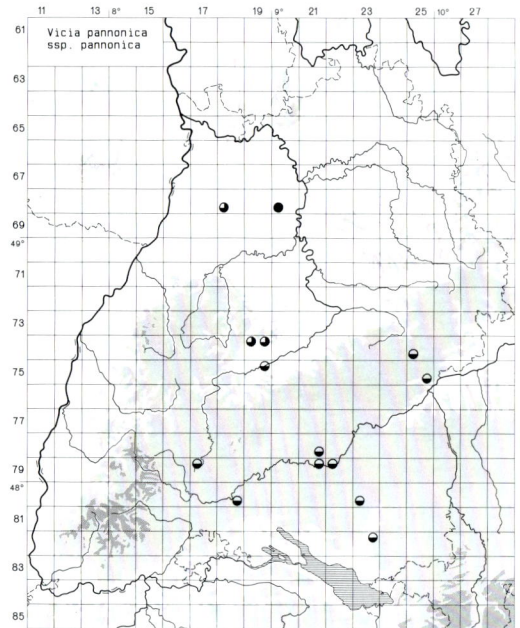

kahl. Nebenblätter klein, eiförmig-lanzettlich bis
halbspießförmig, mit braunen Nektarien. Blüten
15–20 mm lang, kurz gestielt, nickend, in 1- bis
4blütigen blattachselständigen Büscheln. Kelch
röhrig-glockig, schief, dicht behaart, mit pfriemlichen bis fädlichen Zähnen, untere so lang wie
Röhre und deutlich länger als obere. Krone ± 3
× so lang wie Kelchröhre, gelblich bis violett-
bräunlich, Fahne gerade, außen angedrückt behaart, mit braunrotem Mittelstreif. Hülsen 25–30
× 7–9 mm, länglich-eiförmig, an beiden Enden
verschmälert, hellbraun, anliegend bis zottig behaart, 2- bis 8samig. Samen kugelig bis abgeflacht,
samtartig rauh. – Blütezeit: April bis Juni, manchmal bis September und Oktober.

Ökologie: *V. pannonica* ist ein wärmeliebendes
Acker- und Weinbergsunkraut, das aber auch auf
Wegraine, Bahndämme und andere ungenutzte Ruderalflächen übergreifen kann. Die Art bevorzugt
mäßig trockene, nährstoffreiche Sand- und Lehmböden. OBERDORFER (1983) wertet sie als Secalinetea-Klassencharakterart.

Allgemeine Verbreitung: Indigen wohl nur im Pan-
nonischen Becken, in das Mittelmeergebiet und
nach Mitteleuropa verschleppt und gebietsweise
eingebürgert. *V. pannonica* gilt als (ost-)submedi-
terran-mediterranes Florenelement.

Verbreitung in Baden-Württemberg: *V. pannonica*
kommt selten bis zerstreut im ganzen Gebiet mit

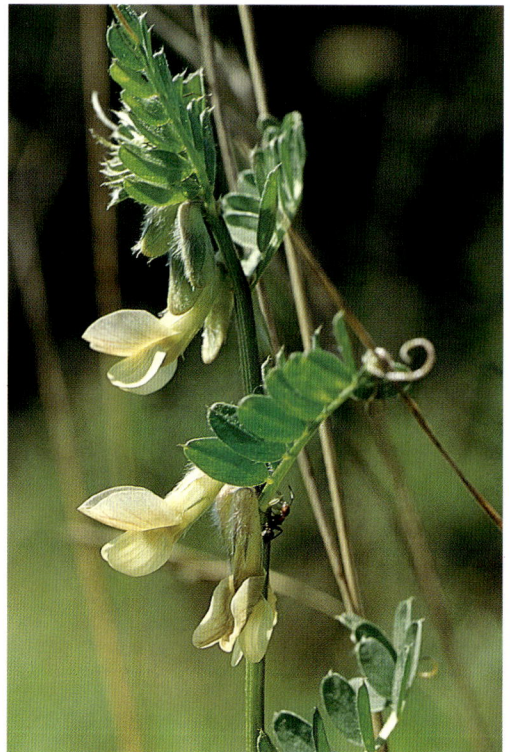

Ungarische Ackerwicke *(Vicia pannonica)*
Plören (Hegau), 12.7.1990

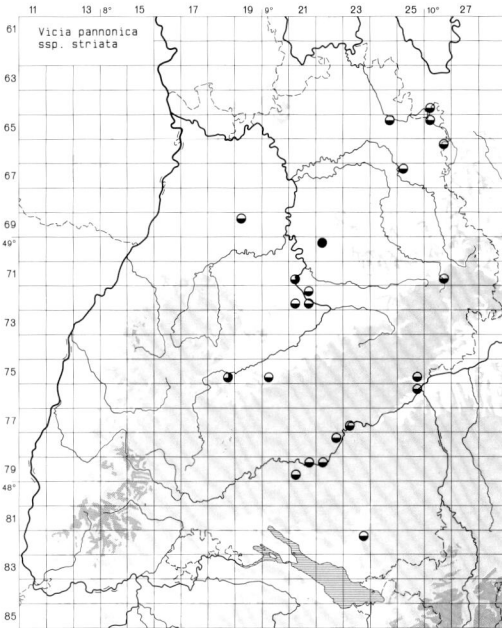

Ausnahme des Schwarzwaldes vor. Die meisten Nachweise konnten jedoch in neuerer Zeit nicht bestätigt werden.

Der niedrigste Fundort liegt bei Mannheim in ca. 100 m ü. M., der höchste auf der Schwäbischen Alb bei Radelstetten (7524/3) in 680 m ü. M.

Oberrheinebene: 6416/4: Rheinhafen Mannheim, ZIM-MERMANN (1907); 6916/1: Güterbahnhof Karlsruhe, JAUCH (1938); 7313/2: Rheinbischofsheim, Memprechts-hofen, GOLDER (1922); 7314/2: Ottersweier, HUBER (1912).
Kraichgau und Tauberland: selten
Schwarzwald: 7417/2: Egenhäuser Kapf, 1951, WREDE (STU-K).
Neckarbecken: zerstreut im mittleren Neckarraum um Stuttgart.
Albvorland: im westlichen und mittleren Teil zerstreut, außerdem: 7126/4: Aalen, 1903, BRAUN (STU-K).
Baar: 7917/1: Schwenningen, 1912, KOLB (STU-K).
Schwäbische Alb: zerstreut, auf der Ostalb fehlend.
Hegaubecken: 8218/2: Plören, 1970, HENN (STU-K).
Oberschwaben: 8023/3: Ebenweiler, 1909, MÜLLER (STU-K); 8223/2: Ravensburg, BERTSCH (1948).

Erstnachweise: Die Art ist im Gebiet eingebürgert und muß als Neophyt angesehen werden. Der Erst-nachweis erfolgte durch KIRCHNER u. EICHLER (1900: 235) an Hand von Herbarmaterial aus Eß-lingen von 1888.

Bestand und Bedrohung: Noch um die Jahrhundert-wende scheint *V. pannonica* ein nicht allzu seltenes

Unkraut von Äckern und Weinbergen gewesen zu sein, und GAMS in HEGI (1924) weist darauf hin, daß die Pflanze in Ausbreitung begriffen ist. In den letzten Jahren ist jedoch ein dramatischer Rück-gang der Art zu verzeichnen, die in neuerer Zeit nur an wenigen Fundorten noch angetroffen werden konnte. Bezeichnend dafür mag das Verschwinden eines Vorkommens bei Haberschlacht im Zuge der Flurbereinigung sein.

Für die langfristige Erhaltung dieser Art muß die Beibehaltung extensiver Bewirtschaftungsformen insbesondere ohne den Einsatz von Herbiziden ge-fordert werden.

Variabilität: *V. pannonica* kommt in zwei Unterar-ten vor, die sich in der Blütenfarbe unterscheiden: die subsp. *pannonica* weist hellgelbe bis fast weiße, subsp. *striata* (Bieb.) Nym. 1878 (= var. *purpuras-cens* (DC.) Ser.) schmutzigviolette Blüten auf. Beide sind im Gebiet vorhanden, lassen aber in ihrer Verbreitung kaum deutliche Unterschiede er-kennen. BERTSCH (STU) fand sie sogar zusammen an einem Standort. Ob ihre Wertung als echte Unterarten gerechtfertigt ist, erscheint zumindest fraglich.

14. Vicia sativa L. 1753
Acker-Wicke, Saat-Wicke

Morphologie: Überwinternd-einjährige bis zweijäh-rige Pflanze, zum Teil mit Bodenausläufern. Sten-gel einfach oder verzweigt, kantig, Hauptachse früh absterbend. Laubblätter verschieden gestaltet, oben stets mit verzweigten Ranken und 3–7 Paar linearer, breit-elliptischer oder verkehrt-eiförmiger, spitzer bis ausgerandeter 20–35 × 5–10 mm gro-ßer, die unteren mit 1–3 Paaren kleinerer und stär-ker ausgerandeter Blättchen. Nebenblätter klein, halbpfeilförmig, z. T. zerstreut gezähnt, bisweilen mit Nektarien auf der Unterseite. Blüten kurz ge-stielt, einzeln oder zu zweit blattachselständig. Kelch röhrig, vielnervig, Kelchzähne lanzettlich, ± so lang oder länger als Röhre. Krone rotviolett bis weißlich, 20–30 mm lang, Flügel kürzer als Fahne, aber länger als Schiffchen. Hülsen aufrecht-abste-hend, stielrund oder etwas abgeflacht, 40–65 × 7–10 mm, zerstreut kurzhaarig bis kahl, braun bis schwarz. Samen kugelig, braun oder schwarz.

Biologie: *V. sativa* blüht in den Monaten März und April sowie noch einmal von August bis Oktober. Selbstbestäubung ist sehr häufig, der Anteil der Fremdbefruchtung liegt nach METTIN und HANELT (1964) bei maximal 10 %.

Ökologie: *V. sativa* wurde als Kulturpflanze ange-baut und kommt heute verwildert an Wegrainen,

Schuttplätzen sowie als Ackerunkraut vor. Die Art bevorzugt nicht zu kalkarmen, nähr- und stickstoffreichen Untergrund. Häufige Begleitarten sind *Convolvulus arvensis, Myosotis arvensis, Polygonum aviculare, Lithospermum arvense, Lathyrus tuberosus, Lathyrus aphaca, Vicia tetrasperma, Viola arvinsis* u.a. Soziologische Aufnahmen vgl. KUHN (1937, Tab. 7), BARTSCH (1940), v. ROCHOW (1951, Tab. 4, 5).

Allgemeine Verbreitung: Mittelmeergebiet, Westasien, adventiv in Mittel- und Nordeuropa bis Irland und Skandinavien. *V. sativa* ist ursprünglich ein mediterran-eurasisches Florenelement, wurde jedoch weltweit in praktisch alle Kontinente verschleppt.

Verbreitung in Baden-Württemberg: Viele Angaben von *V. sativa* müssen als fraglich angesehen werden, da eine saubere Abgrenzung von *V. angustifolia* nicht durchgeführt worden ist bzw. aufgrund der zahlreichen Übergangsformen nicht immer möglich ist. Genaue Aussagen zur Verbreitung der Art sind somit kaum möglich. Neuere Herbarbelege sind aus dem Gebiet ausgesprochen selten, die älteren stammen überwiegend aus dem Neckar- und Donauraum. Die Art kommt aber vereinzelt im Gebiet verwildert vor, wenngleich eine feste Einbürgerung nicht stattgefunden hat.

Der niedrigste Fundort liegt bei Wendlingen (7322/1) in 260 m ü.M., der höchste bei Wehingen (7818/2) in 770 m ü.M.

Oberrheingebiet: In der Gegend um Karlsruhe vereinzelt (z.B. 6916/1: Güterbahnhof Karlsruhe, JAUCH (1938)), sonst fehlend.

Tauberland: 6523/1: Hammelsberg W Schillingsstadt, 1985, NEBEL (STU-K); 6526/1: bei Creglingen, 1974, HARMS (STU-K).

Neckarland: selten und im Rückgang begriffen. – Schwäbisch-Fränkischer Wald: 7125/3: Birkischäcker N Brainkofen, 1987, NEBEL (STU-K). – Westliches Albvorland: 7618/2: Stetten, 1976, HARMS (STU-K).

Schwäbische Alb: Im südöstlichen Teil selten, sonst: 7719/1: Balingen, 1855, ENTRESS VON FÜRSTNECK (STU); 7818/2: Wehingen, 1922, BOLTER (STU).

Oberschwaben: 8021/3: Kloster Wald, 1855, SAUTERMEISTER (STU).

Erstnachweise: Der erste subfossile Nachweis stammt aus Ravensburg und fällt in das Frühe Subboreal (36. Jahrh. v.Chr., BERTSCH 1956). Die Art ist im Gebiet adventiv, aber wohl nicht eingebürgert, sondern stets aus der Kultur verwildert. Der literarische Erstnachweis: J. BAUHIN (1598: 155), Umgebung von Bad Boll.

Bestand und Bedrohung: Soweit dies aus dem vorliegenden Datenmaterial ersichtlich ist, zeigt *V. sativa* eine recht deutliche Abnahme in ihrem Vorkommen.

Diese ist bei der ausgesprochen unbeständigen Art wohl in erster Linie auf den Rückgang des Anbaus zurückzuführen, so daß nur noch in geringem Umfang Individuen verwildern können. Maßnahmen zur Erhaltung der Art sind hier wenig sinnvoll. Die Art ist bereits seit der Antike als Kul-

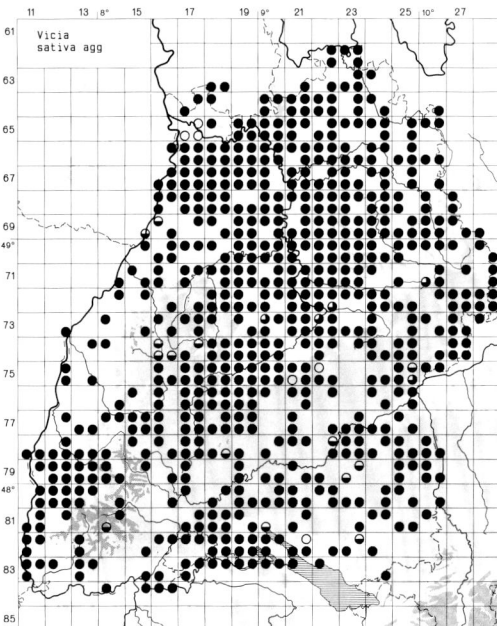

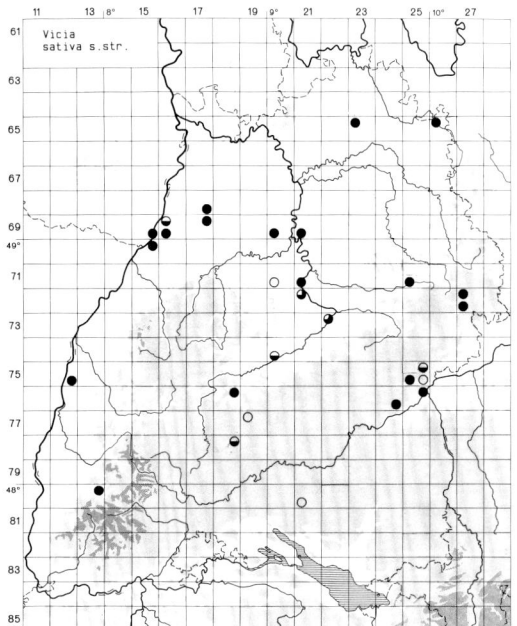

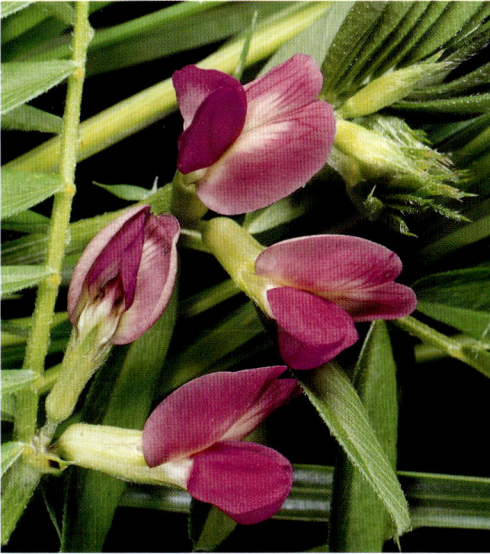

Ackerwicke *(Vicia sativa)*
Baar, 1973

turpflanze bekannt, erst in der Neuzeit erfolgte jedoch eine weitere Verbreitung.

V. sativa wurde zur Gründüngung und als Futterpflanze, in begrenztem Umfang auch zur menschlichen Ernährung angebaut. Wickenmehl diente z.B. als Streckmittel für Brotmehl sowie als Zusatz zu Kraftnahrung. Aufgrund ihres Gehaltes an Blausäure und des damit verbundenen bitteren Geschmackes war dazu jedoch ein längeres Aufkochen notwendig.

Variabilität: METTIN und HANELT (1964) unterteilen die Art in eine convar. *sativa* (die Kulturform) und eine convar. *cosentini* (Guss.) Arcang. 1882, die als Wildform der Kultursippe angesehen werden muß. Diese entwickelte sich wiederum aus *V. angustifolia*.

Flachsamige Formen von *V. sativa*, die sich polyphylletisch als Unkraut in Linsenkulturen entwickelten, werden als convar. *sativa* var. *platysperma* Barul. zusammengefaßt. Diese Sippe kommt wahrscheinlich auch im Gebiet vor.

15. Vicia angustifolia L. 1759
V. sativa L. subsp. *angustifolia* (L.) Batt. 1889;
V. sativa subsp. *nigra* (L.) Ehrh. 1780
Schmalblättrige Wicke

Morphologie: Ein- bis zweijähriger Therophyt mit bis zu 40 cm langen, niederliegenden bis aufsteigenden oder aufrechten und kletternden, dünnen, kantigen Stengeln, Laubblätter im unteren Stengel-

abschnitt bisweilen rankenlos, mit 1–3 Paar kleiner, verkehrt-eiförmiger bis verkehrt-herzförmiger Blättchen, oben stets mit Ranken und 3–5 Paar länglich-lanzettlicher bis linealer, 15–20 mm langer und 2–4 mm breiter, gestutzter, abgerundeter, ausgerandeter und bespitzter Fiederblättchen. Blüten meist einzeln, selten bis 4, 10–16 mm lang. Kelch schief, kahl, Kelchzähne kürzer als Kelchröhre. Fahne ± gerade, rosa bis lila, über die rötlichen Flügel und das weißliche Schiffchen hinausragend. Hülsen 30–55 mm lang, 4–6 mm breit, rund, behaart, später verkahlend, glatt, dunkelbraun bis schwarz, Samen 3–5 mm im Durchmesser, braun bis schwarz.

Biologie: *V. angustifolia* blüht in den Monaten Mai und Juni, bisweilen noch einmal im Herbst. Die Bestäubung erfolgt durch Wildbienen, nach WESTRICH (1989) v.a. durch *Osmia maritima*.

Ökologie: Die Art kommt an Ruderalstandorten (Äcker, Schuttplätze, Wegraine, Sandgruben etc.) sowie in verunkrauteten Halbtrockenrasen vor. Sie ist thermophil und bevorzugt trockenen, nährstoffreichen, häufig sandigen Untergrund.

Die subsp. *angustifolia* ist die Klassencharakterart der Trocken- und Halbtrockenrasen (Festuco-Brometea), während subsp. *segetalis* als Charakterart der Getreideunkraut-Gesellschaften (Secalinetea) gilt.

Wichtige Begleitarten sind *Echinochloa crus-galli*, *Mercurialis annua*, *Chenopodium album*, *Euphorbia*

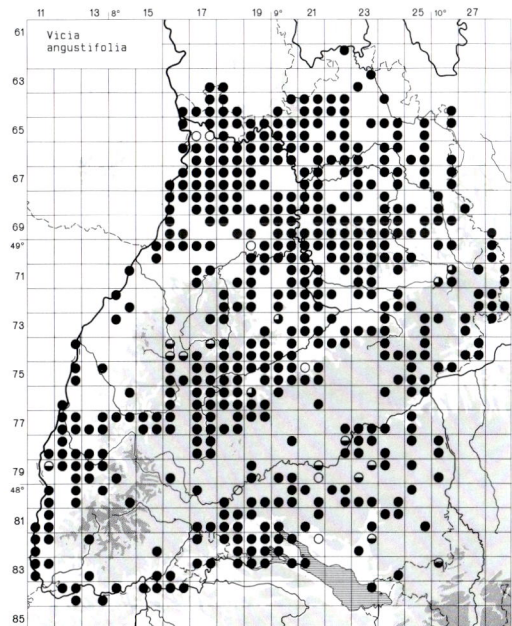

Schmalblättrige Wicke *(Vicia angustifolia)*
Rastatt, 29.5.1991

helioscopia, *Lathyrus aphaca, Bromus erectus, Dianthus carthusianorum, Salvia pratensis, Sanguisorba minor* u.a. Soziologische Aufnahmen s. LANG (1973 Tab. 16), v. ROCHOW (1951, Tab. 4, 5), GÖRS (1974, Tab. 3), FISCHER (1982).

Allgemeine Verbreitung: Europa bis Island und Nordschweden, westl. Asien, Nordafrika. *V. angustifolia* ist ein mediterran-eurasisches Florenelement.

Verbreitung in Baden-Württemberg: In den tieferen und mittleren Lagen des Untersuchungsgebietes zerstreut, stellenweise häufig. Im mittleren Abschnitt des Oberrheintales fehlend, ebenso in den Hochlagen von Schwäbischer Alb und Schwarzwald.

Der niedrigste Fundort liegt bei Mannheim in ca. 97 m ü.M., der höchste an der Fürsatzhöhe im Schwarzwald (8014/4) in 1070 m ü.M.

Erstnachweise: Die Art ist im Gebiet frühzeitig eingebürgert worden (Archäophyt). Ihr literarischer Erstnachweis erfolgte durch ROTH VON SCHREK-KENSTEIN (1797, 1798: 112).

Bestand und Bedrohung: Als relativ vitale und in ihren Standortsansprüchen flexible, synanthrop vorkommende Art unterliegt *V. angustifolia* keiner nennenswerten Gefährdung.

Variabilität: *V. angustifolia* tritt in zwei Formenkreisen auf, die von einigen Autoren als Unterarten gewertet werden:

a) var. **angustifolia**: Fiederblättchen lineal, 2–3 mm breit, Kelch nur halb so lang wie die Fahne, diese in einem Winkel von ca. 90° nach oben gebogen, Hülsen 30–40 mm lang.

b) var. **segetalis** (Thuill.) Arcang.: Fiederblättchen lanzettlich, 3–5 mm breit, Kelch kurz, ca. ¾ so lang

358

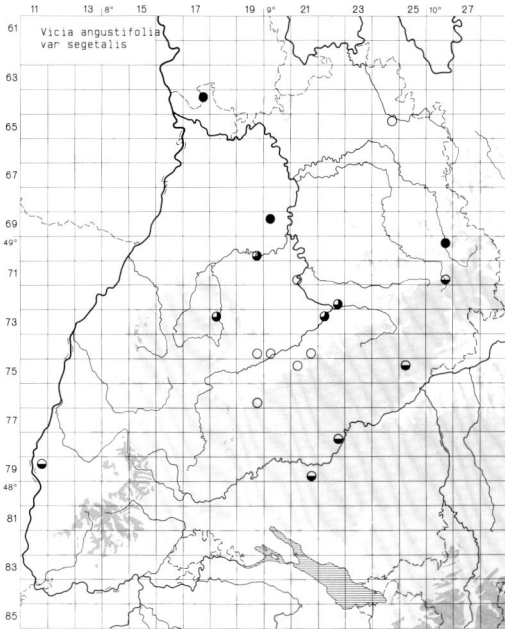

Vicia angustifolia var segetalis

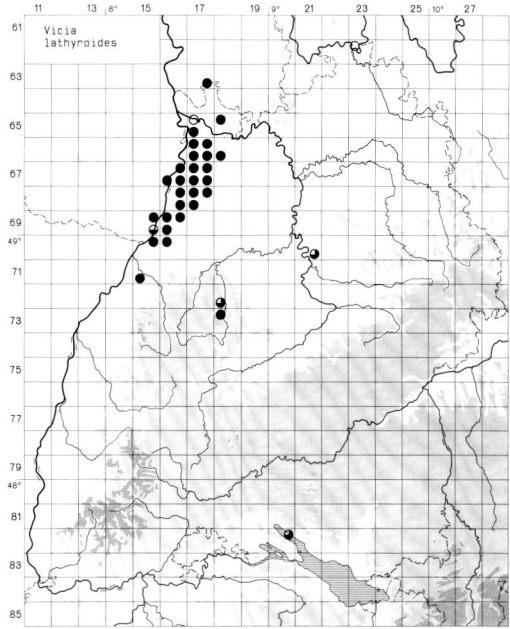

Vicia lathyroides

wie die Fahne, diese in einem Winkel von 30–45° nach oben gebogen, Hülsen über 40 mm lang.

Über die Verbreitung dieser beiden Unterarten ist bisher wenig bekannt. Nach METTIN und HANELT (1964) sind beide in Mitteleuropa vorhanden, wobei im Gegensatz zum Mediterrangebiet die var. *segetalis* häufiger ist.

In naturnahen Gesellschaften (Halbtrockenrasen, Säume etc.) scheint die subsp. *angustifolia* zu überwiegen, während die var. *segetalis* meist als Ackerunkraut vorkommt.

16. Vicia lathyroides L. 1753
Frühlings-Zwergwicke, Kicherwicke

Morphologie: Winterannueller Therophyt mit mehreren niederliegenden oder aufsteigenden, kahlen oder selten kurz behaarten Stengeln, dünn, bis 20 cm lang und nur am Grund verzweigt. Laubblätter bis 30 mm lang, meist rankenlos oder nur mit kurzer, unverzweigter Ranke, selten mit Endblättchen. Blätter mit 1–2 Paar kahlen oder kurzhaarigen Fiederblättchen, die unteren verkehrtherzförmig und an der Spitze ausgerandet mit aufgesetzter Stachelspitze, die oberen schmäler und einfacher. Nebenblätter halbpfeilförmig und ganzrandig. Blüten einzeln, kurzgestielt bis sitzend, 5–8 mm lang, Kelch trichterförmig-glockig, behaart, Zähne lanzettlich, so lang wie Röhre, Krone

hellviolett, Fahne verkehrt-herzförmig, zusammengefaltet, wenig länger als die bläulichen Flügel, doppelt so lang wie das grünliche, an der Spitze violette Schiffchen. Hülsen ± abstehend, ca. 20 × 4 mm lang, geschnäbelt, kahl, braun, reif schwarz, ca. 7samig. Samen abgerundet-prismatisch, warzig, rötlich-braun bis schwarz.

Biologie: *V. lathyroides* blüht in den Monaten April bis Juni, bisweilen auch noch einmal im August. Die Bestäubungseinrichtungen sind jedoch zurückgebildet, so daß es in der Regel zu Selbstbestäubung kommt.

Ökologie: Die in hohem Maß an sandiges Substrat gebundene *V. lathyroides* bevorzugt Magerrasen und Heiden, greift darüber hinaus auch auf Sandfelder und Wiesen sowie auf Brachflächen, bisweilen sogar Sandsteinmauern über. Die Art ist wärmeliebend und besiedelt trockene und kalkarme, mäßig saure Standorte der planaren und collinen Stufe; sie gilt als Corynephoretalia-Ordnungscharakterart.

Allgemeine Verbreitung: Zerstreut in fast ganz Europa bis Süd-Skandinavien, Kaukasus, Krim, Kleinasien, Nordafrika (Atlas). Auf der Iberischen Halbinsel und in den höhergelegenen Teilen Mitteleuropas über weite Strecken fehlend. *V. lathyroides* ist ein submediterran-subatlantisches Florenelement. Verbreitungskarte s. MEUSEL et al. (1965: 250).

Frühlings-Zwergwicke *(Vicia lathyroides)*
Sandhausen, 27.4.1991

Verbreitung in Baden-Württemberg: Im Oberrhein-gebiet zerstreut, sonst sehr selten.

Der tiefstgelegene Fundort liegt bei Mannheim (97 m ü.M.), der höchste bei Zavelstein (7318/1) in 540 m ü.M.

Tauberland: 6223/1: Sporkert bei Wertheim, DÖLL (1857).
Oberrheingebiet: zerstreut zwischen Karlsruhe und Mannheim.
Schwarzwald: 7218/3: Hirsau, 1969, HAUG (STU-K); 7318/1: Zavelstein, 1928, PLANKENHORN (STU); Wiesen nördlich Mineralbrunnen AG bei Teinach, 1978, SEYBOLD (STU-K); Friedhofsmauer in Teinach, 1978, SEYBOLD (STU-K).
Neckargebiet: 7021/4: Neckarschleuse bei Poppenweiler, SEYBOLD (1968).
Bodenseebecken: 8220/2: Sipplingen, Süßenmühle, 1952, HENN (STU-K).

Erstnachweise: Die Art ist im Gebiet adventiv und stellenweise als Archäophyt eingebürgert. Der erste literarische Nachweis findet sich bei GMELIN (1808: 192).

Bestand und Bedrohung: *V. lathyroides* kommt in größeren, mehr oder weniger gesicherten Beständen nur noch im Oberrheingebiet vor. Außerhalb des Rheingrabens findet die Art sich nur noch an wenigen Stellen und muß als extrem gefährdet betrachtet werden.

Die Erhaltung der Art kann nur über einen konsequenten Schutz der noch vorhandenen Fundorte

vor Überbauung oder anderen Störungen gewährleistet werden. Eine Ausweisung als Naturschutzgebiete wird befürwortet.

17. **Vicia lutea** L. 1753
Gelbe Ackerwicke

Morphologie: Therophyt mit einfachen, aufsteigenden oder kletternden Stengeln, 20–60 cm lang, gerillt, meist kahl bis locker abstehend behaart. Laubblätter sitzend oder kurz gestielt, die oberen mit verzweigten Ranken und 6–8 Paar Fiederblättchen, die unteren mit einfacher Ranke und 3–5 Blättchen, diese stets kurzgestielt, 10–20 × 3–5 mm, meist abgerundet und bespitzt, unten bisweilen verkehrt-eiförmig und gestutzt, locker behaart bis bewimpert. Nebenblätter klein, dreieckig-spießförmig, mit deutlichen, purpurfarbenen Nektarien. Blüten 20–25 mm lang, einzeln an kurzen Stielen, blattachselständig. Kelch glockig, schief, kahl oder an den Zähnen gewimpert, untere Zähne 2- bis 3mal so lang wie obere, länger als Kelchröhre. Krone zitronengelb, Fahne gerade, kaum länger als Flügel, dunkler überlaufen, Schiffchen an der Spitze bräunlich. Hülsen 25–30 × 8–10 mm, mit langen, abstehenden, auf Knötchen sitzenden, rotbraunen Haaren, braun bis olivfarben, 5- bis 9samig. Samen kugelig, schwarzbraun.

Biologie: *V. lutea* blüht hauptsächlich in den Monaten Mai und Juni, vereinzelt bis September. Hin

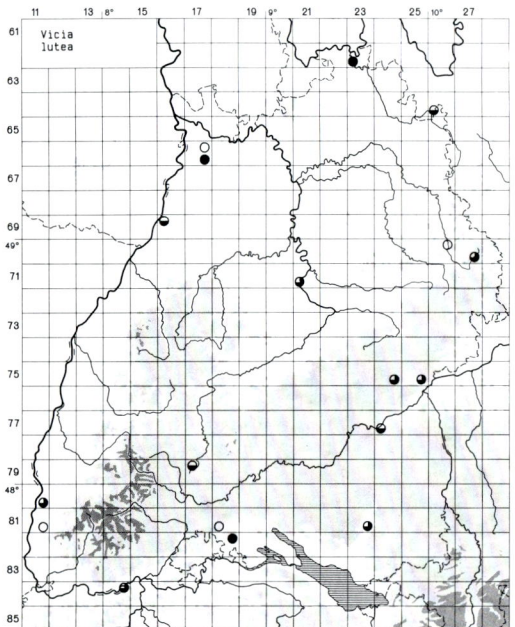

Gelbe Ackerwicke *(Vicia lutea)*
Hohentwiel, 5.7.1991

Neckarbecken: 7121/3: Stuttgart, Hauptgüterbahnhof, 1954, KREH (STU-K).
Gäuflächen: 7026/2: Ellwangen/Jagst, RATHGEB in MARTENS und KEMMLER (1865); STU; 7027/4: Lippach, BERTSCH (1948).
Schwäbische Alb: 7524/4: Blaubeuren, Ödland bei Zementfabrik 1952, MÜLLER (STU-K); 7525/4: Ulm, Güterbahnhof, 1931–1935, 1945, MÜLLER (1957); 7917/1: Schwenningen, KIRCHNER und EICHLER (1913).
Hegaubecken: 8118/3: Blumenfeld (STU); 8218/2: Hilzingen, 1990, SASS (STU-K), Hohentwiel, 1991, BAUMANN (STU-K).
Oberschwaben: 7724/3: Rottenacker, Auffüllplatz, 1932, MÜLLER (STU-K); 8123/4: Baienfurt, BERTSCH (STU-K).
Hochrhein: 8414/2: Albbruck, LITZELMANN (1963).

Bestand und Bedrohung: Als seltenes und unbeständiges Unkraut ist das Vorkommen von *V. lutea* in hohem Maße instabil und von zufälligen Ansamungen abhängig; die Art muß im Gebiet als außerordentlich stark gefährdet eingestuft werden. Maßnahmen zur Bestandssicherung sind bei solchen ausgesprochen synanthropen Arten jedoch kaum sinnvoll. Im Einzelfall sollte aber eine unmittelbare Vernichtung der noch bestehenden Vorkommen, etwa durch Überbauung oder Herbizideinsatz, vermieden werden.

und wieder wurden Bodenblüten („kleistogame Blüten") beobachtet.

Ökologie: *V. lutea* besiedelt im Gebiet ausschließlich Ruderalstandorte wie Getreideäcker, Weg- und Feldraine, Bahndämme oder Bahnhöfe vorwiegend auf mäßig trockenem, nährstoffreichem Untergrund teils auf Kalk, teils auf Sand. Nach OBERDORFER (1983) gilt sie als Secalinetea-Klassencharakterart.

Allgemeine Verbreitung: Die mediterran-submediterrane bis subatlantische *Vicia lutea* ist im gesamten Mittelmeergebiet verbreitet und wurde vereinzelt bis Mitteleuropa, Südengland, nach Osten bis in die Ukraine sowie auf die Kanarischen Inseln verschleppt.

Verbreitung in Baden-Württemberg: *V. lutea* kommt im Gebiet selten in wärmeren Lagen vor. Sie ist adventiv und unbeständig, kann also nicht als eingebürgert gelten.

Der niedrigste Fundort liegt bei Sandhausen (6617/4) in 113 m ü. M., der höchste bei Blaubeuren (513 m ü. M.).

Oberrheingebiet: 6617/2: Oftersheim, ZIMMERMANN (1906); 6617/4: Sandhausen, 1990, BREUNIG (STU-K); 6916/1: Güterbahnhof Karlsruhe, JAUCH (1938); 8011/4: Hartheim, 1957, PHILIPPI (STU-K); 8111/4: bei Müllheim (STU).
Tauber-Platten: 6223/3: N Bronnbach, PHILIPPI (KR-K); 6426/3: Waldmannshofen, SCHLENKER (1910).

18. Vicia narbonensis L. 1753

Faba bona Medik. 1787; *Faba narbonensis* (L.) Schur. 1877
Maus-Wicke, Schwarze Ackerbohne

Morphologie: Annuelle, bisweilen überwinternd-annuelle Pflanze mit kräftiger Wurzel und aufrechtem, 30–60 cm hohem, vierkantigem Stengel. Untere Laubblätter mit einem Fiederpaar und einer in eine Spitze verlängerten Rhachis, obere mit Ranken und 2–3 Paar Fiederblättchen, diese verkehrt-eiförmig, 30–50 × 20–40 mm, stumpf, dicklich, netzadrig, oberseits glatt und unterseits auf den Nerven kurz behaart, graugrün, trocken schwarz. Nebenblätter groß, häufig mit Nektarien. Blüten 15–30 mm lang, einzeln oder zu zweit an kurzen Stielen in Blattachseln, Krone dunkelpurpurn, Fahne rötlich, bleigrau geadert, Flügel bläulich, Schiffchen dunkelviolett. Hülsen 30–60 × 10–15 mm, zerstreut behaart, schwärzlich, markig, Samen 8–10 mm lang, dunkel bis schwarz.

Biologie: Blüte Mai bis Juni. Die Bestäubung erfolgt durch Bienen und Hummeln, bisweilen kommt es auch zur Selbstbestäubung.

Ökologie: *V. narbonensis* ist vorwiegend ein Weinbergs- und Ackerunkraut, kann bisweilen aber auch auf Gebüschsäume übergreifen. Die Art ist wärmeliebend und stellt hohe Ansprüche an die

Nährstoffversorgung des Untergrundes, meist findet sie sich auf basenreichen Lehmböden. Die oberirdischen Teile können milde, schneearme Winter überdauern. Weitere Charakterisierung vgl. LITZELMANN et al. (1966).

Allgemeine Verbreitung: Mittelmeergebiet, selten nach Mitteleuropa verschleppt. Die Art ist ein submediterran-mediterranes Florenelement.

Verbreitung in Baden-Württemberg: Sehr selten und zum Teil unbeständig in wärmeren Lagen.

Oberrheingebiet: 8311/1: Kleinkems, Isteiner Klotz, DE BARY in DÖLL (1864), u.a., LITZELMANN (1966); 8311/2: Fischingen, 1963, LITZELMANN. Beide Fundorte inzwischen wahrscheinlich erloschen.
Hochrheintal: 8411/2: Grenzach, von LITZELMANN (1966) als erloschen gemeldet.
Tauber-Platten: 6426/3: Waldmannshofen, SCHLENKER (1910).
Neckargebiet: 7121/3: Stuttgart, Hauptgüterbahnhof, SEYBOLD (1968).
Schwäbische Alb: 7524/4: Blaubeuren, 1902, BAUER (1905), KIRCHNER und EICHLER (1913); 7626/2: Ulm, 1902, HAUG in MÜLLER (1957), KIRCHNER und EICHLER (1913).

Erstnachweise: Die Art war im Gebiet adventiv und eingebürgert. Der erste literarische Nachweis von DÖLL (1864: 70–71) bezog sich auf Angaben von DE BARY 1863 von Istein.

Bestand und Bedrohung: Das einzige noch aus neuerer Zeit bekannte, beständige Vorkommen bei Istein konnte bisher nicht mehr bestätigt werden,

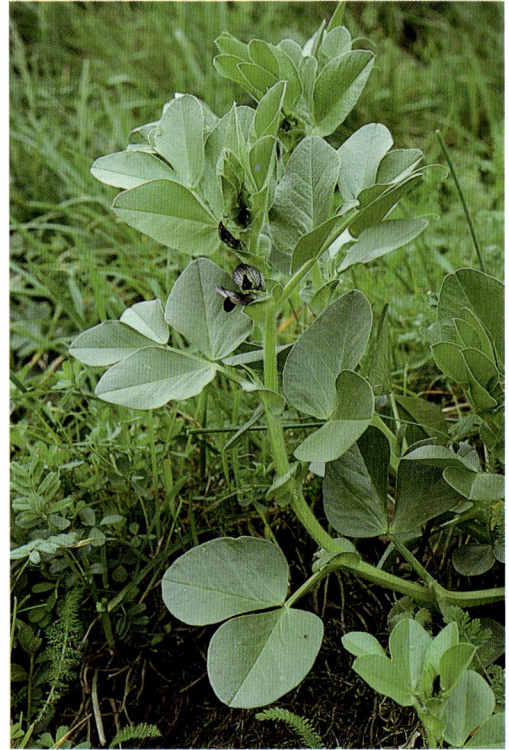

Maus-Wicke *(Vicia narbonensis)*
Istein, 1977

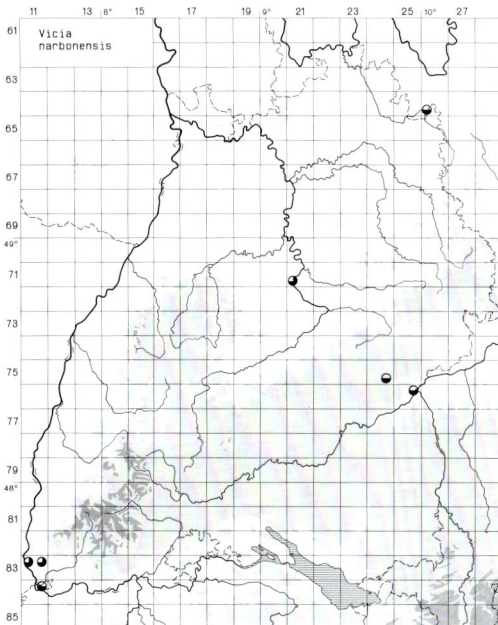

und es ist zu befürchten, daß es aufgrund des starken Herbizideinsatzes in den fraglichen Weinbergen erloschen ist. Damit ist die Art im Gebiet ausgestorben.

Variabilität: *V. narbonensis* kommt in zwei Varietäten vor, von denen im Gebiet die var. *integrifolia* Ser. mit ganzrandigen Fiederblättchen vorherrschend war. 1902 wurde in Ulm von HAUG (vgl. K. MÜLLER 1957) auch die var. *serratifolia* (Jacq.) Ser. angegeben.

14. **Lathyrus** L. 1753
inkl. *Orobus* L. 1753
Platterbse, Kichererbse
Bearbeiter: A. WÖRZ

Einjährige oder ausdauernde, krautige Pflanzen mit Rhizomen oder Wurzelknollen. Laubblätter mit verzweigter Ranke oder Spitze, vereinzelt auch mit Endblättchen. Fiederblättchen (außer bei *L. niger*) stets parallel- bis netznervig (Unterschied zu *Vicia*!). Fahne meist groß und häufig anders gefärbt als Flügel und Schiffchen. Staubfadenröhre gerade abgeschnitten (Unterschied zu *Vicia*!), die freien Teile fädlich verbreitert.

Ähnlich wie bei der Gattung *Vicia* erfolgt die Bestäubung durch Hautflügler und Schmetterlinge, Autogamie und kleistogame Bodenblüten kommen bei einigen Arten ebenfalls vor. Durch die Drehung des Schiffchens einiger Arten wird es Bienen ermöglicht, von der Seite der Blüte her Nektar zu rauben.

Von den weltweit etwa 120, überwiegend nordhemisphärischen Arten kommen in Europa 54, in Baden-Württemberg 15 vor. Außerdem konnten im Gebiet folgende unbeständige, eingeschleppte Arten nachgewiesen werden:

L. ochrus (L.) DC in Lam. & DC 1805
Scheidige Platterbse

Blattgrund zu einer Scheide verwachsen, untere Blätter ungeteilt, Rhachis blattartig, obere Blätter mit 1–2 Blättchenpaaren, Blüten hellgelb.

Aus Südeuropa eingeschleppt. 7525/5: Güterbahnhof Ulm, 1931–1934, 1944, MÜLLER (1957), als Südfruchtbegleiter.

L. cicera L. 1753
Rote Platterbse, Kicher-Platterbse

Stengel 15 bis 50 cm hoch, Laubblätter mit 1 Paar Fiedern, diese lanzettlich-lineal, bis 90 mm lang und 5 mm breit, Blüten 4–14 mm, Krone trübrot mit weißem Schiffchen.

Eingeschleppt aus dem Mittelmeergebiet. 7221/1: Hauptgüterbahnhof Stuttgart, 1934, MÜLLER in SEYBOLD (1969); 6916/1: Güterbahnhof Karlsruhe, JAUCH (1938); 7525/4: Güterbahnhof Ulm, 1933, 1935, MÜLLER (1957).

L. sphaericus Retz 1783
Ziegelrote Platterbse

Therophyt mit 10–50 cm hohem Stengel, Laubblätter mit 1 Paar lineal-lanzettlicher Fiederblättchen, diese 20–60 × 2–4 mm, Blüten einzeln, 6–10 mm, zinnoberrot.

Eingeschleppt aus Südeuropa: 7525/4: Güterbahnhof Ulm, 1933–1940, MÜLLER (1957).

L. clymenium L. 1753
Purpurne Platterbse

30–100 cm hohe Pflanze mit flügelig verbreiterten Blättern, die unteren ohne Fiedern, die oberen mit 2–4 Fiederpaaren, Blüten karminrot, Flügel violett oder lila.

Aus dem Mittelmeergebiet eingeschleppt: 6916/1: Güterbahnhof Karlsruhe, JAUCH (1938); 7525/4: Güterbahnhof Ulm, 1932–36 mehrfach, MÜLLER (1957).

L. annuus L. 1753
Einjährige Platterbse

Therophyt mit 40–150 cm langem Stengel, Blätter mit einem Fiederpaar, Blättchen 50–150 × 4–18 mm, Nebenblätter lineal, 10–25 × 0,3–0,8 mm, Blüten gelb oder orange.

Aus dem Mittelmeergebiet eingeschleppte Futterpflanze: 7525/4: Güterbahnhof Ulm, 1906, BERTSCH,

1932–1936, MÜLLER (1957); 7724/3: Bhf. Rottenacker, 1933, MÜLLER.

L. inconspicuus L. 1753
Unscheinbare Platterbse

10–30 cm hoher Therophyt mit einem Paar lineal-lanzettlicher Fiederblättchen, 25–40 × 1–4 mm, Blüten einzeln, 4–9 mm, hellpurpurn.

Heimat: Mittelmeergebiet. Selten eingeschleppt: 7525/4: Ulm, 1906, HAUG in MÜLLER (1957), BERTSCH (1948); 7625/2: Söflingen, 1941, MÜLLER (1957).

1   Blattfiedern verkümmert oder reduziert, statt dessen Rhachis oder Blattstiel spreitenartig, Blätter daher scheinbar ungefiedert 2
–   Blätter deutlich gefiedert, bisweilen nur mit einem Fiederpaar 3
2   Blattrhachis spreitenartig, im Habitus daher grasähnlich. Krone purpurn bis purpurviolett, Fahne dunkel geadert, Schiffchen hell, Hülsen 40–50 × 3–4 mm. Äcker. Selten . . . . 14. *L. nissolia*
–   Blattrhachis reduziert, Blattstiel breit-spießförmig, meist dem Stengel aufrecht anliegend. Krone gelb. Hülsen 20–30 × 4–6 mm. Säume, Ruderalstellen. Zerstreut . . . . 15. *L. aphaca*
3   Blütenkrone weiß, gelblichweiß oder gelb 4
–   Blütenkrone rot, violett, lila, bräunlich 6
4   Blätter mit 2–3 Fiederpaaren. Fiederblättchen länglich, 80–100 × 5 mm, Blüten hellgelb bis gelblichweiß. Säume, Halbtrockenrasen. Selten . . . .
. . . . 4. *L. pannonicus*
–   Blätter nur mit einem Fiederpaar 5
5   Fiederblättchen lineal-lanzettlich, 50–150 × 3–7 mm, Stengel geflügelt. Krone hell, rosa oder bläulich. Blütenstandsachse in eine schuppenförmige Spitze auslaufend, die ein zweites Tragblatt vortäuscht. Hülsen 30–40 × 10–20 mm. Äcker, Weinberge, Ruderalstellen. Zerstreut (s.a. 14) . . . . 12. *L. sativus*
–   Fiederblättchen lanzettlich bis schmal-elliptisch, 15–30 × 3–6 mm, Stengel ungeflügelt, Krone gelb, Hülsen 26–33 × 6 mm. Wiesen, Säume, Ruderalgesellschaften. Gemein . . . 6. *L. pratensis*
6   Blätter mit 4–6 Fiederblättchen, paarig gefiedert, beim Trocknen schwarz werdend. Krone purpurn bis bräunlich. Thermophile Wälder und Säume. Zerstreut . . . . 2. *L. niger*
–   Blätter mit 1–3, selten 4 Fiederpaaren 7
7   Blätter zumindest im oberen Teil des Stengels mit mehr als einem Fiederpaar 8
–   Blätter stets mit nur einem Paar Fiedern 12
8   Blätter stets mit Ranken, Pflanze groß, weit über 30 cm bis 3 m lang 9
–   Blätter ohne Ranken, mit Grannenspitze 10
9   Pflanze blaugrün, mit 2–3,5 mm breit geflügeltem Stengel, untere Blätter häufig (aber nicht immer) mit nur einem Fiederpaar. Fiederblättchen 50–100 × 10–15 mm. Krone schmutzigviolett bis purpurn, etwas grünlich überlaufen, Hülsen 65–75 × 9–11 mm. Waldsäume, Wiesenbrachen. Zerstreut . . . . 11. *L. heterophyllus*
–   Pflanze dunkel- bis grasgrün, Stengel etwa 1 mm breit geflügelt, stets mit 2–3 Paar Fiederblättchen,

diese 30–60 × 3–10 mm. Krone blauviolett bis lila, Hülsen 30–40 × 6–7 mm. Sümpfe, Röhricht, Ufer. Selten . . . . 7. *L. palustris*

10 Fiederblättchen eiförmig mit lang ausgezogener Spitze, 30–70 × 10–30 mm, beiderseits gleichfarbig grün. Blüten rotviolett, später blau bis grünblau, Hülsen 40–60 × 5–6 mm. Wälder, Waldsäume. Häufig . . . . 1. *L. vernus*
– Fiederblättchen anders gestaltet 11

11 Fiederblättchen länglich-elliptisch bis lanzettlich, 20–50 × 3–10 mm, oberseits dunkel-, unterseits bläulichgrün, spitz oder abgerundet. Blüten hellpurpurn, später hellblau bis grünlich, Hülsen 30–40 × 4–5 mm. Wälder, Bergwiesen. Zerstreut
5. *L. linifolius*
– Fiederblättchen schmal-lineal, 30–60 × 2–4 mm, meist nur 2 Paar, in eine lange Spitze ausgezogen, Krone lebhaft purpurn bis blauviolett, Hülsen 50–60 × ± 5 mm (aber: im Gebiet bisher keine reifen nachgewiesen). Im Gebiet nur auf den Bergwiesen am Zeller Horn . . . . . . 3. *L. bauhinii*

12 Stengel ungeflügelt, Blättchen länglich-eiförmig, 20–40 × 10–12 mm, Blütenkrone karminrot, Blüten wohlriechend, Hülsen 25–35 × 4–6 mm. Äkker, Ruderalstellen. Zerstreut . . 8. *L. tuberosus*
– Stengel schmal, aber deutlich geflügelt 13

13 Blütenstand ± so lang wie Laubblätter 14
– Blütenstand deutlich länger als Laubblätter 15

14 Blütenstand 1-, selten 2blütig, Blütenstandsachse in eine schuppenförmige Spitze auslaufend, die ein zweites Tragblatt vortäuscht. Fiederblätter länglich-lanzettlich, 70–80 × 10–12 mm, Krone hell, rosa oder bläulich, Hülsen 30–40 × 10–20 mm. Äcker, Weinberge, Ruderalstandorte. Zerstreut (s.a. 5) . . . . 12. *L. sativus*
– Blütenstand 3- bis 6blütig. Fiederblättchen breitlanzettlich, 80–90 × 10–20 mm, Krone rosa bis purpurn, Hülse 50–80 × 6–13 mm. Hecken, Waldsäume. Zerstreut . . . . . . 9. *L. sylvestris*

15 Fiederblättchen breit-eiförmig, 40–90 × 15–50 mm, Blüten lebhaft purpurn, außen braunrot, Hülsen 70–80 × 6–9 mm, kahl. Hekken, Säume. Selten . . . . 10. *L. latifolius*
– Fiederblättchen lanzettlich bis elliptisch, 15–60 × 3–15 mm, Blütenkrone blauviolett, rosa oder weiß, Hülsen 30–50 × 6–10 mm. Äcker, Ruderalstellen. Selten . . . . 13. *L. hirsutus*

1. Lathyrus vernus (L.) Bernh. 1800
Orobus vernus L. 1753
Frühlings-Platterbse

Morphologie: Geophyt mit kahlen Sprossen und einfachen, aufrechten oder aufsteigenden Stengeln, 20–30 cm lang, gefurcht, ungeflügelt, im unteren Teil mit Schuppen (verkümmerten Nebenblättern) besetzt. Laubblätter 4–6, rankenlos, mit kurzer Spindel und 3–4 Paar Fiederblättchen, die obersten erst nach der Blüte entfaltend. Fiederblättchen eiförmig, lang zugespitzt, 30–70 × 10–30 mm, bis-

weilen auch länger und schmäler, kahl oder am Rand gewimpert, unterseits heller und stärker glänzend als oberseits, mit 3–5 deutlichen Längsnerven. Nebenblätter 10–20 mm lang, breit halbspießförmig, mit kleinen Öhrchen. Blütentrauben 1–3, 3- bis 5blütig, Tragblätter fehlend oder verkümmert, die oberste Blütentraube den Endsproß übergipfelnd. Blüten 1–3 mm lang gestielt, abstehend bis nickend, 13–18 mm lang, Kelch glockig, gekröpft, braun oder violett überlaufen, untere Zähne lanzettlich, ¼ bis ½ × so lang wie Röhre, obere kurzdreieckig. Krone rotviolett, nach der Blüte blau bis grünblau, trocken braunrot. Fahne länger als Schiffchen, gefaltet. Hülsen aufrecht-abstehend, lineal, 40–60 × 5–6 mm, kahl, glatt, kastanien- bis sepiabraun, Samen kugelig bis linsenförmig, gelbbraun, dunkler gefleckt.

Biologie: *L. vernus* blüht in den Monaten April bis Mai, selten bis Juni. Die Art wird vorwiegend von Hummeln sowie Wildbienen der Gattungen *Osmia* und *Andrena* bestäubt (WESTRICH 1989).

Ökologie: Als einzige der einheimischen *Lathyrus*-Arten ist die Frühlings-Platterbse eine typische Buchenwaldpflanze, die aber auch vereinzelt in Nadel- und Nadelmischwälder eindringen kann. Der Untergrund ist humus- und nährstoffreich sowie stets kalkhaltig. Nach OBERDORFER (1983) ist *L. vernus* eine Fagetalia-Ordnungscharakterart. Häufigste Begleitarten sind *Hepatica nobilis*, *Asarum europaeum*, *Mercurialis perennis*, *Lamiastrum ga-*

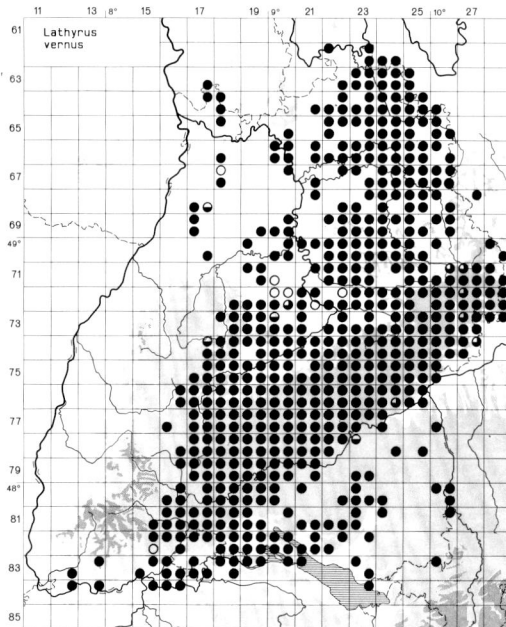

Bodensee- und Hegau-Becken: im Hegau verbreitet bis häufig, nach Osten seltener.

Erstnachweis: Die Art ist im Gebiet mit Sicherheit indigen. – Die erste literarische Erwähnung findet sich bei J. BAUHIN (1598: 154) und bezieht sich auf Vorkommen in der Umgebung von Bad Boll.

Bestand und Bedrohung: *L. vernus* gehört zu den häufigeren, im allgemeinen hochvitalen Arten; eine Gefährdung ist nicht zu erkennen.

2. Lathyrus niger (L.) Bernh. 1800
Orobus niger L. 1753
Dunkle, Schwarze oder Schwarzwerdende Platterbse

Morphologie: Geophyt mit holzigem Wurzelstock und kahlen Sprossen, die beim Trocknen meist schwarz oder dunkelbraun werden. Stengel 30–90 cm lang, ästig, mit 2 oder 4 deutlichen Kanten, jung ± kurzhaarig. Laubblätter deutlich zweizeilig, 40–90 mm lang, mit 4–6 Paar Fiederblättchen, Spindel in kurze Spitze verlängert, selten mit Ranken oder Blättchen. Fiederblättchen elliptisch-eiförmig, 10–30 × 5–11 mm, stumpf, kurz bespitzt, matt, unterseits bleichgrün. Nebenblätter halbpfeilförmig, Blütentrauben einseitswendig, länger als die Blütenblätter, Achsen bogig, anliegend behaart, Blüten zu 3–10, gestielt, abstehend bis nickend, 10–12 mm lang, Kelch glockig, rötlich

---

leobdolon, Galium odoratum, Fagus sylvatica u.a. Soziologische Aufnahmen finden sich u.a. bei KUHN (1937, Tab. 34, 36, 37), OBERDORFER (1971), LANG (1983, Tab. 112, 114–116), SEBALD (1983, Tab. 2–4), NEBEL (1986).

Allgemeine Verbreitung: Europa, im Westen und Norden selten bis fehlend, nach Osten bis Sibirien, Kaukasus, Kleinasien, ferner auf dem Balkan, der Apenninen-Halbinsel und der Iberischen Halbinsel. *L. vernus* ist ein gemäßigt-kontinentales Florenelement. Verbreitungskarten s. MEUSEL et al. (1965: 251).

Verbreitung in Baden-Württemberg: In den Kalkgebieten (Schwäbische Alb, Gäuflächen) verbreitet und häufig, sonst selten bis fehlend.

Der tiefste Fundort liegt bei Mannheim in ca. 100 m ü.M., der höchste am Hochberg bei Deilingen (7818/2) in ca. 1000 m ü.M.

Oberrheingebiet: am Hochrhein und im nördlichen Teil (Rand des Kraichgaus) zerstreut, sonst fehlend.
Gäuflächen und Schwäbisch-Fränkischer Wald: verbreitet, stellenweise, vor allem in Keupergebieten, zurücktretend.
Schwäbische Alb und Vorland: verbreitet und häufig.
Iller-Platten: selten.

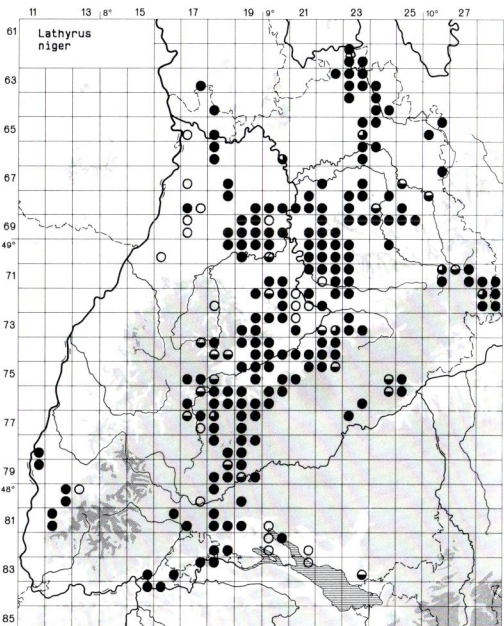

Schwarze Platterbse *(Lathyrus niger)*
Böblingen, 29.6.1991

oder braun überlaufen, schief gestutzt, Zähne kurz-dreieckig. Krone trübpurpurn-bräunlich, trocken dunkelviolett bis schwärzlich. Fahne gefaltet, etwas länger als das hellere Schiffchen. Hülsen abstehend, lineal, 45–60 × 4–6 mm, glatt, reif schwarz.

Biologie: *L. niger* blüht in den Monaten Juni und Juli. Die Blüten werden vorwiegend von Hummeln bestäubt.

Ökologie: *L. niger* kommt als ausgesprochen thermophile Halbschattpflanze in trockenen, lichten Eichen-, Eichen-Kiefern- und Buchenwäldern sowie in Gebüsch- und Waldsäumen vorwiegend der planaren und collinen Stufe vor. Die Böden sind basen-, aber nur mäßig kalkreich bis entkalkt. Die Art gilt als Ordnungscharakterart der wärmeliebenden Eichenmischwälder (Quercetalia pubescentis).

Häufigere Begleitarten sind *Peucedanum cervaria, Bupleurum falcatum, Solidago virgaurea, Daphne mezereum, Tanacetum corymbosum, Viburnum lantana* u.a. Soziologische Aufnahmen s. KUHN (1937, Tab. 29, 33), SEBALD (1983), v. ROCHOW (1951, Tab. 22) und WITSCHEL (1980).

Allgemeine Verbreitung: Europa, nach Norden bis Süd-Skandinavien, nach Osten bis Rußland, Kaukasus, Balkan sowie Italien, Südfrankreich, Iberische Halbinsel, Nordafrika. *L. niger* ist ein (ost)-submediterran-gemäßigt-kontinentales Florenele-

ment. Verbreitungskarte s. MEUSEL et al. (1965: 251).

Verbreitung in Baden-Württemberg: Zerstreut bis verbreitet in den tieferen Lagen, vor allem in Wärmegebieten. Fehlt im Schwarzwald, in Teilen der Albhochfläche, in Oberschwaben und in der Oberrheinebene.

Der tiefste Fundort liegt bei Freiburg in 230 m ü.M., der höchste südlich Oberflacht (7918/3) bei Spaichingen (ca. 800 m ü.M.).

Oberrheingebiet: Vorhügelzone des Schwarzwaldes, Kaiserstuhl, Kraichgaurand vielfach, in der Rheinebene fehlend. Vereinzelt am Fuß des Schwarzwaldes (auf reicheren Gneisen), so z.B. 8112/1: E Staufen.
Tauberland: zerstreut.
Neckarbecken: verbreitet bis zerstreut, in dichter besiedelten Gebieten seltener.
Obere Gäue: zerstreut.
Schwäbische Alb und Vorland: Verbreitet bis zerstreut auf der Reutlinger, Hechinger und Balinger Alb sowie in Teilen der Ostalb. Fehlt in weiten Teilen der Flächenalb und im Albuch.
Oberschwaben: selten, z.B. 8323/4: Wiesach bei Laimnau, BERTSCH (1948).
Hegaubecken: zerstreut bis selten.
Bodenseebecken: selten.

Erstnachweise: Die Art ist im Gebiet indigen. Der erste literarische Nachweis stammt vom Spitzberg bei Tübingen (DUVERNOY 1722: 109).

Bestand und Bedrohung: Die Beseitigung von Säumen und Hecken sowie die intensive Bewirtschaftung naturnaher Wälder stellen mit Sicherheit eine Gefahr für den Bestand der Art dar, wenngleich ihr Rückgang nicht ganz so deutlich ist wie z.B. bei *V. tenuifolia* und *V. dumetorum.* Vor allem in den Siedlungsschwerpunkten um Stuttgart läßt sich die Art in neuerer Zeit nicht mehr nachweisen. Für eine langfristige Sicherung der Vorkommen von *L. niger* ist ein Schutz von Saum- und Heckenstandorten sowie wenig anthropogen beeinträchtigter Trockenwälder unumgänglich.

3. Lathyrus bauhinii Genty 1892

L. ensifolius (Lapeyr.) Gay 1857; *L. filiformis* (Lam.) Gay 1857; *Orobus filiformis* Lam. 1779; *Orobus canescens* L. fil. 1782; *O. alpestris* auct. non Waldst. und Kitaibel 1803: v. MARTENS und KEMMLER 1865
Schwert-Platterbse

Die Art wurde im Gebiet zunächst fälschlicherweise als *Orobus alpestris* Waldst. & Kit. (= *Lathyrus alpestris* (Waldst. & Kit.) Čelak) angesprochen und ging unter diesem Namen auch in einige Floren ein, so z.B. in v. MARTENS und KEMMLER (1865). Erst HEGELMAIER (1886) konnte den Irrtum ausräumen und die Bestände richtig zuordnen.

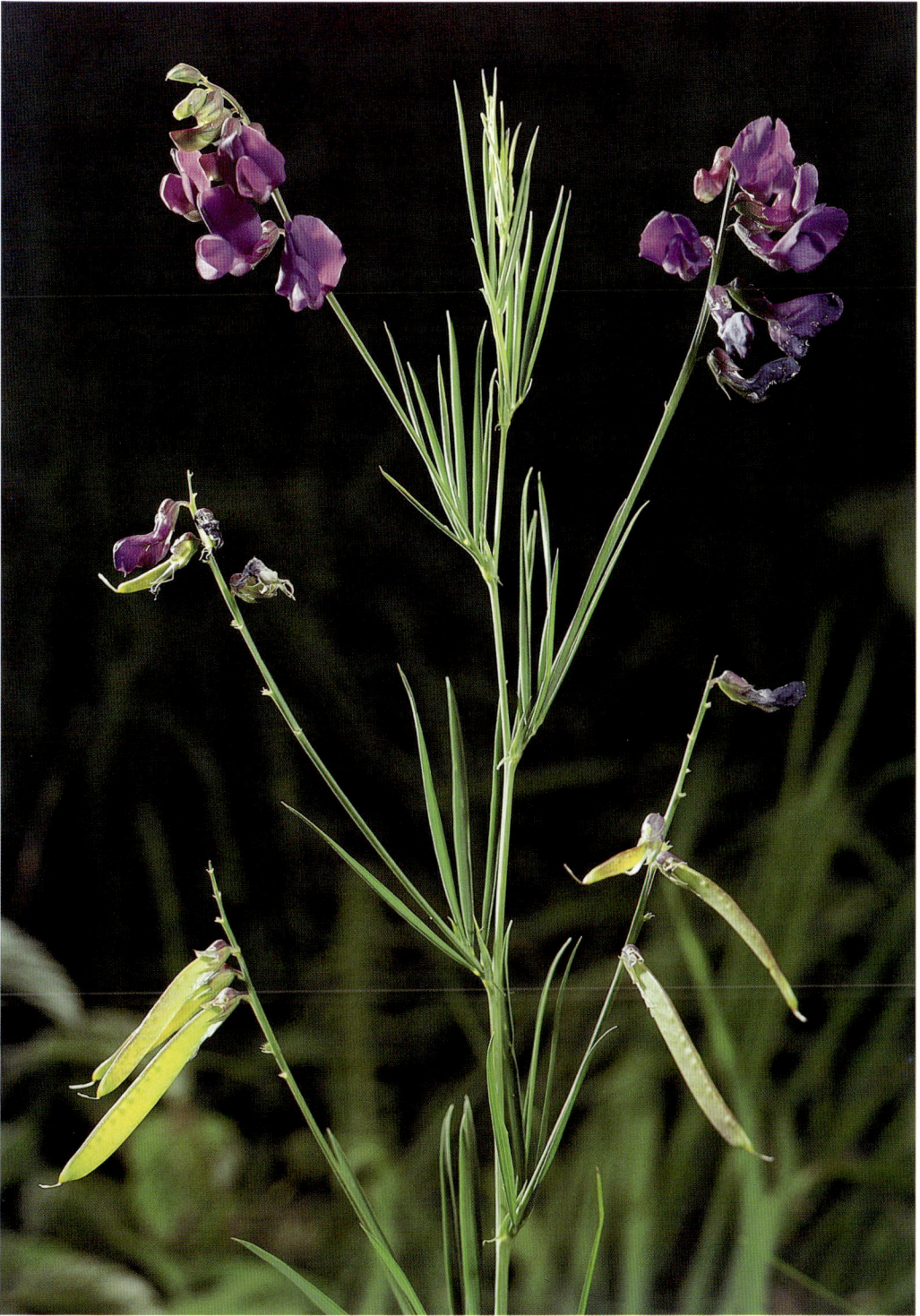

Schwert-Platterbse *(Lathyrus bauhinii)*
Zellerhorn bei Hechingen

Morphologie: Hemikryptophyt mit kriechendem Wurzelstock und aufrechtem bis aufsteigendem, 20–50 cm hohem, kahlem, vierkantigem, ungeflügeltem Stengel. Blätter paarig gefiedert, mit meist 2, selten 3 Fiederpaaren und kurzer, geflügelter Rhachis. Fiederblättchen lineal-lanzettlich, 3–6 cm lang und 2–4 mm breit, in eine lange Spitze ausgezogen, deutlich 5nervig, Nebenblätter halbpfeilförmig, viel länger als der Blattstiel. Blütentrauben einzeln oder zu 2, einseitswendig mit häutigen Tragblättern und 4–10 gestielten, um 20 mm langen Blüten. Kelch glockig, Krone lebhaft purpurn bis blauviolett, Fahne aufwärts gebogen, länger als Flügel oder Schiffchen. Hülsen lineal, flach, kurz bespitzt, um 5 mm breit, netznervig, kahl, Samen eiförmig bis kugelig, glatt, braun bis schwarz.

Biologie: Die Blütezeit von *Lathyrus bauhinii* fällt in die Monate Juni und Juli, die Art zeigt aber nur einen mäßigen Fruchtansatz. Aus dem Gebiet liegen keine Herbarbelege mit reifen Früchten vor.

Ökologie: Die nur wenig schattverträgliche Art kommt in lichten Kiefernhängen und an Staudenhalden sowie in Bergwiesen vor. Der Untergrund ist frisch bis wechselfeucht, kalkreich und relativ gut mit Nährstoffen versorgt. Nach OBERDORFER (1983) liegt der Verbreitungsschwerpunkt außerhalb Baden-Württembergs im Erico-Pinion und in Rostseggenhalden (Caricion ferrugineae). Im Gebiet scheint die Art dagegen auf krautreiche Mähwiesen überzugreifen, z.B. am Zeller Horn, wo die

Art in einer verstaudenden, goldhaferreichen Wiesengesellschaft vorkommt. BEITER (1990: Tab. 8) legt dazu eine Vegetationsaufnahme vor und ordnet die Bestände den Frühlingsenzian-Halbtrockenwiesen (Gentiano vernae-Brometum colchicetosum autumnalis) zu.

Häufige Begleitarten sind *Trisetum flavescens, Anthoxanthum odoratum, Hypericum maculatum, Geranium sylvaticum, Galium verum* und *Astrantia major*.

Allgemeine Verbreitung: Pyrenäen, Alpen, Jura, Nordwest-Balkan, in Deutschland nur auf der Schwäbischen Alb im Raum Hechingen. *Lathyrus bauhinii* ist ein submediterran-präalpines Florenelement.

Verbreitung in Baden-Württemberg: Schwäbische Alb bei Hechingen; von den drei bekannten Fundorten konnte in neuerer Zeit nur einer bestätigt werden. Alle Vorkommen liegen in Höhen um 850 m ü. M.

Schwäbische Alb: 7619/4: Wiesen am Zeller Horn, 1896, ENGEL in MAYER (1904), noch 1988, WÖRZ (STU-K); 7719/2: Hundsrücken/Irrenberg S Bisingen, 1861, HARZ in VON MARTENS und KEMMLER (1865), nach MAYER (1950) erloschen; 7620/3: Killertal zwischen Onstmettingen und Jungingen, am Weg vom Gockeler zum Himberg, 1902, BIZER in MAYER (1904), Beleg in STU, nach MAYER (1950) erloschen.

Erstnachweise: Die Sippe gehört zum alteingesessenen Arteninventar. Im Hinblick auf ihr schwerpunktmäßiges Vorkommen in anthropogenen Mähwiesengesellschaften ist jedoch eine abschließende Bewertung der Frage nach ihrer Urwüchsigkeit derzeit nicht möglich. Der erste literarische Nachweis bezieht sich auf das Vorkommen vom Hundsrücken und geht auf die Angabe von Harz aus dem Jahr 1861 zurück (FINCKH 1862: 189).

Bestand und Bedrohung: Das durch Überwachsen oder zufällige Ereignisse (Erdrutsch) bedingte Erlöschen von zwei der drei Standorte zeigt den hohen Grad der Gefährdung dieser offensichtlich recht empfindlichen Pflanze. Auch am Zeller Horn ist die nicht allzu große Population kleinwüchsiger Individuen auf eine kleinere Fläche am Rand der Wiesen beschränkt. Das Gebiet steht zwar unter Naturschutz und unterliegt nach BEITER (1990) einer Mahd im 1- bis 2jährigen Turnus. Inwieweit langfristig die bereits jetzt schon erkennbare Verstaudung damit verhindert werden kann, wird sich erst nach der Auswertung der von BEITER eingerichteten Dauerquadrate endgültig klären lassen. Auf jeden Fall bedarf dieses einzige noch vorhandene Vorkommen der Art in der Bundesrepublik der sorgfältigen Beobachtung. Die Art gehört zu den

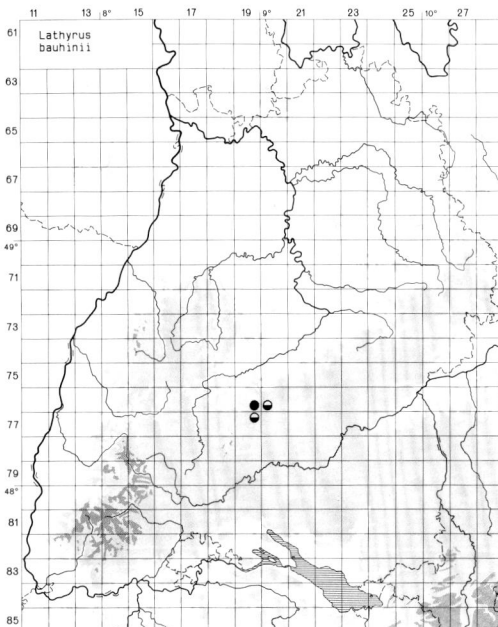

Ungarische Platterbse *(Lathyrus pannonicus)*
Tübingen, Spitzberg, 28.4.1991

durch die Bundesartenschutzverordnung vom 19. 12. 1986 besonders geschützten Arten.

4. Lathyrus pannonicus (Jacq.) Garcke 1863

L. albus (L. fil.) Kittel 1844; *Orobus pannonicus* Jacq. 1762; *Orobus albus* L. fil. 1781
Ungarische Platterbse, Weiße Platterbse, Lilienwicke

Morphologie: Hemikryptophyt mit bis 20 cm langem, im Gebiet jedoch meist deutlich kürzerem Wurzelstock und aufrechtem bis aufsteigendem, 25–55 cm hohem, vierkantigem und gerieftem Stengel. Laubblätter unpaarig gefiedert mit kleiner, bis 1 cm langer Endfieder und 2–3 Paar schmal-lanzettlicher, 20–70 mm langer und 2–4 mm breiter, spitzer Seitenfiedern. Nebenblätter schmal-pfeilförmig, so lang oder kürzer als der Blattstiel, Blütenstände aufrecht, einseitswandig, 4- bis 8blütig, Blüten 12–17 mm lang, an dünnen Stielen in den Achseln pfriemlicher, hinfälliger Tragblätter, abstehend bis nickend. Kelch glockig, schief, mit ungleich langen, lanzettlichen Zähnen. Blütenkrone gelblichweiß, oft mit rötlich überlaufener Fahne, später bräunlich. Hülsen flach, aufrecht, 30–60 mm lang und 3–5 mm breit, kahl, reif rotbraun.

Biologie: *L. pannonicus* blüht im Mai, die Fruchtreife fällt in die Monate Juni bis Juli. Der Fruchtansatz ist meist reichlich.

Ökologie: *L. pannonicus* ist eine ausgesprochen licht- und wärmebedürftige Pflanze, die auf sonnigen Magerrasen und in Staudensäumen auf kalkreichem, flachgründigem Boden vorkommt. Im Gebiet findet sie sich meist in südexponierter Hanglage auf verstaudeten Halbtrockenrasen, die sich bereits in der Entwicklung zu thermophilen Saumgesellschaften befinden.

Nach OBERDORFER (1983) gilt die Art als territoriale Charakterart des Geranio-Peucedanetum cervariae (Geranion sanguinii). Häufige Begleitarten sind *Geranium sanguineum, Koeleria pyramidata, Trifolium rubens, Linum catharticum, Euphorbia cyparissias, Bupleurum falcatum* u.a. Soziologische Aufnahmen finden sich bei FABER (1933) und MÜLLER (1966).

Allgemeine Verbreitung: Südfrankreich, Norditalien, Balkan, Rußland, Krim, disjunkt im Altai-Gebirge. In Deutschland nur bei Tübingen und in Rheinland-Pfalz bei Gaualgesheim. *L. pannonicus* ist ein kontinentales bis ostsubmediterranes Florenelement. Verbreitungskarte s. MEUSEL et al. (1978: 251).

Verbreitung in Baden-Württemberg: Nur an zwei seit Jahrzehnten bekannten und noch immer vorhandenen Fundorten im westlichen Keuper-Lias-Gebiet bei Tübingen.

Die Vorkommen liegen bei 420 bzw. 490 m ü.M.

Schwäbisches Keuper-Lias-Neckar-Land: 7419/4: Westende des Spitzberges bei Tübingen (Hirschauer Berg),

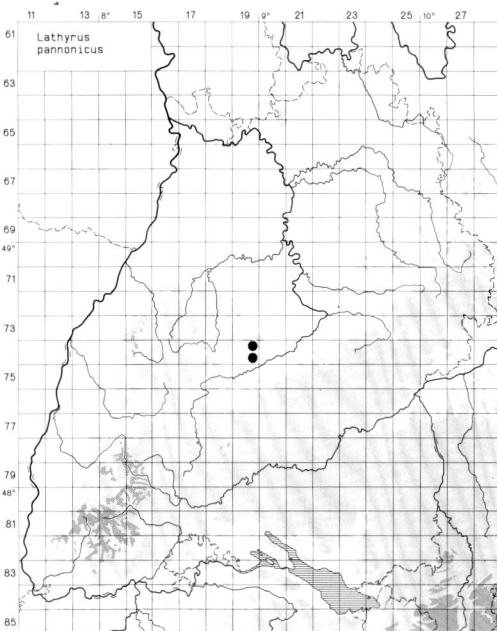

1825, KAPF in SCHÜBLER und MARTENS (1834), MAYER (1904) u.a. bestätigt 1987, WÖRZ (STU-K); 7419/2: Grafenberg bei Kayh, MAYER (1950) bestätigt 1988, WÖRZ (STU-K).

Bestand und Bedrohung: Die beiden Vorkommen von *L. pannonicus* liegen in Naturschutzgebieten, in denen der derzeitige, unmittelbare anthropogene Einfluß gering und zumindest im Moment keine unmittelbare Gefährdung erkennbar ist. Beide Populationen weisen eine recht hohe Vitalität auf. Langfristig kann jedoch eine Gefährdung von der zunehmenden Verbuschung und Beschattung der Standorte ausgehen. Nach MAYER (1914) erfolgte bereits im vorigen Jahrhundert eine Wanderung der Bestände am Spitzberg um ca. 100 m nach Südwesten, die möglicherweise auf eine zunehmende Beeinträchtigung der ursprünglichen Standorte zurückzuführen ist. Eine langfristige Sicherung kann hier also nur über „Pflegemaßnahmen" erfolgen, d.h. über eine regelmäßige Mahd oder eventuell Beweidung, mit der die Flächen offen gehalten werden.

Die Art gehört zu den durch die Bundesartenschutzverordnung vom 19. 12. 1986 besonders geschützten Arten.

Variabilität: Die Ungarische Platterbse ist im Gebiet nur in der durch Wurzelstöcke mit mehr als 8 cm Länge gekennzeichneten subsp. *collina* (Ortm.) Sóo (= subsp. *versicolor* (Gmelin) Maly) vorhanden, nach MAYER erreichen sie jedoch im Gebiet nie die für die Unterart typische Länge zwischen 10 und 20 cm, so daß die beiden Populationen als Intermediärformen zwischen subsp. *collina* und subsp. *pannonicus* Jacq. (= *microrrhizus* Neilr. mit bis 5 cm langen Wurzelstöcken) gedeutet werden können.

5. Lathyrus linifolius (Reichard) Bäßler 1971
L. montanus Bernh. 1800; *Orobus linifolius* Reichard 1782; *O. tuberosus* L. 1753
Berg-Platterbse

Morphologie: Hemikryptophyt mit knotiger Grundachse und knolligen Bodenausläufern, Stengel niederliegend oder aufsteigend bis aufrecht, 15–30 cm lang, dünn, deutlich geflügelt, insgesamt 2–4 mm breit. Laubblätter 5–7, mit 2–3 Paar Fiederblättchen und einer schmalen, deutlich von der Rhachis abgesetzten Grannenspitze, selten auch mit Endblättchen, Fiederblättchen länglich-elliptisch bis lanzettlich, selten breit-lanzettlich, 20–50 × 3–8 mm, spitz oder abgerundet und kurz bespitzt, oberseits dunkelgrün, unterseits bläulichgrün. Nebenblätter so lang oder länger als Blattstiele, halbpfeilförmig, maximal so breit wie Fiederblättchen, geöhrt, bisweilen gezähnt. Blütentrauben so lang oder länger als Laubblätter, mit dünner, bogiger Achse und 3–5 Blüten auf 2–4 mm langen Stielen abstehend bis nickend, Tragblätter schuppenförmig. Blüten 11–15 mm lang, Kelch glockig, etwas gekröpft, violett bis purpurbraun, mit breit-lanzettlichen Zähnen, untere länger als die oberen. Krone hellpurpur bis bläulich, am Grund grünlich, später hellblau bis grünlich, trocken rostrot. Fahne mit runder, aufgerichteter Platte. Schiffchen rechtwinkelig aufgebogen. Hülsen abstehend-stielrund, 30–40 × 4–5 mm, reif lederbraun bis schwarzbraun, Samen kugelig, glatt, ocker- bis rötlichgelb.

Biologie: *L. linifolius* blüht von April bis Juni, bisweilen noch einmal im Herbst. Die Blüten werden von Hautflüglern, vor allem Wildbienen der Gattung *Andrena* und *Osmia* bestäubt (WESTRICH 1989). Durch die Bodenausläufer erfolgt außerdem eine vegetative Vermehrung.

Ökologie: Die Art besiedelt zum einen lichte Eichen- und Eichen-Buchen-Wälder, Waldwege und Lichtungen, zum anderen Magerrasen, Heiden und magere Bergwiesen. Der Untergrund ist basenarm, meist kalkfrei und lehmig; die Vorkommen in Kalkgebieten liegen auf oberflächlich versauerten Böden.

Die Art gilt als Verhagerungs- und Säurezeiger, OBERDORFER (1983) wertet sie als Ordnungscha-

Berg-Platterbse *(Lathyrus linifolius)*
Hegau

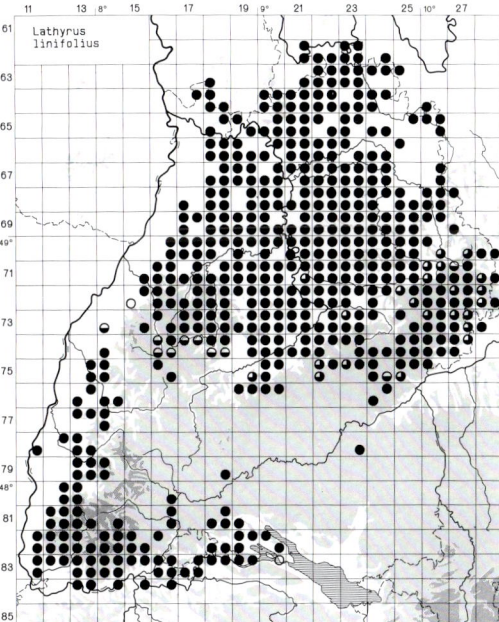

rakterart der Eichen-Birken-Wälder (Quercetalia robori-petraeae). Häufige Begleitarten sind *Hedera helix, Hieracium sylvaticum, Galium sylvaticum, Carex digitata, Fagus sylvatica, Deschampsia cespitosa, Carex umbrosa* u.a. Soziologische Aufnahmen finden sich bei KUHN (1937), V. ROCHOW (1951, Tab. 21, 23, 25), LANG (1973, Tab. 114, 115) und WITSCHEL (1980).

Allgemeine Verbreitung: Europa, vor allem im westlichen und mittleren Teil, nach Osten gebietsweise seltener, ebenso im Norden der Iberischen Halbinsel. *L. linifolius* ist ein subatlantisch-submediterranes Florenelement. Verbreitungskarte siehe MEUSEL et al. (1965: 252).

Verbreitung in Baden-Württemberg: Im nördlichen und westlichen Teil des Gebietes häufig, fehlend dagegen in weiten Teilen des Alpenvorlandes und der südlichen Alb sowie in den Hochlagen des Schwarzwaldes, im Oberrheingebiet selten.

Der niedrigste Fundort liegt bei Mannheim (97 m ü.M.), der höchste bei Häg im Angenbachtal/Schwarzwald in 610 m ü.M. (8213/2).

Oberrheingebiet: selten.

Schwarzwald: im allgemeinen verbreitet bis häufig, fehlt jedoch in Teilen des mittleren Schwarzwaldes und in den Hochlagen.

Gäuflächen und Neckargebiet: verbreitet und häufig.

Schwäbische Alb und Vorland: Nördlich der Linie Hechingen–Ulm häufig, südlich selten.

Iller-Lech-Platten: 7823/4: Hipfelberg SE Uttenweiler, 1982, SEBALD (STU).

Hegau- und Bodenseebecken: im westlichen Teil zerstreut, sonst fehlend.

Erstnachweise: Die Art ist im Gebiet indigen. Der Erstnachweis erfolgte bei Bad Boll durch J. BAUHIN et al. (1650–52: 334).

Bestand und Bedrohung: Die Verbreitungskarte läßt vor allem im östlichen Teil des Areales einen Rückgang der Art erkennen, der wohl auf die Beseitigung von Säumen und Hecken im Rahmen von Flurbereinigungsverfahren, auf die Meliorisation von Magerwiesen und evtl. auf die Zunahme von Fichtenforsten auf Kosten naturnaher Wälder zurückzuführen ist. Die Erhaltung von Saum- und Heckenstandorten, aber auch die Beibehaltung extensiver Wirtschaftsformen würde zur Bestandssicherung von *L. linifolius* wie auch zahlreicher anderer Arten beitragen.

6. Lathyrus pratensis L. 1753
Orobus pratensis (L.) Döll 1843
Wiesen-Platterbse

Morphologie: Hemikrypthophyt mit langen, verzweigten Bodenausläufern und aufsteigendem oder kletterndem, 30–60 cm langem, verzweigtem, ungeflügeltem und vierkantigem Stengel. Laubblätter 5–30 mm lang gestielt, mit 1 Paar Fiederblättchen und einfacher oder verzweigter Ranke. Fiederblättchen lanzettlich oder schmal-elliptisch, 15–30 × 3–6 mm, spitz, mit 3 deutlichen und mehreren feinen Längsnerven. Nebenblätter maximal so lang wie Blattstiele, halbpfeil- bis spießförmig. Blütentrauben länger als Laubblätter, 5–15 cm lang, gestielt, 3- bis 12blütig, Blüten 10–15 mm lang, mit kleinen, pfriemlichen und hinfälligen Tragblättern, 2–3 mm lang gestielt. Kelch glockig, mit dreieckiglanzettlichen Zähnen, untere länger als obere, jedoch kürzer als Röhre. Krone gelb, Fahne verkehrt-herzförmig, etwas länger als Flügel und das gekrümmte Schiffchen, randlich zurückgeschlagen, mit dunklem Saftmal. Hülsen lineal-lanzettlich 26–33 × 6 m, mit langem Griffelrest, kahl, schwärzlich, 6- bis 12samig. Samen kugelig-linsenförmig, bräunlich, rötlichgrün bis schwarzgrau gefleckt.

Biologie: *L. pratensis* blüht von Mai bis Juli, vereinzelt bis in den Herbst. Die Blüten werden von Hummeln, Faltern, Bienen (Gattungen *Andrena*, *Eucera*, *Osmia*, *Trachusa* und *Megachile* nach WE-

STRICH 1989) und Wespen besucht, nur die beiden letzteren können jedoch den Bestäubungsmechanismus in Gang setzen.

Ökologie: *L. pratensis* ist eine typische Wiesenpflanze, die sowohl in intensiv bewirtschafteten Fett-, als auch in Naß- oder Magerwiesen häufig ist und vereinzelt auch auf Saum- oder Ruderalgesellschaften übergreifen kann. Der Untergrund ist nährstoff-, vor allem stickstoffreich, frisch bis wechselfeucht und nicht zu kalkarm. Nach OBERDORFER ist *L. pratensis* eine Klassencharakterart der Grünland-Gesellschaften (Molinio-Arrhenatheretea). Häufige Begleitarten sind *Arrhenatherum elatius*, *Trisetum flavescens*, *Colchicum autumnale*, *Galium mollugo*, *Achillea millefolium*, *Vicia sepium*, *Ranunculus acris* u.a. Soziologische Aufnahmen s. KUHN (1937, Tab. 12, 18, 26, 27), v. ROCHOW (1951, Tab. 18), LANG (1973, Tab. 112), GÖRS (1974b), FISCHER (1982), SEBALD (1983, Tab. 7, 13), NEBEL (1986).

Allgemeine Verbreitung: Europa, fehlend nur in den Hochgebirgen und im äußersten Norden, Asien (Sibirien, Himalaja, China etc.), Nordafrika, Äthiopien, adventiv auch in Nordamerika. *L. pratensis* ist (primär) ein eurasisch (subozeanisch-) submediterranes Florenelement. Verbreitungskarten s. MEUSEL et al. (1965: 252).

Verbreitung in Baden-Württemberg: Im ganzen Gebiet weit verbreitet bis gemein, nur im Hochschwarzwald seltener.

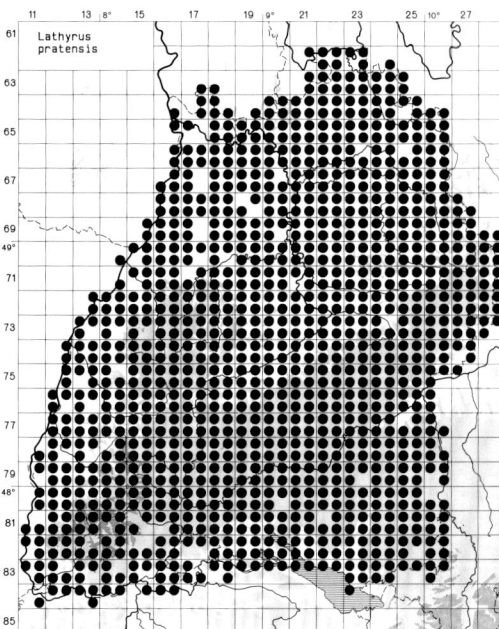

Wiesen-Platterbse *(Lathyrus pratensis)*
Böblingen, 29.6.1991

Der niedrigste Fundort liegt bei Mannheim in ca. 100 m ü. M., der höchste am Seebuck im Schwarzwald (8114/1) in 1440 m ü. M.

Erstnachweise: Der früheste subfossile Nachweis stammt aus Köngen und fällt in das Mittlere Subatlantikum (Römische Kaiserzeit, BAAS 1987). Die Art ist im Gebiet urwüchsig. Ihr literarischer Erstnachweis findet sich bei J. BAUHIN (1598: 156, 1602: 167): „Eichelberg und Boll".

Bestand und Bedrohung: Als im Gebiet häufigste Art der Gattung ist *L. pratensis* im allgemeinen in hochvitalen Beständen vorhanden. Eine Gefährdung ist nicht erkennbar.

Variabilität: Die Art weist in Blütengröße und Blütenform eine erhebliche Variabilität auf, und an Hand dieser Kriterien wurde eine ganze Reihe von Unterarten beschrieben, die aber im Gebiet nicht nachgewiesen werden konnten, so z. B. die var. *grandiflorum* Bogenh. mit 16–20 mm langen Blü-

ten, die nach GAMS in HEGI (1924) in der subalpinen Stufe der Mittelgebirge häufig sein soll.

7. Lathyrus palustris L. 1753
Orobus palustris (L.) Rchb. 1832
Sumpf-Platterbse

Morphologie: Hemikryptophytische Klimmstaude mit dünnen, verzweigten Bodenausläufern. Stengel kahl, 30–100 cm lang, schmal geflügelt, Laubblätter mit kurzem, wenig geflügeltem Stiel, kantiger Spindel, 2–3 Fiederpaaren und kräftiger Ranke. Blättchen lanzettlich, 30–60 × 3–10 mm, mit 5 Längsnerven und ± deutlichen Fiedernerven, deutlich stachelspitzig. Nebenblätter halbpfeilförmig bis halbspießförmig, Blütentrauben so lang wie Laubblätter, mit 2–6 kurzgestielten Blüten in den Achseln pfriemlicher Tragblätter, nickend, 10–15 mm lang. Kelch schief, mit lanzettlichen, oft

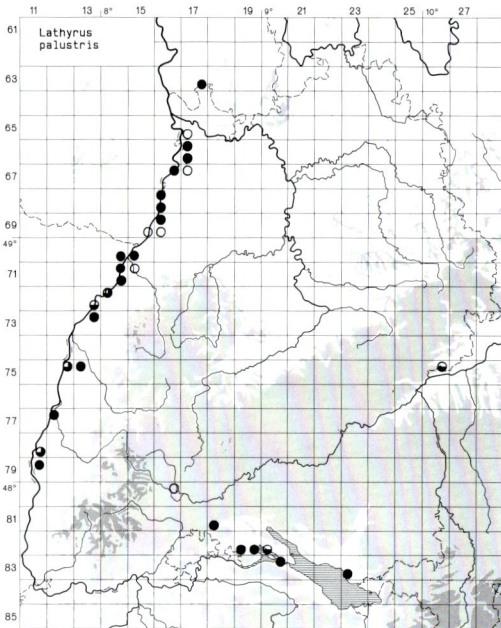

Verbreitung in Baden-Württemberg: Aktuelle Vorkommen von *L. palustris* liegen im Bodenseegebiet, im Hegau und in der Oberrheinebene. Die Fundorte im Donauraum sind erloschen.

Der niedrigste Fundort liegt bei Mannheim in ca. 100 m ü. M., der höchste (heute erloschene) Nachweis stammt aus Donaueschingen (680 m ü. M.).

Oberrheinebene: selten, im Rückgang begriffen.
Baar: 8016/2: Donaueschingen, um 1900, BAUSCH (STU).
Nördliches Oberschwaben: 7526/2: Langenauer Ried bei den Fischerhöfen im Westerried, 1935, MÜLLER, erloschen.
Bodensee- und Hegaubecken: 8118/3: Binninger Ried, 1985, REINÖHL (STU-K); 8219/3 + 4: Radolfzeller Ach, 1985, PEINTINGER (STU-K); 8220/3: Bodenseeried bei Allensbach, 1950, MAYER; 8320/2: Geldern NW Konstanz, 1985, JACOBY (STU-K); 8323/3: Eriskircher Ried, 1977, WINTERHOFF (STU).

Erstnachweise: Die Art ist im Gebiet urwüchsig. Ihr Erstnachweis erfolgte durch DÖLL (1862: 1166) an Hand eines Herbarbelegs von GMELIN aus dem Jahr 1794.

Bestand und Bedrohung: Die Karte läßt einen deutlichen Rückgang der Art in den letzten Jahren er-

gewimperten, ungleich langen Zähnen. Kronblätter blauviolett bis lila, trocken gelblich, Griffel bebärtet. Hülsen abstehend bis nickend, 30–40 × 6–7 mm, mit aufwärts gebogenem Schnabel. Samen ± kugelig, ca. 3–4 mm groß, rötlichbraun.
Biologie: *L. palustris* blüht von Juni bis August. Oberirdische Ausläufer ermöglichen außerdem eine vegetative Vermehrung.
Ökologie: Die Art ist eine ausgesprochene Sumpfpflanze, die in Röhrichten, Großseggenriedern sowie in Moor- und Riedwiesen vorkommt. Sie bevorzugt basenreiche Sumpfhumusböden in sommerwarmen, subkontinentalen Klimaten. Nach OBERDORFER (1983) ist die Sumpf-Platterbse eine Ordnungscharakterart der Feuchtwiesen (Molinietalia), sie kann aber auch in Brenndolden-Gesellschaften (Cnidion) und Schilf- und Segenröhrichte (Phragmition- bzw. Magnocaricion-Gesellschaften) übergreifen.

Häufige Begleitarten sind *Phragmites communis, Lythrum salicaria, Molinia caerulea, Carex gracilis, C. acutiformis* u. a.
Allgemeine Verbreitung: Mittel- und Nordeuropa bis Skandinavien und Island, Irland, Belgien, Frankreich, Iberische Halbinsel, Apenninen-Halbinsel, Balkan, Ukraine, Sibirien, Sachalin, Japan, östliches Nordamerika. Die Art ist ein (nordisch-) eurasisch (kontinentales) bis zirkumpolares Florenelement. Verbreitungskarte s. MEUSEL et al. (1965: 252).

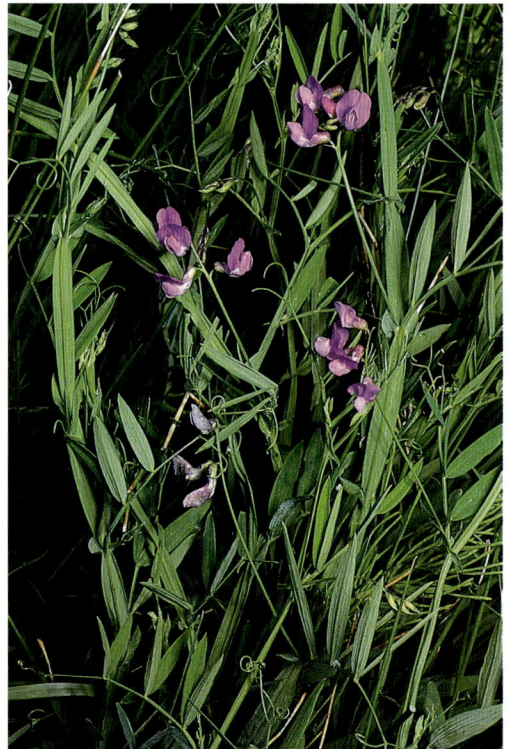

Sumpf-Platterbse *(Lathyrus palustris)*
Benfeld (Elsaß), 1985

kennen. Absenkung des Grundwasserspiegels, Entwässerung und Vernichtung von Feuchtflächen dürften die Hauptursachen dafür sein, und diese Gefahren sind auch bei den wenigen noch verbliebenen Fundorten, zumindest außerhalb des unmittelbaren Bodensee-Uferbereiches, immer noch vorhanden. Die in höchstem Maße gefährdete Art kann nur durch eine rechtzeitige Unterschutzstellung der Feuchtflächen und eine Verhinderung jeglicher Entwässerungsmaßnahmen geschützt und langfristig gesichert werden. Auch die zunehmende Eutrophierung der Gewässer übt sicherlich einen nachhaltigen, negativen Einfluß auf das Vorkommen der Art aus. Dies gilt ganz besonders für das Binninger Ried, das im unmittelbaren Einzugsbereich landwirtschaftlich genutzter Flächen liegt.

8. Lathyrus tuberosus L. 1753
Knollen-Platterbse, Erd-Eichel

Morphologie: Hemikryptophyt mit ästigen Bodenausläufern und haselnußgroßen Knollen, kahlen Sprossen und niederliegend-kletternden, 30–100 cm langen scharf-vierkantigen, ungeflügelten, 1–2 mm dicken Stengeln. Laubblätter mit 5–15 mm langem, kantigem Stiel und einem Paar großer, elliptischer bis verkehrt-eiförmiger Fiederblättchen, die in einer einfachen oder verzweigten Ranke enden. Fiederblättchen 15–40 × 5–10 mm, stumpf oder kurz bespitzt, mit einem Hauptnerv und zahlreichen Netznerven, unterseits bläulichgrün. Nebenblätter ± so lang wie Blattstiele, schmal halbpfeilförmig. Blütentrauben 1,5 bis 3 × so lang wie Laubblätter, einseitswendig. Blüten zu 2–5, abstehend oder nickend, 12–16 mm lang, wohlriechend, mit lanzettlichen Tragblättern, etwa so lang wie Blütenstiele. Kelch kurzglockig, Zähne dreieckig, mit stumpfen Buchten, so lang oder kürzer als Röhre. Krone karminrot, Fahne breiter als lang, Flügel kürzer und dunkler, Schiffchen weißlich. Hülsen nickend, 25–35 × 4–6 mm, rauh, netznervig, braun, 3- bis 6samig, Samen kantig, rot- bis schwarzbraun.
Biologie: L. tuberosus blüht von Juni bis Juli, vereinzelt auch bis September. Die Blüten werden von Bienen (Gattungen Eucera, Megachile, Osmia, Trachusa, WESTRICH 1989) und Faltern besucht. Bodenausläufer ermöglichen eine effekte vegetative Vermehrung. An den Verzweigungsstellen der Bodensprosse entstehen Wurzelknollen, die sich später von der Mutterpflanze lösen und sowohl Laubsprosse als auch weitere Ausläufer bilden können.
Ökologie: L. tuberosus ist eine typische Ruderalpflanze, die auf Getreideäckern (besonders Win-

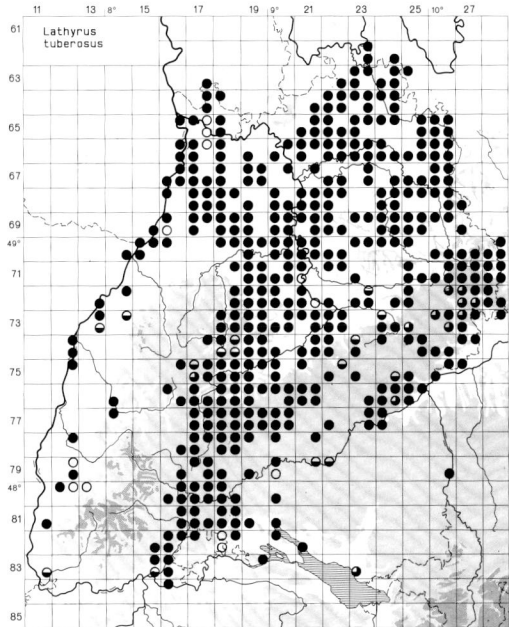

terweizen), an Feldrainen und Wegrändern sowie auf Schuttplätzen vorkommt. Die Art bevorzugt mäßig trockene, kalk- und nährstoffreiche, häufig sandige Lehmböden und gilt nach OBERDORFER (1983) als Verbandscharakterart des Caucalidion. Häufige Begleitarten sind Sonchus arvensis, Viola arvensis, Euphorbia exigua, Convolvulus arvensis, Polygonum aviculare u.a. Soziologische Aufnahmen s. KUHN (1937, Tab. 7).
Allgemeine Verbreitung: Westasien und Osteuropa, von dort nach Mittel- und Westeuropa sowie ins nördliche Mittelmeergebiet und nach Nordamerika verschleppt. Lathyrus tuberosus ist ein eurasisch-kontinentales Florenelement. Verbreitungskarte s. MEUSEL et al. (1965: 253).
Verbreitung in Baden-Württemberg: In tieferen Lagen verbreitet bis häufig, auch auf der Schwäbischen Alb nicht selten. Fehlt dagegen weitgehend im Schwarzwald und in Oberschwaben.

Der niedrigste Fundort liegt bei Mannheim in ca. 100 m ü.M., der höchste im Truppenübungsplatz Heuberg bei ca. 850 m ü.M.

Oberrheingebiet: zerstreut, im Norden häufiger.
Gäuflächen und Schwäbisch-Fränkisches Waldgebirge: verbreitet, stellenweise häufig.
Schwäbische Alb und Vorland: zerstreut bis verbreitet, in den höchsten Lagen etwas seltener, vor allem in der Ostalb im Rückgang.
Oberschwaben: 7926/4: Baggersee Autobahn-Ausfahrt Berkheim, 1990, DÖRR (STU-K).

Knollen-Platterbse *(Lathyrus tuberosus)*
Ihringen, 1987

Bodenseebecken: 8323/3: Argental bei Oberdorf, Bertsch (1948).
Hegaubecken: zerstreut.

Erstnachweise: Die Art wurde mit dem Ackerbau in das Gebiet eingeschleppt und ist somit ein Archäophyt. Der erste literarische Nachweis stammt von J. Bauhin (1598: 156) aus der Umgebung von Bad Boll.

Bestand und Bedrohung: *L. tuberosus* ist zwar relativ weit verbreitet, läßt aber vor allem im Bereich der Schwäbischen Alb einen deutlichen Rückgang in seinem Bestand erkennen, der zum einen auf die intensive landwirtschaftliche Nutzung der Lehmböden, zum anderen auf die Beseitigung von Säumen bei Flurbereinigungen zurückzuführen ist. Wie bei zahlreichen anderen Arten könnte auch hier die Erhaltung extensiver Wirtschaftsformen und von Hecken und Wegrainen Abhilfe schaffen.

9. Lathyrus sylvestris L. 1753
Wald-Platterbse, Wald-Kicher

Morphologie: Hemikryptophyt mit bis zu 15 m langen Bodenausläufern, Stengel 1–2 m lang, kräftig, niederliegend, aufsteigend oder kletternd, ästig, vierkantig und gerillt, deutlich geflügelt. Laubblätter kräftig, Blattstiel mit 0,5 bis 1 mm breiten Flügeln, Blätter mit jeweils nur einem Fiederpaar, diese groß, lanzettlich bis lineal, allmählich zugespitzt, 50–140 × 5–30 mm, mit 3–5 Längsnerven und stets mit verzweigter Ranke. Nebenblätter halbpfeilförmig, geöhrt, ± 10–20 mm lang, maximal so lang wie Blattstiel. Blütenstände einseitswendig etwa so lang wie Blütenblätter, 3- bis 6blütig. Blüten 13–18 mm lang, mit pfriemlichen Tragblättern, abstehend oder nickend. Kelch glockig, Zähne dreieckig-lanzettlich bis pfriemlich, mit breiten Buch-

376

ten, untere so lang wie Röhre und länger als die oberen. Krone hellrot bis bleich, oft grünlich überlaufen, Flügel purpurrot. Hülsen lineal, 5–7 × 8–13 mm, rauh, lederbraun, Samen bräunlich-rötlichbraun, 4–5,5 mm.

Biologie: *L. sylvestris* blüht in den Monaten Juli bis August, seltener auch früher. Die Blüten werden von Hummeln, Wildbienen (Gattungen *Eucera, Megachile, Osmia* u.a. nach WESTRICH 1989) und Tagfaltern besucht. Reife Samen werden endozoochor durch Vögel und Säuger verbreitet. Die Bodenausläufer ermöglichen zusätzlich eine vegetative Vermehrung.

Ökologie: *L. sylvestris* besiedelt thermophile Hecken- und Waldsäume, Waldwege und Böschungen, vereinzelt auch Ruderalflächen. Die Standorte sind sommerwarm, mäßig trocken, nährstoff- und basenreich und liegen häufig auf Kalkgeröll, wo *L. sylvestris* als tiefwurzelnde Pionierpflanze auftritt. OBERDORFER (1983) wertet sie als Charakterart der thermophilen Saumgesellschaften (Origanetalia). Häufigste Begleitarten sind *Origanum vulgare, Agrimonia eupatoria, Sanguisorba minor, Thymus pulegioides, Salvia pratensis, Knautia arvensis* u.a. Soziologische Aufnahmen s. GÖRS (1974), NEBEL (1986).

Allgemeine Verbreitung: Europa, nach Norden bis Skandinavien und England, östlich bis Rußland und Westsibirien, Schwarzes Meer, Balkan, Apenninen-Halbinsel, Pyrenäen, Sardinien. *L. sylvestris*

Wald-Platterbse *(Lathyrus sylvestris)*
Böblingen, 12.7.1991

ist ein gemäßigt-kontinentales Florenelement. Verbreitungskarten s. MEUSEL et al. (1965) p. 253.

Verbreitung in Baden-Württemberg: Im größten Teil des Gebietes zerstreut bis verbreitet, fehlt jedoch in Teilen des Schwarzwaldes und der Albhochfläche.

Der niedrigste Fundort liegt bei Heidelberg in ca. 120 m ü.M., der höchste am Hühnermösle E Eisenbach/Schwarzwald (8015/2) in ca. 1000 m ü.M.

Erstnachweise: Die Art ist zwar in einige Landesteile verschleppt worden, kommt aber im Gebiet mit Sicherheit von Natur aus vor. Der erste literarische Nachweis stammt von DUVERNOY (1722: 92) und bezieht sich auf den Spitzberg bei Tübingen.

Bestand und Bedrohung: Die Art läßt insbesondere im Gebiet der Schwäbischen Alb einen Rückgang in ihrem Vorkommen erkennen; die Ursache dafür dürfte auch hier in der Beseitigung von Hecken und Säumen bei Flurbereinigungsmaßnahmen liegen. Ebenso wie für zahlreiche andere Arten ist auch für *L. sylvestris* die Erhaltung solcher Standorte überlebensnotwendig.

Variabilität: GAMS in HEGI (1924) unterteilt *L. sylvestris* in drei Unterarten, die sich im wesentlichen in der Breite der Fiederblättchen unterscheiden:

a) subsp. **angustifolius** (Medikus) Ser.: Fiederblättchen 1–3 mm breit.

b) subsp. **sylvestris**: Fiederblättchen 5–20 mm breit.

c) subsp. **platyphyllus** (Retz.) Vollmann: Fiederblättchen 15–40 mm breit, netznervig.

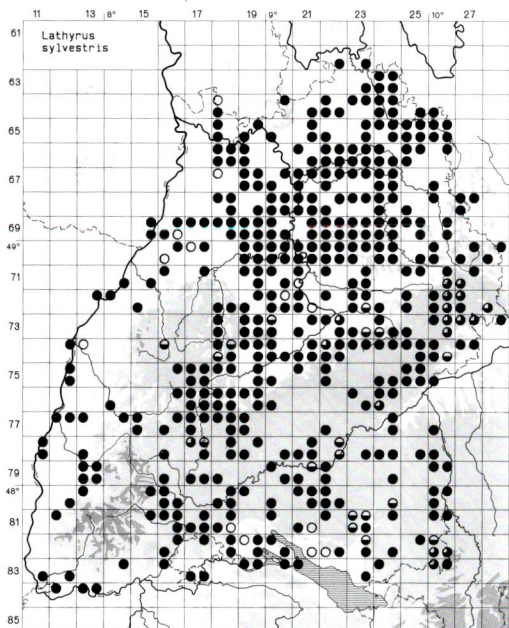

Die aus dem Gebiet vorliegenden Herbarbelege zeigen zwar eine hohe Variabilität in den Blattbreiten, doch läßt sich keiner einer anderen als der Typusunterart zuordnen. Das Material zeigt einen kontinuierlichen Übergang zwischen schmal- und breitblättrigen Formen, vereinzelt finden sich sogar Fiederblättchen mit einer Breite von 10 und 40 mm an demselben Exemplar. Die Abgrenzung der Unterarten als eigenständige Sippen bedarf wohl der kritischen Überprüfung.

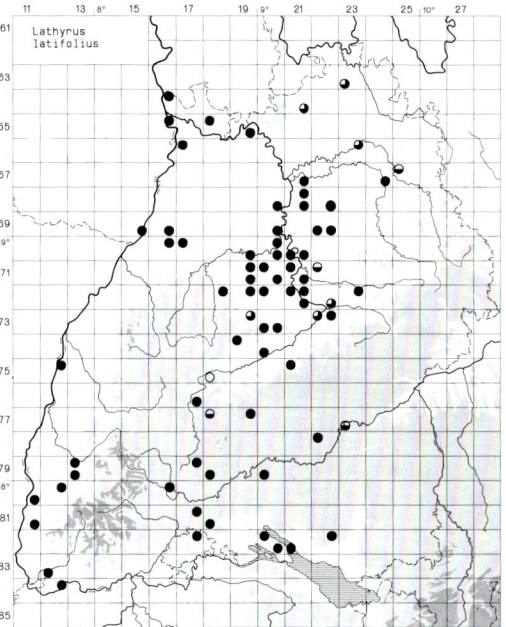

10. Lathyrus latifolius L. 1753
Breitblättrige Platterbse, Bukett-Wicke

Morphologie: Hemikryptophyt mit langen, ästigen Bodenausläufern und zahlreichen, niederliegenden bis aufsteigenden, rauhen Sprossen. Stengel bis 2 m lang, unten verzweigt, mit 2,5–6 mm breiten Flügeln. Blattstiele so breit oder breiter als der Stengel, halb so lang wie Fiederblättchen, diese stets nur 1 Paar, 40–90 × 15–50 mm, abgerundet oder kurz bespitzt, netznervig mit 5–7 Längsnerven. Nebenblätter maximal so lang wie Blattstiel, meist kürzer, breit halbspießförmig. Blütentrauben länger als Laubblätter, zur Blütezeit bis 3½mal so lang. Blüten 6–14, jeweils 15–30 mm lang, Krone lebhaft purpurn mit außen braunroter Fahne, Schiffchen grünlich. Hülsen 70–80 × 6–9 mm, gelbbraun, Samen kugelig, warzig-rauh, dunkelgraubraun und schwarz punktiert.

Biologie: Die Blütezeit von *L. latifolius* fällt in die Monate Juni bis August. Die Blüten werden nach WESTRICH (1989) von Wildbienen der Gattungen *Megachile* und *Osmia* bestäubt. Daneben erfolgt eine relativ effektive vegetative Vermehrung durch Ausläufer.

Ökologie: Die wärme- und lichtliebende Breitblättrige Platterbse besiedelt sonnige Busch- und Hekkensäume sowie Ruderal-Flächen auf mäßig trokkenem, basen- und kalkreichem Untergrund. Kalte, montane Lagen werden weitgehend gemieden. Der Verbreitungsschwerpunkt von *L. latifolius* liegt in thermophilen Klee-Säumen (Trifolion medii).

Allgemeine Verbreitung: Mittelmeergebiet, Balkan, Ukraine, nach Norden und Westen bis Mitteleuropa verschleppt. *L. latifolius* ist ein submediterranes Florenelement.

Verbreitung in Baden-Württemberg: Zerstreut auf den Neckar-Gäuplatten, selten auf der Schwäbischen Alb, im westlichen Bodenseegebiet, Hegau und im südlichen Oberrheingebiet.

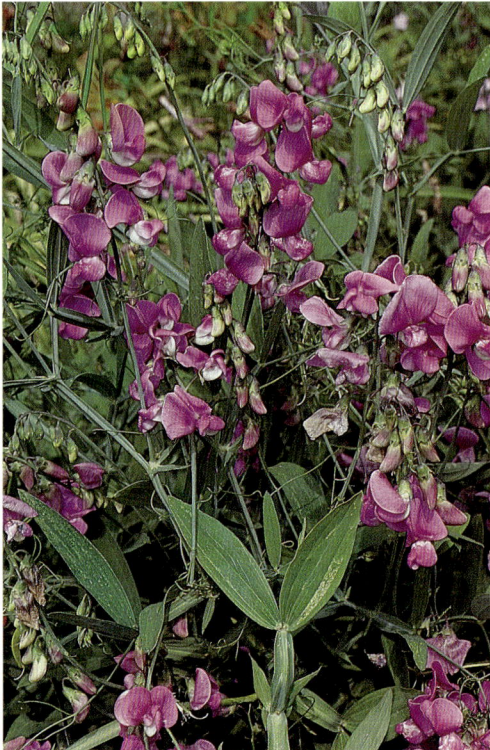

Breitblättrige Platterbse *(Lathyrus latifolius)*
Bremgarten, 1992

Verschiedenblättrige Platterbse *(Lathyrus heterophyllus)*
Stetten/Donautal, 28.7.1991

Der niedrigste Fundort liegt bei Mannheim in ca. 100 m ü.M., der höchste auf der Schwäbischen Alb bei Leibertingen in 806 m ü.M.

Oberrheingebiet: selten im Breisgau und im südlichen Teil sowie um Karlsruhe und Mannheim; außerdem: 7512/2: Altenheim, 1986, PHILIPPI (KR-K).
Odenwald: 6421/4: Hainstadt, SACHS (1961).
Neckar-Tauber-Gäuplatten: im mittleren Neckarraum zerstreut, sonst selten.
Baar: 8016/2: Wolterdingen, 1985, PHILIPPI (KR-K).
Schwäbische Alb: im westlichen Teil selten.
Hegau und westliches Bodenseegebiet: selten.
Nördliches Bodenseebecken: 8222/2: Benistobel, 1990, SASS (STU-K).

Erstnachweise: Die Art wurde in das Gebiet als Zierpflanze verschleppt und ist stellenweise eingebürgert (Neophyt). Der erste literarische Nachweis findet sich bei BERTSCH (1923: 181): „verwildert bei Langenburg und Unterregenbach".

Bestand und Bedrohung: Die Art scheint im Gebiet relativ unbeständig zu sein, durch Verwilderung aus Gärten findet jedoch eine ständige Neuansiedlung statt. Daraus resultiert auch ihr Verbreitungsschwerpunkt in dicht besiedelten Gebieten. Eine Gefährdung der stellenweise wohl auch eingebürgerten Art ist nicht erkennbar.

11. Lathyrus heterophyllus L. 1753
Verschiedenblättrige Platterbse, Mehrjochige
Wald- oder Bergkicher

Morphologie: Hemikryptophyt mit kriechenden, ästigen Ausläufern und kräftigen, blaugrünen, kahlen Stengeln, bis 3 m lang, niederliegend bis aufsteigend und kletternd, vierkantig, gerillt und mit 2–3,5 mm breiten Flügeln. Laubblätter kräftig, ebenfalls geflügelt, mit 1–2, selten 3 Fiederpaaren

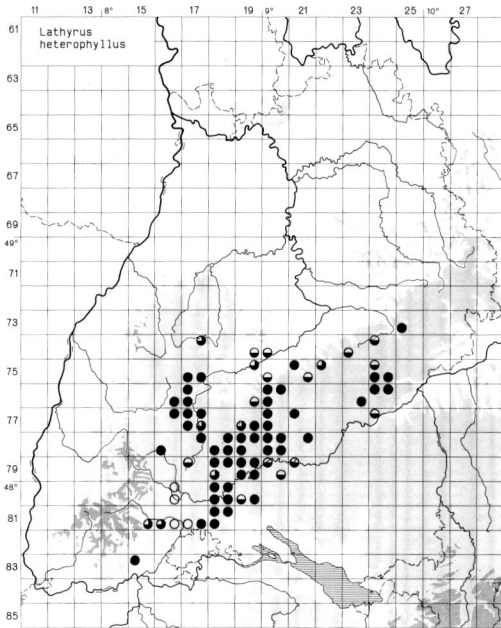

(das in der Literatur angegebene Merkmal einer regelmäßigen Verteilung der Blätter mit 1 Fiederpaar am unteren und mittleren Stengel und 2–3 Fiederpaaren am oberen Stengelteil erweist sich als äußerst unzuverlässig!). Fiederblättchen lanzettlich-elliptisch, 55–100 × 10–15 mm, stumpf oder kurz bespitzt mit 5–7 Längsnerven, netznervig, an der Stengelspitze etwas schmäler als im mittleren und unteren Stengelbereich. Nebenblätter halbpfeilförmig, halb so lang wie Blattstiele, Blütenstände 3 × so lang wie die Laubblätter, mit 2–12 bis zu 20 mm langen Blüten. Kelchzähne ungleich lang, Krone rosafarben. Hülsen 60–80 mm lang, etwas rauh, reif dunkel- bis schwarzbraun, Samen 5–7 mm Durchmesser.

Biologie: *L. heterophyllus* blüht in den Monaten Juni bis August, bisweilen erfolgt eine zweite Blüte im Herbst. Sie wird u. a. von Wildbienen der Gattungen *Megachile* und *Trachusa* bestäubt (WESTRICH 1989). Die Art fruchtet reichlich, zeigt aber auch eine recht effektive vegetative Vermehrung durch Ausläufer.

Ökologie: Diese lichtliebende Platterbsenart kommt in sonnigen, trockenen Gebüschsäumen und auf Geröllhalden auf Kalk vor und ist ausgesprochen sommerwärmeliebend. Häufig findet sie sich in Verbuschungsstadien von Säumen oder Halbtrockenrasen, sekundär auch an Erdanrissen (Straßenböschungen). OBERDORFER (1983) wertet sie als Ordnungscharakterart der thermophilen

Saumgesellschaften (Origanetalia). Die Art greift jedoch auch auf Felsschutthalden (Stipion calamagrostis) und Kiefern-Trockenwälder (Erico-Pinion) über. Häufige Begleitarten sind *Origanum vulgare, Prunus spinosa, Seseli libanotis, Anthericum ramosum, Peucedanum cervaria, Laserpitium latifolium, Calamagrostis varia* u.a. Soziologische Aufnahmen finden sich bei KUHN (1937) und WITSCHEL (1980).

Allgemeine Verbreitung: Alpen, Jura, zentraleuropäische Mittelgebirge, Dänemark, Polen, Westrußland. *L. heterophyllus* ist ein präalpin-gemäßigt-kontinentales Florenelement.

Verbreitung in Baden-Württemberg: Zerstreut auf der westlichen und mittleren Alb, im Albvorland, im östlichen Schwarzwald und oberen Neckargebiet sowie im Hegau.

Der niedrigste Fundort liegt bei Rexingen in 478 m ü.M. (8019/4) der höchste liegt auf der Schwäbischen Alb bei Oberglashütte (7820/3) in 830 m ü.M.

Schwarzwald: Im östlichen Teil auf Muschelkalk zerstreut bis selten, sonst fehlend.
Neckar-Gäuplatten: Im Südteil der oberen Gäue im Muschelkalkgebiet zerstreut.
Albvorland: im westlichen Teil zerstreut.
Schwäbische Alb: Zerstreut in der Zollern- und Hegaualb, nach Osten bis etwa Geislingen/Steige seltener. Auf der Ostalb fehlend.
Hegau: zerstreut.

Erstnachweise: Die Art ist im Gebiet urwüchsig. Sie wurde erstmals bei J. F. GMELIN (1772: 220) „in monte Balingensi Schalksberg" erwähnt.

Bestand und Bedrohung: *L. heterophyllus* ist zwar nicht sehr häufig, bildet jedoch vitale, kräftige Bestände mit gutem Fruchtansatz. Die Karte läßt jedoch einen nicht unerheblichen Rückgang der Art erkennen, die Ursache dafür dürfte auch hier in der Beseitigung von Wald- und Heckensäumen (Wegebau, Flurbereinigung) liegen. Außerdem mag die Überdüngung der häufig im Randbereich landwirtschaftlicher Flächen gelegenen Standorte langfristig ebenfalls eine Rolle spielen. Ein Schutz der Art kann also nur im Erhalt der entsprechenden Saumstandorte liegen sowie in einer bestenfalls mäßigen Düngerzufuhr in ihrer unmittelbaren Umgebung.

Saat-Platterbse *(Lathyrus sativus)*; aus REICHENBACH, L., Icones florae germanicae et helveticae, Band 22, Tafel 2250, Fig. I–II, 1–8 (1900–03); bearbeitet von G.E. BECK VON MANNAGETTA

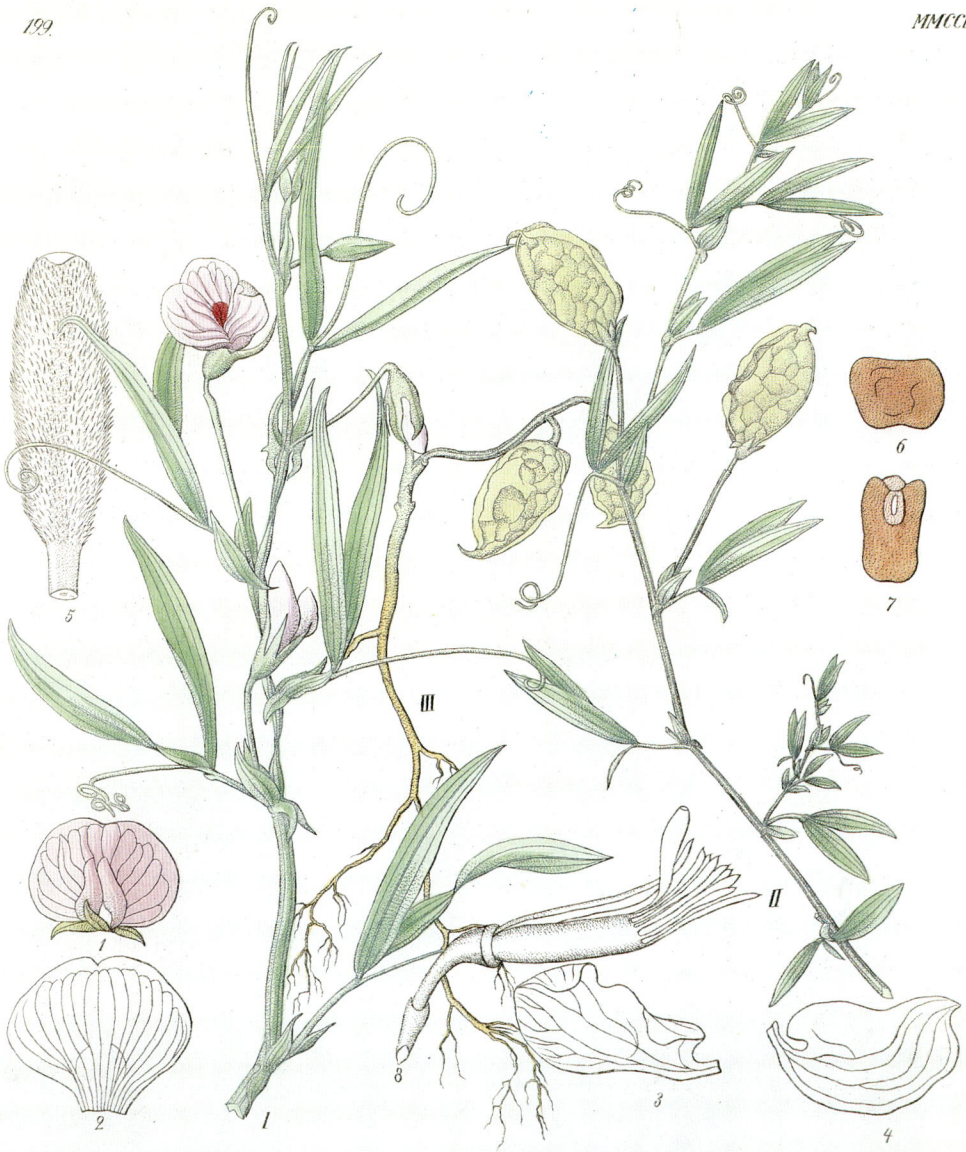

5

III

II

6

7

1

2

8

3

4

I. II. 1 8 Lathyrus sativus L. III. b amphicarpos Coss.

12. Lathyrus sativus L. 1753
Saat-Platterbse

Morphologie: Therophyt mit kahlem, niederliegen-dem oder kletterndem, bis 1 m langem, vierkanti-gem, 2–6 mm breit geflügeltem Stengel. Laubblät-ter mit 30–40 mm langem, geflügeltem Stiel und verzweigter Ranke. Blätter stets nur mit einem Paar lineal-lanzettlicher, bis 150 mm langer und 3–7 mm breiter, spitzer parallelnerviger Blätter. Nebenblätter höchstens so lang wie Blattstiele, meist kürzer, halbpfeilförmig. Blüten bis 20 mm lang, einzeln, selten zu zweit, an kurzen Stielen mit schuppenförmigem Tragblatt. Blütenstandsachse in eine kleine, unscheinbare, ein zweites Tragblatt vor-täuschende Spitze auslaufend. Kelch mit kurzer, trichterförmiger Röhre und ± 3 × so langen, lan-zettlichen, abstehenden, gleichartigen Zähnen. Krone variabel, gelb (subsp. *pannonica*) oder schmutzig-violett (subsp. *striata*), stark asymme-trisch, dunkel geadert und häufig rosa überlaufen. Fahne breit ausgerandet, Schiffchen gedreht. Hül-sen eiförmig-rhombisch, flach, 30–40 mm breit, mit stark gebogener, zweiflügeliger, oft gezähnter Rückennaht, netznervig, strohfarben bis dunkel, 2- bis 4samig. Samen rundlich-oval, am Nabel ausge-randet („beilförmig"), glatt, weißlich bis rötlich-bräunlich oder grünlich.

Biologie: *L. sativus* blüht meist in den Monaten Mai und Juni, vereinzelt auch bis September.

Ökologie: Die Art besiedelt im Gebiet vorwiegend Weinberge, Äcker und Schuttunkrautfluren auf kalk- und nährstoffreichen Lehmböden wärmerer Lagen.

Allgemeine Verbreitung: *L. sativus* kommt als Kul-tur- und Adventivpflanze im gesamten Mittelmeer-gebiet vor, vereinzelt wurde sie auch weiter nach Norden verschleppt. Vermutlich stammt sie aus dem östlichen Mediterrangebiet oder aus Klein-asien. Die Art gilt somit als ostmediterranes Flo-renelement.

Verbreitung in Baden-Württemberg: Die Art wurde bis zum Anfang des 20. Jahrhunderts im Ober-rheingebiet angebaut, doch liegen keine neueren Angaben von dort vor. Heute findet sie sich sehr vereinzelt und unbeständig in den wärmeren Teilen des Neckargebietes. Die Art ist hier sicherlich ad-ventiv und nicht fest eingebürgert.

Die spontanen Vorkommen der Art außerhalb der Kultivierung liegen auf 360 bzw. 430 m ü. M. Die Obergrenze des Anbaus dürfte ungefähr in die-sen Bereich fallen, dagegen zeigt die Kultivierung im Oberrheintal, daß die Untergrenze beträchtlich tiefer liegt.

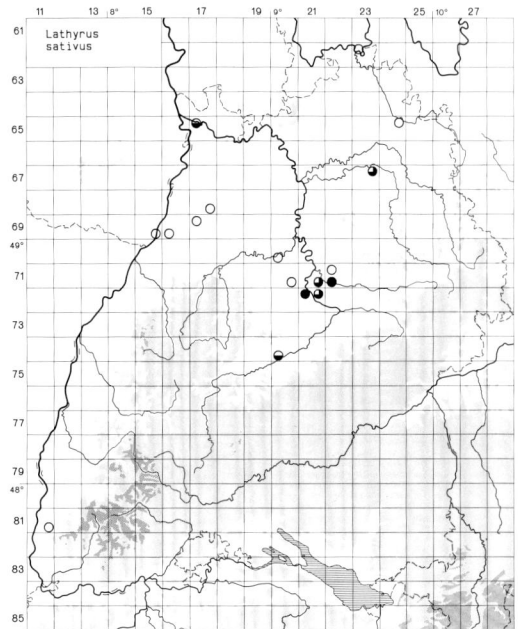

Oberrheingebiet: 6517/1: Ilvesheim, ZIMMERMANN (1906); 6817/4: Bruchsal, kult. DÖLL (1857); 6915/4: Daxlanden, DÖLL (1857); 6916/3: Knielingen, DÖLL (1857); 6917/1: Weingarten bei Karlsruhe, DÖLL (1857); 8111/4: Müll-heim, DÖLL (1857).
Tauberland: 6223/1: Wertheim DÖLL (1857).
Hohenlohe: 6524/2: Mergentheim, 1861, GMELIN (STU); 6723/2: Niederhall, BERTSCH (1948).
Neckarbecken: 7020/3: Markgröningen, KIRCHNER (1888); 7121/4: Fellbach, SEYBOLD (1968); 7122/1: Win-nenden, KIRCHNER (1888); 7122/3: Hörnlekopf bei Korb, 1982, SEILER (STU-K); 7221/1: Weinberge NW Hedelfin-gen, 1982, SEILER (STU-K); 7221/2: Rotenberg, KIRCH-NER (1888); 7420/3: Ammertal b. Tübingen, 1909, MAYER (STU).

Bestand und Bedrohung: Als verwilderte Kul-turpflanze ist die Art sehr unbeständig und hängt in ihren Vorkommen davon ab, inwieweit sie als Nutzpflanze angebaut wird und von dort verwil-dern kann. Schutzmaßnahmen sind hier wenig sinnvoll.

13. Lathyrus hirsutus L. 1753
Behaartfrüchtige Platterbse

Morphologie: Therophyt mit kahlem oder zerstreut bewimpertem, bis 1 m langem Stengel, ästig, auf-steigend oder kletternd, schmal geflügelt. Blattstiele viel kürzer als Fiedern, Blätter stets nur mit einem Paar Fiederblättchen und stets mit Ranken. Fieder-blättchen lanzettlich bis elliptisch, 15–60 × 3–15 mm, stumpf mit aufgesetzter Stachelspitze,

Behaartfrüchtige Platterbse *(Lathyrus hirsutus)*
Unterjesingen, 26.6.1991

netznervig, kahl. Nebenblätter halb so lang bis so lang wie Blattstiel, schmal halbpfeilförmig. Blüten-trauben 3 × so lang wie Laubblätter, 1- bis 3blütig, mit kräftigen, kantig gefurchten Achsen. Blüten 10–15 mm lang, Blütenstiele 3–5 mm, mit pfriem-lichen Tragblättern, Krone blauviolett, rosa oder weiß, trocken blau. Fahne dunkel geadert, Hülsen 30–50 × 6–10 mm, mit langen Haaren, reif braun. Blütezeit: Juni–August.

Ökologie: Die wärmeliebende Behaartfrüchtige Platterbse gilt als ausgesprochenes Getreideun-kraut und findet sich selten und unbeständig auf kalk- und basenreichen Sand- und Lehmäckern sowie auf Brachen, greift darüber hinaus aber auch auf Wegraine, Steinbrüche und andere Ruderalstel-len sowie gestörte Halbtrockenrasen über. Nach OBERDORFER ist sie eine Secalinetalia-Ordnungs-charakterart.

Häufige Begleitpflanzen sind *Lathyrus tuberosus, L. aphaca, Convolvulus arvensis, Sinapis arvensis* u.a. Soziologische Aufnahmen finden sich bei KUHN (1937, Tab. 7).

Allgemeine Verbreitung: Mittelmeergebiet, adventiv in Mitteleuropa, England, Belgien, nach Osten hin bis in die Ukraine, Krim und Transkaukasien. *L. hirsutus* ist ein submediterran-mediterranes Flo-renelement.

Verbreitung in Baden-Württemberg: Selten und un-beständig auf der Westalb, im Keuper-Lias-Land bei Backnang, Bietigheim, Tauberbischofsheim,

Ulm, Konstanz sowie im südlichen Oberrheingebiet. Die Art ist im Gebiet mit Sicherheit adventiv, wurde aber möglicherweise sehr früh, d.h. bereits während der Jungsteinzeit mit Getreide eingeschleppt (Archäophyt). Sie kann nicht als einheimisch gelten.

Der niedrigste Fundort liegt bei Freiburg (278 m ü.M.), der höchste bei Delkhofen (7818/2) in 805 m ü.M.

Oberrheingebiet: im Süden zerstreut, sonst nur: 6417/4: R 70310 H 88810, BUTTLER und STIEGLITZ (1976); 6916/1: Güterbahnhof Karlsruhe, JAUCH (1938); 7313/2: Rheinbischofsheim, GOLDER (1922).
Tauberland, Neckarbecken und Schwäbisch-Fränkische Waldberge: zerstreut bis selten.
Östliches Albvorland: 7125/2: Wasseralfingen, 1907, BRAUN (STU-K).
Westliches Albvorland: zerstreut bis selten.
Niedere Flächenalb: 7525/3: Arnegg, Kalkwerk, 1977, RAUNECKER (STU-K).
Hohe Alb: zerstreut auf der Hechinger Alb, sonst selten.
Bodenseebecken: 8320/2: Wollmatingen, 1980, BEYERLE (STU-K).
Hegau: selten.

Erstnachweise: Die Art wurde wahrscheinlich bereits in der Jungsteinzeit eingeschleppt (Archäophyt). Ihr erster sicherer literarischer Nachweis findet sich bei DIERBACH (1820: 225–226) „Inter Maischbach et Nussloch".
Bestand und Bedrohung: *L. hirsutus* unterliegt ebenso wie alle anderen Ackerunkräuter einer nachhaltigen Gefährdung vor allem durch den Herbizideinsatz.

Im Falle dieser Art wird diese noch dadurch verschärft, daß ein Ausweichen auf Ersatzstandorte nur in beschränktem Maße stattfindet. Die erhebliche Anzahl nicht mehr bestätigter Fundorte deutet auf einen deutlichen Rückgang der Art hin. Wie bei vielen anderen Ackerunkräutern kann ihr Fortbestehen nur gesichert werden, wenn extensive Bewirtschaftungsformen erhalten bzw. ermöglicht werden.

14. Lathyrus nissolia L. 1753
Orobus nissolia (L.) Döll 1843
Gras-Erbse

Morphologie: Therophyt mit schiefer, oft gewundener Wurzel, hohlem Stengel und aufrechten oder zumindest aufsteigenden Ästen, 20–40 cm hoch, 4kantig, Blattspreite fehlend, statt dessen Blattstiel spreitenförmig ausgebildet (Phyllodien), mit kleinen, halbpfeilförmigen bis lanzettlichen, hinfälligen Nebenblättern, rankenlos, ungefiedert. Phyllodien 40–130 × 2–8 mm, lang zugespitzt, im Habitus grasähnlich, mit 5 deutlich hervortretenden und mehreren undeutlichen Nerven. Blüten einzeln, lang gestielt, abstehend oder nickend. Kelch glockig-röhrig, mit lanzettlichen Zähnen, Krone purpurn bis purpurviolett, oft geschlossen bleibend. Fahne mit dunklen Adern, länger als Flügel und

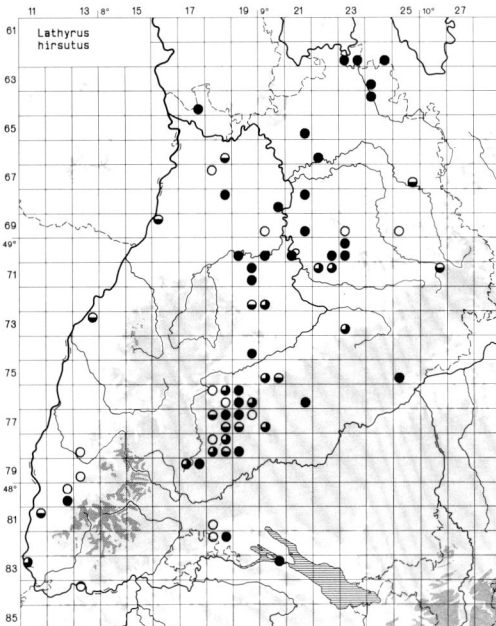

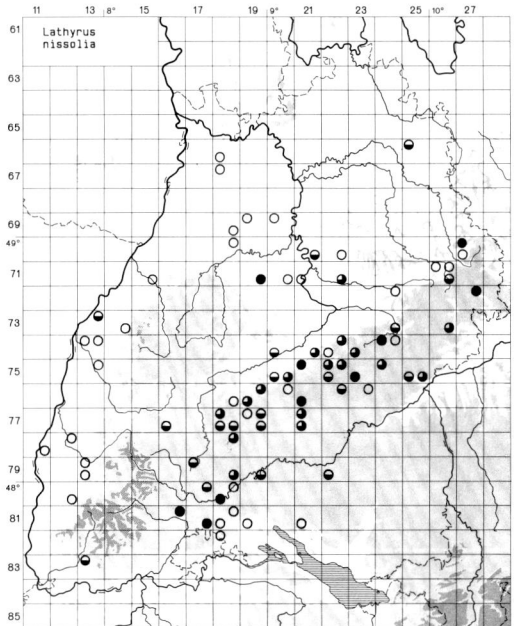

Gras-Erbse *(Lathyrus nissolia)*
Cernay (Elsaß), 1978

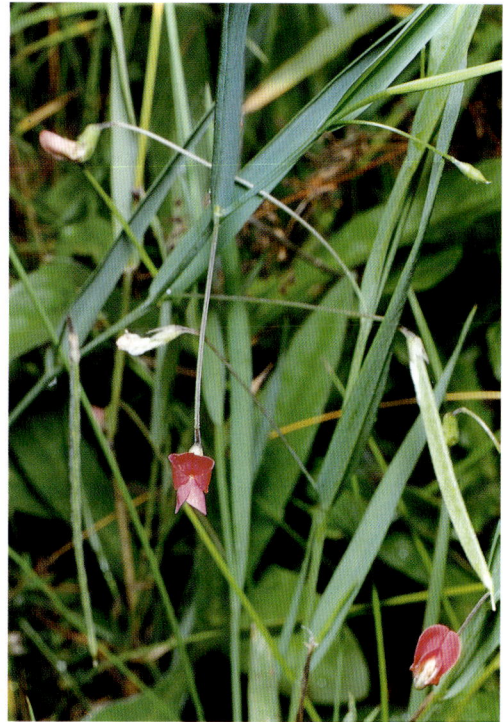

Gras-Erbse *(Lathyrus nissolia)*
Großkuchen, 4.7.1992

Schiffchen. Hülsen abstehend oder nickend, lineal, 40–50 × 3–4 mm, hell olivbraun, 8- bis 15samig, nach der Reife um die Längsachse gedreht. Samen kugelig-eckig.

Biologie: *L. nissolia* blüht in den Monaten Juni und Juli. Ein Teil der Blüten öffnet sich nicht, so daß es zur Selbstbestäubung kommt.

Ökologie: *L. nissolia* ist ein typisches Ackerunkraut, das sehr selten auch in Gebüsch- und Heckensäumen vorkommen kann. Als wärmeliebende Licht- bis Halbschattpflanze bevorzugt die Art mäßig trockene, nährstoffreiche und ± neutrale Lehm- und Tonböden.

Allgemeine Verbreitung: Mittelmeergebiet, Ungarn, Ukraine, Kaukasus, Syrien, nördlich bis Frankreich, Südengland, Niederlande, in Deutschland bis zur Oder. *L. nissolia* ist ein submediterran-mediterranes Florenelement. Verbreitungskarte s. MEUSEL et al. (1965: 253).

Verbreitung in Baden-Württemberg: Zerstreut auf der Schwäbischen Alb und im Donaugebiet, nach Norden und Osten selten.

Der niedrigste Fundort liegt bei Heidelberg in 114 m ü. M., der höchste am Steighof bei Beuron in 810 m ü. M.

Oberrheingebiet: früher zerstreut, heute wohl erloschen.
Schwarzwald: 7716/3: Schramberg, BERTSCH (1948).
Baar: 8116/2: Mundelfingen, 1990, VOGGESBERGER (STU-K).
Hohenlohe: 6625/1: Zaisenhausen, HANEMANN (1927).
Neckar-Gäuplatten: früher zerstreut, heute nur noch 7119/4: Entenberg E Flacht, 1987, WALZ (STU-K).
Keuper-Lias-Land: 7420/3: Tübingen, MAYER (1950).
Schwäbische Alb und Vorland: zerstreut bis selten. im Rückgang.
Oberschwaben: 7922/3: Mengen, BERTSCH (1907).
Hegau: selten, im Rückgang.
Nördliches Bodenseebecken: 8121/3: Ernatsreute, DÖLL (1857).

Erstnachweise: Die Art ist im Gebiet ein Archäophyt. Ihr erster literarischer Nachweis erfolgte durch C. BAUHIN (1622: 96) und bezieht sich auf Bestände bei Weil.

Bestand und Bedrohung: Wie aus der Karte zu entnehmen ist, unterliegt *L. nissolia* einem ganz erheblichen Rückgang in seinem Vorkommen. Die Ursachen dafür dürften in der Intensivierung der landwirtschaftlichen Nutzung mit Saatgutreinigung, Düngung und vor allem Herbizideinsatz liegen. Die Art ist wohl die am meisten gefährdete der Gattung, und ihre Erhaltung kann nur durch die weniger intensive Bewirtschaftung der Ackerflächen, z. B. im Rahmen eines Unkraut-Schutzprogrammes erfolgen.

Aufgrund ihrer Unbeständigkeit ist aber auch dies keine Garantie für das Überleben der wenigen, heute noch vorhandenen Vorkommen.

15. Lathyrus aphaca L. 1753
Orobus aphaca (L.) Döll 1843
Ranken-Kicher, Ranken-Platterbse

Morphologie: Therophyt mit kahlem, graugrünem, vierkantigem und ungeflügeltem Stengel, aufsteigend bis kletternd. Blattfiedern fehlend, statt dessen Nebenblätter spreitenartig vergrößert, am mittleren und oberen Stengel mit 30–60 mm langen Ranken. Nebenblätter gegenständig, ei- bis spießförmig, 10–30 × 20–25 mm, parallelnervig, geöhrt. Blütenstände 1- bis 2blütig, deutlicher länger als Nebenblätter. Blüten 6–12 mm lang gestielt, in den Achseln eines schuppenförmigen Tragblattes. Kelch bleichgrün, mit kurzer Röhre, Kelchzähne 2–3 × so lang wie Röhre, gleichmäßig. Krone hellgelb, bis 2 × so lang wie Kelch. Fahne schwach ausgerandet, violett geadert, wenig länger als der Flügel und das hellere Schiffchen. Hülsen aufrechtabstehend, 20–30 mm lang, 4–6 mm breit, flach, glatt, grünlichbraun. Samen abgeflacht, eiförmig, glatt, braun bis schwarz, grau bereift. – Blütezeit: Mai–Juni.

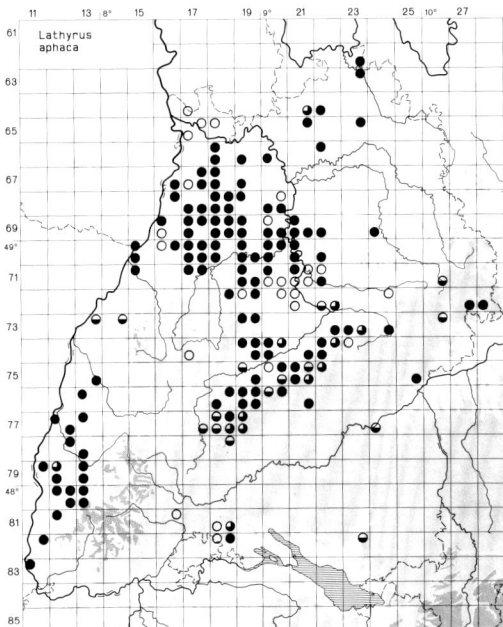

Ökologie: Die Art gilt als Ackerunkraut, das aber auch auf Wegränder, Gärten oder Ruderalstellen sowie Heckensäume und den grasigen Unterwuchs von Obstgärten übergreifen kann. Diese wärmeliebende und relativ trockenresistente Licht- bis Halbschattpflanze bevorzugt nährstoffreiche, kalkreiche bis kalkarme Lehmböden und ist Assoziationscharakterart des Apero-Lathyretum aphacae (Caucalidion). Häufige Begleitarten sind *Melandrium noctiflorum, Adonis aestivalis, Sonchus arvensis, Convolvulus arvensis, Delphinium consolida* u.a. Soziologische Aufnahmen finden sich bei KUHN (1937, Tab. 7), HÜGIN (1956), V. ROCHOW (1951, Tab. 4).

Allgemeine Verbreitung: *L. aphaca* ist schwerpunktmäßig im Mittelmeergebiet, auf dem Balkan und von Kleinasien bis Vorderindien verbreitet, adventiv findet die Art sich auch in Mitteleuropa, Frankreich und England. *L. aphaca* ist ein mediterran-submediterranes Florenelement. Verbreitungskarte s. MEUSEL et al. (1965: 253).

Verbreitung in Baden-Württemberg: *L. aphaca* kommt in den wärmeren und tiefergelegenen Teilen des Gebietes vor.

Der niedrigste Fundort liegt im Oberrheingebiet bei Heidelberg (114 m ü. M.), der höchste bei Deilingen (7818/2) in 810 m ü. M.

Oberrheingebiet: zerstreut, in der Rheinebene stark zurückgehend, Lößlandschaften häufiger.
Tauberland: 6223/4: Niklashausen, 1987, SEYBOLD (STU-K); 6323/2: Kahlberg bei Werbach, 1983, SEYBOLD (STU-K); Apfelberg schon KNEUCKER, noch vorhanden PHILIPPI (KR-K).
Kocher-Jagst-Ebene: zerstreut.
Neckar-Gäuplatten: zerstreut v.a. im Neckarbecken, im Kraichgau und in den Oberen Gäuflächen.
Schwäbisches Keuper-Lias-Land: zerstreut, vor allem im westlichen und mittleren Albvorland und im Schönbuch/Glemswald, außerdem: 7222/4: Plochingen, 1950, BERTSCH (STU).
Schwäbische Alb: zerstreut auf der Westalb und am Albtrauf, sonst nur 7126/4: Aalen, 1913, BRAUN (STU-K); 7227/4: Steinweiler, 1990, ENGELHARDT (STU-K); 7228/3: Härtsfeldwerke, 1990, ENGELHARDT (STU-K); 7324/4: Hausen-Unterböhringen, 1972, REICH (STU-K); 7326/2: Heidenheim, Güterbahnhof, MÜLLER (1935); 7525/4: Ulm, Güterbahnhof, 1980, RAUNECKER (STU-K); 7724/3: Auffüllplatz Rottenacker, 1935, MÜLLER (STU).
Hegau: zerstreut.
Oberschwaben: 8223/2: Ravensburg, Bahnhof, BERTSCH (1948).

Erstnachweise: Die Art ist im Gebiet adventiv und fest eingebürgerter Archäophyt. Ihr Erstnachweis findet sich bei J. BAUHIN (1598: 156) aus der Umgebung von Bad Boll.

Bestand und Bedrohung: Die große Zahl der älteren, in neuerer Zeit nicht bestätigten Nachweise auf der

Ranken-Kicher *(Lathyrus aphaca)*
Tuniberg, 1987

Karte läßt auf einen erheblichen Rückgang der Art schließen, der mit Sicherheit auch hier auf den Herbizideinsatz und die Intensivierung der landwirtschaftlichen Nutzung zurückzuführen ist. Auffallend ist der starke Rückgang der Art im dicht besiedelten mittleren Neckarraum. Bis zu einem gewissen Grad kann *L. aphaca* auch auf Wegraine und -säume ausweichen, doch fallen auch diese mehr und mehr der Flurbereinigung zum Opfer. Abhilfe kann nur eine Unterschutzstellung bestimmter wertvoller Ackerflächen und ihre extensive Nutzung bringen, und ein von RODI (1986) beschriebenes Beispiel einer solchen Maßnahme läßt gerade im Hinblick auf diese Art überzeugende Erfolge erkennen.

Lens Miller 1754 [nom.cons.]
Linse

Die 5 Arten der Gattung *Lens* sind vom Mittelmeergebiet bis nach Westasien verbreitet. Sie ist mit *Vicia* so nahe verwandt, daß sogar Gattungsbastarde gebildet werden:

L. culinaris × *V. sativa* (vgl. HESS et al. 1970). In Baden-Württemberg kann die folgende Art kultiviert oder verwildert angetroffen werden.

Lens culinaris Med. 1787
Ervum lens 1753; *Lens esculenta* Moench 1794; *Vicia lens* (L.) Cosson & Germ. 1845
Linse

Einjährige, zerstreut behaarte Pflanze. Stengel bis 40 cm hoch. Blätter 3- bis 8paarig gefiedert, die unteren in eine kurze, krautige Spitze, die oberen in eine Ranke auslaufend. Traube 1- bis 4blütig, einschließlich Stiel fast so lang wie das nächststehende Blatt; Kelchzähne die bläulichweiße Krone meist überragend. Hülse 12–16 mm lang und 6–12 mm breit. – Blütezeit: Juni–August.

Linsen wurden schon von den ältesten Ackerbauern im Nahen Osten kultiviert (6. Jt. v.u.Z.) und gelangten von dort mit dem Getreide zusammen nach Mitteleuropa. Älteste Fundstelle in Baden-Württemberg ist Heilbronn-Klingenberg, Mittleres Atlantikum (Bandkeramik, STIKA (1988). Bis in historische Zeiten wurde *Lens culinaris* in größerem Umfang auf der Schwäbischen Alb, am Oberen Neckar und in der Baar angebaut. Ihre Kultur ist heute im mittleren Europa erloschen; Hauptanbaugebiete sind Indien, die Türkei und Syrien. *L. culinaris* verwilderte im letzten Jahrhundert nicht selten aus Anpflanzungen (auf der Schwäbischen Alb bis 800 m). Noch bis zur Mitte dieses Jahrhunderts wurde sie selten mit Schutt verschleppt oder in der Nähe von Lagerhäusern angetroffen. Aktuelle Fundmeldungen aus Baden-Württemberg liegen nicht vor. Die Pflanze gedeiht auf lockeren, kalkreichen Böden am besten.

Mit der Kulturlinse am nächsten verwandt sind *L. orientalis* und *L. nigricans*, deren Verbreitungsgebiete sich im östlichen Mittelmeerraum überlappen.

Pisum L. 1753
Erbse

Die Gattung umfaßt 2 Arten: die ostmediterran verbreitete *Pisum fulvum* und die ursprünglich ebenfalls aus Vorderasien stammende *Pisum sativum*. Letztere wird heute weltweit kultiviert und ist als Gemüsepflanze oder Kulturflüchtling auch in Baden-Württemberg zu finden.

Pisum sativum L. 1753
P. arvense L. 1753
Erbse

Einjährige, kahle Pflanze mit bis zu 2 m langem, kletterndem oder niederliegendem Stengel. Blätter 2- bis 3paarig gefiedert, Blättchen ganzrandig oder gezähnt; Nebenblätter halbherzförmig, bis 10 cm lang und 6 cm breit, am Grunde gezähnt. Trauben 1- bis 3blütig; Krone 15–35 mm lang, duftend, weiß oder Fahne blaßlila und Flügel dunkelpurpurn. Hülsen bis 10 cm lang und 2 cm breit. – Blütezeit: Mai bis September.

P. sativum wird in mehrere Unterarten und Varietäten aufgespalten, von denen subsp. *elatius* (MB.) Ascherson & Graebn. und subsp. *humile* (Homboe) Greuter et al. aus Vorderasien als Stammformen der kultivierten subsp. *sativum* angesehen werden.

Die früher in den Floren unterschiedenen subsp. *arvense* (L.) Ascherson & Graebner und subsp. *hortense* Ascherson & Graebner werden nicht mehr als eigenständige Unterarten geführt.

Erbsen sind die wirtschaftlich bedeutendste Hülsenfrucht der gemäßigten Zone und gehören wie die Linsen zu den ältesten Grundnahrungsmitteln. Die ersten Erbsenfunde Baden-Württembergs stammen aus dem Mittel- und Jungneolithikum des mittleren Neckarlands und des Alpenvorlands (z.B. Federseegebiet; KÖRBER-GROHNE 1987).

Die Art bevorzugt frische, nährstoff- und basenreiche, lockere Sand- und Lehmböden und gedeiht bis 1000 m Meereshöhe (Plettenberg, 7718). In Baden-Württemberg ist sie selten und unbeständig an Acker- und Wegrändern oder auf Schuttplätzen anzutreffen, wohin sie als Kulturflüchtling oder mit Gartenabfällen gelangt.

Cicer L. 1753
Kichererbse

Die Gattung *Cicer* ist mit 40 Arten vom östlichen Mittelmeer bis zum Himalaja verbreitet und weist einzelne isolierte Vorkommen in Nordafrika auf. Im Gebiet ist nur die folgende Kulturpflanze selten adventiv zu beobachten.

Cicer arietinum L. 1753
Kichererbse

Einjährige, bis 50 cm hohe, drüsig behaarte Pflanze. Blätter mit 3–8 Paar Fiederblättchen, 5–20 mm lang und 3–10 mm breit, elliptisch, stark gezähnt; Nebenblätter krautig, gezähnt. Blütenstiel in der Mitte mit Tragblatt und kurzer, zu einer Granne reduzierter Blütenachse, kürzer als das zugehörige Blatt, nach dem Verblühen herabgebogen; Kelchzähne länger als die Röhre; Krone 10–12 mm lang, purpurn. Hülsen 2–3 cm lang, 1- bis 2samig. – Blütezeit Mai bis Juli.

Die Kichererbse ist eine bedeutende Kulturpflanze des Mittelmeerraums; sie wird von Portugal bis Indien angebaut. Im vorigen Jahrhundert wurden in der Rheinebene und in warmen Gegenden Württembergs Anbauversuche durchgeführt, aber bald wieder aufgegeben. In Baden-Württemberg ist die Kichererbse seither nur selten und unbeständig auf Bahn- und Hafengelände, im Getreide, in Weinbergen oder auf Schuttplätzen anzutreffen.

6922/1: Löwenstein. 1978, SCHWEGLER (STU); 7223/4: Göppingen, 1943, K. MÜLLER (STU); 7625/2: Söflingen, 1939, K. MÜLLER (1957: 119); außerdem mehrfach aus der Gegend um Ludwigshafen von ZIMMERMANN (1906: 136) und HEINE (1952: 105) angegeben.

15. Ononis L. 1753
Hauhechel

Ausdauernde Kräuter oder Zwergsträucher (außerhalb des Gebietes auch einjährig). Pflanzen oft drüsenhaarig, einige Arten mit Sproßdornen. Blätter 3zählig, obere oft ungeteilt, gezähnt, das mittlere Blättchen länger gestielt; Nebenblätter mit dem Blattstiel verwachsen, krautig. Blüten einzeln oder in wenigblütigen Trauben, achselständig; Kelch röhrig-glockig, tief in 5 fast gleiche, lanzettliche Zipfel gespalten; Krone rosa, weißlich oder gelb (*O. natrix*), Fahne rundlich, Schiffchen geschnäbelt; alle 10 Staubfäden verwachsen. Hülsen eiförmig oder länglich, aufspringend, 1- bis mehrsamig; Samen bei den im Gebiet vorkommenden Arten fein warzig. Bestäubungstyp: Pumpmechanismus.

Die Gattung *Ononis* ist mit etwa 75 Arten von den Kanaren im Westen bis zum Iran im Osten, von Nordeuropa südlich bis Äthiopien vertreten. Der Schwerpunkt ihrer Verbreitung und Sippendifferenzierung liegt im westlichen Mittelmeergebiet. Von den 49 europäischen Arten kommen 3 in Baden-Württemberg vor. Eine weitere Art, die osteuropäisch-westasiatisch verbreitete *O. arvensis*, wurde nur einmal adventiv angetroffen: 8324/2: Obermoosweiler, 1972, DÖRR (1973: 42). Die Pflanze ist wollig behaart und ihre Blüten stehen zu zweit in dichten Trauben am Ende des Stengels.

GAMS in HEGI (1923) faßt die mitteleuropäischen Hauhechel aus der *O. spinosa*-Gruppe (*O. arven-*

sis, *O. foetens*, *O. repens*, *O. spinosa*) als Unterarten von *O. spinosa* auf. Širjaev (1932) führt in seiner Gattungsrevision nur noch *O. foetens* als Unterart von *O. spinosa* und erhebt *arvensis* und *repens* in den Artrang. Darüber hinaus spaltet er *O. spinosa* s. str. in 3 weitere Unterarten und 10 Varietäten auf. Mit den norddeutschen *Ononis*-Formen setzt sich Endtmann (1964) auseinander. Er unterscheidet die 3 Arten *spinosa*, *repens* und *arvensis* mit insgesamt 5 Unterarten sowie einen *O. repens* × *spinosa*-Bastard. Krendl u. Polatschek (1984) untersuchen die Verbreitung von *Ononis* in Österreich und erheben *O. foetens* wieder in den Artrang. Da alle diese Taxa durch Zwischenformen verbunden sind, die vermutlich hybridogenen Ursprungs sind, schließt sich Greuter neuerdings wieder der Gamsschen Auffassung an (Greuter u. Raus 1986). Aufgrund der verwirrenden nomenklatorischen Situation (vgl. Greuter u. Raus 1986, Greuter et al. 1989) und weil die Unterscheidung von *O. repens* und *O. spinosa* im Gebiet gut durchführbar ist, werden die Taxa hier vorläufig als Arten behandelt.

Zur Bestimmung von *O. spinosa* und *O. repens* sind immer mehrere Merkmale heranzuziehen.

1 Blüten gelb, lang gestielt; Hülsen hängend, länglich; Nebenblätter ganzrandig; Pflanze ohne Dornen; sehr selten . . . . 1. *O. natrix*
– Blüten rosa oder bläulich, selten weiß, kurzgestielt; Hülsen aufrecht; Nebenblätter gezähnt; Pflanze mit oder ohne Dornen; häufige Arten 2
2 Stengel niederliegend oder aufsteigend, oberwärts ringsum behaart und drüsig; Blättchen 1- bis 3mal länger als breit, ausgerandet oder abgerundet (vgl. Zeichnung), klebrig; Kelchröhre außer mit Drüsenhaaren dicht mit langen, waagrecht abstehenden Haaren besetzt; Hülsen kürzer als der Kelch . 3. *O. repens*

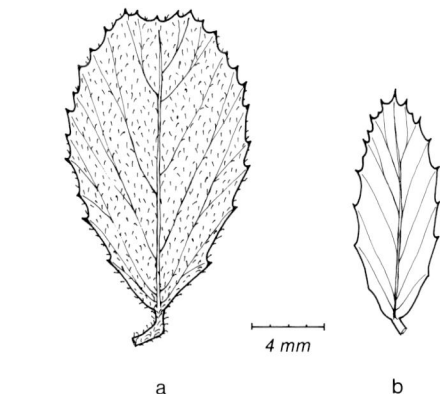

4 mm

a   b

Mittleres Fiederblättchen von *Ononis repens* (a) und *O. spinosa* (b). Zeichnung A. Rosenbauer.

– Stengel aufrecht oder aufsteigend, oberwärts mit einer Leiste aus kurzen Haaren, sonst kahl und kaum drüsig; Blättchen 2- bis 5mal länger als breit, spitz oder abgerundet; Kelchröhre mit Drüsenhaaren, andere Haare fehlend oder spärlich; Hülsen so lang wie der Kelch oder länger 3
(Behaarung intermediär; Blättchen meist länglich-elliptisch, spitz oder ausgerandet; Pflanze meist dornig) . . . . . . *O. spinosa* × *O. repens*
3 Pflanze mit zahlreichen, kräftigen Dornen, stark verzweigt; Ausläufer fehlend; Blättchen 5–15 mm lang, lanzettlich (vgl. Zeichnung), Nebenblätter klein, bis 10 mm lang . . . . . . 2. *O. spinosa*
– Pflanze ohne oder mit wenigen Dornen; Stengel meist unverzweigt; unterirdische Ausläufer vorhanden; Blättchen groß, 10–30 mm lang, elliptisch, Nebenblätter groß, bis 20 mm lang . . . . .
[*O. foetens*]

1. Ononis natrix L. 1753
Gelbe Hauhechel

Morphologie: Ausdauernder, stark verzweigter kleiner Strauch mit holzigem Rhizom. Pflanze 15–60 cm hoch, von dichten Drüsenhaaren klebrig. Blättchen 1–2 cm lang, länglich-elliptisch; Nebenblätter lanzettlich, zur Hälfte frei. Blütenstand einblütig, sein langer Stiel in eine Granne auslaufend, Blüte an einem kurzen, seitlich ansetzenden Stielchen; Krone 10–20 mm lang, gelb, Fahne rot gestreift. Hülse 10–25 mm, länger als der Kelch, mehrsamig. – Blütezeit: Mai–August.

Ökologie: In lückigen Magerrasen auf trockenen, kalkhaltigen, mageren, lockeren, steinigen oder sandigen Böden; wärmebedürftig. Brometalia-Art; Vegetationsaufnahmen aus dem Gebiet liegen nicht vor. Nach Aufnahmen von Quantin aus dem Südjura (in Braun-Blanquet u. Moor 1938) kommt *O. natrix* mit hoher Stetigkeit im Hauhechel-Trespen-Kalktrockenrasen („Xerobrometum lugdunense") vor. Begleiter sind *Bromus erectus*, *Petrorhagia prolifera*, *Potentilla verna*, *Thymus pulegioides* sowie weitere Arten der Festuco-Brometea und Sedo-Scleranthetea.

Allgemeine Verbreitung: Mediterranes Florenelement mit einer größeren Areallücke im zentralen Mittelmeergebiet. Nördlich bis zur Aisne, Lothringen, Kaiserstuhl, Savoyen, Südschweiz, Südtirol, Dalmatien.

Verbreitung in Baden-Württemberg: Die Gelbe Hauhechel ist eine sehr seltene Pflanze des südlichen Oberrheingebiets (Kaiserstuhl, Tuniberg), wo sie sich an ihrer äußersten Verbreitungsgrenze befindet. Ein weiterer Fund aus der Gegend von Neubreisach im Elsaß (Rastetter 1986) gehört noch zum selben Naturraum. Die nächsten Vorkommen liegen relativ weit entfernt in Lothringen und im Genfer Seegebiet.

WITSCHEL (1978) zweifelt die Ursprünglichkeit der badischen Vorkommen an. Eine Verschleppung, z.B. mit Straßenbaumaterial, oder Ansalbung kann bei den Vorkommen von *O. natrix* im Freiburger Raum nicht ausgeschlossen werden.

7812/3: Zwischen Endingen und der St. Katharinenkapelle, STROHMAIER in DÖLL (1862), bei Endingen (SEUBERT u. PRANTL 1880), jetzt verschwunden (SEUBERT u. KLEIN 1891). Angeblich hat LITZELMANN die Pflanze dort später noch einmal bestätigt (OBERDORFER 1949: 222). Herbarbelege sind nicht vorhanden. 8012/1: Tuniberg bei Niederrimsingen, 1976, WITSCHEL (1978). – Elsaß: 7911/3: zwischen Neuf-Brisach und Biesheim, seit etwa 1970 beobachtet, SCHREMPP (KR-K), 1984, RASTETTER u. JACOB in RASTETTER (1986).

Die Fundorte liegen zwischen 200 und 300 m ü. NN.

Erstnachweis: DÖLL (1862: 35), „zwischen Endingen und der St. Katharinen-Kapelle, STROHMAIER" (7812).

Bestand und Bedrohung: Die Gelbe Hauhechel galt in der Roten Liste Baden-Württembergs als vom Aussterben bedroht (G1), da sie nur an einer einzigen Stelle in geringer Zahl (2 Ex.) vorkam. WITSCHEL hat sie dort zuletzt Anfang der 80iger Jahre beobachtet. In den folgenden Jahren ist die offene Stelle einschließlich des anschließenden Trockenrasenfragments zugewachsen und verbuscht. Die

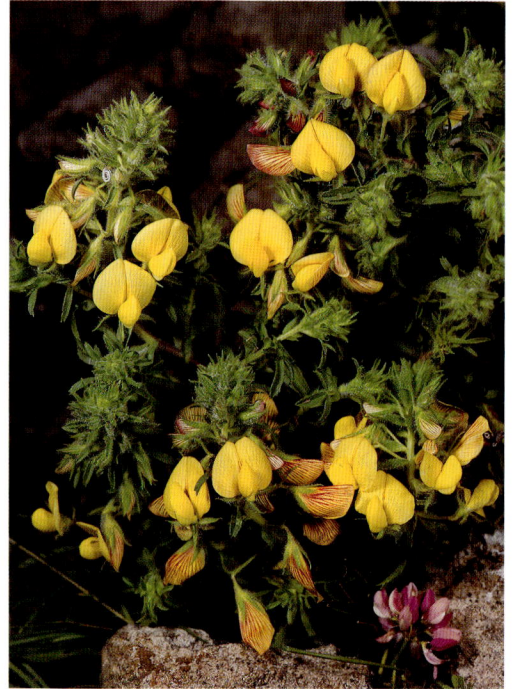

Gelbe Hauhechel *(Ononis natrix)* Neubreisach (Elsaß), um 1970

Pflanzen waren dieser Standortsveränderung nicht gewachsen und sind verschwunden, so daß die Art in Baden-Württemberg als verschollen gelten muß. Möglicherweise tragen die inzwischen durchgeführten Pflegemaßnahmen zu einem Wiederaufleben der kleinen Population bei (alle Angaben nach WITSCHEL, mdl. 1992).

Die elsässische Population bestand aus mehreren kräftigen Stöcken (RASTETTER 1986).Sie existierte noch um 1990, ist jedoch stark bedroht (SCHREMPP in KR-K).

2. Ononis spinosa L. 1753

O. campestris Koch & Ziz 1814; *O. spinosa* subsp. *spinosa*
Dornige Hauhechel

Morphologie: Ausdauernde Pflanze. Stengel 20–60 cm hoch, starr aufrecht oder aufsteigend, am Grunde verholzt, mit zahlreichen aufrechten Zweigen und Kurztrieben; Dornen einzeln oder zu zweit. Blättchen 5–15 mm lang, elliptisch bis länglich, spitz oder abgerundet, spärlich drüsenhaarig, leicht abfallend. Krone rosa, selten weiß, 10–20 mm lang. Hülsen weichhaarig, 1- bis 3samig. – Blütezeit: Juli–Oktober.

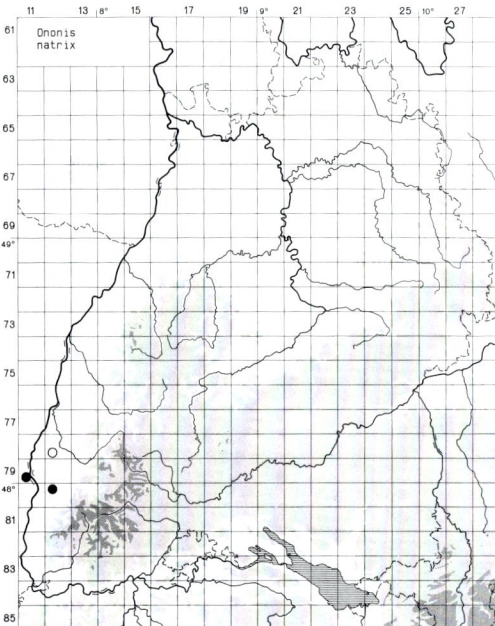

Ökologie: In Schafweiden, Halbtrockenrasen und Riedwiesen, an Wald- und Wegrändern; auf mäßig trockenen bis wechselfrischen, mageren, kalkhaltigen, humosen Lehm- oder Mergelböden; Beweidungszeiger, bevorzugt in tieferen Lagen. *O. spinosa* ist Kennart des Mesobromion-Verbandes, besiedelt schwerpunktmäßig das Gentiano-Koelerietum, ist aber auch im Mesobrometum, im Cirsio tuberosi-Molinietum sowie in Flügelginster-Weiden (Nardetalia) anzutreffen.

Vegetationsaufnahmen finden sich bei TH. MÜLLER (1966: Tab. 20), LANG (1973), GÖRS (1974: Tab. 3, 5) und WITSCHEL (1980: Tab. 10–12). Typische Begleiter sind *Koeleria pyramidata, Cirsium acaule, Gentiana ciliata, Centaurea jacea* und *Euphorbia cyparissias.*

Allgemeine Verbreitung: Europäische Pflanze mit vorwiegend subozeanischer Verbreitung. Von Frankreich (ohne Atlantikküste) im Westen bis Polen und Rumänien im Osten, nördlich bis Südschottland und Südskandinavien, im Süden bis zu den Pyrenäen und Mittelitalien.

Verbreitung in Baden-Württemberg: *O. spinosa* ist hauptsächlich in den Kalkgebieten des Landes verbreitet. Dort kommt sie meist zerstreut und weniger häufig vor als *O. repens*, mit der sie oft vergesellschaftet ist. Im Oberrheingebiet ist die Dornige Hauhechel relativ verbreitet an Dämmen und auf Rheinschottern, auf den Muschelkalkböden der Gäulandschaften zerstreut. Im Keuperbergland

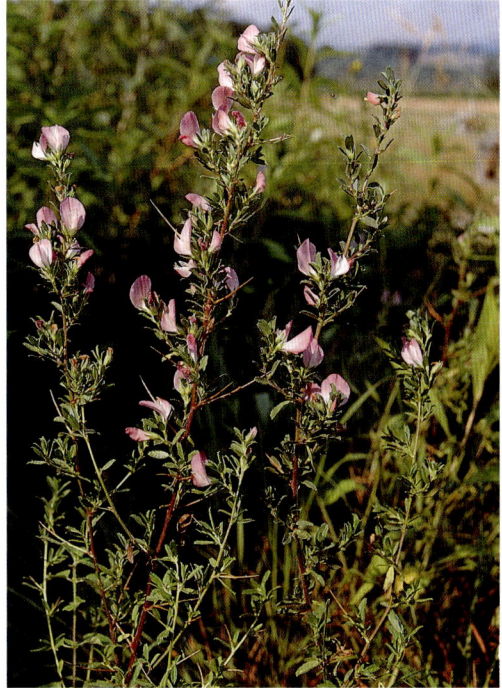

Dornige Hauhechel *(Ononis spinosa)*
Steinenstadt, 1991

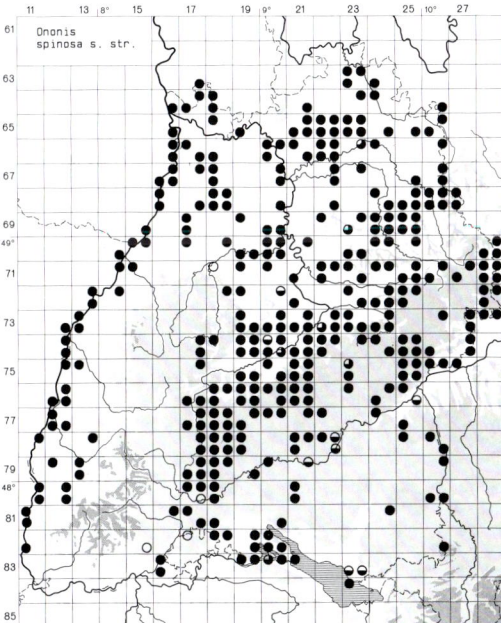

kommt sie nur auf Gipskeuper vor. Im Bereich der Schwäbischen Alb bevorzugt die Art die Mergel und Tone des Braunen und unteren Weißen Jura und fehlt auf den oberen Weißjura-Schichten der Albhochfläche. Im Wutachgebiet, Hegau und Klettgau ist sie zerstreut, in Oberschwaben vermehrt nur auf den Schottern von Iller und Argen und im westlichen Bodenseegebiet anzutreffen. In Landschaften mit basenarmen Böden wie dem Odenwald, Schwarzwald, Teile des Schwäbisch-Fränkischen Waldes und Oberschwabens tritt diese Hauhechel nicht auf. Die Art ist in Baden-Württemberg urwüchsig.

Ihre Höhenverbreitung reicht von etwa 100 m in der Rheinebene bei Mannheim (6417) bis 980 m auf der Südwestalb (7719).

Erstnachweis: *O. spinosa* im weiteren Sinne wird schon bei J. BAUHIN (1598: 182) für die Umgebung von Bad Boll (7323) angeführt. Die Art im engeren Sinne wird erst von J. F. GMELIN (1772: 217) für Württemberg genannt.

Bestand und Bedrohung: *Ononis spinosa* ist offenbar konkurrenzschwächer als *O. repens* und gelangt erst unter schärferer Beweidung zum Zug. Ihre Standorte, die Kalk-Magerweiden, nehmen im Gebiet durch Rückgang der Schafhaltung und durch

Aufforstung zusehends ab. Eine Gefährdung der Art ist jedoch noch nicht erkennbar.

Gelegentlich sind Bastarde zwischen *O. spinosa* und *O. repens* zu finden. Sie sind meist schwierig zu bestimmen und sehen oft *spinosa* ähnlicher als *repens* (vgl. Morton 1956, Endtmann 1964).

Ononis foetens All. 1785
O. austriaca Beck 1890; *O. spinosa* subsp. *austriaca* (Beck) Gams 1923
Österreichische Hauhechel, Stinkende Hauhechel

Pflanze aufrecht bis aufsteigend, 30–100 cm hoch, zuweilen mit Ausläufern. Stengel rutenförmig, selten mit weichen Dornen. Blättchen 10–30 mm lang, spitz, selten abgerundet, oval-elliptisch, nicht behaart. Kelch oft mit gekrümmten Zipfeln; Krone 15–20 mm lang, rosa, Flügel fast weiß. – Blütezeit: August, September. Der Name „stinkend" ist irreführend, da auch *spinosa* und *repens* unangenehm riechen können.

Bei *O. foetens* handelt es sich um eine präalpine Pflanze, die in Frankreich, der Schweiz, Österreich und in Süddeutschland (Alpenvorland, Bodenseegebiet und nördliches Oberrheingebiet) verbreitet sein soll (Gams 1923, Endtmann 1964, Krendl u. Polatschek 1984). Im Rahmen der Kartierung konnte die Art im Gebiet nicht eindeutig nachgewiesen werden, doch ist in Zukunft stärker auf sie zu achten.

O. foetens gedeiht in sumpfigen Wiesen auf wechselfeuchten, basenreichen, humosen Böden und tritt vor allem in Molinion-Gesellschaften auf.

3. Ononis repens L. 1753
O. procurrens Wallr. 1822; *O. spinosa* subsp. *maritima* (Dumort.) P. Fourn 1936
Kriechende Hauhechel

Morphologie: Mehrjährig; Stengel stärker horizontal als vertikal wachsend, 20–60 cm lang, mit Ausläufern, unterwärts oft wurzelnd, weicher als bei *spinosa*, ringsum behaart (Drüsenhaare sowie einfache lange und kurze Haare); mit oder ohne weiche Dornen; Zweige bogig. Blättchen 7–22 mm lang, rundlich-eiförmig bis länglich-elliptisch, ausgerandet, gestutzt oder abgerundet, stark drüsig, manchmal behaart. Krone 15–20 mm lang, zuweilen nur wenig länger als der Kelch, rosa, selten weiß. Hülsen 1- bis 3samig, weichhaarig. – Blütezeit: Juni–September.
Ökologie: In Magerrasen und -weiden, an Waldrändern, Weg- und Straßenböschungen, auch in Äckern; auf mäßig trockenen bis wechseltrockenen, basenreichen, milden bis schwach sauren, oft schweren Lehmböden; schattenverträglich. Mesobromion-Verbandskennart; hauptsächlich im Mesobrometum und Gentiano-Koelerietum, in frischeren und schärfer beweideten Ausbildungen zu-

rücktretend, auch in Saumgesellschaften (Geranio-Peucedanetum) und im Cytiso-Pinetum. Vegetationsaufnahmen bei Th. Müller (1966: Tab. 18), Lang (1973), Sebald (1983: Tab. 12) und Philippi (1984: Tab. 4).

O. repens findet sich relativ oft in Begleitung von *Brachypodium pinnatum, Bromus erectus, Cirsium acaule, Onobrychis viciifolia* und *Scabiosa columbaria*.

Allgemeine Verbreitung: Europäische Pflanze mit ozeanischer Verbreitung: Von Marokko und der Iberischen Halbinsel (nicht im Zentrum) im Süden bis Großbritannien und Südskandinavien im Norden, östlich bis Polen und Makedonien.

Verbreitung in Baden-Württemberg: Auch *O. repens* fehlt den Silikatgebieten Odenwald und Schwarzwald sowie den basenarmen Bereichen der Keuperlandschaften und Oberschwabens. Im Gegensatz zu *O. spinosa* tritt sie in der Oberrheinebene zurück und meidet die tonigen Böden des Braunjura. In allen anderen Landschaften ist die Kriechende Hauhechel verbreitet und häufig. Sie ist im Gebiet urwüchsig.

Die Höhenverbreitung von *O. repens* erstreckt sich von 100 m bei Viernheim (6417) bis ca. 1000 m auf der Südwestalb (7818).
Erstnachweis: Leopold (1728: 139) fand die Art „Am Michaelsberg" bei Ulm (7525).
Bestand und Bedrohung: Die Kriechende Hauhechel benötigt wie *O. spinosa* hauptsächlich magere

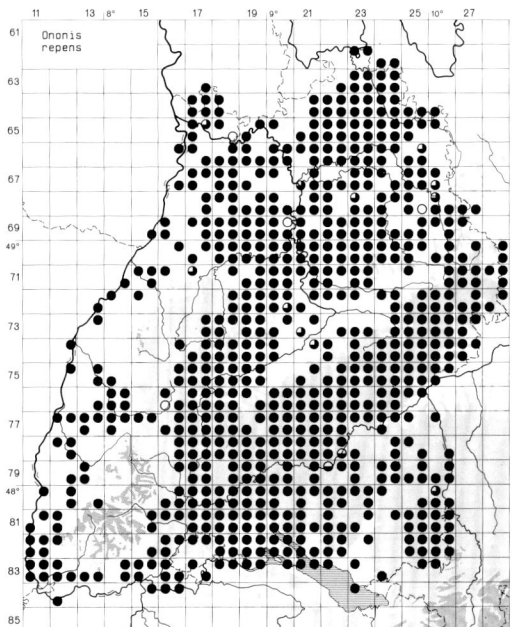

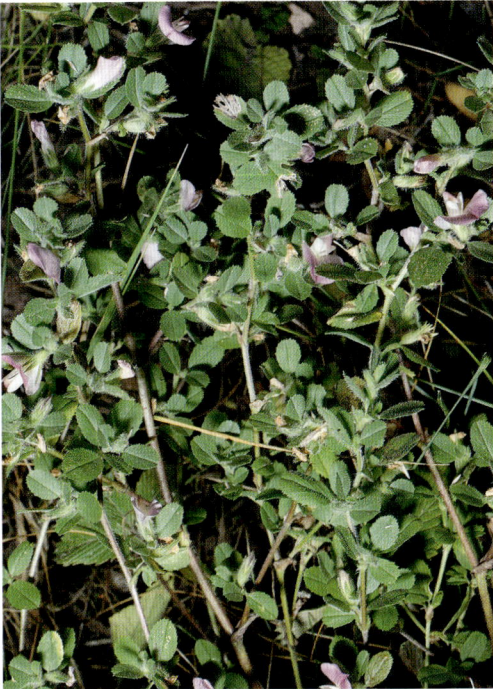

Kriechende Hauhechel *(Ononis repens)*
Mönchberg, 27. 7. 1991

Standorte. Sie ist jedoch pionierfreudiger als diese und in ihren ökologischen Ansprüchen flexibler und vermag so den Verlust von Wuchsorten leichter auszugleichen. Die Art ist in Baden-Württemberg nicht gefährdet.

16. **Melilotus** Miller 1754
Steinklee

1- bis 2jährige, selten mehrjährige Kräuter, kahl oder kurz behaart. Stengel aufrecht, stark verzweigt. Blätter dreiteilig, das mittlere Blättchen länger gestielt als die beiden seitlichen; Blättchen breiteiförmig bis länglich-lanzettlich, gezähnt, untere breiter als obere; Nebenblätter klein, lanzettlich. Blütentrauben ährenförmig, blattachselständig, gestielt, etwas einseitswendig, nach der Blütezeit verlängert; Blüten klein, nickend; Kelch kurzglockig, mit 5 ungleichen Zähnen. Zähne etwa so lang wie die Röhre; Krone weiß oder gelb; oberstes Staubblatt frei. Hülse eiförmig oder kugelig, bespitzt, oft runzelig, meist 1- bis 2samig. Bestäubungstyp: Klappmechanismus (Unterschied zur nahe verwandten Gattung *Medicago*!); die häufigsten Besucher sind Honigbienen. Gelegentlich sind Pflanzen mit vergrünten Blütenständen anzutreffen. Ihre Blütenstiele sind aufrecht und die Kronblätter verkümmert.

Die Gattung *Melilotus* ist mit etwa 20 Arten in Asien, Mittel- und Südeuropa und Nordafrika verbreitet. In Europa sind 16 Arten beheimatet, in Baden-Württemberg kommen 3 Arten vor. Dazu kommt ein halbes Dutzend weiterer Arten aus dem Mittelmeergebiet oder Westasien, die im Gebiet als Adventivpflanzen auftreten können. Von ihnen ist nur *M. indicus* so häufig, daß er besondere Erwähnung verdient.

Mehrere *Melilotus*-Arten sind als Futterpflanzen in vielen Ländern wirtschaftlich bedeutend. In Europa werden sie als Bienenweide in größerem Umfang angebaut. Die meisten Arten enthalten Cumaringlykoside und duften beim Welken stark nach Waldmeister. Aus diesem Grund finden die Steinklee-Arten auch als Heilmittel, Aromastoff und Mottenschutz Verwendung. Alle Arten der Gattung zeigen eine besondere Vorliebe für mineralkräftige Rohböden.

Bestimmungshinweis: Bisher gibt es keine zuverlässigen Merkmale für die Unterscheidung der einheimischen *Melilotus*-Arten im vegetativen Zustand (vgl. HAEUPLER 1969). Sie sind deshalb nur während ihrer kurzen Blüh- und Fruchtphase kartierbar, was sich auf die Vollständigkeit ihrer Verbreitungskarten nachteilig auswirkt. Besondere Sorgfalt ist auf die Bestimmung der beiden häufigen, gelbblühenden Arten zu verwenden. Nicht jeder gelbe Steinklee ist *M. officinalis*!

1   Blüten und Hülse 2–3 mm lang; Pflanze selten adventiv . . . . *[M. indicus]*
–   Blüten 5–8 mm lang; Hülse 3–6 mm lang 2
2   Blüten weiß; Hülse kahl, netznervig . 2. *M. albus*

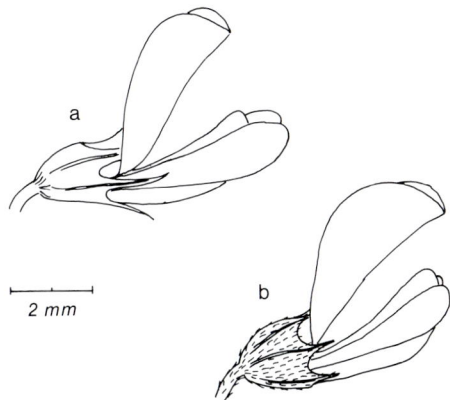

Blüten von *Melilotus officinalis* (a) und *M. altissimus* (b). Zeichnung A. ROSENBAUER.

– Blüten gelb; Hülse behaart und netznervig oder kahl und querrunzelig 3
3 Fruchtknoten und Hülse behaart, netznervig; Schiffchen etwa so lang wie Flügel und Fahne (vgl. Zeichnung) . . . . 1. *M. altissimus*
– Fruchtknoten und Hülse kahl, Hülse querrunzelig; Schiffchen deutlich kürzer als Flügel und Fahne (vgl. Zeichnung) . . . . 3. *M. officinalis*

1. Melilotus altissimus Thuill. 1800
M. macrorrhiza Pers. 1807
Hoher Steinklee

Morphologie: Zweijährige, selten ausdauernde Pflanze mit dicker Pfahlwurzel. Stengel aufrecht, strauchig verzweigt, bis 1,5 m hoch. Blütentrauben 2–6 cm lang; Kelch behaart, manchmal verkahlend; Krone gelb, 5–8 mm lang, Flügel etwa so lang wie das Schiffchen; Fruchtknoten mit 2–3 Samenanlagen, behaart, lanzettlich, gestielt. Hülse 4–6 mm, rundlich-eiförmig, runzelig, dicht bis spärlich behaart, reif schwarz, 1- bis 2samig. – Blütezeit: Juni–September.
Ökologie: An Fluß- und Bachufern, Graben- und Wegrändern, auf Schuttplätzen, Erdaushub und an Bahndämmen, selten auf Äckern. Der Hohe Steinklee gedeiht auf mäßig trockenen bis feuchten, nährstoff- und basenreichen, auch salzhaltigen, rohen, meist schweren Böden. Er bevorzugt frischere und nährstoffreichere Standorte als *M. officinalis*.

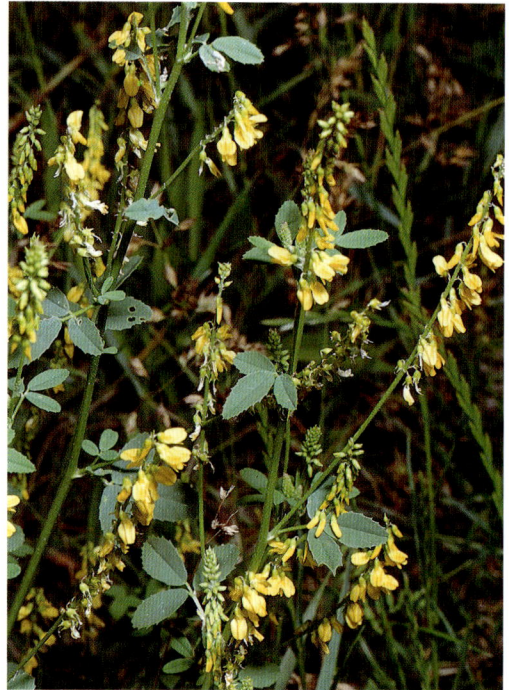

Hoher Steinklee *(Melilotus altissimus)*
Unterjesingen, 26.6.1991

Die Pflanze besiedelt Staudenfluren feuchter Standorte (Convolvuletalia, Filipendulion), wächst auch im Agropyro-Rumicion sowie in trockenen Ruderalgesellschaften (Onopordetalia). GÖRS (1974: 250) teilt eine Vegetationsaufnahme mit *M. altissimus* aus dem Valeriano-Filipenduletum mit. Weitere pflanzensoziologische Aufnahmen aus Baden-Württemberg fehlen. Vermutlich wurde die Art öfter verkannt und als *M. officinalis* angesprochen.

M. altissimus wird gerne von folgenden Arten begleitet: *Rubus caesius, Mentha longifolia, Juncus effusus, Epilobium hirsutum, Agrostis stolonifera, Picris hieracioides, Cichorium intybus, Odontites vulgaris, Medicago falcata, Artemisia vulgaris, Pastinaca sativa, Senecio fuchsii.*
Allgemeine Verbreitung: Eurasiatische Pflanze, nirgends häufig und weniger kontinental als *M. albus* und *officinalis*; von Spanien über Frankreich bis Osteuropa (bis Japan?), nördlich bis Großbritannien, Skandinavien und Estland. *M. altissimus* wird überwiegend offizinell und und nicht für Futterzwecke verwendet.
Verbreitung in Baden-Württemberg: Der Hohe Steinklee kommt in vielen Landschaften zerstreut vor und ist vor allem im Bereich der Flußniederun-

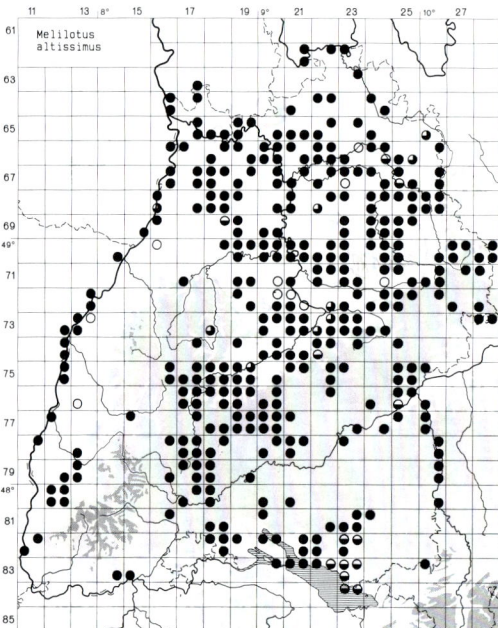

gen von Rhein, Neckar, Kocher und Jagst, Donau und Iller verbreitet. Auch auf den basenreichen Böden der Gäulandschaften (Kraichgau, Hohenlohe, Oberer Neckar) und im westlichen Bodenseegebiet ist er nicht selten.

Relativ häufig wächst er auf den schweren und mineralreichen Böden des Gipskeupers und auf Schwarz- und Braunjura im Vorland der Schwäbischen Alb. Im Schwarzwald, auf der Hochfläche der Schwäbischen Alb und in Oberschwaben fehlt er auf weiten Strecken. Die Art ist im Gebiet möglicherweise urwüchsig.

Das tiefste Vorkommen des Hohen Steinklees liegt um 100 m bei Viernheim (6417), sein höchstes bei 790 m auf der Schwäbischen Alb (7720, Onstmettingen), auf der Südwestalb möglicherweise noch höher steigend.

Erstnachweis: LEOPOLD erwähnt *M. altissimus* aus der Umgebung von Ulm (1728: 104).

Früchte des Hohen Steinklee *(Melilotus altissimus)*
Hofbühl bei Metzingen, 15.8.1989

Bestand und Bedrohung: *M. altissimus* ist in Baden-Württemberg nicht so selten, wie die spärlichen Angaben in der floristischen und pflanzensoziologischen Literatur vermuten lassen. Er wurde bei den Kartierungen bisher oft verkannt und ist in der Verbreitungskarte vermutlich unterrepräsentiert. Da die Art frische, nährstoffreiche Böden bevorzugt und an Ruderalstellen und anderen Pionierstandorten auftritt, ist ihre Gefährdung in naher Zukunft nicht zu befürchten.

2. Melilotus albus Med. 1787
Weißer Steinklee

Morphologie: Pflanze ein- bis zweijährig, buschig verzweigt, mit Pfahlwurzel. Stengel am Grund oft verholzt, aufrecht, bis 1,5 m hoch, selten höher. Blätter früh abfallend. Blütentrauben 4–10 cm lang, nach der Blütezeit stark verlängert; Kelch kahl oder spärlich behaart; Krone weiß, 4–5 mm lang, Fahne länger als Flügel und Schiffchen; Fruchtknoten mit 2–4 Samenanlagen, sitzend, kahl. Hülse 3–5 mm lang, eiförmig, kahl, reif schwarz, 1- bis 2samig. – Blütezeit: Juni–September.

Ökologie: An Ufern, Wegrändern und Bahndämmen, auf Äckern, Brachflächen und Erdanrissen, in Steinbrüchen, Kiesgruben und in lückigen Trockenrasen; auf mäßig trockenen bis feuchten, nährstoff- und basenreichen, durchlässigen, lehmigen Rohböden; Kulturbegleiter. Oft mit *M. officinalis* vergesellschaftet, verfügt jedoch über eine weitere ökologische Amplitude als dieser. In kurzlebigen Ruderalfluren (Onopordetalia) und ruderalen Trockenrasen (Agropyretalia), Kennart des Echio-Melilotetum. Das Spektrum der Gesellschaften, in die *M. albus* eindringen kann, reicht vom Xerobrometum über das Geranio-Peucedanetum bis zum Cytiso-Pinetum oder zu Weidengebüschen auf Flußschottern (Salicetum triandrae). Pflanzensoziologische Aufnahmen bei OBERDORFER (1949:

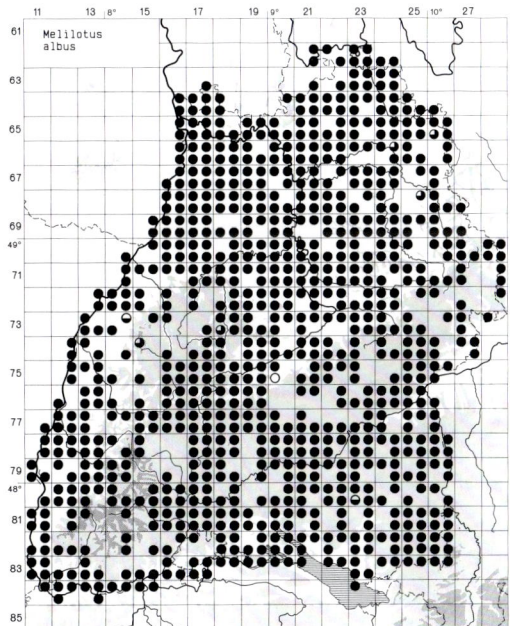

Weißer Steinklee *(Melilotus albus)*
Kirchzarten, 1988

32), v. ROCHOW (1951: Tab. 7), GÖRS (1966) und
TH. MÜLLER (1966: Spitzberg: Tab. 19, 1966:
Hohentwiel: Tab. 5, 6).

Typische Begleiter sind *Daucus carota, Picris hieracioides, Echium vulgare, Medicago × varia* und
Lactuca serriola.

Allgemeine Verbreitung: Kontinentales Florenelement; in West-, Nord- und Mitteleuropa von zwei-
felhafter Indigenität. Von Spanien, Mittelitalien
und Griechenland im Süden bis Großbritannien
und Finnland im Norden, östlich bis Westsibirien,
Tibet und Vorderasien. In Nordamerika und Australien eingebürgert. In Europa wurde der Weiße
Steinklee im 16. und 17. Jh. als Heil- und
Zierpflanze kultiviert und ist heute als Futterpflanze weltweit verbreitet; für diese Verwendung sind inzwischen kumarinarme Formen gezüchtet worden.

Verbreitung in Baden-Württemberg: Der Weiße
Steinklee ist in fast allen Landschaften verbreitet
und häufig. Besonders oft ist er in Tieflagen mit
basenreichen Böden zu finden (z. B. Nördliche
Oberrheinebene), während er den Schwarzwald
meidet und auf der Albhochfläche seltener anzu-

treffen ist. Der Weiße Steinklee gehört im Gebiet zu
den Archäophyten.

Seine Höhenverbreitung erstreckt sich von 95 m
bei Viernheim (6417) bis 970 m im Schwarzwald
bei Feldberg-Bärental (8114) und 960 m auf der
Schwäbischen Alb im Gosheimer Steinbruch (7818;
BERTSCH 1919: 331); im Schwarzwald vielleicht
auch noch höher steigend.

Erstnachweis: Die erste schriftliche Erwähnung des
Weißen Steinklees findet sich bei J. BAUHIN (1598:
155, 1602: 168): Bad Boll (7323) und Marbach am
Neckar (7021).

Bestand und Bedrohung: Die von *M. albus* bevorzugten ruderalen Standorte gibt es überall und häufig. Als ausgesprochene Pionierpflanze und Kultur-
folger ist die Art im Gebiet nicht gefährdet. Sie
kann in manchen Fällen sogar zur Plage werden,
wenn sie, wie am Hohentwiel geschehen, von Im-
kern in Bereichen mit geschützter Xerothermvegetation ausgebracht wird (TH. MÜLLER 1966: 31).
Besagte Fläche am Hohentwiel stellt noch heute,
30 Jahre nach ihrer Ansaat, eine reine *Melilotus
albus*-Flur dar und konnte sich auf Kosten der umgebenden Trockenrasen-Vegetation weiter ausdehnen.

3. Melilotus officinalis (L.) Lam. 1779
Echter Steinklee, Gebräuchlicher Steinklee

Morphologie: Pflanze ein- bis zweijährig, mit Pfahlwurzel. Stengel aufrecht, buschig verzweigt, bis 2 m
hoch. Blütentrauben etwas länger als bei *M. altissimus*, 4–10 cm lang; Kelch spärlich behaart oder
kahl; Krone gelb, 5–7 mm lang, Flügel länger als
das Schiffchen; Fruchtknoten mit 4–8 Samenanlagen, kahl, oval, gestielt. Hülse 3–5 mm, rundlich
eiförmig, kahl, mit deutlichen Quernerven, reif
braun, meist 1samig. – Blütezeit: Juni–Oktober.

Ökologie: An Weg- und Straßenrändern, an Ufern,
in trockenen Wiesen und Steinbrüchen, auf Bahnschotter, Baugelände und auf Äckern. Der Gelbe
Steinklee wächst auf wechseltrockenen bis -feuch-
ten, nährstoff- und basenreichen, neutralen bis al-
kalischen Böden, besonders auf dichten Mergelroh-
böden. Im Vergleich zu *M. albus* ist er weniger
trockenverträglich und stellt höhere Ansprüche an
den Basengehalt des Bodens.

Er tritt oft mit *M. albus* zusammen in verschiede-
nen Pioniergesellschaften auf. Kennart des Echio-
Melilotetum, in halbruderalen Trockenrasen (Poo-
Tussilaginetum), im Agropyro-Rumicion, auch in
Mesobrometen und Gentiano-Koelerieten oder im
Caucalidion. Pflanzensoziologische Aufnahmen
bei KUHN (1937: Tab. 7), OBERDORFER (1949: 32),

GÖRS (1966) und LANG (1973). Typische Begleiter sind neben *Melilotus albus* und *Daucus carota* auch *Lapsana communis, Cichorium intybus, Pastinaca sativa.*

Allgemeine Verbreitung: Das Verbreitungsgebiet des Echten Steinklees hat kontinentalen Charakter. Es erstreckt sich von Frankreich im Westen bis Westchina im Osten, im Norden bis Süd-Fennoskandien und Estland, im Süden bis Spanien, Italien und Griechenland. In Nordafrika und Nordamerika eingeschleppt. Der größte Teil des mitteleuropäischen Areals ist synanthrop (Karte mit Einwanderungszeiten bei MEUSEL et al. 1965).

Verbreitung in Baden-Württemberg: In den meisten Landschaften verbreitet und häufig, etwas seltener als *M. albus.*

Deutlicher als bei diesem macht sich die Vorliebe des Gelben Steinklees für basenreiche Böden bemerkbar: so fehlt er über weite Strecken im Odenwald, Schwarzwald, Keuperbergland (Stubensandstein-Gebiet) und in Oberschwaben. *M. officinalis* ist ein Archäophyt.

Die Vorkommen des Gelben Steinklees reichen von 100 m bei Viernheim (6417) bis 950 m am Hühnermösle (8015) im Schwarzwald, bzw. 980 m am Klippeneck auf der Südwestalb (7818, BERTSCH 1919: 332).

Erstnachweise: Spätes Mittelalter, Heidelberg (RÖSCH, unpubl.). J. BAUHIN (1598: 154) gibt die Art aus der Umgebung von Bad Boll (7323) an.

Bestand und Bedrohung: Als Kulturbegleiter und Rohbodenpionier ist *M. officinalis* nicht gefährdet.

Melilotus indicus (L.) All. 1785
M. parviflorus Desf. 1799
Kleinblütiger Steinklee

Einjährige Pflanze; Stengel aufrecht oder aufsteigend, verzweigt, 15–50 cm hoch. Nebenblätter am Grunde mit 1 oder mehreren Zähnen. Blütentrauben 1–3 cm lang, zur Fruchtzeit stark verlängert; Krone gelb, 2–3 mm lang, Flügel etwas kürzer als Fahne und Schiffchen; Fruchtknoten sitzend. Hülse fast rund, 2–3 mm lang, kahl, 1- bis 2samig. – Blütezeit: Juli–Oktober.

Der Kleinblütige Steinklee ist im Mittelmeergebiet verbreitet und reicht östlich bis Vorderindien. Im nördlichen Indien gehört er seit langem zu den wichtigsten Futterpflanzen. In Europa, Afrika und Nordamerika ist er eingebürgert oder kommt als Adventivpflanze vor.

In Baden-Württemberg tritt die Art selten und unbeständig auf Bahnhöfen, Hafenanlagen, Schuttplätzen und Äckern auf. Nach K. MÜLLER (1935: 51, 1957: 113) wurde sie vorwiegend mit Getreide, Vogelfutter, Wolle und Südfrüchten eingeschleppt.

Oberrheingebiet: 6516/2: Mannheim-Mühlau, LUTZ (1885: 165); 6616/1: Pfalz: bei Schifferstadt, ZIMMERMANN (1906: 135); 6617/3: bei Hockenheim, 1892, ZIMMERMANN (1906: 135); 6916/3: o.O., nach 1970, BRETTAR (KR-K); 8012/2: Freiburg, Kiesgrube an der Baseler Straße, LIEHL (1900: 200).
Neckarland: 6720/4: o.O., 1977, SCHÖLCH et al. (STU-K); 6821/1: Heilbronner Hafen, 1933, K. MÜLLER (1935: 51); 6821/4: Heilbronner Güterbahnhof, 1933, PLANKENHORN (STU); 7121/1: bei Ludwigsburg, 1871, SCHÖPFER (STU);

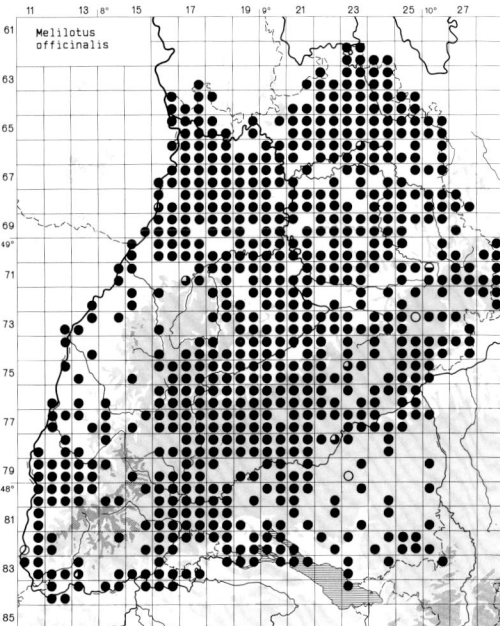

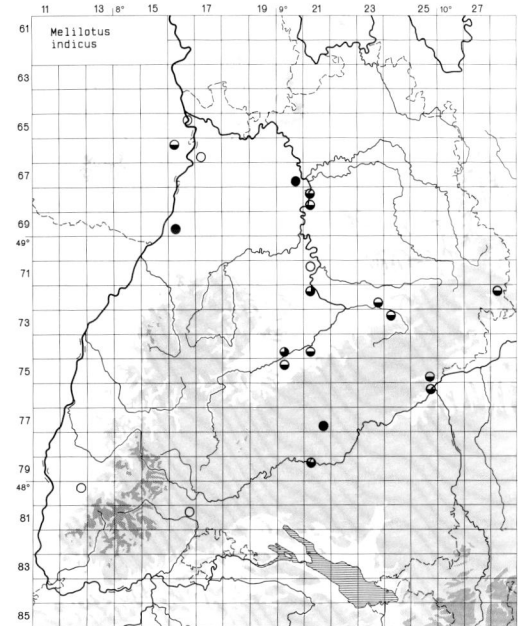

I.II. 1-7. *Melilotus alba Desr.* III.-V. 8-14. *M. officinalis Desr.*

7221/1: Güterbahnhof Stuttgart, mehrfach, z. B. 1930–50, GSCHEIDLE (STU); 7221/3: Hohenheim, 1885, KIRCHNER (1888); 7420/3: Ammerhof, A. MAYER (1950); 7421/3: Güterbahnhof Reutlingen, 1933, PLANKENHORN (STU-K); 7520/1: Weilheim, A. MAYER (1904).

Schwäbische Alb: 7223/4: Göppingen, Müllplatz „Walachei", 1933, K. MÜLLER (1935: 51); 7228/1: Pflaumloch, KIRCHNER u. EICHLER (1913); 7324/1: Salach, 1933, PLANKENHORN (STU), 1935/36/40, K. MÜLLER (1942–50: 104); 7525/4: Güterbahnhof Ulm, seit 1932 mehrmals, K. MÜLLER (1957: 113); 7625/2: Unterer Kuhberg, 1922, v. ARAND-ACKERFELD (STU), Söflingen, 1936/39–40, K. MÜLLER (1942–50: 104); 7721/4: zw. Hettingen und Ittenhausen, 1987, W. KARL (STU-K); 7921/1: Sigmaringen, vor 1945, WEIGER (STU-K).

Baar: 8116/2: bei Mundelfingen, BRUNNER in ZAHN (1889: 61).

Die Fundorte liegen zwischen 100 m (6516) und 720 m (8116).

Trigonella L. 1753
Bockshornklee

Einjährige Kräuter mit herb-aromatischem Geruch. Krone gelb, lila oder blau, Schiffchen kürzer als die Flügel. Hülsen gerade oder leicht gebogen, nie spiralig. *Trigonella* steht morphologisch zwischen *Medicago* und *Melilotus*. Die Gattung unterscheidet sich von *Melilotus* durch den gedrungenen Blütenstand (oder Blüten nur zu 1–2) und die oft lang geschnäbelten, nicht skulpturierten, meist längeren Früchte. Der Bestäubungstyp ist wie bei *Melilotus* ein Klappmechanismus; *Medicago*-Blüten verfügen über einen Explosionsmechanismus.

Bis zu der Bearbeitung durch SMALL et al. (1987) bildete die Gattung *Trigonella* eine heterogene Gruppe, für deren Abgrenzung von *Medicago* hauptsächlich Fruchtmerkmale herangezogen wurden. Das verläßlichste Mittel zur Unterscheidung der beiden Gattungen ist der Bestäubungstyp und die damit in Beziehung stehende Blütenmorphologie. Im Zuge dieser neuen Abgrenzung wurden 23 *Trigonella*-Arten zu *Medicago* gestellt.

Das Mannigfaltigkeitszentrum der Gattung, die weltweit etwa 60 Arten umfaßt, liegt im östlichen Mittelmeergebiet. In Europa kommen 18 Arten vor, von denen einzelne auch in Baden-Württemberg adventiv auftreten. Mehrere Fundmeldungen liegen nur von den beiden folgenden Arten vor:

1 Blüten in kopfigen Trauben, hellblau; Frucht mit Schnabel höchstens 10 mm lang; Nebenblätter gezähnt . . . . *[T. caerulea]*
– Blüten zu 1–2 in den Blattachseln, gelb; Frucht mit Schnabel 50–140 mm lang; Nebenblätter ganzrandig . . . . *[T. foenum-graecum]*

Echter Steinklee *(Melilotus officinalis)*; aus REICHENBACH, L., Icones florae germanicae et helveticae, Band 22 Tafel 2130, Fig. III–IV, 8–14 (1900–03); bearbeitet von G. E. BECK VON MANNAGETTA

Trigonella caerulea (L.) Ser. in DC. 1825
Trifolium caeruleum L. 1753; *Melilotus coerulea* Desr. in Lam. 1797; *Trigonella melilotus-caerulea* Ascherson & Graebner 1898
Schabziegerklee

15–60 cm hohes, zerstreut behaartes Kraut mit hohlen Stengeln. Blättchen bis 40 mm lang und 25 mm breit, eiförmig oder lanzettlich, ringsum scharf gezähnt. Blütentrauben gedrungen, eiförmig, 2–5 cm lang gestielt; Kelch etwa halb so lang wie die 7 mm lange, hellblaue Krone. Hülsen eiförmig, 5–6 mm lang, plötzlich in den 2–3 mm langen Schnabel verschmälert. – Blütezeit: Juni–August.

Der Schabziegerklee war früher als Kulturpflanze weit verbreitet. Heute wird er nur noch in den Alpenländern und in Transkaukasien als Würzpflanze (Käse- und Brotgewürz) angebaut. Vermutlich ist er eine Kulturform von *Trigonella procumbens* und nirgendwo indigen.

In Baden-Württemberg wird das Kraut selten mit Saatgut eingeschleppt und kann sich unter günstigen Umständen in Hafen- und Bahnanlagen, Kiesgruben, Äckern oder Weinbergen mehrere Jahre halten. Eine Tendenz zur Einbürgerung ist nicht feststellbar.

6516/2: Mühlau bei Mannheim, LUTZ (1885: 165; 1910: 373); 6819/4: Kleingartach, KIRCHNER u. EICHLER (1913: 250); 7220/4: Stuttgart-Möhringen, KIRCHNER u. EICHLER (1913: 250); 7221/2: Stuttgart-Uhlbach, 1976, WIPPERN (STU-K); 7625/2: Kuhberg bei Ulm, 1906, MANGOLD (STU), 1922, v. ARAND-ACKERFELD (STU), Ulm, seit 1899 wiederholt, KIRCHNER u. EICHLER (1913: 250); 7923/3: Bahnhof Saulgau, 1898–1901, BERTSCH (STU); 8012/2: Freiburg, Kiesgrube an der Basler Landstraße, LIEHL (1898: 80), von THELLUNG 1900 als *T. procumbens* bestimmt (1908: 186).

Die Fundorte liegen zwischen 95 m bei Mannheim (6516) und 590 m bei Saulgau (7923).

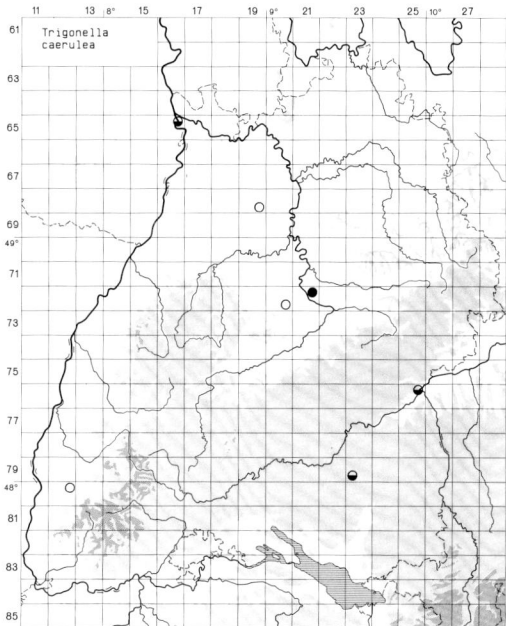

Trigonella caerulea

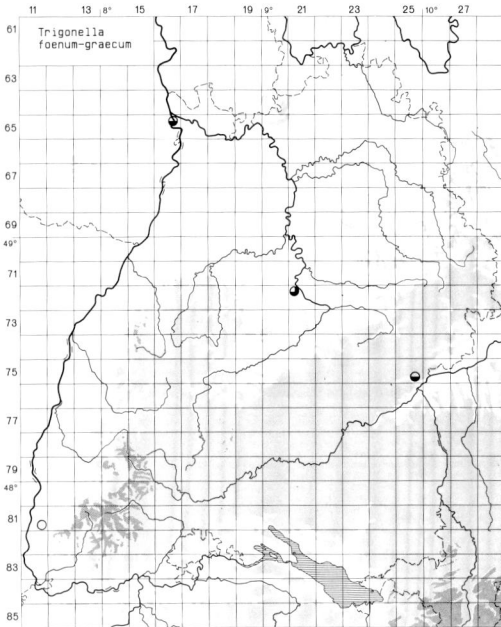

Trigonella foenum-graecum L. 1753
Griechischer Bockshornklee

Pflanze aufrecht, 10–50 cm hoch, zerstreut behaart. Blättchen bis 40 mm lang und 15 mm breit, keilförmig, meist nur im oberen Drittel gezähnt. Kelch 5–8 mm, Krone 12–18 mm lang, gelblich. Hülsen linealisch, 4–11 cm, in einen 1–3 cm langen Schnabel ausgezogen. – Blütezeit: Juni, Juli.

Der Bockshornklee ist eine fast weltweit verbreitete Kulturpflanze, erlangt heute aber nur noch in Indien, Äthiopien, Ägypten und der Türkei wirtschaftliche Bedeutung. Die Art wird als Heil-, Würz- und Futterpflanze verwendet, neuerdings auch als Sprossengemüse. Ihre Herkunft ist unklar, möglicherweise stammt sie aus Westasien. In Südbaden wurde der Griechische Bockshornklee früher angebaut (DÖLL 1843). Seither ist er in Baden-Württemberg selten adventiv beobachtet worden:

6516/2: Mühlau bei Mannheim, LUTZ (1910: 373); 7221/1: Cannstatt, Güterbahnhof, 1948, SAUERBECK (SEYBOLD 1969: 85); 7525/4: Ulm, Güterbahnhof, 1935, K. MÜLLER (STU); 8111/4: bei Müllheim, DÖLL (1862). Aktuelle Fundmeldungen liegen nicht vor.

17. Medicago L. 1753
Schneckenklee
Bearbeiter: S. SEYBOLD

Überwiegend einjährige Kräuter, seltener ausdauernd, ein Strauch *(M. arborea)*; Blätter kleeartig dreizählig; Blüten in kopfförmigen Trauben, meist gelb; Blütenkrone früh abfallend, länger als der Kelch; Hülse meist spiralig gedreht, oft stachelig.

Die Gattung umfaßt etwa 50–75 Arten meist aus dem Mittelmeergebiet und aus Westasien; sie kommt außerdem noch im übrigen Europa, in Asien, Nordamerika und in Südafrika vor, ist aber auch weltweit verschleppt worden. Aus Europa sind 37 Arten bekannt.

Die Blüten sind ursprünglich auf Fremdbestäubung angelegt. Ein Spannungsmechanismus hält die Staubblätter im Schiffchen. Beim ersten Insektenbesuch werden sie herausgeschnellt und bleiben so (vgl. KIRCHNER 1888: 481).

Die meisten Arten sind aber zur Selbstbestäubung übergegangen, der Mechanismus der Bestäubung blieb aber weiter so eingerichtet (LESINS u. LESINS 1979).

1	Blüten blau, violett oder grünlichgelb . . . .
	(*M. sativa* agg.)
–	Blüten gelb 2
2	Blüten 7–11 mm lang . . . . 2. *M. falcata*
–	Blüten 3–5 mm lang 3
3	Köpfchen 10- bis 50blütig . . . 1. *M. lupulina*
–	Köpfchen 1- bis 8blütig . . . . . 3. *M. minima*

Im Gebiet wurden eine Reihe von Arten auf Güterbahnhöfen und Müllplätzen vorübergehend eingeschleppt. Sie sind an ihren charakteristischen, meist stacheligen Früchten zu erkennen. Angaben dazu finden sich bei ZIMMERMANN (1907) für den Hafen von Mannheim, K. MÜLLER (1957: 114) für den Ulmer Güterbahnhof und SEYBOLD et al. (1968: 222). Beobachtungen nach 1970: *M. orbicularis* (L.) Bartal.: 7120/1: Schwieberdingen, Feldweg, 1988, B. WILD (STU). *M. arabica* (L.) Huds.: 6223/1: Kreuzwertheim (Bayern), ZELLER u. ZELLER (1991: 68).

1. Medicago lupulina L. 1753
Hopfen-Schneckenklee

Morphologie: Pflanze ausdauernd, nicht einjährig, meist rosettig, mit langer Pfahlwurzel und zahlreichen, niederliegenden und aufsteigenden Stengeln; Blätter lang gestielt, gesägt; Blättchen eiförmig-elliptisch, das mittlere länger gestielt als die seitlichen, oft ausgerandet und dann meist mit aufgesetzter Spitze, am Grunde mit Gelenk, 11–14 mm lang und 6–11–(17) mm breit; Blütenstand blattachselständig, lang gestielt; Blüten 2,5–3,5 mm lang; Blütenblätter gelb, früh abfallend; Hülsen klein, 1,5–3 mm lang, nierenförmig, kahl oder behaart, reif schwarz. – Blütezeit: Mai–September.

Variabilität: Im Gebiet kommen auch selten Formen vor mit drüsig behaarten Hülsen (var. *glandulosa* Mert. et Koch). Die Art wird oft auch mit *Trifolium dubium* verwechselt. Dieser hat aber lange bleibende, später braun verfärbte Blütenblätter und Blättchen, die in der Ausrandung nie eine Spitze zeigen.

Ökologie: Auf trockenen, basenreichen Lehmböden an sonnigen Standorten, in Halbtrockenrasen, auf Schafweiden, an Wegböschungen, in trockenen Wiesen, gern zusammen mit *Lotus corniculatus, Bromus erectus* oder *Scabiosa columbaria*. Vegetationsaufnahmen z.B. bei Kuhn (1937: 108–169), Oberdorfer (1957: 218–221, 282–291), T. Müller (1966: 460–469), Oberdorfer u. Korneck (1978: 112–116, 120–121) und Philippi (1984: 567–576).

Allgemeine Verbreitung: Fast ganz Europa, im Norden bis Südskandinavien, im Osten bis Zentral- und Ostasien, südlich bis zum Himalaja, außerdem in Nord- und Ostafrika.

Verbreitung in Baden-Württemberg: Überall verbreitet, jedoch in den Sandsteingebieten seltener, dort eher an Weg- und Straßenrändern.

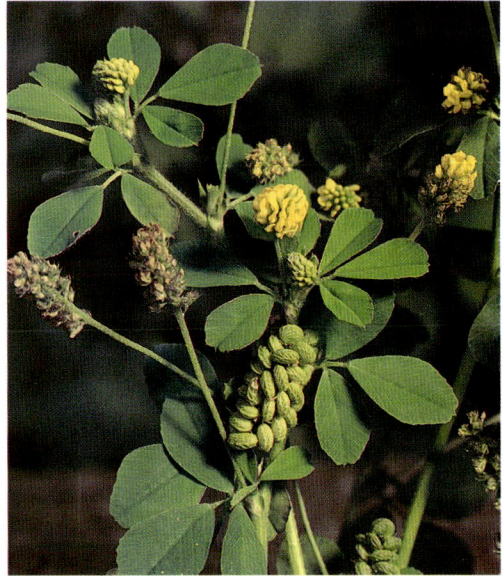

Hopfen-Schneckenklee *(Medicago lupulina)*
Schönberg bei Freiburg, 1979

Höchste Vorkommen: 8014/4: Fürsatzhöhe, 1070 m (wohl noch höher); tiefste Vorkommen bei 100 m.

Erstnachweise: Die Art ist in Baden-Württemberg vermutlich einheimisch; sie hat sich aber besonders stark an offenen, vom Menschen gestalteten Standorten ausgebreitet. Erster archäologischer Nachweis: Spätes Subboreal von Hagnau (Rösch 1992, im Druck). Ältester literarischer Nachweis: J. Bauhin (1598: 155) für die Umgebung von Bad Boll (7323).

Bestand und Bedrohung: Die Art ist nicht gefährdet.

2. Medicago falcata L. 1753

M. sativa L. subsp. *falcata* (L.) Arcang. 1882
Sichelklee, Gelbe Luzerne

Morphologie: Pflanze ausdauernd, 40–80–(120) cm hoch; Stengel aufsteigend oder aufrecht, ästig; Blätter gestielt; Blättchen schmal elliptisch, am Grund keilig, 5–20 mm lang und 2–10 mm breit, vorn gesägt, mit Stachelspitze; Blütentrauben dicht, 3- bis 20blütig; Blüten 7–11 mm lang, gestielt, gelb; Hülsen gerade oder sichelig, 7–15 mm lang und 1,5–3 mm breit. – Blütezeit: (Mai)–Juni–August.

Ökologie: Auf trockenen, basenreichen, meist kalkhaltigen, tiefgründigen Lehmböden sonniger Standorte, in Gebüschsäumen, an Wegböschungen, in Halbtrockenrasen, gern zusammen mit *Hippocrepis comosa* oder *Onobrychis viciifolia*. Vegetati-

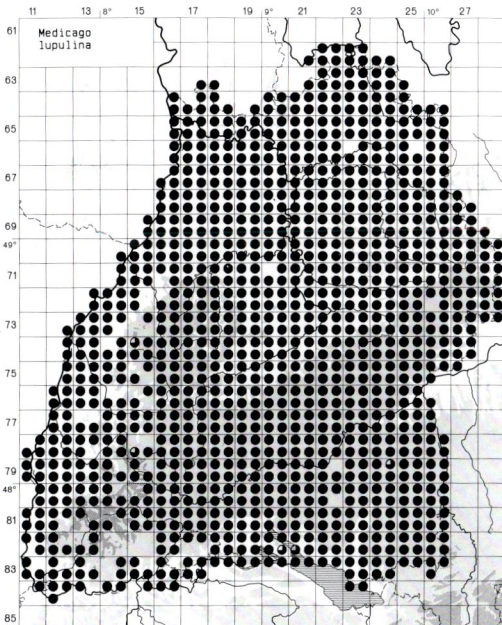

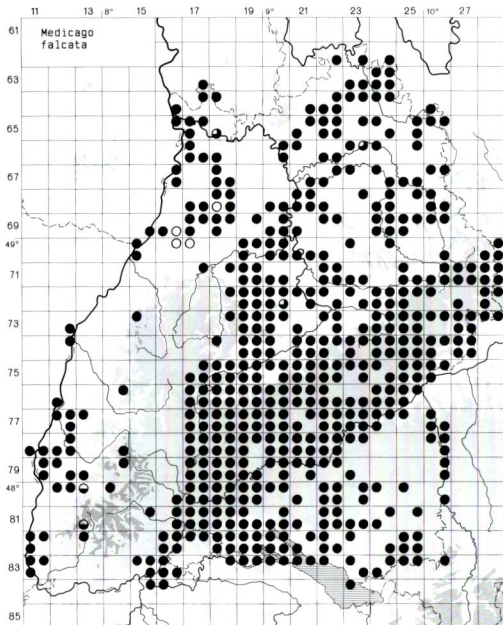

Sichelklee *(Medicago falcata)*
Unterjesingen, 26.6.1991

onsaufnahmen z.B. bei KUHN (1937: 105–106, 120–123, 150–151), OBERDORFER (1957: 289–291), T. MÜLLER (1966: 438–449; 1978: 284–286), OBERDORFER u. KORNECK (1978: 131–136) und WITSCHEL (1980: Tab. 9, 10, 15, 16).

Allgemeine Verbreitung: Von Südeuropa nördlich bis England, Dänemark und dem Baltikum, ostwärts bis West- und Zentralasien.

Verbreitung in Baden-Württemberg: Verbreitet auf der Schwäbischen Alb, im Baar-Wutachgebiet, in den Gäulandschaften und im Bodenseegebiet, seltener in Keuper-Liasgebiet, im Oberrheingebiet

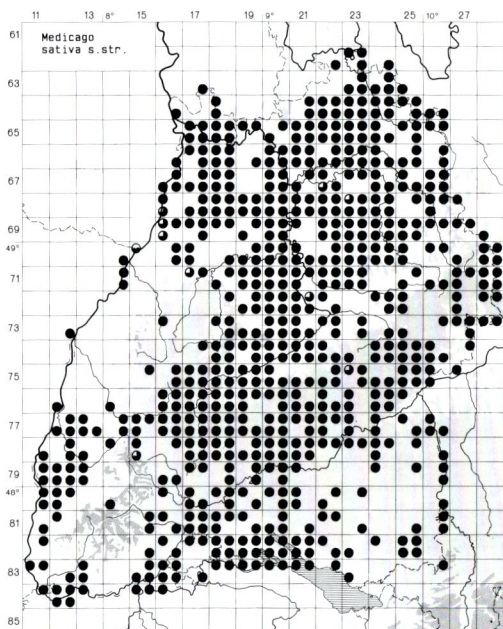

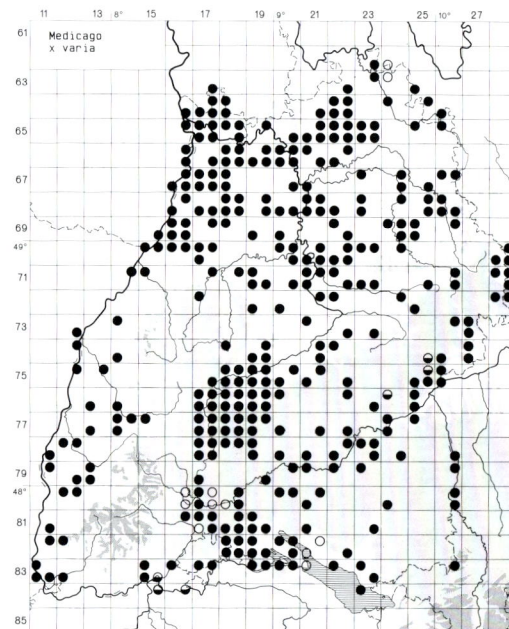

Bastard-Luzerne (*Medicago sativa* agg.)
Gündringen

sowie im Alpenvorland; im Schwarzwald nur vereinzelt.

Höchste Vorkommen: 7818/4: Lemberg, 900 m (wohl noch etwas höher); tiefste Vorkommen bei 100 m.

Erstnachweise: Ist im Gebiet wohl einheimisch. Ältester literarischer Nachweis: J. BAUHIN (1598: 154, 1602: 168) „auff dem Eichelberge" (7323).

Bestand und Bedrohung: Die Art ist nicht gefährdet.

Medicago sativa agg.
Artengruppe der Luzerne

Die Luzerne ist eine der wichtigsten Grünfutterpflanzen unseres Gebiets. Sie wird oft auf Äckern angesät und verbessert durch die stickstoffbindenden Bakterien auch den Boden. Nach VOLLRATH (1973) ist aber die reine Art *M. sativa* L. (1753) bei uns nirgends in Kultur. Das was unter diesem Namen angepflanzt wird, sind alles Bastardsorten, bei denen der Sichelklee, *M. falcata*, eingekreuzt ist. Alle unsere Luzernen sind daher Bastardluzernen. Zu ihnen gehören nicht nur die gelbgrün blühenden Formen, sondern auch die blauviolett blühenden.

Die Farbe gibt nur die Nähe der Verwandtschaft zu *M. falcata* an. Außerhalb der Kultur ist die Bastardluzerne bei uns häufig verwildert, sie kann aber wohl nicht als fest eingebürgert gelten.

Medicago × varia Martyn 1792
M. falcata × M. sativa
Bastardluzerne

Morphologie: Pflanze 30–80 cm hoch ausdauernd, Stengel aufsteigend oder aufrecht, ästig; Blättchen schmal lineal-lanzettlich, vorn gesägt; Trauben langgestielt, mit 7–35 Blüten, Blüten 8–11 mm lang, schwärzlich-grün, grünlich-gelb, blauviolett oder weiß; Hülse kahl, mit ¾ bis 2 Windungen. – Blütezeit: Juni–September.

Ökologie: Viel angepflanzt, oft verwildert auf basenreichen Lehmböden an Ackerrändern, in Halbtrockenrasen. Vegetationsaufnahmen z. B. bei GÖRS (1966: 498–508).

Allgemeine Verbreitung: *M. sativa* hat ihre Heimat in der Umgebung des Kaspischen Meeres. Ihre Kultur als Futterpflanze wurde wichtig mit der steigenden Bedeutung der Pferde bei kriegerischen Auseinandersetzungen (LESINS u. LESINS 1979). *M. × varia* kommt in Eurasien und Nordamerika kultiviert und verwildert vor.

Verbreitung in Baden-Württemberg: Im ganzen Land angepflanzt und verwildert, in den Sandsteingebieten aber seltener. In die Verbreitungskarte wurden nur solche Vorkommen aufgenommen, die verwildert schienen und nicht deutlich eine Ansaat erkennen ließen.

Erstnachweise (für *M. sativa* agg.): J. BAUHIN (1598: 154; 1602: 168) „Burgundisch graß hab ich zu Kirchheim gesehen im September in deß Apoteckers Johan Lutzen Garten". ROTH VON SCHRECKENSTEIN (1799: 39) berichtet als erster „verwildert fast allenthalben".

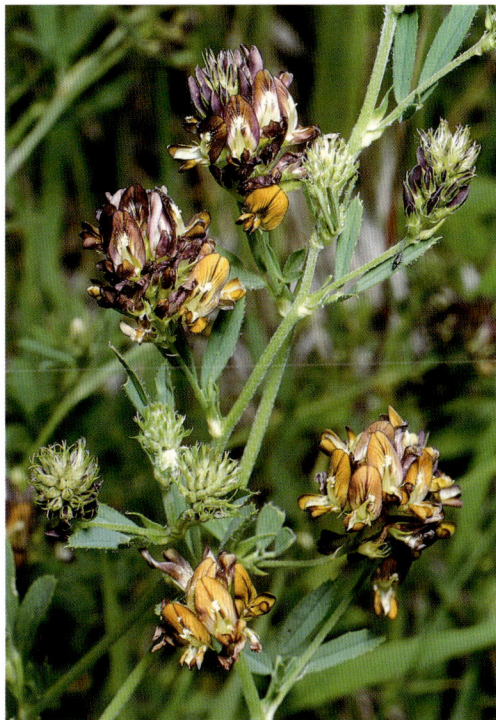

Bastard-Luzerne (*Medicago × varia*)
Kayh, 2.7.1991

403

3. Medicago minima (L.) L. 1754

M. polymorpha L. var. *minima* L. 1753
Zwerg-Schneckenklee

Morphologie: Pflanze einjährig, 10–30 cm hoch, am Grunde verzweigt, niederliegend oder aufsteigend; Blättchen eiförmig-elliptisch, behaart, an der Spitze gezähnt; Blütentrauben 1- bis 8blütig; Krone 4–4,5 mm lang; Hülse 3–5 mm im Durchmesser, spiralig gerollt mit 3–5 Windungen, behaart, stachelig-hakig. – Blütezeit: Mai–Juni.

Ökologie: Auf kalkhaltigen, flachgründigen Steinböden, auf Sand- oder Mergelböden von sommerwarmen, sonnigen Standorten, auf Magerrasen, auf Sandfluren, auf Mauerkronen, an Wegen, gern zusammen mit *Arenaria serpyllifolia, Erophila verna* oder *Calamintha acinos.*

Vegetationsaufnahmen finden sich z.B. bei T. MÜLLER (1966: 20–21, 32–33; 1966: 455); PHILIPPI (1971: 81–110; 1983: 574) oder WITSCHEL (1980: Tab. 2, 3, 4).

Allgemeine Verbreitung: Mediterran-submediterrane Art. Von Nordafrika über Spanien und Frankreich bis Südengland, Dänemark, ostwärts über Rumänien bis Zentralasien, außerdem in China und Nordostafrika.

Verbreitung in Baden-Württemberg: In den wärmsten Gebieten des Landes, besonders im Weinbaubereich. Im nördlichen und südlichen Oberrheingebiet zerstreut, sonst selten, so im mittleren Neckar-

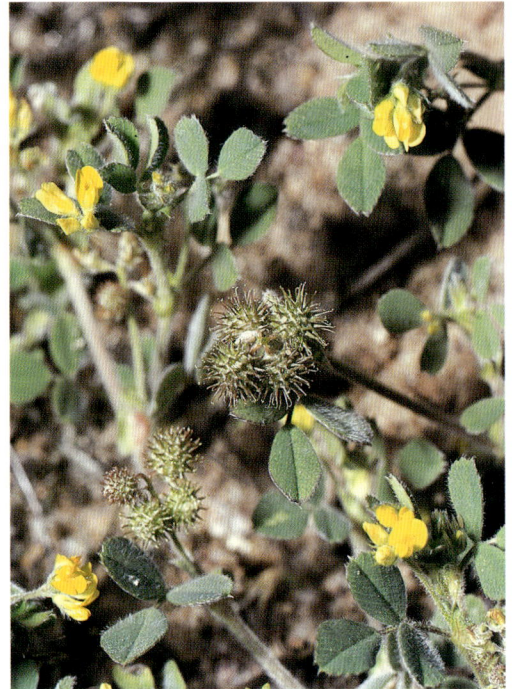

Zwerg-Schneckenklee *(Medicago minima)*
Krotzingen

land und hier auf Muschelkalk, Gipskeuper oder Bunten Mergeln, im Hegau, im Tauber-Maingebiet, auf der Ostalb und am Riesrand. Früher auch am Hochrhein.

Fundorte (ohne Oberrheingebiet, Beobachtungen seit 1970):

Tauber-Main-Gebiet: 6223/2: N Dertingen, PHILIPPI (1983: 574); 6323/3: o.O., PHILIPPI (KR-K); 6426/3: Niedersteinach, ca. 1980, PHILIPPI (KR-K).

Neckarland: 6820/4: o.O., W. PLIENINGER (STU-K); 6821/2: Halbtrockenrasen E Erlenbach (LfU); 6920/3: Michaelsberg bei Cleebronn, 1971, K. KÜMMEL (STU), 1984, N. SCHMATELKA (STU-K); 7020/2: Bietigheim; 7020/4: Hohenasperg; 7323/3: Egelsberg bei Weilheim, 1983, O. SEBALD (STU), 1984, R. FLOGAUS (STU-K); 7419/3: Reusten; 7419/4: Wurmlinger Kapelle; 7421/4: Hofbühl, 1983, R. FLOGAUS (STU-K).

Schwäbische Alb und Riesrand: 7028/4: mehrere Orte (Bayern), FISCHER (1982: 186), 7128/2: Goldberg-Goldburghausen, FISCHER (1982: 186); 7228/2: Niederhaus (Bayern), FISCHER (1982: 186); 7327/3: Irpfel bei Giengen, 1987, J. GENSER (STU-K).

Hegau: 8118/4: Mägdeberg (STU); Offerenbühl, zuletzt 1990, M. VOGGESBERGER (STU-K); 8218/2: Hohentwiel; 8218/4: o.O., E. KOCH (STU-K); 8220/1: Hohrain W Liggeringen, 1972, K. HENN (STU-K).

Höchste Vorkommen: 8118/4: Mägdeberg, 630 m; tiefste Vorkommen bei 100 m.

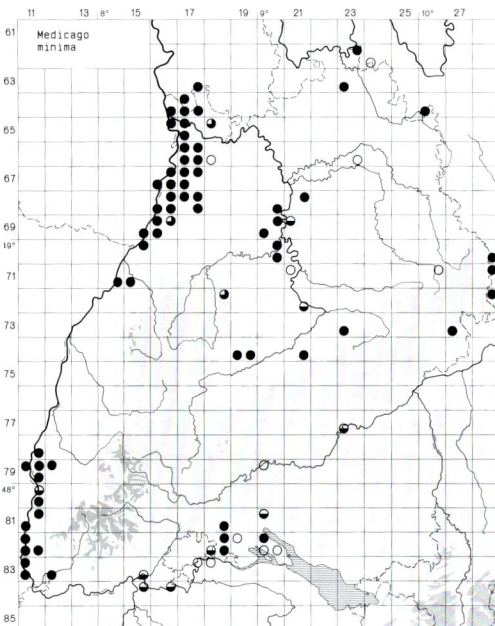

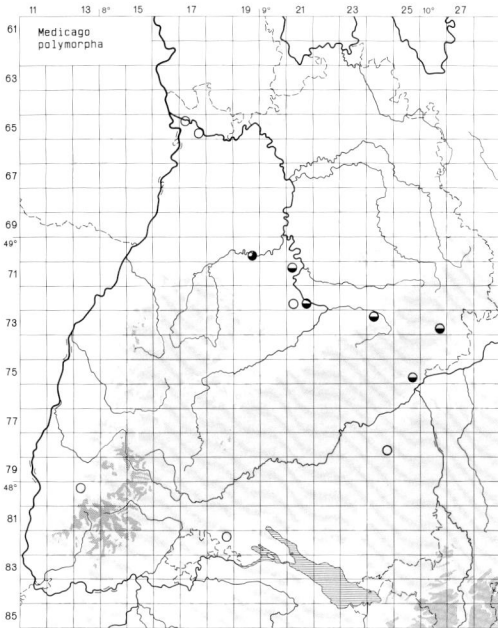

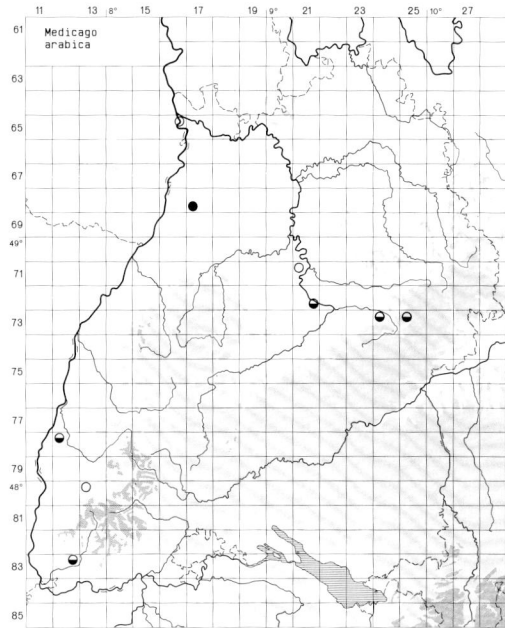

Erstnachweise: Die Art ist im Gebiet wohl nicht ureinheimisch, sondern Archäophyt. Ihre Früchte wurden vermutlich von Schafen verschleppt. In der Literatur wird sie erstmals bei C. C. GMELIN (1808: 250–251) aus dem Gebiet genannt. Ältester archäologischer Nachweis: 3. Jahrhundert n. Chr., Welzheim (KÖRBER-GROHNE u. PIENING 1988).

Bestand und Bedrohung: Diese Art ist in Baden-Württemberg zurückgegangen und ist bedroht (Stufe 3). Ihre Fundorte sind oft kleinflächige Magerstandorte mit wenigen Pflanzen; sie können daher sehr leicht durch Flurbereinigung, durch Verbreiterung von Wegen oder durch Düngung vernichtet werden. Eine Reihe von Fundorten befindet sich in Schutzgebieten.

18. **Trifolium** L. 1753
Klee

Ein- oder mehrjährige, kahle oder behaarte Kräuter. Stengel aufrecht, niederliegend oder kriechend. Blätter gestielt, meist 3zählig; Blättchen gezähnt oder ganzrandig; Nebenblätter am Grunde mit dem Blattstiel verwachsen. Blütenstand achselständig oder scheinbar endständig. Blüten klein, gestielt oder sitzend, in dichten, kopfigen Ähren oder Trauben, seltener wenigblütig; Kelch röhrig oder glockig, manchmal aufgeblasen, 5- bis 20nervig, 5zähnig, Zähne gleich oder ungleich; Krone weiß, gelb

oder rot, verwelkt braun und meist nicht abfallend, Flügel und Schiffchen oft untereinander und mit den Staubblättern verbunden, Staubfäden an der Spitze verbreitert, oberster Staubfaden frei. Hülse eiförmig oder lineal, gewöhnlich im Kelch eingeschlossen, manchmal länger als der Kelch, mit 1–2, selten mehr Samen.

Die Klee-Arten werden von Bienen und Hummeln, einige auch von Schmetterlingen bestäubt; Bestäubungstyp ist ein einfacher Klappmechanismus. Als Verbreitungseinheit dienen der Kelch, die ganze Blüte oder sogar der gesamte Fruchtstand.

Die Gattung enthält weltweit etwa 250 Arten und ist in den gemäßigten und subtropischen Regionen der Erde sowie in den tropischen Gebirgsregionen Afrikas verbreitet. Sie fehlt in Südostasien und Australien und enthält kaum kontinentale Elemente.

Ihr Hauptentfaltungszentrum ist das Mittelmeergebiet, ein weiteres liegt in Nordwestamerika. In Europa kommen 100 Trifolium-Arten vor, in Baden-Württemberg sind 16 Arten beheimatet. 4 weitere Arten verwildern gelegentlich oder treten adventiv auf.

KNEUCKER (1913) führt darüber hinaus eine ganze Reihe zumeist südeuropäischer Klee-Arten (wie *T. lappaceum* oder *T. angustifolium*) als Adventivpflanzen auf.

Zahlreiche Arten der Gattung Trifolium erlangen als Futterpflanzen, zur Gründüngung oder als Bie-

405

nenweide eine beträchtliche wirtschaftliche Bedeutung. In vielen Fällen erfuhr das Verbreitungsgebiet dieser Taxa eine starke synanthrope Erweiterung.

Literatur: Eine neuere Monographie der Gattung stammt von ZOHARY u. HELLER (1984).

1 Krone goldgelb; Fahne löffel- oder kahnförmig, ausdauernd (Sekt. *Chronosemium*) . Gruppe A
– Krone rot, rosa, weiß oder gelblichweiß; Fahne von anderer Form 2
2 Einzelblüten deutlich gestielt; Krone weiß oder blaßrosa (Sekt. *Lotoidea*) . . . . . . Gruppe B
– Einzelblüten sitzend; Krone rot, rosa oder gelblichweiß 3
3 Fruchtkelch asymmetrisch-zweilippig, oberer Teil blasig aufgetrieben, häutig, netznervig; Blütenstand kugelig, zur Fruchtzeit erdbeerähnlich (Sekt. *Vesicaria*) . . . . Gruppe C
– Kelch und Fruchtstand nicht so (Sekt. *Trifolium*) Gruppe D

Gruppe A

1 Oberste Stengelblätter fast gegenständig; Krone nach dem Verblühen dunkelbraun, Blütenstand walzlich . . . . 5. *T. spadiceum*
– Alle Blätter wechselständig; Krone nach dem Verblühen hellbraun oder weißlich, Blütenstand kugelig 2
2 Fahne kahnförmig gefaltet, Flügel gerade vorgestreckt; Blüten 2,5–4 mm lang, Köpfchen locker 2- bis 15blütig . . . . 8. *T. dubium*
– Fahne löffelförmig, gefurcht, Flügel abstehend; Blüten 4–7 mm lang, Köpfchen dicht 12- bis 40blütig 3
3 Alle Blättchen gleichlang gestielt, Nebenblätter länglich-lanzettlich . . . . 6. *T. aureum*
– Endblättchen deutlich länger gestielt als die seitlichen (zumindest an den oberen Stengelblättern), Nebenblätter am Grunde verbreitert 4
4 Nebenblätter eiförmig; Griffel mehrmals kürzer als die Frucht . . . . 7. *T. campestre*
– Nebenblätter halbherzförmig stengelumfassend; Griffel etwa so lang wie die Frucht; seltene Adventivpflanze . . . . [*T. patens*]

Gruppe B

1 Stengel und Blättchen-Unterseite weichhaarig; Krone rein weiß . . . . 3. *T. montanum*
– Stengel und Blättchen-Unterseite kahl; Krone weiß oder rosa 2
2 Stengel kriechend, an den Knoten wurzelnd; Nebenblätter häutig, scheidig verwachsen; Kelch 10nervig, Krone meist weiß . . . . . 2. *T. repens*
– Stengel aufrecht oder aufsteigend, nicht wurzelnd; Nebenblätter krautig; Kelch 5nervig, Krone erst weiß, dann rosa . . . . 1. *T. hybridum*

Gruppe C

1 Stengel liegend oder aufsteigend, an den Knoten nicht wurzelnd; Krone umgewendet: Schiffchen oben, Fahne unten; Blüten duftend, Pflanze meist angebaut . . . . [*T. resupinatum*]
– Stengel kriechend, an den Knoten wurzelnd; Kronblätter in normaler Lage . . 4. *T. fragiferum*

Gruppe D

1 Blütenstand etwa 1 cm breit, Krone höchstens so lang wie der Kelch; Pflanze einjährig 2
– Blütenstand breiter als 1 cm, Krone deutlich länger als der Kelch; Pflanze ein- oder mehrjährig . . 4
2 Blütenstand gestielt, walzlich, dicht zottig; Kelchzähne pfriemlich, etwa doppelt so lang wie die Röhre . . . . 16. *T. arvense*
– Blütenstand sitzend in den Blattachseln, eiförmig; Kelchzähne schmal dreieckig, etwa so lang wie die Röhre 3
3 Seitennerven der Blättchen gerade; Kelch zur Fruchtzeit kugelig, ringsum behaart, Krone 5–7 mm lang, etwa so lang wie der Kelch . . . . 14. *T. striatum*
– Seitennerven der Blättchen bogig auswärts gekrümmt, verdickt; Kelch zur Fruchtzeit zylindrisch, auf den Nerven kahl, Krone 4–5 mm lang, oft kürzer als der Kelch . . . . . 15. *T. scabrum*
4 Blüten gelblichweiß 5
– Blüten rot 6
5 Untere Blätter langgestielt (Stiel mehrmals länger als das Blatt), Blättchen ganzrandig; Stiel des Blütenstandes meist kürzer als die obersten Blätter; mehrjährige, stark behaarte Wildpflanze . . . . . 11. *T. ochroleucum*
– Untere Blätter kurzgestielt (kaum länger als das Blatt), Blättchen im oberen Teil gezähnt; Stiel des Blütenstandes die obersten Blätter meist überragend; einjährige, schwach behaarte Kulturpflanze [*T. alexandrinum*] (Wenn untere Blätter langgestielt, Blättchen mit zahlreichen verdickten Seitennerven, Blütenstand langgestielt, Blüten meist rein weiß: . . . . vgl. 3. *T. montanum*)
6 Blütenstände bis 2 cm breit, einzeln, lang gestielt; Stengel zottig behaart; einjährige Kulturpflanze . [*T. incarnatum*]
– Blütenstände 2 cm oder breiter, einzeln oder zu 2, kurzgestielt oder sitzend; Stengel anliegend behaart oder kahl; mehrjährige Wildpflanze 7
7 Kelch 10nervig; Nebenblätter < 3 cm lang, ihr freier Teil etwa so lang wie der verwachsene; Blättchen elliptisch, oft mit hellerer oder dunklerer Zeichnung; Stengel meist stark verzweigt 8
– Kelch 20nervig; Nebenblätter > 3 cm, ihr freier Teil viel kürzer als der verwachsene; Blättchen lanzettlich, ohne Zeichnung; Stengel aufrecht, kaum verzweigt 9
8 Kelchröhre behaart; Blättchen rundlich elliptisch, Nebenblätter kahl, eiförmig, plötzlich in eine kurze, fädliche Spitze zusammengezogen . . . . . 9. *T. pratense*
– Kelchröhre außen kahl; Blättchen länglich elliptisch, Nebenblätter behaart, lanzettlich, allmählich zugespitzt . . . . 10. *T. medium*
9 Pflanze kahl; Nebenblätter krautig; Blütenstand lang walzlich, gestielt . . . . . . 12. *T. rubens*
– Pflanze behaart; Nebenblätter häutig; Blütenstand kugelig, fast sitzend . . . . . . 13. *T. alpestre*

1. **Trifolium hybridum** L. 1753
Schwedenklee, Bastardklee

Morphologie: Pflanze ausdauernd, kahl oder spärlich behaart. Stengel 20–90 cm hoch, verzweigt, oft hohl. Blättchen 10–35 mm lang und bis 25 mm breit, rundlich eiförmig bis breit-lanzettlich, spitz oder ausgerandet, fein stachelspitzig gezähnt; Nebenblätter 10–30 mm lang, eiförmig-lanzettlich, in eine lange Spitze ausgezogen. Blütenköpfe gestielt, kugelig, 1–2,5 cm breit; Blüten 4 mm lang gestielt, nach der Blütezeit herabgebogen; Tragblätter kürzer als der Blütenstiel; Kelch schwach 5nervig, Zähne wenig länger als die Röhre, lanzettlich, ungleich; Krone 7–10 mm, zuerst weiß, dann rosa. Hülsen 2- bis 4samig. – Blütezeit: Mai–September.

Variabilität: Eine Form mit niederliegendem Wuchs, harten, markigen Stengeln und kleineren Blüten (5–7 mm) ist var. *elegans* (Savi) Boiss. 1872. Sie wird in älteren badischen Floren (DÖLL 1862, NEUBERGER 1912; auch in HESS, LANDOLT u. HIRZEL 1970) als eigene Art unterschieden. In späteren Werken wird sie dann als Unterart von *T. hybridum* geführt, während ZOHARY u. HELLER (1984) sie als Varietät einordnen.

Sie wird verschiedentlich (z.B. bei MEUSEL et al. 1965) als eine im Südosten des Artareals verbreitete Wild- oder xerophytische Form von *T. hybridum* aufgefaßt. Var. *elegans* stellte in Frankreich und anschließend in der Schweiz die ursprünglich kulti-

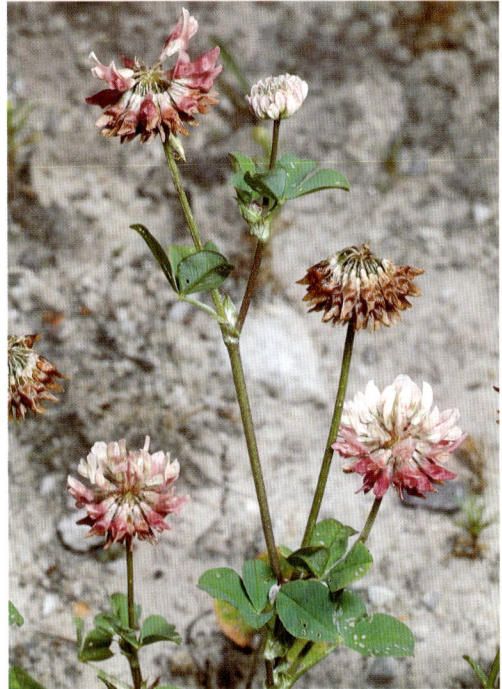

Schweden-Klee *(Trifolium hybridum)*
Böblingen, 10.7.1991

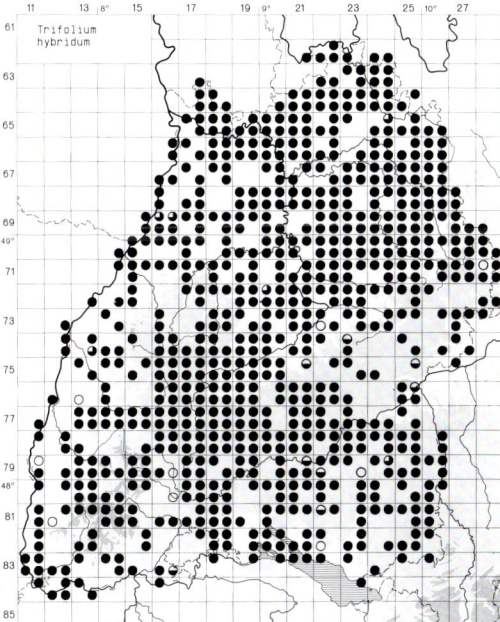

vierte Form dar. In dieser Zeit ist sie im Oberrheintal öfter verwildert aufgetreten (z.B. im Lolio-Cynosuretum). Angaben aus neuerer Zeit liegen nicht mehr vor.

Ökologie: Besonders in Fettwiesen und -weiden der Flußauen, an Wegrändern, in Brachäckern, Kiesgruben, Auffüllplätzen, auf frischen bis feuchten, nährstoffreichen Lehm- und Tonböden, auch auf anmoorigen oder schwach salzhaltigen Böden, empfindlich gegen Trockenheit. *T. hybridum* wächst in Arrhenatheretalia-Gesellschaften (z.B. im Lolio- und Festuco-Cynosuretum), in Calthion-Wiesen und im Agropyro-Rumicion, auch in Ackerunkrautgesellschaften. Er ist in Vegetationsaufnahmen aus Baden-Württemberg nur selten enthalten, z.B. bei LANG (1973). Typische Begleiter sind *Phleum pratense, Agropyron repens, Agrostis stolonifera, Lolium perenne, Ranunculus repens, Trifolium repens, Plantago lanceolata, Rumex obtusifolius* und *Cirsium oleraceum*.

Allgemeine Verbreitung: Das heutige Areal des Schwedenklees reicht von Frankreich, Italien und Griechenland im Süden bis Irland und Skandinavien im Norden, östlich bis Kasachstan, zum Kaukasus und bis nach Anatolien. Im Norden und Westen Europas ist die Art nicht ursprünglich. Sie wird seit dem 18. Jh. in Schweden und Frankreich kultiviert.

Verbreitung in Baden-Württemberg: Der Schwedenklee ist in fast allen Landschaften verbreitet, aber nur zerstreut anzutreffen. Auf ärmeren Böden und in Gebieten mit geringen Niederschlägen, wie im Schwarzwald und im Ostteil der Schwäbischen Alb, tritt die Pflanze zurück. Sie ist im Gebiet nicht urwüchsig, sondern ein Neophyt.

Die Höhenverbreitung von *T. hybridum* reicht von 100 m in der Rheinebene bis 1400 m am Feldberg (8114).

Erstnachweis: J. F. GMELIN (1772: 226) erwähnt die Art erstmalig und fand sie „in pratis Waldhusanis" (7420).

Bestand und Bedrohung: Der Schwedenklee wird zur Grünfutter- und Heugewinnung, meist im Gemisch mit Rotklee und Gräsern gebaut. Er erträgt häufigen Schnitt und Beweidung. Als Kulturpflanze gehört er nicht zu den gefährdeten Arten. Auch gibt es bisher keine Hinweise dafür, daß er an naturnahen Standorten andere Arten verdrängt.

2. Trifolium repens L. 1753
Weißklee

Morphologie: Ausdauernde, kahle oder spärlich behaarte Pflanze. Stengel bis 50 cm lang, kriechend, verzweigt. Blätter bis 20 cm lang gestielt; Blättchen höchstens 25 mm lang und 20 mm breit, elliptisch bis herzförmig, meist ausgerandet, fein stachelspitzig gezähnt, oft mit heller V-förmiger Zeichnung; Nebenblätter in eine kurze Spitze verschmälert, mit grünen oder roten Nerven. Blütenköpfe kugelig, 15–25 mm breit, auf über 30 cm langen Stielen; Blüten gestielt, nach der Blütezeit herabgebogen, duftend; Kelch röhrig-glockig, kahl, 10nervig, Kelchzähne ungleich, die längeren etwa so lang wie die Röhre; Krone 7–12 mm lang, weiß, gelblich oder rötlich. Hülse 3- bis 4samig. – Blütezeit: Mai–Oktober.

T. repens weist eine beachtliche Formenmannigfaltigkeit auf, eine Vielzahl von Zucht- und Landsorten sind bekannt. Gelegentlich sind Verlaubungen im Blütenstand zu beobachten.

Ökologie: Auf Wiesen und Weiden, in Parkrasen und Äckern, an Wegrändern, Flußufern und Ruderalstellen. Der Weißklee bevorzugt nährstoffreiche, schwere Böden, kommt auch auf salzhaltigen und kiesigen Böden vor, meidet aber stauende Nässe und Trockenheit. *T. repens* ist in allen Rasengesellschaften, besonders in frischen Trittrasen verbreitet; Cynosurion-Verbandskennart, auch in anderen

Gesellschaften der Molinio-Arrhenatheretea (Arrhenatheretum, Angelico-Cirsietum), in halbruderalen Pionier-Trockenrasen (z.B. Poo-Tussilaginetum farfarae), in Trittpflanzen-Gesellschaften (Plantaginetea) und Flutrasen (Agrostietea), sowie in Ruderalfluren (Artemisietea). Vegetationsaufnahmen aus dem Gebiet sind häufig, so bei KUHN (1937: Tab. 26, 27), GÖRS (1966: Tab. 19), LANG (1973), PHILIPPI (1978), SEBALD (1974) und WITSCHEL (1980: Tab. 12).

Als typische Begleiter treten *Lolium perenne, Plantago lanceolata, P. major, Carum carvi* und *Prunella vulgaris* auf.

Allgemeine Verbreitung: Europa, Nordafrika, Vorder-, Mittel- und Nordasien bis Ost-Sibirien. Der Weißklee wird heute überall in den gemäßigten Breiten der Süd- und Nordhalbkugel kultiviert und ist in vielen Ländern eingebürgert, wobei er eher eine ozeanische Arealbindung zeigt.

Verbreitung in Baden-Württemberg: *T. repens* ist in ganz Baden-Württemberg verbreitet und überall häufig anzutreffen. Seine Vorkommen reichen von 95 m in der Rheinebene bei Mannheim bis 1490 m am Feldberg (8114). Die Art ist im Gebiet urwüchsig.

Erstnachweise: Frühes Atlantikum, Hornstaad (Pfyner Kulturschicht vom „Hörnle I", 36. Jhd. v.Chr., RÖSCH, unpubl.). J. BAUHIN (1598: 155) erwähnt den Weißklee erstmalig aus der Umgebung von Bad Boll (7323).

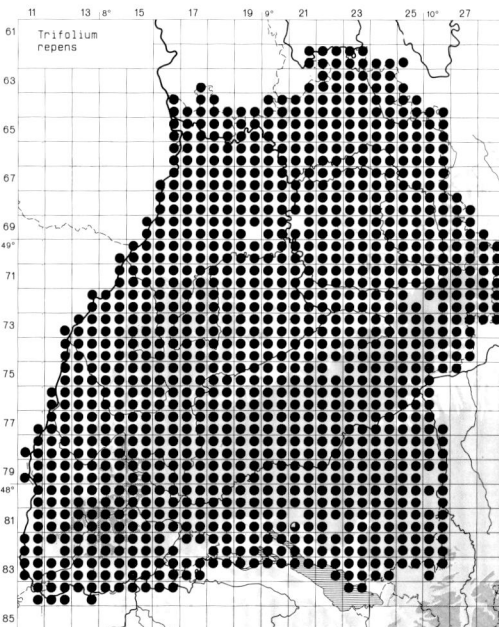

Trifolium repens

Weißklee *(Trifolium repens)*
St. Wilhelm, 1991

Bestand und Bedrohung: Der Weißklee wird heute überall als Weidepflanze, zur Grünfutter- und Heugewinnung sowie zur Gründüngung angebaut. Dabei wird er bevorzugt im Gemisch mit Gräsern und Rotklee gesät. Häufige Schnitte und Beweidung erträgt er ohne weiteres. Als Pionierpflanze bleibt *T. repens* auf gemähten Flächen vitaler als auf ungemähten, wo er mit der Zeit ausfällt (HILLIGARDT u. WEBERLING 1989). Die Art ist nicht gefährdet.

3. Trifolium montanum L. 1753
Bergklee

Morphologie: Ausdauernde Pflanze mit holzigem Erdstock. Stengel aufrecht, meist unverzweigt, 15 bis 60 cm hoch, weißwollig. Untere Blätter bis 20 cm lang gestielt, obere fast sitzend; Blättchen 1,5–7 cm lang und 5–20 mm breit, länglich-eiförmig bis lanzettlich, zugespitzt oder abgerundet, stachelspitzig gezähnt, Seitennerven am Ende verdickt; Nebenblätter 1–2 cm lang, häutig, behaart, ihre freie, lanzettliche Spitze etwas kürzer als der scheidig verwachsene Teil. Blütenstände meist zu 2,

gestielt, 15–20 mm breit, eiförmig; Blütenstiele etwa 1 mm lang; Kelch zerstreut behaart, 10nervig, die pfriemlichen Zähne wenig länger als die Röhre; Krone 7–9 mm lang, weiß, selten gelblich. Hülse 1- bis 2samig. – Blütezeit: Ende Mai–August.

Ökologie: In einschürigen Mager- und Streuwiesen, an trockenen Hängen, Waldrändern und Wegböschungen, am Rande von Gewässern sowie in lichten Wäldern. Der Bergklee gedeiht auf wechseltrockenen, stickstoffarmen, basenreichen, kalkhaltigen oder oberflächlich entkalkten, humosen, lehmigen Böden. Kennart der Klasse Festuco-Brometea; in Trespen-Halbtrockenrasen (Mesobrometum, Gentianae vernae-Brometum), wo er die schattige, frische und reifere Ausbildungen bevorzugt, in Pfeifengraswiesen (Molinietum caeruleae, Cirsio tuberosi-Molinietum), in Saumgesellschaften (Geranio-Peucedanetum) und in Kiefernwäldern (Cytiso-Pinetum). Vegetationsaufnahmen bei KUHN (1937, Tab. 17, 19), PHILIPPI (1972: Tab. 11), LANG (1973), GÖRS (1974: Tab. 3, 5), SEBALD (1974: Tab. 27, 1983: Tab. 12) und WITSCHEL (1980: mehr. Tab.).

Typische Begleitarten sind *Bromus erectus, Anthoxantum odoratum, Ranunculus bulbosus, Phyteuma orbiculare* und *Orchis morio.*

Allgemeine Verbreitung: Europäisch-westasiatische Pflanze, im atlantischen Europa fehlend. Im Norden bis Südskandinavien, ostwärts bis Westsibirien, südwärts bis zum Kaukasus, Armenien, nördliche

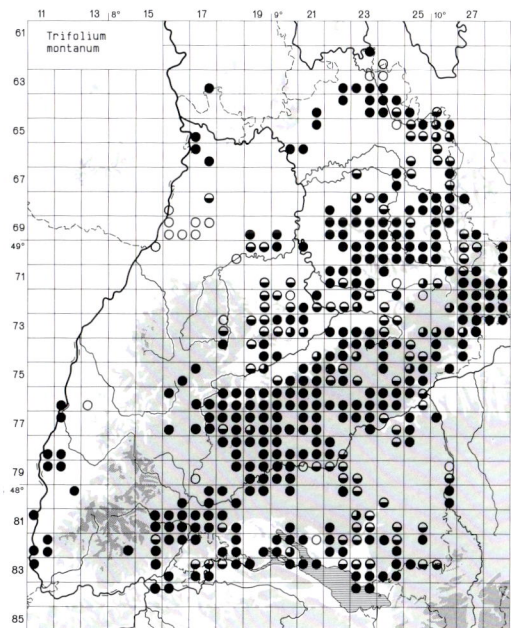

Bergklee *(Trifolium montanum)*
Zellerhorn, 3.7.1991

häufigen Art (vgl. SEUBERT u. KLEIN 1905, BERTSCH 1948, GAMS 1923) kann die fast unmerkliche Veränderung unserer Landschaft, die auch in entlegenen Gebieten nicht haltmacht, gut verfolgt werden (s. hierzu Übersicht 7 bei WITSCHEL 1980). Sogar in der Roten Liste von 1983 (HARMS et al.) ist der Bergklee noch als schonungsbedürftig (G5) eingestuft. Trotz gründlicher Nachsuche, bei der die Art vielerorts noch gefunden werden konnte, muß sie heute in 30% der Quadranten als verschollen gelten. Bei vielen Funden handelt es sich um Reste schwindender Populationen. Besonders betroffen sind das nördliche Oberrheingebiet und hier die Karlsruher Gegend, das östliche Taubergebiet und Hohenlohe, der mittlere Neckarraum sowie Oberschwaben. Die Hauptvorkommen des Bergklees liegen heute auf der Schwäbischen Alb, besonders in ihren südwestlichen und südöstlichen Teilen.

T. montanum ist nicht besonders weidefest und auch nicht pionierfreudig; die Art benötigt ungedüngte Wiesen, die höchstens einmal jährlich geschnitten werden. Solche Wiesen sind in der Vergangenheit in ertragreichere Fettwiesen umgewandelt oder aufgegeben bzw. aufgeforstet worden. Die Art ist in Baden-Württemberg als gefährdet (G3) einzustufen.

4. Trifolium fragiferum L. 1753
Erdbeerklee

Morphologie: Ausdauernde, spärlich behaarte Pflanze. Stengel kriechend, bis 30 cm lang, verzweigt. Blätter bis 15 cm lang gestielt; Blättchen 8–20 mm lang und bis 15 mm breit, eiförmig, blaugrün, meist ausgerandet, fein gezähnt, Seitennerven am Ende verdickt; Nebenblätter bis 25 mm lang, häutig, lanzettlich, den Stengel oberwärts fast einhüllend. Blütenköpfe 8–15 mm, zur Fruchtzeit bis 25 mm breit, halbkugelig, einzeln auf bis zu 30 cm langen Stielen, am Grunde mit tief eingeschnittenem Hochblattkranz; Kelchzähne pfriemlich, Kelchoberlippe stärker behaart als die Unterlippe, zur Fruchtzeit aufgeblasen; Krone fleischfarben, 5–7 mm lang. Hülse 1- bis 2samig. – Blütezeit: Juli bis Anfang Oktober.

T. fragiferum unterscheidet sich vegetativ von *T. repens* durch folgende Merkmale: Blättchen bläulichgrün, ohne helle Zeichnung, gleichmäßiger und weniger scharf gezähnt, Seitennerven gebogen: Nebenblätter größer, ihre freien Zipfel $\frac{1}{2}$ der Gesamtlänge, bei *T. repens* nur $\frac{1}{5}$ der Gesamtlänge betragend.

Ökologie: In Flußniederungen und an quelligen Hängen, in feuchte Wiesen und Weiden, auf

Balkanhalbinsel, Nordwestitalien, Südfrankreich, Nordspanien. Im Süden nur in den Bergen.
Verbreitung in Baden-Württemberg: Der Bergklee ist in vielen Landschaften verbreitet, aber nur sehr zerstreut oder selten anzutreffen. Dabei ist eine Bevorzugung der Gebiete mit kalkhaltigen und basenreichen Böden deutlich, in den reinen Silikatgebieten des Odenwalds und Schwarzwalds fehlt er, ebenso im mittleren Oberrheingebiet, in den Gäuflächen nördlich von Heilbronn sowie in Teilen Oberschwabens. Im Keuperbergland besiedelt er die basenreichen Ton- und Mergelböden des Gipskeupers und der Knollenmergel. Auf den Liasflächen des Albvorlandes und auf der mittleren Kuppenalb tritt er zurück. Am Oberrhein, im Bodenseegebiet, Westallgäuer Hügelland und im mittleren Oberschwaben kommt er in trockenen Pfeifengraswiesen auf durchlässigen kalkhaltigen Böden vor. Die Art ist im Gebiet urwüchsig.

Die Höhenverbreitung reicht von 100 m in der Rheinebene bei Schwetzingen (6617) bis 1000 m auf der Schwäbischen Alb (7818, Melchiorshalde).
Erstnachweis: DUVERNOY (1722: 144), Umgebung von Tübingen (7420). Vermutlich schon von HARDER 1594 im Gebiet gesammelt (HAUG 1915: 81).
Bestand und Bedrohung: An dieser noch vor wenigen Jahrzehnten ziemlich verbreiteten und relativ

410

Wegen, an Ufern und Gräben, in Steinbrüchen und Kiesgruben; auf feuchten, gern wechselfeuchten, basenreichen, oft kalk- und salzhaltigen, dichten, sandigen oder reinen Tonböden. In Kriechrasen-Gesellschaften (Agropyro-Rumicion); Kennart des Juncetum compressi, auch im Dactylo-Festucetum arundinaceae und in der Agrostis stolonifera prorepens-Gesellschaft.

Vegetationsaufnahmen mit *T. fragiferum* sind zu finden bei LANG (1973), TH. MÜLLER (1974: Tab. 6), PHILIPPI (1978: Tab. 50) und NEBEL (1984). Der Erdbeerklee kommt immer wieder in Begleitung von *Agrostis stolonifera, Potentilla anserina, Carex hirta, Trifolium repens* und *Plantago major* vor.

Allgemeine Verbreitung: Europäisch-westasiatische Pflanze. In ganz Europa, ausgenommen die nördlichen Teile Schottlands und Skandinaviens; Südwestasien einschließlich Kasachstan, Afghanistan, Pakistan und Iran; Nordafrika. Ein isoliertes Vorkommen wird aus Äthiopien angegeben. In Deutschland ist der Erdbeerklee vor allem an der Nord- und Ostseeküste sowie entlang der großen Flüsse verbreitet.

Verbreitung in Baden-Württemberg: Der Erdbeerklee ist selten und kommt nur in Landschaften vor, in denen es feuchte Tonböden gibt, die eine hohe Ionenkonzentration aufweisen: im Oberrheingebiet, in den Gips- und Lettenkeupergebieten, auf Liastonen und -mergeln des Albvorlandes, auf

Moorböden in der Baar, im Hegau, Bodenseegebiet, an Iller und Donau sowie im Argen- und Schussenbecken. *T. fragiferum* ist im Gebiet urwüchsig.

Oberrheingebiet: Im gesamten Rheintal von Mannheim bis Lörrach zerstreut vorkommend, die Fundorte werden nicht im einzelnen angeführt; v.a. auf den kalkreichen Böden der Rheinniederung. Vereinzelt auch in der Vorhügelzone des Schwarzwaldes, so 8012/2: Schönberg bei Merzhausen, OBERDORFER (KR-K); 8112/3: Schwärze bei Oberweiler, 1991, PHILIPPI (KR-K).

Taubergebiet: Ein isoliertes Vorkommen in 6323/2: Gamburg, 1989, PHILIPPI (KR-K).

Hohenlohe: Früher zerstreut, nach 1970 nur noch: 6826/1: NSG Reußenberg, 1984, NEBEL (STU); 6826/3: Hammerschmiede S Onolzheim, 1988, SEYBOLD (STU).

Kraichgau: 7018/2: Aalkistensee, 1901, GUTBROD (STU), verschollen, PHILIPPI (1977: 47).

Übriges Neckarland (einschließlich Albrand): Früher im Albvorland von Schwäbisch Gmünd bis Spaichingen zerstreut, im Berglen, Glemswald, Schönbuch, Rammert und Oberen Gäu selten; aktuell sind die folgenden Fundorte: 7320/3: Dörschachau S Weil im Schönbuch, 1985, SEYBOLD (STU), 1990, VOGGESBERGER (STU-K); 7321/3: Plattenhardt, 1970, SEYBOLD (STU); 7419/3: Kochartgraben, 1982, GOTTSCHLICH (STU-K); 7420/1: N Bebenhausen 1981/82, GOTTSCHLICH (STU-K); 7420/3: Tübingen, 1821, STAHL (STU), Waldhausen, 1892, A. MAYER (STU), 1970, HARMS (STU); 7422/2: Osthang der Teck, 1983, FLOGAUS (STU-K); 7520/1: SE Weilheim, 1978, SCHLESINGER (STU-K); 7520/4: W Gönningen, 1978, SCHLESINGER (STU-K); 7521/1: Achalm bei Reutlingen, 1977, SEYBOLD (STU); 7618/3: Wacholderheide SE Vöhringen, nach 1970 (LfU); 7619/4: Hessenbol S Weilheim, nach 1970 (LfU), Ebersberg E Thanheim, 1991, W. KARL (STU-K); 7818/1: Hang S Feckenhausen, nach 1970 (LfU); o.O., 1988, SATTLER (STU-K).

Baar, Wutachgebiet und Randen: 8016/2: Aufen, 1985, PHILIPPI (KR-K); 8017/3: Sumpfohren, 1853–69, STEHLE in ZAHN (1889: 62); 8116/2: Bei Mundelfingen, BRUNNER in ZAHN (1889: 62); 8116/4: Ewattingen, 1853–69, STEHLE in ZAHN (1889: 62); 8117/1: Riedböhringen, 1853, STEHLE, WINTER u. STEURER in ZAHN (1889: 62), 1991, GENSER (STU-K); 8217/1: Riedwiesen und Flachmoor bei Reichenberg, nach 1970 (LfU); 8217/2: o.O., o.J. DIERSSEN (KR-K).

Hochrhein: 8314/4: Birkingen, LINDER (1905: 43); 8416/1: Küßnach, BECHERER und Lienheim, 1924, KUMMER (1944: 25).

Ostalb: 7228/2: Neresheim, MARTENS u. KEMMLER (1865); 7328/2: Brachfläche N Demmingen, nach 1970 (LfU).

Oberschwaben: Im nördlichen Oberschwaben früher selten, zerstreut in der Donauniederung; heute nur noch ein Fund an der Iller: 7926/4: Weiden bei Arlach und Egelsee, HUBER u. REHM (1860: 15), DÖRR (1991: 34).

Hegau und Bodenseegebiet: Früher zerstreut, nach 1970 nur noch: 8118/4: Ried S Ehingen, nach 1970 (LfU); 8218/3: Bölderen W Gailingen, 1990, E. KOCH (STU-K); 8219/2: o.O., 1984, PEINTINGER (STU-K); 8220/1: Seewiesen E des Mindelsees, 1962, LANG (1973: 287), 1975, HENN (STU-K); 82202/2: o.O., 1980, ZINDLER-FRANK (STU-K); 8220/4: o.O., 1980, ZINDLER-FRANK (STU-K); 8319/

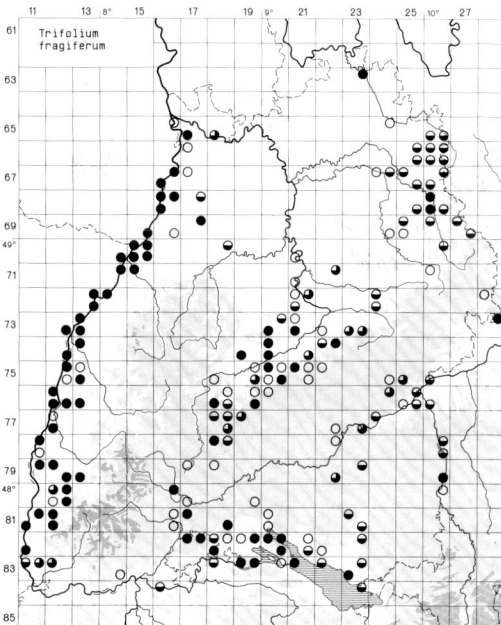

Erdbeerklee *(Trifolium fragiferum)*
Weil im Schönbuch, 2.8.1991

1: o.O., 1984, PEINTINGER (STU-K); 8319/2: Wangen gegen Marbach, 1938, BACMEISTER (STU), Stehlewiesen bei Gaienhofen, 1974, SEYBOLD (STU); 8321/1: Bodenseeufer bei Staad, JACK (1900: 88), Bodenseeufer bei Egg, 1989, HELLMANN (STU-K); 8323/3: Eriskircher Ried, 1983, MIOTK (STU-K).

Trifolium fragiferum besiedelt Höhenlagen von 95 m in der Rheinebene bei Ketsch (6617) bis ca. 750 m bei Riedböhringen (8117, früher 880 m am Plettenberg, 7718), über die submontane Stufe geht er nicht hinaus.

Erstnachweis: ROTH VON SCHRECKENSTEIN (1799: 38) „Um den Zollerberg, Constanz" (7619, 8321).

Bestand und Bedrohung: Der Erdbeerklee ist in allen Landesteilen zurückgegangen, am stärksten in Hohenlohe, dem Neckarland und in Oberschwaben. Die Art besiedelte dort schwere, verdichtete Böden in feuchten Senken, die einen leichten Salzgehalt aufweisen, wie sie z.B. im Gipskeuper auf Wegen und am Rand von Weideflächen (Gänseweiden) zu finden sind. Eine extensive Trittbelastung, Beweidung und andere Störungen, die für Lücken in der Vegetation sorgen, begünstigen das Fortkommen dieser Pionierart. Durch Umstellungen in der Viehwirtschaft, Trockenlegung feuchter Wiesenflächen und Versiegelung der Wege sind dem Erdbeerklee diese Lebensräume verlorengegangen. Auch werden neue Siedlungsflächen (Industriegebiete) bevorzugt in solchen Lagen ausgewiesen. Einige Vorkommen befinden sich in Schutzgebieten. Die restlichen sind nur durch Verzicht auf Drainagen und Befestigung der Wege in Feuchtwiesen am Leben zu erhalten. Die bisherige Einordnung der Art in G3 der Roten Liste trifft heute nur noch für das Oberrheingebiet zu, für alle anderen Landschaften ist sie auf G2 (stark gefährdet) anzuheben. Ein ähnlich starker Rückgang von *T. fragiferum* ist in ganz Deutschland, speziell im Binnenland zu beobachten (HAEUPLER u. SCHÖNFELDER 1988).

Trifolium resupinatum L. 1753
Persischer Klee, Wendeklee

Einjährige Pflanze mit 10 bis 80 cm langem, niederliegendem oder aufrechtem Stengel. Blättchen 10–30 mm lang,

412

rautenförmig, gesägt; Nebenblätter häutig, verwachsen, ihr freier Teil pfriemlich. Blütenköpfe zahlreich, blattachselständig, halbkugelig, 10–15 mm breit; Kelchoberlippe zottig behaart, Unterlippe kahl, Kelchzähne kürzer als die Röhre, dreieckig; Krone 5–8 mm lang, rosa, umgewendet. Kelch zur Fruchtzeit aufgeblasen, obere Kelchzähne sternförmig spreizend. Hülse 1samig. – Blütezeit von Juli bis Oktober.

Kultivierte Pflanzen gehören der var. *majus* Boiss. 1872 an. Sie sind wesentlich größer als die Wildform (var. *resupinatum*), ihr Stengel ist dick, hohl und gerillt, die Blüten durften. Var. *resupinatum* ist in allen Teilen kleiner und besitzt einen markigen, höchstens 20 cm langen, niederliegenden Stengel.

T. resupinatum gehört in Südwestasien zu den ältesten Futterpflanzen. Er ist im Mittelmeergebiet und von Vorderasien bis Afghanistan verbreitet. In West- und Mitteleuropa kommt er wohl nur eingeschleppt vor.

In Deutschland befindet sich *T. resupinatum* var. *majus* erst seit den 60er Jahren im Anbau. Er wird vorwiegend als Futterpflanze, zur Gründüngung und Bienenweide in Reinsaat, aber auch mit anderen Arten zusammen zur Böschungsbegrünung verwendet (vgl. ARZT 1970). Aus diesen Kulturen kann er verwildern und ist dann an Acker- und Wegrändern, z.B. im Lolio-Plantaginetum (GÖRS 1974: 251) zu finden.

In seinen ökologischen Ansprüchen gleicht der Persische Klee dem Erdbeerklee und bevorzugt schwere, leicht salzhaltige Böden.

Mit dem verstärkten Anbau nahmen in den letzten Jahren auch die Fundmeldungen zu. Eine Einbürgerung ist jedoch nicht festzustellen.

Trifolium resupinatum

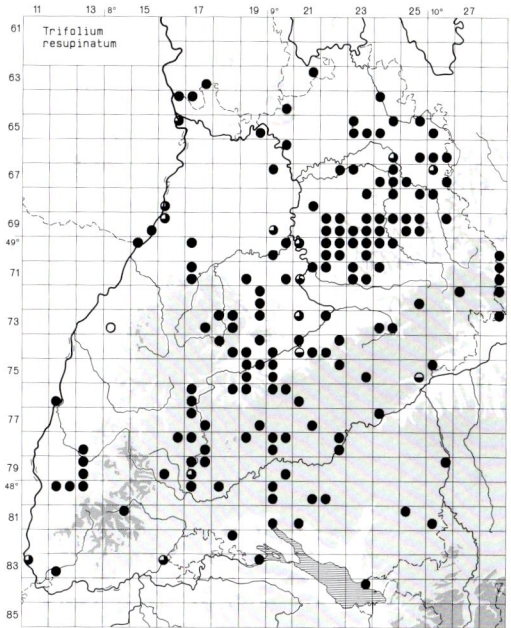

Persischer Klee *(Trifolium resupinatum)*

Var. *resupinatum* wurde früher gelegentlich mit Saatgut und anderen Gütern aus dem Mittelmeergebiet eingeschleppt und trat in Hafen- und Bahnanlagen sowie auf Schuttplätzen adventiv auf. Heute liegen von dieser Varietät keine Fundmeldungen mehr vor.

Erstnachweis: Nach MARTENS u. KEMMLER (1865: 123) fand KRAUSS die Art 1861 bei Hagelloch (7420).

5. Trifolium spadiceum L. 1755
Moorklee

Morphologie: Einjähriges, zerstreut behaartes oder kahles Kraut. Stengel aufrecht, 10–40 cm hoch, wenig verzweigt. Obere Stengelblätter fast gegenständig; Blättchen bis 25 mm lang und 10 mm breit, schmal elliptisch bis verkehrt-eiförmig, abgerundet oder ausgerandet, in den oberen zwei Dritteln fein gezähnt; Nebenblätter krautig, lanzettlich. Blütenstände meistens paarweise an aufrechten Stielen, eiförmig, zur Fruchtzeit zylindrisch, ca. 20 mm lang und 10 mm breit, dichtblütig; die 3 unteren Kelchzähne länger als die oberen, gewimpert; Krone 4–6 mm lang, goldgelb, bald kastanienbraun werdend, Fahne löffelförmig, gefurcht. Hülse 1samig. – Blütezeit: Juni–Juli.

Ökologie: In lückigen Magerwiesen, am Rande von Flachmooren, an Quellsümpfen und Stillgewässern, auf Waldwegen, an Wald- und Wegrändern. Der Moorklee wächst auf frischen bis nassen, oft wechselfeuchten, mäßig basenreichen, kalkarmen, wenig humosen bis anmoorigen Lehm- und Tonböden; düngerfeindlich. Charakteristische Standorte sind flache Kaltluftmulden in humider Klimalage. *Trifolium spadiceum* wächst in Pfeifengraswiesen (Molinietalia, z.B. im Molinietum caeruleae, Juncetum filiformis und Epilobio-Juncetum effusi), in Nardetalia-Gesellschaften (Polygono vivipari-Genistetum sagittalis, Juncetum squarrosi) und in Bergwiesen (Geranio-Trisetetum). Vegetationsaufnahmen aus diesen Gesellschaften finden sich bei KUHN (1937: Tab. 24, S. 197), K. MÜLLER (1948: Tab. 18), OBERDORFER (1957: 213; 1971: 306), SEBALD (1983: Tab. 12), SCHWABE u. KRATOCHWIL (1986: Tab. 1, 2). Typische Begleiter sind *Festuca rubra, Molinia caerulea, Nardus stricta, Calluna vulgaris, Arnica montana, Carex panicea* und *Scorzonera humilis*.

Allgemeine Verbreitung: Mittel- und südeuropäische Gebirge sowie Nordeuropa. Von den Pyrenäen im Westen über die südfranzösischen Gebirge, Jura, Süd- und Ostalpen, Serbien, Bulgarien bis zum Kaukasus im Osten, nördlich bis ins Hessische Bergland und vereinzelt bis zur Elbe, Schweden, Finnland, Baltikum, Ural.

Verbreitung in Baden-Württemberg: Seltene Pflanze, im Gebiet nur in montaner, humider Klimalage auf kalkarmen Böden. Die Vorkommen des Moorklees konzentrieren sich an der Ostabdachung des Mittleren und Südschwarzwaldes über Granit, Gneis und im Bereich der Röt-Tone des oberen Buntsand-

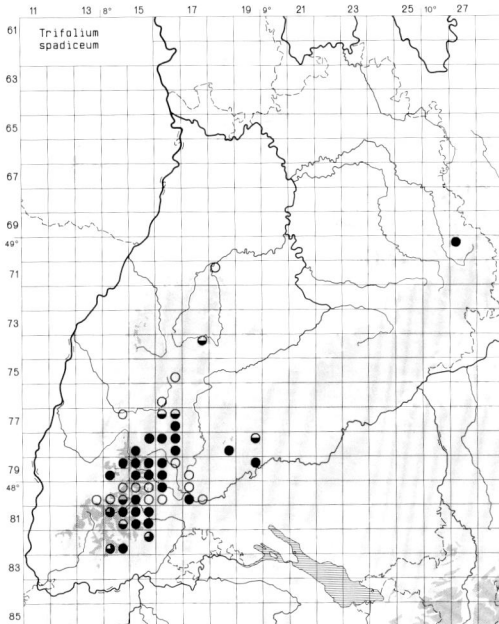

steins. Im Nordschwarzwald wurde die Art im letzten Jahrhundert nur einmal bei Pforzheim beobachtet.

Der Fundort im Schwäbisch-Fränkischen Wald liegt am Westrand eines kleinen Verbreitungsgebietes im Dinkelsbühler Hügelland. In der Baar trat die Pflanze früher selten oder zerstreut in den Rieden auf. Auf der Schwäbischen Alb ist sie nur an sehr wenigen Stellen auf tiefgründigen, entkalkten Lehmböden zu finden. Der Moorklee ist im Gebiet urwüchsig.

Nordschwarzwald: 7118/1: bei Pforzheim und Huchenfeld, GMELIN (1808: 235).
Mittlerer Schwarzwald: 7417/2: Altensteig, 1941, SCHWARZ (STU-K); 7516/4: Freudenstadt gegen Lauterbad, 1829, ROESLER (ZKM); 7616/3: Rötenbach, 1825, KOESTLIN (ZKM); 7714/2: Mühlenbach, EGM (1909: 254); 7716/1: Aichhalden, 1904, K. BERTSCH (STU); 7716/2: bei Waldmössingen, 1861, HARZ (ZKM), Rötenberg, 1899, WÄLDE (STU), Heiligenbronn, 1904, K. BERTSCH (STU); 7716/4: Sulgen, 1904, K. BERTSCH (STU), zw. Sulgen und Dunningen, 1979, ADE (STU); 7815/2: N Langenschiltach, nach 1970 (LfU); 7815/3: bei Schonach, SANDBERGER in DÖLL (1863: 71), Triberg unweit des Wasserfalls, GMELIN (1808), DÖLL (1862), Triberg, 1881–86, STEHLE in ZAHN (1889: 62), NE Schönwald, nach 1970 (LfU); 7816/1: o.O., 1982, BENZING (STU-K); 7816/2: Mariazell, 1970, WINTERHOFF (STU-K); 7816/4: S Königsfeld, nach 1970 (LfU), o.O., 1982, BENZING (STU-K); 7914/2: o.O., nach 1970, KELLNER (KR-K); 7915/1: bei Furtwangen, SPENNER in DÖLL (1862), Vorderschützenbach, 1990, VOGGGESBERGER (STU-K); 7915/2: NE Rohrbach, 1988, DEMUTH (KR-K), 1990, VOGGESBERGER (STU-K); 7915/3: Heubach, 1990, VOGGESBERGER (STU-K); 7915/4: bei Vöhrenbach, STEHLE (1887: 303), zw. Vöhrenbach und Linachmündung, 1988, AHRENS (KR-K); 7916/1: bei Unterkirnach, DÖLL (1862), SE Volkertsweiher, nach 1970 (LfU); 7916/3: Plattenmoos S Pfaffenweiler, 1986, SEYBOLD (STU-K), Schlossersmatte NW Herzogenweiler, 1986, SEYBOLD (STU); 8015/2: Eisenbach u. Bubenbach, MEIGEN (1902: 255); 8016/1: Bregtal zw. Tierstein u. Zindelstein, 1986, PHILIPPI (KR-K).
Südschwarzwald: 7914/3: zw. St. Peter und Rohr, vor 1986, U. KOCH (STU-K); 8013/4: Zastlertal, SCHLATTERER (1884: 107); 8014/2: Turner, NEUBERGER (1912: 149); 8014/3: Hölle, hinterm Hirschen, SCHILDKNECHT in LAUTERER (1874); 8014/4: Hinterzarten, MEIGEN (1902: 255), 1921, SCHLATTERER (1921: 164); 8015/1: Langenordnach und Schwärzenbach, MEIGEN (1902: 255), Schollach, EGM (1909: 258); 8015/3: zw. Neustadt und dem Titisee sehr häufig, DÖLL (1862), Neustadt, SPENNER in LAUTERER (1874), Neustadt-Hölzlebruck, 1983, SCHWABE u. KRATOCHWIL (1986: 309); 8015/4: Friedenweiler, MEIGEN (1902: 255); 8016/3: Waldhausen, NEUBERGER in ZAHN (1889: 62); 8114/1: Seebuckhalde, K. MÜLLER (1901: 229), 1909, 1933, 1949, A. MAYER (STU), Emil-Thoma-Weg zum Feldberg, 1923, LITZELMANN (1963: 474); 8114/2: Titisee, WINTER (1887: 316), Altglashütte, Bärental, Falkau, Raitenbuch, MEIGEN (1902: 255), N Henslerhof, 1990, VOGGESBERGER (STU-K); 8114/4: Fischbach, MEIGEN (1902: 255), beim Äulemer Kreuz, 1927, GYHR in

Moorklee *(Trifolium spadiceum)*
Irndorf, 1978

BECHERER u. GYHR (1928: 4); 8115/1: Lenzkirch und Saig, MEIGEN (1902: 255), Lenzkirch, 1957, OBERDORFER (1971: 306), Ursee, 1961, LITZELMANN (1963: 474), Wolfsmoos NE Lenzkirch, 1991, KLEINSTEUBER (KR-K); 8115/2: Rötenbach, 1983, SCHWABE u. KRATOCHWIL (1986: 309), SE Rötenbach, 1987, PHILIPPI (KR-K); 8115/3: Dresselbach, SCHWABE u. KRATOCHWIL (1986: 288); 8115/4: S Gündelwangen, 1991, GENSER (STU-K); 8214/3: Fohrenmoos E Wehrhalden, BECHERER in BECHERER u. GYHR (1928: 4), S Lindau, 1959, LITZELMANN (1963: 474); 8214/4: Rüttewies, nach 1970 (LfU), NSG Horbacher Moor, KNOCH in SCHWABE u. KRATOCHWIL (1986: 308); 8215/2: Grafenhausen, 1959, LITZELMANN (1963: 474).
Schwäbisch-Fränkischer Wald: 7027/1: Häsleweiher, 1920, HANEMANN (STU), oberer Häsleweiher, zw. 1. und 2. Weiher, zw. Haselbach und Muckental, HANEMANN (STU-K), Neuweiher/Häsle, 1974, SCHULTHEISS (STU-K), seither nicht mehr bestätigt.
Baar: 7916/2: Bei Münchweiler, DÖLL (1862), Villingen, vor 1900, Hauptherbar (STU); 7917/3: Ankenbuck, WINTER (1882: 33), Dürrheim, MEIGEN (1902: 255); 8017/1:

zw. Donaueschingen u. Dürrheim in Menge, WINTER in ZAHN (1889: 62); 8017/3: Mehrfach, z.B. an der Eisenbahn von Donaueschingen nach Pfohren in großer Menge, 1888, ZAHN (1889: 62), Ried W Pfohren, 1990, VOGGESBERGER (STU-K); 8017/4: Birkenried u. Umgebung, SCHATZ in ZAHN (1889: 62), 1990 spärlich, TH. WOLF (KR-K).
Heubergalb: 7818/4: Längenloch zw. Gosheim u. Böttingen, 1934, BOLTER, A. MAYER, PLANKENHORN (STU), 1937, HAUG (STU), 1990, VOGGESBERGER (STU-K); 7819/2: bei Meßstetten, KUHN (1937: 187); 7919/2: Irndorfer Hardt, mehrfach belegt (STU): zuerst 1937, A. MAYER, zuletzt 1978, SEBALD (2 Bestände), 1 Stelle 1987 bestätigt, VOGGESBERGER (STU-K).

Das tiefste Vorkommen von *T. spadiceum* liegt bei 490 m im Schwäbisch-Fränkischen Wald (7027). Im Schwarzwald steigt die Art bis etwa 1300 m am Seebuck (8114), aktuell bis 1000 m in 8214/4.

Erstnachweis: C.C. GMELIN (1808: 235–236) „prope Pforzheim et Huchenfeld ... prope Tryberg versus dem Wasserfall" (7118, 7815).

Bestand und Bedrohung: Der Moorklee benötigt als einjährige Pflanze für sein Fortkommen lückige Wiesenbestände. Dies können Goldhafer-Wiesen, Pfeifengras-Wiesen oder Borstgras-Rasen sein. Wichtig ist nur, daß diese Wiesen extensiv bewirtschaftet werden, d.h. daß sie nur im Spätsommer geschnitten und nicht gedüngt werden. Die Bestände in Goldhafer-Wiesen sind heute weitgehend verschwunden, selten finden sich kleine Reste an Straßen- und Wegrändern. Die Pflanze war früher im montanen, östlichen Bereich des Schwarzwaldes nicht selten, so daß in älteren Floren nur abweichende Fundorte erwähnt sind. Zur Bestandsgröße werden die Angaben: „sehr häufig", „sehr reichlich", „massenhaft", gemacht (z.B. bei DÖLL 1862, BERTSCH-Kartei). Im Gegensatz dazu umfassen die meisten noch bestehenden Populationen weniger als 20 Individuen. Das ist für eine einjährige Art, die auf ein großes Samenpotential angewiesen ist, sehr wenig. Mit dem Erlöschen einiger aktueller Vorkommen muß daher in den nächsten Jahren gerechnet werden. Der starke (DIERSSEN 1984: 254) bzw. gravierende (SCHWABE, s.u.) Rückgang der Art im Südschwarzwald ist auf Düngung und Fichtenaufforstungen zurückzuführen und erfolgte hauptsächlich in den letzten 30 Jahren (SCHWABE u. KRATOCHWIL 1986). Im Nordschwarzwald und im nördlichen Teil des Mittleren Schwarzwaldes ist der Moorklee ausgestorben. Auch das Vorkommen im Schwäbisch-Fränkischen Wald muß als verschollen gelten. In der Baar sind die meisten Wuchsorte bereits im letzten Jahrhundert verschwunden. Die Art ist dort heute nur noch in einem von ursprünglich fünf Quadranten vorhanden. Für *T. spadiceum* gilt deshalb nach wie vor die Einstufung „stark gefährdet" (G2, Rote Liste 1983).

6. Trifolium aureum Poll. 1777

T. agrarium L. 1753 p.p. (nom. ambig.);
T. strepens Crantz 1769 (nom. illeg.)
Goldklee

Morphologie: Ein- oder zweijährige, buschig verzweigte Pflanze. Stengel aufrecht, 20–60 cm hoch, anliegend behaart, reichblättrig. Blätter kurzgestielt, oft etwas gelbgrün; Blättchen bis 25 mm lang und 8 mm breit, länglich elliptisch bis rautenförmig, gestutzt oder ausgerandet, selten spitz, in den oberen zwei Dritteln gezähnt; Nebenblätter lanzettlich, bis 20 mm lang, etwa so lang wie der Blattstiel.

Köpfe dichtblütig, eiförmig, später zylindrisch, 10–15 mm breit; Krone gelb, 5–7 mm lang. Hülse 1samig. – Blütezeit: Juni–September.

Verwechslungen mit *T. campestre* sind möglich und durch folgende Merkmale auszuschließen: Pflanze insgesamt größer, Blättchen schmäler, mittleres Blättchen nicht länger gestielt als die seitlichen, Nebenblätter lanzettlich.

Ökologie: Der Goldklee wächst als Pionierpflanze vereinzelt oder in kleinen Gruppen an lichten Waldstellen, auf Weiden und in lückigen Magerrasen, in Kiesgruben und auf Bahnschotter. Er bevorzugt mäßig trockene bis wechselfeuchte, magere aber basenreiche, kalkarme, schwach saure, rohe Lehmböden. In Borstgras-Heiden (Festuco-Genistetum sagittalis, Polygalo-Nardetum, Genisto germanicae-Callunetum), Halbtrockenrasen und Saumgesellschaften (*Holcus mollis-Teucrium scorodonia*-Gesellschaft); heutzutage vermutlich häufiger in Schlagfluren und ruderalen Staudengesellschaften (Atropetalia, Onopordetalia, durch Aufnahmen nicht belegt). Pflanzensoziologische Aufnahmen mit *T. aureum* sind spärlich und bisher nur aus dem Schwäbisch-Fränkischen Wald durch SCHEERER (1956: 301) und RODI (1960: Tab. 1) übermittelt. Typische Begleitpflanzen sind *Deschampsia flexuosa, Calluna vulgaris, Genista sagittalis, Carex pallescens* und *C. pilulifera, Veronica officinalis, Centaurium erythraea, Gnaphalium sylvaticum* und *Hypericum perforatum*.

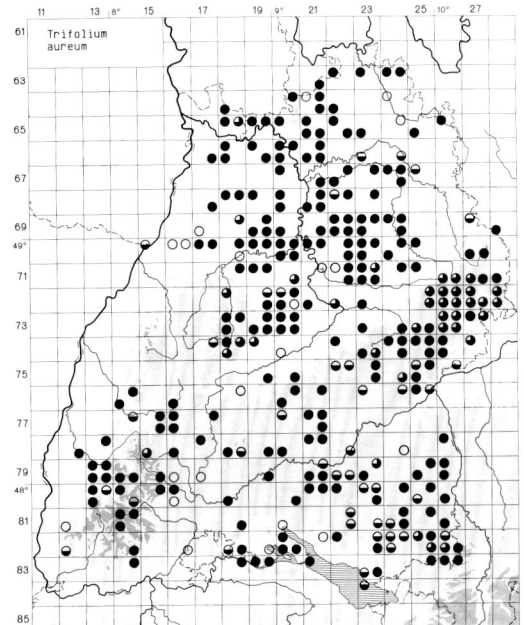

Goldklee *(Trifolium aureum)*
Weiler, August 1991

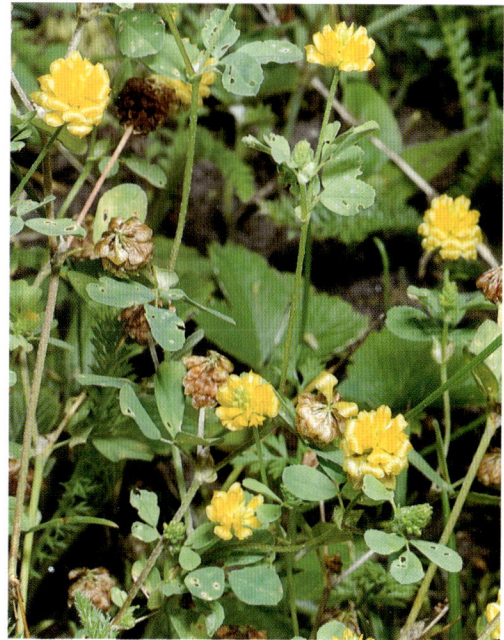

Feldklee *(Trifolium campestre)*
Unterjesingen, 26.6.1991

Allgemeine Verbreitung: Eine zentraleuropäische Pflanze; von den Pyrenäen über Ostfrankreich nordwärts bis Mittelschweden und Südfinnland, östlich bis Westsibirien, Ukraine, Kaukasus und Makedonien. Im Süden nur in den Gebirgen.

Verbreitung in Baden-Württemberg: Der Goldklee kommt zwar in mehreren Landesteilen vor, ist aber überall sehr zerstreut anzutreffen und weist größere Areallücken auf. Seine Verbreitungsschwerpunkte liegen in Gegenden mit kalkarmen, aber nicht zu basenarmen Böden, z.B. über Lettenkeuper, Löß, Lias, Nagelfluh und im Grundgebirge. So im Odenwald, Mittleren und Süd-Schwarzwald, im Keuper-Lias-Neckarland und im würmeiszeitlich geprägten Alpenvorland. Auf der Schwäbischen Alb wächst er auf oberflächlich entkalkten Lehmböden. Die Art ist im Gebiet urwüchsig.

Die Höhenverbreitung des Goldklees reicht in Baden-Württemberg von 105 m in der Schwetzinger Hart (6617) bis 960 m im Südschwarzwald (8114/2), am Feldberg vielleicht noch höher.

Erstnachweis: Vulpius (1791: 73), „Kaltenthal" (7220).

Bestand und Bedrohung: In den älteren Landesfloren wird *T. aureum* meist ohne Nennung von Fundorten als verbreitet, lokal sogar als ziemlich häufig angegeben. Heute ist die Pflanze nur noch sehr sporadisch in kleinen Gruppen von 5–20 Indivi-

duen, selten zahlreicher, anzutreffen. Einige der älteren Angaben mögen sich bei gründlicher Nachsuche noch bestätigen lassen, doch muß landesweit von einem Rückgang der Art ausgegangen werden. *T. aureum* kann als Pionierpflanze in verschiedenen Gesellschaften vorkommen, benötigt aber ungedüngte, magere Standorte.

Seine Vorkommen in lückigen Borstgrasheiden und Silikatmagerrasen sowie in deren Anfangsstadien dürften weitgehend erloschen sein, da diese Rasengesellschaften durch Düngung großenteils in Fettwiesen überführt worden sind. Der Goldklee ist in der Roten Liste (1983) noch als schonenswert (G5) eingestuft, muß inzwischen aber als gefährdet (G3) betrachtet werden.

7. Trifolium campestre Schreb. 1804
T. agrarium L. 1753 p.p.; *T. procumbens* L. 1755 p.p. (nom. ambig.)
Feldklee

Morphologie: Einjähriges Kraut. Stengel 5–40 cm hoch, zerstreut behaart bis kahl, niederliegend, aufsteigend oder aufrecht. Blättchen bis 17 mm lang und 10 mm breit, verkehrt eiförmig, gestutzt oder ausgerandet, in der oberen Hälfte gezähnt; Nebenblätter bis 7 mm lang, meist kürzer als die Stiele der oberen Blätter. Blütenköpfe kugelig, zur

417

Fruchtzeit eiförmig, 7–12 mm breit, dichtblütig; Krone gelb, 4–6 mm lang, Hülse 1samig. – Blütezeit: Mai–Oktober.

T. campestre wird manchmal mit *Medicago lupulina* verwechselt. Unterscheidungsmerkmale sind: Welke Blüten braun, nicht abfallend und die viel kleinere Frucht umhüllend; die Blättchen von *Medicago lupulina* sind bespitzt und rundlicher sowie auf der Fläche behaart.

Ökologie: In Sandrasen und lückigen Wiesen, an Straßenböschungen und Wegrändern, auf Äckern und in Weinbergen, in Steinbrüchen, auf Flußkies und Bahnschotter; auf mäßig trockenen bis frischen, basenreichen, meist kalkarmen, mageren, neutralen bis mäßig sauren, humosen und rohen, oft flachgründigen Böden. In offenen Therophytengesellschaften, Sedo-Scleranthetea-Klassenkennart; außerdem in mageren Trespen-Glatthaferwiesen und Halbtrockenrasen sowie in Tritt-(Rumici-Spergularietum) und Getreide-Unkrautgesellschaften.

Vegetationsaufnahmen bei v. ROCHOW (1951: Tab. 20), GÖRS (1966: Tab. 19; 1974: Tab. 8, 9), TH. MÜLLER (1966-Hohentwiel: Tab. 4), LANG (1973), WITSCHEL (1980: Tab. 2, 4), PHILIPPI (1971: Tab. 5, 9; 1973: Tab. 5; 1984: Tab. 8) und NEBEL (1986: Tab. 20). Typische Begleiter von *T. campestre* sind u. a. *Bromus erectus* und *B. mollis*, *Calamintha acinos*, *Thymus pulegioides*, *Sedum acre*, *Lotus corniculatus*.

Allgemeine Verbreitung: Hauptsächlich im südlichen Mitteleuropa. Von Nordafrika im Süden bis Großbritannien und Süd-Fennoskandien im Norden, östlich bis zur Ukraine, Kaukasus, Usbekistan, Iran und Kleinasien, ein isoliertes Vorkommen in Ostafrika.

Vorkommen in Baden-Württemberg: Der Feldklee ist in vielen Landesteilen verbreitet. In den wärmeren Tieflagen mit basenreichen Böden, wie dem nördlichen Oberrheingebiet, den Gäuflächen und im westlichen Bodenseegebiet ist die Pflanze ziemlich häufig, während sie in den Keupergebieten und den kühleren Lagen der Schwäbischen Alb eher zerstreut anzutreffen ist und stellenweise Verbreitungslücken aufweist. Lediglich in Gegenden mit basenarmen Böden wie dem Schwarzwald, östlichen Schwäbisch-Fränkischen Wald und Alpenvorland fehlt der Feldklee auf weiten Strecken. Er ist im Gebiet urwüchsig.

Die tiefsten Vorkommen liegen um 100 m in der Rheinebene bei Mannheim, die höchsten bei 950 m auf der Schwäbischen Alb (7719/3, Lochen).

Erstnachweise: Frühes Mittelalter, Mühlheim/Donau-Stetten (Bestimmung unsicher, RÖSCH, unpubl.); 13. Jhd. n.Chr., Tübingen (RÖSCH, unpubl.). J. BAUHIN (1598: 155) erwähnt die Art erstmals schriftlich aus der Umgebung von Bad Boll (7323).

Bestand und Bedrohung: Aufgrund seiner Häufigkeit und weiten Verbreitung ist der Feldklee in

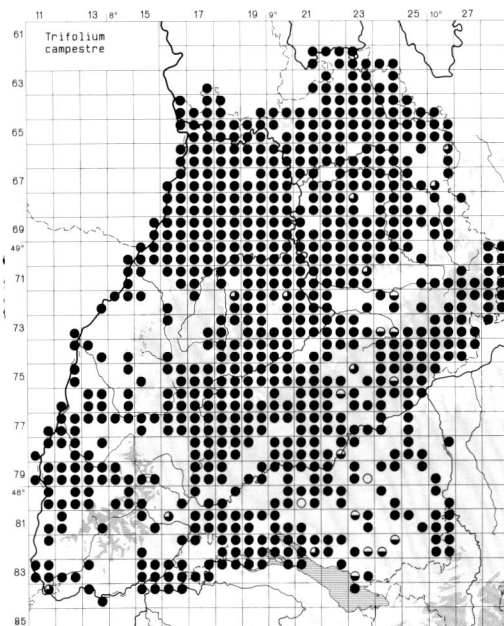

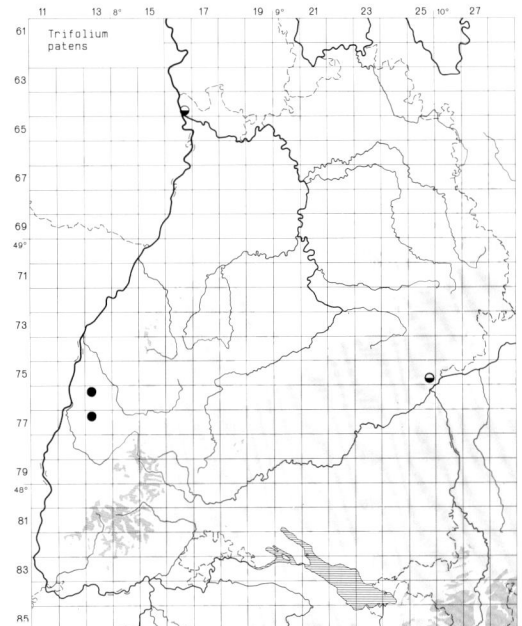

Die Art besiedelt vor allem feuchte Mähwiesen (Arrhenateretalia-Art, OBERDORFER 1990), wurde bisher im Gebiet jedoch an eher trockenen Wiesenrändern (SEYBOLD, mdl.) bzw. adventiv auf Bahnhöfen gefunden.

Aus Baden-Württemberg liegen folgende Fundmeldungen vor:

6416/4: Hafen von Mannheim, 1903, ZIMMERMANN (1907: 131); 7525/4: Güterbahnhof Ulm, 1933, K. MÜLLER (1935), 1943, K. MÜLLER (1942–50); 7613/1: Oberweier, Fuß des Scheibenberges, 1988, SEYBOLD (STU); 7713/1: Kuhbach S Wallburg, 1987, SEYBOLD (STU).

Im Elsaß ist der Spreizklee schon mehrfach adventiv aufgetaucht: Wangen, Froidefontaine, St. Hippolyte, Kogenheim, Cosswiller (nach ISSLER, LOYSON u. WALTER 1965: 313). Vorkommen in der Westschweiz listet THOMMEN (1940) auf.

Die Wuchsorte im Gebiet liegen zwischen 95 m bei Mannheim und 250 m am Fuß der Schwarzwaldvorberge (7613), bzw. 470 m in Ulm (7525).

Erstnachweis: ZIMMERMANN (1907: 131), Hafen von Mannheim, Juni 1903.

Die o.g. Funde sind als unbeständige Vorkommen einzustufen, die möglicherweise mit Grassamen eingeschleppt wurden. In Zukunft sollte besonders im Oberrheingebiet auf das weitere Auftreten der Art und ihre Einbürgerungsfähigkeit geachtet werden.

Spreizklee *(Trifolium patens)*

Baden-Württemberg nicht gefährdet. Obwohl er primär in lückigen, mageren Rasen und Therophytenfluren wächst, scheint er den Verlust an diesen Lebensräumen durch die Besiedlung stärker menschlich beeinflußter Standorte, wie Steinbrüche und Straßenböschungen, ausgleichen zu können.

Trifolium patens Schreb. 1804
Spreizklee

Einjährige, 10–50 cm hohe Pflanze. Stengel kaum behaart, aufsteigend oder aufrecht, dünn, entfernt beblättert. Blättchen bis 18 mm lang und 6 mm breit, länglich elliptisch, meist spitz, selten ausgerandet, mittleres Blättchen so lang gestielt wie die seitlichen oder länger; Nebenblätter mit deutlichen Öhrchen, 5–12 mm lang. Blütenköpfe halbkugelig, 8–12 mm breit, lockerer als bei *T. campestre*; Krone 5–6 mm lang, goldgelb. Hülse 1samig. – Blütezeit: Juli–Oktober.

Leicht mit *T. campestre* oder *T. aureum* zu verwechseln. Von ersterem durch die mehr länglichen und meist spitzigen Blättchen sowie den im Verhältnis zur Frucht kürzeren Griffel, von letzterem hauptsächlich durch die geöhrten Nebenblätter unterschieden.

Der Spreizklee ist eine südeuropäisch-atlantische Pflanze, die von Nordspanien und Frankreich (nordwärts bis zur Seine) über die Alpensüdseite und die Balkanländer ostwärts bis zur Türkei, Syrien und Israel verbreitet ist.

8. Trifolium dubium Sibth. 1794
T. procumbens L. 1753 p.p.; *T. filiforme* L. 1755 p.p.; *T. minus* Sm. 1802
Fadenklee, Kleiner Klee

Morphologie: Einjähriges Kraut. Stengel 5–40 cm hoch, dünn, zerstreut behaart bis kahl, niederliegend, aufsteigend oder aufrecht. Blättchen 5–10 mm lang und bis 8 mm breit, verkehrt eiförmig bis herzförmig, in der oberen Hälfte gezähnt, bläulich grün, das mittlere länger gestielt als die seitlichen; Nebenblätter breit eiförmig, 3–5 mm lang, so lang oder länger als die Stiele der oberen Blätter. Blütenköpfe halbkugelig, lockerblütig, 5–8 mm breit; Krone gelb. Hülse 1samig. – Blütezeit: Mai–September.

Verwechslungsgefahr mit *Medicago lupulina*! Unterscheidungsmerkmale wie bei *T. campestre* angegeben.

Ökologie: In Wiesen und Weiden, an Wegen und Böschungen, in Äckern und Sandgruben; auf mäßig trockenen bis nassen, basenreichen, meist kalkarmen, sandigen oder lehmigen Böden. Der Fadenklee wächst in den verschiedensten Wiesengesellschaften (Arrhenatheretalia-Ordnungskennart), hauptsächlich in frischen Glatthaferwiesen, aber auch im Calthion (Kohldistelwiesen), in Trockenrasen sowie in Hackfrucht-Unkrautgesellschaften. Vegetationsaufnahmen bei KUHN (1937: Tab. 27), LANG (1973), GÖRS (1974: Tab. 8, 9), SEBALD

Fadenklee *(Trifolium dubium)*
Endingen, 1963

(1974: Tab. 22c; 1983: Tab. 13) und Philippi (1984: Tab. 8). Häufige Begleiter von *T. dubium* sind *Cerastium holosteoides, Trisetum flavescens, Avena pubescens, Cardamine pratensis, Holcus lanatus.*

Allgemeine Verbreitung: Europäische Pflanze, von Portugal und Frankreich im Westen bis zum Kaukasus im Osten, nördlich bis Skandinavien, im südlichen Mittelmeergebiet zurücktretend.

Verbreitung in Baden-Württemberg: Der Fadenklee ist im ganzen Land verbreitet, wächst aber zerstreut und wird leicht übersehen. Kleinere Verbreitungslücken finden sich im Schwarzwald, besonders im Südschwarzwald, in Hohenlohe, auf der Schwäbischen Alb und in Oberschwaben. Er ist im Gebiet urwüchsig.

Seine Höhenverbreitung reicht von 100 m in der Rheinebene bei Mannheim bis 980 m auf der Schwäbischen Alb (7818/4, Heuberghochfläche bei Wehingen), im Schwarzwald vielleicht noch höher.

Erstnachweis: Leopold (1728: 169) „Aufm Ried und anderswo", Umgebung von Ulm, also wohl auch in Baden-Württemberg. Später bei Roth von Schreckenstein (1798: 113) für Müllheim (8111) genannt.

Bestand und Bedrohung: *T. dubium* ist aufgrund seiner weiten Verbreitung in Baden-Württemberg nicht gefährdet. Außerdem ist er in der Lage, die unterschiedlichsten Standorte, darunter auch nährstoffreiche, zu besiedeln.

9. Trifolium pratense L. 1753
Rotklee, Wiesenklee

Morphologie: Ausdauernde, horstförmig wachsende Pflanze mit kräftiger Pfahlwurzel. Stengel aufrecht oder aufsteigend, 15–50 cm hoch, behaart oder fast kahl. Untere Blätter lang gestielt, oberste fast sitzend; Blättchen 10–40 mm lang und 5–25 mm breit, stumpf, ausgerandet oder zugespitzt, nahezu ganzrandig, unterseits behaart; Nebenblätter häutig, die freien Zipfel viel kürzer als der verwachsene Teil. Blütenköpfe einzeln oder zu zweit, kugelig oder eiförmig, 2–3 cm breit, meist von den Nebenblättern reduzierter Laubblätter eingehüllt; Kelchzähne ungleich, pfriemlich, ge-

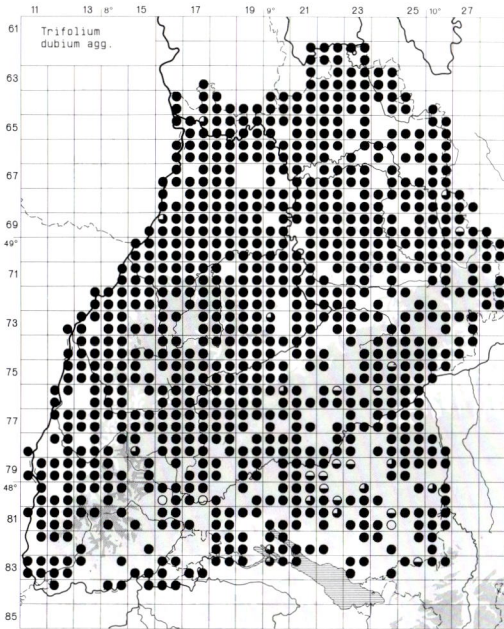

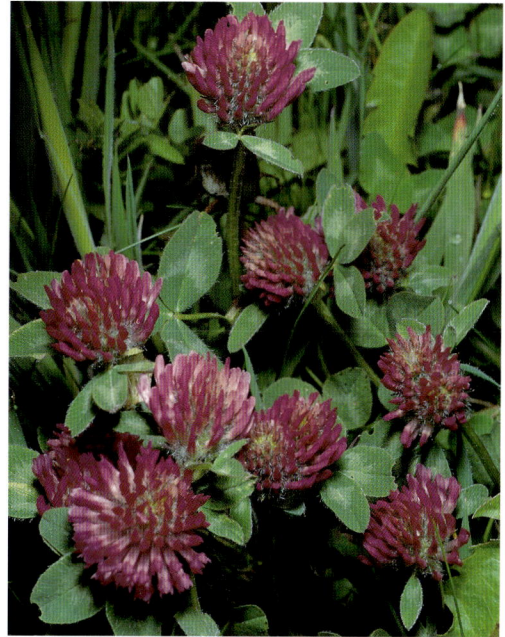

Rotklee *(Trifolium pratense)*
Irndorf, 9.6.1991

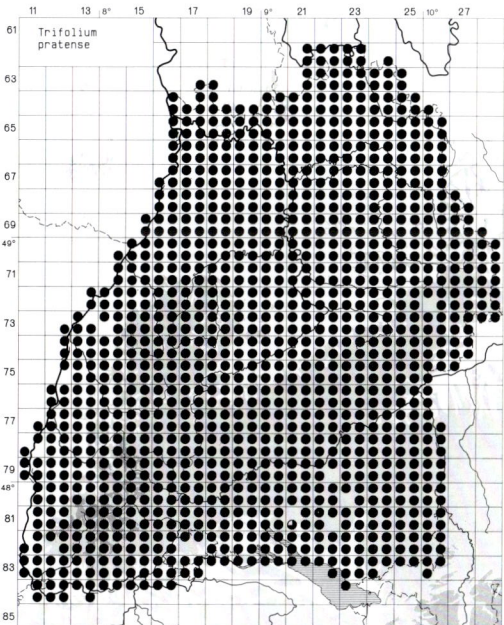

wimpert; Krone rot oder rosa, selten weiß, 12–18 mm lang. Hülse 1samig. – Blütezeit: Mai–Oktober.

Variabilität: Sehr vielgestaltige Art mit einer großen Zahl an Wild- und Kulturformen. Eine befriedigende taxonomische Gliederung steht noch aus.

ZOHARY u. HELLER (1984) unterscheiden 6 Varietäten, von denen im Gebiet nur var. *pratense* mit festen, angedrückt behaarten Stengeln und meist einzelnen, behüllten Blütenköpfen, sowie var. *sativum* mit hohlen, fast kahlen und meist paarweisen, unbehüllten Blütenköpfen verbreitet sind.

Ökologie: In Wiesen und Weiden, an Wegrändern und Straßenböschungen, bevorzugt auf frischen, nährstoff- und basenreichen, humosen Lehmböden; sehr trockene oder staunasse Standorte meidend. Molinio-Arrhenatheretea-Klassenkennart, in allen Rasengesellschaften von Halbtrockenrasen und Borstgrasrasen bis hin zu Naß- und Pfeifengraswiesen verbreitet, auch in ruderalen Staudenfluren (Artemisietea) und Flutrasen (Agrostietea); in vielen Vegetationsaufnahmen enthalten, z.B. bei KUHN (1937: Tab. 26, 27), GÖRS (1966: Tab. 19; 1974), SEBALD (1974, 1983), WITSCHEL (1980: Tab. 10), NEBEL (1986: Tab. 19, 20). *T. pratense* wächst gern zusammen mit *Ranunculus acris, Taraxacum officinale, Plantago lanceolata, Festuca pratensis, Rumex acetosa, Vicia sepium* u.v.a.

Allgemeine Verbreitung: Eurasiatische Pflanze. Der Rotklee ist in ganz Europa, den äußersten Norden ausgenommen, bis Südost-Sibirien und bis zum Himalaja verbreitet und darüber hinaus in vielen Regionen der gemäßigten Zone eingebürgert. Er wird in Europa seit dem 4. Jh. n.Chr. als Futterpflanze

421

angebaut (ZOHARY u. HELLER 1984) und gehört zu den ältesten kultivierten Kleearten.

Verbreitung in Baden-Württemberg: Der Rote Wiesenklee ist in allen Landschaften verbreitet und häufig. Er besiedelt alle Höhenstufen des Gebietes von 100 m in der Rheinebene bis 1490 am Feldberg. Die Art ist im Gebiet urwüchsig.

Erstnachweise: Spätes Atlantikum, Hochdorf (KÜSTER 1985). J. BAUHIN (1598: 155), Umgebung von Bad Boll (7323).

Bestand und Bedrohung: *T. pratense* ist im Gebiet überall häufig. Er gedeiht auf den verschiedensten Standorten, besonders gut auf stickstoff- und sulfatreichen Böden, an denen heute kein Mangel herrscht. Auch mehrmaliges Abmähen und Beweidung schaden der Pflanze nicht. Als wichtige Futterpflanze wird *T. pratense* häufig angebaut und zwar sowohl in Reinsaat als auch im Gemisch mit Gräsern. Der Rotklee gehört in Baden-Württemberg nicht zu den bedrohten Arten.

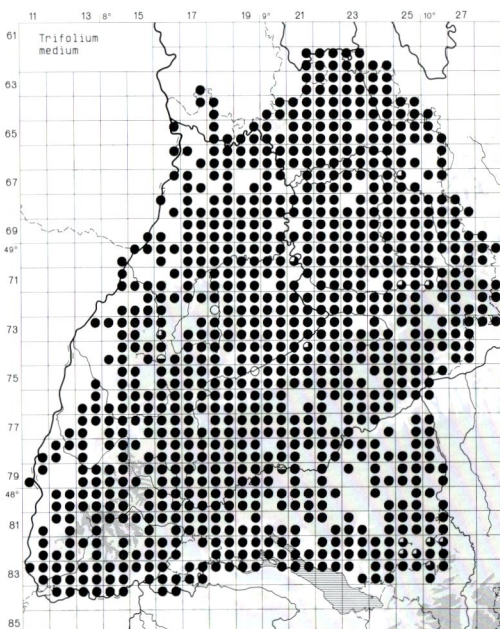

Mittlerer Klee *(Trifolium medium)*
Kaiserstuhl

10. Trifolium medium L. 1759
Mittlerer Klee, Zickzack-Klee

Morphologie: Ausdauernde Pflanze mit verzweigten, unterirdischen Ausläufern. Stengel aufsteigend, 20–45 cm hoch, hin- und hergebogen, zerstreut behaart bis kahl. Blättchen 15–55 mm lang und 6–20 mm breit, zugespitzt oder stumpf, unterseits anliegend behaart, oft mit hellerer oder dunk-

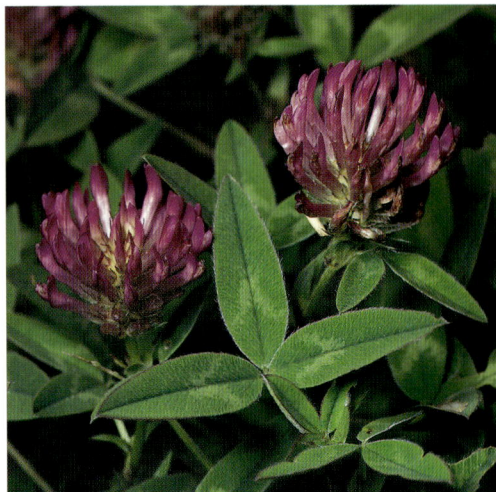

lerer Querbinde; Nebenblätter schmal lanzettlich, die freien Zipfel etwa so lang wie der verwachsene Teil, häutig. Blütenköpfe eiförmig oder kugelig, 2 bis 4 cm breit, meist einzeln, kurzgestielt; Kelchzähne pfriemlich, ungleich lang, gewimpert; Krone 15–18 mm lang, purpurn. Hülse 1samig. – Blütezeit: Juni–August.

Ökologie: In lichten Wäldern, an Gebüsch- und Waldrändern, an Wegrändern und Böschungen, auf mäßig trockenen bis frischen, ± basenreichen, kalkarmen bis kalkreichen, neutralen, humosen, mittel- bis tiefgründigen, sandigen oder lehmigen Böden. Der Mittlere Klee erträgt mäßige Beschattung und bevorzugt wärmere Lagen. Hauptsächlich in mesophilen Säumen, Trifolion medii-Verbandskennart; er kommt aber auch in anderen Origanetalia-Gesellschaften vor und dringt in Halbtrockenrasen (Mesobrometum), Magerweiden (Gentiano-Koelerietum) und Flügelginster-Heiden ein (Festuco-Genistetum sagittalis, Violion); des weiteren ist er in Gebüschen (Berberidion) und Wäldern (Cytiso-Pinetum) zu finden.

Vegetationsaufnahmen werden mitgeteilt von TH. MÜLLER (1966: Tab. 18), PHILIPPI (1971: Tab. 12; 1984: Tab. 14), LANG (1973), SEBALD (1974: Tab. 28; 1983: Tab. 12), SCHWABE-BRAUN (1980: Tab. IX) und WITSCHEL (1980: Tab. 10, Tab. 16). *T. medium* tritt gerne in Begleitung von *Agrimonia eupatoria, Brachypodium pinnatum, Origanum vulgare, Vicia sepium, Galium album* und *Veronica chamaedrys* auf.

Allgemeine Verbreitung: Zentraleuropäische Pflanze, den äußersten Norden und die mediterranen

Gebiete meidend. Im Süden von Nordspanien über Mittelitalien (Apennin) und die Balkanhalbinsel bis zum Kaukasus und Elburs-Gebirge, im Norden von Großbritannien und dem mittleren Skandinavien bis nach Südwest-Sibirien.

Verbreitung in Baden-Württemberg: Der Mittlere Klee kommt in den meisten Landschaften vor und ist fast überall häufig. Lediglich in Teilen der oberrheinischen Tiefebene, des Schwarzwalds, mittleren Neckartales und Oberschwabens trifft man *T. medium* selten an, stellenweise fehlt er sogar ganz. Er ist im Gebiet urwüchsig.

Seine Höhenverbreitung reicht von 100 m in der Rheinebene bei Mannheim (6516/2) bis 1360 m am Seebuck (8114/1) im Südschwarzwald.

Erstnachweise: Mittleres/Spätes Subboreal, Hagnau (Späte Bronzezeit, RÖSCH 1992b). Erste schriftliche Erwähnung bei C. C. GMELIN (1808: 225, 226) für Baden. Frühere Angaben sind unsicher. Möglicherweise wurde die Art 1594 von HARDER im Gebiet gesammelt (HAUG 1915: 80).

Bestand und Bedrohung: *Trifolium medium* kann sich mit seinen unterirdischen Ausläufern von Gebüschsäumen aus rasch über größere Flächen ausbreiten (HILLIGARDT u. WEBERLING 1989) und bildet meist dichte, große Bestände. Er ist düngerfliehend und erträgt nur mäßige Störungen wie einmaligen Schnitt und extensive Beweidung. Obwohl entsprechende Lebensräume abnehmen, ist ein Rückgang der Art derzeit nicht erkennbar. Aufgrund ihrer Häufigkeit und weiten Verbreitung ist sie nicht gefährdet.

In der Literatur sind gelegentlich Hinweise auf Bastarde von *T. medium* mit anderen *Trifolium*-Arten zu finden (GAMS 1923: 1344, ROTHMALER 1990). Diese konnten in keinem Fall nachgewiesen werden, sondern beruhten meist auf Fehlbestimmungen (HENDRYCH 1990). Dies trifft im übrigen auf die gesamte Gattung zu.

11. Trifolium ochroleucum Huds. 1762
Blaßgelber Klee

Morphologie: Ausdauernde, horstig wachsende Pflanze mit kriechendem Wurzelstock. Stengel aufsteigend bis aufrecht, 15–50 cm hoch, zottig behaart. Obere Blätter fast sitzend und unter dem Blütenstand gegenständig; Blättchen 10–30 mm lang und 4–15 mm breit, eiförmig bis länglich elliptisch, stumpf oder ausgerandet, selten spitz, beiderseits behaart; Nebenblätter lanzettlich, dicht behaart, bis zur Hälfte verwachsen und häutig, die freien Zipfel pfriemlich. Blütenköpfe meist einzeln, kurzgestielt, 10–20 mm breit, verkehrt-eiförmig,

später zylindrisch; Kelchröhre 10nervig, behaart, unterer Kelchzahn doppelt so lang wie die oberen; Krone aufrecht, 13–18 mm lang, gelblichweiß. Hülse mit abspringendem Deckel, 1- bis 2samig. – Blütezeit: Ende Mai bis Anfang August.

Ökologie: In mageren Wiesen und Schafweiden, in lichten Wäldern, an Waldrändern und Wegböschungen, auf mäßig trockenen bis frischen, auch wechseltrockenen, basenreichen, kalkarmen, sandigen bis tonigen, tiefgründigen Böden. *T. ochroleucum* wächst hauptsächlich in Brometalia-Gesellschaften (Mesobrometum, Gentiano vernae-Brometum, Gentiano-Koelerietum und Viscario-Avenetum pratensis), auch im Trifolion medii. Aus Baden-Württemberg liegen nur wenige Vegetationsaufnahmen mit *T. ochroleucum* vor, so bei KUHN (1937: 124, Tab. 18) und vereinzelt in Stetigkeitstabellen bei OBERDORFER (1957: 283), TH. MÜLLER (1962: Tab. 2), SEBALD (1966: Tab. 11) und WITSCHEL (1980: Tab. 9).

Häufige Begleiter sind *Bromus erectus*, *Brachypodium pinnatum*, *Trifolium montanum*, *Genista sagittalis* und *Lychnis viscaria*.

Allgemeine Verbreitung: Europäisch-westasiatische Pflanze, submediterran-subatlantisches Florenelement. Nordwärts bis Großbritannien, Nordfrankreich, in Deutschland ungefähr bis Köln, Südpolen, Südrußland, im Osten bis zum Kaukasus und Kleinasien, südlich bis Algerien und Marokko. Im mediterranen Gebiet nur in montanen Lagen.

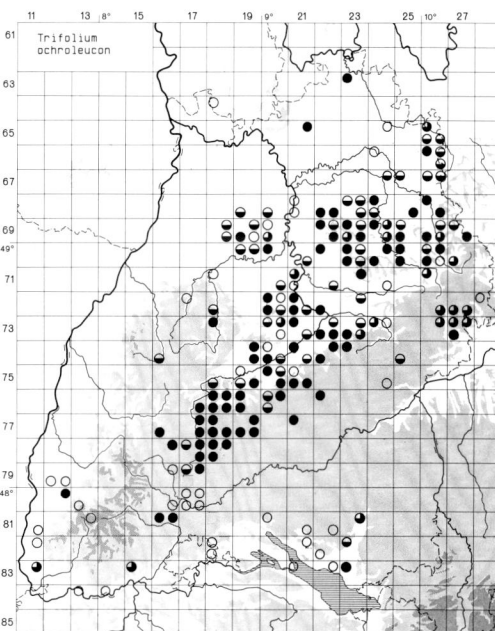

Trifolium
ochroleucon

Blaßgelber Klee *(Trifolium ochroleucum)*
Plettenberg, 7.7.1990

Verbreitung in Baden-Württemberg: Der Verbreitungsschwerpunkt dieser seltenen Kleeart liegt in den Keupergebieten und im Albvorland. Im südlichen Oberrheingebiet ist die Pflanze selten in der Vorhügelzone (Freiburger Bucht, Markgräfler Hügelland), im Odenwald und Schwarzwald sehr selten auf Buntsandstein anzutreffen. Von der Mittleren Alb sind nur einzelne Vorkommen bekannt, während sie auf der Ostalb im Heidenheimer Raum wieder häufiger auftritt. In der Baar kommt der Blaßgelbe Klee zerstreut vor. Die Vorkommen im Umkreis des Bodensees sind weitgehend erloschen. Die Art ist im Gebiet urwüchsig.

Südliches Oberrheingebiet und Hochrhein: 7912/3: Opfingen, NEUBERGER (1912); 7912/4: Lehener Bergle, STEHLE (1884: 154), zw. Umkirch u. Hugstetten, THIRY in SCHILDKNECHT (LAUTERER 1874); 8012/2: Schönberg, zw.

Merzhausen u. Wittnau, SPENNER (1829), nach 1970, U. KOCH (STU-K); 8013/3: Freiburg, zum Schauinsland, 1836, SAUTERMEISTER (STU); 8111/4: Müllheim, ROTH v. SCHRECKENSTEIN (1798), vor 1900 (STU); 8211/2: Hexmatte bei Lippurg, SPENNER (1829); 8311/2: Wollbach am Steinbüchsle, 1952, 1959, M. LITZELMANN in LITZELMANN (1963); 8413/1: Schwörstadt u. Brennet, LINDER (1905: 44); 8414/1: Murg, LINDER (1905: 44).
Odenwald: 6223/1: Wertheim, DÖLL (1862); 6323/1: Rosenstein, 1970, PHILIPPI (KR-K); 6418/1: Weinheim, SEUBERT u. KLEIN (1891); 6518/3: Heidelberg, SEUBERT u. KLEIN (1891); 6521/2: Bödigheim, SEUBERT u. KLEIN (1891), nach 1970, SCHÖLCH (STU-K).
Schwarzwald: 7118/1: Pforzheim, DÖLL (1862), an der Wurmberger Straße, FISCHER (1867); 7217/1: Wildbad, 1888, ZAHN (1889); 7218/3: Calw, A. MAYER (STU-K); 7318/1: Neubulach, KIRCHNER u. EICHLER (1900), Talmühle, A. MAYER (1929); o.O., nach 1970, ASSMANN (STU-K); 7416/3: Heselbach, ROESLER (ZKM), Murgtal, A. MAYER (1929); 7716/3: Schramberg, BERTSCH (STU-

424

K), 1983, ADE (STU-K); 7816/2: Waldwiese NE Hardt, nach 1970 (LfU); 8113/2: St. Wilhelm, NEUBERGER (1912); 8315/1: N Großfeld bei Bierbronnen, 1964, THOMMA (1972: 554).

Hohenlohe: 6524/2: bei Mergentheim, 1823, FUCHS (STU); 6526/1: Erdbach, KIRCHNER u. EICHLER (1913), Rosenberger Holz E Craintal, 1961, BAUR (STU-K); 6526/3: Schmerbach, SCHLENKER (1910); 6526/4: N Blumweiler, 1916, HANEMANN (STU); 6624/1: Steinsberg bei Dörzbach, vor 1900, BAUER (ZKM); 6626/1: Landhege N Heimberg, 1989, WÖRZ (STU-K); 6626/2: Enzenweiler, vor 1945, HANEMANN (STU-K); 6626/4: Leuzendorf, vor 1945, HANEMANN (STU-K); 6724/2: S Laßbach, 1939, MÜRDEL (STU-K); 6725/1: Pfaffenschlag E Unterregenbach, 1940, MÜRDEL (STU-K); 6726/1: mehrfach, z.B. Herbertshausen, vor 1945, SCHLENKER (STU-K); 6726/2: mehrfach, z.B. Hausen, vor 1945, HANEMANN (STU-K); 6824/1: Kupfer, HECKEL (1929), o.O., 1978, LÄNGST (STU-K); 6826/1: Seewald bei Triensbach, vor 1900, SEITZ (STU), Reußenberg, 1982, NEBEL (STU-K).

Keuper-Lias-Neckarland: In den Keupergebieten (bes. Gipskeuper und Knollenmergel, Schilfsandstein) einschließlich Strom- und Heuchelberg, und im Vorland der Schwäbischen Alb (Lias) einschließlich dem Traufbereich zerstreut. Eine gesonderte Fundortaufzählung unterbleibt.

Baar: 7916/2: Villingen, V. STENGEL in ZAHN (1889); 7917/1: Schwenningen, KIRCHNER u. EICHLER (1913); 8016/4: Dögginger Wald, Ostrand, 1888, ZAHN (1889); 8017/1: zw. Dürrheim u. Donaueschingen, 1888, ZAHN (1889), Weiherwald bei Aasen, 1989, PHILIPPI (KR-K); 8017/2: Osterberg, WINTER in ZAHN (1889); 8017/3: Berchenwald bei Hüfingen, ENGESSER u. NEUBERGER in ZAHN (1889), Pfohren, DÖLL in ZAHN (1889); 8017/4: Wartenberg, Osthang, SCHATZ in ZAHN (1889); 8116/1: S Bachheim, nach 1970, PHILIPPI (KR-K); 8116/2: bei Mundelfingen, BRUNNER in ZAHN (1889), W Mundelfingen, 1990, VOGGESBERGER.

Schwäbische Alb (ohne Traufbereich): 7226/4: Schnaitheim, 1953, MAHLER (STU-K); 7227/3: N Nattheim, um 1960, KOCH (STU-K), Winterhalde E Schnaitheim, 1960, MAHLER (STU-K); 7227/4: Zitterberg NE Nattheim, 1959, MAHLER (STU-K); 7228/1: Neresheim, vor 1900, TROLL (STU); 7326/2: bei Mergelstetten, um 1960, KOCH (STU-K); 7327/1: Obere Ziegelhütte S Nattheim, 1954, MAHLER (STU-K), Osterholz E Heidenheim, 1960, MAHLER (STU-K); 7327/2: Trinkhau SE Nattheim, um 1960, KOCH (STU-K); 7327/3: Eselsburger Tal, nach 1970 (LfU); 7425/3: Scharenstetten, HAUFF (STU-K); 7524/4: Blaubeuren (ZKM), seit VALET 1847 nicht mehr gefunden, K. MÜLLER (STU-K); 7622/1: Pfaffental N Ödenwaldstetten, 1984, STADELMAIER (STU-K); 7721/1: bei Gauselfingen, 1971, SEBALD (STU-K).

Hegau, Bodenseegebiet und Schussenbecken: 8120/1: Bergholz bei Zozneck, JACK (1892: 386); 8121/4: Faulenthal, JACK (1900: 87); 8122/3: Ringgenweiler, 1888, HERTER (STU-K); 8123/2: Mochenwangen, 1951, HAUFF (STU-K); 8218/1: am Hohenstoffeln, BRUNNER in JACK (1900: 87), E Hofwiesen am Hohenstoffel, SCHALCH in KUMMER (1944: 22); 8218/3: Wald bei Dörflingen, BRUNNER in JACK (1900: 87); 8221/2: zw. Mühlhofen u. Mimmenhausen, HÖFLE in JACK (1900: 87), Kirchberghölzle, JACK (1900: 87); 8222/3: am Göhrenberge, HÖFLE in JACK

(1900: 87); 8223/1: Oberzell, 1919, BERTSCH (STU); 8321/1: Lorettowald, JACK (1900: 87); 8322/2: Friedrichshafen, BAUR, JACK in JACK (1900: 87); 8323/1: Braitenrain, vor 1945, KLUMPP (STU-K), Loderhofweiher, nach 1970 (LfU).

Die tiefsten Vorkommen von *T. ochroleucum* liegen bei 230 m im Stromberggebiet (7020/1), das höchste bei 990 m auf der Südwestalb (7718/4, Plettenberg).

Erstnachweis: ROTH VON SCHRECKENSTEIN (1798: 113) „um Mülheim" (8111).

Bestand und Bedrohung: Der Blaßgelbe Klee wächst vornehmlich in einschürigen Mähwiesen oder extensiv befahrenen Schafweiden. Nach Aufgabe der Bewirtschaftung scheint er sich eine Zeitlang halten zu können, bis er von höherwüchsigen Stauden und Gehölzen verdrängt wird. Eine intensivere Nutzung, die mit Düngen und häufigeren Schnitten verbunden ist, oder Aufforstung der Flächen bringen die Art rasch zum Verschwinden. Der Blaßgelbe Klee ist in der Roten Liste Baden-Württemberg als gefährdet (G3) eingestuft. Der Rückgang der Art ist regional verschieden: Besonders gravierend wirkte sich die Nutzungsintensivierung im Odenwald, Schwarzwald, Oberrheingebiet und Bodenseeraum aus.

In diesen Landesteilen ist die Pflanze vom Aussterben bedroht (G1). In den restlichen Regionen kann die Art in G3 verbleiben, doch konnte sie auch hier bereits in 90 von 170 Quadranten nicht mehr bestätigt werden. Die Populationen der Keupergebiete sind als instabil anzusehen, da sie überwiegend auf Wald- und Wegränder begrenzt und sehr klein sind. Am günstigsten stellt sich die Situation im Bereich der Südwestalb und deren Vorland dar. Schutzmaßnahmen sind dringend erforderlich und können am besten durch Extensivierung größerer Flächen erreicht werden. Wiesen, in denen *T. ochroleucum* vorkommt, dürfen nicht gedüngt und nur einmal jährlich geschnitten werden (Mähtermin: ab Ende Juli).

12. Trifolium rubens L. 1753
Purpurklee, Fuchsschwanz-Klee

Morphologie: Ausdauernde Pflanze mit unterirdisch überdauernder Hauptachse. Stengel 35–60 cm hoch, kahl. Blättchen bis 9 cm lang und 15 mm breit, obere spitz, untere stumpf oder ausgerandet, die dicht stehenden Seitennerven in gekrümmte Zähne auslaufend; Nebenblätter bis 8 cm lang, lanzettlich, ihr freier Teil etwa halb so lang wie der verwachsene. Blütenstände einzeln oder paarweise, kurzgestielt, 4–8 cm lang und 2–3 cm

breit; Kelchröhre kahl, 12- bis 20nervig, Kelchzähne aufrecht, behaart, unterster viel länger als die
oberen; Krone 12–15 mm lang, purpurn. Hülse
1samig. – Blütezeit: Juni, Juli.

Ökologie: Der Purpurklee wächst hauptsächlich in
südexponierten Waldsäumen, auch in lichten Wäldern und Gebüschen sowie ungenutzten Halbtrok-
kenrasen, auf trockenen bis frischen, basenreichen,
kalkhaltigen und kalkarmen, sandigen bis tonigen
Böden. Er erträgt Halbschatten und ist wärmeliebend. Geranion sanguinei-Verbandskennart, gern
im Geranio-Peucedanetum cervariae und Geranio-
Trifolietum alpestris, auch im Lithospermo-Quercetum petraeae und Cytiso-Pinetum. Vegetationsaufnahmen mit *T. rubens* sind zu finden bei Kuhn
(1937: Tab. 31), Th. Müller (1966: Tab. 18),
Witschel (1980: mehr. Tab.), Sebald (1983:
Tab. 9) und Philippi (1984: Tab. 12, 14). Als häufige Begleiter treten *Geranium sanguineum, Peucedanum cervaria, Anthericum ramosum, Bupleurum
falcatum* und *Thesium bavarum* auf.

Allgemeine Verbreitung: Mitteleuropäische Pflanze,
mit Schwerpunkt in der kollinen und montanen
Stufe. Von den nordspanischen Gebirgen, Mittelitalien und Thrakien im Süden nordwärts bis Nordfrankreich, Belgien, in Deutschland etwa bis Kassel
(früher bis Hannover), Polen; im Osten bis zur
Ukraine.

Verbreitung in Baden-Württemberg: Der Purpurklee
ist in Landschaften mit wärmebegünstigten Stand-

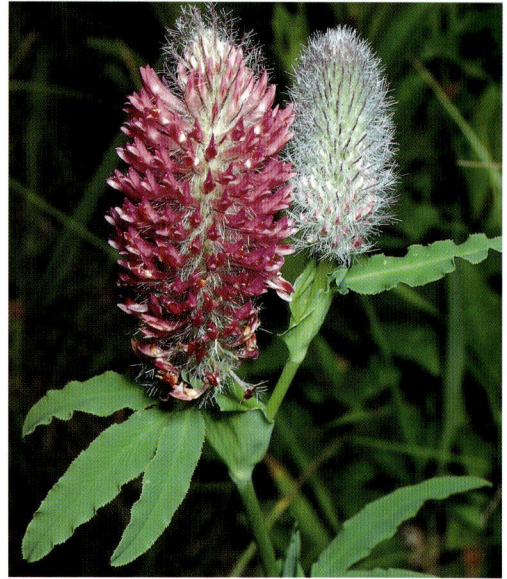

Purpurklee *(Trifolium rubens)*
Entringen, 26.6.1991

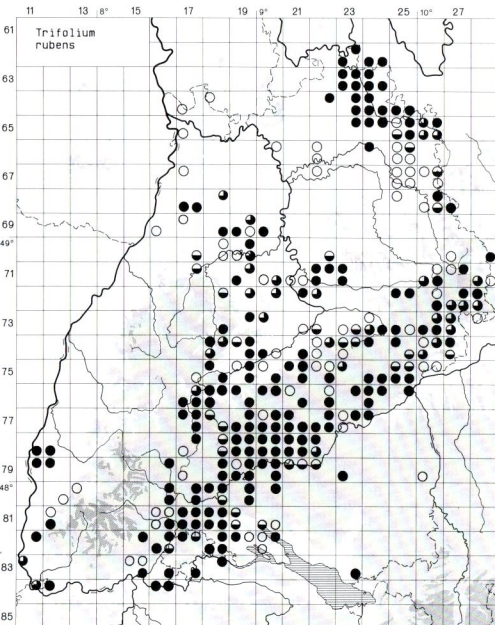

orten und basenreichen Böden zerstreut bis selten
anzutreffen. Im Oberrheingebiet ziemlich selten: im
Norden an der Bergstraße und in den Sandgebieten
der Rheinebene (erloschen); im Süden nur im Kaiserstuhl, in der Vorbergzone zw. Freiburg und Lörrach sowie am Dinkelberg. In den Gäulandschaften
vom Kraichgau bis zum Oberen Neckar kommt die
Pflanze zerstreut vor, etwas häufiger im Tauberland. In der Baar, im Wutachgebiet und Klettgau
ist sie zerstreut zu finden. Relativ verbreitet ist der
Purpurklee auf der gesamten Schwäbischen Alb
einschließlich dem Albvorland, wobei er die
Südwestalb bevorzugt. Im Hegau und westlichen
Bodenseegebiet siedelt er zerstreut, im übrigen Alpenvorland dagegen sehr selten. Er ist im Gebiet
urwüchsig.

Nördliches Oberrheingebiet: 6417/3: Käfertaler Wald,
Döll (1862); 6418/1: Weinheim, EGM (1914: 375); 6517/
3: Friedrichsfeld, EGM (1914: 375); 6717/1: Waghäusel,
EGM (1914: 376); 6916/3: Mühlburg, Döll (1862).
Südliches Oberrheingebiet: 7811/4: Limburg, Sponeck,
EGM (1914: 378), Pulverbuck E Bischoffingen, nach 1970
(LfU); 7812/3: Katharinenberg, EGM (1914: 378), W
Schelingen, nach 1970 (LfU); 7911/2: Achkarren, 1886,
Stehle (1895: 326), Hochbuck S Achkarren, nach 1970
(LfU); 7912/1: Neun Linden, Liliental, EGM (1914: 379),
N Liliental, nach 1970 (LfU); 8012/4: Ölberg bei Ehren-
stetten, EGM (1914: 380); 8013/1: Freiburg: Schloßberg,
1836, Sautermeister (STU); 8112/1: Kastelberg, EGM
(1914: 382); 8112/3: Sulzburg, Badenweiler, Döll (1862),
NSG Innerberg, nach 1970 (LfU); 8211/2: Feldberg,
EGM (1914: 383), Hörnle NE Feldberg, Eichwald N

Rheintal, nach 1970 (LfU); 8311/1: Kleinkems, Istein, Efringen, EGM (1914: 384), Isteiner Klotz, LITZELMANN (1966: 159); 8411/2: Grenzach, EGM (1914: 385), Horn- und Grenzacherberg, MOOR (1962: 194); 8412/1: Herten, EGM (1914: 386), Leuengraben E Wyhlen, nach 1970 (LfU).

Hohenlohe: Funde nach 1970: 6624/1: Rötelweiler, 1989, GENSER (STU-K); 6826/2: E Beuerlbach, 1977, ZORZI (STU-K); 6827/3: Gaisbühl, nach 1970 (LfU).

Alpenvorland: 7923/3: Glockeneich bei Moosheim, vor 1945, BERTSCH (STU-K), 1983, HERBST (STU-K); 7926/2: Bayern: Niederterrasse N Heimertingen, 1971, SEYBOLD (STU-K); 7926/3: Eichenberg, HUBER u. REHM (1860); 8120/3: zw. Ludwigshafen u. Sipplingen, BARTSCH (1924: 305); 8120/4: beim Haldenhof, LEINER in JACK (1900); 8219/1: Fridinger Schloßberg, 1977, BEYERLE (STU-K); 8219/2: Ruine Homburg, HIRTH in JACK (1900); 8220/1: Ruine Bodman, JACK (1900); 8220/2: zw. Süßenmühle u. Hödinger Tobel, 1973, HENN (STU-K); 8220/3: Markelfinger Wald, Südrand, JACK (1900); 8323/4: Laimnau, vor 1945, BERTSCH (STU-K), Drackenstein bei Laimnau, 1977, DÖRR (STU).

Die Höhenverbreitung des Purpurklees reicht im Gebiet von 190 m im Tauberland (6323/2, früher 100 m in der Rheinebene bei Mannheim) bis 970 m auf der Südwestalb (7718/4, Plettenberg, BERTSCH 1919: 335).

Erstnachweis: C. BAUHIN (1622: 93) „in monte Crentzacensi“ (8411). Die Richtigkeit wird von HAGENBACH bestätigt (1834: 224–225).

Bestand und Bedrohung: *Trifolium rubens* gehört in Baden-Württemberg zu den gefährdeten Arten (G3). Sein Gefährdungsgrad ist jedoch regional unterschiedlich: Im nördlichen Oberrheingebiet und im Bauland ist die Art erloschen (G0), in Hohenlohe und im westlichen Bodenseegebiet stark gefährdet (G2). Stark zurückgegangen ist der Purpurklee auch in den Ballungsräumen um Stuttgart und Freiburg. Im Tauberland und auf der Südwestalb scheint er sich noch am besten halten zu können. Die Populationen des Purpurklees bestehen aus einzelnen, horstförmig wachsenden Individuen und sind in der Regel nicht besonders groß. Auch ist die Art nicht sehr ausbreitungs- und pionierfreudig und düngerempfindlich. Ihre Lebensräume werden vor allem durch intensive landwirtschaftliche Nutzung zerstört.

13. Trifolium alpestre L. 1763
Hügelklee, Waldklee

Morphologie: Ausdauernde Pflanze mit Bodenausläufern. Stengel 15–60 cm hoch, anliegend bis abstehend behaart. Blättchen bis 80 mm lang und 15 mm breit, spitz, seltener stumpf, vor allem unterseits behaart, Seitennerven zahlreich, am Ende etwas verdickt; Nebenblätter lanzettlich,

2–7 cm lang, behaart, ihr freier Teil fädlich, kürzer als der verwachsene Teil. Blütenköpfe einzeln oder zu zweit, von den Nebenblättern der obersten Blätter eingehüllt, 2–3 cm breit; Kelchröhre 20nervig, zottig behaart, unterster Zahn viel länger als die oberen; Krone ca. 15 mm lang, purpurn. Hülse 1samig. – Blütezeit: Mai–August.

T. alpestre ist von *T. rubens* durch die starke Behaarung und ± häutigen Nebenblätter, von *T. medium* durch die 20nervigen, stark behaarten Kelche und längeren (in der Form aber ähnlichen) Nebenblätter unterschieden.

Ökologie: In Waldsäumen und lichten Wäldern, an Hangkanten, Wegrändern und Straßenböschungen, oft in der Umgebung von Weinbergen, auf mäßig trockenen bis frischen, basenreichen, meist kalkarmen, neutralen bis mäßig sauren Böden. Kennart des Geranio-Trifolietum alpestris, auch im Geranio-Peucedanetum und anderen Origanetalia-Gesellschaften sowie in Mesobrometen, im Cytiso-Pinetum und Lithospermo-Quercetum.

Vegetationsaufnahmen bei TH. MÜLLER (1966: Tab. 18), LANG (1973), WITSCHEL (1980: Tab. 15, 24) und PHILIPPI (1984: Tab. 14). Typische Begleiter von *T. alpestre* sind *Lathyrus linifolius* und *L. niger*, *Genista sagittalis*, *Trifolium rubens*, *Peucedanum cervaria*, *Silene nutans* und *Melampyrum cristatum*.

Allgemeine Verbreitung: Europäische Pflanze. Von den Pyrenäen nordwärts bis Mittelfrankreich,

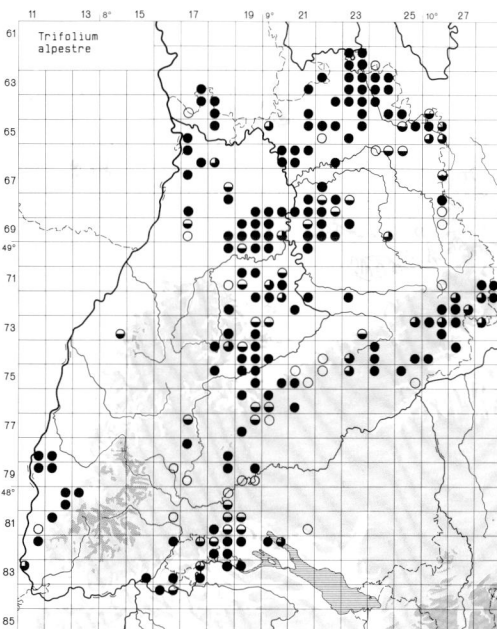

Hügelklee *(Trifolium alpestre)*
Böblingen, 29.6.1991

Lothringen, Eifel, Hannover, Dänemark, Estland, bis zum Ural und Kaukasus im Osten, südlich bis Nordgriechenland und Mittelitalien. In Mitteleuropa bevorzugt die Pflanze kolline bis montane Lagen.

Verbreitung in Baden-Württemberg: Der Hügelklee ist in den wärmeren Landesteilen mit Weinbauklima über Granit, Buntsandstein, Muschelkalk, Keuper, Weißjura, Molasse und vulkanischem Gestein zerstreut und meist gesellig anzutreffen. Sein Verbreitungsschwerpunkt liegt im Tauberland und den angrenzenden, reicheren Buntsandsteinbereichen des Odenwalds sowie im Stromberg- und Heuchelberggebiet. Er ist im Gebiet urwüchsig.

Nördliches Oberrheingebiet: 6417/3: Käfertaler Wald bei Mannheim, Döll (1862); 6517/3, 6617/1, 6617/4, o.O. Schöch (STU-K); 6717/1: N Waghäusel, 1968, Philippi (1971); diese Vorkommen dürften heute weitgehend erloschen sein (Philippi 1971: 125).
Mittleres Oberrheingebiet: 7314/4: zw. Illenau und Obersasbach, 1920, W. Zimmermann (1923: 267).
Südliches Oberrheingebiet: Zerstreut im Kaiserstuhl und in der Vorbergzone von Freiburg bis Lörrach.

Odenwald: An der Bergstraße über Granit zerstreut, ebenso auf reicheren Buntsandsteinböden, insbesondere im Osten des Gebietes.
Schwarzwald: 7814/2: Gschassikopf, Neuberger (1912), Angabe erscheint zweifelhaft; im Übergangsbereich zw. Baarschwarzwald und den Muschelkalkflächen des Oberen Neckar: 7717/1: Oberndorf, A. Mayer (1929); 7817/1: o.O., vor 1977, Schölch (STU-K); 7916/2: Villingen, Engesser in Zahn (1889); 7917/3: Hirschhalde bei Dürrheim, Winter in Zahn (1889).
Taubergebiet: verbreitet.
Kraichgau: 6618/3: Nußloch, 1965, Düll (KR-K); 6718/4: Roßberg N Waldangelloch, Bartsch (1931: 122); 6817/3: Eichelberg, 1933, Oberdorfer (1934: 104), Nährkopf, Hassler (1988); 6818/2: Eichelberg u. Kapellenberg N Eichelberg, Bartsch (1931: 123), o.O., o.J., Schölch (STU-K); 6917/1: Eichelberg N Untergrombach, Leutz (1883: 78), Michelberg N Untergrombach, 1934, Oberdorfer (1934: 101); 6917/3: Berghausen, Grötzingen, Kneucker (1886: 86).
Bauland und Hohenlohe: Sehr zerstreut, in der Hohenloher Ebene selten.
Mittlerer Neckar: Im Heuchelberg-Stromberg-Gebiet und den Löwensteiner Bergen verhältnismäßig häufig, südlich bis zum Rammert und in die angrenzenden Gäuflächen reichend.

428

Schwäbisch-Fränkischer Wald und Schurwald: 6924/4: Umgebung von Eutendorf, 1969, BAUMANN (STU-K); 6926/2: Weipertshofen, MARTENS u. KEMMLER (1882); 7223/1: Alte Steige SE Schorndorf, 1990, VOGGESBERGER (STU-K).

Wutachgebiet, Klettgau und Hegau: Zerstreut.

Schwäbische Alb: Sehr zerstreut im Bereich des nördlichen Albrands und auf der Südwestalb bis zum Randen, nach Osten zu etwas häufiger werdend.

Bodenseegebiet: 8121/4: Heiligenberg, JACK in DÖLL (1862); 8220/1: o.O., 1984, PEINTINGER (STU-K); 8220/2: E Sipplingen, 1961, Schwenkental W Hödingen, 1963, LANG (1973: 378).

Oberschwaben: 8124/4: Wolfegg, vor 1900, SCHÜZ (STU). Dieser Fund erscheint ziemlich fraglich, vielleicht liegt eine Etikettenverwechslung vor.

Die tiefsten Vorkommen befinden sich bei 100 m in der nördlichen Rheinebene, die höchsten bei 1000 m auf der Südwestalb (7818/4).

Erstnachweis: DUVERNOY (1722: 144), Spitzberg bei Tübingen (7420).

Bestand und Bedrohung: *T. alpestre* ist verhältnismäßig regenerationsfreudig und erträgt gelegentliche Mahd und Beweidung (GAMS 1923). Durch seine weitreichenden Bodenausläufer ist er in der Lage, größere Herden zu bilden. Seine Populationen setzen sich oft aus 50 oder mehr Individuen zusammen. Eine intensivere landwirtschaftliche Bewirtschaftung, die meist mit Eutrophierung der Waldränder einhergeht, erträgt er jedoch nicht. Die Pflanze ist daher in der nördlichen Rheinebene, im Kraichgau, in Hohenlohe, auf der Schwäbischen

Trifolium incarnatum

Alb, im Gebiet zwischen Baarschwarzwald und Hegaualb und im Bodenseeraum stark zurückgegangen.

Die bisherige Einstufung des Hügelklees als schonungsbedürftig (Rote Liste 1983) muß für ganz Baden-Württemberg auf gefährdet (G3) erhöht werden.

Trifolium incarnatum L. 1753
Inkarnatklee

Pflanze einjährig, behaart. Stengel aufrecht, 10–60 cm hoch. Blättchen bis 35 mm lang und fast ebenso breit, rundlich mit keilförmigem Grund, meist ausgerandet, in der oberen Hälfte ausgebissen gezähnt; Nebenblätter eiförmig, häutig, oft stumpf. Blütenähre eiförmig bis zylindrisch, bis 6 cm lang; Kelch langhaarig, 10nervig, Zähne fast gleich, zur Fruchtzeit sternförmig abstehend; Krone 10–15 mm lang, dunkelrot. Hülse 1samig. – Blütezeit: Mai–August (Oktober).

Eine weniger kräftige, stärker verzweigte Form mit gelblichweißen oder rosa Blüten ist var. *molinerii*. Sie wird als Stammform der kultivierten var. *incarnatum* betrachtet und ist im Gebiet nur sehr selten adventiv angetroffen worden.

T. incarnatum ist vorwiegend westmediterran verbreitet und wurde ursprünglich beiderseits der Pyrenäen, evtl. auch in Norditalien in Kultur genommen. Heute wird die Art in Europa nördlich bis Großbritannien und östlich bis zur Ukraine, sowie in Amerika und Australien angebaut.

In Baden-Württemberg findet der Inkarnatklee als Futterpflanze und zur Gründüngung Verwendung, z.B. im Landsberger Gemenge. Er wird auch an Straßenböschungen angesät und ist in sogenannten „Wiesenblumen"-Mischungen enthalten. Verwildert trifft man ihn an Weg- und Straßenrändern, in Brachäckern, Magerrasen und auf Schuttplätzen. Er bevorzugt mäßig trockene, kalkarme, lockere, sandige Böden in humider, milder Klimalage. Die Art tritt im Gebiet spontan vor allem in der Oberrheinebene, im Neckarland und im südlichen Oberschwaben auf, ist aber wohl nirgends eingebürgert. Sie wurde schon 1836 bei Stuttgart kultiviert (W. GMELIN, STU).

14. Trifolium striatum L. 1753
Gestreifter Klee, Streifenklee

Morphologie: Einjährige, abstehend behaarte Pflanze. Stengel (5–) 10–35 cm hoch, aufrecht oder aufsteigend, besonders am Grunde verzweigt. Blättchen bis 15 mm lang und 10 mm breit, beidseitig behaart, untere herzförmig, obere länglich-eiförmig, bespitzt, in der oberen Hälfte gezähnelt, Seitennerven gerade; Nebenblätter aus breit-eiförmigem Grund in eine pfriemliche Spitze ausgezogen, häutig, grün- oder rotnervig, behaart. Blütenstände behüllt, etwa 1 cm lang, end- oder achselständig; Kelchröhre kugelig, behaart, 10nervig, Zähne kürzer als die Röhre, spitz, zur Fruchtzeit abstehend; Krone 5–7 mm lang, hellrosa, kaum

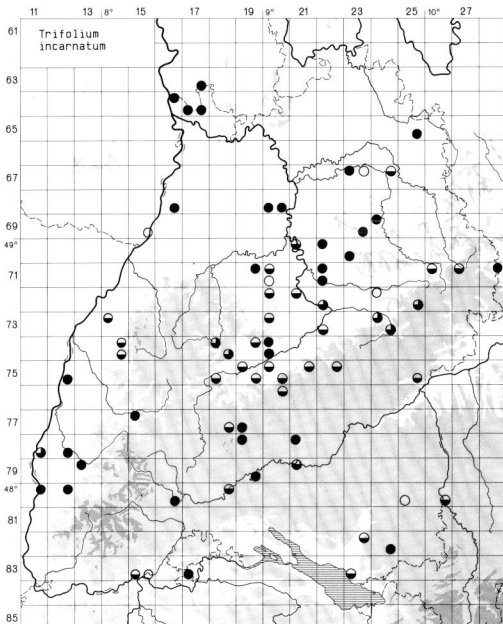

Gestreifter Klee *(Trifolium striatum)*
Village Neuf (Elsaß), 1981

länger als der Kelch. Hülse 1samig. – Blütezeit: Juni, Juli.

Ökologie: In Pionierrasen, an Dämmen und Wegrändern, in Sand- und Kiesgruben, auf trockenen, mäßig basenreichen, kalkarmen Sand-, Lehm- oder Kiesböden. Thero-Airion-Verbandskennart, auch in Xerobrometen. Aus Baden-Württemberg liegen keine veröffentlichten Vegetationsaufnahmen vor. Begleitpflanzen sind *Aira-* und *Vulpia*-Arten, *Rumex acetosella, Arabidopsis thaliana* u.a. Therophyten. *T. striatum* wächst auch gern mit *T. scabrum, T. campestre* und *T. arvense* zusammen.

Allgemeine Verbreitung: Mediterran-atlantische Art. Nördlich bis Großbritannien, Südskandinavien und Polen, von Portugal im Westen bis zum Kaukasus und Kleinasien im Osten und Nordwestafrika im Süden. Auch auf den Kanarischen Inseln und Madeira. In Deutschland hauptsächlich in Schleswig-Holstein, Hessen und Rheinland-Pfalz verbreitet.

Verbreitung in Baden-Württemberg: Sehr seltene und oft nur vorübergehend im Oberrheingebiet aufgetretene Pflanze. Die Vorkommen von *T. striatum* trugen teilweise adventiven Charakter. Die Pflanze ist im Gebiet wohl als unbeständige Art anzusehen und nicht eingebürgert.

6517/3: zw. Friedrichsfeld u. Relaishaus, Döll (1862); 6616/4: bei Speyer, 1894, F. Zimmermann (1906: 135); 6717/1: zw. Waghäusel u. Neulußheim, 1923, Kneucker (1924: 295); 6916/3: Am Hochrain zw. Mühlburg u. Knielingen, 1879, Kneucker (1886), einziger Fund (1913: 7); 7015/4: Durmersheim beim Sportplatz, 1965/67, Brettar in Philippi (1971: 35); 7912/4: zw. Freiburg u. Lehen am Dreisamdamm, Thiry in Schildknecht (1863); 7913/3: Freiburger Exerzierplatz, Stehle (1883: 76, 1884: 107, 1887: 303), verschwunden, Stehle (1895: 326); 8013/1: Hirzberg, Südabhang, Thiry in Döll (1866: 43), 1882 in

430

Menge, leider verschwunden, STEHLE (1895: 326); 8111/4: Wässereweiher bei Müllheim, LANG in DÖLL (1862), zw. Müllheim u. Neuenburg, HAGENBACH (1834); 8311/1: Isteiner Klotz, BAUSCH (STU); Hardtberg bei Istein, 1920, SCHLATTERER (1920: 111); 8411/2: bei Basel an einer Sandgrube, GMELIN in DÖLL (1862), an der Wiese bei Basel und Lörrach, SCHNEIDER (1880).
Elsaß: 7412/3: auf Kies bei Grafenstaden, 1906, LUDWIG (STU). Sonst im Elsaß scheinbar mehrfach auf entkalkten Böden der Rheinterrassen und der Vorbergzone der Vogesen, selten im Sundgau und um Belfort (ISSLER, LOYSON u. WALTER (1965).

Die Vorkommen lagen zwischen 100 m bei Mannheim und 200–300 m in Südbaden (8013, 8311).

Erstnachweis: C.C. GMELIN (1808: 232) „circa Loerrach ad Wiesam" (8311).

Bestand und Bedrohung: Der Streifenklee erreicht im Oberrheingebiet seine Verbreitungsgrenze. Obwohl er oft mit *T. scabrum* vergesellschaftet ist und sein Areal weiter nach Mitteleuropa hineinreicht als bei jenem, konnte er sich in der Rheinebene auf Dauer nicht halten.

Seine ökologischen Ansprüche sind offenbar enger und seine Konkurrenzkraft im Gebiet noch schwächer als die von *T. scabrum*. Die Art ist im Gebiet zuletzt 1965/67 beobachtet worden und seither verschollen. Da die Pflanze in der Pfalz und in Hessen öfter aufzutreten scheint, sollte besonders in der nördlichen Oberrheinebene verstärkt auf sie geachtet werden.

15. Trifolium scabrum L. 1753
Rauher Klee

Morphologie: Einjährige Pflanze. Stengel meist zu mehreren, niederliegend oder aufsteigend, 3–25 cm hoch. Blättchen bis 13 mm lang und 10 mm breit, dicklich, fast ringsum gezänt. Blütenköpfe etwa 1 cm lang; Kelchröhre 10nervig, nur zwischen den Nerven behaart, zylindrisch, lederig, der untere Zahn oft länger als die Röhre; Krone weißlich, 4–5 mm lang, so lang wie der Kelch oder kürzer. – Sonst wie *T. striatum*. – Blütezeit: Juni, Juli.

Ökologie: In Pionier- und Magerrasen auf offenen, trockenen, kalkhaltigen oder kalkarmen, flachgründigen, rohen Kies- und Sandböden in warmer Lage. Kennart des Cerastietum pumili (Sedo-Scleranthetea), auch im Xerobrometum.

Vegetationsaufnahmen aus dem Gebiet bei WITSCHEL (1980: Tab. 4), aus dem Elsaß bei ISSLER (1929: Tab. IX).

T. scabrum wächst gern zusammen mit *Cerastium pumilum* und *C. brachypetalum, Filago pyramidata, Arenaria leptoclados, Medicago minima* u.a. Therophyten.

Allgemeine Verbreitung: Hauptsächlich mediterran verbreitete Art mit einigen Vorposten im atlantischen Mitteleuropa. Das Areal umfaßt das Mittelmeergebiet von der Iberischen Halbinsel bis Vorderasien und Nordafrika und reicht nördlich vereinzelt bis Großbritannien, Belgien, Holland,

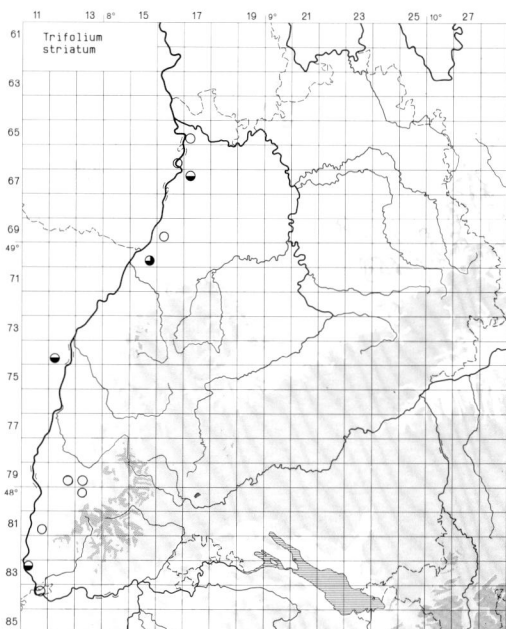

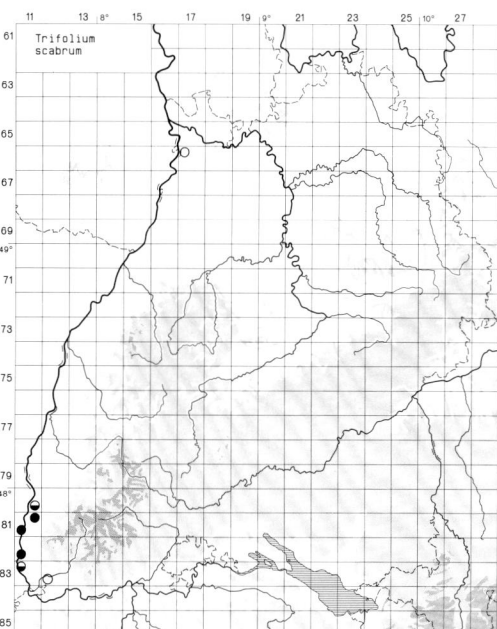

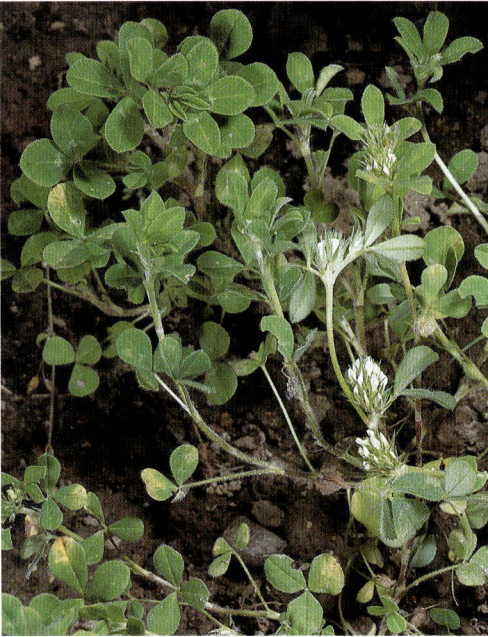

Rauher Klee *(Trifolium scabrum)*
Aimeldingen, 1980

Oberrheinische Tiefebene nördlich bis Rheinhessen, Schweiz, Ungarn, Rumänien, Krim.

Verbreitung in Baden-Württemberg: Sehr seltene Pflanze in den wärmsten und trockensten Lagen des südlichen Oberrheingebiets. Am nördlichen Oberrhein wurde sie im letzten Jahrhundert nur an einer Stelle beobachtet, außerdem trat sie nach K. MÜLLER (1942–50) einmal adventiv auf dem Güterbahnhof Ulm (7525/4, 1941) auf. Der Rauhe Klee befindet sich im Gebiet an der nordöstlichen Grenze seiner Verbreitung und ist hier als urwüchsig zu betrachten.

6617/1: bei Oftersheim, 1880–1891, F. ZIMMERMANN (1906: 135); 8011/4: Beim Weinstetterhof, LAUTERBORN in K. MÜLLER (1937: 354); 8111/2: „Riese" bei Grißheim, 1926, BRAUN-BLANQUET u. KOCH (1928: 7), bei Grißheim, 1977, WITSCHEL (1978: 16), Grißheim, 1991, PLIENINGER (STU); 8111/3: Rheinniederung zw. Neuenburg u. Zienken, VULPIUS in SCHILDKNECHT (1863), bei Neuenburg vor einigen Jahren wiederentdeckt, BOGENRIEDER u. HÜGIN in WITSCHEL (1978: 16, vgl. BOGENRIEDER u. HÜGIN 1978: 245); 8211/3: bei Bad Bellingen, 1977, WITSCHEL (1978: 16); 8311/1: Isteiner Klotz, LANG in DÖLL (1843), am Klotz durch den Festungsbau verschwunden, NEUBERGER (1912); oberhalb der Isteiner Ziegelhütte, SCHILDKNECHT (1863), SCHILL in SCHNEIDER (1880), 1888, WINTER (1889: 57), Hardtberg bei Istein, 1920, SCHLATTERER (1920: 111), zw. 1923 und 1933 durch den Steinbruchbetrieb vernichtet, die Pflanze konnte dort nicht wieder aufgefunden werden, LITZELMANN (1966:

196); 8312/3: an der Wiese zw. Steinen u. Lörrach, GMELIN (1808: 231). – Im angrenzenden Schweizer Gebiet bei Basel: Sandgrube bei Basel, GMELIN in DÖLL (1862), beim Kapellchen am Weg zw. Hüninger Straße u. Neudorf, SCHNEIDER (1880), an Rhein, Wiese, Birs, HAGENBACH in SCHNEIDER (1880), Reinacher Heide, STEIGER in SCHNEIDER (1880), an der Birs bei Reinach, MOOR (1962: 49). – Elsaß: In den oberelsässischen Kalkvorhügeln von Rouffach bis Wasselonne, in der Rheinebene zwischen Mühlhausen und Straßburg-Neuhof (ISSLER, LOYSON u. WALTER 1965).

Die aktuellen Wuchsorte von *T. scabrum* in der südlichen Oberrheinebene liegen bei 200–225 m ü. NN.

Erstnachweis: C. C. GMELIN (1808: 231) „ad Wiesem inter Steinen et Loerrach" (8312).

Bestand und Bedrohung: Von 1937 bis Anfang der 70er Jahre galt der Rauhe Klee in Baden-Württemberg als verschollen. Seit den Wiederfunden (BOGENRIEDER u. HÜGIN 1978, WITSCHEL 1978) ist er aufgrund seiner Seltenheit und der wenigen für ihn in Frage kommenden Lebensräume als stark gefährdet oder vom Aussterben bedroht einzustufen (G1). An einigen seiner ursprünglichen Standorte (8111/2, 8111/3) überdauerte dieser Klee offenbar lange Zeit als Samen, hat sein Areal aber nicht erweitern können. *T. scabrum* besiedelt neu entstandene Lebensräume nur vorübergehend und oft in zahlreichen Individuen. Er erliegt der Konkurrenz durch andere Arten relativ rasch (WITSCHEL 1980: 39). Falls von Natur aus nicht genügend offene Flächen für eine Neubesiedlung zur Verfügung stehen, müssen aktive Schutzmaßnahmen ergriffen werden. Hinweise dazu finden sich bei WITSCHEL (1980: 38ff., vgl. auch KRAUSE 1978). Vor allem ist der Vernichtung der wenigen Wuchsorte durch Kiesabbau, andere Baumaßnahmen und Eutrophierung dringend Einhalt zu gebieten.

16. Trifolium arvense L. 1753
Hasenklee, Ackerklee

Morphologie: Einjährige, behaarte Pflanze. Stengel aufrecht, verzweigt, 10–60 cm hoch, wie die ganze Pflanze manchmal rot überlaufen. Blättchen bis 25 mm lang und 5 mm breit, lanzettlich bis lineal, gestutzt, an der Spitze gezähnt, beidseitig behaart, Seitennerven undeutlich; Nebenblätter länglich-eiförmig, häutig, die freien Zipfel pfriemlich. Blütenstände zahlreich, gestielt, 10 bis 35 mm lang, eiförmig, später walzlich, reich- und dichtblütig; Kelchröhre 10nervig, dicht behaart, Kelchzähne federartig bewimpert, oft rötlich; Krone 3–4 mm lang, weißlich bis rosa, viel kürzer als der Kelch. Hülse 1samig. – Blütezeit: Juni–Oktober.

Ökologie: In Sand- und Felsrasen, Getreideäckern, lückigen Magerrasen und -weiden, auf Dünen und an Dämmen, in Sand- und Kiesgruben, auf Brachflächen, an Wald- und Wegrändern; auf trockenen, mäßig basenreichen, kalkarmen, rohen, lockeren Löß-, Sand- und Kiesböden. Sedo-Scleranthetea-Klassenkennart, darüber hinaus als Differentialart des Aperion-Verbandes (v.a. im Papaveretum argemone) in Äckern, auch in Festuco-Brometea-Gesellschaften.

Vegetationsaufnahmen finden sich bei RODI (1960: Tab. I), TH. MÜLLER (1966-Hohentwiel: Tab. 2, 4), PHILIPPI (1971: Tab. 5, 9; 1973: mehrere Tab.; 1984: Tab. 8) und SEBALD (1974: Tab. H). Typische Begleiter sind *Rumex acetosella, Spergula arvensis, Scleranthus annuus* und *S. perennis, Filago-* und *Vulpia-*Arten.

Allgemeine Verbreitung: Europäisch-westasiatische Pflanze. Der Hasenklee ist fast in ganz Europa und rund um das Mittelmeer verbreitet. Er kommt von Nordwestafrika im Süden bis Großbritannien und Südskandinavien im Norden vor; östlich reicht er bis Westsibirien, Südrußland und Nordiran.

Verbreitung in Baden-Württemberg: Zerstreut wachsende Pflanze. *T. arvense* fehlt in den Kalkgebieten und in Landschaften mit kühlem, humidem Klima. Relativ häufig ist er auf den kalkarmen Sanden der nördlichen Oberrheinebene und in der Freiburger Bucht sowie entlang der Vorbergzone. Auch im Mittleren Schwarzwald tritt er zerstreut auf, hier

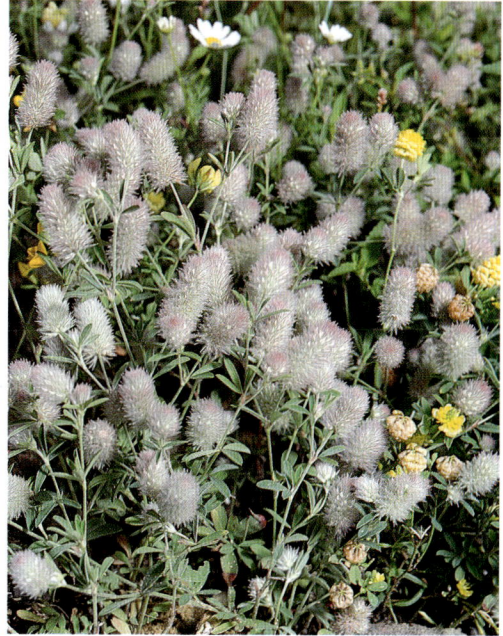

Hasenklee *(Trifolium arvense)*
Oberrimsingen, 1991

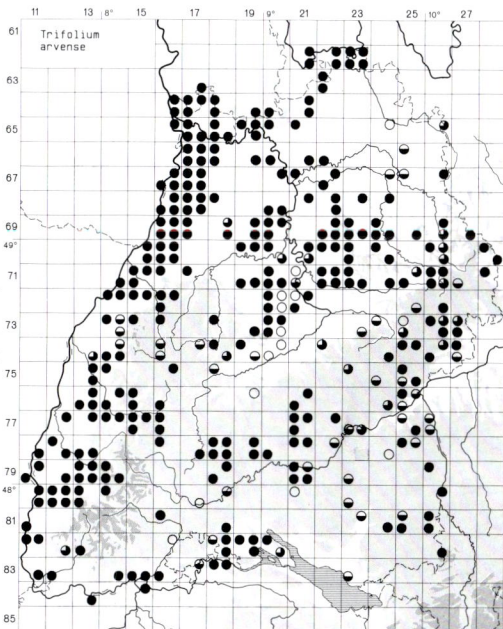

aber – wie auch anderswo – oft nur verschleppt (z.B. entlang von Bahnlinien). Im Odenwald ist die Art relativ verbreitet. Im Neckarland tritt sie bevorzugt auf Keupersanden auf, im Osten auch auf pleistozänen Ablagerungen (Goldshöfer Sande). Im Bereich der Schwäbischen Alb siedelt *T. arvense* hauptsächlich in Felsrasen, während er sich im Alpenvorland auf Molasse und eiszeitliche Schotter (oft in Kiesgruben) beschränkt. Der Hasenklee ist im Gebiet urwüchsig.

Seine Höhenverbreitung reicht von 100 m in der Rheinebene bei Mannheim bis etwa 950 m auf der Südwestalb (7918/2).

Erstnachweise: Spätes Atlantikum, Hochdorf (KÜSTER 1985). J. BAUHIN (1598: 153), Umgebung von Bad Boll (7323).

Bestand und Bedrohung: *T. arvense* kann als Pionierart in verschiedene Gesellschaften eindringen, sofern die Böden leicht und nicht zu nährstoffreich sind. Die Populationen sind im allgemeinen ausreichend groß (oft mehr als 20 Individuen). In Gebieten, in denen die Pflanze hauptsächlich sandige Äcker besiedelte, ist ihr Rückgang nicht zu übersehen. Dies gilt besonders für Ostwürttemberg von Hohenlohe bis zur Donauniederung, wo sie den bisherigen Angaben nach als gefährdet gelten muß. Auch im Ballungsraum Mittlerer Neckar ist sie streckenweise verschwunden. In den badischen Gebieten scheint die Art noch ziemlich häufig zu sein, so daß sie insgesamt für Baden-Württemberg weiterhin als schonungsbedürftig gelten kann (G5, Rote Liste 1983).

Trifolium alexandrinum L. 1755
Ägyptischer Klee, Alexandriner-Klee

Einjährige, zerstreut behaarte bis kahle Pflanze. Stengel bis 70 cm hoch, aufsteigend, verzweigt, hohl. Oberste Blätter gegenständig; Blättchen bis 30 mm lang und 15 mm breit, länglich-eiförmig, gestutzt oder spitz; Nebenblätter lanzettlich. Blütenstände eiförmig, später verlängert; Kelchröhre 10nervig, behaart, Zähne ungleich, schmal dreieckig, in einer weißlichen Grannenspitze endend; Krone 10–14 mm lang, gelblichweiß. Hülse 1samig. – Blütezeit: Juni–September.

Die Art *T. alexandrinum* ist nur aus Kultur bekannt und stammt möglicherweise aus Nordostafrika oder dem Nahen Osten, wo sie auch spontan vorkommt. Sie wird seit Jahrtausenden v.a. in Ägypten angebaut und besitzt dort große wirtschaftliche Bedeutung als Futterpflanze und zur Gründüngung der Baumwollfelder.

In Baden-Württemberg findet man den Ägyptischen Klee seit Ende der 50er Jahre manchmal in Reinsaat oder im Gemisch mit *T. resupinatum* auf Feldern, auch an Straßenböschungen und Banketten angesät, aber selten verwildert.

19. **Lupinus** L. 1753
Lupine

Zur Gattung *Lupinus* gehören etwa 200 Arten. Von ihrem Verbreitungszentrum im westlichen Nordamerika (Kalifornien) dehnt sie sich bis in die Anden und das boreale Westamerika aus. Ein kleineres Zentrum liegt im Mittelmeergebiet. In Europa kommen 10 *Lupinus*-Arten vor, in Baden-Württemberg ist nur die nordamerikanische *L. polyphyllus* eingebürgert.

In geringem Umfang werden im Gebiet die aus dem Mittelmeerraum stammenden Arten *L. albus*, *L. angustifolius* und *L. luteus* kultiviert. Diese Arten werden im Bestimmungsschlüssel mitberücksichtigt, weil sie hin und wieder verwildert gefunden werden.

Zahlreiche Lupinenarten finden als Zier- und Futterpflanzen sowie zur Gründüngung Verwendung. Insbesondere im Waldbau werden sie zur Verbesserung stickstoffarmer Böden eingesetzt. Für Futterzwecke sind alkaloidarme Sorten, die sogenannten Süßlupinen, in Gebrauch. Lupinen bevorzugen im allgemeinen kalkarme, tiefgründige Böden.

1 Pflanze ausdauernd; Blätter 9- bis 15zählig gefingert . . . . 1. *L. polyphyllus*
– Pflanze einjährig; Blätter 5- bis 9zählig 2

2 Blättchen 2–5 mm breit, lineal; Krone hellblau, selten weiß, rosa oder bunt . [*L. angustifolius*]
– Blättchen 8–18 mm breit, lanzettlich bis verkehrt eiförmig; Krone weiß oder gelb, selten hellblau . 3
3 Blättchen verkehrt-eiförmig, unterseits behaart; Blüten wechselständig, in Trauben, Krone weiß (selten hellblau); Samen 9–14 mm lang . . . . . . [*L. albus*]
– Blättchen lanzettlich, beidseitig behaart; Blüten in Quirlen, Krone gelb, 6–8 mm lang . [*L. luteus*]

1. **Lupinus polyphyllus** Lindl. 1827
Vielblättrige Lupine, Stauden-Lupine

Morphologie: 60–150 cm hohe Staude. Blätter gestielt; Blättchen lanzettlich, 3–15 cm lang und 5–25 mm breit, unterseits behaart, oberseits fast kahl; Nebenblätter lanzettlich. Blüten quirlig in endständigen, dichten, 15–60 cm langen Trauben; Kelch 2lippig; Krone blau bis purpurn, selten weiß, 12–16 mm lang, Flügel oberwärts verbunden, Schiffchen geschnäbelt; alle 10 Staubfäden verwachsen; Bestäubungstyp: Pumpmechanismus. Hülse 2,5–6 cm lang und 7–10 mm breit, behaart, mehrsamig; Samen eiförmig, 4–5 mm lang. – Blütezeit: Juni bis September.

Ökologie: Die Vielblättrige Lupine ist meist an Rändern und Böschungen von Waldwegen sowie in Waldsäumen und Schlägen zu finden. Sie bevorzugt mäßig trockene bis frische, kalkarme, nicht zu nährstoffarme, sandige Böden; Rohbodenpionier,

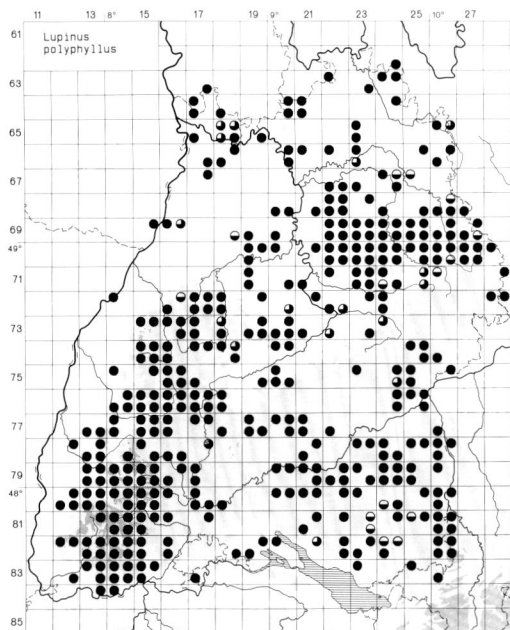

Lupinus polyphyllus

Vielblättrige Lupine *(Lupinus polyphyllus)*
St. Wilhelm, 1989

oft an gestörten Stellen. Die Art wächst in Schlag-fluren (z.B. im Epilobio-Digitalietum purpureae), in Vorwaldgesellschaften (Epilobio-Salicetum ca-preae), in Säumen mit *Epilobium angustifolium* sowie in Brombeer-Besenginster-Waldmänteln. Ihre Vergesellschaftung ist im Gebiet kaum mit Ve-getationsaufnahmen belegt. In einigen Tabellen ist sie nur zufällig enthalten, so bei OBERDORFER (1978: 323) und MURMANN-KRISTEN (1987: Tab. 17, 43).

Typische Begleiter sind *Cytisus scoparius, Digita-lis purpurea, Epilobium angustifolium, Rubus idaeus* und *Agrostis tenuis.*

Allgemeine Verbreitung: *L. polyphyllus* stammt aus dem warmen bis gemäßigten, pazifischen Nord-amerika. Aufgrund ihres ausgedehnten Anbaus ist sie auch im atlantischen Nordamerika und in vielen Ländern Europas eingebürgert.

Verbreitung in Baden-Württemberg: In den ausge-dehnten Waldlandschaften des Gebiets über kalk-armem Ausgangsmaterial verbreitet, also im Schwarzwald, Schwäbisch-Fränkischen Wald und

in Oberschwaben. Darüber hinaus kommt die Pflanze zerstreut auf kalkarmen Sanden in der nördlichen Oberrheinebene, im Odenwald, Hohen-lohe, auf den Keuperflächen des mittleren Neckar-raumes und in der Baar vor. Auf der Schwäbischen Alb ist sie gelegentlich auf oberflächlich entkalkten Böden anzutreffen, insbesondere im Bereich der Ostalb. Viele dieser Vorkommen gehen auf Ansaa-ten zurück und stellen unbeständige Verwilderun-gen dar. Im Schwarzwald oder Schwäbisch-Fränki-schen Wald kann jedoch vielerorts von einer Ein-bürgerung ausgegangen werden. Die Pflanze ist ein Neophyt.

Ihre Höhenverbreitung reicht von 100 m in der Rheinebene (6517/3) bis 1390 m am Seebuck im Südschwarzwald (8114/1).

Erstnachweis: Schriftlich erwähnt wird die Viel-blättrige Lupine erstmals bei HANEMANN (1927: 41): „angesät bei Neusaß, Eichswiesen" (6623/3, 6625/2). Bei BERTSCH (1933: 173) findet sich die Angabe: „bei uns verwildert", an mehreren Orten.

Bestand und Bedrohung: *L. polyphyllus* wird seit langem als Zierpflanze in vielen Sorten kultiviert. In der Forstwirtschaft findet sie seit Ende des letz-ten Jahrhunderts in größerem Umfang als Wildfut-terpflanze und zur Bodenverbesserung Verwen-dung. An Straßenböschungen und ähnlichen Flä-chen wird sie gern zur Bodenbefestigung und Stickstoffanreicherung eingesetzt. ADOLPHI (1987: 44) und SCHNEDLER (1990: 116) halten die Einbür-gerung der Art, zumindest für Hessen, nicht für erwiesen. Nach ADOLPHI könnte von einer Einbür-gerung dann ausgegangen werden, wenn sich ein Bestand ohne Nachsaat etwa 15 Jahre gehalten hat.

Obwohl für den Schwarzwald (MOOR 1962: 292) und Schwäbisch-Fränkischen Wald (SCHULTHEISS 1950–53: 53f.) als vollständig eingebürgert angege-ben, steht ein derartiger Nachweis auch für unser Gebiet noch aus.

20. **Laburnum** Fabr. 1759
Goldregen

Die Gattung besteht aus zwei Arten, *L. alpinum* und *L. anagyroides*, die im südlichen Mittel- und Osteuropa beheimatet sind. In der Systematik wird sie zur „*Cytisus*-Gruppe" (BISBY in POLHILL u. RAVEN 1981, s.u.) gezählt. Beide Arten und insbe-sondere der Bastard zwischen ihnen werden bei uns häufig als Ziersträucher in Gärten und Parkanla-gen kultiviert. Von ihnen tritt nur *L. anagyroides* spontan auf.

1. Laburnum anagyroides Med. 1787

Cytisus laburnum L. 1753; *L. vulgare* Berchtold &
J. Presl 1830–1835
Gewöhnlicher Goldregen

Morphologie: Kleiner Baum oder Strauch bis 8 m.
Junge Zweige, Blattstiele und -unterseiten, Blütenstiele, Kelch und Früchte mit sehr kurzen, anliegenden Haaren. Zweige graugrün. Blätter 3zählig, gestielt, an Kurztrieben gehäuft; Blättchen bis 8 cm
lang und 3 cm breit, elliptisch, stumpf oder spitz,
oberseits kahl; Nebenblätter schmal lanzettlich,
hinfällig. Blüten in achselständigen, hängenden
Trauben, gestielt; Kelch glockig, kurz 2lippig;
Krone goldgelb, 15–20 mm lang; alle 10 Staubfäden verwachsen; Bestäubungstyp: Pumpmechanismus. Hülsen 4–6 cm lang, mehrsamig. – Blütezeit:
Mai–Juli.

L. alpinum besitzt im Unterschied zu dieser Art kahle
Zweige, Hülsen und Blattunterseiten, die Blütentrauben
sind länger und dichter, die Hülsen an der oberen Kante
1–2 mm breit geflügelt.

Ökologie: Verwildert wächst der Goldregen in lichten Laub- und Kiefernwäldern, an Waldrändern
und in Gebüschen, in der Umgebung von Weinbergen, auf Schuttplätzen, in Steinbrüchen und auf
Bahnhofsgelände, manchmal sogar in Mauerritzen.
Er bevorzugt mäßig trockene, basenreiche, kalkhaltige oder kalkarme, neutrale, lehmige bis tonige
Böden in wärmebegünstigten Lagen. Quercetalia

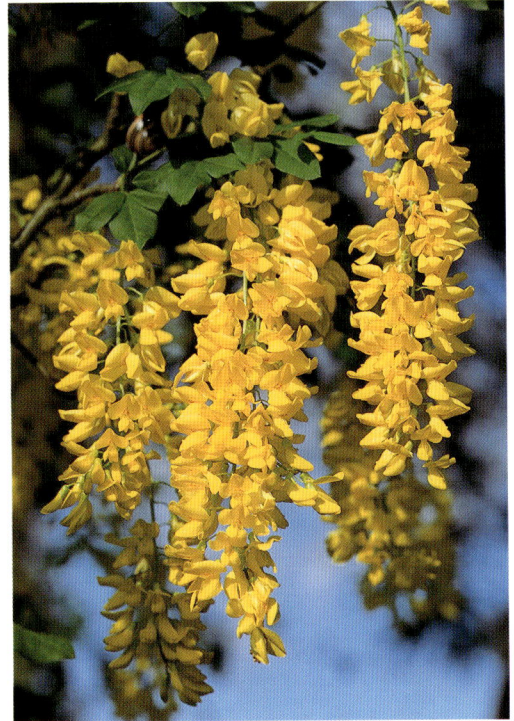

Gewöhnlicher Goldregen *(Laburnum anagyroides)*
Breisach, 1988

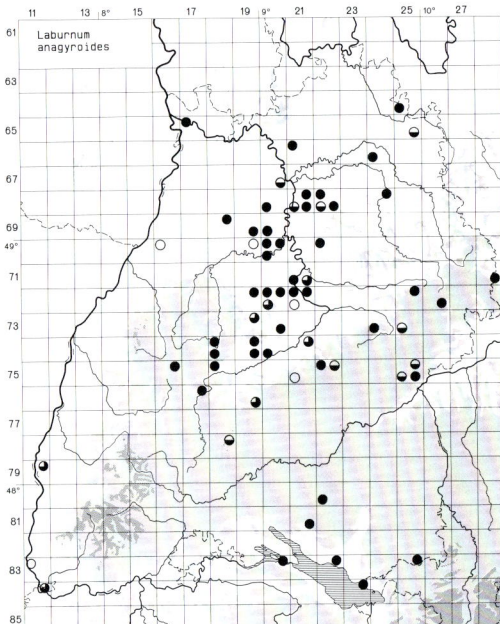

pubescentis-Ordnungskennart; im Gebiet daher
aus dem Lithospermo-Quercetum, Carici-Fagetum
(HÜGIN 1979: 198) und Pruno-Ligustretum genannt (Vegetationsaufnahmen bei TH. MÜLLER
1962: Tab. 3).

Der Goldregen wächst gern in Gesellschaft von
*Quercus pubescens, Colutea arborescens, Coronilla
emerus, Sorbus torminalis* und *S. aria*.

Allgemeine Verbreitung: In den Gebirgen des mitt-
leren Südeuropa: Vom Südjura über die West- und
Südalpen, den Apennin sowie die Gebirge der Bal-
kanhalbinsel östlich bis Bulgarien. Sonst häufig als
Zierpflanze seit dem 16. Jahrhundert gepflanzt. In
Deutschland ist der Goldregen an Felsen vor allem
im Rheintal sicher eingebürgert (HAEUPLER u.
SCHÖNFELDER 1988).

Verbreitung in Baden-Württemberg: *L. anagyroides*
verwildert im Gebiet hauptsächlich an sonnigen
Keuperhängen des mittleren Neckarraumes
(Strom- und Heuchelberg, Löwensteiner Berge,
Glemswald bis Rammert), hin und wieder auch im
Oberrheingebiet, in Hohenlohe, im Oberen Gäu,
am Albrand und im Bodenseeraum. Im Kaiserstuhl
(vgl. LAUTERBORN 1927) und im mittleren Neckarland (KREH 1950: 101, SEYBOLD 1969: 83) kann der

Goldregen als eingebürgert gelten, ein sicherer Nachweis steht jedoch aus.

Spontane Vorkommen finden sich von 100 m in der Rheinebene bei Mannheim (6517) bis 900 m am Oberhohenberg (7818, BERTSCH, STU-K).

Erstnachweis: KNEUCKER (1886: 85) berichtet erstmalig ein verwildertes Vorkommen von Karlsruhe beim Schwimmwäldchen (7016/1).

Bestand und Bedrohung: Viele Botaniker neigen beim Kartieren dazu, verwilderte Zierpflanzen zu ignorieren oder deren Status nicht zu erfassen (vgl. ADOLPHI 1987). Die Karte der spontanen Verbreitung des Goldregens ist unter diesem Aspekt zu interpretieren.

Relativ häufig werden Vergiftungen durch den Gewöhnlichen Goldregen gemeldet. Kinder scheinen gerne an den Blüten zu lutschen und die Samen zu essen, die Cytisin, ein Alkaloid, enthalten. Weil bald nach dem Genuß Unwohlsein und Erbrechen einsetzt, sind ernste Fälle selten. In der Nähe von Kindergärten und Spielplätzen sollte auf das Anpflanzen von Goldregensträuchern verzichtet werden.

21. **Cytisus** Willd. 1802 (non L. 1753)

inkl. *Lembotropis* Griseb. 1843, *Sarothamnus* Wimmer 1832
Geißklee

Dornenlose Sträucher. Zweige fein gerillt oder kantig, oft grün bleibend. Blätter 3teilig, gestielt oder einfach und fast sitzend. Blüten gestielt, in endständigen Trauben oder an 1- bis 4blütigen Kurztrieben seitenständig; Kelch glockig, zweilippig, obere Lippe 2-, untere 3zähnig, Zähne kurz; Krone gelb, Schiffchen aufwärts gekrümmt, Griffel gekrümmt oder spiralig aufgerollt, alle 10 Staubfäden verwachsen. Hülsen zweiklappig aufspringend; Samen oft mit Nabelwulst.

Die Gattungen *Cytisus* und *Genista* nebst einigen assoziierten kleineren Gattungen (wie *Laburnum, Ulex*) bilden den „*Cytisus-Genista*-Komplex" (BISBY in POLHILL u. RAVEN 1981). In dieser Gruppe ist das Verteilungsmuster der Merkmale so komplex und unscharf, daß Gattungsabgrenzungen schwierig werden. So wechselten Arten wie Flügelginster und Besenginster im Laufe der Geschichte ihre Gattungszugehörigkeit mehrfach. Als Konsequenz müßte der gesamte Komplex zu einer einzigen Gattung verschmolzen werden. Derzeit wird jedoch, nicht zuletzt aus Gründen der Namenskonservierung, für die Aufrechterhaltung der Gattungen *Cytisus, Genista, Ulex* und einiger kleinerer, nicht im Gebiet vertretener, plädiert (POLHILL u. RAVEN 1981).

Die Gattung umfaßt 33 Arten, die in Europa, Nordafrika und auf den Kanarischen Inseln verbreitet sind. 2 Arten kommen in Baden-Württemberg vor. Im Landschaftsbau finden in den letzten Jahren weitere *Cytisus*-Arten in Deutschland Verwendung, die auch verwildern können (GALUNDER u. ADOLPHI 1988). Im Gebiet wurde bisher nur *C. striatus* (Hill) Roth. gepflanzt angetroffen (in 7019/2, 7026/1). Nicht selten soll sich auch *C. × praecox* Wheeler *(C. multiflorus × purgans)* in Kultur befinden, der im Unterschied zu *C. multiflorus* (L'Hér.) Sweet schwefelgelbe Blüten besitzt.

1 Blüten in unbeblätterten Trauben am Ende der Zweige; Zweige fein gerillt; alle Blätter 3zählig . .
 1. C. nigricans
– Blüten zu 1–3 in seitenständigen Büscheln; Zweige kantig, rutenförmig; obere Blätter einfach 2
2 Krone weiß, Griffel gekrümmt; Hülse 1,5–2,5 cm lang, anliegend behaart . . . . *[C. multiflorus]*
– Krone gelb, Griffel nach der Blüte spiralig eingerollt; Hülse auf der Fläche entweder kahl oder mit langen, abstehenden Haaren 3
3 Junge Zweige 5kantig; Kelch kahl, Krone 2–2,5 cm lang; Hülse 2,5–6 cm, am Rand mit Haarsaum, sonst kahl . . . . . *2. C. scoparius*
– Junge Zweige 8- bis 10kantig, gestreift; Kelch kurzhaarig, Krone 10–25 mm lang; Hülse 2–3 cm, dicht abstehend behaart . *[C. striatus]*

1. **Cytisus nigricans** L. 1753

Lembotropis nigricans (L.) Griseb. 1843
Schwarzwerdender Geißklee

Morphologie: 30–150 cm hoher, reich verzweigter Strauch. Äste dunkelbraun, aufsteigend bis aufrecht. Zweige, Blatt- und Blütenstiele, Blattunterseiten und Kelche kurz anliegend behaart; Sprosse beim Trocknen schwarz werdend. Blattstiel etwa so lang wie die Blättchen; Blättchen 10–25 mm lang und bis 10 mm breit, verkehrt-eiförmig oder elliptisch, manchmal ausgerandet, oberseits verkahlend. Blütentrauben an einjährigen Zweigen endständig, selten durchwachsend; Blüten mit linealem Vorblatt; Kelch behaart; Krone 10 mm lang, gelb, Schiffchen geschnäbelt, an der Naht kurzhaarig. Hülse 2–3 cm lang, dicht anliegend behaart, mehrsamig, Samen ohne Nabelwulst. Bestäubungstyp: Pump- und Klappmechanismus. – Blütezeit: Juni bis September.

Ökologie: In lichten Kiefern- und Eichenwäldern sowie in Waldsäumen süd- und südwestexponierter Hänge, auf Felsen, an Hangkanten, Straßen- und Wegböschungen, auf trockenen und wechseltrockenen, basenreichen, kalkhaltigen und kalkarmen, wenig humosen, lehmigen und tonigen Böden. Erico-Pinion-Verbandskennart, so im Cytiso-Pinetum und Calamagrostio variae-Pinetum, häufig im Geranio-Peucedanetum als Trennart einer konti-

Schwarzwerdender Geißklee *(Cytisus nigricans)*
Geisingen, 28.7.1991

nental getönten Rasse, auch im Quercion pubescenti-petraeae sowie gelegentlich in Halbtrockenrasen (Festuco-Brometea), Borstgras- und Flügelginster-Heiden (Nardo-Callunetea) eindringend.
Vegetationsaufnahmen bei KUHN (1937: Tab. 29,
30, S. 264, 267), OBERDORFER (1949: 51), SEBALD
(1966: Tab. 6; 1983: Tab. 9), TH. MÜLLER (1966:
Tab. 14, 15, 18; 1980), LANG (1973) und WITSCHEL
(1980: Tab. 17, 31, 32). Typische Begleiter sind *Coronilla coronata, Geranium sanguineum, Peucedanum cervaria, Anthericum ramosum* und *Pinus sylvestris.*

Allgemeine Verbreitung: Zentraleuropäische Pflan-
ze. Von östlichen Vorposten in Mittelrußland und
Moldawien über Polen, die Tschechoslowakei und
Rumänien westwärts bis zur Oder, Dresden, Main
(Gemünden), Schwarzwaldostrand, Nordost-
schweiz und Ligurien. Die Südgrenze verläuft von
Mittelitalien über die Dinarischen Gebirge bis
Nordgriechenland.

Verbreitung in Baden-Württemberg: Von Osten her
entlang der Donau in das südliche Zentrum des
Gebiets einstrahlend (vgl. Karte bei BERTSCH 1941:
144). An den Muschelkalkhängen des Hecken- und
Oberen Gäus sehr zerstreut, etwas häufiger im Ge-

biet des Oberen Neckars und seiner Seitentäler. Auf
den Keuperhöhen zwischen Stuttgart und Tübingen sehr zerstreut (Verbreitungskarte für das mittlere Neckarland bei SEYBOLD 1969). An den Weiß-
jurahängen der Zollern- und Mittleren Kuppenalb
zerstreut, sehr selten im Nordosten der Schwäbischen Alb. Auf der Donaualb von Ulm bis Geisingen reichlich.

Verbreitet außerdem an den Mergelrutschhängen
der Baar- und Hegaualb, am Randen, auf Muschel-
kalkflühen der Wutach, Hochterrassenschottern
am Hochrhein, im Hegau und an Molassehängen
im westlichen Bodenseeraum.

C. nigricans erreicht im Gebiet die Westgrenze
seiner Verbreitung. Sie verläuft entlang der Nagold,
des Oberen Neckars, der Wutach und Schlücht (s.
auch Verbreitungskarte für Baden bei OLTMANNS
1922: Karte 5). Die westlichsten Fundpunkte sind
Hammereisenbach (8015/2: 1955, PHILIPPI, seither
nicht mehr) und Bruckhaus bei Tiengen (8315/4:
1919, MEIGEN (1920: 111), ebenfalls unbestätigt).
Die Art ist im Gebiet urwüchsig.

C. nigricans gedeiht in der kollinen und montanen Stufe von 340 m im Strohgäu (7119) bzw. am
Hochrhein (8416) bis 850 m auf der Zollernalb
(z. B. 7620/3).

Erstnachweis: CORDUS (1561: 188) „Tubingae, solus
absque albo provenit", Beobachtungszeit: um 1540;
FUCHS (ca. 1565: 2(2): 208) „post arvam Tubingensem" (beide 7420, Tübingen).

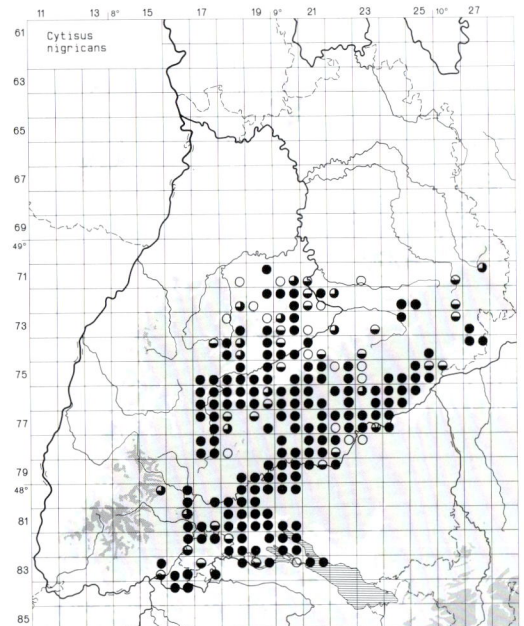

Bestand und Bedrohung: Der Schwarzwerdende Geißklee ist nicht auf die seltenen und gefährdeten Reliktwaldgesellschaften beschränkt, sondern kann auf entsprechenden Standorten auch in Ersatzgesellschaften eindringen und als Pionier sogar auf Rohböden ausweichen. Siedlungstätigkeit und intensivere Flächennutzung durch Land- und Forstwirtschaft haben auch bei dieser Art zahlreiche Standorte vernichtet. So konnten viele Wuchsorte in den am Nordrand ihres Areals gelegenen Gäuflächen und Keupergebieten um Stuttgart sowie auf der Ostalb nicht mehr bestätigt werden. In diesen Regionen ist die Pflanze als gefährdet (G3) einzustufen. Die dort noch bestehenden Populationen sind wenig umfangreich und oft auf Einzelpflanzen beschränkt, während die Art sonst ausgedehnte Bestände oder Herden bildet. Da ein Teil der Wuchsorte von *C. nigricans* Steilhänge oder Felsen sind, die keinen forst- oder landwirtschaftlichen Nutzen versprechen, ist vorläufig keine akute Gefährdung der Art zu befürchten. Sie kann daher für die übrigen Regionen Baden-Württembergs weiterhin in der Kategorie „schonungsbedürftig" belassen werden.

2. Cytisus scoparius (L.) Link 1822
Spartium scoparium L. 1953; *Sarothamnus vulgaris* Wimmer 1832; *Sarothamnus scoparius* (L.) Koch 1835
Besenginster, Besenpfrieme, Ramse

Morphologie: 0,5–2 m hoher Strauch. Zweige aufrecht, kahl. Untere Blätter gestielt, 3zählig, obere einfach, sitzend; Blättchen 5–15 mm lang und bis 7 mm breit, lanzettlich bis verkehrt-eiförmig, v.a. unterseits behaart. Blüte ab dem 3. Jahr; Blüten meist einzeln an Kurztrieben (scheinbar in reichblütigen, beblätterten Trauben); Krone 20–25 mm lang, gelb, Fahne kreisförmig, zurückgebogen, Schiffchen an der Naht kurzhaarig, Griffel spiralig eingerollt. Bestäubungstyp: Explosionsmechanismus. Hülsen flach, schwarz; Samen mit Nabelwulst (Elaiosom). – Blütezeit: Mai bis Juli.
Ökologie: Auf Weidfeldern, Schlägen und Brandflächen, in lichten Wäldern, an Wald- und Wegrändern. Der Besenginster wächst auf mäßig trockenen bis frischen, meist nährstoff- und basenarmen, sauren, mittel- bis tiefgründigen, lockeren Böden. Kalkmeidende Pflanze, die ein ausgeglichenes Klima benötigt und in kalten Wintern stark zurückfriert (vgl. K. MÜLLER 1948: 324). Ursprünglich eventuell im Genisto pilosae-Sarothamnetum auf waldfreien Felsstandorten (z.B. im Rheinischen Schiefergebirge, LOHMEYER 1986), auch in anderen

Nardo-Callunetea-Gesellschaften vorkommend. In Prunetalia-Gesellschaften bestandbildend, so im *Rubus fruticosus* agg.-*Sarothamnus scoparius*-Vormantel, der oft mit Borstgrasrasen (Violion) und Saumgesellschaften (Teucrietum scorodoniae) verzahnt ist. In Eichen-Niederwäldern und mit Epilobion- und Atropion-Arten auf Schlägen. Vegetationsaufnahmen bei FABER (1933: 55, 64), OBERDORFER (1936, 1938, je mehr. Tab.), BARTSCH (1940: Tab. 13), K. MÜLLER (1948: 325f.), PHILIPPI (1972: 14), WILMANNS et al. (1979), SCHWABE-BRAUN (1980, zahlr. Aufn.) und MURMANN-KRISTEN (1987: Tab. 17, 31). Typische Begleiter sind *Pteridium aquilinum, Teucrium scorodonia, Calluna vulgaris, Digitalis purpurea, Agrostis tenuis, Holcus mollis* und *Genista*-Arten.

Ausführliche Angaben zur Biologie und Ökologie des Besenginsters finden sich bei SCHWABE-BRAUN (1980).
Allgemeine Verbreitung: Subatlantische Art. Von Portugal und Frankreich im Westen bis Mittelpolen, Ungarn und Bulgarien im Osten, nördlich bis Südschottland, Südskandinavien und Litauen, südlich bis Mittelitalien und Nordjugoslawien.

Besenginster *(Cytisus scoparius)*
Oberried, 1970

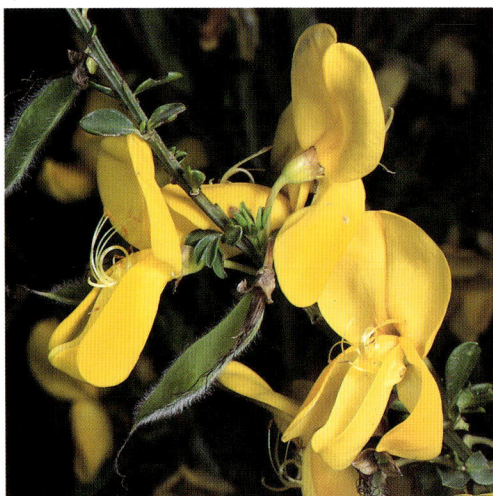

Besenginster *(Cytisus scoparius)*
Blüten und junge Frucht

Verbreitung in Baden-Württemberg: Der Besenginster ist im nördlichen und mittleren Oberrheingebiet, im Odenwald, Schwarzwald und den Keuperflächen des mittleren Neckarraumes verbreitet und häufig. Er spielt vor allem im nördlichen und mittleren Schwarzwald eine größere Rolle, während er im Südschwarzwald allmählich ausklingt. Dafür wird weniger das Klima als vielmehr die Bewirtschaftungsform verantwortlich gemacht

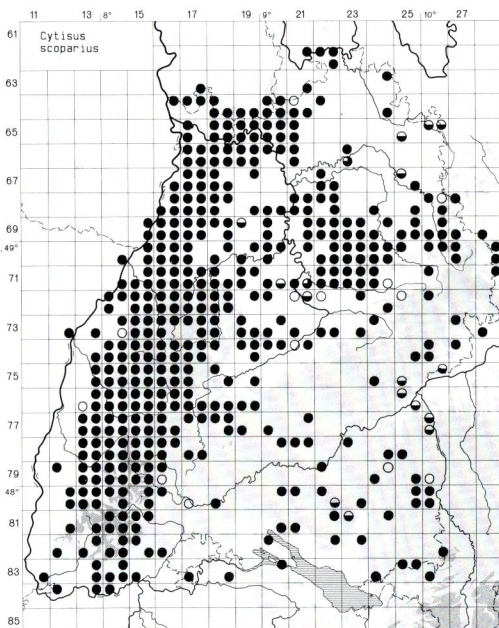

(SCHWABE-BRAUN 1980: 49). Am Strom- und Heuchelberg, in den Löwensteiner Bergen, Teilen des Schwäbisch-Fränkischen Waldes und im Schönbuch wächst der Strauch hauptsächlich über Stubensandstein. Die meisten Vorkommen im Keupergebiet, in Oberschwaben und alle Albvorkommen dürften auf Ansaaten zurückzuführen sein. Die Art ist im Gebiet vermutlich urwüchsig.

Die Höhenverbreitung erstreckt sich von 100 m in der Rheinebene (6517) bis 1040 m im Südschwarzwald (8213); gewöhnlich erreicht die frostempfindliche Art ihre Höhengrenze im Schwarzwald schon bei 800 bis 900 m.

Erstnachweis: FUCHS (ca. 1565: 1(2): 407), Wald bei Entringen (7419).

Bestand und Bedrohung: Die Besenginsterheide stellt im Gebiet eine anthropogene Ersatzvegetation auf Waldstandorten dar. Im mittleren Schwarzwald entstand sie durch Abholzung, Beweidung und Abbrennen in längeren Zeitabständen (Reutbergwirtschaft, s. BARTSCH 1940 und SCHWABE-BRAUN 1980). Im Schönbuch wurde sie durch jahrhundertelange, intensive Waldweide begünstigt (FABER 1933). Die Art vermehrt sich nur generativ. Die Samen benötigen zur Keimung offene Böden, außerdem wird ihre Keimung durch Brand erheblich gefördert (SCHWABE-BRAUN 1980: 53). Mit den alten Wirtschaftsformen verschwinden auch die Besenginster-Gesellschaften, so daß sie im Schwarzwald bereits eine aussterbende Formation darstellen. Der Besenginster reichert die ehemals degradierten Böden mit Stickstoff an, so daß die Flächen leicht mit Fichten, manchmal auch mit Kiefern aufzuforsten sind. Seltener werden sie durch Düngung in Fettweiden überführt oder überbaut. Als raschwüchsiger Pionier ist die Pflanze in der Lage, auf andere Standorte auszuweichen. Oft wird sie auch als Wildfutter und Bodenbefestiger angesät und verwildert dann leicht. Der Fortbestand der Art ist daher nicht gefährdet.

22. **Genista** L. 1753

inkl. *Genistella* Moench 1794 (*Chamaespartium* Adanson 1763) und *Teline* Medic. 1787
Ginster

Sträucher oder Zwergsträucher mit oder ohne Dornen, kahl oder behaart. Blätter bei den im Gebiet vorkommenden Arten einfach, sehr kurz gestielt; Nebenblätter vorhanden oder fehlend. Blüten kurzgestielt in endständigen Trauben oder zu 1–3 in blattachselständigen Kurztrieben. Kelch schwach zweilippig, Oberlippe tief 2teilig, Unterlippe 3zähnig; Krone gelb, Schiffchen gerade, Griffel erst nahe der Spitze einwärts gekrümmt, alle 10 Staubfäden miteinander verwachsen. Hülse zweiklappig aufspringend, Samen ohne Nabelwulst.

Eine Monographie der Gattung *Genista* (exkl. *Genistella* und *Teline*) stammt von GIBBS (1968). Zu Schwierigkeiten bei der Klassifikation auf Gattungsebene vgl. die Bemerkung bei *Cytisus*.

Zur Gattung *Genista* gehören 87 Arten, die in Europa, auf den Kanarischen Inseln, Nordafrika und Westasien überwiegend subozeanisch verbreitet sind. Ihre Artenzahl ist auf der Iberischen Halbinsel am höchsten und nimmt nach Osten zu ab. Viele Ginsterarten wachsen auf offenen, trockenen, steinigen Standorten in der mediterranen Trockenbuschvegetation sowie in atlantischen Heiden.

Die Blüten sind geruch- und nektarlos, liefern aber reichlich Pollen.

1 Stengel und Zweige breit geflügelt; Hauptsprosse aufrecht, unverzweigt . . . . . 5. *G. sagittalis*
– Stengel und Zweige nicht geflügelt; Pflanze buschig verzweigt 2
2 Pflanze mit Dornen (selten dornenlos); Fahne deutlich kürzer als das Schiffchen 3
– Pflanze dornenlos; Fahne etwa so lang wie das Schiffchen 4
3 Blütenzweige, Kelch und Hülsen abstehend behaart; Blüten mit winzigen, unauffälligen Tragblättern . . . . 4. *G. germanica*
– Ganze Pflanze kahl; Tragblätter groß, blattähnlich . . . . 3. *G. anglica*
4 Blüten zu 1–3 achselständig, scheinbar verlängerte Trauben bildend; Krone behaart; Nebenblätter reduziert, Blattgrund geschwollen, Blätter wie auf einem Knötchen stehend . . . . . . 2. *G. pilosa*
– Blüten in kurzen, endständigen Trauben; Krone kahl; Nebenblätter pfriemlich, Blattgrund nicht geschwollen . . . . 1. *G. tinctoria*

1. Genista tinctoria L. 1753
Färberginster

Morphologie: Kahler oder behaarter Halbstrauch. Stengel 20–60 cm hoch, aufrecht oder aufsteigend, gerillt. Blätter bis 45 mm lang und 10 mm breit, lanzettlich, am Rand oft gewimpert, frischgrün. Blüten mit großen, laubigen Tragblättern; Kelch kahl oder behaart, seine Zipfel fast gleich, am Grunde mit 2 lanzettlichen Vorblättern; Krone 8–16 mm lang, gelb. Hülse lineal, 20–25 mm lang, glänzend dunkelbraun, kahl oder behaart, mehrsamig.

Variabilität: Sehr variable Pflanze, besonders was die Behaarung und Ausbildung des Blütenstandes anlangt. Im Gebiet überwiegen aufrecht wachsende, kahle bis zerstreut behaarte Pflanzen (var. *tinctoria*). Pflanzen mit dicht abstehend behaarten Stengeln, Kelchen und Hülsen (var. *ovata* (Waldst. & Kit.) Arcangeli 1882) besitzen etwas breitere Blätter als die typische Form und sind oft reichblütiger.

Dem vorliegenden Herbarmaterial nach scheinen solche Pflanzen vor allem auf der Blaubeurer Alb, aber auch auf der Hegaualb in Halbtrockenrasen und Saumgesellschaften auf Felsen und flachgründigen Böden über Weißjura (Zementmergel, Dolomit) verbreitet zu sein (Arbeitskarte). Daneben treten auch Formen mit abstehend behaarten Stengeln und fast kahlen Kelchen und Hülsen auf. Der systematische Wert dieser Formen ist noch zu prüfen (vgl. GIBBS 1968, HESS et al. 1970).

Biologie: Blüte im Juni und Juli, vereinzelt bis September. Bei der Bestäubung tritt nach POLHILL (1976 zit. in 1981: 419) ein unwiederholbarer Schnappmechanismus ein: Das bestäubende Insekt drückt das Schiffchen herab, wodurch die Staubfadensäule nach oben schnappt. Flügel und Schiffchen rasten in der herabgedrückten Lage ein.

Die Blüten wurden früher zum Gelbfärben verwendet.

Ökologie: In lichten Eichen- und Kiefernwäldern, an Waldrändern, in Magerrasen und Moorwiesen, auf wechseltrockenen bis -feuchten, basenreichen, mageren, kalkhaltigen oder -armen, reifen, vorzugsweise lehmigen bis tonigen Böden. Die Art

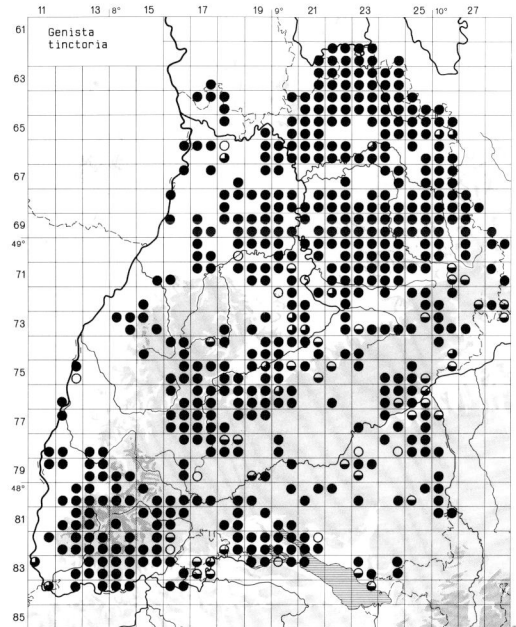

Genista tinctoria

zeigt zwei ökologische Schwerpunkte (verschiedene Ökotypen?): Einmal ist sie auf (wechsel-)feuchten, ein andermal auf trockenen Standorten zu finden. Dementsprechend wird sie abwechselnd als Molinion- (PHILIPPI 1960) oder als Geranion sanguinei-Verbandskennart (TH. MÜLLER 1980, PHILIPPI 1984) eingestuft. OBERDORFER (1990) hält sie für eine schwache Molinietalia-Ordnungskennart. Außer in Pfeifengraswiesen (Cirsio tuberosi-Molinietum) und Säumen (Geranion sanguinei) wächst der Färberginster auch in Halbtrockenrasen und -weiden (Mesobrometum, Gentiano-Koelerietum), Borstgrasheiden (z. B. Festuco-Genistetum sagittalis) und sogar in Sedo-Scleranthetea-Gesellschaften. Bei den Waldgesellschaften dient er als Trennart der ost-mitteleuropäischen Eichen-Birkenwälder (Genisto tinctoriae-Quercenion roboripetraeae) gegen die westeuropäischen, wächst aber auch im Cytiso-Pinetum. Vegetationsaufnahmen finden sich bei KUHN (1937: Tab. 24), PHILIPPI (1960; 1972: Tab. 11; 1984: Tab. 12), TH. MÜLLER (1966-Spitzberg: Tab. 8, 18), LANG (1973), GÖRS (1974: Tab. 3, 5) und SEBALD (1974: Tab. 28). Begleitet wird G. tinctoria z. B. von *Molinia arundinacea, Serratula tinctoria, Succisa pratensis, Teucrium scorodonia, Hieracium umbellatum* und *H. sabaudum.*

Allgemeine Verbreitung: Europäisch-westasiatische Pflanze. Nordwärts bis Südschottland (fehlt in Ir-

Färberginster *(Genista tinctoria)*
Apfelberg, 6.7.1991

land), Südskandinavien, Litauen, Ukraine bis zum Ural, südwärts bis Nordspanien, Italien, Nordgriechenland, Kleinasien. Im Osten reicht G. tinctoria bis Südsibirien und zum Kaukasus.

Verbreitung in Baden-Württemberg: Der Färberginster ist in weiten Landesteilen verbreitet und wächst meist zerstreut. Sein Verbreitungsmuster spiegelt die Bevorzugung basenreicher und lehmiger, jedoch nicht unbedingt kalkhaltiger Böden und seine Vorliebe für mildes Klima wider. Seine Verbreitungsschwerpunkte liegen im Neckarland, Südschwarzwald (wirtschaftsbedingt?), westlichen Bodenseegebiet und im Osten von der Blaubeurer Alb an südwärts auf den eiszeitlichen Schottern entlang der Iller. In der Rheinebene ist er relativ selten in Pfeifengraswiesen, im Kaiserstuhl in Säumen zu finden. Im Nordschwarzwald ist er selten und hauptsächlich auf das Gebiet zwischen Bühl und Baiersbronn beschränkt, im Mittleren Schwarzwald tritt er nur am Ostrand zum Oberen Neckar hin auf. Auf der Schwäbischen Alb ist die Art selten auf oberflächlich entkalkten Lehmen, häufiger auf Mergeln am Albrand. G. tinctoria ist im Gebiet urwüchsig.

Die Höhenverbreitung reicht von 100 m in der Rheinebene (6616) bis etwa 1200 m im Südschwarzwald (8113).

Erstnachweis: J. BAUHIN (1598: 202; 1602: 220) „bey Jebenhausen" (7323).

Bestand und Bedrohung: Der Färberginster erträgt extensive Bewirtschaftung, verschwindet bei stärkerer Düngung jedoch rasch. Der gravierende Rückgang der Lebensräume, in denen die Pflanze vornehmlich wächst, also der Pfeifengraswiesen und trockenen, mageren Säume, hat die Art in ihrem Bestand noch nicht ernsthaft gefährdet. Sie scheint ökologisch so flexibel zu sein, daß sie immer wieder auf Ersatzstandorte ausweichen kann.

2. Genista pilosa L. 1753
Sandginster, Heideginster, Behaarter Ginster

Morphologie: Niederliegender oder aufrechter, 10–150 cm hoher Strauch. Junge Zweige, Blattunterseiten, Kelche, Fahne und Schiffchen seidenhaarig. Zweige gerillt. Blätter 4–15 mm lang und bis 7 mm breit, länglich verkehrt-eiförmig, oberseits verkahlend. Kelchoberlippe tief 2teilig, Unterlippe 3zähnig; Krone gelb, 8–10 mm lang. Hülse 1,5–2,5 cm lang, behaart, länglich, mehrsamig. – Blütezeit: April bis August.
Ökologie: In lichten Wäldern, an Wald- und Wegrändern, in Magerrasen und -weiden, an Felsabstürzen, auf mäßig trockenen, nährstoff- und ba-

442

Sandginster *(Genista pilosa)*
Kreuzwertheim, 25.5.1991

senarmen, sauren, oft flachgründigen und rohen Böden. *G. pilosa* wächst in Gegenden mit ausgeglichenem Klima und relativ hoher Luftfeuchtigkeit in lichter, wärmebegünstigter Lage. Kennart subatlantischer Ginsterheiden (Genistion pilosae), als Assoziationskennart im Genisto pilosae-Callunetum, auf Weidfeldern auch im Festuco-Genistetum sagittalis, im Leontodonto-Nardetum (*Genista pilosa*-Variante) und der *Molinia caerulea-Nardus stricta*-Gesellschaft. Außer in Nardo-Callunetea-Gesellschaften wächst die Art auch in lichten Eichen-, Birken-, Buchen- (Luzulo-Fagenion) oder Kiefernwäldern. Ursprüngliche Vorkommen sind

vielleicht zwischen Porphyrfelsen im Genisto pilosae-Callunetum und Cotoneastro-Amelanchieretum (vgl. KORNECK 1974, Nahe- und Rheingebiet) zu suchen. Vegetationsaufnahmen mit *G. pilosa* finden sich bei FABER (1934:51), OBERDORFER (1938: Tab. 16 u. 20), BARTSCH (1940: Tab. 13, 14, 22), PHILIPPI (1970: Tab. 1), SCHWABE-BRAUN (1980: Tab. 1, 20) und MURMANN-KRISTEN (1987: Tab. 16, 29). Typische Begleiter sind *Calluna vulgaris, Cytisus scoparius, Genista sagittalis, Teucrium scorodonia, Danthonia decumbens* und *Jasione laevis*.

Allgemeine Verbreitung: Subatlantische Art. Von Nordspanien, Mittelitalien und Jugoslawien im Sü-

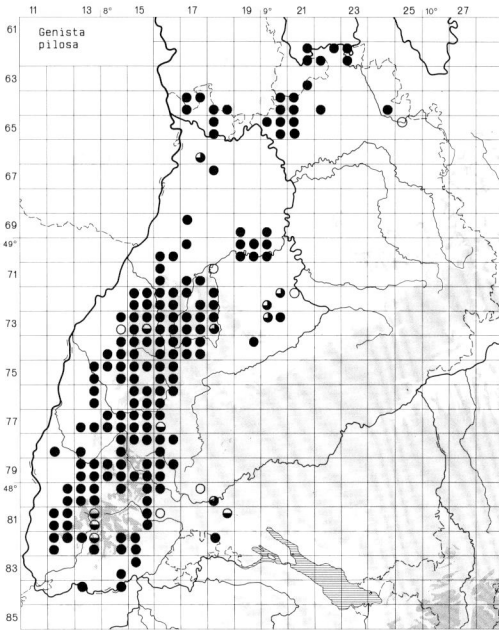

den, bis Südengland und Südschweden im Norden; im Osten von Südwestpolen über Ungarn vereinzelt bis nach Rumänien und Makedonien.

Verbreitung in Baden-Württemberg: Der Behaarte Ginster kommt nur im Westen des Gebietes zerstreut vor. Er wächst vornehmlich in tieferen Lagen auf sandigen oder felsigen Böden über Buntsandstein, Granit, Gneis und Porphyr, selten auch auf Muschelkalk. Er ist im Gebiet urwüchsig.

Oberrheingebiet: 6417/1 (Hessen): Wildbahn W Hüttenfeld, BUTTLER u. STIEGLITZ (1976); 6417/3: W Viernheim, BUTTLER u. STIEGLITZ (1976); 6617/4: Schwetzinger Hardt, PHILIPPI (1970: 53); 6718/1: o.O., o.J., SCHÖLCH (STU-K); 6917/1: Galgenberg N Weingarten, nach 1970 (LfU); 7812/3: NE Schelingen, nach 1970 (LfU).

Odenwald: Ziemlich zerstreut von der Bergstraße bis Wertheim.

Schwarzwald: Im ganzen Schwarzwald verbreitet, mit dem Schwerpunkt im Nordschwarzwald, im Südschwarzwald seltener werdend.

Taubergebiet und Bauland: 6422/3: o.O., o.J., SCHÖLCH (STU-K); 6424/4: Wald NE Igersheim, nach 1984, PHILIPPI (KR-K); 6525/1: Karlsberg und Winterberg bei Weikersheim, vor 1900, BAUER (ZKM).

Strom- und Heuchelberg: 6919/3: Endberg E Zaiserweiher, 1978, KÜMMEL (STU), SEYBOLD, BAUMANN (STU-K), N Schützingen, 1982, SEBALD (STU); 6920/3: Teufelsberg-Schönenberg SW Freudental, 1969, KÜMMEL (STU), Pfefferberg N Hohenhaslach, 1975, SEYBOLD (STU-K); 7019/1: Mühlacker, HECKEL (1929), Eichelberg NE Lienzingen, 1974, SEBALD (STU); 7019/2: Gündelbach, Horrheim, Ensingen, KIRCHNER u. EICHLER (1913), Großer Fleckenwald N Ensingen, 1991, SEBALD (STU); 7019/3:

Lomersheim, 1961, KNAUSS (STU), Mühlhausen, 1964, SEBALD (STU), Lomersheim-Mühlhausen, 1981, ZIEGLER (STU-K), Roßwag, KIRCHNER u. EICHLER (1913), Lug N Roßwag, 1973, 1978, SEYBOLD (STU); 7019/4: Vaihingen a.E., KIRCHNER u. EICHLER (1900), NW Vaihingen, 1981, ZIEGLER (STU-K); 7020/1: o.O., nach 1970, GLOCKER (STU-K); 7020/3: Wolfställen bei Oberriexingen, Enzblick N Markgröningen, Hohe Kallmaten bei Bissingen, SEYBOLD (1969), Rotenacker N Markgröningen, 1975, ARNOLD (STU-K).

Glemswald, Schönbuch, Rammert: 7220/2: Neuer See im Rotwildpark, 1967, SEYBOLD (STU); 7220/3: Autobahnauffahrt Stuttgart-Vaihingen, 1944, 1950, KREH (STU); 7221/1: Im Wald bei Degerloch, 1828, MOHL (ZKM), Degerlocher Sandgruben, 1836, MARTENS (ZKM), 1858, FLEISCHER (STU), Heide bei den Degerlocher Seen, 1876, o.N. (STU); 7320/1: Böblinger Panzerplatz, 1952, KÜHNLE, KREH (STU); 7320/2: o.O., 1977, REINHARDT (STU-K); 7419/2: NE Entringen, 1974, WREDE (STU-K).

Baar und Hegau: 8017/2: Öfingen, BRUNNER in ZAHN (1889); 8018/3: Immendingen, BRUNNER in ZAHN (1889), 1962, KNAUSS (STU-K); 8118/2: Kriegertal, 1903, KNEUCKER nach MEIGEN (1903: 315); 8218/1: Bibertal S Bibern, nach 1970 (LfU).

Hochrhein: 8314/4: Albtal bei Buch, 1973, SEYBOLD (STU-K); 8413/1: Ossenberg bei Schwörstadt, nach 1970 (LfU); 8414/2: Kaibenhalden E Hochsal, nach 1970 (LfU).

Der abgelegene Fundort „zwischen Bergbrunn und Westgartshausen" (6826/4), SCHNIZLEIN u. FRICKHINGER (1848: 118), muß als fraglich betrachtet werden und wurde nicht in die Karte aufgenommen.

Die Vorkommen reichen von 100 m in der Rheinebene (6417) bis 1130 m im Schwarzwald (7315).

Erstnachweis: GATTENHOF (1782: 166) „Copiosa primo vere in montibus cisnicarinis", Umgebung von Heidelberg (6518).

Bestand und Bedrohung: In den Randlagen des Verbreitungsgebietes machen sich erste Rückgänge bemerkbar, so im Stuttgarter Raum und im Bereich Baar-Hegau. Ursachen für diesen Rückgang sind Düngung, Aufgabe der Bewirtschaftung, Aufforstung und Überbauung der Wuchsorte. Am stärksten gefährdet sind die Vorkommen in Ginsterheiden und auf Weidfeldern. So konnte SCHWABE-BRAUN (1980) die von OBERDORFER (1938) im Nordschwarzwald beschriebenen Flächen des Cal-

Englischer Ginster *(Ginster anglica)*; aus REICHENBACH, L., Icones florae germanicae et helveticae, Band 22, Tafel 2086, Fig. III–V, 13–25 (1900–03); bearbeitet von G. E. BECK VON MANNAGETTA.

III. 1-12. *Genista germanica* L. III.-V 13-25. *G. anglica* L.

Reich Pl. del.

Berthold sc.

luneto-Genistetum pilosae nicht mehr auffinden. Felsstandorte können durch Kletterer in Mitleidenschaft gezogen werden, hier sind entsprechende Vorsorgemaßnahmen zu treffen. Die übrigen Wuchsorte an Waldrändern und Wegböschungen stellen nur kleinflächige Ausweichstandorte dar, die gegenüber Störungen sehr anfällig sind. Die Art ist in Baden-Württemberg als potentiell gefährdet (G5) einzustufen.

3. Genista anglica L. 1753
Englischer Ginster

Morphologie: Kleiner, dorniger Strauch von 10–40 cm Höhe, selten höher. Pflanze kahl. Ältere Äste niederliegend oder aufsteigend, stark verzweigt, junge Seitentriebe unbedornt und dicht beblättert. Blätter 3–7 mm lang und bis 4 mm breit, lanzettlich oder verkehrt-eiförmig, bald abfallend; Nebenblätter fehlend. Blüten in kurzen Trauben, mit 2 winzigen Vorblättern in der Mitte des Blütenstiels; Kelchröhre kurz, Unterlippe 3zähnig, obere 2teilig; Krone gelb, 7–9 mm lang. Hülse 12–18 mm lang und bis 8 mm breit, leicht aufgeblasen, kahl, mehrsamig. – Blütezeit: Mai–Juli.
Ökologie: In lichten Wäldern, Heiden, an Waldrändern und auf Weiden, auf frischen, mäßig nährstoffreichen, kalkarmen, humosen, sandigen oder steinigen Böden (im Gebiet über Gneis), in milder, luftfeuchter Lage.

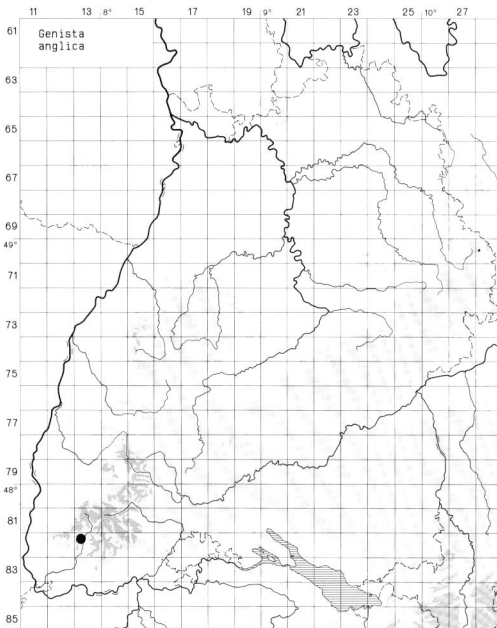

Nardo-Callunetea-Art; in Norddeutschland Kennart des Genisto anglicae-Callunetum, im Gebiet hauptsächlich im Festuco-Genistetum sagittalis, auch im Genisto pilosae-Callunetum und im Rubus canescens-Vormantel. Vegetationsaufnahmen aus Baden-Württemberg werden von SCHWABE-BRAUN (1980: Tab. 1) und SCHWABE et al. (1989: Tab. 1 u. 6) mitgeteilt. Als Begleiter treten *Genista sagittalis, G. pilosa* und *G. germanica* sowie *Calluna vulgaris, Teucrium scorodonia, Holcus mollis* und *Potentilla erecta* auf.

Allgemeine Verbreitung: Atlantische Art. Von Portugal im Süden nord- und ostwärts bis Süddeutschland, Südschweden und Norddeutschland; ein isoliertes Vorkommen in Kalabrien (Süditalien). In Deutschland reichen die natürlichen Vorkommen nach Süden nur bis zum Harz und Rheinischen Schiefergebirge.

Verbreitung in Baden-Württemberg: Sehr seltene Pflanze. Der Englische Ginster kommt im Gebiet nur bei Schönau im Südschwarzwald vor. Weil dieser Fundpunkt weit ab vom übrigen Verbreitungsgebiet der Art liegt – die nächsten Vorkommen befinden sich in der Eifel und in der Gegend von Lyon –, wird die Ursprünglichkeit der Art für Baden-Württemberg bezweifelt. Sie kann jedoch als eingebürgert gelten.

Südschwarzwald: 8213/1: Nach SCHWABE-BRAUN (1980: 44) im Gebiet um Schönau überall, z.B. Schneckenkopf SE Schönau, SCHLATTERER (1920); SCHWABE-BRAUN (1980); Heideck N Schönau, SCHLATTERER (1920); Flüh S Schönau, SCHWABE-BRAUN (1980); Hau über Neuenweg, 1963, „hat sich dort jetzt sehr zahlreich in den *Calluna-Genista sagittalis*-Weiden ausgebreitet", LITZELMANN (1963: 468).
A. Mayer fand die Art 1946 im „Salzgarten" bei Tübingen (STU). Er selbst bezeichnet diesen Fund als vorübergehende Einschleppung (MAYER 1950: 268).

G. anglica wächst im Südschwarzwald in der montanen Stufe von 660 m bis 960 m (Höhenangaben nach SCHWABE-BRAUN 1980 und SCHWABE et al. 1989).

Erstnachweise: SCHLATTERER (1920: 111) „massenhaft und dem Vieh gefährlich auf den Weidfeldern des Schneckenhorns bei Schönau i. w., hier den Einheimischen seit langem bekannt; seltener am Heideck bei Schönau" (8213).

Bestand und Bedrohung: *G. anglica* wächst im Gebiet bevorzugt auf sehr extensiv bewirtschafteten Weidfeldern. Diese sind durch Umwandlung in Fettweiden, Sukzession oder Aufforstung mit Fichten in ihrer Existenz bedroht. Auf die Populationen von *G. anglica* scheinen sich längere Brachezeiten zunächst nicht negativ auszuwirken (vgl. SCHWABE et al. 1989: Tab. 1 u. 2).

Ein Wuchsort befindet sich in einem Schutzgebiet (Bannwald) und ist dadurch vorläufig gesichert. Dennoch ist die Art potentiell durch ihre Seltenheit gefährdet (G4).

4. Genista germanica L. 1753
Deutscher Ginster

Morphologie: Bis 60 cm hoher Strauch. Ältere Äste
niederliegend und meist stark dornig, Dornen oft
verzweigt, gelegentlich kommen nicht oder spärlich
bedornte Pflanzen vor; junge Zweige kantig, abstehend behaart und dicht beblättert. Blätter
10–20 mm lang, bis 8 mm breit, elliptisch oder eiförmig, frischgrün, besonders am Rand behaart;
Nebenblätter fehlend. Blüten in Trauben, Trag-
und Vorblätter winzig; Kelch behaart, Kelchröhre
sehr kurz, Oberlippe 2teilig, Unterlippe bis zur
Hälfte 3zähnig; Krone gelb, 10 mm lang, Schiffchen anliegend behaart. Hülsen 8–13 mm lang, mit
langen abstehenden Haaren, wenigsamig. – Blütezeit: Mai–Juni.

Ökologie: *G. germanica* wächst bevorzugt an Rändern und Böschungen von Waldwegen, an anderen
lichten Waldstellen wie Schlägen und Felsen, an
Wald- und Wegsäumen, auf mäßig trockenen (auch
wechseltrockenen), basenreichen, nährstoff- und
kalkarmen, lockeren Sand- und Lehmböden, gern
auf Löß und benötigt wärmere Lagen als *G. pilosa*.
Kennart des Genisto germanicae-Callunetum, auch

Deutscher Ginster *(Genista germanica)*
Elsaß, 1970

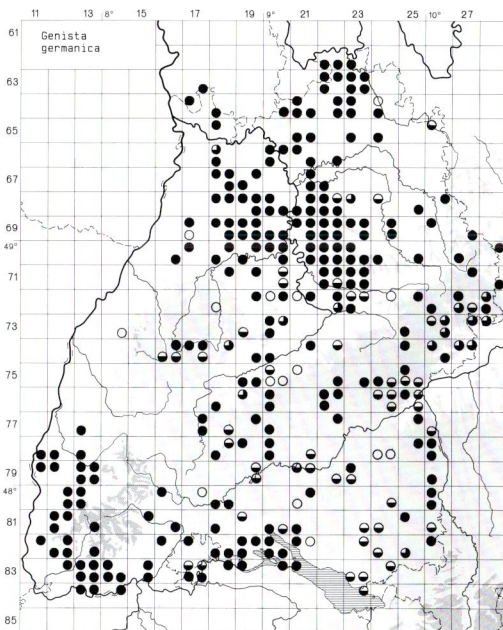

in anderen Genistion-Gesellschaften, seltener im
Violion (Polygono vivipari-Genistetum sagittalis,
Festuco-Genistetum sagittalis). Die Art tritt außer-
dem gern in Säumen auf, so als Trennart im Gera-
nio-Trifolietum alpestris, auch in Salbeigamander-
und Wachtelweizen-Habichtskraut-Säumen. In Ei-
chen-Birkenwäldern kann sie als Trennart des
Unterverbandes Genisto-Quercenion eingestuft
werden. Vegetationsaufnahmen finden sich bei
FABER (1933: 55), KUHN (1937: Tab. 24), BARTSCH
(1940: Tab. 22), TH. MÜLLER (1966 Spitzberg:
Tab. 8 u. 18) und MURMANN-KRISTEN (1987: 195).
G. germanica kommt meist in Gesellschaft anderer
Genista-Arten vor. Typische Begleiter sind weiter
*Calluna vulgaris, Lathyrus linifolius, Poa chaixii,
Agrostis tenuis* und *Festuca heterophylla*.

Allgemeine Verbreitung: Zentraleuropäische Pflanze, in der atlantischen Provinz und in den mediterranen Gebieten fehlend. Von Mittel- und Ostfrankreich, Südholland und Dänemark nordwärts bis
Südschweden, im Osten bis Polen, Mittelrußland
und Bulgarien, im Süden nur bis Jugoslawien, Südalpen und Apennin.

Verbreitung in Baden-Württemberg: Zerstreut in
Landschaften mit kalkarmen aber basenreichen
Böden und mildem Klima (Weinbauklima). Seine

Hauptverbreitungsgebiete sind der Kraichgau und das Neckarbecken nördlich von Stuttgart einschließlich Strom- und Heuchelberg, Löwensteiner Berge, Berglen und Schurwald, weiter das Taubergebiet, der Südwestrand des Schwarzwaldes einschließlich Kaiserstuhl, Hochrhein und Klettgau sowie der westliche Bodenseeraum. Weniger häufig ist die Pflanze im Odenwald, Oberen Gäu und Oberen Neckar, östlichen Schwäbisch-Fränkischen Wald und Glemswald bis zum Rammert anzutreffen. Auch im Baar-Wutach-Gebiet ist der Deutsche Ginster eine Besonderheit, obwohl ihn ZAHN (1889: 59) als „sehr verbreitet" beschreibt. Auf der Schwäbischen Alb besiedelt er selten entkalkte Lehmböden. In Oberschwaben ist er schwerpunktmäßig im Illertal, früher auch auf würmeiszeitlichen Ablagerungen verbreitet. Die Art ist im Gebiet urwüchsig.

Ihre Höhenverbreitung reicht von 100 m in der Rheinebene (6417) bis 905 m auf der Schwäbischen Alb (7719, Irrenberg) bzw. 890 m im Schwarzwald (8313/2).

Erstnachweise: Subboreal/Subatlantikum, Endersbach (Hallstatt D/La Tene A, cf.-Best., RÖSCH, unpubl.). DUVERNOY (1722: 67), Umgebung von Tübingen (7420). Schon von H. HARDER 1576–1594 vermutlich im Gebiet gesammelt (SCHINNERL 1912: 233).

Bestand und Bedrohung: *G. germanica* wächst heute fast ausschließlich an mageren, sonnigen Waldrändern. An diesen Standorten ist sie durch Aufforstungen, intensivierte Landwirtschaft und Wegebau im Waldrandbereich bedroht. Die Pflanze ist deshalb lokal stark zurückgegangen, so im Nordschwarzwald, im Stuttgarter Raum, auf der Ost- und Donaualb und in Oberschwaben. Auch wenn durch gezielte Nachsuche die eine oder andere ältere Angabe bestätigt werden kann, ist die Art in den genannten Gebieten als stark gefährdet (G2) anzusehen. Ihre Einstufung als schonungsbedürftig (G5) trifft zwar für die Hauptverbreitungsgebiete zu, ist aber auf ganz Baden-Württemberg bezogen nicht mehr ausreichend und auf gefährdet (G3) zu erhöhen.

5. Genista sagittalis L. 1753

Genistella sagittalis (L.) Gams 1923;
Chamaespartium sagittale (L.) Gibbs 1968
Flügelginster, Ramsele

Morphologie: 10–30 cm hoher Zwergstrauch mit geflügelten Stengeln. Vegetative Triebe 2flügelig, reproduktive 3- oder mehrflügelig; Flügel ca. 4 mm breit. Stengel, Blätter, Kelche und Hülsen behaart.

Blätter 8–25 mm lang und bis 8 mm breit, elliptisch; Nebenblätter reduziert. Blüten in endständigen Trauben, mit je 1 kurzen Tragblatt und 2 hinfälligen Vorblättern; Krone gelb, 10–12 mm lang, gelegentlich Fahne an den Rändern und Schiffchen an der Naht gewimpert. Hülse länglich, 1–2 cm lang, wenigsamig.

Biologie: Blüte von Mai bis Juli; die Blütenbildung setzt ab dem 4. Jahr ein. SCHAFFNER (1968) widmet der eigenartigen Wuchsform des Flügelginsters eine genaue anatomische und morphologische Untersuchung. Ihr zufolge werden aufrecht wachsende Hauptsprosse gebildet, die Blätter und eventuell Blütenstände tragen und sich nach Abschluß ihres Wachstums zu Boden legen (Legtriebe). Aus ihren Blattachseln bilden sich dann wiederum aufrecht wachsende Sprosse. Gegen Ende der Vegetationsperiode entwickeln sich aus der Basis der aufrechten Triebe sproßbürtige Wurzeln. Im Laufe der Zeit verholzen die Legtriebe und geraten durch Ansammlung von Boden- und organischem Substrat unter die Bodenoberfläche. Durch das frühzeitige Abfallen der Blätter wird die Wasserverdunstung eingeschränkt (Xeromorphie). Die Assimilation wird von den grünen Stengelflügeln übernommen, die sich nach SCHAFFNER aus dem Unterblatt herleiten lassen.

Ökologie: In Heiden, Magerweiden und -wiesen, an Wald- und Wegrändern, an Böschungen und Felsbändern, in lichten Wäldern, auf mäßig trockenen

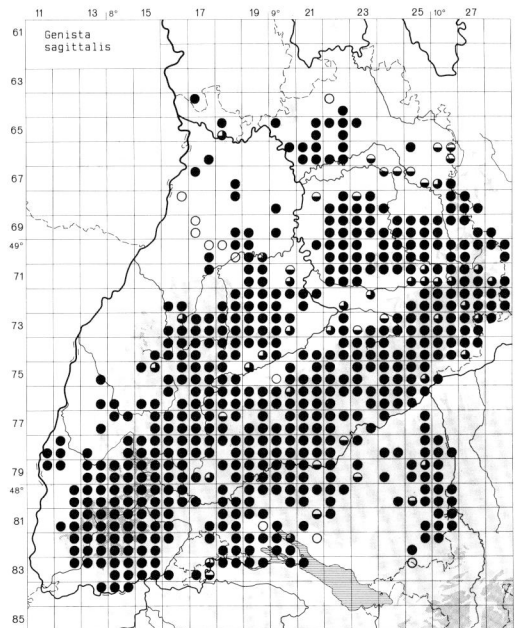

448

Flügelginster *(Genista sagittalis)*
Irndorf, 13.7.1991

bis mäßig frischen, nährstoffarmen, kalkarmen oder kalkhaltigen, schwach sauren, sandigen oder lehmigen Böden, bevorzugt in milden Lagen. Bestandbildend in den Flügelginster-Weiden (Festuco-, Aveno-, Polygono vivipari-Genistetum sagittalis), in Heidekraut- (Vaccinio-Genistetalia) und Besenginster-Heiden häufig. Einen weiteren Besiedlungsschwerpunkt bilden Saumgesellschaften, so ist *G. sagittalis* Trennart in Origanetalia-Gesellschaften (Geranio-Trifolietum alpestris, auch im Geranio-Peucedanetum und vor allem in Säumen mit *Teucrium scorodonia*). Daneben tritt die Pflanze auch in bodensauren Trockenrasen (Festuco-Brometea) und in lichten Birken-, Eichen- oder Kiefernwäldern auf. Vegetationsaufnahmen finden sich bei KUHN (1937: Tab. 19, 24 u. 25),

BARTSCH (1940: Tab. 13, 14, 22), K. MÜLLER (1948: Tab. 18 u. 19), TH. MÜLLER (1966-Spitzberg: Tab. 18), SEBALD (1974: Tab. 27 u. 28; 1983: Tab. 8, 9 u. 12), WIRTH (1975), SCHWABE-BRAUN (1980: zahlr. Tab.) und WITSCHEL (1980: Tab. 24). *G. sagittalis* wächst gern zusammen mit *Calluna vulgaris, Viola canina, Nardus stricta, Agrostis tenuis, Cytisus scoparius* und den anderen Ginster-Arten.

Eine ausführliche Darstellung der Ökologie und Soziologie von Flügelginster-Weiden gibt SCHWABE-BRAUN (1980).

Allgemeine Verbreitung: Europäische Pflanze der submeridionalen Zone. Von Nordspanien über Frankreich bis Südbelgien, in Deutschland nordwärts bis zur Eifel, östlich bis Würzburg und zum

449

Flügelginster *(Genista sagittalis)*
Oberried, 1992

aber in Tieflagen allgemein seltener als in der kollinen oder montanen Stufe. Im Südschwarzwald steigt die Art bis auf 1414 m (Herzogenhorn, 8114), K. MÜLLER (1948).

Erstnachweis: J. BAUHIN (1598: 202–203; 1602: 220) „auff dem Berge Teck" (7422).

Bestand und Bedrohung: Durch seine Legtriebe kann sich der Flügelginster rasch und massiv ausbreiten und auch Initialstadien besiedeln. Aufgrund dieser Strategie tritt er meist in Herden auf. Das dichte Stengelgeflecht in den obersten Bodenschichten ist gegen Tritt unempfindlich, also weidefest, übersteht die hohen Temperaturen beim Brennen jedoch nicht. Die Art ist wie die anderen Ginster nicht mähbar. Flächenhafte Flügelginsterbestände werden heute meist durch Düngung in Fettweiden umgewandelt oder mit Fichten aufgeforstet. Zurück bleiben linienhafte Restvorkommen an mageren Wald- und Wegrändern. Wegen des rapiden Rückgangs ihrer Lebensräume ist die Art in Baden-Württemberg als schonungsbedürftig eingestuft (G5).

Ulex L. 1753
Stechginster

Sparrige Dornsträucher. Blätter durch einfache, oft dornige Phyllodien ersetzt; Nebenblätter reduziert. Kelchlippen konvex, bleibend; Hülse kaum länger als der Kelch.

Die Gattung umfaßt 20 Arten in Westeuropa und Nordafrika. Ihr Entfaltungszentrum liegt im Südwesten der Iberischen Halbinsel. Die folgende Art wird bei uns gepflanzt und verwildert gelegentlich.

Ulex europaeus L. 1753
Stechginster

Reich verzweigter, dorniger Strauch bis 2 m. Zweige aufrecht, gefurcht, abstehend behaart. Blätter und Kurztriebe zu Dornen umgebildet. Blüten einzeln, gestielt, ca. 15 mm lang. Kelch am Grunde mit zwei eiförmigen Vorblättern, Kelchlippen fast bis zum Grund geteilt, Oberlippe kurz 2-, untere kurz 3zähnig; Krone gelb, nur wenig länger als der Kelch. Blütenstiel, Kelch und Vorblätter dicht filzig behaart. Hülse etwa 15 mm lang, zottig behaart. – Blütezeit: Mai, Juni.

Rein atlantische Pflanze: ursprünglich von Portugal über Westfrankreich, Belgien, Holland bis Großbritannien. In Mitteleuropa und in anderen Kontinenten verwildert und stellenweise eingebürgert, so auch in Nord- und Mitteldeutschland (Karte bei HAEUPLER u. SCHÖNFELDER 1988). Im Gebiet seit der Jahrhundertwende (vgl. KIRCHNER u. EICHLER 1900) selten als Wildfutter an Waldrändern und zur Böschungsbefestigung gepflanzt. Die Pflanze benötigt mäßig trockene, leichte und kalkarme Böden. In kalten Wintern friert sie völlig zurück.

Der Stechginster ist in Baden-Württemberg nirgends eingebürgert, verwildert jedoch und kann sich an manchen Stellen jahrelang halten, so z. B. in 7028/4: Waldrand bei Munzingen, FISCHER (1982: 177), 1990, SEYBOLD (STU).

Bayerischen Wald, über das Donautal bis Ungarn und Bulgarien, weiter bis zur Ukraine, im Süden nur vereinzelt in den Gebirgen (Peloponnes, Kalabrien, Südspanien).

Verbreitung in Baden-Württemberg: In Gebieten mit kalkarmen und basenreichen oder schwach kalkhaltigen und basenarmen Böden ist die Pflanze ziemlich häufig. So im Südschwarzwald – hier häufig auf den Weidfeldern unterhalb 1200 m –, an der Schwarzwald-Ostabdachung bis zum Oberen Nekkar, Oberen Gäu, Schönbuch und Glemswald, im Schwäbisch-Fränkischen Wald und östlichen Albvorland. Auf der Schwäbischen Alb zerstreut auf ausgelaugten, tiefgründig verwitterten Lehmböden. Im nördlichen Oberrheingebiet wächst der Flügelginster selten auf den Hardtplatten, im südlichen Oberrheingebiet nur im Kaiserstuhl. Vor allem den westlichen Teilen des Nord- und Mittleren Schwarzwalds fehlt er und ist im Odenwald ebenfalls sehr selten. Unter den nördlichen Gäuflächen tritt dieser Ginster nur im Bauland gehäuft auf, im Kraichgau und Neckarbecken sowie in Hohenlohe ist er sehr vereinzelt zu finden. Dasselbe gilt für das mittlere Albvorland, die Baar und das Wutachgebiet. Entlang der Iller, der westlichen und östlichen Rißmoräne und im westlichen Bodenseeraum einschließlich Hegau kommt er zerstreut vor und fehlt dem übrigen Alpenvorland. Er ist im Gebiet urwüchsig.

Höhenverbreitung: *G. sagittalis* reicht in der Rheinebene (6417) zwar bis 100 m hinunter, ist

450

Bildquellenverzeichnis

ALEKSEJEW, PETER: 233

BAUMANN, HELMUT: 20, 23, 32, 36, 67, 69, 70, 73, 81, 83 (r. u.), 93, 94, 95, 102, 103, 104, 106, 107, 109, 110, 113, 115, 119, 121, 143, 145, 147, 149, 154, 168, 175, 184, 190, 195, 200 (u.), 208, 210, 217 (l. o.), 219, 220 (u.), 223, 225, 229, 230, 239, 242, 258, 264, 267, 271, 273 (o.), 276, 280, 286, 287, 296, 300, 302, 304, 309, 314, 316, 323, 327, 330, 336, 338, 339, 340, 344, 345, 346, 347, 349, 351, 358, 360, 361, 365, 366, 369, 373, 377, 379, 383, 385 (r. o.), 393, 394, 402, 403 (r. u.), 407, 410, 412, 417 (r. o.), 421, 424, 426, 428, 438, 442, 443, 449

HABERER, MARTIN: 35

HARLING, ROTRAUD: 124, 125, 144, 165, 166, 167, 170, 171, 172, 173, 177, 178, 179, 181, 182, 185, 187, 216, 218

RASBACH, HELGA UND KURT: 34, 74, 133, 140, 189, 203 (l. o.), 207, 249, 284, 294, 321, 362, 450

SCHREMPP, HEINZ: 17, 21, 25, 27, 30, 31, 37, 65, 71 (r. o.), 72, 75, 80, 105, 117, 126, 127, 130, 131, 135, 137, 148, 151, 153, 156, 157, 192, 197, 200 (o.), 202, 203 (r. o.), 204, 206, 211, 212, 213, 217 (r. o.), 220 (o.), 224, 227, 235, 236, 237, 241, 244, 246, 250, 251, 253, 256, 259, 261, 263, 269, 273 (u.), 277, 279, 282, 285, 291, 292, 299, 306, 318, 332, 333, 350, 353, 357, 367, 371, 374, 376, 378, 385 (l. o.), 387, 390, 391, 396, 401, 403 (l. o.), 404, 409, 413, 415, 419, 420, 422, 430, 432, 433, 435, 436, 439, 440, 447

SEBALD, OSKAR: 87, 92

SEYBOLD, SIEGMUND: 29, 205

TIMMERMANN, GEORG: 77, 78, 79, 83 (l. u.), 86, 88, 89, 96, 100

VOGGESBERGER, MONIKA: 215, 354, 395, 417 (l. o.)

WALDERICH, LUDWIG: 68, 71 (l. o.), 97, 194, 222, 234, 325, 331

WEBER, HEINRICH E.: 42, 43, 44, 46, 47, 48, 49, 50, 51, 52, 53, 54, 55, 56, 57, 58, 59, 60, 62, 63

WILLBOLD, HANS: 260

Literaturverzeichnis

ADE, A. (1957): Die Gattung *Rubus* in Südwestdeutschland. Versuch einer Bearbeitung der Brombeerflora Hessens, des nördlichen Bayerns, Badens und Württembergs, einschließlich Rheinhessens, der Pfalz und des Nahegebietes sowie der gesamten Rhön. – SchrReihe NatSchutzstelle Darmstadt, Beihefte 7: 1–217; Darmstadt.

ADE, M. (1990): Flora von Oberndorf am Neckar. – Veröff. NatSchutz LandschPflege Bad.-Württ. 64/65: 509–583; Karlsruhe.

ADE, U., B. BAUMANN, H. BAUMANN u. W. WAHRENBURG (1990): Naturnahe Lebensräume und Flora in Schönbuch und Gäu. 244 S.; Remshalden.

ADOLPHI, K. (1987): Verwildernde und sich einbürgernde Kulturpflanzen; ausgewählte Beispiele – problematische Arten. – 21. Hessischer Floristentag. Schriftenreihe Umweltamt Stadt Darmstadt 12: 39–46; Darmstadt.

ADOLPHI, K. (1991): Ein kleines Vorkommen des Pfirsichbaumes (*Persica vulgaris* Mill.) am Drachenfels. – Decheniana 144: 117–118; Bonn.

ADOLPHI, K. u. R. NOWACK (1983): *Spiraea alba* Du Roi und *Spiraea* × *billardii* Herinq, zwei häufig mit *Spiraea salicifolia* L. verwechselte Taxa. – Gött. flor. Rundbr. 17: 1–7; Göttingen.

ARZT, TH. (1970): *Trifolium resupinatum* L. im Westerwald. – Hess. flor. Briefe 19(227): 61–63; Darmstadt.

ASCHERSON, P. u. P. GRAEBNER (1896–1939): Synopsis der mitteleuropäischen Flora. 12 Bände; Leipzig (Gebr. Borntraeger).

ASCHERSON, P. u. P. GRAEBNER (1902): *Alchimilla*. In: ASCHERSON, P. u. P. GRAEBNER: Synopsis der mitteleuropäischen Flora. Band 6, S. 385–419; Leipzig (Gebr. Borntraeger).

ASCHERSON, P. u. P. GRAEBNER (1904): *Potentilla*. In: ASCHERSON, P. u. P. GRAEBNER: Synopsis der mitteleuropäischen Flora. Band 6, S. 664–872; Leipzig (Gebr. Borntraeger).

BAAS, J. (1974): Kultur- und Wildpflanzenfunde aus einem römischen Brunnen von Rottweil-Altstadt. – Fundber. Bad.-Württ. 1: 373–412; Stuttgart.

BAAS, J. (1987): Ein bedeutsamer römerzeitlicher Fund von *Vicia faba* L. var. *minor* (Peterm. em. Harz) Beck in Köngen, Kreis Esslingen. – Fundber. Bad.-Württ. 12: 365–370; Stuttgart.

BAILEY, L. H. (1919): The Standard Cyclopedia of Horticulture. A discussion, for the matter, and the professional and commercial grower, of the kinds, characteristics and methods of cultivation of the species of plants grown in the regions of the United States and Canada . . . 6 Bände; New York (Macmillan Comp.).

BALL, P. W. (1968): *Vicia* L. In: TUTIN, T. G. et al. (eds.): Flora Europaea. Band 2, S. 129–136; Cambridge (Univ. Press).

BALL, P. W. (1968): *Tetragonolobus*. In: TUTIN, T. G. et al. (eds.): Flora Europaea. Band 2, S. 176; Cambridge (Univ. Press).

BALL, P. W., B. PAWLOWSKI and S. M. WALTERS (1968): *Potentilla*. In: TUTIN, T. G. et al. (eds.): Flora Europaea. Band 2, S. 36–47; Cambridge (Univ. Press.).

BAMMERT, J. (1985): Floristische Beobachtungen bei der Neubesiedlung künstlicher Steilhänge in der Molasse am Bodensee. – Mitt. bad. Landesver. Naturschutz 13 (3/4): 349–384; Freiburg i. Br.

BARTSCH, J. (1924): Zur Flora des badischen Jura und Bodenseegebietes. – Mitt. bad. Landesver. Naturk. Naturschutz N. F. 1: 301–309; Freiburg i. Br.

BARTSCH, J. (1925): Die Pflanzenwelt im Hegau und nordwestlichen Bodensee-Gebiete. – Schr. Ver. Gesch. Bodensees, Beih. 1, VIII + 194 S.; Überlingen.

BARTSCH, J. u. M. BARTSCH (1930): Die pflanzengeographische Bedeutung des Kraichgaues. – Z. Bot. 25: 361–401; Jena.

BARTSCH, J. u. M. BARTSCH (1931): Neue Pflanzenfundorte in Nordbaden. – Beitr. naturw. Erforsch. Badens 8: 121–125; Freiburg i. Br.

BARTSCH, J. u. M. BARTSCH (1940): Vegetationskunde des Schwarzwaldes. – Pflanzensoziologie 4, 229 S.; Jena.

BARTSCH, J., J. HRUBY, H. WOLF, W. DRESCHER, H. HEINE u. E. OBERDORFER (1951): Botanische Neufunde aus dem badischen Oberrheingebiet nach Aufzeichnungen. – Mitt. bad. Landesver. Naturk. Naturschutz N. F. 5: 186–191; Freiburg i. Br.

BÄSSLER, M. (1971): Zur Nomenklatur von *Lathyrus* L. – Feddes Repertorium 82: 433–439; Berlin.

BAUER, C. F., W. FUCHS, HÖPFNER, VON OETINGER, E. RHODIUS, F. RHODIUS u. J. SCHRODT (1816): Etwas über Standorte und Blüthezeit der in den Fürstenthümern Hohenlohe und Mergentheim bis jetzt entdeckten wildwachsenden Pflanzen. Mergentheim.

BAUER, TH. E. (1905): Flora des württembergischen Oberamtes Blaubeuren. 177 S.; Blaubeuren (Fr. Mangold).

BAUHIN, C. (1620): Prodromos Theatri Botanici, in quo Plantae supra sexcentae ab ipso primum descriptae cum plurimis figuris proponuntur. 160 S.; Frankfurt a. M.

BAUHIN, C. (1622): Catalogus Plantarum circa Basileam sponte nascentium. 113 S.; Basel.

BAUHIN, J. (1598): Historia novi et admirabilis fontis balneique Bollensis in ducatu Wirtembergico ad acidulas Goepingenses. 291 S.; Mömpelgard (Montbeliard).

BAUHIN, J. (1602): Ein new Badbuch, und historische Beschreibung . . . des Wunder Brunnen und heilsamen Bads zu Boll . . .; Stuttgart.

BAUHIN, J., J. H. CHERLER u. D. CHABREY (1650–1651): Historia plantarum universalis . . . 3 Bände; Yverdon.

BAUMANN, B. u. H. BAUMANN (1990): Die gefährdeten Farn- und Blütenpflanzen des Landkreises Böblingen. In: ADE, U. et al.: Naturnahe Lebensräume und Flora in Schönbuch und Gäu, S. 88–187; Remshalden.

BAUMANN, E. (1911): Die Vegetation des Untersees (Bodensee). – Arch. Hydrobiol., Suppl 1, 554 S.; Stuttgart.

BAUMGARTNER, L. (1882–1887): Neue Standorte. – Mitt. bot. Ver. Kreis Freiburg Land Baden 1: 12–16, 25–27 (1882); 74–76, 85–92, 105–108, 120–123, 153–154 (1883); 208–209, 266–267, 303 (1887); Freiburg i. Br.

BAUR, K. (1968): Erläuterungen zur vegetationskundlichen Karte 1: 25000 Blatt 8226 Herlazhofen. 25 S: + Beil., Stuttgart (Landesvermessungsamt Bad.-Württ.).

BECHERER, A. (1921): Beiträge zur Flora des Rheintales zwischen Basel und Schaffhausen. – Verh. naturf. Ges. Basel 32: 172–200: Basel.

BECHERER, A. (1921): *Scorzonera austriaca* und *Aremonia agrimonioides* im Gebiet des Hochrheins. – Verh. schweiz. naturf. Ges., 102. Jahresvers. in Schaffhausen, II. Teil: 145–146.

BECHERER, A. (1950): Fortschritte in der Systematik und Floristik der Schweizerflora (Gefäßpflanzen) in den Jahren 1948 und 1949. – Ber. Schweiz. Bot. Ges. 60: 467–515; Bern.

BECHERER, A. (1966): Fortschritte in der Systematik und Floristik der Schweizerflora (Gefäßpflanzen) in den Jahren 1964 und 1965. – Ber. Schweiz. Bot. Ges. 76: 97–145; Wabern.

BECHERER, A. (1968): Fortschritte in der Systematik und Floristik der Schweizerflora (Gefäßpflanzen) in den Jahren 1966 und 1967. – Ber. Schweiz. Bot. Ges. 78: 210–244; Wabern.

BECHERER, A. (1971): Fortschritte in der Systematik und Floristik der Schweizerflora (Gefäßpflanzen) in den Jahren 1968 und 1969. – Ber. Schweiz. Bot. Ges. 80: 301–333; Wabern.

BECHERER, A. u. M. GYHR (1928): Kleine Beiträge zur badischen Flora. – Beitr. naturw. Erforsch. Badens 1: 1–5; Freiburg i. Br.

BECHERER, A. u. W. KOCH (1923): Zur Flora des Rheintals von Laufenburg bis Hohenthengen – Kaiserstuhl und die Gegend von Thiengen. – Mitt. bad. Landesver. Naturk. Naturschutz N.F. 1 (11): 257–265; Freiburg.

BEISINGER, G. (1955): Sonnentau-Vorkommen in Südhessen. – Hess. flor. Briefe 4 (44): 1–3; Offenbach.

BEITER, M. (1991): Dauerbeobachtungsflächen in Naturschutzgebieten der Schwäbischen Alb. Anlage und vegetationskundliche Bestandsaufnahme in Kalkmagerrasen der Zellerhornwiese, Beurener Heide und Kornbühl. – Veröff. NatSchutz LandschPflege Bad.-Württ. 66: 31–106; Karlsruhe.

BENTHAM, G. u. J. D. HOOKER (1862): Genera Plantarum, Vol. I, Pars 1, 454 S.; London.

BERGER, A. (1930): Crassulaceae. In: ENGLER, A. (Hrsg.): Die natürlichen Pflanzenfamilien. 2. Aufl., 18a: 352–483; Leipzig (W. Engelmann).

BERTSCH, A. (1961): Untersuchungen zur spätglazialen Vegetationsgeschichte Südwestdeutschlands. – Flora 151: 243–280; Jena.

BERTSCH, K. (1907): Hügel- und Steppenpflanzen im oberschwäbischen Donautal. – Jh. Ver. vaterl. Naturk. Württ. 63: 177–196; Stuttgart.

BERTSCH, K. (1909): Neue Glieder unserer subalpinen Flora. – Jh. Ver. vaterl. Naturk. Württ. 65: 34–45; Stuttgart.

BERTSCH, K. (1911): Unsere sternhaarigen Fingerkräuter. – Jh. Ver. vaterl. Naturk. Württ. 67:372–392; Stuttgart.

BERTSCH, K. (1912): Studien aus der heimischen Flora. – Jh. Ver. vaterl. Naturk. Württ. 68: 31–41; Stuttgart.

BERTSCH, K. (1913): Die Alpenpflanzen im oberen Donautal. – Allg. bot. Z. 19: 184–187; Karlsruhe.

BERTSCH, K. (1915): Neue Gefäßpflanzen der württembergischen Flora. – Jh. Ver. vaterl. Naturk. Württ. 71: 256–259; Stuttgart.

BERTSCH, K. (1917): Die Gebirgsrosen des oberen Donautales. – Allg. bot. Z. 22: 128–129; Karlsruhe.

BERTSCH, K. (1918): Die tierfangenden Pflanzen Oberschwabens. – Jh. Ver. vaterl. Naturk. Württ. 74: 147–172; Stuttgart.

BERTSCH, K. (1919): Wärmepflanzen im oberen Donautal. – Bot. Jb. 55 (3): 313–349; Leipzig.

BERTSCH, K. (1924): Paläobotanische Untersuchungen im Reichermoos. – Jh. Ver. vaterl. Naturk. Württ. 80: 1–19; Stuttgart.

BERTSCH, K. (1925): Das Brunnholzried. – Veröff. st. Stelle NatSchutz Württ. Landesamt DenkmPflege 2: 67–172; Stuttgart.

BERTSCH, K. (1926): Über das ehemalige Vorkommen von *Rubus chamaemorus* im Schwenninger Moos. – Jh. Ver. vaterl. Naturk. Württ. 82: 50–51; Stuttgart.

BERTSCH, K. (1929): Blütenstaubuntersuchungen im württembergischen Neckargebiet. – Jh. Ver. vaterl. Naturk. 85: 1–42; Stuttgart.

BERTSCH, K. (1931): Paläobotanische Monographie des Federseeriedes. – Biblthca bot. 26, 127 S.; Kassel.

BERTSCH, K. (1932: Die Pflanzenreste der Pfahlbauten von Sipplingen und Langenrain am Bodensee. – Bad. Fundber. 2: 305–320. Freiburg.

BERTSCH, K. (1932): Neue und verschollene Blütenpflanzen der württembergischen Flora. – Veröff. st. Stelle NatSchutz Württ. Landesamt DenkmPflege 8: 101–108; Stuttgart.

BERTSCH, K. (1941): Das Eriskircher Ried. – Veröff. württ. Landesstelle NatSchutz LandschPflege 17 (1940): 57–146; Stuttgart.

BERTSCH, K. (1949): Die Samtrose des oberen Rißtales. In: Beiträge zur Kenntnis unserer Flora. –Veröff. württ. Landesstelle NatSchutz LandschPflege 18: 145–185; Stuttgart.

BERTSCH, K. (1949): Der Kleinfrüchtige Ackerfrauenmantel, *Aphanes microcarpa*, eine neue Blütenpflanze Württembergs. In: Beiträge zur Kenntnis unserer Flora. – Veröff. württ. Landesstelle NatSchutz Landsch Pflege 18: 145–185; Stuttgart.

BERTSCH, K. (1955): Die Berg-Esparsette, eine verkannte Blütenpflanze der Schwäbischen Alb. – Jh. Ver. vaterl. Naturk. Württ. 110: 261–262; Stuttgart.

BERTSCH, K. (1958): Wildpflaumen unserer Heimat. – Veröff. württ. Landesstelle NatSchutz Landsch Pflege 26: 165–171; Ludwigsburg.

BERTSCH, K. (1961): Einheimische Wildäpfel. – Jh. Ver. vaterl. Naturk. Württ. 116: 185–194; Stuttgart.

BERTSCH, K. u. F. BERTSCH (1933): Flora von Württemberg und Hohenzollern. 311 S.; München (J.F. Lehmann).

BERTSCH, K. u. F. BERTSCH (1934, 1935): Neue Gefäßpflanzen der württembergischen Flora. – Veröff. st. Stelle NatSchutz Württ. Landesamt DenkmPflege 11: 70–82; Stuttgart.

BERTSCH, K. u. F. BERTSCH (1938): Das Wurzacher Ried.

– Veröff. württ. Landesstelle NatSchutz Landsch Pflege 14: 59–146; Stuttgart.

BERTSCH, K. u. F. BERTSCH (1947): Geschichte unserer Kulturpflanzen. – 268 S.; Stuttgart.

BERTSCH, K. u. F. BERTSCH (1948): Flora von Baden-Württemberg und Hohenzollern. 2. Aufl., 485 S.; Stuttgart (Wiss. Verlagsges.).

BILLAMBOZ, A. (1985): 2. Stand der Jahrringchronologien Oberschwabens und des Bodensees. In B. BECKER et al.: Dendrochronologie in der Ur- und Frühgeschichte. – Antiqua 11: 30–35; Basel.

BILLAMBOZ, A. (1990): Dendrochronologische Daten jungsteinzeitlicher Pfahlbausiedlungen am Gnadensee (Bodensee). Siedlungsarchäologie im Alpenvorland 2. – Forsch. Ber. Vor- u. Frühgesch. Bad.-Württ. 37: 65–69; Stuttgart.

BINZ, A. (1901): Flora von Basel und Umgebung. XXXVIII + 340 S.; Basel (C.F. Lendorff).

BINZ, A. (1905): Flora von Basel und Umgebung. 2. Aufl. XLIII + 366 S.; Basel (C.F. Lendorff).

BINZ, A. (1915): Ergänzungen zur Flora von Basel. I. Teil. – Verh. naturf. Ges. Basel 26: 176–221; Basel.

BINZ, A. (1922): Ergänzungen zur Flora von Basel. II. Teil. – Verh. naturf. Ges. Basel 33: 256–280; Basel.

BINZ, A. (1941/42): Ergänzungen zur Flora von Basel. III. Teil. – Verh. naturf. Ges. Basel 53: 83–135; Basel.

BINZ, A. (1951): Ergänzungen zur Flora von Basel. V. Teil. – Verh. naturf. Ges. Basel 62: 248–266; Basel.

BINZ, A. (1956): Ergänzungen zur Flora von Basel. VI. Teil. – Verh. naturf. Ges. Basel 67: 176–194; Basel.

BOCK, A. (1986): Vegetationskundliche Untersuchungen in einer „historischen Weinbergslandschaft" bei Unterjesingen (Stadt Tübingen). – Veröff. NatSchutz LandschPflege Bad.-Württ. 61: 335–348; Karlsruhe.

BOCK, H. (1539): Neu Kreütter Buch von Unterscheydt Würckung und Namen der Kreütter so in Teutschen Landen wachsen. Straßburg.

BOGENRIEDER, A. (1982): Pflanzenwelt. Die Flora der Weidfelder, Moore, Felsen und Gewässer. – Natur- u. Landschaftsschutzgebiete Bad.-Württ. 12: 244–316; Karlsruhe.

BOGENRIEDER, A. u. G. HÜGIN (1978): Zustand des Waldes in der Rheinniederung zwischen Grißheim und Sasbach – Region Südlicher Oberrhein – (1976). – Beih. Veröff. NatSchutz LandschPflege Bad.-Württ. 11: 237–246; Karlsruhe.

BONNEMAISON, F. u. D.A. JONES (1986): Variation in alien Lotus corniculatus L. 1. Morphological differences between alien and native British plants. – Heredity 56: 129–138; Edinburgh.

BONNET, A. (1887): Beiträge zur Karlsruher Flora. – Mitt. bot. Ver. Kreis Freiburg Land Baden 1 (37/38): 323–335; Freiburg i.Br.

BÖTTCHER, W. u. E.J. JÄGER (1984): Zur Interpretation der Verbreitung der Gattung Sedum L. s.l. (Crassulaceae) und ihrer Wuchsformtypen. – Wiss. Z. Martin Luther-Univ. Halle-Wittenb., Math.-Nat. 33 (1): 127–141; Halle-Wittenberg.

BRADSHAW, M.E. (1963): Studies on Alchemilla filicaulis Bus., sensu lato, and A. minima Walters. – Watsonia 5: 304–326; London.

BRAUN-BLANQUET, J. (1931): Die Trockenrasengesellschaften des Hegaus und ihre Genese. – Veröff. st. Stelle NatSchutz Württ. Landesamt DenkmPflege 7: 59–65; Stuttgart.

BRAUN-BLAUQUET, J. u. W. KOCH (1928): Beitrag zur Flora Südbadens. – Beitr. naturw. Erforsch. Badens 1: 5–8; Freiburg i.Br.

BRAUN-BLANQUET, J., O. ELWERT, A. FABER, A. FUNK, D. GEYER, R. LOHRMANN, H. SCHWENKEL u. R. TÜXEN (1931): Der Hohentwiel. – Veröff. st. Stelle NatSchutz Württ. Landesamt DenkmPflege 7: 5–94; Stuttgart.

BRAUN-BLANQUET, J. u. M. MOOR (1938): Verband des Bromion erecti. – Prodromus der Pflanzengesellschaften, Heft 5; 64 S.

BRAUN-BLANQUET, J. u. E.A. RÜBEL (1932–1935): Flora von Graubünden. Vorkommen, Verbreitung und ökologisch-soziologisches Verhalten der wildwachsenden Gefäßpflanzen Graubündens und seiner Grenzgebiete. 4 Bände, 1695 S.; Bern, Berlin (H. Huber).

BRENZINGER, C. (1904): Flora des Amtsbezirks Buchen. – Mitt. bad. bot. Ver. 4 (196–199): 385–416; Freiburg.

BRESINSKY, A. (1959): Die Vegetationsverhältnisse der weiteren Umgebung Augsburgs. – Ber. naturf. Ges. Augsburg 11: 1–233; Augsburg.

BRESINKSY, A. (1965): Zur Kenntnis des zirkumalpinen Florenelements im Vorland nördlich der Alpen. – Ber. bayer. bot. Ges. 38: 5–67; München.

BRESINKSY, A.: (1978): Ziele, Probleme und Ergebnisse der floristischen Kartierung Bayerns, dargestellt am Beispiel von Sorbus aria agg. – Hoppea 37: 241–272; Regensburg.

BRIELMAIER, G.W. (1964): Die Seen bei Primisweiler unter Landschaftsschutz. – Naturschutz Oberschwaben-Bodensee-Hegau 5: 13–16; Wangen i.A.

BRIELMAIER, G.W. (1965): Nachtrag 1964 zur Ulmer Flora von Karl Müller. – Mitt. Ver. Naturw. Math. Ulm 27: 25–72; Ulm.

BRIEMLE, G. (1980): Untersuchungen zur Verbuschung und Sekundärbewaldung von Moorbrachen im südwestdeutschen Alpenvorland. Diss. bot. 57, 286 S.; Vaduz.

BRODTBECK, TH. u. M. ZEMP (1986): Über einige kritische Gattungen und Sippen in der Umgebung von Basel. – Bauhinia 8: 157–169; Basel.

BROWICZ, K. (1963): The genus Colutea L. A Monograph. – Mongr. Bot. 14: 1–36; Warzawa.

BRUNFELS, O. (1532–1537): Contrafayt Kreüterbuch … 2 Bände; Straßburg (Schott).

BRUNFELS, O. (1532–1539): Herbarum vivae eicones ad naturae imitationem, … 3 Bände; Straßburg (Schott).

BRUNNER, F. (1882): Verzeichnis der wildwachsenden Phanerogamen und Gefäßkryptogamen des Thurgauischen Bezirks Diessenhofen, des Randens und des Höhgaus. – Mitt. thurg. naturf. Ges. 5: 11–61; Frauenfeld.

BUCK-FEUCHT, G. (1980): Vegetationskundliche Beobachtungen im Schonwald „Hohes Reisach" bei Kirchheim/Teck. – Veröff. NatSchutz LandschPflege Bad.-Württ. 51 (2): 479–513; Karlsruhe.

BUSER, R. (1894): Zur Kenntnis der schweizerischen Alchimillen. – Ber. schweiz. bot. Ges. 4: 41–80; Bern.

BUTTLER, K.P. u. W. STIEGLITZ (1976): Floristische Untersuchungen im Meßtischblatt 6417 (Mannheim-Nordost). – Beitr. naturk. Forsch. SüdwDtl. 35: 9–51; Karlsruhe.

BUTZKE, H. (1986): Zur geographischen und standörtlichen Verbreitung der Echten Mispel (*Mespilus germanica* L.) im westlichen Teil Nordrhein-Westfalens und über die Eigenschaften des Mispelholzes. – Decheniana 139: 178–192; Bonn.

BAYATT, J. I. (1976): The structure of some *Crataegus* populations in north-eastern France and south-eastern Belgium. – Watsonia 11 (2): 105–115; London.

CAMUS, E.-G. (1900): *Alchimilla*. In: ROUY, G. et E.-G. CAMUS: Flore de France. Band 6, S. 439–459; Paris.

CARBIENER, R. (1974): Die linksrheinischen Naturräume und Waldungen der Schutzgebiete von Rhinau und Daubensand (Frankreich): eine pflanzensoziologische und landschaftsökologische Studie. – Natur- u. Landschaftsschutzgebiete Bad.-Württ. 7: 438–535; Ludwigsburg.

CHRIST, H. (1873): Die Rosen der Schweiz mit Berücksichtigung der umliegenden Gebiete Mittel- und Süd-Europas. Ein monographischer Versuch. 219 S.; Basel, Genf, Lyon (H. Georg).

CHRISTENSEN, K. I. (1985): A taxonomic study of *Crataegus* Ser. *Kyrtostylae* Pojark. ex Botschantzev in Europe. – Feddes Repertorium 96: 363–385; Berlin.

CHRTKOVÁ-ŽERTOVÁ, A. (1966): Bemerkungen zur Taxonomie von *Lotus uliginosus* Schkuhr und *Lotus pedunculatus* Cav. – Folia Geobot. et Phytotax. 1: 78–87; Praha.

CHRTKOVÁ-ŽERTOVÁ, A. (1973): A Monographic Study of *Lotus corniculatus* L. 1. Central and Northern Europe. – Rozpravy Česk. Akad. Věd Rada MPV 83: 1–94; Praha.

CORDUS, V. (1561): Annotationes in Pedacii Dioscoridis... libros V. Herausgeg. von C. GESNER. Straßburg.

CRONQUIST, A. (1981): An integrated system of classification of flowering plants. 1262 S.; New York.

CULLEN, J. (1976): The *Anthyllis vulneraria* complex: a résumé. – Notes Roy. Bot. Gard. Edinburgh 35 (1): 1–38; Edinburgh.

DAGENBACH, H. (1978): Über die Nachzucht des Speierlings (*Scorbus domestica* L.). Ein Beitrag zur Erhaltung einer vom Aussterben bedrohten Baumart. – Veröff. NatSchutz LandschPflege Bad.-Württ. 47/48: 191–203; Karlsruhe.

DALLA TORRE, K. W. VON u. L. GRAFEN VON SARNTHEIN (1909): Flora der Gefürsteten Grafschaft Tirol, des Landes Vorarlberg und des Fürstenthumes Liechtenstein. Band 6, S. 1–964; Innsbruck (Wagner).

DAVIS, P. H. (1972): Flora of Turkey and the East Aegean Islands. Band 4: I–XVIII, 1–657; Edinburgh (Univ. Press).

DE BARY, A. (1865): Bericht über neue Entdeckungen im Gebiete der Freiburger Flora. – Ber. Verh. naturf. Ges. Freib. 3: 18–28; Freiburg i.Br.

DEMUTH, S. (1988): Über zwei bemerkenswerte Mauerfarne an der Bergstraße. – Carolinea 46: 135–136; Karlsruhe.

DIECKMANN, B. u. B. FRITSCH (1990): Linearbandkeramische Siedlungsbefunde im Hegau. – Arch. Korrespondenzbl. 20 (1): 25–39; Mainz.

DIEFFENBACH, CH. E. (1826): Zur Kenntnis der Flora der Kantone Schaffhausen und Thurgau, so wie eines Theils des angränzenden Alt-Schwabens. – Flora oder Botanische Zeitung 30: 465–480; Regensburg.

DIENST, M. (1981): Zwei neue Fundorte von *Fragaria* × *hagenbachiana* Lang et Koch in Südbaden. – Gött. flor. Rundbr. 15 (4): 82–84; Göttingen.

DIENST, M. u. P. WEBER (1990): Die Strandschmielen-Gesellschaft (Deschampsietum rhenanae Oberdorfer 1957) am Schweizer Bodenseeufer. – Mitt. Thurg. naturf. Ges. 50: 39–46; Frauenfeld.

DIERBACH, J. H. (1819–1820): Flora Heidelbergensis plantas sistens in praefectura Heidelbergensi et in regione adfini sponte nascentes secundum systema sexuale Linnaeanum digestas. 2 Teile, 406 S.; Heidelberg (C. Groos).

DIERBACH, J. H. (1825–1827): Systematische Uebersicht der um Heidelberg wild wachsenden, und häufig zum ökonomischen Gebrauche cultivirten Gewächse. 178 S.; Karlsruhe (Chr. Fr. Müller).

DIERSSEN, B. u. K. DIERSSEN (1984): Vegetation und Flora der Schwaldwaldmoore. – Beih. Veröff. NatSchutz LandschPflege Bad.-Württ. 39, 512 S.; Karlsruhe.

DIETERICH, H., S. MÜLLER u. G. SCHLENKER (1970): Urwald von morgen. Bannwaldgebiete der Landesforstverwaltung Baden-Württemberg. Ein Beitrag zum europäischen Naturschutzjahr. Stuttgart (E. Ulmer).

DIEZ (1902): *Sedum aizoon*. In: EICHLER, J.: Botanische Sammlung. – Jh. ver. vaterl. Naturk. Württ. 58: XXV–XXX; Stuttgart.

DÖLL, J. CHR. (1843): Rheinische Flora. Beschreibung der wildwachsenden und cultivirten Pflanzen des Rheingebietes vom Bodensee bis zur Mosel und Lahn mit besonderer Berücksichtigung des Großherzogthums Baden. 832 S.; Frankfurt a.M. (L. Brönner).

DÖLL, J. CHR. (1857–62): Flora des Großherzogthums Baden. 3 Bände. Carlsruhe (G. Braun).

DÖLL, J. CHR. (1858): Nachrichten über die mit Unrecht der badischen Flora zugeschriebenen Gewächse. – Ver. Naturk. Mannheim, Jahres-Ber. 23 u. 24 (1857/58): 17–39; Mannheim.

DÖLL, J. CHR. (1862): Beiträge zur Pflanzenkunde, mit besonderer Berücksichtigung der Flora des Großherzogthums Baden. – Ver. Naturk. Mannheim, Jahres-Ber. 28: 29–45; Mannheim.

DÖLL, J. CHR. (1863): Beiträge zur Pflanzenkunde, mit besonderer Berücksichtigung der Flora des Großherzogthums Baden. – Ver. Naturk. Mannheim, Jahres-Ber. 29: 55–71; Mannheim.

DÖLL, J. CHR. (1864): Beiträge zur Pflanzenkunde mit besonderer Berücksichtigung der Flora des Großherzogthums Baden. – Ver. Naturk. Mannheim, Jahres-Ber. 30: 65–85; Mannheim.

DÖLL, J. CHR. (1865): Beiträge zur Flora des Großherzogthums Baden. – Ver. Naturk. Mannheim, Jahres-Ber. 31: 34–37; Mannheim.

DÖLL, J. CHR. (1866): Beiträge zur Pflanzenkunde, mit besonderer Berücksichtigung der Flora des Großherzogthums Baden. – Ver. Naturk. Mannheim, Jahres-Ber. 32: 32–45; Mannheim.

DÖLL, H. CHR. (1868): II. Nachträge zur Flora des Großherzogthums Baden. – Ver. Naturk. Mannheim, Jahresber. 34: 60–79; Mannheim.

DÖRR, E. (1964–1983): Flora des Allgäus. – Ber. bayer. bot. Ges. 37: 31–40 (1964); 39: 35–45 (1966); 40: 7–16 (1967/68); 41: 55–62 (1969); 42: 141–184 (1970); 43:

25–60 (1972); 44: 143–181 (1973); 45: 83–136 (1974); 46: 47–85 (1975); 47: 21–73 (1976); 48: 27–59 (1977); 49: 203–270 (1978); 50: 189–253 (1979); 51: 57–108 (1980); 52: 83–97 (1981); 53: 125–149 (1982); 54: 59–76 (1983); München.

DÖRR, E. (1971): Ergebnisse der Allgäu-Floristik. Arbeitsbericht für 1971. – Mitt. naturw. Arbeitskr. Kempten 15 (2): 1–12; Kempten i. A.

DÖRR, E. (1973): Zur Allgäu-Flora: Arbeitsergebnisse für 1972. – Mitt. naturw. Arbeitskr. Kempten 17 (1): 41–58; Kempten i. A.

DÖRR, E. (1974): Flora des Allgäus. 8. Teil. – Ber. bayer. bot. Ges. 45: 83–136; München.

DÖRR, E. (1976): Allgäu-Floristik 1975/76. – Mitt. naturw. Arbeitskr. Kempten 20 (2): 21–45; Kempten i. A.

DÖRR, E. (1980): Ergebnisse der Allgäu-Floristik aus dem Jahre 1980. – Mitt. naturw. Arbeitskr. Kempten 24 (1): 13–31; Kempten i. A.

DÖRR, E. (1981): Ergebnisse der Allgäu-Floristik aus dem Jahre 1981. – Mitt. naturw. Arbeitskr. Kempten 25 (1): 17–48; Kempten i. A.

DÖRR, E. (1981): Flora des Allgäus. 15. Teil (Nachtrag): Die Gattung *Alchemilla*. – Ber. bayer. bot. Ges. 52: 83–97; München.

DÖRR, E. (1982): Ergebnisse der Allgäu-Floristik aus dem Jahre 1982 (1. Teil). – Mitt. naturw. Arbeitskr. Kempten 25 (2): 41–62; Kempten i. A.

DÖRR, E. (1985): Ergebnisse der Allgäu-Botanik aus den Jahren 1983, 1984 und 1985. – Mitt. naturw. Arbeitskr. Kempten 27 (1): 5–28; Kempten i. A.

DÖRR, E. (1991): Notizen zur Erforschung der Allgäuer Flora 1990 (mit Nachtrag). – Mitt. naturw. Arbeitskr. Kempten 30 (2): 23–38; Kempten i. A.

DÜBI, H. u. G. KAUFFMANN (1961): Considerazoni sulla distribuzione delle specie *Potentilla verna* L. em. Koch e *Potentilla puberula* Krasan (*P. Gaudini* Greml.). – Ber. schweiz. bot. Ges. 71: 302–331; Bern.

DÜHRING, V. (1990): Erfassung und Schutz der höheren Pflanzen auf den Markungen der Gemeinde Zaberfeld. – Heimatbl. aus dem Zabergäu, H. 2/3: 17–48.

DÜLL, R. (1959): Unsere Ebereschen und ihre Bastarde. Die Neue Brehm-Bücherei 226, 122 S.; Wittenberg (A. Ziemsen).

DÜLL, R. (1961): Die *Sorbus*-Arten und ihre Bastarde in Bayern und Thüringen. – Ber. bayer. bot. Ges. 34: 11–65; München.

DÜRR, A. u. F.-G. LINK (1988): Speierlinge im südlichen Kraichgau. – Veröff. NatSchutz LandschPflege Bad.-Württ. 63: 293–311; Karlsruhe.

DUVERNOY, J. G. (1722): Designatio plantarum circa Tubingensem Arcem florentium cum 1. sede seu loco earum natali, 2. Charactere generico et Individuali, 3. Virtutibus medicis probatissimis. In usum Scholae Botanicae Tubingensis. 154 S.; Tübingen (G. F. Pflick).

EBERT, G. u. E. RENNWALD (1991): Die Schmetterlinge Baden-Württembergs. Band 1: Tagfalter 1, 1–552; Stuttgart (E. Ulmer).

ECKSTEIN, BREINIG, J. NEUBERGER, F. OLTMANNS u. TH. HERZOG (1896): Neue Standorte in der badischen Flora. – Mitt. bad. bot. Ver. 3 (141): 366–368; Freiburg i. Br.

EHRENDORFER, F. (ed.; 1973): Liste der Gefäßpflanzen Mitteleuropas. 2. Aufl., 318 S.; Stuttgart (G. Fischer).

EICHLER, J. (1893): Pflanzenreich. In: Beschreibung des Oberamts Ehingen, S. 95–104; Stuttgart (W. Kohlhammer).

EICHLER, J., R. GRADMANN u. W. MEIGEN (1905–1926): Ergebnisse der pflanzengeographischen Durchforschung von Württemberg, Baden und Hohenzollern. – Beil. zu Jh. Ver. vaterl. Naturk. Württ., Heft I (1905): 1–78, Heft II (1906): 79–134, Heft III (1907): 135–218, Heft IV (1909): 219–278; Heft V (1912): 279–316, Heft VI (1914): 317–388, Heft VII (1926): 389–454; Stuttgart.

ENDTMANN, J. (1964): Zur Verbreitung und Taxonomie der Gattung *Ononis* in Nordost-Deutschland. – Feddes Repertorium 69: 103–131; Berlin.

ENGESSER, C. (1852): Flora des südöstlichen Schwarzwaldes mit Einschluß der Baar, des Wutachgebietes und der anstoßenden Grenze des Höhgaues. 270 S.; Donaueschingen (A. Schwarz).

ESKUCHE, U. (1955): Vergleichende Standortsuntersuchungen an Wiesen im Donauried bei Herbertingen. – Veröff. Landesstelle NatSchutz LandschPflege Bad.-Württ. 23: 33–135; Ludwigsburg, Tübingen.

FABER, A. (1933): Pflanzensoziologische Untersuchungen in Süddeutschland. – Biblthca bot. 108, 68 S. + Taf.; Stuttgart.

FABER, A. (1934): Pflanzensoziologische Untersuchungen in württembergischen Hardten. – Veröff. st. Stelle NatSchutz Württ. Landesamt DenkmPflege 10 (1933): 36–54; Stuttgart.

FABER, A. (1936): Über Waldgesellschaften und ihre Entwicklung im Schwäbisch-Fränkischen Stufenland und auf der Alb. – Anh. Versammlungsber. 1936 Landesgr. Württ. Deutsch. Forstver.: 1–53; Tübingen.

FALTER, G. (1972): *Potentilla anglica* im östlichen Odenwald. – Hess. flor. Briefe 21 (2): 31; Darmstadt.

FAVARGER, C. and F. ZESIGER (1964): *Sempervivum*. In: TUTIN et al. (eds.): Flora Europaea. Band 1, S. 352–355; Cambridge (Univ. Press).

FEUCHT, O. (1911): Schwäbisches Baumbuch. 100 S.; Stuttgart (Württ. Forstdirektion).

FEUCHT, O. (1912): Württembergs Pflanzenwelt. 138 Vegetationsbilder nach der Natur mit einer pflanzengeographischen Einführung. I–VIII, 1–79, 138 T.; Stuttgart (Strecker u. Schröder).

FIETZ, A. (1961): Pflanzenreste aus den römischen Brunnen in Pforzheim. – Beitr. naturk. Forsch. SüdwDtl. 20: 23–29; Karlsruhe.

FINCKH, R. (1850): Über einige neue Entdeckungen in der württembergischen Flora. – Jh. Ver. vaterl. Naturk. Württ. 5: 217–224; Stuttgart.

FINCKH, R. (1862): Beiträge zur württembergischen Flora. – Jh. Ver. vaterl. Naturk. Württ. 18: 189–191; Stuttgart.

FINCKH, R. (1872): Beiträge zur württembergischen Flora. – Jh. Ver. vaterl. Naturk. Württ. 28: 236–245; Stuttgart.

FIRBAS, F. (1948): Über das Verhalten von *Artemisia* in einigen Pollendiagrammen. – Biol. Zbl. 67: 17–22; Leipzig.

FISCHER, A. (1982): Mosaik und Syndynamik der Pflanzengesellschaften von Lößböschungen im Kaiserstuhl (Südbaden). – Phytocoenol. 10 (1/2): 73–256; Berlin, Stuttgart.

FISCHER, F. (1867): Flora von Pforzheim oder Aufzählung der bei Pforzheim wachsenden Pflanzen mit Angabe der Standorte. 82 S.; Pforzheim (L. Schmidt).

FISCHER, R. (1982): Flora des Rieses und seiner näheren Umgebung. 551 S.; Nördlingen (Verein Rieser Kulturtage).

FOCKE, W.O. (1894): Über *Rubus Menkei* Wh. u. N. und verwandte Formen. – Abh. naturw. Ver. Bremen 13: 141–160; Bremen.

FOCKE, W.O. (1902–1903): *Rubus* L. In: ASCHERSON, P. u. P. GRAEBNER: Synopsis der mitteleuropäischen Flora. Band 6 (1), S. 440–668; Leipzig (Gebr. Borntraeger).

FRANK, J.C. (1830): Rastadts Flora. 171 S.; Heidelberg.

FRANK, K.-ST. (1989): Untersuchung von botanischen Makroresten aus der archäologischen Tauchgrabung der Seeufersiedlung „Bodman-Schachen" am nordwestlichen Bodensee unter besonderer Berücksichtigung der Morphologie und Anatomie der Wildpflanzenfunde (Frühe bis Mittlere Bronzezeit). Unveröff. Dipl.-Arb. Univ. Hohenheim, 202 S. + Beil.; Stuttgart.

FRENZEL, B. (Hrsg.) 1978: Führer zur Exkursionstagung des IGCP-Projekts 73/1/24: „Quaternary Glaciations in the Northern Hemisphere" v. 5.–13.9.76 in den Südvogesen, im nördlichen Alpenvorland und in Tirol. – 205 S.; Stuttgart u. Bad Godesberg.

FRICKHINGER, H. (1911): Flora des Rieses. V + 403 S.; Nördlingen (C.H. Beck).

FRITZ, W. (1979): Ein hallstattzeitlicher Festuco-Brometea-Rasen. – Ber. internat. Sympos. internat. Ver. Vegetationskunde 1978: 165–176; Vaduz.

FRÖHNER, S. (1965): Mitteleuropäische Sippen von *Alchemilla glabra* und einige Verwandte. – Bot. Jb. 83: 370–405; Leipzig.

FRÖHNER, S. (1975): Kritik an der europ. *Alchemilla*-Taxonomie. – Feddes Repertorium 86: 119–169; Berlin.

FRÖHNER, S. (1986): Zur infragenerischen Gliederung der Gattung *Alchemilla* L. in Eurasien. – Gleditschia 14: 3–49; Berlin.

FRÖHNER, S. (1986): Typifizierung von *Alchemilla vulgaris* L. – Gleditschia 14: 51–67; Berlin.

FRÖHNER, S. (1986): *Alchemilla*. In: SCHUBERT, R. u. W. VENT (Hrsg.): ROTHMALER, Exkursionsflora für die Gebiete der DDR und der BRD. 6. Aufl., Band 4, S. 282–295; Berlin.

FRÖHNER, S. (1990): *Alchemilla*. In: HEGI, G. (Begr.): Illustrierte Flora von Mitteleuropa. 2. Aufl., IV/2B, S. 13–242; Berlin, Hamburg (P. Parey).

FROMHERZ, K. (1904): *Saxifraga decipiens* Ehrh. – Mitt. bad. bot. Ver. 4 (193): 365–366; Freiburg i. Br.

FUCHS, H.P. (1960): Kleine Beiträge zur Nomenklatur und Systematik der Schweizer Flora (Vorarbeiten zu einer „Flora Helvetica"). – Ber. schweiz. bot. Ges. 70; 46–49; Bern.

FUCHS, L. (1542): De historia stirpium commentarii insignes, maximis impensis... Basel (Isingrin).

FUCHS, L. (1543): New Kreütterbuch, Basel. Neudruck 1964, München.

FUCHS, L. (ca. 1565): De stirpium historia... Manuskript, 3 Bände; Wien.

GALUNDER, R. u. K. ADOLPHI (1988): Zur Identifikation in Deutschland neu auftretender *Cytisus*-Arten. – Flor. Rundbr. 22 (1): 14–17; Bochum.

GAMS, H. (1923): *Alchemilla*. In: HEGI, G. (Hrsg.): Illustrierte Flora von Mitteleuropa. 1. Aufl., Band IV/2, S. 943–970; München (C. Hanser).

GAMS, H. (1923): Leguminosae. In: HEGI, G. (Hrsg.): Illustrierte Flora von Mitteleuropa. 1. Aufl., Band IV/3, S. 1113–1436; München (C. Hanser).

GAMS, H. (1924): Leguminosae. In: HEGI, G. (Hrsg.): Illustrierte Flora von Mitteleuropa. 1. Aufl., Band IV/3, S. 1437–1644; München (C. Hanser).

GARCKE, A. (1972): Illustrierte Flora. Deutschland und angrenzende Gebiete. Gefäßkryptogamen und Blütenpflanzen. 23. Aufl. (Herausg. K. VON WEIHE), XX + 1607 S.; Berlin, Hamburg (P. Parey).

GATTENHOF, G.M. (1782): Stirpes agri et horti Heidelbergensis. 352 S.; Heidelberg (Gebr. Pfaehler).

GAUCKLER, K. (1957): Die Gipshügel in Franken, ihr Pflanzenkleid und ihre Tierwelt. – Abh. naturhist. Ges. Nürnberg 29: 1–92; Nürnberg.

GENSER, J. (1991): Die Wacholderheiden des NSG „Eselsburger Tal" (Ostalb). – Veröff. NatSchutz LandschPflege Bad.-Württ. 66: 107–140; Karlsruhe.

GERSTBERGER, P. (1978): Zur Unterscheidung von *Fragaria viridis* Duchesne und *Fragaria vesca* L. im vegetativen Zustand. – Gött. flor. Rundbr. 12: 93–97; Göttingen.

GESNER, C. (1561): Annotationes in Pedacii Dioscoridis... libros V. Straßburg. (Siehe auch unter CORDUS).

GIBBS, P.E. (1968): A revision of the genus *Genista* L. – Notes Roy. Bot. Gard. Edinburgh 27 (1966/67): 11–99; Edinburgh.

GLAZUNOVA, K.P. (1977): On the possibility of applying the agamo-sexual complex theory to the systematics of angiosperms (on the example of the genus *Alchemilla* L.). – Bull. Mosk. Obšč. Issp. Prir. Otd. Biol. 82: 129–139 (russ.).

GMELIN, C.CHR. (1805–1826): Flora Badensis, Alsatica et confinium regionum cis et transrhenanum plantas a lacu Bodanico usque ad confluentem Mosellae et Rheni sponte nascentes exhibens... 4 Bände: Tom 1 (1805), 768 S.; Tom. 2 (1806), 717 S.; Tom. 3 (1808), 796 S.; Tom. 4 (1826), 808 S.; Carlsruhe (A. Müller).

GMELIN, J.F. (1772): Enumeratio stirpium agro tubingensi indigenarum. 334 S.; Tübingen.

GOLDER, F. (1922): Neue Standorte. – Mitt. bad. Landesver. Naturk. Naturschutz N.F. 1: 220–222; Freiburg i. Br.

GÖRS, S. (1951): Lebenshaushalt der Flach- und Zwischenmoorgesellschaften im württembergischen Allgäu. – Veröff. württ. Landesstelle NatSchutz LandschPflege 20: 169–246; Ludwigsburg.

GÖRS, S. (1959/60): Das Pfrunger Ried. Die Pflanzengesellschaften eines oberschwäbischen Moorgebietes. – Veröff. Landesstelle NatSchutz LandschPflege Bad.-Württ. 27/28: 5–45; Ludwigsburg.

GÖRS, S. (1966): Die Pflanzengesellschaften der Rebhänge am Spitzberg. – Natur- u. Landschaftsschutzgebiete Bad.-Württ. 3: 476–534; Ludwigsburg.

GÖRS, S. (1966): Die Flora des Spitzbergs. – Natur- u. Landschaftsschutzgebiete Bad.-Württ. 3: 535–591; Ludwigsburg.

GÖRS, S. (1968): Die Flora des Schwenninger Mooses. – Natur- u. Landschaftsschutzgebiete Bad.-Württ. 5: 148–190; Ludwigsburg.

GÖRS, S. (1968): Der Wandel der Vegetation im Naturschutzgebiet Schwenninger Moos unter dem Einfluß
des Menschen in zwei Jahrhunderten. – Natur- und
Landschaftsschutzgebiete Bad.-Württ. 5: 190–284;
Ludwigsburg.

GÖRS, S. (1968): Die Wasserfalle (*Aldrovanda vesiculosa*
L.) im Landschaftsschutzgebiet Siechenweiher bei
Meersburg. – Veröff. Landesstelle NatSchutz Landsch-
Pflege Bad.-Württ. 36: 27–35; Ludwigsburg.

GÖRS, S. (1969): Die Vegetation des Landschaftsschutzge-
bietes Kreuzweiher im württembergischen Allgäu. –
Veröff. Landesstelle NatSchutz LandschPflege Bad.-
Württ. 37: 7–61; Ludwigsburg.

GÖRS, S. (1974): Nitrophile Saumgesellschaften im Gebiet
des Taubergießen. – Natur- u. Landschaftsschutzgebiete Bad.-Württ. 7: 325–354; Ludwigsburg.

GÖRS, S. (1974): Die Wiesengesellschaften im Gebiet des
Taubergießen. – Natur- u. Landschaftsschutzgebiete
Bad.-Württ. 7: 355–399; Ludwigsburg.

GÖRS, S. u. TH. MÜLLER (1974): Flora der Farn- und
Blütenpflanzen des Taubergießengebietes. – Natur- u.
Landschaftsschutzgebiete Bad.-Württ. 7: 209–283;
Ludwigsburg.

GÖTTLICH, K. (1955): Ein Pollendiagramm ungestörter
späteiszeitlicher Verlandungsschichten im Federseebecken. – Beitr. naturk- Forsch. SüdwDtl. 14: 88–92;
Karlsruhe.

GÖTTLICH, K. (1960): Beiträge zur Entwicklungsge-
schichte der Moore in Oberschwaben. Teil 1: Moore im
Bereich der Altmoräne und der Äußeren Jungmoräne.
Jh. Ver. vaterl. Naturk. Württ. 115: 93–174; Stuttgart.

GÖTZ, A. (1882): In: Neue Standorte. – Mitt. bot. Ver.
Kreis Freiburg Land Baden 1 (1): 12–16; Freiburg i. Br.

GÖTZ, A. (1893–1894): Die *Rubus*flora des Elzthales.
Mitt. bad. bot. Ver. 3: 47–50, 87–88 (1893); 151–157
(1894); Freiburg i. Br.

GÖTZ, A. (1902): Wanderungen durch die Flora des Elzthales. – Mitt. bad. bot. Ver. 4 (178): 237–249; Freiburg i. Br.

GRADMANN, R. (1936): Das Pflanzenleben der Schwäbi-
schen Alb. 3. Aufl.; Band 1: Pflanzengeographische
Darstellung. XVI + 470 S.; Band 2: Nachschlagebuch.
XXXIX + 351 S.; Stuttgart (Schwäbischer Albverein).

GRADMANN, R. (1950): Das Pflanzenleben der Schwäbischen Alb. 4. Aufl., Band 1: Pflanzengeographische
Darstellung. XVIII + 449 S.; Band 2: Die Flora der
Schwäbischen Alb. XLIV + 407 S.; Stuttgart (Schwäbischer Albverein).

GRAHAM, G.G. u. A.L. PRIMAVESI (1990): Notes on
some *Rosa* taxa recorded as occurring in the British
Isles. – Watsonia 18: 119–124; London.

GREGG, S. (1989): 8. Paleo-Ethnobotany of the Bandkeramik Phases. In C.-K. KIND: Ulm-Eggingen. –
Forsch. Ber. Vor- u. Frühgesch. Bad.-Württ. 34:
367–399; Stuttgart.

GREUTER, W., H.M. BURDET u. G. LONG (eds.; 1986):
Med-Checklist. Vol. 3, CXXIX + 395 S.; Genf.

GREUTER, W., H.M. BURDET u. G. LONG (eds.; 1989):
Med-Checklist. Vol. 4, 458 S. + Anhang; Genf.

GREUTER, W. u. TH. RAUS (eds.; 1986): Med-Checklist
Notulae 13. – Willdenowia 16: 103–116; Berlin.

GREUTER, W. u. TH. RAUS (eds.; 1987): Med-Checklist
Notulae 14. – Willdenowia 16: 439–452; Berlin.

GREUTER, W. et al. (1988): International Code of Botanical Nomenclature. – Regnum Veg. 118: I–XIV, 1–328;
Königstein.

GRIESSELICH, L. (1836): Kleine botanische Schriften. Erster Theil. Versuch einer Statistik der Flora Badens, des
Elsasses, Rheinbayern und des Cantons Schaffhausen.
392 S.; Karlsruhe (J. Velten).

GRIMS, H. (1988): Die Gattung *Alchemilla* (Rosaceae) in
Oberösterreich. – Linzer biol. Beitr. 20 (2): 919–979;
Linz.

GROSS, L. (1906): Zur Flora des Badischen Kreises Konstanz. – Mitt. bad. bot. Ver. 5 (210/211): 69–83; Freiburg i. Br.

GROSSMANN, A. (1989): Die Pflanzenwelt des Belchenge-
bietes im Südschwarzwald. – Natur- u. Landschaftsschutzgebiete Bad.-Württ. 13: 617–745; Karlsruhe.

GRÜTTNER, A. (1987): Das Naturschutzgebiet „Brigli-
rain" bei Furtwangen (Mittlerer Schwarzwald). – Veröff. NatSchutz LandschPflege Bad.-Württ. 62:
161–271; Karlsruhe.

HAEUPLER, E. (1967): Beitrag zur Kenntnis der *Potentillae
vernales*. – Gött. flor. Rundbr. 1967 (Neudruck 1969):
5–8; Göttingen.

HAEUPLER, E. (1969): *Melilotus altissimus* Thuill., eine
weitere bislang „übersehene" Art unserer Flora. – Gött.
flor. Rundbr. 3; 43–44; Göttingen.

HAEUPLER, H. u. P. SCHÖNFELDER (Hrsg.; 1988): Atlas
der Farn- und Blütenpflanzen der Bundesrepublik
Deutschland. 768 S.; Stuttgart (E. Ulmer).

HAGENBACH, C.F. (1821, 1834): Tentamen Florae Basi-
leensis. 2 Bände, 450 + 537 S.; Basel (J.G. Neukirch).

HAGENBACH, C.F. (1843): Florae basiliensis supplementum. 220 S.; Basel (J.G. Neukirch).

HALLER, A. (1742): Enumeratio methodica stirpium Hel-
vetiae indigenarum. 2 Bände, 794 S.; Göttingen (A. Va-
denhoek).

HANDEL-MAZZETTI, H.v. (1910): Revision der balkani-
schen und vorderasiatischen *Onobrychis*-Arten aus der
Sektion Eubrychis. – Österr. Bot. Zeitschr. 60: 5–12;
Wien.

HANEMANN, J. (1924): Die Hygrophyten des zum schwäbisch-fränkischen Hügellande gehörigen Keupergebie-
tes östlich vom Neckar und der Fränkischen Platte. –
Jh. Ver. vaterl. Naturk. Württ. 80: 30–47; Stuttgart.

HANEMANN, J. (1927): Ergebnisse der floristischen Durchforschung des östlichen und nordöstlichen Teiles Württembergs. – Jh. Ver. vaterl. Naturk. Württ. 83: 23–48;
Stuttgart.

HARMS, K.H., G. PHILIPPI u. S. SEYBOLD (1983): Verschollene und gefährdete Pflanzen in Baden-Württemberg. – Beih. Veröff. NatSchutz LandschPflege Bad.-
Württ. 32: 1–160; Karlsruhe.

HASSLER, M. (1988): Flora und Fauna von Bruchsal und
Umgebung. Band V/1 Flora. 205 S.; Bruchsal (AG-
NUS u. BUND).

HATZ (1882): Beiträge zur *Rubus*-Flora des badischen
Oberlandes. – Mitt. bot. Ver. Kreis Freiburg Land Baden 1 (1): 1–6; Freiburg i. Br.

HAUFF, R. (1936): Die Rauhe Wiese bei Böhmenkirch-
Bartholomä. – Veröff. württ. Landesstelle NatSch
LandschPflege 12: 78–141; Stuttgart.

HAUG, A. (1907): Beiträge zur Ulmer Flora. Mit „Nachtrag zum Ergebnis der Pflanzengeographischen Durch-

forschung Württembergs im Oberamtsbezirk Ulm. – Jh. Ver. Math. Nat. Ulm 11: 88–92; Ulm.

HAUG, A. (1907): Über Veränderungen in der Ulmer Flora. – Jh. Ver. vaterl. Naturk. Württ. 63: XLV–XLVI; Stuttgart.

HAUG, A. (1915): Das Ulmer Herbarium des HIERONYMUS HARDER. – Mitt. Ver. Naturw. Math. Ulm 16: 38–92; Ulm.

HAYEK, A. VON (1909): *Rosa*. In: Flora von Steiermark. Band 1, S. 888–944; Berlin.

HEATH, P. V. (1990): On typifying names validated by text accompanied by a plate. – Taxon 39: 492–498; Berlin.

HECKEL, G. (1929): Beiträge zur Flora des nordwestlichen Württemberg. – Jh. Ver. vaterl. Naturk. Württ. 85: 110–137; Stuttgart.

HEDGE, I. C. (1970): *Onobrychis*. In: P. H. DAVIS (ed.): Flora of Turkey. Band 3, S. 560–589; Edinburgh (Univ. Press).

HEER, O. (1866): Die Pflanzen der Pfahlbauten. – Neujahrsblatt naturf. Ges. Zürich 68: 1–54; Zürich.

HEER, O. (1872): Über den Flachs und die Flachskultur im Altertum. – Neujahrsbl. Zürch. naturf. Ges. 74: 1–26; Zürich.

HEGELMAIER, F. (1886): Eine verkannte Phanerogame des schwäbischen Jura. – Jh. Ver. vaterl. Naturk. Württ. 42: 331–339; Stuttgart.

HEGELMAIER, F. (1906): Alchimillen des schwäbischen Jura. – Jh. Ver. vaterl. Naturk. Württ. 62: 1–12; Stuttgart.

HEGI, G. (1906–1987): Illustrierte Flora von Mitteleuropa. 7 Bände. 1. Aufl. 1906–1931; München (C. Hanser). 2. Aufl. 1936–1979; München (C. Hanser) bzw. Berlin, Hamburg (P. Parey). 3. Aufl. 1966–1990; Berlin, Hamburg (P. Parey).

HEGI, G. (1968): Nachträge, Berichtigungen, Ergänzungen. S. 1733–2645; München (C. Hanser).

HEIMBERGER, H. (1950): Der Speierlingsbaum. – Baden 2 (3): 8–9; Karlsruhe.

HEINE, H. (1952): Beiträge zur Kenntnis der Ruderal- und Adventivflora von Mannheim, Ludwigshafen und Umgebung. – Ver. Naturk. Mannheim Jahres-Ber. 117/118: 85–132; Mannheim.

HEMPEL, W. (1975): Der Rückgang der Moorfetthenne (*Sedum villosum* L.) in den Bezirken Dresden, Karl-Marx-Stadt und Leipzig. – Arch. NatSchutz LandschPflege 15: 33–45; Berlin.

HENDRYCH, R. (1990): Dritte Reihe der Ergänzungen zur *Trifolium*-Monographie von ZOHARY und HELLER (plantae hybridae). – Preslia 62: 43–60; Praha.

HERMANN, F. (1941): Zur Unterscheidung unserer heimischen Erdbeerarten. – Feddes Repertorium 50: 363–365; Berlin.

HERZOG, TH. (1896): Neue Standorte der badischen Flora. – Mitt. bad. bot. Ver. 3 (141): 366–368; Freiburg i. Br.

HESS, H. E., E. LANDOLT u. R. HIRZEL (1967): Flora der Schweiz. Band 1, 858 S.; Basel, Stuttgart (Birkhäuser).

HESS, H. E., E. LANDOLT u. R. HIRZEL (1970): Flora der Schweiz. Band 2, 956 S.; Basel, Stuttgart (Birkhäuser).

HESS, H. E., E. LANDOLT u. R. HIRZEL (1972): Flora der Schweiz. Band 3, 876 S.; Basel, Stuttgart (Birkhäuser).

HEYN, C. C. (1970): *Lotus*. In: P. H. DAVIS (ed.): Flora of Turkey. Band 3, S. 518–531; Edinburgh (Univ. Press).

HEYWOOD, V. H. (1978): Flowering plants of the world. Oxford (Univ. Press).

HEYWOOD, V. H. (1982): Blütenpflanzen der Welt. 336 S.; Basel, Boston, Stuttgart (Birkhäuser).

HILLER, C. F. (1805): Botanische Excursionen auf einen Theil der wirtembergischen Alpen. In Briefen an meinen Freund Raiger. In: Neues Botanisches Taschenbuch für die Anfänger dieser Wissenschaft und der Apothekerkunst auf das Jahr 1805. S. 13–33; Nürnberg, Altdorf.

HILLIGARDT, M. u. F. WEBERLING (1989): Wuchsformen bei *Trifolium* L. – Flora 182: 13–41; Jena.

HOFFMANN, G. (1964): Wirkung des Herbicides „Selest₄₀" bei der Bekämpfung von Robinien (*Robinia pseudo-acacia* L.) und unerwünschten Weichlaubhölzern in Mischbeständen. – Arch. Forstw. 13: 33–45; Berlin.

HÖFLE, M. A. (1850): Die Flora der Bodenseegegend mit vergleichender Betrachtung der Nachbarfloren. 175 S.; Erlangen.

HOFMANN, W. (1962): Der Speierling in Franken. – Forstwiss. ZentBl. 81 (5/6): 148–155; Berlin.

HOPF, M. (1968): 1. Früchte und Samen, in H. ZÜRN: Das jungsteinzeitliche Dorf Ehrenstein (Kreis Ulm), Teil II: Naturwissenschaftliche Beiträge: 7–77; Stuttgart.

HORNUNG, A. (1991): Vegetationskundliche Untersuchungen im Naturschutzgebiet „Bürgle" im Killertal. – Veröff. NatSchutz LandschPflege Bad.-Württ. 66: 141–179; Karlsruhe.

HORVAT, I., V. GLAVAČ u. H. ELLENBERG (1974): Vegetation Südosteuropas. 768 S.; Jena (G. Fischer).

HUBER, F. (1891): Bemerkenswerte Pflanzenstandorte der Umgebung von Wiesloch. – Mitt. bad. bot. Ver. 2 (82): 257–263; Freiburg i. Br.

HUBER, F. (1912): Eine Wanderung durch die Flora von Bühl. – Mitt. bad. bot. Ver. 6 (267/268): 123–132; Freiburg i. Br.

HUBER, F., W. MEIGEN, A. SCHLATTERER u. A. THELLUNG (1904): Neue Standorte. – Mitt. bad. bot. Ver. 4: 418–420; Freiburg i. Br.

HUBER, H. (1961): Droseraceae. In: HEGI, G. (Hrsg.): Illustrierte Flora von Mitteleuropa. 2. Aufl., Band IV/2A, S. 4–20; München (C. Hanser).

HUBER, H. (1963): *Diopogon*. In: HEGI, G. (Hrsg.): Illustrierte Flora von Mitteleuropa. 2. Aufl., Band IV/2A, S. 102–108; München (C. Hanser).

HUBER, H. (1964): Parnassiaceae. In: HEGI, G. (Hrsg.): Illustrierte Flora von Mitteleuropa. 2. Aufl., Band IV/2A, S. 225–230; München (C. Hanser).

HUBER, J. CH. u. J. REHM (1860): Uebersicht der Flora von Memmingen. 80 S.; Memmingen (J. P. Himmer).

HÜGIN, G. (1956): Wald-, Grünland-, Acker- und Rebenwuchsorte im Markgräfler Land. 129 S.; Diss. Freiburg.

HÜGIN, G. (1979): Die Wälder im Naturschutzgebiet Buchswald bei Grenzach. – Natur- u. Landschaftsschutzgebiete Bad.-Württ. 9: 147–199; Karlsruhe.

HÜGIN, G. (1982): Die Mooswälder der Freiburger Bucht. – Beih. Veröff. NatSchutz LandschPflege Bad.-Württ. 29, 88 S.; Karlsruhe.

HÜGIN, G. (1986): Die Verbreitung von *Amaranthus*-Arten in der südlichen und mittleren Oberrheinebene sowie einigen angrenzenden Gebieten. Eine Beschreibung der eingebürgerten Arten und ein Versuch, deren Verbreitung zu erklären. – Phytocoenol. 14 (3): 289–379; Stuttgart, Braunschweig.

HULTÉN, E. u. M. FRIES (1986): Atlas of North European Vascular plants. 3 Bände, 1172 S.; Königstein i.T. (S. Koeltz).

HULTGÅRD, U.-M. (1987): *Parnassia palustris* L. in Scandinavia. – Symb. Bot. Ups. 28 (1): 1–128; Uppsala.

HUTCHINSON, J. (1964): The genera of flowering plants. Vol. I, 516 S.; Vol. II, 659 S.; Oxford (Univ. Press).

ISLER-HÜBSCHER, K. (1980): Beiträge 1976 zu GEORG KUMMERS „Flora des Kantons Schaffhausen mit Berücksichtigung der Grenzgebiete". – Mitt. naturf. Ges. Schaffhausen 31 (1977/80: 7–121; Schaffhausen.

ISSLER, E. (1929): Les associations végétales des vosges méridionales et de la plaine rhénane avoisinante. – Bull. Soc. Hist. nat. Colmar N.S. 21: 47–167; Colmar.

ISSLER, E. (1931): Les associations végétales des Vosges méridionales et de la plaine rhénane avoisinante. Troisième Partie: Les prairies. – Bull. Soc. Hist. nat. Colmar N.S. 22 (1929–30): 43–129; Colmar.

ISSLER, E. (1937): Beiträge zur Flora des Ostabfalls des südlichen Schwarzwaldes. – Mitt. bad. Landesver. Naturk. Naturschutz N.F. 3: 329–333; Freiburg i.Br.

ISSLER, E. (1942): Vegetationskunde der Vogesen. 192 S.; Jena (G. Fischer).

ISSLER, E. (1951): Trockenrasen- und Trockenwaldgesellschaften der oberelsässischen Niederterrasse und ihre Beziehungen zu denjenigen der Kalkhügel und der Silikatberge des Osthanges der Vogesen. – Ber. Schweiz. Botan. Ges. 61: 664–699; Bern.

ISSLER, E., E. LOYSON u. E. WALTER (1965): Flore d'Alsace. 639 S.; Strasbourg.

JACK, J.B. (1891–1896): Botanische Wanderungen am Bodensee und im Hegau. – Mitt. bad. bot. Ver. 2: 341–356 (1891); 365–404, 419–420 (1892); 3: 25–28 (1893); 363–366 (1896); Freiburg i.Br.

JACK, J.B. (1892): Botanischer Ausflug ins obere Donautal. – Mitt. bad. bot. Ver. 3 (102): 13–24; Freiburg i.Br.

JACK, J.B. (1900, 1901): Flora des badischen Kreises Konstanz. 132 S.; Karlsruhe (J.J. Reiff).

JACOMET, S. (1990): Veränderungen von Wirtschaft und Umwelt während des Spätneolithikums im westlichen Bodenseegebiet. Ergebnisse samenanalytischer Untersuchungen an einem Profilblock aus der Horgener Stratigraphie von Sipplingen-Osthafen (Tauchsondierung Ruoff 1980). Siedlungsarchäologie im Alpenvorland 2. – Forsch. Ber. Vor- u. Frühgesch. Bad-Württ. 37: 295–324; Stuttgart.

JACOMET, S. u. H. SCHLICHTHERLE (1984): Der kleine Pfahlbauweizen OSWALD HEER's – Neue Untersuchungen zur Morphologie neolithischer Nacktweizen-Ähren. In W. VAN ZEIST u. W.A. CASPARIE (ed.): Plants and ancient man. – Studies in palaeoethnobotany: 153–176; Rotterdam.

JALAS, J. (1954): Populationsstudien an *Sedum telephium* L. in Finnland. – Ann. Bot. Soc. Zool.-Bot. Fenn. „Vanamo" 26 (3): 1–47; Helsinki.

JALAS, J. u. J. SUOMINEN (eds.; 1972–1986): Atlas florae europaeae. Distribution of vascular plants in Europe. Band 1 (1972), Band 2 (1973), Band 3 (1976), Band 4 (1979), Band 5 (1980), Band 6 (1983), Band 7 (1986); Helsinki.

JANCHEN, E. (1963): Catalogus Florae Austriae. 1. Ergänzungsheft: 1–128; Wien.

JAUCH, F. (1938): Fremdpflanzen auf den Karlsruher Güterbahnhöfen. – Beitr. naturk. Forsch. SüdwDtl. 3: 76–147; Karlsruhe.

KALHEBER, H. (1979): Zur Verbreitung der Alchemillen in Hessen und seinen Randgebieten. – Jb. nass. Ver. Naturk. 104: 41–117; Wiesbaden.

KALHEBER, H. (1982): *Alchemilla propinqua* Lindb. f. ex Juz., *Alchemilla connivens* Buser und *Alchemilla glomerulans* Buser in deutschen Mittelgebirgen. – Hess. flor. Briefe 31: 44–48; Darmstadt.

KAPP, E. (1938): Quelques remarques sur la végétation du Ried ello-rhénan entre Graffenstade et Plobsheim. – Bull. Ass. philomath. Als. Lorr. 8: 494–496; Strasbourg.

KARG, S. (1990): Pflanzliche Großreste der jungsteinzeitlichen Ufersiedlungen Allensbach-Strandbad, Kr. Konstanz. Siedlungsarchäologie im Alpenvorland 2. – Forsch. Ber. Vor- u. Frühgesch. Bad-Württ. 37: 113–166; Stuttgart.

KEIPERT, K. (1981): Beerenobst. 349 S., 120 Abb., 93 Tab; Stuttgart (E. Ulmer).

KELLER, R. (1900–1902): *Rosa*. In: ASCHERSON, P. u. P. GRAEBNER: Synopsis der mitteleuropäischen Flora. Band 6, S. 32–384; Leipzig (Gebr. Borntraeger).

KELLER, R. (1908): Beiträge zur Kenntnis der Brombeerflora von Säckingen-Mumpf. – Mitt. naturw. Ges. Winterthur 7: 26–42; Winterthur.

KELLER, R. (1931): Synopsis Rosarum spontanearum Europaeae mediae. – Denkschr. schweiz. naturf. Ges. 65: I–XII, 1–796, pl. 1–40; Zürich.

KELLER, R. u. H. GAMS (1923): *Rosa*. In: HEGI, G. (Hrsg.): Illustrierte Flora von Mitteleuropa. 1. Aufl., Band IV/2, S. 976–1053; München (C. Hanser).

KELLER, W. (1985): Über säureliebende Carpinion-Wälder im Schaffhäuser Stadtwaldrevier Herblingen. – Mitt. naturf. Ges. Schaffhausen 32: 223–246.

KEMPF, H. (1985): Zur Erhaltung der in der DDR vom Aussterben bedrohten Moorfetthenne *(Sedum villosum)*. – LandschPflege NatSchutz Thüringen 22: 30–38; Halle, Jena.

KERNER, J.S. (1783–1792): Beschreibung und Abbildung der Bäume und Gesträuche, welche in dem Herzogthum Wirtemberg wild wachsen. 9 Hefte; Stuttgart (J.F. Cotta).

KERNER, J.S. (1786): Flora Stuttgardiensis oder Verzeichnis der um Stuttgart wildwachsenden Pflanzen. 402 S.; Stuttgart.

KERSTING, G. (1986): Die Pflanzengesellschaften des unteren Schwarza- und Schlüchttales im Südostschwarzwald. Mit einer Studie zur Habitatswahl des Berglaubsängers *(Phylloscopus bonelli)*. Unveröff. Dipl.-Arb. Univ. Freiburg, 160 S.; Freiburg.

KIEFER, B. (1984): Botanische Untersuchung römerzeitlicher Pflanzenreste aus der archäologischen Ausgrabung in Osterburken. Unveröff. Dipl.-Arb. Univ. Hohenheim, 126 S. + Beil; Stuttgart.

KIRCHNER, O. (1888): Flora von Stuttgart und Umgebung (Ludwigsburg, Waiblingen, Esslingen, Nürtingen, Leonberg, ein Teil des Schönbuches etc.) mit besonderer Berücksichtigung der pflanzenbiologischen Verhältnisse. 767 S.; Stuttgart (E. Ulmer).

KIRCHNER, O. u. J. EICHLER (1900): Exkursionsflora für Württemberg und Hohenzollern. 1. Aufl., 440 S.; Stuttgart (E. Ulmer).

KIRCHNER, O. u. J. EICHLER (1913): Exkursionsflora für Württemberg und Hohenzollern. 2. Aufl., 479 S.; Stuttgart (E. Ulmer).

KIRSCHLEGER, F. (1852–1858): Flore d'Alsace et des contrées limitrophes. Band 1, 662 S. (1852); Band 2, 612 S. (1857); Band 3, 456 S. (1858); Strasbourg, Paris.

KLÁŠTERSKÝ, I. (1968): Rosa. In: TUTIN et al. (eds.): Flora Europaea Band 2, S. 25–32; Cambridge Univ. Press.

KLAUCK, E.-J. (1991): Das Arunco-Petasitetum albae Br.-Bl. et Sutter 1977. – Tuexenia 11: 253–268; Göttingen.

KLEIN, L. (1908): Bemerkenswerte Bäume im Großherzogtum Baden (Forstbotanisches Merkbuch). 372 S.; Heidelberg (C. Winter).

KLOPFER, K. (1973): Florale Morphogenese und Taxonomie der Saxifragaceae sensu lato. – Feddes Repertorium 84: 475–516; Berlin.

KLOTZ, A. (1887): Einige interessante Standorte des Freiburger Florengebietes. – Mitt. bot. Ver. Kreis Freiburg Land Baden 1 (34): 301–302; Freiburg i. Br.

KNABEN, G. (1961): Continued studies on the life cycles of Norwegian Saxifraga sp. – Blyttia 19: 148–157; Oslo.

KNAPP, G. (1964): Ackerunkraut-Vegetation im unteren Neckar-Land. – Ber. oberhess. Ges. Natur- und Heilk. Gießen N. F. 33: 395–402; Gießen.

KNEUCKER, A. (1886): Führer durch die Flora von Karlsruhe und Umgegend. V + 167 S.; Karlsruhe (J. J. Reiff).

KNEUCKER, A. (1887): Weitere Beiträge zur Flora von Karlsruhe. – Mitt. bot Ver. Kreis Freiburg Land Baden 1 (39): 339–343; Freiburg i. Br.

KNEUCKER, A. (1903): Pfingstexkursion 1903. – Mitt. bad. bot. Ver. 4 (187/188): 313–321; Freiburg i. Br.

KNEUCKER, A. (1913): Die adventiven Trifoliumformen der Karlsruher Flora. – Allg. Bot. Z. 19 (1/2): 5–8; Karlsruhe.

KNEUCKER, A. (1924): Kurzer Bericht über den derzeitigen Zustand einiger phytogeographisch interessanter Gebiete unseres Landes nebst verschiedenen floristischen Einzelbeobachtungen. – Mitt. bad. Landesver. Naturk. Naturschutz N. F. 1 (12/13): 294–298; Freiburg i. Br.

KOCH, H. u. E. VON GAISBERG (1938): Die standörtlichen und forstlichen Verhältnisse des Naturschutzgebiets Untereck. – Veröff. württ. Landesstelle NatSchutz LandschPflege 14: 5–58; Stuttgart.

KOCH, W. D. J. (1842): Ueber die deutschen Erdbeeren. – Flora 25: 529–539; Regensburg.

KOHLER, A. (1963): Zum pflanzengeographischen Verhalten der Robinie in Deutschland. – Beitr. naturk. Forsch. SüdwDtl. 22: 3–18; Karlsruhe.

KOHLER, A. (1964): Das Auftreten und die Bekämpfung der Robinie in Naturschutzgebieten. – Veröff. Landesstelle NatSchutz LandschPflege Bad.-Württ. 32: 43–46; Ludwigsburg.

KOKABI, M. u. M. RÖSCH (1991): Knochen und Pflanzenreste des frühen Mittelalters von Lauchheim-Mittelhofen (Ostalbkreis). – Arch. Ausgr. 1990; Stuttgart.

KONOLD, W. (1987): Oberschwäbische Weiher und Seen. – Beih. Veröff. NatSchutz LandschPflege Bad.-Württ. 52: 1–634; Karlsruhe.

KONOLD, W. u. K. F. EISELE (1990): DR. JOHANN NEPOMUK ZENGERLES „Verzeichniß aller bisher im Oberamtsbezirk Wangen aufgefundenen Pflanzen" aus dem

Jahr 1838. – Jh. Ges. Naturk. Württ. 145: 109–148; Stuttgart.

KÖRBER-GROHNE, U. (1981): Pflanzliche Abdrücke in eisenzeitlicher Keramik – Spiegelbild damaliger Nutzpflanzen? – Fundber. Bad.-Württ. 6: 165–211; Stuttgart.

KÖRBER-GROHNE, U. (1987): Nutzpflanzen in Deutschland. Kulturgeschichte und Biologie. 490 S.; Stuttgart (Theiss).

KÖRBER-GROHNE, U. u. U. PIENING (1979): Verkohlte Nutz- und Wildpflanzenreste aus Bondorf, Kreis Böblingen. – Fundber. Bad.-Württ. 4: 152–169; Stuttgart.

KÖRBER-GROHNE, U. u. U. PIENING (1983): Die Pflanzenreste aus dem Ostkastell von Welzheim mit besonderer Berücksichtigung der Graslandpflanzen. – Flora und Fauna im Ostkastell von Welzheim. – Forsch. Ber. Vor- u. Frühgeschichte in Bad.-Württ. 14: 17–88 + 27 Taf.; Stuttgart.

KÖRBER-GROHNE, U. u. M. RÖSCH (1988): Römerzeitliche Brunnenfüllung im Vicus von Mainhardt, Kreis Schwäbisch Hall. – Fundber. Bad.-Württ. 13: 307–323; Stuttgart.

KORNECK, D. (1974): Xerothermvegetation in Rheinland-Pfalz und Nachbargebieten. – SchrReihe Vegetationsk. 7, 196 S. + 158 Tab.; Bonn-Bad Godesberg.

KORNECK, D. (1985): Beobachtungen von Farn- und Blütenpflanzen in Mittel- und Unterfranken sowie angrenzenden Gebieten. – Ber. bayer. bot. Ges. 56: 53–80; München.

KORNECK, D. (1988): Die Felsenleimkraut-Mauerpfeffer-Gesellschaft (Sileno rupestris-Sedetum annui) in den Südvogesen. – Carolinea 46: 139–140; Karlsruhe.

KOWARIK, I. (1990): Zur Einführung und Ausbreitung der Robinie (Robinia pseudocacia L.) in Brandenburg und zur Gehölzsukzession ruderaler Robinienbestände in Berlin. – Verh. Berl. Bot. Ver. 8: 33–67; Berlin.

KRACH, J. E. (1976): Samenanatomie der Rosifloren. I. Die Samen der Saxifragaceae. – Bot. Jb. 97: 1–60; Stuttgart.

KRACH, J. u. R. FISCHER (1982): Bemerkungen zum Vorkommen einiger Pflanzenarten in Südfranken und Nordschwaben. – Ber. bayer. bot. Ges. 53: 155–173; München.

KRAUSE, E. H. L. (1921): Beiträge zur Flora von Baden. – Mitt. bad. Landesver. Naturk. Naturschutz N. F. 1 (5): 130–133; Freiburg i. Br.

KRAUSE, R. (1989): Römische Brunnen im Kastellvicus von Murrhardt, Rems-Murr-Kreis. – Arch. Ausgr. 1988: 114–118; Stuttgart.

KRAUSE, W. (1978): Gezielte Bodenentblößung und Anlage frischer Wasserflächen als Mittel der Bestanderneuerung in Naturschutzgebieten. – Beih. Veröff. NatSchutz Landschaftspflege Bad.-Württ. 11: 247–250; Karlsruhe.

KREH, W. (1933): Das Pflanzenkleid der Umgebung von Stuttgart. – Veröff. st. Stelle NatSchutz Württ. Landesamt DenkmPflege 9 (1932): 37–74; Stuttgart.

KREH, W. (1938): Verbreitung und Einwanderung des Blausterns (Scilla bifolia) im mittleren Neckargebiet. – Jh. Ver. vaterl. Naturk. Württ. 94: 41–94; Stuttgart.

KREH, W. (1949): Beiträge zur Vegetationskunde von Württemberg. I–III. – Jh. Ver. vaterl. Naturk. Württ. 97–101: 199–219; Stuttgart.

KREH, W. (1949): Die Pflanzenwelt der Keuperklingen in der Umgebung von Stuttgart. – Jh. Ver. vaterl. Naturk. Württ. 97–101: 212–219; Stuttgart.

KREH, W. (1950): Die Pflanzenwelt einer beim Bau der Autobahn zerstörten Stubensandgrube. – Jh. Ver. vaterl. Naturk. Württ. 102/105: 71–74; Stuttgart.

KREH, W. (1951): Verlust und Gewinn der Stuttgarter Flora im letzten Jahrhundert. – Jh. Ver. vaterl. Naturk. Württ. 106: 69–124; Stuttgart.

KREH, W. (1954): Verlust und Gewinn der Stuttgarter Flora im letzten Jahrhundert. Nachtrag 1953. – Jh. Ver. vaterl. Naturk. Württ. 109: 63–82; Stuttgart.

KREH, W. (1958): Die Verbreitung der Mistel im mittleren Neckarland. – Jh. Ver. vaterl. Naturk. Württ. 113: 132–142; Stuttgart.

KREH, W. (1959): Verlust und Gewinn der Stuttgarter Flora im letzten Jahrhundert. Nachtrag 1959. – Jh. Ver. vaterl. Naturk. Württ. 114: 138–165; Stuttgart.

KRENDL, F. u. A. POLATSCHEK (1984): Die Gattung Ononis L. in Österreich. – Verh. zool.-bot. Ges. Österreich 122: 77–91; Wien.

KREUZ, A. (1985): Archäobotanische Untersuchung eines Bischheimer Hauses bei Creglingen-Frauental. Unveröff. Dipl.-Arb. Univ. Frankfurt, 51 S.; Frankfurt a.M.

KRÜSSMANN, G. (1976–1978): Handbuch der Laubgehölze. 2. Aufl., 3 Bände; Berlin, Hamburg (P. Parey).

KUHMICHEL, F. (1991): Moltbeere (Rubus chamaemorus L.). Biologie und Anbau einer arktischen Wildfrucht. – Der Palmengarten 55 (2): 38–46; Frankfurt a.M.

KUHN, K. (1937): Die Pflanzengesellschaften im Neckargebiet der Schwäbischen Alb. 340 S.; Öhringen (F. Rau).

KUHN, L. (1954): Die Verlandungsgesellschaften des Federseerieds bei Buchau in Oberschwaben. Diss. Tübingen.

KUHN, L. (1961): Die Verlandungsgesellschaften des Federseerieds. – Natur- u. Landschaftsschutzgebiete Bad.-Württ. 2: 1–69; Stuttgart.

KÜKENTHAL, G. (1938): Beiträge zur Kenntnis der Brombeeren des Schwarzwaldes. – Feddes Repertorium 43: 154–160, 289–295; Berlin.

KUMMER, G. (1934): Die Flora des Rheinfallgebietes. – Mitt. naturf. Ges. Schaffhausen 11: 1–128; Schaffhausen.

KUMMER, G. (1937–1946): Die Flora des Kantons Schaffhausen, mit Berücksichtigung der Grenzgebiete. – Mitt. naturf. Ges. Schaffhausen 13: 49–157 (1937); 15: 37–201 (1939); 17: 123–260 (1941); 18: 11–110 (1943); 19: 1–130 (1944); 20: 69–208 (1945); 21: 75–194 (1946); Schaffhausen.

KURZ, G. (1973): Ulmer Flora. – Mitt. Ver. Naturw. Math. Ulm 29: 1–304; Ulm.

KÜSTER, H. (1985): Herkunft und Ausbreitungsgeschichte einiger Secalietea-Arten. – Tuexenia 5: 89–98; Göttingen.

KÜSTER, H. (1988a): Granatäpfel (Punica granatum L.) im mittelalterlichen Konstanz. – Arch. Korrbl. 18 (1): 103–107; Mainz.

KÜSTER, H. (1988b): Mittelalterliche Pflanzenreste aus Konstanz am Bodensee. Diss. bot. 133: 201–216; Berlin.

KÜSTER, H. (1988c): Urnenfelder-zeitliche Pflanzenreste aus Burkheim, Gem. Vogtsburg, Kreis Breisgau-Hoch-

schwarzwald (Bad.-Württ.). Forsch. Ber. z. Vor- u. Frühgesch. Bad.-Württ. 31: 261–268.

KÜSTER, H. (1991): 9. Mitteleuropa südlich der Donau, einschließlich Alpenraum. In W. VAN ZEIST, K. WASYLIKOWA u. K.E. BEHRE (eds.): Progress in Old World Palaeoethno-botany: 179–187; Rotterdam.

KÜSTER, H. (1992): Kultur- und Nutzpflanzen in Konstanz. – Die Stadt um 1300. Katalog zur Ausstellung; Zürich.

LAINZ, M. (1960): Lotus uliginosus Schkuhr (1804), ein unausrottbarer Name? – Bull. Jard. Bot. Brux. 30: 35–36; Bruxelles.

LANDOLT, E. (1967): Gebirgs- und Tieflandsippen von Blütenpflanzen im Bereich der Schweizer Alpen. – Bot. Jb. 86: 463–480; Stuttgart.

LANG, G. (1952): Späteiszeitliche Pflanzenreste aus Südwestdeutschland. – Beitr. naturk. Forsch. Südw. Dtl. 11: 89–110; Karlsruhe.

LANG, G. (1954): Neue Untersuchungen über die spät- und nacheiszeitliche Vegetationsgeschichte des Schwarzwaldes. I. Der Hotzenwald im Südschwarzwald. – Beitr. naturk. Forsch. SüdwDtl. 13: 3–42; Karlsruhe.

LANG, G. (1962): Vegetationsgeschichtliche Untersuchungen der Magdalénienstation an der Schussenquelle. – Veröff. geobot. Inst. Rübel 37: 129–154; Zürich.

LANG, G. (1967): Die Ufervegetation des westlichen Bodensees. – Arch. Hydrobiol., Suppl. 32 (4):437–574; Stuttgart.

LANG, G. (1971): Die Vegetationsgeschichte der Wutachschlucht und ihrer Umgebung. – Natur- u. Landschaftsschutzgebiete Bad.-Württ. 6: 323–349; Freiburg i. Br.

LANG, G. (1973): Das Baldenwegermoor und das einstige Waldbild am Feldberg. – Beitr. naturk. Forsch. SüdwDtl. 32: 31–51; Karlsruhe.

LANG, G. (1973): Die Vegetation des westlichen Bodenseegebietes. Pflanzensoziologie, Band 17, 451 S.; Jena (G. Fischer).

LANG, H. (1872): Beiträge zur württembergischen Flora. – Jh. Ver. vaterl. Naturk. Württ. 28: 113–118; Stuttgart.

LASSEN, P. (1989): A new delimination of the genera Coronilla, Hippocrepis and Securigera (Fabaceae). – Willdenowia 19: 49–62; Berlin.

LAUTERBORN, R. (1921): Zur Charakteristik der Pflanzenwelt am nordwestlichen Bodensee. – Mitt. bad. Landesver. Naturk. Naturschutz N.F. 1 (7): 202–204; Freiburg i. Br.

LAUTERBORN, R. (1927): Beiträge zur Flora der Oberrheinischen Tiefebene und der benachbarten Gebiete. – Mitt. bad. Landesver. Naturk. Naturschutz N.F. 2 (7/8): 77–88; Freiburg i. Br.

LAUTERBORN, R. (1941/42): Beiträge zur Flora des Oberrheins und des Bodensees. – Mitt. bad. Landesver. Naturk. Naturschutz N.F. 4: 287–301 (1941); 313–321 (1942); Freiburg i. Br.

LAUTERER, J. (1874): Excursions-Flora für Freiburg und seine Umgebung (von Lahr bis Efringen, vom Rhein bis St. Blasien, Neustadt und Triberg). 224 S.; Freiburg i. Br. (Herder).

LECHLER, W. (1844): Supplement zur Flora von Württemberg. 72 S.; Stuttgart (E. Schweizerbart).

LECHLER, W. (1845): Über neue Phanerogamen in Württemberg. – Jh. Ver. vaterl. Naturk. Württ. 1: 159–160; Stuttgart.

LENSKI, I. u. W. LUDWIG (1972): Über *Potentilla anglica* und *P. anglica* × *erecta* in Hessen. – Hess. flor. Briefe 21 (3): 34–36; Darmstadt.

LEOPOLD, J.D. (1728): Deliciae sylvestres florae ulmensis oder Verzeichniß deren Gewächsen, welche um deß H. Röm. Reichs Freye Stadt Ulm in Aeckern, Wiesen, … zu wachsen pflegen … 180 S.; Ulm (J.C. Wohler).

LESINS, K.A. u. I. LESINS (1979): Genus *Medicago* (Leguminosae). A taxogenetic study. XI + 228 S.; The Hague, Boston, London (W. Junk).

LEUTZ, F. (1883): Beiträge zur Karlsruher Flora. – Mitt. bot. Ver. Kreis Freiburg Land Baden 1 (8/9): 77–82; Freiburg i. Br.

LIEHL, H. (1898): Die Kiesgrube an der Basler Landstraße bei Freiburg. – Mitt. bad. bot. Ver. 4 (159): 78–80; Freiburg i. Br.

LIEHL, H. (1900): Neue Funde in der Kiesgrube an der Basler Straße bei Freiburg. – Mitt. bad. bot. Ver. 4 (173/174): 200–201; Freiburg i. Br.

LIMMEROTH, TH. u. N. VON WIREN (1989): Standortskundliche Exkursion am 17. 6. 1988 auf die Ostalb. – Bund Naturschutz Alb-Neckar 15: 70–78; Reutlingen.

LINCK, O. (1938): Der Sperberbaum in Württemberg. – Veröff. württ. Landesstelle NatSchutz LandschPflege 14: 168–179; Stuttgart.

LINDER, TH. (1904): *Saxifraga decipiens* Ehrh. – Mitt. bad. bot. Ver. 4 (194/195): 383; Freiburg i. Br.

LINDER, TH. (1905): Bemerkenswerte Pflanzenstandorte. – Mitt. bad. bot. Ver. 5 (205/206): 41–44; Freiburg i. Br.

LINDER, TH. (1905): Bemerkenswerte Pflanzenstandorte. – Mitt. bad. bot. Ver. 5 (207): 47–51; Freiburg i. Br.

LINDER, TH. (1907): Ein Beitrag zur Flora des badischen Kreises Konstanz. – Mitt. bad. bot. Ver. 5 (222/223): 154–174; Freiburg i. Br.

LINDER, TH. (1910): Nachtrag zu „Ein Beitrag zur Flora des badischen Kreises Konstanz". – Mitt. bad. bot. Ver. 5 (246): 363–364; Freiburg i. Br.

LINGG, C. (1832): Beiträge zur Naturkunde Oberschwabens. Inaug. Diss., 32 S.; Tübingen.

LIPPERT, W. (1978): Zur Gliederung und Verbreitung der Gattung *Crataegus* in Bayern. – Ber. bayer. bot. Ges. 49: 165–198; München.

LIPPERT, W. (1984): Zur Kenntnis des *Aphanes microcarpa*-Komplexes. – Mitt. bot. StSamml. München 20: 451–464; München.

LIPPERT, W. u. H. MERXMÜLLER (1974–1982): Untersuchungen zur Morphologie und Verbreitung der bayerischen Alchemillen. – Ber. bayer. bot. Ges. 45: 37–50 (1974); 46: 5–46 (1975); 47: 5–19 (1976); 50: 29–65 (1979); 53: 5–45 (1982); München.

LITZELMANN, E. (1938): Pflanzenwanderungen im Klimawechsel der Nacheiszeit. (Schr. deutsch. Naturk. Ver. N.F. 7), 48 S., 112 T.; Öhringen (F. Rau).

LITZELMANN, E. (1951): Neue Pflanzenfundberichte aus Südbaden. – Mitt. bad. Landesver. Naturk. Naturschutz N.F. 5 (4/5): 191–196; Freiburg i. Br.

LITZELMANN, E. u. M. LITZELMANN (1961): Verbreitung von Glazialpflanzen im Verbreitungsgebiet des Schwarzwaldes. – Ber. naturf. Ges. Freiburg 51: 209–244; Freiburg i. Br.

LITZELMANN, E. u. M. LITZELMANN (1963): Neue Pflanzen-Fundberichte aus Südbaden II. – Mitt. bad. Landesver. Naturk. Naturschutz N.F. 8 (3): 463–475; Freiburg i. Br.

LITZELMANN, E. u. M. LITZELMANN (1966): Die Pflanzenwelt am Isteiner Klotz. – Natur- u. Landschaftsschutzgebiete Bad.-Württ. 4: 111–268; Freiburg i. Br.

LITZELMANN, E. u. M. LITZELMANN (1967): Die Moorgebiete auf der vormals vereist gewesenen Plateaulandschaft des Hotzenwaldes. – Mitt. naturf. Ges. Schaffhausen 28 (1963/67): 21–99; Schaffhausen.

LOHMEYER, W. (1986): Der Besenginster *(Sarothamnus scoparius)* als bodenständiges Strauchgehölz in einigen natürlichen Pflanzengesellschaften der Eifel. – Abh. westf. Mus. Naturk. 48: 157–174; Münster.

LOHMEYER, W. u. W. TRAUTMANN (1974): Zur Kenntnis der Waldgesellschaften des Schutzgebietes „Taubergießen". – Natur- u. Landschaftsschutzgebiete Bad.-Württ. 7: 422–437; Ludwigsburg.

LOOS, G.H. (1991): Notizen zur Behaarung bei *Lotus corniculatus* L. – Flor. Rundbr. 25: 109–112; Bochum.

LUDWIG, W. (1968): Bemerkungen über die Phanerogamenflora des Schwarzwälder Belchens. – Beitr. naturw. Forsch. SüdwDtl. 27: 21–25; Karlsruhe.

LUDWIG, W. (1968): *Aphanes microcarpa*, der „Kleinfrüchtige Ackerfrauenmantel", auch in Hessen. – Abh. Ver. Naturk. Kassel 62 (4): 1–2.

LUTZ, F. (1885): Die Mühlau bei Mannheim als Standort seltener Pflanzen. – Mitt. bot. Ver. Nr. 1 (19): 164–168; Freiburg i. Br.

LUTZ, F. (1889): Ergänzende Beiträge zu unserer einheimischen Flora. – Mitt. bad. bot. Ver. 2 (65): 117–121; Freiburg i. Br.

LUTZ, F. (1910): Zur Mannheimer Adventivflora seit ihrem ersten Auftreten bis jetzt. – Mitt. bad. Landesver. Naturk. Naturschutz 5 (247/248): 365–376; Freiburg i. Br.

MAGNIN, A. (1904): Notes sur les *Thesium* du Jura. – Archs Flore jurass. 5 (47–48): 57–61; Besançon.

MAHLER, G. (1898): Übersicht über die in der Umgebung von Ulm wildwachsenden Phanerogamen. – Nachr. kgl. Gymnas. Ulm Schuljahr 1897–98: 1–39.

MAIER, S. (1988): Botanische Untersuchung römerzeitlicher Pflanzenreste aus dem Brunnen der römischen Zivilsiedlung Köngen (Landkreis Esslingen). – Forsch. Ber. z. Frühgesch. Bad.-Württ. 31 (Festschrift KÖRBER-GROHNE): 291–324; Stuttgart.

MAIER, U. (1983): Nahrungspflanzen des späten Mittelalters aus Heidelberg und Ladenburg nach Bodenfunden aus einer Fäkaliengrube und einem Brunnen des 15./16. Jahrhunderts. – Forsch. u. Ber. Archäol. Mittelalters Bad. Württ. 8: 139–183; Stuttgart.

MAIER, U. (1988): Botanische Untersuchungen zur Umwelt- und Wirtschaftsgeschichte der jungsteinzeitlichen Siedlung Ödenahlen im nördlichen Federseemoor. – Jh. Ges. Naturk. Württ. 143: 149–176; Stuttgart.

MANG, F. (1972): Eine kleine Schlehenkunde. – Kieler Notizen 4 (4): 50–54.

MARTENS, G. VON (1822): Bemerkungen auf einer Reise von Stuttgart nach Ulm. – Corr.-Bl. württ. landw. Ver. 1: 357–408, 445–480; Stuttgart.

MARTENS, G. VON (1822–1828): Über Württembergs Flora. – Corr.-Bl. württ. landwirtsch. Ver. 1: 321–332 (1822); 3: 227–254 (1823); 7: 333–341 (1825); 13: 301–324 (1828); Stuttgart.

MARTENS, G. VON (1826): Ueber die würtembergische Alp. – Hertha 6: 59–128; Stuttgart, Tübingen.

MARTENS, G. VON u. C.A. KEMMLER (1865): Flora von Württemberg und Hohenzollern. CXIV + 844 S.; Tübingen (Osiander).

MARTENS, G. VON u. C.A. KEMMLER (1872): Flora von Württemberg und Hohenzollern. 2. Aufl., 844 S.; Heilbronn (A. Scheurlen).

MARTENS, G. VON u. C.A. KEMMLER (1882): Flora von Württemberg und Hohenzollern. 3. Aufl., 2 Bde., 296 + 413 S.; Heilbronn.

MATFIELD, R. (1972): Experimental synthesis of the allopolyploid *Potentilla anglica* Laich. – Watsonia 9 (1): 61; London.

MATTERN, H. (1962): Die Algenflora stehender Gewässer der Umgebung von Crailsheim. Teil I. Die Gewässer des Gipskeupers. – Jh. Ver. vaterl. Naturk. Württ. 117: 227–284; Stuttgart.

MAYER, A. (1904): Flora von Tübingen und Umgebung, Schwäbische Alb vom Plettenberg bis zur Teck, Balingen, Hechingen, Reutlingen, Urach, Rottenburg, Herrenberg, Böblingen. 313 S.; Tübingen (F. Pietzcker).

MAYER, A. (1914): *Lathyrus pannonicus* Garcke. – Allg. bot. Z. 20: 75; Karlsruhe.

MAYER, A. (1929, 1930): Exkursionsflora der Universität Tübingen. Mittlere und südliche Alb, württembergischer Schwarzwald, oberes und mittleres Neckargebiet, Schönbuch, Gäu, Schwarzwaldvorland. 519 S.; Tübingen (Tübinger Chronik).

MAYER, A. (1950): Exkursionsflora von Südwürttemberg und Hohenzollern mit besonderer Berücksichtigung der Universitätsstadt Tübingen. 527 S.; Stuttgart (Wiss. Verlagsgesellschaft).

MEIGEN, W. (1902): Gegenwärtiger Stand unserer pflanzengeographischen Durchforschung Badens. – Mitt. bad. bot. Ver. 4 (179/180): 249–264; Freiburg i.Br.

MEIGEN, W. in A. KNEUCKER (1903): Pfingstexkursion 1903. – Mitt. bad. bot. Ver. 4 (187/188): 313–321; Freiburg i.Br.

MEIGEN, W. (1904): Neue Standorte. – Mitt. bad. bot. Ver. 4 (200): 418–420; Freiburg i.Br.

MEIGEN, W. in A. SCHLATTERER (1920): Neue Standorte. – Mitt. bad. Landesver. Naturk. Naturschutz N.F. 1 (4): 109–112; Freiburg i.Br.

MEISEL, K. u. A. VON HÜBSCHMANN (1976): Veränderungen der Acker- und Grünlandvegetation im nordwestdeutschen Flachland in jüngerer Zeit. – SchrReihe Vegetationsk. 10: 109–124; Bonn-Bad Godesberg.

MEISTER, J. (1887): Flora von Schaffhausen. Beil. Osterprogramm Gymnasium Schaffhausen: VII + 202 S. + VIII; Schaffhausen (H. Meier).

MELZER, H. (1986): Bemerkungen zu „SCHMEIL-FITSCHEN. Flora von Deutschland und seinen angrenzenden Gebieten", 2. – Gött. flor. Rundbr. 20 (2): 155–162.

MEMMINGER, J.D.G. (1828): Pflanzenreich. In: Beschreibung des Oberamts Rottenburg. S. 60–62; Stuttgart, Tübingen (Cotta).

MESZMER, F.S. (1989): Verbreitung ausgewählter Feuchtgebiets- und Auwaldpflanzen. In: Historischer Atlas der Region Mosbach (Selbstverlag).

METTIN, D. u. P. HANELT (1964): Cytosystematische Untersuchungen in der Artengruppe um *Vicia sativa* L. I. – Kulturpflanze 12: 163–225; Berlin.

MEUSEL, H., E. JÄGER u. E. WEINERT (1965): Vergleichende Chorologie der zentraleuropäischen Flora. Textband 583 S., Kartenband 258 S.; Jena (G. Fischer).

MEZ, C. (1883): Zur Flora des Isteiner Klotz. – Dt. bot. MSchr. 1: 91; Arnstadt.

MILBRADT, J. (1976): Nordische Einstrahlungen in der Flora und Vegetation von Nordbayern, dargestellt an ausgewählten Beispielen. – Hoppea 35: 131–210; Regensburg.

MOHR, G. (1898): Flora der Umgebung von Lahr. – Mitt. bad. bot. Ver. 4: 17–31, 33–50; Freiburg i.Br.

MOOR, M. (1962): Einführung in die Vegetationskunde der Umgebung Basels. 464 S.; Basel.

MOOR, M. (1967): × *Sorbus latifolia* (Lam.) Pers. in der Nordwestschweiz, Fundorte und soziologische Bindung. – Bauhinia 3 (2): 117–128; Basel.

MORTON, J.K. (1956): Studies on *Ononis* in Britain. 1. Hybridity in the Durham Coast Colonies of *Ononis*. – Watsonia 3: 307–316; London.

MÜLLER, H. (1962): Pollenanalytische Untersuchung eines Quartärprofils durch die spät- und nacheiszeitlichen Ablagerungen des Schleinsees (Südwestdeutschland). – Geol. Jb. 79: 493–526; Hannover.

MÜLLER, K. (1901): Über die Vegetation des Feldseekessels am Feldberge, speciell über dessen Moose. – Mitt. bad. bot. Ver. 4 (176/177): 217–234; Freiburg i.Br.

MÜLLER, K. (1935): Über das Vorkommen von Kalkpflanzen im Urgesteingebiet des Schwarzwaldes. – Mitt. bad. Landesver. Naturk. Naturschutz N.F. 3: 129–139, 164–176; Freiburg i.Br.

MÜLLER, K. (1935): Beiträge zur Kenntnis der eingeschleppten Pflanzen Württembergs. – Mitt. Ver. Naturw. Math. Ulm 21: 29–62; Ulm.

MÜLLER, K. (1935): Beitrag zur Kenntnis unserer heimischen Farn- und Blütenpflanzen. – Mitt. Ver. Naturw. Math. Ulm 21: 63–77; Ulm.

MÜLLER, K. (1935–1942): Beitrag zur Kenntnis unserer heimischen Farn- und Blütenpflanzen. I. Nachtrag. – Mitt. Ver. Naturw. Math. Ulm 22: 43–68; Ulm.

MÜLLER, K. (1937): Pflanzen-Fundberichte aus Baden. – Mitt. bad. Landesver. Naturk. Naturschutz N.F. 3 (23/24): 349–354; Freiburg i.Br.

MÜLLER, K. (1938): Weiterer Beitrag zum Kalkpflanzen-Vorkommen. – Mitt. bad. Landesver. Naturk. Naturschutz N.F. 3: 389–396; Freiburg i.Br.

MÜLLER, K. (1942–1950): Beiträge zur Kenntnis der eingeschleppten Pflanzen Württembergs. 1. Nachtrag. – Mitt. Ver. Naturw. Math. Ulm 23: 86–116; Ulm.

MÜLLER, K. (1948): Die Vegetationsverhältnisse im Feldberggebiet. In K. MÜLLER (Hrsg.): Der Feldberg im Schwarzwald, S. 211–362; Freiburg i.Br. (L. Bielefeld).

MÜLLER, K. (1957): Ulmer Flora. – Mitt. Ver. Naturw. Math. Ulm 25: 1–229; Ulm.

MÜLLER, P. (1957): Ist der Gegenblättrige Steinbrech am Bodensee ausgestorben? (*Saxifraga oppositifolia* L. var. *amphibia* Sündermann). – Schweiz. Naturschutz 23: 14–15; Basel.

MÜLLER, TH. (1961): Zwei für das Naturschutzgebiet Untereck neue Pflanzen. – Veröff. Landesst. NatSchutz Landschaftspfl. Bad.-Württ. 29: 7–14; Ludwigsburg.

MÜLLER, TH. (1961): Einige für Südwestdeutschland neue Pflanzengesellschaften. – Beitr. naturk. Forsch. SüdwDtl. 20: 15–21; Karlsruhe.

MÜLLER, TH. (1962): Die Saumgesellschaften der Klasse Trifolio-Geranietea sanguinei. – Mitt. flor.-soz. ArbGemein. N.F. 9: 95–140; Stolzenau/Weser.

MÜLLER, TH. (1966): Vegetationskundliche Beobachtungen im Naturschutzgebiet Hohentwiel. – Veröff. Landesstelle NatSchutz LandschPflege Bad.-Württ. 34: 14–61; Ludwigsburg.

MÜLLER, TH. (1966): Die Wald-, Gebüsch-, Saum-, Trokken- und Halbtrockenrasengesellschaften des Spitzbergs. – Natur- u. Landschaftsschutzgebiete Bad.-Württ. 3: 278–475; Ludwigsburg.

MÜLLER, TH. (1969): Die Vegetation im Naturschutzgebiet Zweribach. – Veröff. Landesstelle NatSchutz LandschPflege Bad.-Württ. 37: 81–101; Ludwigsburg.

MÜLLER, TH. (1973): Leontodon hyoseroides Welwitsch und seine Vergesellschaftung auf der Schwäbischen Alb. – Veröff. Landesstelle NatSchutz LandschPflege Bad.-Württ. 41: 7–23; Ludwigsburg.

MÜLLER, TH. (1974): Zur Kenntnis einiger Pioniergesellschaften im Taubergießengebiet. – Natur- u. Landschaftsschutzgebiete Bad.-Württ. 7: 284–305; Ludwigsburg.

MÜLLER, TH. (1974): Gebüschgesellschaften im Taubergießengebiet. – Natur- u. Landschaftsschutzgebiete Bad.-Württ. 7: 400–421; Ludwigsburg.

MÜLLER, TH. (1977): Trifolio-Geranietea sanguinei Th. Müller 61. In: OBERDORFER, E. (Hrsg.; 1978): Süddeutsche Pflanzengesellschaften. Teil II, S. 249–298; Stuttgart, New York (G. Fischer).

MÜLLER, TH. (1978): In: OBERDORFER, E. (1978).

MÜLLER, TH. (1980): Der Scheidenkronwicken-Föhrenwald (Coronillo-Pinetum) und der Geißklee-Föhrenwald (Cytiso-Pinetum) auf der Schwäbischen Alb. – Phytocoenologia 7: 392–412; Stuttgart, Braunschweig.

MÜLLER, TH. (1982): Weißdorne und Rosen auf der Münsinger Alb. In: Münsingen. Geschichte, Landschaft, Kultur – Festschrift zum Jubiläum des württ. Landeseinigungsvertrages von 1482: 640–658; Sigmaringen.

MÜLLER, TH. (1983): In: E. OBERDORFER (Hrsg.): Süddeutsche Pflanzengesellschaften. Teil III; Stuttgart, New York (G. Fischer).

MÜLLER, TH. (1985): Das Ribeso sylvestris-Fraxinetum Lemée 1937 corr. Pass. 1958 in Südwestdeutschland. – Tuexenia 5: 395–412; Göttingen.

MÜLLER, TH. (1985): Die Vegetation. In: BUCK et al: Ökol. Untersuch. ausgeb. unt. Murr. 113–194; Karlsruhe.

MÜLLER, TH. u. S. GÖRS (1958): Zur Kenntnis der Auenwaldgesellschaften im württembergischen Oberland. – Beitr. naturk. Forsch. SüdwDtl. 17 (2): 88–165; Karlsruhe.

MURMANN-KRISTEN, L. (1987): Das Vegetationsmosaik im Nordschwarzwälder Waldgebiet. Diss. bot. 104, 290 S. + Abb., Tab.; Berlin, Stuttgart.

NEBEL, M. (1984): Die Verbreitung der Roggengerste (Hordeum secalinum) in Baden-Württemberg. – Jh. Ges. Naturk. Württ. 139: 61–66; Stuttgart.

NEBEL, M. (1986): Vegetationskundliche Untersuchungen in Hohenlohe. Diss. bot. 97, 253 S.; Berlin, Stuttgart.

NEBEL, M. (1990): Zur Verbreitung und Ökologie von Tortula ruraliformis (Besch.) Ingh. und Pleurochaete squarrosa (Brid.) Lindb. in Südwestdeutschland. – Jh. Ges. Naturk. Württ. 145: 163–176; Stuttgart.

NEGRI, V. u. C.A. CENCI (1988): Morphological characterization of natural popultions of Onobrychis viciifolia (Leguminosae) from Central Italy. – Willdenowia 17: 19–31; Berlin.

NEUBERGER, J. (1885): Pflanzenstandorte in der Baar und Umgebung. – Schr. Ver. Gesch. Naturg. Baar 5: 15–24; Tübingen.

NEUBERGER, J. (1898): Flora von Freiburg im Breisgau (Südl. Schwarzwald, Rheinebene, Kaiserstuhl). 1. Aufl., 266 S.; Freiburg i.Br. (Herder).

NEUBERGER, J. (1912): Flora von Freiburg im Breisgau. 3. u. 4. Aufl.; XXIV + 319 S.; Freiburg i.Br. (Herder).

Neue Standorte (1882–1885, 1903). – Mitt. bad. bot. Ver. (Mitt. bot. Ver. Kreis Freiburg Land Baden) 1: 12–16, 25–27 (1882); 74–76, 85–92 (1883); 105–108, 120–123, 153–154 (1884); 208–209 (1885); 4: 335–336 (1903); Freiburg i.Br.

NEUMANN, R. (1907): Neue und bemerkenswerte Standorte. – Mitt. bad. bot. Ver. 5: 162–163; Freiburg i.Br.

NIESCHALK, A. u. CH. NIESCHALK (1974): Die Felsen-Traubenkirsche, Padus avium Mill. subsp. petraeum (Tausch) Pawl., am Meißner (Nordhessen). – Philippia II/3: 147–153; Kassel.

NIESCHALK, A. u. C. NIESCHALK (1975–1981): Beiträge zur Kenntnis der Rosenflora Nordhessens. – I: Philippia 2 (5): 299–316 (1975); II: Philippia 3 (5): 389–407 (1978); III: Philippia 4 (3): 213–233 (1980); IV: Philippia 4 (5): 388–413 (1981); Kassel.

NIESCHALK, C. (1986): Beiträge zur Kenntnis der Rosenflora Nordhessens. V. – Philippia 5 (4): 318–345; Kassel.

NIESCHALK, C. (1989): Beiträge zur Kenntnis der Rosenflora Nordhessens. VI. – Philippia 6 (2): 155–199; Kassel.

NIKLFELD, H. (1971): Bericht über die Kartierung der Flora Mitteleuropas. – Taxon 20: 545–571; Berlin.

NILSON, Ö. (1967): Rosa L. In: Drawings of Scandinavian plants. – Bot. Notiser 120: 1–8, 137–143, 249–254, 393–408; Lund.

NUBER, H.-U. (1984): Römischer Kultbezirk in Sontheim/Brenz, Kreis Heidenheim. – Arch. Ausgr. 1983: 163–166; Stuttgart.

OBERDORFER, E. (1934): Die höhere Pflanzenwelt am Schluchsee. – Ber. naturf. Ges. Freiburg 34: 213–247; Freiburg i.Br.

OBERDORFER, E. (1934): Die Felsspaltenflora des südlichen Schwarzwaldes. Neufunde von den Kaiserwachtfelsen (Höllental). – Mitt. bad. Landesver. Naturk. Naturschutz N.F. 3: 1–14; Freiburg i.Br.

OBERDORFER, E. (1936): Floristische und pflanzensoziologische Notizen vom Bruhrain (Umgebung von Bruchsal). – Mitt. bad. Landesver. Naturk. Naturschutz N.F. 3: 204–210, 245, 252; Freiburg i.Br.

OBERDORFER, E. (1936): Bemerkenswerte Pflanzengesellschaften und Pflanzenformen des Oberrheingebietes. – Beitr. naturk. Forsch. SüdwDtl. 1: 49–88; Karlsruhe.

OBERDORFER, E. (1936): Erläuterungen zur vegetationskundlichen Karte des Oberrheingebietes bei Bruchsal. – Beitr. NatDenkmPflege 16 (2): 41–126; Berlin.

OBERDORFER, E. (1937): Die Bedeutung des Naturschutzgebiets am Michelsberg (Kaiserberg) bei Untergrombach. – Beitr. naturk. Forsch. SüdwDtl. 2: 124–142; Karlsruhe.

OBERDORFER, E. (1938): Ein Beitrag zur Vegetationskunde des Nordschwarzwaldes. – Beitr. naturk. Forsch. SüdwDtl. 3: 149–270; Karlsruhe.

OBERDORFER, E. (1938): Pflanzensoziologische Beobachtungen und floristische Neufunde im Oberrheingebiet. – Verh. naturhist.-med. Ver. Heidelb. N.F. 18: 183–201; Heidelberg.

OBERDORFER, E. (1949): Die Pflanzengesellschaften der Wutachschlucht. – Beitr. naturk. Forsch. SüdwDtl. 8: 22–60; Karlsruhe.

OBERDORFER, E. (1949): Pflanzensoziologische Exkursionsflora für Südwestdeutschland und die angrenzenden Gebiete. 411 S.; Stuttgart (E. Ulmer).

OBERDORFER, E. (1951): Botanische Neufunde aus dem badischen Oberrheingebiet nach Aufzeichnungen. – Mitt. bad. Landesver. Naturk. Naturschutz N.F. 5: 186–191; Freiburg i. Br.

OBERDORFER, E. (1952): Die Wiesen des Oberrheingebietes. – Beitr. naturk. Forsch. SüdwDtl. 11: 75–88; Karlsruhe.

OBERDORFER, E. (1952): Die Vegetationsgliederung des Kraichgaus. – Beitr. naturk. Forsch. SüdwDtl. 11: 12–36; Karlsruhe.

OBERDORFER, E. (1953): Der europäische Auenwald – Eine soziologische Studie über die Gesellschaften des Alneto-Ulmion. – Beitr. naturk. Forsch. SüdwDtl. 12 (1): 23–70; Karlsruhe.

OBERDORFER, E. (1956): Botanische Neufunde aus Baden (und angrenzenden Gebieten). – Mitt. bad. Landesver. Naturk. Naturschutz N.F. 6 (4): 278–284; Freiburg i. Br.

OBERDORFER, E. (1956): Die Vergesellschaftung der Eissegge (Carex frigida All.) in alpinen Rieselfluren des Schwarzwaldes, der Alpen und der Pyrenäen. – Veröff. Landesstelle NatSchutz LandschPflege Bad.-Württ. 24: 452–465; Ludwigsburg.

OBERDORFER, E. (1957): Süddeutsche Pflanzengesellschaften. 564 S.; Jena (G. Fischer).

OBERDORFER, E. (1962): Pflanzensoziologische Exkursionsflora für Süddeutschland und die angrenzenden Gebiete. 2. Aufl.; 987 S.; Stuttgart (E. Ulmer).

OBERDORFER, E. (1970): Pflanzensoziologische Exkursionsflora für Süddeutschland und die angrenzenden Gebiete. 3. Aufl.; 987 S.; Stuttgart (E. Ulmer).

OBERDORFER, E. (1971): Zur Syntaxonomie der Trittpflanzengesellschaften. – Beitr. naturk. Forsch. SüdwDtl. 30: 95–111; Karlsruhe.

OBERDORFER, E. (1971): Die Pflanzenwelt des Wutachgebietes. – Natur- u. Landschaftsschutzgebiete Bad.-Württ. 6: 261–321; Freiburg i. Br.

OBERDORFER, E. (1973): Die Gliederung der Epilobietea angustifolii-Gesellschaften am Beispiel süddeutscher Vegetationsaufnahmen. – Acta Bot. Acad. Sci. Hungar. 19: 235–253; Budapest.

OBERDORFER, E. (Hrsg.; 1977, 1978, 1983): Süddeutsche Pflanzengesellschaften. Teil I–III. Stuttgart, New York (G. Fischer).

OBERDORFER, E. (1979): Pflanzensoziologische Exkursionsflora. 4. Aufl., 997 S.; Stuttgart (E. Ulmer).

OBERDORFER, E. (1982): Die hochmontanen Wälder und subalpinen Gebüsche. – Natur- u. Landschaftsschutzgebiete Bad.-Württ. 12: 317–365; Karlsruhe.

OBERDORFER, E. (1982): Erläuterungen zur vegetationskundlichen Karte Feldberg 1:25000. – Beih. Veröff. NatSchutz LandschPflege Bad.-Württ. 27: 1–83; Karlsruhe.

OBERDORFER, E. (1983): Pflanzensoziologische Exkursionsflora. 5. Aufl., 1051 S.; Stuttgart (E. Ulmer).

OBERDORFER, E. (1985): Tellima grandiflora (Pursh) Douglas ex Lindley (Saxifragaceae), ein nordwestamerikanischer Neuankömmling im Südschwarzwald. – Gött. flor. Rundbr. 19 (1): 26–28; Göttingen.

OBERDORFER, E. (1990): Pflanzensoziologische Exkursionsflora. 6. Aufl., 1050 S.; Stuttgart (E. Ulmer).

OBERDORFER, E. u. D. KORNECK (1976): Festuco-Brometea. In: OBERDORFER, E. (1978).

OBERDORFER, E. u. D. KORNECK (1978): In: OBERDORFER, E. (1978): Süddeutsche Pflanzengesellschaften.

OESAU, A. (1973): Ackerunkrautgesellschaften im Pfälzer Wald. – Mitt. Pollichia 20: 5–32; Bad Dürkheim.

OLTMANNS, F. (1922): Das Pflanzenleben des Schwarzwaldes. 1. Aufl., Band 1; I–XVI, 1–708 S.; Band 2, 17 Karten, 200 Bilder; Freiburg i. Br. (Badischer Schwarzwaldverein).

OLTMANNS, F. (1927): Das Pflanzenleben des Schwarzwaldes. 3. Aufl., 690 S.; Freiburg i. Br.

PESMEN, H. (1972): Potentilla. In: DAVIES, P.H. (ed.): Flora of Turkey. Band 4, S. 41–68; Edinburgh (Univ. Press).

PFADENHAUER, J. u. G. ERZ (1980): Standort und Gesellschaftsanbindung von Ophrys apifera und Ophrys holosericea im Naturschutzgebiet „Neuffener Heide“. – Veröff. NatSchutz LandschPflege Bad.-Württ. 51/2: 411–424; Karlsruhe.

PHILIPPI, G. (1960): Zur Gliederung der Pfeifengraswiesen im südlichen und mittleren Oberrheingebiet. – Beitr. naturk. Forsch. SüdwDtl. 19: 138–187; Karlsruhe.

PHILIPPI, G. (1961): Botanische Neufunde aus dem badischen Oberrheingebiet (und angrenzenden Gebieten). – Mitt. bad. Landesver. Naturk. Naturschutz, N.F. 8: 173–186; Freiburg i. Br.

PHILIPPI, G. (1968): Zur Kenntnis der Zwergbinsengesellschaften (Ordnung der Cyperetalia fusci) des Oberrheingebietes. – Veröff. Landesstelle NatSchutz LandschPflege Bad.-Württ. 36: 65–130; Ludwigsburg.

PHILIPPI, G. (1970): Die Kiefernwälder der Schwetzinger Hardt (nordbadische Oberrheinebene). – Veröff. Landesstelle NatSchutz LandschPflege Bad.-Württ. 38: 46–92; Ludwigsburg.

PHILIPPI, G. (1971): Beiträge zur Flora der nordbadischen Rheinebene und der angrenzenden Gebiete. – Beitr. naturk. Forsch. SüdwDtl. 30: 9–47; Karlsruhe.

PHILIPPI, G. (1971): Zur Kenntnis einiger Ruderalgesellschaften der nordbadischen Flugsandgebiete um Mannheim und Schwetzingen. – Beitr. naturk. Forsch. SüdwDtl. 30: 113–131; Karlsruhe.

PHILIPPI, G. (1971): Sandfluren, Steppenrasen und Saumgesellschaften der Schwetzinger Hardt (nordbadische Rheinebene) unter besonderer Berücksichtigung der Naturschutzgebiete bei Sandhausen. – Veröff. Landesstelle NatSchutz LandschPflege Bad.-Württ. 39: 67–130; Ludwigsburg.

PHILIPPI, G. (1972): Erläuterungen zur vegetationskundlichen Karte 1:25000 Blatt 6617 Schwetzingen. Stuttgart (Landesvermessungsamt Bad.-Württ.).

PHILIPPI, G. (1973): Sandfluren und Brachen kalkarmer

Flugsande des mittleren Oberrheingebietes. – Veröff. Landesstelle NatSchutz LandschPflege Bad.-Württ. 41: 24–62; Ludwigsburg.

PHILIPPI, G. (1977): Vegetationskundliche Beobachtungen an Weihern des Stromberggebietes um Maulbronn. – Veröff. NatSchutz LandschPflege Bad.-Württ. 44/45: 9–50; Karlsruhe.

PHILIPPI, G. (1978): Veränderungen der Wasser- und Uferflora im badischen Oberrheingebiet. – Beih. Veröff. NatSchutz LandschPflege Bad.-Württ. 11: 99–134; Karlsruhe.

PHILIPPI, G. (1978): Die Vegetation des Altrheingebiets bei Rußheim. – Natur- u. Landschaftsschutzgebiete Bad.-Württ. 10: 103–267; Karlsruhe.

PHILIPPI, G. (1981): Wasser- und Sumpfpflanzengesellschaften des Tauber-Main-Gebietes. – Veröff. NatSchutz LandschPflege Bad.-Württ. 53/54: 541–591; Karlsruhe.

PHILIPPI, G. (1983): Erläuterungen zur vegetationskundlichen Karte 1:25000 6323 Tauberbischofsheim-West. 199 S.; Stuttgart (Landesvermessungsamt Bad.-Württ.).

PHILIPPI, G. (1983): Ruderalgesellschaften des Tauber-Main-Gebietes. – Veröff. NatSchutz LandschPflege Bad.-Württ. 55/56: 415–478; Karlsruhe.

PHILIPPI, G. (1984): Trockenrasen, Sandfluren und thermophile Saumgesellschaften des Tauber-Main-Gebietes. – Veröff. NatSchutz LandschPflege Bad.-Württ. 57/58: 533–618; Karlsruhe.

PHILIPPI, G. (1989): Die Pflanzengesellschaften des Belchen-Gebietes im Schwarzwald. – Natur- u. Landschaftsschutzgeb. Bad.-Württ. 13: 747–890; Karlsruhe.

PHILIPPI, G. (1989): Die Flache Quellbinse *(Blysmus compressus)* im Südschwarzwald und angrenzenden Gebieten. – Veröff. NatSchutz LandschPflege Bad.-Württ. 64/65: 129–143; Karlsruhe.

PHILIPPI, G. u. V. WIRTH (1970): Botanische Neufunde aus Südbaden. – Mitt. bad. Landesver. Naturk. Naturschutz N.F. 10: 331–348; Freiburg i.Br.

PIENING, U. (1982): Botanische Untersuchungen an verkohlten Pflanzenresten aus Nordwürttemberg. – Fundber. aus Bad.-Württ. 7: 239–271; Stuttgart.

PIENING, U. (1986): Verkohlte Nutz- und Wildpflanzenreste aus Großsachsenheim, Gem. Sachsenheim, Kreis Ludwigsburg. – Fundber. Bad.-Württ. 11: 177–190; Stuttgart.

PIENING, U. (1989): Pflanzenreste aus der bandkeramischen Siedlung von Bietigheim-Bissingen, Kreis Ludwigsburg. – Fundber. Bad.-Württ. 14: 119–140; Stuttgart.

PLOCEK, A. (1976): New varieties of *Alchemilla monticola* (Rosaceae) and the taxonomic issue involved. – Candollea 31: 95–105; Genève.

PLOEG, D.T.E. VAN DER (1988): Een afwijkende vorm van *Lotus corniculatus* L. in wegbermen, in het bijzonder in de Lauwerszeepolder. – Gorteria 14: 137–140; Leiden.

PODLECH, D. (1982): Neue Aspekte zur Evolution und Gliederung der Gattung *Astragalus* L. – Mitt. bot. StSamml. München 18: 359–378; München.

POLHILL, R.M. u. P.H. RAVEN (eds.; 1981): Advances in Legume systematics. 2 Bände, 1049 S.; Kew (Royal Botanic Gardens).

POLHILL, R.M. u. M. SOUSA (1981): Robinieae (Benth.)

Hutch. In: POLHILL, R.M. u. P.H. RAVEN (eds.): Advances in Legume Systematics. S. 283–288; Kew (Royal Botanic Gardens).

POLLICH, J.A. (1776–1777): Historia plantarum in Palatinatu electorali sponte nascentium incepta. Secundum systema sexuale digesta. 3 Bände; 454 + 664 + 320 S.; Mannheim (C.F. Schwan).

PRAEGER, L.R. (1932): An account of the *Sempervivum* group. 265 S.; London (Reprint 1967; Lehre).

PROBST, J. (1887): Zur Kenntnis der in Oberschwaben wildwachsenden Rosen. – Jh. Ver. vaterl. Naturk. Württ. 43: 142–175; Stuttgart.

PROBST, R. (1904): Im Zickzack von Stühlingen über den Randen zum Zollhaus. – Mitt. bad. bot. Ver. 4 (191/192): 345–360; Freiburg i.Br.

QUASDORF, I. (1976): Kommt *Ribes spicatum* Robson in der DDR vor?. – Gleditschia 4: 219–221; Berlin.

RASTETTER, V. (1966): Beitrag zur Phanerogamen- und Gefäß-Kryptogamen-Flora des Haut-Rhin. – Mitt. bad. Landesver. Naturk. Naturschutz N.F. 9 (1): 151–237; Freiburg i.Br.

RASTETTER, V. (1986): *Allium senescens* L. und *Ononis natrix* L., zwei für das Oberelsaß neue Blütenpflanzen. – Mitt. bad. Landesver. Naturk. Naturschutz 14 (1): 37–40; Freiburg i.Br.

RÄUBER, A. (1891): Der Ausflug des botanischen Vereins auf den Feldberg. – Mitt. bad. bot. Ver. 83: 265–268; Freiburg i.Br.

RAUNEKER, H. (1984): Ulmer Flora. – Mitt. Ver. Naturw. Math. Ulm 33: I–VII, 1–280; Ulm.

REBHOLZ, E. (1922): Beiträge zur Wildrosenflora des oberen Donautales und seiner Umgebung. I. – Jh. Ver. vaterl. Naturk. Württ. 78: 20–34; Stuttgart.

REBHOLZ, E. (1923): Beiträge zur Wildrosenflora des oberen Donautales und seiner Umgebung. II. – Jh. Ver. vaterl. Naturk. Württ. 79: 24–38; Stuttgart.

REBHOLZ, E. (1924): Verschollene im Florenbestand des oberen Donautales und seiner Umgebung. – Tuttl. Heimatblätter 1: 26–32; Tuttlingen.

REBHOLZ, E. (1926): Die Pflanzenwelt der Fridinger Alb mit Berücksichtigung ihres Schutzgebietes. – Veröff. st. Stelle NatSchutz Württ. Landesamt DenkmPflege 3: 42–110; Stuttgart.

REHM, J. (1860): s. HUBER, J.CH. u. J. REHM (1860).

REHMANN, E. u. F. BRUNNER (1851): Gaea und Flora der Quellenbezirke der Donau und Wutach. – Beitr. rhein. Naturg. Freiburg 2: 1–107; Freiburg i.Br.

REICHELT, G. (1978): Das Zollhausried bei Blumberg (Baaralb). – Schr. Ver. Gesch. Naturg. Baar 32: 61–86; Donaueschingen.

REICHERT, H. (1986): Kritische Anmerkungen zur Beschreibung und Verschlüsselung der *Rosa canina*-Gruppe in der Flora Europaea. – Gött. flor. Rundbr. 19 (2): 66–70; Göttingen.

REINEKE, D. (1983): Der Orchideenbestand des Großraumes Freiburg i.Br. – Beih. Veröff. NatSchutz LandschPflege Bad.-Württ. 33: 1–128; Karlsruhe.

RESVOLL, TH.R. (1925): *Rubus chamaemorus* L. – Die geographische Verbreitung der Pflanze und ihre Verbreitungsmittel. – Veröff. geobot. Inst. Rübel 3: 224–241; Zürich.

ROCHOW, R. VON (1951): Die Pflanzengesellschaften des Kaiserstuhls. 140 S.; Jena (G. Fischer).

467

Rodi, D. (1960): Zwei neue Naturdenkmale bei Welzheim. – Veröff. Landesstelle NatSchutz LandSchPflege Bad.-Württ. 27/28 (1959/60): 46–61; Ludwigsburg.

Rodi, D. (1960): Die Vegetations- und Standortsgliederung im Einzugsgebiet der Lein (Kreis Schwäbisch Gmünd). – Veröff. Landesstelle NatSchutz LandschPflege Bad.-Württ. 27/28: 76–167; Ludwigsburg.

Rodi, D. (1963): Die Streuwiesen- und Verlandungsgesellschaften des Welzheimer Waldes. – Veröff. NatSchutz LandschPflege Bad.-Württ. 31: 31–67; Ludwigsburg.

Rodi, D. (1986): Modelle zur Einrichtung und Erhaltung von Feldflora-Reservaten in Württemberg. – Verh. Ges. Ökologie 14: 167–172; Göttingen.

Roehling, J. C. (1823–1839): Deutschlands Flora. Ed. 3 (bearb. von F. C. Martens u. W. D. J. Koch), 5 Bände; Frankfurt.

Roesler, C. A. (1839): Flora von Tuttlingen und seiner Umgebung bis Hohentwiel, Ludwigshafen und Werrenwag, beobachtet in den Sommern 1833 bis 1838. In: Köhler: Tuttlingen. Beschreibungen und Geschichte dieser Stadt... S. 107–130; Tuttlingen.

Roesler, G. F. R. (1788, 1790, 1791): Beyträge zur Naturgeschichte des Herzogthums Wirtemberg. Nach der Ordnung und den Gegenden der dasselbe durchströmenden Flüsse. 3 Hefte; Tübingen.

Rösch, M. (1985): Die Pflanzenreste der neolithischen Ufersiedlung von Hornstaad-Hörnle I am westlichen Bodensee. – 1. Bericht. – Ber. z. Ufer- u. Moorsiedl. Südwestdeutschl. 2. Materialh. z. Vor- u. Frühgesch. in Bad.-Württ. 7: 164–199, Stuttgart.

Rösch, M. (1988): Subfossile Moosfunde aus prähistorischen Teichbodensiedlungen. Aussagemöglichkeiten zu Umwelt und Wirtschaft. – Forsch. Ber. Vor- u. Frühgesch. Bad.-Württ. 31: 177–198.

Rösch, M. (1989a): Botanische Funde aus römischen Brunnen in Murrhardt, Rems-Murr-Kreis. – Arch. Ausgr. 1988: 114–118; Stuttgart.

Rösch, M. (1989b): Pflanzenreste des frühen Mittelalters von Mühlheim a. D. – Stetten, Kreis Tuttlingen. – Arch. Ausgr. 1988: 211–212; Stuttgart.

Rösch, M. (1990a): Vegetationsgeschichtliche Untersuchungen im Durchenberggried. Siedlungsarchäologie im Alpenvorland 2. – Forsch. Ber. Vor- u. Frühgesch. Bad.-Württ. 37: 9–64; Stuttgart.

Rösch, M. (1990b): Pollenanalytische Untersuchungen in spätneolithischen Ufersiedlungen von Allensbach-Strandbad, Kr. Konstanz. Siedlungsarchäologie im Alpenvorland 2. – Forsch. Ber. Vor- u. Frühgesch. Bad.-Württ. 37: 91–112; Stuttgart.

Rösch, M. (1990c): Zur subfossilen Moosflora von Allensbach-Strandbad. Siedlungsarchäologie im Alpenvorland 2. – Forsch. Ber. Vor- u. Frühgesch. Bad.-Württ. 37: 167–172; Stuttgart.

Rösch, M. (1990d): Hegne-Galgenacker am Gnadensee. Erste botanische Daten zur Schnurkeramik am Bodensee. Siedlungsarchäologie im Alpenvorland 2. – Forsch. Ber. Vor- u. Frühgesch. Bad.-Württ. 37: 199–225; Stuttgart.

Rösch, M. (1990e): Botanische Untersuchungen an Pfahlverzügen der endneolithischen Ufersiedlung Hornstaad-Hörnle V am Bodensee. Siedlungsarchäologie im Alpenvorland 2. – Forsch. Ber. Vor- u. Frühgesch. Bad.-Württ. 37: 325–351; Stuttgart.

Rösch, M. (1990f): Pflanzenfunde aus einem mittelalterlichen Dorf in Renningen, Kreis Böblingen. – Arch. Ausgr. 1989: 285–289; Stuttgart.

Rösch, M. (1991a): Pflanzenreste aus römischer Zeit von Sontheim/Brenz, Kreis Heidenheim. – Arch. Ausgr. 1990; Stuttgart.

Rösch, M. (1991b): Botanische Untersuchungen an hochmittelalterlichen Siedlungsgruben vom Kelternplatz in Tübingen. – Arch. Ausgr. 1990; Stuttgart.

Rösch, M. (1991c): Buchbesprechung: H. Küster, Vom Werden einer Kulturlandschaft. – Fundber. Bad.-Württ. 15: 504–506, Stuttgart.

Rösch, M. (1992a): Ein verkohler Kulturpflanzenvorrat aus dem Mittelalter von Biberach an der Riß. – Germania; Mainz (im Druck).

Rösch, M. (1992b): Archäobotanische Untersuchungen in der spätbronzezeitlichen Ufersiedlung Hagnau-Burg (Bodenseekreis). Siedlungsarchäologie im Alpenvorland 3. – Forsch. Ber. Vor- u. Frühgesch. Bad.-Württ.; Stuttgart (im Druck).

Rösch, M. (1992c): Pflanzenreste aus einer spätmittelalterlichen Latrine des ehemaligen Augustinerklosters in Heidelberg. – Materialh. Vor- u. Frühgesch. Bad.-Württ.; Stuttgart (im Druck).

Rösch, M. (1993): Quartärbotanische Untersuchung eines subfossilen Torfes von Bad Urach (Schwäbische Alb). – Bauhinia; Basel (im Druck).

Rösch, M. u. W. Ostendorp (1988): Pollenanalytische, torf- und sedimentpetrographische Untersuchungen an einem telmatischen Profil vom Bodensee-Ufer bei Gaienhofen. – Telma 18: 373–395; Hannover.

Roser, W. (1962): Vegetations- und Standortsuntersuchungen im Weinbaugebiet der Muschelkalktäler Nordwürttembergs. – Veröff. Landesstelle NatSchutz LandschPflege Bad.-Württ. 30: 31–147; Ludwigsburg.

Roth von Schreckenstein, F. (1797): Versuch einer Flora der Gegend um Immendingen an der Donau. Handschrift. Fürstl. Fürstenbergische Bibliothek Donaueschingen.

Roth von Schreckenstein, F. (1798): Beiträge zu einer schwäbischen Flora. – Botan. Taschenbuch Anf. Wiss. Apothekerkunst auf das Jahr 1798: 80–123; Regensburg.

Roth von Schreckenstein, F. (1799): Verzeichnis sichtbar Blühender Gewächse, welche um den Ursprung der Donau und des Nekars, dann um den unteren Theil des Bodensees vorkommen. 50 S.; Winterthur.

Roth von Schreckenstein, F. (1800): Verzeichnis der Schmetterlinge, welche um den Ursprung der Donau und des Nekars... vorkommen. Samt Nachträgen und Berichtigungen zu dem Verzeichniss sichtbar blühender Gewächse allda. Tübingen.

Roth von Schreckenstein, F., J. M. von Engelberg u. J. N. Renn (1804–1814): Flora der Gegend um den Ursprung der Donau und des Neckars, dann vom Einfluß der Schussen in den Bodensee bis zum Einfluß der Kinzig in den Rhein. 4 Bände, 389 + 645 + 536 + 567 S.; Donaueschingen (A. Wilibald).

Rothmaler, W. (1935): Systematische Vorarbeiten zu einer Monographie der Gattung *Alchemilla*. III. Notizen über das Subgenus *Aphanes* (L.). – Feddes Repertorium 38: 36–43; Berlin.

Rothmaler, W. (1936): Systematische Vorarbeiten zu

einer Monographie der Gattung *Alchemilla* (L.) Scop. IV. Die Gruppen der Untergattung Eualchemilla (Focke) Buser. – Feddes Repertorium 40: 208–212; Berlin.

ROTHMALER, W. (1937): Systematische Vorarbeiten zu einer Monographie der Gattung *Alchemilla* (L.) Scop. VII. Aufteilung der Gattung und Nomenklatur. – Feddes Repertorium 42: 164–173; Berlin.

ROTHMALER, W. (1938): Systematik und Geographie der Subsektion Calycanthum der Gattung *Alchemilla* L. – Beih. Feddes Repertorium 100: 59–93; Berlin.

ROTHMALER, W. (1962): Systematische Vorarbeiten zu einer Monographie der Gattung *Alchemilla*. X. Die mitteleuropäischen Arten. – Feddes Repertorium 66: 194–234; Berlin.

ROTHMALER, W. (1963): Exkursionsflora von Deutschland. Kritischer Ergänzungsband Gefäßpflanzen. 1. Aufl., 622 S.; Berlin (Volk u. Wissen).

ROTHMALER, W. (Hrsg.; 1976): Exkursionsflora für die Gebiete der DDR und der BRD. Kritischer Band. 4. Aufl., 812 S.; Berlin (Volk u. Wissen).

ROTHMALER, W. (Hrsg.; 1982): Exkursionsflora für die Gebiete der DDR und der BRD. Kritischer Band. 5. Aufl., 811 S.; Berlin.

ROTHMALER, W. (Begr.; 1986): Exkursionsflora für die Gebiete der DDR und der BRD. Kritischer Band. Band 4, 6. Aufl. (herausg. R. SCHUBERT u. W. VENT), 811 S.; Berlin (Volk u. Wissen).

ROTHMALER, W. (Begr.; 1990): Exkursionsflora von Deutschland. Kritischer Band. Band 4, 8. Aufl. (herausg. R. SCHUBERT u. W. VENT), 811 S.; Berlin (Volk u. Wissen).

RUTISHAUSER, A. (1943): Konstante Art- und Rassen-Bastarde in der Gattung *Potentilla*. – Mitt. naturf. Ges. Schaffhausen 18: 111–134; Schaffhausen.

SACHS, F. (1961): Veränderungen in der Pflanzenwelt des Landkreises Buchen seit 1904. – Beitr. naturk. Forsch. SüdwDtl. 20 (1): 7–14; Karlsruhe.

SAUER, M. (1989): Die Pflanzengesellschaften des Goldersbachtals bei Bebenhausen (Stadt Tübingen) im Bereich des geplanten Hochwasserrückhaltebeckens. – Veröff. NatSchutz LandschPflege Bad.-Württ. 64/65: 441–507; Karlsruhe.

SCHAAF, G. (1925): Hohenloher Moore mit besonderer Berücksichtigung des Kupfermoores. – Veröff. st. Stelle NatSchutz Württ. Landesamt DenkmPflege 1 (1924): 1–58; Ludwigsburg.

SCHABEL, A. (1836): Flora von Ellwangen. 100 S.; Stuttgart (P. Balz).

SCHAEFTLEIN, H. (1960): *Drosera* (Sonnentau) auf der Turracher Höhe. Ein Beitrag zur Kenntnis von *Dorsera* × *obovata* Mert. et Koch. – Carinthia II, 70: 61–81; Klagenfurt.

SCHAFFNER, W. (1968): Untersuchungen zur Wuchsform und Sproßgestalt des Flügelginsters, *Cytisus sagittalis* (L.) Koch. – Bot. Jb. 88 (4): 469–514; Stuttgart.

SCHÄFLE, L. (1956): Das Arnegger Ried – ein neues Naturschutzgebiet im Blautal. – Veröff. Landesstelle NatSchutz LandschPflege Bad.-Württ. 24: 309–316; Ludwigsburg.

SCHALL, B. (1988): Die Vegetation der Waldwege und ihre Korrelation zu den Waldgesellschaften in verschiedenen Landschaften Südwestdeutschlands mit einigen Vor-

schlägen zur Anlage von Waldwegen. – Ber. Akad. NatSchutz LandschPflege 12: 105–140; Laufen/Salzach.

SCHATZ, J. A. (1895): Das Fürstlich Fürstenbergische Herbar in Donaueschingen. Pfarrer J. B. AMTSBÜHLER und Decan FD. BRUNNER. – Mitt. bad. bot. Ver. 3 (129): 259–265; Freiburg i. Br.

SCHEERER, H. (1939): Chromosomenzahlen aus der Schleswig-Holsteinischen Flora. I. – Planta 29: 636–642; Berlin.

SCHEERER, H. (1956): „Entlesboden" und „Viehweide", zwei wenig bekannte Naturschutzgebiete in den Waldenburger Bergen. – Veröff. Landesstelle NatSchutz Landschaftspflege Bad.-Württ. 24: 288–308; Ludwigsburg.

SCHELLER, H., U. BAUER, T. BUTTERFASS, T. FISCHER, H. GRASMÜCK u. H. ROTTMANN (1979): Der Speierling (*Sorbus domestica* L.) und seine Verbreitung im Frankfurter Raum. – Mitt. dt. dendrol. Ges. 71: 5–65; Stuttgart.

SCHEUERLE, J. (1909): Mitteilung einiger Wildrosenstandorte der Frittlinger-Spaichinger Gegend. – Jh. Ver. vaterl. Naturk. Württ. 65: XIV; Stuttgart.

SCHILDKNECHT, J. (1863): Führer durch die Flora von Freiburg. 206 S.; Freiburg i. Br. (Fr. Wagner).

SCHINNERL, M. (1912): Ein neues deutsches Herbarium aus dem XVI. Jahrhundert. – Ber. bayer. bot. Ges. 13: 207–254; München.

SCHINZ, H. u. R. KELLER (1899/1900): Flora der Schweiz. 1. Aufl., IV + 628 S.; Zürich.

SCHINZ, H. u. R. KELLER (1914): Flora der Schweiz. II. Teil, Kritische Flora. 3. Aufl., 582 S.; Zürich (A. Raustein).

SCHLATTERER, A. (1884): In: Neue Standorte. – Mitt. bot. Ver. Kreis Freiburg Land Baden 1 (11): 107; Freiburg i. Br.

SCHLATTERER, A. (1911): Vereinsausflüge im Sommer 1911. – Mitt. bad. bot. Ver. 6 (261/262): 91–93; Freiburg i. Br.

SCHLATTERER, A. (1912): Vorläufige Zusammenstellung der bisher gemeldeten Naturdenkmäler Badens. – Mitt. bad. bot. Ver. 6: 165–194; Freiburg i. Br.

SCHLATTERER, A. (1920): Neue Standorte. – Mitt. bad. Landesver. Naturk. Naturschutz Freiburg N. F. 1 (4): 109–112; Freiburg i. Br.

SCHLATTERER, A. (1921): Exkursionen in Freiburg. 4. In den Kaiserstuhl am 5. Juni 1921. – Mitt. bad. Landesver. Naturk. Naturschutz N. F. 1 (6): 161–162; Freiburg i. Br.

SCHLEE, D. (1977): Florale und extraflorale Nektarien sowie Insektenkot als Nahrungsquelle für Chironomidae-Imagines (und andere Dipteren). – Stuttg. Beitr. Naturk., Ser. A, 300: 1–16; Stuttgart.

SCHLENKER, G. (1916): Die Pflanzenwelt zweier oberschwäbischer Moore mit Berücksichtigung der Mikroorganismen. 1. Dornachried, 2. Dolpenried. – Jh. Ver. vaterl. Naturk. Württ. 72: 37–120; Stuttgart.

SCHLENKER, K. (1910): Über die Flora des Oberamtes Mergentheim. – Jh. Ver. vaterl. Naturk. Württ. 66: LVI-LXXI; Stuttgart.

SCHLENKER, K. (1932): Das Schopflocher Moor. – Veröff. st. Stelle NatSchutz Württ. Landesamt DenkmPflege 8: 10–76; Stuttgart.

SCHMEIL, O. u. J. FITSCHEN (1982): Flora von Deutschland. 87. Aufl. (bearb. W. RAUH u. K. SENGHAS), 606 S.; Heidelberg (Quelle u. Meyer).

SCHMIDLIN, E. (1832): Flora von Stuttgart, oder Beschreibung der in der Umgegend von Stuttgart wildwachsenden sichtbar blühenden Gewächse. Nebst einem Anhange über die in der Stuttgarter Umgegend im Größeren angebauten ökonomischen Gewächse. X + 559 S.; Stuttgart (J. B. Metzler).

SCHMIDT, J. A. (1857): Flora von Heidelberg. Zum Gebrauch auf Excursionen und zum Bestimmen der in der Umgebung von Heidelberg wildwachsenden und häufig cultivierten Phanerogamen. 394 S.; Heidelberg (J. C. B. Mohr).

SCHNEDLER, W. (1990): 23 Jahre floristische Kartierung in Hessen. – Flor. Rundbr. 23 (2): 111–117; Bochum.

SCHNEIDER, F. (1880): Taschenbuch der Flora von Basel und der angrenzenden Gebiete des Jura, des Schwarzwaldes und der Vogesen. 344 S.; Basel (H. Georg).

SCHNETTER, M. u. R. NOLD (1955): Biologische Exkursion zu Rieselgut, Mooswald und Ochsenmoos am 15. 5. 1954. – Mitt. bad. Landesver. Naturk. Naturschutz N. F. 6: 195–201; Freiburg i. Br.

SCHNIZLEIN, A. u. A. FRICKHINGER (1848): Die Vegetations-Verhältnisse der Jura- und Keuperformation in den Flußgebieten der Wörnitz und Altmühl. 344 S.; Nördlingen (C. H. Beck).

SCHÖNFELDER, P. u. A. BRESINSKY (Hrsg.; 1990): Verbreitungsatlas der Farn- und Blütenpflanzen Bayerns. 752 S. + Anhang; Stuttgart (E. Ulmer).

SCHORLER, B. (1908): Über Herbarien aus dem 16. Jahrhundert. – Sber. Abh. naturw. Ges. Isis Dresd. 1907: 73–91; Dresden.

SCHRÖTER, C. u. O. KIRCHNER (1902): Die Vegetation des Bodensees. Teil II. – Schr. Ver. Gesch. Bodensees 31: 1–86; Lindau.

SCHÜBLER, G. (1822): Systematisches Verzeichnis der bei Tübingen und in den umliegenden Gegenden wildwachsenden phanerogamischen Gewächse mit Angabe ihrer Standorte und Blüthezeit. Beilage zu H. F. EISENBACH: Beschreibung und Geschichte der Stadt und Universität Tübingen. 60 S.; Tübingen (C. F. Osiander).

SCHÜBLER, G. u. G. VON MARTENS (1834): Flora von Würtemberg. 695 S.; Tübingen (Osiander).

SCHÜCHEN, G. (1972): Zur Ökologie der Quellen und Quellfluren im Einzugsbereich der Schiltach (Mittelschwarzwald). – Schr. Ver. Gesch. Naturgesch. Baar 24: 104–144; Donaueschingen.

SCHULTHEISS, F. X. (1950–53): Altes und Neues aus der Botanik und deren Geschichte im Bezirk Ellwangen. – Ellwanger Jahrbuch 15: 25–55; Ellwangen.

SCHULTZ, F. (1846): Flora der Pfalz enthaltend ein Verzeichniss aller bis jetzt in der bayerischen Pfalz und den angränzenden Gegenden Badens, Hessens, Oldenburgs, Rheinpreussens und Frankreichs beobachteten Gefässpflanzen. 576 S.; Speyer (G. L. Lang).

SCHULZE, G. u. H. HENKER (1989): Mecklenburgs Wildrosen (Rosa L.). – Bot. Rundbr. Bez. Neubrandenburg 21: 37–56; Waren.

SCHUMACHER, A. (1937): Floristisch-soziologische Beobachtungen in Hochmooren des südlichen Schwarzwalds. – Beitr. naturk. Forsch. SüdwDtl. 2: 221–283; Karlsruhe.

SCHWABE, A. (1985): Zur Soziologie Alnus incana-reicher

Gesellschaften im Schwarzwald unter besonderer Berücksichtigung der Phänologie. – Tuexenia 5: 413–446; Göttingen.

SCHWABE, A. (1987): Fluß- und bachbegleitende Pflanzengesellschaften und Vegetationskomplexe im Schwarzwald. Diss. bot. 102, 368 S. + Anhang; Berlin, Stuttgart.

SCHWABE-BRAUN, A. (1979): Die Pflanzengesellschaften des Bannwaldes „Flüh" bei Schönau (Südschwarzwald). In: Der Bannwald „Flüh", S. 1–57; Freiburg i. Br.

SCHWABE-BRAUN, A. (1980): Eine pflanzensoziologische Modelluntersuchung als Grundlage für Naturschutz und Planung. – Urbs et Regio 18, 212 S. + Tab.; Kassel.

SCHWABE, A. u. A. KRATOCHWIL (1986): Schwarzwurzel-(Scorzonera humilis-) und Backkratzdistel-(Cirsium riulare-)reiche Vegetationstypen im Schwarzwald: Ein Beitrag zur Erhaltung selten werdender Feuchtwiesen-Typen. – Veröff. NatSchutz LandschPflege Bad.-Württ. 61: 277–333; Karlsruhe.

SCHWABE, A., A. KRATOCHWIL u. J. BAMMERT (1989): Sukzessionsprozesse im aufgelassenen Weidfeld-Gebiet des „Bannwald Flüh" (Südschwarzwald) 1976–1988. – Tuexenia 9: 351–370; Göttingen.

SCHWENDENER, J. (1970): Experimente zur Evolution von Potentilla procumbens. – Ber. schweiz. bot. Ges. 79: 49–91; Bern.

SCHWENKEL, H. (1949): Die in den Jahren 1941–1943 in Württemberg eingetragenen Naturschutzgebiete (Nr. 36 bis Nr. 44). – Veröff. württ. Landesstelle NatSchutz LandschPflege 18: 48–112; Stuttgart.

SCHWERTSCHLAGER, J. (1910): Die Rosen des südlichen und mittleren Frankenjura. 248 S.; München.

SCHWERTSCHLAGER, J. (1926): Die Rosen Bayerns. – Ber. bayer. bot. Ges. 18: 1–128; München.

SEBALD, O. (1966): Erläuterungen zur vegetationskundlichen Karte 1:25000 Blatt 7617 Sulz. 107 S.; Stuttgart (Landesvermessungsamt Bad.-Württ.).

SEBALD, O. (1974): Erläuterungen zur vegetationskundlichen Karte 1:25000 Blatt 6923 Sulzbach/Murr. 100 S. + Tab.; Stuttgart (Landesvermessungsamt Bad.-Württ.).

SEBALD, O. (1975): Zur Kenntnis der Quellfluren und Waldsümpfe des Schwäbisch-Fränkischen Waldes. – Beitr. natur. Forsch. SüdwDtl. 34: 295–327; Karlsruhe.

SEBALD, O. (1980): Über einige interessante Ausbildungen der Vegetation auf moosreichen Felsschutthalden im oberen Donautal (Schwäbische Alb). – Veröff. NatSchutz LandschPflege Bad.-Württ. 51/52: 451–477; Karlsruhe.

SEBALD, O. (1983): Erläuterungen zur vegetationskundlichen Karte 1:25000 Blatt 7919 Mühlheim a.d. Donau. – 87 S., 16 Tab.; Stuttgart (Landesvermessungsamt Bad.-Württ.).

SEBALD, O. (1983): ALEXANDER WILHELM MARTINI (1702–1781), ein Begleiter J. G. GMELINS auf der Sibirien-Reise, und sein Herbarium. – Stuttg. Beitr. Naturk., Ser. A, 368: 1–24; Stuttgart.

SEITZ, B.-J. (1989): Beziehungen zwischen Vogelwelt und Vegetation im Kulturland. – Beih. Veröff. NatSchutz LandschPflege Bad.-Württ. 54: 1–236; Karlsruhe.

SENDTNER, O. (1854): Die Vegetationsverhältnisse Südbayerns. München.

SEUBERT, M. (1863): Excursionsflora für das Großherzogthum Baden. 1. Aufl., 244 S.; Ravensburg (E. Ulmer).

SEUBERT, M. (1875): Flora des Großherzogtums Baden. 2. Aufl., 258 S.; Stuttgart (E. Ulmer).

SEUBERT, M. u. K. PRANTL (1880): Excursionsflora für das Großherzogthum Baden. 3. Aufl., 376 S.; Stuttgart (E. Ulmer).

SEUBERT, M. u. K. PRANTL (1885): Exkursionsflora für das Großherzogtum Baden. 4. Aufl., 420 S.; Stuttgart (E. Ulmer).

SEUBERT, M. u. L. KLEIN (1891): Exkursionsflora für Baden. 5. Aufl., 434 S.; Stuttgart (E. Ulmer).

SEUBERT, M. u. L. KLEIN (1905): Exkursionsflora für das Großherzogtum Baden. 6. Aufl., 454 S.; Stuttgart. (E. Ulmer).

SEYBOLD, S. (1967): Neue Mistelfunde im mittleren Neckarland. – Jh. Ver. vaterl. Naturk. Württ. 122: 129–135; Stuttgart.

SEYBOLD, S. (1969): Flora von Stuttgart. 160 S.; Stuttgart (E. Ulmer).

SEYBOLD, S. (1977): Die aktuelle Verbreitung der höheren Pflanzen im Raum Württemberg. – Beih. Veröff. NatSchutz LandschPflege Bad.-Württ. 9, 201 S.; Karlsruhe.

SEYBOLD, S. (1987): VALERIUS CORDUS (1515–1544), einer der frühesten Floristen in Südwestdeutschland. – Jh. Ges. Naturk. Württ. 142: 143–155; Stuttgart.

SEYBOLD, S., W. KREH, K. SIEB u. R. SEYBOLD (1968): Flora von Stuttgart. – Jh. Ver. vaterl. Naturk. Württ. 123: 140–297; Stuttgart. (Auch als Buch, s. SEYBOLD 1969).

SEYBOLD, S. u. TH. MÜLLER (1972): Beitrag zur Kenntnis der Schwarznessel (*Ballota nigra* gg.) und ihre Vergesellschaftung. – Veröff. Landesstelle NatSchutz LandschPflege Bad.-Württ. 40: 51–126; Ludwigsburg.

SILLMANN, M. (1989): Die verkohlten Pflanzenreste aus einem mittelalterlichen Grubenhaus in Ditzingen, 12. Jahrhundert. Unveröff. Dipl.-Arb. Univ. Hohenheim, 82 S.; Stuttgart.

SILLMANN, M. (1992): Nahrungspflanzen aus der Latrine 10 in Freiburg, Gauchstraße. – Die Stadt um 1300. Katalog zur Ausstellung; Zürich.

SILVERSIDE, A.J. (1990): The nomenclature of some hybrids of the *Spiraea salicifolia* group naturalized in Britain. – Watsonia 18: 147–151; London.

ŠIRJAEV, G. (1925): *Onobrychis* generis revisio critica. Pars prima. – Publications de la Faculté des sciences de l'Université Masaryk. Brno.

ŠIRJAEV, G. (1932): Generis *Ononis* L. revisio critica. – Beih. Bot. Cbl. 49: 381–665; Dresden.

SKALICKY, V. (1962): Ein Beitrag zur Erkenntnis der europäischen Arten der Gattung *Agrimonia* L. – Acta Horti Bot. Pragensis 1962: 87–108; Prague.

SLEUMER, H. (1934): Die Pflanzenwelt des Kaiserstuhls. – Beih. Feddes Repertorium 77: 1–170; Berlin.

SLEUMER, H. (1935): Neue Pflanzenstandorte aus Baden. – Mitt. bad. Landesver. Naturk. Naturschutz N.F. 3: 181–183; Freiburg i.Br.

SMALL, E., P. LASSEN u. B.S. BROOKES (1987): An expanded circumscription of *Medicago* (Leguminosae, Trifolieae) based on explosive flower tripping. – Willdenowia 16: 415–437; Berlin.

SMETTAN, H.W. (1985): Pollenanalytische Untersuchungen zur Vegetations- und Siedlungsgeschichte der Umgebung von Sersheim, Kreis Ludwigsburg. – Fundber. Bad.-Württ. 10: 367–421; Stuttgart.

SMETTAN, H.W. (1991): Die Gipskeuperdolinen in der Umgebung von Sersheim, Kreis Ludwigsburg. – Veröff. NatSchutz LandschPflege Bad.-Württ. 66: 251–310; Karlsruhe.

SPENNER, F.C.L. (1825–1829): Flora Friburgensis et regionum proxime adjacentium. 3 Bände; 1088 S.; Freiburg i.Br. (F. Wagner).

STAHL, J.F. (1769): Arboretum et fruticetum Wurtembergicum. Oder Verzeichniß der in Würtembergischen Wäldern und Gärten wachsenden Bäumen, Stauden, Gesträuchen und einigen Pflnazen. Mit beygesezten verschiedenen Nahmen, die ihnen in dieser und anderer Revier beygeleget werden. Discat qui nescit, nam sic Sapientia crescit. Ein Versuch. – Allg. ökonom. Forstmagazin 12: 241–251.

STARK, P. (1912): Beitrag zur Kenntnis der eiszeitlichen Fauna und Flora. Diss. Freiburg.

STARK, P. (1927): Die Moore des badischen Bodenseegebietes. II. Das Areal um Hegne, Dettingen, Kaltbrunn, Mindelsee, Radolfzell und Espasingen. – Ber. naturf. Ges. Freiburg 28 (1): 1–238; Freiburg i.Br.

STEHLE, J. (1883): In: Neue Standorte. – Mitt. bot. Ver. Kreis Freiburg Land Baden 1 (6/7): 74–76; Freiburg i.Br.

STEHLE, J. (1884): In: Neue Standorte. – Mitt. bot. Ver. Kreis Freiburg Land Baden 1 (11): 105–108 und 1 (17): 153–154; Freiburg i.Br.

STEHLE, J. (1884): Wanderungen im unteren Wutachthale und auf den angrenzenden Höhen. – Mitt. bot. Ver. Kreis Freiburg Land Baden 1 (16): 145–147; Freiburg i.Br.

STEHLE, J. (1887): In: Neue Standorte. – Mitt. bot. Ver. Kreis Freiburg Land Baden 1 (34): 303; Freiburg i.Br.

STEHLE, J. (1895): Standorte seltener Pflanzen aus der Umgebung von Freiburg. – Mitt. bad. bot. Ver. 3 (136): 323–330; Freiburg i.Br.

STEIN (1886): Beitrag zur Kenntnis der Brombeeren Württembergs. – Süddeutsch. Apotheker-Z. 26 (16): o.S., 15. Apr. 1886.

STERNBERG, K.M. GRAF VON (1822): Revisionis Saxifragarum Supplementum 1: I–VI, 1–16, tab. 1–10; Regensburg (C.E. Brenck).

STIKA, H.-P. (1988): Die vorgeschichtlichen Pflanzenreste aus der archäologischen Ausgrabung Heilbronn-Klingenberg. Unveröff. Dipl.-Arb. Univ. Hohenheim, 229 S. + Beil.; Stuttgart.

STIKA, H.-P. (1991): Die paläoethnobotanische Untersuchung der linearbandkeramischen Siedlung Hilzingen im Hegau, Kreis Konstanz. – Fundber. Bad.-Württ. 16; Stuttgart.

STOFFLER, H.D. (1978): Der Hortulus des WALAHFRID STRABO. Aus dem Kräutergarten des Klosters Reichenau. Sigmaringen (Thorbecke).

STRAUB, S. (1903): Exkursions-Flora des Bezirks Gmünd. 2. Aufl., 216 S.; Stuttgart (Muth).

STRAUSS, J. (1986): *Tellima grandiflora* auch in Wolfsburg. – Gött. flor. Rundbr. 19 (2): 102–103; Göttingen.

STURM, F.W. (1823): Versuch einer Beschreibung von Schwenningen in der Baar um Ursprung des Neckars in geognostischer, landwirthschaftlicher und medicinischer Beziehung. VI + 120 S.; Tübingen (C.F. Osiander).

SUCK, R. u. N. MEYER (1990): Zur Verbreitung und Soziologie von *Sorbus franconica* J. Bornm. ex Düll und *Sorbus pseudothuringiaca* Düll in Franken. – Ber. bayer. bot. Ges. 61: 181–198; München.

SÜNDERMANN, F. (1909): Zur Flora des Bodenseegebiets. *Saxifraga oppositifolia* var. *amphibia* m. – Mitt. bayer. bot. Ges. 2 (11): 190–192; München.

TAKHTAJAN, A. (1973): Evolution und Ausbreitung der Blütenpflanzen. 189 S.; Stuttgart (G. Fischer).

TEMESY, E. (1957): Der Formenkreis von *Saxifraga stellaris* L. – Phyton 7: 40–141; Horn.

THELLUNG, A. (1902): Beiträge zur Freiburger Flora. – Mitt. bad. bot. Ver. 4 (184): 295–296; Freiburg i. Br.

THELLUNG, A. (1903): Beiträge zur Freiburger Flora. – Mitt. bad. bot. Ver. 4 (184): 295–296; Freiburg. i. Br.

THELLUNG, A. (1908): Zur Freiburger Adventivflora. – Mitt. bad. bot. Ver. 5 (224): 186–187; Freiburg i. Br.

THELLUNG, A. (1911): Nachträge zu: KIRCHNER und EICHLER, Exkursionsflora für Württemberg und Hohenzollern (1900). – Allg. bot. Z. 17: 34–35; Karlsruhe.

THEODOR, J. (1588–1591): Neuw Kreuterbuch mit schönen künstlichen und leblichen Figuren und Konterfeyten alles Gewächss der Kreuter... 2 Teile. Frankfurt a.M. (N. Bassaeus).

THOMAS, P. (1989): Schutzwürdige Grünlandschaften und Grünlandpflanzen in der nordbadischen Rheinaue, unter besonderer Berücksichtigung der Stromtalarten. – Untersuch. im Auftrag der LfU, 241 S.; Karlsruhe.

THOMAS, P., M. DIENST, M. PEINTINGER u. R. BUCHWALD (1987): Die Strandrasen des Bodensees (Deschampsietum rhenanae und Littorello-Eleocharitetum acicularis). Verbreitung, Ökologie, Gefährdung und Schutzmaßnahmen. – Veröff. NatSchutz LandschPflege Bad.-Württ. 62: 325–346; Karlsruhe.

THOMMA, R. (1972): Pflanzenstandorte vom Hochrheingebiet, Südschwarzwald und Klettgau. – Mitt. bad. Landesver. Naturk. Naturschutz N.F. 10: 549–557; Freiburg i. Br.

THOMMEN, F. (1940): Über *Trifolium patens* Schreber in der Westschweiz. – Verh. naturf. Ges. Basel 51: 105–109; Basel.

THOMMEN, F.B. (1990): Taxonomical-ecological studies on Swiss *Drosera* species. – Ber. Geobot. Inst. ETH, Stiftung Rübel, 56: 150–174; Zürich.

TUBEUF, K.F. VON (1923): Monographie der Mistel. XII + 832 S.; München, Berlin (R. Oldenbourg).

TURESSON, G. (1956): Variation in the apomictic microspecies of *Alchemilla vulgaris* L. II. Progeny tests in agamotypes with regard to morphological characters. – Bot. Notiser 109: 400–404; Lund.

TURESSON, G. (1957): Variation in the apomictic microspecies of *Alchemilla vulgaris* L. III. Geographical distribution and chromosome number. – Bot. Notiser 110: 413–422; Lund.

TUTIN, T.G., V.H. HEYWOOD, N.A. BURGES, D.M. MOORE, D.H. VALENTINE, S.M. WALTERS u. D.A.-WEBB (eds.; 1964–1980): Flora Europaea. 5 Bände; Cambridge (Univ. Press).

USINGER, H. (1963): Vegetationskundliche Notizen aus dem DJN-Lager in der Schwäbischen Alb (2.–12. 8. 1962). – Jahrb. Deutsch. Jugendb. Naturbeob. 2: 3–18; Hamburg.

USINGER, H. u. A. WIGGER (1961): Vegetationskundliche Beobachtungen im Schwarzwald-Lager. – Jahrb. Deutsch. Jugendb. Naturbeob. 1960/61: 27–41; Hamburg.

VALET, F. (1847): Uebersicht der in der Umgebung von Ulm wildwachsenden phanerogamischen Pflanzen nebst Angabe der Standorte und Blüthezeit. 112 S.; Ulm (E. Nübling).

VELTEN, C. (1902): Ein Beitrag zur Flora von Speier a.Rh. und Umgebung. – Mitt. Pollichia LIX, 15: 1–42; Bad Dürkheim.

VOLLRATH, H. (1973): *Medicago sativa* in Mitteleuropa angebaut oder verwildert?. – Gött. flor. Rundbr. 7 (1): 9–13; Göttingen.

VULPIUS, F.W. (1887): Der Höhgau und das badische Donauthal. – Mitt. bot. Ver. Kreis Freiburg Land Baden 1: 299–301, 351–355, 368–372, 375–381; Freiburg.

VULPIUS, F.W. (1791): Zwanzigster Brief und Spicilegium florae Stuttgardiensis 1786–1788. – Beytr. für Naturk. 6: 69–79; Hannover u. Osnabrück.

WALDNER, H. (1883): Botanicorum crux et scandalum. – Mitt. bot. Ver. Kreis Freiburg Land Baden 1 (5): 49–52; 1 (8/9): 82–85; Freiburg i. Br.

WALTER, H. (1970): Arealkunde. 2. Aufl. (Bearb. H. STRAKA), 478 S.; Stuttgart (E. Ulmer).

WALTERS, S.M. (1968): *Alchemilla* L. In: TUTIN, T.G. et al. (eds.): Flora Europaea. Band 2, S. 48–64; Cambridge (Univ. Press).

WEBB, D.A. (1950): A revision of the dactyloid Saxifrages of NW Europe. – Proceed. R. Irish Acad. Dublin 53 B: 207–240.

WEBB, D.A. (1950): Biological flora of the British Isles. *Saxifraga* L. (Section Dactyloides Tausch). – J. Ecol. 38: 185–213; London.

WEBB, D.A. (1951): The mossy Saxifrages of the British Isles. – Watsonia 2: 22–29; Arbroath.

WEBB, D.A. (1961): What is the type of *Sedum telephium* L.? – Feddes Repertorium 64: 18–19; Berlin.

WEBB, D.A. (1964): Crassulaceae. In: TUTIN, T.G. et al. (eds.): Flora Europaea. Band 1, S. 350–364; Cambridge (Univ. Press).

WEBB, D.A. (1964): *Saxifraga* L. In: TUTIN, T.G. et al. (eds.): Flora Europaea. Band 1, S. 364–380; Cambridge (Univ. Press).

WEBB, D.A. and R.J. GORNALL (1989): Saxifrages of Europe. VIII + 307 S.; London.

WEBER, H.E. (1972): Die Gattung *Rubus* L. (Rosaceae) im nordwestlichen Europa vom Nordwestdeutschen Tiefland bis Skandinavien mit besonderer Berücksichtigung Schleswig-Holsteins. Phanerog. Monogr. 7, VIII + 504 S.; Lehre (J. Cramer).

WEBER, H.E. (1985): Rubi Westfalici. Die Brombeeren Westfalens und des Raumes Osnabrück (*Rubus* L. Subgenus Rubus). (Bestimmung, Taxonomie, Nomenklatur, Ökologie, Verbreitung). – Abh. westf. Mus. Naturk. 47 (3): 1–452; Münster.

WEBER, H.E. (1987): Zur Kenntnis einiger bislang wenig dokumentierter Gebüschgesellschaften. – Osnabrück. naturw. Mitt. 13: 143–157.

472

WEBER, H. E. (1987): Beiträge zu einer Revision der Gattung *Rubus* L. in der Schweiz. – Botan. helv. 97: 117–133; Basel.

WEBER, H. E. (1990): Übersicht über die Brombeergebüsche der Pteridio-Rubetalia (Franguletea) und Prunetalia (Rhamno-Prunetea) in Westdeutschland mit grundsätzlichen Bemerkungen zur Bedeutung der Vegetationsstruktur. – Ber. Reinh. Tüxen-Ges. 2: 91–119; Hannover.

WEBER, P. (1988): Die Strandrasengesellschaften im Bodenseekreis. 34 S., Anhang 1 (Erhebungsbögen), 2 (Flurkarten); Friedrichshafen (Xerokopie).

WEIGER, E. (1949): Zur Flora der Umgebung von Gorheim-Sigmaringen. – Hohenz. Jh. 9: 108–116.

WEINMANN, J.G. (1764): Dissertatio inauguralis botanico-medica sistens fasciculum plantarum patriae urbi vicinarum, sponte crescentium culturarumque cum us omni earundem plebejo, adjectis observationibus in botanicam, generalioribus, typoque curationis avium descriptionis. Reutlingen.

WELTEN, M. u. R. SUTTER (1982): Verbreitungsatlas der Farn- und Blütenpflanzen der Schweiz. 2 Bände, 716 + 698 S.; Basel, Boston, Stuttgart (Birkhäuser).

WELZ, F. (1885): Die geologischen Verhältnisse in der Umgebung von Thiengen und Aufzählung nicht allgemeiner Pflanzen in derselben. – Mitt. bot. Ver. Kreis Freiburg Land Baden 1 (23): 203–208; Freiburg i. Br.

WEPFER, J.J. (1679): Cicutae aquaticae Historia et noxae. Commentario illustrata. Basel (J.R. König).

WESTHUS, W. (1981): Zur Vegetationsentwicklung von Aufforstungen, insbesondere mit *Robinia pseudoacacia* L. – Arch. NatSchutz LandschForsch. 21: 211–225; Berlin.

WESTRICH, P. (1989): Die Wildbienen Baden-Württembergs. 2 Bände, 972 S.; Stuttgart (E. Ulmer).

WIBEL, A.A.W.E.C. (1797): Dissertatio inauguralis botanica Primitiarum Florae Werthemensis sistens prodromum. 40 S.; Jena.

WIBEL, A.A.W.E.C. (1799): Primitiae florae Werthemensis. 372 S.; Jena (Goepferdt).

WIETOLD, J. (1989): Botanische Großreste und Gefäßkeramik aus hoch- und spätmittelalterlichen Fundkomplexen von Ulm, Donaustraße. Unveröff. Dipl.-Arb. Univ. Kiel, 321 S. + Beil.; Kiel.

WILMANNS, O. (1956): Pflanzengesellschaften und Standorte des Naturschutzgebietes „Greuthau" und seiner Umgebung (Reutlinger Alb). – Veröff. Landesstelle NatSchutz LandschPflege Bad.-Württ. 24: 317–451; Ludwigsburg.

WILMANNS, O. (1974): Vegetation des Kaiserstuhls. – Natur- u. Landschaftsschutzgebiete Bad.-Württ. 8: 72–206; Ludwigsburg.

WILMANNS, O. (1977): Verbreitung, Soziologie und Geschichte der Grün-Erle (*Alnus viridis* (Chaix) DC.) im Schwarzwald. – Mitt. flor.-soz. ArbGemein. N.F. 19/20: 323–341; Todenmann.

WILMANNS, O. (1980): *Rosa arvensis*-Gesellschaften. – Mitt. flor.-soz. ArbGemein. 22: 125–134; Göttingen.

WILMANNS, O. (1988): Können Trockenrasen derzeit trotz Immissionen überleben? – Eine kritische Analyse des Xerobrometum im Kaiserstuhl. – Carolinea 46: 5–16; Karlsruhe.

WILMANNS, O., A. BOGENRIEDER u. A. SCHWABE-KRATOCHWIL (1991): Jahrestagung der floristisch-soziologischen Arbeitsgemeinschaft vom 20. bis 23. Juli 1990 in und um Freiburg im Breisgau. – Tuexenia 11: 461–482; Göttingen.

WILMANNS, O. u. K. MÜLLER (1976): Beweidung mit Schafen und Ziegen als Landschaftspflegemaßnahme im Schwarzwald. – Natur u. Landschaft 51 (10): 271–274; Stuttgart.

WILMANNS, O. u. S. RUPP (1966): Welche Faktoren bestimmen die Verbreitung alpiner Felsspaltenpflanzen auf der Schwäbischen Alb? – Veröff. Landesstelle Nat-Schutz LandschPflege Bad.-Württ. 34: 62–86; Ludwigsburg.

WILMANNS, O., A. SCHWABE-BRAUN u. M. EMTER (1979): Struktur und Dynamik der Pflanzengesellschaften im Reutwaldgebiet des Mittleren Schwarzwaldes. – Documents phytosociologiques N.S. 4: 983–1024; Lille.

WILMANNS, O., W. WIMMENAUER, G. FUCHS, H. u. K. RASBACH (1977): Der Kaiserstuhl. Gesteine und Pflanzenwelt. – Natur- u. Landschaftsschutzgebiete Bad.-Württ. 8, 2. Aufl. 262 S; Karlsruhe.

WINSKI, A. (1983): Die Waldgesellschaften der Ortenau und ihre Randstrukturen. – Ber. naturf. Ges. Freiburg 73: 77–137; Freiburg i. Br.

WINTER, F.J. (1882): Botanische Streifzüge in der Baar. – Mitt. bot. Ver. Kreis Freiburg Land Baden 1 (3/4): 29–48; Freiburg i. Br.

WINTER, F.J. (1883): In: Neue Standorte. – Mitt. bot. Ver. Kreis Freiburg Land Baden 1 (8/9): 85–92; Freiburg i. Br.

WINTER, F.J. (1884): Charakteristische Formen der Flora von Achern. – Mitt. bot. Ver. Kreis Freiburg Land Baden 1 (15): 132–137; 1 (16): 140–145; Freiburg i. Br.

WINTER, F.J. (1885): Nachträge pro 1885, zu charakteristischen Formen der Flora von Achern. – Mitt. bot. Ver. Kreis Freiburg Land Baden 1 (26): 234–235; Freiburg i. Br.

WINTER, F.J. (1887): Frühling um den Feldberg. – Mitt. bot. Ver. Kreis Freiburg Land Baden 1 (35/36): 307–319; Freiburg i. Br.

WINTER, F.J. (1889): Am Isteiner Klotze. – Mitt. bad. bot. Ver. 2 (57/58): 49–63; Freiburg i. Br.

WINTER, F.J. (1895): *Corrigiola littoralis* L. – Mitt. bad. bot. Ver. 3 (130): 273; Freiburg i. Br.

WINTERHOFF, W. (1976): Ein Fundort des Bachsteinbrechs (*Saxifraga aizoides* L.) im württembergischen Alpenvorland. – Veröff. NatSchutz LandschPflege Bad.-Württ. 43: 132–139; Ludwigsburg.

WIRTH, V. (1975): Die Vegetation des Naturschutzgebietes Utzenfluh (Südschwarzwald), besonders in lichenologischer Sicht. – Beitr. naturk. Forsch. SüdwDtl. 34: 463–476; Karlsruhe.

WITSCHEL, M. (1978): *Ononis natrix* L. und *Trifolium scabrum* L., zwei für Deutschland wiederentdeckte Arten. – Gött. flor. Rundbr. 12 (1): 15–17; Göttingen.

WITSCHEL, M. (1980): Die Hecken der Muschelkalk-Baar. – Schr. Gesch. Naturg. Baar 33: 151–156; Donaueschingen.

WITSCHEL, M. (1980): Xerothermvegetation und dealpine Vegetationskomplexe in Südbaden. – Beih. Veröff. Nat

Schutz LandschPflege Bad.-Württ. 17: 1–212; Karlsruhe.

WITSCHEL, M. (1984): Zur Ökologie, Verbreitung und Vergesellschaftung des Reckhölderle *(Daphne cneorum)* auf der Baar und im Hegau. – Schr. Ver. Gesch. Naturg. Baar 35: 119–135; Donaueschingen.

WITSCHEL, M. (1986): Zur Ökologie, Verbreitung und Vergesellschaftung des Berghähnleins (*Anemone narcissiflora* L.) in Baden-Württemberg. – Veröff. NatSchutz LandschPflege Bad.-Württ. 61: 155–173; Karlsruhe.

WITSCHEL, M. (1986): Zur Ökologie, Verbreitung und Vergesellschaftung von *Daphne cneorum* L. in Baden-Württemberg, unter Berücksichtigung der zönologischen Verhältnisse in den anderen Teilarealen. – Jh. Ges. Naturk. Württ. 141: 157–200; Stuttgart.

WITSCHEL, M. (1987): Die Verbreitung und Vergesellschaftung der Federgräser (*Stipa* L.) in Baden-Württemberg. – Jh. Ges. Naturk. Württ. 142: 157–196; Stuttgart.

WITSCHEL, M. (1989): Ökologie, Verbreitung und Vergesellschaftung von Amethyst-Schwingel (*Festuca amethystina* L.) und Horst-Segge (*Carex sempervirens* Vill.) in Baden-Württemberg. – Jh. Ges. Naturk. Württ. 144: 177–209; Stuttgart.

WITTIG, R. (1979): Verbreitung, Vergesellschaftung und Status der Späten Traubenkirsche (*Prunus serotina* Ehrh., Rosaceae) in der Westfälischen Bucht. – Natur Heimat 39 (2): 48–52; Münster.

WOLF, R. (1978): Umgestaltung von Feuchtgebieten. Bericht über drei im Landkreis Ludwigsburg 1977/78 durchgeführte Projekte. – Veröff. NatSchutz LandschPflege Bad.-Württ. 47/48: 17–43; Karlsruhe.

WOLF, TH. (1908): Monographie der Gattung *Potentilla*. – Biblthca bot. 71: 1–715; Stuttgart.

WÖRZ, A. u. M. BÄSSLER (1990): Zur Verbreitung von *Vicia dalmatica* in Baden-Württemberg. – Jh. Ges. Naturk. Württ. 145: 265–271; Stuttgart.

ZAHN, H. (1889): Flora der Baar. – Schr. Ver. Gesch. Naturg. Baar 7: 1–173; Donaueschingen.

ZAHN, H. (1890–1891): Altes und Neues aus der badischen Flora. – Mitt. bad. bot. Ver. 2 (76–79): 234–236 (1890); 2 (83): 268–270 (1891); Freiburg i. Br.

ZAHN, H. (1895): Altes und Neues aus der badischen

Flora. – Mitt. bad. bot. Ver. 3 (131/132): 279–289; Freiburg i. Br.

ZELLER, A. u. I. ZELLER (1991): Neufund von *Medicago arabica* (L.) Huds. – Flor. Rundbr. 25 (1): 68; Bochum.

ZENNECK, L. H. (1822): Flora von Stuttgart. 55 S.; Stuttgart (F. W. Zuckschwerdt).

ZENNER, K. u. M. BOPP (o. J.): Analyse der Pflanzenreste in einigen Latrinengruben aus dem 13. bis 17. Jahrhundert am Heidelberger Kornmarkt. Unveröff. Manuskript, 15 S. + Beil.

ZIELINSKI, J. (1987): *Rosa* L. In: Polska Akademia Nauk: Flora Polski V: 5–50; Warsawa-Kraków.

ZIMMERMANN, F. (1906): Flora von Mannheim und Umgebung. – Mitt. bad. bot. Ver. 5: 109–137; Freiburg i. Br.

ZIMMERMANN, F. (1907): Die Adentiv- und Ruderalflora von Mannheim, Ludwigshafen und der Pfalz nebst den selteneren einheimischen Blütenpflanzen und den Gefäßkryptogamen. 171 S.; Mannheim (H. Haas). Auch in Mitt. Pollichia 67: 1–174; Bad Dürkheim, 1911.

ZIMMERMANN, F. (1914): Nachtrag zur Adentiv- und Ruderalflora von Ludwigshafen, der Pfalz und Hessen. Aus den Jahren 1910, 11 und 12. – Ber. Bayr. bot. Ges. 14: 68–84; München.

ZIMMERMANN, F. (1925): Wechsel der Flora der Pfalz in den letzten 70 Jahren. – Mitt. Pollichia N.F. 1 (5): 1–49; Bad Dürkheim.

ZIMMERMANN, G. u. W. (1912): Neue Standorte. – Mitt. Bad. Landesver. Naturk. 6 (263–264): 111–112; Freiburg i. Br.

ZIMMERMANN, W. (1923): Neufunde und neue Standorte in der Flora von Achern. – Mitt. bad. Landesver. Naturk. Naturschutz N.F. 1: 263–269; Freiburg i. Br.

ZIMMERMANN, W. (1924): Xerothermensiedlungen am südöstlichen badischen Jurarand. – Mitt. bad. Landesver. Naturk. Naturschutz N.F. 1: 298–301; Freiburg i. Br.

ZIMMERMANN, W. (1929): Neufunde und Standortsmitteilungen aus der Flora von Achern (1926–1928). – Beitr. naturw. Erforsch. Badens 4: 57–61; Freiburg i. Br.

ZOHARY, M. u. D. HELLER (1984): The genus *Trifolium*. 606 S.; Jerusalem (Israel Acad. Sciences Humanities).

Pflanzenregister